儿童和青少年心理咨询

Counseling Children and Adolescents

[美] 维多利亚·E. 克雷斯（Victoria E. Kress）
[美] 马修·J. 佩洛（Matthew J. Paylo）　◎著
[美] 妮可·A. 斯塔格尔（Nicole A. Stargell）

关梅林　赵然　毛莉◎等译

人民邮电出版社
北　京

图书在版编目（CIP）数据

儿童和青少年心理咨询 /（美）维多利亚·E. 克雷斯 (Victoria E. Kress)，（美）马修·J. 佩洛 (Matthew J. Paylo)，（美）妮可·A. 斯塔格尔 (Nicole A. Stargell) 著；关梅林等译. -- 北京：人民邮电出版社，2025. -- ISBN 978-7-115-66063-3

Ⅰ. B844

中国国家版本馆 CIP 数据核字第 2025FN4956 号

内容提要

随着社会的快速发展，很多儿童和青少年或多或少出现了心理问题。与此同时，社会、学校及父母也逐渐重视起孩子的心理健康教育。然而，很多时候我们都默认大部分来访者是成年人，因此，在众多心理咨询书籍中，鲜有针对儿童和青少年及其家庭提供咨询的书籍。

本书正是一本能全面应用于儿童和青少年心理咨询的指南。这本书聚焦于儿童和青少年的发展特殊性，立足于大量的咨询理论和知识，同时还提供了将理论应用于实践的方法和策略。全书分为三大部分，分别从儿童和青少年咨询的背景、理论及常见问题和干预实践入手，为咨询师在如何应用所学知识、如何概念化来访者、如何帮助来访者做出他们想要的改变等方面做出了详细的指导。

本书适合专业从事儿童和青少年心理咨询的咨询师，也适合高校与研究机构的心理学学习者、教育者及研究者，此外，对儿童和青少年心理研究感兴趣的普通读者也可以拿来阅读、参考。

◆ 著 [美] 维多利亚·E. 克雷斯（Victoria E. Kress）
[美] 马修·J. 佩洛（Matthew J. Paylo）
[美] 妮可·A. 斯塔格尔（Nicole A. Stargell）
译 关梅林 赵 然 毛 莉 等
责任编辑 田 甜
责任印制 彭志环

◆ 人民邮电出版社出版发行 北京市丰台区成寿寺路 11 号
邮编 100164 电子邮件 315@ptpress.com.cn
网址 https://www.ptpress.com.cn
北京捷迅佳彩印刷有限公司印刷

◆ 开本：880×1230 1/16
印张：31 2025 年 4 月第 1 版
字数：800 千字 2025 年 6 月北京第 2 次印刷

著作权合同登记号 图字：01-2020-7509 号

定 价：138.00 元

读者服务热线：（010）81055656 印装质量热线：（010）81055316

反盗版热线：（010）81055315

总序

构建基于胜任力模型的咨询师培养体系

樊富珉

近期，人民邮电出版社旗下的普华心理准备引进和出版一套“心理咨询与心理治疗精选书系”，邀请我作序。我看了这套书系所列书目，非常兴奋，也非常认同，符合心理咨询与心理治疗专业人才培养的要求，相信这套书系的出版能够为国内心理咨询师、心理治疗师，以及准备进入这个专业领域的后备人才提供重要的学习参考，所以，我欣然应允为书系的出版写序。

心理咨询与心理治疗专业人才培养是我的主要研究方向之一，也是我近年来最关心、最投入的研究和探索领域。在 30 多年的心理咨询的教学、研究、实践以及人才培养工作中，我深知国内在这个专业领域发展中的困难和瓶颈。

习近平总书记在全国卫生与健康大会上的讲话中指出，要加大心理健康问题基础性研究，做好心理健康知识和心理疾病科普工作，规范发展心理治疗、心理咨询等心理健康服务。在我看来，规范发展心理咨询与心理治疗服务最重要的因素是要有一批靠谱的、具有基本胜任力的心理咨询师与心理治疗师，以及规范的行业入门及行业监管制度。目前，国内心理咨询师的数量、质量，以及行业管理都与社会大众急需的心理健康服务的要求及规模有很大的差距。中国太需要建立一个专业的、规范的心理咨询师与心理治疗师培养体系，从而培养出合格的、规范的、有专业胜任力的、大众信任的专业人才。

心理咨询与心理治疗是要求很高的专业工作，专业人才的培养是有规律可循的。在国外，成为一名专业的心理咨询师或心理治疗师需要几千小时的专业培训和临床实习，需要花费几年到十几年系统的、规范的训练和养成。20 多年前，由于缺乏临床与咨询心理学方向的学历教育，我国高校研究生层次培养的心理咨询与心理治疗专业人才少之又少。2001 年，人力资源和社会保障部颁布了《心理咨询师国家职业标准》，2002 年，心理咨询师国家职业资格项目正式启动。这个项目启动的积极意义在于心理咨询首次成为国家认可的职业，推动了国民对心理健康服务的认识和了解。但由于培训入门标准低、培训时间短、培训方式不规范、缺乏实习和督导，并且缺乏后续行业管理，该项考试已于 2017 年停止了。2002 年开始，国家卫生健康委员会在医疗系统内开展了心理治疗师初级和中级职称考试，现在还在进行中，但数量与质量亟待提升。

随着大众对心理健康服务需求的日益强烈，心理健康服务越来越受到国家、社会的关注，培养有专业胜任力的心理咨询与心理治疗专业人才的工作越来越被重视。为了加强心理健康专业人才的培养，国家卫生健康委员会、中宣部等 22 个部门联合印发了《关于加强心理健康服务的指导意见》，文件指出："教育部门要加大应用型心理健康专业人才培养力度，完善临床与咨询心理学、应用心理学等相关专业的学科建设，逐步形成学历教育、毕业后教育、继续教育相结合的心理健康专业人才培养制度。鼓励有条件的高等院校开设临床与咨询心理学相关专业，建设一批实践教学基地，探索符合我国特色的人才培养模式和教学方法。"北京师范大学心理学部为响应社会需要，专门成立了临床与咨询心理学院，探索和构建了以胜任力培养为目标的心理咨询师与心理治疗师培养体系。

胜任力是指影响一个人大部分工作、学习、角色及职责的相关知识、技能和态度，它与工作绩效紧密相连，可被测量，而且可以通过教育与培训加以改善和提高。心理咨询师与心理治疗师的胜任力是指在经过专业的教育、实践、督导、研究基础上获得的专业能力。

心理咨询与心理治疗在专业领域及工作范围方面是有一定联系和区别的。心理咨询的工作对象更多是正常人群，这项工作是建立在良好的咨询关系基础上，由经过专业训练的心理咨询师运用咨询心理学的相关理论和技术，对有一般心理问题的求助者进行帮助的过程，以消除或缓解求助者的心理问题，疏导情绪，促进其良好适应和协调发展。心理治疗的工作对象更多是达到诊断标准的心理疾病患者，它是由经过专业训练的临床心理学家或心理治疗师运用临床心理学的有关理论和技术，对心理障碍患者进行帮助的过程，目标是消除或缓解患者的心理障碍或问题，促进其人格向健康、协调的方向发展。在实际专业人才培养中，心理咨询与心理治疗的课程有 80% 是相同的，但实习阶段会在不同机构进行。实习咨询师在学校的心理健康教育与心理咨询中心实习，而实习治疗师在专科医院临床心理科或综合医院的心理科实习。

从咨询实习生到新手咨询师，再到资深咨询师的成长过程是非常不容易的，他们需要在知识、技能、态度三个方面进行培养。一般需要经历四个重要的途径，包括知识学习、专业实习、接受督导、个人体验。

第一是知识学习，心理咨询师需要拥有完备的知识储备，这项任务主要通过专业课程的学习和演练完成。北京师范大学应用心理学专业硕士（临床与咨询心理学方向）的课程体系包括：心理学理论基础（发展心理学、人格心理学、社会心理学、心理病理学等），心理咨询专业基础（咨询伦理、心理评估与诊断、心理咨询理论与技术、心理咨询过程与方法、心理咨询研究方法），心理咨询流派（短程动力、认知行为治疗、家庭治疗、后现代心理咨询等），心理咨询专项技能（团体心理咨询、心理危机干预、儿童心理干预、生涯发展、箱庭治疗）。

第二是专业实习，它是指初学及未获得心理咨询或心理治疗专业胜任力的人员（也包括有一定经验但未达到胜任力要求的新手咨询师）在规范的实习机构，在有效督导的监管下，直接与来访者、病人进行心理咨询或心理治疗实务工作的专业活动。在美国，大学心理咨询中心是主要的咨询心理学专业博士实习机构，临床心理学专业博士在医院实习，但必须是被美国心理学会认证的实习机构。中国心理学会临床心理学注册工作委员会认证的实习机构主要是大学心理咨询中心和精神专科医院。实习的前提是经过见习，见习包括心理健康服务见习和精神科见习。通过实习，实习咨询师可以将所学用于接待真实来访者（有可能是儿童、青少年、成年人、老年人），并且进行心理评估、个别咨询、团体咨询等，在实战中提升心理咨询的专业能力。目前，根据国内本专业发展现状，北京师范大学临床与咨询心理学院制定了100小时的见习和100小时的实习的要求，并且设有专门的实习基地。心理咨询师积累的个案小时数是评估咨询师专业成熟度和能力的关键指标。

第三是接受督导，这是指心理咨询师与心理治疗师在咨询实习和实践中接受具备专业资格的督导师的帮助。督导师被称为临床与咨询专业的守门人。督导师帮助被督导者理解咨询与治疗过程的专业行为是否符合专业伦理，是否对来访者有益，是否使用恰当的助人方法和技术。接受专业督导是心理咨询师与心理治疗师成长的必经之路。北京师范大学应用心理学专业硕士（临床与咨询心理学方向）必须接受100小时的专业督导（包括个体督导和团体督导）。督导过程也是对实习咨询师进行评估的过程。在考核环节，实习不合格的学生不能进行学位申请。督导不仅是新手咨询师成长必不可少的过程，那些有经验的咨询师在专业实践中也需要督导师的协助，以应对复杂的心理咨询案例，同时不断提升专业能力。

第四是个人体验，这是指心理咨询师自己作为来访者参与咨询的经历，这种体验包括咨询师作为来访者接受个体咨询，也包括咨询师作为团体成员参与团体咨询。当然，并非所有流派都要求咨询师这样做，但这种经历在我看来是心理咨询师专业训练不可或缺的，这一过程可以为咨询师提供体验层面的经验，以便他们与服务对象建立更专业的、更具有疗愈功能的咨询关系。

综上所述，心理咨询师的成长蜕变过程非常不易。我在对心理咨询师的督导实践中发现，有不少人在专业学习过程中走了很多弯路，进入这个领域后产生了迷茫，怀疑自己的助人效能，甚至让他们的学习和实践事倍功半。究其原因，就是他们缺少对该领域知识框架的基本了解，缺乏对心理咨询师成长规律、训练过程及养成途径的了解。可见，想成为有胜任力的心理咨询师，想少走弯路，专业的“导航”非常必要。

“心理咨询与心理治疗精选书系”的引入和出版恰逢时机，它构成了咨询师培养的完整的知识和技能体系。这套书系有三个鲜明的特点：第一是知识体系完整，第二是知识内容新颖，第三是理论结合案例。在上文中提到的咨询师专业成长的四个重要途径中，该先迈哪一步呢？我认为知识储备应该是最关键的基础。

普华心理推出的这套“心理咨询与心理治疗精选书系”的第一个特点是知识体系完整，涉及心理咨询与心理治疗专业胜任力的三个方面：从知识领域看，涉及心理咨询专业发展趋势，精神病理学，心理咨询研究方法，心理评估的过程、诊断与技术；从技能方面看，涉及助人艺术，心理咨询常用技术，伴侣与家庭治疗，团体咨询，心理危机干预与预防，儿童和青少年心理咨询，成瘾心理咨询与治疗指南；从态度方面看，涉及心理咨询专业伦理，多元文化咨询，与咨询相关的法律。这套书系为未来的咨询师提供了最新的专业培训标准和实践指导。如果读者能按照这个书目有条不紊地学习，就会逐渐构建出自己在心理咨询领域乘风破浪的“航海图”，形成专业的胜任力。

这套书系的第二个特点是知识内容新颖，提供了咨询基础、新兴问题和最新发展的丰富信息。书系中的每本书都在保留经典文献的基础上，增加了许多心理咨询理论和技术的最新发展成果和有效治疗的最新研究，例如关于正念冥想法、叙事疗法、基于优势法、来访者支持法等新兴咨询技术的介绍。无论新手咨询师还是资深咨询师都可以根据自己的实务经验，有选择性地学习和提高。尤其是心理危机干预与预防、儿童和青少年心理咨询更是当前心理咨询师急需学习和掌握的专业技能。

这套书系的第三个特点是理论结合案例，实操性非常强，每本书都能将理论整合到临床和咨询的实践中，对常见的心理问题及咨询干预结合多样化和多元文化的案例研究加以阐述，进一步强调了在咨询工作中必备的技能、基本的理念及先进的技术。其中，有的书的每一章都以一个独特的、现实的来访者案例开始，这种基于案例的方法可以帮助读者将理论、原则、假设和技术应用到实践中，更好地理解和掌握相关的知识及技能。

我衷心希望这套“心理咨询与心理治疗精选书系”的引进能够进一步促进我国心理咨询与心理治疗工作者在专业性和规范性方面的提升，为我国心理咨询与心理治疗专业人才培养提供积极参考。

樊富珉
北京师范大学心理学部临床与咨询心理学院院长
清华大学心理学系咨询心理学退休教授、博士生导师
中国心理学会临床心理学注册工作委员会监事组组长

译者序

1989 年 9 月，当我在金秋时节来到北京师范大学心理系报到时，并不知道自己未来要从事什么工作。高考填报志愿时选择心理学主要是因为它听起来挺神秘，同时也特别符合当时的我“不走寻常路”的一贯追求。当然现在回想起来，这个高考志愿填报得可谓无比草率，没有蕴含一点职业生涯规划的影子。

但是，非常幸运的是，当时这个草率且仅依靠直觉做出的决定却让我在 30 多年的职业生涯中感到无比幸福和丰盈，尤其是多年来支持儿童和青少年心理健康发展的各项专业工作，虽然让我的生活特别忙碌，却也时常让我感受被意义感、价值感、自豪感和幸福感包围，以致现在的我会经常真心感激当年那个不够理性却听从了内心声音的自己。

儿童和青少年是每个家庭的希望和未来，也是我们国家和民族的希望和未来，如何帮助他们健康发展，是我们每个心理工作者不断思考的问题，尤其是面临心理发展出现困难的儿童和青少年时，我们更加感到社会对心理学专业工作的需求和期待。大家都特别期望能有更多训练有素的心理工作者积极承担专业责任，运用专业知识和技能给予孩子们有力的支持，帮助他们走出心理困扰，回到积极发展的轨道上。

说到专业知识和技能，大家可能都知道咨询师的成长和发展是一个长期的过程，而如果想成为一名有胜任力的儿童和青少年咨询师，就更加需要足够的知识储备和长期的训练与实践。因此，很多有志于这项事业的咨询师都希望能够找到好的途径和资源来帮助自己更好地理解未成年人的心理困扰，以提高面向未成年人的咨询技能。他们也经常向我这样一位有着 30 多年从业经历的“老前辈”请教，问我要看一些什么书籍来提高自己的专业素养。以前，我会给他们列一份有点长的书单，告诉他们先读哪本书的哪个章节，然后读另外一本书的哪些部分，这样虽有些麻烦，但是当时我确实没找到一本更具有针对性的综合性工具书。直到这本书的编辑找到我来翻译它时，我突然发现我们终于将拥有一本关于儿童和青少年心理咨询的系统的、专业的、实操的工具书，因而当即欣然接下了这个大部头的翻译工作，并且越翻译越爱它，甚至可以说对它爱不释手。那么，我到底为什么会对这样一本书如此动情呢？

首先，从书里的字里行间我感受到，这是一些真正具有共情能力的学者写的一本关于儿童和青少年心理咨询的专业书。我们从本书的前言部分就能看到作者的良苦用心，他们先是仔细讲解本书的架构，然后又列出每章的详细目录，从而帮助我们从各个视角理解本书的逻辑，也便于我们找到自己需要的内容。这些处理真的让我们感到有人懂我们的需求，也会让人觉得阅读是件容易和幸福的事。他们根据多年的临床实践，精选了基础的、必要的理论知识，同时几乎是手把手地教授新手咨询师必备的咨询技能，层次清晰、讲解到位。

其次，我特别认同作者关于咨询的价值取向，即相信来访者身上的优势所带来的力量，并为来访者赋予力量。这也与我多年的咨询实践高度契合，这种积极取向也让我多次感到助人的效能感和价值感，所以看到作者提出的概念框架（“I CAN START”模型）中的“S”（优势），即强调咨询过程要认真讨论来访者自身、其家庭及所在学校与社区的优势时，我似乎看到了咨询师们未来在帮助儿童和青少年时能够有力量地去面对和解决来访者自身问题时的场景。我相信，这一场景将带给未成年人及其家庭更多的希望。

此外，我对这本书青睐有加的原因还有一个，就是它真正为儿童和青少年心理咨询提供了很多好用的工具，而不是一本成年版的儿童和青少年心理咨询书籍。本书介绍了如何帮助年幼的孩子（如 5 ~ 8 岁）进行渐进式肌肉放松，例如，可以对孩子说，“假装你嘴里含着一大块硬糖，而这块硬糖的中间有一块泡泡糖。你真的很想要吃泡泡糖，但你必须用力咬，才能把它弄开”，如此等等。这些指导语让咨询师知道如何为年幼的孩子提供放松训练。又如，本书还特别介绍了适合儿童的游戏治疗和创造性艺术在心理咨询中如何应用，让咨询师一方面真正掌握适合儿童和青少年发展阶段的咨询技术，另一方面又感到这种咨询工作本身多么富有乐趣和创造性，从而让咨询师发自内心地热爱这份助人事业，所以我特别喜欢这本真正实用的书。

最后，我想谈谈我对这本书的专业性的欣赏。本书全面介绍了儿童和青少年咨询的知识，概述了所有重要的新方法和咨询技术，也介绍了很多干预措施的实例，这些内容让我感到立刻就有了一本可以推荐给学生的教科书，同时也让我的教学工作变得更加容易。例如，本书讲解了如何建立咨询联盟，使青少年得到最有力的支持；介绍了青少年面临的常见冲突及干预方法，让我们有了具体的干预方向。当我们跟随本书详细了解了儿童和青少年的风险因素和保护因素时，我们就更加知道如何预防未成年人心理问题的发生和加剧。同时，看到本书介绍了生活中的哪些转变对儿童和青少年来说充满挑战时，我们就能更好地共情孩子们的困难。总之，本书包含许多让我们更加理解儿童和青少年的完整知识点，这些细小的知识点会让我们感觉自己变成了儿童和青少年问题的资深专家，这种贡献对儿童和青少年心理咨询工作的发展是非常珍贵的。

总之，作为一名从业 30 多年的心理工作者，我特别喜欢这本书，而且也从中受益良多，所以特别希望将其推荐给对儿童和青少年咨询工作感兴趣的伙伴们，希望大家可以一起学习和成长，进而用专业知识和技能为我国儿童和青少年的心理健康撑起一片蓝天。

特别感谢本书各章的译者，他们是赵然、毛莉、李彦峰、刘靖、马天逸、蒋晓刚，谢谢你们严谨而专业的翻译工作，也特别感谢你们对本书的贡献；同时感谢人民邮电出版社普华心理为我们甄选的这本书；也祝福我们的孩子都能健康积极地成长。

关梅林

2025 年 2 月于北京

前言

当我们在研究生院学习时，我们并没有学习很多关于如何为儿童和青少年及其家庭提供咨询的知识，我们主要学习如何为成年人提供咨询，大家默认大多数来访者都是成年人。许多教材的内容设计也都集中于如何对成年人开展咨询。因此，我们很高兴能够编写一本聚焦于儿童和青少年咨询的书。

尽管我们学习并吸收了大量的基础咨询知识，如各种咨询理论及用于干预来访者的基本技术。然而，当我们面临第一次咨询会谈时，我们还是不知如何进行。大多数咨询师开始工作时会感到被信息充斥，他们需要消化和确定如何应用这些信息。新入行的咨询师在如何应用所学知识、如何对来访者进行概念化、如何帮助来访者做出他们想要的改变等方面都面临着很多挑战。克服这些挑战绝非易事。我们编写本书的目的是提供实用的资源，帮助咨询师用一种深思熟虑、考虑周全的方式协助来访者应对棘手的困难，解决复杂的问题。

咨询师具有一种基于优势的、以人为本的导向，他们相信来访者自身的优势所带来的力量，并想为来访者赋予力量。撰写本书对我们至关重要的一点是，我们希望创作一本能够体现这种方法价值的书。我们的概念框架（“I CAN START”模型）是一种基于优势和高度重视来访者背景的思考方式。此模型在第 9 章中有详细介绍，并应用于后续各章的每个案例研究中。

来访者应该得到最有效的治疗。然而现实中，有太多善意的咨询师忽视他们的儿童和青少年来访者，有时甚至对他们造成伤害。本书提供了基于循证方法而得到的信息，可用于解决儿童和青少年会经历的各种问题。本书所描述的一些现实问题很少得到相关研究的关注，在这种情况下，我们已尽一切努力吸收了从当前文献中可获得的全面、严谨的知识，同时概述了重要的新方法或咨询方面的考虑。

本书讨论了与咨询理论和方法有关的多项干预措施，这些干预措施的应用方式多种多样。我们常常听到学员和见习咨询师提及，他们希望更清楚地了解各类理论及干预方法在实践中的具体应用样态。学生经常对我们说：“但是该怎么做或如何应用这项干预措施呢？”为了回答这一问题，本书包含了一些创造性应用咨询干预措施的案例。这些案例旨在说明如何将工具应用于干预实践中。

纵观全书，每章都包含重要的、需要读者注意的概念，专业、科学的实操建议，以及丰富、多元的实践活动。本书的多章还包含“创意工具箱”，其中的活动旨在强调咨询师可以用来吸引青少年的实用的、创新的方式。

本书架构

本书分为 3 个部分。第 1 部分：儿童和青少年咨询的发展基础（第 1 章和第 2 章）；第 2 部分：儿童和青少年咨询的基础：理论与实践（第 3 章至第 9 章）；第 3 部分：儿童和青少年常见问题及相关咨询干预（第 10 章至第 19 章）。

第 1 章介绍了儿童和青少年咨询的发展基础。我们假设读者具备一些人类发展的基本知识，或者会在培训中完成一门人类发展的课程。因此，我们只是提供了与儿童和青少年咨询有关的基本人类发展信息。此外，本章还讨论了儿童和青少年发展的风险因素及保护因素。

第 2 章着重讨论了影响儿童和青少年的背景与文化，以及系统中的风险因素和保护因素。具体来说，我们介绍了家庭系统、学校系统和社区系统中的风险因素和保护因素，以便咨询师在为儿童和青少年提供咨询时可以考虑这些因素。本章强调了理解儿童和青少年的整体成长背景对他们心理健康影响的重要性。

第 3 章探索了儿童和青少年个体咨询的基础，并讨论了对所有儿童和青少年咨询起核心作用的基本要素。本章首先讨论了有胜任力的咨询师应具备的素质、特征和行为，然后讨论了为儿童和青少年咨询打下基础的初始咨询任务，最后讨论了儿童和青少年咨询的实施阶段和终止阶段。本章的重点放在了与儿童和青少年咨询实践相关的事项上。

第 4 章重点讨论了咨询师可能普遍经历的伦理和法律困惑，并为咨询师提供了进行伦理决策的实用建议。伦理应当始终是咨询师的首要考虑因素。最重要的是，咨询师应该做到不伤害儿童和青少年。在为儿童和青少年咨询时，伦理问题尤其复杂，因为咨询师在决策时经常要考虑儿童和青少年的父母、养育者及家中其他孩子的因素。

第 5 章、第 6 章和第 7 章讨论了儿童和青少年咨询中的常用理论。我们选取的理论是在当下流行的研究文献中最常讨论的内容（如认知行为疗法、以人为中心疗法、现实疗法等），以及那些被证明对儿童和青少年具有极大的临床应用价值的理论。与第 1 章一样，我们假设读者已经或即将接受一些特定咨询理论的高级培训。我们的目的是在儿童和青少年咨询的背景下讨论这些理论，并着眼于儿童和青少年及其家庭的独特需求来阐明这些理论的主要组成部分。因为有胜任力的儿童和青少年咨询师会与儿童和青少年的家庭一起工作，因此第 7 章完全聚焦于家庭治疗。

第 8 章讨论了游戏和创造性艺术。游戏和创造性艺术的理论与方法都适用于儿童和青少年的不同发展阶段，因此在咨询中非常重要。本章概述了这些方法如何构成总体理论的一部分，或者如何成为儿童和青少年固有的咨询方法。

第 9 章介绍了“I CAN START”模型。“I CAN START”模型是一个综合的案例概念化模型，它整合了一种基于优势和受情境影响的思维方式来思考来访者及其所面临的困境。本章讨论了该模型的组成部分，并向读者介绍了该模型的案例应用。后续各章均以一个简短的案例开始，并以使用“I CAN START”模型的咨询应用来结尾。

第 10 章关注与安全性相关的某些临床问题，这些问题在儿童和青少年咨询中必须优先考虑。本章重点放在了咨询师可以采取的确保和提升儿童和青少年安全性的实际步骤上。本章选择的临床问题是咨询师最常遇到的问题，以及对来访者、咨询师或社区成员存在最大潜在风险的问题，包括自杀、自残和杀人。

第 11 章讨论了与家庭有关的转变和挣扎，包括父母离婚或分居、混合家庭、收养、父母物质滥用，以及儿童和青少年的丧失与哀伤，等等。与家庭有关的转变和挣扎可能对儿童和青少年的发展、生理健康和心理健康产生积极或消极的影响。本章讨论了咨询师如何应对和指导那些正在经历这些与家庭有关的转变和挣扎的儿童和青少年。此外，本章还探讨了家庭和咨询师应培养和加强的保护因素，以增强儿童和青少年的心理韧性。

第 12 章讨论了青少年面临的常见冲突及用于帮助青少年的方法。大多数青少年在某个时期会经历学业和社会情感的转变和挣扎。相关主题包括学习技能不足、考试焦虑、亲密关系问题、霸凌、关系攻击、社交与维持友谊问题等。

第 13 章讨论了咨询师在为有神经发育和智力障碍的儿童和青少年进行咨询时非常有用的诊断、评估和咨询方法。本章介绍了咨询师最常遇到的障碍，包括注意缺陷 / 多动障碍、孤独症（自闭症）谱系障碍、智力障碍和学习障碍。

第 14 章讨论了青少年破坏性行为问题的特征、症状和类型，包括品行障碍和对立违抗障碍。咨询师在各种情况下经常会遇到有破坏性行为的儿童和青少年，尤其是正处于青春期的青少年。老师和养育者，甚至执法人员，会求助于咨询师对这些行为进行调节和管理。本章讨论了对表现出破坏性行为的儿童和青少年行之有效的咨询干预措施。

第 15 章讨论了创伤问题，并着重讨论了儿童虐待。许多儿童和青少年都会经历创伤性事件。无论应激事件还是持续性事件，都会影响他们的心理健康。咨询师在帮助儿童和青少年及其家庭从创伤经历中调整恢复方面发挥着重要作用。在美国，虐待儿童是造成儿童创伤的最常见原因。本章提供了在为经历虐待和创伤性事件的儿童和青少年进行咨询时有效的诊断标准、评估和咨询方法。在某些案例中，与创伤相关的不良影响和困难会发展为心理障碍，包括反应性依恋障碍、创伤后应激障碍和复杂创伤反应。

第 16 章为酒精及其他物质滥用的青少年提供了有关风险、患病、评估、咨询及治疗选项方面的信息。青少年物质滥用是一个严重的问题，它给青少年、其父母、学校人员和社区成员带来了很多问题。因为青少年在生理、心理和社交上仍在成长和发展，所以物质滥用给他们带来了比成年人更大的挑战。

第 17 章讨论了焦虑、强迫及相关障碍的干预方法。焦虑障碍是儿童和青少年最常被诊断的精神障碍之一，终生患病率为 15% ~ 20%。

第 18 章介绍了抑郁障碍和双相障碍，以及咨询师可以为患这些障碍的儿童和青少年提供的支持。青少年抑郁障碍的患病率在 11% 左右，因此咨询师必须精通处理青少年抑郁的各种方法。

第 19 章讨论了儿童和青少年面临的与身体状况相关的障碍，确切地说探讨了两类障碍——进食障碍和排泄障碍，以及为患有慢性身体疾病的儿童和青少年及残障儿童和青少年进行咨询的注意事项。

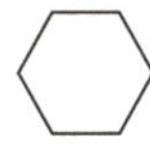

作者简介

维多利亚 · E. 克雷斯博士

扬斯敦州立大学（Youngstown State University）教授、咨询诊所主任、临床心理健康和成瘾咨询项目主任。她还担任美国咨询师认证管理委员会（National Board for Certified Counselors，NBCC）宣传主任。她拥有20年以上在各种环境中的临床工作经验，包括社区精神卫生中心、医院、住院治疗中心、私人诊所和大学咨询中心。她已经发表了120多篇文章，与人合著了3本关于青少年和成年人诊断 / 评估和咨询的书籍。她曾被《美国心理健康咨询学报》（*Journal Mental Health Counseling*）和《美国大学咨询学报》（*Journal of College Counseling*）评为最佳撰稿人。她还担任过《美国心理健康咨询学报》理论与实践部门的副主编。克雷斯博士曾担任了两届州长任命的俄亥俄州咨询师、社会工作者、婚姻和家庭治疗师委员会委员，并担任咨询专业标准委员会主席。她还曾担任俄亥俄州监管委员会的伦理联络员。目前担任心理咨询伦理案件的顾问 / 专家证人。美国心理咨询和相关教育项目认证委员会（Council for Accreditation of Counseling and Related Educational Programs，CACREP）授予她“马丁 · 里奇杰出倡导奖”。她还获得了美国心理咨询协会（American Counseling Association，ACA）以及美国咨询师教育和督导协会（Association for Counselor Education and Supervision，ACES）颁发的诸多奖项。她是Chi Sigma Iota国际咨询荣誉学会（以下简称CSI）和俄亥俄州咨询协会的前任会长，也曾任美国心理咨询协会的地区主席。

马修 · J. 佩洛博士

扬斯敦州立大学副教授、大学心理咨询项目的项目主管。他有超过 13 年在各种环境下的临床工作经验，包括社区精神健康中心、监狱、医院、青少年住院治疗中心和大学咨询中心。佩洛博士热衷于在治疗关系中实施循证干预，强调共情、无条件积极关注和真诚。他在精神和情绪障碍诊断与治疗领域发表了多篇文章。此外，他发表过许多关于创伤、循证治疗、犯罪人治疗、青少年咨询、社会公正咨询的文章。佩洛博士获得了许多教学和研究奖项。佩洛博士现在担任俄亥俄州婚姻和家庭治疗师委员会主席。

妮可 · A. 斯塔格尔博士

北卡罗来纳大学彭布罗克分校副教授，担任临床心理健康咨询和学校咨询项目的协调员。她曾担任 CSI 的某分会会长，并且是北卡罗来纳大学彭布罗克分校机构审查委员会的成员。她曾撰写了 18 篇同行评议文章，与人合著了 6 本书。她擅长的咨询领域包括诊断和治疗计划、多元文化、哀伤和丧失问题及儿童和青少年咨询。她曾在学校、门诊 / 强化门诊、家庭及医院 / 癌症中心担任咨询师。

目录

02 第 2 部分 儿童和青少年咨询的基础：理论与实践 / 051

03 第 3 部分 儿童和青少年常见问题及相关咨询干预 / 247

第 14 章 破坏性行为问题 /335

第 15 章 虐待与创伤 /353

第 16 章 物质滥用 /384

COUNSELING CHILDREN AND ADOLESCENTS

第 1 部分

儿童和青少年咨询的发展与系统基础

第 1 章　关注发展的儿童和青少年咨询

心理咨询是一种专业服务，旨在通过心理学理论和方法，帮助来访者获得某些支持，从而实现他们独特的目标（Kaplan et al.，2014）。咨询师的目标是帮助来访者解决生活中的各种问题，实现其最佳发展，帮助其接受早期干预并防止问题继续发展（Vereen et al.，2014）。要想理解儿童和青少年心理咨询，咨询师必须理解儿童和青少年的发展。在本章，我们将讨论咨询师需要了解的与儿童和青少年发展及咨询有关的知识。

事实上，儿童和青少年非常需要咨询师的帮助。大约 20% 的青少年被诊断出心理问题，大约 50% 的心理问题在个体 14 岁之前没有得到解决；如果任其发展，这些心理问题可能会持续终身（Merikangas et al.，2010）。咨询师可以通过早期干预来防止问题恶化。此外，咨询师在帮助个体预防心理问题方面也起着重要作用。因此，对儿童和青少年进行有效和有目的的心理健康干预十分必要。本章将讨论咨询师可以运用的干预方式。只有正确理解儿童和青少年正常发展的特点，咨询师才能对他们的心理问题做出有效的干预。

发展可以被定义为成长和成熟的过程，包括生理、认知、自我、心理社会和情绪等方面（Broderick & Blewitt，2014）。发展带来的变化贯穿个体的整个生命周期，在个体发展早期尤为迅速和显著，并影响着个体了解世界及其与世界互动的方式。当进行儿童和青少年咨询时，咨询师使用的概念、方法和技术必须建立在充分理解其发展的基础之上。

对儿童和青少年来说，个体的发展具有差异性，有的发展滞后，有的发展超前。举例来说，如果一个 14 岁的男孩被父母虐待和遗弃，他就有可能不会经历与同龄人相同的发展里程碑，因为他还没能度过早期的发展阶段（Simpson et al.，2011；Zilberstein，2014）。这个例子说明，对咨询师来说，如果不了解个体独特的生活经历和成长环境，就无法理解其所呈现出来的问题。另一个重要的问题是，咨询师只有了解儿童和青少年典型的发展阶段特征，才能根据个体发展延迟或超前所面临的不同问题给出相应的解决方案。根据美国心理咨询协会（American Counseling Association，ACA）《伦理守则》（*Code of Ethics*）（以下简称 ACA 伦理守则），专业的咨询师应鼓励来访者的成长和发展，采取有效且适合来访者发展水平的干预措施。表 1-1 对儿童和青少年发展阶段的一般特征进行了总结。

表 1-1　儿童和青少年发展阶段的一般特征

年龄阶段	共性特征
幼儿期（3 ~ 6 岁）	• 粗大动作和精细动作技能得到发展 • 在沟通、游戏和解决问题中使用表征符号 • 学前技能发展（如识字、数数） • 依恋关系加强并扩展到父母之外的对象上 • 开始通过与他人的关系确立自我意识 • 自我概念、自尊和自我调节能力开始发展
儿童期（6 ~ 12 岁）	• 粗大动作和精细动作技能得到巩固 • 问题解决技能出现 • 具体问题解决技能出现 • 自我意识和自我认识得到发展 • 自我概念、自尊和自我调节能力得到发展 • 社交技能和建立、维持友谊的能力得到发展 • 情感意识和情感交流的能力得到发展

（续表）

年龄阶段	共性特征
青春期早期（10～14岁）	• 第二性征开始出现 • 抽象思维（形式运算思维）出现 • 以自我为中心的认知发展 • 自我评估能力出现 • 交友范围扩大
青春期后期（15～18岁）	• 性成熟 • 洞察和表达情绪 / 感受的能力增强 • 抽象思维（形式运算思维）得到巩固 • 基于兴趣和经验分享的友谊得到发展 • 亲密 / 浪漫关系开始出现 • 独立性和自主性得到发展 • 通过经验获得的自我同一性得到发展和巩固

咨询师应重视从发展的角度看待问题，因为很多儿童和青少年的生活问题源自正常发展过程遇到了阻碍，解决这些发展过程中遇到的阻碍有助于其改善心理健康水平（Vereen et al.，2014）。例如，父母刚刚离婚的一个 8 岁女孩可能会因生活中的巨大变化变得悲伤和失落，从而陷入困境。如果从发展的角度看待这个女孩，悲伤和失落是一种正常的反应，而摆脱困境的经历会为她提供建立心理韧性的机会。心理健康问题也会出现在发展变化期（如青春期）。所有儿童和青少年都需要某种程度的支持和指导，以解决发展中的问题并建立稳固的心理健康基础。

抑制个体健康成长和发展的因素被称为风险因素，促进个体健康成长和发展的因素被称为保护因素或韧性因素（Kelly et al.，2014）。风险因素和保护因素在青少年发展中起着重要作用。表 1-2 对常见的儿童和青少年发展的风险因素进行了总结，表 1-3 对常见的儿童和青少年发展的保护因素进行了总结。

表 1-2　儿童和青少年发展的风险因素

发展类型	风险因素
生理发展	• 遗传和生理缺陷 • 低出生体重 • 刺激不足的环境 • 较差的身体健康状况 • 营养不良、疏于照顾 • 精神障碍和情绪障碍

（续表）

发展类型	风险因素
认知发展	• 神经发育迟缓或紊乱 • 智力低下 • 注意力问题 • 消极的思维方式 • 较低的问题解决能力 • 对自我、他人、世界的非理性思考
自我发展	• 自我意识不清晰 • 低自尊 • 寻求感官刺激 • 易冲动 • 叛逆 • 认同问题行为 • 缺乏兴趣爱好 • 外控型（如认为困难无法被自己解决） • 将困难归因于个人特质而非外部环境
心理社会发展	• 贫困 • 生活条件差（如无家可归、家中人口众多） • 创伤、忽视和虐待 • 不良的依恋模式 • 沟通能力差 • 社会边界意识差 • 缺乏共情能力 • 参与违法犯罪活动（如暴力、帮派活动） • 儿童时期压力大 • 缺乏来自家庭成员、同伴等群体的社会支持 • 有存在反社会行为的家庭成员 / 同伴 • 家庭成员有物质滥用方面的问题 • 家庭成员有心理健康方面的问题 • 家庭冲突、家庭破裂、离婚
情绪发展	• 无效的情绪表达和调节模式（如回避、吼叫、打人） • 不符合文化规范的情感表达方式 • 缺少共情能力 • 缺乏情绪调节能力

表 1-3　儿童和青少年发展的保护因素

发展类型	保护因素
生理发展	• 身体健康 • 没有明显的遗传和生理缺陷 • 支持学习和游戏的刺激性环境
认知发展	• 中高等智力水平 • 心理灵活性（如能够从不同角度看待问题） • 解决问题的能力 • 处在有利于技能学习的刺激性环境下 • 进入学校学习

（续表）

发展类型	保护因素
自我发展	• 易相处 • 调节行为、情绪和自我的能力 • 精神 / 宗教信仰 • 幽默 • 乐观 • 自主和自立 • 目标感 • 坚持不懈 • 感恩 • 内控型（如能够采取措施应对困境） • 个人成就动机 • 兴趣爱好 • 将困难归因于外部环境而非个人特质
心理社会发展	• 经济稳定，家庭 / 社区资源丰富 • 较小的生活压力 • 安全的依恋模式 • 充分的社会支持 • 社区志愿服务 • 辅导机会 • 社交技能 • 沟通技巧 • 积极的同伴关系 • 积极的家庭关系 • 合理、积极的教养方式 • 家庭冲突和干扰较少
情绪发展	• 健康的情绪表达和调节模式 • 较高的情商 • 较强的共情能力 • 识别和支持他人情绪体验的能力 • 非评判性地识别和表达情绪的能力 • 较强的情绪调节能力

所有的风险因素和保护因素协同作用，以独特的方式相互联系，并影响着儿童和青少年。错综复杂的风险因素和保护因素在儿童和青少年发展的各个阶段相互作用、相互交织，并受到生活经历的影响（Simpson et al.，2011；Skinner & Zimmer-Gembeck，2016）。

本章从个体层面探讨了儿童和青少年的生理、认知、自我、心理社会和情绪发展的因素，并从风险因素和保护因素的角度进行了分析。在第 2 章，我们将更详细地讨论影响儿童和青少年发展的系统和环境风险，以及其中的保护因素（如家庭、学校和社区）。

儿童和青少年发展的各个方面

本章讨论的儿童和青少年的发展方面并非详尽无遗，而是尽量简洁地对咨询过程中需要考虑的重要发展因素进行概述。更具体地说，本章包含的发展因素涵盖了儿童和青少年不同发展阶段可能经历的思想、情感和行为的所有重要方面。咨询师可以利用这些信息判断儿童和青少年的主观经验发展是否正常，并评估如何在儿童和青少年现有的发展轨迹上提供更有帮助的支持。本章之后的部分将讨论观察儿童和青少年发展问题（如行为问题、焦虑）的具体方法。

生理发展

生理发展直接关系到个体的认知、人格、自我、心理社会和情绪的发展。儿童和青少年的思想、信念、情绪和人际关系都与他们的生理发展息息相关。身体的成长为儿童和青少年提升自我效能感、建立自尊和同伴关系提供了基础，神经系统的发育促进了儿童和青少年认知能力和依恋关系的发展（Niepel et al.，2014；Raz et al.，2014；Steeger et al.，2015；Zilberstein，2014）。

身体发育方面的特征是较为明显的（如和同龄人相比的身高），还有一些方面则是在大脑内部随着神经通路的增强而发展的。新生儿身体的发育很快，发育速度在儿童期减慢。随着青春期的开始，青少年身体发育的速度再次加快，最后在青春期后期或成年早期达到完全成熟的水平（Raz et al.，2014；Steeger et al.，2015）。即使儿童在外观上看起来没有太大变化，他们的身体内部也在经历着神经系统的快速发育，这就促进了粗大动作技能（如投掷、跳跃、攀爬）和精细动作技能（如用铅笔写字）的发展（Decker et al.，2011；Raz et al.，2014）。

儿童和青少年生理健康发展的风险因素包括遗传变异和出生缺陷（如脑损伤、脊柱裂）、环境中的有害物质、儿童期遭受虐待和营养不良等（Decker et al.，2011；Groark et al.，2013；Osofsky & Leiberman，2011；Raz et al.，2014；Steeger et al.，2015）。这些风险因素会导致儿童和青少年的学习困难、对同伴的攻击、情绪调节困难及不完整或消极的自我认同感。儿童生理健康发展的保护因素包括：得到较好的照料、有机会学习和掌握情绪调节技能、儿童与照料者及同伴拥有安全的关系，以及处在通过游戏进行学习的刺激性环境中（Groark et al.，2013；Osofsky & Leiberman，2011）。

随着青少年进入青春期，生理方面的风险因素不仅包括儿童时期的风险因素（如营养不良、神经通路发育受阻），还包括与青春期的第一性征、第二性征发育有关的风险因素（如性活动增加）（Moore et al.，2014）。青春期带来的激素变化和身体上的快速发育也会增加青少年患抑郁障碍和遭遇其他心理健康问题的风险（Mendle et al.，2012）。青春期的身体发育可能会让人感到不舒服和害怕，咨询师在支持青少年与其父母、同伴建立积极关系时，可以帮助青少年探索这些感觉，并帮助他们理解有这些感觉是正常的（Mendle et al.，2012；Moore et al.，2014）。

认知发展

认知发展可以定义为支持信息处理、问题解决、推理、记忆和沟通交流的思维的持续形成（Broderick & Blewitt，2014；Raz et al.，2014）。认知发展与神经发展密切相关，随着儿童神经系统的发育，他们能够逐渐掌握用于进一步学习和成长的新概念和新技能（Decker et al.，2011；Skinner & Zimmer-Gembeck，2016）。

著名发展心理学家让·皮亚杰（Jean Piaget，1928，2002）提出了认知发展阶段理论，该理论解释了个体从出生到青春期认知发展的典型过程。这一过程包括四个阶段，解释了儿童和青少年如何获得新信息并将其整合到现有的认知模式中。这四个阶段包括感知运动阶段（0 ~ 2 岁）、前运算阶段（2 ~ 7 岁）、具体运算阶段（7 ~ 11 岁）和形式运算阶段（11 ~ 16 岁及以上）（Piaget，1928，2002；Sigelman & Rider，2012）。咨询师应了解这四个阶段的主要特征，因为个体经历的风险因素和保护因素可能促进或减缓青少年的认知发展。

在生命的最初两年，个体处于认知发展的感知运动阶段。在这个阶段，婴幼儿利用他们的触觉、味觉、嗅觉、视觉和听觉这五种感觉探索世界。婴儿刚出生时，主要依靠先天本能认识世界（如当他们的手掌被触碰时，会马上紧握）（Broderick & Blewitt，2014）。随着婴儿长成蹒跚学步的幼儿，这些本能反应逐渐变得更加有意识，他们开始探索世界，也开始认识自己（Skinner & Zimmer-Gembeck，2016）。例如，一个蹒跚学步的孩子找到了镜子，他会在镜子中发现自己的影子；他可以伸出手来，将手贴在镜子上，从而整合触觉；他甚至可以将嘴和鼻子贴在镜子上，整合味觉和嗅觉。幼儿会尽可能多地使用感觉器官探索他们周遭的环境，从而更好地了解自己、他人和世界。

2 ~ 7 岁时，个体处于前运算阶段。在这个阶段，儿童会发展出语言能力、对符号表征的理解能力及解决具体问题的能力（Broderick & Blewitt，2014）。2 ~ 7 岁的儿童没有抽象推理能力或高度发展的问题解决能力（Prout & Fedewa，2015）。在这个年龄段，儿童倾向于通过游戏来表达自己和探索世界。咨询师应该注意，幼儿时期的游戏可以被解释为现实生活中的挣扎。儿童选择的玩具往往象征着现实生活中的人和物，而游戏场景往往代表着他们在现实生活中的困境。通过游戏，儿童往往会设计出解决这些问题的具体方案，咨询师可以与家长、教师及其他可能会对孩子造成重大影响的人合作，促使儿童设计的这些解决方案能在真实的生活中得到实践和巩固（Menasa，2009）。

处于前运算阶段的儿童以自我为中心是符合发展规律的，这意味着他们缺乏对他人视角的洞察力，并且不担心他人如何看待或理解他们（Piaget，1928，2002）。在前运算阶段，儿童最关注的是满足自己的需求，这有时会导致自私的游戏行为和潜在的社交困难。咨询师可以引导和教育家长、老师和照料者，让他们了解认知发展在这个年龄段的表现，并帮助他们制定促进儿童亲社会行为的规则。

7 ～ 11 岁时，个体处于具体运算阶段。在这个阶段，儿童的自我中心主义消失，认知变得合乎逻辑，并可以解决具体问题。处于这个年龄段的儿童无法理解假设条件，也无法理解一个问题的多个方面，但他们能够将行为与后果联系起来。例如，一个处于具体运算阶段的儿童在发生争吵后能够主动与同伴修复关系，他们能够明白道歉是解决冲突的有效方法。然而，这个阶段的儿童其抽象推理能力并没有得到充分发展，他们很难感知到同伴对争吵的看法，也无法预测在不道歉、不立即道歉或之后道歉这三种不同情况下会发生什么（Prout & Fedewa，2015；Sigelman & Rider，2012）。在对处于具体运算阶段的儿童进行咨询时，咨询师可以培养儿童的共情能力，鼓励儿童学习亲社交技能，从而帮助他们进入发展的最后阶段。

个体在 11 ～ 16 岁会进入认知发展阶段的最后阶段，即形式运算阶段。随着青春期的临近，青少年通常能够更好地洞察他人的观点，并考虑自己当前行为可能带来的长期后果（Sigelman & Rider，2012）。在这个阶段，传统的会谈式治疗方法更适用，咨询师也可以在其中融入一些符合个体发展的创造性活动或游戏（Capuzzi & Stauffer，2016；Choudhury et al.，2006）。如果交给这个阶段的青少年一张白纸，他们一般不会在上面画画或上色。但是给他们一个明确的提示，或者要求他们给曼陀罗（一个圆形的图形）上色，通过这种舒缓和结构化的方式，可以使青少年在咨询中把创造力和自我表达结合起来。当咨询师和养育者能够真正与不同年龄段的青少年建立联结时，积极的父母 / 教师 / 成年人期望、同伴支持及社交和情绪调节技能等保护因素就可以有效地发挥作用（Chronis-Tuscano et al.，2015；Hopson & Weldon，2013；Mendle et al.，2012；Osofsky & Leiberman，2011）。

自我发展

自我概念是在婴幼儿与父母的依恋关系中形成的（Broderick & Blewitt，2014；Zilberstein，2014）。当父母抚养孩子并恰如其分地满足他们的需要时，健康的依恋关系就形成了。举例来说，婴儿在有需求时就会哭，不管需要吃奶和换尿布，还是需要亲近和抚慰。当婴儿哭泣时，如果养育者迅速满足他的需求，婴儿就会知道这个世界是一个安全的地方，就会相信他人可以满足自己的情绪和生理需求。当孩子的需求得到满足时，他们就会感到放松，感到自己很重要和有价值。当养育者不能始终如一地满足（或回应）孩子的需求时，他们就可能会形成不安全型依恋。例如，一个婴儿躺在婴儿床上哭泣，而养育者没有回应，这个婴儿就会觉得他人是不可靠或不安全的，转而努力学习如何自我调节和抚慰不舒服的感觉，并相信世界是一个不可预测或不安全的地方（Zilberstein，2014）。

到 2 岁时，孩子能够在镜子中认出自己，并知道自己是具有独特思想、情感和行为的自主的人（Broderick & Blewitt，2014）。有了这一认识后，孩子开始通过人际关系建立对自己的认识，并发展自我概念和自尊。自我概念是一个人的能力和特征的心理表征（Niepel et al.，2014）。自尊是由自我概念决定的，包括一个人对自己整体价值的感觉（Brummelman et al.，2014；Niepel et al.，2014）。青少年在校园关系、社会关系、家庭关系甚至休闲活动或兴趣爱好（如作为运动员的自我）等方面都拥有多种自我概念。

在儿童时期，父母和其他养育者对孩子的自我概念有着重大影响（Broderick & Blewitt，2014）。父母对孩子各种努力的反应方式（如支持或惩罚）会影响孩子看待自己的能力和特征的方式。随着年龄的增长，青少年的同伴关系变得越来越重要，其对自我发展的影响甚至超过了父母的（Lereya et al.，2015；Moore et al.，2014）。咨询师可以通过社交技能的训练、积极人际情感的培养、不合理认知的重构、性格优势的识别和运用等方法帮助各个年龄段的青少年培养基于同伴关系的积极的自我概念，并提升青少年的感恩意识和正念意识（Broderick & Blewitt，2014；Suldo et al.，2015）。

心理社会发展

心理社会发展是儿童和青少年在与环境互动的过程中实现的。在这个过程中，他们会产生思想、情感和经验（Broderick & Blewitt，2014）。儿童和青少年的自我价值感在很大程度上取决于重要他人对他们的反应方式及自己对他人的回应方式。心理学家埃里克·埃里克森（Erik Erikson，1968）构建了一个心理社会发展模型，他用这个模型解释个体在生活的各个阶段所经历的各种挑战或危机。从出生到青春期，孩子总试图确认是否可以信任他人，是否可以信任自己，自己在世界上的角色，以及自己将会成为什么样的人（Broderick & Blewitt，2014）。成功应对埃里克森提出的心理社会危机的孩子将学会信任他人，获得积极的自我意识，并确定他们在与他人的关系中扮演的特定角色。

依恋关系在过去被认为是影响自我发展的重要因素。依恋的概念与心理社会发展的概念重叠，这种发展开始于为生存和基本需求而依赖父母的婴儿时期（Erikson，1968）。总体来说，如果父母为孩子提供一个安全的环境，使他们的基本需求始终得到满足，孩子就会形成对他人和世界的信任感。如果基本需求在早年得不到持续满足，孩子就会学会不信任他人并贬低自己（Broderick & Blewitt，2014；Erikson，1968；Zilberstein，2014）。孩子是否拥有信任的能力直接影响到他们理解自己与他人关系的能力。

随着社会性的发展，儿童和青少年可以实现自主行为，开始表现出个人的主动性。来自养育者和同伴的积极回应会帮助儿童和青少年产生独立感和认同感，而来自他人的轻蔑或消极的回应会使他们产生自我怀疑和角色混淆感。例如，一个 7 岁的男孩发现他对跳舞感兴趣并且很有天赋，但是他对其他运动不感兴趣。如果他的父母在口头（如表扬、兴奋地评论）和行为上（如观看演出、带他去练习）支持他，这个男孩就会知道他的天赋是特别的，他就更有可能形成一种积极的自我概念，会感觉自己在世界上有一个目标（Broderick & Blewitt，2014；Brummelman et al.，2014；Suldo et al.，2015）。然而，如果男孩的父母希望他踢足球而不是跳舞，并对他进行负面评价，甚至禁止他跳舞，就可能会导致男孩感到被拒绝和评判，从而削弱他的自我概念，导致消极的情绪。

对儿童和青少年的发展来说，人际关系从出生到青春期甚至整个成年期都起着不可或缺的作用（Broderick & Blewitt，2014；Mendle et al.，2012）。咨询师应注意评估儿童与养育者的依恋关系质量，识别和解决由于不安全型依恋关系造成的种种伤害。咨询师在对儿童和青少年进行咨询时，可以培养他们适应性的社交技能和积极的同伴互动方式。由于社交互动在儿童和青少年心理发展中所起的关键作用，相关内容应始终贯穿在咨询中。

情绪发展

情绪发展包括青少年学会理解、体验和调节自己的情绪。关键的情绪发展技能包括识别自己和他人的情绪、情绪表达和情绪调节。需要注意的是，情绪表达高度依赖于一个人所处的文化环境。情绪发展也与生理、认知、自我概念和心理社会因素交织在一起。在生命早期经历过难以识别、表达和调节情绪的孩子可能会陷入长期的困境，如人际困难、反社会行为、学校冲突和物质滥用等问题（Girio-Herrera et al.，2015；Gulley et al.，2014）。相反，如果孩子可以了解积极情绪和消极情绪都是生活中的一部分，并使用语言进行情绪表达和情绪调节，就可以在一生中都实现健康的情绪发展（Suldo et al.，2015）。

孩子最初会通过观察父母、家庭成员和周围人来了解他们的情绪和情绪表达（Gulley et al.，2014）。例如，一个 8 岁的女孩失去了母亲，她会观察父亲的应对机制，并会不自觉地思考关于她应该如何应对和管理自己情绪的方法。她的父亲可能会以愤怒和激动的方式面对失去，这是男性面对失去、表达悲伤和抑郁的常见反应（APA，2013a）。在这种情况下，这个女孩可能也学会了用愤怒的反应处理不舒服的情绪。如果她的父亲避免所有的情绪表达，那么女孩可能会习得将负面情绪内化。如果她的父亲可以表达自己的想法和感受，并使用健康的应对方法（如回忆）疗愈失去伴侣的痛苦，那么女孩就会了解，积极情绪和消极情绪都是生活中不可避免的一部分，困难的经历是可以被接受和管理的，一个人在成长中可以伴随不舒服的感觉。

本章介绍了从幼儿期到青春期各个年龄段最常见的生理发展、认知发展、自我发展、心理社会发展和情绪发展问题，并探讨了每个发展水平背景下的风险因素和保护因素之间的相互作用。正如一些风险因素和保护因素会因个人情况而更突出一样，有些因素在不同的发展阶段也更相关。

幼儿期

在这个部分中，幼儿指 3 ~ 6 岁的孩子。3 岁（或 4 岁）以下的孩子不能有意识地识别自身的想法、感觉和行为，因此对 3 岁以下孩子的心理健康干预通常集中在与神经发育障碍相关的行为改变（如孤独症等）和父母培训上（Skinner & Zimmer-Gembeck，2016；Zeanah，2009）。神经发育障碍相关内容会在第 13 章中讨论，父母培训相关内容贯穿于整本书。婴儿心理健康也是很重要的领域，但由于篇幅的限制，本书未涉及相关内容。读者可以从其他来源了解这一重要领域的研究（Shulman，2016）。

在为幼儿提供咨询时，父母也会参与其中，因为孩子在这个时期高度依赖父母或其他养育者（Prout & Fedewa，2015）。父母可以尝试为孩子提供初步咨询，也可以寻求学前班、幼儿园或社会服务机构的工作人员的帮助。如果一个家庭中有其他孩子也在接受咨询，咨询师就可以对这个家庭采用系统方法进行咨询。

幼儿期发展特点

生理发展

在幼儿期，孩子身体内的神经元之间形成了重要的通路，用来支持其大脑与所有其他器官之间的通信（Skinner & Zimmer-Gembeck，2016；Steeger et al.，2015）。每当大脑与身体某个部位之间的连接被使用时（如用手握笔写字），这种通路就会加强。咨询师可以鼓励父母和其他养育者通过积极参与支持孩子成长和发展的活动（如做游戏、讲故事）来刺激和增强孩子的神经发育。在早期经历中获得充分刺激和支持的孩子具有显著的身体、行为和认知上的优势（Groark et al.，2013；White et al.，2014）。

在幼儿期，孩子的肌肉会随着年龄的增长而不断发展，他们会变得更加强壮，对动作的控制能力也会不断增强。到 3 岁时，孩子的粗大动作技能（如挥舞手臂、走路）和精细动作技能（如打结、握笔写字）（Skinner & Zimmer-Gembeck，2016）都会有显著提升。即使与父母及同龄人的接触中获得了足够的刺激，幼儿的身体发育也会受到一些遗传和环境因素的限制。例如，唐氏综合征是一种常见的遗传性疾病，患这种疾病的个体在一生中都会经历身体、认知和人际关系方面的缺陷（de Santana et al.，2014）。35 岁以上的母亲所生的婴儿患唐氏综合征的风险较大。除此之外，目前关于这种遗传性疾病（和其他类型的遗传疾病）的风险因素和保护因素，我们了解的信息十分有限（CDC，2014b）。在没有明显的遗传性疾病或神经发育障碍的情况下，环境因素（如油漆中含有的铅）也可能会导致幼儿早期的神经系统发育缓慢（Morsy & Rothstein，2015）。虽然铅已经从现在的油漆产品中去除了，但在窗框、管道和地面上仍然可能存在残留，咨询师应记住这一点及其他类似的考虑因素。

在早期的发育阶段，如果幼儿长期处在令他们感到压力、沮丧和抑郁的家庭环境下，他们的皮质醇（一种应激激素）水平就会比较高，这可能会导致他们出现比较多的情绪上的困难（如总是出现负面情绪，突出的情绪化表现等），他们一生都可能会体验更高的压力水平和抑郁水平（Mackrell et al.，2014）。咨询师应了解成长环境对幼儿身体发育的长期影响，并努力为幼儿及其家庭提供支持（Skinner & Zimmer Gembeck，2016）。在幼儿期生活在支持性和幸福的家庭环境中的孩子，其一生都会免受神经发育障碍和其他生理问题的影响。

认知发展

人类大脑至少有 50% 是在出生后发育的，大脑发育最快的时期是出生后的前 2 年（Zeanah，2009）。根据皮亚杰的认知发展阶段理论，人类在生命的最初几年处于认知发展的感知运动阶段（Sigelman & Rider，2012）。在这个阶段，婴儿大脑中控制情绪、生理唤醒和情绪调节的部分被首先使用（Schore，2012）。

幼儿需要来自他人和环境的刺激，从而使大脑右半球尽可能地发育成熟。环境刺激包括可以被幼儿摸到、看到、听到、闻到和尝到的东西。养育者应有意识地主动为处于各个年龄段的幼儿提供新鲜和新奇的刺激源。随着幼儿逐步成熟，控制决策和交流的大脑左半球开始被越来越多地使用。

根据皮亚杰的认知发展阶段理论，幼儿在 2 ~ 3 岁时开始进入认知发展的前运算阶段（Sigelman & Rider，2012）。在这个时期，幼儿能够理解在沟通、游戏和解决问题时出现的符号。例如，幼儿通常能够理解“狗”这个字被用作一个符号来表示许多家庭中可爱的、毛茸茸的动物。在进行游戏时，幼儿能够用娃娃或其他玩具代表他们真实生活中的物体（Prout & Fedewa，2015；Sigelman & Rider，2012）。如果咨询师让一个 4 岁的孩子找到一个娃娃代表他的妈妈，孩子是能选择一个娃娃并解释为什么这个娃娃可以代表自己的妈妈的。然而，孩子的表达通常是具体的（如这个娃娃是个女孩，我妈妈是个女孩）。

幼儿的认知发展还包括学龄前认知技能的形成（如数数和背诵字母表）。这个年龄段的孩子也开始理解心理表征（也称符号）与实际物体或文字之间的关系。父母提供促进学龄前认知技能发展的积极信息为儿童健康的学业发展提供了保护因素，包括教授和练习字母表、与孩子一起数数等（Hopson & Weldon，2013；Search Institute，2015）。即使在这么小的年龄，来自父母、养育者和教师关于孩子学业成功的态度也可能会对幼儿产生长期的积极或消极影响。

幼儿早期出现的认知缺陷会对其未来的学业成就产生长期的影响（Prout & Fedewa，2015；Search Institute，2015）。例如，贫困家庭的学生通常在假期没有阅读材料，相比之下，家庭条件好的学生在假期中可能在家通过练习获得一些阅读技能，或者至少在假期保持着稳定的阅读能力（White et al.，2014）。

自我发展

在幼儿期，孩子能够认识到自己的独特性，这一阶段自我发展的特征是形成自我概念和自尊（Broderick & Blewitt，2014）。到 3 岁时，幼儿开始形成多种自我概念，这些自我概念包括对自己身体、学习能力、人际交往能力和情感体验的感知。自尊是自我概念在多个方面的反映，是孩子对自我与他人关系的整体表征（Broderick & Blewitt，2014；Brummelman et al.，2014；Niepel et al.，2014）。

孩子的内在气质在他们的自我意识中起着重要作用。气质是指个体与环境刺激相关的内在的、基于生物学的反应和自我调节的倾向（Dyson et al.，2015；Prout & Fedewa，2015）。气质被定义为五个维度，包括积极情感、社交能力、烦躁、恐惧 / 抑制，以及冲动 / 约束（Dyson et al.，2015）。有的孩子天生就更容易受到积极或消极情绪（情绪表达）的影响，这会对他的情绪、感觉、认知和整体的自我概念产生影响。气质对一个人的情绪、社交和认知发展有着深远的影响。

一些孩子天生就更擅长执行他们不愿做的任务（如清理玩具），在执行这类任务时，支持和温暖的养育者角色就是一个保护因素（Chronis-Tuscano et al.，2015；Skinner & Zimmer-Gembeck，2016）。父母是孩子行为和情绪的榜样，即使感到沮丧或愤怒，父母也应该尽量保持冷静的态度。父母应指导孩子如何表达积极情绪和消极情绪，并告诉他们积极情绪和消极情绪都是生活中正常的一部分，对成长很有帮助。

总体来说，个体在幼儿期的自我发展会为积极的自我概念和健康的自尊奠定基础，这种影响会持续一生。幼儿期的自我发展会影响其日后的认知、情绪和行为发展。孩子的自我发展受他人（如同伴、养育者）的影响很大，自我发展与心理社会发展之间存在着密切的联系。

心理社会发展

心理社会发展与自我意识相关，自我意识反映了个体与他人的关系，最初由个体对父母的依恋产生，之后通过儿童期的社会交往进一步扩展（Prout & Fedewa，2015）。在出生后的最初两年里，与养育者的眼神接触会促进幼儿的右脑（负责情感的部分）发育，因此幼儿能够调节自己的情绪，获得对世界的安全感（Zeanah，2009）。幼儿知道他们可以向他们的养育者寻求安慰，这就是我们常说的"依恋"。

与养育者在生命早期形成的依恋关系会对幼儿的依恋模式产生影响。个体在生命早期与养育者的互动模式会影响其依恋关系的形成（Zilberstein，2014）。当一个婴儿的基本需求能够以关怀和爱的方式得到持续满足时，就会形成安全的依恋关系。这是一种健康的依恋关系，个体会觉得自己值得被他人爱和关注，并相信他人是善意和安全的。当婴儿的需求得不到持续满足时，就会形成不安全的依恋关系，从而让个体感到自己不受欢迎、不值得被爱、与他人相处是不安全的（Sigelman & Rider，2012；Zilberstein，2014）。

在出生的第一年，婴儿必须克服埃里克森所说的"信任对不信任"的冲突阶段，从而决定是否可以信任他人（Erikson，1963）。形成稳固的依恋关系的个体能够成功地度过这一阶段，进入"自主对羞愧和怀疑"的阶段。在这个阶段，个体需要知道他们能否与作为依恋对象的养育者进行短暂的分离，并在需要时重新得到养育者的照顾和保护（Erikson，1963）。例如，在安全的情况下，当父母坐在公园长凳上时，幼儿可以在草坪上玩耍。在这一阶段，养育者应帮助幼儿继续培养情绪调节技能，同时防止因自主性带来的不安全行为（如跑到街上），并且尽可能地鼓励其建立独立感。

在接下来的幼儿期，个体进入埃里克森所说的"主动对内疚"的阶段（Erikson，1963；Sigelman & Rider，2012）。在这一阶段，如果幼儿能够进行创造性的活动（如用积木搭房子、选择一套服装），且这些活动符合个人发展目标，并在这个过程中获得积极的认可时，他们的心理社会就会得到健康的发展。如果幼儿的尝试没有得到同伴、父母或其他人的认可，那他们的心理社会发展就可能会受阻。例如，一个 4 岁的女孩和她的同伴一起玩积木搭房子的游戏，她不断地从她的同伴那里拿最好的积木搭自己的房子。尽管这可能会满足她内在的需求（搭最好的房子），但是她的同伴却因此受到影响而无法搭自己的房子，她的同伴会感到不公平，因此不再与她玩耍。在理想情况下，女孩应该专注于享受快乐及公平地玩游戏（而不是搭最好的房子），从而建立更好的社会关系。促进这一成长过程的具体技术和干预措施将在下文讨论。

许多风险因素会影响幼儿的心理社会发展。例如，照料质量较差的幼儿园（如照料者人数不足、不健康的人际关系模式、不一致的规则等）会导致幼儿出现更多的外在行为问题（如打人、乱扔东西），也会导致幼儿自我控制能力较差（Huston，et al.，2015）。行为问题与自我控制能力较低会影响同伴关系，因为孩子们更倾向于与性格更随和、脾气较好的孩子一起玩耍（Mackrell et al.，2014）。

成长于经济困难家庭的孩子在幼儿期可能会出现更多的行为问题（Huston et al.，2015）。咨询师应确认他们是否能够获得基本的生活资源（如充足的食物和干净的衣服）。根据马斯洛需求层次理论，基本需求得不到满足的孩子很难实现咨询目标（Sigelman & Rider，2012）。咨询师也可以通过为那些在家中无法获得这些资源的孩子提供资源（如书籍、教育类游戏），支持其家庭形成良好的刺激性环境（White et al.，2014）。咨询师还应帮助他们确认自身的优势，教授他们正确的应对技能，并对他们积极的社会行为进行奖励，从而促进其心理社会发展（Broderick & Blewitt，2014；Brummelman et al.，2014；Niepel et al.，2014；Search Institute，2015）。

情绪发展

幼儿会经历多种情绪，包括快乐、惊讶、厌恶、悲伤、愤怒和恐惧（de Santana et al.，2014）。幼儿能够以健康、有益的方式体验和调节情绪的程度会影响他们的自尊和构建人际关系的能力（Broderick & Blewitt，2014；Wagner et al.，2015）。在这个阶段，他们能够理解基本的情绪（如狂怒、悲伤、快乐），但是很难意识到自己或他人的情绪。

对他人情绪中的非言语内容的识别是培养共情能力和构建健康人际关系的重要组成部分（Broderick & Blewitt，2014；de Santana et al.，2014；Klaus et al.，2015；Wagner et al.，2015）。幼儿最初通过观察、与父母或同龄人的互动，学会了识别面部表情和相应的情绪。当幼儿观察到对他人情绪的不恰当反应模式（例如，尽管脸上有悲伤的表情，却在蔑视他人）时，他们就会对他人的需求形成类似的、无益的反应（Klaus et al.，2015）。尽管无益的情绪反应模式是幼儿早期情绪识别的风险因素，但也有一些幼儿天生就有发育障碍（如孤独症），这也会抑制他们的情绪识别和情绪调节能力（APA，2013；de Santana et al.，2014）。

健康的情绪识别、情绪调节和情绪表达能力是幼儿期形成积极自尊和构建良好人际关系的关键因素。咨询师应与父母合作，鼓励幼儿建立有效的情绪调节和表达模式。咨询师还应评估幼儿识别他人情绪的能力，并为在这方面表现出缺陷的幼儿进行社交技能的培训（Chronis-Tuscano et al.，2015）。有益的情绪调节和共情可以帮助幼儿在与他人的交往中获得积极的自我意识，并专注于健康的身体和认知发展。

幼儿期心理咨询注意事项

幼儿期常见问题

幼儿期的孩子可能会经历各种各样的心理问题。由于语言表达能力有限，幼儿往往通过一些行为表现出他们的挣扎，因此行为问题是幼儿咨询中最常见的问题之一（Chronis-Tuscano et al.，2015；Mackrell et al.，2014）。例如，他们可能会经常发脾气，或者经常与同伴及兄弟姐妹发生肢体冲突。幼儿表现出行为问题的原因有很多，通常行为问题会在发生重大的生活事件（如失去亲人、进入新的幼儿园等）后表现出来。幼儿的行为问题也可能由他们的创伤经历（如各种类型的虐待、忽视）导致。幼儿对创伤有独特的反应，包括自尊 / 自我概念降低、愤怒、抑郁、焦虑和社交障碍（APA，2013；CDC，2015b）。幼儿期的发展障碍也可能导致其他心理问题。

此外，幼儿也可能由于环境中不适当、需要改变的强化行为而发展出消极、不适当的行为（Barkley，2013a；Chronis et al.，2015）。例如，幼儿可能会明白，当他们安静地玩耍时，他们的父母会忽视他们，转而照顾其他兄弟姐妹或去做家务。事实上，父母确实会关注那些发脾气或表现不好的孩子，即使他们的行为是消极的。在幼儿看来，因为消极行为而获得的关注比完全不被关注好（Barkley，2013a），所以幼儿的消极行为就产生了。咨询师可以为父母提供支持，帮助他们制定管理幼儿行为的策略。

咨询方法

幼儿是独特的个体，他们有独立的思想、情感和偏好，父母、其他养育者和咨询师都应该认识到并承认这一点。同时，幼儿和成年人之间的生理差异也提醒我们，幼儿内在的认知、情感和心理社会发展还未完成。因此，咨询师应该用不同于针对成年人的方式处理孩子的问题。具体来说，对幼儿期的孩子进行咨询时，咨询师应该注意以下几点。

- 注意幼儿的基本需要，当幼儿感到疲倦、饥饿或不舒服时，咨询效果会降低。
- 评估幼儿远离父母时的舒适度，必要时允许父母在场，直到治疗关系形成。
- 幼儿高度依赖父母时，应尽可能将咨询干预措施纳入家庭系统中。
- 酌情使用动听或舒缓的语调，使幼儿感到兴奋和放松。
- 与幼儿进行眼神交流，表达对幼儿的兴趣和共情。

- 使用开放和夸张的姿态，向幼儿传达安全和开放的态度。
- 蹲下来，与幼儿的身高保持一致。
- 幼儿的注意力持续时间有限，因此要相应地调整咨询的节奏和进程。
- 让幼儿在引导咨询方面发挥积极作用，从而提升他们的自主性。
- 提供适合幼儿发展的刺激性环境和活动，以促进其精细动作和粗大动作的技能。
- 将幼儿喜爱的书籍或电视节目中的玩具、游戏和人物融入咨询过程。
- 通过诸如游戏、唱歌和画画等简单的咨询干预，验证和支持幼儿的自我探索。
- 解释幼儿在游戏中使用的象征符号的意义，以了解可以消除的风险因素和可以利用的保护因素。
- 了解幼儿以自我为中心的认知特点，并尽可能培养他们的洞察力和共情能力。
- 幼儿的思想是较简单和直接的，所以要用具体的语言与他们交流。
- 幼儿的词汇量有限，因此避免使用他们可能听不懂的复杂词汇或语言。
- 塑造健康的人际行为和情感表达。
- 尽可能将家庭系统纳入咨询中。

团体咨询对存在社交技能缺陷或处在高度压力下、比较焦虑的幼儿较适合（Chronis-Tuscano et al., 2015；Huston et al., 2015）。一般认为，处于幼儿早期阶段的孩子还太小，不能参加团体咨询，但事实并非总是如此。婴儿进行平行游戏是很常见的，在平行游戏中，即便多个孩子在身体上很接近，他们也不会进行互动。而 2 ~ 3 岁的孩子会产生互动并开始建立自己的社交技能。幼儿会受同伴的影响，与其他幼儿群体的互动对幼儿的发展有所帮助（Weisz & Kazdin, 2010）。表 1-4 提供了适用于幼儿的团体干预措施。针对年龄较小的孩子进行团体咨询时需要注意以下几点。

- 根据团体咨询的目标挑选小组成员。
- 控制团体活动的时间，活动内容要适合团体成员的发展水平，确保团体成员把注意力集中在团体活动中。
- 确保团体活动有特定的重点或目标。
- 结合游戏和其他创造性方式，为幼儿提供自我表达的机会。
- 允许幼儿与其他团体成员以适宜发展和感觉舒服的方式互动。
- 对幼儿与其他成员间良好的交流方式表示鼓励和表扬。
- 向父母解释团体咨询为什么对幼儿有效，为什么适合幼儿。
- 告诉父母幼儿团体咨询为什么能够发挥作用，以及父母如何有效地参与其中。
- 把团队互动作为持续评估咨询效果的信息来源。

表 1-4　适用于幼儿的团体干预措施

目标	活动	说明
帮助孩子了解自己的情绪	愤怒的怪兽	为每个孩子提供纸和彩笔。帮助孩子回忆最近一次特别生气的时刻。让团队成员描述他们生气时身体的感受，并与其他人分享这些感受。之后让孩子画出代表他们愤怒的怪兽并与大家分享。处理这个过程中出现的情绪，如悲伤、嫉妒或焦虑
帮助孩子调节情绪	三角跳	把三张纸放在地上。第一张写上“想法”二字，第二张写上“感觉”二字，第三张写上“行为”二字。然后开始讲故事，这个故事中的角色会出现不适当的行为。让团队成员通过在三张纸上行走，对角色的想法、感觉、行为进行追踪，识别导致感觉和行为的想法。团队成员一起讨论和确定更健康的想法和行为。让一个孩子描述自己最近的一个行为，让团队其他成员帮助他重新构建想法，找出更健康的情绪表达方式

（续表）

目标	活动	说明
帮助孩子管理行为	五指游戏	预先准备好材料。咨询师为每个孩子准备拇指大小的便签，上面分别画上眼睛、耳朵、嘴、手和脚。咨询师将 1 张 A4 规格的纸对折 4 次，然后沿线剪开。之后把每张纸卷起来做成可以戴在孩子手指上的小纸筒，每个孩子需要 5 个纸筒。让孩子给这些画有眼睛、耳朵、嘴、手和脚的便签涂色，然后用胶带粘在纸筒上。让孩子把每个纸筒戴在自己不同的手指上。向团队成员阅读不同的情景，让他们对不同情景做出反应，即举起他们认为应该控制的身体部位图标。例如，“约翰打了他的妹妹”，孩子们则应该举起贴着“手”便签的手指
帮助孩子以健康和令人满意的方式与同伴互动	采访	把孩子们两两分组，让他们问同伴两个问题：“你叫什么名字？”“你最喜欢的食物是什么？”之后让每一组孩子到前面互相介绍。让孩子们互相欢迎对方，并询问其他人是否有人喜欢同样的食物

刚开始对幼儿进行咨询时，咨询师要时刻关注他们的心理活动和需要。请记住，许多孩子与父母之外的人相处的经验非常有限，即使他们已经与父母建立了牢固和安全的依恋关系，但与父母的短暂分离对他们来说也是一项挑战。因此，咨询师可以允许父母留在咨询室里，直到形成牢固的治疗关系，即孩子与咨询师在一起感到安全。幼儿非常依赖父母，他们的大部分时间都和父母在一起，所以让家庭融入咨询中是非常重要的。

为了与孩子建立良好的治疗关系，咨询师应该注意他们的非言语行为。咨询师应该给孩子留出足够的空间，可以和孩子一起坐在地板上或较低的椅子上，这样孩子就不会感到威胁。咨询师可以允许孩子们在咨询中掌握控制权，从而使他们对咨询保持兴趣和参与感，并且在咨询过程中使用舒缓或兴奋的语调，这样可以使孩子更加专心和投入。咨询师应该与孩子保持眼神交流，表现出对孩子真正的兴趣和认可，但需要注意把握分寸，不要让孩子感觉被观察或评判。

在与幼儿进行咨询时，咨询师应确保采用的方法和设定的咨询目标在发展阶段上是适当的。在对高度依赖养育者的幼儿进行咨询时，基于家庭的干预尤为重要。此外，基于游戏和创造性艺术的干预方法对幼儿尤其有效，个体咨询和团体咨询都适用。咨询师应该努力了解孩子最喜欢的角色和游戏，并将这些内容融入咨询中，从而吸引孩子的注意力。咨询师对孩子的爱好表现出兴趣，会使孩子认为咨询师在真正关心和支持自己，从而在咨询中有更积极的反应和更好的表现。

儿童期

在这个部分中，儿童指 6 ~ 12 岁的孩子。儿童期是连接幼儿期和青春期的中间阶段。随着年龄的增长和身心的发展，他们变得不那么孩子气，自发行为和嬉闹行为逐渐消失，取而代之的是自我意识和独立性。在这个发展阶段，儿童开始积极地与家庭之外的人建立社会关系。友谊变得越来越重要，学校为孩子们提供了在社会环境中检验行为和了解自己的机会。孩子们会在探索新的人、事、物的过程中，发展自己的社交技能和自我意识。渐渐地，孩子们变得更加独立，对自己的能力更加自信，从而为下一阶段的发展做好准备。在这个部分，我们会讨论儿童期发展特点和咨询中需要注意的地方。

儿童期发展特点

生理发展

在儿童期，孩子身体的成长和变化会影响他们心理发展的各个方面（Broderick & Blewitt，2014）。从出生到 6 岁左右，孩子的成长速度与同龄人大致相同，尽管有一些独特的差异，但总体上发展水平相差不大。然而进入儿童期后，他们在成长的各个方面都会呈现出更大的差异（如身高、体重）（Broderick & Blewitt，2014）。 大多数情况下，这一阶段的女孩身体发育（如身高、肌肉和精细动作技能）比男孩更早。不过，无论男孩还是女孩，早熟和晚熟的现象都很常见。与变量增长理论相符，一些儿童在这个阶段会在生理和心理上比同龄人更加成熟。

与幼儿期的孩子一样，这个年龄段的儿童也非常活跃。肌肉的协调能力和控制能力在儿童期的早期阶段仍在发展。当这一阶段结束时，儿童的协调能力和成年人几乎一样。小肌肉在这个时期发展迅速，因此这个阶段的孩子能够更好地开展需要精细动作技能参与的活动（如演奏乐器、精确绘图）。粗大动作技能也在这个时期发展，这有助于孩子完成更大的肌肉群任务，从而实现日常功能（如行走、跑步、站立），以及发展手眼协调能力（如投掷或接球）。由于处在活动水平较高和成长迅速的时期，这个阶段的孩子每晚需要 10 小时的睡眠，睡眠不足会影响心理功能和身体发育（Broderick & Blewitt，2014）。

随着青春期的到来，儿童（特别是女孩）的身体开始快速发育。在儿童期的后期，儿童的身体开始发生变化（如臀部变宽、乳房和睾丸发育、阴毛出现、痤疮爆发），这些变化标志着青春期即将来临。当面对身体的巨大变化时，儿童可能会有尴尬和笨拙的感觉。此时，雌激素和睾酮开始产生，并伴随着第二性征的发展，如乳房增大和睾丸发育（Berk，2003）。体验到青春期带来的身体变化，并且随着个体之间身体差异变得更加明显时，儿童对自己身体的不安全感也会变得更加强烈（Sweeney，2009）。告诉孩子存在不同的身体类型和不同类型的美可以帮助他们处理成长过程中因身体变化带来的困惑，如与同龄人的差异感、青春期发育带来的不适应等。在这一阶段，他们对性别角色、性意识和对同龄人的吸引力的认识也会有所提高。促进儿童身体成长的其他方面是食物摄入。从生理上说，儿童需要更多的热量和营养保证身体的健康成长，如钙、铁和蛋白质等。

认知发展

大脑在儿童期发育迅速，这些变化会带来许多令人兴奋的认知发展。这个年龄段（从 8 岁开始）的儿童正处于认知发展阶段的具体运算阶段。在儿童期，大脑前额叶发育迅速，带来了新的思维方式和与世界互动的方式。前额叶的功能是做出计划和解决问题，因此，这个阶段的儿童在推理和计划能力方面开始表现出明显的进步，他们的思维变得更系统、更理性（Piaget，1928，2002）。例如，他们可以开始思考自己的行为，并通过回顾事件的经过来解释情况（如他们可以思考自己为什么忘记交作业）。前额叶的发育一直持续至成年，解决问题、做出计划和控制行为的能力在这个过程中会持续提升。青春期的开始也会影响大脑发育，并随着大脑皮层的进一步发育，在白质和灰质的发育中发挥作用（Zembar & Blume，2009）。当儿童探索和体验他们所处的环境时，他们的大脑会形成重要的联结。重要的突触修剪过程（如去除不需要或未使用的联结）也发生在这一阶段，这增强了他们学习新知识的能力。因此，儿童在记忆、推理、计划和分类等方面得到了很大的提升。髓鞘形成（神经元周围组织的生长）和选择性修剪的过程有助于对某些行为进行定型，这有助于塑造儿童对环境的反应，并使他们以更合理的方式做出反应（Zembar & Blume，2009）。由此产生的高级认知能力使儿童开始思考自己的行为，看到自己行为的后果，并对未来行为的结果做出有效的预测。

尽管这一时期的儿童变得更具有逻辑性且更善于解决问题，但他们仍有认知发展的空间，他们解决问题的能力依然有限；他们难以用抽象的方式思考（如做出假设或迅速得出结论）。例如，如果有人坐在儿童通常坐的座位上，那么儿童可能会认为这个人这样做是故意的，也许是为了“偷”座位，而不考虑其他的解释（如也许这个人坐错了座位）。尽管抽象思维还没有完全发展，但儿童也开始意识到其他观点，并将这些观点融入他们对环境的理解中。儿童开始看到自己与社会团体的联系，他们开始建立友谊，并通过合作的方式完成某些任务。他们开始意识到周围环境的影响，但还不具备完全共情他人的能力。

在儿童期，他们在学校里学习生活必须的技能。在儿童期早期，他们可以把相似的事情归为一类，如老师、校车和校长都是学校的一部分。他们也开始思考问题的多个方面（Piaget，1928，2002）。然而，他们仍然不能理解抽象的概念，倾向于把注意力集中在一个情景的某几个部分而不是整体。当儿童快要进入青春期时，他们会掌握排序和组合的技能，这是取得学业成功所需要的技能。当他们在学校学习时，他们有机会运用他们不断发展的认知技能。影响神经认知功能的认知能力发育滞后或认知能力障碍（如注意缺陷 / 多动障碍、对立违抗障碍、学习障碍）往往会随着儿童与学校的互动及学习的开展而显现。离婚、再婚和死亡等家庭关系的变化也会影响儿童在学业上的表现。父母离婚、再婚会使养育子女的问题变得十分复杂。如果父母离婚，孩子可能会把这件事的责任归咎于自己，因为他不能完全理解家庭关系发生变化的真正原因及其中的复杂性（Pedro Carroll，2010）。此时，困惑和强烈的情绪反应（如愤怒、感觉不被爱、悲伤）可能会在孩子身上出现，这些情况在之后的发展阶段中也会表现出来。

这个阶段的儿童如果专注于学习会获得比较好的成绩。咨询师应该为他们提供更多的机会，让他们提出问题，探索概念，并尝试不同的学习方法（如在咨询中使用角色扮演的方法）。例如，在帮助儿童理解感受时，咨询师仅仅告诉他们不同情绪的概念和定义甚至给他们看一张张情绪图片是不够的。但如果儿童参与建构不同情绪概念的活动，画出他们看到的情形及经历过某些情绪的时刻，并通过动作表达某种情绪，将概念代入自己经历过的生活情境中，那么他们将学到更多关于情绪的知识（Broderick & Blewitt，2014）。

儿童期的孩子在社会认知方面也会取得巨大进步，他们开始能够理解一个人和他所处的社会关系，这种能力会影响他们的自我发展和情感发展。他们能够学会推断他人的想法，进而推断自己的想法。由于社会认知方面的发展，儿童也能够思考他人对自己行为的反应。也就是说，儿童能够更好地代入他人的角色，站在他人的角度思考问题。这种能力包括理解他人所见（代入他人的知觉角色）、理解他人感受（代入他人的情感角色）和理解他人想法（代入他人的认知角色）的能力。角色代入的能力为个体发展决策能力和解决问题的能力奠定了基础。

自我发展

儿童期的孩子有很多定义自己的方式，他们一般会通过角色（如我是一名舞蹈演员）、财产（如我有一条狗）或外表（如我脸上有雀斑）来定义自己（Broderick & Blewitt，2014）。他们也开始为自己感知到的特征寻找恰当的理由。例如，一个女孩可能认为自己擅长体操，因为她获得了体操冠军。

在这个阶段，儿童越来越有一种与家庭分离的认同感。在此之前，他们很可能已经将父母理想化，但现在他们可能开始评判父母，质疑父母和他们的想法，特别是当他们接近青春期时，这种情况更加明显（Broderick & Blewitt，2014）。儿童开始认为自己更加独立，但他们仍然继续寻求父母的肯定。儿童可能会开始问父母一些难以回答的问题（如妈妈和爸爸为什么离婚）。当他们试图了解自己的世界时，他们会期待更有深度的回应。在这个阶段，一些父母可能会感到困惑，因为他们不知道如何支持独立性逐渐增强的孩子。

处在儿童期的孩子在许多方面都获得了照顾自己的自由。正在形成的独立性使他们具备了能够更好地了解自己以及自己与他人异同的能力。在这种背景下，儿童开始定义他们是谁，不是谁。儿童开始形成自我概念，他们能够更好地反思自己的感知和能力。与理想自我相比，他们更加了解真实自我，并开始了解自己是如何受环境的影响的（Harter，2006）。随着儿童不断拓展经验，许多因素影响着他们对自己的认知，也影响着他们如何看待自己，以及如何看待他们在世界上所处的位置。当儿童在家庭之外经历新的挑战时，他们会感到有压力，并需要适应这些新的经历。如果他们无法管理这些新的经历，或者与世界发生消极的互动，那么他们的自我意识就会受到负面影响。

儿童期的孩子开始更好地理解和思考自己行为的

后果，这既与他们能够感知他人的观点有关，也与友谊在他们生活中占据越来越重要的地位有关。此外，随着保持长期关系的朋友变得越来越多，他们友谊的性质也在发生变化。在这一阶段，儿童与同伴互动的环境也会进一步拓展并变得更加多样化。儿童可以意识到，自己与同伴的社会地位取决于他们是否有能力与同龄人以相似的方式做事，是否遵守规则，是否在某些活动（如体育活动、学校活动）中获得成功，以及是否善待他人。在家里，他们会努力遵守家庭规则，完成家务和家庭作业，因为当他们把这些事情做好时，他们会感到自豪。当他们能说"我做到了"或获得成功时，他们就会形成健康的自我认同。

随着儿童对自己和他人的认知的发展，他们开始将自己与他人进行比较并评估自己各方面的能力，这将会影响他们自我同一性的发展。受社交环境（如学校、家庭）的影响，他们还会发展出考虑他人观点的能力。一个孩子可能会问自己："我在运动方面和我的邻居一样好吗？"这说明孩子认为自己擅长运动。进入青春期早期时，他们开始将对自己各方面能力的理解融入他们的身份认同中。例如，将"我擅长运动"转变为"我是一个运动型的人"。在理想情况下，儿童可以有多种机会将自己与不同的活动联系起来，这些活动可以帮助他们发展出健康的自我同一性、胜任感和勤奋意识。

当儿童将自己与他人进行比较时，他们可能会认为自己能力不足，这会导致他们变得容易自我批评和缺乏安全感（Broderick & Blewitt，2014）。儿童在家庭中获得的信息会对他们如何看待自己与其他孩子的关系造成很大影响。一个能够从父母那里得到积极信息的孩子不会对输赢特别在意，而从父母那里得到批评的孩子则相反。缺乏安全感和容易自我批评的孩子不太愿意尝试新的活动，在学校关系和社会关系中也不太会冒险，他们可能会在交往中误解自己与他人的互动，从而导致紧张的同伴关系。

当儿童开始探索自我同一性的其他方面时，他们会开始思考如何融入社交圈。他们开始进行社会比较和判断，开始关注"受欢迎"的问题。此外，儿童会对自己的身份、社会经济地位及自己与他人的异同有更多的关注。

通过尝试不同的角色，儿童开始通过不同的方式反抗权威来发展他们的自我同一性。这些行为会帮助儿童建立一种对自己和世界的界限感。重要的是，作为权威的父母和老师要建立明确和一致的边界，从而使儿童拥有可预测的经验，以便他们可以了解和定义自己。父母的教养方式在这个阶段变得非常重要，他们可能需要调整教养方式，以适应孩子不断变化的需求。研究认为，父母主要的教养方式包括专制型、放任型和权威型（Santrock，2011）。专制型的父母会对孩子提出很高的要求和期望，却很少给予关心和反馈。这是一种限制性强、惩罚性重的教养方式，而且这种类型的父母很少向孩子解释他们制定规则和期望背后的原因（Santrock，2011）。放任型的父母不愿意制定规则，他们不施加控制，因为他们相信孩子能够自我调节（Santrock，2011）。权威型的父母则会培养孩子，同时也会提出合理的要求，他们会通过设立明确的边界建立一种界限感（Santrock，2011）。权威型的父母会为孩子制定并传达明确的规则，同时监控他们设定的边界，并允许孩子在边界内发展自主性（Santrock，2011）。权威型的教养方式被认为最能促进孩子积极发展，能够鼓励孩子建立牢固的关系，提升孩子的自我调节能力（Devre & Ginsburg，2005）。父母在孩子成长过程中扮演着非常重要的角色，他们需要对孩子的发展承担责任，同时要为孩子提供有力的支持。咨询师应该帮助父母实现这样的目标。

心理社会发展

儿童期的孩子处于埃里克森所说的"勤奋对自卑"的阶段。在这一阶段，儿童开始建立一个勤奋和富有能力的理想自我形象。如果儿童没能很好地度过"主动对内疚"的阶段，他们就有可能在这一阶段需要展示自己能力时表现出害羞或退缩，并且总是寻求帮助（Erikson，1968）。因此，如果受到鼓励，儿童对自己有能力成功实现目标的自信心会不断增强。随着胜任感的提高，这个阶段的儿童可以发展出内控性。这种内控性会使他们感觉自己能够对自己的处境负责，并对自己的生活有一定的控制力。成功进入这一心理社会发展阶段有助于儿童产生胜任感，并使他们有信心解决生活中的各种问题。

社会关系在儿童期变得越来越重要（Erikson，1968）。这个年龄段的孩子通常有一群数量固定（如5个）的小伙伴，他们也通常有相同的“敌人”。这些孩子会指挥比他们年幼的孩子，也会依赖较大的孩子。他们对同伴的选择通常比他们小时候更加挑剔。随着年龄的增长，他们也更倾向于屈从于同伴压力，会选择跟随朋友做相同的事。

在这一阶段，儿童的道德推理能力得到了发展，成为“好人”和取悦他人的渴望变得更加突出。他们往往想参与助人行动，并能够意识到消极行为的后果。他们也会表现出更多的宽恕行为，因为他们觉得他人期望他们这么做，或者迫于压力这么做。

随着词汇量从大约 10 000 个单词增加到大约40 000 个单词，儿童也会表现出越来越有效的沟通能力（Berk，2003）。与此同时，儿童对幽默等语言技巧的理解也在加强，从而提升了社交能力。幽默等语言技巧的发展促使他们与同伴建立联系（Finnan，2008）。

教师和学校咨询师通常会为学生们创造有利于社交的条件。随着儿童进入小学阶段，学习成绩和学业成就对其自我同一性和自尊的影响越来越大，也同样影响着被同伴接受的程度。满足学校期望可以使儿童自我感觉良好，或者能够与成绩不错的同学交朋友，这也会促使他们有更好的社交能力（Erikson，1968）。

这个年龄段的孩子可能会依恋父母以外的成年人（如老师、足球教练），也可能会将这些成年人理想化，并为了获得他们的关注而取悦他们。儿童期早期的孩子可能会以“打小报告”的方式吸引成年人的注意。受到父母和其他成年人鼓励和赞扬的孩子会产生胜任感，对自己的能力会更加自信，并且感觉自己是有价值的。那些很少得到父母、老师或同伴鼓励的儿童可能会质疑自己的能力。

情绪发展

在儿童期，问题解决能力的提升会带来更强的自我控制能力。随着问题解决能力和自我控制能力的发展，儿童能够更好地进行自我安抚和调节强烈的情绪（Sigelman & Rider，2012）。因此，他们因愤怒而导致情绪失控的现象明显减少，且当他们没有立即得到自己想要的东西时也不会感到特别沮丧。然而，六七岁的孩子在心烦意乱时仍可能偶尔乱发脾气。这些孩子通常需要依靠父母的帮助才能平静下来。出现情绪困扰的频率和强度通常随着儿童的发展和习得情绪应对技能（如努力摆脱困境、寻找解决办法而不是陷入纠结）而降低。自我调节能力得到提升的一个原因是，儿童逐渐意识到情绪爆发会干扰同伴，伤害同伴的感情，或者让对方感到不舒服，从而不愿意和自己交朋友。

在情绪方面，儿童期的孩子通常会有很强的自我意识，他们相信每个人都会注意到自己哪怕很小的变化（如换新发型）（Sigelman & Rider，2012）。他们也逐渐能够意识到更复杂的情绪。例如，他们能够理解尴尬，并且能够清楚地讲述一系列导致尴尬的事件。由于他们对情绪的敏感程度和洞察能力的提升，他们开始能够控制甚至隐藏自己的情绪。

儿童期的友谊是由忠诚和支持行为决定的，并为儿童提供了新的情感支持来源（Sigelman & Rider，2012）。当儿童意识到自己可以依靠朋友时，朋友对他们来说就变得更重要了。儿童期是孩子第一次有“最好的朋友”和“敌人”的时候，这些关系为他们学习和实践新的社交技能和情绪调节技能提供了重要的渠道。

就恐惧而言，孩子在儿童期早期（6 ~ 8 岁）可能仍然害怕怪物和黑暗。随着年龄的增长，恐惧的对象被学校表现、各种灾难（如地震）、社会关系、死亡、未知、失败、家庭问题和被拒绝等相关的具体恐惧所取代（Sigelman & Rider，2012）。

对儿童来说，胜利、领先或成为第一是很有价值的事（Sigelman & Rider，2012）。当儿童学会驾驭自己的社会地位和面对各种社会现状时，他们可能会挣扎、敏感，且需要成年人的支持。当儿童学习如何面对失败感受时，他们的感情可能很容易受到伤害。

儿童期心理咨询注意事项

儿童期常见问题

由于儿童期是一个过渡时期，因此孩子们在这个时期遇到困难的情况并不少见。在这个年龄段，任何对他们"常态"的破坏都会让他们心烦意乱，因此频繁的变化会让他们感到压力重重。儿童如何管理生活的变化取决于他们在家庭、学校，以及与朋友相处的经历，而这些情况可能每天都在发生变化。

一些儿童可能还需要心理咨询，以支持他们管理自己不断增强的独立性。这种独立性主要体现在三个方面：家庭、学校和社会关系。

常见的家庭冲突包括家庭结构的变化（如父母分居或离婚）、与兄弟姐妹的冲突或难以履行家庭责任（如完成家务或家庭作业）。在经历变化之后，儿童及其父母通常会承受较大的压力和情绪上的波动，一些孩子可能难以应对这些转变，因此可能需要支持（Masarik & Conger，2017）。许多孩子还必须面对严重的家庭问题，如物质滥用、父母之间的暴力或贫穷等。儿童认识和理解这些问题的能力在儿童期变得更加突出。咨询师在为这个阶段或任何其他阶段的儿童或青少年进行咨询时，考虑他们独特的发展因素如何影响他们处理家庭问题的方式是非常重要的。

儿童可能会受益于咨询，因为咨询是帮助他们处理学校和复杂社会关系的一种手段。例如，儿童可能害怕新的情况（如参加一个全是陌生人的会议），或者面对难以承受和适应的环境压力（如"我的朋友对学校新来的女孩很刻薄，但我喜欢那个女孩"）。在这一阶段，欺凌的影响会增大，因为欺凌可能涉及身体、社会和心理层面（Jimerson et al.，2010）。鉴于这一问题，专业人员必须对欺凌采取针对性的措施，并鼓励建立一个安全和积极的环境。儿童在与同伴交往方面可能也需要支持。咨询师可以在社交技能培训、提供建立健康友谊及处理困难局面的建议等方面发挥作用。

随着儿童在学校生活的展开，他们在学业上也可能会遇到问题（如学习成绩下降或未能在考试中发挥应有的水平），这可能也会导致咨询的介入。咨询师可以在识别和评估可能影响儿童学业成功的各种神经障碍（如注意缺陷 / 多动障碍、孤独症谱系障碍）或其他生活压力源（如父母离婚、创伤经历等）方面发挥作用。

与学校教育相关的行为问题也可能会在这个阶段表现出来，这也会导致咨询的介入。儿童的某些行为在家庭中可能不是问题，但在学校中就是不被接受的。例如，儿童的攻击行为可能在家中很常见，但在学校中不被允许。也就是说，某些行为是被儿童生活中的重要系统定义为有问题的。

咨询方法

咨询师应该意识到，6 ~ 8 岁的孩子很难安静坐着超过 20 分钟。然而，随着青春期的临近，儿童注意力的持续时间逐渐增加。咨询师应根据儿童注意力能够持续的时间范围来安排咨询长度并选择咨询活动内容。

这个年龄段的孩子对成年人和咨询师的关注十分重视。这一特点可以被用来促进咨询关系的发展，并作为激励孩子实现咨询目标和做出改变的资源。对成功的积极反馈尤其会激励这个年龄段的孩子。咨询师应鼓励父母为孩子提供积极的反馈，并为他们提供高质量的陪伴（CDC，2016；Mitchell & Ziegler，2012）。

这个阶段的孩子越来越能够通过语言直接阐述问题和解决问题，咨询师可以利用这个特点与他们建立良好的咨询关系。咨询师可以直接说明一些概念，教授他们做出决策的方法。同样重要的是，成年人要支持和培养孩子对自己决策能力的信心，同时不要对他们完成超出自身能力范围的事情抱有过高期望。咨询师应了解儿童在这个发展阶段通常可能遇到的挑战（如欺凌、同伴压力）。

随着认知能力的发展，这个阶段的孩子可以从参与设定咨询目标和努力实现这些目标中获益。儿童发展和实现目标的能力为将目标设定融入咨询中提供了令人兴奋的机会（Wong et al.，2015）。目标设定允许来访者积极参与选择和聚焦咨询目标的活动。同样，让来访者在咨询中共同建立咨询界限和规则也是很有帮助的，咨询师可以让他们围绕咨询的结构和边界进行讨论（例如，与父母谈论不同的话题，如何让父母参与咨询过程）。儿童可以通过参与构建咨询结构和目标获得一种控制感和自主感。

尽管这个阶段的孩子设定目标和实现目标的能力有所提高，但从认知能力上说，他们的思维方式依然是具体的。他们在组织思维、制定决策及问题解决等方面仍需要支持。咨询师可以通过以下方式提升儿童的思考能力。

- 好奇地用“如果”提问。例如，“我想知道，如果你对你的朋友做了你上周生气时对你弟弟做的事，会发生什么？”
- 鼓励他们使用解决问题的基本技能。例如，“怎么确保你也能在课间休息时踢球呢？”
- 询问他们能否帮助其他人提供解决不同问题的思路。

针对儿童期的孩子，咨询师应着眼于他们所处的发展阶段，并采取相应的干预措施。一般来说，咨询师可能会做以下事情。

- 计划更有条理性的活动（与年幼的孩子相比），同时记住，该年龄段的孩子很难将注意力集中在超过 1 小时的任务上。
- 由于该年龄段的孩子会更独立于父母，因此可以鼓励他们在咨询中发挥更多的自主性。
- 确保开展的活动匹配该年龄段孩子的精细动作和粗大动作能力。
- 由于家庭冲突对该年龄段的孩子来说十分普遍，因此可以将家庭系统方法纳入咨询中，使孩子参与其中并发挥更大的作用。
- 使用与该年龄段的孩子发展相适应的语言，因为他们正在学习更复杂的词汇。
- 在孩子继续发展适当的共情反应和对复杂情绪的理解能力时，为他们的情绪识别提供支持。
- 支持该年龄段的孩子使用创造性方式表达自我，如写作、绘画、阅读和角色扮演。
- 考虑那些对该年龄段的孩子来说很重要的事情，以及这些事情如何影响他们的心理健康（例如，身体变化、更看重友谊导致的同伴压力、融入集体的需要，等等）。

随着儿童自我控制能力和问题解决能力的发展，他们能够更好地发展社交技能。社交技能是咨询中经常提到的重要生活技能（Skinner & Zimmer-Gembeck，2016；Wong et al.，2015）。这个阶段的孩子能够理解耐心、分享和尊重他人权利的重要性，这是向他们教授社交技能的基础。

与年幼时相比，这个年龄段的孩子能够更好地识别和表达自己的情绪（Skinner & Zimmer-Gembeck，2016）。不过，他们还没有形成随着年龄的增长而发展出的典型的情绪防御机制，因此他们的情绪都表现在脸上。尽管可能无法轻松地识别和表达自己的感受，但是他们往往对自己的经历非常开放，并且能够通过语言进行表达，因此咨询师通常能够很容易地了解他们的感受。这个年龄段的孩子可以受益于情感教育。情感教育可以帮助儿童了解自己和他人的情绪和社会行为，并使他们能够在必要时依据这些行为做出必要的改变。作为情感教育的一部分，儿童能够学习与情感相关的知识，包括情感的含义及如何调节和管理情绪。

这个阶段的孩子接受咨询的常见原因是行为问题。在这个年龄段，儿童的行为可以通过语言推理、积极强化、剥夺特权、诉诸幽默或提醒行为后果而进行管理。咨询师可以利用这些方法在咨询中设定界限，父母也可以利用这些方法管理孩子的行为。

孩子们通常在儿童期早期就开始学习阅读和写作，并在这个阶段结束时掌握这些技能。因此，咨询师可以将利用这些能力的干预措施整合到咨询中。儿童期后期的孩子可以从咨询间隔期的活动中获益，如写日志或以其他形式对他们的行为、经验或阅读进行记录，这些内容会为之后的咨询提供帮助（Malchiodi，2013）。

这个阶段的孩子是参与团体咨询的最佳人选，咨询师也可以根据这个阶段的发展特点开展其他适宜的活动（Jacobs et al.，2015；Prout & Fedewa，2015；Senn，2004）。示例如下。

- 在安全的环境中得到他人的认可和支持，同时发展相互支持的关系，并加深对有类似问题的同龄人的理解。
- 注重共情、情绪识别和情绪调节能力的培养。
- 处理这个阶段的孩子经历的问题（如自我同一性形成、社交技能发展、自我概念发展、友情发展、家庭结构变化、社会和家庭冲突）。
- 通过团队合作和团队活动设定短期目标和长期目标并解决问题（如构建目标图表、制订计划、奖励和强化）。
- 要考虑这个阶段的孩子语言的发展和所学习词汇的复杂性（如情绪识别游戏、编写和修改故事、技能训练游戏）。
- 利用游戏、角色扮演和艺术促进这个阶段的孩子的正常发展并解决常见的问题。

青春期早期

青春期早期的青少年是指处在 10 ~ 14 岁这个年龄段的青少年。这一阶段充满了因发展带来的变化。随着青少年越来越多地探索家庭之外的关系，他们开始认同并形成稳固的个人兴趣、价值观和态度。对青少年来说，青春期是一个令人困惑、兴奋和充满挑战的时期。随着青少年从依赖状态过渡到独立状态，他们会遇到许多挑战和成长的机遇，青少年和他们的父母必须共同应对这些挑战和机遇。在接下来的部分，我们将讨论青春期早期孩子的发展特点和咨询中需要注意的问题。

青春期早期的发展特点

生理发展

青春期早期孩子的一大生理特点是身体快速成长（Broderick & Blewitt，2014）。身体变化的进程存在个体差异，身体的不同部位以不同的速度和顺序生长（如手臂可能先于躯干生长，体重可能先于身高增加），这种情况会导致这个阶段的青少年产生尴尬和笨拙的感觉。定期锻炼（如运动、跳舞、骑自行车等）可以增强身体协调性、改善情绪、调节情绪，并养成终身的健康习惯（Jenson & Bender，2014）。身体的成长以身高和体重的增加为特征，并贯穿整个青春期。

简而言之，青春期是一个性成熟的过程，这个过程使个体达到能够生育和性繁殖的成熟水平。更具体地说，在青春期，下丘脑开始产生促性腺激素（Wong et al.，2015）、黄体生成激素和促卵泡激素。这些激素是分泌雌激素和雄激素（如睾酮）的催化剂，能够促进人体不同部位（如生殖器、乳房、阴毛）的发育，并为生育做好准备（Wong et al.，2015）。

遗传和环境因素也会影响青春期，女孩（8 ~ 13 岁）和男孩（9 ~ 15 岁）的青春期发育节奏各不相同（Broderick & Blewitt，2014）。女孩通常比男孩先经历身体发育，这种差异会影响女孩和男孩的交流方式和人际关系。研究表明，女孩和男孩的青春期发育节奏差距很大，女孩第一次月经的平均年龄呈下降趋势（Greenspan & Deardorff，2014），通常发生在女孩 13 岁之前（Broderick & Blewitt，2014）。焦虑加剧、对身体形象和体重的担忧及高风险的行为（如酗酒、滥交）都是与性早熟相关的风险（Downing & Bellis，2009）。相反，那些与其他人相比成熟较晚的青少年（尤其是男孩）则更容易受到焦虑、抑郁和其他适应问题的影响（Broderick & Blewitt，2014；Wong et al.，2015）。

处于青春期早期的青少年不但开始经历身体的变化，还经历着与性相关的体验的变化，如性唤醒、性欲、性冲动及与性相关的好奇心。随着性的不断成熟，青少年要开始面对自己的性欲，并开始思考自己与性相关的身份。一个人的性身份和性取向在少年期会变得更加明显，并会一直持续到成年期（Broderick & Blewitt，2014）。性方面的变化可能会让人不适，甚至影响青少年的同伴关系。在这个阶段，青少年可能会开始性幻想、手淫和与性相关的活动（Wong et al.，2015）。成年人可以通过提供与性相关的知识和信息帮助青少年度过这个生理和性方面发生巨大变化的阶段（Jenson & Fraser，2015）。此外，成年人应努力营造支持性和开放的环境，为青少年提供能够讨论这些生理变化和性变化的安全空间。

此外，在青春期早期，脑部发育主要集中在小脑和额叶（如前额皮层），并贯穿整个时期（Dixon et al.，2017）。小脑的功能是负责肌肉舒张、运动协调和身体平衡（Broderick & Blewitt，2014）。额叶是大脑的执行功能区，能够帮助青少年进行复杂的认知活动（如决策、计划）、表达个性和控制冲动，它通常是大脑中最后一个发育完全的部分（Johnson et al.，2009）。尽管青少年可能经常会表现出冲动和鲁莽的行为，但他们有时也可能会因为缺乏远见和无法预见长期的后果而选择有风险的行为。在这个阶段，青少年会试图掌握和控制他们的动作、执行功能和高级认知行为。成年人应努力了解青少年的行为如何发展，并通过鼓励他们采用更具适应性的积极行为来度过这个阶段（Dixon et al.，2017）。

认知发展

在青春期早期，青少年的认知从具体运算阶段进入形式运算阶段（Piaget，1970）。尽管到青春期后期（15 ~ 18 岁）才能完全进入形式运算阶段，但青春期早期的他们已经逐渐出现了抽象思维，能够假设因果关系，并考虑替代方案（Broderick & Blewitt，2014）。例如，一个处于具体运算阶段的青少年可能很难思考多种方法来对付学校里的欺凌者，而一个处于形式运算阶段的青少年就可以根据情况制定多种方案，并推断每种方案可能带来的后果。换句话说，青少年思考的抽象程度在不断提高。

认知发展是一个持续的过程。处于青春期早期的青少年仍然很难将他们的思维、感觉和实际情况联系起来，但他们预测自己行为后果的能力在不断增强。形式运算阶段的思维特点包括能够发现不一致性、处理信息、思考未来与现在的关系、看到潜在的可能性，以及预测事情的逻辑顺序（Bergin & Bergin，2015）。认知变化（如从具体运算阶段到形式运算阶段）是人们在一生中经历的较戏剧性的变化之一。成年人需要对处在青春期早期的青少年表现出耐心，因为他们的认知能力还处在发展和成熟阶段。这个阶段的青少年难以保持思维的一致性（他们可能会将抽象思维应用于家庭作业，但不会应用于处理个人和社会问题），这可能会让他们自己、他们的父母及周围的人感到困惑（Bergin & Bergin，2015）。此外，成年人可以帮助青少年培养社交技能和问题解决技能，这些技能可以反过来降低他们进行冒险行为、冲动行为和寻求刺激行为的可能性（Jenson & Fraser，2015）。

自我发展

青少年发展出更强烈的胜任感、独立感和自我同一性是青春期的特点。这个阶段的青少年不仅要面对掌控感和能力的挑战（勤奋对自卑），还要面对自己是谁及自己与他人关系的问题（“自我同一性对角色混乱”阶段）（Erikson，1968）。这种自我同一性形成的过程应被理解为每个青少年特有的发展过程，其中包括度过一系列危机时期（或重新评估和探索自己的价值观和信念的时期），这往往导致对个人稳定的信仰和自我同一性的承诺和投入（Marcia，1967）。虽然自我同一性的形成始于青春期早期，但这是一个持续到青春期后期（15 ~ 18 岁）甚至成年早期的过程（Paladino & DeLorenzi，2017）。表 1-5 概述了青少年自我同一性的发展类型。

表 1-5 青少年自我同一性的发展类型

类型	概述	示例
同一性早闭（identity foreclosure）	特点是延续对传统、文化和家庭价值观或信仰的承诺，而不是探索和确定自己的价值观或信仰。个体表现出过于顺从和随和。未经危机和探索便做出了承诺	我父母不相信上帝，我的祖父母不相信上帝，所以我也不相信上帝。我相信他们，他们一定是对的
同一性混乱（identity diffusion）	特点是缺乏对某些理想的承诺或坚持，同时缺乏探索的欲望。个体表现出逃避、不感兴趣甚至没有规划的特点。没有经历危机和探索，也没有做出任何承诺	我对思考是否有上帝不感兴趣。我真的不在乎，也不想知道。我宁愿谈别的事情
同一性延缓（idenity moratorium）	特点是经过探索，但是没有对任何价值观、信仰或目标做出承诺。个体可能表现得反复无常、叛逆和机会主义。经历危机和探索，但没有做出承诺	我不确定是否有上帝。更重要的是，我怎么知道是否有上帝？相信我看不见的东西意味着什么？我是否应该从其他角度探索上帝是否存在？我不确定这是否重要
同一性实现（idenity achievement）	特点是在经过一段时间的广泛探索后，通过对某一价值观、信仰或目标的承诺来解决危机。个体可能显得更有确定感，更加自信和自立。经历探索和危机后做出承诺	通过研究和评估多种视角，我相信人生意义是存在的。我相信自己负有某种人生使命，我要从事有价值的工作。

资料来源：Adapted from “Ego identity status: Relationship to change in self-esteem，‘general maladjustment，’ and authoritarianism，” by J.E. Marcia，1967，*Journal of Personality*，*35*，pp. 118–133.

通常，青春期早期的青少年在形成他们的信仰、价值观和自我同一性时会受其同伴和所处群体的影响。在青少年试图了解如何融入周围的环境时，这种身份探索的过程是必不可少的。青少年在儿童期可能已经认同了他们的父母和家庭，但在青春期早期，他们会经常试图脱离、区分和反抗既有的家庭系统，这往往导致父母与孩子之间的冲突。严重的亲子冲突会增加物质滥用、冒险行为、攻击和其他学校相关问题（如旷课、成绩下降）的风险（Jenson & Bender，2014）。

青少年走向自主的过程（与他人分开行动或生存）需要与父母及家庭成员有一定程度的分离。与父母的分离往往是动荡的，因为青少年尚未成熟，他们缺少自己积累的现实生活经验来指导他们的生活。成年人应该在监督青少年的同时，给予他们始终如一的支持，不要过于在意他们与成年人之间的距离感，因为这种距离感是由于他们对独立性和自主性的追求导致的（Jenson & Bender，2014）。即便青少年越来越依赖同伴群体，成年人也应该在他们的学校教育、活动以及与同伴的关系等方面与他们保持联系和沟通。成年人应意识到，同伴群体会对青少年的兴趣、衣着和行为产生重大影响。种族和文化也开始在青少年的自我意识方面发挥越来越重要的作用（Smith & Silva，2011）。更具体地说，青少年必须就他们是否会融入主流文化、是否与原来的文化融合或是否能管理多个文化身份进行探索和整合（Dixon et al.，2017）。

除了希望将自己与父母及家庭成员进行区分，青春期早期的孩子往往会变得越来越以自我为中心（如凡事主要考虑自己）（Broderick & Blewitt，2014）。他们高度重视自己，认为没有人经历过他们经历过的事情，认为永远没有人能够理解他们。这个阶段的孩子会出现假想观众的现象（每个人都在专心观看他们的表现），同时对他人的批评特别敏感，特别是关于他们的外表和表现的批评（Broderick & Blewitt，2014）。青少年对批评的敏感性在女孩身上更为明显（Kirkcaldy et al.，2007）。

青春期早期的孩子往往是矛盾的。他们渴望独特，但又希望融入周围的人（如在外表和思维方式方面）。随着他们的独立性和自主性需求的增加，以及自我中心倾向的出现，青春期早期的孩子对他人的依赖反而会增加。在有压力的情况下，他们甚至会出现退行，即表现出孩子气的行为（如脾气暴躁、侵扰性的抚摸和拥抱）。青春期早期的自我发展阶段对青少年和他们的父母来说是个令人困惑的时期。尽管这个时期大多数青少年可能会尝试离开家庭，但父母必须对他们保持足够的支持、耐心、共情和理解，从而帮助他们培养强烈的自我意识（Jenson & Fraser，2015）。

心理社会发展

在青春期早期，青少年的人际关系会发生很多变化。同伴开始在青少年的社会化、决策过程中扮演更重要的角色。此时的青少年较少会寻求父母的指导，转而更多地关注同伴的意见和想法。

此时，群体规范（如如何着装、如何行动）开始出现，青少年会更加依赖同伴的支持。他们渴望在父母监督之外获得更多的活动和自由。成年人既需要履行监护青少年的责任，又需要为他们提供与同伴建立积极关系的机会。更加关注同伴关系会让青少年面临新的体验，这反过来又会使他们变得脆弱（Jenson & Bender，2014）。此时的青少年容易陷入困窘或受到伤害。因此，同伴关系不仅是这一时期的快乐来源，同时也带来焦虑和压力（Wong et al.，2015）。

青春期早期的孩子面对的问题大部分都是与同伴相关的社会问题，如欺凌、受欢迎程度和同伴压力。这一时期，同伴关系变得越来越复杂，而青少年往往缺乏处理这些情况的能力。增强青少年的情绪调节能力、问题解决能力和冲突管理能力，可以帮助他们摆脱上述问题（Jenson & Bender，2014）。此外，这个阶段的青少年正在努力找出自己比他人更擅长什么（即“勤奋对自卑”阶段）（Erikson，1968）。一个人知道自己擅长什么及知道如何在同伴关系中发挥作用，会为其感知周围的社会环境打下基础（即“自我同一性对角色混乱”阶段）（Erikson，1968）。当青春期早期的孩子面对不受欢迎和同伴压力的困扰时，成年人需要帮助他们发现自己的优势并帮助他们融入周围的社会环境，这会提高他们的整体幸福感（Bergin & Bergin，2015；Broderick & Blewitt，2014）。

情绪发展

在青春期早期，青少年的情绪状态就像过山车一样——情绪反复无常、难以捉摸。他们快乐的时候往往会感到狂喜，沮丧和焦虑的时候则会变得羞耻、内疚和绝望。消极情绪依然能够压倒这个阶段的孩子，他们依然是脆弱的，他们的脆弱隐藏在愤怒、冷漠甚至攻击的背后（Geldard & Geldard，2010）。这些复杂的情绪和反应及不具备识别自身情绪的能力，使这个阶段的孩子不可避免地与他人，特别是父母及其他处于权威地位的人（如教师）保持距离。

尽管有些处于青春期早期的青少年已经具备抽象思维能力，但也有些青少年的思维仍旧更具体，仍有可能陷入困境（如无法产生替代性解决方案）。青少年找到替代性解决方案的困难及不断加剧的焦虑会让他们感到内疚和羞愧（Geldard & Geldard，2010）。此外，他们比年幼时更容易受焦虑和抑郁的影响（Merikangas et al.，2010）。一些青少年也可能会受到童年创伤（如虐待、忽视）、家庭成员物质滥用、家庭成员患精神疾病等问题的影响。这些创伤都会影响他们的情绪发展（Vandell et al.，2010）。

处于青春期早期的青少年在情绪上是很脆弱的，因此成年人对他们的表现应谨慎回应，不要反应过度，也不要漠不关心（Jenson & Bender，2014）。成年人可以在以下方面帮助这个阶段的孩子：（1）识别和管理情绪；（2）提升对他人的同理心；（3）学习建设性地解决冲突的技巧；（4）增强归属感；（5）尝试换位思考（Ugoani & Ewuzie，2013）。人际交往技能的发展可以使青少年更加灵活地处理这个阶段可能遇到的风险（如物质滥用、犯罪、攻击性、学业问题）。

青春期早期心理咨询注意事项

青春期早期常见问题

处于青春期早期的青少年在心理咨询中遇到的问题大都是与情绪调节、身份认同、同伴关系和家庭冲突相关的行为问题。焦虑（如分离焦虑障碍、特定恐怖症）、行为障碍（如对立违抗障碍、注意缺陷 / 多动障碍）和抑郁障碍（如重性抑郁障碍）是青春期早期常见的心理障碍（Merikangas et al.，2010）。此外，这一阶段的青少年还可能出现暴食、节食及一些进食方面的行为紊乱（Micali et al.，2014）。

处于青春期早期的青少年常常被强烈的情绪和感受淹没，这些情绪和感受可能会通过行为（如冒险行为、自伤、物质滥用）表现出来。成年人通常会误解这些行为，以为他们是故意这么做的。这种误解会引发其他的问题，例如，青少年的反抗情绪和退缩行为（Geldard & Geldard，2010）。

由于他们以自我为中心的倾向和对自己外表、被接受度、性方面的过度关注，青少年在与父母、兄弟姐妹和同伴的交往中经常发生冲突。此外，他们对独立的渴望也会对整个家庭结构造成影响。例如，他们可能在这一分钟还寻求父母的关爱，但在下一分钟当请求被拒绝时就会表现出敌意。

青春期早期的青少年经常探索和改变同伴，以试图找到一种清晰的自我意识（如认同感）。他们在与朋友的交往过程中经常会出现反应过度的情况，如他们对与自己外表和表现相关的批评很敏感（Bergin & Bergin，2015；Broderick & Blewitt，2014）。此外，他们可能开始寻求性关系并面临性方面的风险（如性滥交、无保护的性行为），这可能会带来通过性传播的疾病或怀孕等后果（Wong et al.，2015）。随着社会关系变得越来越重要，同伴压力带来的风险也会逐渐增加，可能会出现与物质滥用相关的问题。尽管只有十分之一的青少年报告有酗酒问题，但这个年龄段的青少年初次饮酒年龄的中位数是 13 岁（Swendsen et al.，2012）。咨询师应该了解这个现象可能带来的问题。

咨询方法

青春期早期往往伴随着很多变化，这些变化包括从依赖到独立、冒险行为和关系冲突等。咨询师应该记住，这个阶段的青少年正试图弄清楚他们擅长什么以及他们是谁（Erikson，1968）。咨询师应该选择能够促进这两项发展任务的咨询方法。具体来说，在与青少年开展咨询时，咨询师应该考虑以下内容（Cook-Cottone et al.，2015；Dixon et al.，2017；Kuther，2017）。

- 根据青少年的注意时长调整咨询时间（如果青少年的注意时长较短，可以减少每次咨询时长，提高咨询频率）。
- 父母依然对处于青春期早期的青少年有重要影响，尽可能早地将父母纳入咨询中。
- 采用基于同伴的干预措施（如同伴导师和由学校咨询师主导的朋辈辅导）。
- 承认青少年对改变的抵制，避免与他们进行权力斗争。
- 将青少年感兴趣和擅长的内容融入咨询中。
- 培养青少年对其个人优势和劣势的认识。
- 使用适合青少年发展阶段的语言，并经常与青少年沟通确认关于咨询师的提问、陈述、行为、评估、表达和活动等是否得当。
- 允许青少年在咨询过程中手里拿着东西（如球），融入一些增加青少年专注力的活动（如参与活动和互动）。
- 承认青少年以自我为中心的特点（如自我卷入），提高他们对他人的洞察力和同理心。
- 允许青少年对咨询中的问题或情况提出疑问。
- 将流行文化（如媒体、音乐）融入咨询活动中。

尽管青春期早期的青少年的认知方式开始逐渐发展为形式运算思维（这有助于他们做出决策、解决问题和选择观点），但他们的思维往往具有不一致性和以自我为中心的特点，并且经常通过退缩、冷漠甚至愤怒的反应来掩饰自己的感受和情绪（Broderick & Blewitt，2014；Geldard & Geldard，2010）。归根结底，这个阶段的青少年面临的许多困难和问题都与他们的思维和推理方式有关。咨询师仍然需要制定具体的策略来帮助孩子联结他们的情绪、想法和行为。此外，由于他们的身体在不断发育，许多成年人会高估青少年在情绪和认知方面的能力。咨询师可以为父母提供与青少年认知发展相关的教育。咨询师还可以帮助青少年和其父母学习和实践有助于社交、情绪和认知方面能力发展的方法（如社交技能培训、情绪调节训练、问题解决能力培训）（Jenson & Bender，2014）。

此外，咨询师还应该对父母和青少年进行青春期、情绪、决策技能、愤怒管理、冲突解决及建立积极同伴关系等方面的教育（Jenson & Bender，2014；Wong et al.，2015）。咨询师针对青春期早期青少年的咨询应具有更高的参与性、体验性和协作性（Geldard & Geldard，2010）。

团体咨询可以成为针对青春期早期青少年咨询的有效方法（Dixon et al.，2017）。针对这一阶段的青少年的团体咨询小组可以设置更长的咨询时长（如每次 40 ~ 75 分钟），囊括不同数量的参与成员，涵盖更多不同的话题（如人际关系、悲伤处理）（Falco & Bauman，2014）。团体咨询可以在以下几个方面帮助青少年（Dixon et al.，2017；Kuther，2017）。

- 与其他青少年建立社会联系和情感联系，帮助他们了解自己并学习如何与世界上的其他人建立联系。
- 使他们的经历正常化，同时建立对他人生活经历的同理心。
- 培养社交技能和冲突管理技能。
- 在可控的环境中进行自我同一性的探索。
- 更多地从同伴（而不是成年人）那里接受反馈并整合到自己的经验中。
- 在学校中接触更多同龄人，而不仅通过心理咨询。

咨询师应建立一个结构化或半结构化的咨询小组。为了提升团体咨询的效果，咨询师应该鼓励青少年积极、创造性地参与咨询。聚焦于某一个问题（如社交技能、悲伤处理、愤怒管理、决策技能）并以治疗为目标的团体咨询会对那些在非结构化环境中表现不佳的青少年起到很好的干预效果（Dixon et al.，2017）。

青春期后期

青春期后期的青少年指 15 ~ 18 岁的青少年。与青春期早期相比，青春期后期的孩子往往没有那么脆弱，并且可以更有效地表达自己的情绪和感受，可以进行深入的思考和讨论。大部分孩子在青春期后期的发展比青春期早期更稳定。接下来，我们将讨论青春期后期的孩子的发展特点和咨询中需要注意的问题。

青春期后期的发展特点

生理发展

在青春期后期，青少年的身体发育通常会减慢，这取决于他们青春期的开始时间。然而，持续的快速增长在男孩中很常见，男孩在这个年龄段会在身体发育方面赶上同龄的女孩。在青春期前后，女孩的乳房开始发育，出现月经并长出阴毛，而男孩的睾丸、阴茎也开始发育并长出阴毛，声音也发生变化（Broderick & Blewitt，2014）。这些变化间接地改变了青少年的社会关系（如新出现的性关系和亲密关系），这一点与前一部分讨论的特点一样。

在持续的生理变化之后，性冲动在青春期后期变得更加强烈。此外，对性的探索和好奇在青春期后期将持续增加，表现为性幻想、手淫和性行为的尝试（Broderick & Blewitt，2014）。青少年的性行为往往是没有计划的，由于青春期后期青少年的全能感和疏忽大意，性传播疾病和怀孕的风险是真实存在的。例如，青少年可能会进行无保护的性行为，因为他们容易有一种性传播疾病或怀孕“不会发生在我身上”的心理。青少年往往会认为自己可以免于自然后果。因此，学习如何解决与性有关的问题可以让他们不再抱有侥幸心理，并从中获益（Jenson & Bender，2014）。

性取向问题会在青春期后期逐渐浮现出来（Broderick & Blewitt，2014）。对女同性恋、男同性恋和双性恋青少年来说，性别认同的形成可能很困难，并且会导致焦虑，他们经常会由于缺乏支持和对耻辱的恐惧而经历强烈痛苦和抑郁（Rosario et al.，2014）。成年人应努力为这些青少年提供一个开放的、支持性的环境，让他们的体验和对身份认同的探索可以被理解和接纳（Jenson & Fraser，2015）。

在过去的几十年里，有关青春期大脑发育与冲动行动（如冒险行为）之间关系的研究受到了很大的关注（Romer，2010）。特别值得注意的是，在青少年群体中，寻求感官刺激（冲动的一种形式）的行为增多，表现为青少年更频繁地吸烟、进行无保护的性行为和发生意外事故（Broderick & Blewitt，2014）。尽管大脑发育可能会影响青少年的自我控制能力，但一些人认为，与大脑发育情况相比，缺乏成年人的监督才是更易导致自我控制问题的原因（Romer，2010）。因此，成年人可以通过向青少年提供适当的监督和其他亲社会活动，来帮助他们发展问题解决能力和决策能力，从而降低发展带来的风险（Jenson & Fraser，2015）。

认知发展

从具体运算阶段到形式运算阶段的变化会一直持续到青年期（Piaget，1970）。随着形式运算思维的发展，青少年认知能力的提升使他们能够以不同的方式思考和行动。例如，一个青少年过去总是以非此即彼的方式思考，现在可能会根据情况产生替代行为，并预测未来的后果。这一阶段的青少年的思维更加灵活和抽象，并能够假设各种因果关系（Bergin & Bergin，2015）。这种思维方式可以帮助青少年打开视角，并常常会使他们对道德、社会和政治等问题产生新的看法。

虽然青少年思维方式上的转变总体来说是积极的，但一些青少年的思维仍然前后矛盾。他们能够构建创造性的替代方案，但是缺乏做出适当选择所需的经验和理解能力。例如，一个男孩也许能够创造性地思考一段冲突的关系，却不能决定哪种选择能改善这种情况。成年人可以指导青少年制定备选方案和实施最佳方案，从而帮助他们提升系统地克服困难的能力。随着青少年问题解决能力的发展，他们的冲动和冒险行为也会减少（Jenson & Fraser，2015；Romer，2010）。

自我发展

青少年专注于确立自我同一性和寻求独立，这种追求往往是无意识的。青少年会从职业、政治、社会、性、道德、价值观和信仰等方面获得他们的自我同一性（Erickson，1968；Marcia，1967）。因此，青少年会在青春期后期尝试各种角色并承担责任。例如，青少年可能会通过参加辩论队来改变他“仅仅是运动员”的身份。在这一时期，青少年经常会进行固执己见的讨论，观察他人的行为，树立远大的理想，并进行各种体验和探索（如不同的音乐、穿着）（Bergin & Bergin，2015；Geldard & Geldard，2010）。此外，种族和文化认同对青少年的自我发展提供了很大帮助。那些来自少数族裔的孩子对自己的种族和文化充满了认同和自信，他们往往会体验到更积极、更全面的幸福感（Smith & Silva，2011）。

青春期后期的青少年表现出的重要特点是渴望与众不同。随着自信心的增强，青少年常常试图通过与其他人不同的穿着或行为来区分自己和他人。例如，他们可能选择穿与周围人形成鲜明对比的衣服，以此显示自己的与众不同。青少年对独特性的渴望可以增强他们抵御同伴压力的能力。由于他们逐渐形成了自信并具备考虑长期后果的能力，这一时期的青少年在抵御同伴压力方面往往比青春期早期的青少年做得要好（Jenson & Bender，2014）。但是，并非所有青春期后期的青少年都是如此，有些青少年在中学期间经历着强烈的同伴压力甚至遭遇欺凌（Wong et al.，2015）。社区学校、课外活动和亲社会活动（如跳舞、健身、跑步等）可能会使这个阶段的青少年免受同伴的负面影响（Jenson & Fraser，2015）。

心理社会发展

和青春期早期的青少年一样，同伴关系对青春期后期的青少年也非常重要。青少年在这一阶段通过探索不同的关系学会包容个体差异，为建立更亲密的友谊或合作关系做好准备。通过形式运算思维，青少年开始更有意识地选择朋友。他们通常根据空间上的亲近程度选择朋友（如住在周围的孩子或同一个班的同学），而这一时期的青少年越来越多地开始根据共同的兴趣、经历和需要来选择朋友（如“我喜欢笑，而你真的很有趣”）。此外，青少年会更多地探索和体验亲密关系。

在青春期后期，青少年会在社会环境中努力探索自己的身份或形成自我意识（Erikson，1968）。本质上来说，自我同一性是青少年通过将自己与他人进行区分来确立的（Geldard & Geldard，2010）。更具体地说，这个阶段的青少年往往面临巨大的压力，他们需要：（1）明确自己的观点、信仰和价值观；（2）确定自己存在的意义；（3）寻找并形成浪漫关系；（4）发现自己生活中的焦点或使命（如职业追求）（Paladino & DeLorenzi，2017）。成年人不仅可以帮助这个阶段的青少年发现他们的优势，还可以帮助他们把做的事情与自我意识、自我同一性建立联系（Bergin & Bergin，2015；Broderick & Blewitt，2014）。

情绪发展

青春期后期的青少年相对于青春期早期的青少年来说情绪波动较少，因为这个阶段的青少年不再那么不知所措，对自己的情绪也有了更深入的了解。另外，这个阶段的青少年往往没有那么强的防御性，能够更好地向他人表达自己的情绪和感受。随着表达思想、情感和情绪能力的提升，他们可以显著减少与父母、兄弟姐妹及同龄人之间的冲突，在沟通上也更具有灵活性。然而，抑郁障碍的发病率在青春期后期逐渐增加，这会削弱青少年管理自己情绪和感受的能力（Merikangas et al.，2010）。

尽管青少年在情绪发展方面存在显著差异，但这个阶段的青少年通常会变得更具同情心、更少冲动，并且能够更有效地控制情绪爆发、表现出更少的不稳定行为（Bergin & Bergin，2015；Broderick & Blewitt，2014）。随着这一阶段的各种转变，一些青少年可能会从过往建立的支持性群体中分离出来，开始对自己的未来感到担忧，并经历自我怀疑（如缺少安全感、感到自卑）。对此，父母可以通过家庭活动来促进积极的人际互动，同时提供积极的情感反馈，从而给他们提供支持（Jenson & Fraser，2015）。

青春期后期心理咨询注意事项

青春期后期常见问题

青春期后期与青春期早期出现的问题相似，这些问题包括自我同一性发展和职业探索、冒险行为、同伴关系和家庭冲突。针对青春期后期和青春期早期的心理咨询，其诊断和发现的精神障碍也很类似（如焦虑、抑郁、破坏性行为障碍）（Merikangas et al.，2010）。

冒险行为（如酗酒、逃课、打架、违法行为）常常是这个阶段的青少年接受咨询的原因（Eaton et al.，2012）。影响这个阶段的孩子参与冒险行为的风险因素包括家庭沟通不畅、亲子冲突、缺乏家庭支持及同伴压力（Dunn et al.，2011；Jenson & Bender，2014）。咨询师可以通过提高青少年的决策能力和问题解决能力来为他们提供支持。

让青少年接受咨询的另一个高风险行为可能是物质滥用。酒精和毒品的使用在青春期后期的青少年中很常见。在这个时期，物质滥用率逐渐上升，其中酒精和大麻是常被使用的物质（Swendsen et al.，2012）。虽然男性和女性的饮酒率通常相差不多，但男性的酒精滥用率更高（Swendsen et al.，2012）。

同龄人之间的伙伴关系和家庭动力在青春期后期往往会变得紧张，因为青少年渴望更多的自主权，并渴望在没有父母监督的情况下与同龄人一起做更多的活动。这些活动包括开车、与朋友交往、约会等。随着亲密关系的增加，一些青少年可能会遇到性别认同、归属感、是否被他人接受等方面的困惑。此外，现在的青少年主要通过使用智能手机和平板电脑等电子设备来交流和建立社会关系。他们花大量时间沉浸在社交媒体中，这甚至可能是同伴间交流的主要形式（Paladino & DeLorenzi，2017）。这些日常交往和生活方式的变化会给青少年带来以下挑战：面对面的交流减少、感受孤立和孤独的可能性增加、久坐的生活方式增加、社交技能发展缓慢、网络欺凌、更高的抑郁和焦虑风险等（Selfhout et al.，2009）。咨询师需要了解，在不断变化的环境中，青少年是如何与同伴进行社会交往的。

青春期后期常见的欺凌或网络欺凌，以及同伴压力仍然是备受关注的现象。有些青少年建立了强大的同伴支持系统，有些青少年却受困于同伴关系且很容易受到欺凌。除欺凌外，暴力行为和强奸的风险在青春期后期也会显著增加（Paladino & DeLorenzi，

2017）。因此，这个阶段的青少年的自杀意念和自杀企图的风险会更高（Skapinakis et al.，2011）。咨询师需要不断评估处在青春期后期的青少年在安全性、暴力、欺凌和同伴压力方面的情况。

最后，职业认同和高等教育计划（如工作、大学、职业生涯）是咨询师为青春期后期的青少年做咨询时需要考虑的另一个因素。青春期后期的职业咨询可以围绕职业规划（如教育、培训、就业）、潜在的职业满意度和个人特征（如价值观、技能、兴趣）展开。

咨询方法

尽管青春期后期往往与更多的尝试和冒险联系在一起，但咨询师需要记住，这个阶段的青少年的最终目标是确认在这个世界上自己是谁（即“自我同一性对角色混乱”阶段），因此这些尝试是有目的的。咨询师需要根据发展阶段来选择咨询方法。具体来说，对青春期后期的青少年进行个体咨询，咨询师应考虑如下因素（Cook-Cottone et al.，2015；Kuther，2017；Paladino & DeLorenzi，2017）。

- 关注青少年，让他们成为自己生活经历的“专家”。
- 探索青少年的同伴关系和亲密关系的发展、管理和维护。
- 识别并赞扬青少年的积极特征、韧性和优势。
- 要真诚可信，因为青少年很快就会发现虚假或不真实的行为。
- 将流行的艺术和音乐融入咨询中。
- 开展自我探索活动，如阅读疗法、日记疗法、观看记录青少年成长的电影、访问社交网站，从而提高青少年对自我和外部世界的认识。
- 开展具有吸引力、创造性和体验性的活动。
- 具备得体的幽默感。
- 避免代入专家角色，避免使用标签和在咨询关系中行使权力。
- 探讨与发展相关的问题，如独立性、自主性和认同感。
- 允许青少年从一系列想法或策略中进行选择，以解决其遇到的问题。

尽管咨询师的干预方法在很大程度上取决于问题的性质及青少年的认知发展和个性特征，但互动式干预方法（如小组工作、角色扮演、非结构化日志、形象练习）对青春期后期的青少年往往能起到较好的效果。下文的实践活动提供了咨询师用日记疗法对青春期后期的青少年进行咨询的示例。

最后，当对处在青春期后期的青少年进行咨询时，团体咨询是适合他们的有效方式。尽管这一阶段的青少年通常比年龄较小的孩子能够忍受更长的咨询时长，但小组成员的数量不应超过 12 人（Falco & Bauman，2014）。此外，应根据主题（如创伤）考虑按性别进行分组。使用混合性别团体咨询可以为青少年提供机会，提升他们与异性同龄人交往的能力（Falco & Bauman，2014）。

如前所述，青春期后期的青少年更善言辞，能够更清晰地表达情感和思想，并能进行深思熟虑的讨论。因此，团体咨询可以成为解决青少年面临的大多数挑战和困难的有效方法（Paladino & DeLorenzi，2017）。在与年龄较大的青少年进行咨询时，咨询师的指导作用比对年幼的孩子咨询时有所降低（Paladino & DeLorenzi，2017）。适合对青春期后期的青少年进行团体咨询的问题包括物质滥用、焦虑、抑郁、创伤或进食障碍，提高人际交往效能和社交技能，从他人那里获得情感支持，悲伤和丧亲，家庭问题（如离婚），愤怒管理，决策，等等（Falco & Bauman，2014）。

实践活动 >>>>>

日记疗法示例

- 写下你生活中重要的经历（也可以要求来访者写下积极或消极的经历，包括创伤性经历、来访者表现出优势的经历等）。
- 你认为一年后的自己会在哪里？你认为你会与现在相同还是不同？你想在哪个（或些）方面取得成功？
- 写下一个你觉得安全的地方，以及这个安全的地方对你来说意味着什么？安全的地方是什么样的、有什么气味和感觉？当你需要时，你如何在脑海里与这个安全的地方联系起来？
- 你经历过什么难受的感觉（如愤怒、悲伤）？你是如何应对这些感觉的？
- 你在生活中克服了哪些挑战？你是如何克服这些挑战的？是什么帮助你战胜了它们？你的支持者是谁？
- 画一幅自画像，用文字描述你所看到的。你是谁？你如何看待自己与周围人的异同？你最重要的品质是什么？
- 画出并描述你完美的一天，或者画出你具有代表性的一天。
- 如果现在让你的一位富有智慧的长者给你写封信，他会给现在的你什么建议？
- 在你身边发生的让你心烦的事情是什么？你如何处理这些令人不安的经历？
- 你想要什么？
- 如果你能实现三个愿望，会是什么？
- 在电影《绿野仙踪》中，角色们都想拥有自己认为不具备的品质或强化自己的能力，尽管他们已经拥有了这些品质但他们依然不相信。你希望自己拥有更多的品质是什么？你觉得那些尽管你最初认为你可能没有，但现在有的品质是什么？
- 本周你想做件什么不同的事？你怎么做这件事？
- 谁对你来说很重要？你的价值观是什么？你如何维护你的价值观？
- 在焦虑和有压力时，谁能给予你支持？在你的生命中，当你需要帮助时，你能依靠谁？你是如何获得这种支持的？

总结

咨询师相信，所有的来访者，不管他们遇到什么样的内部和外部挑战，都能够做出有意义的改变。心理咨询一直都奉行这样一种理念，即儿童和青少年天生有种能力使自己在发展过程中不断成长、改变和前进。发展是儿童和青少年变化进程的一个重要方面，虽然发展也会带来各种问题，但咨询师可以帮助儿童和青少年克服困难。由于了解儿童和青少年的发展特点对咨询非常重要，因此本章对发展进行了概述，对其中的普遍问题进行了讲解，并提供了针对儿童和青少年的咨询策略和方法。

更具体地说，生理、认知、自我、心理社会和情绪的发展与儿童和青少年所处的不同发展阶段有关。这些方面的发展相互影响，因此不能孤立地考虑。尽管咨询师一般不具备评估生理发育的专业资格，但他们应对儿童和青少年的生理发育有一定的认识，并在必要时酌情将儿童和青少年转介给身体健康评估机构接受专业的评估。认知发展与生理发育（如神经系统发育）有关，随着儿童和青少年的成长，他们能够更好地掌握新的概念和技能。自我发展与孩子和父母之间的关系，以及孩子的自我概念和自尊的发展有关。早期的依恋关系非常重要，可以为咨询师了解儿童和青少年的发展提供信息。心理社会发展与自我发展密切相关，包括儿童和青少年与环境的互动，以及这些互动影响其自身发展的方式。情绪发展又与发展的其他方面有关，它关系到儿童和青少年理解、体验和调节他们感受的程度。早期与他人的互动形式对儿童和青少年的情绪发展起着重要的作用。此外，文化对所有的发展过程都起着重要的作用，尤其是情绪发展，因此咨询师在了解儿童和青少年的情绪发展过程时必须具有文化意识，并对来访者所处的文化和背景保持敏感。

此外，本章还讨论了影响儿童和青少年发展的重要风险因素和保护因素。在为儿童和青少年提供咨询时，咨询师需要了解这些因素并适当地调整这些因素。风险因素和保护因素并非孤立存在，而是以协同的方式相互作用，并以独特的方式影响儿童和青少年的发展。

本章还为了解儿童和青少年的发展，以及个人层面的风险因素和保护因素奠定了基础。第 2 章将介绍影响儿童和青少年发展的系统性因素。更具体地说，第 2 章将讨论家庭、学校和社区因素，对发展和生活产生不利影响的风险因素，以及咨询师可以鼓励和支持的保护因素。需要注意的是，本章和第 2 章将讨论的个人层面和系统层面的风险因素和保护因素不一定是割裂的，它们可以相互产生影响。例如，儿童和青少年发展中最重要的风险因素之一是贫困。贫困可以影响儿童和青少年发展的方方面面，包括系统性因素（如家庭动力和稳定性、学校质量及社区风险）及个体层面的因素（如生理和心理社会发展等）。

第 2 章　关注系统的儿童和青少年咨询

第 1 章探讨了儿童和青少年的发展与个体层面的风险因素和保护因素。本章讨论影响儿童和青少年发展的风险因素和保护因素。更具体地说，家庭、学校、社区的风险因素和保护因素都属于儿童和青少年咨询的背景因素。在讨论家庭、学校、社区的风险因素与保护因素对儿童和青少年发展的影响之前，我们先探讨背景与文化以及基于优势的咨询理念的重要性。

背景与文化

咨询师一般都是从整体视角开展咨询的，这意味着他们相信来访者的各个方面是相互关联的（Kaplan et al.，2014）。儿童和青少年生活中相互关联的方面也是他们背景的一部分。体现咨询师职业素养的一个重要方面是对背景和文化因素的敏感性。相关研究表明，要想使咨询有效，咨询师就需要理解儿童和青少年独特的背景（Norcross & Wampold，2011b）。

背景是指来访者体验到的与行为发生相互关联的情境，或者是围绕在他们周围或突出他们处境的任何因素。许多对人类经验的传统理解都是站在病理学和缺陷的角度上看待来访者的问题的。如果从背景的角度看待儿童和青少年的问题，文化、性别和各种发展因素就成为咨询师应考虑的重要因素。

文化，以及作为其中一部分的性别和种族，是非常重要的背景因素；文化可以定义、表达和解释社会群体的信仰、价值观、习俗和性别角色期望（Kalla & Bhugra，2010）。对多元文化的考虑会对咨询师的决策和干预过程产生重大影响，且基本上所有的咨询都可以被称为多元文化咨询。ACA 伦理守则（ACA，2014）强调，文化会影响来访者理解问题的方式。因此，咨询师必须在咨询和治疗过程中对文化加以考虑。ACA 伦理守则指出，咨询师应该识别出可能导致对特定群体的来访者做出过度病态解读的社会偏见。此外，咨询师还应该反思他们可能无意中通过对来访者和咨询的固有看法延续了这些偏见（ACA，2014）。

咨询师非常重视文化及其对来访者处境的影响，不考虑文化因素就不可能理解儿童和青少年并更好地帮助他们。更具体地说，咨询师应考虑对生活中遇到问题的文化解释、文化体验和求助行为、来访者身份的文化框架、健康功能的文化意义，以及与咨访关系相关的文化因素（Eriksen & Kress，2005）。

不同文化背景的人对什么是适当或“正常”行为的看法存在很大差异。例如，父母经常因为他们认为的不良行为和家庭冲突而带孩子去咨询（Zeanah，2009）。对孩子适当行为的期望和人际关系的引导方式在很大程度上是基于文化规范和期望的。文化可能会影响哪些行为是可以被接受的，孩子和父母应该如何表达沮丧和痛苦，以及如何处理痛苦。文化决定了一个人的朋友、家人和社区对痛苦及问题行为的反应，决定了问题的类型及其严重程度。因此，在咨询干预之前，咨询师必须先明确这些问题的类型及严重程度。文化还决定了可接受的求助行为和干预方式，以及谁可以实施干预，谁不可以。

社会经济地位和社会身份影响儿童和青少年如何

呈现和应对他们遇到的问题，而且在单一文化内和跨文化情境中都是如此。咨询师必须考虑文化、种族、性别、受压迫的社会经济地位与社会身份之间的复杂关系和相互作用（Kress et al.，2018）。虽然目前美国的非白人被称为少数族裔，但据预测，到 2044 年这一群体的比例将比白人占美国人口的比例更高（US. Census Bureau，2015）。咨询师应了解属于少数族裔的经历，同时也应认识到非白人群体正在美国获得更多的权力和更高的地位。咨询师可以根据需要提出与种族、社会经济地位、性别和其他多元文化因素相关的话题，并通过收集每位来访者的亲身体验，避免先入为主的一些假设。

儿童和青少年每天都可能经历轻微的攻击或种族偏见，少数族裔可能会被有意无意地边缘化和忽视（Sue & Sue，2013）。一些轻微的攻击可能是微妙和隐蔽的，例如，课堂上老师给白人学生而不是非白人学生一些特殊的课堂职责，或者一个非白人学生因为不当行为被送到校长办公室，而当一个白人学生做出同样的行为时他却只是受到口头警告。白人作为美国目前人口占多数的种族，在社会上拥有很大的权力，种族偏见的行为会对少数族裔个体的幸福和成长造成负面影响。

具有文化敏感性的咨询师应该意识到，与不同族裔、年龄、性别或性别取向等因素相比，那些在社会中权力较小的人在生活中会经历更多的困难，且更容易受到心理健康、经济困难和生活问题的影响（Kress et al.，2018）。咨询师也应该意识到，那些来自非主流文化群体的人获得的社会资源较少，因此当他们遇到问题时，往往在问题持续很久后才能得到干预和支持。也就是说，他们不太可能主动寻求帮助，只有当问题变得更严重时才会寻求咨询服务。

总体来说，文化以多种方式影响着来访者，包括他们对问题的体验、他们内心的痛苦、他们对问题的解释及他们表达不满的方式（Eriksen & Kress，2008）。文化也会对咨询师造成影响，包括对来访者问题的看法、会谈风格、对咨询理论和方法的选择。

基于优势的理念

除对背景和文化敏感外，咨询师还应重视基于优势的理念（Vereen et al.，2014）。儿童和青少年的优势和心理韧性是支持他们发展的重要资源。基于优势的理念是整体性的，因为这种理念认为，如果脱离了个体的家庭或更广泛的社会背景，就无法理解他们。

基于优势的理念基于这样一个假设，即发展和扩大儿童和青少年内部与环境中的优势和资源能够帮助他们提升应对未来困难的心理韧性（Smith，2006）。从这个意义上说，基于优势的理念是预防性的，因为它可以开发和识别优势，不仅可以解决当前的困难，还可以使来访者免受未来其他问题的困扰。

当运用基于优势的理念进行咨询时，咨询师会积极地加强、发展和突出来访者的资源、优势和心理韧性，以及他们应对问题和坚持目标的能力，通过增强他们的自我决定感和对生活的掌控感来提升他们的自尊及其内在的心理韧性（Smith，2006）。更具体地说，咨询师可以从基于优势的角度出发，确定儿童和青少年及其家庭所拥有或能够接触到的独特优势，并放大这些优势。

基于优势的理念是一种范式转换，即从关注来访者的问题转向关注来访者的优势、能力和资源，以及如何利用这些优势、能力和资源来支持来访者。基于优势的方法的一个基本假设是，咨询师不仅应该探索问题和弱点，还应该投入时间和精力来探索来访者的优势和资源，从而提供一种更加全面和平衡的方法来帮助来访者。从这个理念出发，咨询工作的重要目标是通过提高来访者对自身能力的认识为他们注入希望，并通过培养优势帮助来访者成长，从而摆脱被视为问题的困境（Smith，2006）。

在对儿童和青少年进行咨询时，咨询师可能会把重点放在强化他们积极的主观经验和积极的个性特征上。咨询师可以通过提供预防方案对儿童和青少年进行早期干预，传授认知和应对技能，以降低儿童和青少年面临各种问题的风险，包括抑郁、焦虑和暴力等。咨询师还可以提升来访者的美德和性格优势，以促进来访者的心理韧性。这些美德和性格优势是众所周知的，包括责任感、感恩、关怀、利他主义、礼貌、温和、宽容和坚定的职业道德（Seligman，2012）。

如前所述，当采用基于优势的理念工作时，心理韧性或抵御困难的能力是一个基本的考虑因素。咨询师可以通过提高儿童和青少年在以下领域的个人能力来培养他们的心理韧性：（1）社交能力；（2）问题解决能力；（3）自主性；（4）目标感（Benard，2004）。咨询师不仅要强调这些优势，而且要在整个咨询过程中强化这些优势，以期培养来访者抵御疾病和未来困难的能力。

在第 9 章，我们提出一个整合了基于优势的理念的治疗计划模型，并着重强调连接来访者优势并利用这些优势帮助他们克服困难的重要性。图 2-1 列举了青少年的性格优势和心理韧性，这些优势是可以被识别并整合到咨询中的。

• 接纳	• 慷慨	• 负责任	• 坚持
• 热情	• 温柔	• 谨慎	• 得体
• 机警	• 优雅	• 准时	• 坚韧
• 欣赏	• 感恩	• 理性	• 节俭
• 觉察	• 努力	• 调控	• 宽容
• 勇敢	• 诚实	• 放松	• 信任
• 冷静	• 谦虚	• 可靠	• 利他主义
• 关心	• 幽默	• 信仰	• 雄心勃勃
• 开朗	• 卫生	• 韧性	• 精力充沛
• 承诺	• 独立	• 尊重	• 乐于助人
• 同情心	• 勤奋	• 克制	• 充满希望
• 同理心	• 创新	• 自尊	• 见解深刻
• 自信	• 聪明	• 无私	• 鼓舞人心
• 尽责	• 敏锐	• 真诚	• 兴趣广泛
• 体贴	• 忠诚	• 熟练	• 知识渊博
• 合作	• 适度	• 灵性	• 实践能力
• 领导力	• 道德	• 自发	• 目的明确
• 创造力	• 非暴力	• 支持	• 自我调节
• 想象力	• 有趣	• 投入	• 意志坚定
• 控制力	• 积极	• 激情	• 思想开放
• 表现力	• 有抱负	• 公平	• 身体健康
• 观察力	• 有教养	• 灵活	• 才华横溢
• 适应力	• 有组织	• 专注	• 值得信赖
• 好奇	• 有力量	• 宽恕	• 问题解决能力
• 决心	• 有能力	• 友好	• 以工作为导向
• 自律	• 有逻辑	• 乐观	
• 赋能	• 有爱心	• 耐心	
• 鼓励	• 有动力	• 平静	

图 2-1 青少年的性格优势和心理韧性举例

咨询师能够意识到儿童和青少年天生具有的心理韧性是很重要的（Sanders et al.，2015；Search Institute，2007）。他们能够克服逆境，但他们克服逆境的方式是独特的，毕竟没有放之四海而皆准的方法来克服生活中的挑战。咨询师可以识别、验证并在可能的情况下帮助儿童和青少年解决存在的风险因素，同时培养有利于他们发展的保护因素（APA，2013a；Sanders et al.，2015）。

本章将讨论影响儿童和青少年发展的系统层面的因素，包括家庭、学校和社区的各种制度及与之相关的风险因素和保护因素，它们是影响儿童和青少年发展的重要背景。家庭、学校和社区中影响儿童和青少年发展的风险因素如表 2-1 所示。家庭、学校和社区中影响儿童和青少年发展的保护因素如表 2-2 所示。尽管本章指出了理解和支持儿童和青少年发展的重要因素，但影响他们发展的因素是复杂的，并且儿童和青少年对各种风险因素和保护因素的反应也是独特的。不过，了解儿童和青少年所处环境的风险因素和保护因素可以帮助咨询师对他们的情况进行全面的理解，并最终确定最佳的干预方案。

表 2-1 家庭、学校和社区中影响儿童和青少年发展的风险因素

家庭风险因素	学校风险因素	社区风险因素
• 情感、身体或性方面的虐待或忽视 • 童年过度溺爱 • 无效或粗暴的沟通方式 • 代际创伤 • 亲密关系暴力或家庭暴力 • 物质资源匮乏 • 父母的参与或支持有限 • 父母有生理、心理或情绪障碍 • 兄弟姐妹或家庭成员有生理、心理或情绪障碍 • 家庭结构的变化 • 家庭关系三角化或关系纠缠 • 边界不明确或僵化	• 欺凌 • 不良同伴影响 • 课堂管理不力 • 缺乏资源（如桌椅、书籍、教学设备） • 影响学校教育的心理障碍（如注意缺陷 / 多动障碍） • 教师和学校人员的负面期望 • 有学习困难或学习障碍的经历 • 种族主义和其他偏见 • 校园暴力	• 不重视教育 • 社区暴力 • 毒品和武器 • 居民流动性高 • 犯罪率高 • 移民 • 缺乏支持性组织（如社区团体） • 缺乏成年人榜样 • 从低贫困地区迁移到高贫困地区 • 贫困 • 种族主义和其他偏见 • 不公平的社会政策

表 2-2 家庭、学校和社区中影响儿童和青少年发展的保护因素

家庭保护因素	学校保护因素	社区保护因素
• 明确的家庭期望和规则 • 明确且灵活的家庭子系统和边界 • 一贯合理的纪律 • 温暖、有爱 • 物质资源充足 • 父母和其他家庭成员的高度参与和支持 • 强烈的文化认同 • 与父母一方或双方生活	• 有效的课堂管理 • 学业成就和胜任的体验 • 教师和学校人员的积极期望 • 积极的同伴影响 • 提供资源（如桌椅、书籍） • 学校人员的监督和宣传 • 令人信任的友谊和社会联结 • 青少年成就动机	• 宣传倡议 • 社区活动 • 政府机构和社区负责人之间的合作伙伴关系 • 社区参与和教育 • 社区交际 • 严禁毒品和暴力 • 限制武器和暴力 • 认识教育的价值 • 青少年领导和志愿者机会

家庭系统中的风险因素和保护因素

这一部分将讨论家庭系统中特有的风险因素和保护因素。家庭系统是儿童和青少年社会和情感发展的一个组成部分，尤其在幼儿期和儿童期，这一阶段的孩子的大部分时间都是在家庭中度过的。本节探讨家庭结构和界限，并讨论这些因素如何影响家庭关系，如何影响儿童和青少年的情感和社会幸福感。家庭的价值观、文化期望、参与程度、沟通模式和物质资源既可能成为保护因素，也可能成为风险因素，因此，本节会特别关注这些内容。本节也会讨论家庭环境中可能引发儿童和青少年出现的身体和情绪问题，以及情感、身体和性方面的虐待对儿童和青少年发展的影响。

家庭结构和界限

在讨论家庭的作用时，首先要明确“家庭”一词的含义。家庭是一个基本的社会单位，通常包括父母和住在一起的孩子。儿童和青少年的家庭可以包括父母、继父母或养父母，父母亲生的、继父母生的或领养的兄弟姐妹，阿姨、叔叔和堂（表）兄弟姐妹，（外）祖父母，甚至还有朋友和邻居等（Bosch et al.，2012；Council on Foundations，n.d.）。家庭结构和界限相关信息可以为咨询师提供有价值的信息，如家庭中谁可以成为支持性资源。

在一个特定家庭中，家庭成员塑造了这个家的基本家庭结构（Lindahl et al.，2012）。一些儿童和青少年将所有住在自己家里的人都视为家庭的一部分，另一些儿童和青少年则只将住在家中的某些家庭成员视为家庭的一部分，还有一些儿童和青少年可能将住在家中的和住在外边的人都视为家庭的一部分。在对儿童和青少年进行咨询时，咨询师应关注儿童和青少年对家庭的主观定义，并特别注意他们故意排除的家庭成员，因为这可能表明潜在的风险来源（如持续虐待、依恋创伤等）。咨询师还可以确定作为韧性资源的家庭成员，这些人可能会出现在儿童和青少年对家庭的主观定义中，例如，一位特别的（外）祖父或（外）祖母，或者作为精神导师的邻居。

家庭中的文化和传统对儿童和青少年如何定义和理解他们的家庭结构起着重要作用（Council on Foundations，n.d.）。有些家庭可能看重核心家庭成员，在这种家庭中，父母和孩子是最重要的，被认为是核心家庭成员。在核心家庭文化中，住在其他住处的大家庭成员[如（堂）表兄弟姐妹、（外）祖父母]和亲密朋友不被视为直系亲属。然而，有些文化可能会对家庭有更广泛的定义，即所有在儿童和青少年生活中起重要作用的个人都被视为家庭成员，即使他们生活在不同的家庭中或没有血缘关系（Council on Foundations，n.d.）。

咨询师应注意家庭结构会随着时间的推移而发生变化。在以下情况下，家庭结构可能会发生变化。

- 家庭中增加了新成员（例如，弟弟或妹妹的出生，交换生或收养的兄弟姐妹加入家庭，祖父母搬进家中）。
- 现有成员离开家庭（例如，年长的兄弟姐妹上大学或结婚，父母因离婚或分居而搬出房子，父母或兄弟姐妹在军队服役，家庭成员死亡）。
- 朋友或其他大家庭成员为了克服经济困难而住在青少年家中。
- 家庭具有很强的地域流动性，经常远离家人和朋友。

家庭中的一些结构性变化可能值得庆祝（如弟弟妹妹的出生、哥哥姐姐上大学），但其带来的结果对儿童和青少年而言仍然是一种变化，如果这种变化不能得到很好的处理，也可能导致儿童和青少年的悲伤情绪，并引发人际矛盾和学业问题（Shapiro，2012；Shaw et al.，2015）。

在家庭经历任何结构性变化后，儿童和青少年都必须学习以新的方式理解他们在家庭中的角色并满足家庭的需要。了解来访者家庭结构及其变化的咨询师可以更好地识别哪些人对儿童和青少年有重要意义，并了解他们的经历。咨询师应该了解那些对儿童和青少年来说重要的家庭成员，包括为他们提供温暖和关爱的家庭成员，对儿童和青少年抱有较高期待的家庭成员、作为指导和支持来源的家庭成员（Froiland & Davison，2014；Search Institute，2007）。

在评估并了解儿童和青少年的家庭结构之后，咨询师接下来就可以了解儿童和青少年的家庭界限，即家庭成员之间日常互动的规则和规范（Lindahl et al.，2012）。沟通明确、家庭规则和界限一致可以作为家庭保护因素（Barkley，2013；Lindahl et al.，2012）。家庭环境中不明确的规则、期望和界限可能会成为导致儿童和青少年出现学习问题和社交问题的风险因素（Barkley，2013；Bosch et al.，2012；Lindahl et al.，2012；Search Institute，2007）。没有经过遵守规则和界限指导的儿童和青少年可能无法培养出在邻里关系、学校和社区获得认可所需的自我控制能力和情绪调节能力。

很多时候，家庭的界限、规则和惯例都会向着不好的方向发展。心理学家戴维·奥尔森（David Olson，2011）创建了一个环状模型（circumplex model）来解释健康和不健康的家庭互动模式。该模型认为家庭角色和家庭规则应该是可预测的。此外，家庭成员既应该彼此联系，亲密地投入彼此的生活中，也应该在家庭结构中保持独特的身份。表 2-3 结合奥尔森提出的环状模型对不同的家庭互动和家庭关系模式进行了概述，其中包括健康和不健康的两种方式。

表 2-3　奥尔森环状模型概述

家庭互动	特点
健康	灵活的——在家庭中使用民主教养方式，父母分享领导权；责任是共同承担的，能够在必要时改变家庭结构和规则；家庭是充满活力和支持性的
	结构性的——父母在家庭中可以分担领导责任，共同制定规则；除非有特别要求，否则家庭中的角色保持一致；家庭具有灵活的稳定性
不健康	僵化的——父母严格管教，在家中不分担责任；很少做出灵活调整，家庭变得停滞和压抑
	混乱的——家庭缺乏领导者，家庭规则执行不一致，惩罚较严厉；家庭角色经常发生重大变化；家庭环境不稳定和不可预测
家庭关系	**特点**
健康	联结的——较高的忠诚度和依赖性，同时保持每位家庭成员的独立性
	独立的——适度的忠诚度和独立性
不健康	脱离的——家庭成员彼此割裂，很少互动，支持性和忠诚度较低
	纠缠的——家庭成员过于依赖彼此，限制了家庭成员做出独立选择的能力

资料来源：Adapted from “FACES IV and the Circumplex Model: Validation study,” by D. Olson，2011，*Journal of Marital and Family Therapy*，*37*（1），pp. 64–80.

除了家庭角色的一致性和灵活性的一般模式，当父母中的一方与某个子女关系特别密切时，可能会出现代际边界问题，这会引起另一方父母或兄弟姐妹的嫉妒。当这两个人发生冲突时，往往会引入第三个人缓解压力、帮助解决问题，从而出现三角关系。这种情况经常发生在青少年与有矛盾的父母之间。青少年可能会被父母中的一方拉入三角关系中，听他们私下发泄对另一方的不满。青少年也可能会被公开地拉入父母的矛盾中，并被要求表态和评判（如“你同不同意我说的是对的”）。无论哪种情况，当青少年处在不安全和非支持性的父母子系统的影响下时，就不能自由地专注于面对自己的生活挑战。

生活在稳定、可预测且有着健康家庭界限环境中的青少年是具有安全感的，他们能够更好地将时间和精力投入探索自己的世界中，并与他人建立关系（Barkley，2013；Bosch et al.，2012；Lindahl et al.，2012；Search Institute，2007；Shapiro，2012）。当然，咨询师也应该了解，养育子女是一件非常有挑战的事，许多因素会破坏健康的家庭结构和界限。因此，咨询师应尽可能多地利用保护因素，表扬父母和家庭成员为改善家庭互动所做的一切努力。

家庭沟通

家庭期望、价值观、界限和认可都是通过沟通传达的。家庭中有限、无效甚至有害的沟通是导致儿童和青少年出现发展问题的风险因素（Bosch et al.，2012；Search Institute，2007）。敌意或攻击性沟通（如大喊大叫、羞辱、指责、提起过去的事件、威胁）可能导致儿童和青少年的情绪发展和行为发展受阻（CCHD，2017；Froiland et al.，2013；Search Institute，2007）。

父母原生家庭的家庭动力、文化和生活经历会影响他们如何将爱和支持传达给孩子。无效或有害的沟通模式通常是代际传递的，当家庭成员经历突发的压力事件（如失业、离婚、分居）和更持久的压力源（如贫困或精神疾病）时，这种无效或有害的沟通模式往往会升级（APA，2013；Hopson & Lee，2011）。当青少年面临敌对的环境或令人无助的交流模式（如打架、大喊大叫）时，他们会体验到失落、内疚、愤怒和悲伤，而这些情绪有可能会导致其出现社交问题、学业困难和物质滥用问题（APA，2013；Arkes，2013；Search Institute，2007；Shapiro，2012；Sigal et al.，2012）。一些家庭对让人不舒服的话题（如悲伤、离婚、性虐待）是缺乏交流的，这对青少年的发展同样是不利的（Hopson & Lee，2011；Search Institute，2007）。咨询师应对家庭沟通模式进行评估，促进健康的家庭沟通模式的建立，并围绕家庭内难以讨论的话题进行指导和探讨。

咨询师可以通过“完成句子”的方法评估家庭沟通模式。为了做到这一点，咨询师可以创建一个简单句的词干列表，让儿童和青少年完成（如“当我妈妈生气时，她……”“当我生气时，我……”“我父母经常互相说……”“我爸爸会在……时大吼”“我用……来表达爱”）。类似的方法也可以用于家长，并可以修改和制作成游戏后用于咨询中。

一旦咨询师了解了来访者的家庭沟通模式，就可以帮助家庭学习和使用有效的沟通技巧。父母和青少年可以通过选择他们独特的语言和传递信息的方式来学习传递爱和温暖（Bosch et al.，2012；Search Institute，2007；Shapiro，2012）。非言语行为是传递和接受爱的重要方式，包括拉近身体距离，表达爱意的姿势，适当的眼神交流，以及平静、支持的语气。如果家庭成员有机会在一个有安全保障的环境中与咨询师一起练习或进行角色扮演，那么他们的学习效果会非常好。

家庭参与和支持

家庭参与和支持是指父母和家庭中其他重要成员确保儿童和青少年的学业、人际和情感需求得到满足的方式。家庭参与和支持受到许多因素的影响，包括家庭期望、价值观、界限和沟通方式。积极的家庭参与并不意味着父母总是给孩子他们想要的东西；相反，它意味着父母鼓励孩子实现发展阶段目标，并在他们失望或遇到困难时提供支持和安慰。当家庭成员主动了解到彼此生活中发生的事情时，他们可以在彼此最需要帮助时有意识地介入并提供支持。

儿童和青少年都需要在教育和学业方面得到支持。当儿童和青少年在学校遇到困难而父母没有给予积极的支持和适度的反馈时，他们就有可能不再看重学习、对自己的期待降低、出现学业上的困难及对自己能够拥有满意的职业没有信心（Search Institute，2007；Zhu et al.，2014）。

如果父母不积极参与孩子的生活，他们就无法监督和影响孩子的发展，无法协助孩子走上理想的人生道路。家庭支持较少的青少年更容易产生消极或不愉快的情绪，这会进一步影响他们的学业和职业选择，并强化不良的同伴关系（如加入帮派、结交家庭支持同样有限的同伴），因为这些关系可以为青少年提供他们渴望的支持和归属感（Goel et al.，2014）。

由于种种原因，儿童和青少年可能得不到应对生活挑战所需要的支持。单亲家庭或父母都在外工作的家庭可能会因为时间和精力的限制，很难为孩子提供高质量的陪伴。此外，社会经济地位较低的家庭的沟通模式往往侧重于解决眼前的问题（如获得食物、支付账单），而不是支持青少年的成长和长期目标（CDC，NCIPC，DVP，2014a；Leventhal et al.，2005；Roy et al.，2014；Taylor & de la Sablonnière，2013）。重要的是，咨询师要了解儿童和青少年家庭所持有的价值观，确定他们的主观愿望和目标，并找到能够支持他们积极发展的相关技能和优势。

还有很多生活因素会阻碍儿童和青少年获得他们需要的父母支持。有时，父母可能需要照顾年迈的（外）祖父母，这可能会占用父母用来抚养子女所需的时间和精力（Lundberg，2014）。相反的情况是，有些家庭中（外）祖父母是儿童和青少年的主要养育者，他们可能会经历高水平的压力和与衰老、社会孤立和焦虑相关的健康问题，这可能会影响他们恰如其分地满足孩子需求的能力（Doley et al.，2015）。

如果家中有患精神疾病或身体残疾的兄弟姐妹，其可能会缺乏父母的支持，因为其兄弟姐妹的特殊需求需要父母给予更多关注和照顾（Bitsika et al.，2015；Ma et al.，2015）。父母的精神疾病也会影响他们对孩子的支持，甚至会导向攻击性或忽视的养育方式（下一部分将详细讨论）。

被过度溺爱的孩子也可能面临患心理问题的风险（Schultz & Schultz，2017）。无原则地满足孩子的每一个愿望会让孩子认为他们的期望必须立即得到满足。这些孩子常常期望他人像他们的父母一样照顾他们，然而在现实中这是不可能的。

咨询师应该特别注意由于家庭成员的心理健康和身体健康状况的改变导致的家庭动力的改变。咨询师应特别关注因与患病的家庭成员共处导致儿童和青少年出现的不良的认知和思维方式，并提高儿童和青少年的情绪调节能力（Bitsika et al.，2015）。咨询师也可以建议父母通过制定规则、提供支持和积极沟通来增加家庭的健康支持和稳定性，从而满足儿童和青少年的发展需求（APA，2013；Osypuk et al.，2012；Search Institute，2007；Simpson et al.，2014）。咨询师可以帮助父母制定在家庭中更有目的地满足儿童和青少年需求的策略，并确定其他支持来源，包括学校人员、社区人员及积极的同伴（APA，2013；Crean，2012；Search Institute，2007）。

虐待儿童

虐待儿童是一个重要的话题。由于工作的特殊性，咨询师可能会发现很多来访者都经历过虐待。第 15 章会对虐待儿童问题进行更深入的探讨。由于这个问题的普遍性和重要性，在讨论系统中的风险因素和保护因素时也会关注这个问题。

虐待儿童有两种主要类型：虐待和忽视。虐待包括身体虐待、精神虐待和性虐待；忽视是指养育者未向儿童提供足够的情感支持和生理资源（CDC，2015b）。根据美国卫生与公众服务部（United States Department of Health and Human Services，USDHHS）2015 年的相关数据，在 350 万起涉及虐待儿童的案件中，80% 涉及忽视。因此，咨询师定期评估儿童是否遭到忽视而不仅评估是否遭遇虐待是很重要的。

虐待儿童会造成不同的影响，造成的影响取决于很多因素，包括以下几个方面。

- 虐待类型，如身体虐待、精神虐待、性虐待、忽视等。
- 儿童可用的资源，如咨询、同伴支持、积极的家庭沟通等。
- 事先存在的保护因素，如家庭成员的支持、学业投入、课后活动、指导关系等。
- 虐待的持续时间、频率和严重程度。
- 儿童与施虐者的关系，如非常信任的人或陌生人等。
- 施虐者是否使用暴力。
- 施虐人数。

虐待对儿童可能造成的影响包括以下几个方面。

- 破坏儿童的情绪健康，如自尊心下降、自我概念差等。
- 难以建立和维持健康的依恋关系。
- 愤怒、抑郁和焦虑，可能表现出行为问题。
- 学业困难。
- 社交困难。
- 性欲亢进。
- 情绪调节能力降低。

创伤后应激障碍也是受虐儿童的常见表现，这一问题将在第 15 章进行更多讨论。

虐待还会带来其他间接伤害，例如，经常出现的无助感会导致儿童和青少年拥有的情感资源有限，没有足够的安全感去冒险和学习他们喜欢的东西，以及形成与他人有关的自我意识（Deblinger et al.，2014；Edwards et al.，2014；Nasvytienė et al.，2012；Sanders et al.，2015；Stein-Steele，2013）。许多遭受虐待的儿童和青少年会失去自我同一性和遭受挫折感，从而导致不健康的选择和适应性较低的应对技能（如暴力侵害他人）（CDC，2014b，2014c，2015a）。

如果政府注意到儿童和青少年被虐待或忽视的情况，那么这些孩子通常会从家中被带走并寄养在其他家庭（Shaw et al.，2015）。尽管这些举措有助于儿童和青少年当下的安全，但与家庭分离可能会导致严重和损害性的长期影响，这就会成为儿童和青少年面对的重要风险因素（National Coalition for Child Protection Reform，2009）。由于虐待而被迫离开家庭的青少年通常需要努力适应新的环境，并且会为与原来的家庭分离而感到痛苦，这可能又会带来新的心理健康风险。

尽管虐待儿童会带来负面影响，但重要的是，咨询师要认识到，大多数儿童不会出现虐待后的持续性创伤反应，他们能够恢复并过上健康、丰富多彩的生活（Deblinger et al.，2014；Sanders et al.，2015；USDHHS，2015）。受虐待的经历除了会带来伤害，还可能为儿童带来创伤后的成长，并帮助儿童发展出高级的生存技能，更好的自我认识和自我欣赏的能力、对他人的同理心及对世界宽广和复杂的认识。重要的是，咨询师要相信在他们的帮助下，受虐待的儿童能够痊愈并茁壮成长（Deblinger et al.，2014；London et al.，2015；Martin et al.，2012）。

心理韧性和保护因素能使儿童和青少年免受虐待带来的长期潜在的负面影响，咨询师在对他们进行咨询时应考虑这些因素。这些因素包括以下几个方面。

- 与父母或其他成年人存在至少一种支持关系。
- 积极的个人特质，例如，高自尊、健康的精神状态、归因于施虐者（如“虐待是他的错，不是我的错”）、积极的人生观、较强的社交能力和情绪调节能力。
- 开展社区活动，提高人们对虐待儿童的认知，促进安全、有益的家庭关系。
- 服务机构与地方、国家卫生部门合作，以创造一种支持和共情的文化。
- 社区提供分享育儿技巧和青少年发展信息的项目。
- 父母的心理韧性和保护因素（如支持网络、儿童看护资源）。
- 数据驱动的方案和政策，改变虐待和忽视儿童的文化规范，并使这种改变可以被测量。

咨询师可以通过直接干预和宣传来支持儿童和青少年发展上述保护因素并与之建立联系。利用和建立社会关系是儿童和青少年获得自我同一性、重塑适应性较弱的自我和其他认知的一种方式（Edwards et al.，2014；He et al.，2015；Sanders et al.，2015；Stein-Steele，2013）。受到虐待的儿童和青少年应该更多地参与他们喜欢的活动，并学习能让他们有掌控感和自我效能感的技能，从而让他们对自己的生活有一种掌控感（Deblinger et al.，2014；Edwards et al.，2014；Nasvytiené et al.，2012；Sanders et al.，2015；Stein-Steele，2013）。咨询师应尽可能对儿童和青少年的个人保护因素进行识别、发展和强化。

在系统层面，重要的是向公众宣传虐待和忽视对儿童和青少年身心健康的长期影响（National Alliance of Children’s Trust and Prevention Funds，2014）。大量研究表明，虐待和忽视会对儿童和青少年的发展带来不利影响，并且可能会导致长期的负面后果（APA，2013；Hopson & Lee，2011；National Coalition for Child Protection Reform，2009；Shaw et al.，2015）。对这类风险因素知识的普及有助于提高人们对虐待和忽视问题的意识，并增加可用于防止虐待儿童的有效资源。

家庭暴力

家庭中成年人之间的暴力，也称为亲密伴侣暴力，会对儿童和青少年的发展产生严重的负面影响（Breiding et al.，2015；Franzese et al.，2014；Tailor et al.，2015）。咨询师必须认识到，男性和女性一样可能成为暴力的受害者，同性伴侣也有可能面临亲密伴侣暴力的风险（Breiding et al.，2015）。除了虐待儿童，咨询师还应评估出现在家庭中的成年人之间的暴力行为。

有几个因素会影响家庭中亲密伴侣暴力的严重性和后果。这些风险因素包括以下几个方面。

- 亲密伴侣暴力的类型，如身体暴力、性暴力、言语暴力、跟踪等。
- 发生次数，例如，发生次数越多，风险越大。

- 最近一次发生时间，如果在过去 12 个月内，那么风险增加。
- 暴力意图，如操纵、性恩惠、经济利益等。
- 虐待的程度，如使用武器等。
- 施虐者和受害者酗酒或使用其他物质。
- 受害者在虐待期间怀孕。
- 受害者和施虐者同居。
- 警察参与。
- 律师参与。
- 儿童与施虐者和受害者的关系。
- 受害者接受的照料。
- 施虐者和受害者接受的心理健康护理。
- 为施虐者和受害者提供物质滥用治疗。
- 施虐者的法律后果。

上一次发生的亲密伴侣暴力距离现在越近，下一次发生亲密伴侣暴力的可能性和强度就会越高（Breiding et al.，2015）。家庭中的亲密伴侣暴力会对儿童和青少年及其家庭造成许多负面影响，包括以下几个方面。

- 长期和短期的心理问题，如愤怒、无助、抑郁等。
- 受父母或同伴伤害的风险增加，如欺凌、虐待等。
- 对养育者的心理和生理影响。
- 生活发生变化，如更换养育者、搬家等。
- 家庭经济困难。
- 养育者死亡。
- 施暴者或受害者入狱。

虽然在家庭中目睹亲密伴侣暴力的孩子一般不会受到身体上的直接伤害，但对他们情感上的影响可能是十分严重的。他们往往会出现身体和心理上的问题，如无助、愤怒和焦虑等情绪及胃部不适和头痛等躯体症状（Franzese et al.，2014）。为了缓解无助和愤怒的情绪，孩子可能会转为欺凌兄弟姐妹或同龄人，因为他们在家中目睹了这种行为，所以觉得这种行为是正当的（Voisin & Hong，2012）。相反，在家中目睹暴力，但选择不通过欺凌他人的方式来重现暴力的孩子，则更容易成为欺凌的受害者，他们的无助感和焦虑感会使他们的同龄人明白他们难以保护自己，因此他们更容易成为被欺凌的目标（Voisin & Hong，2012）。

对暴露在亲密伴侣暴力之下的孩子来说，他们的生活中也存在着一些保护因素，如心理干预。心理干预的重点是帮助他们及其家庭学习健康的方法来应对这种情况及亲密伴侣暴力带来的焦虑、无助和压力（Breiding et al.，2015；Tailor et al.，2015；Voisin & Hong，2012）。专门针对物质滥用的心理健康干预措施可以帮助养育者找到更有效的应对生活挑战的方法，而针对亲密伴侣暴力的康复计划，无论针对施暴者还是受害者，都可以让儿童和青少年及其家人找到新的健康生活方式（Breiding et al.，2015）。

其他的保护因素还包括警察或辩护律师介入家庭（Breiding et al.，2015）。这对那些没有太多经济资源或没有出逃计划（如带上身份证和钱并准备好一辆装满换洗衣服的汽车）的受害者来说尤其重要。有兄弟姐妹的孩子在某种程度上是可以少受家庭暴力影响的，特别是当他们可以互相支持时。最后，不会将暴力归咎于自己的孩子出现压力过大和抑郁的风险明显较低（Tailor et al.，2015）。

当为目睹家庭暴力的孩子进行咨询时，咨询师可以通过帮助他们表达与处理情绪来改善由此带来的短期和长期后果。咨询师也应该找出儿童和青少年不合理或负面的想法，帮助他们重建对自己和世界的看法，使他们的想法更现实。此外，家庭咨询也可能会有所帮助。表 2-4 列出了一些家庭咨询的目标和干预示例。此外，咨询师可以帮助儿童和青少年将他们的消极情绪与躯体症状（如头痛、胃痛）联系起来，并运用正念技术帮助他们创造一种安全感和幸福感。

表 2-4 家庭咨询的目标和干预示例

目标	干预示例
改善亲子关系	给每位家庭成员一张纸。让每个人在上面写下自己的名字，然后把纸交给右边的人。每个人在拿到写有其他家庭成员名字的纸后，写下关于他的一件好事，然后继续传给右边的人，直到每个人都收到了写有自己名字的纸。了解和处理每个人在看到其他家庭成员写给自己的积极事情的感受。询问每个人打算如何利用自己的特殊才能继续与其他家庭成员建立积极的关系
加强对家庭期待的理解	父母和青少年一起制定一份简明、具体、措辞积极的规则清单，用来指导家庭中的行为。确保没有重复的规则，并且规则只满足基本需要。例如，（1）每天完成家务；（2）第一时间回应父母的要求；（3）管理好自己的手、脚和物品；（4）说话时语气平和
改善家庭规则的实施情况	创建一份简洁、措辞积极的家庭规则清单。让青少年开动脑筋，列出一份父母可以用来激励他们的措施清单。确保表扬和感谢包含在清单中。另外，父母不要花太多钱购买奖品，奖品不要涉及食物。与此同时，列出一份违反规则时可以使用的惩罚措施（不包括体罚）清单。鼓励父母在青少年表现良好时对他们的行为进行强化，尤其是进行表扬。刚开始时按照 1 : 1 的方案提供代币，并逐渐降低频率。用一定数量的代币换一些更好的奖励。惩罚只能作为最后手段
改善家庭成员之间的沟通	在盒子里装满写有句子词干的纸条，让每位家庭成员轮流选择一张纸条并大声地将句子补充完整。讨论每一句话，确定其他家庭成员同意或不同意，并讨论如何将答案转换为更健康的沟通习惯。这些句子的词干可能包括"当……时，我感到最难过"或"我知道妈妈……的时候特别生气"
改善家庭成员之间的关系	要求每位家庭成员每天至少赞美其他家庭成员一次
增强家庭的自然支持系统	请家庭成员列出他们经常联系的家人、朋友、邻居和其他社区成员。想出一种可以以家庭名义对每个人表示感激的简单方式（例如，对他们说"谢谢"，给他们做饼干）

学校系统中的风险因素和保护因素

学校是影响儿童和青少年学业、职业和社会化发展的重要系统（ASCA，2012）。学校的主要目的是为儿童和青少年提供教育，学校环境也是儿童和青少年了解自己、他人和世界的媒介。本节讨论学校环境下儿童和青少年发展的风险因素和保护因素。具体来说，学业能力、家庭影响、学校氛围和同伴关系之间的相互作用是咨询师需要了解的背景信息。

家庭对于学业发展的影响

儿童和青少年会在学校度过大量的时间，他们在学校的行为与他们的家庭环境密切相关，反过来，在家庭中的行为也与学校环境有关。儿童和青少年可能会面临学业或人际方面的挑战，这些挑战源自他们在学校和家庭中遇到的困难。例如，对教育持负面态度的家庭价值观，家庭规则不一致，家庭暴力或虐待，缺乏资源。能够获得正面家庭影响的儿童和青少年更有可能在学校取得成功，并能更好地应对学校环境带来的各种挑战（Becker，2013；Farmer et al.，2014；Search Institute，2007；Sorhagen，2013）。

家庭系统的结构和界限不仅会影响儿童和青少年职业和人际关系方面的观念，还会影响他们学业方面的信念和价值观（Panasenko，2013）。较高的家庭期望是儿童和青少年学业成功的重要指标（Froiland & Davison，2014；Hopson & Weldon，2013；Search Institute，2007）。家长提及学校的方式、与学校人员互动的方式及其对学校相关的态度和行为都会向儿童和青少年传达其对学校的信念。家长可以通过在家庭中强化一致且合理的规则来教会孩子在课堂上如何表现。家长也可以对孩子的学习成绩抱有很高的期望，确保孩子每天晚上都能完成作业，并提供获得学业成功所需要的资源。

家庭价值观对儿童和青少年的学业发展至关重要（Panasenko，2013）。理想的情况是，父母让孩子意识到学校的重要性，并向他们解释努力学习和对学业的投入将帮助他们在以后的职业中获得成功。然而，一些家长并不重视正规教育，也许是因为他们没有机会上高中或大学，或者他们受到了种族主义或性别歧视的影响，使他们即便获得学位，也无法获得高薪工作或在公司内得到晋升，或者他们找到了其他不需要教育的、合法或非法的谋生手段。

在低收入家庭中，教育并非始终是头等大事（CDC，2014a；Leventhal et al.，2005；Roy et al.，2014；Taylor & de la Sablonnière，2013；Vigo et al.，2014）。孩子可能会被鼓励专注于如何在当下为家庭带来金钱，而无法立刻带来金钱的教育可能会被忽视（Vigo et al.，2014）。尽管孩子放弃受教育而参加工作的决定可能会满足家庭眼前迫切的需求，但由此会带来教育不足、职业机会有限及社交能力较低的长期影响（ASCA，2012；Search Institute，2007）。在学业和社交方面能力不足的孩子也可能会出现自尊下降和自我同一性不清晰的情况。在适当的情况下，咨询师可以强调教育能够给儿童和青少年及其家庭带来的多种长期好处，并努力帮助他们对学校制度和学业追求形成积极的态度。

学校氛围

学校氛围是通过学校教师和工作人员的态度和行为、学生的态度和行为、人际关系、学业资源、课堂管理和学校安全等各种因素相互作用形成的（O'Malley et al.，2015；Zullig et al.，2015）。不良的学校氛围可能成为儿童和青少年社交、行为和学业问题的风险因素（O'Malley et al.，2015；Search Institute，2007；Zullig et al.，2015）。学业资源（如纸张、书籍、书桌，以及在教学中被越来越多使用的电子设备）的匮乏会导致儿童和青少年的负面情绪，也会限制他们充分发展的学业潜力。除了学业资源，儿童和青少年还需要满足衣食住行等基本需求，以便他们能专注于学业，同时建立同伴关系，并做出符合社会规则的行为。

教师的低期望和学校工作人员的消极态度会对学生产生重要影响。学生往往会接受学校教师和工作人员带来的消极信念，并构建自我实现预言（Sorhagen，2013）。教师沟通不畅、课堂缺乏管理或缺乏一致的课堂规则会让学生感到不安全，并对自己在学校环境中的角色感到不确定，这可能会导致学生有不稳定感和行为问题（Barkley，2013）。不明确或带有负面影响的规则（如不许说话）会让学生既对自己应该做什么感到困惑，也不知道自己应该抱有什么期望。如果学校规则有时有效，有时打破规则也不会造成任何后果，学生就不会有遵守学校规则的动力。规则的不一致会影响学生的注意力，课堂上边界不清会导致学生把精力用在试探边界或猜测可能会发生什么事上，而不是专注于个人、学业和人际关系的发展。

在学校中，合格的教师、学校工作人员和咨询师是学校里的保护因素。期望学生取得好成绩的教师会向学生传达积极的信息，鼓励学生努力学习并取得成功。通过实施一致的课堂规则，可以帮助学生学会克服挑战；通过确定学生的优势，教师可以给予学生在教育环境中获得最大收获所需要的信心和资源（Becker，2013；Search Institute，2007；Sorhagen，2013）。

如果学生感到学校是一个充满关爱和鼓励的环境，他们就会获得一个安全学习和成长的空间（CCHD，2017；Search Institute，2007）。学校咨询师可以通过提供情感支持，帮助学校的工作人员和家长意识到他们的积极态度对学生发展的重要影响，从而改善学校气氛。课堂资源也可以作为支持学生学业和社会性成长的保护因素（O'Malley et al.，2015；Zullig et al.，2015）。咨询师可以与其他专业人员合作，向学校提供资助方案，或者与当地企业合作为学校系统带来额外的经济支持和教学材料。咨询师还可以向当地组织提供一些建议，帮助他们支持改善学校氛围的活动。

即使儿童和青少年的家庭生活非常混乱，学校也可以作为一个让他们得以喘息的场所来支持学生的健康成长和发展。儿童和青少年至少要有一个安全的空间，让他们觉得自己有能力专注于自己的幸福，这一点很重要。咨询师可以与学校工作人员、家长和社区合作，使学校氛围能够吸引和支持所有学生。

同伴关系

学龄期间的心理社会发展能够使儿童和青少年确定自己与他人的关系，并可能成为学校环境中重要的风险因素和保护因素的来源。通过与同伴互动，儿童和青少年可以了解到同伴的个性、价值观、职业抱负、喜欢的消遣方式、喜欢的风格和自我效能感。从某种意义上说，同龄人对儿童和青少年的影响比父母或其他成年人更重要，因为儿童和青少年之间很容易相互联系，从而将自己的成长和能力与同伴进行衡量和比较（Hamm et al.，2014；Lereya，Copeland，Costello，& Wolke，2015；Simpson et al.，2014）。儿童和青少年需要父母在他们的生活中充当养育性的、不带偏见的支持者，也需要感受到与同伴的联系及被同伴支持（Search Institute，2007；Sharkey et al.，2015；Wigderson & Lynch，2013）。感到被理解及与同伴相似可以成为儿童和青少年抵御各种问题的保护因素，这些问题包括但不限于以下方面。

- 学业困难。
- 自尊问题。
- 考试焦虑。
- 家庭不和。
- 抑郁。
- 自伤。
- 物质滥用和成瘾。
- 冒险行为。
- 饮食失调。
- 施暴和被施暴。

感到与同伴有联结和被同伴接受的儿童和青少年能够形成强大的自我概念和自尊。当他们最好的朋友是积极的榜样时，儿童和青少年更可能表现出积极的亲社会行为，例如，帮助他人、在学校努力学习、培养富有成效的爱好（Hamm et al.，2014；Sanderson，2011）。儿童和青少年对自己的社会关系有信心时也更能抵御同伴压力，避免危险的情况，如酗酒、吸毒、性行为和打架等（Search Institute，2007）。

当儿童和青少年在交友方面遇到困难、受到负面的同伴影响、经历欺凌或在学校环境中感到不安全时，同伴关系也可能成为儿童和青少年发展中的风险因素（Hamm et al.，2014；Lereya et al.，2015；Wigderson & Lynch，2013）。一些孩子可能很难找到一个与自己的个性和兴趣相匹配的同伴群体作为积极的支持系统。儿童和青少年被同伴排斥会导致其出现各种心理问题，这些心理问题包括但不限于以下方面。

- 攻击性。
- 反社会行为。
- 冒险行为。
- 校园暴力。
- 欺凌。

同伴关系是影响儿童和青少年社会和人际关系适应能力的重要指标，咨询师在任何环境下都应注意评估儿童和青少年的同伴关系。咨询师和教师应采取适当措施，通过学校和社区的社会情感干预项目及提供社区转介来帮助儿童和青少年建立彼此关心和支持性的人际关系。欺凌和校园暴力也与同伴关系有关，我们将在下一部分讨论。

欺凌和校园暴力

在学校或其他环境（如公共汽车站、自己家）中，欺凌会使学生处于危险之中，让他们感到不安全（Sharkey et al.，2015；Wigderson & Lynch，2013）。欺凌涉及一个人攻击另一个人，既可以发生在现实生活中，也可以发生在网络上。这些攻击可能是身体上的（如殴打、推搡）或情绪上的（如散布谣言或攻击另一个学生的人格），这些经历都有可能导致受欺凌者的社会支持丧失及产生沮丧、挫败、愤怒和无助感。

儿童和青少年可能会由于各种原因对其他人进行欺凌。可能导致欺凌行为的风险因素包括但不限于以下几个方面。

- 有过被欺凌的经历（如在家）。
- 注意缺陷 / 多动障碍。
- 学习障碍或低智商。

- 物质滥用。
- 缺乏情绪调节或行为控制能力。
- 反社会价值观。

被欺凌的儿童和青少年反过来欺负他人的情况也很常见（CDC，2015c；Voisin & Hong，2012）。儿童和青少年在被欺凌时通常会感到愤怒和无助，为了缓解这些感受，他们会转而欺凌他人。欺凌行为的长期后果包括全面的心理健康问题、焦虑和抑郁（Lereya et al.，2015）。试图通过欺凌他人来克服无助感的儿童和青少年尤其容易产生自杀念头（Dickerson Mayes et al.，2014）。与童年时被父母虐待相比，被欺凌的儿童和青少年会出现更长期且复杂的心理健康问题（Lereya et al.，2015）。

儿童和青少年受欺凌的信号包括财物受损、成绩下降、自我贬低的想法或行为、失眠和躯体症状（如头痛、感觉不舒服），这些现象可能是由焦虑情绪引起的，也可能是为了不去学校或其他可能存在欺凌者的环境而找的理由（Dickerson Mayes et al.，2014；Voisin & Hong，2012）。咨询师应该告诉儿童和青少年的父母和养育者这些欺凌信号，并在必要时进行干预。

重要的是，咨询师要记住社会关系对儿童和青少年的重要性，并对欺凌行为进行持续评估。咨询师还应充分利用各种保护因素，防止儿童和青少年参与欺凌行为，其中包括但不限于以下几个方面。

- 积极的同伴关系。
- 利他主义的个人价值观和对反社会行为的低容忍度。
- 高智商。
- 社交能力强。
- 解决问题的能力。
- 精神信仰。
- 与家人及其他成年人的沟通。
- 积极的父母期望。
- 学业投入。
- 一致的家庭规则。
- 参与亲社会活动（如志愿服务）。
- 积极的学校氛围。

除了持续的欺凌行为，校园暴力还包括学生之间的肢体冲突、帮派活动及对同龄人和学校工作人员使用武器（如刀具）（CDC，2015a）。与校园暴力相关的风险因素包括之前的攻击性行为、物质滥用、与行为不良的同龄人交往、不能提供帮助的家庭界限和沟通方式、学业困难和家庭或社区的贫困（CDC，2015a）。咨询师应努力识别有可能发生校园暴力行为的学生，并引导学校工作人员了解这些因素。

保证校园安全十分重要，这样学生就可以专注于学业和社会性目标的发展。咨询师应了解同伴关系对学生的重要性，并熟练、及时地处理任何欺凌或校园暴力问题。咨询干预的目标主要包括提高抵抗暴力的能力，提高社交能力，增进在学校和社区里儿童和青少年与成年人的关系，提高社区的安全性和彼此的联系，以及在学校建立强调安全和健康行为的价值观（CDC，2015a）。

学校咨询师可以在教室和小组环境中给学生提供关于人格教育和其他社会问题的指导，如欺凌、自我同一性发展、友情和自尊等。当学生得到支持并度过因交友或保持友谊遇到的困境时，就会更倾向于投入一个健康和支持性的群体中，在这个群体中，朋友们会为他们示范负责任和乐于助人的行为（Hamm et al.，2014；Search Institute，2007）。虽然学校系统可能无法完全保证学生的幸福，但学校咨询师和工作人员的支持和积极期望有助于促进学生积极的、亲社会的发展。

学校可以成为当学生在家庭或社区遇到问题时的喘息之地。学校环境中儿童和青少年的保护因素包括积极的榜样、牢固的同伴关系和支持性的学校氛围（Elliot et al.，2006；Hohl，2013；Hopson & Lee，2011；Search Institute，2007；Sorhagen，2013）。学校中影响学生发展的风险因素包括消极或支持性差的家庭影响、认知困难、缺乏资源（如书籍、计算机）、教师期望不高、课堂管理不力、同伴的消极影响、欺凌和校园暴力。对咨询师和家长来说，重要的是帮助儿童和青少年培养自信和自我同一性发展，这是健康、成功的人际交往所必需的。学生在学校习得的健康的社交技能也可以用于家庭和社区环境中。

社区系统中的风险因素和保护因素

社区是一个广义的说法，指的是共同生活的环境和其中的人。儿童和青少年独特的社区经验取决于他们居住的地方、可用的资源及他们的家庭能够建立联系的组织。儿童和青少年在接触社区方面对养育者的依赖凸显了家庭和社区之间的相互作用；在孩子能够独立生活之前，社区在很大程度上受父母的选择和地理位置的影响。本节将探讨社区的风险因素和保护因素，这些因素在儿童和青少年咨询中最突出，包括邻里和社区规则、规范、资源、暴力和犯罪。

在考虑社区和邻里因素时，咨询师应采取整体和多元文化的视角。尤其需要注意的是，在邻里和社区中，在族裔、性别或社会经济地位方面相对处于弱势的群体中的儿童和青少年可能更容易面临情绪、社交和发展问题（Kress et al.，2018；Sue & Sue，2013）。通常，儿童和青少年可能会在他们居住的社区找到属于他们的活动场所（如居住大量移民的公寓大楼）。咨询师如果对邻居和社区内儿童和青少年所面临的风险因素和保护因素有整体的了解，那么就可以更好地了解儿童和青少年的心理需求并帮助他们解决心理问题。

社区和邻里规范

每个社区都有一套规范，这些规范是居民相互商定的行为标准，为社会组织和互动提供参照（Rossano，2012）。社区规范不仅受到主流社会的标准和信念的影响，而且独特地体现了社区自身的价值观和标准（CDC，2014a）。邻里关系存在于一个特定的社区中，邻里规范传达了一个更具体人群的价值观和信念。

对从另一个国家移民过来的儿童和青少年来说，适应新社区和邻里规范尤为困难，这种适应和融合的过程被称为文化适应（acculturation）（Sue & Sue，2013）。一些移民来的儿童和青少年可能会拒绝主流文化的规范，以维护他们原有文化的价值观。这可能使他们很难与来自其他文化的儿童和青少年形成支持性的社会关系，并使他们在很多社交场合中感到不自在（Katsiaficas et al.，2013）。

另一些移民来的儿童和青少年则可能会完全接受新的文化规范，同时抛弃他们原有文化的价值观，如果他们相信他们的原有文化在某种程度上不如主流文化，他们就可能会产生情绪上的问题（Sue & Sue，2013）。此外，移民的父母可能仍然保持原来国家的价值观，这可能会导致儿童和青少年与他们的父母之间出现冲突。要想健康地进行文化适应，儿童和青少年应该有意识地从新文化中吸收一些价值观，同时保留原有文化中最重要的价值观（Sue & Sue，2013）。咨询师在为儿童和青少年咨询时，应该帮助他们适应这一复杂而强烈的过程，同时要特别注意能够支持他们健康发展的保护因素。

邻里和社区内的保护因素包括稳固的教育价值观、对人类生命的尊重、安全稳定的人际关系、积极的学业成长及对强烈的个体认同感和自尊的促进（ASCA，2012；CDC，2014a；Taylor & de la Sablonnière，2013）。在重视生命、教育和合作的社区中生活的儿童和青少年更可能在自己身上发现更大的价值，并在个人发展方面表现出色（CDC，2014a；Rossano，2012；Taylor & de la Sablonnière，2013）。儿童和青少年可以通过在社区中做志愿者获得满足感和自主性，这些活动能为他们带来社会支持和真正的目标感（Hill & den Dulk，2013；Search Institute，2007）。

社区通常都很重视体育运动，这些运动可以通过学校、社区组织或邻里中非正式的组织提供。体育运动能够提高青少年的团队合作、自律和健康的应对技能，参与体育运动的儿童和青少年通常会更健康且全面地成长（CCHD，2017；Search Institute，2007）。体育运动还会使儿童和青少年消耗过剩的能量，并为他们的思想和身体形成健康联系提供机会。此外，教练对儿童和青少年来说也是一个重要的支持性角色，因为他们可以向儿童和青少年提供信息并向他们展示如何使用这些信息，还会赞扬儿童和青少年的辛勤和努力（Sheridan et al.，2014）。

许多社区成员对社区都有强烈的认同感，他们可以彼此联合起来寻求支持。然而，一些社区受到经济困难的负面影响，也会成为儿童和青少年发展的风险因素（Taylor & de la Sablonnière，2013）。许多儿童和青少年都会在日常生活中经历种族主义和性别歧视，尤其是那些生活在经济困难社区的儿童和青少年（Diemer et al.，2006）。由于经济上的困难、获得资源的机会有限、难以忍受教育的延迟满足等原因，许多经济困难的社区不重视教育（CDC，2014a；Diemer et al.，2006；Taylor & de la Sablonnière，2013）。生活在资源匮乏或功能失调的社区会带来长期的负面影响，这些负面影响包括但不限于以下方面。

- 缺乏认同感。
- 缺乏与他人的联结。
- 自卑。
- 自控力差。
- 感到无助和愤怒。
- 获得资源的机会有限。
- 营养不良。
- 学业成绩差、辍学。
- 物质滥用。
- 暴力 / 犯罪。
- 赌博 / 冒险行为。
- 身体健康问题。

咨询师必须了解青少年所处的社区背景，以解决他们可能需要面对的潜在风险因素。咨询师应公开讨论多样性问题，鼓励儿童和青少年表达情感，重塑非理性的想法，并集思广益地为公开或隐性的歧视提出具体的解决方案（Zárate et al.，2014）。咨询师可以与父母和教师合作，帮助孩子树立重视教育的价值观，并练习自我控制，从而能够接受教育的延迟满足以完成学业。

即使孩子生活在一个资源特别匮乏的社区，咨询师和孩子的父母也依然可以利用社区特有的资源促进孩子的健康发展。父母可以从公园、体育赛事、课外活动和社区活动中进行选择，为孩子提供更多的个人发展和社会发展渠道。课外活动可以起到双重作用，既可以使孩子接触到支持性的社会文化，又可以让他们受到监督和照顾。咨询师应评估哪些是青少年可能喜欢的社区活动，并建议父母邀请他们的孩子参与其中，使青少年感到被重视，并与他人建立有益的联系（Search Institute，2007）。

社区暴力和犯罪

社区暴力很常见，高达 75% 的美国儿童和青少年都曾遭受某种形式的社区暴力，从打架到谋杀（Aizer，2008）。最严重的社区暴力发生在高度贫困的地区，这些地区中的儿童和青少年获得资源和家庭 / 社会支持的机会很有限。儿童和青少年接触社区暴力的负面影响包括但不限于以下几个方面。

- 情绪发展能力减弱。
- 攻击性增加。
- 不利于社交或学业的行为。
- 物质滥用。
- 欺凌。
- 校园暴力。
- 帮派成员。
- 犯罪（如抢劫、盗窃）。

有许多潜在的保护因素可以支持那些受社区暴力和犯罪威胁的儿童和青少年。当社区资源有限，暴力事件高发时，家庭安全是儿童和青少年获得支持的主要来源（Elliot et al.，2006；Martin et al.，2012；Sanderson，2011；Search Institute，2007）。除了家庭成员的支持，加强与学校和社区中的同伴及成年人的联系也可以保护儿童和青少年免受社区暴力的影响（Elliot et al.，2006；Martin et al.，2012；Sanderson，2011；Search Institute，2007）。通过这些关系联结，儿童和青少年可以建立自我同一性并形成牢固的同伴关系，这些支持他们的成年人可以提供独特的见解和鼓励。积极的社交网络可以满足儿童和青少年的心理社会需求，取代加入帮派或与有暴力倾向的同龄人交往。此外，儿童和青少年可以向同伴和帮助他们的成年人分享资源（如食物、体育器材）和信息（如邻里故事），从而建立起一个功能强大、支持性强的社区。

确定积极的榜样是咨询师与处在高风险环境下的儿童和青少年做咨询时需要考虑的关键因素。与老年邻居保持积极关系的儿童和青少年往往能够获得更多的教育价值，他们可以学会如何成为有责任感、乐于助人的社区成员（Gottfried，2014；Search Institute，2007）。儿童和青少年可以通过社区推荐的资源获得支持（如由可靠的赞助者提供的其他社区项目）。

除了与家人、同伴建立积极的关系，儿童和青少年还可以通过担任领导职务、帮助他人、与社区资源建立联系来增加他们的保护因素（Hohl，2013；Holdsworth & Brewis，2014；Search Institute，2007）。当儿童和青少年有较高的权力动机时，他们就会了解人类生命的价值，他们的幸福感会得到改善，自我效能感也会提高（Search Institute，2007）。咨询师应努力让父母和家庭成员了解孩子的人际关系需求、与危险社区相关的风险，以及家庭、朋友、社区应如何为孩子提供安全的发展平台。

信息技术

如今，儿童和青少年越来越多地接触和使用信息技术，它为儿童和青少年与世界各地的人互动提供了一个新的平台（Tandoc et al.，2015）。互联网等信息技术能够提供学业支持和职业探索工具，社交媒体可以在不受阶级、性别或种族问题约束的中立环境中促进同龄人之间的联系。此外，信息技术的发展和使用（如用计算机、智能手机、网络游戏、社交媒体、实时聊天工具、网络文章和电子邮件等）也带来了风险因素和保护因素。

不可否认的是，信息技术是儿童和青少年发展的一个组成部分，父母和咨询师必须了解使用信息技术的风险和好处，同时帮助儿童和青少年适度运用信息技术。儿童和青少年花在互联网上的时间过长可能会让他们感到与周围的环境割裂；如果花太多时间在信息技术和社交媒体上而不是与他人在真实的环境中相处，儿童和青少年就可能无法与家庭和同伴互动（Tandoc et al.，2015；Twenge，2014）。互联网也提供了大量接触色情和暴力的途径。儿童和青少年接触色情内容可能会导致其出现长期的问题，如性早熟、行为问题、创伤相关症状甚至实施性侵（Leibowitz et al.，2012）。对此，咨询师可以帮助儿童和青少年及其家庭健康地使用互联网或其他形式的信息技术，使他们能够在家里、学校和社区过上充实的生活。

互联网是儿童和青少年开展学习和与同龄人交往的绝佳资源，但咨询师应意识到互联网使用不当可能对儿童和青少年的发展不利，因而在必要时应在家长或教师的支持下对儿童和青少年使用网络的行为进行干预。儿童和青少年应该对各种资源进行平衡和选择，从而实现最佳的发展（Search Institute，2007）。咨询师可以帮助儿童和青少年了解某些技术的危害，确保他们在家庭、学校和社区接触到真实环境的刺激，同时利用信息技术学习知识、培养创造力并与社会建立联系。

对咨询师来说，非常重要的是了解社区规范如何影响儿童和青少年的发展，以及偏见、歧视如何影响儿童和青少年。咨询师尤其应该认识到贫困对儿童和青少年的幸福产生的负面影响，以及由于资源有限而产生的多重风险因素。理想的做法是利用尽可能多的社区资源（如社区体育俱乐部、社区组织），并重视来自儿童和青少年家庭及学校的其他保护因素，以提供全面的、基于健康的干预措施，同时要承认和鼓励他们拥有独特的自我意识。

总结

咨询师在家庭、学校和社区背景下了解儿童和青少年十分重要。咨询师如果充分了解儿童和青少年所处环境中各因素之间复杂的相互作用，就可以帮助儿童和青少年识别、建立优势和心理韧性，同时尽可能解决之前提到的风险因素。为了帮助咨询师确定儿童和青少年的优势，表 2-5 提供了详细的访谈问题，这些问题可用于评估儿童和青少年在家庭、社区文化、精神方面的优势、能力及资源。结合基于优势的方法，咨询师应努力消除阻碍儿童和青少年健康发展的障碍，并对他们进行干预，同时尽可能将多种内部资源和外部资源纳入咨询中。

表 2-5　评估儿童和青少年的优势、能力和资源的访谈问题

家庭	社区 / 文化	精神
• 你和哪位家庭成员最像 • 你长大后，最想成为哪位家庭成员那样的人 • 谁是家里最善良的人 • 家里谁最聪明 • 告诉我你祖父母的情况 • 你与哪些家庭成员最亲近 • 你多久与家人共享一次美好时光 • 你的家庭价值观是什么 • 谁是你生命中最特别的人 • 每位家庭成员有什么优点 • 什么让你的家庭与众不同 • 家庭成员以什么方式支持你和你的生活 • 你从家人身上学到了什么 • 在学校遇到困难时，你会向哪位家庭成员寻求帮助 • 为了帮助朋友，你会向哪位家庭成员寻求帮助 • 你的家庭有哪些特殊的传统 • 你最信任哪位家庭成员 • 给你与家人的相处情况打分，最低 1 分，最高 5 分 • 你的家人如何处理问题或分歧 • 你和你的家人最近一次合作是什么时候 • 你的家人怎么做会让你觉得获得了帮助 • 你的家人需要克服的最大挑战是什么 • 你为你的家庭做出了什么贡献 • 你是如何让你的家人感到骄傲的 • 你为哪些家庭成员感到自豪 • 你和家人一起玩过什么	• 你在社区中扮演什么角色 • 你的文化如何融入整个社区的文化 • 你所在社区最棒的部分是什么 • 你的文化有哪些独特之处 • 你最喜欢的文化是什么样的 • 你最喜欢的社区是什么样的 • 你如何帮助社区中的其他人 • 在你的社区里，你最崇拜谁 • 可以使用哪些社区资源来实现你的目标 • 社区中的人们是如何帮助你学习和成长的 • 如何与社区中更多的人建立联系 • 你能想出什么方法运用你的天赋、能力或特质来帮助社区中的其他人 • 请简单介绍你的年龄、种族、文化、社会经济地位和性取向 • 你更喜欢哪种性别代词（如他、她、她们） • 你的父母出生在哪里？你出生在哪里 • 你的家在哪里 • 你在家里说什么语言 • 你最怀念你家的哪些方面 • 你的文化身份的关键部分是什么 • 如何描述你的社区 • 你是否属于某个团体或组织 • 你是否曾经因为你的文化背景而受到歧视？发生在哪里？怎么发生的 • 你是否曾因种族、性别或性取向而受到歧视	• 信仰对你来说是否重要 • 你如何为你的生活赋予意义 • 信仰对你来说意味着什么 • 你的信仰是什么 • 充实的生活对你来说意味着什么 • 在艰难时刻，信仰以什么方式支撑你 • 信仰如何帮助你实现目标 • 在你参与的团体中，有人能在你需要时给予你帮助和指引吗 • 你参与的团体如何帮助你的家庭 • 你的信仰有何独特之处 • 你的信仰与你的同龄人或家人有何相似之处 • 你曾经冥想或祈祷过吗？你在什么时候会这样做 • 你的信仰如何影响你的学业或同伴关系 • 你的信仰如何影响你与他人的交流

在更大的范围内，咨询师可以通过向社区宣传有关风险因素和保护因素的相关研究，更好地促进儿童和青少年的发展。咨询师可以帮助相关工作者及国家和地方立法者了解毒品和酒精相关的法律、学校资金公平分配和心理健康意识宣传的重要性。政府、地方卫生部门、心理健康专业人员、学校和社区之间的大规模合作可以提高人们对重要咨询问题（如家庭沟通、虐待和忽视、课外活动的重要性）的认识、促进基础设施的发展，以支持儿童和青少年的健康发展。

COUNSELING CHILDREN
AND ADOLESCENTS

第 2 部分

儿童和青少年咨询的基础：理论与实践

第 3 章　个体咨询的基础

本章主要讨论儿童和青少年个体咨询中的基础问题。美国心理咨询协会（ACA，2015）将咨询定义为“帮助个体、家庭及团体提升心理健康水平、增强幸福感、完成教育和职业目标的一种专业性工作”。最基本的咨询关系涉及至少两个人，其中一个人（咨询师）可以帮助另一个人（来访者）做出预期的改变。

咨询师通常面向那些发现自己有问题或被其他人发现有问题的青少年展开工作（Bohart & Wade，2013；Chronis-Tuscano et al.，2015）。这些问题通常与精神病理学、心理障碍（如抑郁症、焦虑症、神经性厌食症）、发展中的过渡问题（如青春期适应），以及环境中的压力（如父母离婚、适应新学校）有关。

咨询师还可以预防新问题的形成（Jenson & Bender，2014）。例如，当来访者有行为问题时，咨询师可能会提供物质滥用方面的教育和预防指导，因为这两种问题往往并存。咨询服务的另一个例子是针对父母正在办理离婚的孩子，帮助其预防父母分离带来的问题。

另外，咨询还有一个目的，那就是帮助来访者优化他们的生活，即便他们自身没有表现出明显的问题。例如，一个妈妈带女儿前来咨询，希望能够增进母女之间的关系，尽管她们目前并没有什么特定的问题。一个孩子在没有特定问题的情况下前来咨询，这种情况是比较少见的，尽管有时的确会发生。现实中，大多数来访者求助咨询师是因为已经发现了一些问题，而不是为了预防问题或提升他们的生活质量。学校中的咨询师主要关注发展问题，而咨询机构中更为典型的情况是由家长或外部力量（如学校、本地的儿童保护服务机构）建议或启动咨询，以帮助儿童和青少年改变有问题的行为。

在过去的几年中，咨询师对于“什么样的咨询是真正有帮助的”这一问题有了更清楚的理解。有效的咨询所具备的基本要素对未成年人和成年人群体是类似的（如建立有效的治疗关系、基于来访者的优势或通过班级范围内的积极心理学干预增强学生的主观幸福感）。但针对未成年人的咨询需要考虑到一些发展问题，包括未成年人的生理状态、认知能力、社会经验，以及情绪发展因素。在为未成年人进行咨询时，咨询师不能把适用于成年人的策略简单地套用在未成年人身上，这一点是非常重要的。未成年人咨询需要独特的、量身定制的方法和策略（Broderick & Blewitt，2014）。

不论遵循哪种咨询理论，个体咨询的方式大都包括开始、中间过程及结尾等固定环节。尽管第 5 章、第 6 章和第 7 章涉及的咨询理论在理论基础、理论倾向、咨询目标、方法及技巧等方面有所不同，但所有咨询的大致结构是共通的，基本元素是相似的。本章将讨论贯穿所有咨询方法的个体咨询基础和需要考虑的因素。由于稳固的咨询关系是积极咨询结果的最好预测指标（Norcross & Wampold，2011a），因此本章特别强调相关主题情境中的咨询关系。

本章开头部分将讨论咨询师应有的品质、特征和行为。不论咨询师的理论取向如何，本章描述的特征对所有“好的”咨询来说都是十分重要的。本章呈现的主题及材料都是以这些重要的咨询元素为基础的。

然后，本章将讨论咨询工作的初步任务，这些任务为面向儿童和青少年来访者开展个体咨询打下了基础。在咨询的起始阶段，咨询师与来访者建立富有成效的、治愈性的联盟关系极为重要。考虑到治疗联盟的重要性，本章将回顾咨询的早期阶段咨询师的核心品质和行为。咨询师必须明白，布置一个舒适的咨询环境或空间、展开一个细心周到的开始过程对咨询是非常重要的。咨询师还需要准备好以清楚、简洁的方式阐明咨询师和来访者双方的期望。这些问题在本章中都会讨论。

接下来，本章将讨论咨询的实施阶段及为儿童和青少年做个体咨询时所需的独特考量，同时本章也将探索如何使来访者的家庭成员参与进来，从而使咨询效果最大化。在实施阶段部分，本章还将讨论适合不同年龄的儿童和青少年的沟通风格、可能遇到的挑战，以及咨询师如何对在咨询的实施阶段可能遇到的困难情境进行干预。

此外，我们还将讨论面向儿童和青少年做咨询工作时有效的终止策略。如何终止咨询在咨询师训练中受到的关注很少，但这是咨询过程中的一个重要方面。终止意味着咨询过程的结束，咨询师有责任帮助来访者实现平稳的过渡。咨询师一般都会期望最后一次咨询能够引起来访者的共鸣，令他们难忘。因此，终止咨询应该是一个细心周到的过程。本章将提供与此相关的活动范例。

咨询的基础

在探讨个体咨询过程及其基础之前，一件非常重要的事是评估咨询是否有效，如果有效，原因是什么。我们知道心理咨询是有效的，针对未成年人咨询的元分析表明面向未成年人的咨询和面向成年人的咨询同样有效（Weisz & Kazdin，2010）。接受咨询的未成年人比未接受咨询的未成年人表现好，有时甚至可以很快地看到接受咨询的未成年人身上发生的变化（Norcross & Wampold，2011a）。我们也知道，一般来说，没有哪一种理论取向明显优于其他取向，而且咨询结果也并非基于服务提供者的教育、学历或资质（Norcross & Wampold，2011a）。

为了理解个体咨询过程，我们有必要回顾一下什么样的咨询元素是有效的。我们知道，咨询关系是个体咨询过程中最为重要的一个方面，咨询师的某些行为有助于建立稳固的咨询关系（Norcross & Wampold，2011a；Wampold，2010）。下面是一个基于 50 多年的研究、且被证明是有效的咨询师的品质和行为的简要概述，如来访者对咨询的满意度、来访者达成目标的程度等（Norcross & Wampold，2011a；Wampold，2010）。

- 有胜任力的咨询师具备高超的人际交往技能——传达真诚、同情、理解的能力，以及能够关注对儿童和青少年来访者及其家庭来说重要的东西。这些人际交往技能可以帮助咨询师与来访者建立温暖的联系和积极的治愈性关系，这种关系会使来访者及其家庭成员感觉到被理解，同时也能够帮助来访者建立信任感，使他们对咨询师的能力有信心，并相信咨询可以带来改变。
- 有胜任力的咨询师能够与各类来访者建立工作联盟。这种工作联盟包括前文提到的治愈性关系，也包括咨询师和来访者在咨询目标及如何达成这些目标（咨询的任务）上取得一致。一个强有力的工作联盟意味着咨询师与来访者以一种慎重的、目的明确的方式朝双方一致同意的咨询目标共同努力。当面向儿童和青少年工作时，咨询师必须与来访者及其家庭发展并保持一种强有力的工作联盟关系。他们还需要持续不断地评估、监控这种工作联盟，及时发现关系的变化、中断或破裂。例如，当来访者的家庭质疑咨询的效果或者儿童和青少年来访者不再投入或回避某些重要话题时，通常预示着联盟关系即将破裂。
- 有胜任力的咨询师会针对来访者的问题或困难提供可接受的、具有适应性和文化敏感性的解释。可接受是指这些解释与来访者在社会经济地位、文化、自我感知等方面的水平相适应；适应性是指这些解释能够提出有效地克服困难的方法；文化敏感性是指这些解释与来访者的态度、价值观、文化背景和世界观相匹配。有胜任力的咨询师对来访者的观点及其对问题的理解非常敏感，并能够在为来访者提供解释之前考虑到这些因素。这些解释要与来访者及其家庭对问题的理解保持一致。

- 有胜任力的咨询师不仅能够与来访者共同建构对问题的解释，还能提供与这些解释相一致的咨询或治疗方案。如果针对问题的解释和方案是双方一致同意的，来访者将更愿意配合，会更加投入地参与咨询。对来访者来说，了解咨询方案的目标、理解咨询如何起作用，并对咨询方案抱有信心是非常重要的。因此，一名有胜任力的咨询师必须能够劝说和促进来访者相信咨询方案。如果来访者对咨询方案有信心，他们会充满希望，期待成功，并有动力去行动。父母和青少年对咨询目标和治疗方案可能持有不同的看法。咨询师应尽可能地了解并兼顾各个家庭成员的意见。
- 有胜任力的咨询师会监控来访者的进步。监控不需要使用评估工具，可能只是简单地了解来访者的变化和对咨询经历的反应。非常重要的是，咨询师要能够表达对来访者、其家人及咨询进展的真诚关心，表达自己真心看重来访者及其家庭在咨询中的投入程度。监控咨询进展能够帮助咨询师事先识别潜在的问题，还可以作为一个有力的工具帮助咨询师了解来访者对某种咨询方案的反应或对咨询的一般性体验。
- 有胜任力的咨询师是灵活的，当来访者反应不积极或缺乏做出改变的动力时，咨询师会对自己的策略做出相应的调整——他们可能会使用其他的理论取向，参考其他的咨询方案，或者整合其他的附属项目（如精神科医生诊断和家庭治疗服务）。
- 有胜任力的咨询师能够应对有难度的咨询内容和话题。对于一些内容，他们知道什么时候可以谈论，什么时候应该回避，他们有足够的技能去应对这些情况，不会因此感到不适。有时，这种困难与来访者的经历有关（如害怕讨论引起痛苦的内容），或者与来访者和咨询师之间的关系有关（如对咨询师不满）。当这种困难涉及来访者与咨询师之间的关系时，一名有胜任力的咨询师能够以健康的、富有成效的方式进行应对。
- 有胜任力的咨询师能够传递希望、热情和乐观的信息。这种信息不是不切实际的或盲目的乐观主义，而是真诚地相信困难是可以被克服的，相信一定会有解决办法。与此相关，有胜任力的咨询师能够识别来访者的优势、能力和资源，并能与来访者沟通这些信息，告知他们咨询师在帮助他们解决问题时扮演的角色。
- 有胜任力的咨询师对来访者的个人特征（如文化、种族、民族、信仰、性取向、年龄、身体健康状况、做出改变的动力等）和背景（如社会经济地位、家庭、社会支持网络、社区资源和服务等）是非常敏感的。对这些因素的敏感能够帮助咨询师与精神病学、心理学、医学及社会服务等相关领域的工作者协同工作。有胜任力的咨询师也能够了解他们自己的个人特征（如文化、性别、个性、背景、生活经验等），并了解来访者将如何感知这些特征并与来访者进行互动。
- 有胜任力的咨询师具有良好的自我认知——他们了解自己的心理过程和动力系统，能够在咨询过程中排除这些因素的影响，除非引入这些因素是有治疗效果的。有胜任力的咨询师能够反思自己对来访者的反应（如反移情）并监控这些反应。
- 有胜任力的咨询师追求不断进步。他们明白技能的发展需要大量的训练和实践及督导。他们会持续不断地寻求教育机会，征求同行的指导和建议，从而不断地成长、进步。

- 有胜任力的咨询师了解与来访者的问题相关的研究进展，并且会基于文献选取他们的治疗方法。

下文概括了有胜任力的咨询师的 12 项基本技能。

有胜任力的咨询师的 12 项基本技能

1. 运用适当的、有帮助的人际交往技能。
2. 与各类来访者建立工作联盟。
3. 针对来访者的问题或困难提供可接受的、具有适应性和文化敏感性的解释。
4. 提供与上述解释一致的咨询或治疗方案。
5. 监测来访者的进步。
6. 根据需要调整方法，保持灵活性。
7. 应对有难度的咨询内容和话题。
8. 传递希望、热情、乐观。
9. 对来访者的个人特征保持敏感。
10. 自我监控和日益增强的自我觉察。
11. 作为咨询师，不断追求进步。
12. 保持知识水准，了解研究进展及循证的咨询方法。

咨询师需要借助研究文献，这一点非常重要。儿童和青少年来访者需要咨询师将以实证为基础的实践整合到咨询工作中。由于在咨询中呈现的这些概念是被普遍接受的，并被看作重要的和以实证为基础的，因此本章其余部分的内容在很大程度上是以这些概念为基础的。

咨询中的基本考量

这一部分重点讨论基本的咨询任务，它们是儿童和青少年个体咨询的基础。咨询中的这些考量对于所有的咨询都很重要，不论咨询师的理论取向如何。更具体地说，这一部分将讨论咨询的物理环境、知情同意、发展治愈性关系、评估来访者的问题，以及与来访者家庭建立关系的技巧等几个方面。一般来说，这些基本咨询任务将在 1 ~ 3 次咨询过程中完成。不过，有些咨询师（如学校咨询师）受工作情境的性质影响，可能只会与儿童和青少年见一到两次面。基本的咨询任务一旦完成，咨询师就可以继续展开实施阶段的咨询了。

创造舒适的咨询体验

咨询师有责任为儿童和青少年来访者创造一个舒适的、与年龄相匹配的咨询空间。有助于创造适应性的咨询空间应包括让来访者舒适的物理环境 [如提供玩具、游戏、零食及奖品（在适当的时候）]，一个可预期的、稳定的咨询结构和体验。

物理环境

儿童和青少年来访者对他们所处的环境特别敏感，因此咨询师应该提供一个与其年龄相匹配的环境，让来访者及其家人感觉舒适。物理环境应该适合来访者的年龄（如果来访者年龄较小，那么不应使用台灯、易碎物品或容易被打翻的东西作为装饰品）。咨询师应避免使用过于夸张的房间装饰，尽量保持房间布局的一致性，在咨询室里提供适当的照明（不要太暗或太亮）（Vernon，2009）。

我们通常建议咨询师坐在与来访者视线同等高度的位置，座位布置避免令来访者觉得自己很矮，因而被削弱力量（如因为椅子过高使脚够不到地或沉在沙发里面）（Broderick & Blewitt，2014；Dowell & Berman，2013；Frank & Frank，1993）。沙发靠墙摆放可能会使来访者感觉比较安全、不那么脆弱，因为他们知道在他们后面的是什么。我们一般还建议咨询师避免坐在桌子后面，因为这会让他们和来访者之间形成一个屏障，来访者可能会感受到威胁，因为这种布置强调了双方关系中力量的不对等。而且，对青少年来说，这种感觉好像老师和学生之间的关系，这往往是咨询师不希望的互动关系。此外，青少年来访者经常不愿意与咨询师有直接的目光接触，那样的话他们在参与一项活动时往往能够更加投入。因此，如果有一张桌子可以用来玩游戏或画画，以及用来放玩具或咨询师用到的其他媒介材料，那是非常有帮助的。

咨询师还应确保他们的咨询空间不受打扰（如电话铃声、大声的内部通话设备或外面的交通噪声等）。白噪声发生器可以帮助减少外部噪声的干扰；门上的指示可以标明咨询师正在工作，以避免同事在咨询过程中敲门。

媒介材料

咨询师应了解来访者的心理发展水平，使用适当的媒介材料，但要确保不会对咨询空间有太多干扰。太多游戏或玩具和过于热闹的装饰可能会令来访者分心。有些为年龄较小的孩子做咨询的咨询师可能会使用一个专门用于游戏疗法的房间，或者与孩子一起坐在地上。

提供与来访者年龄相匹配的玩具或材料是非常重要的（Ray et al.，2013）。有助于探索和表达的玩具（如用于装扮的服装、玩偶房间、沙盘等）都是不错的选择。

儿童和青少年来访者在接受咨询时通常喜欢摆弄减压玩具，如减压球、橡皮泥等，以帮助自己管理能量和焦虑，让自己感到平静，保持觉醒水平和集中注意力，并为自己的能量找到释放的出口（Adamson & Kress，2011；Stalvey & Brasell，2006）。考虑到减压玩具有助于来访者提高注意力，所以它们也有可能起到促进学习的作用，对于高焦虑、精力充沛的来访者尤其有帮助。这类玩具可以在网上买到。在接受咨询时，一些精力充沛的儿童或青少年可能喜欢和咨询师一起来回扔减压球。

有一个可供咨询师和来访者写字或画画的空间（如画架、白板、黑板、桌子等）也会很有帮助。在这个空间里，来访者可以很容易拿到纸、铅笔、水笔或蜡笔。准备一个装有各种写作和画画用品的工具箱可能会很有用。

最后，在等候区准备一个装有适合儿童和青少年的玩具或阅读材料的篮子也是一个不错的主意。家长有时可能会带着其他孩子一起来做咨询，等候区的玩具或阅读材料可以吸引这些孩子，让他们有事可做。

零食和奖励

咨询师还需要考虑，当来访者提出进食要求时是否应该为其提供零食。常有一些年龄较小的来访者在咨询时说他们渴了或饿了，如果他们的基本需求没有得到满足，那他们可能难以集中注意力。咨询师应该就零食问题与家长沟通，确保在提供食物之前取得家长的同意。

关于是否应该在咨询结束时给来访者提供一些小奖励（如允许他们从篮子里挑选一个小物件）是一个有争议的问题。有专家提出，这样的小礼物可能会混淆咨询的边界，助长咨询师或来访者的操控习惯，或者歪曲咨询的目的（Vernon，2009）。然而，在咨询结束时给来访者提供一个适合他们心理发展水平、文化习惯的小礼物，对很多咨询师来说是可以接受的。因为，小礼物可以激励年龄较小的来访者，让他们在咨询过程中更加投入（Barkley，2013）。如果使用小奖励，那么来访者能否获得奖励不应受他们的行为或在咨询中的参与程度的影响。

可预测的结构

咨询师应该致力于提供一种让人感到舒适、放松和安全的咨询体验。所有年龄段的来访者都需要在可预测的、稳定的咨询体验中找到安全感。因此，咨询师应准时开始和结束咨询，并预先安排好每次的咨询内容，以便儿童和青少年来访者及其家人知道将要发生什么，这一点非常重要。结构化访谈的重要性将在本章后面讨论。

与可预测性相关，讨论咨询的限制和边界可为青少年来访者提供一种安全感（Barkley，2013）。来访者依靠咨询师来了解这些限制，因此咨询师应该在咨询早期就清楚地传达一些期待。例如，咨询师可能需要传达的一些与物理环境设置相关的基本期待可能包括在离开会谈前清理和收拾物品，不要把物品带回家，将物品用于既定目的（例如，沙子应该在沙盘里使用，而不是在地板上）。

初始访谈和评估

最初的 1 ～ 2 次会谈通常被称为对来访者的初

始访谈。法律上，未成年人必须在监护人（通常是父母，但不一定只是父母）的同意下才能接受心理咨询，并且监护人应该参与初始访谈。初始访谈的过程包括一起讨论知情同意的内容，评估来访者的情况和了解咨询需求。在初始访谈阶段，咨询师特别需要积极倾听并使用一些基础性的引导方式来交流，这对儿童和青少年来访者及其家人是非常重要的。许多来访者在接受初始访谈后就未继续接受咨询，这种现象更凸显了咨询师最初投入程度的重要性（Baruch et al., 2009）。

在第一次与儿童和青少年来访者见面之前，咨询师通常会对来访者当前的问题有初步的了解。来访者可能已经经历了某个机构的初始访谈过程，从而被转介到咨询师这里，也可能是由其他机构（如医院、儿童保护服务机构等）转介。在这些情况下，咨询师通常能够获得一些信息来帮助他们形成有关来访者情况的假设。然而，大多数咨询师依然需要进行初始评估，因为很可能除了与家长的简短电话交谈或转诊表格上简单的说明外，他们几乎不了解任何信息。因此，作为初始访谈的一部分，咨询师需要收集和整合大量信息，同时讨论法律和伦理问题、设定咨询期望，并始终关注咨询的疗愈性。

知情同意的过程应该是周密且细致的。儿童和青少年来访者的父母会被要求签署知情同意书，但他们通常对这些信息的理解很有限。因此，父母及儿童和青少年来访者（如果年龄合适）都应该参与有关知情同意的讨论。

当与儿童和青少年来访者合作时，知情同意环节的设置对咨询过程有重要的影响。第 4 章将对知情同意进行更详细的讨论，因此，本节只讨论与咨询关系的建立和维护及个体咨询过程有关的知情同意问题。首先，本节讨论以保密为重点的知情同意的注意事项。其次，因为咨询师和来访者对咨询的期望是初始访谈中重要的一部分，所以本节也强调咨询师在评估和引导这些期望方面的作用。同时也探讨评估来访者当前问题的过程。接着探讨咨询师在咨询初期（也就是初始访谈中）应如何构建咨询结构从而将效果最大化。最后，本节还将讨论咨询时优化治疗联盟的策略。

保密设置

作为知情同意过程的一部分，咨询师与儿童和青少年及其家庭一起梳理保密设置是非常重要的。法律上，在美国大多数州，儿童和青少年来访者没有保密权利，父母可以得到其孩子在咨询中分享的所有记录和信息（Vernon，2009）。然而，许多儿童和青少年来访者，尤其是青春期的孩子，不希望父母知道他们所有的个人经历。咨询师与来访者的家人探讨保密的程度对建立治疗关系中的信任感和安全感是很有帮助的。没有信任，就不可能形成积极的治疗关系，而积极的治疗关系是个体咨询的基础，也是咨询成功的关键。有关儿童和青少年咨询和保密的注意事项的详细讨论，请参阅第 4 章。

评估

评估儿童和青少年来访者的情况和咨询需求是初始访谈的一个重要部分。咨询师通常只有一到两次访谈的时间对儿童和青少年来访者情况形成概念化。尽管如此，评估并不是一次性的，相反，它是咨询中一个持续的部分，咨询师在收集更多的信息和数据的过程中应不断地重新评估和重新概念化来访者。

在第 9 章中，我们会讨论“I CAN START”模型，用来对来访者的情况进行概念化和制订咨询 / 治疗计划。“I CAN START”模型非常强调对来访者情况的评估（如优势、背景、文化、当前问题的动力因素等）。本节概述了评估青少年来访者当前情况的过程，也就是“如何评估”。本节还会提供在个体咨询中评估的注意事项，包括探讨咨询师如何评估和帮助儿童和青少年来访者及其家庭，以努力明确当前的问题。

咨询师可以用下面的提示问题作为开始来帮助自己了解并评估儿童和青少年来访者。例如，“跟我说说你平时一天的日常情况。从你起床开始，让我听听你的一天是怎么过的”。另一个可以得到关于孩子处境的重要信息的提示语是“告诉我你对完美的一天的想法。从你起床开始，带我度过你理想的一天”。这些类型的问题可以提供额外的信息，让咨询师洞察什么咨询途径和方法最适合来访者。例如，如果咨询师了解到一个孩子喜欢玩“玩具屋”，那么咨询师就可以把玩具屋整合到咨询中；或者如果一个孩子喜欢音乐，咨询师就可以把音乐作为干预措施中的一个工具。

评估来访者情况第一个最重要的方面是明确来访者及其家人或任何其他相关人员（如学校工作人员、法律体系的人等）对来访者问题本质的看法。虽然评估问题可能看起来很简单，但来访者及其家人或其他相关人员对当下问题持不同看法的情况并不少见。

咨询师在初评阶段直接询问来访者为什么要来做咨询也是有帮助的。咨询师可以说：“跟我说说你来这里的原因。我想了解你是如何看待这件事的。”另一个有帮助的陈述是“说说你认为你的父母带你来这里的原因”。来访者对这两个问题的回答可以提供很多重要的信息，包括他们的内省程度、家庭动力，以及他们对自身和他人的看法。咨询师还可以使用各种媒介，包括玩偶、艺术、写作、自由游戏、讲故事、完成所提示的句子（如“当……的时候，我很高兴”“一个好孩子是……”“一个好妈妈是……”）、玩具屋、假扮游戏或过家家等活动，来评估儿童和青少年来访者对问题的看法（Vernon，2009）。例如，咨询师可以准备一个“故事篮”，里面有代表各种年龄的人形手指玩偶、动物及体积比较小的物品（如房子、汽车和家庭用品等），可以请来访者使用篮子中的物品讲述一个与他们的问题相关的故事。

在定义和理解问题的过程中，询问来访者及其家人或相关人员之前为解决问题所做的尝试也是有帮助的。咨询师可以说：“谈谈你们每个人试图解决这个问题时所做过的努力……”“现在说说你试过的另一种方法……”咨询师可以不断地询问，直到他们介绍了他们用于解决这个问题的所有方法。这样的询问可以为咨询师解决问题提供有价值的信息，同时还提供了相关问题的动力学信息，例如，哪些其他重要因素导致了这种情况，以及哪些因素有助于控制这一问题。

当咨询师尝试更多地了解来访者的问题时，另一个有用的问题是问他们希望自己的生活有什么不同。焦点解决短期治疗（de Shazer & Dolan，2007）中的奇迹提问可能有助于咨询师理解来访者对问题的看法，并找到可能的解决方法。以下是这类问题的范例。

- 假设你昨晚睡觉时奇迹发生了——所有问题都消失了。你怎么知道奇迹发生了呢？什么将会变得不同？
- 想象一下，你发现自己拥有一种独特的超能力——只需打个响指，就能让问题消失。请告诉我你第一次会使用这种超能力的情景。描述一下什么情形会让你想打个响指，并告诉我打响指后你觉得会有什么变化。
- 假设你找到一根魔杖，只要你挥一挥魔杖，这个问题就不存在了。你会什么时候挥舞你的魔杖？你怎么知道魔法起作用了？
- 让我们想想明年的这个时候吧。想象一下，你在你最喜欢的地方遇到了你的咨询师。这是美好的一天，你很兴奋地告诉你的咨询师，这些积极的改变给你的生活带来了快乐。描述一下你的生活发生了什么变化？这种幸福是什么感觉？你正在做些什么不同的事情？
- 如果你想给你的家人一个惊喜，你会做什么，可以不仅让他们感到惊讶，还会让他们相信有希望的变化正在发生？

以上问题的措辞需要根据来访者的年龄、心理发展水平、个性、需求或兴趣来调整，例如，一个年幼的来访者可能还不知道什么是奇迹。焦点解决短期治疗的提问方式也可以用来评估家庭成员对当前问题和解决方案的看法。

全面的精神状况检查可以引导评估的过程，特别是面对有精神障碍的儿童和青少年。在对儿童和青少年来访者及其家庭进行评估时，咨询师应考虑很多因素，包括仪容仪表（如整洁程度、是否有精神）、认知发展水平（如现实感、对行为后果的预判能力）、优势和资源、文化和环境（如信仰宗教、社会经济地位）、社交发展水平（如友谊）、重要的人生经历（如创伤性事件、丧失）、成长史、对美好未来的想法（Kress & Paylo，2015）。

除在访谈中评估儿童和青少年来访者之外，观察他们在自然情境下与其家庭成员或同龄人的互动也是有帮助的（Barkley，2013）。学校咨询师可以对学生进行社会观察，而那些提供家庭治疗的咨询师则有机会在家庭环境中观察来访者。咨询师可能还会收集关于来访者在不同情境下的行为和功能的间接报告（如来自学校咨询师或其他家庭成员）。

对儿童和青少年来访者在咨询中面临的各种问题，本书将提供各种正式的、非正式的，以及基于《精神障碍诊断与统计手册》（第五版）（DSM-5）（APA，2013a）的评估方法，这些内容在本书的后面部分会有相应的阐述。在咨询的早期阶段，咨询师应考虑使用测试，调查问卷，各种关于儿童和青少年来访者行为、价值观、态度、兴趣、个性、学校相关因素（如资质、成就和智力）的量表，以及精神病理学知识，这些对评估儿童和青少年的具体情况是有帮助的，甚至是必需的。获取和回顾儿童和青少年来访者的学校记录也很有必要，因为这些记录通常包含一些与学校行为问题相关的信息。

探讨咨询师和来访者的期望

在初始访谈中，非常重要的一点是咨询师要认真倾听来访者的期望（他们想从咨询中得到什么）并尽可能实际地处理这些期望。同样重要的是让来访者了解咨询能做什么和不能做什么，让来访者及其家长知道，作为咨询参与者他们需要做些什么。一般而言，在咨询过程中，对咨询师、来访者及其家庭所扮演的不同角色进行普及性心理教育有助于澄清来访者及其家庭对咨询体验的误解，并为进一步咨询打好基础（Constantino et al.，2011）。咨询师也应该阐释自己关于如何帮助来访者做出改变的咨询流派和信念，以及自己用来实现改变的方法。

来访者和家庭对咨询持续时间和会谈频率的预期也应该在咨询早期进行评估。一些家长期望的改变可能会比实际发生得更快。咨询师应考虑到，来访者通常更希望能够用最少的会谈次数来解决当前问题，大多数人的预期是参加 7 ~ 10 次会谈（de Haan et al.，2014；Lambert，2013）。的确，大多数来访者在大约 7 ~ 8 次会谈后会表现出一些改善，但显著的变化往往发生在更多次会谈之后（Lambert，2013）。来访者也可能只接受有限的会谈次数（由于第三方付款或外部干预），这是咨询师在探讨咨询持续时长时需要考虑的一些其他因素。

来访者对咨询有效性的期望也非常重要。事实上，这些期望在一定程度上可以预测咨询效果。例如，如果来访者期待积极变化，他们就会充满希望，并因此对多种可能性持开放态度，也更可能投入咨询过程中，并且对咨询师产生信任感（Constantino et al.，2011）。来访者对咨询的信心（作为一种有效的改变工具）和咨询师能够帮助他们的信念都对积极的咨询结果至关重要（Frank & Frank，1993）。咨询师需要考虑来访者及其父母对咨询的期望，以及他们对咨询过程、性质和进程的期望（Constantino et al.，2011）。以一种适合儿童和青少年来访者认知和心理发展水平的方式来传达相关信息，对咨询师来说也很关键。

咨询师在咨询初期澄清来访者父母的期望也同样重要。为了评估这种期望，咨询师可以问来访者的父母以下问题：“你对咨询了解多少？”“你希望从心理咨询中得到什么？”“如果咨询是成功的，你希望有什么变化？”。父母普遍存在的一个认知误区是，咨询师会“改变”孩子或“解决”问题，而不怎么需要父母的参与。因此，咨询师应该澄清自己对父母的要求，这可能包括：稳定、准时地参加咨询会谈；帮助孩子在家中运用不同的技能；完成商定的会谈期间的家庭作业（如父母每周留出 3 小时高质量地陪伴孩子）；与孩子一起参加会谈（用商定好的形式），以促进彼此更好地参与和协作；对咨询过程有耐心，并承诺参与适当次数的会谈；信任咨询师；贯彻咨询师的建议；示范健康的行为，这些行为可能与孩子的咨询相关，或者能够影响孩子。如果咨询师在早期的咨询中没有解决父母或孩子的误解，很可能导致咨询提前终止（Deakin et al.，2012；de Haan et al.，2014）。

年龄较小的孩子通常会对咨询感到害怕或不安，因此处理他们的恐惧情绪也很重要（de Santana et al.，2014；Dyson et al.，2015）。孩子通常会在生病、受伤或需要接种疫苗时去看医生，所以他们对咨询室里会发生什么没有积极期待。此外，由于孩子对咨询过程知之甚少，他们可能会担心自己做错或说错什么，从而引发额外的问题。我们在咨询中曾遇到一位 6 岁的来访者，她非常害怕参与咨询。通过了解才知道，她听说咨询师被称为“缩头师”，她担心自己会被强迫坐在椅子上让自己的头变小。面对这样的情况，咨询师应表现出同理心，帮助来访者识别他们的恐惧和担忧，这样才能更好地解决他们面临的问题。

同样重要的是咨询师应与儿童和青少年来访者探讨参与咨询对他们自己和他人意味着什么。咨询师应帮助来访者更正一些错误认知。下面列举了一些儿童和青少年来访者通常会流露出的错误假设。

- 我做了错事，正在受到惩罚。
- 我出问题了——我病了或情况很糟糕。
- 我一定是坏了，我需要被修理。
- 我不可爱，没有人真正喜欢我。
- 如果我做得好一些，就不会来接受咨询了。
- 其他孩子不用接受咨询——我是唯一有问题的孩子。

向儿童和青少年来访者提供有关咨询的信息可以帮助他们消除这些错误观念的影响。

根据我们的经验，一些家长很难理解游戏和创造性活动在咨询中的价值，所以家长可能需要掌握一些知识（了解这些方法如何及为什么对儿童和青少年来访者有用）。一位母亲曾告诉我，她主动停止了她 5 岁女儿之前的咨询，因为咨询师和她女儿做的所有事情就是在“玩”。可见，咨询师并没有向来访者的母亲解释玩耍可以作为促进改变的工具，也没有报告咨询的进展，所以来访者的母亲只能用自己的方式来理解这段经历。同样有帮助的是向来访者的家人解释，与儿童和青少年来访者建立关系是需要一些时间的，虽然表面上看，咨询师和来访者只是在“聊天”，但实际上他们是在努力建立必要的关系。特别是对青春期的孩子来说，发展一段关系需要很多时间，因为咨询师需要讨论青少年关心且愿意分享的话题（Norcross & Wampold，2011a）。

咨询师可以使用以下表达方式来向儿童和青少年及其家人解释咨询（确切的语言和方式需要根据孩子的年龄和心理发展水平进行调整）。

> 我们见面时会进行关于你的谈话，比如你的想法、感受，困扰你的事情，你想一吐为快的事情，你想得到帮助的事情，或者进展顺利的事情。我的角色是帮助你梳理这些事情，帮助你达成你的咨询目标。有时我会成为一个好的倾听者，有时可能需要我来帮助你了解你自己和你与他人的关系，有时看起来是我在教你一些不同的技能或提供一些信息，有时我更像一个教练，这可能意味着我会引导你以一种新的方式思考事情，但最重要的是，你要明白我是来帮助你实现你自己的目标的。为了让我能更好地帮助你，我希望你对我坦诚，告诉我你内心的想法。我还需要你告诉我，你对咨询的进展有什么看法，以及我怎样做能够更好地帮助你。这是关于你的咨询，我希望能让你有一个很好的体验。

在给年幼的孩子咨询时，一个更简单的解释就足够了。下面提供一些咨询师向年幼孩子解释的示例。

- 当你陷入困境时，咨询可以帮助你摆脱困境。
- 咨询师可以帮助你理解那些让你困惑的情形。
- 当你有些偏离轨道时，咨询师可以帮助你回到正轨。
- 咨询师能帮助你做出一些改变。

结构化咨询

当咨询师对来访者的情况形成一些假设并了解到他们的咨询需求后，咨询师就能够利用这些信息决定会谈的频率、每次会谈的时长，或期望来访者咨询的次数、建议个体或家庭咨询会谈的频率，以及期望家庭参与咨询的程度。有关咨询结构的信息应该同时传达给孩子和家庭。

如前所述，可预测的会谈结构能够为来访者及其家庭提供一种安全和舒适的感觉。尽管在早期详细说明会谈的结构很重要，但在这个结构中保留灵活性也同样重要。

许多咨询师会纠结于多长时间与来访者的父母见一次面这个问题。例如，应该在会谈开始时还是结束时与来访者父母见面，还是根本不见面？应该在孩子在场还是不在场的情况下与其父母见面？咨询师要知道，这些问题没有“正确”的答案，如何处理将取决于工作环境的性质、孩子的心理发展水平、孩子的困境和需求，以及咨询师的咨询理论和方法。重要的是，咨询师要认识到儿童和青少年是成长在社会中的（Vernon，2009）。也就是说，如果孩子想要经历有意义的改变，他们的父母或养育者通常需要在某种程度上参与咨询。

通常我们建议咨询师在第一次咨询时，用一部分时间单独与来访者的父母见面，因为当孩子不在场时，其父母有时会提供更直接的信息。此外，孩子的父母几乎总是会分享一些不适合孩子听到的相关信息，而咨询师也需要问一些不适合当着孩子的面问的问题。单独与孩子的父母会面也可为家庭设立适当的界限树立榜样，这也是一些家庭难以解决的问题。对那些不能单独待在等候区或玩耍区的小朋友，咨询师可以在向父母收集信息时给小朋友一些彩笔或玩具。

单独与孩子的父母见面后，再与孩子和其父母同时见面是很有帮助的。这通常会给咨询师提供关于孩子和家庭对问题认知的丰富信息。也就是说，它为咨询师提供了一个观察家庭动力并了解来访者真实世界的机会（Orton，1997）。对年龄较小的孩子，第一次与咨询师见面时有父母的陪伴可能会带给他们一种安全感，从而减轻他们对咨询或咨询师的顾虑。

在了解了基本情况后，接下来我们一般建议咨询师在一部分访谈中单独与儿童和青少年来访者交谈。特别是对青春期的孩子来说，初次单独会谈可以为咨询师提供很多重要的信息，帮助咨询师更好地理解来访者的情况并确定咨询需求。这也为来访者和咨询师提供了一个建立关系的机会。

在决定一个咨询会谈的时长时，重要的是要考虑孩子的心理发展水平。年幼的来访者可能无法参加完整的会谈，所以咨询师在结构化访谈时需要考虑这些发展性因素。

就会谈结构而言，在每一次会谈开始时回顾前一次会谈是有帮助的。对年龄大一些的孩子，咨询师在咨询会谈前预先规划，并回顾与咨询目标相关的重点，同时强调会谈计划是有灵活性的，这些做法都很有帮助。对青春期的孩子来说，重要的是咨询师不要在不考虑咨询关系的情况下过分强调咨询的结构（如角色、任务、意义），因为这样做会干扰咨询关系的发展（Norcross & Wampold，2011a）。

在咨询结束时，咨询师可以要求来访者回想一下这次会谈对他们来说最重要的是什么。可以提一些有帮助的问题：“当你想起我们今天的咨询时，你会想到什么？”“今天你从我们的咨询里得到了什么？”咨询师也可以问：“你对我们今天的合作感觉怎么样？”“如果有一件事让我们这次会谈对你更有帮助，那会是什么？”这些问题是在向来访者传达他是咨询的积极参与者，能够帮助来访者回忆参与咨询的过程，并表明咨询师关心来访者的想法和感受。

一种可以巩固咨询关系、防止过早终止咨询的方法是使用一个简单的评估工具来评估来访者及其父母对治疗过程的满意程度。这类问卷可以由来访者或其父母在每次咨询会谈开始或结束时完成。通过定期寻求反馈，咨询师传达了一个强烈的信号：咨询师重视家庭的反馈，来访者的参与很重要。反馈还可以让咨询师在误解、沟通失误或不满升级之前解决问题。在为儿童和青少年来访者做咨询时，咨询师可能需要使用图表或量表，让来访者对自己的体验进行打分。例如，用从难过到高兴的表情符号来衡量他们对会谈或某些干预的反应。下文的实践活动提供了两个咨询会谈评估示例，可能对与儿童和青少年来访者及其家庭合作的咨询师有帮助。

实践活动

咨询会谈评估示例

指导语：请按 1 ~ 10 的评分标准回答以下问题。

非常不同意　　　　**非常同意**

总体来说，我认为今天的会谈进行得很顺利

1— — — — — — — — — —10

就我们正在处理的事情而言，咨询师和我似乎意见一致

1— — — — — — — — — —10

今天讨论的信息是我想谈论的

1— — — — — — — — — —10

我能感觉到咨询是如何帮助我实现我的目标的

1— — — — — — — — — —10

咨询师站在我这边，正试图帮助我

1— — — — — — — — — —10

指导语：在你认为最能表达你对今天咨询的感觉的表情图标前做个标记。如果你认为这些图标无法恰当地表达你的情绪，你也可以画一个不同的表情图标。

非常不同意　　　　**非常同意**

今天，我的咨询师认真地听了我想要表达的东西

不— — — — — — — — — — — — — — —是的

☹　　　　☺

今天，我们谈论了我想谈论的事情

不— — — — — — — — — — — — — — —是的

☹　　　　☺

我想今天做的活动会对我有所帮助

不— — — — — — — — — — — — — — —是的

☹　　　　☺

我期待着我们下一次的咨询会谈

不— — — — — — — — — — — — — — —是的

☹　　　　☺

与来访者及其家人建立治疗联盟

治疗联盟

个体心理咨询中最重要的初步任务之一是发展咨询关系。在健康的咨询关系中，儿童和青少年来访者会认为咨询师是诚实的、真诚的、直接的、有帮助的和可以与人共情的，他们会认为自己在一个积极的、温暖的、无评判的关系中。在这里，他们可以分享他们的经验（Norcross & Wampold，2011a）。儿童和青少年来访者在这样的环境中会感到安全。安全感会让来访者足够信任咨询师，使他们可以坦诚地直面自己的想法、感受和行为。

正如本章之前所讨论的，要想使咨询达到最佳效果，稳固的咨询关系是必需的（Norcross & Wampold，2011a）。最初的几次咨询会谈通常会为咨询定下基调，因此这几次会谈对咨询的长期成功至关重要（Norcross & Wampold，2011a）。稳固的治疗联盟会影响来访者对咨询服务的满意度、敞开心扉的程度、对咨询的乐观态度及其对自己的情况能够改变的希望程度（Norcross & Wampold，2011a）。

温暖的咨询关系能够为治疗联盟的发展奠定基础。稳固的咨询关系是治疗联盟的一个方面，它包括三个部分：关系纽带（稳固的咨询关系）、一致的咨询目标及一致的咨询任务（需要做什么来达成咨询目标）（Bordin，1979）。在咨询师和来访者有共同的目标并且对如何完成咨询目标达成一致的合作关系的情况下，来访者的信任被激发，他们在咨询过程中也

会投入更多的希望。合作性的咨询关系会促成更好的咨询结果，并预测来访者最终能否做出他们想要的改变（Bohart & Wade，2013；Norcross & Wampold，2011a）。

研究表明，那些有胜任力的咨询师会不断地向儿童和青少年来访者及其家人询问关于咨询的方向、重点、方法和干预的反馈意见，这进一步强调了治疗联盟的重要性（Hawley & Garland，2008；Norcross & Wampold，2011a）。合作式咨询方法可以向来访者及其家人传达这样的信息——咨询师关心他们的想法并保证他们在咨询中的参与度和自主性。治疗联盟的强弱与咨询的效果高度相关，这一点适用于几乎所有的咨询流派（如行为的、动力的、认知的、人本的）和模式（如个体、团体、家庭）（Norcross & Wampold，2011a）。事实上，工作联盟是预测来访者是否认为咨询成功的最具影响力的因素（Lambert，2013；Zuroff et al.，2010）。

工作联盟面临的挑战

在咨询中，稳固的咨询关系对所有来访者来说都很重要，而在面对被他人要求参加咨询的儿童和青少年时，这一点尤为关键（Norcross & Wampold，2011a）。另外，还有许多其他障碍可能会妨碍咨询师与儿童和青少年来访者发展积极的关系，其中包括对问题的识别和觉察有限，认为他们的问题是外部因素造成的，非常小的改变动机，对咨询服务是如何工作的及为什么它很重要缺乏了解（Castro-Blanco & Karver，2010）。

与青春期的青少年建立合作关系尤其困难。由于这个年龄段的青少年对自主精神的需求和对成年人理解他们的能力缺乏信心，以及对同伴关系的重视（相对于与成年人的关系），使咨询师与他们建立工作联盟变得非常困难（Norcross & Wampold，2011a）。这些因素会导致一些青少年对咨询关系产生不信任。

此外，在某些情况下，来访者是受到外部影响（如学校要求、法律强制）被迫前来咨询，在这种情况下，其父母可能对咨询师和咨询本身有所质疑。因此，来访者可能会对咨询的参与度有所保留，因为他们担心这样做会让他们的父母不高兴。在强制咨询的情况下，咨询师与来访者的父母建立牢固的工作联盟是特别重要的。

同样重要的是，要认识到，虽然一般情况下在几次咨询之后就可以建立咨询关系，但一些来访者可能需要几个月的时间才会信任咨询师。受过虐待、忽视、精神创伤或经历过丧失的儿童和青少年可能需要更长的时间才能对咨询师产生好感（Brier & Scott，2014）。曾有一位在治疗中心住院的来访者被评估为伴有由儿童期被母亲的前男友性虐待所引起的次生症状，尽管她知道咨询师了解她被性虐待这一事实，但她仍花了 6 个月的时间才逐渐敞开心扉。因此，咨询师要有耐心，要相信只要自己能够对来访者真诚、开放，来访者最终一定会信任自己。

咨询是建立在以语言为主要交流形式的基础上的。咨询需要来访者一定程度的口头参与。因此，当咨询师试图与一些儿童和青少年来访者建立工作联盟时，他们可能面临的一个困难是来访者缺乏口头表述的兴趣或能力。有些来访者可能有精神障碍［如孤独症（自闭症）谱系障碍］，以至于无法说话；有些人可能会因为戒心或防备心而不想说话；年幼的来访者可能不太会表达；具有某些性格特征（如害羞、内向）的来访者可能不那么健谈；一些来访者可能有智力障碍或其他器质性精神障碍，这限制了他们的语言交流（Kress & Paylo，2015）。咨询师应针对每位来访者的情况进行梳理，评估语言沟通困难的根源，以确定对来访者现实而合理的期待。咨询师的临床方法必须根据来访者的需求、能力和所倾向的沟通方式进行调整。

对语言能力较弱的来访者，采用非语言形式的交流和不依赖语言交流的方法会谈是很有帮助的。表达性艺术活动、写作、游戏、音乐、肢体活动及结构化游戏治疗的使用都可以作为建立关系的交流形式。那些需要积极参与的活动（如角色扮演）也可以促进咨询师与来访者之间的交流。

建立关系的策略

咨询师应关注有助于关系建立的特质，如共情、一致性、积极关注和肯定（Norcross & Wampold，2011a）。儿童和青少年来访者需要感受到他们被咨询师理解，需要咨询师能对他们和他们的处境感同身受。除此之外，咨询师还要努力做到让来访者认为他们的咨询师是前后一致的、诚实的、真诚的，因为这有助于咨询关系的发展。咨询师可以预设一个客观的立场，从积极的角度看待来访者，并关注他们的优势，这些行为都有助于在这种咨询师因拥有很大权力的不平等关系中营造出一种平等的氛围（Norcross & Wampold，2011a）。

咨询师必须知道来访者如何看待咨询师，以及咨询方法如何影响咨询关系。治疗联盟和咨询结果可能会因咨询师的一些个人特征而受到削弱或影响，所以咨询师需要时时关注自己的个人反应和特征。明显被认为没有帮助的咨询师的特征包括过于结构化或过于松散地组织会谈，咨询师具有防御性、批判性和苛求性，咨询师强力推进自己的进程，持有不支持的立场（Sharpless et al.，2010）。相反，当咨询师热情、有同理心、表达关心、开放、自信，并在实践中表现出灵活性时，他们会更受来访者的青睐，并得到更好的咨询效果（Sharpless et al.，2010）。

咨询师花些时间了解来访者有助于咨访关系的建立，也有助于了解来访者的情况和背景。对儿童和青少年来访者的生活经历有所了解并产生联结，同时关注来访者表达的情绪，对发展温暖的关系特别重要，尤其是在为青春期的来访者做咨询时（Norcross & Wampold，2011a）。有趣的是，一些研究表明，如果咨询师在早期咨询会谈上的结构化较低，那么来访者在后期的咨询任务中就会有更好的合作（Jungbluth & Shirk，2009）。当然，这并不是建议咨询师在早期会谈中无所作为；相反，咨询师应在早期咨询中花时间了解来访者的体验并关注建立关系的因素（Jungbluth & Shirk，2009）。也就是说，咨询师需要在关注来访者当前咨询的问题与咨询关系的发展和巩固之间取得平衡；对问题关注过少可能导致逃避行为，而对问题关注过多则会影响咨询关系（Norcross & Wampold，2011a）。灵活的节奏对于在培养关系和达成咨询目标之间取得平衡非常重要（Norcross & Wampold，2011a）。

想要深入了解儿童和青少年来访者，咨询师就需要了解他们的个人兴趣和日常生活。随意的询问为建立联系提供了一种不具威胁的方式。下面是儿童和青少年可能感兴趣的一些话题：朋友、喜欢的对象（对青春期的青少年）、喜欢和不喜欢的老师、喜欢和不喜欢的学科、宠物、兄弟姐妹、与家人的关系、爱好、音乐（尤其是青春期的青少年）、电视节目、电子游戏，最喜欢的食物和餐馆、娱乐活动（如年幼的孩子喜欢玩什么）和最喜欢的游戏。许多小游戏也可以作为了解来访者的工具。咨询师还可以通过互联网搜索到数百个儿童和青少年关注的问题，这些问题可以被打印并剪切，然后制作成交互式讨论环节的素材。很多咨询案例表明，最能帮助咨询师了解儿童和青少年来访者的信息通常是在与来访者的非正式交流中得到的，而不一定是从结构化提问中获得的。

坚持让来访者讨论困难或不舒服的内容可能会损害咨询关系（Norcross & Wampold，2011a）。咨询师可以尝试帮助儿童和青少年来访者逐步表达情绪：先讨论不会引发剧烈情绪的话题，当来访者看起来更自在时，再转向更重要的话题（Norcross & Wampold，2011a）。重要的是，咨询师要关注来访者的舒适程度，并温和地引导来访者更多地分享。再一次强调，咨询师要相信咨询过程是有效的，而且如果咨询师提供了合适的环境条件，来访者是会愿意分享的。

之前我们提到过，青春期的青少年更可能对参与咨询产生矛盾心理，这可能使他们特别难以参与和发展与咨询师的合作关系（Norcross & Wampold，2011a）。承认这种“房间里的大象”现象（刻意回避问题）对咨询关系的建立是有帮助的，因为咨询师这样做传达了对来访者矛盾心理的理解。在给青春期的青少年做咨询时，咨询师甚至可以在合适的情况下用幽默来解决这种矛盾心理。对青少年来访者被迫来咨询的情绪感同身受，简单地承认这种体验就可能有帮助。咨询师可以说：“听起来你好像不想待在这里。

没有人喜欢被人叫去做自己不想做的事，我也是。我只是想让你知道，这是你的时间，我们可以专注于你想谈的事情。”因为冲突或外化问题行为（如攻击性和破坏性行为）而参加咨询的青少年通常预期成年人会以一种批判的方式看待他们，因此牢固的咨询关系对于打破这种阻碍尤其重要（Norcross & Wampold，2011a）。

一旦处理好初步的咨询任务并为建立有效的工作联盟打好基础（包括对咨询目标及如何实现这些目标的关注），咨询师就可以开始使用自己的咨询技能和干预措施来帮助来访者实现他们的目标了。下一节将介绍与咨询实施阶段相关的注意事项，更具体地说，将为儿童和青少年来访者提供适合其发展的咨询策略。此外，对咨询实施阶段的挑战及咨询师如何克服这些挑战也进行了讨论。

咨询实施阶段的注意事项

这里谈到的咨询实施阶段主要包括初步咨询任务完成（第一次到第三次会谈）、咨询关系建立后和咨询结束之前的阶段。换句话说，大部分个体咨询过程都可以被概念化为咨询实施阶段。因为咨询实施阶段是来访者经历最多成长和变化的阶段（Gladding，2012），所以本节中的大部分话题都集中在这个主题上。

在各种咨询情况中，初步的咨询任务都很类似，但实施阶段的咨询过程千差万别，根据众多因素的差异，咨询看起来也会有很大的不同。影响咨询实施阶段的因素包括来访者当前的问题和发展水平、家庭参与程度、咨询师的理论方法、咨询机构及咨询次数的限制。其中，有些注意事项适用于所有的情境，这些也是在本节中要讨论的。具体来说，本节要讨论的内容包括有助于咨询的沟通风格、方式和技巧，来访者改变的动机，以及咨询师增强这种动机的方式。

沟通方式

咨询师的沟通与如何使用词汇、声音、符号、提供或交换信息的行为，以及如何向来访者表达他们的想法、思考或感受有关（Broderick & Blewitt，2014；Frank & Frank，1993）。非言语沟通包括眼神接触、姿势、咨询师和来访者之间的距离、小小的鼓励（如“嗯嗯”）、语调、谈话的节奏，以及许多其他不使用实际语言就能传达意思的因素（Dowell & Berman，2013；Frank & Frank，1993）。对咨询师来说，运用非言语沟通的艺术性和直接性至关重要。一些行为（如增加眼神接触、身体前倾等）与治疗关系的改善强相关（Dowell & Berman，2013），但并不是每位来访者都会对特定的行为做出相同的反应。例如，如果咨询师使用这种非言语沟通方式，那么处在不喜欢直接眼神接触的文化背景中的来访者可能就会感到不适。因此，咨询师应该对相关文化差异有一定的敏感性，并相应地调整沟通方式。

玩耍是幼儿交流的一种自然形式，它是孩子们与世界互动、了解世界的主要方式。无论咨询师的理论咨询方法是什么，在对幼儿进行咨询时，咨询师都需要将玩耍作为一种方法，提供一种适合其发展的沟通和干预形式。

因为幼儿不习惯将语言交流作为他们主要的交流方式，所以他们会经常使用其他行为来表达他们的问题、恐惧和需求。大多数幼儿的无助行为（如哭喊、尖叫、打人、违抗等）可以被解释为寻求关注的非语言交流方式，这是一种寻求控制感、支配感，以及作为一种受伤、受挫或愤怒的表达方式（Broderick & Blewitt，2014）。

虽然非言语沟通是为儿童和青少年做咨询时的关键考虑因素，但所有的咨询主要还是依赖语言沟通。即使一些幼儿来访者仅参与了游戏疗法，咨询师也需要对其行为进行描述并赋予其意义（Headley et al.，2015；Ray et al.，2013）。幼儿还会在游戏中使用一些简短的单词和句子来表达自己，例如，“她是个刻薄的女孩！”随着幼儿的成长，语言交流会慢慢成为心理咨询的中心，况且他们的词汇量每年会增加数千个。一个 6 岁的孩子能听懂 1 万个单词，一个 10 岁的孩子能听懂 4 万个单词（Davies，2011）。咨询师应始终使用清晰和简洁的沟通方式。在与儿童或青少年来访者合作时，尤其重要的是咨询师需要使用来访者能够理解的词汇和语言，并避免使用过长或复杂的句子表达或提问。

咨询师应该留心倾听来访者的语言，模仿他们的语言风格和词汇。这可以让青少年知道咨询师理解他们，也有助于在关系中建立信任。咨询师还应该展示出咨询中使用的沟通方式不同于其他社会关系中使用的沟通方式。咨询的重点不仅是与来访者对话，还应专注于理解来访者的想法、感受和信念（Constantino et al.，2011；Wampold，2010）。咨询师应该通过与儿童和青少年谈论符合其年龄的话题来促进来访者的积极参与，这样也有助于他们逐渐敞开心扉。

咨询师可以使用各种技术和技巧来帮助来访者探索和表达自己。提问是引发对话的一种方式。封闭式问题通常会得到一个词的简短回答，可以用来收集事实信息（如“你今年几岁了”）。开放式提问可以让来访者回答得更多，也能产生更丰富的咨询材料（如“谈谈你最好的朋友……”）。来访者通常不习惯和能给他们全然关注和倾听的成年人打交道。因此，一些来访者可能需要花些时间来学习如何回应咨询师的开放式提问。

虽然在咨询中使用提问手段是很有意义的，但咨询师应该注意避免过多使用这种手段。一个接一个的问题会让来访者感到困惑，可能会让他们感到被质询，从而增加他们的防御心理，甚至导致对话中断。和所有的咨询一样，给儿童和青少年做咨询时也应该避免使用“为什么”。因为儿童和青少年来访者经常听到养育者用负面的语气问他们“为什么”（如“你为什么不打扫房间”）。此外，儿童和青少年通常对自己为什么会这样做没有内在的觉察，所以问他们“为什么”可能也没有效果。询问“可以”“能”“如何”和“怎样”之类的问题可以帮助咨询师澄清儿童和青少年来访者在表达什么。如下所示。

- “当你……时，会发生什么？”
- “当……时，你有什么反应？”
- “当……时，对你来说是怎样的？”
- “你能多跟我说说你爸爸吗？”
- “你能告诉我一个让你觉得……的时候吗？”

一般来说，在与儿童和青少年交谈时，倾听、重复和反思比提问更重要和更有效（Vernon，2009）。重复来访者陈述的内容（如“嗯，你的父母经常吵架”）可以表明咨询师对来访者所说的内容感兴趣，同时来访者会感觉自己被倾听。咨询师说出来访者话语的潜在含义（如“你不喜欢你父母吵架”）能让来访者感到被理解，同时说出来访者的感受（如“这听起来让你感到悲伤”）有助于增强咨询洞察力和治疗性（Vernon，2009）。重复来访者的话会让他们成为被关注的焦点，并以一种有效的、不具威胁的方式促进咨询探索。下文的实践活动提供了一系列沟通注意事项，这些注意事项对幼儿期、儿童期和青春期的孩子特别有效。

与不同年龄段孩子沟通的注意事项

与幼儿期的孩子沟通

- 在与孩子互动之前先与其父母互动。
- 与孩子的视线持平。
- 关闭电视机、手机或其他让人分心的设备。
- 使用过渡性客体（如一个洋娃娃、玩具等）来开启与孩子的对话。
- 使用简短的句子。

- 使用孩子的语言。
- 使用简单的单词和语言。
- 使用短句（可以比孩子使用的稍长一些）。
- 不要打断孩子。
- 表扬孩子适应性的积极行为。
- 重复孩子的表述，而不是重复孩子不理解的问题。
- 避免使用类比和比喻（低龄孩子只能理解字面和具体的意思）。
- 对手势和面部表情等非语言交流做出反应。
- 使用视觉辅助工具来澄清信息。
- 将孩子最喜欢的玩具、游戏或电视节目融入谈话中。
- 重新表述孩子的话，以表现出兴趣和理解。
- 提出简单明了的要求（如把外套从挂钩上拿下来）。
- 让孩子重复你问过或说过的话。
- 多使用开放式提问，少使用封闭式问题。
- 描述孩子的行为并适当增加其意义（例如，你想建一个大堡垒，所以你在不断地搭积木）。
- 关注孩子的体会，而不是他周围人的体会。
- 沟通要清晰、直接。
- 一次提出一个要求（例如，如果进行艺术创作活动，一次只给出一个步骤的指示）。
- 清楚地陈述事实——不要用生涩或不常用的词汇让孩子感到困惑。
- 确保信息有逻辑和条理。
- 与孩子说话的速度保持一致，以免让其产生困惑。
- 与孩子交流时，要避免干扰（如电话、吵闹的音乐）。
- 用简短的鼓励用语（如“嗯嗯”）来表示感兴趣，并鼓励孩子继续说话。
- 重复孩子的话以确保准确地理解。
- 添加一些带有感情色彩的词汇，帮助孩子将思想、感情和行为联系起来。
- 避免产生让孩子感到沮丧、愤怒或防御的情绪。
- 树立积极、有效沟通的榜样。
- 尽可能让交流成为互动式的，而不是说教式的。

认同孩子的价值观、观点和关注点。

当发现自己错了或不知道某事时要勇于承认。

一次处理一个问题。

避免争论或权力斗争；承认双方的观点。

与儿童期的孩子沟通

- 保持与孩子眼睛齐平的位置，不要从他的高处俯视。
- 将孩子的兴趣融入谈话中。
- 避免堆积问题。
- 避免使用讽刺意思的词句。
- 言简意赅。
- 突出孩子的优势、资源和能力。
- 在谈话中避免双重否定（如“你不会否认是吗？”）。
- 使用视觉辅助工具来澄清信息。

与青春期的孩子沟通

- 简明直接。
- 不要因为试图保护青春期的孩子而对其有所隐瞒；在适当的情况下，要求他们分享自己的状况。
- 接受并正常化青春期孩子的情绪。
- 对青春期孩子的生活经历和挣扎保持敏感。
- 用创造性的方式为青春期孩子提供交流和分享的机会。
- 倾听，不要经常打断。
- 简明扼要，避免描述太多事情让他们感到困惑。

- 避免扮演说教者的角色。
- 适当幽默。
- 保持问题简短且有重点。
- 与青春期的孩子说话时，要以现在为出发点。
- 不要假设青春期的孩子已经发展出了成年人一样的叙述能力。
- 注意身体语言和非语言暗示。
- 突出青春期孩子的优势、资源和能力。
- 对青春期孩子的活动、朋友、爱好和学校生活表示出兴趣。
- 慢慢地从不太严肃的话题转向严肃的话题。
- 探讨他们关心的（不仅是父母关心的）问题。
- 允许青春期的孩子在适当的情况下掌控咨询的某些方面。
- 认真对待青春期孩子的想法和观点。

在咨询的开始阶段，来访者可能会对完全表达他们的情感和反应感到不舒服，甚至许多来访者不具备这样的能力。创意工具箱 3-1 提供一些咨询师可以指导儿童和青少年参与的情绪表达活动，可以用来引导来访者更好地表达情绪。

创意工具箱 3-1 情绪表达活动

活动	描述
我的“头脑特工队”	这个活动旨在让来访者学习如何通过使用电影《头脑特工队》中的角色来更好地识别自己的感受。这个活动所需要的材料包括记号笔、彩色纸或海报板、印有电影《头脑特工队》中角色的剪纸（在会谈开始前由咨询师制作）和胶带。咨询师指导青少年认识《头脑特工队》中的每个角色。共有五个角色，每个角色都代表了一种情绪：喜悦、悲伤、愤怒、厌恶和恐惧。当来访者熟悉每个角色后，他们被要求想出五个与角色有关但不同的情绪词汇。例如，对于悲伤，来访者可能会想到流泪、孤独和不快乐。这些词汇可能是基于来访者体验情绪（如悲伤）时的个人感受。接下来，咨询师指导来访者将这些词汇写在与此情绪相对应的彩色纸上（如在蓝色纸上写上“悲伤”）。来访者可以装饰一下彩色纸，并把这些角色粘贴在相对应的词汇旁边。接下来，让来访者思考他们如何知道自己什么时候会有这种情绪或情绪的线索是什么，然后把相关信息写下来。例如，对于愤怒，来访者可能会写“我用力握紧我的拳头”或“我独自坐在房间里让自己冷静下来”。这个活动的目标是让来访者认识每一种情绪，并意识到他们对这五种基本情绪的体验
冷静卡牌	在这个活动中，咨询师可以让来访者制作一些冷静卡片，用来识别和应对那些强烈的负面情绪。需要的材料是空白纸卡、打孔机、线或活页夹环、记号笔、贴纸和笔。咨询师指导来访者说出他们经常感受到的五种情绪，每种情绪都拥有自己的卡片。来访者可以以一种与每种情绪契合的方式来装饰这张卡片，或者画一个代表这个词的图像（如一个苦恼的表情头像）。在这项任务完成后，来访者会得到更多的卡片，并在上面写下自己应对情绪的方法。例如，来访者可能会写，“我牵着我的狗出去散步。”“我和姐姐一起烤饼干。”“我做十次深呼吸。”这些卡片可以分成两本，一本是关于情绪的，另一本是关于应对技巧的。咨询师可以与来访者讨论如何使用不同的技巧来管理不同的情绪

（续表）

活动	描述
情绪猜谜	在这个活动中，咨询师可以与来访者一起玩情绪猜谜游戏，以帮助他们更好地理解情绪。游戏卡片可以在会谈之前做好或与来访者一起制作。游戏卡片应该包括一系列情绪词汇。咨询师和来访者可以用他们选择的任何情绪词汇来表演。在表演这些词汇时，咨询师可以问来访者一些问题，以评估他们是否感受过这些情绪，以及他们是如何处理这些情绪的
我的情绪化小伙伴	这个活动很适合年龄较小的来访者。活动包括让来访者创造一个“情感伙伴”，并让他们教这个“伙伴”如何安慰自己。活动背后的想法是，来访者可以将这些技能传达给自己。活动所需的材料包括袜子、枕头填充物、橡皮筋、记号笔和毛根扭扭棒。咨询师可以帮助来访者制作一个袜子人或动物。在来访者创建了他们的伙伴之后，咨询师就告诉来访者，这个伙伴非常情绪化，他们需要帮助这个伙伴管理他强烈的情绪。咨询师可以说：“你的情绪化伙伴感到生气了，让我们试着帮助你的伙伴冷静下来。”咨询师可以尝试不同的情绪，如悲伤、愤怒和恐惧，来帮助来访者利用这个伙伴练习情绪管理技巧。这个活动的另一种玩法是告诉来访者在感受到同样的情绪时如何使用这个伙伴，以及这个情绪化伙伴可以如何帮助他们。咨询师可以说：“当你感到愤怒时，你的伙伴想通过练习深呼吸来帮助你平静下来。”这个活动可以在帮助来访者的同时让来访者在他们的伙伴和自己身上练习情绪调节技巧
情绪温度计	情绪温度计这个活动是让来访者制作一个“温度计”。这个温度计可以表达一系列情绪，来访者可以使用它来更好地理解自己的情绪。这个活动所需要的材料包括白板、记号笔和彩笔。咨询师帮助来访者在纸板上画一个大温度计。温度计画好后，咨询师帮助来访者在温度计的每个部分上色，从底部开始。每个部分代表一种不同的情感。例如，温度计的底部读取出悲伤，那么颜色可以是蓝色，然后是恐惧，颜色可以是绿色，然后是平静，颜色可以是橙色，然后是快乐，颜色可以是黄色，然后是愤怒，颜色可以是红色。温度计可以标出来访者选择的任何情绪，无论选择什么颜色或顺序。最重要的是来访者对颜色的解读。温度计做好后，咨询师可向来访者询问以下问题： • 这种颜色 / 情绪是什么感觉呢 • 你是如何发觉自己有这种颜色 / 感觉的 • 什么事物会让你有那种颜色 / 感觉 这个练习的目标是让来访者有一种情绪的视觉呈现，来认识到当这些情绪出现时他们在做什么及感受是怎样的

动机和咨询

来访者或其家庭缺乏改变的动力是一种很常见的现象，也是影响治疗进程的障碍。本节将讨论儿童和青少年来访者缺乏投入咨询或做出改变的动力的一些原因。此外，还会讨论如何识别和增强儿童和青少年来访者改变动机的策略。

动机和改变

几乎所有的咨询师选择咨询作为职业都是因为在某种程度上他们想要帮助他人做出改变，助力他人成为最好的自己。本质上，咨询就是帮助人们做出改变（ACA，2015）。当来访者被激励并准备好做出改变时，咨询进展会更有效（Breda & Riemer，2012）。咨询行业里有一个普遍的假设，即儿童和青少年来访者，或者至少是他们的家人需要咨询师的帮助。然而，咨询师会见的许多来访者是被强制或被要求参加咨询的。儿童和青少年来访者或他们的家庭可能会被法院强制接受咨询，或者儿童和青少年可能会被他们的父母带来参加咨询。无论背后的原因是什么，咨询师都应该意识到，被要求参加咨询的儿童和青少年，其改变的动机可能很小，因此他们可能对咨询根本不感兴趣。对咨询缺乏兴趣会导致他们不愿意参加会谈或抗拒对咨询过程进行积极参与（Breda & Riemer，2012）。

所有的咨询师在面对那些缺乏改变动机的来访者时都很无奈。阻抗（resistance）是心理咨询中的一个专业术语，通常用来描述来访者的低动机，特别是青春期的孩子（Lambert，2013）。但我们更倾向于认为来访者不是抗拒改变，只是把改变的动机放错了地方，或者来访者可能还没有完全准备好改变。帮助来访者找到改变的动机是咨询师的工作，下一部分将讨论实现这一目标的技巧。

青春期的孩子因对咨询服务不感兴趣而闻名（Breda & Riemer，2012）。在与那些已经参加了咨询但缺乏动机的来访者合作时，咨询师保持耐心是很重要的（Cohen et al.，2010）。在与这类人群打交道时，咨询师可能需要花很多时间与来访者建立信任，本章前面讨论的建立关系的技巧有助于达到这一目的。有些来访者在开始信任和敞开心扉之前可能需要与咨询师进行多次会谈，而咨询师需要尊重这个过程。如果咨询师感到受挫，来访者是会感觉到的，并可能变得更加抵触咨询。

大多数咨询方法都建立在这样的假设上——来访者是想要改变的。因此，咨询师应该考虑来访者做出改变和参与咨询的所有动机，并根据需要加强他们的动机。例如，在教来访者如何使用认知行为疗法（Cognitive Behavioral Therapy，CBT）来停止自我伤害之前，咨询师需要评估来访者想要停止自我伤害的动机；如果来访者不想停止这种行为，他将不会使用从咨询中习得的 CBT 技能。

有时，来访者对咨询的恐惧、不感兴趣或逆反源于对咨询是什么缺乏了解。如前所述，帮助来访者明确对咨询的期望是很重要的，这也可能有助于减少来访者的阻抗。另一种方法是和来访者谈谈他的阻抗，并提前解决这些问题。咨询师可以使用以下提示性问题。

- 我不是要强迫你谈论你不想谈论的事情。我们可以讨论你最感兴趣的话题。
- 当你思考如何回答这个问题时，请帮助我了解一下你现在正在想什么。
- 谈谈其中最糟糕的部分。
- 你对咨询有哪些担忧？

咨询师使用这些问题可以向来访者传达自己关心他们的想法，这也能够传达咨询是一个合作的过程。许多青少年可能从来没有处在被他人询问并尊重他们的观点和意见的关系中，所以咨询师向他们表达对于咨询的想法是有价值的，可以大大提高他们参与咨询的动机和兴趣。

增强改变的动力

来访者改变的意愿或动机是影响咨询结果最重要的相关变量之一（Miller & Rollnick，2012）。咨询师需要了解来访者改变的动机水平，并持续评估他们对改变的准备程度；在咨询过程中，较低的改变动机随时都可能出现。因为行为和环境的不同，来访者也会有不同程度的动机改变。例如，一个 10 岁的男孩可能会有动力学习与同龄人互动和交往的新方法，但对了解和学习更好地与妹妹相处的方法不那么感兴趣。

要让来访者改变，首先必须让他们意识到问题，并对改变持开放态度，且愿意做出必要的改变来改变现状。在探索来访者的动机水平时，咨询师必须评估来访者是已经做好了改变的准备，还是正在考虑是否要改变，还是没考虑过要改变（Miller & Rollnick，2012）。为了增强来访者改变的动机，处理他们对改变的矛盾心理（如来访者不希望改变的那部分）是很重要的，可通过使用和增加关于改变的语言来帮助他们（例如，讨论即将发生的改变："当你和你的姐姐 / 妹妹相处得更好时……"），同时也要找到那些他们认同的、想要改变的问题。

美国心理学家米勒（Miller）和英国心理学家罗尔尼克（Rollnick）创立了一种访谈技术叫动机式访谈（Motivational Interviewing，MI）。这是一种增强来访者动机的方法，它强调了不要试图定义来访者的问题，不要说服他们应该改变。动机式访谈通常与行为的阶段变化模型（stages of change model）相互作用。普罗查斯卡（Prochaska）提出了一种发展阶段理论，主要关注来访者对改变的准备程度（第 16 章中会简要讨论针对物质滥用的动机式访谈和相关行为阶段)。行为的阶段变化模型主要有以下几个阶段。

- 在前意向阶段，来访者没有意识到问题的存在，通常也没有动力去改变目前的状况。例如，有自残行为的来访者可能会说："我没有问题……是我的父母有问题……我想自残不关别人的事。"由于许多青少年来访者是在成年人的要求下进行心理咨询的，因此他们经常处于这一阶段。
- 在意向阶段，来访者能够承认存在的问题，但担心做出改变。来访者感到自己正处于十字路口，因为行为有明显的利弊。例如，有自残行为的来访者可能会说："我真的知道我应该停止自残。我知道这伤害了我和父母的关系，我也讨厌这些伤疤，但这么做让我感觉好多了……"
- 在准备阶段，来访者做好了改变的准备。从他们的讲话中可以明显看出他们对个人责任有了更多的承担。例如，一个有自残行为的来访者可能会说："我真的要对这种自残行为做点什么了……这件事真的挺严重的……必须有所改变。我受够了这些伤疤，学校里的同学们都认为我疯了。"
- 在行动阶段，来访者开始改变他们的行为。来访者相信改变是可能的，并会按照这个信念行动。例如，有自残行为的来访者可能会说："我已经准备好改变了。这种自残行为是个问题，我要停止它。当我想要自残时，我会使用分散注意力的技巧。如果这些都不起作用，我会使用我的放松技巧或者打电话给朋友。"然后，来访者会使用这些技巧预防并控制这种行为。
- 在保持/巩固阶段，来访者会继续保持有效的行为改变。在这一阶段，来访者必须避免回到旧习惯或受到从前生活方式的诱惑。在这一阶段，来访者需要不断提醒自己已经发生了很多变化，以及这些变化都是积极的。来访者在这个阶段必须学习和使用新的技能，以避免复发。例如，有自残行为的来访者可能会说："我已经做出了改变，更好地管理了自残行为，但我知道我需要继续使用我在咨询中学到的东西，否则我可能会再次开始自残行为。"
- 复发阶段发生在来访者恢复旧的行为并放弃新的改变时。在这种情况下，咨询师应鼓励来访者从中断的地方继续。理想情况下，如果来访者复发，他将再次回到准备或行动阶段，而不是意向阶段。

动机式访谈强调建立一个支持性、非评判性、指导性的环境，在这个过程中，来访者可以探索他们的动机、准备的程度、改变的信心及对改变的矛盾心理(Miller & Rollnick，2012)。在使用动机式访谈时，咨询师可以尝试采用温和的方法帮助来访者提高其所处的改变阶段，从而达到更好的咨询结果。动机式访谈可以帮助咨询师在进行"为什么来访者会来咨询"的讨论时，表现得更加人性化，并与来访者真诚合作，尊重来访者，以及赋权给来访者。动机式访谈的使用也将责任交还给了来访者，从而在理论上提高了他们在咨询过程中的参与度。使用动机式访谈时，咨询师不一定要直接面对阻抗，而是可以探索这种阻抗并帮助来访者理解他们的矛盾心理(Miller & Rollnick，2012)。这种方法使来访者的矛盾心理成为咨询的焦点，并可以预防无意义的权力冲突。

动机式访谈的基础包括三个主要元素——协作、唤起和自主(Miller & Rollnick，2012)。协作的概念强调了平等治疗的重要性，即尊重来访者的经验和观点。唤起是指发展来访者的内在资源和改变的内在动力。自主是指在咨询过程中对来访者自我指导的权利和能力及咨询过程中知情同意的重视。表 3-1 提供了不同改变阶段的咨询目标、任务及相关问题示例。

表 3-1　不同改变阶段的咨询目标、任务及相关问题示例

不同改变阶段	概述以及咨询目标	咨询师的任务	相关问题示例
前意向阶段	**概述：**来访者在这个阶段意识不到或不愿意改变他们的行为 **咨询目标：**他们愿意考虑他们可能存在一定的问题或困难的可能性	• 评估整体健康状况 • 通过共情建立融洽的关系 • 探讨安全问题 • 增强来访者对自我、问题及行为模式的意识 • 对来访者关心的问题积极倾听并使用促进改变的语言 • 增强改变带来好处的意识 • 重视来访者关于问题行为的疑虑 • 对行为的风险提供心理教育 • 评估优势、技能及任何文化因素	• 关于你的问题 / 行为，你觉得你或其他人有理由认为这是一个应该担心的问题吗 • 在什么情况下对你来说这是个问题 • 为什么你想要做这些改变，是什么让你认为你需要改变 • 你认为自己或他人是如何被这个问题 / 行为伤害的呢 • 关于这个问题 / 行为，你有过什么困扰 • 你在学校或与朋友或家人的相处中有什么困扰吗 • 对于你的问题 / 行为，你有什么不喜欢的地方吗 • 在从 1 到 10 的量表中，你在多大程度认为你的问题 / 行为困扰着你（1 是完全不，10 是非常） • 你的问题 / 行为曾经阻碍过你吗？是否曾经阻碍你做你想做的事
意向阶段	**概述：**来访者在这个阶段开始意识到问题或困难是存在的，但是没有准备好改变或行动 **咨询目标：**他们对自身问题（如影响，对于频率、时长和程度的观察）有了觉察	• 强调自主选择和责任（如告知他们有选择改变的能力） • 评估文化因素 • 强调优势、技巧和价值 • 对没有做好准备进行验证 • 正常化改变的过程 • 鼓励关于行为的好处和坏处的讨论 • 引发来访者自我动机的陈述 • 提供具体的反馈（如风险因素，心理教育的信息）	• 什么让你认为你可以做出改变？你曾经改变过吗 • 如果你认为是时候做出改变了，那怎样做会对你有帮助呢 • 如果你决定不做出改变，会发生什么 • 哪两个原因让你认为不应该改变？哪两个原因让你认为应该改变？你能想到更多（应该或不应该改变的）原因吗
准备阶段	**概述：**来访者在这个阶段尝试做出改变或行动，但是只针对他们的问题或困难迈出了一小步 **咨询目标：**他们可以开始在支持和鼓励下对一点一点地改变做出承诺	• 明确改变的选择和障碍 • 讨论之前使用的方法和资源 • 帮助建立现实的预期 • 赋权并帮助来访者建立可管理的目标和行为 • 头脑风暴一些容易的方法来帮助青少年进行改变（如制订治疗计划） • 为可能的策略提供更多的信息和想法 • 介绍应对策略和技巧 • 找出社会支持体系	• 什么是你现在可以做的、能够让事情变得更好的一件事 • 关于这个问题 / 行为，你做过什么尝试或改变？多大程度上有帮助？有时这些尝试会起作用吗 • 你能说出你需要的其他一些事情或步骤来让改变发生吗 • 当你需要做一个艰难的决定时，你通常会怎么做？你会有一定的程序步骤吗 • 谁是那些会倾听你并且关心你的人？谁可以帮助你为改变做准备？你能和他们分享你迈出的第一步吗
行动阶段	**概述：**来访者在这个阶段正在改变他们的行为、经验和环境，并用行动来应对他们的问题或困难 **咨询目标：**他们可以充分利用支持和鼓励（内部的和外部的）来生成并执行一个行为计划	• 制订一个有具体时间安排的行动计划 • 确保每一步都是递增的且是可以实现的 • 练习和回顾应对策略和技巧 • 强化任何努力或任何“小的成功”（如口头表扬） • 增强优势和技巧 • 重申对未来的好处 • 寻求帮助（增加社会支持）	• 你会如何进行改变？可以再说一说你为什么要做出改变吗 • 为了不出现问题行为，你会怎么做？什么行为可以帮助你 • 我可以帮你把这些记录下来。如果你要制作一个步骤表，你觉得做出改变需要哪些步骤？你打算什么时候完成这些步骤？这对你来说是可行的吗？你会因自己的努力给自己什么奖励 • 我们可以让谁成为这个计划的一部分，来帮助你完成这个计划 • 你将如何追踪这个计划的进展？什么会让你感到困难？什么能让你一往无前地坚持下去

（续表）

不同改变阶段	概述以及咨询目标	咨询师的任务	相关问题示例
保持 / 巩固阶段	**概述**：来访者在这个阶段会努力保持他们的变化 / 行为并预防复发 **咨询目标**：他们可以回顾咨询的收获并为可能遇到的困难做好准备	• 回顾目标的进展，以及整体的健康状况 • 回顾应对策略和技巧 • 为后续的支持做计划（如转介、建议） • 强化内在奖励 • 持续寻找支持系统（如朋友、家人、社区） • 探讨未来的计划（如探讨复发的预警信号）	• 你觉得你可能会重新回到原来的问题 / 行为吗？如果可能的话，为什么？我们是否应该做计划来让你对这种情况做出更好的准备 • 未来什么可能会妨碍你做出好的变化 • 在什么情况下你认为自己需要重新回到咨询中？那时会发生什么

科技和咨询

咨询师可以使用的科技资源正在与日俱增，这些资源可以帮助来访者在咨询实施阶段做出改变。咨询师可以使用平板电脑、计算机或其他电子设备来丰富咨询服务。这样一来，治疗游戏、资源和教育工具就可以更容易地被获取和使用，并用来促进咨询的具体目标的实现。大多数儿童和青少年都习惯于将电子产品作为媒介，因此电子产品的使用可以加深儿童和青少年对各种治疗概念的理解，以及了解如何将这些概念运用到他们的改变过程中。

现在有各种电子应用程序可以供儿童和青少年来访者及其父母使用，把它们融入咨询过程会为咨询师的工作提供很多便利。

这些应用程序简介均提示了适用的年龄范围。年幼的儿童和青春期的青少年都能从使用电子应用程序中获益。因为电子设备具有普遍的吸引力，使用它们可以促进儿童和青少年对咨询的投入，也有利于两次会谈之间的训练。本书后面讨论的大多数技能都有相对应的应用程序，也都非常有用。

咨询终止

给儿童和青少年来访者做咨询的目标是让他们达到一个终点，即从那里开始他们可以在脱离咨询关系的情况下茁壮成长。因此，“说再见”是心理咨询绕不开的一部分。本节将讨论咨询的终止，并为咨询师提供一些信息以告诉他们应如何安排最后的会谈来结束咨询。

“终止”一词最常用于描述一段经历的结束或停止。因为“终止”这个词会让人联想到突然的结束甚至死亡的画面，所以我们一直希望能有一个更好的词来描述心理咨询的结束和过渡。或许用“终曲”或“毕业”，甚至委婉地说“新的开始”，更能描述我们对终止咨询过程的感受。不过考虑到本书的目的，我们在这里依然使用传统的表达——“终止”。

咨询终止可以是有计划的，随着咨询的进展自然发生，也可以是过早或突然结束。自然终止（natural termination）通常发生在家庭、孩子和咨询师都认同咨询目标已经实现的情况下。当咨询服务在来访者的目标实现之前被迫停止时，就会发生过早终止（premature termination）。咨询终止的原因多种多样，如来访者达成其目标，咨询师工作调动，咨询师负责的个案数量发生变化，来访者需求不断升级并超出了咨询师个人实践的范围，咨询师或来访者搬家，以及来访者更改医疗保险关系等。

终止是在咨询师培训和专业文献中很少受到关注的一个话题，却是咨询过程必不可少的一部分；最后的咨询会谈和最初的会谈一样重要。对年幼的孩子来说，平缓的终止尤为重要，因为他们还无法理解专业咨询关系的边界，而且常常难以理解为什么他们在终止咨询后无法继续与咨询师联系。考虑到这些复杂性，咨询师应对终止过程给予更多的用心和关注。

在咨询领域，经常有人提到“咨询终止”这个话题。然而，心理咨询的终止并不是一个单独的、孤立的事件。相反，咨询终止应被视为一个循序渐进的过程。咨询师应基于他们的职业伦理规范来终止咨询关系，当来访者很明显地不再需要帮助，且不太可能从继续咨询中获益，甚至有可能受到伤害时，咨询师就应终止咨询。ACA 伦理守则也强调：“咨询师可以提早终止咨询并在必要情况下向来访者推荐其他从业者”（ACA，2014）。ACA 伦理守则中的相关规定确认了这样一种观念，即终止是一个过程，在这个过程中，咨询师负责仔细考虑双方关系的变化状态和来访者的利益最大化。要知道，如果咨询师对咨询终止处理不当，可能要承担伦理和法律后果。

终止必须经过审慎且全面的思考做出，咨询师要对治疗关系和治疗过程的效果时刻关注。下面几节重点介绍终止过程的各个方面。前面将讨论自然终止及与评估终止准备、终止计划和终止活动相关的因素。后面将讨论过早终止的常见原因，以及避免和处理过早终止的方法。

自然终止

本节讨论咨询师如何评估自然终止的准备程度，终止过程中需要考虑的问题，以及在与来访者合作时将一些活动融入终止过程的重要性。此外，我们也提供了可用于咨询终止过程的创造性活动的具体示例。

自然终止的原因

自然终止是指当咨询服务朝着积极的方向发展时自然而然的终止过程，此时来访者已达成咨询目标，且不再需要咨询服务（Joyce et al.，2007）。理想的情况是，所有的咨询都会向前发展，然后随着来访者逐步达成他们的目标，咨询按照可预测的过程逐渐停止。家庭或咨询师也可以提出终止要求，重要的是，这个过程必须是协作性的，并且来访者在决定结束咨询时也要有发言权。

自然终止也可能发生在来访者没有达到最佳的状态，但已经达成符合当前咨询性质的短期目标时。例如，在紧急处理中心（如医院或急救机构）工作的咨询师可能只会与来访者进行非常短暂的会面（如 1 ~ 14 天）。因此，这种环境下的终止计划是立即启动的，这样一旦孩子的情况“降级”到较低的护理水平，就可以被转介给其他从业咨询师。此处借用一个因自杀住进强制住院治疗中心的青少年的例子来加以说明。在这个案例中，咨询的首要目的是通过控制青少年自杀行为来保证青少年的安全，等到其完全没有自杀倾向后，他就可以回到自己的社区（当然，需要安排好适当的服务计划，如药物管理、每周的个体咨询和一份危机应对计划）。在这种情况下，即使来访者仍然需要多种服务才能咨询成功，但这也是一种咨询关系的自然终止，尽管这个过程非常短。

如果简单地说终止过程是线性的，或者说像本章前面呈现的那样是容易被定义的，那是对读者的一种误导。现实情况是，咨询师看到的许多来访者都有起伏不定的咨询体验，在这个过程中会有很多突然的开始和停止，而且来访者与他们的家庭常常出现在各种与精神健康相关的项目和服务中（如个案管理、心理咨询、育儿课程等）及接受不同程度的照顾（如个体咨询、入户家庭治疗、住院治疗）。

考虑到儿童和青少年会经历如此多的发展转变，且那些曾接受过咨询服务的人可能更容易回到咨询服务中，因此最现实的期望是，即使是自然终止，也并不意味着咨询服务的结束（Many，2009）。咨询师应该告知来访者：如果他们想回到咨询中，他们是随时受欢迎的；当来访者或其家庭出现新的问题或之前的困境重新出现时，他们可以再次求助。

引入终止的想法

在咨询的开始阶段，咨询师就可以邀请来访者及其家人一起讨论他们可能会出于什么样的原因而期待终止咨询（Harrison，2009；Rappleyea et al.，2009）。关于终止的讨论可以在讨论知情同意的话题时提出，也可以在与来访者讨论想要努力实现的目标以及可能需要多长时间实现这些目标时提出。讨论咨询的期限、来访者的预期，以及第三方付款人的限制也是很重要的，这也有助于咨询框架的建立。

提前谈论咨询终止可以让来访者及其家人明白，咨询终止是心理咨询过程中一个自然的、值得期待的部分，同时也强调了他们在任何时候都有权终止咨询。有些来访者担心提出终止咨询会伤害咨询师的感情或冒犯他们，因此，咨询师开放地邀请来访者讨论咨询终止的话题，可以赋权给来访者，帮助他们在做好咨询终止的准备时做出决定。

尽早引入咨询终止的概念也可以激励来访者设定目标并对治疗做出承诺，也可以使他们专注于他们前进的方向，特别是那些被强制参加咨询的来访者或那些没有动力参与咨询的人，专注于咨询的完成可能会使他们把这个过程看成是暂时的、可以完成的事情，而不是不确定的、冗长的、令人生厌的事情。

准备终止的迹象

咨询师应注意那些表示咨询可能即将结束的迹象。最明确的迹象是来访者或其家庭自称他们已经成功达成他们的目标，这也表明他们已经做好结束的准备了。同时咨询师也要注意到来访者行为的积极变化，即那些与他们的咨询目标一致的变化。敏锐地意识到来访者的行为变化（包括对最细微的变化保持敏感），可以帮助咨询师对自然终止过程保持开放的态度和敏锐的觉察。随着咨询的深入和来访者开始实现他们的目标，咨询师可以慢慢开始为咨询终止做准备。例如，咨询师可以播下一颗“种子”：“听得出来，这个成就让你非常高兴。你已经达成你为自己设定的许多目标。似乎在某些方面，你已经不再需要心理咨询了。你怎么知道自己是不是已经不需要心理咨询了？”来访者对此类问题的反应可以帮助咨询师评估来访者是否准备好了终止咨询。

咨询强度的降低是自然终止即将到来的另一个迹象。强度降低的表现可能是来访者对讨论与咨询目标相关的问题不太感兴趣。来访者可能会开始更多地谈论周围人身上正在发生的事情，描述他人每天发生的事情（有时咨询师称之为“讲故事”），或者他们可能会转向一些与咨询无关的话题。下文提供了来访者可能准备终止咨询的迹象或线索。

准备好终止咨询的迹象

- 错过会谈。
- 迟到或早退。
- 较少关注之前的困扰，更多地谈论与咨询无关的事情。
- 较少报告来自来访者自身或家庭的问题。
- 与同龄人或父母的关系变好。
- 更大的开放性和认知灵活性（对不同的思维方式和想法保持开放）。
- 独立性和自主性提高。
- 能够更好地使用和应用更有适应性的应对技能。
- 识别、容忍和管理强烈情绪的能力增强。
- 解决了让他们前来接受咨询的问题（如冲动行为）。
- 在脱离咨询师和咨询过程后展示了良好的独立功能。
- 来访者及其家人表达了终止咨询意向。

终止准备的复杂性

咨询师有义务不断地明确他们的来访者在咨询过程中受益还是受伤，因此在终止的背景下评估咨询的进展是咨询过程的一个重要部分（ACA，2014）。然而，评估咨询进展和来访者是否准备好终止并不像看起来那么容易。每位儿童和青少年来访者在终止咨询之前需要的会谈次数都是不同的。有些来访者只需要一两次会谈就能解决眼前的问题（如家庭内部的沟通问题），而有些来访者可能需要更深入的咨询（如解决多年性虐待后的创伤反应）。使咨询师对终止咨询准备程度的评估更加复杂的因素是，有相同问题的来访者可能需要不同次数的咨询来达到他们独特的需求和目标。

另一个让咨询终止的评估变复杂的因素与来访者困境的性质有关。也就是说，可能即使来访者已经达成咨询目标，新的困境和目标也可能会出现（Joyce et al.，2007）。此外，当来访者达成他们的目标，咨询的重点也可能会转向预防咨询（目的是预防出现新的问题）。

随着咨询终止的临近，儿童和青少年来访者经历或报告新问题的情况有所增加，或者咨询开始时报告的困境会加剧。根据我们的经验，大多数儿童和青少年在某种程度上对结束一段关系存在困扰，即使是他们不特别重视的关系（如来访者不喜欢咨询师）。通常情况下，儿童和青少年会把一段关系的结束与过去痛苦的记忆联系起来，如亲人去世、父母离开或朋友离开。那些经历过丧失、与巨大悲伤抗争过或经历过创伤和有被抛弃经历的儿童和青少年可能更容易在咨询终止时受伤（Many，2009）。

考虑到咨询终止固有的丧失属性（即丧失治疗关系），咨询终止可以被视为一种生命事件，它会触发悲伤反应（Many，2009）。对许多儿童和青少年来说，心理咨询可能是他们生命中少有的甚至唯一的一次体验，在这段经历中，他们感到被关心、被重视和安全，而且得到了成年人的全力关注和支持。特别是对一些儿童和青少年来说，他们很难将咨询关系结束时那种悲伤和丧失的感觉区别于源自其过去痛苦经历的负面感受。对一些儿童和青少年来说，咨询经历的结束可能会引发既有丧失体验，从而导致他们的倒退及重拾过去的不适应行为，或者做出一些出格的举动来维持与咨询师的关系。一些研究者认为，这种困扰的增加可能是由于即将失去心理咨询提供的安全环境而产生的恐惧或焦虑（Many，2009）。

此时，咨询师的职责就是找出来访者问题加剧在多大程度上是由对终止咨询的焦虑引起的，有多少仅是既有困扰的加剧，或者出现了新的困扰。咨询师需要观察和识别来访者的防御性反应，并与他们一起合作来寻找这些反应的真正原因，并帮助他们使用已经学会的技巧来调节这些反应（Harrison，2009）。一个处理得很好的自然咨询终止为来访者提供了一个机会，让他们在可控的、被呵护的环境中学会驾驭和忍受强烈的情绪，如悲伤和丧失（Many，2009）。积极的咨询终止经历可以为那些有惨痛丧失经历的儿童和青少年提供一种不同的经验和参考，使他们可以用在未来可能的经历中。咨询终止的经历为来访者提供了一个学习如何有效地与他人分离和说再见的机会。

在自然终止过程中有这样一个悖论——咨询终止标志着一条道路的结束，也意味着另一条道路的开始。因此，咨询师表达终止的方式很重要，不能强加给来访者一个完全积极的表达。咨询的自然终止是来访者进步并走向独立的标志，这一观点没有错，但咨询师应注意，不要低估来访者对终止咨询的负面情绪，这些感觉必须得到适当的承认、尊重和表达。

在考虑来访者是否准备好终止咨询时，咨询师也应该对自己的个人反应有所觉察。因为未成年来访者通常比成年来访者更容易受伤害，所以可能对咨询的终止有强烈的个人反应，而这些反应会影响咨询师终止咨询的决定。通常情况下，孩子会要求在咨询终止后继续与咨询师联系。咨询师应该考虑如何回应这些请求。例如，咨询师可以说："结束咨询让人很难过。我一方面为咨询要结束感到难过，因为我真的会很想念和你见面的日子。你在咨询中做得非常好，所以另一方面我很期待看到当你独自面对时会做得怎么样。我感到很幸运，能够看到你做出这么大的改变。就像我们在制订你的行动计划时提到的，你知道出现哪些问题时你会需要再次咨询。"

咨询师必须觉察自己是否会因来访者要求继续联系或来访者对咨询终止过程的反应而产生潜在的责任感、内疚或羞愧感。咨询师有必要考虑自己对咨询终止的个人反应，因为这可能会提供重要的动力线索，尤其是在过早终止的情况下，这种意识可以帮助咨询师更好地成长。

终止的过程

自然终止是令人兴奋的，因为它反映了一个事实，即来访者已经取得进步，不再需要咨询服务了（Schaeffer & Kaiser，2013）。无论是哪一种理论取向，身心健康、稳定、独立和来访者被赋予力量几乎是所有咨询的目标。然而，就像前面提到的，终止会谈和初始访谈一样重要，需要审慎处理。在终止会谈过程中，咨询师应赋能来访者，并着重强调他们的咨询收获（Joyce et al.，2007）。咨询终止的过程也是一个强化来访者的努力，并帮助来访者探索未来目标及如何实现这些目标的过程。

有各种各样的策略可以用来计划和准备终止咨询。其中一个策略是，把下次会谈时间安排得间隔时间长一点，观察来访者在与咨询师接触不像之前那么频繁的情况下会怎么样。例如，当评估来访者及其家庭是否准备好减少治疗时，咨询师可以这样说：

> 我们针对你对上学的恐惧已经面对面探讨了12周了。在过去的12周里，你有了很大的改变！你已经学会了做些什么可以让你不那么感到恐惧或害怕去上学。在过去的一个月里，你没有一天不去学校，看起来你真的赶跑了这个问题。你对自己的处境已经有了真正的掌控，并针对这些问题展示了谁才是“老板”。能不能跟我谈谈如果我们两周后再见面你会怎么想……当我把这个主意说出来时，你脑海里有些什么想法？

另一个评估是否做好终止咨询准备的策略是，询问来访者及其父母，他们什么时候想进行下一次会谈，而不是假设他们想按照当前的会谈频率进行会谈。因为通常情况下，来访者及其家人可能觉得他们准备好了，但又担心会让咨询师失望（Headley et al.，2015；Rappleyea et al.，2009）。重要的是，咨询师如何让来访者在他们准备好终止咨询时告诉自己。如果不这样做，可能会导致来访者错过约定的会谈时间或干脆不再来，这就剥夺了来访者体验富有成效的咨询终止的机会。

咨询师应该意识到，在走出咨询室后，所有的来访者都有可能再次体验最初导致他们寻求咨询的困境，特别是在有压力的生活环境中。因此，咨询师可以与来访者一起制订一个计划，用于帮助来访者维持进展（Joyce et al.，2007）。这些计划常常被称为保持计划、行动计划、出院计划或预防计划。那些从急症护理中心（如医院、住院治疗部）出院的来访者，由于其症状比较严重，会有更大的可能遇到咨询终止后的问题。因此，他们需要一个完整的出院计划（这是医院最常用的术语），咨询师应该确保与新的咨询师建立联系，预约时间也应该尽可能离出院日期近一些。让父母参与计划过程是很重要的，尤其是对年幼的孩子来说，他们的发展水平较低，往往并不清楚使问题变糟糕的导火索或警示线索是什么。

终止计划可以包含可能引起困扰的行为、被认为曾经成功解决这些行为的策略，以及当行为不成功时如何寻求支持（Headley et al.，2015；Joyce et al.，2007；Many，2009）。例如，神经性厌食症是一种潜在的威胁生命的饮食失调症状。在为神经性厌食症来访者提供咨询时，咨询师应确保制订详细的预防计划。这个计划可能包括回顾导致饮食失调的压力情境（如与父母争吵、学校考试）和场合（如需要穿泳衣的场合、有很多食物的生日聚会），回顾能够提示来访者有饮食失调行为的信号或线索（如称重、计算卡路里、限制食物摄取量、过度运动），回顾过去成功地将这些行为消除的策略（如寻求支持、与朋友交谈、遛狗），明确需要帮助时的行为或警示（如体重低于某一临界值、不吃饭），以及寻求帮助和支持的计划（如重返心理咨询，与学校咨询师谈论自己的担心）。下文提供了一些帮助儿童和青少年为咨询终止做准备的小贴士。

为咨询终止做准备的小贴士

- 在初始访谈阶段就提出终止的概念，表明来访者 / 家庭在决定咨询的频率和持续时间方面起着重要的作用，且有权在任何时候终止咨询。
- 通过让来访者及其家庭参与后续会谈的时间安排来给他们赋能（如允许他们安排不那么频繁的会谈）。
- 定期评估和交流来访者目标实现的进展情况，以便咨询师和来访者及其家人了解来访者处在咨询终止前的什么位置。

- 确保在几次会谈中都预留出足够的时间来终止相关的活动。
- 尝试与来访者及其家人一起进行积极的、基于优势的咨询终止活动。
- 与来访者及其家人一起制订咨询后的维持计划。
- 明确来访者除咨询外的支持体系。
- 如果有必要，提供关于社区资源的推荐信息。

在一些咨询自然终止的情况下，咨询师可能有机会与他们的来访者保持联系。例如，学校咨询师常常会和他们咨询过的学生有一些偶然的接触。对此，咨询师可能需要和来访者谈谈，讨论他们离开个体会谈后的关系性质和界限，这样也有助于学生来访者知道自己将来可以再去咨询他们的咨询师。

咨询终止的活动

咨询终止活动可以用来强化来访者在咨询中的成功和收获，并使他们拥有难忘的最后一次会谈。很多终止活动都包含创造性的一面，用这些活动来结束咨询时，咨询师和来访者都能有很好的结束体验。一些创造性的活动可以有效地促进来访者在生活中联系咨询中所学内容。对一些来访者来说，通过创造性活动表达他们的感受和体验可能更容易（Headley et al.，2015）。创造性的干预方式也适合青少年的发展阶段，更容易被青少年接受。具体来说，在与青少年来访者合作时，绘画、写作、过渡性客体和仪式行为的使用都可以成为一种强大的媒介（Paylo et al.，2014）。在咨询终止过程中使用这些方法可以提供一种有意义的方式来构建咨询终止的过程。

在选择终止活动时，咨询师可以依照来访者的兴趣进行选择。例如，如果一位来访者对绘画感兴趣，咨询师可以让来访者画一幅代表他在咨询中学到的东西的画。咨询师也可以运用许多互联网资源来寻找终止活动的创意灵感。

当来访者达成他们的咨询目标并开始更有效地应对他们面临的问题时，会谈的节奏可能会慢下来，会谈中需要关注的点也会变少。创造性活动的使用不仅可以使咨询终止顺利完成，还可以在结束时为咨询过程注入新的生命（Headley et al.，2015）。

一个可以用到咨询终止过程中的创造性方法是使用过渡性客体。过渡性客体是一种象征性的物品，作为一种心理慰藉，它用来帮助来访者从咨询关系过渡到现实生活。这些物品可以让来访者在他们前进的过程中带走一部分咨询经验。物品可以是与咨询相关的东西，也可以是提醒他们在咨询中学到的经验或技能的东西。例如，曾有一位有创伤史的 10 岁来访者，她非常迷恋咨询室里的一个小的喷泉造景。作为放松训练的一部分，咨询师常常让她把喷泉作为一个专注点。在咨询终止时，咨询师给了她一块喷泉里的鹅卵石，这样她就可以用它来提醒自己已经学过的放松技巧。

此外，创意和绘画也可以与过渡性客体一起使用，从而加深过渡性客体的影响力（Adamson & Kress，2011）。例如，我们想象一个孩子由于持续的性虐待出现了严重的噩梦和创伤症状。咨询师和来访者可以做一个枕头，上面可以用画笔写出让来访者感到安全的想法，画出与来访者的“安全区”相关的场景图像，以及任何可帮助来访者建立安全感的其他图像或符号。当来访者晚上睡觉时，她可以用这个枕头与她的安全感建立联结。

仪式也是可以在终止咨询时使用的创造性方法的一个例子。一般来说，仪式是指由个人或团体以一种表现出思想、感情或行为的方式来执行一组动作或步骤。咨询师可以根据咨询中的某些要点或来访者的经验，创建一个咨询终止的仪式。例如，一位青少年来访者说，她认为在她的咨询接近尾声时好像感到身上的担子减轻了。作为一种实现了自己的目标并做好终止咨询准备的提示，她常常会提到感觉自己“轻了很多”。那么，在最后一次治疗中，咨询师可以带一个气球让她放飞，作为她足够轻盈、可以自由飞翔的象征。这个放飞气球的仪式代表来访者完成了咨询。

仪式有助于青少年来访者建立一个象征，代表着他们在没有治疗关系的情况下能够自主前进。就像成人礼被用来象征成熟和转变一样，仪式允许来访者触及自己的内心体验，它为来访者提供了内心思考过程的外在表现形式。创造性的咨询终止仪式可以为来访者提供一种结束感、拥有感、成就感和力量感，它总结和强调了咨询工作的升华。仪式也可以让来访者回忆起通过咨询学到的不同工具，它可以帮助来访者将这些工具应用到咨询结束后发生的情形中。

创意工具箱 3-2 提供了可作为咨询终止过程的部分活动示例。这些活动稍做一些调整就可以适应不同年龄的来访者，也适用于个体、家庭或团体咨询。

创意工具箱 3-2 创造性终止活动

活动	说明
道别花环	当某件事结束了，一个新的开始就会随之而来。在这个活动中，咨询师可以请来访者思考“变化是持续的，每个新的开始最终都会结束”。咨询师可以向来访者提供一根绳子和中间打了孔的纸花。邀请来访者在每朵花上写下应对技巧、内在洞察或重要的咨询体验，也可以写下未来的目标或可以支持自己的人。当来访者把每朵花串到绳子上时，他可以分享每朵花的含义。活动完成后，咨询师可以拿着绳子，把绳子的两端系在一起，把它绕在来访者的脖子上，作为离别礼物。这个活动可以扩展到家庭成员，他们也可以为再见创建自己的花环
积木	这项活动可以让来访者的身体和心理都参与进来，对年幼的孩子特别有效。在最后的咨询会谈上，咨询师可以拿出一组积木。邀请来访者搭建一座塔。向他们解释，塔里的每一块积木都代表了他们在咨询中学到的东西。例如，作为基础的第一块积木可以代表诚实或信任——这是咨询关系的基本原则之一。咨询师也可以参与其中，可以在塔变高时帮助放置积木，也可以提醒来访者学到的经验或实现的目标。每块积木代表一种新技能或力量，随着塔的增高，来访者会直观地看到咨询成果，同时也能感到被赋予了力量。随着来访者的搭建，塔可能会变得太高，这对来访者来说是令人兴奋且富有挑战的事。咨询师可以向来访者解释，即使塔最终倒塌了也没关系，因为所有的碎片都还在，可以重新组装起来。换句话说，来访者可能会经历一些挫折，但他已经拥有了重新站起来所需的基础
告别信	咨询师可以使用设计好格式的信或让来访者自己写一封信来帮助他们回忆和整合自己关于咨询的记忆。这封信可以是咨询师写给来访者的，也可以是来访者写给咨询师的，也可以由来访者写给自己或符合来访者具体情况的任何形式。咨询师可以提供一些句子的开头，诸如“我记得有一次我们……“我学到的一个技巧是……”“我从咨询中得到的最重要的东西是……”。试着用一些短语或句子开头，可以帮助来访者聚焦在咨询中最重要的部分，并且像所有的终止活动一样，这么做可以保持谈话的积极性
幸存者树	在这项活动中，来访者可以画一棵代表他的优势、能力和资源的树。咨询师要提醒来访者树木是坚韧的，就像来访者一样。树木在不同的季节也会变化，它们的叶子会掉下来然后又长出来，但是它们总是在不停地成长和成熟。这棵树的每一个树杈都可以代表咨询的不同“分支”，包括学到的技能、实现的目标、明确的优势、获得的支持等。来访者可以在树杈上画叶子来表示他们学到的知识。他们也可以把叶子画在地上，代表他们已经消除或克服的问题或挣扎。如果年龄适当，咨询师还可以分享关于美国纽约市的幸存树的故事。这棵树在“9・11”恐怖袭击中幸存了下来，它是坚韧、生存和重生的鲜活的见证。这项活动可以稍加调整来适应孩子不同水平的艺术能力。例如，咨询师可以使用画好的树（很容易从网上下载），与来访者一起画画，如果来访者有更好的精细动作和艺术技能，也可以允许他们使用不同的媒介创建他们自己的树

（续表）

活动	说明
咨询手提箱	手提箱就是一个可以装东西的盒子或容器。人们也常用手提箱来移动或携带随身的相关物品。在这项活动中，来访者可以制作一个手提箱，里面放关于咨询的重要方面，也就是当他们前进时想要随身携带的东西。这项活动的优点之一是具有灵活性。手提箱的类型可以根据来访者的需求或兴趣来调整，可以是一个手提箱、一个钱包、一个宝藏箱、一个工具箱甚至一条玩具船。手提箱的制作教程可以从网上找到，在制作时可以使用常见的可回收利用材料（如麦片盒、酸奶杯、玻璃罐）。如果和年幼的来访者合作，咨询师可能要在会面前就准备好手提箱。年龄大点的来访者可能更喜欢制作自己的手提箱。咨询师可以与来访者一起决定他们将用什么来填满他们的手提箱，这样可以鼓励他们认真追溯自己对咨询收获。放置在箱子里的物品可以很有创意（例如，如果手提箱是工具箱，就可以制作一些工具；如果是宝藏箱，就可以做一些彩色的卡片；如果是船，就可以制作船桨或救生衣）。在将这些东西放入手提箱前，咨询师和来访者可以一起回顾每个物品的意义。咨询师也可以鼓励其他家庭成员参与其中
纪念册	这项活动可以在连续几次的终止会谈中进行。在这项活动中，咨询师可以与来访者一起创建他们的咨询经验纪念册。咨询师可以帮助设计纪念册的内容或允许来访者自己选择他想包含的内容。想给来访者提供一些框架的咨询师可以在纪念册中标记相应的标题（如学到的技能、最重要的点、行动计划）。来访者可以画画，年龄大点的孩子可以写下自己的反思。随着终止的临近，来访者也可以分别在几次会谈中完成这个册子。咨询师可以在册子的封面留一张简短的告别便条或激励的话语。在最后阶段，来访者的家人也可以被邀请在纪念册上表达他们的反思、鼓励或观察
总览图	为了向来访者更清晰地呈现咨询过程和最终的结束，咨询师可以使用一个图表来直观地记录每次咨询过程。这项活动对年龄较小的孩子特别有用。咨询师可以邀请来访者给一张小图片涂上颜色或选择一张贴纸，在每次会谈结束时粘贴在图表上。在每次会谈时，来访者就有一个直观的图来提醒他们参与了多少次会谈，以及他们还有多少次会谈。虽然在咨询早期，治疗的次数可能是不确定的，但随着咨询终止的临近，咨询师可以标记预期的最后一次会谈，这样孩子就可以预见到最后一次会谈的到来。当来访者完成标注后，咨询师可以回顾在这次会谈或之前的会谈中做了些什么。在最后的会谈里，咨询师可以把完成的表格交给来访者，以便他可以将其作为对咨询的回顾
许愿星	在这项活动中，咨询师可以帮助来访者反思自己的目标、希望和未来的梦想，引导来访者看向更美好的未来。鼓励来访者思考他们对未来的自己的期望。讨论如何通过设定目标和运用咨询期间学到的技巧来实现这些愿望。来访者可以在叠好的星星上写下他们的目标、希望和对未来的梦想，如果他们年龄太小，也可以画画。当来访者把星星排列在一张大纸上后，可以一起回顾星星上的内容。来访者也可以选择将星星保存在一个信封里，或者把它们粘贴在自己想要放置的地方（如他们房间的天花板、床头、浴室的镜子）

过早终止

虽然咨询最理想的结果是自然终止，但更常见的情况却是咨询的过早终止。事实上，据估计，40% ~ 60% 的咨询在来访者达成治疗目标之前就结束了（Baruch et al.，2009；Deakinet al.，2012；Schaeffer & Kaiser，2013）。一些研究表明，未成年来访者比成年来访者面临更大的过早终止的风险（Swift & Greenberg，2015）。来访者呈现的问题的性质也可能会造成咨询的过早终止。例如，有破坏性行为症状（如攻击性行为、反社会行为、学校问题）的未成年来访者更有可能停止参加咨询（Deakin et al.，2012）。因此，咨询师应了解可能导致提前终止的因素，并努力预防这种情况的发生。

咨询的过早终止可能由咨询师、来访者及其父母引发，也可能归因于咨询师或来访者无法控制的因素。过早终止咨询还可能导致来访者不愿意再接受心理咨询。一些来访者及其家人可能认为在情况正在改善时，他们应该立刻停止咨询，他们可能不明白正式结束心理咨询为什么很重要。常见的过早终止的原因包括但不限于以下几点。

- 家庭交通问题。
- 脆弱的工作联盟和认为“咨询没有用”的信念。
- 错误地认为咨询已经完成了。
- 孩子/其他家庭成员患病。
- 家庭位置迁移。
- 改变保险关系。
- 提供的会谈次数用完（通过第三方付款）。
- 咨询师或家庭的时间有冲突。
- 学校安排的时间变化（如学校暑假结束）。
- 各种文化及与资金有关的限制。
- 由咨询师引起的原因（如搬迁、疾病、职位变化、因无法满足来访者需求而转介）。

在没有任何预兆的情况下咨询就突然终止是非常具有挑战性的。经历过早终止咨询的儿童和青少年会以不同的方式表达他们的反应。就像自然终止一样，一些人可能会再次出现最初让他们接受心理咨询的症状或行为，而另一些人可能会以消极的方式来表达他们强烈的情绪。本书的其中一位作者在离开原来的治疗中心转到另一家机构任咨询师时，她的一位青春期来访者便从原来的治疗中心跑了出来，并多次自残以试图继续这段咨询关系。这位来访者因为有长期持续的性虐待、身体虐待及被忽视的经历，因而出现了严重的依恋问题，而咨询关系的结束引发了她被遗弃的恐惧和愤怒，导致她采取极端行为来试图维持治疗关系。在这种情况下，咨询师提高觉察、督导和寻求相关咨询有助于确保以最佳的方式进行过渡。无论终止的原因是什么，如果可能，最好至少用几次会谈来结束心理咨询。

家庭期望与过早终止咨询

对咨询师的角色和咨询过程有不明确或错误期望的家庭可能会对咨询不太投入，因此这类家庭会有过早终止咨询的风险。如果来访者的父母不认为咨询是有益的，也没有看到咨询的价值，那么他们更有可能过早地让他们的孩子终止咨询（Deakin et al.，2012）。不了解咨询的设置和要求（如会谈期间的作业）的父母，在支持孩子应用所学技能方面的作用可能会很有限。那些不认为咨询能帮助孩子的父母也更有可能错过会谈和迟到（Deakin et al.，2012）。如果父母不积极参与咨询，那么孩子咨询成功的可能性就会降低，从而强化了一种将孩子视为“问题”的家庭系统动力。

相反，期望咨询能有所帮助的家长更有可能投入咨询过程中，他们会积极参加会谈并在咨询会谈之外贯彻咨询中的概念。家庭投入程度的预测因素包括双亲家庭、稳定的资金资源、稳定的保险和来自社区的支持（如与学校系统、医生或社会服务机构的支持性互动）（Deakin et al.，2012）。此外，一些研究表明，女孩比男孩接受咨询服务的时间更久，而接受过更长咨询服务的来访者也更有可能完成咨询并自然终止（Deakin et al.，2012）。

正如本章前面所讨论的，为了防止过早终止咨询，咨询师、孩子和父母在咨询早期就应该对咨询的期望进行开诚布公的讨论。咨询师应该探讨父母的期望，向他们普及咨询的知识，并告知他们在咨询过程中需要做什么。准确的咨询期望有助于建立有效的咨询关系。许多父母期望所有的咨询工作都是在咨询师和孩子之间进行的，他们可能会对任何参与咨询过程的请求有所保留。其他一些家长也可能高估了咨询师在家庭参与之外促进改变的能力。因此，与父母定期回顾咨询进展情况，以及他们认为孩子还需要多少次会谈，可能有助于引导家庭聚焦于咨询过程，以减少过早终止咨询的情况。

文化与过早终止咨询

还有一些文化因素也可能影响来访者及其父母对咨询服务的期望。一些研究表明，高达69%的少数族裔青少年过早离开了咨询服务，因此，咨询师应该付出额外的努力提高这一群体的咨询投入度（de Haan et al.，2014）。另一个过早终止咨询的风险因素是社会经济地位低下（Deakin et al.，2012）。一些研究表明，来自低收入、少数族裔、受教育程度低、学业成绩差、有家庭精神病史、受政府财政或住房支持的单亲家庭的来访者更有可能从咨询服务中脱落（Deakin et al.，2012）。

不同文化的某些方面可能导致人们对家庭外的人不信任，而且许多文化很重视保守家庭内部秘密或“家庭事务”。例如，在某些文化中，人们对陌生人会有强烈的不信任感，而且家庭的秘密受到严格的保护。尽管在某些文化中，与外人分享家庭秘密的想法对他们来说很陌生，但这种分享是心理咨询过程的核心。父母知道他们的孩子可能会向咨询师透露他们的家庭信息，这让其感到愤怒、不舒服、尴尬，或者可能会激起他们羞愧和内疚的感觉。咨询师有义务努力防止不必要的过早终止，因此咨询师应该对导致不信任咨询师和咨询本身的文化因素更加敏感。

避免过早终止咨询的策略

计划外或非预期的咨询终止对来访者和咨询师来说都是最难接受的事情。咨询过早终止通常发生在与咨询师无关的外部情况下，但是咨询师可以采取一些措施来减少过早终止的风险，预防这一情况发生。例如，在咨询早期与来访者及其家庭发展稳固的治疗关系，探索的咨询益处，描述咨询如何工作，以及明确所有涉及人员的期待都可能有助于防止在给来自不同文化背景的人做咨询时发生过早终止情况（Deakin et al.，2012）。如果由于来访者的父母有不切实际的期望导致咨询过早终止，那这种情况通常是可以避免的，可以通过提供咨询和纠正家庭认知来纠正。正如前面所讨论的，使用一个简短的评估工具来衡量来访者及其父母对咨询的满意度，也可以打开沟通的渠道，以防止咨询过早终止。

防止咨询过早终止的最基本的方法是发展工作联盟。与来访者的父母建立和保持良好的合作关系和与孩子建立和保持良好的合作关系同样重要。与一些父母沟通是很有挑战性的，尤其是那些被虐待或忽视的孩子父母，或者那些被要求进行咨询且在咨询方面投入很少的父母。但重要的是，孩子和他们的家庭要感觉他们与咨询师之间的关系是平衡的，因为不平衡的关系可能会由于存在三角关系（如咨询师和孩子之间或咨询师和父母之间）而威胁到咨询的进展。

新手咨询师可能会怀疑自己的能力，他们在与父母合作、沟通和强调自己在咨询中的角色期望时会感到特别紧张。然而，为了来访者的利益最大化，咨询师应及时调整自己对来访者父母的反应（通过个体咨询、同辈讨论或督导），并与整个家庭发展一个强韧的工作联盟（Rappleyea et al.，2009）。当来访者的父母对咨询过程感到比较疏离，不理解、不同意咨询的目标，不了解孩子的治疗进展，或者被询问意见时，他们更有可能提前终止咨询（Swift & Greenberg，2015）。例如，一位家长让她的孩子停止心理咨询，之后这位家长提到：“他们在心理咨询时只是一直在做彩色填图。”向父母说明咨询师会用怎样的途径帮助孩子达成他们的目标，从父母那里寻求每周的报告和反馈，定期向父母提供进展报告等，这些都是可以提高父母参与度并防止咨询过早终止的方法。我们一般建议咨询师与家长单独或与孩子一起会面，每次至少 5 到 10 分钟，以确保密切的沟通，同时有机会更新信息和回顾进展，并确保工作联盟的不断加固。总体来说，减少咨询过早终止风险的策略包括但不限于以下内容。

- 确保咨询师、来访者及其家人对咨询的期望得到有效交流。
- 与来访者及其家庭都形成稳固的工作联盟。
- 定期与来访者及其家庭联系，了解他们对咨询过程的满意度。
- 避免与父母或孩子形成三角关系。
- 与来访者的家人保持开放的沟通渠道，保持定期联系。
- 努力了解来访者及其家庭的文化偏好和文化需求。
- 在咨询早期明确与来访者及其家庭沟通会谈的限制。
- 提醒来访者及其家人即将到来的预约日期和时间。

- 建立一个支持性的、可预测的、舒适的咨询环境。
- 与学校、医生、社会服务机构及来访者及其家庭可获得的其他资源或人员合作。

终止和转介

无论咨询终止的理由是什么，作为终止过程的一部分，如果来访者需要继续提供服务，那么咨询师必须为他们提供转介服务（ACA，2014）。转介来访者可能是由于来访者需要更高级别的护理，例如，升级到更严格的治疗（如住院治疗）或更低级别的护理（如从入户家庭治疗转向咨询机构治疗），也有可能是因为咨询师认为自己已经没有相应的资源来帮助来访者。

咨询师必须了解其个人执业范围，并知道何时来访者应该被转介到其他从业者那里才能真正获益（ACA，2014）。特别是对于语言能力较弱的幼儿，咨询师很难确定和评估来访者是否以适当的速度取得了进步。在涉及这类情况时，同辈讨论和督导都是有用的资源。如果来访者没有显著的进步，就应当适当考虑转介给其他咨询师的必要性。在咨询师因无法满足来访者需求而需要转介来访者的情况下，来访者的最初反应可能包括悲伤、受伤、背叛，甚至愤怒（Harrison，2009；Headley et al.，2015）。对此，咨询师应允许来访者表达这些情绪，这是很重要的。让家庭参与转介讨论也是有帮助的，因为他们可以强化孩子被转介给新咨询师的理由。即使是在需要转介的情况下，咨询师也应该使用在终止讨论中所讨论的策略来进行一个有意义的终止，从而让咨询经历一个终止的过程。

在咨询机构中工作的咨询师通常有足够的其他专业人员可以向来访者转介。但在没有其他服务提供者的环境中，或者在农村地区的咨询师，就可能需要深入挖掘、仔细研究，以找到合适的转介资源。许多咨询师都有很长的等待名单，所以当咨询师意识到个体需要转介时，应尽早提供转介信息。

随着学年的结束，学校咨询师必须考虑终止咨询，此时他们应该开始为他们咨询的学生制订相应的计划，以使将他们转介给社区咨询师。学校咨询师可以融入一个夏季主题的终止活动。例如，来访者可以画一个沙桶和各种铲沙工具、玩具。来访者可以写下或讨论每种工具代表他在夏季将使用哪种技能。

总结

本章概述了个体咨询的过程和重要基础，并分别着眼于咨询的初期、中期和终止阶段。我们梳理了有效的儿童和青少年咨询的基本要素，并按照来访者的发展水平分别提供了有效的沟通技巧。

首先，我们探讨了针对咨询早期阶段的注意事项。这些注意事项包括创建舒适的咨询环境的重要性，如让儿童和青少年感到放松和被接纳的工作室等。初始访谈的过程包括获得知情同意、讨论保密原则、实施评估、确保来访者和咨询师的期望是明确和现实的、建立咨询会谈的结构，以及发展与来访者及其家人的工作联盟，这些内容作为咨询早期阶段的重要部分都进行了一一讨论。

其次，我们回顾了咨询实施阶段重要的注意事项和方面。还探讨了理想的沟通方式和访谈风格，例如，咨询师可以使用动机式访谈或动机增强的策略来提高来访者改变的意愿。

最后，本章的后半部分着重于咨询终止相关讨论。特别梳理了关于儿童和青少年来访者终止咨询的注意事项。我们分别对终止的准备就绪程度、自然和过早终止咨询的原因、避免过早终止咨询的策略，以及可以促进成功和有意义的咨询终止的创意性活动进行了讨论。

第 4 章　心理咨询的伦理和法律基础

儿童拥有以下权利：

- 隐私权和保密权，并了解保密限制；
- 参与决策的制定和目标的设定；
- 被保护使其免受虐待和忽视；
- 被尊重并被告知真相；
- 了解咨询的方法，并了解使用它们的原因；
- 如果咨询没有帮助或不成功，有权离开。

——摘自《儿童权利公约》

（联合国，1989 年）

在为儿童和青少年提供心理咨询时，保障他们的权利应始终是咨询师的首要任务。人们常说现在孩子们的处境比以往任何时候都糟。事实上，儿童和青少年在历史上的任何时候都没有像现在这样拥有如此多的权利或如此广泛的支持性资源。在 20 世纪后期，很多关于保护未成年人的法律被颁布，且未成年人在家庭权利之外的自身权利也越来越受到重视。例如，直到 1976 年，美国所有州才执行法律，要求所有专业人员报告未成年人性虐待案件。

如今，儿童和青少年的权利在不断扩大，咨询师在保障儿童权利方面发挥着重要作用。随着儿童和青少年权利的不断扩大，咨询师需要了解并考虑更多的法律条款。法律和伦理方面的考虑可能会给咨询师带来不安或困扰。在为儿童和青少年提供咨询时，这些纠结尤为明显，因为咨询师会经常遇到伦理义务和法律规定要求之间的冲突（Salo，2015）。从伦理和法律的双重角度来看，儿童和青少年的权利可能不那么明晰，作为咨询师，除了考虑儿童和青少年独特的成长环境外，还必须考虑父母和监护人的权利。学校咨询师又有额外的复杂性，因为他们同时需要考虑学校的管理和其他在校的孩子。让咨询师的决定更复杂化的另一个现实是，关于未成年人的法律一直在变化，而要在这些变化中探寻出路就好像在“流沙上行走”（W. Hegarty，2017）。

在几乎每一次与儿童和青少年来访者及其父母的接触中，咨询师都要面对法律和伦理方面的考虑，而这些考虑应永远是咨询师脑海中的首要问题。下面这些例子是咨询师常会遇到的需要考虑的内容，咨询师可以思考一下。

- 一个 6 岁的孩子告诉学校咨询师，他的母亲用皮带打了他。咨询师需要把这件事报告给儿童保护机构吗？
- 一位 16 岁的来访者提到，她一直在实施非自杀性自伤行为，但她的父母并不知道这一点。咨询师需要告诉她的父母吗？
- 一名学校咨询师接到了一个 7 岁孩子父亲的电话，他要求老师给孩子留出额外的考试时间，因为他的孩子最近被诊断患有广泛性焦虑障碍，并伴有考试焦虑。学校咨询师应如何应对？
- 一位母亲带着孩子前来咨询，并指出孩子需要心理咨询，因为孩子的父亲一直在虐待她们母子。她解释说，她正在与孩子的父亲离婚，她希望咨询师能证明虐待对孩子的心理产生了影响，这样她就能获得监护权。咨询师能在法庭上就虐待对孩子的影响作证吗？咨询师可以向法院提出监护权的建议吗？

在心理咨询中，未成年人和监护人都有重要的权利，这些权利都应该受到尊敬和尊重。在对未成年人进行咨询时，ACA 伦理守则建议咨询师尊重父母的权利和责任并将他们纳入咨询过程，这一点是很重要的。正如我们通篇所传达的，父母可以是重要的合作者；他们在支持孩子方面扮演着关键角色，应该在适当的时候加入咨询中。有些人甚至建议，在咨询过程中，如果咨询师以合作伙伴而不是对手的身份面对父母，尤其是在一些隐私问题上，许多与咨询有关的冲突是可以避免的（Remley & Herlihy，2016）。父母在成功的咨询中扮演着重要角色，因为他们可以帮助孩子把他们在咨询中学到的技能与其他生活环境联系起来，因此父母的参与是必不可少的。

美国心理咨询协会还提出咨询师应平衡孩子的权利和父母的权利。父母的权利主要包括以下几点。

- 参与咨询，帮助孩子做决定和设定目标。
- 做出他们认为最符合孩子利益的决定。
- 能够接触到有助于孩子健康幸福的相关信息。
- 寻求并同意他们的孩子进入咨询。
- 透露孩子的个人信息。

关于未成年人的权利，咨询师有伦理责任向儿童和青少年提供相关信息，来帮助他们积极参与咨询（ACA，2014；Corey et al.，2015）。美国心理咨询协会建议，在与儿童和青少年合作时，咨询师应寻求他们的同意，并在适当的时候让他们参与决策。正如本书其他部分提到的，协力合作的方式可以提高儿童和青少年来访者对咨询的投入程度，对那些被自己生活中的其他成年人要求来参加咨询的儿童和青少年更是如此。

未成年人是一个法律术语，通常是指那些没有能力合法地照顾自己或对自己不能承担法律责任的儿童和青少年。尽管大多数人认为未成年人代表着未满 18 岁的个体，但不同国家对未成年人的年龄划分不尽相同，上限的范围是 18 ~ 21 岁，而在美国的一些州，在某些情况下以 16 岁为限（Corey et al.，2015）。当本章讨论法律问题时，大部分情况下，未成年人指的是儿童和青少年，监护人（假定父母是监护人）是指儿童和青少年在法律意义上的养育者。

本章探讨与儿童和青少年咨询有关的主要伦理及法律问题。更具体地说，读者将获得有关基本伦理和法律概念、保密和知情同意、咨询师胜任力、儿童虐待报告和管理、监护权的考虑和多重关系的信息。此外，本章还为咨询师提供了如何预防伦理问题和处理伦理和法律相关事宜的实用建议。

定义伦理和法律问题

在回顾常见的伦理及法律问题前，首先必须了解伦理与法律的区别。咨询伦理与咨询师的行为有关，咨询师的行为应使来访者的利益最大化。在心理咨询的背景下，伦理是指咨询师以道德的、正直的或有原则的方式行事，并采取专业行动为来访者的健康提供支持。作为一种职业，咨询师们已经达成共识并制定了指导他们做出伦理行为决策的指导方针，并且这些行为在各种职业伦理守则中都有概述。咨询师使用的伦理规范取决于咨询师的专业背景、执照或认证。这些伦理规范包括美国咨询师认证管理委员会（National Board for Certified Counselors，NBCC）、美国学校咨询协会（American School Counselor Association，ASCA）、美国婚姻与家庭治疗协会（American Association for Marriage and Family Therapy，AAMFT）、美国心理咨询协会（ACA）、美国心理学会（American Psychological Association，APA）、美国社会工作者协会（National Association of Social Workers，NASW）、美国艺术治疗协会（American Art Therapy Association，AATA）等。

这些伦理规范提供了咨询师可以用于决策的基本信息，并且都涉及类似的伦理主题，如保密性、胜任力和多重关系等。伦理守则为咨询师应如何做出更职业的行为提供了指导，制定了咨询师寻求的执业标准，并鼓励给予来访者关怀，所有这些都有助于树立对专业咨询师及其提供的服务的良好印象（Herlihy & Corey，2015）。

协会和认证委员会有权解释伦理守则，并据此判断咨询师是否违反了某些伦理。伦理规范具有理想主义色彩，因为它鼓励一些有时难以量化却是理想做法的行为（如在将诊断结果应用于来访者时应具有文化敏感性）。指导咨询师实践的伦理守则有时可能与咨询师的个人价值观相冲突，但因为必须始终把来访者的需求放在第一位，咨询师必须避免将他们的价值观传递给来访者（Remley & Herlihy，2016）。

法律与伦理不同，因为法律是由立法机关制定，由执法人员执行，并由法律体系内的官员做出解释，而不是由一个从业人员或协会来解释。法律规定了在法律介入之前社会所能容忍的最低行为标准。违反法律可能会受到民事（关于当事人之间私人争议的法律制度）或刑事（关于惩罚犯罪分子的法律制度）惩罚。执照委员会是负责执行管理咨询师的法律的政府机构，并对咨询师是否违反相关法律做出裁决。美国的许多州采用 ACA 伦理守则作为法律和法规的一部分来管理咨询师的执业情况，但各州也有单独的法律和法规，这些法律和法规也可能与 ACA 伦理守则相冲突。更复杂的是，联邦法律可能也会影响咨询师处理不同情况的方式。

在为儿童和青少年提供咨询时，有时会出现伦理和法律问题之间的冲突。例如，就在本书的撰写过程中，美国田纳西州已经通过了一项法律，允许咨询师以个人的伦理守则作为拒绝为来访者提供咨询的理由。这一点在儿童和青少年咨询中的应用可能是咨询师可以因一个未成年人想探索她的同性恋身份而拒绝为他服务。而 ACA 伦理守则明确禁止持有执照的专业咨询师歧视寻求其帮助的人。此外，ACA 伦理守则还提到，咨询师不应仅仅基于咨询师个人持有的价值观、态度、信仰和行为来转介潜在和当前的来访者。因为田纳西州法律允许咨询师因为自身的个人信仰不接待来访者，所以在这里伦理和法律之间就存在冲突。伦理与法律之间的矛盾可能会令人困惑，这在与儿童和青少年咨询有关的情形中尤其明显。

专业文献对与儿童和青少年咨询有关的咨询决策方面提供的指导较少，而 ACA 伦理守则只稍微涉及了青少年特有的问题。对与青少年咨询有关的伦理问题进行周全的考虑，可能会引出更多的问题，而不是得到答案，因此伦理对新手咨询师来说可能是一个令人沮丧的话题。这一章回顾了咨询师在实践中经常遇到的关于儿童和青少年群体特有的伦理和法律问题。

杰西卡的案例

社区机构的一名咨询师正在会见一位新的来访者，她叫杰西卡，是一个 15 岁的女孩。杰西卡的父母没有参加她的咨询会谈。她的妈妈把她送到中心入口处，便离开去办其他事情了。

哪些法律问题是咨询师应该考虑的？

哪些伦理问题是咨询师应该考虑的？

案例讨论

读完本章，你将会知道如何更好地应对这种情况。ACA 伦理守则建议，父母应该在适当的时候被邀请加入咨询过程中。咨询师需要与父母（或其中一方）还有杰西卡谈话，并回顾与保密有关的知情同意，以及开始咨询的同意书和付款信息（如为获得第三方报销所需的诊断信息的披露）等。咨询师所在州的法律也是一个重要的考虑因素，因为有些州要求咨询师取得监护人的同意，而另一些州则不要求咨询师就某些寻求支持的事情（如怀孕咨询）取得监护人同意。直到现在，有些州依然允许来访者在得到监护人正式同意之前接受一段预定时长的咨询。

胜任力

胜任力（competence）是指拥有高效工作的能力及满足职业期望和标准所需要的知识、技能和勤奋（Remley & Herlihy，2016）。胜任力不是一成不变的；相反，它是动态的，与儿童和青少年打交道的咨询师必须成为终身学习者（Corey et al.，2015）。

对心理咨询专业及相关专业培训项目来说，只要求或只提供一门儿童和青少年心理咨询课程是很常见的现象。在本书撰写的当下，咨询专业的认证机构和相关教育项目认证委员会是可以提供一些专长课程的。这些课程包括成瘾咨询、临床心理健康咨询、临床康复咨询、职业咨询、高校和学生事务咨询、学校心理咨询、婚姻和家庭咨询，但并没有包含儿童和青少年咨询。尽管缺乏针对儿童和青少年咨询的专门培训，咨询师却在其职业生涯中经常为儿童和青少年及其家庭提供咨询。人们通常认为，以成年人为重点的课程学习也可以应用于未成年人。对许多心理咨询专业的学生来说，这本书和相应的课程可能是他们对儿童和青少年咨询这一话题的唯一接触渠道，而这种接触将会使许多咨询师在理解如何与儿童和青少年合作方面走在多数人的前面。

为儿童和青少年提供咨询前，咨询师必须具备足够的专业教育、培训和被督导的实践经历。制定与胜任力有关的伦理和法律标准的主要是为了确保来访者的安全和健康。胜任力还可以防止玩忽职守和对来访者造成伤害。在与儿童和青少年打交道时，对伦理标准和国家法律有深刻的了解非常重要，因为向这一人群提供帮助的咨询师更有可能遇到需要了解伦理和法律的情况。

如上所述，职业伦理守则是通用的，它无法为儿童和青少年心理咨询提供具体的指导。此外，对与儿童和青少年合作的咨询师的专业知识、技能等胜任力的描述还没有被明确列出来。最后，针对儿童和青少年的基于循证的实证文献相对有限。综上所述，咨询师在为儿童和青少年提供咨询时缺乏资源和指导来支持他们的实践工作。

本文提供的素材可作为理解如何有效地帮助儿童和青少年的一个起点。相关的教育经历、指导儿童和青少年咨询工作的理论、帮助解决儿童和青少年生活中特有问题的循证方法和技术，以及儿童和青少年心理咨询综合模式的建构，都可以帮助咨询师构建自己的胜任力。不过，在发展最佳的实操能力及更新关于儿童和青少年咨询的信息方面与时俱进，是保持胜任力的核心（ACA，2014）。

未成年人的权利和咨询的法律同意

为未成年人提供咨询的咨询师必须意识到其监护人的合法权利，同时也要平衡伦理义务（Hussey，2008；Remley & Herlihy，2016）。就像前面提到的，相关的法律和伦理有时会发生冲突。其中一个能凸显法律和伦理考虑复杂性的问题是，未成年人是否能够在没有父母同意的情况下开始咨询。在美国的大多数州，未成年人不能自己同意治疗，监护人必须代表未成年人同意。这种保护之所以存在，是因为人们认为未成年人的推理能力和发展水平有限，他们可能无法做出符合自己最大利益的决定（Remley & Herlihy，2016）。人们普遍认为在理想情况下，监护人能更好地为未成年人做出是否接受咨询的决定，并在咨询过程中维护未成年人的利益（Hussey，2008）。当咨询那些智力或发育迟缓的人或患有可能使他们更容易受到剥削或伤害的障碍的人时，酌情考虑咨询的同意年龄也很重要。在这些情况下，各州可能会在法律中写入与咨询同意年龄有关的例外情况，如对那些有某些残疾的人来说，咨询同意者的年龄要大一些。

然而，也有一些例外情况是允许未成年人签署治疗同意书的。美国的有些州允许被视为成年人的未成年人（如那些已婚或从事军事服务的人）签署咨询同意书，而在一些州，未成年人可以合法针对特定的问题签署治疗同意书（如与性传播疾病、物质滥用、妊娠或节育相关的咨询）。允许未成年人在没有监护人同意的情况下获得咨询的理由是，这种隐私保障可能会促使他们寻求帮助，否则他们可能不会主动寻求或接受所需的咨询服务（Corey et al.，2015）。被养育者放弃抚养的未满 18 岁的未成年人和已合法脱离监护人独立生活的未成年人，一般意义上也有自愿接受咨询服务的合法权利。

法律普遍认为个体未满一定年龄（一般为 18 岁）就不足够成熟，无法做出开始咨询的决定，而且很少有例外。然而，在美国的一些州（如加利福尼亚），当青少年年龄足够大（通常是青春期早期），能够在认知上了解保密的限度时，他们就可以自己同意接受心理健康治疗（National Center for Youth Law，2010）。咨询师应该了解本州与咨询同意年龄相关的法律，因为每个州的相关规定都是不同的。

知情同意

作为初始访谈的一部分，咨询师需要确保来访者理解咨询的本质，并能够就是否继续接受咨询做出决定。来访者有权利了解咨询的局限性和优势，以及咨询过程将如何展开（Remley & Herlihy，2016）。在对所有情况全盘了解的情况下，同意咨询的正式行为被称为知情同意，这种同意是所有相关方之间达成的一种协议，表明相关人员了解随着咨询过程的发展即将发生什么（Remley & Herlihy，2016）。知情同意的一个重要方面是同意应是自愿的，而且对方必须有能力给予这样的同意。

ACA 伦理守则 A.2 条提到了知情同意，并指出咨询师应向来访者提供关于咨询过程的详细信息。其中 A.2.d 部分指出：

> 咨询师应寻求来访者对咨询服务的同意，并在适当的时候将他们纳入决策过程。咨询师要认识到：来访者做出决定的伦理权利、来访者同意接受咨询服务的能力，以及父母或家庭保护来访者并为他们做出决定的权利和责任要保持平衡。

另外，ACA 伦理守则 B.4.b 部分在提及婚姻和家庭咨询时指出，咨询师要明确谁是“来访者”，并讨论与这些角色相关的保密期望和限制。

知情同意程序应该是周密的。未成年来访者的父母被要求签署知情同意文件，但他们通常对这些信息的实际含义理解有限。因此，未成年来访者和其父母都应该参与到与知情同意相关的讨论中。伦理规范还表明了让未成年来访者参与咨询同意过程的重要性，即使他们可能无法合法地同意参与咨询。来访者的同意要以监护人合法同意为前提。

由于正式的知情同意书往往冗长而难以理解，因此，制定一份适合未成年人发展水平的同意书可能有所帮助。让未成年来访者在同意书上签名并与他们讨论，这是一种强调事情重要性的方式，也是一种向青少年传达他们的声音在咨询过程中很重要的方式。知情同意通常涉及一定的要素，这些要素主要包括以下内容。

- 保密限制。
- 咨询师的理论流派和常用的技巧和方法。
- 咨询师的执照和证书及相关的监督机构或组织的信息（如执照委员会、咨询师认证管理委员会）。
- 报告儿童虐待的强制要求。
- 涉及隐私的咨询和来访者权利的告知。
- 任何治疗的合作协调。
- 与紧急情况有关的流程。
- 与错过预约有关的流程。
- 与付款和逾期未付款相关的流程。

在咨询开始时，咨询师应该澄清其与来访者以及参与咨询的每个人之间的关系。咨询师还应讨论其将如何分享信息，所有相关方都应了解在什么情况下哪些信息将会与谁分享。

在父母离异的情况下，与知情同意相关的问题会变得特别复杂。一些人认为，理论上，在离婚的情况下，父母双方都应该为孩子提供咨询同意（Welfel，2010）。咨询师还应注意没有监护权的家长的权利，因为他们可能会提出参与咨询知情同意决策的要求（Welfel，2010）。

随着未成年来访者年龄的增长，他们与父母互动的方式可能会发生变化，因此知情同意中关于与家长接触的方式和频率需要酌情考虑修改。例如，对于因高风险行为而开始咨询的未成年人，咨询师可能需要每周与其父母接触，以了解其日常行为和活动。理想情况下，随着时间的推移，来访者会发展出更多的适应性行为，此时咨询师就来访者的行为与其父母进行沟通和接触的需要就变少了。

另一个重要的考虑是，随着孩子的成长和心理发展，咨询师应该重新探讨与知情同意有关的讨论。同意不是一个静态的事件，而是一个动态的过程；特别是随着年龄的增长，孩子自主和独立的能力可能会增强，这可能需要更多地强调孩子对隐私的需求。因此，在咨询实践中，咨询师应适时重新探讨之前与知情同意相关的讨论，并在适当的情况下重新协商边界。

所有关于知情同意的讨论都必须以与孩子发展阶段相适应的方式进行。在解释知情同意事项时，咨询师应考虑周全，应向来访者提供不同概念的例子，并给他们提问的机会。咨询师阶段性地与来访者和其监护人一起回顾知情同意的信息是很有帮助的。

保密

在心理咨询领域，隐私是一个宽泛的术语，指的是人们决定自己的哪些信息可以向他人分享或拒绝透露的权利（Remley & Herlihy，2016）。保密是一个基于隐私理念的伦理概念，适用于专业关系中。换句话说，它的基本理念是，咨询师有义务保护来访者的隐私及向他们做出不透露他们在咨询中分享的信息的承诺（Remley & Herlihy，2016）。特权交谈（privileged communication）是一个法律术语，指的是为了保护当事人，不会在未经当事人明确许可的情况下在法庭上透露其保密信息（Remley & Herlihy，2016）。

在考虑未成年人的保密权利时，伦理和法律问题之间的相互矛盾关系最为明显。父母同意他们的孩子接受咨询一般就意味着父母有权利知道所有咨询相关的信息。因此，咨询师们常处于这样的困境之中——法律上，父母有了解信息的权利，但咨询师的主要伦理义务又是对未成年来访者的保密义务（Remley & Herlihy，2016）。

几乎所有的咨询师都建议，未成年人应该在某种程度上拥有与他们咨询事宜相关的隐私权。因为保密有助于来访者在相互信任的关系中感到安全，可以促进信任关系的发展，而信任关系是咨询成功的必要条件。在理想情况下，咨询应该促进未成年人的自主性。此外，咨询能培养未成年人的自主性和逐渐显现的独立性，而要做到这一点，未成年人就需要保留一定程度的隐私。然而，未成年人的合法保密权利非常有限。咨询师可能会陷入困境，因为他们想要支持和保护来访者正在出现的自主性和独立性，但法律可能不允许他们这样做。咨询师有保护未成年人隐私的伦理义务，也有促进青少年安全和保护父母或监护人隐私权利的法律义务（Remley & Herlihy，2016）。

在考虑保密时，咨询师应考虑未成年人的发展水平。年龄较小的孩子可能不理解隐私的概念。当咨询较年幼的儿童时，很少出现保密问题；然而，在对青少年进行咨询时，咨询师可能很难在来访者的隐私和与父母或监护人分享信息的法律要求之间取得平衡。

咨询师应该让未成年来访者自己思考隐私问题，并意识到哪些在咨询师看来可能是隐私但孩子并不介意父母知道的信息。咨询师也应该意识到，有时孩子分享信息的目的就是将这些信息传达给其父母。

作为知情同意过程的一部分，咨询师与未成年人及其家庭探讨保密的期望和要求是很重要的。在美国大多数州的法律中，未成年来访者没有保密权；父母可以得到孩子的咨询记录和在咨询中分享的任何信息（Vemon，2009）。然而，就像我们所说的，许多孩子不希望他们的父母知道他们在咨询中分享的个人经历。与他们的家人谈谈保密对于建立信任和治疗关系中安全感的重要性是很有帮助的。没有信任，就不可能建立积极的治疗关系，而这种关系是个体心理咨询成功的基础和必要条件。

如果孩子正在实施有害或有潜在危害的行为时

（如自杀或杀人的想法或意图），咨询师就应该告知其父母。然而，对于许多模棱两可的话题，是否需要告知父母就不是很明确了；什么该和父母分享，什么不该和父母分享，这个边界很模糊，尤其是对孩子来说。例如，我们思考一下，青少年之间的性行为是有害或有潜在危害的吗？性行为可能会导致怀孕或传染性病。那么，青少年的性行为应该与父母分享吗？这个问题的答案就不那么清晰了。有些父母认为未成年人发生性行为是正常的，也是具有隐私性的，他们不想知道孩子的性行为；然而，有些父母出于各种个人、文化或宗教原因，可能想知道孩子的性行为。在未成年人咨询的保密方面，咨询师必须应对无数类似的情况。

关于保密，最重要的是来访者及其父母知道什么信息将在来访者和咨询师之间保密。对保密界限的认知能够让来访者在知情的情况下决定与咨询师分享什么，并在咨询关系中感到安全。在与儿童和青少年打交道时，一种保密的方法是与来访者及其父母谈论在咨询中最常出现的复杂问题，并讨论和评估他们对愿意分享内容的偏好。如果父母分居、离婚或不住在一起，在适当情况下咨询师应该尝试与双方一起见面，来加强双方对保密期望的一致性。咨询师可以将双方都赞同的期望记录下来，并让父母和孩子签署一份协议来表明他们同意这些期望，这也很有帮助。下文列出了一些咨询师经常遇到的对未成年人有害或有潜在危害的行为，这些行为可以在探讨咨询师与来访者之间的保密原则时进行讨论。

咨询师需要向父母报告的未成年人有害行为

- 自杀意念 / 意图。
- 杀人意念 / 意图。
- 性虐待或攻击。
- 身体虐待。
- 忽视，
- 非自杀性自伤。
- 对（来访者之外的）未成年人或受保护人群（如智力残疾者或老年人）的虐待报告。
- （计划 / 意图）离家出走。
- 吸毒和酗酒。
- 偷偷离家。
- 性行为。
- 怀孕。
- 霸凌 / 暴力关系。
- 亲密关系中的暴力。
- 可能对身体有害的不良饮食行为（如神经性厌食症、暴食症）。
- 犯罪活动。
- 逃学。

从现实、法律和伦理每个层面考虑每种具体的情况是有帮助的。咨询师有时会纠结于他们应该在多大程度上与来访者的父母分享信息，但他们必须记住，如果咨询师选择隐瞒来访者透露的信息，一旦发生了有重大影响的情况（如咨询师知道青少年在吸毒，但没有告知父母，从而导致青少年过量吸食毒品），咨询师就要负全部法律责任。代表未成年人签署同意书的父母有权利知道孩子咨询的内容，因此咨询师在信息共享方面最好保守一些。换句话说，如果咨询师不确定保密是否有益，最好将信息和来访者父母分享。对咨询师来说，在透露信息前、透露过程中和透露信息后与来访者交流彼此的想法也是很重要的。

咨询师要确保来访者能够相信，他们在咨询过程中所说的内容并非全部都将传达给其父母，但咨询师必须在为来访者保密的同时告知其父母关于来访者的需求和进展的详细信息（Remley & Herlihy，2016）。当涉及透露来访者信息和进展时，咨询师可以选择多种方式让监护人参与进来。一些咨询师可能会选择让监护人参与会谈的前几分钟或最后几分钟。这个时间长短可以根据来访者的需要和父母参与咨询的程度来决定。来访者与父母在一起的时间可以是治疗性的（如尝试增加父母和孩子之间的积极沟通），也可以是信息性的（如父母得到关于来访者进展的最新信息）。咨询师可以选择在来访者在场的情况下或私下里向其父母提供信息。此外，在咨询师的支持和指导下，让来访者自己向父母提供最新的进展信息可能会有治疗作用。咨询师要不断评估来访者的保密问题。与来访者及其父母就保密措施进行积极讨论和定期沟通是确保各方对保密工作感到满意的有效方法。

特雷文的案例

在一家社区儿童和家庭咨询机构里，有一名咨询师在过去的四年里一直在为特雷文断断续续地做咨询。特雷文刚步入青春期，他的爸爸就去世了，特雷文就开始实施一些非法的破坏性行为。这些行为后来有所减少；然而，近期，特雷文的不良行为再次升级。他现在 17 岁了。

咨询师应该考虑哪些与亲子保密有关的事情？

案例讨论

特雷文 13 岁时，他被少年司法系统释放了，当时咨询师和他的妈妈经常就特雷文的行为进行探讨。特雷文取得了积极的进展。14 岁时，特雷文要求咨询师不要再和他的妈妈说话，也不要他的妈妈分享他们会谈的信息。咨询师与特雷文讨论了保密事宜，他们达成了一个共识——咨询师只会在特雷文在场的时候与他的妈妈对话。然而，随着时间的推移，情况变得更加复杂，因为特雷文开始再次表现出破坏性的行为。咨询师认为特雷文的妈妈需要知道其中的一些行为，但特雷文不愿透露这些信息。咨询师向特雷文坦陈了自己的担忧，但即便这样，特雷文仍然拒绝咨询师透露这一信息。经过讨论，双方达成一致，决定让特雷文自己与妈妈分享这一信息，同时咨询师随后会给他的妈妈打电话确认。这个案例说明，青少年咨询的保密需求及如何处理保密是一个不断发展和变化的过程。它还表明了咨询师与青少年及其父母就如何处理保密事宜进行持续讨论的重要性。

学校里的知情同意和保密

如上所述，专业咨询伦理规范和法律要求未成年人参与咨询前必须先得到父母的同意。作为同意过程的一部分，咨询的目标、保密的限制，以及来访者如何自愿参与或退出咨询，这些内容都应有明确的细节和解释。然而，对于学校咨询师，通常没有必须获得父母的同意才能咨询的法律要求，除非其所在州的法律和法规中有明确规定（Corey et al.，2015）。学校通常有一本学生手册，其中会介绍学校会向学生提供的服务，如心理咨询。家长通常有权要求孩子不接受特定的服务（Stone，2014）。

美国学校咨询协会（ASCA，2010）制定的伦理标准建议，学校咨询师通常很难取得咨询的知情同意，有时甚至是不可能的。要真正地取得咨询同意，咨询师必须确保学生了解知情同意的所有组成部分，自愿参与所提供的咨询服务，并有能力理解参与咨询的含义。然而，由于他们的发展水平有限，大多数学生并不能达到这样的程度，他们不能完全理解并接受心理咨询的全部结果（Stone，2014）。以下是针对学校咨询师在获取学生知情同意时的一些建议（Stone，2014）。

- 得到学生和家长的知情同意是令人向往的，但在学校环境中几乎不可能实现。
- 如果潜在风险大于回报，就不要提供咨询服务。
- 尝试获得同意，但要明白，给学生做咨询时，做到真正的知情同意是很难的。
- 给学生创造提问的机会，同时向他们提问，以确保他们理解知情同意的信息。

- 如果一名学生被要求接受咨询（如由教育者或监护人发起），咨询师应避免强迫或试图说服其与自己交谈。
- 坚持尝试从父母或监护人那里获得对咨询服务的书面或口头许可。
- 对文化（如语言、与咨询相关的文化期望等）在知情同意过程中的影响保持敏感。
- 明白同意开始接受咨询和持续接受咨询（或知情同意）不是一场静态的仪式，而是一个在必要和适当的时候可以重复的过程。

在保密方面，学校咨询师必须平衡学生、学校系统和监护人的利益。因此，保密对所有学校咨询师来说都是一种困扰（Corey et al.，2015）。美国学校咨询协会的伦理标准提及，学校咨询师“要意识到他们对于保密的主要伦理义务是针对学生的，但有义务与家长 / 监护人的权利取得平衡”（ASCA，Section A.2.d）。学校咨询师有义务尽可能地保护学生的隐私，同时也要意识到家长的知情权。从以往经验来看，隐私权最终属于家长，即使是在孩子要求保密的情况下（Hermann，et al.，2010），司法判决也更倾向保护家长的知情权（Isaacs & Stone，1999）。

学校咨询师应该清楚地告诉学生保密的限度，以及需要与外部人士或其监护人分享的情况或提交的材料。美国学校咨询协会指出，学校咨询师应让家长了解“咨询师与学生的咨询关系的保密性质”（Section B.2.a）。即使学校咨询师需要与学校工作人员或家长分享信息，他们也应该以尽可能简洁的方式分享必要的信息（Corey et al.，2015）。

儿童虐待的报告

在给儿童和青少年提供咨询时，他们的安全应始终是咨询师的首要任务（Kress et al.，2012）。在美国，所有的州都实施了强制报告制度，要求作为强制报告人的咨询师将涉嫌虐待（包括虐待和忽视）儿童的事件上报给政府机构。虐待包括身体虐待、情感虐待和性虐待（CDC，2017a）。忽视是指养育者未能为儿童提供足够的情感和身体照顾（CDC，2017b）。与忽视儿童相比，虐待儿童通常会得到更多的关注。不幸的是，有充分的证据表明儿童被忽视的概率更高。美国卫生与公众服务部（USDHHS；2016）关于虐待儿童比例的数据显示，在每年报告和被指控的 320 万起儿童虐待和忽视案件中，75% 涉及忽视，17% 涉及身体虐待，8% 涉及性虐待。据估计，2014 年，美国有 1580 名儿童死于被虐待和被忽视。也就是说，每 10 万名儿童中就有 2.13 人因被虐待和被忽视而死亡（USDHHS，2016）。

我们必须认识到，虐待儿童的事件也可能由另一个儿童引发。这种由儿童引发的虐待与成年人引发的虐待一样，通常也需要上报（取决于司法界定）。换句话说，法律并没有明确规定或建议儿童虐待儿童可免于报告。相关数据显示，大约三分之一的儿童性虐待案件涉及青少年施虐者，施虐者通常是孩子认识的人或近亲，如兄弟姐妹或表亲（NCTSN，2009）。由于父母通常认识施虐者，而且他们往往是家庭中的另一个孩子、亲戚或邻居的孩子，因此儿童对儿童虐待的情况常常被低估（NCVC，n.d.；USDHHS，2016）。

还有一个与儿童虐待报告有关的考虑因素是文化。认识到不同文化中可接受的管教方式和儿童惩罚程度有很大差异是很重要的（Lansford，2010）。一般来说，美国人会轻度体罚孩子（例如，用肥皂洗孩子的嘴，用某种工具打孩子屁股）（Aronson-Fontes，2005）。非洲裔美国人会更频繁地体罚孩子，并将使用工具（如皮带或棍子）作为体罚的一部分（Aronson-Fontes，2005）。另外值得注意的是，体罚与父母的宗教信仰、经济地位、压力和教育水平相关。因此，那些秉持保守的宗教信仰、生活在有压力或贫穷的环境中、教育水平较低的人更有可能体罚孩子。因此，咨询师应该在更宏观的文化背景下考虑这一问题（Aronson-Fontes，2005）。无论文化规范和行为如何，只要是当事人所在地认定的虐待儿童的行为，咨询师都必须依法报告，而决定儿童保护服务机构应如何应对文化因素的考虑并不是咨询师的责任。

咨询师对报告的反应

对咨询师来说，报告可疑的儿童虐待事件可能会让他们感到不适。对此，咨询师必须觉察他们的个人感受，以及这些感受如何影响他们对报告的判断。最常见的情况是，咨询师可能不会报告，因为他们担心违反保密协议和违约后的法律后果（Corey et al., 2015）。咨询师可能会认为，如果他们报告，那么来访者及其家人将不再信任他们，同时他们也担心来自这家人的报复；咨询师可能会为虐待或忽视的发生找借口（如父母承受着很大的压力、这是一个意外、来访者的文化能容忍体罚和惩罚等），这都可能妨碍咨询师的报告意愿；此外，有经验的咨询师可能认为儿童保护服务机构不会采取任何行动或干预，这可能也会影响他们报告的意愿；一些咨询师可能会认为，他们可以提供比社会服务机构更好的干预，可以确保孩子的安全（Remley & Herlihy，2016）。下文列举了一些有助于咨询师完成强制报告过程的建议。

关于强制报告的一些建议

- **向他人征求意见：**向同事、执照管理工作人员、督导和律师（如有必要）征求意见。
- **记录所有的信息：**详尽地做出记录并给儿童保护服务机构提供尽可能多的信息。这样做也是在保护咨询师。
- **对后果做好准备：**提交报告后，孩子或父母可能不会再回到咨询中（如果父母或家庭成员直接参与了对孩子的虐待）。准备好处理父母的反应。
- **练习自我关照和保持健康：**在报告的过程中注意照顾自己的身体和情感需求，因为有规律的健康活动有助于防止报告过程可能带来的倦怠和压力。

尽管咨询师对于报告的担忧可能是有道理的，但未成年人的安全必须始终被放在首位。在考虑可疑的儿童虐待情况时，咨询师应意识到自己的角色。也就是说，咨询师被授权报告可疑的虐待；咨询师不是调查人员，不负责寻找虐待的“证据”，也不能在这些情况下做出裁决或最终判决。咨询师没有责任提供虐待或忽视已经发生的证据，而且他们不应该因为害怕报告未经证实的虐待而影响他们的决策。事实上，如果咨询师没有提交关于涉嫌虐待的法律强制报告，他们可能会被受伤害的未成年人的父母起诉，并受到执照委员会的严厉谴责（Remley & Herlihy，2016）。

咨询师应意识到，强制报告的相关法规会保护强制报告人免受报告引发的诉讼（Remley & Herlihy, 2016）。相关保护性条款被写入了美国各州法律，就是为了保护那些认真对待虐待儿童事件的咨询师（Remley & Herlihy，2016）。即使虐待或忽视没有得到证实，但基于这些法律，未成年来访者的父母或家庭成员对咨询师人格诽谤的起诉也很难成功（Remley & Herlihy，2016）。与同事讨论并记录自己报告的理由也是支持咨询师做出报告决定的一种方式，尤其是在虐待嫌疑人指控咨询师恶意报告的情况下（Remley & Herlihy，2016）。

法定要求和报告

对于强制报告人必须在何种情况下进行报告，各个地区的规定略有不同。通常情况下，当咨询师怀疑或有理由相信未成年来访者受到虐待或忽视时，就必须报告。在美国的一些州，咨询师甚至被要求报告咨询师所知道或观察到可能对未成年人造成伤害的情况。重要的是，咨询师必须熟悉其执业所在州与报告相关的法律。

美国各州对儿童虐待报告的要求各不相同，咨询师必须阅读并理解所在州的法律，以及这些法律与其做出实践工作之间的关系。

什么时候应该报告及如何报告可能会让咨询师感到困惑，尤其是关于虐待和忽视儿童的情况。让咨询师更加困惑的问题是，如果儿童当下不再有危险，是否应报告其过去被虐待的经历。美国各州的法律针对虐待发生的时间有不同的强制要求，一些州明确规定过去的虐待必须报告，另一些州规定只有当前的虐待需要被报告，还有一些州没有涉及这个问题（Remley & Herlihy，2016）。由于针对这些问题缺乏清晰的界定，咨询师不得不根据自己的理解来处理这些复杂的情况（Remley & Herlihy，2016）。

另一个令人困惑的问题是，一些州只要求咨询师报告涉嫌虐待儿童的父母或监护人，而不要求报告其他人（如兄弟姐妹、同辈、邻居、亲属）。另一些州，咨询师只被允许（但不是必须）报告疑似非家庭成员的施虐者（Remley & Herlihy，2016）。这些情况把咨询师架在了决策过程中，他们需要思考“施虐嫌疑人不是监护人的情况下，是否有必要破坏保密协议”，他们可能会担心如果他们报告了其他施虐嫌疑人，是否能得到法律保护。

如果有新的怀疑或受虐待及忽视的情况出现，咨询师也需要继续报告。随着报告次数的增多，咨询师可以向儿童保护服务机构提供数据，用来表明自己的决策过程。

对是否应报告的评估

咨询师被要求使用临床判断来决定是否存在伤害儿童的情况（Remley & Herlihy，2016）。但儿童很少直接向咨询师报告其受到的伤害。更有可能的是，随着时间的推移，咨询师会逐渐对来访者在咨询中无意间提供的信息有所怀疑。虽然人们普遍认为咨询师应报告虐待儿童的情况，但判断和明确是否真的存在虐待并不容易，还可能相当困难。构成虐待或忽视的条件并不总是很清晰。例如，如果父母打断了孩子的骨头，这显然构成了身体虐待，但是如果父母用皮带惩罚孩子呢？例如，将孩子打得遍体鳞伤，显然属于身体虐待，但如果父母打孩子但没有留下伤痕，这是虐待吗？身体虐待和性虐待相对而言比较容易分辨，但是情感虐待和忽视很难被界定，因为这两种虐待都取决于观察者的社会文化背景、生活经历和个人价值观。

在确认儿童虐待时，咨询师可能对虐待的性质或程持怀疑态度，但没有足够的信息或证据对事件进行报告。咨询师的怀疑可能来自观察到的虐待迹象或症状（如幼儿过度手淫或对他人进行身体攻击）。咨询师也可能会听到孩子的描述而引起怀疑（如儿童被人用皮带打、反复挨揍等），但是在咨询师的职责范围内，他们也为判断这些行为是否属于虐待而感到为难。

在不确定儿童是否受到虐待的情况下，咨询师可以继续评估情况并收集数据。随着咨询关系的发展，来访者可能会更愿意提供信息，或者咨询师可能会得到更多的信息，这都有利于进一步评估。当然，咨询他人可能也会有帮助，以便就如何进一步评估虐待行为收集一些建议，并在纠结是否需要报告的决策过程中寻求一些支持。此外，如果咨询师不清楚是否需要报告，可以打电话给当地的儿童保护服务机构咨询是否需要报告。这些接线的工作人员每天都要处理复杂的虐待儿童事件，他们可以就报告的必要性提供见解，告诉咨询师可能需要收集哪些额外信息来决定是否需要报告。

如何提交报告

当报告儿童受到虐待时，咨询师必须报告导致他们怀疑儿童受到虐待或被忽视的事实和情况。咨询师必须向实际发生虐待行为的所在地的司法管辖区的官员提交报告，这些地方的法规可能与儿童居住地或咨询师执业地的法规是不一样的。儿童保护服务机构在查询有关虐待儿童的报告时，通常要求包括以下信息。

- 父母、监护人、涉嫌施虐者、事件涉及儿童的名字和出生日期（或大概年龄）。
- 地址或能够找到报告中相关人员的方式。
- 儿童所在的学校。
- 涉嫌施虐者与儿童的关系。
- 事件发生的时间和地点。
- 虐待 / 忽视的目击者。

一般情况下，咨询师无法获得所有的信息，但重要的是要提交报告；如果工作人员选择调查，他们可以自己收集需要的信息。由于咨询师是强制报告人，因此咨询师能够提供相关证据证明他们遵守了报告的法律义务也会很有帮助。咨询师应该在会谈记录中写下他们打电话的时间和日期、报告的书面总结，以及与他们交谈的人的姓名和任何值得记录的互动。此外，尽管美国许多州允许匿名举报，但考虑到调查人员需要跟进并收集更多信息，咨询师依然应该考虑提供自己的姓名和联系方式。

咨询师通常被要求在他们工作的机构遵循一定的报告程序。一些学校或机构可能会要求咨询师在报告之前或之后通知校长、督导或机构的儿童权利倡导者，一些机构的雇主会要求咨询师向机构提交一份书面报告。一些人建议咨询师在出具报告之前或之后通知他们的督导，即使机构没有相关情况的强制要求（Remley & Herlihy，2016）。

在给儿童和青少年提供咨询时，保证他们的安全应永远是咨询师的首要任务（Kress et al.，2012）。作为强制报告人，咨询师经常被要求打破保密协议，并向当地儿童保护服务机构报告可能的虐待或忽视情况。强制报告的情况可能会甚至可以说确实会对咨询关系产生影响，特别是当咨询师必须报告来访者的父母或其他家庭成员（如兄弟姐妹、叔叔）时。报告处理不当可能会导致咨询师与来访者及其家庭的关系破裂，这种破裂可能会导致父母不再让孩子接受心理咨询。因此，对这些报告情况进行妥善处理是很重要的。

如果一名咨询师向监管机构报告了某种形式的儿童虐待行为，这显然是出于对儿童安全和健康的担忧。因此，咨询师有义务考虑和探讨与当下安全相关的问题。如果一位未成年来访者生活在受虐待的环境中，且无论是暴露在他人的暴力下还是个人在持续受到伤害，咨询师都有义务确保来访者的安全。使用安全计划是咨询师确保来访者安全的有效方式（Kress et al.，2012）。安全计划适用于任何情况，但常用于以下三种情况：监护人的人际暴力或亲密关系暴力，未成年人的人际暴力或亲密关系暴力或遭到其他未成年人的身体威胁，未成年人生活在暴力家庭并有被虐待的风险。关于如何帮助未成年人制订安全计划，请参阅第 15 章。

提交报告之后

作为强制报告人，咨询师被要求打破保密协议，并向当地儿童保护服务机构或其他指定的政府机构报告可疑的儿童伤害情况。显然，强制报告会影响咨询关系，特别是在咨询师必须报告来访者的父母或其他家庭成员（如兄弟姐妹、姑婶）的伤害行为时。报告处理不当可能导致咨询师与来访者及其家庭的关系受损。因此，谨慎地处理这些报告的过程是很重要的。咨询师有伦理义务在必须报告的情况下表达同理心，并在来访者接受调查的过程中及出现后果后为来访者提供支持（Remley & Herlihy，2016）。

咨询师需要根据自己的判断来决定是否告诉来访者及其家人或被怀疑的施虐者自己已提交了报告。有些咨询师在报告时会让来访者及其家人知道，会提醒他们这个事实。在可行和合适的情况下，一些咨询师可能会和来访者家庭一起报告。在某些情况下，家庭成员也会被邀请和咨询师一起报告。报告过程中的合作精神有助于增进信任，并消除报告过程的神秘感。然而，在某些情况下，如果咨询师与家长一起报告或让他们提前知道要报告，可能会将孩子置于危险之中。因此，咨询师应该评估这些复杂的情况，并运用临床判断来平衡孩子的安全性和与家庭保持稳固的合作关系。

许多接受过咨询服务的家庭曾经接收过或未来可能会接收针对他们的匿名报告，这些家庭往往简单地认为报告是咨询师做的。上文中提到的合作方式能够让家庭在收到报告通知后知道它是否来自咨询师。因此，以合作方式进行报告可以建立彼此间的信任。

从程序上讲，如果儿童保护服务机构认为有必要对报告进行调查，他们就会采取行动，并将调查结果应用于案件或案件处理中。这些处理通常是按照虐待儿童的迹象、有依据的或没有依据的虐待儿童的行为做出的。该机构将按照法律规定向当地执法部门报告，如有必要，执法部门将推进法律程序。在整个过程中，儿童保护服务机构会与法律部门合作，同时可能会联系咨询师以获取更多信息。有专家建议咨询师不要通过电话与未经证实的调查人员交谈，而应该在确认对方的身份和授权后再进行合作并共享信息（Remley & Herlihy，2016）。他们还建议，学校咨询师应该与想要在学校问询学生的调查人员合作，同时咨询师应该知道本州关于在学校环境下对学生进行执法问询的法律规定。

文件的保密和联邦法律

有许多联邦法律旨在保护来访者的隐私。对咨询师执业影响最大的三项联邦法律是 1996 年颁布的《健康保险可携性和责任法案》（*Health Insurance Portability and Accountability Act*，HIPAA），1974 年颁布的《家庭教育权利和隐私法案》（*Family Educational Rights and Privacy Act*，FERPA），以及 1972 年颁布的《全面酒精滥用和酗酒的预防、治疗和康复法案》（*Comprehensive Alcohol Abuse and Alcoholism Prevention, Treatment, and Rehabilitation Act*）（该法案也常被称为“美国联邦法案第 42 篇”，简称 42CFR）。

《健康保险可携性和责任法案》

该法案是与精神健康记录有关的最重要的联邦法律，用来保护来访者健康记录的隐私（USDHHS n.d.）。在临床环境中工作的咨询师几乎都要需要遵守 HIPAA 的规定。

HIPAA 适用于在卫生保健相关信息的转移过程中以电子数据方式传递信息的组织或个人从业者，这就基本上包括了大多数咨询师（Remley & Herlihy，2016）。根据 HIPAA 的要求，咨询师必须向来访者提供关于他们如何保留、使用和透露卫生保健相关信息的情况。来访者还需要能够访问他们的记录，并且必须有一个可以修改记录的程序。咨询办公室还必须指定一名隐私工作人员来监督保密记录的处理和管理。此外，咨询师还必须提供有关记录披露政策的信息，并制定一项规定，来详细说明谁有权访问信息、在咨询办公室内如何使用这些信息及何时可以将这些信息透露给他人（Remley & Herlihy，2016）。

监护人有权为其未成年子女做出保健相关的决定，并可行使未成年人的权利来保护其健康信息；然而，在某些情况下，未成年人可以不让监护人得到他们的健康记录，如当未成年人可以证明将健康记录透露给某位养育者会使他们处于风险中（HIPAA，1996，45 CFR § 160.103）。在这些情况下，监护人不能控制未成年人的保健决定，因此他们不能控制这些受法律保护的保健信息。监护人不能代表未成年人的例外情况有以下三种。

- 州法律或其他法律并没有要求未成年人在获得特定保健服务前获得监护人的同意，且未成年人自己同意获得服务的情况，例如，一个州的法律允许青春期的青少年在没有父母同意的情况下接受咨询，并且青春期的青少年自己同意在没有父母同意的情况下接受咨询。
- 法律授权除监护人以外的其他人同意向未成年人提供特定保健服务，且本人也表示同意，例如，法院授权一个被放弃抚养权的 16 岁男孩自行做出保健决定。
- 当父母同意在未成年人和医疗保健提供者之间建立保密关系时，例如，咨询师就是否能私下与女孩谈论某些事情，询问这个 15 岁女孩的父母，父母表示同意。

《家庭教育权利和隐私法案》

所有在联邦资助的学校（如公立 K-12 学校、大专院校 / 大学）中工作的咨询师都需要遵守《家庭教育权利和隐私法案》（FERPA）的规定。FERPA（1974；34 CFR Part 99）旨在保护学生教育记录的隐私和机密性，所有接受联邦资助的学校都被要求遵守该法案。FERPA 条例适用于所有特殊教育记录及根据《残疾人教育法案》（*Individuals with Disabilities Education Act*，IDEA）向学生提供的任何服务的相关信息（IDEA，2004）。“教育记录”包括与学生直接相关的记录，这些记录由教育机构或代表该机构的一方来维护（FERPA，1974，34 CFR § 99.3）。这项法案要求监护人必须出具书面同意才能将记录交由第三方。FERPA 还规定，合法监护人有权查看孩子的教育记录，如果他们认为记录提供的信息有误导性或不准确，可以要求更改记录的内容（34 CFR Part 99）。

学校必须得到家长或符合资格的学生的书面许可，才能公布学生的教育记录。不过，FERPA 允许学校在不需出具家长或学生同意的情况下向下列人员公开这些记录（34 CFR § 99.31）。

- 享有合法教育权益的学校官员（下一段有详细描述）。
- 审核或评估学校或项目的官员。
- 与卫生和安全紧急情况有关的官员。
- 学生转去的学校。
- 与青少年司法系统有关的州和地方当局。
- 与学生经济援助有关的机构或人员。
- 为学校或代表学校开展某些研究的组织。
- 作为学校认证过程的一部分。
- 遵照司法命令或传票。

FERPA 还详细说明了学校中哪些人有合法教育权益并可以查阅教育记录。合法教育权益是指为了下列目的需要了解学生的信息。

- 完成与学生教育有关的任务。
- 在工作职责范围内完成适当的任务。
- 执行与学生违纪有关的任务。
- 为学生或学生的家庭提供相关的服务或福利，如咨询、保健或就业安置。

一旦学生年满 18 岁，他们就有权保护自己的教育记录；然而，如果学生被认为还在受他人抚养，监护人则可以在未经其同意的情况下查看他们的记录（Remley & Herlihy，2016）。受抚养的学生是指子女或继子女，他们在上一个纳税年度从他们的监护人那里得到了大部分的经济支持（FERPA，1974，26 U.S.C.A. § 152）。大多数教育机构都允许监护人查看孩子的教育记录，只要他们可以提供证据证明自己的孩子在上一个纳税年度中接受了其经济支持（Remley & Herlihy，2016）。

教育记录不包括那些“由制作者单独拥有的记录”和免于审查的记录［FERPA，1974，20 U.S.C.A. § 1232g（a）（B）（i）152］。为了符合这一豁免条件，咨询师的笔记只能作为辅助工具，并且应只包括咨询师的观察和专业意见；此外，咨询师必须将他们的笔记与学生的教育记录分开，且不允许任何人接触到笔记，也不与任何人讨论笔记的内容（Remley & Herlihy，2016；Stone，2003）。如果咨询师的笔记不符合上述标准，那么它们将成为学生教育记录的一部分，咨询师则必须向提出要求的家长提供这些记录（Stone，2003）。因为，咨询师在笔记中仅记录观察和专业意见是很困难的。因此，这种时候，学校咨询师可以停下来，考虑向学校律师咨询关于他们的个人笔记尺度和如何处理笔记的事宜。

《全面酒精滥用和酗酒的预防、治疗和康复法案》

大多数物质滥用治疗机构都至少有某种类型的联邦资金来支持其项目，任何接受联邦资金的项目都必须遵守所有与物质滥用治疗有关的联邦法律。《全面酒精滥用和酗酒的预防、治疗和康复法案》给在联邦政府资助的物质滥用治疗项目中接受物质滥用咨询的未成年人提供了额外的联邦隐私保护。本条例经常被简称为 42 CFR。

42 CFR 中的隐私条款的动机是，对污名化和被法律起诉的恐惧可能会阻止有物质滥用问题的人寻求治疗，而 42 CFR 要求对这类情况严格遵守隐私标准。其中的一些规定概述了在什么情况下可以透露来访者的治疗信息。例如，发布未成年人的物质滥用治疗记录需要得到法院命令或监护人的签字授权；提供物质滥用服务的组织不得向组织以外的任何人指认来访者或透露任何表明来访者有酒精或物质滥用问题的信息，除非经过来访者监护人的书面同意或由法院命令、在医疗紧急情况下透露给医务人员，或者提供给指定的研究人员用作研究、审计或项目评估。

重要的是，根据这些条例，咨询记录不能用于司法调查或进行与《全面酒精滥用和酗酒的预防、治疗和康复法案》相关的刑事指控。理想情况下，这些条例有助于创造一种氛围，让来访者可以放心、诚实地分享他们的经历；如果咨询师要提供有效的物质滥用治疗，这种开放性和安全性是必不可少的。因此，为了让来访者有安全感，咨询师应该向来访者解释他们在 42 CFR 中享有的透露和保密方面的权利。

学校咨询与残障

学校咨询师还必须了解另外两项联邦法律——《残疾人教育法案》和《康复法案》（*Rehabilitation Act*）第 504 节。虽然这些法律主要适用于学校咨询师，但所有的青少年咨询师都应该了解这些法律，因为它们涉及儿童的权利。

《残疾人教育法案》

《残疾人教育法案》（IDEA，2004）是 1975 年由美国国会通过的法案，目的是确保残障儿童能够接受免费的公共教育，以满足他们独特的学习需要。该法案要求公立学校（或任何接受联邦资助的学校）为有身体残疾或精神障碍（如智力残疾、情感障碍、特定的学习障碍、孤独症、视力或语言障碍）并受这些障碍限制的孩子提供便利。多年来，该法案已被多次修订。

学校咨询师通常是促进个性化教育计划（Idividualized Education Program，IEP）发展的指定学校人员。IEP 是为残障和需要特殊教育的未成年人制定的文件。IEP 通常由一个团队创建，必须定期检查和更新，该计划详细说明了团队成员为帮助学生在学校取得成功需要采取的措施。

这些规定旨在为残障儿童提供获得教育的机会，并减少残障的影响，以使其享有平等的竞争环境。这些协调措施考虑到了身体残疾或精神障碍情况，具体包括协调时间（如额外的考试时间）、协调地点（如单独在一个房间里考试）、协调回答方式（如口述答案）、协调表述方式（如听口述的考试指令）或协调整理技能（如帮助其将作业要求整理到一个本子或计划手册上）。

《康复法案》第 504 节

《康复法案》第 504 节要求公立学校为有身体或智力缺陷的学生提供免费和适当的教育。因为这些缺陷限制了他们的一种或多种生活能力。在本章前面提到的场景中，对于那位被诊断患有焦虑障碍的孩子，咨询师需召开一次会议来确定其是否符合“504 计划”的要求，这可能包含一些协调措施，例如，额外的考试时间或单独在一个房间里考试。

与 IEP 一样，学校咨询师通常也会积极参与“504 计划”的制订。这些计划也是由一个包括老师们在内的团队共同开发和实施的。

IEP 或“504 计划”通常都包括提供心理咨询服务这一项。例如，与有自残行为的学生合作的咨询师可以设定这些“504 计划”目标：（1）设立自残触发机制；（2）在学校环境中使用减少自残的措施。

虽然临床咨询师通常不直接参与 IEP 或“504 计划”的制订和管理，但他们也应该熟悉这些计划，因为很多来访者可能需要或已经有了这样的计划。临床咨询师可以通过他们在社区咨询中所做的工作来支持“504 计划”。

儿童监护权

众所周知，美国的离婚率很高，面对这一情况，咨询师需要针对咨询知情同意和监护权问题做出决定。在处理与儿童监护权有关的复杂问题时，咨询师常犯错（W. Hegarty，2016）。当父母发现孩子处于危险中时，情绪会比较激动，而这种强烈的情绪会导致父母对任何与孩子、孩子的健康或他们能看到的与孩子有关的所有事情都过度防御。这就很容易导致善意的咨询师不适当地过度介入并承担倡导者角色。

如前所述，在与未成年人合作时，重要的是要了解谁拥有孩子的合法监护权，以及非监护人的权利有哪些。在咨询关系中，监护权问题通常出现在两种情况中。第一，咨询师必须确保在与任何一位18岁以下的来访者合作时得到其监护人的合法同意。第二，养育者可能会要求咨询师参与法律诉讼，以确定谁应该取得或维持孩子的监护权。两种情况都要求咨询师对个人所在州的法律有所了解，且在必要时应该向熟悉所属州具体相关法律的律师进行咨询。以下是处理这些争议问题的一般原则。

同意接受治疗

如前所述，咨询师有责任了解谁有权同意孩子接受治疗，这取决于每个州独特的法律规定。一般而言，对孩子有合法监护权的父母有权同意孩子接受治疗；无监护权的父母通常拥有获得治疗记录的合法权利，甚至有权参与孩子的治疗过程。考虑到家庭关系的复杂性，与年幼的儿童打交道的咨询师应该考虑事先询问儿童、其父母或其他养育者有关法律或监护权的问题（Smith-Adcock & Tucker，2017）。如果父母报告说他们分居或离婚了，那么咨询师应该考虑要求父母提供相关证明的复印件，包括法定监护人的姓名和证明其拥有监护权的法律文件。如今，越来越多的咨询师把法院证明的复印件作为咨询的基本要求，让来访者在初次会谈时带来，并归入来访者的档案中。

通常情况下，除非法院有明确裁决，否则父母拥有合法的监护权（Remley & Herlihy，2016）。重要的是，未获得合法监护权的父母可能仍然有定期的生活监护权（如探视）。当父母共同监护一个孩子时，两位成年人都有权同意治疗，如果可能，咨询师应尽量得到父母双方的知情同意。当只有一方有法定监护权时，获得这一方的知情同意就足够了。然而，即使是没有合法监护权的父母，当他们对孩子有生活监护权时也有权同意孩子接受治疗（Remley & Herlihy，2016）。

咨询师可以将明确谁有权同意孩子接受治疗的过程作为一种评估工具，以便更多地了解孩子日常经历的家庭动力。咨询师也可以将知情同意过程作为一种治疗工具，因为在这一过程中，父母被要求就相同的目标达成一致，并对孩子在咨询方面的进步表示支持。

除了确定谁有权同意对孩子进行治疗外，咨询师还必须平衡孩子的保密要求和父母期望透露治疗内容之间的矛盾（Remley & Herlihy，2016）。咨询师应该知道，即使没有监护权的父母也可能有权获得孩子的治疗记录。因此，在写咨询进程笔记时，咨询师应该假定没有监护权的父母在某一时刻会查看孩子的治疗记录。

监护权诉讼

对咨询师来说，陷入孩子的监护权之争是很常见的事情。在大多数情况下，没有监护权的一方与有监护权的一方享有同等的权利，除非法律另有规定。此外，有时父母中的一方可能认为自己应该比另一方享有更多的权利或特权。这些纠纷可能发生在父母分居和离婚时，也可能发生在离婚后。因此，咨询室可能会成为此类纠纷的“战场”之一。咨询师有义务处理这种情况，并确保紧张关系不影响其与来访者的咨询关系。

有时，监护人会让孩子去见咨询师，目的是让咨询师对孩子的监护权提出建议。监护权纠纷是咨询师遇到的最具争议性和最难处理的问题之一，当咨询师发现自己处在这种情况下时应该格外谨慎。在咨询的一开始或任何时候，当咨询师意识到孩子的父母正在闹离婚或有监护权纠纷的风险时，咨询师应该考虑告知孩子的父母，咨询师不能做出监护权的推荐，除非有合同条款要求。

一些咨询师可能拥有监护权评估的专业知识，并且拥有适当的培训经历和能力，他们也做好了提供此类评估的准备。通常，这类评估由法院订立协议，并指派给经父母双方同意的建议提供者。也的确有些私人执业咨询师会提供此类评估。然而，大多数咨询师并不能提供法律建议，除非他们受过专门的培训，否则他们应该避免提供与监护权有关的任何建议。就监护权纠纷提供法律建议的咨询师通常会对所有当事人进行广泛的测试和评估，这些信息能帮助咨询师更客观地提供建议。

专业从事法律执业的咨询师不应该与来访者有双重关系，即不仅是评估师还是咨询师。这些关系应该保持独立，因为具有法律专业知识的咨询师所扮演的评估角色可能与临床、治疗角色中典型的平等主义方法相冲突，而这可能导致严重的问题。

与法律程序中咨询师角色相关的知情同意可能有助于解决这类难题，并保证咨询师不会就监护权纠纷被传唤出庭作证（Koocher，2008）。尽管各州法律对与监护权有关的情况有不同的规定，但咨询师需要接受过专门的培训并将评估视为一种正式的服务，而且只有在签订协议并符合本州法律的情况下才能提供这种服务。

那些不擅长或不愿意参与监护权纠纷的咨询师可以考虑在咨询知情同意书上添加一份声明，表明他们不会在监护权案件中提供证词。当孩子知道自己在咨询中所说的话不会被用来对付他们的父母时，他们更有可能在咨询关系中感到安全。孩子不希望自己说的话被透露给父母，也不希望这些信息在法庭或监护权案件中被用来对付父母中不利的一方。使用对父母一方不利的信息可能会对孩子造成伤害，并降低孩子对咨询师的信任。在知情同意书应明确表明咨询师不会在法庭上作证（除非是角色职责），且会防止父母中的一方试图将另一方从孩子的生活中排除出去。有时，孩子会在不知情的情况下在咨询中说一些话，而这些话可能会在法庭上被用来对付父母中不利的一方，这会对孩子的心理造成伤害。咨询师应尽一切努力防止此类事件的发生。

尽管有这些预防措施，但咨询师仍可能被要求出庭作证。有时，法官会签署法庭命令，这与律师的传票不同，且比传票更有分量。在这种情况下，咨询师需要与所在州核实，以确定保密协议的具体限制。法庭命令可能会要求咨询师提供访谈记录、让咨询师作证或提出监护建议。如果法官要求咨询师对监护问题提出建议，那么咨询师应该咨询有资质的律师。有时，咨询师向律师或法官表明提供监护建议不在他的业务范围内，律师或法官可能会撤回传票或法庭命令。

咨询师应该记住，法官、律师和监护人并不关心咨询师执业的法律范围、法律责任或咨询师因超越其法律义务而产生的任何后果。关于咨询师在监护权听证会和其他法律程序中的作用，每个州的法律规定都是不同的，只有本州专门的律师才能就如何处理这些案件发表权威言论。此外，如果被要求提出建议，咨询师可以要求法官指定一名辩护人，该辩护人可以代表儿童的利益和权利，并为儿童辩护（Koocher，2008）。

如果咨询师发现自己需要出庭作证并做出法庭控诉，他们应该清楚地陈述事实并保留个人意见（Remley & Herlihy，2016）。也就是说，咨询师可以提及来访者参与会谈的次数、会谈性质、治疗目标、来访者提及的事情或来访者在咨询中的进展。为了在未来的咨询中更好地支持来访者，咨询师需要在符合法律要求的同时，与来访者父母双方都保持良好的工作关系。

多重关系

多重关系（或双重关系）指咨询师与来访者及其家庭之间除了治疗关系外，还存在或可能发展出其他人际关系的情况。虽然咨询师通常只对来访者展示专业（或咨询）角色，但其中的多重关系包括任何其他的角色，如私人的、家庭的、商业的或财务的。当这些角色与专业角色混合在一起时，咨询师必须考虑伦理方面的因素，并始终将来访者及其家庭的健康和利益放在首位（Corey et al.，2015）。

众所周知，咨询师应该尽量避免多重关系（ACA，2014；ASCA，2016）。然而，实际上，许多咨询师迫于现实情况或环境压力需要处理这些复杂的关系。例如，学校咨询师经常需要处理他们与学生的多种关系（如咨询、辅导、课堂指导），同时还需要保持与学校同事之间的职业关系。学校咨询师经常被要求管理纪律，参与课堂指导，甚至辅导学生参与的课外活动。学校环境中存在着多种关系并存的困境，这与学校咨询师和学生、家长、教师及行政人员的互动有关。

临床咨询师也经常面临不寻常的多重关系的挑战。例如，作为家庭重聚计划的一部分，法庭常会要求咨询师为虐待受害者和虐待实施者同时提供咨询服务。这些多重角色和责任非常复杂，可能会引起咨询师强烈的个人反应。平衡职业职责和咨询师的个人反应，从而最好地保证来访者的利益是咨询师面临的独特挑战（ACA，2014）。

会出现多重关系的另一种情况是咨询师在执业者非常少的地区工作（如在某个区域只有一名会讲西班牙语的咨询师）。更具体地说，多重关系的风险在农村、经济发展水平低的地区或特定人群聚居的地区会有所增加（Pugh，2007）。由于在这些地区执业的从业者数量十分有限，咨询师就会面临事先了解了来访者的风险，因为自己的亲人、朋友或同事可能与来访者之前就认识。

咨询师必须意识到咨询中存在的权力差异，并知道多重关系会使这种差异更加复杂，并很可能危害来访者的利益和福祉（Corey et al.，2015）。例如，如果一名咨询师已经认识与自己去同一个教堂的某个家庭，但是由于所在地区的执业者有限，咨询师与这个家庭建立了咨询关系，那么咨询师可能就需要处理一系列的伦理约束。

处理与来访者（尤其是儿童和青少年及其家庭）的多重关系会给咨询师带来很大的压力，也会让新手和经验丰富的咨询师都受到情绪冲突（Corey et al.，2015）。寻求督导、同辈咨询和记录决定的过程是咨询师帮助自己处理这些角色冲突的首要方式，尤其是在学校环境中工作时。

另一种减少进入多重关系的方法是，咨询师在进入这段关系之前问自己如下问题（Corey et al.，2015）。

- 我可以选择是否开始这段关系吗？开始是必须的吗？
- 我决定进入或不进入这种双重关系会对来访者及其家庭造成潜在伤害吗？
- 这段关系会破坏已经建立的咨询关系吗？
- 我能在这段关系中保持专业和客观吗？

通过问自己这些问题，咨询师可以评估进入这种关系的个人风险，同时也可以考虑来访者的风险、利益和福祉。

咨询师应该注意到，如果没有觉察到或没有能力处理这些多重关系，可能会危及他们的执业资格，也可能会使他们面临伦理调查或做出违规行为，尤其是在可以避免对来访者伤害的情况下。总之，当可能出现多重关系时，咨询师应该向来访者及其家庭阐述这种关系的潜在风险和不利影响，让来访者了解咨询师保持适当的边界对伦理实践至关重要（Corey et al.，2015）。咨询师必须保持健康的边界，告知来访者及其家庭潜在的风险和问题，并寻求关于多重关系的督导。

伦理决策：实践建议

虽然伦理和法律方面的考虑会让新手咨询师感到担忧，但有很多资源可以帮助咨询师做出决定。本节提供了咨询师如何处理伦理问题的具体建议。有些专家建议咨询师应在与未成年人合作时问自己如下问题（Smith-Adcock & Tucker，2017）。

- 你对来访者的法律和伦理义务是什么？
- 当需要做出与来访者相关的决定时，你的生活经历对你的决定性影响是什么？
- 如果你从来访者、来访者父母、法院系统或任何相关他人的角度来考虑，你的决定会是什么？
- 当你考虑具体的情况及从众多观点中表明你可能的回应时，你是如何得到这些可能的解决方案的？

为未成年人提供咨询的咨询师要考虑得全面和周到，要对自己和他人保持敏锐的觉察，同时保持透明和沟通，在必要时接受相关培训并乐于寻求支持（Corey et al.，2015；Herlihy & Corey，2015；Remley & Herlihy，2016；Welfel，2013）。下文讨论咨询师在做伦理决策时可能会用到的实用建议。

全面和周到

仔细考虑并定义问题

咨询师要确定具体情况是否涉及伦理、法律或临床问题（Remley & Herlihy，2016），问问自己这个情况是否需要收集事实信息。如果需要法律信息，那么咨询师应咨询律师、认证部门或专门研究伦理的信用委员会的工作人员，并收集需要用来做决定的事实信息。若涉及临床决策，咨询师应咨询督导或同事。如果情况涉及伦理，那么咨询师很可能需要从多个来源收集信息和支持，因为伦理问题通常是复杂的。另外，咨询师保持耐心也是非常重要的，要从多个角度考虑问题，避免提出过于简单的解决方案（Remley & Herlihy，2016）。咨询师要明白，以前对某种情况的反应并不意味着其适用于同样或类似的情况，因为每一种新情况都有其独特的背景和因素。

考虑伦理原则和美德

咨询师应明确前面讨论的伦理原则如何应用于对应问题，并找到这些原则可能相互矛盾的地方。咨询师不要专注于在这种情况下你需要做什么，而是要问问自己你想成为谁，你的行为会如何影响或反映你的自我认知（Remley & Herlihy，2016）。

明确预期的结果，并考虑所有可能的方法来实现这些结果

在任何伦理困境中，通常都有多个理想的结果。咨询师可以通过头脑风暴来找出所有理想的结果和可以采取的行动，以实现这些结果。有专家建议在一张纸的一边列出期望的结果，另一边列出所有可能促进这些结果实现的行动。他们还建议考虑每个选项的含义和后果，且不仅要考虑这些选项对来访者的影响，也要考虑对其他会受到影响的人及对咨询师本人的影响。

记录笔记

咨询师应记录并整理一份关于心理咨询情况和向他人求教的完整笔记。

对自己和他人保持敏锐的觉察

了解自己的个人态度、价值观和信仰

咨询师要能够接受伦理问题的不明确性，这一点很重要。因为很少有伦理问题是非黑即白的。咨询师应避免因急于排除对不确定性的不适感而仓促做出决定。相反，咨询师应在考虑了所有的可能性后再针对伦理问题做出决定。另外，咨询师要适应这样的想法，即伦理问题通常不会以线性的方式发展。事实上，随着获得的信息越来越多，咨询师的决定或许会改变。当咨询师的个人情况可能妨碍咨询进展时，就应将来访者转介给其他执业者。

注意自己的感受

在评估一种伦理状况时，咨询师应考虑自己对这种情况的情绪反应及可能做出的反应。糟糕的伦理决策往往出现在我们客观看待情况的能力受到我们的偏见、情感需求或价值观影响时（Corey et al.，2015）。因此，咨询师需要思考自己是否被恐惧、伤害、自我怀疑、不安全感或个人责任感所影响（Remley & Herlihy，2016）。

努力理解来访者的生存环境和文化背景

咨询师应明白，任何伦理困境都会受自己的生活经历和世界观的影响。咨询师应提高自己对环境和文化背景如何影响自己的价值观和信仰的觉察，以及觉察它们如何与当前的困境相联系。同时，咨询师也要认识到这些因素是如何影响来访者的价值观和信仰的。咨询师还应考虑到某个行动不仅会影响来访者，还会影响其家庭和其所在的社区。

做出符合来访者最大利益的决定

咨询师应做出善意的决定。咨询师一定要检查自己的内心和意图，问问自己，这样的行动是为了自己的利益还是来访者的利益。

在个人能力范围内实践

每名咨询师都有自己独特的实践范围。咨询师应了解自己的专业局限性，并在个人能力范围内实践。咨询师要认识到自己是否有能力进行个案管理，以及必要时是否能将来访者转介给其他咨询师。咨询师要

问问自己，在与来访者或其家庭在某个情况下就特定问题讨论时，自己是否有相应的教育、培训和被督导的经验。

保持透明和沟通

告知来访者及其监护人咨询的局限性

咨询师应与来访者及其家人如实地沟通咨询师能做什么和不能做什么。在开始咨询之前，咨询师要让来访者和其监护人了解咨询过程中的任何潜在的负面影响。

鼓励家庭参与咨询过程

在适当的情况下，咨询师应努力与家庭进行联结，并尝试让家庭成员积极参与咨询过程。

对咨询师的工作做一个清晰的解释

咨询师要对自己的方法和咨询实践有信心；要知道自己是谁，以及作为专业人员知道什么是正确的；要意识到这些信息可能与其他想法和实践存在冲突。咨询师要能够清晰地表达自己用来帮助来访者改变的方法，要确保有一个理论基础来指导咨询实践。

让来访者和其监护人参与决策

所有未成年来访者和其监护人都应该参与影响咨询服务的决策。揭开这个过程的神秘面纱并要求来访者及其家人参与其中，这对促进良好的沟通很重要。

获得全面的知情同意

在咨询开始时，咨询师一定要概述所有可能的问题，未成年来访者及其家人可能需要了解关于咨询方法和实践的限制或咨询的环境。咨询师应把所有知情同意相关的信息都写成书面文件，同时确保知情同意的信息适合来访者的发展阶段，并且确保各方均有机会提出问题并进行澄清。咨询师尤其要清楚如何处理保密问题。要明白，同意并不是一次性的，而是贯穿咨询全过程的。

接受相关培训

加入专业咨询协会

咨询师应适时参加相关会议、接受继续教育、阅读相关书籍，以了解理论、技术，以及伦理和法律的发展。

注意并遵守职业伦理标准

这些标准在各种职业伦理规范和专业文献中都有概述。

了解所执业的州的相关法律

及时了解当前法院关于未成年人的案件裁决。当向涉及法律问题（如监护权之争、强制治疗）的未成年人提供咨询时，咨询师必须了解其所执业的州的相关法律。

寻求支持

加入支持小组

因为复杂的伦理状况总是会出现，所以咨询师需要有一些可靠的、考虑周全的同事，以便必要时与他们商讨对策。个人独自做出的决策通常不如与他人商议后做出的决策更妥当（Remley & Herlihy，2016）。咨询师的支持小组可以包括以前或现在的督导、同事、以前的教授、职业协会伦理委员会或所在州执照理事的代表。在涉及法律或法庭裁决的情况下，与他人商议可以为决策提供支持。

购买职业责任保险并咨询律师

通过购买职业责任保险，咨询师可以获得律师的帮助，所以一定要购买安全可靠的保险。事实上，大多数被投诉的咨询师最终都没有被起诉。没有人能免于被指控，即使是那些严格按照伦理标准实践的咨询师。因此，在有疑虑的情况下，咨询师应该在采取行动之前寻求法律建议。提前花时间梳理复杂的问题是非常值得的。

自我支持和自我照顾

一直权衡伦理决策对咨询师来说可能会很有压力，甚至会导致咨询师产生职业倦怠。研究表明，接受相关教育和培训有助于预防咨询师产生职业倦怠（Remley & Herlihy，2016）。当然，咨询师的自我照顾也很重要。下文的实践活动提供了咨询师可以用来预防职业倦怠的自我照顾练习。

实践活动

咨询师预防职业倦怠的自我照顾练习

自我照顾评估

咨询师可以从非正式评估中获益，从而监督自我照顾情况。首先，请列出 15 个对自己来说最重要的主题（如朋友、家庭、身体健康、情绪健康、组织机构）。其次，针对每个主题在 1 ~ 10 分的量表上对自己的满意度进行评分，1 分是最不满意，10 分是最满意。最后，对每个主题进行评估，并找一找能够提高这些满意度的方法。例如，如果身体健康被评为 3 分，那么多喝水和加强锻炼可能是提升对这一主题满意度的方法。咨询师应该每月重新回顾这份清单，以重新评估自我照顾情况。

提醒罐

咨询师可以在一些小纸条上写上鼓舞人心的咨询经验、想法或引发思考的名言，用来提醒自己为什么自己在做的事很重要。然后把这些小纸条放在一个罐子里，摆在床头柜或厨房台面上。咨询师可以每天打开一次罐子，读一张纸条来为自己提供持续且积极的提醒。

自我照顾行动计划

咨询师有时可能没有意识到压力和倦怠的迹象。通过制订个性化的行动计划，咨询师会更加了解自己的需求及如何处理这些需求。咨询师可以通过回答以下问题来发现自己的需求：

- 我开始倦怠的迹象；
- 承受压力时的情绪；
- 个人支持的来源；
- 专业支持的来源（如同事、督导）；
- 让自己冷静下来的地方；
- 压力之下喜欢进行的活动。

咨询师还可以根据不同的自我照顾需求在计划中添加更多内容。当问题完成后，可以把计划保存起来，以备将来遇到困难时作为参考和指导。

自我照顾日历

使用自我照顾日历可以让自我照顾成为日常习惯。每天，咨询师可以在日历上列出一个或多个自我照顾目标。例如，周一可以写“起床锻炼 30 分钟”，周二可以写“上 60 分钟瑜伽课”。这些活动可能每周甚至每天都有改变，但重要的是它们被标记出来并得以实践。

伦理决策模型

所有咨询师都会面临复杂的伦理困境。如前文所述，咨询师应该从多个角度评估伦理问题，并在决定做什么之前收集尽可能多的信息。但实际上，咨询师往往没有充裕的时间且他们需要迅速做出与伦理相关的决定。例如，如果父母邀请咨询师参加孩子的生日派对，那么咨询师需要立即做出回复。咨询师如何应对某个状况取决于咨询师的风格、价值观、原则和伦理问题的本质。大多数伦理困境并不只有唯一的正确答案，因此，咨询师在决定采取何种措施来解决这一困境时，必须考虑多种因素。这些因素包括咨询设置、所在州的法律、伦理规范及咨询师和来访者面临的风险。

有许多决策模型可以为咨询师的伦理决策提供信息，这些模型存在相互重叠的部分。决策模型可以用来保护咨询师和来访者，能够帮助咨询师厘清思考复杂情况的思路。图 4-1 提供了“DIRECTION”伦理决策模型的概述。

D：提升对伦理的敏感性和觉察力（Develop ethical sensitivity and awareness）
I：出现问题时加以识别（Identify when there is a problem）
R：查阅和应用伦理规范和标准、法律参考和专业文献（Review and apply ethics codes and standards，legal considerations，and the professional literature）
E：审视个人价值观、反应和情境（Examine personal values，reactions，and context）
C：向督导、同事和其他专业人员咨询并获得指导（Consult with and obtain guidance from supervisors，colleagues，and other professionals）
T：考虑可能采取的行动（Take possible courses of action into consideration）
I：推断每种行动的后果（Interpret the various consequences of each action）
O：根据研究和收集的信息决定最好的行动方案（Obtain the best action based on the research and information gathered）
N：留意所做决定的结果，并反思自己的行动（Note the outcomes of their decisions and reflect on their actions）

图 4-1 "DIRECTION"伦理决策模型

对该决策模型的概述如下。

在任何情况下，提升对伦理的敏感性和觉察力（模型的 D 方面）都是很重要的，即意识到什么可能会或不会造成伦理困境。对伦理问题不敏感的咨询师可能不会意识到潜在的伦理问题。持续的培训和教育是咨询师培养伦理意识的有效途径。

咨询师应在出现问题时对问题加以识别（模型的 I 方面），并收集和澄清所有相关事实。咨询师应发展出一种周全的、有分寸的、深思熟虑的信息收集方法。咨询师应该意识到他们需要哪些类型的信息来为决策提供充分的支持。敏感性和觉察力是识别一个问题是否与伦理有关的关键能力。有些伦理问题可能只涉及特定的人（如来访者、咨询师、家庭成员），因此了解各种情况如何影响所有的参与者也十分重要。

在确定伦理问题之后，咨询师应查阅和应用伦理规范和标准、法律参考和专业文献（模型的 R 方面）来考虑应采取何种行动。咨询师应始终考虑相关的伦理规范。针对当前发生或已经发生的伦理问题，咨询师需了解所在州的法律法规。因为各州有自己独特的关于心理咨询的法律法规。此外，参考与此相关的文献也很重要。

决策过程的一个重要部分是考虑个人反应如何影响决策过程。因此，咨询师对个人价值观、反应和情境的审视（模型的 E 方面）被包含在这个模型中。所有的咨询师都有影响其决策的价值观和偏见。有无数例子可以说明咨询师的个性会影响其伦理决策过程。例如，如果一名咨询师开始感到自己与一位被爸爸虐待的儿童来访者太亲近时，那么咨询师就可能倾向于在监护权推荐中做出利于孩子妈妈的推荐。在这种情况下，咨询师的个人感情会对决策产生影响，并可能导致违规行为。即使是看起来很微妙的情境问题，也可能影响咨询师的决策。例如，一名咨询师因在工作中过度劳累，在初始访谈中迟到了，并且跳过了知情同意的过程。在这种情况下，咨询师的个人情况就影响到了其临床实践。对此，咨询师应该保持警惕，不断检视自己的个人反应和经历，以及它们如何影响来访者。

向督导、同事和其他专业人员咨询并获得指导（模型的 C 方面）被证明是对许多咨询师在伦理困境中前行的巨大支持。所有伦理决策模型都强调与他人商议的重要性。因为同行们有独到的见解，甚至可能经历过类似的情况，常常能够提供有价值的见解。

（T）经过对资源和信息的仔细收集并了解了伦理问题背景下个人的影响后，咨询师可以开始考虑可能采取的行动（模型的 T 方面）。对咨询师来说，使用头脑风暴的方法找出其可以采取的各种选项是很重要的，因为这样有助于咨询师找出应对困境的不同方法。

在权衡各种行动时，咨询师应该推断每种行动的后果（模型的 I 方面）。在这个阶段，咨询师应评估各种行动的利弊。咨询师在上一步找出的选项越多，在这一阶段就必须做越多的处理。

咨询师在明确了所有的选项及每种行动方案的后果之后，根据研究和收集的信息决定最好的行动方案

（模型的 O 方面）。决定行动方案是决策过程中的最后一步。

咨询师应留意自己所做决定的结果并反思自己的行动（模型的 N 方面）。咨询师应该尊重自己所做的决定，并认识到自己在当时的条件下做出了最好的决定。咨询师见证了自己行动的结果，同时也可以因此继续完善自己对伦理判断的洞察。当咨询师再次遇到新的伦理问题时，这些反思就会格外有用。

重要的是要认识到，虽然这个模型的步骤是以线性方式呈现的，但伦理决策从来都不是线性的。实际上，这是一个循环往复的过程。当咨询师认识到一个潜在的伦理问题后，他们就会在模型的不同步骤之间来回切换。

总结

法律和伦理之间的冲突给那些与未成年人合作的咨询师带来了严峻的挑战。由于对未成年人咨询缺乏明确的指导，咨询师在很大程度上需要依靠自己的职业判断来处理伦理困境（Remley & Herlihy，2016）。

当咨询师在因伦理决定纠结时，他们应问问自己是否心安理得。咨询师也可以问问自己，如果他们的督导也与他们一起坐在咨询室里，他们是否还会这样做并采取同样的行动。他们还可以问问自己，如果来访者是他们自己的孩子，他们会怎样处理这种情况。这些问题可以帮助咨询师深入伦理问题的核心，并了解自己想要成为什么样的咨询师及在不同情况下应如何行事。

此外，咨询师还应了解在既定伦理情形下自己的个人反应。当咨询师发现自己想要逃避伦理决策时，他们应该立刻向同事或督导咨询。回避伦理决策及歪曲或隐藏相关信息，表明咨询师已经出现了可能影响其判断的个人反应。对咨询师来说，认识到这一点也很重要，即每个人都会犯错，而试图逃避、隐藏或掩盖错误往往会让事情变得更糟。同样，我们也建议咨询师在发现自己处于这种情况时，应做好记录并与他人商议。

第 5 章 关注思想和行为改变的咨询理论

心理咨询的核心是帮助来访者成长和改变。当来访者前来咨询时，咨询师很难马上知道需要收集哪些信息，以及如何帮助来访者及其家人实现他们想要的改变。一般情况下，咨询师会使用各种理论对来访者提供的大量信息进行组织和简化。这些理论不但可以作为帮助来访者寻找最佳改变方法的路径，也可以使咨询师能够决定如何以发挥其优势的方式来帮助来访者。

在数以百计的咨询理论中，有许多是专门用于儿童和青少年咨询的理论。就咨询目标、咨询概念、咨询流程、咨询师的角色，以及父母、家庭在儿童和青少年改变的过程中所需要扮演的角色上，每一种咨询理论都有其独特的理念。从最基本的层面上，这些理论可以帮助咨询师做到以下几个方面。

- 筛选来访者提供的海量信息，理解和识别哪些是需要确认、收集和组织的信息。
- 将来访者的现状概念化，确定生活中的什么导致了他们的问题。
- 确定与来访者接触的方法，从而帮助他们做出改变。

与其他理论相比，有些理论更适合也更常用在儿童和青少年身上。在本章，我们主要讨论主流咨询理论中关注来访者思想和行为改变的方法，具体包括行为疗法、认知行为疗法和现实疗法（reality therapy）。

行为疗法专注于行为改变或行为矫正。当明确了哪些行为需要被抑制或被鼓励后，儿童和青少年及其父母就需要努力改变影响这些行为的环境因素。同时，咨询师也会鼓励并支持儿童和青少年的父母学会给这些行为提供适当的奖惩机制。

由于行为是具体且可被观测的（相对于感觉和内在的变化过程来说），因此行为疗法是一种非常有意义的理论方法，它能够很好地启发咨询师的实践。行为疗法关注于减少行为问题并促进健康、适应性技能的发展，这一点很容易理解，因此对许多来访者很有吸引力（Fall，Holden，& Marquis，2010）。因为行为疗法是一种目标明确的干预方法，所以从理论上讲要比那些在咨询过程中需要花费更多时间的“非指导性方法”更省时间。

行为疗法是一种技术性非常强的方法，许多相关的干预技术都可以帮助儿童和青少年及其家人实现改变。该疗法专注于学习新的行为和能力，终止无效、破坏性的行为，这对许多父母来说很有吸引力。行为干预活动是多元化的，可以根据儿童和青少年的发展水平、面对的挑战及特殊需要进行调整。例如，一些干预技术可用于抑制破坏性的行为，另一些技术则鼓励自我成长、自我实现。表扬、正强化或使用小的奖励不但可以帮助青少年培养处理当下问题的能力，也可以帮助他们适应那些在成长与发展过程中遇到的复杂情况。通过这种方式，行为疗法可以教会儿童和青少年如何用社会所认可的、积极有效的方法来应对更加有挑战的外部环境并预防新的问题出现。随着时间的推移，当儿童和青少年持续因为其积极的行为受到奖励时，这些行为的改变也会变成其内在动机。

行为疗法帮助来访者做出基于行动的行为改变，

这通常是儿童和青少年及其父母想要在咨询中得到的收获（Fall et al.，2010）。行为疗法包括消除适应不良和功能失调的行为，并用适应性行为或技能来取代这些行为（Spiegler & Guevremont，2016）。行为疗法是一种高度结构化、积极的咨询方法，需要儿童和青少年及其父母的积极参与。它可以有效解决儿童和青少年在生活中遇到的一系列问题，同时也可以结合认知行为疗法，成为治疗许多特定的儿童和青少年精神障碍的首选方法（Butler et al，2006）。大量文献表明，行为疗法不仅对儿童和青少年有效，对支持他们的父母和老师也很有效（Butler et al.，2006）。

认知行为疗法在关注来访者行为的同时也关注他们的想法。本章也包含认知行为疗法的内容。认知行为疗法能够帮助儿童和青少年了解他们的思想是怎样影响他们的心情、情绪及行为的。他们会学习如何识别负面的或歪曲的思维模式，以及怎样改变这些思维模式，从而让自己拥有积极的情绪状态和更被认可的行为。这种疗法对焦虑障碍和抑郁障碍这两种常见的精神障碍十分有效（Kress & Paylo，2015）。

对刚刚开始意识到自己身体和大脑复杂性的儿童和青少年来说，认知行为疗法的干预非常有效。早期干预对于帮助儿童和青少年拥有调节自己的想法、感受和行为的能力有长远的影响。认知行为疗法专注于改变歪曲的思维模式，培养适合儿童和青少年成长发展和学习进程的应对能力，因此认知行为疗法有助于防止现有问题恶化或新问题的出现。

认知行为疗法认为人的思想或认知会影响人的行为及情绪。通过觉察和调整无益的想法或思维模式，儿童和青少年可以改变他们的行为模式并且最终受益。认知行为疗法更加关注来访者如何思考自身的经历及赋予经历怎样的意义，而不是他们对于经历的具体感受（Seligman & Reichenberg，2014）。认知行为疗法是基于这样一种理念——咨询应当专注于识别及改变来访者自动化的思维和根深蒂固的信念、假设和图式，最终帮助来访者实现相应的行为改变（Seligman & Reichenberg，2014）。

总而言之，认知行为疗法的目标是帮助来访者识别和处理有问题的想法和感受，从而采取健康、实用、适应性的行为。例如，如果一个 5 岁的小女孩相信是她自己的错误导致父亲离家，那么这个小女孩就可能会感到痛苦，也许还会有一些无益的行为。在这个例子中，一个 CBT 咨询师将会帮助小女孩改变对父亲离去原因的看法，从而使她不再感到痛苦。本章的后面部分会列出许多适合儿童和青少年不同发展水平的咨询方法，咨询师可以用来帮助来访者实现以上目标。

和行为疗法一样，认知行为疗法在用于儿童和青少年咨询方面也有着大量的实证基础（Butler et al.，2006）。这个方法被普遍认为是一种帮助儿童和青少年解决众多问题的有效方法，而且第三方付款人经常会格外偏爱行为疗法和认知行为疗法（Butler et al.，2006）。认知行为疗法是一种用于治疗儿童和青少年抑郁、破坏性行为障碍、自杀意念、焦虑、进食障碍及其他适应生活变化导致的困难的循证方法（Nezu & Nezu，2016；Ng & Weisz，2016）。

最后，本章还会讨论现实疗法。现实疗法注重解决问题，关注来访者当下的行为，并通过帮助来访者改变行为选择从而实现预期目标。现实疗法最早就是专门为儿童和青少年设计的，因此其使用的方法十分适合儿童和青少年的成长发展。现实疗法强调做出决定，对自己的决定负责，采取行动，并最终实现对自己人生的掌控。现实疗法的理念是，帮助来访者探索他们想要什么和需要什么，让来访者做出更加接近自己的想法、需求、个人目标的行为，从而获益。现实疗法并不像行为疗法和认知行为疗法一样有着充足的实证基础来证明其有效性，但因其专门针对儿童和青少年的特点而使其成为一个适用于这个群体的理论方法。

所有本章讨论的理论都对儿童和青少年有益，这些理论为儿童和青少年提供了新的思维模式和行为方式，而这些新的技能可以被儿童和青少年应用于当下和未来的很多情境中。同样，对家长来说，他们也会学习帮助孩子应对特定情境的各种技能，这些技能理论上也可以在其他情境中使用，甚至运用到他们自己的生活中。这种以行动为导向的理论方法可以预防问题的出现。

在本章、第 6 章和第 7 章，读者将有机会学习多个著名的理论。阅读本书的大部分人未来将会完成整套的咨询理论课程。因此，我们的目的不是对咨询理论进行不必要的复习，而是对经过我们选择的适用于儿童和青少年及其家庭咨询的理论进行简要的回顾。对于我们选定的每个理论，我们会介绍这些理论的核心概念和目标、咨询师的角色、咨询过程和程序，以及家庭干预和参与等。

行为疗法

20 世纪的前半叶，西格蒙德·弗洛伊德（Sigmund Freud）的精神分析和其他相关的精神分析疗法是主要的咨询理论。20 世纪 50 年代后期到 60 年代早期，由一些咨询方法构成的新生力量诞生，这些方法共同掀起了行为治疗运动。基于约翰·华生（John Watson）、伊万·巴甫洛夫（Ivan Pavlov）和 B. F. 斯金纳（B. F. Skinner）的先驱性研究，行为疗法结合了科学方法，以及经典条件反射和操作条件反射的学习理论，使个体产生可被观察的行为改变（Anthony & Roemer，2011）。行为疗法着重强调以下几点。

- 对客观的、有操作性定义的行为进行评估。
- 识别具体的目标行为，或者那些对青少年当下的日常功能有最大干扰的行为（也是咨询初期最关注的问题）。
- 识别行为的功能、出现的原因和特定行为带来的后果，以及儿童和青少年是如何应对这些后果的。
- 选择合适的干预方法来系统地消除不良行为，强化好的行为并教导儿童和青少年自己实施干预。
- 持续评估和监测，判断干预的有效性，在整个治疗过程中按照需要调整治疗方案和干预方法。
- 在治疗目标实现后进行追踪评估，通过证实适应性行为能否维持和适应不良行为是否消除，来判定咨询的总体有效性。

由于行为疗法精心设计、目标明确且注重方法的性质，它的咨询过程是高度结构化和主动的，特别突出的特点是以学习为基础。从广义上说，行为咨询是一个消除适应不良行为的过程，并用重新习得的增强适应性功能的行为和技能来代替不良行为的过程（Spiegler & Guevremont，2016）。例如，一个 4 岁的小男孩因为殴打了他的弟弟和日托班的其他孩子而被他的爸爸带来咨询。一名使用行为疗法的咨询师会小心定义男孩的问题行为（如在学校殴打了其他孩子），并教导男孩在生气和受挫时应该如何应对（如使用放松练习，想象他的肚子里有一个气球，吸气时气球会膨胀，呼气时能吹灭一支蜡烛）。接下来，咨询师会教导家长和老师如何以“消除行为的强化因素”的方式回应孩子，从而消除适应不良行为（如当孩子打人时，少用语言提醒孩子，而是平和地要求孩子进入“暂停”）。

在早期，传统的行为疗法只关注学习理论（Kazdin，1978），但较新的行为治疗模型更加强调认知、情绪及生理因素对行为的影响。因此，使用行为治疗理论的咨询师在对儿童和青少年咨询的过程中会整合其他循证的干预手段（如认知行为疗法），并更加强调学习理论之外的一些因素。

由于行为疗法具有多种干预方式，而且可以用来解决很多儿童和青少年现存的不同方面的问题，因此行为疗法很适合儿童和青少年咨询（Fall et al.，2010）。此外，行为疗法也能很好地支持他们解决各种难题。为了改变儿童和青少年的问题行为，促进他们（或其父母）的能力发展，缓解其令人痛苦的症状，咨询师可以尝试使用以下几种干预方法——提示、示范、塑造、链接、家庭作业、反应成本策略和代币系统、行为演练或角色扮演、社交技能和自我肯定训练、渐进式肌肉放松、系统脱敏、暴露疗法、催眠、生物反馈、自我管理和正念策略。本章后面部分会对这些方法进行更详细的介绍。

行为干预技术适用于解决以下类型的问题：沟通技巧问题、注意缺陷 / 多动障碍、孤独症谱系障碍、遗尿症、教养技能、儿童肥胖、焦虑障碍、恐怖症、创伤后应激障碍、抑郁障碍、成瘾障碍和进食障碍（Spiegler & Guevremont，2016）。当然，行为干预也可用于解决其他问题。

核心概念和咨询目标

从行为主义者的角度来看，孩子天生只是一张白纸，他们既不好也不坏，仅仅是其所处环境的产物。他们所有的行为都被认为是通过学习和条件反射过程习得的，行为是对环境刺激的反应。因此，儿童的行为是被他们的生活经历，以及他们如何应对环境中的事件或情境所影响的（Skinner，1971）。随着反复暴露在情境中，儿童开始发展出可预见的行为模式来应对特定的事件或环境状况。行为主义者相信使用正确的干预方法可以改变行为模式。值得注意的是，行为主义者对于提高来访者的洞察力、探索来访者潜在的内部冲突或使用无条件积极关注来促进来访者的自我实现不感兴趣。行为疗法专注于行动。也就是说，儿童和他们的家人需要练习并使用他们在咨询中学到的新技能和策略，以帮助他们改变自身的行为并实现他们的咨询目标（Wagner，2008）。

行为主义者相信所有的行为都是习得的，因此问题行为会消失并被适应性的行为取代。从这一角度来看，适应不良的行为不是由于个人原因或自身的困扰、障碍所导致的。因此，行为主义方法是一种内在赋能的方法。

行为疗法建立在经典条件反射和操作条件反射的核心概念基础之上。这些概念可以解释行为是怎样习得并维持的，同时也有助于形成相应的治疗干预方法，这些干预方法被广泛认为是治疗特定精神障碍的最佳实践方法。

经典条件反射

经典条件反射也被称为应答性条件反射，是一个刺激和反应匹配的过程。在这个过程中，一个特定刺激反复出现，随着时间的推移，最终会导致一种特定的反应。最终，刺激和反应互相关联或配对，每一次刺激出现后，相应的反应也会出现，这个过程就是应答性条件反射。例如，如果一个孩子每天在地毯式自由阅读时间里都会被老师训斥，并出现焦虑的反应，那么这个孩子一到阅读时间就会产生焦虑，即使没有受到老师的训斥（刺激）。换句话说，阅读活动和焦虑成为配对反应。美国精神病学家沃尔普（Wolpe）使用了经典条件反射原理发展了系统脱敏法（systematic desensitization），又称交互抑制法，该疗法可以帮助儿童和青少年消除焦虑和恐惧。系统脱敏法协助来访者将恐惧的等级从最轻到最重进行划分，同时教他们各种行为放松技巧。一旦孩子具备使用放松技巧的能力，他们就可以从想象最小痛苦的恐惧开始，同时使用放松技巧。随着他们逐渐地、反复地用一个放松的反应来面对恐惧和焦虑，青少年的恐惧最终会被消除。

操作条件反射

操作条件反射，也叫工具性条件反射，同样适用于儿童和青少年咨询，因为许多行为治疗干预方法都是依赖于操作条件反射的基本原理。操作条件反射以结果和强化为基础，行为受到行为之后所产生的积极或消极后果的影响。当某一行为伴随着积极的结果时，如奖励，这一行为就会得到强化，变得更加容易发生；当某一行为伴随着消极的结果时，如惩罚，行为就会更少发生，因此当缺少强化物或行为出现消极后果时，此类行为就会较少出现（Miltenberger，2012）。咨询师经常使用正强化、负强化、惩罚及消退法等行为矫正干预方法来增加儿童和青少年积极行为出现的频率，减少或消除他们的适应不良行为。咨询师需要意识到正强化是最有效的操作条件反射方法。因此，在条件允许时，使用正强化应该优先于惩罚或其他可能引起不良后果的方法。尽管强化策略经常用于在某一特定条件下改变某个特定的行为，但是对一个行为的反复强化可能会导致该行为在不同情境中的普遍化。

社会学习

社会学习起初被称为社会认知理论（Bandura，1986），它和前面提到的只关注行为和环境因素的经典条件反射和操作条件反射有些许不同。社会学习的不同之处表现在它还会关注个体的世界观、信念、观点及其他认知过程，因为社会学习认为，个体对事件内在的评估和解释对其行为有显著影响。社会学习属于传统的行为疗法，解释了如何通过观察或观看他人的行为而习得新的行为（Bandura，1977）。观察学习在为儿童和青少年咨询时非常有用，因为这一群体很容易学会或模仿周围人的语言和行为。示范（modeling）是一种广泛使用的社会学习干预方法，它是指向儿童和青少年提供一个可以模仿的正面榜样或能够被观察到的适应性行为范例。一个运用示范的例子是在社交技能训练中给那些患有孤独症谱系障碍的儿童和青少年提供同伴榜样。表 5-1 提供了关于行为疗法核心概念的总结。

表 5-1　行为疗法的核心概念

概念	描述	示例	干预示例
经典条件反射	• 刺激—反应配对过程 • 刺激物的重复出现，随着时间的推移，引起特定的反应	• 如果孩子在演讲时经常被同学嘲笑，他最终会发展成只要公开演讲就会焦虑	• 系统脱敏
操作条件反射	• 基于后果和强化 • 行为被行为之后的积极或消极的后果影响	• 每次孩子在没有被要求的情况下打扫自己的房间，孩子就可以在外面多玩 15 分钟 • 孩子再多吃四口蔬菜后就可以离开餐桌 • 孩子发脾气后，父母会把他最喜欢的玩具拿走 • 当孩子在商店没有得到糖果而发脾气时，父母对他的行为不做出反应	• 正强化 • 负强化 • 惩罚 • 消退法
社会学习	• 关注一个人的世界观、信念、观点和其他认知过程 • 个体对事件内在的评估和解释会对其行为有显著影响	• 孩子看到妈妈每天早上梳头发，于是孩子模仿妈妈，每天早上自己梳头发	• 示范

行为疗法中咨询师的角色

在使用行为疗法对儿童和青少年进行咨询时，咨询师的角色可以是顾问、教师、建筑师或问题解决者。行为疗法咨询师用一种指导性的、计划性的、工具性的方式进行治疗，他们看重系统的、客观的、可被观察的、基于研究的、严格的治疗程序和实践（Miltenberger，2012；Spiegler & Guevremont，2016）。尽管行为疗法是流程性的科学方法，咨询师也依然认为人际关系会影响治疗过程，现代行为疗法的咨询师认为在对儿童和青少年进行咨询时建立一个稳固的治疗联盟是非常重要的。由于习得的行为相对比较持久，因此行为改变是困难的。因此，行为疗法咨询师明白，如果希望看到变化、达成目标，他们投入治疗关系方面的时间和努力要和花费在测量、评估和行为干预方面的一样多。没有来访者及其家人的信任，即使干预方法拥有大量的实践基础，也难以取得效果。而且，行为疗法需要儿童和青少年及其家人在学习、监督、练习、使用各种技能方面扮演一个更加积极的角色，因此咨询师的支持、鼓励和共情性理解可以强化、促进及鼓励来访者的努力。咨询师可以通过了解儿童和青少年的优势、兴趣及独特的人格特质来培养积极的治疗关系，并将这些内容融入为儿童和青少年量身定制的干预方案中。例如，咨询师可以利用汽车、恐龙、电视人物、动物卡片或其他符合儿童和青少年兴趣的主题来构建一个代币系统以强化青少年的行为。

除了建立信任的治疗联盟，行为疗法咨询师通常还会遵循一套系统性的程序——应用行为分析

（Applied Behavior Analysis，ABA）。该程序通过对行为进行评估和应用治疗策略来改变青少年的适应不良行为。ABA 的应用代表了运用研究方法来改变人类行为的实际应用。ABA 还涉及功能性行为分析（Functional Behavior Analysis，FBA）。咨询师使用 FBA 可以系统地识别造成和维持问题行为的因素，以及那些行为背后的功能和目的（Harvey et al.，2009）。在评估过程完成之后，咨询师会分析得到的信息并开展以下工作：（1）制定针对特定、可观察行为的初始个性化治疗目的和目标；（2）找到循证的行为干预方法，并且指导儿童和青少年如何在不同的环境下使用，以及不受影响地坚持使用；（3）继续监测行为，评估干预的有效性，在咨询全过程中根据需要修正治疗目的和目标；（4）完成后续评测以判定治疗的有效性和积极行为改变的维持情况。

行为疗法重点关注个性化的治疗实践，其中会考虑与儿童和青少年行为相关的特定情景、环境因素、人及其他因素。行为疗法强调咨询师应该用一种适合来访者的发展水平、智力水平及对来访者的需要保持敏感的方式为来访者制定个性化的评估过程和干预方法。例如，当对儿童来访者进行咨询时，咨询师可以把治疗方案设计成绘本或儿童故事，使用笑脸进行评分，而不是使用数字来呈现来访者的自我报告数据，或者使用角色扮演这种创造性的方式让孩子口头表达他们在咨询中学到的新技能，或者展示他们行为改变之前和之后的例子。下文的实践活动给出了一个针对学生的咨询示例。

实践活动

教师的角色扮演活动

活动概述

在这个活动中，我们会邀请学生扮演老师的角色。在咨询的最后，要求来访者介绍和展示他们在咨询中学到的知识，以及对新的概念、术语、规则和要求、干预手段、技能或其他相关内容的理解。咨询师为来访者提供材料和道具，并让其父母、养育者和其他家庭成员扮演学生，为来访者创建一个教学情境。

活动目标

这种干预给学生提供了一个机会来展示他们对咨询中提到的新内容的理解，以及对先前讨论过的概念的掌握情况。通过互动体验，如给咨询师和家庭成员“讲课”，来访者可以学会使用有效的沟通技巧，认识到什么是学校、家庭和社区的规则、被期望和积极的行为，并以更有动力且更灵活的方式应用治疗中学到的概念。

活动步骤

1. 向来访者介绍和解释如何进行角色扮演，告诉他们“表演”和“假装”可以作为一种有趣的方式来学习、练习和掌握咨询中讨论的话题（如应对技巧、放松技巧、社交技巧及其他亲社会行为）。

2. 询问来访者是否有一个喜欢的老师和科目，并整理教学策略、课堂活动和能够帮助来访者学习的课程。解释、示范和讲解教师如何口头讨论学习材料；如何给学生做示范；如何使用工作表、图片、列表或绘图来直观地显示信息；如何通过活动和游戏来帮助学生学习。咨询师应根据需要来修改内容，以确保这个活动符合来访者的发展水平。

3. 要求来访者扮演他最喜欢的老师的角色，并提供一个之前讨论过的教学策略的例子。咨询师也可以要求来访者解释和示范在课堂该如何表现？规则是什么？什么是积极行为？老师怎么认可、表扬或奖励学生。

4. 肯定和赞扬来访者对所讨论话题的理解，并帮助来访者将这些知识与在咨询中所学到的能力和技巧联系起来。在咨询结束前，询问来访者是否愿意担任老师，并解释咨询师、父母、养育者和其他家庭成员应该如何当学生。

5. 在咨询过程中回顾和讨论当前或以前学过的咨询主题。提供具体的例子、示范和练习角色扮演来进行"授课"，让来访者担任老师，以建立其信心并促进其对行为的掌握。

6. 为来访者提供道具和材料，增强活动的体验性。道具可以包括教鞭、假眼镜、领带或运动衫、教师用品包或公文包、教科书、文件夹、粉笔或白板等。咨询师应准备与来访者"教学"主题相关的具体材料，如易于理解的图片、工作表等，以符合来访者水平的方式呈现。

7. 向父母或其他家庭成员解释这个活动，并把家庭成员作为来访者课堂的学生。如果需要，咨询师可以邀请来访者使用他们的桌子和电脑椅作为其他道具的补充。根据来访者的发展和智力水平，咨询师可能需要作为"助教老师"来协助活动的开展。

8. 角色扮演结束后，庆祝来访者的成功表现；指出其做得好的地方、展示的技能和所胜任的能力；夸奖来访者；并与来访者及其家庭成员一起讨论积极的行为改变。咨询师还可以布置家庭作业，指导来访者在整个一周内继续给家庭成员上课，让他们继续表现在特定环境中的积极行为。

过程性问题

1. 告诉我当老师及帮助我们学习是什么感觉？

2. 你在教我们时用了什么技巧？

3. 告诉我你最喜欢这个活动的哪一点，原因是什么？

4. 对你来说挑战是什么？你是如何克服这些挑战的？

5. 你还能在哪里使用这些积极的行为？你会怎么教你的朋友呢？

咨询过程和步骤

评估

使用行为疗法的咨询师会通过多种评估方法（包括间接的、描述性的、实验的评估方法）来收集关于来访者各种担忧的初始信息（Flynn & Lo，2016）。为了理解儿童和青少年的行为，咨询师会要求父母用一个详细的典型例子来描述儿童和青少年的问题行为。父母提供的细节是十分重要的，因为从这些细节中咨询师可能会发现导致问题行为的原因。行为疗法的咨询师需要关注父母对以下三个问题的回答。

- 问题如何用具体的、特定的行为术语来描述？
- 问题出现之前发生了什么？
- 问题出现之后发生了什么？

通过回答这三个问题，咨询师就可以帮助来访者的父母或其他人以新的术语理解问题。

例如，一位儿童养育者报告了一个问题，说孩子在"寻求关注"，然而孩子实际的问题行为可能还包含了一系列可以作为干预目标的其他行为。在这些情况下，咨询师可以这样对儿童养育者说：

> "我希望你可以详细地告诉我，当你说艾拉有攻击性爆发行为时到底发生了什么。如果我是墙上的一只苍蝇，在她开始变得有攻击性前的5分钟，我能看到什么？在她马上要变得有攻击性时，我能看到什么？在她变得有攻击性时，我能看到什么？"

对家长来说，简单地用“坏”形容一个孩子的行为是很常见的。咨询师应该深入了解“坏”具体指什么。随着更深入的了解，孩子的表现可能被妈妈称为“难搞”。关于孩子的“难搞”，咨询师可以问以下几个问题。

- 当孩子表现出“难搞”的行为时，他都在做什么？
- 告诉我“难搞”的行为出现的频率是怎样的？多久出现一次？
- 告诉我什么情况下孩子会不那么“难搞”？
- 孩子有不“难搞”的时候吗？如果有，什么时候？频率是怎样的？
- 什么能够帮助孩子不那么“难搞”？

使用间接评估方法（如临床访谈、问卷调查、等级量表）和描述性评估方法（如直接观察行为的频率、强度及持续时间）能够帮助咨询师收集有价值的数据，以实现案例概念化和干预方案程序。FBA 已成为行为治疗咨询师最常使用的动态评估方法。与其他 ABA 评估方法类似，FBA 用于客观定义儿童和青少年的问题行为，并识别那些激发和维持问题行为的个人和环境因素（Leaf et al.，2016；Oliver et al.，2015）。FBA 的系统性程序是一种具有特殊优势的评估方法，这个过程可以帮助咨询师全面而精准地了解特殊行为和环境因素之间的因果关系，从而确定儿童和青少年行为的潜在功能（Shriver et al.，2001）。也就是说，通过建立行为和环境因素之间的联系（如情境、时间、周围的人、行为之前和之后发生的事件），FBA 能够帮助咨询师识别该行为的目的是什么，了解儿童和青少年从该行为中能够获得什么。

在 FBA 过程中，咨询师会使用 ABC 模型，该模型可帮助咨询师观察和收集行为发生的先决条件（antecedents）、可观察到的行为（behavior）及行为发生的后果（consequence）的相关数据。咨询师首先识别特定行为出现前发生的先前事件或线索，也就是判断哪些环境因素导致了行为反应。这些反应就是咨询师实施 FBA 的目标行为。例如，当观察教室里的孩子以确定目标行为的先决条件时，咨询师应该回答以下有关目标行为的问题：它们是在什么样的情境下发生的？情境中的具体事物有哪些？情境有哪些特别之处？行为会出现在一天中的什么时候？在行为出现之前，周围环境通常会发生什么？孩子是否在学业上有困难？周围都有谁在？有没有同伴的影响？先决条件为咨询师提供了所有可能导致青少年产生特定行为反应的决定因素或预先因素。行为发生之后，他人的反应或随后发生的事件叫作后果，它不仅使青少年的行为持续出现，也解释了行为的功能。行为主义者通常将行为的功能或目的划分为以下五个方面。

- 寻求关注：从他人那里得到积极或消极的关注。例如，孩子通过做家务来获得父母的积极关注，通过破坏家庭用品来获得父母的消极关注。
- 逃避任务：逃避或回避一个任务、事件或不喜欢的情境。例如，孩子故意与同伴打架从而逃避阅读测验。
- 自我刺激：行为出现是自我刺激的一种形式。例如，孩子因为过度警觉而离开教室，在走廊上踱步。
- 生理不适：孩子感到不适、疼痛或其他生理不适。例如，孩子在吃过晚饭后因为肚子痛而拒绝做作业。
- 实物满足：希望获得某样物品。例如，孩子为了得到零花钱每天去遛狗。

一旦识别了先决条件和后果，咨询师就会对环境因素是如何影响目标行为的表达和维持进行概念化，并基于这种概念化形成有关行为功能的假设。然后咨询师会使用小的实验来检验他们的假设，即通过系统性地呈现一系列可能导致目标行为反应的事件或情境。也就是说，故意让之前识别的先决条件发生，从而判断儿童和青少年是否会产生目标行为。或者，咨询师也可以根据特定的行为功能（如寻求关注、逃避任务、生理不适等）来制造不同的事件，然后追踪目标行为在什么状况下会更频繁地出现。适应不良的功能性关系是指环境决定因素导致儿童和青少年参与不好的目标行为，其被用作建立治疗目标的基础，旨在消除这种关系，并帮助儿童和青少年发展更多的适应性行为。

尽管 FBA 需要付出一定努力才能完成，但是这种方法十分实用，可以很好地应用于咨询师为儿童和青少年咨询的过程。随着 FBA 将复杂的行为分解成独立的细小部分，咨询师可以向儿童和青少年及其家人就问题行为做出更具体、更具逻辑性的解释。把行为分解为小而具体的组成部分有助于制定更加务实的目标。这种行为疗法特别适用于学校环境，因为许多在课堂上有行为问题的学生同样也会遇到学业问题。帮助儿童和青少年在短时间内建立能够达成的小目标可以让他们体会一种有益的成功感和自我效能感。培养儿童和青少年的个人能动性可以提升其接受治疗的动力，因为目标的实现自然地成了一种强化。

操作条件反射干预法

在完成个性化的 FBA 并制定了清晰、可测量和可被观察的目标后，咨询师就可以选择经过实证验证的干预措施，用以支持想要达到的咨询结果。如前所述，行为疗法的策略是基于经典条件反射和操作条件反射的干预；但是，当对儿童和青少年进行干预时，大多数时候会使用操作条件反射，因为强化策略易于应用于不同情境，方便参与儿童和青少年生活中的人来使用。也就是说，咨询师可以为父母或其他养育者、老师和其他学校人员提供关于行为干预的心理教育，从而在所有环境下优化儿童和青少年的行为。表 5-2 提供了经常用于儿童和青少年的操作条件反射干预措施。

表 5-2　操作条件反射干预措施

干预	应用	示例
正强化	• 给予一个积极的刺激作为一个行为的后果 • 行为增加	• 由于学生跟随指令，老师给他一张贴纸 • 一位妈妈表扬了她的儿子，因为他取得了好成绩
负强化	• 移除一个不好的刺激作为一个行为的后果 • 行为增加	• 被留校的学生在完成迟交的作业后可以离开学校 • 一个孩子分享玩具以阻止妹妹的抱怨
惩罚	• 正惩罚是增加一个不好的刺激作为一个行为的后果 • 负惩罚是消除一个好的刺激作为一个行为的后果 • 行为减少	• 一位爸爸因为儿子打了弟弟而要求他暂停其他事情（正惩罚） • 如果孩子超过宵禁时间还没回家，父母会收走他的自行车钥匙（负惩罚）
消退	• 由于缺乏强化，消极行为停止或消失 • 行为减少	• 老师忽视孩子情绪的爆发 • 孩子每次哭着要糖果时，他的爸爸都不给他
提示	• 用言语、视觉或身体提示来引发行为 • 行为很可能发生，并且伴随的强化会增加	• 老师向大声说话的学生发出提醒 • 学生指一指老师去提醒正在课堂上讲话的朋友
塑造	• 持续强化相近行为或和目标行为相类似的行为，直到目标行为产生 • 逐步增加类似行为，直到学会目标行为	• 表扬害羞的孩子与同伴短暂互动，直到他能与同伴正常交谈 • 孩子完成部分作业就给予奖励，直到他完成全部作业
链接	• 强化分步或“连锁式”的行为，直到学会复杂的目标行为 • 逐步增加每个分步的行为，直到实现更复杂的行为	• 孩子每学会一个字母都会获得一颗金色的星星 • 孩子每学会绑鞋带所需的一步就会得到称赞

权变管理（contingency management）。这是一个正强化技术，需要青少年在参与一个喜欢的活动之前，先完成一项不太喜欢或完全不喜欢的任务。因为喜欢的活动是特别想做的，也就更加容易发生。当能否参与一个喜欢的活动取决于一个不喜欢的活动（即更不容易发生的活动）的完成情况时，孩子为了获得接下来的奖励会首先完成不想做的任务。例如，如果一个孩子想要在外面玩耍，父母一般会要求他首先完

成布置的作业。权变管理技术用喜爱的活动作为一种正强化，去提升孩子在不喜欢任务（如做家务、吃蔬菜或完成功课）上的参与度。

代币系统（token economy systems）。作为权变管理的一种形式，代币系统是一种可操作的强化计划，可以用于儿童和青少年个体或团体咨询，并经常被父母和老师当作家庭和课堂管理策略来使用。与所有行为咨询过程相似，一个或一系列目标行为必须事先被找到和定义。行为契约是用来记录代币系统的条款和条件的，包括具体的行为期待和强化程序表。在使用代币系统为有发展或智力落后的儿童和青少年进行咨询时，做出行为契约和使用其他的视觉辅助工具可以使代币系统更加具体，也更容易理解。当儿童和青少年展现出好的目标行为后就能够得到代币、分数、奖票或其他小物件。每一次目标行为出现后可以给予相应的代币奖励，并把代币保存在透明的罐子或容器中。一旦积攒到之前说好的数量，孩子就可以用它们来换取奖品。

代币系统可以轻易适应儿童和青少年的需要。例如，代币系统也可以包括响应成本条件（response cost conditions），即一旦不被接受的行为出现，孩子就被要求从容器里拿走一个代币作为后果。这种条件的融入并非少见；但是，因为在矫正行为时正强化比负惩罚更加有效，咨询师和其他使用代币系统的人需要确保他们正在设计和使用的奖励系统有助于孩子的行为改善。想象一个患有多动症或容易冲动的孩子，如果奖励机制是举手会获得代币，但是一旦未经允许开口说话就要被拿走一个代币，那么这个孩子很可能永远都赚不到可以换取奖励的代币数量。这样的系统不但不会强化目标行为，还有可能引起相反的效果，导致孩子感到不断增加的挫败感、气愤或失望。代币系统中如果带有响应成本条件，那么它更加适用于那些行为已经证明有一定程度的进步，可以进行更进一步的强化系统训练的儿童和青少年。对更年幼的孩子和在咨询早期的青少年来说，代币系统应该单独建立在正强化基础上。那些真实的、可触及的奖励体系是用来促进儿童和青少年目标行为实现的最合适的选择。

咨询师或任何人在使用代币系统时，或者在使用之前提到的行为矫正的操作性干预方法时，都必须特别关注儿童和青少年的发育和智力水平。咨询师和那些参与咨询和干预过程中的人要时刻反思他们对儿童和青少年的期待或要求。重要的是，不要对儿童和青少年提出过多的要求或实施惩罚，因为他们不会在只得到一个小奖励后就立刻改变所有的不良行为。咨询是一个过程，而且必须符合儿童和青少年的发展水平。因此，咨询师最初可能需要重复使用提示、塑造、链接和强化来帮助学生在上课期间保持坐在椅子上；当孩子逐渐掌握了目标行为并开始发展新技能后，咨询师就可以减少这类干预的频率。在咨询的开始阶段暂时适当地减少对孩子的要求，随着咨询的进展逐渐增加对他们的期待，这么做非常有益，可以让孩子有机会体验成功所带来的满足感和骄傲感，同时也鼓励他们通过小改变一步步朝着实现更复杂和积极的行为目标而前进。

经典条件反射干预法

经典条件反射干预法最适合应用于那些经历焦虑、恐慌、恐惧或创伤的儿童和青少年。这类人群常伴有一些较强的身体反应，如心跳加快、呼吸急促、颤抖、伴随着对恐惧事物、事件或情境的痛苦想法。相应的，经典条件反射干预法不仅使用行为学习原理来解决由于应激相关问题产生的生理反应（如分离焦虑、特定恐怖障碍、社交焦虑障碍、场所恐怖症、惊恐障碍、创伤后应激障碍），而且还结合认知相关的练习解决基于想法的一些症状（例如，担心走失，在公众面前感到尴尬，预期发生被害、受伤或死亡）。因为许多焦虑困扰或创伤性事件经常发生在童年，因此许多干预方法，如渐进式肌肉放松、系统脱敏法，以及暴露疗法都常用于儿童和青少年。这些治疗技术有实证证据证明其有效性。此外，还有一种技术叫眼动脱敏与再加工（Eye Movement Desensitization and Reprocessing，EMDR）疗法，它是一种暴露疗法，因不断有文献支持其在治疗与创伤有关的痛苦方面具有临床效果，从而受到了极大关注。

经典条件反射干预法，特别是 EMDR，是目前较领先的治疗方法，需要经过特别的训练和实践。初级咨询师和其他在从业早期的专业人员必须确保自己具备使用这些干预措施所需的能力、训练及必要的临床督导，并在不伤害儿童和青少年的情况下使用这些干预。他们也必须对使用一种有效且符合伦理的方式进行咨询实践保持敏感。

渐进式肌肉放松（Progressive Muscle Relaxation，PMR）。焦虑或其他与压力有关的问题会导致各种生理症状，包括肌肉紧张、心悸、头昏、疲劳或睡眠紊乱。渐进式肌肉放松是行为治疗咨询师用来帮助儿童和青少年的身体平静下来或在他们感到焦虑、担忧时进行放松的一种干预方法（Jacobson，1938；Lopata，2003）。该方法鼓励儿童和青少年找一个舒适的坐姿或躺姿，然后闭上眼睛进行深呼吸。咨询师系统性地指导儿童和青少年绷紧某个特定身体部位的肌肉，持续 5 秒，然后放松肌肉，并且留意随之而来的放松状态。通常鼓励青少年体验一个对从头到脚的主要肌肉区域进行放松的过程。PMR 最关键的组成部分是儿童和青少年对紧张和放松感受之间的辨别。通过这一练习，儿童和青少年开始意识到他们的身体在焦虑时是如何反应的，通过持续练习，他们就能够学会在面临出现引发焦虑的刺激线索时放松肌肉。但是，像所有的条件反射干预一样，多次重复是达到预期效果的必要条件。下文的实践活动提供了一个可用于指导年幼孩子如何进行渐进式肌肉放松的脚本。

实践活动

引导幼儿放松的指导语

下面是一个放松活动，可用于指导年幼孩子如何进行渐进式肌肉放松。

我们要做一个练习来告诉你放松的感觉有多好，并教你如何帮助你的身体变得放松。我们会把注意力集中在你身体的不同部位，当我说“开始”时，你要尽可能地使劲儿绷紧身体。如果你觉得舒服，就请闭上眼睛，聆听我的声音。让我们从你的脸开始。假装你刚吃了一片很酸的柠檬。尽量闭紧你的眼睛和嘴唇。现在放松你的眼睛和嘴唇。放松的感觉很好，不是吗？多放松一下你的嘴唇，甚至可以微微张开一点。

现在绷紧你的鼻子和额头。看看你能把他们绷多紧。想象一下你的眉毛挑得特别高，几乎要碰到你的头发。现在放松你的面部肌肉。让它们回归原位。

接下来，我们来放松你脸的下半部分。假装你嘴里有一颗很硬的糖，糖里面有一块泡泡糖。你真的很想去吃那个泡泡糖，但是你得使劲咬才能把外面的糖咬碎。现在轻轻地咬下去，试着把硬糖咬开。真的很困难！停一下，休息一下，让你的面部肌肉放松。再试着使劲咬一口，硬糖就会碎的。准备好了吗？来吧！好，成功了！现在放松，让你的颈部和下巴肌肉放松。嘴稍微张开一点。咬得这么狠，放松一下感觉真好，不是吗？

下一步，我们来关注颈部和肩部。你已经用到了一些颈部肌肉来咬碎硬糖，我们要再次使用它们。把你的后背和肩膀绷紧，让你的肩膀使劲靠近耳朵。试着让你的肩膀像耳环一样触碰你的耳朵。挤压你的身体肌肉，使它们尽可能地绷紧。看看你的肩膀能不能再高一点。将你的下巴往里收，尽量靠近你的胸前，继续抬高你的肩膀。好，现在放松。感受让你的颈部和肩部肌肉放松并回到它们的自然状态的感觉有多好。放松是不是感觉好多了？

让我们来看看你的腹部。使劲吸你的肚脐，

假装它会碰到你的后背。好。现在把它吸得更紧，就像你要侧着身体挤过一扇小门一样。让自己尽可能变小。现在让你的肌肉放松，深呼吸来填满你的肚子。感觉很好，不是吗？

把你的注意力放在你的腿和脚上。站起来，想象你是在沙滩上，把你的脚伸到湿沙里。当来自大海的波浪在你腰部翻滚时，把你的脚趾分开然后使劲伸到沙子里。海浪很大，你的腿需要强壮有力地撑住，把你的脚趾分开使劲伸到沙子里，这样你才不会被冲到岸上。你必须站稳。尽可能用力地绷紧你的腿部肌肉，一个真正的大浪就要来了！你可不想被冲到岸上！做得好！现在再次放松你的肌肉。

回想一下当你的肌肉绷紧后，放松的感觉有多好。放松比紧张感觉要好得多，不是吗？你可以随时进行这个练习来帮助你放松。也许你可以在睡前练习一下，帮助你在睡觉前放松。你可以在任何地方、任何你感到压力或身体紧张的时候做这些练习。你今天做得非常好！继续练习，你会成为一个放松专家！

通过使用隐喻或想象技巧可以将 PMR 的程序修改为适用于年幼孩子的方法。咨询师可以要求孩子假装或想象与绷紧和释放不同肌肉部位有联系的场景。下面的一些例子可以用于年幼的孩子。

- “假装你是一只在寻找朋友的猫头鹰。闭上你的眼睛，但是把你的眉毛抬得高高的！继续寻找你的朋友……他在那里！你现在可以放松你的眉毛了。”
- “假装你是一只小兔子在闻花香。哦，天哪！这朵花闻起来糟糕极了！像小兔子那样缩紧你的鼻子……好，现在那种气味不见了。放松你的鼻子，是不是感觉好极了？”
- “假装你是绿巨人并正在变成绿色。用力攥紧你的拳头……保持攥紧！你不再感到生气了；现在可以放开手了。你有没有注意到现在的你和变绿时的你有什么差别？”

系统脱敏法。系统脱敏法是利用交互抑制消除恐惧和焦虑的一种干预方法，由美国精神病学家沃尔普创立。在这种方法中，咨询师首先教来访者深呼吸和放松技巧，接下来构建一个焦虑的层级或主观痛苦感觉单位量表（Subjective Units of Distress，SUDs）。该量表对最不容易触发焦虑的情况到最容易触发焦虑的情况进行连续分级。来访者接下来会依据指导想象他们最低的焦虑等级，并同时刻意地做放松训练，预防或消除焦虑症状。这就是系统脱敏法的相互抑制作用，即将刺激和与其不相容的反应配对。当想象中触发焦虑的情景、事件或暗示反复地与其不相容的放松反应匹配时，焦虑或恐惧就会逐渐脱敏或被减弱。这种忘却的过程叫作对抗性条件作用（counter-condtioning）。咨询师使用系统脱敏法帮助来访者逐步按照每个层级放松，这是一种消除恐惧和焦虑反应的有效手段。与 PMR 类似，系统脱敏法也需要每天练习才能产生预期的结果。

暴露疗法（exposure therapy）。不同于系统脱敏法需要来访者想象能够触发焦虑的刺激，暴露疗法要求来访者体验一个真实世界或在内心遭遇一些刺激。暴露疗法的过程类似于系统脱敏法，因为咨询师也需要与来访者进行沟通来建立一个从最轻微到最严重的痛苦等级量表。在使用放松策略作为一种应对机制的同时，暴露疗法还会将来访者逐渐暴露在更高水平的恐惧或触发焦虑的刺激中，直到他们最后表现出不回避且可以面对刺激的能力。

其他相类似的暴露疗法还有内爆疗法（implosion therapy）和满灌疗法（flooding therapy），它们的使用与系统脱敏法正好相反，它们不是使用从最轻微到最严重的痛苦刺激，而是一开始就让来访者直接面对最痛苦的刺激，并且不断重复这一过程。内爆疗法只用在由咨询师指导的视觉化练习的过程中。满灌疗法是让来访者重复地暴露在现实生活中的恐惧或痛苦的刺激中。通过直接暴露，来访者需要在较长的一段时间内面对这些刺激，身体的压力反应最终会完全耗尽。当这样的过程在较短的时间段内重复进行时，来访者就会逐渐意识到之前所担心的消极结果并没有发生。满灌疗法也许看起来很极端，但是这种干预可以最快地减少焦虑或消除恐惧。然而，如前所述，对咨询师和其他精神健康专家来说非常重要的一点就是在使用类似干预（包括暴露疗法、内爆疗法和满灌疗法）时要保持高度警惕。尽管父母会代表孩子表示知情同意，但如果计划使用任何暴露疗法时，咨询师就应该完全向孩子告知要进行的过程并征得孩子的同意。

眼动脱敏与再加工疗法（EMDR）。该疗法由心理学家弗朗辛·夏皮罗（Francine Shapiro，2001）开创，主要作为一种治疗经历过创伤性压力的个体的方法而被大家所熟知（Kemp et al.，2009；Rodenburg et al.，2009）。EMDR 整合了有节奏的双侧刺激、想象暴露、放松和认知重构等治疗技术。快速眼动作为最常使用的双侧刺激，能够帮助大脑对创伤经历、与此相关的适应不良的想法和身体感受进行再加工，其他的双侧刺激，如音调、光线或轻轻敲打也同样会被应用。EMDR 的基本前提是过去的创伤经历被储存在大脑负责感觉和运动的区域，即右侧脑，而不是存储在每日学习和记忆的左侧脑中。在 EMDR 的评估和准备阶段，咨询师需要确定具体事件或一系列事件并教会来访者放松技巧，然后与来访者合作确定与事件相关的主观痛苦感觉单位量表（SUDs），包括特定的负面想法、情绪及所触发生理感觉的具体身体部位。接下来，找出积极的替代想法，然后要求来访者同时思考创伤经历和积极的替代想法（如“我是安全的”）；在此期间，咨询师会开展时长为 15 ~ 30 秒的快速双侧眼动与之后的放松疗法。重复执行这些步骤就是重新处理与放松和积极的替代想法相关的记忆（Field & Cottrell，2011；Greyber et al.，2012）。表 5-3 提供了一份关于经典条件反射干预的总结。

表 5-3 经典条件反射干预法

干预	说明	核心概念	示例
渐进式肌肉放松	• 通过放松技巧使身体平静下来 • 用于儿童和青少年担心和焦虑时 • 针对核心肌肉群的放松技巧	• 管理焦虑 • 引导视觉想象 • 使用隐喻和意象放松	• 每当男孩和他的哥哥打架时，他就会感到担心和焦虑。在焦虑时，男孩的手指最紧张。在使用该疗法时，咨询师让男孩想象自己手里拿着一个柠檬，并用力捏它。然后咨询师告诉男孩把所有的果汁挤出来，当他使劲挤时，感觉他的手臂和手指紧绷。然后男孩被要求放下柠檬，放松肌肉，再用另一只手重复这个过程
系统脱敏法	• 消除恐惧和焦虑反应 • 用于儿童和青少年，在焦虑等级量表的每个步骤中进行放松，以消除恐惧或焦虑反应	• 对抗性条件作用 • 焦虑等级量表，也称主观痛苦感觉单位量表（SUDs） • 交互抑制 • 引导视觉想象	• 孩子害怕狗，每次看到或遇到狗，孩子都会尖叫着跑开。在咨询师的帮助下，孩子构建了一个对狗的焦虑等级量表，最不容易引起恐惧的情境在底部，最容易引起恐惧的情境在顶部。利用视觉想象，孩子从底部开始向上依次反复地经历各种情境，直到恐惧情境不再引起焦虑
暴露疗法	• 要求儿童和青少年体验引发焦虑的刺激情境 • 逐渐暴露在更高水平的恐惧或引发焦虑的刺激下，直到儿童和青少年表现出面对刺激而不回避的能力	• 暴露 • 应对策略 • SUDs	• 孩子害怕蜘蛛，每次遇到蜘蛛就会表现出担心、恐惧和哭泣。咨询师先让孩子看一张蜘蛛的图片，然后再让孩子看一只在笼子里爬行的蜘蛛，最后再让孩子手里捧着一只蜘蛛，直到对蜘蛛的恐惧消除

（续表）

干预	说明	核心概念	示例
内爆疗法	• 对产生焦虑的刺激或事件进行密集的视觉回顾 • 通过想象来完成	• 回忆最痛苦的刺激 • 适应性反应 • 引导视觉想象	• 要求孩子想象遇到蜘蛛时最痛苦、最害怕的情景。咨询师和孩子一起思考更好的应对方法来处理这些情境
满灌疗法	• 在现实生活中反复暴露于恐惧或痛苦的刺激 • 直接暴露，直到身体的压力反应完全消失	• 暴露 • 直接接触 • 重复暴露	• 让孩子不断地接触最能引起恐惧的情境，即让孩子手里捧着一只真实的蜘蛛，直到孩子对蜘蛛的恐惧反应消失殆尽
眼动脱敏与再加工疗法	• 用双侧刺激，如音调、光线或敲击，促进对创伤经历和相关适应不良想法和身体感受的再加工 • 融合有节奏的双侧刺激、想象暴露、放松和认知重构	• 快速眼动 • 引导视觉想象 • 双侧刺激 • 认知重构 • 焦虑等级量表，SUDs • 放松 • 积极的替代想法 • 情感调节	• 大约 3 个月前，一个女孩在经历了一次邻居的性骚扰后被带到咨询师这里。噩梦、闪回和睡眠问题不断浮现。咨询师让女孩想象一个安全的地方。咨询师使用 EMDR 植入图像，让她的眼睛随着光线前后移动。然后，咨询师让女孩讲述自己被性骚扰的经历，并让女孩在想要停下来时做出一个手势。通过该疗法，孩子可以从性骚扰的痛苦中走出来

其他的行为疗法干预

社交技能训练（social skills training）。社交技能训练运用各种行为技巧协助儿童和青少年增强他们的人际沟通技能，从而促进儿童和青少年与他人的关系。社交技能训练可用于个体和团体咨询，也经常是儿童和青少年或学校团体治疗性夏令营关注的重点，目的是增进积极的同伴联系。由于其内部社交取向的特点，团体咨询有着特别的优势，适用于从年幼的孩子到青少年的不同发展阶段。当儿童和青少年在发展过程中逐渐掌握语言，并在与同伴和成年人互动中意识到社会差异时，社交技能训练可以帮助儿童和青少年学会更好地使用与年龄匹配的、有效的方式表达自己的需求、愿望、想法及感受。

社交技能训练既有教育性又有体验性。咨询师为儿童和青少年提供各种关于与他人互动的主题心理教育，并使用诸如示范、角色扮演和家庭作业等干预方法来协助儿童和青少年学习、练习，并在他们所处环境中应用这些新的技能。大多数咨询师和其他心理健康专家都能够胜任与儿童和青少年的社交互动，但在练习和实践新技巧时，任何协助者都需要允许儿童和青少年以其自己的节奏学习和探索，因为面临真实的社交情境或许会让他们体验到更多的焦虑、恐惧、不舒服或痛苦。咨询师可以使用示范来提供不同社交技能的正面示例。当儿童和青少年准备好接受训练后，行为演练或角色扮演作为与儿童和青少年发展水平相适应的咨询技术也是十分有用的。训练时，咨询师适时的赞美和温和且有建设性的反馈也是十分有帮助的。当教授一个新技能时，咨询师可以先进行示范，这样儿童和青少年可以意识到行为是怎样呈现的。在团体咨询中，儿童和青少年可以相互间进行角色扮演，或者在整个团体面前进行表演来强化积极的同伴榜样。当儿童和青少年已经掌握了这些技能，或者至少愿意在他们所处环境中尝试这些技能时，咨询师就可以布置家庭作业，鼓励儿童和青少年在一周内完成不同的任务了，例如，在三个陌生人面前介绍自己，或者在每一堂课上提一个问题。对儿童和青少年来说，社交技能训练的所有目标都是想让他们将新社交技能应用到日常生活中，从而有效地与他人互动，并建立和维系有意义的人际关系。

在与儿童进行咨询时，咨询师应专注于沟通的基础要素。例如，可以开发有趣、有创造性且具体的方式来教儿童关于非言语沟通、肢体语言、目光接触、面部表情、个人空间、语言沟通、声音的腔调和说话音量等技能。咨询师也可以教儿童识别情绪，以及用礼貌的方式介绍自己或提问题。在与青少年进行咨询时，咨询师则会偏向于介绍并帮助他们处理与他人沟通和建立关系的更加复杂和微妙的方面。这些方面通常包括某种形式的自我反省或观点采纳。涉及青少年的一些主题包括自尊心、自信、个人偏见、果断、交往文化、亲密关系、冲突解决、情绪管理及共情。

生物反馈（biofeedback）。生物反馈是一种身心治疗技术，能够监控人的生理活动，并通过使用测量和监控脑电波、心跳、血压、体温或肌肉张力的设备来让人学习控制身体反应。生物反馈被证明对患有孤独症谱系障碍、注意缺陷/多动障碍、遗尿症和遗粪症、焦虑障碍、抑郁障碍或其他诊断的儿童和青少年有很大的帮助（Myers & Young，2012）。生物反馈能够直接测量青少年的生理状况，并使用计算机产生的声音或视觉图像来抑制或鼓励脑电波活动。在生物反馈技术中，声音和视觉图像是一种奖励机制。当个体注意力不集中或者不放松时，这些声音和图像就会停止，当青少年再次开始专注或者放松时就又会重新开始。据报道，坚持使用生物反馈可以产生永久性的生理改变（Culbert & Banez，2016）。

家庭干预和参与

行为疗法侧重于通过学习去塑造、矫正、替代或消除的问题行为、痛苦症状。因此，心理教育、治疗干预的使用和实践，示范和持续性强化等因素对咨询过程极为重要（Miltenberger，2012）。与对来访者的期待一样，行为治疗的咨询师也同样期待父母、养育者及其他家庭成员以高度参与、坚定和积极合作的角色参与咨询。因为家庭成员的积极参与可以显著影响治疗的过程和结果。因此，咨询师不仅必须具备与行为治疗实施相关的评估、治疗计划、干预和一般伦理实践方面的能力，还应该具备必要的知识和技能来与来访者的家庭成员及其他有可能参与咨询的跨学科治疗支持专家（如老师、其他学校的教师和工作人员、社工等）一起工作的能力。

心理教育

无论儿童和青少年目前的问题只发生于一种环境下，还是表现在多种环境下，父母或养育者在管理这种行为上都充当着极为重要的角色。因此，他们需要学习如何干预。但是，因为行为疗法有很强的系统性和方法性，来访者的家庭成员可能会感到围绕评估程序所需要了解的心理教育信息十分复杂或很难理解。这些心理教育信息包括诊断和理解诊断、实施行为管理策略、监督或追踪行为，以及报告干预治疗的有效性。因此，咨询师要注意，即使是最有效的行为干预，如果父母不能清楚地理解和应用相应的概念，那也是无法成功的。咨询师在提供心理教育时需要对父母的智力水平及文化差异有一定的敏感度。尽管干预会根据来访者的独特个人需求和环境状况而有所不同，但咨询师在向父母提供心理教育时，还是可以使用 ABC 模型，原因如下。

- 咨询师可以把自己的语言和对之前提到的 ABC 模型的描述转化成一种简单易懂的方式，从而把复杂的行为原理向父母解释清楚。
- 父母可以理解行为是如何学习并维持的。
- ABC 模型可以自然地引导咨询过程朝着既定的目标展开，包括治疗计划和围绕目标行为的讨论、干预策略、环境中行为的概括，以及跨学科的治疗可能（如与老师和学校员工、社区工作者及精神科医生合作）。
- 咨询师可以详细分析正确并持续使用干预的重要性，从而强化青少年的适应性行为的发展（Shriver et al.，2001）。

心理教育不仅给家庭成员提供了教学经验和实用技能，以便在咨询全程中正确有效地使用行为干预来塑造其孩子的行为，而且间接强化了他们自己及其孩子对问题的预防能力，促进了孩子的健康发展。因为心理教育鼓励父母学习和使用干预策略，当父母证明他们有能力并掌握了行为干预技术时，他们就可以开始像行为治疗咨询师一样为他们的孩子提供帮助。因此，发展新学到的技能使孩子及其养育者能够更好地应对和独立管理有问题的行为。

父母管理培训

全面且有针对性的心理教育是一种有效的方式，是帮助父母理解并针对孩子的适应性行为改变而实施的强化干预。然而，对于那些做出破坏性、不合规矩、不尊重、攻击性、毁灭性或其他明显阻碍日常功能的问题行为的青少年，父母往往需要更强有力的支持和训练。事实上，父母管理培训（Parent Management Training，PMT）是对患有对立违抗障碍和品行障碍的人最常用且研究最广泛的干预方法之一（Erford et al.，2014；Kazdin，2005）。MPT 是一种循证的、灵活的方法，可以由咨询师修改，以用于团体干预形式、与父母和孩子会谈或单独与父母见面等情况。PMT 使用的行为干预和那些被应用在个体咨询过程中的干预类似。这些行为干预包括社交技能策略和技巧的使用，如塑造、链接、提示、重新引导和强化，旨在建立积极正向的亲子互动关系。PMT 的理论基础、心理教育内容和干预策略并不仅限于行为方面，认知导向的成分也可以被整合进来以促进父母的洞察力，让他们意识到自己思考的方式会影响他们回应孩子的方式。

PMT 方法是非常有帮助的，因为它可以促进父母和孩子行为的建设性改变。事实上，大多数 PMT 的干预方法都聚焦于改变父母的行为，都是通过帮助父母改变自身行为，从而促进孩子行为的积极改变。如果父母有个性化的需求和意愿，咨询师也会注重在咨询中解决不良的亲子互动或沟通模式，指导他们用积极的方式解决冲突，向孩子清晰列出他们的期待，与父母和孩子共同讨论什么是适当的妥协和边界，什么是与年龄适宜的纪律准则，以管理孩子在学校的相关行为，指导父母与孩子相处时的技巧使用并提供反馈。例如，咨询师可以告诉父母社会学习理论的基本宗旨，并解释示范的过程，帮助父母意识到孩子可以通过父母的示范而学习一些行为，同时与父母共同探索和分析教养方式、沟通风格，或者他们想要改变的个人行为。咨询师也应和父母探讨关于对他们自身行为改变的期望或执行新的父母教养策略的能力，并且提醒父母做到这些是不容易的。通过和父母讨论做出自身改变时可能经历的困难，可以为父母提供一个过渡的桥梁，让父母可以探讨自己对孩子的期望，以及反思他们对是否给孩子提出了现实且符合孩子发展水平的要求。

同样重要的是，咨询师和其他精神健康专业人员也应该为那些在学校与行为困难的学生合作的老师、管理人员及其他学校员工提供额外的培训。教师管理训练、在校的心理教育或行为矫正项目可以帮助教育者执行循证的、安全且有效的课堂管理干预，从而促进青少年在学业上的成功。这些培训活动也有助于促成跨领域的合作，鼓励父母和教师之间的交流，这也是展现咨询师工作主张的宝贵机会。

认知行为疗法

20 世纪 60 年代到 70 年代，传统行为疗法的主导地位发生了转变，理论家们开始考虑认知在行为转变中的作用。对认知的高度重视对咨询理论和方法都产生了巨大的影响，最终引出了一种新的、整合的咨询方法——认知行为疗法。认知行为疗法是一种包含许多不同咨询方法的理论，使用基于行为和认知的干预来促进来访者改变。因为认知行为疗法不代表任何一种单一的咨询理论，因此该方法也没有某一个创建者或先驱人物负责理论基础和干预策略的建立。不过，理性情绪行为疗法（Rational Emotive Behavior Therapy，REBT）（Ellis，1962，2004）和认知疗法（Cognitive Therapy，CT）（A. T. Beck，1963，1964，2005）被认定为早期认知行为疗法最重要的框架基础，许多当代不同的及整合的认知行为模式的创立都以此为基础。这些当代的理论方法包括基于正念的疗法，如辩证行为疗法（Dialectical Behavior Therapy，DBT）（Linehan，1993）、接纳与承诺疗法（Acceptance and Commitment Therapy，ACT）（Hayes et al.，2002）、正念认知疗法（Mindfulness-Based Cognitive Therapy，MBCT）（Segal et al.，2002），以及正念减压疗法（Mindfulness-Based Stress Reduction，MBSR）（Kabat-Zinn，1990），这些方法都拥有和传统认知行为疗法核心原理一致的干预成分。本章所描述的理论和咨询方法是按照认知行为疗法对应的历史发展和进程来整理和呈现的。表 5-4 回顾了三代行为疗法的发展与进步（Hayes，2004）。

认知行为疗法将行为主义的严谨、客观、系统的方法和认知疗法强调的基于思想改变的机制融合在一起，强调改变信念、认知及思考模式从而产生积极的情感和行为改变的重要性。尽管不同的认知行为疗法理论上不尽相同，但它们都基于一个观点，即认知、情绪和行为有着相互作用的关系，改变其中任何一个方面都会显著影响其他方面。然而，需要注意的是，大多数认知行为疗法强调认知的作用，因为它们认为认知是改变的主要载体并且易于被来访者掌控。认知行为疗法是行动导向的、合作的、指导性的、专注于现在的及有时间限制的。

表 5-4　三代行为疗法的发展与进步

代际	分类	理论和原理	核心特征	咨询应用
第一代	激进行为主义 （20 世纪 50 年代至 60 年代）	• 科学方法 • 学习理论 • 经典条件反射 • 操作条件反射 • 社会认知理论	• 实证的 • 可被观察到的行为改变 • 环境决定因素 • 刺激和反应 • 强化 • 示范	• 行为疗法 • 系统脱敏法 • 渐近式肌肉放松 • 暴露疗法 • 应用行为疗法 • 社交技能训练
第二代	认知疗法和认知行为疗法 （20 世纪 60 年代至 90 年代）	• 认知理论（如贝克模型） • 认知和行为改变策略的结合	• 不合理信念和认知歪曲 • 认知、情绪和行为的关系 • 认知改变策略 • 问题解决 • 应对技巧	• 理性情绪行为疗法 • 认知疗法 • 认知行为矫正 • CBT—游戏疗法 • 自我管理计划
第三代	正念疗法 （20 世纪 90 年代至今）	• 正念 • 接纳 • 元认知 • 行为和认知改变策略	• 冥想 • 觉察当下 • 非评判 • 情绪调节 • 痛苦忍受力 • 人际交往有效性	• 辩证行为疗法 • 接纳与承诺疗法 • 正念认知疗法 • 正念减压疗法

CBT 被大量研究证实是一种针对众多问题都有效的疗法，也是一种对儿童和青少年许多问题有效的循证方法，因此第三方付款人和管理看护机构都非常认可这种方法，同时这种方法也经常被咨询师用于儿童和青少年咨询（Bulter et al.，2006）。CBT 在帮助儿童和青少年解决许多苦恼或困境上都非常有效，诸如抑郁、双向障碍、情绪调节、愤怒与攻击，对立违抗障碍、物质使用、注意缺陷 / 多动障碍、自杀意念、焦虑、惊恐、恐怖、强迫障碍、神经性厌食和神经性贪食、适应相关的问题、创伤、一般的压力管理、肥胖，以及医疗情境的痛苦等（Butler et al.，2006；Nezu & Nezu，2016；Ng & Weisz，2016）。

CBT 涵盖了改变歪曲的思考模式、发展应对技能、增进问题解决能力和积极决策能力，以及促进提升符合孩子自然发展、成长和学习过程的能力。由此可见，CBT 的一个重要功能就是帮助孩子在成长过程中预防未来问题的发生。例如，一个 7 岁的小女孩参加了一个 CBT 小组，学习相关技能，用来管理她在课堂上出现的 ADHD 症状。这些技能不仅能在课堂环境下起作用，在其未来的不同场景下也能派上用场，因此这些技能可以有效预防未来问题的产生。

尽管有大量实证文献支持 CBT 在解决一系列临床诊断和问题的有效性，但是在运用 CBT 进行干预时，如果不能匹配来访者及其家人的智力水平、发展水平及其背景需求，干预就可能是无效的。CBT 强调对认知过程的探索、定义和改变，因此在与那些年龄较小或患有智力、发育迟缓或残疾的孩子进行咨询时，咨询师要格外小心留意干预方法的适当性。对于那些正处于认知发展阶段的前运算阶段（即逻辑思维，但针对具体情况时才有）或具体运算阶段（即不能脱离客观事物的逻辑思维）的来访者，有些活动对他们来说太抽象了，以致难以理解，如对自己思维过程的觉察、与内心的自我谈话、对信念系统或感知活动的抽象理解等。因此，当面向儿童和青少年及其家庭成员沟通关于咨询过程、干预策略，特别是关于认知相关的内容时，咨询师需要提供具体的例子，并使用容易理解的语言。

核心概念和咨询目标

如前所述，不同的 CBT 方法都有其独特的原理，但都包含一些共同的核心前提。CBT 方法的统一假设包括以下内容。

- 认知过程，如思想、信念、感知、图式或世界观，以及具备能影响行为和情绪的能力。
- 认知活动可以被监测、评估、测量及改变。
- 期待的行为和情绪变化可以通过改变认知来实现。

从 CBT 方法来看，来访者所存在的困扰或行为问题的原因并不在于外部的环境因素或某些特别的生活状况，而在于内在的认知，包括歪曲的思考模式、不现实的信念、对事件的错误归因和评价，以及理解自己和所处环境的方式，这些都可能会导致儿童和青少年的痛苦体验。因此，认知行为疗法咨询师的目标就是帮助来访者识别、监控、替代、调整或矫正适应不良的认知过程，促进新的、更加准确的、积极的思考模式。思想的改变可以推进积极的、高效的行为和情绪改变。

除专注于认知改变，行为干预也被应用于鼓励新技能和行为策略的发展，这些能力可以帮助来访者有效地达成他们的目标。例如，如果一个孩子认为“我的弟弟出生后，我的父母就不那么爱我了”，那么他也许会有匮乏感或过低的自我价值感，进而表现出能吸引父母注意力的适应不良行为。在这种情况下，认知行为疗法咨询师会协助孩子识别他的想法，找出造成不良情绪的思维模式，并发展更加现实合理的思考方式，以及学习通过积极的方法来吸引父母的注意力。CBT 的本质就是利用思想上的改变带来行为和情绪上的改变。

理性情绪行为疗法

理性情绪行为疗法（REBT）是第一个被开发出来的认知行为疗法，由心理学家阿尔伯特·艾利斯（Albert Ellis）开创。这种方法是基于这样一种假设：所有个体出生后都拥有理性思考和非理性思考的能力，所有个体也都有寻求自我保护、成长、自我实现及快乐的先天倾向（Ellis，2001）。矛盾的是，孩子倾向于做出不理性的思考和行为，诸如自我毁灭、逃避现实、自我谴责、完美主义及重复过去的错误。孩子的心理困扰和问题行为通常来自固执的、极端的或自我挫败的信念、被曲解的事件和他们在生活经验中学到的消极的情绪反应。艾利斯认为，孩子的情绪主要被他们的信念所影响，因此他们自己可能是自身困扰的根本来源。REBT 十分强调自我批判的作用，以及孩子对自己、他人或周围环境的绝对化的要求和表述，如“应该”“必须”“总是”“从不”等。艾利斯认为，对于个人成功的要求、他人的爱和接纳及有利的生活环境和体验是最常见的三种非理性信念，纵然这些信念有用，但其实是不必要的信念。当孩子的“应该”“必须”并没有如期待中那样被满足时，他们便会发展和内化、僵化不合理的信念或使用一些自我谈话，如“我应该做得更好的”“所有的老师都十分刻薄而且会经常朝我大喊大叫”“不管我去了哪里，我永远都不能感到安全”。

REBT 是一种积极的、指导性的、有教育意义的、专注于问题的及十分注重认知的咨询方法。这种治疗方法包含向孩子解释 REBT 的理论，然后指导他们如何在日常生活中应用相应的策略，以便他们能体验到更好的自我接纳、接纳他人，以及最终提高幸福感。咨询师会告诉来访者那些非理性的信念、评价和态度影响情绪和行为的方式，然后帮助其找出一些与其当下痛苦有关的例子。来访者应该对自己的问题和错误承担责任，并意识到其有做出建设性改变的个人选择。咨询师应帮助来访者找出非理性的信念，并用更合乎逻辑、准确、坚定的想法和态度与非理性的信念进行辩论及替换成理性的信念，从而将非理性的信念降到最小，这种干预方法就是认知重构。来访者在咨询中需要与咨询师合作练习认知重构，同时也要完成家庭作业练习，以看清自己无益的思考模式，检查新的思考模式如何影响自己的情绪、行为及相关的结果。与来访者的非理性信念辩论和用更有效的解释替代非理性信念的过程是 REBT 改变机制的基石，这就是前文提到的 ABC 模型。ABC 模型是 REBT 使用的主要技术，本章后面部分也会讨论这一模型。

认知疗法

认知疗法是 CBT 最全面的理论之一。认知疗法和 REBT 有许多的共同点。这两种方法都非常强调主动、结构化及以问题为中心，两者也都把适应不良的想法和非理性的信念作为问题产生的原因。然而，使用 REBT 咨询师会明确指出来访者的不合理信念并使用辩论的过程帮助他们发展更有效的思考模式，而认知疗法咨询师会使用开放式提问和合作性对话，让来访者对他们的错误认知和对事件的歪曲解释进行自我引导式的探索。因此，认知疗法不是要找出来访者的非理性信念并与之辩论，而是指导来访者进行思维转变，让他们进行独自探索或在咨询师的支持性指导下进行探索（Beck，2005）。

在认知过程和痛苦的发展方面，认知疗法也与 REBT 有不同的假设，最明显的区别是认知疗法认为，有四个主要的认知领域在儿童和青少年思考过程中扮演了十分重要的角色。层次结构组织模型（A. T. Beck et al.，2004）可以被用来解释以下四个认知领域。

- 自动思维：自动出现关于自我、他人、环境或事件的想法，这些想法具有个人意义且会引发情绪体验。自动思维是一种内在的谈话，也叫自我谈话，是非常正常的体验。然而，这些思维通常都是有偏差、错误或极端的。
- 中间信念：潜在的关于生活的态度、观点、假设、标准或规则，是核心信念在具体领域的表现。中间信念连接了核心信念和自动思维。
- 核心信念：关于自我、周围世界和未来的基本理念和观点。核心信念在童年时期开始发展形成并由生活经历加以塑造，是中间信念和自动思维形成的基础。
- 图式：总系统或信息筛选系统，功能包括理解、整合、组织、储存及为生活经验赋予意义。儿童和青少年有认知、情感、行为、生理及动机图式。作为一个整合的系统网络，当儿童和青少年经历认知歪曲或曲解信息时，所有的图式结构都会被影响并响应。

亚伦·贝克（Aaron Beck）开发了针对抑郁的认知模型，该模型假定个体会频繁地用消极的、偏差的或不准确的方式解读发生的事情。这些“逻辑错误”、错觉认知、错误的臆测、不现实的信念、适应不良的思维模式也被称为认知歪曲，通常出现在对个人、世界、环境或未来的认识中。贝克把前面所提到的消极认知（即对自己、世界及未来的消极观点）称为认知三联征（cognitive triad）。认知疗法的主要目标是帮助来访者识别自动思维，探索支持或否定认知的证据，通过证据和积极的自我谈话来挑战适应不良的想法，并建立更加合理、坚定及自我增强的思考、情感和行为方式。下面是一系列与认知疗法相关的认知歪曲。

- 非此即彼思维：对事物的看法过于绝对（要么全好，要么全不好），或者以极端、没有折中或中间地带的方式思考。这种认知歪曲也被认为是全有或全无、非黑即白或两极分化的思维（如“如果我不能所有成绩都是 A，我将永远都不可能得到奖学金”）。
- 妄下结论：在没有事实或证据支持自己信念的情况下就直接下结论，具体表现为读心术（如“我知道她是故意惹我生气的”）和先知错误，即对未来做出没有依据的预测（如“我知道他想和我打架，于是我就先打了他一拳”）。

- 选择性概括：基于一个孤立的事件或细节下结论，忽略其他重要的背景信息。这种思考方式也被称为心理过滤，即因为一个单一的信息而过滤其他信息（如“因为读错了一个单词，所以我的演讲很糟糕”）。
- 过度概括：与选择性概括类似，过度概括指基于一个单一的情境得出结论并将其过度泛化，或者基于不相关的情景做出结论（如“所有的女生都爱八卦”“我的父母也爱说关于我的八卦”）。
- 情感推理：认为情感代表了真相或真实情境（如“如果我的妈妈没有这么不公平，我也不会这么生气”“我感觉自己是个失败的人，所以我一定是”）。
- 夸大与缩小：过度强调和夸大微不足道的细节或某些情境消极面的重要性，忽视、贬低其积极的部分（如“看看我分叉的头发！我可真丑”“这次数学测试我只是运气好，我并没有那么聪明”）。
- 灾难化思维：做最坏的打算或预测一些灾难性事件的发生（如“如果我告诉亚丁我弄丢了他的计算器，他会永远讨厌我”）。
- 罪责归己：假设外界或无关联的事件、他人的行动都某种程度和自己有关，却没有合理的理由来解释原因（如“贾斯汀猛地关上她的储物柜，只是为了恐吓我”“杰文没有来我的生日会，他一定不想再跟我做朋友了”）。
- 乱贴标签：基于不完美的或过去的行为和错误，给自己或他人下定义（如“我很坏，因为我无法在教室里安静地坐着”“我的妈妈十分粗心，因为她上周忘记去学校接我了”）。

正念疗法

自 20 世纪 90 年代初以来，关于正念干预（Mindfulness-Based Interventions，MBI）、接纳和以正念为导向的咨询方法的专业文献激增，这些方法被称为第三代认知行为疗法。其中，正念疗法保留了传统认知行为疗法关于认知、情绪及信息处理的观点，同时也融合了更多的核心宗旨和实践，比如觉察、接纳、专注于当下、非评判、正念冥想（Mindfulness Meditation，MM）和无为（Herbert & Forman，2011）。正念训练在广义上可以被分为两大类：集中注意力（Focused Attention，FA），或集中的练习；开放监控（Open Monitoring，OM），或放弃专注练习（Ainsworth et al.，2013）。集中注意力和开放监控的正念练习都是促进儿童和青少年发展的正念干预策略，但是需要注意的是，正念并不是要获得什么，也不是第三代认知行为疗法的最终目标。相反，正念的应用，即儿童和青少年在日常生活中的正念练习是为了增强他们对内心的觉察及对快乐和悲伤予以非评判的接纳，最终成为一个生活经历丰富和幸福的个体。同样，正念也强调自我关怀、顺其自然、放手、镇定或心灵的平和，以及在困难状况下保持冷静的能力。

在过去的 30 年间出现了各种不同类型的正念疗法，包括辩证行为疗法（DBT）（Linehan，1993）、接纳与承诺疗法（ACT）（Hayes et al.，1999）、正念认知疗法（MBCT）（Segal et al.，2002）、正念减压疗法（MBSR）（Kabat-Zinn，1990）、元认知疗法（metacognitive therapy）及情绪图式疗法（Emotional Schema Therapy，EST）。对第三代认知行为疗法的研究已经证明了正念方法和正念干预的有效性，有研究提出它们可以缓解重性抑郁障碍、广泛性焦虑障碍、惊恐障碍、创伤后应激障碍、成瘾及进食障碍等的症状（Brown et al.，2013）。此外，正念导向的方法和干预也有助于提升自我关怀、心灵体验、元认知、总体幸福感，同时有利于达成理想的咨询结果。

尽管将接纳和正念用于儿童和青少年的研究还处在早期，但已有的研究已经证明了这些方法对经历过困难的孩子有积极作用，这些困难包括身体形象的担忧及进食障碍、焦虑、与边缘人格障碍有关的适应不良行为、外化障碍，以及小儿疼痛（Greco & Hayes，2008）。最常用于儿童和青少年的正念疗法包括 DBT、ACT、MBCT 及 MBSR。这些方法会在后面讨论，接下来先简要描述和这些方法应用相关的重要部分——正念和接纳。

正念。正念是一个源于古代东方的练习，可以追溯到2500多年前，它被定义为“用一种特定的方式来觉察，即有目的地觉察，在当下且不做任何评判”（Kabat-Zinn，1994）。作为一个与禅宗有关的传统理念，正念的理念和应用不仅与激进行为主义（即第一代行为疗法）强调客观和系统的特征有显著的差异，也和以西方和欧洲的价值观为中心建立的绝大多数传统咨询和心理干预方法有显著的不同。最主要的是，正念完全不强调使用认知改变策略来矫正适应不良的想法和困难情绪，也不主张尝试改变这样的经历。事实上，正念不提倡尝试改变想法及情绪，相反，这种做法从根本上违背了正念练习的指导原理。正念疗法的目标是帮助来访者学习如何有意地观察、觉察和非评判地接受痛苦的认知和情绪，而不带任何反应（Greco & Hayes，2008）。通过简单的观察，来访者可以允许他们的负面想法和情绪存在，并认识到痛苦的无常或其短暂的本质。

下面是被认为可以帮助人们减少痛苦和感觉更好的五大常见的正念原则。

- 观察内在体验：关注自己内在的体验，或者观察内在和外在的感觉、认知、情绪和感知。
- 有意识地行动：专注于当下和自己的行为。
- 不评判内在体验：提醒自己对内在体验不评判。
- 描述内在体验：用语言来表达自己或描述内在体验、知觉、认知、情绪和感知。
- 无为：不对内在体验做出反应，不对注意到的痛苦认知、情绪或感知做出反应。

去中心化。去中心化也被称为“解离”，是个体与自己内在体验（即思想、感受或感知）保持一定程度分离的过程，个体将这些体验视为心理过程，而不是事实或真相。也就是说，去中心化本质上反映了正念中观察内在体验的原则，这使个体能够只是意识到自己的思想，并且让这些想法通过，而不需要揭露关于自己或环境的任何真相，也不需要对痛苦做出任何适宜和正确的反应。元认知，也称元认知意识，也是传统认知行为疗法涉及的一个概念，是指个体对自己思维过程的觉察。正念、去中心化及元认知意识都有助于儿童和青少年与自己的思想保持距离，从而积极地影响他们的情绪和行为（Herbert & Forman，2011）。

接纳。接纳的理念作为另一种正念疗法的组成部分，可以被理解为一种愿意经历心理事件（即思想、情感、记忆）的意愿，而不回避它们或让它们过度影响行为（Butler & Ciarrochi，2007）。接纳的概念通常会在个体有痛苦或不愉快的情绪时讨论到。然而，接纳也包含对享受或愉悦经历的接受和觉察。长时间保持或过度看重积极经历可能造成痛苦的思想、感受或适应不良的行为，因为人们会尝试留住那些他们渴望的东西，而那些东西通常都是短暂的。MBSR和ACT是两种十分强调接纳概念的方法。

辩证行为疗法

辩证行为疗法（DBT）是由美国心理学家玛莎·莱恩汉（Marsha Linehan）创立的综合性治疗方法，用来帮助经历与边缘性人格障碍相关痛苦的个体。由于患有边缘性人格障碍的人常常会经历明显的情绪失调困难，因此DBT格外关注情绪调节和有效解决问题。DBT结合了CBT的观点和干预方法、辩证哲学、生物社会学理论及正念的概念。其他以正念为基础的疗法（如ACT或MBSR）鼓励接纳所有的内在体验，但DBT不同，它既沿用传统CBT刻意改变的技巧，同时也使用正念干预来促进接纳。尽管这两种策略在本质上完全相同，但它们代表了辩证哲学中的整体性和分极性的概念，也就是一个整体包含着两个对立面或相对立的力量。因为辩证哲学同样认为变化是永恒的，所以生活本质上可以被概念化为对对立面的持续管理，如痛苦和快乐、有效和无效、稳定和不稳定的经历等。平衡接纳和改变的辩证法是DBT决定性的特征，DBT鼓励个体培养“智慧大脑”，即结合理性和感性的思想来管理痛苦。

由于DBT框架的抽象性和干预策略的复杂性，

DBT 并不适用于年幼的儿童或有发育或智力迟缓问题的青少年。不过，心理治疗师吉尔·拉瑟斯（Jiu H. Rathus）等人开发了一个针对青少年的 DBT 项目，旨在让青少年的父母参与咨询过程。拉瑟斯等人用生物社会学理论解释了问题的发展，强调基因神经心理因素和环境因素在情绪调节、痛苦耐受及青少年人际交往能力方面都扮演了十分重要的角色。当青少年重复体验不被认可的经历、不一致的父母要求和回应，或者早期生活在不稳定的家庭中时，他们既容易内化这种无用感，也更容易体验无处不在的生理高度唤醒，对痛苦也有更强的反应。当上述环境因素存在时，那些具有情绪失调遗传倾向的青少年更有可能出现适应不良的情绪和行为。因此，在 DBT 咨询过程中，青少年的父母或教养者的参与是十分重要的，因为父母的认可和青少年的自我认可是咨询的重要组成部分（Harvey & Penzo，2009）。

接纳与承诺疗法

接纳与承诺疗法（ACT）（Hayes et al.，1999；Hayes et al.，2011）是一种基于正念的方法，由美国心理学家斯蒂芬·海斯（Steven Hayes）等人创立，目标是帮助青少年探索有意义的价值和目标，承诺参与有目的和充实的活动，以及接纳生活中的所有体验，不论是受欢迎、令人愉悦的体验还是不受欢迎的体验。与 DBT 不同，ACT 并不支持使用认知改变技巧，也不支持青少年回避痛苦的想法、情绪、互动或事件，尽管这些干预也许能帮助青少年应对困难的经历，但是它们仅仅让青少年的痛苦得到暂时的缓解，所以它们是回避导向的，并且临床作用很有限。事实上，从 ACT 的角度来看，有关痛苦和适应不良的病因都可归因于经验性回避（experience avoidance），因为这种回避会使青少年当下痛苦来源继续作为成长中的阻碍。但是，当青少年开始接纳他们的经历时，痛苦就无法再持续上述抑制作用，青少年就能够追求和投入有意义的生活活动中。

ACT 咨询师最初会专注于培养青少年对痛苦的接纳能力，通过心理教育和创造性的暗喻等类似正念的方法，来帮助青少年开放地观察自己的内在体验，非评判地停留在当下；进行认知解离，即让自己从“个人事件”（如想法、评估、情绪、脑中的图片、记忆、感觉）中抽离出来不做任何回应。除此之外，咨询师还会鼓励青少年通过练习来促进接纳能力的发展，帮助青少年对痛苦的“个人事件”或内在体验进行正念关注，并且不回避对这些体验进行口头处理。

ACT 的理论基础是行为主义和关系框架理论（Relationship Frame Theory，RFT）。因此，该疗法与其他正念疗法有所不同，具体体现在它的语言处理和不回避的概念方面。首先，青少年不回避痛苦想法和情绪，能帮助他们适应困难的经历，从而减少负面影响，这就类似于暴露疗法中的重复暴露。换句话说，当青少年重复地观察和处理痛苦的想法及经历，不尝试改变或控制这些内在经历时，他们的痛苦将变得不那么敏感，这一过程让青少年能更容易练习接纳。其次，关系框架理论认为语言和口头沟通有助于缓解人们的失调行为，因为脑海产生的想法是基于过去的经历而不是现在的情况。因此，这些想法经常是脱离现实的，且并不代表同样的意义或真相，因此海斯认为这个过程是有问题的，因为个体会尝试回避痛苦的想法和情绪，即使它们是脱离现实的，而对想法和情绪的回避会导致对不愉快经历相关事件的回避。因此，正念关注，语言处理及有意识地接纳痛苦的想法和感受能够消除阻止青少年参加有意义事件的力量，让青少年参与有意义的活动。一旦青少年发展出这样的心理灵活性来识别和接纳他们那些失控的“个人事件”，咨询过程就可以转向青少年的价值和承诺的行动。也就是说，咨询师会协助青少年探索和投入有价值、丰富的生活方式中。因为 ACT 内在理论基础的复杂性和接纳概念的抽象性，咨询师应基于青少年发展和智力水平来选择心理教育内容，并以简单易懂的方式传递这些信息，这一点非常重要。

正念团体项目

正念减压疗法（MBSR）。正念减压疗法是针对经历与痛苦和压力相关的生理症状的个体的治疗方法。

这些症状大都与慢性疾病相关，如癌症、纤维肌痛和高血压等。MBSR 是一个长期的、团体性的治疗项目，它强调心理和身体的整合，旨在改善来访者的生理、心理、情感及精神健康和幸福感。然而，MBSR 与前面提到的第三代治疗模型并不相同，因为该方法并不结合认知导向的干预，而是依靠传统东方的正念冥想和瑜伽的疗愈练习来开发来访者更好的觉察、平衡和感恩当下生活的能力。

正念认知疗法（MBCT）。正念认知疗法（Segal et al.，2002）是专门为预防重性抑郁障碍复发而开创的，特别适用于那些反复经历抑郁发作的成年人。该疗法基于乔·卡巴金（Jon Kabat-Zinn）博士的 MBSR。正念认知疗法是一个为期 8 周的团体干预，其使用认知和正念导向的干预来帮助来访者从消极思维中脱离出来，并学习预防复发的技能。更具体地说，MBCT 的基本假设是：适应不良的反刍思维会导致抑郁的复发。因此，MBCT 的目标是打断来访者自动化的负面思维过程，以预防反刍及随后的抑郁发作。MBCT 包括心理教育、体验式学习活动、每周的团体咨询、咨询中的练习、家庭作业、各类正式或非正式的正念练习，如有指导的冥想、呼吸练习、身体扫描和瑜伽等。MBCT 和 MBSR 都可以经过适当调整后应用到经历不同困扰的临床和非临床人群中。例如，MBCT 和 MBSR 已被修订后应用于正在经历痛苦的儿童和青少年群体，如有焦虑、进食障碍、注意缺陷 / 多动障碍、外化问题行为（如付诸行动、攻击性行为）、品行障碍、物质滥用及睡眠障碍等问题的青少年。例如，基于正念的儿童认知疗法（MBCT-C）（Semple et al.，2005）是专门针对儿童焦虑的治疗方案。表 5-5 提供了 MBCT 和 MBCT-C 项目的概述。

表 5-5 MBCT 和 MBCT-C 项目的概述

项目	正念认知疗法（MBCT）	基于正念的儿童认知疗法（MBCT-C）
项目结构 • 项目长度 • 会谈长度 • 咨询师与来访者比例 • 干预时长	• 8 周 • 2 小时会谈 • 通常为 1 : 12 • 20 ~ 40 分钟的冥想或活动	• 12 周 • 90 分钟会谈 • 通常为 1 : 4 • 3 ~ 10 分钟的活动 • 有时包括家庭成员
课程 • 目的和目标 • 正念疗法 • 呈现模式	• 预防抑郁障碍复发 • 促进去中心化 • 减少对负面思维的反刍 • 呼吸冥想、瑜伽和身体扫描 • 主要是口头交流和体验活动	• 减少焦虑、注意力问题和行为问题 • 促进去中心化 • 加强情绪调节 • 提高非评判意识的感官练习 • 言语沟通较少，体验式活动、运动和游戏较多

认知行为疗法中咨询师的角色

上文所述的咨询方法都有独特的理论基础和假设，这些理论基础和假设主要是关于治疗变化过程如何影响治疗的实施、目的和目标、干预技巧，以及来访者发展和预期目标的概念化。然而，不管采用哪种理论方法，咨询师最主要的作用都应该是培养一段温暖的、接纳的治疗关系和一种安全、肯定的咨询氛围。对使用认知行为疗法和正念疗法的咨询师来说，建立和保持一个让人信任的治疗联盟是十分重要的。因为采用这几种方法咨询时，期间可能会涉及一定程度的面质和挑战青少年的想法，或者涉及鼓励他们直接面对和接纳内在的痛苦。如果来访者和他们的父母并没有被详细地告知这些干预方法的目的和功能，他们也许会感到不被认可，或者质疑咨询师的意图和安排。因此，对咨询师来说，花时间介绍心理教育的内容，确保来访者能够理解干预是怎样被设计并用来帮助其达成理想目标是十分重要的。全面的心理教育不仅能够促进来访者理解并最终掌握干预策略，还可以让来访者对会谈中的活动和练习的方向和目标有一定的预测能力。

使用传统认知行为疗法的咨询师会努力促成主动的、专注当下的、有教育意义的，以及结构化的咨询过程，以帮助来访者矫正其适应不良的或错误的思考模式，从而帮助其做出理想的情绪和行为改变。理性情绪行为疗法（REBT）通常使用更具指导性和面质性的咨询风格，因为这种方法的关键是与来访者非理性的信念辩论。事实上，艾利斯认为温暖的治疗关系不是 REBT 应用中的必要组成部分，甚至对咨询过程来说是不利的。尽管艾利斯个人坚持这一观点，但是如前所说，建立一个稳固的咨询联盟其实是十分重要的；因此，咨询师应该根据影响来访者个性化需求的发展、智力和临床因素，来调整他们的辩论方式。

使用认知疗法的咨询师会采用合作的方式，通过一种基于引导式发现（guided discovery）或协同检验（collaborative empiricism）的过程来探索来访者的想法，即通过寻找证据或真实案例来判断来访者想法的有效性。咨询师在认知探索过程中的指导程度应当符合来访者的个体需求。

除了以认知重构为导向的干预措施，使用传统认知行为疗法的咨询师还会扮演一个教师的角色，不断尝试帮助来访者学习有效的应对策略，培养积极决策和问题解决的能力。因为许多来访者会在不同的环境中经历痛苦或行为问题，所以整合了技能提升和情绪调节的干预是对儿童和青少年非常有价值的保护因素，这种方法给来访者提供了相应的知识和实践能力，以促进他们干预结束后的自我管理。

使用接纳和正念疗法的咨询师与使用传统的认知行为疗法的咨询师有着略微不同的作用和责任。因为两种方法对造成痛苦的病因和来访者如何有效改变有着相对立的理论预设。尽管认知行为疗法中强调协作、心理教育技能的建设和指导性角色等观点仍被保留下来，但是相关的认知改变策略与使用第三代疗法的咨询师主要运用接纳和正念的方法是不同的。使用第三代疗法的咨询师不会为来访者提供一个高度结构化的咨询体验来改变来访者的错误认知。相反，这些咨询师更加倾向于让来访者维持当下的、全身心的经历，并在整个咨询过程中让他们自己对内在经历进行有意识的觉察。

有趣的是，运用正念方法，或者在会谈中与来访者使用正念，对咨询师来说是十分有利的。在会谈中应用正念实践会有很多好处，其中包括关系技能的提升、治疗关系的加强、注意力的集中、共情能力、注意协调、自我觉察、社会联结、情商、和谐、无条件积极关注、多元文化的意识和知识，以及同情、疲劳和倦怠经历的减少（Brown et al.，2013；Fulton & Cashwell，2015；Ivers et al.，2016；Schomaker & Ricard，2015）。

咨询过程和步骤

认知行为疗法为咨询师提供了广泛的治疗策略，这些策略易于调整，可以用来帮助来访者在思维、感受及行为方式上做出建设性的改变，以达成他们的咨询目标。因为行为疗法和其准则已经在本章前面讨论过了，所以这里不再赘述。当行为疗法与认知疗法、接纳、正念咨询方法相结合时，行为疗法中的咨询干预方法在临床上就非常有用了。例如，在与儿童和青少年合作时，采用认知行为疗法的咨询师也许会整合以下的行为干预策略：正强化和负强化、正惩罚和负惩罚、消退、提示、塑造、链接、代币系统、示范或角色扮演。

评估

采用认知行为疗法的咨询师会持续监控和评估来访者的认知过程及这些认知如何影响其个人的痛苦体验。一些标准化的评估测量可以用来评估来访者的现存问题和他们的思想及行为。贝克为咨询师开发了一系列可以使用的评估工具，如贝克儿童和青少年量表第二版（Beck Youth Inventories-Second Edition，BYI-II）（J. S. Beck et al.，2005）是由 5 个分别包含 20 道题目的调查表构成，适用于 7 ~ 18 岁的儿童和青少年，可以用来评估抑郁、焦虑、自我概念、破坏性行为及愤怒的症状。BYI-II 是一种十分有价值的工具，可以协助咨询师对案例进行概念化，并判断来访者症状的存在及严重程度。这些调查表非常适合儿童和青少年，因为仅需要 5 分钟就可以完成，并且涵盖了美国的各类种族、社会经济地位、性别及年龄段的人群（J. S. Beck et al.，2005）。

评估在大多数的认知行为疗法中都很重要，但是评估的内容取决于具体的咨询流派。例如，贝克的认知三联征可以帮助咨询师使用认知疗法进行评估、案例概念化和治疗，因为儿童和青少年所呈现的关于他们自己、环境及未来的消极思考模式促使他们对自己的信念和图式进行深入的洞察。例如，一个患有抑郁障碍的青少年也许会有以下的自动思维："我讨厌自己"（自我信念），"我让每个人都失望了"（环境信念），"我永远都不会成功"（未来信念）。这种自动思维反映了以下内容：青少年的中间信念，即不能满足某些自我、他人或社会的标准；"我是一个失败者"的核心信念，该信念是基于先前的生活经历；消极的认知图式，即把中性经历赋予负面意义，或者以负面的形式筛选信息、互动、情境或事件。消极的认知图式可能与青少年经历的抑郁症状有关，包括羞耻感、内疚或绝望（情感图式）、社会退缩（行为图式）、快感缺乏（动机图式），以及改变的睡眠模式（生理方面）。图 5-1 是一个贝克的认知三联征的示例。

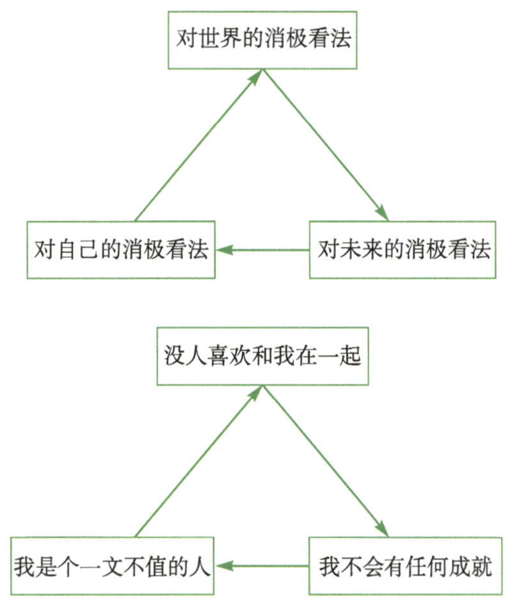

图 5-1　贝克的认知三联征的示例

传统的认知行为疗法干预

在回顾最常用的 CBT 干预措施之前，首先有必要确定 CBT 咨询的结构，因为其中涉及几个非常值得注意的点，这几点关乎个体技能的发展。以下五个步骤是一个典型的 CBT 咨询结构（Wright et al.，2017）。

- 规划咨询安排，和来访者一起设定一个议程。
- 回顾之前所学到的内容和技能，并完成每周的家庭作业；咨询师可以在讨论的内容和咨询目标间建立一座桥梁或直接建立咨询的目标。
- 介绍新材料，心理教育，进行技巧或技能的练习。
- 咨询师和来访者共同合作推进咨询过程并对咨询进行反馈。
- 基于咨询内容布置家庭作业，并要求来访者在一周中进行新技能练习。

当使用这种咨询结构时，咨询过程基本上就类似于先前提到的链接、塑造、提示、消退的行为练习。咨询师在逐渐鼓励来访者通过一种有序的方式进行概念的学习和技能的获取。这种逐渐进步的方式能够帮助来访者基于先前所学的基础建立新的能力。此外，咨询师给来访者布置家庭作业是在给他们提供一个机会来展现他们在咨询以外的生活中对概念掌握和技能使用的情况。这样不仅可以告知咨询师咨询进程是否符合每位来访者的进度，也可以鼓励来访者技能的迁移并防止复发。也就是说，当来访者展现出能够在不同情境下使用干预技巧的能力，或者熟练掌握技能并迁移后，就有新的能力作为保护因素来应对未来的不适应经历。然而，为了让家庭作业成为一种有效的干预手段，咨询师必须确保其与来访者的发展相适应。咨询师可以整合来访者的兴趣或优势，创建个性化的工作表、社交故事或其他家庭作业。尽管许多 CBT 干预并不建议用于 8 岁以下的儿童，但咨询师可以制作比较基础且信息具体的图表或工作表，用来给年幼的儿童介绍 CBT 的概念。

ABC 模型。ABC 模型也叫 ABCDEF 模型，是理性情绪行为疗法（REBT）的核心概念。这个模型的功能解释了 REBT 的理论概念，即痛苦的病因和治疗改变是如何发生的（Ellis，2001）。REBT 认为非理性信念是青少年问题的核心，咨询师使用 ABC 模型来解释非理性信念影响情绪和行为的方式，以及通过认知重构干预来协助青少年发展更理性的思考方式。图 5-2 是关于 ABC 模型的概述。

图 5-2　ABC 模型概述

面质青少年的非理性信念被认为是治疗改变的关键，这也是 REBT 咨询师的主要职责。咨询师应聆听青少年关于自我挫败的言语、自责的想法，或者类似“应该”“必须”“应当”“永远”“从不”等词语，然后帮助青少年区分积极和消极的想法。反驳青少年的非理性信念的过程有助于青少年认识到诱发事件并不是导致他们经历痛苦或做出适应不良行为的原因，而他们对诱发事件的信念才是问题所在。当青少年开始用正确和自我肯定的方式来替代非理性和自我挫败的信念后，他们的情绪和行为结果也会发生改变。也就是说，青少年的理性和积极的思考模式有助于他们参与更适应和更有建设性的行为，同时体验到与此相关的积极情绪。

苏格拉底式提问（socratic questioning，也称引导发现）。运用 REBT 的咨询师会通过面质和挑战的方法来改变青少年的非理性信念，运用认知疗法的咨询师则是通过苏格拉底式提问或苏格拉底式对话，更加温和、开放地改变青少年的非理性信念。苏格拉底式提问是一种基于 CBT 的技术，它允许青少年探索和识别影响他们行为和情绪的错误认知和自动思维。具体来说，咨询师可以采取“不知道”的态度并运用提问来引导青少年自己得出结论。苏格拉底式提问对与儿童和青少年合作的咨询师特别有用，其原因有很多方面。由于引导式发现具有非指导性和探索性的特点，因此它减少了咨询关系中固有的权力差异。对存在焦虑、创伤或抑郁等症状且对咨询过程感到不安或觉得自己没有价值的青少年来说，较少的指导性和非面质性的咨询方法可以帮助他们以个人希望的节奏来处理他们的痛苦，从而让他们感觉拥有珍贵的控制权、安全感和稳定感。同样，对那些在情绪调节方面有困难或卷入破坏性行为的青少年来说，咨询师使用引导和合作的方式，而不是直接的面质和挑战的方式，可以培养彼此间的信任，建立和谐关系，以及预防对立或逃避的反应。无论青少年现在的担忧是什么，在合作探索活动中给予他们时间来考虑和回顾他们的想法，可以促进他们的问题解决能力、反思能力及元认知意识的发展。经过探索后发现问题的过程给青少年创造了赋能的体验，因为自行得到的结论可以证明他们的能力、自我效能，以及最终独立实践的执行力。“啊！我明白了！”这种兴奋、骄傲和满足感可以进一步强化青少年在咨询之外使用认知技巧的执行力。

思维检验（thought testing）。当青少年展现出可以识别自己错误的自动思维、评价、感知或消极的自我对话的能力时，咨询师就可以教青少年进行思维检验。这是一种用来评估思想有效性的干预法。咨询师和青少年会合作参与思维检验的过程，通过寻找真实的证据来证明或反驳青少年的认知。咨询师通常会根据思维检验结果来布置家庭作业，以尝试提升青少年在各种生活场景中独立地监督、识别、验证、矫正和替代认知的能力。从认知的角度来说，如果青少年对上述技能和过程已熟练掌握，那么他们就能够成为自己的咨询师。

行为实验（behavioral experiments）。尽管思维检验是一个非常实用的 CBT 干预策略，能够帮助青少年判断他们想法的有效性，但许多青少年，特别是年幼的孩子需要更多具体的和直接观察到证据的干预方法。因此，咨询师会在咨询中或在课后作业中进行行为实验。行为实验需要青少年参与一个活动或行为来证实或反驳他们的信念。例如，一个小孩会尝试和不同小组的同伴在课间一起玩耍，来测试“没有人想跟我玩”的想法是否真实。咨询师可以给青少年提供工作表或图表，并记录思维检验和行为实验的结果，然后在会谈中分析他们的发现。思维检验和行为实验都是协助青少年意识到他们的想法如何影响其情绪和行为的有效方式。图 5-3 提供了一个针对年幼孩子的儿童行为实验工作表。

图 5-3 儿童行为实验工作表

基于辩证行为疗法的干预

辩证行为疗法干预关注四个领域，即情绪调节、痛苦承受、正念和人际效能。对青少年来说，发展这些技能非常有用。咨询师可以通过实施 DBT 来协助青少年在不同治疗阶段取得进步，且基于安全考虑和青少年行为的严重程度，每一个阶段都应有具体的目标或目的。表 5-6 简要概述了 DBT 的阶段和目标。

表 5-6 DBT 的阶段和目标

阶段	目标或目的
第一阶段： 从行为失控到可控	减少并最终消除以下行为 • 威胁生命的行为 • 阻碍咨询的行为 • 降低生活质量的行为 这一阶段还着重发展情绪调节技能，以促进上述目标的实现

（续表）

阶段	目标或目的
第二阶段： 从封闭情绪到充分体验情绪	情绪体验时做到以下几点 • 不让情绪过度控制自己 • 不再经历创伤后应激障碍相关的症状（如精神分裂、现实感丧失） • 不回避或封闭情绪
第三阶段： 打造平凡生活，解决平凡问题	努力达成以下目标 • 日常生活问题（例如，在学校或家里，与同伴、老师和家人） • 继续接受和参与治疗服务
第四阶段： 从不完整到完整和联结	发现并参与让自己感觉完整的方式 • 有意义的兴趣和活动 • 有意义的团队活动，以分享彼此的兴趣 • 与他人的关系

情绪调节（emotion regulation）。尽管正念练习是 DBT 理论的核心，但是帮助青少年发展情绪调节技能是咨询师首要的也是最关键的任务，因为来访者的安全始终是治疗中最重要的因素。情绪调节技能旨在帮助青少年提升理解和识别痛苦情绪的能力，从而预防危害生命的行为，如尝试自杀或自残。为了减少青少年危害生命的行为，咨询师不仅要对青少年的情感进行干预，同时还要帮助青少年解决认知、生理及行为方面的痛苦。青少年必须意识到自己的想法和身体感觉是如何与自我破坏行为相联系的，以及这种行为如何妨碍他们体验一个高质量的生活。因此，情绪调节干预强调识别、处理及最终降低青少年对以下几个方面困扰的易感性：消极观念或自动思维模式；引起强烈情绪反应的沟通方式；经历强烈情绪时身体的感觉；导致危及生命的行为，如睡眠或饮食习惯不良、酗酒或吸毒、缺乏锻炼等。在 DBT 的框架下，上述关于青少年识别与痛苦相关的治疗因素的目标与情绪调节的目标有所矛盾，情绪调节的目标包括从事有趣的活动，使用有效的问题解决技能和增加积极情绪。一旦青少年感觉稳定、危害生命的行为不再是一个迫切的问题时，他们就可以开始学习和使用正念的练习来进一步提升他们的情绪调节能力。也就是说，青少年随后发展的正念参与和观察技巧能够使他们更好地感知、识别和理解更多他们体验痛苦的方式。理想情况下，通过咨询，青少年可以发展出情绪调节技能。咨询师会发现，使用工作表或其他视觉方式十分有帮助。这种方式可以帮助青少年识别和理解他们对痛苦的认知、情绪、生理及行为表现，并理解这些方面如何相互作用和相互影响，以及理解他们以前曾使用的应对痛苦的策略。图 5-4 提供了一个可用于青少年的基于辩证行为疗法的情绪调节练习。

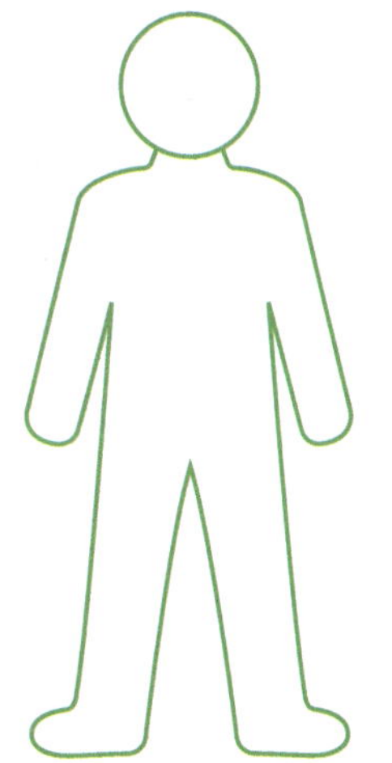

图 5-4　基于辩证行为疗法的情绪调节练习

正念（mindfulness）。正念是青少年情绪调节技能训练的基本组成部分。将正念整合到 DBT 干预模型中可以用来改善痛苦承受力和人际效能。然而，因为 DBT 的辩证基础，正念练习在用于咨询和概念化时与其他第三代模型有些许不同。正念本质上把 DBT 的治疗方法作为一个整体，它整合了 DBT、CBT 和正念的理论基础，并通过三种不同的心理状态来从认知、情感、平衡的方式来解释回应痛苦的行为（Linehan,

2014)。

- 理性脑：与逻辑、推理、计划及青少年使用信息和技能解决问题并用一种安全、冷静及适合的方式处理痛苦情境的能力有关。青少年在没有充足和健康的睡眠、食物、锻炼或使用药物的情况下，理性脑会变得难以使用。
- 情绪脑：与心境、感觉、冲动、反应及强烈和热情的感觉有关。当痛苦事件出现时，情绪脑就会接管和扰乱青少年的思考，或者让他们感觉无法自控。这样的经历会导致青少年在面对痛苦时无法使用理性脑。
- 智慧脑：理性脑和情绪脑的结合。当青少年处于平衡和专注的状态下，他们能够通过直觉或他们知道且认为正确的方式回应痛苦。

因为智慧脑是对立的理性力量和感性力量的融合，咨询师可以使用韦恩图向青少年解释智慧脑并探索青少年如何使用理性脑、情绪脑及智慧脑应对状况。例如，咨询师可以让青少年把符合的经历标记在韦恩图中相对应的头脑区域（见图 5-5）。接下来，咨询师可以要求青少年处理那些有逻辑性却感觉不对的行为（即理性脑的过度使用），感觉正确但并不理性的行为（即情绪脑的过度使用），或者他们凭直觉做出回应的情况，且知道和感觉自己做出了最好的决定。

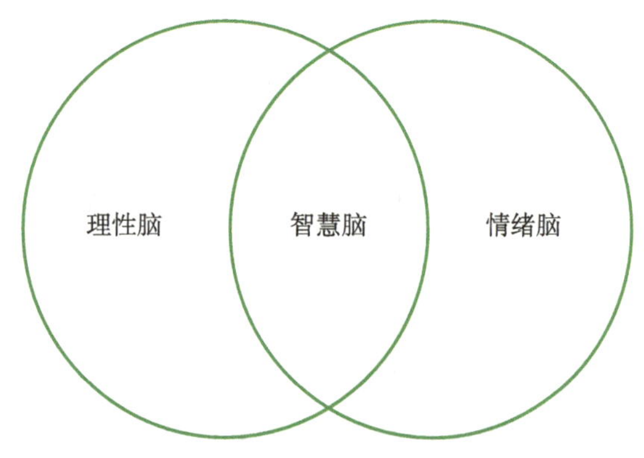

图 5-5 DBT 中智慧脑的组成部分

使用 DBT 的咨询师会通过核心正念练习来培养青少年的智慧脑。这些练习包括深呼吸、专注当下、观察内在体验、放下痛苦及彻底接纳（即完整且全部接纳一些事情或一些情境）。正念练习是作为一种独立的方式来提升青少年对痛苦的忍受力的，同时也有助于提高对何时有必要使用其他策略的觉察。咨询师可以使用首字母缩略词“IMPROVE”作为青少年痛苦忍受技能的训练基础，并且在咨询过程中进行实践和发展（Linehan，2014）。

可以用以下方式（“IMPROVE”）处理你的当下体验。

- 想象（Imagery）：想象让你开心的地方或放松的自然景色，如一片沙滩、一片群山、一片草地或一丛鲜花等。
- 意义（Meaning）：找出你生命中有意义的事情。辩证地思考，这一段困难的经历会带给你怎样的意义或它会如何引导你以有意义的方式成长？
- 祈祷（Prayer）：进行祈祷、冥想、思考、内省或其他精神练习，以减轻情绪痛苦和不确定性。
- 放松（Relaxation）：参与那些放松的活动，如洗一个热水澡、做瑜伽、拉伸、躺下、深呼吸或梳头发。
- 专注当下（One thing at a time）：将注意力专注于当下。只是观察，并练习非评判、彻底接受，以及爱和仁慈。
- 放假（Vacation）：从充满压力的生活中休息一下，在一天中远离社交媒体、邮件、短信或其他电子设备；小憩一下；重新联系一位老朋友，在公园或喜欢的餐厅参加一场特别的活动。
- 鼓励（Encouragement）：利用正面的言语来鼓励自己和培养自我关爱意识。

痛苦承受（distress tolerance）。DBT 的痛苦承受技能可分为两个主要领域——自我安抚技能和转移注意力技能。自我安抚技能旨在对抗强烈情绪和生理感觉，以帮助青少年放下痛苦。DBT 整合了基于认知行为的分心技术，这些技术可以在青少年无法进行彻底接纳（即接受某件事或某个情况的现状）时或无法释放强烈情绪时应用。从本质上来说，分心技术快速、易于使用，并在预防危机情境或高风险行为方面很有用。咨询师可以通过使用脚本或介绍缩略词来向青少年介绍自我安抚和以分心为导向的痛苦承受干预措施。青少年可以重复字母、标语、正面肯定或其他喜欢的陈述来帮助他们忍受痛苦或提醒他们其他的应对策略。例如，咨询师可以教导青少年使用智慧脑"ACCEPTS"缩略语作为一种提醒来帮助青少年解决痛苦状态（Linehan，2014）。

当经历痛苦时，智慧脑会"ACCEPTS"。

- 活动（Activities）：参与快乐的、自我安抚的、分散注意力的活动，如听音乐、散步、锻炼、画画、素描、着色、写作、读书、和朋友聊天或看一个正能量的电影或电视节目等。
- 奉献（Contributing）：增强慷慨的感觉，寻找一些为你的学校、邻居、社区、环境或他人的幸福做贡献的方式。给一位好友写一封感谢信，让他感到开心，清理脏的人行道，或者到当地宠物救助中心当志愿者。
- 比较（Comparisons）：不要忘记积极因素！把你现在的状况和你生命中所有让你享受和前进的积极方面进行比较。
- 情绪（Emotions）：记住你现在的情绪不是永久的，它们都会过去！把现在的时刻只视为现在这一刻。放下所有的痛苦情绪，做一些事情，用正向、冷静的情绪代替痛苦的情绪。
- 推开（Pushing away）：即使你不能接受或放手，也没关系。有意地推开你现在的痛苦，并在你感觉好的时候再去解决问题。
- 想法（Thoughts）：是想法在控制我，还是我在控制想法？我在使用我的智慧脑（情绪脑和理性脑的结合）吗？不要忘记在应对痛苦时使用逻辑思维和问题解决能力。
- 感知（Sensations）：做一些事情来冷静、自我安抚或放松。喝一杯果汁或吃一块曲奇。

人际效能（interpersonal effectiveness）。DBT 的最后一个技能培养模块是人际效能。因为一些青少年，特别是那些存在边缘型人格障碍特征或其他严重心理健康问题的青少年，他们在与他人保持稳定关系方面存在困难。此外，一些青少年在成长过程中经历了长期无效或创伤性经历的侵害，他们可能需要学习自信的技巧及设定与年龄相符的、健康的人际交往界限。许多青少年都在建立人际交往界限方面存在问题，而这些能力对青少年来说十分重要，特别是当他们穿梭于复杂的青春期关系中时。使用 DBT 时，咨询师会使用人际效能干预来促进青少年在三个领域的技能的建立，即目标效能、人际效能和自我尊重效能。总之，这些干预措施能够为青少年提供必要的技能，以帮助他们提出要求或表达他们想要获得的东西，管理和解决冲突，与他人建立和维持积极的关系，以及在与他人交往时保持并增强自尊。DBT 的人际效能的目标十分全面，且要求青少年学习和实践各种不同的社交技能。对此，咨询师可以用"DEAR MAN GIVE FAST"这一缩写语来简化这一过程（Linehan，2014）。

- 描述（Describe）：通过陈述信息或事实来表达你想要的。
- 表达（Express）：表达你的感受，并解释你为什么想要你想要的。
- 坚定（Assert）：要有主见，并明确地要求你想要的。当其他人说不时，使用相应技巧来帮助你应对情绪和维持自尊。
- 强化（Reinforce）：提供过往经历的证据来支持你的要求。
- 正念（Mindful）：专注于你想要的，不要让小细节分散你的注意力。
- 表现出自信（Appear confident）：看着他人，通过清晰和直接的方式传达你的信息。
- 协商（Negotiate）：愿意讨论替代性选择或为了得到你想要的而妥协。
- 温和（Gentle）：保持一个非评判的立场，不要因为他人有自己的意见就威胁或攻击他人。
- 感兴趣（Interested）：持开放态度倾听他人，

并将他们的观点纳入考虑范围。

- 验证（Validate）：通过对他人的感受和谈话做出反应，对他人进行验证，让他们知道你在聆听。
- 轻松的态度（Easy manner）：表达善意、微笑，保持轻松的对话及运用合适的幽默方式。
- 公平（Fair）：试着在谈话中对自己及他人保持公平。
- 不要道歉（Apology free）：不要为自己的需求而道歉。
- 坚持自己的价值观（Stick to your values）：在妥协或谈判时，记住自己的价值观并保持诚实。
- 真实性（Truthfulness）：保持诚实，不要为了得到自己想要的而夸大事实。

适合不同发展水平的正念干预

如前所述，第三代行为疗法使用基于正念的干预来促进觉察、接纳、专注于当下、非评判、无为、自我关怀、平和及关爱友善，但传统的正念练习，如冥想、身体扫描或瑜伽，对青少年来说都太超前或需要花费他们太多的时间。实际上，许多为儿童设计的正念项目［如 MBCT-C（Semple et al.，2005）］及为学龄儿童设计的 MSRB（Saltzman & Goldin，2008）都支持对正念练习的长度、类型、结构及表达进行改编，以使其适应儿童或青少年的不同发展需求。下文介绍几个正念实践，这些实践适合从智力到功能需要都不同的儿童和青少年。咨询师可以在不同的情境下使用这些正念策略，也可以向教师和家长提供心理教育和相关材料，以促进学校和家庭环境中的正念实践。作为一般准则，来访者的年龄可以被用来判断正念干预所适合的时长，同时咨询师还要考虑可能影响儿童和青少年保持专注或静止的其他临床或发展因素。

“腹式呼吸的朋友”。咨询师可以引入深呼吸练习，通过使用“腹式呼吸的朋友”活动来帮助儿童和青少年进行每日呼吸练习（Goleman，2013）。咨询师可以提供一系列玩偶让孩子选择，并提供一个垫子或一个十分舒适的可以躺下的柔软地方。咨询师指导孩子躺在垫子上，把这个玩偶，即他们腹式呼吸的朋友放在他们胃的位置，然后专注于自己的呼吸。让孩子把注意力放在他们腹式呼吸的朋友的上下运动上，孩子在呼吸过程中可以观察到呼吸时自己胃部及胸部的上升和下降。作为一个集中注意力的练习，咨询师需要在练习过程中提供简短的说明，温柔地提醒孩子将注意力放在呼吸上，且只留意空气在体内的流动和他们胃部的运动。咨询师也可以提供更明确的指导，如指引孩子在脑子里默数 1，2，3 来吸气和呼气。在这个活动之后，咨询师可以询问孩子关于他们专注于呼吸的问题、他们注意到的东西、体验到的身体感觉或维持专注力和关注当下时的潜在困难。当与年龄大一点的儿童或已经对玩偶不感兴趣的青少年进行沟通时，咨询师可以指导来访者放一个枕头在胃部附近或把他们的手放在胃部附近，并专注于空气流进鼻子，进入喉咙，填满肺部等不同的感觉。

“动物游行”。该活动通常在团体干预中应用，也可以用于个体。这个活动旨在帮助孩子提升对当下的专注力，对身体和行动的觉察，对想法和情绪的观察。在这个活动中，孩子会选择不同的动物，并在咨询师预先设计好的道路上模仿这个动物行走、跳跃、滑翔、滑动。例如，一个孩子也许会像马一样飞奔，像鸵鸟一样大步奔跑，像猴子一样跳来跳去，像小鸟一样飞翔，像鸭子一样蹒跚而行。咨询师可以提醒孩子留意他们身体的重量是如何随着不同的动物而变化的，或者他们的脚部运动是如何随着不同的动物而变化的。在活动中，咨询师还会指导孩子适时停止移动，让他们把意识调整到呼吸、心跳的速度、身体的温度及其他生理感觉上。孩子应指出他们在假装自己是另一种动物时是否出现了某些想法和情绪。

“神秘的袋子”。该活动旨在通过不同来源的触觉刺激，提高孩子对感觉体验的觉察能力和观察能力。咨询师会将尺寸、纹理、形状及重量不同的物体放到不透明的神秘袋子中，然后引导孩子们在不偷看的情况下每次把一只手放到袋子中，并让他们将注意力放到对这些物体的感觉上。这些物体可能是高尔夫球、干肥皂、石头、小铲子、蜡烛、毛巾、丝绸带子、气泡膜或软心豆粒糖。咨询师可以在团体咨询或有家人参与的儿童和青少年个体咨询中使用神秘的袋子，让来访者描述他触摸的感受，让他人来猜这是什么东西。孩子被要求将手伸进这个“神秘”的袋子里，在这一过程中，咨询师可以向他们介绍不评判、信任及对思想和情绪放手的话题，并将对话与他们表现出类似能力的其他经历联系起来。

“度假目的地”。该活动旨在增强儿童和青少年对当下的注意力、听觉意识和观察力、视觉化和非评判的态度。练习开始前，咨询师需要准备一些与不同的度假目的地或一般地点相对应的短音频（如海滩上的浪花声、火的噼啪声、暴风雪或小雨声、孩子们的欢笑和嬉耍声、过山车的呼啸声、野生动物的声音等）；咨询师还可以制作具有特定地点特征的声音材料来协助活动。当孩子以一个舒服的姿势坐下或躺下后，咨询师可以一次放一种声音，让孩子想象这个度假目的地或发出这种声音的地方。在每次播放声音之间，咨询师留出一段安静的时间，并询问以下问题：你想到了怎样的风景、温度、风、味道、此时是一天中的什么时间、你所站的位置是什么地方。为培养儿童和青少年的接纳和非评判的态度，咨询师可以提供中性的音频或声音，也就是关联无聊或孩子们不感兴趣的地方（但不会引起焦虑），并随后询问孩子们想象这样的环境是怎样的感觉。

“放手”。为了培养儿童和青少年对想法和情绪的接纳、非评判态度，帮助其了解内在体验的短暂性特征，咨询师可以安排以放手为引导的意象练习，可以使用一些照片，如天上的云朵、顺着溪流漂下的树叶、飘向远方的热气球或任何能被孩子接受和喜欢的图片。与专注冥想练习不同，以放手为引导的意象练习是为了加强儿童和青少年对想法、感觉、知觉及其他内在体验的开放性监控。为了让孩子清空脑海中任何先前存在的压力和担忧，咨询师应该在刚开始时鼓励他们专注于当下和自己呼吸的起伏。当咨询师开始用口头描绘为引导冥想所选择的风景、声音及让人愉悦宁静的气氛时，他们就可以开始描述那些流失的事物（如树叶、云朵等），并指导孩子们把任何唤起的想法和情感放到流失的事物上。咨询师可以和孩子强调，不需要刻意地产生想法，但是对脑子里自然产生的想法，不管积极的还是消极的，都想象它们平静地飘向远方，不评判或依恋，因为所有的经历都是转瞬即逝的。然后孩子可以把他们的意识带回他们的呼吸上，并在完成后进行引导式冥想。

“每日正念”。与所有 CBT 干预类似，来访者需要定期练习正念以获得最佳效果。这样，咨询师才能通过以正念为基础的家庭作业来帮助来访者完成觉察、接纳、非评判、自我关怀、爱、善良及平和等方面的提升。咨询师也可以要求来访者在每日特定的活动中，或者选择一天中他们可以专注地留意当下经历的时刻来练习正念。例如，来访者可以根据家庭作业要求在刷牙、拉伸、洗澡、吃饭、行走、乘坐校车、洗手、在学校食堂吃午饭、课间休息时在外面玩、考试、喝水或听音乐时练习正念。又或者，来访者可以设置一个下午 5 点的每日闹钟，花 10 分钟坐下或躺下，关注当下的呼吸。表 5-7 提供了其他可以给儿童和青少年使用的正念练习。

表 5-7 儿童和青少年正念练习示例

练习	说明
倾听之舞	咨询师可以选择的音乐包括自然的声音，甚至一些话语。在练习刚开始时，孩子要站在原地不动，直到音乐开始。音乐一开始，孩子可以听着音乐，并按照自己的感受舞动。他们可以用胳膊、腿和脚快速或缓慢地舞动。1 分钟后，孩子被要求停下来思考他们的感受和听到的东西。在每一组音乐和动作之后，孩子被要求讨论他们听到的内容及其如何影响他们的感受。正念和觉察可以在这个活动的背景下讨论

（续表）

练习	说明
连接气味	这个活动旨在让孩子利用他们的嗅觉和不同的气味来促进觉察和放松。咨询师可以使用帮助镇定的气味和与气味相关的物品，如橘子皮、花、薰衣草香皂、甘菊茶包或任何其他令人愉悦的气味。让孩子闭上眼睛，触摸和闻每一个物体，并与气味联系起来。然后让孩子描述他们闻到的气味：气味是怎样的，以及把注意力集中在不同气味上的感觉是怎样的。孩子还可以讨论嗅觉和气味是如何帮助他们强化正念练习的
我的多彩情感	在这个练习中，孩子首先被引导进入放松状态。然后，咨询师指导孩子思考他们有哪些不舒服的情绪（如愤怒），并想象相对应身体部位（如下巴）。咨询师要求孩子想象这个部位有一种颜色。并询问这种颜色是暖色调还是冷色调。孩子有情感波动时，这个区域有多大？它是什么形状的？咨询师要求孩子想象一种新的神奇的颜色，这种颜色能够改变情绪的原始颜色和大小（如冷蓝色变为暖黄色）。引导孩子花 1 分钟用新的颜色想象这个区域，并邀请他们思考是什么感觉。随着训练的继续，孩子逐渐控制自己的感受，并理解自己有能力通过觉察和视觉想象来管理疼痛和情绪
我的假装形象	这个练习是用视觉想象来达到放松和正念的目的。咨询师引导孩子闭上眼睛平静地坐着，并且专注于呼吸。孩子被要求用几分钟想象自己。他们被要求觉察自己的身体和心理特征，并在没有任何评论或批判的前提下关注它们。接下来，孩子被要求视觉想象他们最焦虑的事情，时长大约 30 秒。然后邀请孩子想象他们有什么资源或力量可以用来克服这种忧虑。咨询师引导孩子再次想象让他们最焦虑的事情，但这一次他们可以利用资源或力量来对抗这些忧虑。这个练习可以帮助孩子想象自己有能力克服他们的烦恼与焦虑

家庭干预与参与

对使用 CBT 的咨询师来说，父母和其他家庭成员参与咨询过程是非常重要的，因为他们的积极参与不仅能够强化孩子学到的概念和技能，还能使父母和家庭成员更好地理解某些行为发生的原因及如何管理它们。尽管有大量实证文献证实了 CBT 在咨询会谈中对很多问题都很有效，但 CBT 对来访者的帮助程度取决于来访者在日常生活中能否有效地使用 CBT 原则。因为传统的 CBT 本质上是行为导向和说教式的，且主要关注认知对情绪和行为的影响，所以孩子独立和有规律地练习思维改变策略，并每周完成 CBT 的家庭作业是促进他们掌握新技能和实现目标的关键治疗因素。

在最初向孩子提供 CBT 相关的心理教育时，咨询师可以让家长和其他家庭成员参加会谈，让他们熟悉 CBT 的关键概念和基本干预技术，并了解干预是如何进行的，以及家庭成员用什么方式支持孩子，从而帮助他们把咨询技巧从咨询环境过渡到家庭环境。父母可以通过参与心理教育课程和整个咨询过程学习必要的知识和技能，从而能够监控和识别什么时候使用什么干预措施最有效。这些信息在进度回顾阶段对咨询师非常有价值，因为这些反馈能够促使咨询方案和干预措施更加符合来访者的需要，并且将其他针对特定领域的技术整合到咨询中。此外，在对 CBT 的干预措施有基本的认识后，父母与孩子可以一起讨论认知歪曲、过度概括化、接纳或其他相关的做法，父母可以在家庭环境中扮演咨询师角色，直到孩子具备独立完成的能力和技能。也就是说，父母和其他家庭成员能够在孩子进行不合理的表达时提出更积极、更现实的思考方式的建议，同时处理孩子的思想和感情，并赞扬他们为实现目标所付出的努力和取得的进步。无论父母选择何种方式让孩子了解他们的咨询经历、感受或实施干预的方式，在整个咨询过程中，父母的参与都能够促进父母与孩子在家庭中就咨询内容进行互动。咨询师可以通过要求父母直接向孩子询问咨询过程或家庭作业相关的问题来促进这种互动。

父母和家庭的参与使咨询师能够解决可能导致孩子困扰和问题行为的系统性家庭因素，包括不良的教养方式或冲突解决方式、适应不良的互动模式、不好的榜样或缺乏监督、强化或后果。咨询师可以与家长合作，让他们了解自己的行为如何影响孩子的行为，帮助家长重新认识自己的行为并承诺对自己的行为进行改变，并为家长提供额外的行为矫正培训以促进积极的教养实践。然而，在有些情况下，系统性干预或家长干预对咨询的影响非常大，以致不能将上述内容简单地纳入孩子的个体咨询中。因此，咨询师可以对家长进行单独咨询，或建议家长完成一个循证的父母管理培训（PMT）。如果家长经历了自己临床上的重大困扰，咨询师可以建议他们自己接受个体咨询。

整合父母或其他家庭成员的认知行为疗法

大多数 CBD 的模式最初都是针对个体来访者的治疗方法而开发的，但其中有几种方法已经进行了调整，以将儿童和青少年和父母或其他家庭成员纳入咨询过程。传统的 CBT 疗法和第三代 CBT 疗法都做了这样的修改，这表明将父母或其他家庭成员纳入针对儿童和青少年的咨询过程已经被循证的实践证明其能够为个体 CBT 的实施提供更多的治疗帮助。将父母纳入循证实践的 CBT 包括辩证行为疗法（DBT）、针对儿童焦虑的应对猫计划（Coping Cat Program）、聚焦创伤的认知行为疗法（Trauma-Focused Cognitive Behavior Therapy，TF-CBT）和家庭替代认知行为疗法（Alternatives for Families：A Cognitive Behavior Therapy，AF-CBT）。其他能够将父母或其他家庭成员纳入咨询过程的认知行为方法还在研究中，包括家庭认知行为疗法（Wood et al.，2009）、MBCT-C（Semple et al.，2005）和针对学龄儿童的 MBSR（Saltzman & Goldin，2008）。

辩证行为疗法（DBT）。如前所述，辩证行为疗法是一种生物社会理论，它认为环境因素（如父母教养方式）在孩子情绪失调、生理性过度唤醒、反应性增强和对痛苦的适应不良行为反应的发展中起着重要作用（Miller et al.，2007）。更具体地说，从 DBT 的角度来看，孩子长期暴露于父母否定的体验中尤其有害（Harvey & Rathbone，2015）。因此，让父母参与 DBT 咨询过程是至关重要的，因为持续的被否定体验、不一致的父母要求或不稳定的家庭环境会对孩子产生很大的消极影响。一些学者还建议在咨询中同时对家长进行 DBT 技能培训，教他们如何对孩子的行为进行反馈。对父母使用 DBT 对那些在调节自己情绪方面有问题的父母特别有帮助。此外，由于一些父母可能有临床上的心理健康问题，DBT 技能培训不仅可以帮助他们改善他们的教养方式和与孩子的互动方式，还可以为他们提供更多的情绪调节策略，以提高他们整体的适应功能（Ben Porath，2010）。

应对猫计划。它是一项为期 16 周的 CBT 治疗计划，适用于具有分离焦虑障碍、广泛性焦虑障碍或社交焦虑障碍的 7 ~ 13 岁儿童和青少年（Kendall et al.，2002；Kendall & Hedtke，2006a）。作为一项循证实践，应对猫计划可以帮助儿童和青少年识别和理解引起焦虑的刺激反应相关的情感和生理因素，澄清他们的认知和情绪，发展应对技能来管理他们的焦虑，并学会奖励自己克服焦虑（Kendall & Hedtke，2006b）。咨询师会通过心理教育、放松训练、基于恐惧的认知重构、问题解决的干预和基于暴露的任务来帮助儿童和青少年实现上述目标。

在孩子参与应对猫计划的过程中，父母可以扮演几个关键角色，即顾问、合作者、共同的来访者（Podell et al.，2010）。父母可以被概念化为顾问和合作者，因为他们可以向咨询师提供用于确定诊断和治疗结果的相关信息，并且在整个过程中为孩子提供支持。然而，当父母允许他们的孩子逃避引起焦虑的情况或对他们的孩子参与暴露任务感到焦虑时，反而会导致孩子与焦虑相关的痛苦持续下去。当父母参与治疗过程时，咨询师可以很容易地指出可能阻碍治疗过程的育儿因素（Podell et al.，2010）。

聚焦创伤的认知行为疗法（TF-CBT）。TF-CBT 被认为是对经历过创伤或虐待的儿童和青少年最有效的治疗方法（Cohen et al.，2012）。TF-CBF 是一种孩子和其父母联合治疗的方法，可以帮助整体家庭解决与创伤生活事件相关的情绪和行为问题。该疗法将创伤敏感干预与认知行为策略、人本主义原则和家庭参与相结合，以减少创伤症状。TF-CBT 教授孩子和其父母新的技能，帮助他们处理与创伤生活事件有关的想法和感受，管理创伤引起的痛苦情绪、想法或行为，建立安全感、培养个人成长、提高教养技能和改善家庭沟通（Cohen et al.，2012）。咨询师可通过聚焦创伤的认知行为疗法网站来完成为期 10 小时的免费“TF-CBT 证书”培训课程。这门培训课程可以帮助咨询师全面理解创伤治疗过程，任何心理健康专业人员或在校研究生都可以完成此培训课程。

家庭替代认知行为疗法（AF-CBT）。与辩证认知行为疗法类似，家庭替代认知行为疗法是一种专门针对受到养育者身体虐待或威胁、过度暴力、攻击性冲突的儿童和青少年的治疗方法（Kolko et al.，2014）。AF-CBT 有其自身的独特性，因为该方法旨在加强孩子和养育者之间的关系，并为养育者和孩子提供必要的技能，包括管理愤怒、减少攻击性行为、改善不良的社交技能。使用 AF-CBT 的咨询师利用心理教育、个人技能建设和家庭干预来建立家庭安全感、健康和非攻击性的家庭互动模式，减少争论和冲突，最终改善孩子的生活状态（Kolko et al.，2014）。

正念疗法

基于正念的儿童认知疗法（MBCT-C）（Semple et al.，2005）和正念减压疗法（MBSR）（Saltzman & Goldin，2008）等之前提及的方法也依赖于父母的参与。由于它们主要建立在正念基础上，因此咨询之外的练习对咨询效果也非常重要。作为方法的一部分，父母不仅需要督促孩子完成家庭作业和参与家庭环境中的正念练习，还需要培养父母自己的正念。如果父母掌握了这些技能，他们就可以成为孩子的榜样，并与孩子一起练习正念方法。虽然还需要更多的研究，但初步研究表明，MBCT-C 在减少儿童和青少年焦虑症状、改善注意力和行为问题等方面十分有效（Semple et al.，2005）。此外，针对学龄儿童的正念减压疗法在减少青少年情绪反应及抑郁和焦虑症状方面也有不错的效果（Saltzman and Goldin，2008）。

现实疗法和选择理论

现实疗法最初由美国精神病医生威廉·格拉瑟（William Glasser）提出，是一种以访谈、协作和行动为导向的干预方法。现实疗法以选择理论为基础，旨在帮助来访者改变适应不良的行为，从而更有效地满足个人需求，体验更满意的人际关系。在 20 世纪 50 年代，作为精神病住院医生，格拉瑟开始放弃当时广泛使用的弗洛伊德的精神分析方法，因为他观察到，尽管许多患者增强了对无意识的洞察力，但他们依然不能做出积极的决定和建设性的生活改变。在青少年矫正和药物滥用治疗方面的经验使他进一步谴责精神分析的决定论，他还拒绝使用精神病医生常使用的包括诊断、治疗和使用药物干预的医疗模式。

渐渐地，格拉瑟开创了自己的治疗方法——现实疗法。他认为适应不良的行为和来访者的不幸福是不良的人际关系或缺乏有意义的人际关系导致的结果，而不是精神疾病的证据。格拉瑟强调了选择的作用及来访者对自己行为的控制权，而不是将来访者的症状和行为归因于神经质焦虑的紧张或与驱动行为的无意识力量相关的精神能量失衡。现实疗法中以关系为焦点和行为的不确定性概念，非常适合应用于儿童和青少年咨询。他的理论专注于能支持儿童和青少年的基础因素：培养和维持社会支持系统；阐明改变的可能性；鼓励儿童和青少年做出积极选择，从而满足自己的愿望和需求。除了上述因素外，为儿童和青少年提供安全感、支持、情感依恋、希望和控制等其他因素，对支持儿童和青少年的发展也至关重要。

现实疗法关注的核心焦点是选择和行为：来访者在做什么，他们在做什么能够帮助他们得到想要的，他们的行为是否满足了他们的需求，这些行为对于他们满足需求是否起到重要作用，来访者如何选择最能帮助他们满足需求的行为方式等。现实疗法强调：咨询师和来访者要关注当下、建立强大的干预联盟，咨询师要专注于通过使用适应性行为选择来满足来访者的基本需求，来访者要对个人选择承担责任并进行自我评估（Wubbolding，2000，2011）。

核心概念和咨询目标

选择理论（choice theory）是现实疗法的理论基础，可以用来解释心智如何运行和发展，解释人的内在需求和动机，并为理解人类行为提供支持。根据格拉瑟的理论，人的行为是由以下五种基因编码的基本需求驱动的。

- 生存，或者自我保护需求。
- 爱和归属感，或者参与、友谊和关怀的需求。
- 权力，或者内部控制，或者对认可和成就的需求。
- 自由，或者自主，或者个人选择和独立的需求。
- 乐趣，或者对快乐、享受和欢笑的需求。

尽管这五种基本需求被认为是人的普遍需求，但每种需求的满足程度和强度因现实而异，并取决于个人独特的生活环境和对现实的感知。格拉瑟认为，我们对归属感和爱的需求，无论给予还是接受，都是最基本的需求。然而，因为这种需求需要他人的合作，而且自己的需求往往会与他人的需求发生冲突，所以这也是最难满足的需求。探索儿童和青少年对归属感和爱的需求在多大程度上得到满足是很重要的，因为这说明了儿童和青少年的社会支持系统的力量。咨询师需要弄清楚：什么人或团体为儿童和青少年提供了有意义的关系，在什么环境下，需求满足的一致性，爱和归属感如何影响儿童和青少年的行为选择。

在考虑儿童和青少年生活的关系模式时，咨询师必须注意每位来访者独特的背景和发展因素。这些偶然因素可能会将未满足的需求与特意选择的偏好区分开来。例如，对儿童来说，亲情和与父母的互动是具有高度优先级的需求；但青少年可能希望与父母有更多的分离，他们可能会认为同龄人或情侣提供的归属感具有更大的意义。现实疗法的主要目标是帮助儿童和青少年通过发展或重建与他人有意义的关系来满足他们的基本需求。

根据格拉瑟的理论，这五种基本需求驱动着人的所有行为。当我们的基本需求得不到满足时，我们就会感到不快乐、痛苦或孤独（Wubbolding，2000）。为了减轻这些痛苦，人们会选择适应不良的行为来满足他们未满足的需求。人的所有行为都是为了满足其需求，并反映了其在当前所拥有的知识水平和满足需求的能力。因此，格拉瑟强烈反对当时对于儿童和青少年精神疾病的诊断和概念，他认为这种做法是将儿童和青少年在生活中获得控制感的努力视为病态。以下诊断术语通常用于描述儿童和青少年的问题：机能失调、干扰、对立、功能障碍、障碍、损伤、中断破坏、挑衅等。这些术语表明青少年有缺陷，有些术语甚至默认儿童和青少年的问题行为是故意表现出来的（如对立被定义为“反对”或“抵抗”）。在运用现实疗法时，咨询师可以就精神健康问题及相关不良影响向儿童和青少年的家庭成员和学校工作人员提供心理健康教育，以避免他们使用负面的术语来给儿童和青少年贴标签，以防止儿童和青少年内化这些负面信息后影响他们的自尊，从而影响他们实现自己的愿望和满足需求的能力，以及对未来期望的信念。

现实治疗的核心是教导来访者做出更好的选择，从而满足他们未被满足的需求。选择理论认为，我们不能直接满足我们的需求（Wubbolding，2000）。更确切地说，从出生开始，我们的大脑就开始储存感觉良好或被认为良好的信息，从而形成罗伯特·伍伯丁（Robert Wubbolding）所说的优质世界（quality world）。与所有人普遍存在的五种基本需求不同，优质世界对每个人来说都是独一无二的，它包含了个人的需求和对理想现实主观感知的相册（Glasser，2000）。优质世界的相册是特定的人、事件、生活环境和拥有的东西的图像集成，代表我们自己的最优生活体验。这些需求与我们的五种基本需求相联系，是驱动我们行为的内在动力。咨询师和其他专业人员可以与儿童和青少年共同探索，以确定儿童和青少年为满足自身的基本需求和实现优质世界的愿望而做出的行为选择（Wubbolding，2000，2011）。由于在理解抽象概念和使用口头语言进行交流方面的发展差异，与儿童合作的咨询师应考虑采取创造性的方法来探索他们的需求。咨询师可以让儿童使用蜡笔、记号笔或颜料来绘制与五种基本需求相关的优质世界的图景，或者在沙盘中展示他们的优质世界，同时分享他们的创作细节。这些技巧不仅适应儿童的发展特点，还可以揭示哪些基本需求最需要得到满足和最为缺失。咨询师可以利用这些信息为治疗方案和咨询过程提供信息，探索可能激励儿童行为的需求假设，以及他们的选择如何满足他们的需求，从而支持儿童识别和创造更多的机会，来做出可以满足他们目前需求和愿望的选择。

总体行为

选择理论的基本假设是，人类的所有经验都可以被描述为行为，行为由下面四个离散但相互关联的部分组成，称为总体行为（Glasser，1985，1998）。

- 行动。
- 想法。
- 感受。
- 生理反应。

根据现实疗法理论，儿童和青少年的行为是为了消除优质世界和感知世界之间的差异，即他们想要什么和他们得到了什么。人们的行为是由基本需求和内在需求驱动的，同时行为也是一种选择，它源自内部，具有服务于目的的功能。例如，儿童可能会用发脾气的行为获得家长或老师更多的关注，也可能会通过欺负另一个孩子来满足与权力有关的需求；青少年可能会因为未满足的生存需求而偷窃或打架。

格拉瑟没有将青少年描述为抑郁的、焦虑的或愤怒的，而是用这些词的动词形式，即在压抑中、在焦虑中和在愤怒中，来强化一个观念——青少年选择了他们的行为，因此他们有能力改变他们的这些行为。咨询师可以用一种青少年更容易理解的方式来证明这一观点。例如，咨询师可以要求青少年安全地表现出不同的痛苦行为："让我看看你在压抑中的样子""向我做出在愤怒中的行为"。接下来，咨询师可以帮助青少年理解他们如何选择表现出这些行为和他们如何控制自己的行为选择。"是自己选择经历焦虑、痛苦和煎熬"这个理论对青少年来访者来说很残酷，对此，咨询师可以告诉青少年，痛苦行为，如沮丧、焦虑或愤怒，只包括他们所有行为的两个组成部分（即行动和想法），而与之相关的痛苦体验是他们总体行为的另外两个组成部分（即感受和生理反应）的间接表现，而这两个组成部分没有被选择。与对行为的认知解释相一致，如果我们选择改变我们的行为，那么我们总体行为的其他元素，即我们的想法、感受和生理反应也将开始改变。

因为学生要遵守学校的规章制度，要遵守父母或其他养育者的指示，所以他们往往认为自己没有选择权，也无法体验到对自己生活的控制感。然而，儿童和青少年是可以控制自己的行为的，他们无法控制的是他人的行为。根据格拉瑟的说法，控制他人行为的想法会导致挫折感、人际疏离感，以及难以与他人建立或维持有意义的关系。因此，现实疗法咨询师会告诉儿童和青少年来访者，他们只能控制自己的行为。咨询师还会强调儿童和青少年的个人责任和义务，并解释行为选择如何影响与他人关系的质量和倾向。把重点放在儿童和青少年能控制什么和不能控制什么上有助于给他们提供支持。例如，当儿童难以适应新环境（如进入幼儿园或学前班）时，一些行为问题会开始显现出来：难以遵守指令，难以与父母或监护人分开，难以与他人分享，难以控制自己的手不到处乱摸，难以排队等待轮到自己，难以久坐不动，担心或发脾气。现实疗法的结构化取向强调个人责任、成年人期待和行为后果，特别适合解决儿童和青少年面临的各类问题，可以教导儿童和青少年做出积极的行为选择，并学习与冲动控制、情绪调节、积极决策和社交技能相关的新技能。

格拉瑟还提出了七种不良习惯和七种好习惯来解释行为选择和人际关系之间的互动。这七种不良习惯包括批评、责备、抱怨、唠叨、威胁、惩罚、贿赂或奖赏控制。七种好习惯是关心、倾听、支持、贡献、鼓励、信任和处理分歧。因为选择理论假设大多数问题和不快乐都源于不满意的关系模式和经历，所以该理论鼓励儿童和青少年用好习惯来取代不良习惯。例如，咨询师可以鼓励青少年通过灵活和妥协的方式解决人际关系问题，而不是抱怨他人。因为青少年的认知能力水平高于儿童，所以他们能够更好地理解复杂的人际关系和七种好习惯的多维性。当对儿童进行咨询时，咨询师可以适当地调整表达方式。例如，咨询师可以用儿童式对话（如“棒棒的”）来表达鼓励，或者用身体动作（如“来，我们比比看”）来表达谈判。

咨询师可以通过一个简单的问题来挑战儿童和青少年的行为选择，例如，“你的行为有助于你得到你想要的东西吗？”儿童和青少年的需求和行为选择之间的不协调可以用来引起改变的意愿和承诺。随后，咨询师可以参与协作性的目标设定过程，重点关注儿童和青少年期望的行为变化，以帮助他们发展新的技能，使他们能够做出更负责任的行为选择，从而满足他们的愿望和需求。

格拉瑟还提出了选择理论的 10 个基本原则。这些原则提供了选择理论对人性概念化的概述，并为现实疗法的实践提供了信息。

选择理论的 10 个基本原则

1. 我们唯一能控制的，只有我们自己的行为。

2. 咨询师或其他人所能做的最好的事情就是向来访者提供信息。

3. 所有持久的心理障碍都源于人际关系问题。

4. 一个人的关系问题总是其现在生活的一部分。

5. 虽然过去可能会影响我们今天的生活，但我们只能满足现在的基本需求，并计划在未来持续满足这些需求。

6. 我们只能通过满足优质世界中的图景来满足我们的需求。

7. 我们所做的一切都可以用行为来形容。

8. 所有行为都是总体行为，包括四个部分：行动、想法、感受和生理反应。

9. 所有的行为都是被选择的，但我们只能直接控制行动和想法的部分。我们通过选择行动和想法来间接地控制我们的感受和生理反应。

10. 所有的行为都用动词来命名，用最容易辨别的部分来命名。

现实疗法中咨询师的角色

建立融洽的咨询关系

发展和维持与来访者的强大治疗联盟不仅是咨询师的基本任务，而且在现实疗法的框架内被认为是来访者改变的先决条件（Wubbolding，2000；Wubbolding et al.，2010）。那些很难做出积极的决定来满足自己的愿望和需求的孩子通常会从父母、同伴、教师、其他学校人员或社区成员那里得到关于他们行为的批判性的反馈。渐渐地，来访者会开始内化这些否定的信息，接受失败的身份，并相信自己是糟糕的或无法成功的。为了使治疗有效，咨询师必须与来访者建立信任关系，努力成为来访者优质世界中的一部分。咨询师要创造一个安全、温暖、肯定、非评判性的治疗氛围，同时将来访者视为盟友，并努力传达来访者能够感受到的关注、共情、积极关注和真诚参与。

伍伯丁还提出了 ABCDEFG 方法，用来引导咨询师与儿童和青少年的互动。

- 永远（Always Be）。
- 彬彬有礼（Courteous）。
- 决心（Determined）。
- 热情（Enthusiastic）。
- 坚定（Firm）。
- 真诚（Genuine）。

促进责任和承诺

尽管咨询师必须表现出接纳、兴趣和支持来培养信任的治疗关系，但责任和选择始终是咨询过程中的核心内容。因此，咨询师还要求来访者对他们选择的行为负责，期望来访者做出承诺，并且在计划没有得到执行时不接受任何借口（Glasser，1992，1998）。现实疗法认为，容忍借口会使来访者避免接受对自己行为的责任或承诺采取行动。然而，这个前提并不意味着儿童和青少年找借口或没有执行行动计划时应该受到惩罚、指责或批评。相反，咨询师应避免评判性语言，并将关注点转向制订一个使来访者能更有效地承诺和坚持的计划。

教学和推广

采用现实疗法的咨询师承担着教师和倡导者的角色。在咨询过程中，来访者会接受关于个人责任、选择和有意义关系的重要性教育。来访者学会参与自我评估，以确定他们的行为在满足他们的愿望和需求方面的有效性，他们的行为选择如何影响与他人的关系，以及什么样的有效行动可以实现他们的目标。

虽然现实疗法强调个人责任，并假设所有行为都是内在的、个人的、有动机的，但咨询师需要与来访者沟通行为改变通常非常困难。因为来访者不能只参与这样的过程，咨询师还需要扮演一些角色（如支持者、鼓励者、教练、倡导者）来与来访者保持一致，并为咨询和改变程序的协作性提供保证，以努力向他们灌输希望（Glasser，2011；Wubbolding，2000）。咨询师可以通过保持乐观，传达对即将发生的变化的预期，或者通过预先假设来访者成功，而让来访者产生希望。当来访者确实表现出期望的变化时，咨询师的肯定和对其付出的认可就会得到强化，来访者便会认识到他们确实有控制力，且能够做出更积极的行为选择。在咨询过程的早期，整合旨在具体识别和展示个人优势、资源和能力的活动，可以作为创造希望、建立自我效能或增加动机的附加手段。

咨询过程和步骤

现实疗法的实践本质上是选择理论的应用。WDEP 系统是一个基于选择理论的现实治疗心理技术，由格拉瑟提出，后由伍伯丁进行总结归纳，其以务实和程序化方式描述了咨询过程。在实施 WDEP 系统之前，咨询师必须创造一个有利于改变的环境和治疗关系。这种环境、关系和干预的整合构成了现实疗法的咨询周期。

改变环境和关系

现实疗法咨询周期的初始阶段包括与来访者建立开放、友好和信任的咨询关系，以及创造一个安全、温暖和非评判的咨询环境。这是所有后续咨询活动的基础，也被认为是来访者改变的先决条件。选择理论认为，绝大多数问题都是由不满意的关系造成的。因此，咨询师要想帮助来访者改变他们的行为以更好地满足他们未被满足的需求，首先就要让来访者将自己与咨询师的关系视为满足的、积极的。实践现实疗法的咨询师旨在发展一个强大的治疗联盟，并创造一个支持而有挑战性的环境来促进改变过程。伍伯丁总结了各种能够促进环境和关系改变的干预措施，这些干预措施如表 5-8 所示。

表 5-8　促进环境和关系改变的干预措施

干预措施	说明
中止评判	监控你的评判，并将“中止评判”的观点传达给青少年
做意想不到的事	重新定义消极行为，以识别和关注优势（如发脾气的行为 = 情绪表达）
保持幽默	在与来访者保持界限的同时，和来访者一起开心大笑，并享受这个过程
设定界限	和来访者设定明确、具体的界限
自我披露	通过适当分享你的经历来培养信任
倾听隐喻	隐喻为了解来访者的欲望和需求提供了更多视角
倾听内控谈话	识别并庆祝来访者对责任的接受和对行为选择的控制
倾听主题	强调与愿望、需求和选择相关的主题
总结和聚焦	让来访者知道其正在被倾听
允许或施加后果	后果必须在合理范围内，而且应该强调责任而非惩罚
沉默	给来访者时间去思考和自我评估
创造期待，传达希望	对适应性行为改变保持好奇和乐观，并创造一种即将成功的感觉

WDEP 系统

WDEP 系统关注儿童和青少年的需求、行为、自我评价和计划。它具有清晰、具体且语言直白的特点，便于让儿童和青少年理解（Wubbolding，1991，2007）。这些特点增加了对干预措施做出积极反应的可能，也为儿童和青少年提供了帮助他们在现实环境下学会独立实施这些步骤并在整个发展过程中持续实施这些程序的机会。这种学习机会有助于增强儿童和青少年的赋权体验，使他们有更大的掌握感和自我效能感，或者为新的成功和成就感到自豪。

值得注意的是，由于使用了具体的语言，WDEP 过程可能显得过于简单或易于实现；然而，当考虑到一个人的优质世界和总体行为之间的连续变化和相互作用，以及咨询关系中的关系模式和语境差异时，在有效探索咨询周期的同时采用 WDEP 系统可能是一项复杂的任务。表 5-9 是关于 WDEP 系统的概述。

表 5-9 WDEP 系统的概述

	问题	目标
愿望（Want）	你想要什么	探索愿望、需求和感知
行为（Direction/Do）	你在做什么	方向和行动
评价（Evaluation）	你正在做的事情能帮助你吗	自我评估
计划（Plan）	你的计划是什么	用计划替代无效的行为

愿望、需求和感知。WDEP 系统的第一步旨在帮助来访者更全面地了解他们的愿望、需求和感知。咨询师会先提出这样一个问题：“你想要什么？”然后与来访者一起从家庭、朋友、咨询师和咨询过程、外部环境和自身角度，来探索和确定来访者的需求。之后，咨询师会继续使用有技巧的提问来了解访者的优质世界图像。当通过愿望和行为方式使感知的（外部）世界更接近内在需求的优质世界，即间接满足五种基本需求时，通过来访者的反应就可以发现他们未被满足的需求，并有助于确定治疗目标。

例如，咨询师可以使用与优质世界相关的信息帮助来访者解决物质滥用的问题。要知道，不管来访者经历的问题是什么，没有什么可以导致他们的物质滥用行为，除非他们选择。咨询师可以帮助来访者确定优质世界的愿望，以及让他们了解自己为何会选择使用物质来满足未能满足的需求。

咨询师还应探讨来访者的控制感和他们对咨询的承诺程度。来访者表现出强烈的外部控制感，或者认为他人或自己所处的环境在控制他们的生活时，他们就很难意识到他们确实有选择，也很难对他们的行为负责或致力于改变他们的行为。咨询师可以利用这些信息来调整咨询方法和干预措施，以尽可能满足每位来访者的需求，从而有效改变来访者不愿意改变的现状。咨询师还可以参考伍伯丁提出的五个承诺层次来确定来访者不情愿配合的程度。以下是这五级承诺的描述。

- “我不想在这里。”
- “我想要的是结果，而不是努力。”
- “我会努力。”“我可能。”或“我可以。”
- “我会尽力而为。”
- “我会不惜一切代价。”

方向和行动。在探索和确定来访者优质世界的愿望、需求和感知之后，咨询师与来访者的讨论将转向他们的总体行为，问他们“你在做什么？”尽管行动、想法、感受和生理反应都是我们总体行为的组成部分，但现实疗法避免关注症状和我们的问题与过去的关系，因为这种关注会阻碍来访者认识到他们问题的根源，即他们目前选择的总体行为。除了确定来访者目前的行为选择外，咨询师还应理解来访者生活的总体方向，帮助他们预测行为的潜在结果。咨询师可以提问：“你在朝哪个方向发展？”“你的行为会带给你怎样的结果？”或者“你如何看待自己的未来？”

自我评估。自我评估是现实疗法的关键要素。选择理论认为，儿童和青少年不会做出改变，除非他们认为他们的当前行为选择是无效的，且认为改变是一个更好的选择。因此，咨询师可以问一些问题，如“你所做的有效果吗？”“你的行为是在帮助你还是在伤害你？”或者“你现在所做的会不会把你带到你未来想要去的地方？”咨询师可以教来访者评估他们总体行为的各个方面，然后帮助他们确定当前的行为选择是否有助于他们满足自己的需求，是否符合他们的行为将引导的方向。有效的自我评估过程将激励儿童和青少年承担责任，做出新的行为选择，并充分投入咨询过程，从而更好地满足他们的愿望和需求（Wubbolding，2000，2011）。

由于大多数儿童不具备独立的自我评估的认知能力，因此咨询师要以适合儿童发展的方式对儿童进行自我评估的沟通和指导。咨询师可以创建“如果……那么……”工作表（即如果我这样做，那么就会发生那件事，这就是我想要的吗？），或者使用图形或游戏的方式，总之，要以儿童能理解的方式直观地进行沟通并评估他们的行为。

WDEP 系统对自我评估十分重视，因此这种干预非常适合青少年。因为青少年往往以自我为中心，高度关注自己，会经历生理变化，从而影响情绪反应；有延迟满足的困难和从事危险活动的冲动；缺乏计划和决策能力。通过让青少年确定他们的行为是否有助于自己，以及他们的行为带他们走向何方，咨询师可以帮助青少年更现实地看待未来，并制定更好的规划。

计划。一旦青少年确认他们的行为并不适合自己且渴望改变时，他们就可以开始计划实施更负责任的行为。与之前的程序类似，咨询师应帮助青少年探索新的行为选择，让他们确定最有助于他们控制自己生活的选择，并制订行动计划。咨询师的目标是赋予青少年力量并注入希望，还要清晰地传达并非所有的行动计划都能奏效这一观点，同时允许他们重新审视规划过程，直到青少年确定了一系列可以满足他们独特的个人愿望和需求的行为。此外，要使任何行动计划有效，青少年必须展示其对此计划的承诺。伍伯丁使用首字母缩略词“SAMIC”描述了优质行动计划的特征。

- S（Simple）：简单明了，直达重点，易于理解。
- A（Attainable）：可实现的或现实的，可以让青少年逐步完成（即与发展和智力水平匹配）。
- M（Measurable）：可测量的、具体的和详细的。
- I（Immediate）：可以立即行动，或者易于实施。
- C（Controlled）：由青少年控制或创造，可以在没有其他人的情况下完成。
- C（Committed）：承诺或与青少年愿意做的事情相一致。
- C（Continuous）：持续的或动态的，可以随时调整。

尽管这一过程鼓励青少年为实现愿望制订自己的行动计划，并独立地确定积极行为来达成愿望，但在整个规划过程中，他们可能还需要帮助。咨询师可以参照以前使用过的清单或具体材料来刺激青少年的“计划敏感点”。

家庭干预和参与

家庭干预和参与在儿童和青少年的心理咨询中起着重要作用。具体而言，父母或其他监护人、兄弟姐妹和其他家庭成员可以显著影响儿童和青少年对五种基本需求的满足，特别是对爱与归属感的满足，并影响他们在整个发展过程中的经历，这些经历会成为优质世界的图景（Glasser，2000）。因此，儿童和青少年与家庭的关系会在治疗过程中发挥作用，良好的咨询结果也会增进儿童和青少年与家庭之间的联系和改善他们的关系。这些积极的关系满足了儿童和青少年对优质世界的愿望和需求，并为他们提供了强有力的社会支持系统，它们在儿童和青少年整个发展过程中起着关键的保护因素的作用，并有助于防止他们未来遭受痛苦。

将现实疗法应用于家庭咨询的一个例子是家长参与计划（Parent Involvement Program，PIP）。该计划包含六个阶段，旨在对家长进行现实疗法的教育，并为他们提供不同的途径，以符合现实疗法理念的方式来解决孩子的行为问题（McGuiness，1977）。PIP 的最终目标是增加家长的参与度，并加强家长与孩子的关系。

现实疗法侧重于个体层面的行为选择，这些概念也可以整合到家庭干预和家庭改变的方法中（Graham et al.，2013）。例如，在应用 WDEP 系统时，咨询侧重于独立地对孩子进行干预，并包含家庭目标是什么、家庭如何满足愿望，以及关于个人愿望是如何与家庭愿望发生冲突的自我评估（Graham et al.，2013）。将 WDEP 系统应用在家庭中时，作为该模型最后一步的计划部分，其目的在于增强、维持和培养家庭成员之间的关系。

总结

本章所讨论的理论有助于儿童和青少年改变他们的思想和行为。这些方法广泛适用于各种儿童和青少年问题（如 ADHD、沟通问题等）。对儿童和青少年使用这些方法有很多好处。这些方法及相关概念也可以教给家长，使他们可以在咨询环境之外使用，从而强化咨询效果。对那些由于表现出焦虑而感到羞耻、不受欢迎或被孤立的儿童和青少年来说，将问题定义为可以改变的后天行为或想法，而不是个人属性，可以让他们产生一种希望感和控制感，从而培养一种赋能感。此外，由于本章所讨论的方法十分具体，咨询师可以通过符合发展阶段的形式来解释咨询过程和干预策略，以便来访者及其父母更好地理解。

使用积极的、指导性的、具体的方法可以揭去咨询过程的神秘面纱，促进儿童和青少年对咨询的理解，增强他们的自主性和认同感，还可以让儿童和青少年将行为改变视为一项无威胁的、现实且可以实现的任务。因此，这些以行动为导向的方法非常符合当前的文化，因为许多来访者更喜欢这种具体、明确、指导性的咨询方法（Seligman & Reichenberg，2014）。表 5-10 概述了本章讨论的咨询理论，即行为疗法、认知行为疗法、现实疗法，每个咨询理论都包括基本理念、核心概念、咨询目标、咨询关系、咨询技术、应用 / 方法、多元文化咨询及其局限，以及针对儿童和青少年的应用。

表 5-10 咨询理论概述

行为疗法	
基本理念	所有的行为要么是适应的，要么是适应不良的，它们是习得的，也可以被摒弃。所有的适应不良行为都可以被修改和重新学习，需要的行为也可以被学习。帮助儿童和青少年改变的关键是教给他们新的技能，或者帮助他们忘却和取代特定的、有问题的行为或反应
核心概念	对有问题或必要的行为进行识别和分类，从而识别出需要改变、修改或添加的行为。咨询的重点是发展可衡量的咨询目标，改变特定的行为，并用适应性的行为取而代之
咨询目标	运用学习理论去消除适应不良的行为，并用新的、适应性的行为来代替它们。主要目标是让儿童和青少年及其父母掌握在咨询中学习到的技能和策略，并将其应用到现实世界中，以改变他们的行为，实现预先确定和可操作的目标
咨询关系	虽然这是一种客观的、系统的、科学的、指导性的咨询方法，但这种方法强调一种稳固的咨询关系，因为这对于让来访者及其家庭参与到技能的发展和实施，以及实现行为改变所需的新行为中非常重要
咨询技术	行为疗法是一种技巧密集型的方法，涉及多种不同的技术，这些技术都专注于改变行为和学习更具适应性的行为。而在这些技术中，学习新技能是关键环节，这些技能可能包括积极或消极强化、角色扮演、功能性行为评估或行为契约
应用 / 方法	行为技术根植于科学方法中，有助于对行为进行评估和验证。因此，这些技术对于各种问题的应用效果有着强有力的证据基础。这种方法可以有效地解决许多问题，如学校和家庭行为问题、口吃、遗尿、恐怖症及抑郁和焦虑障碍

（续表）

行为疗法	
多元文化咨询	行为疗法模式在跨文化中有很大的适用性，因为它们关注行为改变，这是许多寻求帮助的人所渴望的。这些技巧可以被修改以适应不同的文化限制，而不损害干预的有效性
多元文化咨询的局限	西方的经验主义思想和行为的线性发展不是普遍的文化价值观；许多其他文化更喜欢一种更全面的咨询形式来检验和珍视体验的完整性
针对儿童和青少年的应用	鉴于行为疗法的历史及与实验和科学方法的密切联系，行为疗法在实践中为“问责制”奠定了坚实的基础。同时，关注稳固的咨询关系有助于建立一个系统，为儿童和青少年提供个性化、实证有效的干预措施
认知行为疗法	
基本理念	认知，或者说儿童和青少年的思考方式，是他们感觉的基础。当儿童和青少年改变了他们的思维方式和行为方式时，他们就会体验到变化。心理教育和对想法的加深理解及参与好的行为，可以创造一个新的、更适应的视角，能够帮助儿童和青少年达到最佳的感觉和功能
核心概念	新的、更具适应性的想法和行为是可以学习的。歪曲的思维会强化已经存在的想法，进而影响情感和行为。当错误的信念被有效的信念取代，当不适应的行为被适应性的行为取代时，改变就会发生。随着时间的推移，这些新的思维方式将不再是被强迫的，而会成为自动的思维方式
咨询目标	帮助儿童和青少年识别认知歪曲、错误或非理性的信念和自动思维，并用新的思维方式取代它们。一旦确认了这些错误的观念，这些想法和信念就会受到相互矛盾的证据的挑战。CBT 咨询师也关注行为改变，强调结合新行为和新思维的重要性
咨询关系	CBT 方法强调温暖干预的重要性。在某些 CBT 模式中，咨询师会扮演教师的角色，并以积极、指导性的方式行事，而在其他模式中，咨询师会通过苏格拉底式对话协助工作，以帮助来访者识别和改变认知
咨询技术	CBT 方法涉及各种技术，这些技术侧重于帮助来访者改变他们的思想和行为。行为理论中的技术有时会与改变观点和思维的技巧一起使用。这些包括来自 REBT 的 ABCDEF 模型、苏格拉底式提问和对话及基于正念的技巧
应用 / 方法	CBT 有其强大的技术工具箱和证据基础，有助于解决儿童和青少年所面临的许多不同问题，是应用最广泛的理论之一。这种类型的干预也有助于那些需要更积极、更具指导性和更具体方法的儿童和青少年咨询
多元文化咨询	CBT 本质上是合作性和教育性的，它关注思想如何影响情感和行为，这一观点受到不同人群的普遍认可。由于 CBT 很大一部分涉及心理教育，因此它很容易针对不同文化或社会背景的儿童和青少年量身定做。CBT 通常持续时间很短，强调目标的完成，这种简洁性的干预吸引了许多不同文化背景的人
多元文化咨询的局限	在讨论什么是功能失调的思维时，不可能把文化因素排除在外；在讨论认知时，应该始终考虑文化的适宜性。集体主义文化强调社会和谐、尊重专家、尊重长者，这些都会影响想法。在不同文化背景下，问题表现出的症状也有所不同，有些表现为身体症状多于心理或情绪症状，因此在应用情绪模型时应考虑到这一点
针对儿童和青少年的应用	随着新的解决问题技能和应对机制的发展，父母和更广泛的社会群体参与其中会变得越来越重要。理想情况下，这种直接的社会影响力会帮助儿童和青少年强化适应性想法和行为，并塑造适应性行为和应对机制。当然，这也可能起反作用，甚至破坏系统的动态平衡。发展水平较低的儿童和青少年可能没有能力进行抽象思维。因此，最好使用具体形象的术语和方法，如艺术性表达和戏剧活动都可以更好地传达这些概念
现实疗法	
基本理念	儿童和青少年需要与他人建立良好的关系，这有助于他们满足生存、爱和归属感、权力、自由和乐趣等基本需求。当这些基本需求没有得到满足时，问题就出现了，儿童和青少年会试图以无效的方式来满足这些需求
核心概念	咨询重点是来访者在做什么，并帮助他们评估他们所做的是否对他们有帮助。将选择的责任牢牢地放在来访者身上，同时帮助他们评估目前所做的选择是否有效。该疗法并不关注过去的事件或这些事件如何影响当前的行为

（续表）

现实疗法	
咨询目标	帮助来访者了解他们的选择如何影响他们的优质世界和他们所生活的现实；培养他们的自我责任感、做出健康的选择及以适应性的方法来发展他们需要的人际关系
咨询关系	这种咨询关系需要一种说教和指导的方法，以及一个强大的工作联盟，因为咨询包括咨询师与儿童和青少年的协作，以及对来访者选择的评估。如果来访者不参与其中，他们就可能不会公开分享他们想要什么，以及他们的需求是否得到满足。在形成新的选择和关系的过程中提供支持和倡导
咨询技术	咨询师会明确来访者的需求，并邀请他们评估自己目前的选择和行为，帮助他们为以后的行为改变制订计划，并帮助他们致力于实现这些改变。WDEP 系统是儿童和青少年治疗工作的主要方法。该系统可以帮助儿童和青少年定义他们的优质世界，以及了解他们的选择和人际关系如何影响他们的生活
应用 / 方法	适用于个体、学校、团体心理辅导和其他不同领域。来访者从对责任、选择和积极关系的关注中受益。这种方法为来访者在咨询期间和之后提供了一个容易理解和实施的逻辑结构，从而帮助他们进步
多元文化咨询	注重个人选择对来访者生活的影响，并重视来访者的自我评估。来访者可以从对个人责任的关注（选择理论）和积极关系的形成中受益
多元文化咨询的局限	咨询师应避免混淆自己对优质世界的看法和对来访者的看法。以西方为中心的个人主义理想，以及主动的、指导性的、有时具有挑战性的直接提问方式，在一些集体主义文化中可能不合适
针对儿童和青少年的应用	用一种系统和直接的方法来面对来访者的问题，并制定新的适应性选择和关系。这种方法应是具体的，易于理解的。WDEP 是儿童和青少年在咨询后可以继续使用的工具

第 6 章　关注背景、经历及关系的咨询理论

第 5 章主要讨论了来访者的行为、思想及行为改变的咨询方法。本章主要讨论那些关注来访者的过往经历在其发展中所扮演角色的相关理论及关注咨询关系的理论。更具体地说，我们将讨论应用在儿童和青少年咨询中的心理动力学理论、阿尔弗雷德·阿德勒（Alfred Adler）的个体心理学和人本主义理论下的以人为中心疗法。其他未在本章直接提及但也很重要的理论包括格式塔理论、存在主义理论和交互分析理论。

心理动力学理论主要关注个体早期的生活经历及其对个体人格和行为的影响。这种方法强调早期的人际关系会对个体的发展产生长期影响，并会影响其生活的方方面面。在对儿童和青少年进行咨询时，关注其早期的生活经历尤其重要。心理动力学理论也强调防御机制，它认为人们往往会经历内在的、无意识的冲突。儿童和青少年的人际交往经历，尤其是与父母的交往经历，会对儿童和青少年的防御机制和内部冲突产生严重的影响，进而影响其未来的人际关系。咨询师的职责是促进来访者对内心世界的洞察，使无意识的冲突变得有意识。许多游戏治疗方法都基于心理动力学理论，强调咨询关系可以促进治疗体验和成长。

本章还将讨论阿德勒的理论。阿德勒的个体心理学理论是一种基于优势的理论，它提倡儿童和青少年不断努力成为更好的自己。一些学者将阿德勒称为新弗洛伊德主义者，这表明阿德勒从心理动力学理论中脱离出来，并有自己独特的理论假设。然而，阿德勒发展个体心理学的意图是将自己与弗洛伊德的理论区分开。尽管弗洛伊德和阿德勒在思想上有一些共通之处，但他们的理论却有着截然不同的基本理论假设。

个体心理学是一种关注心理健康的方法，它强调个体内在的心理韧性，并以整体的视角看待心理健康。阿德勒认为，个体的所有部分都是紧密相连的。也就是说，一个人的心理、身体、思想、感情、经验、关系、希望和支持资源聚集在一起，创造出独特的自己。个体心理学并不会把儿童和青少年孤立地放置在其所处的环境中，而是呈现个体在其所处的特定情境下的独特性。

根据本章的视角，阿德勒的理论关注过去的关系、个人经历、兄弟姐妹的出生顺序、生活风格偏好和个人品质，因为这些都会影响个体未来的情感、行为和思想。个体心理学关注发展和经历及其如何塑造和促进社会关系、自我概念和自我价值的发展。此外，阿德勒提出鼓励是治疗过程中的关键点。在个体心理学中，全面了解儿童和青少年是很重要的，因为这样才能利用关键的资源来改善儿童和青少年的心理健康。

本章还将探讨人本主义理论的应用，即“以人为中心疗法”，其核心原则是，个体天生就具有自己解决问题的能力，在适当的条件下，他们将向着充分发挥自己潜力的方向前进。治疗关系是促进这种变化的重要手段。

人本主义理论持乐观的人性观，尊重个体独特

的、个人的观点。人本主义理论基于一种平等的咨询关系，即咨询师不直接进行指导，而是促进个体成长。人本主义理论是一种人性化的、基于优势的咨询方法，符合专业咨询的宗旨。

人本主义理论不强调洞察力、消除特定的行为问题或循证技术的应用。相反，人本主义咨询师更重视建立一种信任的咨询关系，在这种关系里，来访者可以引导咨询的方向。这种支持性取向的方法非常适合儿童和青少年。因为，儿童和青少年在不断地发展、学习和思考他们自身、他们的身份和他们在世界上的位置，而人本主义的非指导性为他们提供了发现自己是谁和想要成为谁所需的空间和自由。这种方法赋予了儿童和青少年力量，促进了他们的自主性，并帮助他们在探索自己世界的过程中培养自我效能感。

许多前来咨询的儿童和青少年对咨询充满疑虑，不确定咨询能提供什么帮助。作为正常的发展过程，许多儿童和青少年也挣扎在自我怀疑和不安全感中。因此，人本主义理论提供的温暖、共情和支持性的咨询关系对儿童和青少年，尤其是那些质疑咨询的儿童和青少年尤为适合。动机式访谈（Miller & Rollnick，2012）是一种从人本主义延伸出来的方法，旨在增强来访者想要改变的内在动机。动机式访谈的重点是促进来访者改变的动机，这在治疗儿童和青少年方面也非常有效。

人本主义为各种针对儿童和青少年的特殊治疗方法提供了基础，包括以儿童为中心的游戏治疗（Children-Centered Play Therapy，CCPT）（AxLin，1947A）和以人为中心的表达性艺术治疗（Person-Centered Expressive Arts Therapy，PCEAT）（Rokes，1993，2011），这两种方法是目前咨询师常用的方法。这两种方法都强调自我引导式成长。

本章在儿童和青少年及其家庭咨询的背景下对这些理论进行了介绍，包括每种理论的核心概念、咨询目标、咨询师的角色、咨询过程和程序及家庭干预和参与。

心理动力学

心理动力学理论基于这样一种观点：分析个体的早期生活经历对理解他们的个性和行为至关重要。该理论认为，早期的生活经历塑造了个体对自己和外部世界最深刻的理解。它强调个体早期的人际关系，并重视个体早期与其养育者的依恋关系。也就是说，如果个体能够在生命早期与其养育者建立健康、信任的依恋关系，他们就更能够带着自信、较少的忧虑和恐惧去探索世界。

西格蒙德·弗洛伊德是心理动力学理论的奠基人，安娜·弗洛伊德（Anna Freud）、梅兰妮·克莱因（Melanie Klein）和埃里克·埃里克森等人证明了心理动力学方法可以直接、有效地运用于儿童和青少年咨询（Kegerreis & Midgley，2015）。尽管这些历史巨人在心理动力学理论的一些方面存在分歧，但他们都以独特的方式为该理论的发展做出了贡献，并共同持有一种价值观，即增强儿童和青少年对自己内心世界的洞察力，并利用治疗性关系促进儿童和青少年成长（Kegerreis & Midgley，2015）。

使用心理动力学疗法的咨询师试图加深儿童和青少年对自身的理解，包括什么会影响和激励他们的行为、思想和情感。心理动力学疗法的咨询过程旨在揭示行为模式，以及儿童和青少年对自身无意识的内部冲突和防御反应的洞察。心理动力学的主要假设是，随着个体越来越意识到他们的内在冲突及这些冲突从无意识转移到意识，他们的症状或存在的问题就会越少。

心理动力学有很多理论，其应用也各不相同。尽管心理动力学的不同咨询方法之间存在差异，但它们都有以下共同的组成部分。

- 发展强大的治疗联盟和把咨询作为提供正确经验的方式。
- 将无意识转化为意识的核心作用。
- 重视早期的生活经历。
- 相信存在内在的无意识冲突（如愤怒、焦虑、抑郁）。

- 认为思想、动机、情绪反应和行为不是随机的，而是生物和心理过程的产物。
- 相信症状有意义（如行为可以被视为解决问题或试图应对问题的方法）。
- 相信基于移情的思想、情绪和行为对促进咨询至关重要。

探索心理动力学疗法有效性的定量研究目前较为有限（Wagner，2008），但基于实践的定性心理动力学研究有很多（Kegerreis & Midgley，2015）。这些基于实践的研究涉及不同的年龄段（如 3 ~ 18 岁）、不同的情绪和行为障碍（如焦虑、抑郁、进食障碍）及不同的环境（如门诊、住院、学校），证明了心理动力学疗法在儿童和青少年咨询中的临床潜力和相关性（Kegerreis & Midgley，2015）。

核心概念和咨询目标

心理动力学理论包含很多方面，并且有一套不断发展的核心概念。心理动力学的原则被分为四个主要的焦点领域，即驱力、自我、客体及自体。尽管大多数心理动力学实践者都同意早期的生活经历对人格发展至关重要，但在本能和社会文化对人格发展的影响程度或作用上，实践者们的观点则有很多分歧（Wagner，2008）。下文将概述并重点介绍心理动力学咨询过程的每个概念和目标。

驱力理论

根据西格蒙德·弗洛伊德的驱力理论，人类有先天的驱力，或者说是内在的能量，它们有一至两个来源：性和生命力与攻击性和死亡。弗洛伊德的理论认为，这两种能量最终驱动着人类的行为，如果不了解这些无意识的力量，一个人就无法平衡自己的本能，也无法将自身与社会力量相协调。弗洛伊德认为，在我们的思想和身体中发生的许多事都在我们的意识水平之下。此外，心理冲突和心理疾病的症状是这些驱力在有意识和无意识的人格结构（即本我、自我和超我）之间产生的冲突，这种人格结构旨在管理冲动、动力和能量。这些内部冲突突出表现为对满足的欲望或对欲望的满足，以及试图坚持平衡社会期望的动力。例如，一个小男孩喜欢踢足球，却在父母的大力鼓励下参加了一个旅行棒球队。在选拔赛期间，他很不稳定，表现也很差；最终，他没有入选棒球队。尽管他也许已经努力做到最好，但他心里其实想着别的事情，只不过他没有能力意识到自己有别的愿望，也没有能力表达自己的愿望，因为他既想取悦父母，又想找到一种表达他对棒球不感兴趣的方式。

根据心理动力学的观点，人性是具有决定性的。本质上，决定论意味着人类的行为被认为是无意识力量、非理性动机和本能驱力的总和，因此很难改变。然而，根据这个理论，个体也是有意识的。正是这种意识和无意识的欲望和驱力的相互影响，在人格的三个方面——本我、自我、超我——之间产生了冲突（Freud，1943）。表 6-1 简要介绍了弗洛伊德的人格结构模型。

表 6-1 弗洛伊德的人格结构模型

人格面向	概述	定义
本我	“本能”	本我从出生就存在，包含了人类的基本本能和驱力。这些基本的本能往往是非理性和冲动的，深深扎根于无意识中。在快乐原则的支配下，本我会寻求即时满足
自我	“执行和调节”	自我是精神活动的执行者，是人格中唯一与现实直接接触的部分。当孩子开始成长和发展时，自我作为一种调节本我冲动和超我抑制的工具而出现。自我存在于意识中，可以被认为是逻辑思维，它以社会可接受的方式安抚本我
超我	“良心”	超我是精神活动的“法官”，是一个人人格中内化了的价值观，承载了一个人的道德准则。在幼儿期时，人的超我还没有完全形成，但在成长过程中，超我坚定地起着评判和抑制本我冲动的作用

伴随着性心理的发展阶段，人格的各个组成部分也随之形成和发展（Freud，1922/1953）。这些发展阶段如下。

- 口欲期（出生～18 个月）：愉悦感与口腔有关（如吮吸、咬、吃母乳）。
- 肛欲期（18 个月～3 岁）：愉悦感与肛门有关（如排便）；个体会更好地意识到自己的个性和自我控制的能力。
- 性器期（3 ～ 6 岁）：愉悦感集中在生殖器上（如摩擦或手淫），随着对性别差异的认识会产生内部冲突，如嫉妒、竞争和恐惧（如恋母情结或恋父情结）。
- 潜伏期（6 ～ 12 岁）：性欲在这段时间内处于休眠状态和隐藏状态，青少年会专注于培养爱好、获得技能和新的知识。
- 生殖期（12 岁～成年）：进入性的探索过程，建立亲密关系和夫妻关系。

弗洛伊德认为，如果一个青少年享乐的需求在这些性心理发展阶段过于强烈或遇到挫折，可能就会发生固着，从而使青少年在以后的生活中由于性压抑而更容易遇到问题（Freud，1922，1953）。例如，如果在肛欲期（掌握肠道控制和如厕训练的阶段），父母和孩子持续地发生冲突，那么未来孩子在遇到问题时可能会退行到以下两个极端之一：固着在肛欲期，专注于秩序和清洁；变成肛欲期破坏者，表现出破坏性行为，如情绪爆发、叛逆、自虐或虐待他人。

心理动力学理论的另一个核心原则是自我意识和对世界的意识。弗洛伊德观察到，个体经常在没有意识到真正原因的情况下行动，当被质疑时，他们经常会构建一些与他们行为背后的真正原因无关的解释。弗洛伊德基于观察得出结论，一个人大部分的心理活动是无意识的，他提出个体有三个层次的意识。

- 意识，或者是个体意识到并能够理解的思想、记忆和感觉；随着个体的成长和发展，意识会变得更加合乎逻辑和理性。
- 前意识，或者个体所掌握的信息，这些信息不是个体当前意识的一部分，但如果有什么东西触发了它，它就会进入当前意识（如在公园里看到某个人，通过感官刺激重新体验某些创伤）。
- 无意识，或者记忆、动力、感觉和冲动的存储器。这些记忆、动力、感觉和冲动在个体的意识水平之外，通常包括不愉快或不可接受的焦虑、痛苦或冲突。

无意识过程决定并影响着个体的行为和有意识的思维。因此，心理动力学派的咨询师会帮助青少年获得这些无意识的记忆、冲动、回忆和动力，使这些冲动不以扭曲、象征性的梦或精神疾病症状的形式出现在意识中。弗洛伊德相信，咨询师可以通过梦的解析、自由联想和游戏（这些内容在“咨询干预”部分有更详细的介绍）进入个体的无意识心理。

本质上，这些人格结构之间的冲突，加上非理性和无意识的动机和本能驱力，是造成人们内部冲突或焦虑的原因。尽管年龄较大的儿童和青少年已经发展并形成了超我，但年幼的儿童需要成年人（如父母、咨询师、教师）的帮助，以平衡先天的冲动和驱力的影响。

从心理动力学的角度来看，咨询师应帮助儿童和青少年管理他们的内部冲突，简单地说，就是帮助他们平衡他们想要的和他们认为正确的东西。例如，一个 5 岁的男孩可能想用身体撞倒一个开着他的玩具车（这是他最喜欢的车）的女孩；然而，他可能会选择不打这个女孩，因为他不希望老师对他大喊大叫，而是认为他和女孩是朋友，他不想伤害她。由于这些力量的相互作用，男孩会考虑其他选择，即他给女孩另一辆车，这样他就可以玩他最喜欢的那辆车了。

自我心理学

在安娜·弗洛伊德、海因茨·哈特曼（Heinz Hartmann）、恩斯特·克里斯（Emst Kris）、埃里克·埃里克森和戴维·拉帕波特（David Rapaport）等关键人物的推动下，自我心理学从弗洛伊德的驱力理论中发展出来（Elliott，2015）。这些自我心理学理论的共同点是关注自我，而不太强调本我或无意识。

与传统的心理动力学疗法相比，安娜·弗洛伊德对自我的功能进行了探索，她关注的焦点更多的是关系而非决定论的内容（Freud，1954）。自我功能是指本我、自我、超我和外部世界之间的关系，通常涉及现实检验、冲动性、客体关系、防御机制、情绪调节和自我反思功能（Delgado，2008）。自我心理学的核心是建立健康的自我功能或提高个体的自我适应能力，即提高个体调节自己的内在需求（如本我的本能、超我的惩罚性和道德要求）和外部要求（如他人的要求）的能力，同时限制因过度使用而导致的适应不良的防御机制，如压抑性、退行性和策略性防御机制。

自我防御在本质上可以是情感的、认知的、人际的；最终，防御机制会阻止个体处理和思考让他产生焦虑的想法和感受。大多数防御机制都有两个共同点：歪曲或否认现实，无意识地执行。更具体地说，压抑性和退行性防御机制大多发生在个体自身的内部过程，而策略性防御机制则是个体在人际交往中劝阻他人不要接近自己的策略（Della Selva，2004）。表6-2对压抑性、退行性和策略性防御机制进行了总结。

表 6-2 压抑性、退行性和策略性防御机制

防御机制	概述	定义和示例
压抑性防御机制	一组以无意识遗忘为特征的防御机制，防止不可接受的思想、感觉和冲动出现在意识层面	**合理化**：为非理性的情绪和行为找借口 **最小化**：不认真对待重要的事情和情况 **理智化**：用理智来阻止感情和情绪 **替代**：把感情转移到一个没有威胁的物体上（如其他人、动物、物品） **反向形成**：形成与事实相反的感觉和行为（如对某个非常不喜欢的人表示喜爱）
退行性防御机制	一组以恢复到发展早期阶段为特征的防御机制，防止不可接受的思想、感觉和冲动出现在意识层面；退行机制是所有防御机制中最不成熟的机制	**投射**：把自己的情感转移到他人身上，或者转移到外部世界 **否认**：避免或拒绝令人不快的事实 **反社会行为**：试图通过冲动行为（如攻击行为、物质使用）或寻求注意的行为（如发脾气）来避免管理与想法和经历相关的情绪 **隔离**：把情感和感觉从自己身上分离出来 **躯体化**：把精神上的冲突或痛苦转化为肉体上的痛苦
策略性防御机制（言语型）	一组基于言语的人际关系防御机制，用来转移或阻止与他人有意义的情感接触	**争论**：与另一个人或立场进行言语上的争论 **反刍**：对思想、情感、行为或经历过分担心或坚持 **含糊**：未表达或未定义的情感、思想和想法 **挖苦**：嘲笑、语言尖刻或冷嘲热讽 **多变**：不断地从一个话题跳到另一个话题
策略性防御机制（非言语型）	一组基于非言语的人际关系防御机制，用来转移或阻止与他人有意义的情感接触	避免眼神接触 在不适当的时候微笑或大笑 防御性肢体语言（如交叉手臂，交叉双腿） 过度哭泣 发脾气

年幼的孩子在发展过程中有着不成熟的自我结构，常常难以处理早期的创伤性生活经历，而这些经历通常带有情感成分。由于儿童和青少年的自我结构不成熟，他们常常会把这些不舒服的想法、情绪和情境压抑到无意识中。防御机制承载着青少年的自我，在压力情境下，自我会通过防御和保护来缓解焦虑或冲突。随着个体的自我成长和发展（如自我功能的成熟），或者通过咨询使个体无意识的内容上升到意识层面，其就能够更具适应性地处理他们压抑的思想、情绪和当前的情境。

埃里克·埃里克森是安娜·弗洛伊德的学生，他强调人类发展的意识层面，并通过整合自我功能和心理社会发展来扩展西格蒙德·弗洛伊德的性心理发展阶段理论（Sharf，2012）。埃里克森将人类发展的心理社会概括为八个任务或危机，并认为每个人都会试图解决这些任务或危机以在外部世界中成长和发展。埃里克森的心理社会发展理论强调社会危机的解决，它认为个体的自我发展是通过管理竞争性的内部和社会力量实现的。表 6-3 总结了埃里克森的心理社会发展阶段。

表 6-3 埃里克森的心理社会发展阶段

阶段	年龄段	目标	可能的结果
信任对不信任	出生 ~ 1 岁（婴儿阶段）	**安全（希望）**：通过父母给予充分、稳定和充满关爱的情感来发展信任	如果父母在提供亲情、满足孩子的需要方面是值得依靠的，孩子就会产生信任感；当缺乏关心和关注时，孩子可能会产生对未来的不信任、怀疑和恐惧，从而导致日后在生活中出现退缩或抑郁
自主对羞愧和怀疑	1 ~ 3 岁（幼儿阶段）	**独立（意志）**：发展个人对身体技能的控制和独立感	孩子会形成一种独立的意识，并对身体技能进行控制，从而产生自主的感觉；当孩子不能发展出控制感和独立感时，他们就会产生羞耻感和怀疑感，从而导致过分谨慎的行为，抑制独立性
主动对内疚	3 ~ 6 岁（学龄前阶段）	**力量（目的和方向）**：发展对环境的控制和力量，从而产生目标感	孩子会形成对外部世界的控制感；如果探索被扼杀，孩子就会觉得自己不能独自做事，从而引发内疚感，并打击他们参与和发起活动的积极性
勤奋对自卑	6 ~ 12 岁（学龄阶段）	**胜任（能力）**：通过满足新的社会和学业需求来发展能力	孩子通过充分应对新的社会和学业需求（如开始上学）来建立能力感；对这些新的需求和挑战的把握不足会造成他们出现怀疑、挫折感和自卑感
自我同一性对角色混乱	12 ~ 18 岁（青春期）	**我是谁（整合的形象）**：自我意识和个人认同感的发展	青少年试图建立一种整合的自我意识；对自己是谁的困惑会导致他们缺乏自我认同感、个人独特性和内在价值，从而导致他们出现自我解体感、困惑和脆弱感

根据埃里克森的心理社会发展理论，个体如果无法解决早期发展阶段的问题，就会滞留在早期发展阶段，而在未能解决发展阶段问题的情况下又向下一个阶段发展会影响个体当下的功能。埃里克森对自我心理学的贡献强调了自我防御、与他人的互动、整个生命周期的发展及对有意识而非无意识的关注（Sharf，2012）。

客体关系理论

另一个与自我心理学相关的理论是客体关系理论，这是一个有许多分支的理论，它关注个体在他人，特别是母亲或其他养育者的背景下的早期自我概念的发展（Klein，1921，1959）。简单地说，客体关系由一个客体（如他人）和自我及这两个实体或部分之间的关系组成。客体关系理论的关系方面由自我在当下与他人关系的内在意象或图式构成，或者由基于个体过去与他人相处的经历所形成的内在意象或图式构成。

例如，一个年幼的孩子可能会感到被爱、被接受和被重视，因为他的父亲总是体贴、富有同情心和关心他。他认为他和父亲的关系是可预测的、温暖的、充满感情的，这反过来又影响了他对其他人的关系期望。相反，另一个孩子可能会觉得自己不重要并总是被遗忘，因为他的父亲是疏离、忙碌的，经常关心其他的人和事（如工作、配偶、其他兄弟姐妹）。这个孩子可能就会觉得他和父亲的关系是孤独、冷漠和悲伤的，最终这会影响他对他人关系的期望。根据客体关系理论，关系和对关系的期望和感知是复杂的，因为它们是过去经验的汇总，并内化了对这些经验的主观解释。这些关系会影响孩子在人际交往中的基调和结构，如是期望的、渴望的还是害怕的。在客体关系理论中，人们对这些关系的看法、他们的角色及其他人在这些关系中的角色，与认知疗法中的信念或图式相似（Shapiro，2015）。

客体关系理论有助于理解孩子的行为。例如，如果一个孩子认为自己不可爱、无关紧要、总是被母亲忽略，那么他可能会做任何引起妈妈注意的行为，包括破坏性行为、疏远甚至孤立自己。咨询师可以使用客体关系理论来理解青少年的个人需求并通过各种方法来满足这些需求。

依恋理论

依恋理论最初是由美国精神分析师约翰·鲍尔比（John Bowlby）提出的，其主要观点是孩子与父母之间的依恋类型可以预测孩子的个人特征及其与他人交往的模式（Ainsworth & Bell，1970）。从本质上讲，个体来到这个世界时会本能地形成依恋，并通过这种依恋尝试去探索他们周围的世界（Bowlby，1988）。早期的依恋关系决定了他们如何体验与他人的关系。依恋的建立主要取决于养育者，如果养育者对婴儿的需求做出迅速、适当和始终如一的反应，那么婴儿就更有可能对养育者形成安全的依恋。如果婴儿被养育者以一种疏远或冷漠的方式对待，那么婴儿和养育者之间的依恋风格很可能是回避性的、矛盾的或混乱的。

婴儿或儿童可能表现出四种类型的依恋，即安全型、回避型、焦虑型和混乱型（Ainsworth et al.，2014；Bowlby，1988）。当养育者提供一个安全基地，使孩子可以自由地探索自己的世界时，他们便会体验到一种安全型依恋，这是一种理想的依恋类型。形成安全型依恋的儿童会感到足够安全，可以接受非主要的养育者并与他们互动。当父母对孩子的生理和情感需求没有反应时，孩子便会体验到一种回避型依恋。回避型依恋是一种不安全型的依恋类型，表现为孩子对主要养育者的缺席没有反应或对养育者缺乏兴趣。回避型依恋的孩子缺乏辨别人际关系和保持适当界限的能力，他们对陌生人的反应和对主要养育者的反应相同。当孩子因主要养育者的不一致和不可预测的养育方式而没有将养育者作为安全基地时，焦虑型依恋模式就会出现。矛盾的养育者有时会照顾和满足孩子的需求，有时也会对孩子的需求不敏感、抱怨或情绪失控。当这些孩子离开养育者时，他们就会有很大的压力，一旦得到主要养育者的注意，他们就表现出不一致的情绪。最后，当一个孩子经历不一致的照顾时，就会出现混乱型依恋；那些混乱型依恋孩子的养育者通常有未解决的创伤，这也会导致他们的孩子迷失方向。例如，在压力和挫折感增加时，混乱型依恋的父母可能会对孩子表现出夸大的、破坏性的、让人恐惧的举动。

依恋理论认为，随着婴儿年龄的增长和发育，某些与依恋有关的信息和经历会被置于无意识中，从而形成持续的、可能是病态的行为。例如，如果一个青少年在与他的养育者的关系中经历过虐待或忽视，他便会无意识地认为新的关系也将是虐待性的，并且可能会不信任其他人。从依恋的角度来看，早期的虐待和忽视会极大地影响孩子的自我概念（如自我价值感、身体意象、内疚感）、依恋和人际关系、情绪调节能力（即容忍和驾驭痛苦等内在状态的能力）、行为控制（如冲动控制），甚至身体健康（Briere & Lanktree，2012）。因此，咨询师必须不断地与孩子和父母合作（如心理教育、亲子活动），以增强亲子依恋和协调。依恋理论认为，改变父母的养育行为，同时促进孩子的依恋，必然会促进青少年的积极发展。

分离 – 个体化理论

分离 – 个体化理论由精神分析师玛格丽特·马勒（Margaret Mahler）提出，是客体关系理论的一个例子，它关注个体内部的过程（Mahler et al.，1973）。马勒关注的是儿童在与他人的关系中建立独立感的能力，特别是与他们主要爱的对象（通常是他们的妈妈）的关系（Mahler et al.，1973）。马勒的理论关注的是儿童如何形成一种与他人不同的、独特的自我感觉。她认为，在生命的前三年里，分离 - 个体化的基本过程如果被打破，可能就会导致儿童在以后的生活中维持可靠的个体认同感的能力受到干扰。需求没有得到满足的儿童无法形成健康的安全感，而这种安全感需要与养育者适当地分离和个体化。因此，他们会努力培养自己作为独特、自主的个体的健康意识。

儿童的任务是与妈妈分离，最终独立。这种分离过程受到干扰可能会破坏儿童生命最初几年的基本分离 – 个体化过程，从而使儿童在以后的生活中维持可靠的个体认同感的能力受到干扰。青少年需要与养育者适当地分离和个体化，如果主要爱的对象不能完全满足青少年的需求，他们就无法发展出健康的安全感。因此，他们可能很难形成一种健康的自我意识，很难认为自己是独一无二的、自主的个体。马勒等人认为个体化过程会在个体的整个生命周期中不断进行和调整。

自体心理学

心理动力学的另一个分支是自体心理学，它是由美国精神分析学家海因茨・科胡特（Heinz Kohut）提出的。科胡特的自体心理学较少关注内部驱力或自我，更多地关注健康的自恋和自我意识的发展。科胡特认为，自恋是所有个体与生俱来的，他相信随着时间的推移，个体幼稚的自恋可以发展为健康的成年人自恋。此外，他认为自恋可能是爱情发展的一个激励因素，因为自爱是先于爱他人的能力。

根据科胡特的观点，自我意识受到伤害或被忽视的孩子不能充分发展出容忍和接纳自身不足的能力，这就容易形成自恋伤害，从而威胁到自我的核心。反复的伤害和创伤会发展成病态的自恋，导致个体不断地通过无休止地追求被爱、被认可和成功来增强自我意识。以这种方式来填充自我的努力可以被看作企图通过外部保护来避免自己受伤害，或者试图确保自恋的伤害和创伤不会暴露或被利用。

简单地说，科胡特认为孩子的自我意识存在于生命早期，并建立在与养育者互动的基础上。如果父母或其他养育者不以认可和共情的方式回应孩子的需求，不培养他们的自我意识和胜任感，那么其就无法形成健康的自尊。相反，如果父母对孩子的反应是尊重、共情和接纳，那么其就会形成健康的自我意识。

科胡特认为，正是在自体的构建及与他人的互动方式中，孩子确定了什么是正常的，什么是不正常的。换言之，精神病理被视为一种自我失调，严重的精神病理源于早期的养育者与婴儿关系的紊乱。

不同的理论对自我有不同的定义，在自体心理学中，自我是人的主观体验的核心（Sharf，2012）。自我必须与自体客体联系起来来理解，对幼儿来说，他们需要满足自体需求、完成自体的正常发展和运转。更简单地说，自体客体是与另一个人共享的经验，它会成为个体的延伸或延续。自体客体的价值在于它对儿童自我心理发展的作用。自体客体的反应，如表扬或批评，会被孩子吸收并体验为骄傲感或内疚感。对儿童来说，自体客体关系可以包括对物品的依恋（如奶嘴、毯子等过渡性客体），并且随着青少年的成熟延伸到伴侣选择、职业选择，甚至文化上的自我对象（如对国家或足球队的强烈忠诚，因为这有助于提升自我意识）；基本上，任何可以满足或服务于自体客体关系的事物都可以形成自体客体。自体客体的反应是具体的、可观察到的互动，这类互动包括养育者与儿童的互动，并最终构成了自我。

孩子通过早期的自体客体关系来满足两个基本的自恋需求。第一个自恋需求是展示能力并被他人赞赏的需求，因为这可以满足重要的自体功能（如“如果他人认为我好，那么我肯定很好”）。这种需求包括发展宏大的、表现性的自体形象，并通过镜映的自体客体或那些表现出这种特殊感和钦佩感的人来满足。

自体客体所满足的第二个健康的自恋需求是，通过形成父母一方（通常是妈妈）的理想化影象，孩子会体验到一种融合或联结的感觉，从而感觉自己是自体客体，并发展出一种自体完整性和满足感（如“我理想化的这个人很好，我们是一体的，所以我肯定也很好”）。融合的自体形象是在与这些理想化的自体客体的互动中形成的（如“你是完美的，我是你的一部分”）。

这两种需求都是正常和健康的。第一种需求（对钦佩的需求）是一种健康的无所不能的感觉，第二种需求（与理想化的影象融合）是一种对联结的健康渴望。这些早期自体客体关系的意义在于，它们融入了一个人的具象世界，将两种外部客体关系通过内化转化为两种内部关系模式。

根据这种方法，患有精神疾病的个体可以被视作一个自体不完整的孩子（其次是来自养育者的镜映被破坏），而使用非关系性的自体客体可以被描述成对这种不完整进行的自体补救。随着孩子的成长，他们会获得维持或削弱自体的经验，而这些自体客体的外在形象会满足或挫败孩子的发展需要（Kohut，1971）。

科胡特建议，咨询师应该将共情作为建立健康的咨询关系的主要工具，因为这提供了一种积极的体验和希望感，可以治愈有问题的亲子关系。移情也是一种重要的咨询技巧，在科胡特的理论中起着关键作用。孪生移情、理想化移情和镜映移情都涉及孩子需要相信咨询师具有与他们相似的特殊特征，或者孩子需要通过咨询关系反映其特殊性。理想的情况是，在咨询的过程中，孩子会对咨询师产生移情，这能起到矫正作用。通过咨询师的镜映，孩子将咨询师投射成一个欣赏自己的观众角色。如果孩子把咨询师理想化，或者如果孩子认为咨询师是特别的或不寻常的，那将有助于增强孩子的自我意识。

根据科胡特的理论，咨询师应该建立一种治疗环境，让孩子的自恋需求得到回应，因为这样可以让孩子发展出一个更具凝聚力的自我系统。例如，孩子可能会发现自我价值是建立在父母的爱和赞美之上的，因此，孩子已经将父母的一个方面内化为一个自体客体。随着理解和解释的增加，洞察力可以开始引导孩子在定义自我价值时变得更加独立，而不论父母如何或父母与他们的关系如何。因此，孩子和咨询师的关系成为解决、修复和建立其自我意识的转换工具。咨询师在咨询中的主要作用是帮助孩子恢复自我凝聚力或从自我的各个部分中创造出统一的人格。

心理动力学理论的目标

心理动力学咨询是一种多方面、多功能的儿童和青少年咨询方法。这一咨询方法可用于处理因内化障碍、外化障碍、适应不良的反应和各种生活压力源带来的儿童和青少年心理问题（Kernberg et al.，2012）。简单地说，所有心理动力学咨询都包含三个基本机制，即建立稳固的治疗联盟、增强洞察力和关注儿童和青少年对情感的意识（Messer，2013）。更全面地说，针对儿童和青少年的心理动力学咨询目标包括以下几个方面。

- 帮助儿童和青少年专注影响和表达情绪。
- 提高儿童和青少年接纳感受和情绪的能力（如探索避免痛苦的想法和感觉的尝试）。
- 确定反复出现的主题和模式（如探索过去的经验）。
- 探索愿望、渴望和幻想的生活。
- 关注和发展适应性的人际关系（包括咨询师和儿童和青少年的关系）。
- 增强自我理解（对先前无意识的内容有新的认识）。
- 用有意识的应对策略取代无意识的防御机制。

心理动力学咨询视角下的咨询阶段包括开始阶段、中间阶段和终止阶段。表 6-4 从心理动力学的角度总结了每个咨询阶段的咨询目标。

表 6-4 心理动力学视角下的咨询阶段和咨询目标

咨询阶段	咨询目标
开始阶段	• 制定咨询的日程和安排（如咨询的频率、次数、儿童和青少年咨询或家长咨询） • 评估最初的观察结果，让孩子及其父母参与，以获得他们的主观经验 • 与孩子及其父母建立治疗联盟 • 评估孩子的优势和冲突

（续表）

咨询阶段	咨询目标
中间阶段	• 与孩子及其父母保持治疗联盟 • 重视孩子的表达能力（如语言、游戏、行为） • 理解和识别游戏和对话中的模式 • 利用移情关系揭示孩子的内在冲突、问题和适应不良的关系模式 • 通过解释、游戏澄清和纠正情绪体验，促进孩子内部世界的变化（如自我调节、自我和他人的内部表征、防御机制） • 保持与父母的交流，帮助父母调整养育方式以适应孩子不断变化的需求
终止阶段	• 巩固和回顾咨询的成果 • 在咨询结束时处理再次出现的症状 • 制订针对孩子情况的后续计划 • 解决咨询中的反移情问题 • 解决咨询结束带来的分离感和丧失感 • 解决咨询关系中出现的依赖问题

无论处在哪个咨询阶段，心理动力学咨询的三个首要目标都包括塑造儿童和青少年和咨询师的关系、促进儿童和青少年的自我意识和自我理解，以及与父母合作建立一个以中立为基础的合作联盟（既不要站在孩子一边反对父母，也不要站在父母一边反对孩子）（Kernberg et al.，2012）。

心理动力学咨询一般是开放式的，即心理咨询的时间长短取决于儿童和青少年是否达成既定的咨询目标。从本质上讲，心理动力学咨询师认为，儿童和青少年的行为主要受无意识过程的支配，并且其精神和情绪障碍与幼儿期的经历直接相关（Kegerreis & Midgley，2015）。因此，心理动力学咨询师会利用咨询关系，通过提高青少年对自己内心世界的认识和洞察力来解决儿童和青少年的心理问题和情绪问题，这对他们的情绪健康至关重要（Kegerreis & Midgley，2015）。

心理动力学咨询中咨询师的角色

在心理动力学咨询中，咨询师会鼓励儿童和青少年开放且自由地分享他们的思想、感受、体验和经历。咨询师会有目的地保持中立，目的是让儿童和青少年把移情投射到咨询师身上，同时尽量减少对儿童和青少年的反移情。移情，简单地说，就是来访者将另一个人身上的积极、消极或中性的特征投射到咨询师身上。相反，反移情是咨询师对来访者的移情。如果不以治疗的方式管理和使用反移情，咨询师就有失去客观性的风险，并可能危及或伤害来访者。

从心理动力学咨询的角度来看，咨询师和来访者的咨询关系是干预的核心。为了充分利用这种关系进行干预，咨询师需要营造一个安全、接纳的环境。一个常见的误解是，心理动力学取向的咨询师是超然和冷漠的。咨询师应保持冷静和反思性，并采取一种好奇的探索风格。心理动力学取向的咨询师会努力保持中立，但他们依然是有情感的、真诚的、有同情心的。例如，当咨询工作取得进展时，他们会和来访者分享喜悦，或者在来访者经历困难时表现出同情心。此外，当代心理动力学取向的咨询师会进行实际的观察、游戏、互动和解释，而不是像传统的精神分析学家那样坐在“沙发”后面。

心理动力学取向的咨询师在每次咨询中都会设定适当的限制。咨询师主要会设定安全限制，以防止孩子伤害自己或他人。例如，如果一个孩子对咨询师感到沮丧和愤怒，那么他不应该被允许对咨询师实施直接的伤害行为和身体攻击，但他可以用玩偶代替咨询师。在这种情况下，咨询师可以引导孩子对玩偶做出对咨询师一样的反应，为所有相关人员创造一种安全感，并增加孩子自我表达的机会。

咨询过程和步骤

心理动力学咨询是一个发现和恢复的流动过程（Luborsky et al.，2008）。因此，心理动力学取向的咨询师不仅会尝试为来访者带来更多的洞察力和自我理解，还会帮助其获得更富有成效和更令人满意的方法来处理他们的困难。咨询师必须运用评估、建立治疗联盟、应对阻抗、理解移情和反移情，并精通心理动力学咨询的干预措施，来帮助来访者实现咨询目标。

评估

尽管在心理动力学方法中，咨询师通常不会系统地使用结构化的正式评估，但结合游戏一直是心理动力学取向的咨询师评估儿童和青少年正常发展过程存在的障碍的一种方式（Wagner，2008）。尤其是针对语言能力较弱的儿童，游戏会成为他们自我表达的主要手段。游戏可以是非结构化或更结构化的合作游戏，包括使用活动人偶、洋娃娃、木偶，来引出更多有关家庭和家庭成员呈现的问题的信息。

在某些情况下，心理动力学取向的咨询师可能会使用评估来增加他们对儿童和青少年的个性、自我或自我意识的理解。因为心理动力学取向的咨询师对无意识特别感兴趣，他们会把投射测验也纳入治疗的评估阶段。投射测验，如罗夏墨迹测验（Rorschach Inkblot Test，1921，1942）和儿童主题统觉测验（Children's Apperception Test，CAT）（Bellak & Bellak，1949），都基于这样一种假设，即儿童会将他们的负面情绪和感受投射到威胁性较小的墨迹或图片上，从而揭示他们无意识的焦虑、愤怒和冲突（Wagner，2008）。针对青少年的投射测验的一个例子是房树人测验（House-Tree-Person Projective Drawing Technique，HTP）（Buck，1970）。在房树人测验中，青少年被要求用蜡笔画一个人、一所房子和一棵树。在所有图画完成后，咨询师可以向青少年提出以下探索性的问题。

- 房子：谁住在这里？住在这里的人幸福吗？晚上这房子里是什么样的？门关上后会发生什么？
- 树：这是棵什么树？这棵树多大了？有人试图砍倒这棵树吗？这棵树有足够的水和阳光吗？
- 人：这个人是谁？他喜欢做什么？他不喜欢做什么？有人试图伤害他吗？谁照顾他？这个人被人爱着吗？

另一个经常用于儿童和青少年的心理动力学投射测验是句子完成测验（Sentence Completion Test，SCT）。句子完成测验是一个半结构化的投射测验，这个测验先向儿童和青少年展示句子的开头或中间部分，然后要求他们完成句子（Frick et al.，2005）。使用句子完成测验的核心假设是，青少年通过他们的回应或回答，来洞察自己隐藏的心理状态、态度、动机、信念和感受。以下是常用的句子完成测验的列表。

- 我希望我的父母能____________。
- 我最担心的是____________。
- 我最怕的是____________。
- 对我帮助最大的人是____________。
- 我最幸福的时候是____________。
- 当我长大后，我想____________。
- 我最沮丧的时候____________。
- 发生在我身上最伟大的事情是____________。
- 发生在我身上最糟糕的事情是____________。
- 我记得____________。
- 我很遗憾____________。
- 我最大的问题是____________。
- 我的老师____________。
- 我们学校的学生____________。
- 我的三个愿望是____________，____________，____________。

心理动力学评估贯穿整个咨询过程。与其他咨询方法一样，心理动力学咨询也要求父母和家庭成员提供一个关于儿童和青少年发展的完整过程。因为评估的最终目的是发现，而只有建立积极的治疗联盟，咨询师才能发现更多信息。

建立融洽的治疗联盟

随着咨询的开始，治疗联盟会成为咨询的基础，尤其是针对儿童和青少年的咨询。在咨询过程中，咨询师可能需要变成青少年的“足够好”的父母（Winnicott，1953），并成为孩子成长和探索所需的安全依恋基地（Bowlby，1988）。

鉴于此，咨询师必须认识到与儿童和青少年建立咨询关系和牢固的治疗联盟的必要性。因此，咨询师应考虑通过以下方法来建立并持续巩固治疗联盟。

- 关注儿童和青少年及其家庭成员的经历。
- 采用积极、关心和肯定的风格。
- 关心、支持儿童和青少年及其家庭成员。
- 促进情感和情绪的表达。
- 探讨人际主题或冲突。
- 做出准确的解释，从而提升儿童和青少年的洞察力。
- 与儿童和青少年及其家庭成员合作，制定咨询目标。
- 强调儿童和青少年过去和现在的关于咨询的成功经验。

除了前面提到的因素外，咨询师还必须考虑儿童和青少年的发展水平。对儿童进行咨询时，游戏是咨询师的首选语言，因为它是一种已经建立起来的交流方式，甚至在儿童社交技能发展之前就已经出现。平行游戏可以给儿童足够的空间来适应心理咨询过程并评估咨询师。此外，咨询师也可以有足够的空间来充分评价和观察儿童，随着时间的推移，咨询师会在参与者和观察者的角色之间切换。这样一来，平行游戏中创造的空间就有助于儿童将咨询师视为没有威胁的人。咨询师的首要目标是让儿童看到咨询师是一个不具威胁性和可信赖的人。因此，在整个咨询过程中，平行游戏作为一种方法可以用来与年幼的儿童建立牢固的治疗联盟。

在青少年时期，游戏的象征性方面常常让位于更多的言语互动，然而这些互动往往是以行动为导向的（Kenny，2013）。平行游戏变成与青少年进行的合作或更具竞争性的游戏，具体包括画画或打牌、下棋或打篮球。这些行为取向反过来可能会给咨询师带来一个问题，即一些青少年会开始抗拒咨询师。对青少年来说，这种抗拒是意料之中的，咨询师应该正面应对。咨询师可能会对一个不参加咨询的青少年说：“这是你的时间，这周我们谈话的时候你想做什么？”这种直率和坦诚可能是一种促进移情的方式。

来访者的阻抗

咨询会谈不仅为儿童和青少年提供了一个谈论他们所关心的问题和困难的机会，也可能是困难、情绪、互动和行为显现的时候。阻抗指阻碍咨询进程，具体表现包括来访者停止讨论、表达、思考或接受咨询师的解释等行为。从心理动力学的角度来看，阻抗是一种无意识的防御，会阻碍心理咨询的进展（Cramer，2006）。

例如，避免讨论痛苦的事件、在咨询中浪费时间、迟到或没有准备好参加咨询，这些都可以被认为是青少年对心理咨询的阻抗。以下列举一些儿童和青少年在咨询过程中可能表现出的阻抗。

- 无关或离题的讨论。
- 沉默或较少的回应。
- 侮辱和干扰性的评论或行动。
- 执着于某个物体、玩具或游戏。
- 专注于他人（如父母、同伴、咨询师）。
- 忽视或不关注咨询师。
- 缺乏内容的多话或赘言。

尽管这些行为可能会让咨询师感到沮丧，但利用这些行为来了解儿童和青少年的内在动力，并使无意识阻碍更接近意识，这更符合心理动力学的治疗原则。在这种情况下，咨询师需要重新定义阻抗，使之不再是一个需要克服的障碍，而是一种探索来访者如何在现实生活中捍卫自我的手段。此外，咨询师还需要考虑到，阻抗与咨询师没有多大关系，它更多的是与来访者的挫折、防御、痛苦的生活经历有关。在对有阻抗的来访者进行咨询时，咨询师应该尊重他们，并对他们的阻抗表现出真诚、真实的好奇心，同时放慢咨询的节奏，探索细节（如行为、情感和痛苦的意义），并通过关注阻抗来表明对来访者的尊重（如在当下立即谈论它）（Elliott，2015；Wagner，2008）。

移情

一旦咨询师与来访者建立了稳固的咨询关系，移情就可能发生。简单地说，当来访者在他的环境中感到安全和舒适时，他可能会开始将其他关系中的态度、动机和特征投射到咨询师身上。例如，孩子可能会将感觉和情绪投射到咨询师身上，并做出反应，就好像咨询师是他的妈妈一样。孩子的投射对象可能是他认为的、可以胜任这一角色的重要他人（如教师、教练、祖父母、兄弟姐妹）。

孩子会将这些移情视为真实的情况，他们不知道这些态度、动机和特征与其他关系之间的联系。在分析移情关系时，咨询师的首要目标是揭示移情的内容，具体包括以下两点：（1）孩子投射给咨询师的对象是谁；（2）对压抑的、无意识的内容有一个清晰的画面，可能包括真实的事件、情境、态度和动机。例如，孩子可能会把父母的品质投射到咨询师身上，这可能会涉及控制、独立和自我表达方面的问题（如"你总是希望我为了你看起来很体面，但这是我的身体，我有权表达自己"）。在经典的精神分析理论中，利用移情对心理咨询的成功至关重要；没有移情，就没有咨询的收获（Freud，1912/2001）。

新手咨询师应该注意他们自己对来访者的反应，来访者可能会将自身的紧张情绪引导或转移到咨询师身上，咨询师应该在这些情况下尽量保持中立。使用即时化技术（即谈论此时此地）可能具有挑战性，尤其是对那些由于发育水平受限而无法讨论此时此地感受的来访者来说。此外，在向来访者解释移情反应时，咨询师应留意来访者的反应并寻求他们的意见。对儿童来说，如果儿童不能理解这些解释，那么咨询师最好与他们的父母分享这些解释。对儿童来说，游戏和通过游戏解决问题是适合他们发展水平的处理移情的方法。不管来访者是儿童还是青少年，移情分析都是提供解释和参与心理动力学游戏的一个重要方面，后文中的咨询干预部分对此有更详细的介绍。

反移情

如果说移情分析对于理解儿童和青少年至关重要，那么反移情分析不仅有助于咨询师了解儿童和青少年，还能帮助咨询师审视自己的思想和情感。反移情是指咨询师将其他关系中的态度、动机和特征投射到来访者身上的行为。反移情可能源于现在的关系、过去的关系，甚至咨询师对自己小时候的看法。通常，咨询师最早的反移情现象是对来访者产生情绪反应（如内部转移），这种反应通常与呈现的情况或材料不一致。例如，咨询师可能会觉得有必要在咨询内外承担额外的责任去过度保护一个孩子。

传统观点认为反移情是一种暗示，表明一名咨询师正在踏入危险的境地；然而，现在很多人认为反移情是一个机会，可以帮助咨询师发现一些关于自己和来访者的有价值的信息和见解。对来访者的反移情可以让咨询师触及来访者小时候的自我（Bonovitz，2009）。因此，在对儿童和青少年进行咨询时，这些童年的残余记忆会在他们的意识中浮现，咨询师应该通过自我反省和持续的监控来彻底探索自己。例如，"作为一名咨询师，这是我的正常反应吗""作为一个人，我如何理解这种反应""孩提时的我会如何理解这种反应"。

咨询干预

心理动力学咨询的一个核心目标是帮助儿童和青少年将阻碍当前发展的无意识内容变为意识内容。这个过程对心理动力学咨询的有效性至关重要。心理动力学咨询的干预措施包括游戏、宣泄、梦的解析、自由联想、洞察和解释。

游戏

针对儿童和青少年的心理动力学理论的核心是对游戏的运用（Kernberg et al.，2012）。游戏治疗从根本上脱离了心理动力学方法，被概念化为一种让孩子与一名专注但中立的咨询师交流他们的内心世界、情感、思想和冲突的手段（Bratton et al.，2015；Wagner，2008）。游戏治疗是咨询师与儿童和青少年共同构建的过程，在这一过程中，咨询师应扮演观察者和参与者的角色（Yanof，2013）。例如，当咨询师让儿童和青少年作为积极的参与者构建想象中的朋友时，咨询师可以观察儿童和青少年与这些想象中的朋友交往的过程及其与咨询师的交往过程，从而了解儿童和青少年的社会化程度。

游戏，尤其是假装或想象游戏，可以让儿童和青少年在表达情感、冲突、幻想、愿望及不被允许的情绪和生活故事方面更加自由（Yanof，2013）。假装游戏让儿童和青少年在治疗的环境下拥有自由和控制的权利，而在现实生活中，他们通常无法掌控这些情境。在许多方面，游戏本身就是一个孩子能够与之互动并体验自己世界的对象；因此，它可以有多种形式。从心理动力学的角度来看，游戏治疗中使用的活动可以包括以咨询师为参与者的假想游戏、体育活动和创造性活动，以及具有规则的个人想象游戏（Kernberg et al.，2012）。

从本质上说，游戏治疗是一种工具，它不仅可以促进治疗联盟，为移情关系创造条件，还可以促进儿童和青少年的社会化。尽管游戏中有很多选择，但咨询师应该谨慎，不要在游戏中留下太多非结构化的空间（Coppolillo，1987）。游戏中过多的自由会在不经意间造成儿童和青少年的焦虑，从而使治疗过程失去控制。从心理动力学的角度来看，游戏与一些间歇性、结构化的活动相结合是应用游戏治疗的最有效方式（Yanof，2013）。除了结构化的活动，建立边界或规范对咨询师来说也是很重要的，这样可以防止对参与者造成伤害。

游戏会向咨询师传达以下信息：个体过去的经历，当前的经历，恐惧、冲突、幻想和想象中的冲突解决方案，重要关系的再现（即移情），当前来访者和咨询师的关系（Yanof，2013）。咨询师需要进入来访者的游戏世界，小心地延续、发展游戏，而非总是试图在游戏的特定部分找到直接的意义。在游戏过程中传递直接的、无意识的意义可能会减缓甚至停止游戏过程（Yanof，2013）。因此，咨询师的目标是不断促进游戏的细化，从而使游戏得以延续、发展，并成为有效的治疗工具。

此外，对游戏做出解释也很有必要，但解释的时机非常关键，因为解释往往会使游戏所代表的安全场所关闭（Yanof，2013）。此外，咨询师还应追踪来访者游戏的象征性内容所涉及的潜在意义。当需要解释时，咨询师在游戏空间中传达解释或评论可以通过以下途径实现。

- 以外部观察者的身份从游戏外部进行解释和评论。
- 以角色或参与者的身份从游戏内部进行解释和评论。
- 通过创造一个新角色或使用平行游戏（即另一个相邻游戏），或者讲述一个能吸引儿童和青少年且能使他们理解的故事来进行解释和评论。

游戏的核心目的是让儿童和青少年与一名中立而专注的咨询师交流他们的内心世界，包括他们的情绪、思想和冲突（Bratton et al.，2015）。通过游戏和治疗关系，这些情感表达可以进入咨询师的意识。

宣泄

从心理动力学咨询的角度来看，宣泄，即基于情绪问题进行的自我表达往往能减少内在冲突。心理动力学取向的咨询师试图为来访者提供一个临床环境，帮助他们充分表达自己的情绪或感受。这些情绪或感受可能因与某个事件或某段关系有关的焦虑、羞耻或恐惧而被阻断。宣泄在很大程度上可以缓解情绪。通常，这种情绪的缓解会帮助来访者完成一些未完成的工作，从而减少症状，改善来访者的人际关系（Messer，2013）。

心理动力学的咨询方法并不假定认知理解和学习是改变的必要条件；相反，它认为情绪的表达对唤起改变至关重要（Messer，2013）。因此，这种方法对那些由于发展水平而无法从认知上理解情境的来访者来说是非常有效的，他们可以有情绪和反应，并在情绪层面表达和治愈这些情绪。从心理动力学的角度来看，情绪不仅仅是冲动或动力；相反，它们暗示了咨询师寻求解决的重要信息。这些情绪是行为的原动力，如果它们没有从无意识上升到意识，就会演变成更自动的、更适应不良的行为。因此，咨询师需要通过一种被叫作矫正性情绪体验的过程来帮助来访者更加清晰地意识到自己的情绪。矫正性情绪体验是通过使用咨询关系来重新体验或改变未解决的冲突（如令人痛苦的情境或关系）（Alexander & French，1946）。心理动力学取向的咨询师会以一种接纳、鼓励和富有同情心的立场工作，并且咨询关系是不可或缺的一个方面。这些在安全的咨询关系范围内发生的矫正性情绪体验包括四个基本组成部分（Bridges，2006）。

- 情绪唤醒（如生理反应和情绪方面）。
- 情绪体验（如情绪的主观质量和强度）。
- 情绪表达（如情绪的言语和非言语表达）。
- 情绪加工（如对情绪进行有意义的认知加工，从而产生洞察力、适应性和更有效地解决问题的能力）。

咨询师会用语言引导儿童和青少年进行情绪唤醒、情绪体验、情绪表达和情绪加工，从而提升洞察力和矫正性情绪体验。从心理动力学的角度来看，当儿童和青少年的强烈情绪变得可以承受时，压抑或退行性防御机制的使用就会减少并变得不那么必要。梦的解析和自由联想是两种可以促进情绪问题自我表达的干预措施，这两种方法通常在心理咨询中用于呈现问题。

梦的解析

根据弗洛伊德的观点，没有什么方式比梦境更能直接地触及无意识心理及其内容了（Freud，1910）。因此，梦的解析在历史上一直是弗洛伊德驱力理论的重要组成部分。在梦的解析中，来访者可以叙述梦境的隐性和显性的内容。显性梦是指梦的实际内容，如狐狸在树林中漫步，或者一位留着胡须的女士在敲钢鼓。相反，隐性梦是由显性梦解释出来的基本模式和意义。例如，一个青春期的女生说她梦见自己进了监狱，她的妈妈是监狱长，她的牢房里弥漫着茉莉花的气味。在这个梦境中，显性的内容是监狱和茉莉花的气味，然而这些表象背后的隐性内容可能是她想从她的妈妈那里解脱出来，她觉得妈妈用自己的规则和期望把她囚禁起来了。除了梦境外，儿童和青少年的白日梦也可以表达梦的显性或隐性的内容（Freud，1946）。因此，安娜·弗洛伊德主张咨询师在对儿童和青少年进行咨询时应该对梦境和白日梦都做分析。尽管传统的精神分析在咨询中花了相当长的时间关注梦的解释意义（即隐性内容），但当代心理动力学咨询关注的是梦的实际内容（即显性内容），因为它与儿童和青少年的自我概念、内部冲突、自我防御机制、移情反应有关（Lane，1997）。

自由联想

在精神分析中探索无意识内容的另一种重要方法是自由联想。在自由联想时，咨询师可以鼓励儿童和青少年谈论任何想到的话题。对于儿童，咨询师也可以用类似的、不受限制的游戏。重要的是，儿童的游戏是不受审查或限制的，因此儿童可以自由地表达自己。咨询师必须留意任何判断或抑制性评论，因为这些都可能中断无意识的流动。自由联想的主要目标是允许无意识的显性内容通过分享的形式呈现出来。咨询师必须剖析自由联想呈现的内容，并与其他咨询主题联系起来。自由联想的另一个用途是促进被压抑情绪的释放和宣泄。安娜·弗洛伊德反对青少年进行语言自由联想，并建议只从对游戏的观察中引出自由联想。另一些人则认为，语言自由联想是很有价值的心理动力学咨询的工具，尤其是对年龄较大的儿童和青少年来说（Coppolillo，1987）。基于青少年天生就有制造心理联结这一观点，咨询师应该适应他们可能建立的任何联结和联想。

在自由联想的过程中，咨询师应寻求情感、思想和行为的连续性，这些可以表现在儿童和青少年的互动、游戏和对咨询过程的阻抗中，也可以表现在儿童和青少年与咨询师的关系中（即移情）。咨询师应该尝试超越儿童和青少年的行为和语言层面去探究他们心理过程（如情绪、思想）的潜在联系。有三种方法可以进一步评估和探索这些心理过程，包括寻找不一致、忽略和过度（Shapiro，2015）。

- 不一致是指所说的内容和所做的事情之间存在不一致的情况。例如，一个小孩子可能会说她不在乎在学校和最好的朋友吵架，但她似乎整晚都表现得很执拗，甚至当一个成年人在谈话中提到类似情况时，她会变得情绪化。
- 忽略是指那些没有说过、做过或感觉到的内容，但在特定情况下应该说、做或感觉到。例如，一个孩子在家里经历了暴力和创伤，但他说家里的一切都很好。孩子可能会拒绝谈论这些情况，并表现出回避行为，以避免表达他的焦虑、悲伤或愤怒。
- 过度是指过度的反应、过度兴奋的情绪和与所发生的情形不匹配的极端行为。孩子可能会发现他们过度反应的事件很难被讨论，或者在讨论时会感到不安全。例如，一个孩子在咨询师要求她把所有的玩具都归还到指定地点时发脾气，并对咨询师大喊“我恨你，我恨你”。

从驱力理论的角度来看，咨询师应不断地探索和评估儿童和青少年的情绪、思想和行为（如临床症状和表现）中出现的这些模式，试图理解和解释儿童和青少年遇到的问题或有关人格结构（如本我、自我、超我）的内在冲突，并通过提升洞察力来将无意识转移到意识中。

解释与洞察

在心理动力学方法中，另一个促进改变的重要因素是洞察力，它能增加儿童和青少年的自我理解。简单地说，心理动力学咨询的目的是使无意识变得有意识。在这种咨询方法中，洞察力是一种催化剂，可以增加儿童和青少年的自我理解，从而消除症状（如焦虑、破坏性行为等）。咨询师的目标是通过准确的解释来提升儿童和青少年的自我理解能力或洞察力。解释是一种引起人们注意无意识过程的评论或陈述。它不仅是解释或反映一种感觉，更主要的是帮助儿童和青少年理解自己以前不知道或没有意识到的东西。

解释可以将有意识的行为、思想和情绪与儿童和青少年的无意识联系起来，这些无意识包括防御、愿望、过去的经历、梦境（Kernberg et al.，2012）。解释可以用以下这些方式进行。

- 直接观察——“你今天看起来很恼火。”
- 间接陈述——在与儿童进行想象游戏时，咨询师可以问：“狮子索菲亚似乎很伤心，因为今天没有人和她一起玩。索菲娅下一步该怎么办？”
- 利用来访者与咨询师的关系——“我想知道，你是把我当成一位严格的老师，还是一个只问你问题的家长？”
- 表达咨询师的观点——如果儿童在游戏中使用了欺骗的方式，那么咨询师可以说“如果我是玩这个游戏的孩子，我就不想再玩了，因为我很生气”。因此，儿童可能会意识到其他人可能会因为他的这些敌对行为而不和他一起玩。

咨询师应在来访者对现实的感知范围内使用解释或处理防御机制，在与儿童和青少年互动时展示和讲解防御机制，而不是直接解释概念。

洞察力是改变的催化剂，尤其是当他们被问及为什么他们会这样想或做他们所做的事情时。这些洞察经常能够帮助儿童和青少年减少困惑、愤怒和失控的情况。从心理动力学的角度来看，一旦孩子能够有意识地思考之前的无意识过程，他就能够使用更成熟的自我来处理当下的内在冲突。简单地说，洞察与防御机制是不相容的，因为防御机制会随着洞察的增加而减少（Lacewing，2014）。因此，咨询师的解释可以成为孩子提升自我理解能力和发生改变的催化剂。然后，孩子可以将更成熟、更理性、更具适应性的思维方式运用到处理长期的冲突中。

家庭干预和参与

每种心理动力学方法都在不同程度上强调了让家庭参与咨询的作用和重要性（Wagner，2008）。咨询师应该了解青少年的生活环境，并了解他们的家庭关系（Freud，1946）。从历史上看，心理动力学取向的咨询师会利用与来访者父母的接触来获得孩子在咨询室之外的信息，并且会避免将与孩子咨询的内容透露给其父母（Klein，1921，1959）。尽管因孩子的年龄和需要不同，家庭治疗和父母的参与度也有所不同，但咨询师应考虑到父母是信息的主要来源，并能够协助咨询师提升咨询效果。

一些咨询师可能会通过使用心理动力学家庭治疗（psychodynamic family therapy）将父母和其他家庭成员纳入咨询过程（Ackerman，1958；Gerson，2010；Wagner，2008）。心理动力学家庭治疗师认为，孩子和家庭成员的内部冲突与他们之间的互动方式相关（Ackerman，1966；Wagner，2008）。此外，亲子关系被视为孩子认同自我的主要方式，随着时间的推移，期望从这种关系中分离出来的自我可能会扩展到对其他家庭成员的认同。因此，每位家庭成员（包括孩子）都会根据家庭的组织、角色适应和期望、管理家庭互动的规则和个人性格来创建自己的同一性（Ackerman，1966；Wagner，2008）。

咨询师应试图了解孩子所处的主要系统（即家庭）及他们与家庭成员的互动方式如何影响和维持他们的内在冲突（Ackerman，1958）。另外，由于孩子的自我认同是相互关联的，并且受家庭认同的影响，因此每一种认同都直接影响家庭系统的平衡与稳定。例如，如果父母在与孩子发生冲突时对孩子采取严格的控制方式，那么孩子的人际关系和个人成长就会受到阻碍。咨询师旨在厘清家庭成员内部和之间的不良互动方式，增加角色互补性和更积极的角色关系模式，从而产生与家庭冲突相关的积极、健康的结果（Ackerman，1958）。

客体关系家庭治疗（object relations family therapy）是另一种心理动力学家庭治疗方法。如前所述，亲子互动是客体关系理论方法的本质。咨询师使用客体关系家庭治疗不仅能探索亲子互动，还能探索孩子与家庭和外部世界的互动（Scharff & Scharff，1987）。例如，与原生家庭存在未解决的亲子冲突的父母，可能会因为孩子的内在客体功能失调而对孩子投射负面情绪。这个过程不仅是内在的和人际的，也是代际的，并且可能在未来的亲密关系中重复。这些未解决的冲突和关系模式会在家庭成员之间重新发生，并可能成为自我的内在模式。例如，婚姻关系对孩子发展内在客体非常重要（Scharff & Scharff，1987）。如果父母之间是一种相互关爱的关系，那么孩子往往会养成健康的客体关系意识。相反，如果父母陷入婚姻不和或冲突中，孩子可能就会对自己未来的恋爱关系感到忧虑。在这种方法下工作的咨询师会将孩子及其在家庭中的冲突概念化。

虽然并非所有的心理动力学取向的咨询师都会选择将家庭治疗的各个方面都纳入咨询中，但他们往往会尝试以某种身份让家庭参与进来。从实用主义的角度讲，在心理动力学方法中增加家庭参与的最标准的方法之一就是通过父母教育使父母参与进来。父母教育可以帮助父母与孩子建立更健康的关系和养育模式，从而改善亲子沟通和亲子关系（如依恋、亲密的情感、分享感受和经验）（Paris，2013）。尽管父母教育可能看起来与本文讨论的其他方法相似，但心理动力学取向的咨询师应特别强调以下几点：（1）教会父母建立依恋和联结的过程（如为孩子提供安全感，从而增加依恋和信任）；（2）镜映和沟通（如为孩子提供被倾听、被看见、被理解和被重视的体验）；（3）区分（如将自我和儿童区分开）（Paris，2013）。

作为一种支持和教育资源，咨询师可能还需要为父母进行咨询。咨询师可以通过以下方式帮助父母：（1）保持中立（如不要站在父母一边反对孩子，也不要站在孩子一边反对父母）；（2）处理父母对咨询的负面情绪；（3）改善亲子关系；（4）交换信息（如让父母意识到自己内心的冲突是如何对孩子表现出来的）；（5）在咨询过程中将父母视为合作伙伴（Kernberg et al.，2012；Yanof，2013）。除了与父母建立健康的治疗联盟外，咨询师还可以帮助父母为他们的孩子制定合作的目标（特别是有关社会性和学业的目标）（Kernberg et al.，2012）。有些父母自己可能也需要接受咨询，如果父母自身的心理冲突开始显现，并且严重干扰了孩子的咨询过程和进度，咨询师就应该对其进行转介。

个体心理学：阿德勒疗法

阿德勒的个体心理学是基于优势的理论，它强调每个个体都是自然地倾向于成长和变化的。个体心理学认为，心理健康问题的根源不在于发展的某个部分存在缺陷，而在于典型发展过程的延伸或夸大。个体心理学还认为，儿童和青少年有一个基本的需求，即被他人接受，并为社会做出积极的贡献。阿德勒认为，个体会不断地尽自己最大的努力，利用自己所能获得的资源来改善自己和世界，而咨询师则致力于帮助他们利用这些资源。在阿德勒疗法中，咨询师也会识别和强化每个儿童和青少年的积极特征、人格和内在动力，从而帮助他们克服不良的驱力或动机。

阿德勒是人本主义心理学的先驱，他发展的个体心理学，作为精神分析对心理健康的解释的一种替代理论。虽然“个体心理学”一词似乎暗示了来访者与他人的隔离，但阿德勒的概念实际上强调了个人在其社会背景（如社会、家庭、同龄人）中所具有的独特体验。事实上，阿德勒的理论是最全面的心理咨询理论之一，因为它强调了生物、心理和遗传因素与环境和社会影响之间的相互作用，用以解释人类行为并帮助人们改变。阿德勒提出了一个整体模型来看待个体的背景，他指出人类的发展是先天和后天共同的产物。也就是说，每个孩子天生都有一个先天的个性，而外部因素决定了这个先天的个性如何随着时间的推移而表现出来。

阿德勒还专门讨论了儿童和青少年发展问题，并探讨了个体受早期的生活经历影响的各种方式。从理论上讲，人们产生心理健康问题的主要原因之一是来自他人的挫折和缺乏有意义的联系。那些在生活中遇到困难、难以克服人际关系障碍的人往往会感到失落（Adler，1958）。失落的孩子会发展出无益的思想和行为来应对自卑感。相反，感到被爱、被重视和受到鼓励的孩子更有可能会以有利于自己和社会的方式行事。

联结感和贡献感可以让青少年克服三个方面的自卑感：友谊与社交、工作与职业、爱与亲密（Kelly & Lee，2007）。青少年发展的一个重点是形成与自我概念相一致的社会关系，并产生接纳感和自我价值感。青少年还需要感到他们在为社会做贡献，或者让世界变得更美好，他们可以通过帮助他人、在体育运动中表现出色或完成学业来实现这一目标。

最后，阿德勒认为孩子需要感受到他人的爱。在儿童期，孩子与其家人和密友有亲密关系。随着孩子进入青春期，亲密关系通常会延伸到伴侣身上。总体来说，孩子行为的动机存在于对自己在社会、职业和亲密关系方面有积极感受的需求。本章将回顾个体心理学的核心概念，也会介绍咨询师在治疗过程中的作用，以及具体的阿德勒疗法的干预措施和技术。

核心概念和咨询目标

个体心理学被认为是应用最广泛的理论之一，它涵盖了许多概念。表 6-5 总结了与个体心理学相关的关键概念。

表 6-5 个体心理学中的关键概念

概念	解释
成年人模型	青少年会在生活中向重要他人寻求指导，包括如何成为一个理想的公民、如何解决生活中的困难，以及如何与他人互动
分析	大多数青少年行为的动机是无意识的，但如果通过自我探索和自我分析的过程，青少年便能够理解他们潜在的动机
出生顺序	当青少年和他们的兄弟姐妹互动时，他们对世界的最初印象就形成了，青少年会通过他们在家庭中的角色来了解他们在世界上的角色，其中包括出生顺序（例如，是第一个孩子、第二个孩子、中间的孩子，还是最小的孩子或独生子女）；出生顺序对人格的影响很大
缺失感	婴儿出生时很弱小，需要依赖他人，这就产生了一种固有的、挥之不去的不平等感，这种感觉被称为“缺失感”；这种感觉会一直持续到成年期，并引导着个体的许多行为

（续表）

概念	解释
虚构目标	青少年的所有行为都是在试图努力成为自己应该成为的那个样子；然而，应该成为的那个样子通常是不现实的，它创造的最终目标是虚构或无法实现的
向前的动力 / 创造力	人是面向未来的，青少年会努力建立自尊和独特的归属感
整体论	一个人的所有部分都是相互联系的，一个人的所有思想、感情和信念都与他们一贯的短期目标和长期目标有关
自卑情结	青少年如果找不到能给他们带来感知优势的行为，可能就会发展出一种糟糕的自我概念和低自尊，同时也很难为社会做出贡献
生活风格	生活风格是一种行为模式，青少年用它来努力实现自己独特的虚构目标
错误目标	当青少年在与他人互动的过程中遭遇挫折时（如拒绝、攻击），他们的目标就会偏离社会兴趣，变得不健康或无益
感知优势	青少年会努力在一两个特定领域（如友谊、体育、学业等）获得掌握感和胜任感，以克服缺失感或自卑感
私人逻辑	青少年通常用他们的推理来支持自己的生活风格；他们的私人逻辑往往是错误的，并且通常有益于个人而不是社会
保护行为	当面对冲突时，青少年可能会找借口，把自己的问题归咎于他人，或者出现不符合其发展阶段的行为，以免受缺失感的影响
社会兴趣	每个青少年都渴望亲密和人际关系，与他人积极互动会让他们产生社会感和归属感；他们之所以乐于助人，是因为他们想对世界做出积极的贡献
优越情结	在早期发展中缺乏自我感觉的青少年可能不觉得有必要做出有益于他人的行为，相反，青少年可能会为了证明自己的优越性而过度消耗自己
目的论	青少年会不断地利用他们所能利用的资源努力成为更好的自己，努力做到最好，青少年的所有行为都是有目的和向前推进的

阿德勒的理论是以优势为基础的，它促进每个人的内在价值，也强调了人类的一个关键困境，即一场关于无价值感、无能、不足或不被人认可。这种不充分感在阿德勒的理论中被称为缺失感（Schultz & Schultz，2013）。青少年具有很强的观察力，会注意到其他人的行为和状况，但由于他们的认知和情感发展有限，因此他们并不能准确地解释他人行为背后的含义（如青少年可能会认为其父母离婚是他的错）。青少年常常把自己比年长者个子小、能力弱的事实解释为一种天生的劣势，尽管这只是人类发展过程中的正常现象。尽管如此，阿德勒认为所有人在出生时都有缺失感，因为在达到重要的发展里程碑之前，他们需要完全依赖养育者。缺失感构成了青少年一生奋斗和取得成就的动力。

所有的青少年都渴望他人的关注、喜爱和接纳。人天生就是社会性的人，需要与他人建立联系，并且通常希望以积极的方式为社会做出贡献（Sweeney，2009）。青少年常常通过与他人比较来衡量自己的价值。那些在社会交往中感到失落的人，或者无法找到自己独特优势的人，在某些领域都会体验到缺失感。作为一种文化，我们倾向于通过名人来宣传理想化的自我，这些名人是经过美化的，或者每天花很多时间让自己看起来更理想。这种理想化标准的推广进一步助长了青少年的缺失感（Schultz & Schultz，2013）。个体可能会选择健康的方式来克服缺失感（如向其他可以提供帮助的人求助），或者他们可能会使用不健康的方式来克服缺失感（如对同伴刻薄从而凸显自己的优越感）。

人最初的缺失感是由出生时的无助感造成的普遍体验，这种感觉会在幼儿期逐渐消失，也可能在整个早期发育过程中持续存在，甚至加强。阿德勒认为，生活经验告诉我们，缺失感是每个人都会有的独特体验。

与缺失感相关的自卑情结或内化的关于自我的消极信念，是由三个基本的缺失感引发的。自卑情结的基本来源包括以下三个方面。

- 器质性自卑（身体缺陷，如慢性病、身体或学习障碍，以及各种精神障碍，如多动症）。
- 对孩子过度关注的父母。这类父母会导致青少年产生不切实际的社会期望。
- 对孩子不够关注的父母。这类父母会导致青少年觉得自己不值得被爱。

一方面，有自卑情结的青少年通常会表现出与自卑情结的特定主题相反的行为方式。例如，持有不切实际的社会期望的青少年可能会不遗余力地让人们注意到他们的这些期望（如成为班里的小丑、霸凌者等），因为他们已经学会了将被关注与自己的价值感联系起来。另一方面，个体也可以用有益的方式弥补他们的自卑情结（如成为班长为同学服务）。

为了克服缺失感或自卑感，青少年会努力寻找那些让他们觉得成功或有才华的行为。青少年有某个擅长的领域有助于他们形成一种感知优势，或者说一种主观感知，即他们主观上认为自己在某个领域比同龄人更精通。在通常情况下，个体会在某个领域追求感知优势，以补偿他们体验到的缺失感。例如，一个在童年时期经常生病的青少年可能会觉得自己的身体比他人差，从而把注意力集中在体育运动上，以获得一种感知优势。也有一些青少年会养成不健康的行为习惯来弥补缺失感。例如，一个被忽视的青少年可能会觉得自己不值得被爱，从而投入青春期早期的性行为中去体验感知优势。

虽然一些青少年用无益的行为来获得感知优势，但阿德勒认为，人天生就会走向前进和创造性的道路。由于缺失感的存在，青少年会不断成长和重塑自己，以创造一种与感知优势更加接近的生活。青少年被视为有创造力和负责任的人，他们正处于成长和发展的轨道上，朝着他们最健康、最快乐的方向发展着（Watts，2013）。从本质上说，所有人都在尽其所能地实现社会意义并为社会做出积极的贡献。

青少年持续地向着理想化的自我前进着。他们往往会创造一个关于完美自我的心理图式，这也被称为虚构目标。虚构目标是个人素质、社会交往（特别是与养育者和同伴）及环境与流行文化影响共同作用的结果，在生命早期就会发展出来。这些目标对每个人都是独一无二的，它们可以用来克服个体以下几个方面的自卑或不足。

- 智力。
- 外表。
- 抱负。
- 合作性。
- 独立性。

所有人都会制定一个虚构目标，以找到使自己感觉良好的方式，并体验他们渴望的社会认同感。一个青少年的生活风格或存在方式基本上是由其虚构目标决定的。

阿德勒提出，人们普遍会采用四种典型的生活风格。这些生活风格也是一种与世界互动的模式，以用来克服困难和获得感知优势。这四种生活风格如下。

- 支配型生活风格：青少年努力获得对他人的控制。
- 获取型生活风格：青少年从他人对待自己的方式中获得个人满足感。
- 回避型生活风格：青少年避免承认社会困难和不舒服的感觉。
- 社会利益型生活风格：青少年表现出促进自我和社会福祉的行为（Schultz & Schultz，2013）。

青少年最常见的生活风格是获取型生活风格，而社会利益型生活风格对社会最有益（Schultz & Schultz，2013），同时在促进和支持青少年的心理健康方面也最有效，因为青少年能够以同时有益于自己和他人的方式获得感知优势。帮助他人可以获得感知优势，而且可以使有益且富有成效的行为周期性地得到强化。因此，咨询师在为青少年提供咨询时，应该努力帮助他们发展社会利益型生活风格。要做到这一点，咨询师就应该了解生活风格评估的各个部分及其与咨询过程的关系。

阿德勒疗法中咨询师的角色

咨询关系是个体心理学的核心，咨询师必须努力与青少年及其家庭建立协作关系。咨询师可以和来访者一起评估他们的思想、感受和信念，确定潜在目标，以及对青少年而言更有效的与世界互动的方法。在阿德勒疗法中，咨询关系是平等的，来访者和咨询师一样是专家。咨询师可以和来访者一起努力，以呈现来访者的生活风格，提升青少年的洞察力，并促进其改变。

咨询师在咨询过程中的作用是鼓励青少年深入地探索自己的生活风格（Watts，2013）。咨询师应鼓励青少年探索自己的生活风格，深入了解自己不一致或不准确的方面，并帮助他们解决遇到的问题。在青少年的社交生活中，寻求重要他人的帮助与合作也是必要的。阿德勒疗法对青少年的治疗是整体性的，需要青少年的兄弟姐妹、父母、教师、同龄人和社区成员的帮助，以支持来访者产生联结感和贡献感。

咨询过程和步骤

当个体在社会、职场或亲密关系中无法感受到自己的能力和重要性时，他们往往会出现心理健康问题（Watts，2013）。心理健康问题是在困难的社会互动中产生的负面思想和负面情感的结果，这些负面思想和负面情感又会通过不健康的行为表现出来。不健康或适应不良的行为暗示了青少年在生活中的某些方面产生了挫败感，而鼓励是阿德勒疗法的关键组成部分。

阿德勒认为，每个个体都具有与生俱来的积极的倾向、创造力及渴望为社会做出贡献的倾向。青少年也不例外，咨询师可以通过鼓励他们以有益于社会的方式来满足自己的需求，从而支持青少年的健康发展。咨询师也应该邀请青少年生活中的重要他人来给予他们鼓励。当确定了青少年行为的动机后，咨询师就可以实施具体的干预措施，以强化青少年以理想的、有益的方式来实现他们的目标。例如，如果一个青少年通过打自己的兄弟姐妹来寻求关注，那么咨询师或其父母就应该在他想打人之前给予他积极的关注。

个体心理学可以在学校咨询中对个体、团体、家庭进行概念化。咨询师应根据来访者的需求和接受程度选择阿德勒式咨询干预。有时，咨询师无法将青少年的重要他人纳入咨询中，但仍应该在整体的、发展的背景下对来访者进行概念化。咨询师可以在个体或基于学校、家庭和团体的阿德勒式咨询干预中进行选择，以适合每位来访者的独特情况并满足他们的特殊需求。

阿德勒认为，青少年有时会有错误的目标，并用这些目标来实现自己的优势。表 6-6 根据阿德勒的理论列出了常见的错误目标。青少年经常会用一些不良的行为来实现这些目标，而实现错误的目标会给青少年带来感知优势。

表 6-6 常见的错误目标

错误目标	错误的逻辑	相关行为	治疗目标
寻求关注	我需要其他人关注我，这会让我觉得自己有价值	青少年可能会发脾气，不遵守规则，或者发出噪声来吸引注意力	• 识别和重构错误的逻辑 • 通过健康的行为（如体育运动）帮助青少年获得关注 • 运用应对技巧，让独处的时间变得愉快和令人满意 • 当行为合乎情理时，表扬青少年
寻求权利	当我能够控制环境时，我才是重要的	青少年可能会发脾气，偷同伴的玩具，或者拒绝听从指示，从而感觉自己很厉害	• 重构错误的信念 • 为青少年提供健康的机会，以维护个人偏好和控制感（如按照自己的意愿穿着） • 玩游戏或参与其他活动，让青少年练习放弃控制并获得满意的结果

（续表）

错误目标	错误的逻辑	相关行为	治疗目标
寻求复仇	当我感觉不好时，我希望你也感觉不好	青少年可能会打父母或同伴，也可能会辱骂其他人	• 重新识别错误的信念 • 帮助青少年识别和表达他们的感受 • 完成有助于培养青少年对他人的共情能力的活动、游戏和工作
缺乏信心	我会失败，所以我不应该再去尝试	青少年可能会开始哭泣，或者以其他方式逃避困难的任务；青少年可能故意表现不佳，这样一来就没有人会再要求他们尝试了	• 重新识别错误的信念 • 赞扬青少年尝试新事物的行为（无论是否成功） • 与青少年一起完成困难的任务，以鼓励他们获得掌控感

咨询师应该努力理解导致青少年做出适应不良行为的错误目标，例如，当青少年感到被背叛或失望时，他可能会希望他人受到伤害。这个错误目标是负面的，因为它伤害社会，还会增强人内心的缺失感，实际上这些适应不良的行为并不能支持他们实现虚构目标，即成为一个更好的人。咨询师应对来访者进行咨询，围绕这一错误目标进行反思，并寻找更健康的方法，以对社会有益的方式实现感知优势（如通过帮助其他被误解的人）。

在最初的几次咨询中，咨询师应该努力了解青少年的社会经历、虚构目标、感知优势和缺失感、错误目标或自卑情结的来源。咨询师可以使用生活风格评估，以深入了解来访者及其咨询需求。

咨询师可以利用评估信息了解导致青少年产生挫败感和自卑感的生理、心理和社会因素，这些因素相互作用，形成了青少年的。使用阿德勒疗法的咨询师可以利用生活风格评估的结果来了解关于青少年的以下几个方面。

- 社会关系。
- 思想、感受和行为。
- 总体目标。
- 内部 / 外部因素。
- 缺失感。
- 虚构目标。

咨询师通过直接询问青少年、观察青少年的行为、对青少年生活中的重要他人进行访谈来收集信息，以完成生活风格的评估。使用阿德勒疗法的咨询师将青少年的整体概念化放在咨询的核心位置（Drout et al.，2015）。生活风格评估旨在了解青少年的家庭系统、邻里关系、社区情况、社交情况、学校或幼儿园的情况，以及个人层面的因素（如生活经历、个人发展、遗传学和生物学等因素）。

生活风格评估与咨询师用来系统地收集来访者信息的书面评估非常相似。然而，阿德勒疗法中的生活风格评估是独特的，它可以用来描绘一个青少年与世界及其他人互动的模式。表 6-7 列出了阿德勒疗法中的生活风格评估的组成部分。

表 6-7　生活风格评估的组成部分

评估类型	治疗相关
出生顺序	青少年可能是父母的第一个孩子、第二个孩子或最后一个孩子，也可能是独生子女；青少年的出生顺序会影响其人格和虚构目标的形成
童年特质	青少年的生理和遗传基因使他们有独特的外形，再加上自己独特的、主观的生活经验，便形成了人格
文化价值观	家庭、邻里关系、社区和社会中所持有的价值观塑造了青少年对世界的理解和与他人互动的方式
梦的解析	梦可以用来找出青少年对当前问题的主要感受，梦中的事件可以被解释为问题的潜在解决方案
早期记忆	人生最初几年的记忆（通常从 4 岁或 5 岁左右开始）会影响个体的个性和生活方式，这些早期记忆有助于深入了解青少年的生活角色

（续表）

评估类型	治疗相关
家庭系统排列	家庭是一个独特的个体集合，对青少年的人格有着巨大的影响，家庭沟通模式、动力和期望都可以揭示青少年行为的原因
性别准则	青少年获得的关于性别的信息是个性发展的关键因素，如果青少年的思想、情感和行为与来自家庭、朋友或社会的性别准则一致，就会让青少年体验到感知优势；如果与家庭、朋友或社会的性别准则不一致，可能就会引发青少年的缺失感
英雄认同	青少年往往会崇拜那些能够实现他们虚构目标的人，童年时代心目中英雄的行为和品质很可能会被青少年继承从而使青少年获得感知优势
个体优势	青少年可以利用他们自身的才能（如运动、学业等）为社会做出有意义的贡献，从而获得感知优势
身体发育	其他人可以看到的生理特性，青少年身体发育迟缓会导致其产生缺失感和自卑情结；适当或高于平均水平的身体发育有助于青少年获得感知优势，甚至是优越情结
性发育	性和性关系是人类固有的需求，这些都与人的社会接受度和社会关系有关，健康的性发育有助于青少年获得感知优势，而性发育出现问题则会导致其产生缺失感
奇怪的早期记忆	青少年可能会以扭曲的方式回忆起他们成长早期的关键事件，这些记忆突出了青少年主要的恐惧和问题，例如，一个小男孩可能会记得一个很大的小丑在叫喊着追他，实际上，小丑可能没有那么大，也没有攻击性，但小丑代表了男孩的恐惧和自卑，从而扭曲了他的记忆
三个愿望	让青少年确定他们希望在未来实现的三个愿望，从而确定其缺失感和感知优势

家庭系统排列是生活风格评估中最复杂、最独特的方面。家庭系统排列是所有家庭起源因素的集合，包括对每位家庭成员的简要描述（包括兄弟姐妹的出生顺序）、对任何额外的父母形象的描述、与兄弟姐妹和父母的典型互动模式、青少年固有的气质和个性及对青少年的核心人生观的探索。

出生顺序是生活风格评估中的另一个重要概念。阿德勒发现，青少年倾向于因他们在家庭中的地位和角色而具有特定的特征。此外，使用阿德勒疗法的咨询师认为，和青少年年龄最接近的兄弟姐妹对青少年发展的影响最显著（Sweeney，2009）。例如，第二个孩子在第一个孩子出生后的第三年出生，第三个孩子在第二个孩子出生后一年出生，那么第二个孩子受第三个孩子的影响更大。

阿德勒认为，青少年和他们的兄弟姐妹来到世界上的顺序会显著影响他们的性格和生活方式。年龄最大的孩子在一段时间内没有其他兄弟姐妹争夺父母的关注，因此他们往往与父母关系很密切。然而，当下一个兄弟姐妹出生时，年龄最大的孩子就不再是父母关注的焦点了。他们将是家里唯一知道作为独生子女的感受和有兄弟姐妹的感受之间有什么区别的人。

第二个出生的孩子永远没有机会成为独生子女。因此，他们永远不会体会到完全被他人关注的感觉，但他们也没有失去被关注的经历（就像第一个孩子一样）。与第一个出生的孩子相比，第二个出生的孩子在同样的年龄时得到的关注更少，限制也更少。第二个出生的孩子通常会努力地表现得与第一个出生的孩子不同，有时甚至是相反，而第一个出生的孩子通常会憎恨第二个出生的孩子，这就会导致权力斗争或争夺，这通常被称为兄弟姐妹之间的竞争。

第二个出生的孩子也可能是排在中间的孩子，即处于最大的孩子（通常更具支配性）和最小的孩子之间。排在中间的孩子可能会寻求父母的关注，并需要确保自己在家庭中的价值。这些孩子可能是叛逆和独立的，但他们往往情感较为敏感。排在中间的孩子通常能很好地掌握家庭中的“政治变动”，并且能够将这些技能运用到他们的社会关系中。当一个家庭中有三个以上的孩子时，咨询师应该考虑青少年最符合哪种出生顺序（例如，在一个有八个孩子的家庭中，第三个孩子可能就会被认为是中间的孩子）。

最年幼的孩子通常是由父母抚养的，他们可能经历了所有兄弟姐妹中最少的限制，因为父母养育孩子的热情往往会随着时间的推移和经验的积累而减弱。由于这种自由，最年幼的孩子可能会有很高的自我满足的可能性并容易获得成功。不过，娇生惯养的孩子可能恰恰相反，他们可能会高度依赖他人，缺乏动力。

独生子女在他们的一生中都是父母关注的焦点。独生子女从不需要与兄弟姐妹竞争或分享资源。不过，他们会对他人的关注抱有不切实际的期望，这可能会导致自卑感（Schultz & Schultz，2013）。此外，出生在兄弟姐妹之前或之后 6 年的青少年通常也会表现出独生子女的状态倾向（Sweeney，2009）。

许多因素都会影响青少年的发展，因此出生顺序并没有以标准化的方式影响每一个青少年。例如，混合家庭、单亲父母和大家族成员的照顾会减弱出生顺序带来的影响。然而，出生顺序有助于理解青少年体验世界的方式。所有青少年都认为他们在家庭中的角色是最难承受的，咨询师应努力验证这些经验，并了解青少年发展是如何受到相应因素影响的。

生活风格评估有多个部分，其中最常见的相关概念会在本节中重点介绍。阿德勒理论中概念化的生活风格评估有助于咨询师了解青少年的思想、情感和行为，并确定青少年如何与世界互动。所有的个体都有一种内在的缺失感，咨询师应致力于理解每一位来访者体验到缺失感的独特原因，并支持来访者找出健康的方法来获得感知优势。咨询师应该努力理解和验证青少年的虚构目标，并通过咨询过程培养其有益的社会行为。

家庭干预和参与

在理想情况下，咨询师应将青少年的家庭成员和其他重要利益相关者纳入咨询中。这并不总是可能的，尤其是对学校咨询师来说，但是个体心理学获得的社会关注使其成为一种在社会背景下进行的咨询方法。因此，在使用阿德勒疗法时，学校咨询师可能会考虑青少年的教师和同龄人的重要性。大多数心理健康问题都是由人际关系困难造成的，而克服这些困难的最佳方法是寻求青少年生活中重要他人的帮助。

咨询师通常会有意与来访者及其家庭建立咨询关系，以开始与青少年进行阿德勒咨询过程。基于家庭的阿德勒咨询特别有效，它使用基本的阿德勒框架来概念化已确定的来访者及家庭成员的生活风格。咨询师可以实施源自阿德勒理论的成熟的家庭治疗系统。具体而言，“积极养育模型”（Popkin，2014）是针对儿童的基于家庭的干预措施，已经获得了美国物质滥用和精神健康服务管理局（SAMHSA）的“全国循证项目及实践注册登记认证”。“青少年积极教养”（Popkin，2009）是一项基于循证的项目，旨在为有精神健康问题和行为困难的青少年来访者实施基于阿德勒原则的家庭咨询。

咨询师与家庭一起工作的目的是深入了解青少年的社会需求，并努力了解青少年的行为动机。在使用基于家庭的干预措施时，父母会被邀请评估可能导致青少年感觉不足的方式，以及鼓励子女用更多有用的方式满足自己的需求。创建洞察力和支持行为改变的一些有用的技巧包括苏格拉底式提问、强调社会联结的创造性活动、角色扮演及系统地重新构建思想以产生更健康的感觉和行为。咨询师应特别注意以健康的方式利用满足青少年需求的资源，例如，参加课后活动或增加与父母相处的时间。在可能的情况下，咨询师应教导家长和其他利益相关者赞美青少年拥有的理想品质，也可以表扬青少年在咨询中积极的行为。

相关学者归纳出一种基于阿德勒的理论来帮助父母与孩子互动的方式，也叫 CARE 方法（Sweeney，2009）。首先，父母应该克制自己，避免在困难的情况下冲动和情绪化，因为这样做会导致与孩子无益的互动。其次，父母应该评估孩子的行为目标，而不是只表现出沮丧或愤怒。也就是说，咨询师应帮助父母了解孩子的社会需求、他们对缺失感的体验、错误目标和虚构目标。咨询师可以告知父母，这些因素再加上其他各种生活风格的因素，导致孩子做出了无益的行为。能够理解孩子行为潜在动机的父母更能够避免将这些行为视为个人行为，并且能够更好地以共情和鼓励的方式做出回应。最后，父母的回应必须始终如一地执行。

咨询师可以教父母以允许孩子成长和发展的方式来回应他们。如前所述，鼓励是帮助孩子找到满足其需求的健康方式的一种关键方法。只要有可能，咨询师就应该鼓励父母去强调孩子不良行为背后的积极意图，并提供更有益的选择。例如，一个孩子偷了兄弟姐妹的玩具来吸引兄弟姐妹对他的注意。对此，父母可以这样回应："约翰尼，你想和你哥哥建立联结，这太好了。你能不能请他和你一起玩，而不是偷他的玩具？"

有时，父母或养育者会面临需要阻止孩子做出不安全行为（如青少年殴打同龄人）的情况。对于那些必须受到谴责的行为，咨询师应该鼓励父母实施合乎逻辑的惩罚，让孩子明白他们行为的后果。例如，对于一个打了同龄人的孩子，父母可以给他安排一个暂停时间来作为惩罚。父母应该首先向孩子解释逻辑后果，并在每次不良行为发生时加以实施，这样孩子就知道这种行为永远也不会被容忍。

有时，不良行为的后果属于自然后果。例如，一个被告知不要在游泳池奔跑的孩子摔倒并受了伤。对此，父母不必总是对孩子实施逻辑后果，以让其从不良行为中学习，因为有时自然后果同样有效，甚至比逻辑后果更有效。

咨询师可以向父母传授阿德勒的基本概念，并鼓励父母支持和共情他们的孩子；同时，咨询师还应鼓励父母反思自己在孩子遇到的困难中所扮演的角色，并在家庭内部进行开放的交流，以帮助孩子确定其行为的动机和实现其目标更健康的方式。最后，咨询师应该不断提醒父母，对理想行为的鼓励通常是使天生具有积极性和对社会投入热情的孩子发挥最大积极作用的最佳方法。

此外，个体心理学也可以运用于学校咨询。以学校为基础的干预可以用来密切关注特定学生的错误目标。咨询师可以帮助教师了解学生的错误目标（如寻求关注），并找到在课堂上预先满足学生需求的方法。例如，老师可能会报告说，一个学生经常离开座位，并和同学们开玩笑。针对这种行为，咨询师可以用对社会有用的方法来让学生获得积极的关注，例如，当走廊班长，或者在教室里做一份特殊的工作。他们甚至可以结合阿德勒理论实施行为干预（如代币系统），以塑造符合学生的潜在社会需求同时更有意义的积极行为。

由于父母和教师之间的沟通与合作可以提升孩子生活风格的一致性，因此只要有可能，咨询师就应实施以家庭和学校为基础的干预。例如，咨询师可以对父母和老师进行关于孩子不良行为动机的教育。咨询师也可以向孩子提供个人的阿德勒咨询，帮助他们了解自己的生活风格、个人逻辑、错误目标，以及朝着虚构目标努力的更健康的方式。

以人为中心疗法

20 世纪早期，占主导地位的心理疗法是精神分析和行为疗法，但美国心理学家卡尔・罗杰斯（Carl Rogers，1942）发展了以人为中心疗法。这种助人的方法在当时非常有争议，因为它强调咨询关系是改变来访者的必要和核心的工具。这种方法与精神分析学家关注揭示来访者的无意识动机和内在冲突以促进对问题的洞察和解决的方法截然不同。以人为中心疗法也不同于行为主义学家所强调的经典条件反射干预和操作条件反射干预，因为这两种干预是消除或强化习得行为的一种手段。罗杰斯认为，如果咨询师提供适当的治疗条件，包括儿童和青少年在内的所有人，都有天生解决自己问题的能力，并可以通过努力实现自己的全部潜力。

作为人本主义心理学运动的领导者，罗杰斯提倡一种非指导性的咨询方法，在这种方法中，咨询师提供的技术和干预并不重要，而咨询关系是最重要的。基于这种假设，采用以人为中心疗法的咨询师会努力避免正式评估来访者出现的问题、诊断患有精神障碍的来访者、收集来访者过去的经历、做出解释、提供建议或为来访者设定目标等。以人为中心疗法是最初的基于优势的心理咨询方法，因为它对人性持乐观态度，尊重每个孩子独特的个人观点；重视平等的咨询师和来访者关系；旨在促进来访者的自然成长过程，以帮助他们过上最真实、功能最优的生活。

当用以人为中心疗法工作时，咨询师要意识到咨询不是为了消除特定的行为问题，也不是为了减轻与诊断相关的症状或应用基于循证的实践方法。相反，采用以人为中心疗法的咨询师会寻求建立充满信任的咨询关系，并提供一个可接受的咨询环境，从而激发孩子的价值感，让他们投入个体导向的咨询体验。以人为中心疗法的非判断性和培养性的取向高度适用于青少年的发展需要。随着青少年对自己和自己的身份有了更多的了解，以人为中心疗法的非指导性使他们有了发现自己是谁和想成为谁所需要的空间。以人为中心疗法的赋权性也满足了青少年的自主性，从而帮助他们培养自我效能感，这种效能感不仅能帮助他们应对当前的困境，还可以应对未来可能面临的任何挑战。因为许多青少年在面对同一性发展所固有的挑战时会有自我怀疑和不确定的感觉，因此，以人为中心疗法所提供的接纳、温暖、理解和支持性对青少年心理咨询尤其有利，尤其对那些最初对咨询表现出犹豫不决、怀疑甚至不愿意参与的人。

以人为中心疗法的框架为针对儿童的各种常用的治疗方式奠定了基础。以儿童为中心的游戏治疗和以人为中心的表达性艺术治疗是两种特别有影响力的方法，在从事儿童和青少年工作的咨询师中得到了广泛的应用。以儿童为中心的游戏治疗和以人为中心的表达性艺术治疗都建立在罗杰斯的理论基础上，并依赖于其他媒介来进行谈话治疗，以促进儿童表达思想、情感和经验。此外，这两种方法还强调了咨询师的存在方式、治疗关系、咨询的核心条件，以及儿童自我导向的成长过程，以增强儿童的自我理解、自主性和创造力。

以儿童为中心的游戏治疗是由弗吉尼亚·亚瑟兰（Virginia Axline）发展的一种适合儿童发展的儿童咨询方法。她整合了卡尔·罗杰斯关于人如何变化的观点，认为以人为中心的基本原则对于鼓励儿童的建设性成长和发展是必要的。亚瑟兰认为，游戏是儿童的语言，或者说是他们自然的交流方式，因此她采用了罗杰斯的非指导性咨询方法，并将该理论应用于游戏室，在那里，孩子们可以得到各种玩具和游戏材料，可以探索、表达和发现自己的不同方面。以儿童为中心的游戏治疗师致力于为儿童建立一个安全、无威胁、温暖的环境，培养他们内在的自我实现能力，从而使其功能发展得更加充分。以儿童为中心的游戏治疗已被确认为一种有效的治疗方式，可用于不同人群的各种问题，并已在青少年和成年人中实施。

以人为中心的表达性艺术治疗是由卡尔·罗杰斯的女儿娜塔莉·罗杰斯（Natalie Rogers）提出的。她创造性地改编了以人为中心的咨询方式，将音乐、动作、绘画、即兴创作、写作和雕塑纳入表达性艺术治疗中。她相信孩子具有内在能力和自我实现的倾向，她认为表达性艺术是促进一个人成长、发展和解决生活问题的有效工具。游戏和表达性艺术在心理咨询中的应用及其作为改变的载体等相关内容将在后面被更详细地讨论。

咨询师可以通过实施动机式访谈，在与不情愿参与咨询的儿童和青少年合作时保持真诚、肯定和共情的态度（MI；Miller & Rollnick，2012）。动机式访谈是以人为中心疗法的扩展，旨在通过激发和探索行为和个人目标之间的差异，处理他们对改变的矛盾心理，强化改变的话题，探索和利用准备好改变的迹象，以增强来访者改变的内在动机（Miller & Rollnick，2012）。动机式访谈已被广泛应用于各种问题（Miller & Rollnick，2012），还可用于促进来访者的承诺、自我效能和积极的行为改变。

核心概念和咨询目标

人性观

根据卡尔·罗杰斯的观点，青少年值得信赖，他们积极、足智多谋，并拥有建设性变革、自我导向和个人成长的潜力。根据亚伯拉罕·马斯洛（Abraham Maslow）的自我实现的概念，青少年被认为倾向于摆脱适应不良的思维或心理困扰，并有动力实现自主、自我认知、社会化和自我实现。这些概念表明，青少年能够对自己的思想、情绪和行为得出自己的结论，在解决问题时，青少年基本上是自我变革推动者。以人为中心的理论驳斥了指导性的咨询方法。换句话说，咨询的价值并不在于学习或应用新技能。充分考虑每位来访者的发展、智力和背景特点是健全的咨询实践不可或缺的一部分，因为并不是所有的青少年在进入咨询时都具备独立解决问题所需要的能力和技能，以及能够完全明白他们需要什么。因此，咨询师应该根据青少年的个人需求来调整咨询方法，以最大限度地发挥治疗潜力，这可能包括鼓励来访者努力实现自我。

值得注意的是，以人为中心的理论强调的是青少年的现象学体验，即每位来访者都有其独特的、主观的对世界的理解、自我概念，以及对自己在世界上的经历的认识。因此，不管青少年的生活和他们周围的世界发生了什么，他们对环境的主观感知、自我概念及他们与他人的互动都是影响他们的现实因素。例如，在一位青少年来访者的外部世界中有许多障碍可能会阻止或抑制其自我实现过程。当这些障碍在青少年的现象学体验或真实自我与理想自我之间出现不协调时，他们将经历痛苦。当青少年的思想、情感和经历与他们的自我实现倾向相反时，他们可能会开始表现出适应不良的行为和心理反应。探索真实自我与理想自我之间的不一致性，可以作为咨询师与需要更高程度指导的青少年一起工作的起点。随着青少年的不断探索，他们很可能会因为自我实现的倾向而经历治疗性的活动，从而发现问题的解决方案，最终形成一个更完整、更和谐的自我。

从以人为中心的角度来看，要想让青少年获得最佳成长，就需要一个能提供接纳、爱和温暖的环境。因此，应用人本主义理论的咨询师应保持非指导性的立场，并表现出一致性、无条件的积极关注，以及准确的共情性理解，以培养治疗关系，使青少年来访者能够自我导向地寻找解决问题的潜在方案和持续的自我发展。当用以人为中心的角度工作时，咨询师不会为青少年选择咨询目标，不会为他们诊断特定的障碍，也不会应用特定的干预措施来改变青少年的行为。因为青少年有自我实现的倾向及发现并解决问题的先天能力，所以他们可以自由选择自己的目标，并确定咨询的方向和重点。青少年和高功能儿童可能具有认知灵活性，能够口头表达他们的痛苦；然而，那些早期语言发展不太迅速的儿童更多地会通过游戏行为进行交流。对儿童来说，对以人为中心的概念的认知和理解并不重要，重要的是咨询师能够提供一个支持他们成长的咨询环境。

自我实现过程

以人为中心疗法的主要目标是帮助青少年来访者认识到他们想要成为谁，帮助他们成为他们希望成为的人，甚至他们所能成为的一切。卡尔·罗杰斯将这种自我实现的过程描述为一个青少年成长为一个功能更加完善的人、一个自主的人、一个自我导向的人的过程，也是真实自我和理想自我实现一致的过程。罗杰斯认为，参与建设性个人成长过程的青少年通常具有以下特征。

- 乐于体验。
- 相信自我和自己的判断。
- 有值得信赖的行为。
- 有内部评估的来源。
- 具有创造力。

采用以人为中心疗法的咨询师会帮助青少年提升这些素质，并相信咨询会自然地促进这些特征的发展。当青少年处在一个安全的治疗环境（即支持公开披露思想、情感、行为和生活经历的环境）中时，他们就可以发现他们所拥有的内在资源，以及自主管理当前和未来生活挑战的能力，渐渐地，他们便能学会接纳和珍视自己，最终完全发挥自我功能。

此外，为了努力促进青少年的自我实现特质的发展并增强其自主意识，咨询师可以整合相关的主题，如控制力和自我效能感。例如，咨询师可以经常关注和鼓励青少年发挥优势和能力，可以通过游戏或其他适合青少年独特能力的方式，在咨询过程中为青少年创造完成任务的机会。对那些在其所处的环境中得不到成功机会的青少年而言，为他们提供成功的机会非常有益。

咨询师在与青少年工作时，可能需要使用合适的语言来重新构建青少年的自我概念，因为一些语言可能过于抽象，青少年无法理解。整合适合发展的创造性干预措施是一种不错的策略，咨询师和其他专业人员可以用此来帮助青少年建立更具体的自我概念，从而使其成长和改变。例如，咨询师可以使用诸如流星之类的隐喻来探索青少年想要成为的人，或者用一棵树或一朵花的成长过程来比喻青少年的成长过程。他们还可以使用其他有助于青少年自我探索和个人成长的创造性干预措施，以帮助青少年感觉自己是独一无二的有价值的个体。

以人为中心疗法中咨询师的角色

采用以人为中心疗法的咨询师的主要目标是培养一个安全、温暖和充满信任的咨询关系和环境。咨询师应保持一种与以人为中心的理念相一致的性格，这也被称为咨询师的一种存在方式。咨询师的态度和精神，以及与青少年建立融洽关系的能力，被认为超越了任何干预措施或实践证明有效的治疗工具。因此，咨询师应将自己作为一种治疗工具，为青少年提供一种关系、环境和咨询经验，以促进青少年从不和谐走向和谐。罗杰斯论述了改变发生的六个必要且充分条件，它们为青少年提供了体验建设性的人格改变的最佳机会。在这些条件中，以下三个条件最为重要，它们是以人为中心疗法的基础。

- 一致性、真诚、真实或透明。
- 无条件积极关注、接纳、温暖或关心。
- 准确的共情性理解，或者对来访者的主观世界和经验有深刻而准确的理解。

罗杰斯认为，这些核心条件对促进来访者的改变既必要又充分，即以一致性、无条件积极关注和准确的共情性理解为特征的咨询关系来促进青少年的个人发展，使他们能够解决自己的问题，而无须采取额外的干预措施。尽管这种方法在当时有争议，但罗杰斯提出的这些条件或咨询关系的重要性，如今已是大多数治疗方法的基础，大量的研究都表明，这些条件在咨询中发挥了重要作用。

共情的核心作用一直是几十年来心理学实证研究的焦点，也是人们认为罗杰斯对咨询领域最重要的贡献之一。事实上，大量的实证文献一直在验证共情在有效的咨询实践中的关键作用，因为它被发现是来访者有治疗进展和成功的治疗结果的最有力的预测因子（Cain，2010；Clark，2010）。

然而，值得注意的是，正如罗杰斯最初所假设的那样，一致性、无条件积极关注和准确的共情性理解等治疗的核心条件可能不足以使青少年产生自我成长和建设性的改变。事实上，罗杰斯的核心条件无疑为咨询过程提供了坚实的基础，但青少年可能还是会经历各种形式的痛苦，因此可能还需要对其进行行为改变、技能发展，或者在某些情况下对其进行药物干预。然而，即使与有着严重冲突的青少年合作，采用以人为中心疗法的咨询师的目标依然是在核心条件下建立一种相互联系和有意义的咨询关系，以让青少年参与他们的即时体验，并在青少年主导的共享的咨询旅程中全程陪伴。当咨询师真心实意地关注青少年，并反思、澄清和总结他们每一刻的经历和情感时，青少年就可以变得更加开放，也能够探索和发现自我成长的障碍，接受和整合自己的新方面，并采取建设性的行动，以成为他们理想的自我。

咨询过程和步骤

如前所述，罗杰斯并没有提倡使用诊断或评估措施来了解来访者的痛苦，也没有提倡使用特定的干预措施来改变他们。相反，他把重点放在咨询师的态度和存在的方式、治疗的核心条件，以及咨询师和来访者之间关系的质量上。以人为中心的咨询师并不关注他们能做些什么来帮助青少年，而是关注他们如何建立一种关系，为青少年提供一个机会，使他们能够更全面地发挥自己的功能，更有自我意识、更信任他人和更有自主性。

咨询师与来访者相处的方式

咨询师在以人为中心疗法中发挥着重要作用。虽然以人为中心的咨询师是非指导性的，但他们负责建立一种稳固的咨询关系，在这种关系里，来访者有空间去探索、获得洞察力并向更一致的思想、情感和行为转变。在与来访者合作时，咨询师应有意识地展示出一致性、无条件积极关注和共情性理解等核心条件（Rogers，1957）。

一致性。当与青少年互动时，咨询师应表现得真诚、真实、开放和诚实，因为在咨询过程中装腔作势或试图掩饰真实情感会阻碍真实的关系发展。以人为中心的咨询师的外在表现或他们与青少年互动的方式，应该与他们内心的思想、情感、反应和经历相一致。然而，与青少年保持一致并不意味着咨询师应自由地表达任何思想或情感反应。以人为中心的咨询师会使用适当的自我表露和即时性反馈来强化一种真实可信的存在方式，但他们这样做是有治疗意图的，并且是以深思熟虑的、慎重的方式进行的。

无条件积极关注。由于青少年被认为是在一种不协调的状态下进入咨询的，他们的自尊会受到他人支持或反对的影响，因此咨询师对青少年的无条件积极关注是至关重要的。无条件积极关注是以接纳、温暖、关心、尊重或将来访者作为一个人来重视为特征的。咨询师的工作是传达他们对青少年来访者的深刻价值感和尊重，并将每一位青少年来访者视为一个独特的人，连同他们的思想、情感、行为和个人特征，而不是判断或评价。咨询师可能并不总是接受或赞同青少年的行为，但他们不会给青少年"贴标签"，也不会根据他们的行为来评价他们，即接受他们本来的样子。当青少年通过咨询师的无条件积极关注而开始感受到共情和接纳时，他们就会试着接纳自己，并发展出一种强烈的积极自尊感。

共情性理解。咨询师必须表现出共情能力，才能有效地对青少年进行咨询。共情是咨询师对来访者的主观世界有深刻的理解并能与来访者一起体验的能力，但不能失去自我。也就是说，通过体验青少年当下时时刻刻的经历，咨询师能够像自己经历过一样感到青少年的感觉，却不会失去自我的一种独立性的意识。咨询师的共情性表达会让青少年感到真正的理解和关怀，进一步强化无条件积极关注，并增强他们的自我意识。

干预措施

以人为中心的咨询没有统一的技术模板；相反，促进咨询关系、培养核心条件、在青少年中引发自我导向的成长过程和促进青少年和谐感的策略是主要的干预措施。下面简要讨论罗杰斯认为对帮助青少年至关重要的一些技巧。

积极倾听。如前所述，以人为中心的干预可以被概念化为咨询策略。咨询师可以使用这个策略支持他们与青少年相处的方式，换句话说，这也是促进治疗核心条件的策略。积极倾听是一种与人本主义理念相一致的技术，它对于咨询师理解和准确地向青少年传达共情的能力尤为重要。咨询师不仅有必要认真倾听青少年的想法，而且要让青少年感到自己被倾听了。咨询师的存在，或者说完全的参与和对青少年的充分关注，是向青少年传达真诚、温暖、接纳和共情的必要因素。咨询师通过言语和非言语行为向青少年展示他们的存在和倾听。通过积极倾听，咨询师可以保持安静，并关注青少年自我导向的探索过程，同时通过频繁的目光接触、开放的姿势、不时地俯身、与青少年当下感受一致的面部表情等非言语行为来展现他们的存在。这些行为有助于培养咨询关系，传递温暖，并支持咨询师对青少年的共情性认同。咨询师应提供准确、全面且与来访者的故事相关的口头信息。

情感反映。尽管咨询师通过非言语行为来监控和展示自己存在的能力是表达共情的重要技能，但青少年来访者并不总是了解咨询师的非言语行为，他们可能需要更具体的信息来知道自己正在被倾听。因此，咨询师也通过情感反映，即用语言表达他们的存在、理解、存在方式和共情，来支持青少年。咨询师可以用自己的语言来反映青少年外显的、内隐的情感或经历。准确反映青少年的感受，表明咨询师了解来访者对现实的主观感知，这就能增强青少年的自我意识，使其更符合自己的情感和世界观。青少年可以利用这种增强的意识来更好地理解他们当前的自我和不协调的状态、他们对他人的情绪反应，以及他们如何开始参与建设性的活动，以让自己成为一个功能良好的个体。

释义。以人为中心的咨询师的目标是在此时此地与青少年来访者一起感受和体验。他们通过积极倾听和反映青少年的情感来传达他们的存在和理解；然而，由于咨询师永远也无法完全理解青少年来访者的现象学经验和主观内心世界的所有特殊复杂性，因此他们的反映并不总是准确的。因此，咨询师可以使用简洁的陈述来验证他们对青少年的感受和经历的理解，并解释青少年所说的核心精髓。反映他们的感受和解释他们的主要信息为年轻人提供了纠正咨询师和进一步阐述他们先前陈述的机会。

即时性。咨询师可以将强调此时此刻的以人为中心的咨询作为一种治疗性干预，即通过关注当下或通过表达咨询师和青少年之间的当下经验、感受或情况来进行咨询。咨询师使用即时性的反馈来提醒自己注意咨询关系中此时此地的动态，或者关注他们自己对青少年的感受或反应，或者关注他们感到的青少年正在经历的事情。

开放式提问或指导语。虽然开放式提问和指导语并不是以人为中心的传统策略，但这种技术有利于激发青少年对自己的思想、情感、行为和经验的深入探索和揭示。咨询师可以提出开放式提问，以“什么”“如何”或“何时”开头，例如，“你在那种情况下是如何回应的”。开放式线索是一种陈述，而不是以“我很好奇”“告诉我”或“我想知道”开头的问题。

家庭干预和参与

以人为中心疗法是一种广泛适用和高度适合与父母合作的治疗方式，因为这种方法的基本价值观会自然地促进家庭关系的积极发展。咨询师可以使用一种让家庭成员参与治疗过程的方法，即亲子关系治疗（Child-Parent Relationship Therapy，CPRT）。亲子关系治疗是一种基于 CCPT 的亲子治疗模式（Landreth & Bratton，2006），旨在改善亲子关系，关注父母和孩子的成长和发展。咨询师可以实施这种循证的模式，以解决孩子遇到的不同问题（Bratton et al.，2006），以及寻求结构化咨询体验的家庭中的不同问题，这样的咨询需要家庭成员的高度投入和参与。

咨询师可以分 10 次进行关系治疗（Bratton et al.，2006），来向父母提供关于 CCPT 核心原则和技能的教育，包括建立一个接纳、温暖、无偏见和安全的环境，促进孩子的自尊发展，对孩子进行共情性回应，参与建立关系的游戏行为。为了使父母成为孩子改变的促进因素，并帮助他们理解和更有效地回应孩子的情感需求，咨询师可以在每周组织的游戏课程中指导父母。这种受监督的亲子游戏过程为父母提供了治疗性培训的机会，它既有教育性，也有体验性，使父母能够从咨询师那里得到支持和反馈。亲子关系治疗是一个经过充分研究和实证支持的模型，已被用于各种环境和解决许多不同的问题（Bratton et al.，2015）。

以人为中心的咨询师也可以专注于在日常实践中加强亲子关系，而不需要额外的干预措施或使用专门为家庭干预而设计的技术。通过表现出一致性、无条件积极关注和共情性理解，咨询师可以作为父母的榜样，让他们观察和学习与孩子互动、联系或回应孩子的新方式。咨询师可以教育父母，让他们认识到与孩子保持持续的温暖且安全的关系的重要性。咨询师还可以处理真诚、诚实、接纳、共情和自我导向成长等核心主题，努力提升父母的能力和效能，并改善父母与孩子之间的关系。对于其他策略，如练习积极倾听、情感反映及陪伴等，咨询师也可以引导父母模仿和加工。咨询师应为父母提供有价值的技能，让他们用有意义的、支持性的、充满爱的方式与孩子互动。

总结

本章主要探讨了心理咨询的理论方法，着重探讨了来访者的过往经历和咨询关系的作用。这些方法适用于许多环境，特别是家庭环境。每一种理论都重视来访者的控制感或赋权感，能够帮助来访者充分发挥其潜能。

表 6-8 概述了本章讨论的三种理论。每种理论的组成部分是：基本理念、核心概念、咨询目标、咨询关系、咨询技术、应用 / 方法、多元文化咨询及其局限，以及针对儿童和青少年的应用。

表 6-8 相关咨询理论总结

心理动力学	
基本理念	个体要想发展出健康的人格，需要人格的无意识和有意识两个层面的相互作用及成功解决发展阶段的任务；如果没有完成这些任务，心理和行为问题就会出现；幼儿期的关系和孩子在这些关系中的经历是理解他们的核心
核心概念	个体的人格发展需要在早期发展阶段成功过渡，而这些阶段根据特定的精神分析理论而有所不同；自我防御机制的使用是为了保护自我不受产生焦虑的记忆或事件的影响；压抑也是一种防御机制；当青少年没有成功地解决发展阶段的任务时，就会陷入困境，并表现出心理和行为问题
咨询目标	从无意识转变到有意识，并努力克服被压抑的冲突；通过处理和解决以前未完成的发展任务来重建人格，提升觉察力；对儿童和青少年来说，最好是通过预先强化自我来在问题发生之前解决发展问题；如果出现了压抑性防御行为，在时间上接近的事件有助于发现和解决冲突；家庭总是会影响孩子的行为，因此，这种影响应该通过适当的支持性教育加以解决
咨询关系	在经典精神分析中，咨询师是没有个性的，因此来访者可以在咨询师身上投射以克服他们需要解决的发展困境；来访者可以将代理父母的角色投射给咨询师，咨询师所选择的角色在很大程度上取决于青少年的年龄、需求和发展阶段；在当代精神分析中，这种关系是很重要的，咨询师可以采取“此时此地”的方法，并将即时性作为一种重要的治疗工具
咨询技术	自由联想，通过游戏观察和解释象征性客体，梦的解析、移情解释、阻抗分析和心理动力学游戏治疗，只是咨询师工具箱中的一种技术；咨询师可以在游戏扮演中提出联想和解释，因为游戏是儿童的通用语言
应用 / 方法	由于对适当分析的时间要求很长，因此这一理论在今天并没有得到广泛的应用；它对建立许多游戏治疗方法具有重要影响；简单的疗法已经被发展出来；虽然一般是一对一的疗法，但该理论已成功地应用于团体、家庭和亲子咨询
多元文化咨询	强调家庭和家庭动力在跨文化方面是相关的；一些来访者可能会更愿意和一名风格不太明显的咨询师合作
多元文化咨询的局限	强调洞察力和自我探索与某些人格格不入，特别是那些生活在贫困中或处于过渡期或危机情境中的人；许多来访者希望快速改变，因此这些比较长期的方法可能不适合他们
针对儿童和青少年的应用	心理动力学方法极大地影响了许多游戏治疗方法；这种方法专注于儿童早期发展，适合那些从事与儿童工作的咨询师
个体心理学	
基本理念	人类是社会性的生物，他们有动力成为更好的自己；人类天生就有对社会做出积极贡献的内在动力，个体会通过与同伴的自我比较来评估自己的生活能力；一些个人困难，特别是身体上的挫折或专横、不细心的父母可能会导致个体的自卑情结；个体采用四种生活风格（即支配型、获取型、回避型和社会利益型）中的一种来实现他们的短期目标和长期目标；影响青少年个人生活风格的因素包括生理、出生顺序、家庭结构、生活经历和社会关系；咨询师应鼓励青少年的积极能力，帮助他们充分发挥潜力，造福社会
核心概念	每个人的视角都是主观的、独特的，创造一个青少年独特的生活风格涉及多种因素；持续鼓励青少年并帮助他们朝亲社会的方向改变是关键；青少年天生就有发展方向感和实现对社会有用的人生目标的动力；青少年对社会联结有一种内在的需求，这种需求为青少年创造了意义和成就感；同龄人之间的关系在青春期尤为重要，因为青少年正在迅速发展，会将自己的成长与同龄人的成长进行比较
咨询目标	青少年有时会利用适应不良的行为来满足他们的人际需求；咨询的主要目标是鼓励青少年以健康的方式实现目标；咨询师要帮助青少年发现无意识的推理，并以更有益于社会的方式重新构建它；咨询师应该鼓励青少年培养积极的社会关系和更广泛的社会参与；咨询师应帮助青少年建立自我理解能力和洞察力，达到充满自信和勇气的新水平，并促进社会兴趣和社会联结

（续表）

个体心理学	
咨询关系	从阿德勒的观点来看，咨询关系是平等的联盟关系；咨询师应该鼓励青少年，同时敏锐地发现青少年生活风格中的错误目标和假设；在实现对社会有用的短期目标和长期目标的道路上，咨询师和青少年是平等的；咨询师要培养与青少年的相互信任和尊重
咨询技术	这一理论并不是一种技术含量高的方法，相反，它主要关注的是青少年的主观体验；咨询师的工作是了解青少年独特的生活风格，并确定能够帮助青少年做出实现社会动机、短期目标和长期目标的更健康的行为；咨询师可能会收集关于生活史、家庭系统排列和社会历史的信息；在咨询期间支持青少年时，鼓励对他们的成长和发挥积极的社会功能至关重要
应用 / 方法	因为阿德勒的理论鼓励青少年朝着更亲社会的行为和态度成长，所以它适用于各种环境，包括个体和学校咨询、父母和教师教育及社会宣传
多元文化咨询	阿德勒的理论广泛适用于来自不同文化的个体；它对个体经验的关注及对亲社会利益和社会关系的促进，与集体主义和个人主义文化中的许多基于文化的价值观都非常契合；整体的方法、强调合作而非竞争，以及承认青少年的主观体验，有助于咨询师与来自不同文化的青少年一起工作
多元文化咨询的局限	治疗联盟的平等主义性质可能与那些尊重长者和专业人员的专业知识的文化不一致；西方关于家庭结构和自主成长的观念可能与不强调个体经验的文化相冲突；渴望获得简短、专注于解决问题的咨询经验的青少年在建立对早期记忆和社会经验的洞察力时可能会失去耐心；认知能力有限的青少年可能很难洞察他们的行为动机
针对儿童和青少年的应用	阿德勒游戏疗法为青少年提供了一个检验认知和实践新角色、情感和行为的场所；创造性的活动可以被整合到阿德勒式的青少年咨询中，以帮助青少年确定自己的社会需求，并洞察自己的生活风格；咨询师应鼓励年龄稍大的儿童和青少年探索他们早期的记忆，以发现任何自卑情结或错误目标，并以对社会有益的方式克服它们
人本主义	
基本理念	青少年天生就有能力在一个安全、温暖、共情性的环境中解决问题、成长并完成自我实现；无条件积极关注为青少年提供了一个不加评判的地方，能够让他们的个性得以发展，从而茁壮成长
关键概念	适应不良的行为和感觉是青少年的目标和自我之间不协调的结果；以人为中心疗法试图通过建立一个温暖、共情性、非评判的环境来帮助青少年认识到这种不协调并完成自我实现
咨询目标	咨询旨在鼓励和帮助青少年进行自我探索，发现和克服阻碍他们成长的障碍，增加自我的开放性，并在一个安全、共情性的环境中促进自我导向的成长
咨询关系	咨询关系是这一方法中最重要的因素。这种关系的典型特征是温暖、真诚、共情和无条件积极关注，以及咨询师在整个关系中要保持一致的立场
咨询技术	注重促进咨询关系的技术是最重要的；以人为中心疗法的关键技术包括积极倾听、情感反映、共情性理解和开放式提问等
应用 / 方法	该理论的应用和方法适用于几乎所有涉及青少年的咨询，包括家庭干预、亲子关系、个体或团体咨询、社区方案或文化多样性人群
多元文化咨询	由于真诚、尊重、无条件积极关注和共情等核心价值观在各种文化中几乎都普遍存在，因此可以广泛应用于各种人群；这种方法尊重和重视青少年及他们的经历和观点
多元文化咨询的局限	这种方法的最小结构化可能不适合来自重视专家指导和面向行动干预的文化背景的青少年；与集体主义文化不同，西方文化更看重个体，以人为中心疗法强调自治、个人偏好和自我实现，因此，这种方法可能不适合来自所有文化背景的人
针对儿童和青少年的应用	以人为中心疗法的核心原则对所有青少年都有效；以儿童为中心的游戏治疗因其在青少年中的应用而得到广泛认可；它为儿童和青少年提供了一个安全的环境，让他们能够在咨询师设定的范围内探索和成长；咨询师还可以提供非指导性的共情支持，以维持温暖、一致的治疗环境

第 7 章　关注家庭改变过程的咨询理论

在第 5 章和第 6 章，我们讨论了从个体层面进行分析的概念化的儿童和青少年咨询理论。尽管这些方法考虑了家庭成员和养育者在改变过程中所起到的作用，但是这些理论对改变的主要观点还是基于个体层面的。也就是说，认为儿童和青少年的改变并不依赖于其他人的改变。

然而，家庭疗法更关注所有家庭成员间的互动模式，而不是只关注某一位家庭成员的特质和行为（Goldenberg & Goldenberg，2013）。家庭治疗师认为儿童和青少年的问题源于家庭，并在家庭中持续存在，家庭在帮助儿童和青少年成长和改变方面扮演着重要角色（Minuchin & Fishman，1981）。具体来说，问题并不是存在于个体内部，而是存在并维持在一个家庭系统的背景之下。因此，除非家庭系统内部发生改变，否则儿童和青少年无法做出持久的、可持续性的改变。在家庭治疗中，所有家庭成员都要承担起认真自我反思和行为改变的责任，以支持其他家庭成员获得幸福感。

在本章，我们将讨论以家庭系统视角来概念化儿童和青少年咨询的理论。因为家庭咨询理论众多，所以我们并不深入讨论具体的理论，只是介绍共性的家庭治疗基础理论、概念、方法和咨询的注意事项。本章将为读者提供家庭治疗的概述，以及在给儿童和青少年做咨询时，家庭治疗的一些主要方面的实际操作方法。

家庭治疗

家庭治疗致力于改变家庭成员间的互动，从而提高整个家庭或其中的某些家庭成员的功能（Gladding，2011）。尽管第 5 章和第 6 章中讨论的理论已经提及要和父母一起合作，但其中大多数依然是帮助父母理解或管理孩子的行为。这些理论包括给父母提供教育或心理教育；教父母如何运用不同的技能与孩子互动，以促进和提高积极的家庭互动；鼓励家庭成员采用一种相互支持的方式来交流。然而，家庭治疗在以下几个重要方面都与上述理论是不同的。

- 同孩子和父母一起会谈。
- 不仅关注被定义为有问题的孩子（如被确定的来访者），同时也关注与孩子问题有关的或有直接影响的所有家庭成员。
- 关注所有家庭成员的需求，而不只是孩子的需求。
- 关注家庭成员影响彼此的互动方式，以及这种互动如何影响孩子的行为。

家庭治疗的基本假设是，儿童和青少年的行为根植于家庭内部的互动方式。家庭治疗师认为，如果儿童和青少年与家庭互动的方式被重复，并且是有规律地重复，那么这些家庭内部的互动方式就会成为一种互动模式。家庭成员对一些事情会有几百次的有规律的互动，包括他们如何应对可预测的日常任务（如做作业、清洁），如何管理冲突、隐私和被支持需求，这些家庭系统内的互动模式很快会变成难以改变的习惯。

家庭治疗认为，儿童和青少年的问题来源于家庭或系统性互动，这样的概念与他们的问题来自医学模式解释（如心理障碍），或者来源于他们自身的问题、挣扎、缺陷、缺少支持性和促进发展的情境等概念是完全不同的（Eriksen & Kress，2005）。因此，家庭治疗师不关注个体层面的干预，除非个体问题影响了系统的动力。家庭治疗师认为，那些看起来像是孩子的问题更可能源于不健康的家庭互动模式。因此，想要改变导致孩子发生问题的模式和关系，就要先弄清这种家庭内部的循环模式怎样导致了一个孩子的挣扎。只有改变这些模式，有意义的改变才会发生。

也就是说，家庭治疗师相信亚里士多德所说的“整体大于部分之和”。有一些本质上的独特动力是其他人无法理解的，除非他们去了解一个系统及其内部的功能。例如，有一个孩子和他妈妈的关系很紧张，他们经常发生冲突，然而他们可能与一起生活的其他人关系很和谐，因此就不能说这个孩子和他妈妈是易生气和有攻击性的人。我们必须理解他们在自己互动的系统内的关系才能理解他们冲突的性质，更重要的是要了解解决哪些模式才能影响改变过程。

核心概念和咨询目的

家庭被定义为一群彼此亲密分享生活的人，可以包括各种意义上的父母（父母、继父母或养父母），兄弟姐妹（父母、继父母或养父母所生的），延伸的家庭成员［姨、叔、堂（表）兄弟姐妹，（外）祖父母等］，甚至可以是朋友和邻居（Bosch et al.，2012；Council on Foundations，2015）。家庭中的任何一位成员都被视为大家庭系统中的一个部分；影响一位家庭成员的任何事情也会影响整个家庭系统。此外，每位家庭成员都会对彼此的互动和关系有自己的体验和感知。

通常家庭中的某个人（通常是孩子）会被定义为被认定的来访者或被认定的病人（Becvar & Becvar，2012）。所谓来访者，就是想解决一些心理健康问题而前来咨询的人，或者是被带来咨询的人。不管儿童和青少年表现出来的问题是什么（如行为困难、注意缺陷 / 多动障碍、抑郁、悲伤），家庭治疗师始终认为问题的根本存在于家庭系统的动力之中。这是家庭治疗与许多其他理论方法最关键的不同，即表现出心理问题的那位家庭成员不会被认为比其他家庭成员更病态或更紊乱。

家庭治疗会邀请所有家庭成员一起参与，共同创建一个有意识的、长期改变的关系模式和互动模式。儿童和青少年表现出来的问题被视为家庭成员互动方式的一个结果（Van Ryzin & Fosco，2016）。因此，家庭治疗师会把家庭系统视为改变的机制，而不是只改变家庭系统中的某个人。表 7-1 列出了家庭治疗的关键因素。

尽管每种家庭治疗理论都有自己独特的重点和风格，但它们还是有很多共同的概念，如相互影响和家庭功能等。接下来的部分将更全面地介绍这两个概念。

表 7-1 家庭治疗的关键因素

基本理念	家庭被视为一个相互作用的、保持自己内部平衡的生存系统。系统内的功能失调会被系统中的其他部分平衡。家庭治疗师认为对系统中一个部分的稳态扰动将引发整个系统的变化
核心概念	儿童和青少年的问题是大的家庭动力系统的呈现，因此要在家庭情境下或和全体家庭成员开展咨询。问题的代际传递普遍存在，并且在家庭成员的行动和想法中都会显露出来。更为常见的是，这个问题主要集中在家庭单元内言语和非言语沟通模式的呈现和运用
咨询目标	找出家庭现存的功能失调的模式，并帮助家庭成员发展新的互动模式。最重要的是打破那些妨碍家庭实现最佳功能的失调的、适应不良的原有的平衡
咨询关系	在大多数家庭治疗方法中，咨询师会把家庭当作一个整体进行工作，并且扮演教练或专家或教师的角色。有时双方的关系比较近，有时比较远。有些方法会通过强化治疗过程中适应不良的行为，以强调家庭的功能失调。无论哪种家庭治疗方法，家庭治疗师都认为主要的治疗关系是和整个家庭的关系
咨询技术	与长期治疗相比，短期治疗技术更受欢迎。家庭治疗师可以根据自己使用的具体治疗方法来进行。咨询师也可以使用家庭地图、家谱图，或假装成一位家庭成员参与到家庭互动中，或者使用直接的心理教育

（续表）

应用 / 方法	在儿童和青少年咨询中，家庭治疗经常被应用于解决家庭冲突、离婚或关系失调方面的问题。这些方法对行为紊乱的儿童和青少年是很有帮助的。对那些有很多需求且想要得到更好照顾的儿童和青少年来说，在家庭中开展的家庭治疗比门诊治疗更有效
多元文化咨询	很多文化关注和看重家庭，有时大家庭也被视为家庭的重要部分。家庭治疗吸引很多不同文化背景的人，因为在这些文化中，家庭通常被认为是基本的单元，且比个体成员更重要，问题的解决方案也在家庭内部
多元文化咨询的局限	有关家庭边界和结构的概念在各种文化中是不同的。与来访者相比，来自不同文化背景的咨询师理解这些概念更加困难。有些概念，如独立和自我表达，在不同来访者的文化价值观下是不一致的。在有些价值观下，承认问题是让人羞愧的事，或者人们不能接受同外人讨论自己家庭内部的困境。第一代年轻人可能会更快地适应主流文化，从而可能导致家庭内部出现冲突，这种冲突在家庭治疗中可能解决起来比较困难
针对儿童和青少年的方法	这种疗法让孩子的想法和需求能够得到表达和被听到。家庭雕塑及一些其他的活动和干预方法给儿童和青少年提供了一个面对面用语言同家庭成员分享他们观点的机会

相互影响

系统思维认为，家庭的一部分会影响家庭的所有部分。但是，一个人影响家庭中另一个人的机制是复杂且协同的。最简单的形式是，一个人的行为导致另一个人做出反应（见图 7-1）。这被称为线性因果关系，因为效果模式是一条直线，且是单向的（Shapiro，2015）。但是，家庭治疗师通常不关注线性因果关系。线性因果关系过于简单，这种简单的逻辑通常会让人忽略当前的大局。儿童和青少年的思想、情感和行为会随着时间的流逝而发展，成为一种复杂的、深层的互动模式，这种模式又引发并维持了他们在生活中的问题。

图 7-1　线性因果关系

与线性因果关系相比，循环因果关系被认为能更好地解释大多数家庭系统动力学（Bertalanffy，1968；Witherington，2011）。循环因果关系不同于线性因果关系，它反映出一个长期存在的、复杂的互动螺旋，这个螺旋包括所有的家庭动力，并且随着时间的推移，可能会成为问题性的螺旋。通常，循环因果关系是一个微妙的、长期的过程。这个过程中，一个人说或做（或没有做）某事，另一位家庭成员（正确或错误地）解释这种行为并基于这个解释采取行动。然后，其他家庭成员会接着解释这些行为并采取行动。通过这种循环因果关系，咨询师可以理解儿童和青少年的行为是多重家庭互动的结果，因此必须循序渐进而系统地加以解决。更重要的是，家庭系统理论取向的学者能够理解一个孩子的行为是如何由家庭系统维持的，以及家庭成员的行为是如何受到儿童和青少年的影响的（见图 7-2）。

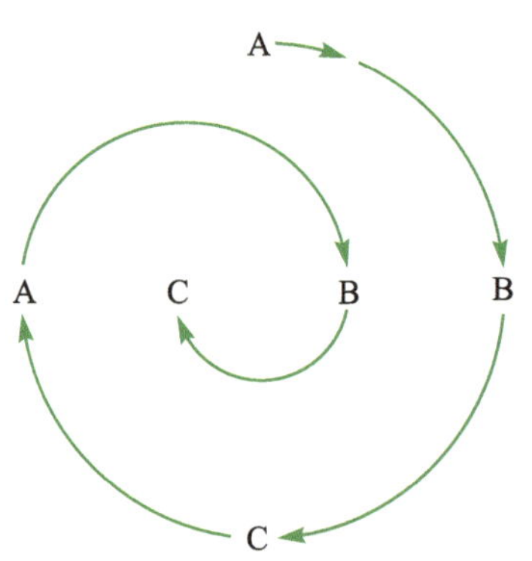

图 7-2　循环因果关系

当咨询师能够识别家庭中复杂的循环因果关系模式时，就更容易将家庭作为一个整体来看待，而不是专注于家庭中某个人的问题。家庭治疗对所有年龄段的来访者都有帮助，但在与儿童和青少年一起工作时，系统方法尤其有效，因为儿童和青少年无法在生理上与家庭分离；儿童和青少年在整个童年和青少年时期都依赖家庭来满足基本需求（Satir，1983）。在童年以后，大多数青少年也都生活在某种家庭环境中，他们依靠自己的核心家庭和大家庭来获得联系、爱和指导（Bertalanffy，1968；Sweeney，2009）。

家庭动力或互动模式包括成员的规则、信仰、价值观和经历在家庭或整个社会范围内的表达方式（Walsh，2012）。每位家庭成员在家庭中都扮演着不同的角色，每位家庭成员的思想、感情和行为在不同情境下通常是一致的。家庭系统相对稳定，其模式是随着时间的推移而建立起来的（Bertalanffy，1968；Witherington，2011）。家庭成员以可预测的方式反应和行动，在家庭系统中服务于一个确定的目的或功能。例如，一个孩子可能会在家里开玩笑，制造干扰，以缓解父母之间的紧张关系。这样的模式可能会出现在不同的环境中，并转移到学校或社交场合中。

在没有考虑整个家庭系统的情况下，咨询师是无法有效地解决来访者提出的问题的。即使来访者能够在个人咨询方面取得进展，积极的家庭联结也依然是保持心理健康的关键因素（Sweeney，2009）。不良的家庭动力和功能失调的互动模式可能是儿童和青少年的危险因素，应该尽可能地加以解决（Van Ryzin & Fosco，2016）。此外，戴维·奥尔森开发了环状模型用于解释健康和非建设性家庭动力和家庭关系模式；该模式概述了平衡的凝聚力（如亲和、忠诚、独立）和灵活性（如领导能力、跟随能力、角色、变化量），认为这些因素在家庭中“最有利于健康的家庭运行”。

家庭系统中的功能

为了明确一个家庭系统内的心理健康需求，咨询师应努力了解一个家庭通常的运作方式或行为模式。家庭系统的功能可以通过确定家庭成员的子系统和边界或家庭结构的灵活性来评估。家庭中的子系统是家庭的小群体，它们有着独特的联系和互动方式（Bertalanffy，1968；Bowen，1978）。常见的子系统包括两人共同体和三人共同体（Bowen，1978）。两人共同体由两个以独特方式互动的家庭成员组成，而三人共同体是三位家庭成员之间的密切关系。这些基本组合以规律的、可预测的模式同其他人互动，从而在大家族系统中创建了子系统。

家庭中两个或两个以上个体间的边界可能是健康的、纠缠的或疏离的（Minuchin，1974；Olson，2011）。当系统内的个体充分地相互依赖，并能够向他人寻求支持和指导时，健康的边界就实现了（Bowen，1978）。同样，拥有健康边界的人能够在适当的时候将自己与家庭成员分开，从而获得独立和自主权。

边界纠缠的人会把精力过度投入彼此身上，他们很难为自己做决定或为自己的行为负责，也很难让他人对自己负责。边界疏离的人无法与家庭成员建立有意义的联系，因此缺乏所有人都需要的指导和支持。

健康和相互支持的家庭能够适应变化，并促进所有家庭成员的积极发展（Minuchin，1974）。事实上，如果家庭成员能够作为一个系统在一起工作，相互支持并适应变化，那么疾病或离婚等困难事件实际上可以促进家庭内部的健康关系和发展。尤其重要的是，家庭要为正在经历关键的发展性里程碑的儿童和青少年建立健康的边界。

家庭治疗中咨询师的角色

一些咨询师可能觉得家庭治疗让人望而生畏。这是因为咨询师与整个家庭建立治疗关系比只与一两位来访者建立关系更困难。家庭治疗师应注意避免与任何一个家庭成员结盟，因为咨询师的职责是为家庭所有成员和整个系统提供服务。因此，咨询师必须仔细监控自己的言行举止，以确保每位家庭成员都得到公平对待并参与治疗过程。

家庭系统中的每个人都有自己的想法、观点、需求和问题。家庭治疗师应学习和理解每位家庭成员的独特观点，并负责识别系统内的互动和沟通模式。咨询师应该努力找出并处理自己可能持有的任何偏见，并意识到随着时间的推移，自己对复杂家庭动力的准确理解会不断发展。与个体咨询一样，在治疗初期，咨询师应该花时间来建立治疗关系。

在实施家庭治疗时，咨询师可能需要对来访者发挥更直接的作用（Haley，1963）。家庭治疗师同时应对几个人，因此有时可能有必要打断来访者，在指导来访者完成特定活动或行为时保持自信，并鼓励家庭成员参与其中。

在家庭治疗中，咨询师可以扮演教师的角色，指导成员了解互动模式、沟通模式、反馈回路和循环因果关系的知识。咨询师应在咨询的探索阶段开展各种活动，鼓励家庭成员参与，为家庭创造难忘的学习体验。例如，咨询师可以要求每位家庭成员在一张纸的顶部写上自己的名字。家庭成员可以轮流把纸递给自己右边的人，并为姓名在上面的人写一个描述性的词。当这些纸传到最初的主人那里后，每位家庭成员都可以分享他们对这些内容的看法。这项活动可以帮助咨询师观察家庭动力，同时帮助来访者了解自己和他人。

在整个探索过程中，咨询师可能会发现来访者的情绪反应，此时通常需要充当调解人，促进家庭成员间健康的情绪表达和相互支持。家庭成员间可能会发生争执，咨询师应通过认可和直接的方式来化解争执，同时帮助来访者找到更健康的解决分歧的方法。咨询师甚至可以在咨询过程中示范健康的情绪反应和行为（例如，当来访者表现出真实的情绪时，以共情的方式做出反应），这样来访者就可以借鉴和学习了。

与家庭打交道的咨询师常常要充当辩护者的角色，以帮助家庭成员理解其他家庭成员的价值观和需求。有时，咨询师可能特别需要为儿童和青少年辩护，因为他们是未成年人，不能完全照顾自己，并且他们在家庭体系中的权力有限（Whitaker & Keith，1981）。咨询师应该教育父母和养育者了解孩子的发展水平，以及在特定家庭体系中每个孩子的独特需求。

总体来说，咨询师应有意识地与每位家庭成员及整个家庭系统建立治疗关系。咨询师应以参与者和观察者的身份进入家庭体系，来影响家庭未来的历史，并对未来的互动模式做出贡献（Goldenberg & Goldenberg，2013）。咨询师应给来访者示范适宜的行为和沟通模式，帮助来访者了解自己的需求和家庭系统中其他人的需求。

咨询过程和步骤

最初，咨询师建立家庭治疗关系是很重要的（Minuchin & Fishman，1981）。作为知情同意过程的一部分，家庭系统取向的咨询师应明确指出，咨询的前提是将整个家庭视为既定的来访者，所有家庭成员都必须参与治疗，以在既定的来访者身上实现可持续的改变。

一些家庭成员可能在参与咨询时犹豫不决。也许他们害怕心理咨询可能带来的不适，或者这些家庭成员可能不相信家庭治疗的有效性，认为他们的时间、精力和资源将被浪费。为了克服家庭治疗的阻力，咨询师应花足够的时间来解释家庭治疗是如何起作用的，并且告知家庭成员整个家庭系统的沟通和互动模式改变的最终目标。咨询师还可以发挥来访者的力量，强调他们帮助和支持既定来访者的愿望，来克服家庭中的任何阻力（Satir，1983）。

在知情同意过程中，咨询师应说明是否及如何进行诊断的问题。严格的家庭系统取向的咨询师可能并不认为用 DSM-5 对儿童和青少年进行诊断是恰当的，因为儿童和青少年身上存在的问题是由于整个家庭系统的相互作用和沟通模式导致的。尽管家庭治疗师不会将诊断作为咨询的重点，但大多数第三方支付者都需要诊断才能报销咨询费用（Eriksen & Kress，2005），而且常常会指定来访者要做什么诊断。

咨询师应该解释家庭治疗需要家庭系统所有成员的努力和贡献，同时向家庭成员传达一种希望和积极的情绪。咨询师应该花时间解释咨询的次数、时长、一般内容和结构。首先，咨询师应帮助家庭成员深入了解自己的行为、需求、愿望、价值观和沟通方式。其次，鼓励家庭系统的每位成员探索其他成员如何影响自己的经历和互动模式。最后，鼓励来访者探索和理解自己的行为如何以持续的、周期性的模式影响家庭系统的其他成员。在培养了这种洞察力之后，可以鼓励来访者对其行为进行量化的改变，这将有效地改变系统的动力。

家庭治疗的评估过程在初次见面时就开始了，并贯穿整个咨询过程。家庭治疗的评估是非常复杂的，而咨询师应该以开放的心态对待家庭治疗的这一部分，并且意识到家庭系统的模式和机制会随着每次治疗的进行而变得更加清晰。咨询师将观察互动模式、沟通模式、反馈回路、两人共同体和三人共同体，以及循环因果关系，从而了解引发和维持儿童和青少年行为的机制。下文列出了咨询师在初次了解来访者时，在初步评估过程中可能会用到的非正式评估问题。

非正式评估问题

- 家里谁最热心？
- 家里谁最坚强？
- 家里谁最情绪化？
- 通常谁先生气？
- 每位家庭成员如何表现出愤怒？
- 每位家庭成员如何表现出悲伤？
- 每位家庭成员如何表现出幸福感？
- 描述你家里一个典型的周二晚上。
- 描述你家里一个典型的周日早晨。
- 你们每个人都向谁寻求支持？
- 作为家庭一员，你觉得最好的部分是什么？
- 作为家庭一员，你觉得最困难的部分是什么？

所有的咨询评估干预措施都有双重作用，即促进家庭内部的探索和洞察力，同时为正在进行的概念化提供信息。新的理解和信息会随着时间的推移而展开，咨询师很可能会发现他们的一些先入为主的观念是不真实或不准确的。例如，一个最初看似无辜和乐于助人的兄弟姐妹，最后可能会被发现无意识地或微妙地操控家庭互动模式而为自己谋利。对此，咨询师应保持耐心并允许这个过程自然浮现出来。

家谱图是用于儿童和青少年及其家庭的一种特别相关和有效的评估工具。家谱图是家庭系统和其中存在的许多动力的视觉呈现，本质上是描绘家庭动力关系的地图，这些地图通常表明了与来访者出现的问题相关的模式。例如，一名家庭治疗师会要求抑郁障碍来访者的家人制作一个家谱图，以显示不同的家庭关系，并标明显示家庭中其他患有抑郁障碍的成员。咨询师可以使用过程性问题来突出家庭动力，并帮助来访者洞察其家庭体系中持续存在的模式。来访者也可以探索和重构一些无用的或过时的互动模式，来培养新的更健康的互动和应对方式。

家谱图描述了所有直系亲属成员和大家族中的相关成员。咨询师和来访者可以选择包括那些与来访者特别亲近的大家庭成员，或者有相关特征的大家庭成员（如那些经历成瘾的人、那些拥有相似价值观的人）。来访者可以使用符号来描绘整个家族的特征。咨询师可以询问与过程相关的问题，以帮助来访者探索创建家谱图这一简单过程的治疗价值，并识别过程中发现的任何模式或见解。

下文的实践活动列出了创建和实施家谱图的步骤。图 7-3 描述了一个家谱图的示例。

实践活动 >>>>>

创建和实施家谱图

第一步：确定制作家谱图的目的。它可以作为对家庭系统的一般性探索，也可以只包括直系亲属或更大范围的家庭。根据研究的重点，家谱图可以集中在精神障碍的家族史、沟通模式或边界问题上。它的用途取决于目的。

第二步：向家庭成员解释家谱图的目的，然后和家庭成员一起列出所有家庭成员。最后将其应用于特定主题中（如果相关）。

第三步：确定用于表示各种因素和动力的符号。一些常见的家谱图符号包括：

= 男性

= 女性

= 关系

= 婚姻

= 离婚

= 死亡

= 家庭秘密

- 每一个家谱图都拥有属于自己的独特符号。
- 出生日期 / 年份通常写在每个人的符号上方。
- 当空间可用时，可以将名字添加到家谱图中。
- 应创建额外的符号来支持家谱图的特定目的。例如，“Dx”可能会写在任何有精神疾病或有过精神疾病的人的上方，或者用波浪线表示关系紧张。

材料：大型书写板面（如海报板、白板）、书写用具。

方向：

咨询师首先向家庭成员解释活动的目的和过程。然后，一家人一起画出包含直系亲属的家谱图。接下来，将必要的大家庭成员添加到家谱图中，来完成家谱图的目标。最后，添加特殊符号和细节。

过程问题：

1. 看到你的家人被画成这样是什么感觉？
2. 你在家谱图中注意到了什么模式？
3. 你能从这个练习中学到什么？
4. 一起做这个活动感觉怎么样？
5. 你想用这个家谱图做什么？

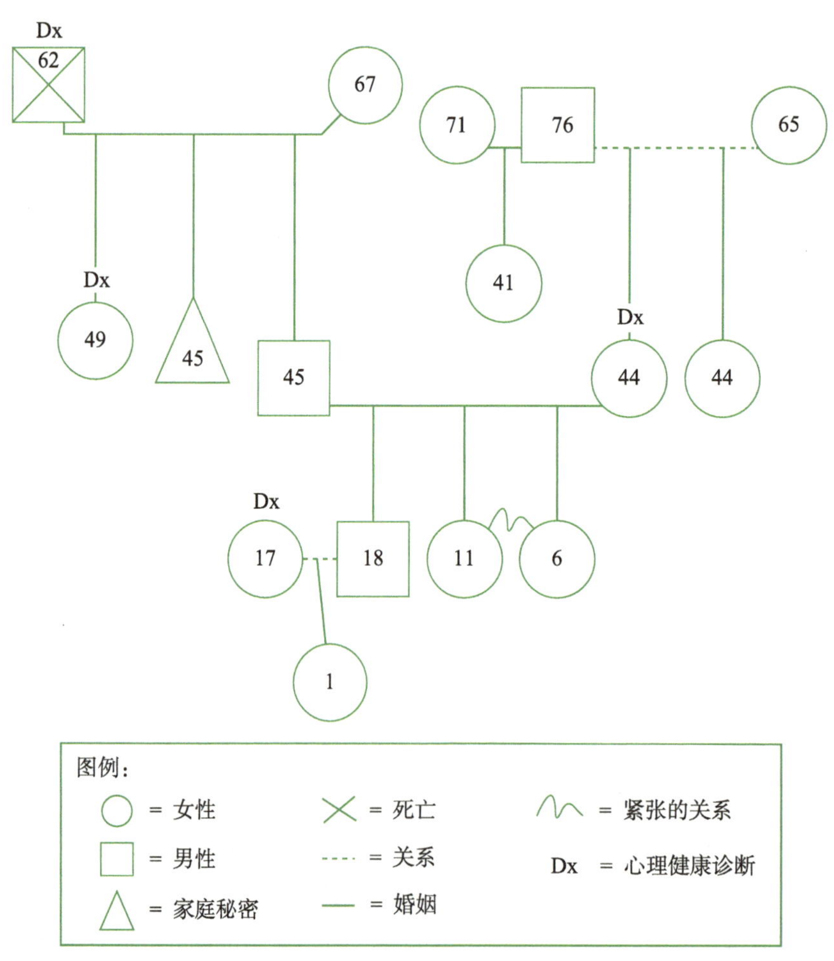

图 7-3 家谱图示例

咨询师应花足够的时间来帮助家庭成员探索和了解彼此。探索的过程本身就是治疗性的，因为家庭成员在分享和探索时会表现出自己脆弱的一面，并花高质量的时间与他人在一起。家庭成员在咨询方面的努力展示了他们想变成一个更健康、更快乐的互动系统的一部分。此外，在咨询上付出时间表明家庭系统中的每位成员都是有价值的。

基于家庭的干预措施

咨询师不需要在个人和家庭咨询模式之间创造一个非此即彼的二分法，甚至可以在认为有必要的时候综合运用这两种模式。在咨询过程或不同的会谈中自由地运用这些不同的干预措施和模式是有帮助的。一些以家庭为基础的一般性干预措施对儿童和青少年及其家庭尤其有用，这些措施包括促进沟通、提升洞察力、重构挑战和困难、解决疏离或纠缠关系、改变反馈回路、给予指导和布置咨询外作业。下文将简要讨论每一种以家庭为基础的干预措施。

促进沟通

许多家庭在管理界限（即自我与他人的分离）和保持清晰的父母角色方面存在困难。此外，许多父母不一致的养育方式也使儿童和青少年产生困惑和误解。在当今时代，家庭沟通对建立和谐、一致的家庭，以及帮助家庭提高应对日常生活挑战的能力至关重要（McBride，2008；Murdock，2009）。因此，提高觉察和沟通技巧特别重要，并且适用于大多数与家庭有关的问题和斗争。

简单地说，家庭成员需要相互倾听，以明确和直接的方式解决冲突。他们需要开放地分享信息，以此培养家庭成员之间的关系。家庭成员可以这样做：（1）表示共情和喜爱；（2）增加对日常活动的讨论，例如，说出一件今天发生的积极和消极的事；（3）参加儿童和青少年的活动和课外活动；（4）建立家庭仪式，例如，一起吃一顿饭，每周二晚上玩棋盘游戏；（5）有意地与彼此进行语言和非言语交流，例如，试图表现友善、体贴和关心（McBride，2008；Murdock，2009）。

此外，由于家庭治疗的一个主要假设是，情绪和行为困难主要是由于家庭沟通和互动模式的紊乱造成的，因此在大多数以家庭为中心的咨询方法中，注重家庭内部的沟通往往是第一种行动方案。家庭沟通是家庭成员之间言语和非言语信息的交换（如思想、感情、价值观、信仰等），不仅包括说话，还包括倾听。沟通是家庭成员表达愿望、欲望、梦想和关心的方式，也是表达分歧和赞赏甚至解决不可避免的冲突的方式。

相反，沟通不畅或功能失调会导致冲突增加、缺乏联系和亲密关系，以及使用无效的问题解决技能（Murdock，2009）。此外，功能失调的沟通常常涉及家庭成员之间的沟通模式不清晰、不完整、不准确、扭曲、不恰当或间接（Goldenberg & Goldenberg，2013）。例如，父母可能会告诉孩子分享的价值，但是用的是一种孩子无法理解的方式。同样，使用大喊大叫、责怪、大呼其名、消极的攻击性表达（例如，明明表现出生气了，自己却否认生气）、给人贴上坏标签、使用“总是”或“从不”这样的词语，以及进行沉默以对的方式，都会导致沟通模式失调。相反，当一个家庭中的成员开始更深入地了解彼此时，他们会更加确信和意识到他们的感受、想法和信念正在被其他家庭成员听到。表 7-2 提供了可用于增加家庭沟通的基于家庭的活动例子。

表 7-2 增加沟通的家庭活动

活动	说明
彩色糖果游戏	给每位家庭成员一把彩色小糖果。让家庭成员把糖果按颜色分类。每种颜色对应一个家庭问题。这个问题必须先回答，然后才能吃糖果。例如，黄色可能是描述家庭的一个词，绿色可能是家庭娱乐的方式，红色可能是一个人对家庭的关心或担忧，紫色可能是家庭中需要改进的一件事。让一位家庭成员从挑选颜色开始，回答问题，然后吃一块糖果。轮流吃，直到吃光所有糖果。吃完所有糖果后，向家庭成员提出问题，听听他们对一些回答的反应。问诸如“什么让你吃惊？”“你学到了什么？”以及“需要做出什么改变？”这些问题可以促进关于家庭咨询目标的讨论

（续表）

活动	说明
52 张卡片游戏	在这个活动中，一副标准的 52 张卡片和一袋糖果可以被用来促进家庭沟通。除了这副卡片，咨询师在另外 10 到 15 张索引卡片上写下家庭问题。例如，“你认为家庭需要改变什么？”“有需要的时候谁会帮忙？”“家庭咨询对家庭有何帮助？”“如果你的家人得到他们所需要的帮助，你会有什么感觉？”一次一张，要求每位家庭成员从 52 张牌的顶部选择一张牌。如果卡片上的数字是偶数，那么家庭成员回答问题；如果数字是奇数，那么家庭成员会问其他人这个问题。当一位家庭成员摸到一张国王、王后或老 K 时，他将要求另一位家庭成员的拥抱。最后，当一位家庭成员选择一张 A 时，他可以从包里挑一块糖果

沟通最基本的规则之一就是要清晰、直接和明确。咨询师可以教授和示范恰当的沟通。恰当的沟通可以使来访者与咨询师更好地彼此回应。沟通的重点可以放在交流思想、观点、感受和需求上。

不幸的是，冲突加剧了沟通中存在的困难，甚至使之复杂化。在冲突时期，家庭成员倾向于对他们不完全理解或不喜欢的家庭成员的一些事情做出反应，他们甚至可能默认以前的、毫无帮助的相互交流方式。例如，孩子的挑衅行为导致父母的大喊大叫。通常，这种一直以来的互动模式并没有传达和讨论关于他们不太明确的情感影响和互动的各个方面，反而会导致家庭成员之间的关系变得冷漠。在这种情况下，共情会被愤怒、怨恨和挫折所取代。

比强烈的情绪更严重的是不准确的语言表达，因为这会使交流变得极其困难。例如，杂乱无章的想法、无关紧要的评论、令人困惑的内容、与发展水平不匹配的逻辑，都会使沟通变得更加困难。尽管许多家庭成员可能无法简洁、准确地表达自己的观点，但咨询师可以帮助来访者在咨询期间理解他人所说内容的主要感受和意义，这样做可以让家庭成员感觉到更好地被理解，并帮助他们在当前和未来的互动中更充分地表达自己。咨询师的帮助也能让来访者听到其他家庭成员更准确的意图、意思和感受。例如，一个孩子可能会认为他的妈妈不希望他有任何的乐趣，所以他的妈妈用内疚作为一种惩罚方式只会促使他回来得越来越晚。而不同的是，妈妈一直表达着她对儿子的担忧（如车祸），她无法控制自己的焦虑（如踱步，坚持不懈）和烦恼，她试图消除自己恐惧的所有尝试都可以被咨询师解读出来，以更好地表达她的真实感受和担忧。

在许多家庭咨询中，咨询师需要对无力的、低水平或不存在的沟通技能进行弥补。例如，如果爸爸是家庭中的主导人物，并且大部分谈话都是他在说，那么咨询师可能需要通过直接询问其他家庭成员对某个问题的看法及其在咨询中关注什么来进行补偿。例如，“你对这个问题有何看法？”“这个问题对你有什么影响？”“你认为是什么导致了这个问题？”“有没有更让你烦恼的时候？”“有没有让你不那么烦恼的时候？”。在有沟通障碍模式的家庭中，如与他人交谈而不专心倾听，特别是当他们没有意识到这些模式时，咨询师就需要对所有家庭成员更加明确地指出这些内隐行为。例如，如果家庭成员不听取对方的意见，并且经常试图打断对方说话，咨询师可能就需要介入互动，指出这种行为，并要求每位家庭成员讨论自己在这段无序对话过程中的感受和想法，以及如何概念化正在发生的事情和正在说的话。

与儿童和青少年一起工作的咨询师会帮助儿童和青少年提高自己的沟通能力，尤其是倾听能力。最终，更好的倾听技巧将增强亲子关系。倾听技能对儿童和青少年理解成年人的期望、与成年人有效沟通的能力也至关重要。儿童和青少年可能会从学习如何注意说话的人及在该听的时候听到信号的“线索”中受益，如果有什么不明白的话，他们会从提问中获益。让父母和他们的孩子玩游戏，例如，西蒙的“红灯绿灯”或“我发现”游戏可以教孩子更专心地听，以及在对内容不明白时提出问题。咨询师可以通过指导父母如何注意、捕捉、解释和改变亲子互动的各个方面来帮助实现这一目标，这是一种指导儿童和青少年关于请求传递的联系、驱动请求的需求，以及询问儿童和青少年想要什么的最有效方法。为了阐明这些概念，我们将以一个孩子对妈妈说“给我一些麦片，我饿了”为例来说明这些概念。

- 注意：我注意到你今天早上要麦片时没有说“请”。
- 抓住：之前我听你说过“请”，当你很有礼貌并说“请”时，我帮助你时真的感觉很好。
- 解释：我知道你确实很饿，并且急于开始新的一天，但是当你对我无礼时，我不想帮助你，因为我会感到很受伤。
- 改变：如果你想再试一下，你会怎么请我帮助呢？

咨询师可以帮助父母和孩子学习他们需要的技能，以鼓励健康的亲子互动，从而最大限度地促进家庭沟通。

在另一些家庭咨询中，咨询师会比较关注过度宣泄的问题，以增强家庭沟通。父母或孩子的过度宣泄会阻碍甚至破坏家庭咨询的目标。责备和过度抱怨实际上会妨碍改变的尝试。实际上，咨询师可以考虑限制父母的发泄，如每次只留 5 分钟的发泄时间，然后再引导他们实现家庭治疗目标（Tuerk et al.，2012）。

另一个阻碍家庭沟通的问题是沉默或否定其他家庭成员的行为模式。这类行为的一个例子是不停地打断某些特定的家庭成员甚至所有人。通常，这种沉默可以由父母指向孩子。咨询师可能需要建立规则，例如，允许每个人先说完自己的想法，然后再允许另一个人讲话，而不管他们在家庭中的地位如何（如父母、祖父母、孩子、兄弟姐妹）。咨询师应该意识到，有些家庭成员为了保护自己而经常打断他人（例如，“如果我不打断说话者，他会继续用他的话伤害我”），而另一些人则可能故意打断对某个话题的进一步讨论（例如，“如果我打断这些谈话，其他人可能会让步”）。此外，咨询师可以通过促进这些内隐的模式显现出来，同时不允许家庭成员继续打断他人或独占谈话，以此来促进健康的沟通过程。

最后，咨询师需要询问并促进讨论，从中引出每位家庭成员对当前情况、家庭结构和家庭内部界限的看法。虽然许多家庭成员不知道其他成员对某个问题或话题的想法或感受，但这种新的觉察水平通常会促进好奇心的增加，从而促进与其他家庭成员沟通和参与的愿望增加（Shapiro，2015）。咨询师可以通过帮助家庭增加积极互动的频率来增加家庭沟通；使用清晰和直接的沟通方式；更密切地关注言语和非言语沟通；提高他们成为积极倾听者的能力；并培养对所有家庭成员的积极态度（Goldenberg & Goldenberg，2013）。

提升洞察力

仅促进沟通往往不足以使家庭达到更高的功能水平。因此，咨询师需要识别并帮助改变家庭系统内发生的系统性过程。家庭治疗师会试图增加个人对家庭系统动力的洞察力，换句话说，家庭治疗会帮助家庭成员了解他们的家庭系统及每位家庭成员在家庭系统中的功能和运作方式（Williams et al.，2009）。这个想法是，随着洞察力的增加，会出现更有效的行为和更具适应性的互动模式。有些家庭理论学家认为洞察力比行为改变更重要（Ackerman，1958），而另一些家庭理论学家则认为行为改变比洞察力更重要（White & Epston，1990）。最终，大多数家庭采用混合方法的效果最好，即同时促进家庭成员的洞察力和行为改变（Murdock，2009）。

简单地说，不断增强的家庭系统洞察力会使内隐的事物显性化，特别是关于家庭模式和规则的显性化（Shapiro，2015）。通常，关系中涉及的逻辑内容和情感是错综复杂的，这使沟通和洞察变得困难（Shapiro，2015）。此外，怨恨可能会滋生，使人们更难遵循一个有争议的请求或论点的逻辑内容。例如，由于孩子之前的不听话行为，父母在对孩子提出合理的期望时会以激动和尖刻的方式提出；因此，孩子对这种合乎逻辑但特别尖刻的要求有情感上的反应。在这种情况下，孩子会很生气地用情绪来回应，孩子会因为父母的表达方式而忽略期望的逻辑方面；反过来，孩子的消极反应又会使母亲的情绪升级。

为了促进对家庭系统的洞察力，咨询师可能需要指出，对那些感觉不被尊重和被轻视的人来说，保持正确和理性是困难的（Shapiro，2015）。互动模式会随着时间的推移而形成；然而，在许多情况下，在冲突结束时，人们才会注意到互动模式。如果一个人的行为在当前情况下或在回应另一位家庭成员的行为时显得不合理和不可解释，那么咨询师应该考虑这个人可能是在对过去的一些刺激或遭遇做出反应，在处理当前情况之前可能需要探索这些过去的刺激或遭遇（Shapiro，2015）。对家庭系统的洞察力的进一步探索有助于充分理解当前系统的相互作用。

揭示家庭内部的互动和沟通模式也可以通过使用循环提问来完成（Patterson et al.，2009）。循环提问是一种家庭治疗技术，用于收集更多的信息，并引入新的信息和对家庭系统的意识。通过询问所有成员对他们的关系和家庭成员之间的差异的看法，循环提问可以促进更明确的家庭结构的发展，从而提高对家庭内部每一种关系本质的认识（Patterson et al.，2009）。例如，如果一个孩子长期逃学，咨询师可能会问家庭成员如下循环问题：“通常谁是第一个发现比利逃课的？”“比利逃课被抓后，家里发生了什么？”“比利不逃课的时候会有什么表现？”“在比利决定逃课之前，家里发生了什么？”“有人能预测比利什么时候会逃课吗？”这类问题可能会让家庭成员意识到，在比利的母亲和继父打架之后，比利会更频繁地逃课。循环问题不仅可以提高家庭成员对问题呈现过程的认识，还可以提高家庭成员对家庭互动和行为如何维持、加剧甚至阻碍问题呈现的认识。

更具体地说，循环提问突出了个人对家庭关系的感知和看法（例如，你的父母是如何与你互动和联系的），等级顺序回答（例如，谁对这次离婚最不高兴？），随时间的不同（例如，在分居期间和离婚后，行为有何变化？），以及间接信息（例如，因为你丈夫不在，他会如何谈论亲子关系的挑战？）（Patterson et al.，2009）。对此，咨询师必须采取一种好奇的态度，来尝试帮助每个人揭示和处理需要改变的人或事，同时考虑家庭成员之间的相互联系及讨论的问题。

重构挑战或困难

家庭成员会对某些事件或其他家庭成员的行为、行动或意图产生消极的看法，甚至是妖魔化。在重构或帮助个人重新解释事件或他人的行为或意图的过程中，咨询师经常需要为家庭成员提供帮助（Minuchin & Fishman，1981）。当对家庭成员行为的现有解释不准确、不完整、不适应或不公平地责备其他家庭成员时，咨询师应考虑使用重构。重构的目标是帮助家庭成员改变他们对彼此的看法，使他们的想法更加积极和更具适应性（Watzlawick et al.，1974）。例如，爸爸可能错误地认为女儿的行为是存心残忍和自私的，对此，咨询师可能会要求父亲从新的角度来考虑女儿的行为，如将女儿的行为视为她无法有效管理或选择合适的方法来处理自己的痛苦情绪的表现。最后，咨询师会邀请爸爸以另一种更好奇、更共情、更理解的视角看待这个问题。如果不加以解决，重复的不尊重、残忍的行为或批评的模式往往会被人不断地用类似的行为加以反击，从而进一步强化破坏性的动力。

咨询师可以通过遵循以下三个阶段来创建重构：（1）验证家庭成员的观点和看法；（2）提供另一种视角，以更适应或更积极的角度看待行为；（3）评估对重构的认同程度（Tuerk et al.，2012）。例如，一个孩子认为她的妈妈过度控制，没有给她提供足够的爱和情感，而她的妈妈对她女儿的生活方式（如衣服、文身、朋友的选择）有负面的看法。下面列举了咨询师对每个重构阶段的回答。

- 阶段 1：确认他们的观点
  - （对女儿）“我听到你说的话了。从你所说的话来看，你的妈妈会嘲笑你的决定，并试图控制你未来的决定。你会觉得她并不是真的关心你，她更担心你的决定会反映她的教育方式。”
  - （对妈妈）“我也明白你的意思。你试图为她提供一个好的方向，而她最近所做的决定一直在困扰着你。你觉得她的一些决定是故意的，你感觉受到了伤害。”

- 阶段 2：提供替代方案
  - （对女儿）“我想知道你妈妈的行为是否能让你看出她真的有多爱你。我想知道一个真正不在乎你的人是否会做出这样的努力。也许他们只会说你想说的话，而不会监督你。”
  - （对妈妈）“我想她对于衣服、文身和朋友的选择是不是跟您关系不大？更多的是因为她想维护自己的独立，打造自己的身份。我也一直在想，如果我们把注意力集中在其他方面，会是什么样子，比如她几个月来都没有自伤，以及她现在又开始上学了。”
- 阶段 3：评估协议
  - （对双方）“你们对我提出的这些想法有什么看法，是不是可以用另一种方式来看待这里发生的事情？你们用这种新的方式来思考事情会是什么样的呢？”

重构并不试图争论或否认某一情况或遭遇的事实；相反，咨询师可以使用这种技术来帮助家庭成员概念化另一位家庭成员的适当不良行为，同时对另一个人保持更积极甚至中立的看法。例如，儿子的过度哭泣可能会被重新定义为他试图获得爸爸的关注。

大多数重构的核心是假设每个人都不想伤害他人或制造麻烦。最终，重构需要确定和概念化家庭成员之前没有考虑或没有充分理解的方面。在许多情况下，家庭成员可能有良好的意图，但判断错误，缺乏心理社会技能，或者破坏性情绪可能会导致消极行为。咨询师需要不断地与家庭成员合作以建立共情，从而减少家庭成员的愤怒和沮丧。

解决疏离或纠缠关系

在家庭中，界限——家庭成员如何区分自己和他人的不成文的基本规则——是家庭成员、子系统（如父母、兄弟姐妹）和个人互动并获得个人和集体需求满足的既定方式（Minuchin & Fishman，1981）。在某种意义上，边界可以被视为一个亲密和自主的连续体，理想的平衡是在连续体的中间，试图同时满足亲密和自主的需求。咨询师经常会看到这个连续体的极端——纠缠和疏离的家庭（见图 7-4）。

[--- 纠缠 --- 平衡 --- 疏离 ---]

图 7-4 家庭界限连续体

为了充分理解家庭的动力和界限，我们必须定义一个术语：自我分化。自我分化被概念化为一个人将自己的智力和情感功能与家庭成员的能力分开的能力（Bowen，1978）。系统式家庭治疗的代表人物鲍恩（Bowen）认为，自我发展并不局限于个人，在家庭环境中表现得更充分。他进一步指出，治疗并不是为了揭示家庭沟通模式，更多是为了将自己和其他家庭成员区分开来（Bowen，1978）。例如，差异较小的个体或与其他成员融合感更强的个体（即过于团结）会试图获得家庭中其他人的认可，从而保持一种虚假的自我意识。简单地说，这些人很难区分自己的想法和感受与其他家庭成员的想法和感受的不同。相反，更具差异性的个体可以持有明确的信念、价值观和信仰，同时也认识到自己的需求和对家庭其他成员的依赖（Bowen，1978）。因此，从家庭角度来看，家庭治疗的目标是增加所有家庭成员的分化。

疏离和纠缠可以被理解为一个这样的连续体，即一边是紧密结合，另一边是完全自主或脱离。纠缠可以被理解为一种不恰当的、违反边界的亲密关系，在这种亲密关系中，家庭成员对彼此的情感反应过度（Minuchin，1974）。相反，当家庭成员之间的情感距离过大时，就会产生疏离感。在一个纠缠的家庭中，如果孩子没吃晚饭，父母可能会感到不安，并认为这是针对自己的；在一个疏离的家庭中，父母甚至可能不为孩子做晚餐或不担心孩子吃不吃饭（Minuchin，1974）。纠缠的家庭通常有以下特征。

- 用内疚控制或激励行为。
- 家庭成员不与家庭以外的其他人分享家庭事务。
- 家庭成员之间在思想、感觉上缺乏分化（孩子成年后可能仍与父母纠缠在一起）。
- 向孩子灌输观念，限制孩子按照他们的意愿去思考和感受。
- 家庭成员代表彼此发言。
- 担心如果变得与众不同，他们将面临与家庭隔绝的风险。

相反，疏离的家庭通常有以下特征。

- 与部分或所有家庭成员缺乏一致的参与或经历。
- 大家都认为自己想做什么不需要征求他人的同意。
- 倾向于从家庭以外的人那里寻求指导和支持。
- 寻求孤立和隐私而不愿与家庭中的其他成员接触。
- 对亲密关系的恐惧源自被拒绝的恐惧、对亲密的不适、对在关系中失去自我的恐惧、对嘲笑的恐惧。
- 很少分享意见、感受和想法，尤其是父母对孩子。

当与陷入纠缠的家庭一起工作时，咨询师可以通过提高对家庭成员因分化而不适的洞察力和意识来提供帮助。当与陷入疏离的家庭一起工作时，咨询师可以帮助家庭成员探索对家庭其他成员的亲密和依赖会带来什么威胁的问题。无论纠缠还是疏离的家庭，其咨询目标都是创造开放的讨论和有意识的思考，这样一来，每种类型的家庭都会被吸引到连续体的中间，实现平衡（Shapiro，2015）。

咨询师应重视家庭中被过分强调的生活方式，同时破译和鼓励被忽视的理想方式。最终，咨询师需要在家庭成员对自主性的需求和对归属感和联结感的需求之间取得平衡。咨询师需要帮助家庭成员认识到，在自主性和联结性之间来回移动可以增强个人和家庭这一连续体的两个方面（即独立性和团结性），最终让孩子获得进入外部世界所需的安全感和力量。

改变反馈回路

如前所述，随着时间的推移，家庭会寻求维持其习惯性的组织模式和运作方式，并倾向于抵制变革。家庭治疗师应用内稳态的概念来解释，家庭中有一种内在的吸引力来维持一种均衡、平衡感或维持现状。如果内稳态被破坏，那么家庭的规则、互动和动力将需要改变，以维持家庭的平衡感（Goldenberg & Goldenberg，2013；Minuchin & Fishman，1981）。

内稳态可以是健康的，也可以是不健康的，随着治疗关系的建立，咨询师将能够观察到家庭系统自然存在的方式。例如，随着时间的推移，咨询师可能会了解到家庭中的爸爸往往与孩子的子系统是疏离的。他让孩子放学回家后完成家庭作业或日常琐事。孩子可能已经从过去的经验中学到，即使他们忽视爸爸的要求，他们也不必承担既定的后果，因此他们通常会找借口、行为失控、互相打架，而不是做家务。过了一段时间，爸爸通常会变得精疲力竭和沮丧，他会尖叫着让孩子做家务。这是孩子停止玩乐去做事情的线索，因为他们根据过去的经验已经知道，当爸爸生气时后果就会发生。这种模式可能不是管理家庭需求的最佳方式；然而，随着时间的推移，循环因果关系在家庭系统内创造了这种内稳态模式。

为了理解儿童和青少年行为的动机，家庭治疗师必须理解和改变特定家庭系统中的沟通模式及其后果。负反馈回路是一种沟通和互动的方式，它创造了一种从内稳态移动然后快速回到内稳态的模式（Bertalanffy，1968）。考虑下面这个概念的例子：一个恒温器控制着家里的供暖和制冷。恒温器被设定在72华氏度，这是家里的内稳态。当温度下降到72华氏度以下时，自动调温器就会释放热量，使温度恢复内稳态。当温度上升到内稳态之上时，自动调温器就会发出信号来启动空调，把室内温度调回72华氏度。

让我们来看看下面这个家庭治疗的负反馈回路的例子：一个家庭似乎总是处于一种混乱的状态中（例如，邻居在家里进进出出，狗总是在咬东西）。如果家庭动力开始重复或平静，那么儿童和青少年可能会通过不守规矩的行为，把家庭动力带回一个高度活跃的状态，并把焦点集中在他身上。对儿童和青少年来说，混乱让他们感到舒适和熟悉，它的作用是让那些通常疏离的父母——他们很少说话，孩子也听到过他们谈论离婚的事情——在孩子成为焦点时能够继续保持联系。这被称为负反馈回路，因为家庭成员的行为会把家庭带回他们熟悉的模式。“负”这个字并不表示行为是健康的还是不健康的；相反，它表明一个压力源或非自然过程正在从系统中被移除。当负反馈回路出现时，咨询的目标是促进健康的内稳态。

那些从健康的内稳态开始的家庭，成员之间会相互支持，会以成长为导向的方式来使用负反馈回路。例如，一个孩子从学校回到家后，在妈妈准备晚餐时完成了家庭作业和家务，这时他是比较独立的。当孩子在学校里开始遇到困扰时，妈妈就可能不得不在放学后花额外的时间和他一起做家庭作业（稍微偏离了内稳态）。最终，这个孩子克服了学业上的困难，家庭动力又恢复到与之前的内稳态类似的状态。因此，通过母子一起以一种健康的方式克服系统的中断，整个系统将会得到加强。

存在不健康内稳态的家庭会经历不允许其成员积极成长的负反馈回路。例如，一个孩子可能想上大学（这是对先前建立的稳态的一种转变），但父母可能会阻止孩子，以让其待在离家近的地方。因此，基于内稳态的原始状态的负反馈回路可能是有益的，也可能是无益的，而负反馈回路指的是内稳态的中断和家庭成员促进内稳态恢复的行为。

正反馈回路促进了家庭的变化和前进。“正”这个字没有评价的成分，无论家庭行为是有益的还是无益的，通过正反馈回路都可以观察到家庭的沟通模式变化。从本质上说，正反馈回路表明，两位或多位家庭成员之间的沟通模式会导致他们越来越远离内稳态。然而，最终由于这是一个反馈回路，因此一些外部力量经常会进入这个回路中，并把家庭带回内稳态。外部力量可能是咨询干预，或者是比反馈回路本身更大的干扰（如家庭中的死亡、社区的悲剧）。

就像在负反馈回路中一样，正反馈回路可以是健康的，也可以是不健康的。下面举一个健康的正反馈回路的例子。想象一个相对温顺和不活跃的家庭系统。假设一位妈妈和她的女儿决定一起训练 5 公里，结果子系统的两位成员互相激励，促进彼此每天更加积极地锻炼身体。每说一句鼓励的话，每训练 1 小时，家庭就更远离以前的稳态状态。竞赛结束后，这种正反馈回路可能会自然下降，家庭动力会恢复到内稳态状态。或者这种正反馈回路甚至可能会消失，而一种更具互动性的动态可能会成为家庭的新的内稳态。

一个正反馈回路也可以使家庭以一种无助的方式远离内稳态。例如，一位平时和女儿关系很好的妈妈可能会在沮丧的时候对女儿大喊大叫，而女儿可能也会大喊大叫。结果，女儿可能会被禁足。这些事件使这个家庭远离了以前健康的内稳态。第二天，女儿对妈妈怀恨在心，放学后没有回家。作为报复，妈妈把她最近给女儿买的新衣服送给了他人。这种正反馈回路可能具有破坏性，母女关系的混乱无疑将影响整个家庭系统的运作。

咨询师可以明确反馈回路，并解释困难是如何维持的，新的行为如何改变这些反馈回路，以及新的自我强化的解决方案如何缓解家庭当前的问题。在某些情况下，咨询师可能会授权家庭成员起草并签署反馈回路合同。这些合同可能会列出每位家庭成员在改变不正常的反馈缓解中所做的贡献。

在家庭的行为模式和沟通中引入新的元素，往往会打破家庭互动行为模式的常规性和习惯性顺序。家庭治疗师通常会使用间接指导或发出指令的方式，但他们预计来访者不会完全遵循，而且可能还会抵制，从而产生与咨询师指令相反的更自发的反应或行动（Haley，1987）。例如，当发生积极变化时，一名使用间接指导的咨询师可以说：“似乎进展太快了，也许你们都需要把这个过程放慢一点。”这样的陈述不仅肯定了一个家庭正处于变革的过程且有能力做出改变，而且最终家庭可以决定这些变化的速率和速度。

给予指导和布置咨询外作业

家庭治疗的一个核心方面是指导家庭成员建立新的行为模式。家庭治疗师经常邀请来访者参加行为实验，以帮助他们理解适应不良的互动方式，并改变不良的代际模式（即在一个家庭的几代人中共享和传播的互动模式）（Haley，1963；Minuchin & Fishman，1981）。这些指导旨在帮助家庭成员超越自身的局限，体验新的家庭成员参与方式。这项技术背后的基本原理是新的行为或经验往往可以通过打破根深蒂固的互动方式而产生积极的变化。理想情况下，这些行为会成为家庭新的存在方式和互动方式的一部分。治疗师的指导或作业可能涉及邀请家庭成员以不熟悉的方式与他人接触。例如，一个公认的无所不知的人可能会被要求向其他家庭成员请教问题；一个专制的父母可能会被要求和孩子讨论自己软弱的一面；一个在家里很健谈的人可能会被要求认真练习倾听其他家庭成员的声音。

家庭治疗中常用的一种指导叫矛盾禁令（paradoxical injunction）。矛盾禁令（Haley，1963，1996）是咨询师的指令与咨询目标相反的情况。咨询师可能会在某个特定的日期和时间“规定问题”，并给出以下解释：来访者在减少问题之前需要多做一些练习。例如，指定一个特定的焦虑时间（如周一上午8:00到9:00），或者安排特定时间和地点的争论（如周三晚上7:00在浴室）。这样做的目的不是让问题重演，而是要打乱个人解决问题的努力。此外，如果来访者不遵守这些干预措施，那么问题通常可以解决，因为规定的行为没有发生。矛盾禁令通常包括要求家庭成员在一个新的地方进行互动或争论（例如，如果通常在厨房发生争吵，那么将争论转移到浴室）、以不同的方式进行互动（例如，从“你”陈述转移到“我”陈述）、改变过程中的某些内容（例如，停止争吵，换上正式的衣服去争论），或者以某种方式改变物理环境（例如，在过程中播放爵士音乐）（Becvar & Becvar，2012）。

此外，家庭治疗中常用的一个矛盾禁令叫作假装指令。这种指令要求来访者或家庭成员表演在咨询中或在其他结构化情境中被定义的症状或出现的问题。例如，一名咨询师要求一个焦虑的来访者在每天中午12:00至下午1:00期间要假装焦虑，然后再继续日常生活。假装体验症状的过程使个体更能意识到他们行为所满足的需求（如注意、分心），以及他们控制行为的能力（Becvar & Becvar，2012）。

如前所述，这些指令可以在咨询期间或咨询外实施（Dattilio，2002，2010）。咨询指令使咨询师不仅可以评估个人执行新行为的能力，还可以监控他们的反应和行动，从而使咨询师能够向个人提供即时反馈。相反，咨询外作业是在自然环境中发生的，可能更加自然。咨询外作业的示例包括要求家庭成员在一周中参加愉快的活动以加强家庭关系，改变他们通常的互动或例行模式，发现其他家庭成员的新面貌，并找到新的相互联结的方式，从而在家庭互动模式中促进持续的变化（Murdock，2009；Shapiro，2015；Wagner，2008）。

除了加强家庭互动，咨询外作业还可以包括以下内容：练习从咨询中学到的技巧，如自信、积极倾听技巧和自我表达；完成指定阅读资料；开展活动以加强记录、处理咨询期间的症状或家庭互动（如日志、行为日志）（Goldenberg & Goldenberg，2013）。对咨询师来说，与学校工作人员合作确定咨询外作业是特别有帮助的，这些咨询外作业可以支持儿童和青少年在学校的学习和活动。表7-3列举了可用于发展家庭凝聚力的基于优势的活动示例。

表 7-3　基于优势的咨询外作业

作业	说明
创建家庭使命宣言	让家庭成员在咨询结束后选择一个时间来执行使命宣言。咨询师可以提出一些问题来指导整个过程。这些问题可能包括以下问题：“我们家的目标是什么？”“我们什么时候处于最好的状态？”“我们什么时候最糟糕？”“我们喜欢一起做什么？”“怎样才能更好地互相服务？”“我们能改进什么？”“我们想要什么样的家庭？”“我们认为重要的价值观是什么？”利用对这些问题的回答，让家庭成员构建一个三到四句话的使命宣言，可以在下一次家庭治疗咨询中分享。这份使命宣言可以展示在家中的中心位置，以提醒各位家庭成员的关注
制作家庭徽章	要求家庭成员制作一个徽章（家庭盾牌）。徽章应分为五个部分：家庭成员、喜爱的家庭活动和爱好、家庭优势、积极的家庭成就，以及对家庭产生积极定义或影响的事件。这些部分可以通过文本、图片或绘画来展示。要求每位家庭成员协助构建此徽章
参加加满水桶的游戏	要求家庭成员参与一个装满水桶的活动。使用以良好和积极的行动来填满彼此的隐形水桶这个比喻，要求家庭成员构建一系列行动以填满彼此的水桶。例如，家庭成员可以列出彼此微笑、拥抱、称赞、与兄弟姐妹共享玩具、帮助做家务、在用餐时使用礼仪或以客气的话和平静的声音提出要求。将此清单放在家庭中的显著位置，让经历或见证这些行为的成员在纸上列出的家庭成员名字旁边留下标记，然后填满其他家庭成员的水桶

总结

家庭治疗包括根据需要与儿童和青少年父母、兄弟姐妹和大家庭成员合作。家庭治疗的重点是家庭系统所有成员之间持续发生的复杂互动和关系模式。

本章探讨了家庭治疗的核心概念。具体地说，讨论了家庭成员在家庭系统内的相互影响及有关家庭边界的概念。当家庭系统的每位成员能够相互支持，同时保持独特的身份感和独立性时，健康的界限就会显现。健康的家庭是灵活的、相互支持以实现家庭目标。不健康的家庭界限表现为纠缠（如系统中的某些成员高度依赖于彼此）或疏离（如家庭成员在需要的时候没有转向彼此）。

咨询师可以帮助家庭成员建立健康的界限和更好的沟通方式，其中可能包括更清晰和明确的界限。在家庭治疗中，咨询师往往更具指导性，应努力与家庭中的每位成员形成治疗关系。咨询师可以暂时加入家庭，成为系统中的一员，评估过程从第一次会面开始，并且贯穿整个家庭治疗关系。评估过程可以包括正式评估和非正式评估，创建各种家谱图，以及跟踪和探索家庭反馈回路。

家庭治疗的主要目标包括促进家庭所有成员之间有益的和相互支持的言语与非言语交流模式，促进全系统的洞察力，以及解决家庭系统中任何不健康的界限。总体来说，家庭治疗是一个复杂的、持续的过程，所有家庭成员，包括咨询师，都要开放和诚实地解决家庭系统的需求。

第 8 章　游戏和创造性艺术在心理咨询中的应用

想象力、心理韧性和对生活的热情是所有儿童和青少年天生具备的关键优势，而游戏和创造性艺术疗法则利用了这些优势。想象力可以促进心理咨询的过程，而在对儿童和青少年进行心理咨询时，游戏和创造力的结合是必不可少的。游戏和创造性艺术咨询均以实证支持的心理健康理论为基础，这些干预对多数来访者都是有效的（Gladding，2011；Lin & Bratton，2015；Ray et al.，2015）。尽管本章所讨论的用于儿童和青少年咨询的干预方法都是符合儿童和青少年发展水平的，然而运用游戏和创造性艺术干预时，仍应根据来访者的语言、生理、情感、认知能力和兴趣来进行相应的调整。

从伦理上讲，咨询师有义务以适配来访者发展水平的方式与其进行沟通［American Counseling Association（ACA），2014，Section A.2.c.］，而且由于许多游戏和创造性艺术咨询的技术本质上是非言语的，因此即使来访者只具备最低的语言技能，这些技术也可能是有效的（Packman & Bratton，2003）。表 8-1 提供了游戏和创造性艺术疗法及相应的治疗目标的概述。表 8-2 列出了咨询师在咨询中使用创造性艺术和游戏时可能会用到的材料清单。本章将提供有关游戏和创造性艺术干预、相关目标和所需材料的其他信息。

表 8-1　游戏和创造性艺术疗法及相应的治疗目标

游戏 / 创造性艺术媒介	相关目标示例
假装 / 富有想象力的游戏	• 能让儿童和青少年表达内心深处的想法 • 帮助儿童和青少年建立自我概念和表达情感问题 • 帮助儿童和青少年提高沟通技巧 • 通过让儿童和青少年扮演不同的角色，帮助其发展新的行为 • 通过让儿童和青少年扮演想象中的角色，帮助其把想法、恐惧和幻想呈现出来
沙盘	• 帮助儿童和青少年探索他们生活中的具体想法和事件 • 帮助儿童和青少年探索他们的幻想和想法 • 让儿童和青少年通过掌控自身故事获得力量感 • 帮助儿童和青少年表达想法和解决方案 • 帮助儿童和青少年获得对生活要素的认知理解
游戏	• 帮助儿童和青少年发掘自身优势和劣势 • 帮助儿童和青少年练习沟通技巧 • 帮助儿童和青少年提高协作与合作技能 • 帮助儿童和青少年练习解决问题和决策的技能 • 帮助儿童和青少年练习对挫折和成功的适当反应

（续表）

游戏 / 创造性艺术媒介	相关目标示例
绘画	• 允许儿童和青少年表达情感和思想 • 使儿童和青少年能够用自己的方式讲述自身的故事 • 通过象征性的呈现帮助儿童和青少年表达情感 • 给予儿童和青少年一种掌控自己思想和情感的力量 • 帮助儿童和青少年获得一种对生活中各种事件的掌控感
黏土	• 让儿童和青少年讲述自己的故事，使用黏土来说明具体的事件 • 通过创造具体的事件来帮助儿童和青少年认知想法和情感 • 通过故事的再现，让儿童和青少年有机会表演他们的故事 • 帮助儿童和青少年用身体动作表达他们的情感（例如，拍打泥土、抚平泥土等） • 帮助儿童和青少年了解表征和象征意义

游戏疗法对解决儿童和青少年的一系列行为问题都很有效（Henggeler & Schaeffer，2010；Ray et al.，2015）。针对有特定障碍或问题的儿童和青少年，游戏疗法已经开发了特定的游戏方法。例如，患有孤独症谱系障碍的儿童和青少年可以从一般的游戏治疗干预中获益，其中一种被称为地板时光（floor time）的游戏方法最适用于这一人群（Ware Balch & Ray，2015）。

有时，咨询师需要实施额外的、具体的治疗方法，以及基于游戏的干预措施，以满足儿童和青少年的整体需求。例如，除了以儿童和青少年为中心的游戏疗法外，患有注意缺陷 / 多动障碍的来访者可能会从药物干预和认知行为干预中受益（Döpfner et al.，2015；Naderi et al.，2010）。总体来说，基于游戏的创造性干预适用于众多的来访者，咨询师应该基于他们对来访者背景和需求的了解，为每个独特的个体确定最佳的活动课程。

表 8-2　可用于游戏和创造性艺术咨询的材料

游戏 / 创造性艺术媒介	玩具材料
假装游戏	小娃娃（如芭比娃娃、波莉口袋娃娃）、玩具屋、填充动物玩具、玩具汽车、跑道、婴儿娃娃、积木（如乐高玩具）、帽子和面具、玩具电话、纸币、玩具收银机和木偶
沙盘	小玩具（如树、飞机、船、人和超级英雄模型）、小动物、玩具积木、小玩具车、岩石、石头、鹅卵石、大理石、小镜子
绘画	白色和彩色的纸、铅笔、钢笔、记号笔、颜料、蜡笔、刷子、围裙、胶、胶水、剪刀、纱线、绳子、织物、闪闪发光的东西、羽毛、亮片、冰棍棒和塑料容器
游戏	涉及运动技能、情绪调节和认知发展的游戏，如桌面游戏和战略游戏（如国际象棋、纸牌）
黏土	黏土块、防潮垫、围裙、用来切割黏土的金属线、雕刻工具、水和纸
体育运动	棒球、篮球、足球、跳绳、足球、飞盘、网球、乒乓球设备
音乐与技术	电子音乐和视频播放器

专业认证和注册

游戏治疗是一个过程，通过这个过程，儿童和青少年的自然游戏行为被用来支持改变他们的思想、感情或行为。游戏治疗协会（APT，1997）将游戏治疗定义为“系统地使用理论模型来建立人际的过程，在这个过程中，训练有素的游戏治疗师使用游戏治疗的力量来帮助来访者预防或解决心理社会问题，并实现来访者最佳的成长和发展”。如果只是在儿童和青少年咨询中使用一些治疗性的游戏技术，咨询师不一定必须是注册的游戏治疗师，但如果咨询师没有相应的游戏治疗认证，他们就不应自称为游戏治疗师或建议来访者进行游戏治疗。认证意味着咨询师已接受了高级培训，并在咨询实践中掌握了相关的专业技能。为了使本章内容简洁一些，本章使用的“游戏治疗”和“游戏治疗师”指的是在咨询过程中使用了游戏技术。

除了进行游戏治疗，咨询师还可以在咨询中运用创造性艺术来促进儿童和青少年的成长和改变过程。创造性艺术咨询方法包含各种治疗性干预，这些治疗性干预有助于让来访者投入艺术活动中并借此促进他们的自我探索和自我表达（Gladding，2011；Rosen & Atkins，2014）。创造性艺术疗法、表达性治疗，或者表达性艺术疗法，这些术语可以被那些没有艺术治疗师执照但有心理健康专业人员执照的咨询师用来指代他们所做的创造性咨询工作（Gladding，2011；Rosen & Atkins，2014）。心理健康专业人员可以在没有认证的情况下使用创造性艺术来进行咨询，但是最好接受一些必要的培训，因为这样有利于专业技能的提升和业内知识的交流。

同“游戏治疗师”这一术语的使用一样，如果没有获得此类认证或许可（如果只能在其所在州适用），咨询师不应称自己为艺术治疗师。美国艺术治疗协会（American Art Therapy Association，AATA）解释说，艺术治疗是一种“为来访者提供的心理健康专业服务，来访者在艺术治疗师的专业引导下，通过艺术媒介、创作过程及艺术作品的运用，探索情感冲突、培养自我意识、管理行为和成瘾问题、发展社交技能、提高现实适应能力、减少焦虑并提高自尊心”。在本章，术语“咨询中的创造性活动”和“咨询中的创造性艺术”是一种广义定义，用来描述艺术的、基于创造性的治疗干预的应用。

通过接受教育和督导培训，心理健康专业工作者可以成为游戏治疗师或艺术治疗师。获取艺术治疗的硕士学位首先需要成为一名初级注册艺术治疗师（Registered Art Therapist，ATR）。艺术治疗师可以通过进一步的进阶培训成为一名职业艺术治疗师（Board-Certified Registered Art Therapist，ATR-BC）或艺术治疗认证督导师（Art Therapy Certified Supervisor，ATCS）。对艺术治疗师职业感兴趣的个人可以访问相关官网，以获取更多信息。

已经拥有从事心理咨询或治疗许可的心理健康专业人员（如咨询师、社会工作者、心理学家、家庭治疗师、艺术治疗师）就可以成为认证的游戏治疗师，并在游戏治疗中运用他们学到的专业知识和相关的训练。对游戏治疗证书感兴趣的心理健康专业人员可以访问相关官网，以了解更多关于注册游戏治疗师（Registered Play Therapist，RPT）、注册游戏治疗师督导师（Registered Play Therapist-Supervisor，RPT-S）或学校注册游戏治疗师（School Based-Registered Play Therapist，SB-RPT）的信息。

由于游戏和创造性艺术在儿童和青少年心理咨询中的独特优势，因此我们将在本章更深入地讨论这两种方法，其中包括游戏和表达性艺术在心理咨询中运用的历史和基础，以及支持游戏和创造性活动有效性的理论框架。此外，本章还会提供与这两种方法相关的具体技术。

游戏治疗与游戏在咨询中的应用

游戏治疗是一种利用来访者自然发生的游戏行为来促进咨询过程并支持来访者达成目标的咨询方法（APT，2015）。游戏治疗可以用于任何年龄的来访者，但游戏技术通常作为 3 ~ 13 岁来访者的主要干预方式（Ray et al.，2015；Rye，2010）。虽然游戏治疗采用的是与儿童和青少年的日常自然游戏相似的行为，但它们在本质上是不同的。常规游戏并不存在治疗目的，而游戏治疗的行为具有治疗目的。

对儿童和青少年来说，游戏不仅是有趣和吸引人的，还是支持他们达成理想的心理健康结果的有效方法。有超过 25 项实证研究表明，游戏治疗能非常显著地帮助儿童和青少年改变其外化的行为问题（如打人、破坏公物等）和内在的行为问题（如社交退缩、躯体症状等）（Lin & Bratton，2015）。游戏治疗也可以帮助儿童和青少年获得更高的自我效能感和更好的学业成就（Ray et al.，2015）。

游戏治疗或游戏方法可以用这样或那样的方式

来满足儿童和青少年的许多需求。有时，来访者、家庭和第三方支付者很难理解游戏为何能成为一种治疗性干预手段。为此，我们在下文概述了游戏治疗的作用。

游戏治疗的作用

- 引导来访者进入创造性无意识状态。
- 增强儿童和青少年的自主性。
- 促进情感的健康宣泄。
- 为痛苦的想法和感受提供表达渠道。
- 促进思想、情感和行为的一致性。
- 提升技能的熟练程度。
- 促进应对技能的发展。
- 界定自我暴露的边界，鼓励自我控制。
- 增强批判性和发散性思维能力。
- 增强问题解决能力。
- 增强人际交往能力。
- 促进个人身份认同。
- 建立亲子联结。
- 建立健康的依恋关系。
- 强化情感表达能力。
- 增强情绪调节能力。
- 促进探索行为和洞察力的发展。
- 促进儿童和青少年更多地了解自己、他人和世界。
- 鼓励儿童和青少年在安全的环境中回忆和整合创伤经历。
- 促进自我表达。
- 帮助缓解压力。
- 通过治疗关系促进心理疗愈。
- 通过咨询师示范促进替代性学习。
- 实现与特定游戏治疗理论和方法相关的其他目标。

资料来源：Degges-White & Davis（2011）.

儿童和青少年游戏行为通常是自发的，并且会通过运动、动作、模式、言语和非言语信息来实现自我表达。游戏行为是儿童和青少年使用的语言，而玩具是他们想说的话。游戏治疗可用于解决儿童和青少年出现的各种各样的问题，列举如下。

- 被虐待和忽视。
- 情绪调节困难。
- 焦虑 / 抑郁。
- 依恋痛苦。
- 注意力方面的问题。
- 行为问题。
- 被欺凌。
- 来访者或家庭成员的慢性疾病。
- 家庭变故或痛苦。
- 害怕或恐怖症。
- 悲伤。
- 父母的心理健康问题。
- 上学问题。
- 社交技能缺陷。
- 创伤经历。

在游戏治疗中，游戏行为被有意用来促进来访者的思想和感受的表达、鼓励洞察力的发展、提升解决问题的能力，并培养新的、更具适应性的行为模式。

游戏治疗的背景

游戏治疗在临床和学校环境中都可以使用，而且是一种特别适合学校的干预措施（Drewes & Schaefer, 2010）。在学校环境中使用游戏治疗的咨询师可能会关注影响儿童和青少年学业成功的心理健康问题，而临床咨询师可能更倾向于解决儿童和青少年的整体心理健康问题。为了解决基于学校环境的各类具体问题，咨询师可以选择非指导性游戏来让儿童和青少年创建自己的见解，也可以使用更具指导性的方法。本章后续内容将更深入地讨论非指导性和指导性游戏干预。

在学校使用游戏治疗的咨询师应该记住，儿童和青少年在咨询完成后可能需要回到课堂，所以应该给他们充足的时间从游戏过渡到课堂。为了将咨询中所做的工作与课堂联系起来，咨询师可以询问来访者，他会如何把新的见解应用到课堂上。例如，“你今天向我展示了你可以数积木而不是扔它们，这真的非常棒！那么这对你和苏西相处有什么帮助？”咨询师也可以询问来访者，他希望回到课堂后做什么，他将使用什么技能来获得学业上的成就。这些方法对临床咨询师也很有用，因为它能在疗程结束后，帮助儿童和青少年更好地从咨询室过渡到家庭或社区环境中。

选择将游戏治疗技术融入咨询实践的咨询师应该有意地为游戏治疗及其所用材料设置一个指定的空间。这个空间可以位于咨询师的办公室，也可以是一间单独的游戏室。游戏治疗室应该有足够的空间，这样游戏材料才可以被方便地使用，并以井然有序的方式存储（Landreth，2012）。有效的游戏治疗室既可以是一个小空间，也可以是一个大的房间，这取决于所提供的玩具或物品的类型。

游戏治疗室所包含的物品应经过精心筛选，以更好地促进治疗性游戏行为（Landreth，2012）。在确定为儿童和青少年进行游戏治疗时，咨询师应注意尊重来访者的文化背景。例如，非常看重性别角色的父母可能会要求孩子只玩符合其性别的玩具（例如，女孩只玩洋娃娃，男孩只玩卡车）。在整个治疗过程中，咨询师在维护来访者需求的同时也应确认并支持家长的意愿。

使用的玩具也应适合解决儿童和青少年身上出现的问题。例如，如果来访者害怕小丑，可以将小丑移出治疗室，这样他们就不会从自然游戏治疗过程中分心。当小丑变得与治疗相关或对治疗有帮助时，它们可能会被重新移回游戏室。

儿童和青少年可以借助玩具来表达他们想说的话，因此咨询师应该提供各种各样的玩具来表达对人的多样性的尊重（如种族、性别、年龄、身体状况、外貌）。玩具的类型、大小、质地和颜色也应多样化，以便最大限度地帮助来访者探索和表达自我。选择的玩具类型可能包括女孩玩具、男孩玩具、大玩具、小玩具、可怕的玩具、漂亮的玩具、现实的玩具、幻想的玩具、旧玩具、新玩具、雕像、娃娃和长毛绒玩具等。这里只是列举了有助于创造一个有效的游戏治疗空间的若干玩具。在游戏治疗室中可能用到的更全面的物品清单如图 8-1 所示。每个游戏房间可以根据咨询师的方法、来访者的需求和资源的可用性来创建。

• 婴儿毛毯	• 玩偶房子	• 拖把
• 婴儿奶瓶	• 玩偶	• 乐器
• 婴儿玩偶	• 用于打扮的衣服	• 纸卷
• 球	• 簸箕	• 彩泥
• 绷带	• 鸡蛋盒	• 化妆工具玩具
• 芭比娃娃	• 空的食品容器	• 厨房玩具
• 双筒望远镜	• 钱币道具	• 木偶
• 积木	• 电话玩具	• 钱包、钱夹
• 盒子	• 电视玩具	• 跑道
• 扫帚	• 工具模型	• 绳索
• 玩具汽车	• 帽子	• 橡胶剑
• 玩具收银机	• 游戏机	• 架子
• 粉笔	• 毛刷	• 填充动物
• 黑板	• 手铐	• 防水布
• 清洁物品	• 硬体动物	• 电话
• 时钟	• 罐子	• 毛巾
• 服装	• 珠宝	• 玩具士兵
• 棉球	• 乐高积木	• 小装饰品
• 手杖	• 魔杖	• 卡车
• 飞镖	• 面具	• 木板
• 盘子、银器	• 医疗箱	• 工作台
• 玩偶家具	• 钱	

图 8-1 可用于游戏治疗的物品清单

游戏治疗基础

心理健康专业人员从 20 世纪早期就开始使用游戏治疗了（Homeyer & Morrison，2008）。在弗洛伊德提出精神分析理论后不久，游戏就作为一种自由联想的形式被用于儿童和青少年咨询。在自由联想的传统用法中，成年人被引导着静下心来，说出脑海中出现的任何单词或想法。这些单词和想法被用来解释梦的含义，并促进来访者洞察力的发展。当自由联想被应用于儿童和青少年时，可将儿童和青少年的游戏行为作为自由联想的替代形式，咨询师可以通过观察儿童和青少年的游戏行为来了解其无意识内容。

在 20 世纪中后期，游戏干预被视为根本的治疗方法，因为几乎所有主要的心理健康理论都尝试通过游戏干预儿童和青少年（如以人为中心疗法、认知行为疗法、格式塔疗法）（Landreth，2012）。游戏治疗协会成立于 20 世纪末期，此时新的游戏技术和干预方法也在不断涌现（APT，2015）。总体来说，游戏治疗被认为是一种通过游戏行为及非言语和言语信息促进治疗性成长的有效方式。

游戏是儿童和青少年的一种自然语言，它有趣、自由、令人兴奋、令人满意、富有创造力且引人入胜。游戏可以改善儿童和青少年的情绪，帮助他们在情感上与他人建立联结（Landreth，2012）。游戏被儿童和青少年用来交流、探索、获得自主性、了解自我、与他人和世界建立新的关系。在治疗场景中，咨询师可能将游戏行为视为儿童和青少年的主要表达方式，因为游戏是儿童和青少年以非言语形式呈现无意识内容的重要途径。

这种治疗关系可以通过游戏来培养和支持，因为儿童和青少年天生就对游戏感兴趣，并觉得它很有趣（Schaefer & Drewes，2013）。许多儿童和青少年并不情愿接受心理咨询，但由于游戏疗法的天然吸引力使他们最终放下了抵触的情绪。咨询师可以用一种与儿童和青少年发展水平相适应的方式与他们合作，以及用一种让他们感到舒适和熟悉的游戏语言与他们交流，从而进一步建立治疗关系。儿童和青少年通常没有机会与意愿通过游戏接触那些与他们交谈的成年人，对此，使用游戏的治疗师可以在会谈中表达尊重并增加儿童和青少年的安全感。

当治疗关系通过游戏建立和加强时，儿童和青少年就会明白他们是值得被爱的，并能够增加对他人和世界的信任感（Landreth，2012；Schaefer & Drewes，2013）。在咨询中拥有愉快体验的儿童和青少年能够和他们的咨询师建立起健康的依恋关系，这些联结可以从咨询关系迁移到父母和其他重要的依恋对象身上。总体来说，游戏可以培养一种人与人之间的情感联结，这种联结是所有年龄段的人，尤其是儿童和青少年所需要和珍视的。

在咨询情境中进行游戏时，儿童和青少年通常会体验到积极的情绪，因为他们在一个安全的环境中与一个鼓励、支持他们的人一起做他们喜欢做的事情。当他们做好准备并感到安全时，咨询师再为他们提供接触不愉快的情绪（如愤怒或悲伤）的机会和空间（Landreth，2012）。对儿童和青少年来说，有他们所需要的空间来充分表达他们的情绪是很重要的，因为这提供了一个宣泄的机会，一些重要情绪因此获得了治疗性的释放（Ray，2014）。通过游戏，儿童和青少年也能够处理情绪，并努力用更健康的想法和感觉取代无益的情绪（Schaefer & Drewes，2013）。

除了促进创造力、建立治疗关系和宣泄情感外，游戏疗法还为儿童和青少年提供了一个安全的空间，让他们在此学习与世界互动的新方式。也就是说，游戏场景通常作为隐喻，可以迁移到现实生活的事件中（Schaefer & Drewes，2013）。例如，一个来访者可能会玩一款保护公主不被龙吃掉的游戏。龙可能代表了现实生活中伤害他的人，来访者可以想出保护公主的方法，这种方法可以转化为现实生活中保护自己的策略。

游戏行为在儿童和青少年发展中起着重要作用。当儿童和青少年有机会通过游戏来展示他们的能力时，他们会获得更强的目标感（Schaefer & Drewes，2013）。游戏可以被看作儿童和青少年的毕生工作，那些因为在游戏中努力、有效、创造性地开展工作而受到表扬的儿童和青少年可以获得自信心和对世界的使命感。

游戏的形态在本质上也具有文化敏感性，因为它们允许咨询师在游戏干预中考虑许多文化因素，如年龄、性别、种族、民族、宗教、沟通模式和家庭动力（Carmichael，2006）。对咨询师来说，在理解某些文化的总体趋势和解释每个家庭的独特差异之间找到平衡的方法是很重要的。

咨询师也应该对非言语和言语交流中的文化差异保持敏感。例如，非裔美籍来访者在说话时比在倾听时更可能倾向于使用更多的目光接触（Sue & Sue，2013）。咨询师也应该意识到，来访者缺乏眼神交流并不意味着他缺乏咨询兴趣或对咨询师不够尊重，咨询师可以选择那些与他一致或不一致的非言语交流的方式。

总体来说，使用游戏模式的咨询师应使用非言语交流来表现出对来访者的兴趣和自己的放松状态（Ray，2014）。例如，保持开放的姿势，身体前倾，使用与来访者一致的语气，提供支持性的眼神交流，使用一些细微的鼓励方式来传达对来访者的兴趣（Ray，2014）。

文化因素是所有咨询关系和干预要考虑的重要因素（Sue & Sue，2015）。当对来访者进行咨询时，咨询师应清楚地解释治疗性游戏的过程及来访者、家庭成员和咨询师所扮演的角色。咨询师应有意识地与来访者及其家属核实，以确保干预措施在文化上是适宜的，并承诺干预是有益和有效的。

在实施游戏干预时，以下策略可能比较有用。

- 采取一种非评价的方法。
- 与来访者和相关家庭成员建立牢固的治疗关系。
- 维护相关的伦理原则和规范。
- 为来访者和家人保密。
- 进行持续的评估并根据需要调整治疗计划。
- 与关键的利益相关者（如父母、老师）合作。
- 提供有可能帮助来访者实现目标的知情服务。
- 在咨询设置中保留各种各样的玩具和其他创造性媒介。
- 观察和分析来访者的游戏行为，以便为案例概念化和实施干预提供信息支持。
- 提供指导性或非指导性的游戏干预。
- 在咨询过程中使用各种创造性的媒介，包括讲故事、隐喻、表演、歌唱、艺术、雕塑、沙盘、游戏或自由玩耍。
- 在必要和可能的情况下，引入父母和其他利益相关者参与咨询。

父母或养育者的参与是游戏治疗过程中不可或缺的一部分（Plastow，2011）。尽管由于安排上的困难或缺乏参与的意愿，父母不可能总参与咨询，但只要有可能，咨询师应该尽量让他们参与进来。父母与孩子一起参与游戏治疗，可能有以下收获。

- 学习享受与孩子游戏的乐趣。
- 学习与孩子交流与合作。
- 学习理解孩子的新方法。
- 学习支持孩子的新技能。
- 学习如何为孩子设定有益的限度。
- 培养对孩子的信任。
- 培养对自己的信任。

儿童和青少年的需求和咨询师的理论取向将决定父母如何融入游戏技术。

使用游戏干预的咨询师可以要求父母做到以下几点：（1）积极参与游戏治疗会谈；（2）安静地观察所有的游戏治疗会谈；（3）在游戏治疗会谈结束时参加汇报（Schaefer & Kaduson，2007）。父母也可能被要求单独参加小组或个体咨询，来学习他们在日常与孩子互动中使用的技能。亲子治疗和亲子游戏是两种最常见的游戏治疗模式，它们强调家庭内部的依恋关系，这两种类型的干预将在下一节详细解释。

有许多基于不同咨询理论的游戏治疗方法。使用游戏技术的咨询师会为每位来访者创建个性化的计划或方案。这个计划应基于来访者内心的冲突，并根据咨询师的理论取向来进行调整。例如，以人为中心的咨询师在面对需要解释自己行为的来访者时，可能会整合一些精神分析技术（例如，对于自我表达有困难的儿童和青少年，咨询师可以鼓励他们将游戏作为一种自由联想的形式）。咨询师应该意识到许多理论框架都可以形成游戏干预方法，所以咨询师需要选择最适合自己的风格、最能满足来访者需求的理论。治疗性游戏理论和相关技术将在下一节更详细地论述。

技术和干预

虽然游戏治疗中使用了许多不同的技术和干预措施，但一些基本的咨询技巧却贯穿于大多数游戏治疗的理论与方法。就像所有的咨询方法一样，游戏治疗也是为每位来访者量身定做的。游戏治疗可以持续 50 分钟，并且每次治疗的长度应该根据来访者的发展水平进行相应的调整（Menassa，2009）。有些儿童和青少年可能只能遵守规则或玩 10 到 15 分钟，而有些儿童和青少年可能会从一次完整的 50 分钟训练中受益。在决定治疗时间的长短时，咨询师应该考虑指导他们实践的理论、来访者关心的问题及来访者的发展水平等因素。

在儿童和青少年被允许开始游戏之前，咨询师应注意设置安全的边界（Ray，2014）。这些边界可能包括向儿童和青少年解释以下内容：（1）他们可以玩多久；（2）在玩的时候他们可以去哪里；（3）如果他们玩得有攻击性或危险性，他们会面临什么；（4）这个环节如何及何时结束（Rye，2010）。教育学博士加利·兰德雷斯（Garry Landreth）建议使用 ACT［承认（Acknowledge）、沟通（Communication）、目标替代法（Target alternatives）的缩写］这个模型，用于与孩子建立健康和安全的治疗边界。下面的实践活动展示了一个在游戏治疗中咨询师使用 ACT 模型来设置边界的例子。

儿童和青少年不仅应被告知游戏治疗会持续多长时间，也应该被告知清理程序。一些咨询师认为在治疗结束前让来访者清理玩具是重要且有治疗作用的活动。清理活动是一种教导和促进个人责任和自我控制的方法。不过也有一些从业者建议支持来访者在创造性和自我表现的状态下自由离开游戏室，由咨询师在来访者离开后进行清理（Landreth，2012；Schaefer & Kaduson，2007）。当治疗即将结束时，咨询师应该提醒来访者，以便他们可以在治疗结束前从游戏行为中脱离出来。

实践活动

游戏治疗中设置边界的 ACT 模型

场景：一个来访者正在把玩具往墙上猛摔。如果这个玩具的一部分坏了，那么这个来访者可能会受伤，墙也可能会被砸坏，造成财产损失。

解决方法：在游戏治疗中运用 ACT 模型来设定边界。

第一步：承认正在制造无益行为的感觉。

例如，“你感到生气。”

第二步：设定沟通边界。

例如，“我们的咨询规则之一是你不能破坏玩具。”

第三步：选择合适的替代品。

例如，“考虑告诉玩具你为什么生气。”

其他注意事项

- 如果来访者很难重新转向替代目标，那么咨询师应说明如果这种无益的行为继续下去将会发生什么。
- 例如，“如果你再摔那个玩具，我就把它拿走。”
- 在每次咨询时，都非评判性地、一致地执行规定好的合情合理的后果，并帮助养育者在治疗之外也应用这种方法。
- 如果来访者拒绝遵守规则，咨询师可以结束游戏治疗。
- 如果来访者在游戏过程中始终难以遵守规则，那么可能说明来访者目前不适合游戏治疗。

使用治疗性游戏的咨询师在治疗过程中可以是指导性的，也可以是非指导性的。在非指导性游戏治疗中，儿童和青少年不会得到任何关于如何玩游戏的指导（Menassa，2009）。为了安全和后勤工作，咨询师会制定一些一般性的指导原则，但是不会指导儿童和青少年如何进行游戏。游戏治疗的非指导性方法将在下一节进一步讨论。当使用非指导性方法时，咨询师应充当儿童和青少年游戏行为和选择的见证人。

在整个游戏过程中，大多数咨询师会使用言语追踪（verbal tracking），在这一过程中，他们会说出或叙述儿童和青少年的游戏行为。咨询师应该在口头上反馈咨询中发生的内容和自身的感受，以鼓励儿童和青少年的创造性、自发性、关系的建立，以及个人优势和积极自我同一性的发展（Ray，2014）。更多的指导性咨询师也会使用言语追踪来确定咨询的主题和模式，以提升儿童和青少年的决策能力和问题解决能力（Ray，2014）。言语追踪的性质和方向由游戏治疗过程的理论基础所决定。

最终，咨询师的理论取向将决定游戏治疗干预是如何概念化、引入、实施和处理的。非指导性咨询通常是由以人为本、人本主义的框架来支持的（Menassa，2009）。指导性游戏干预可以得到多种理论取向的支持，其中包括以下几种。

- 阿德勒游戏疗法。
- 认知行为游戏疗法。
- 发展性游戏疗法。
- 动力游戏疗法。
- 生态游戏疗法。
- 格式塔游戏疗法。
- 团体游戏疗法。
- 荣格游戏疗法。
- 叙事游戏疗法。
- 客体关系游戏疗法。
- 规范性游戏疗法。
- 心理分析游戏疗法。
- 宣泄游戏治疗。
- 基于解决方案的游戏治疗。
- 疗愈游戏。
- 限时游戏治疗。

总之，游戏治疗可以是指导性的或非指导性的，许多不同的理论可以用来支持游戏技术在治疗中的实施。表 8-3 概述了几种大家比较熟悉的游戏疗法。咨询师应与来访者或来访者的重要他人一起完成生理和心理方面的社会评估，以选择符合咨询师能力范围和来访者需求的游戏治疗方法。一些最流行的指导性和非指导性游戏模式将在下文更详细地讨论。

表 8-3 流行的游戏治疗方法概述

治疗方法	类型	概述
以儿童和青少年为中心的游戏治疗	非指导性	咨询师为儿童和青少年提供共情、一致和无条件积极关注。发掘儿童和青少年的个人价值和韧性资源。随着儿童和青少年的理想自我和现实自我之间的一致性加强，其心理健康问题也会减少
体验式游戏治疗	非指导性	儿童和青少年的发展经历了五个阶段：探索、验证、依赖、治疗和终止。儿童和青少年的现实生活经历通过游戏被有组织地重现，儿童和青少年可以利用自己的韧性解决内部冲突
亲子疗法	非指导性	当父母、兄弟姐妹和其他重要的家庭成员在场时，允许儿童和青少年参与有组织的游戏。鼓励家庭成员提供以儿童和青少年为中心的游戏治疗的核心条件（如共情、一致和无条件积极关注）。理想情况下，儿童和青少年能够与他们自己及他们的家庭成员建立更健康、更有益的关系
阿德勒游戏疗法	指导性	生活风格评估是为了了解儿童和青少年独特的背景和社会关系。游戏行为可以揭示儿童和青少年满足基本需求的健康方式。满足儿童和青少年基本需求的方法可以让他们生活中的关键人物在现实生活中重现

（续表）

治疗方法	类型	概述
认知行为游戏疗法	指导性	咨询师帮助儿童和青少年一起探索和理解思想、情感与行为之间的联系。在进行游戏时咨询师会系统地重构儿童和青少年的思想，以促进其形成更健康的心理和行为模式
宣泄游戏疗法	指导性	咨询师有意地创造游戏情境，隐喻儿童和青少年的困难经历。儿童和青少年将有无数次的机会去克服各种各样的隐喻，并将他们新发现的技能应用到现实生活中
疗愈游戏	指导性	父母被视为儿童和青少年转变的主要载体，并被指导要通过三个阶段（开始、中期和结束）来改善与儿童和青少年之间的依恋关系。父母在游戏中和治疗之外应给予儿童和青少年表扬并表现出稳定性，为儿童和青少年创造一种安全和幸福的感觉

非指导性游戏模式

非指导性游戏治疗师认为来访者已经拥有克服困难和实现目标所需的力量、知识和资源（Menassa，2009），他们清楚地知道自己该做什么和如何做，而咨询师的工作只是提供他们所需的资源、安全感和空间来促进这一过程。咨询师不需要解释儿童和青少年的游戏或理解任何潜在的意义；儿童和青少年确切地知道如何处理和克服逆境，事实上，他们有这样做的天然倾向。在非指导性治疗中，咨询师的主要工作是建立一种牢固的治疗关系，并为来访者提供一个开放、安全的自我表达和自我发现的空间。非指导性游戏治疗有许多理论框架，而两种常见的个体治疗方法是以儿童为中心的游戏治疗和体验式游戏治疗。第三种方法是“亲子疗法”，它是一种存在已久的非指导性游戏治疗理论，它把来访者、家庭成员和重要他人整合在了一起。这三种非指导性游戏治疗方法将在下文进行解释。

以儿童和青少年为中心的游戏疗法（child-centered play）。以儿童和青少年为中心的游戏疗法以人本主义为基础，并作为一种有效的心理健康干预措施得到了高度的支持（Axline，1947a；Ray et al.，2015）。在以儿童和青少年为中心的游戏疗法中，游戏治疗的必要且充分的组成部分包括共情、一致性和无条件积极关注。咨询师会和来访者共同参与治疗，这是一个高度合作的过程，几乎没有规则、指导或界限。在游戏治疗过程中，咨询师会给予来访者最高的关注，并积极地消除所有的判断。也就是说，没有什么游戏行为是对的或错的，与游戏过程有关的事情也没有对错之分。因此，在实施以儿童和青少年为中心的游戏疗法时，咨询师只需要加入来访者的游戏治疗之旅即可。

在治疗期间，咨询师应该强化这样的信息，即由来访者掌控游戏（Rye，2010）。如果一个来访者请求咨询师允许他玩某个玩具，那咨询师不应该给予允许，而是应该反馈来访者的选择，比如说“你要去玩那个大球”或“你选择拿起卡车”。这种权力的转移表明，这个咨询过程不同于儿童和青少年在治疗之外经历的其他环境或关系。

无条件积极关注是用来描述咨询师从其独特的视角理解儿童和青少年并接受儿童和青少年正在利用自己所拥有的资源尽可能发挥作用的能力。为了保持无条件积极关注，以儿童和青少年为中心的治疗师要小心避免对来访者的行为做出任何判断（积极的或消极的）（APT，2015；Rye，2010）。称赞孩子清理了他们的玩具似乎是很自然的事，但咨询师可以通过诸如“你清理了所有的玩具”或“你认为清理很重要”之类的话来给儿童和青少年输入自主性和自信的概念。这些话是非评判性的，可以帮助来访者发现他们真实的想法和感受。

虽然以儿童和青少年为中心的游戏治疗师在治疗过程中是非指导性的，但在与来访者相处的时间里，他们都是完全在场且积极活跃的状态。以儿童和青少年为中心的治疗师会观察儿童和青少年的游戏行为，并会努力识别相关的想法和感受。咨询师会以一种共情的、非评判的方式言语追踪儿童和青少年的思想、感受和行为（Rye，2010）。

共情反应是这种方法的一个重要方面，其中包括来访者可能体验到的想法和感受（例如，感到害怕、生气或没有价值）。咨询师可以直接向儿童和青少年提供共情反应（例如，“我知道你感到害怕”），也可以通过对儿童和青少年正在玩的玩具使用隐喻来做出共情反应（Ray，2014）。例如，一个经历过创伤的来访者可能会在治疗中假装一个玩具人正在拯救无助的动物。咨询师可以强调动物的想法和感受，这些想法和感受可能与来访者自己的想法和感受一致。在这种情况下，隐喻性的共情反应可以是“这些动物很害怕，但现在它们自由了”，或者“这些动物很高兴有人伸出援助之手”。这些话在聚焦于游戏的同时，也将儿童和青少年的经历正常化了。

在以儿童和青少年为中心的游戏治疗中，咨询师会提供一个非评判的空间，同时以共情的方式促进来访者的想法、感受和行为之间的一致（Menassa，2009；Rye，2010）。也就是说，游戏治疗通过引导儿童和青少年进行自我探索，帮助他们确定自己的价值观、需求、偏好和个人目标。儿童和青少年还被鼓励以符合其个人价值观和偏好的方式行事。例如，如果儿童和青少年喜欢建造和创造东西，那么他们就可以花时间玩积木和其他建筑材料。

咨询师应将咨询关系视为来访者探索、学习和发展的一个长期过程。具体来说，使用游戏疗法的咨询师应避免指导来访者，而应设定一种基调，即儿童和青少年在咨询期间有充分的自主权来自己做决定。当儿童和青少年请求允许以某种方式参加游戏时，咨询师应该给予确认或重申他们的计划（而不是给予允许）。咨询师应给予儿童和青少年完全自主的决定权，从而允许他们确认自己的真正价值和需求。咨询师应与来访者的父母、养育者、老师和其他利益相关者合作，以在治疗之外的环境中也为来访者提供情感支持。咨询师应鼓励这些关键的利益相关者，以尽可能让来访者对自己的决定具有自主权。

体验式游戏疗法（experiential play）。体验式游戏疗法在20世纪末率先脱离了以儿童和青少年为中心的游戏疗法（Norton & Norton，1997）。和以儿童和青少年为中心的游戏疗法一样，体验式游戏治疗师相信每个孩子都有一种天生可以变得更健康和更好的能力。这种疗法相信儿童和青少年在游戏中会本能地选择重演过去仍未解决的事件，为此，治疗师在游戏中应采取无指导性的立场。儿童和青少年可以通过自己的游戏行为来获得新的洞察力、控制力及更高的力量水平。体验式游戏治疗师会根据情况将游戏行为解读为恐惧、无力、羞耻、悲伤或愤怒的隐喻性表达。

体验式游戏治疗师被认为是非指导性的，因为他们为儿童和青少年提供的指导有限，但他们会反映和追踪游戏行为的潜在意义。以儿童和青少年为中心的游戏治疗师一般只追踪游戏行为的内容，而体验式游戏治疗师在他们的追踪中整合了一些解释。体验式游戏疗法有五个阶段，即探索阶段、验证阶段、依赖阶段、治疗阶段和终止阶段。

在探索阶段，孩子会与咨询师建立关系，并对游戏过程感到舒适。在这一阶段，孩子会得到一些基本的指导，例如，“你可以玩任何你想玩的玩具，只要你不损坏它们”，或者“我们会玩20分钟，到该清理的时候，我会提前几分钟告诉你”。然后，咨询师会对孩子的选择和行为做出非评判性的观察并用言语进行追踪。例如，“你一直在玩卡车”或者“你玩了一会儿卡车，现在又在玩洋娃娃”。总之，咨询师应该使用一种中立的但具有吸引力的语调来用言语追踪孩子的自发游戏行为。

在验证阶段，孩子会决定是否可以信任咨询师。例如，儿童和青少年可能会很用力地把玩具娃娃的头撞在地板上，然后观看咨询师的反应。在这一阶段，咨询师应该通过言语追踪和对内容、感觉及意义的反映来与来访者核实他的感受，并授权给来访者。例如，“你认为这个娃娃应该受到伤害”或者“你对这个娃娃很生气”。像这样的陈述是非评价性的，它会向来访者表明心理咨询是一个情感表达的安全场所。

如果儿童和青少年确定体验式游戏治疗师是值得信任的，那么他们就会进入依赖阶段。在这个阶段，他们会愿意通过游戏行为分享困难的想法和感受。正是在这个阶段，儿童和青少年才有勇气在他们的游戏行为中重演创伤性的经历。例如，儿童和青少年可能将一个娃娃放在另一个娃娃上面（象征骚扰或身体虐待），然后他们可能会把有攻击性的那个娃娃往地上摔。此时，咨询师会通过一些陈述说出儿童和青少年行为的重要意义，诸如“那个娃娃太刻薄了，你阻止了他的行为”。这样的陈述可以确认儿童和青少年的经历，并赋予他们力量。

在依赖阶段，儿童和青少年在家庭或学校的行为似乎变得更有问题或更不健康。问题行为的升级或消退，可能是儿童和青少年创伤和困难经历外化的自然结果，咨询师应该告知父母，当达到治疗性成长阶段时，儿童和青少年的行为最有可能得到改善（Norton & Norton，1997）。

在治疗性阶段，儿童和青少年会通过游戏隐喻地重现事件，以重新获得对困境的控制和力量感。在这一过程中，儿童和青少年学会了解决问题的新技能，并获得了更大的自信。例如，以前把有攻击性的娃娃摔在地上的儿童和青少年现在可能会选择让玩偶在游戏中被捕。在整个成长阶段，咨询师为儿童和青少年提供了一个安全的空间，让他们能更多地探索和了解自己，洞察自己的世界，并学习解决问题的新方法。随着时间的推移，儿童和青少年将越来越有能力将技能从治疗环境迁移到现实生活中，从而采取主动的态度并掌控自己的生活。

当儿童和青少年完全解决了他们的困难经历，他们就会进入终止阶段。儿童和青少年应该有足够的时间来处理治疗关系的丧失。终止治疗所需要的时间取决于来访者的特点和发展水平。例如，对于有依恋困难的儿童和青少年，咨询师应该在终止阶段给予其一些额外的处理。

体验式游戏模式看重儿童和青少年固有的心理韧性。咨询师应为儿童和青少年创造一个安全的空间，让他们投入他们选择的任何游戏行为。这种游戏行为将为儿童和青少年提供处理和克服生活中困难所需要的自主性。通过游戏体验，儿童和青少年能够学会以健康、有效的方式驾驭自身生活。

亲子疗法（filial therapy）。亲子疗法（Gurney et al.，1966）是在 20 世纪中期发展起来的。亲子疗法的基础与以儿童和青少年为中心的游戏治疗基础密切相关，在亲子疗法中，儿童和青少年的主要依恋对象——通常是父母——被视为主要的改变推动者。亲子疗法和以儿童和青少年为中心的游戏治疗之间的许多基本原则是相同的，最主要的不同就是在亲子疗法中，家庭成员扮演了关键的角色。

亲子游戏干预植根于以儿童和青少年为中心的游戏模式，它们能有效地促进家庭内部的健康关系（Gurney & Ryan，2013；Munns，2013）。共情、一致性和无条件积极关注的理论基础是亲子治疗的关键考虑因素。在亲子疗法中，咨询师应指导儿童和青少年的父母、其他重要的依恋对象或兄弟姐妹等家庭成员以健康的方式与其进行互动。游戏行为在治疗中被用来让来访者和他们的家庭成员练习健康的问题解决方式和应对技能。在这个过程中，儿童和青少年能有一个安全的空间来表达自己，并学会与他们最爱的人进行互动的有益方式。亲子游戏是一种非指导性的方法，可以帮助儿童和青少年建立健康的关系和强大、积极的自我概念。

当使用亲子疗法时，治疗师也会教儿童和青少年的父母一些有用的游戏技巧和对儿童和青少年有益的游戏方式。例如，为了加强亲子关系，治疗师可以教会父母在游戏场景中对孩子提出的要求做出一致而愉快的回应。这有助于在治疗期间建立安全的治疗基础，并将效果迁移到治疗环境之外。

尽管亲子游戏课程是非指导性的，但治疗师会指导父母了解某些亲子互动的潜在心理健康影响。例如，允许孩子自主游戏的父母能够培养孩子的一致性、自尊感和认同感（Gurney & Ryan，2013）。在治疗中，父母可以让儿童和青少年带头，然后自己也加入儿童和青少年的游戏行为中。父母可以不加评判地允许儿童和青少年选择他们的玩具和整个游戏期间的游戏行为，以此来支持儿童和青少年治疗内外的自主游戏。父母也可以把这种自主权扩展到治疗之外，允许孩子们自己挑选衣服或决定晚上吃什么。父母应该努力在引导孩子和允许他们做出自己的选择之间找到一个舒适的平衡点。

总体来说，非指导性的游戏治疗尊重儿童和青少年的心理韧性。非指导性游戏治疗师允许儿童和青少年控制治疗过程，以见证儿童和青少年的成长。然而，有时咨询师也可能需要采取更具指导性的游戏治疗方法，这部分将在下一节讨论。

指导性游戏模式

指导性的游戏治疗师在实施游戏治疗时会采用更权威的方法，他们会有意地指导来访者参与其精心选择的活动。当来访者陷入困境、情绪压抑、无法战胜困难或无法独立解决心理健康问题时，咨询师可能会采用更具指导性的游戏治疗方法（Menassa，2009）。指导性游戏治疗在时间有限、需要短暂干预的情况下是有用的。大一些的青少年在治疗中可能需要更多的结构化内容来满足他们的发展水平。例如，如果一个 12 岁的男孩没有勇气自由地玩玩具，他可能很快就会感到无聊或中止与咨询师的联结，此时一些吸引人的指导可能会对他有所帮助。一些由于行为困难或发育滞后而无法独立游戏的来访者可能也需要更多的结构化内容。咨询师应根据来访者的特点来调整其干预措施和游戏治疗的方法。

目前比较流行的三种指导性游戏治疗理论包括阿德勒游戏疗法、认知行为游戏疗法和宣泄游戏疗法（Drewes，2009；Schaefer & Kaduson，2007）。阿德勒游戏治疗师会采取整体的方法，在整体背景下将儿童和青少年概念化，并特别关注家庭的作用及家庭如何影响儿童和青少年的心理健康；认知行为游戏治疗师高度重视儿童和青少年的认知，他们相信消极或歪曲的想法会导致无益的感觉和行为；宣泄游戏治疗师更多地关注情绪的作用，这些情绪被视为无益的想法和行为的来源。本章还会探讨疗愈游戏，这是一种指导性的游戏治疗，它将家庭成员整合为治疗的一个整体。虽然有许多指导性的游戏治疗理论，但本节只简要讨论以下四种理论。

阿德勒游戏疗法（Adlerian play therapy）。阿德勒游戏疗法是通过对儿童和青少年的整体概念化来实现的。在游戏开始之前，咨询师根据这个理论视角完成对儿童和青少年的生活风格评估，以获得对儿童和青少年及其生活中重要他人的独特理解。生活风格评估是一种用来收集一个人及其周边环境信息的问卷调查，它包括以下方面的评估。

- 遗传 / 生物因素。
- 家庭系统考虑因素。
- 家庭动力。
- 邻里关系动力。
- 社区动力和政治。
- 社会关系。
- 爱好。
- 学术或职业考虑。
- 其他特殊考虑。

咨询师可以使用通过生活风格评估收集到的信息来指导治疗性游戏。

当通过阿德勒游戏疗法的视角来概念化儿童和青少年时，咨询师会花费足够的时间来理解来访者并确定游戏行为的主题。生活风格评估的信息可以被用来对儿童和青少年的思想、感受和行为做出结论。咨询师可以使用治疗性游戏干预来了解儿童和青少年的行为，并识别其更健康的思想和信念。这些更健康的想法被认为能促进儿童和青少年形成更健康的行为模式和更积极的情绪体验。健康的行为也能改善一个人的社会关系。

阿德勒提出，所有的个体都是天生的社会人，儿童和青少年的所有行为都是有目标导向的。也就是说，儿童和青少年总是朝着某个对他们来说很重要的目标努力（Drout et al.，2015）。咨询师可以根据阿德勒提出的四种动机来推测儿童和青少年游戏行为的潜在意义：注意力、权力、报复和逃避。阿德勒游戏治疗师会将治疗过程结构化，以此来揭示每位来访者的行为目的，并满足来访者的需求找出更有建设性的方法。

提到被关注的需要，其实所有的个体都有被他人关注的需要（Adler，1958）。当父母和其他主要利益相关者表扬儿童和青少年做了一些积极的事情（如打扫客厅或善待兄弟姐妹）时，儿童和青少年对被关注的需求就会得到满足。那些没有得到所需要的积极关注的儿童和青少年，有时会学一些无益的行为（如打兄弟姐妹），因为他们认为通过这些行为能引起父母或其他主要依恋对象的注意并给予他们所渴望的更多关注。对此，咨询师应该努力帮助儿童和青少年用健康的方法获得关注，并教导父母如何向儿童和青少年提供他们所需要的积极关注。

尽管儿童和青少年在很大程度上依靠父母的帮助来满足自身的基本需求，但所有人——尤其是儿童和青少年——都渴望有强大和自主的那种感觉（Adler，1958）。也就是说，儿童和青少年需要感到自己有能力做决定，并坚持自己的选择。咨询师可以通过让儿童和青少年选择自己的玩具和游戏形式来为他们提供力量。随后，咨询师可以帮助儿童和青少年将游戏中与控制有关的想法和感受与治疗外更有益的行为联系起来。例如，当儿童和青少年选择放下一个玩具开始玩另外一个时，咨询师可以帮助儿童和青少年识别导致他们做出这一决定的想法和感受，并将同样的思维过程应用于治疗外的相似情景，如从试图挑起争斗的同伴身边走开。这种行为应该通过更多的游戏场景来加强。当然，治疗外的练习也很重要。

儿童和青少年在受到他人伤害时，可能会表现出心理健康问题或行为问题。被所爱的人拒绝或背叛的感觉会导致儿童和青少年对自己和他人产生愤怒情绪（Adler，1958）。愤怒之下，儿童和青少年可能会试图通过说或做一些伤害他人的事情来报复伤害他们的人（如打父母或欺负同伴）。

然而，有时儿童和青少年在面对心理健康问题时会表现出退缩行为，他们可能试图通过不服从他人的要求来逃避令自己不舒服的情况。例如，儿童和青少年可能会故意做不好收玩具等这样的事情，这样他们就不会再被要求这么做了。对此，咨询师应该表扬儿童和青少年在咨询工作中的努力，并找到其他方法来增强他们的信心。

在实施阿德勒游戏治疗时，咨询师首先要向儿童和青少年及其家庭解释咨询过程。阿德勒游戏治疗有时是由咨询师主导，有时是由儿童和青少年主导。如果想要了解儿童和青少年心理健康的具体方面，咨询师可能会让他们玩一组特定的玩具。例如，咨询师可以让儿童和青少年搭积木，看看当儿童和青少年搭的积木塔倒塌时他们是否会生气；咨询师也可以让儿童和青少年玩娃娃，看看他们如何处理社会关系；当然，咨询师也可以让儿童和青少年在治疗时间自由游戏。

当咨询师通过游戏行为与儿童和青少年建立了融洽的关系时，一个治疗性游戏的安全空间就建立起来了。咨询师可以通过言语追踪和解析与来访者有关的咨询意义来促进来访者的发展。例如，咨询师最初可能会从简单的基于过程的言语追踪开始（如“你在玩卡车”），然后说出一些有助于解释来访者行为和促进来访者洞察力发展的反射性语言（如“你在玩卡车，因为你喜欢强大的东西”）。来访者的想法和感受应该由咨询师用语言表达出来，咨询师也应该帮助来访者将自己的想法和感受与由此产生的行为联系起来。最终，阿德勒游戏疗法的目标是帮助儿童和青少年克服自卑感，重构对自我或他人的不合理信念。

认知行为游戏疗法（cognitive behavioral play therapy）。咨询师也可能会决定使用认知行为游戏干预措施，以帮助那些在各个方面表现出问题的来访者，他们可能有情绪困难、恐怖症或一些特定行为问题（Drewes，2009）。认知行为游戏干预可用于 4 岁及以下的幼儿（Knell，1995）。关于这个年龄段的孩子是否能够理解自己的想法这个问题一直存在争议，但人们普遍认为幼儿能够学习关于他们的想法、感受和行为的简单、基本的概念（Knell，1995）。

认知行为游戏治疗师认为，儿童和青少年的想法会（有意识或无意识地）直接影响他们的感受，并决定他们的情绪和行为。因此，认知行为游戏治疗师可以用结构化的咨询来培养和促进儿童和青少年健康的思考，从而帮助儿童和青少年产生令人满意的感觉和行为。首先，咨询师应对儿童和青少年及其父母进行认知行为模式的教育，让父母意识到在这种模式下，一个想法会产生一种感觉，进而导致一种行为（Drewes，2009）。咨询师可以通过交谈、画图表或玩游戏来展示想法、感受和行为之间的联系。认知行为游戏治疗师通常会用几个疗程来建立治疗关系，并将来访者和他们的家庭慢慢地带入“想法—感受—行为”的框架或思维方式中。

咨询师可以通过游戏干预来了解儿童和青少年的思维过程。例如，咨询师可能会和来访者在咨询过程中玩游戏（如跳棋），以观察游戏行为是否会激起来访者强烈的情绪。接下来，咨询师可能会和来访者讨论这种情况下产生的想法、感受和行为如何转换到他们生活中的其他方面。咨询师也可以鼓励儿童和青少年自由游戏，并询问他们产生了什么想法及这种想法导致了什么感觉。无论使用自由游戏还是结构化游戏，游戏都可以为儿童和青少年提供机会，让他们开始将自己的想法与自己的情感和行为联系起来。除了结构化游戏和自由游戏，认知行为游戏治疗师还经常使用木偶、沙盘、布娃娃或其他游戏工具来帮助儿童和青少年了解他们的思想、感情和行为之间的关系。认知行为干预可能并不适合每个儿童和青少年，也不是每个儿童和青少年都需要这种干预，但它确实是一种流行的游戏干预模式，来访者可以在咨询中加以练习，并应用在自身的日常生活中。

宣泄游戏疗法（release play）。宣泄游戏疗法是基于这样一种信念，即用游戏行为模拟儿童和青少年的真实生活经历，以让儿童和青少年能够在游戏疗法中体验并释放情感，从而发展出健康的情绪反应和应对行为，然后可以将这种成长用于治疗之外的日常活动中。

宣泄游戏疗法的治疗师认为，儿童和青少年通过游戏行为能够独立克服许多艰难的生活经历。也就是说，儿童和青少年天生具有韧性，能够处理伴随各种常见生活压力源产生的思想和感受，包括受到父母的约束或与朋友打架。然而，他们也认为一些生活压力对自己来说太困难和复杂了，他们无法独自克服（如父母离婚、创伤性事件）。对此，咨询师可以使用结构化的咨询干预措施，来帮助儿童和青少年克服他们遇到的困难。

咨询师使用宣泄游戏疗法是在有意创建一些隐喻场景，这些场景代表了来访者经历的特定事件或困难。通常，特定事件（如身体虐待）令人恐惧或不舒服。每次重新体验这类事件时，咨询师都应与来访者一起处理他们的想法和感受。咨询师应努力促进治疗过程中来访者的情绪宣泄，为来访者创造情感释放的机会。咨询师还应将来访者的情绪反应作为线索，表明就该特定主题而言，来访者尚未解决的想法仍然存在。因此，宣泄游戏疗法的治疗师致力于以安全的方式重新创造令人不安的情景，直到儿童和青少年发展出健康的想法、感受和应对技能，并能够在没有明显痛苦的情况下应对各种情况。

值得注意的是，使用宣泄游戏疗法的咨询师认为，儿童和青少年会从他们的游戏行为中获得心理健康收益，而不是从咨询师提供的洞察力或解释中获益。也就是说，咨询师的工作是引导儿童和青少年实施与当前问题相关的具体游戏行为，而没有必要解释儿童和青少年的游戏行为。在这个时刻，对儿童和青少年的想法和感受的言语追踪应该是必要且有效的（Levy，1938/2015）。

疗愈游戏（theraplay）。疗愈游戏是一种指导性疗法，用于培养儿童和青少年与其养育者间的健康依恋关系。在疗愈游戏中，父母被视为儿童和青少年的主要变化因素（Munns，2013）。疗愈游戏的基础是依恋理论，它也认为儿童和青少年需要在生命早期形成安全的依恋纽带，以在一生中经历健康的发展和完善的社会关系。

当儿童和青少年的身体和情感需求能够得到养育者的持续满足时，他们之间就会形成一种安全的依恋关系。拥有安全型依恋的儿童和青少年会将世界视为一个安全的地方，也能够发展自己的自主性，同时知道他们将得到那些重要他人的无条件的爱和支持。不健康或不安全型依恋是在儿童和青少年的需求没有得到持续满足时形成的，这会使他们意识到这个世界并不是一个安全的地方。

疗愈游戏的主要目标是纠正儿童和青少年的不健康的依恋，以培养他们的安全感和独立性（Munns，2013）。此外，咨询师还应致力于提高儿童和青少年及其父母的自尊及自我效能感。同样，疗愈游戏的咨询师旨在提高儿童和青少年在独处、与家人和重要他人互动时调节思想、感受和行为的能力。为了达成这些目标，咨询师应将治疗分为三个阶段：开始、中间和结束阶段（Munns，2013）。

在治疗的开始阶段，咨询师会邀请儿童和青少年探索疗愈游戏的概念，并通过游戏来相互了解。在这一阶段，咨询师应特别了解儿童和青少年的家庭结构、家庭挑战及他们与父母的互动水平（Munns，2013）。治疗的开始阶段还包括一个蜜月期，在这段时期，儿童和青少年正在参与治疗过程，但咨询师尚未采取直接干预措施。自由游戏是开始阶段的主要活动。

在治疗的中间阶段，消极的时期会取代蜜月期，在这段时期，咨询师会逐渐提高咨询的指导性和结构性，儿童和青少年会开始感受到来自咨询师的挑战。这种指导性的咨询方式也被传授给儿童和青少年的父母和养育者，以便他们能够在家里和其他重要环境（如学校、托儿所）加以复制。儿童和青少年会开始认识到，治疗过程可能会改变或动摇目前的家庭结构，这一过程会让他们走出舒适区。在治疗的消极阶段，父母可能会观察到儿童和青少年的心理健康问题变得更糟（在他们开始改善之前）。对此，咨询师应告知父母这是正常的现象。

随着中间阶段的发展，儿童和青少年会逐渐放下消极阶段的抵抗，此时，一个成长和信任的时期就出现了。在这个阶段，儿童和青少年学会信任咨询师的真实性和一致性，并将这种模式迁移到父母身上；儿童和青少年学会了期望在咨询内外都有安全和一致的界限；儿童和青少年与父母之间建立了健康的依恋关系；儿童和青少年的心理健康目标将逐步实现。

治疗的结束阶段包括终止。当儿童和青少年表现出的问题得到充分解决时，咨询师应提出终止的话题，并处理因终止而可能产生的对儿童和青少年及其家庭的影响。此外，咨询师还应鼓励父母在咨询结束后要保持在咨询中学到的新行为，并期望儿童和青少年在咨询结束后也能够进行健康的认知和情绪发展。

总体来说，指导式游戏模式允许咨询师积极引导儿童和青少年及其家庭成员走向治疗性成长。当与儿童和青少年进行疗愈游戏时，咨询师应该考虑相关的文化和临床因素。在咨询过程中的不同时间，来访者可能需要指导性和非指导性的咨询方式，咨询师也可能需要用一种特殊的游戏方式贯穿整个治疗过程，如沙盘游戏。

沙盘游戏（sandplay）。沙盘游戏是游戏治疗的一个独特的子集，可以用来补充各种指导或非指导性的游戏模式。在沙盘游戏中，儿童和青少年被鼓励在一个装满沙子或类似材料（如大米、小鹅卵石）的托盘中创造他们世界的缩影。心理健康专业人员在获得相关专业的研究生学位后可以注册或认证沙盘游戏治疗师。咨询师可以通过国际沙盘游戏治疗学会（International Society for Sandplay Therapy，ISST）成为注册的沙盘游戏治疗师（Registered Sandplay Therapist，STR）。个人也可以通过国际沙盘游戏治疗协会注册成为经认证的沙盘游戏治疗师。其他沙盘游戏证书也可以通过其他协会和组织获得。

沙盘游戏可以被各种游戏和家庭理论所支持。咨询师应根据每位来访者独特的发展需求和所提出的问题来实施沙盘游戏，同时也应该适当地整合他们所偏好的理论取向。沙盘游戏通常被称为沙盘，起源于 20 世纪初（Rae，2013）。沙盘游戏发生在各种形状、大小和高度的容器中。有些咨询师可能会用一个装满沙子的婴儿泳池，有些咨询师使用的沙盘可能很小且便于携带（如一个小塑料容器）。有些沙盘会放在地上，有些沙盘则会放在桌子或长凳上。有些人也会选择使用其他材料，如大米，而不是沙子。

在进行沙盘游戏时，咨询师会邀请儿童和青少年在沙子上放置一些小玩具。当儿童和青少年沉浸在沙盘游戏中时，他们能够用各种小玩具来构建他们的世界。与所有的游戏模式一样，在沙盘游戏中，咨询师也应该确保向儿童和青少年提供各种各样的玩具、雕像、积木和其他物品，以方便儿童和青少年构建自己的主观世界模型（Rae，2013）。通常，隐喻被用来给儿童和青少年创造一个安全的世界，这种隐喻包括真实的人、地方和事物的符号。在沙盘游戏中，沙盘就是现实世界的缩影（或缩影版）。

在使用沙盘游戏时，咨询师应首先评估来访者是否准备好参与治疗性游戏。沙盘游戏能够激活各种感官（尤其是触觉、视觉和听觉）。被要求参与沙盘游戏的来访者应该能够自在地使用他们的触觉，而对触摸过度反应的来访者（例如，由于创伤经历或遗传因素）可能不适合这种治疗游戏（Rae，2013）。

在确定一位来访者是否为沙盘游戏的合适人选后，咨询师应该向来访者及其家人解释相关的过程。咨询师应该创造一个安全的空间，允许儿童和青少年在一个或多个咨询时间内自由地玩沙盘玩具。咨询师可以解释说，这种无声的、非指导性的游戏最终会过渡到更具指导性的阶段，或者可以解释说所有的沙盘游戏本质上都是非指导性的。

在沙盘游戏过程中，咨询师应扮演见证者的角色（Rae，2013）。至少在一些疗程中，或许在所有的非指导性疗程中，咨询师应允许来访者拥有他们所需要的在沙盘中构建他们的世界的自主权，并获得对他们生活的控制权。指导性咨询师可以运用各种游戏技巧和理论来开展指导性沙盘游戏，这可能包括反思、言语追踪或其他特定的指导方式。例如，采用阿德勒方法的咨询师在为父母离婚的儿童和青少年咨询时，可以指导儿童和青少年创建一个沙盘来代表他们的家。通过观察儿童和青少年选择的“家”和代表家庭成员的玩具，咨询师可以收集许多有价值的信息。咨询师还应注意关键家庭成员是否失踪及他们与其他家庭成员的关系。

在沙盘游戏中，咨询师可以进入来访者的世界，与来访者互动并为来访者提供支持以便于他们进行有效的探索及洞察。咨询师可以与来访者或其家人私下或一起总结每次沙盘游戏，必要时可以与他们一起基于通过沙盘游戏获得的洞察力来构建一个促进行为改变的计划。咨询师可以是指导性的，也可以是非指导性的，这取决于来访者的需求。

在游戏治疗这一节中，我们对指导性和非指导性游戏干预进行了概述。游戏治疗干预不仅在与来访者合作时很有帮助，在与年龄较大的儿童和青少年甚至成年家庭成员合作时也很有效。咨询师应尽可能让儿童和青少年的父母也参与游戏过程，并且应始终如一地努力使游戏干预措施应用于儿童和青少年的日常生活中。

咨询师不一定只能选择一种本节所探讨的游戏理论，而是可以整合多种游戏理论，打造一个最适合来访者情况的有意义的咨询方案。除了游戏疗法，咨询师还可以选择将创造性艺术干预（可以概念化为一种游戏）融入咨询活动中。

咨询中的创造性艺术

创造性艺术用一种有意义的方式来激发人的想象力和感觉。当被用于咨询时，创造性艺术方法可以被用来与来访者建立联系，而这种联系通常不是谈话疗法可实现的。艺术是一个富有想象力和刺激性的媒介，通常会产生某种最终产品（deges-white & Davis，2011）。创造性艺术干预的最终产品可能是无形的，如一个想象的应对技巧的盒子；也可能是有形的，如对一个人的感情的描绘。创造性艺术干预对所有年龄段的来访者都有帮助，尤其对儿童和青少年咨询特别有效，因为这些活动是过程导向的，具有发展性、多样性、灵活性和吸引力。

咨询本身是一个艺术性的、目标导向的过程，咨询师可以在帮助来访者实现目标的过程中驾驭创造力。谈话是谈话疗法的标志，是一种艺术，在这种艺术中，咨询师和来访者一起追求一个一致同意的目标，这个目标的实现就是咨询的创造性产品。

咨询中的创造性超越了谈话疗法，它会用一些独特的方式来调动一个人的感觉和大脑。在心理咨询中使用创造性艺术，就是在大脑的逻辑部分和创造性部分之间架起一座桥梁。当整个大脑受到刺激并以创造性的方式建立连接时，治疗干预就会变得更加有效（Rae，2013）。在咨询中使用创造性艺术可以作为一种咨询工具，以促进有意义的、整体的联系。

咨询中表达性技巧的使用使咨询师能够以独特的方式与来访者联系，并将创造性活动和干预有意识地结合起来，从而提高咨询的有效性（deges-white & Davis，2011）。咨询师有提供干预的伦理责任，以帮助来访者实现他们的目标（ACA，2014，A.1.c.），而创造性艺术可以在咨询中用于支持这一伦理要求。

艺术治疗师和许多其他心理健康专家都相信，艺术构建的过程及其本身就具有治疗作用（Rosen & Atkins，2014）。也就是说，表达性艺术疗法具有内在价值，它不需要一个帮助者的指导或引导，只需要介绍活动即可。许多心理健康专业人员将创造性或表达性艺术干预与各种理论方法相结合。举个例子，假设咨询师邀请来访者为他的愤怒做一个雕塑。对这位来访者来说，创造雕塑的行为是放松的、投入的，并有助于洞察自身的愤怒。除这种体验本身的治疗价值外，咨询师还可以使用与特定理论相关的各种技术和干预手段来补充创造性艺术干预。相反，创造性艺术干预可以作为工具，促进具体理论方法的应用。为了有效地将创造性艺术应用于咨询，心理健康专业人员应该了解创造性艺术在咨询中应用的基础，并有意识地加以应用。

创造性艺术咨询的基础

自古以来，创造力就具有治疗价值（gladd，2011）。创造力是一种推动力量，影响了中世纪、文艺复兴时期和现代的文化和社会发展。创造性是咨询过程的基础，咨询中的创造性干预也受到大多数理论取向的支持（Gladding，2011）。只要咨询师有意选择一些活动，所有咨询师都可以将创造性艺术和表达性技巧融入他们的日常咨询中（Gladding，2011）。

在计划为儿童和青少年进行创造性干预时，咨询师应首先收集来访者的信息，并努力了解儿童和青少年现存的问题、发展水平和相关的文化考虑（Gladding，2011）。咨询师应完成全面的评估，并制订持续的治疗计划，以确定最适合每位来访者的创造性干预的性质和类型。例如，一名咨询师在教授一个因创伤后应激障碍而压抑自己情绪的孩子一些认知行为概念时，可能会使用一个闪卡游戏，在这个游戏中，来访者通过表现出特定的感受来获得积分。这只是一种创造性的方式，便于咨询师强调重要的治疗概念，以使干预对来访者更有意义。

创造性技术和干预

创造性可以以符合咨询师的理论方法和来访者独特需求的方式融入咨询过程中。咨询师可以在咨询中运用的创造性干预方法是非常多的，下面几节将简要讨论艺术、音乐和写作和讲故事的具体使用方式。

艺术

艺术可以包括绘画、雕刻、素描、着色、装饰、手工艺、剪贴簿、创造拼贴画，以及任何其他涉及视觉表达的活动。咨询师可以使用的一些常见的绘画材料包括白色和彩色纸、铅笔、钢笔、记号笔、油漆、蜡笔、刷子、围裙、胶带、胶水、剪刀、纱线、绳子、织物、闪光物、羽毛、亮片、冰棍棒和塑料容器。如果选择使用雕塑作为媒介，咨询师将需要黏土块、防潮布、围裙、切割黏土的金属丝、雕刻工具、水和纸。

艺术干预在为语言表达有困难的儿童和青少年提供咨询时尤为重要，但所有的儿童和青少年都能从各种形式的视觉自我探索和表达中受益。艺术咨询可以在学校、家庭或临床环境中使用，在团体、家庭和个人咨询中艺术咨询也是一种有效的工具。

创造艺术活动本身就是治疗性的，咨询师可以通过理论视角来设计、实施和处理创造性活动，进一步提高艺术干预的有效性（Rosen & Atkins，2014）。表 8-4 提供了有理论支持的咨询艺术性活动的示例。咨询师需要确定哪一种理论最适合来访者，并开发出有助于咨询成功的创造性技术。如果有意识地使用艺术活动，那么艺术活动就可以让来访者挖掘他们的创造性才能，以独特的方式表达自己，探索自己的思想和感受，获得洞察并处理自己的情感（Garrett，2015）。艺术咨询邀请来访者参与咨询过程、推动治疗过程和促进新的行为和技能的提升。

表 8-4 创造性艺术咨询活动示例

活动	咨询目标	理论取向	说明
看看我的担心	减少来访者的焦虑	认知行为理论	给来访者一张空白纸（最好比标准纸大，但不是必需的），以及各种艺术用品，如油漆、蜡笔、胶水和闪光剂，并要求来访者在纸上画出他的担心和恐惧。当来访者画完图后，咨询师提出诸如“恐惧/担忧从何而来？”“恐惧/担忧住在哪里？”“是什么让恐惧/担忧变得明显或安静？”“恐惧和担忧对你说了什么？”“当恐惧和担忧困扰你时，你会采取什么做法？”之类的问题。咨询师可以写下来访者的想法及伴随这些想法而产生的行为。然后，咨询师可以让来访者画一幅他用来对抗忧虑和恐惧的想法和行为图
我是谁	增强认同感和自尊心	以人为中心的理论	咨询师为来访者提供各种艺术材料，并要求他画一幅自画像。当来访者完成时，咨询师会与他一起探索创造事物的感觉，以及描绘自我的感觉。咨询师还应该询问来访者画像中的人喜欢什么、不喜欢什么、看重什么和担心什么。这些想法和感受应该得到验证，以促进来访者思想与行为的一致性
我要去哪里	增加健康和积极的行为	行为理论	来访者被要求画一幅他当前的自画像。完成后，要求来访者画一幅他自己在 2 年内（或与过去适当的时间间隔）的照片。咨询师和来访者的工作是确定这两种描述有何不同，并确定可以用来努力实现未来自我的具体行为
沉静活动	减少愤怒的爆发	阿德勒理论	来访者被要求在一张纸上画一个大圆，这个圆代表呼啦圈。就像使用呼拉圈一样，来访者可以控制圈内发生的事情（如移动臀部来平衡呼拉圈），但不能控制圈外发生的事情（如有人撞到呼拉圈上）。咨询师与来访者一起工作，找出一些特别令人沮丧或痛苦的社交情境（例如，父母打架，在学校与霸凌者打交道）。然后，咨询师和来访者将注意力集中在其中一种令来访者感到沮丧的社交情境，并让来访者写下他可以控制的圈子内的事情和不能控制的圈子外的事情

音乐

音乐是一种声音的集合，可以通过不同的媒介来创作，如乐器、声音或其他常见的物体（如垃圾桶、勺子等）。几个世纪以来，音乐一直是文化的重要组成部分，它是一个强有力的工具，可以让儿童和青少年用语言或声音来表达自己。音乐是联系彼此、挖掘情感、点燃旧时记忆或提高日常体验的一种方式（Land，2015）。

在咨询中，咨询师可以让儿童和青少年创造他们自己的音乐来作为一种自我表达的方式。音乐可以用鼓、钟或其他能产生美妙声音的物品创作出来。咨询师可以指导儿童和青少年他们应该创作的音乐类型（例如，“演奏一首听起来像你和你妈妈之间关系的曲子”）。或者，儿童和青少年可以自由地创作他们想到的任何声音或歌词，然后咨询师可以与来访者一起领会或理解音乐。或者，音乐创作体验可以作为一种不需要诠释的自我表达和宣泄的途径。

咨询师还可以使用已有的音乐来营造人与人之间的联结和相似感。歌曲本来就是自我表达的方式，很多人都会通过音乐表达类似的困难。例如，与患有抑郁障碍的来访者一起工作的咨询师可能会选择一首歌曲，该歌曲探索歌手的抑郁障碍经历，并以饱含希望的信息结束。咨询师和来访者可以探讨来访者的抑郁经历与艺术家的有何相似或不同，来访者可以从中找出对未来的希望和应对生活的技巧。年轻人，尤其是儿童和青少年，他们已融入流行文化中，当咨询师使用来访者已经接触过并喜欢的音乐时，对咨询是很有帮助的。

咨询师也可以让来访者把他们自己的音乐带入咨询中。咨询师可能会要求儿童和青少年带一首他们最喜欢的歌曲、一首他们特别不喜欢的歌曲，或者一首与当前问题相关的歌曲。咨询师和来访者可以通过一起聆听来访者的音乐来建立治疗关系，来访者也可以分享以前可能藏在内心的想法和感受。最后，咨询师和来访者可以一起使用来自某首歌曲的歌词中的应对技巧和洞察力来规划未来。咨询师可以帮助来访者理解歌曲的含义，并努力创造出一种新的观点或一种新的希望。

在咨询中，音乐是一种有趣而有效的工具。音乐干预可以在团体或个人咨询中使用。在一个小组中，成员可以听一首由咨询师或指定的小组成员提供的歌曲，然后探索艺术家和他们的相似经历。同样，咨询师可以要求小组成员使用乐器或写歌词来共同创作音乐。一起创作音乐可以创造一种共享的体验，能够将整个小组成员联系在一起，并带来新的希望或方向感。音乐活动可以调整成适合咨询师实践的理论方法。表 8-5 提供了一些可用于咨询的音乐活动的示例。

表 8-5 可用于咨询的基于音乐的活动示例

活动	咨询目标	理论取向	说明
分享我的故事	促进来访者自我表达	认知行为理论	咨询师询问来访者他当前喜欢的歌曲，以及来访者特别喜欢的歌曲。咨询师可以从网络上找到歌曲，然后在办公室计算机或来访者的设备上播放（应根据来访者的发展水平使用经审查的歌曲版本）。咨询师和来访者可以一起听这首歌曲，并对那些特别辛酸或与来访者的心理健康需求有关的歌词进行讨论。咨询师可以识别出来访者的一些无益认知，并提出不同看法，同时鼓励来访者在遇到困难时使用音乐作为一种应对技巧
分享时刻（团体活动）	体验个人之间的共同经历		团体咨询师选择一首与团体内一个共同主题相关的流行歌曲。例如，一首气氛比较轻松的歌曲“对不起”可以在一个关于约会和关系的小组中使用。咨询师可以先解释小组的主题并提供活动的概述，然后播放一首歌曲。歌曲结束后，邀请小组成员分享他们与歌曲的关系（如一个教训、一种感觉）。团体咨询师可以把小组成员的体验联系起来，并要求小组成员列出在需要时可能有用的其他歌曲
今日之歌（团体活动）	增加团体凝聚力	以人为中心的理论	每位小组成员都会得到一个可以发出声音的日常用品（如一对汤匙、一个塑料碗）。每位小组成员轮流展示自己所持乐器的声音，然后小组成员开始创作歌曲。第一位成员开始时重复发出同样的声音，下一位成员加入时发出与第一位成员的节奏相匹配的不同的声音，最后所有成员同时演奏他们的乐器。小组成员可以为他们的歌曲命名，并用头脑风暴的方式写出与音乐相配的歌词。另一种选择是，当其他成员演奏时，一位成员可以唱歌。最后，咨询师会花时间强调小组成员是如何一起工作并创造了共同的体验
摆脱它	加强情绪调节	辩证行为理论	咨询师和来访者找出一个来访者特别困难的经历，并探索对该情况的所有可能的反应（如攻击性的反应、武断的反应、离开）。如果离开似乎是最有帮助的回应，咨询师就可以播放一首表达潇洒放手的歌曲。同时，咨询师和来访者一起练习摆脱它（甚至可以结合一些身体动作或舞蹈）。咨询师应鼓励来访者在面对现实生活中具有挑战性的情况时“摆脱它”
表达自我	促进来访者自我表达	阿德勒理论	不喜欢用语言表达自己的来访者可以通过舞蹈来表达自己。咨询师应提出一个与来访者内心挣扎有关的事件，然后请来访者说出一首与相关感觉相匹配的歌曲。咨询师可以播放这首歌曲，并请来访者跳一段舞蹈来表达他对这件事的感受。咨询师说出自己是如何感知这个舞蹈及舞蹈中所表现出的感觉的。咨询师也可以用自己的舞蹈回应来访者的舞蹈。必要时可以重复这个过程

写作和讲故事

写作和讲故事的方法也是潜在且有用的创造性技术，可以用于咨询。咨询师可以选择使用各种创造性的沟通工具来促进来访者的自我表达能力和洞察力的提升。以下列举了一些创造性的写作和讲故事的形式。

- 日志记录。
- 完成工作表。
- 列出清单。
- 读诗和写诗。
- 讲书面和口头故事。
- 写作和表演戏剧。
- 写信。
- 分享神话和寓言。
- 研究和撰写论文。
- 创造治疗性故事。
- 来访者或咨询师使用木偶。
- 看电影。
- 听书。
- 阅读心理教育书籍。
- 写短篇或长篇小说。
- 撰写和发表演讲。

咨询师应该选择适合来访者及其独特需求的写作和讲故事的类型。

叙事疗法（White & Epston，1990）可以作为一种框架来支持将写作作为一种治疗媒介。通过叙事疗法，个体被赋予了创造和重写自己故事的能力。例如，一个来访者可能会写一个关于与朋友打架的故事。然后，他可能会回顾这个故事，找出不一定准确的部分（如“我恨她”），并以更现实的方式重写这些部分（如“我不恨她，我只是生她的气了”）。来访者甚至可能会写一个新的结尾，如向朋友道歉。新的故事允许来访者在未来采取不同的行动，并可以导向治疗性活动。

在写作活动中，儿童和青少年经常能够表达他们不能大声说出的东西。一些儿童和青少年可能发育迟缓，从而抑制了自身的语言能力。其他儿童和青少年可能有过难以说出口的经历。对此，咨询师有时可以使用书面语言这一种安全和有效的非言语方式来与来访者沟通。

儿童和青少年可以通过许多方式参与治疗性写作。咨询师可以要求儿童和青少年写日常日志，用日志来促进其自我表达，并提供一个可以支持其自我调节的专注的体验（Land，2015）。日常日志也可以用来追踪儿童和青少年的想法、感觉和行为，以及促进洞察力的提升。儿童和青少年可能会被邀请在他们经历情感困难时写作，因为写作可以减少焦虑和其他无益的感觉（Park et al.，2014）。写作练习可以作为一个强有力的工具，帮助儿童和青少年冷静下来，专注于一个特定的活动，以一种不具威胁性的方式来表达自己，宣称对环境的控制权，并获得新的、有益的见解。

咨询师也可以使用治疗性的故事来激励儿童和青少年继续依靠自身韧性不断变化和成长。咨询师可以仔细选择与来访者的心理健康需求相关的故事，或者和来访者一起撰写故事，通过使用隐喻和幻想来促进该活动（Kress et al.，2010）。在咨询中使用讲故事的方法已得到各种理论的支持（如以人为中心、认知行为、叙事等理论），其有助于增加治疗关系中的信任，培养来访者的动机和赋权，促进其认知结构的发展（Bergner，2007；Carlson，2001；Erickson & Rossi，1989）。以下列举了治疗性讲故事的使用指南。

- 选择一个合适的故事。
- 确定是已有的故事还是个性化的故事最有效。
- 仔细安排干预时间。
- 整合来访者的目标和资源。
- 确保来访者能够理解故事。
- 确保故事的信息是积极和现实的。
- 在讲故事时要充分了解它。
- 向来访者介绍讲故事的过程，并获得使用故事的许可。
- 有意识地加工故事。

在为来访者选择故事时，咨询师应考虑来访者的发展水平、所表达的担忧和当前的心理健康需求（Kress et al.，2010）。如果咨询师能够找到可能与来访者产生共鸣的已有故事，那么咨询师或来访者可以在咨询中大声朗读该故事，或者来访者可以将故事带回家阅读（针对年龄较大的儿童和青少年）。咨询师可以在事后问一些程序性问题，以帮助来访者将这个故事应用到他们自己的生活中。阅读是一种有用的方法，可以用于咨询，可以使来访者的体验正常化并教授其新的技能。咨询师可以在咨询期间与来访者一起阅读故事，以解决关键问题，如所爱的人的去世、人际关系困难、个人发展和情绪调节（Eppler et al.，2009；Slyter，2012）。故事可以为来访者提供正常化的信息，因为故事可以证明其他人也经历过类似的挣扎。

咨询师还可以根据来访者的具体需求为他们提供相关书籍或文章。例如，咨询师可能会给一个十几岁的女孩一篇关于人际关系的文章，她可以在家里阅读，然后在咨询过程中讨论文中的一些疑问或见解。通过读文章，女孩可以学习到对人际关系有益和无益的行为，也可以学习与同龄人交往的新方式。总之，儿童和青少年可以通过阅读诗歌、寓言、童话、神话、散文等来了解自己和周围的世界。

有时，咨询师也可能找不到提供看待问题的另一种方式或可能促进来访者觉察和成长的书籍、故事、诗歌或段落。在这种情况下，咨询师可以为来访者写故事（Kress et al.，2010）。例如，一个遭受性侵犯的年轻女孩可能会从一只猫（她最喜欢的动物）的故事中受益，这只猫经历了一段不受它控制的可怕而痛苦的经历（如它的尾巴被一堆石头夹住了）。总之，咨询师应结合来访者可以使用的类似资源来帮助来访者（Kress et al.，2010）。咨询师甚至可以与来访者共同撰写故事，以探索和处理冲突并实现心理健康的目标。

最后，戏剧也可以用于咨询，可以让来访者通过编写和表演剧本来表达自己。心理剧最初由精神病理学家莫雷诺（Moreno）提出，是一种可用于支持与戏剧和表演相关的干预的理论基础。在心理剧中，个体被鼓励去演绎那些挥之不去或感觉未完成的重要生活事件。心理剧可以用在团体或个体咨询中，如果小组成员都经历过类似的生活困难（如父母离异），那么整个团体就都可能会从某一特定的行为中获益。但有时团体成员也可以作为一个人的支持系统，以处理一些对个人特别重要的事情。

戏剧和表演可以以真实事件为基础，也可以包含一些隐喻，以不具威胁性的方式来解决儿童和青少年面临的问题。戏剧使儿童和青少年在咨询中获得力量和控制感，能够更好地表达自己并学习如何创造新的生活故事（Land，2015；Slyter，2012）。总体而言，咨询中的写作和讲故事可以采取许多创造性、引人入胜和有效的形式。表 8-6 提供了有理论支持的可用于咨询的写作和讲故事的活动示例。

表 8-6 可用于咨询的写作和讲故事的活动示例

活动	咨询目标	理论取向	说明
给我讲故事	提高来访者的理解力和应对技巧	阅读疗法	咨询师要选择一本适合来访者发展的故事书，并解决其相关的内心挣扎（如如厕训练、社交焦虑、家庭离婚等）。咨询师提醒来访者书中提到的具体问题，然后让来访者阅读这本书。随后，咨询师和来访者一起处理这个故事与其之间的关系，帮助来访者从这个故事中学习并在将来应用它
重写故事	鼓励合理和有益的认知	叙事理论和认知行为理论	来访者被要求写下经历过的特别令人不安的事件及其细节（例如，最近与朋友吵架，被虐待或忽视的实例）。咨询师和来访者可以一起阅读故事，找出任何可能没有帮助或不合理的细节，然后用更理想的结局重写故事
自由写作	增加自我表达，促进宣泄	以人为中心的理论	来访者每天花 5 ~ 10 分钟写日志或日记。来访者写下他们的日常经历及其想法和感受。这种活动本质上是治疗性的，因为它允许来访者反思和组织他们的想法。咨询师可以要求来访者在合适或有帮助的情况下分享重要的段落

（续表）

活动	咨询目标	理论取向	说明
表演（团体活动）	增进小组融洽关系并创造共享的小组体验	心理剧疗法	小组成员共同创造一个戏剧。他们可以决定剧本的标题和主题。主题应与小组的目标有关（如悲伤）。剧本应该有一个有意义的结局，包含健康的应对技巧，如果可能或想要更具有治疗性，团队成员可以为观众（如父母）表演剧本
自我分享	促进自我探索、自我表达和自我宣泄	格式塔理论	鼓励来访者通过写诗来描述他们目前的挣扎。诗可以在咨询过程中写，也可以作为家庭作业来写。来访者可以为咨询师朗读诗歌，咨询师可以与来访者一起确认并分析诗歌的含义

在咨询中运用创造性艺术是咨询师与来访者建立真正联结的有效途径。各个年龄段的人都喜欢运用自己的想象力和创造力。咨询师应该相信设计和实施创造性的咨询干预给咨询过程带来的力量，以帮助来访者达成他们的目标。

总结

本章探索了与游戏和创造性艺术相关的理论基础、技术和干预措施。许多术语被用来描述创造性、艺术、表达和游戏在治疗中的应用，心理健康专业人员应该根据他们的执照和证书谨慎地宣传和实施这些干预措施。咨询师应制订个性化的治疗计划以满足来访者的需求，并用合理的理论框架支持所有创造性的干预。

游戏治疗是一种富有表现力的心理健康干预方式，游戏行为被用来促进来访者的探索、觉察和成长。游戏治疗可用于所有年龄段的来访者，但由于其发展性，游戏治疗尤其适用于儿童和青少年。游戏治疗对各种心理健康问题都是有效的，包括创伤、情绪困难、恐惧、悲伤、适应困难和新环境过渡。

使用游戏疗法的两种主要方法是非指导性游戏和指导性游戏。顾名思义，咨询师在指导性游戏疗法中更具指导性，并且可以进行干预；而非指导性的咨询师则认为，在适当的工具和情况下，来访者有能力自愈。非指导性游戏疗法的例子有以儿童和青少年为中心的游戏疗法、体验式游戏疗法和亲子疗法；指导性游戏疗法涉及多种理论，本章探讨的相关理论包括阿德勒游戏疗法、认知行为游戏疗法、宣泄游戏疗法和疗愈游戏。沙盘游戏的使用也被解释为一种在儿童和青少年心理咨询中使用的方法或技术。

创造性的艺术活动可以激发来访者的想象力，使双方形成一种独特的联结，这是传统的谈话疗法无法做到的。自从正式的心理健康理论和治疗开始以来，创造性艺术就被用作一种治疗工具。一些可以用于咨询的创造性艺术类型包括艺术、音乐、写作或讲故事。本文探讨了每个类型的基础知识，并提供了创造性活动的示例。值得注意的是，创造性活动可以被纳入与所有咨询理论相关的干预中。

总之，咨询师可能会考虑将游戏和创造性艺术融入他们的实践中。游戏和创造性的干预措施可以治疗有一系列问题的来访者。

第 9 章　概念化来访者的情况及指导性咨询

达全的案例

达全今年 8 岁，和他的姐姐、母亲住在一起。自从得知父亲因贩卖大麻被判刑后，他就不像以前那样了。达全和他的母亲、姐姐和祖父母的感情很好。他的母亲告诉我，当她告诉达全和他姐姐他们的父亲被监禁的事情时，达全变得非常不安，把自己锁在浴室里几个小时，直到祖父劝他和家人一起吃晚饭才开门。达全对他的父亲有一种强烈的依恋，因为在达全的童年时期他们一起度过了很多时光。达全性格外向、风趣，在同龄人中很受欢迎，他是一个举止得体的孩子，一个受人尊敬的学生。达全成绩优异，在学校表现积极，出勤率也很高。

在过去的三周里，我注意到达全的学习成绩、课堂行为、同伴互动都发生了很大的变化。在他因为和同学打架被停课三天后，我注意到他的课堂参与情况有了轻微的变化。他不再愿意在小组讨论中回答问题，也不再充当课堂帮助者的角色，而我过去常常对扮演这种角色的模范学生进行奖励，达全过去一直都很喜欢这种角色。达全有时显得易怒、愤怒和悲伤，生气时似乎变得反应强烈，也越来越少与同龄人玩。这样的事情发生了好几次，包括达全在发脾气时把书扔在地上，不小心弄坏了蜡笔后怒气冲冲地冲出教室，以及在没被选为休息时带队上厕所的领队时失声痛哭。从那时起，达全变得越来越爱争论，并拒绝完成许多学业作业，他的成绩也下降了。

许多学生表示，达全一直在校车上和课间欺负他们。他的同伴报告说，达全一直在辱骂他们，对他们大喊脏话，并威胁说，如果他们不按照他的规则玩游戏，就要揍他们。当我与达全见面时，他并没有为自己反常的行为做任何解释。这是一个特殊的孩子，有些地方很不对劲。你能帮帮他吗？

——达全的老师

从哪里开始：指导性咨询和制订治疗计划

大多数接受心理咨询的儿童和青少年都有多层的和复杂的生活环境，将他们的情况概念化和确定帮助他们的最好方式可能是让人困惑的；聚焦性和指导性心理咨询不是一项容易的任务。在很短的时间内，咨询师需要对来访者的情况有一个全面的了解，并确定帮助他们的计划。学校咨询师可能只有 15 分钟的时间来评估学生的情况并弄清楚学生需要什么，而在临床工作的咨询师通常有 1 小时的时间来完成。重要的是，咨询师要有理论和模型来指导他们的思考，因为不全面和不充分的思考可能会对来访者造成伤害（Kress & Paylo，2015）。

本章提供的材料旨在帮助咨询师概念化儿童和青少年的情境，并制订全面的咨询和治疗计划。本章的第一部分介绍咨询师在对来访者进行咨询时可以用来指导他们的思考和计划的实践原则。第二部分提出一个综合的、基于优势的治疗计划模型（即“I CAN START”模型）（Kress & Paylo，2015）。

咨询师的工作环境很可能会决定其在规划和组织咨询时需要有多详细。学校咨询师一般不会制订正式的咨询或治疗计划。然而，在社区机构、医院、住院治疗机构或其他临床机构工作的临床心理健康咨询师通常需要制订正式的治疗计划。虽然本章介绍的信息是针对那些有正式治疗计划的咨询师的，但是这些原则、概念和信息对学校咨询师和那些不需要制订正式治疗计划的咨询师同样有用。

在为有各种问题和精神障碍的来访者提供咨询服务时，咨询师用来确定咨询目的和咨询目标的可用资源并不缺乏。例如，琼斯玛（Jongsma et al.，2014）治疗计划系列包括许多治疗计划书，其中提供了短期目标、长期目标和与来访者及其所经历问题相关的治疗干预的例子。目前还有一种趋势是咨询机构使用计算机软件系统来产生预先确定的咨询目的、目标和干预措施。

这些资源都对咨询师有帮助，但咨询师必须有一个全面的模型，以指导他们概念化来访者的情况，并帮助他们创建全面、有效的咨询计划（Kress & Paylo，2015）。此外，咨询师还必须了解良好的咨询和治疗计划的根本性基础。好的咨询计划应针对每个儿童和青少年的需求和优势；咨询师不应将他人制定的治疗目的、目标和干预措施“剪切粘贴”到来访者的治疗计划中（Kress & Paylo，2015）。依赖于由他人制定的治疗目的、目标和干预措施的咨询师，可能会创建规范性的、缺乏个性化的、过于笼统的治疗计划，并不能更好地满足来访者的需求（Kress & Paylo，2015）。

好的儿童和青少年咨询是循证的、个性化的、关系性的、基于优势的和对情境敏感的（Kress & Paylo，2015）。以下指导原则可用于发展性和聚焦性咨询的过程中。这些原则也被整合到“I CAN START”模型中，该模型将在本章后面介绍。这些原则旨在作为咨询师制订治疗计划或以其他方式关注咨询方向的起点。

对来访者采取关系性、合作性和基于优势的方法

牢固的咨询关系是成功咨询最重要的预测因素。一个健康的治疗联盟会影响诸多方面：来访者对咨询服务的满意度，来访者认为可以安全暴露的内容和程度，来访者对咨询师和咨询的乐观或信心，来访者对自己状况能够改变的希望（Norcross，2011）。咨询师在咨询关系中能够体现出人际关系建设特征的能力是至关重要的，如在咨询中表现出共情、一致性、积极的尊重和肯定，这些因素的重要性再怎么强调都不为过（Norcross，2011）。当一个强大的关系建立起来时，咨询师和来访者会很好地沟通，在咨询的目标和任务上也容易达成一致，并能够合作制定咨询目标。

咨询师必须真诚和一致。他们必须让人感到是值得信任的、诚实的，正像他们所建议他人的那样。儿童和青少年尤其善于察觉什么时候身边那些人是言行不一致的，他们也会特别去验证咨询师是不是真的是其表现出来的那个人。他们可能需要更长的时间来与咨询师建立稳固的关系基础（Whitmarsh & Mullette，2009）。许多儿童和青少年不信任成年人或权威人士。因此，在咨询早期，他们不太可能表现出与咨询师合作的兴趣（Whitmarsh & Mullette，2009）。在咨询关系的早期，建立融洽和令人信任的关系并非不可能，但咨询师在建立信任的过程中应保持耐心。

在建立咨询关系时，咨询师必须能够与来访者的经历建立联系。虽然咨询师也曾经是儿童和青少年，但他们经常失去作为儿童或青少年的视角。能够站在来访者的角度和发展水平上思考问题的咨询师，将会更好地帮助儿童和青少年做出改变。与此相关，咨询

师应该意识到儿童和青少年之间的发展差异。例如，儿童和青少年通常倾向于去更好地了解咨询过程，怀疑咨询师提供帮助的能力，并对权威人士表现出较低的信任度；这些因素将影响咨询师对来访者的反应（Whitmarsh & Mullette，2009）。即使是 1 岁的年龄差异（如 12 岁和 13 岁），也可能在来访者对咨询师的反应方式和咨询过程方面产生很大的不同。咨询师应对发展问题保持敏感，通过回忆自己年少时的经历，可以与来访者建立一种治疗性的、信任的关系。

咨询目标和治疗计划应根据来访者的需求和偏好进行个性化设置，并应根据来访者及其家人的反馈来制定（Kress & Paylo，2015）。应该保证儿童和青少年在咨询中有发言权，因为这种合作方式符合指导性咨询师实践的各种伦理规范（ACA Code of Ethics，2014；the American Mental Health Counselors Association's Code of Ethics，2015）。此外，第三方支付机构也会要求咨询师根据来访者的需求指导咨询的重点。

儿童和青少年应该积极参与心理咨询，这个想法根植于一种以优势为基础的理念和一种假设，即来访者及其家人最了解儿童和青少年的问题及解决问题的方法。基于优势的方法以这样的假设为基础，即个体内部和外部的优势及资源的发展和壮大，为来访者提供了一种更强的对抗生活中的问题或精神疾病的韧性（Smith，2006）。基于优势角度工作的咨询师应积极致力于增强、发展和突出来访者的资源、优势、心理韧性及应对和坚持的能力。

咨询不是只给来访者施加影响，相反，来访者及其家人是咨询过程的积极参与者（Kress & Paylo，2015）。让来访者参与咨询可以培养来访者的心理韧性和力量感，这种韧性和力量感会培养儿童和青少年的自我效能感，从而促进他们的动机，使他们做出生活所需要的成功改变（Carney，2007）。以优势为基础的重点是通过增强来访者的自我决定感、对生活的掌控感，以及忍耐和坚持的能力来赋能，进而增强来访者的自尊感。

咨询师应与来访者及其家人讨论不同的咨询方法和咨询目标的优劣势。他们应该确定来访者及其家庭的优势、能力和资源，并讨论如何将这些资源整合到咨询中，以及如何聚焦于咨询。如果来访者可以和咨询师共同合作确定咨询的目标和方向，他们将会更多地投入改变中，咨询过程也将不再是神秘的。即使是年龄非常小的来访者（只要发展状况允许），他们也可以在咨询中表达自己的意见，包括对咨询目标和咨询过程的。

聚焦于循证的咨询方法和干预

循证实践是基于研究的，并已证明其在解决来访者所遇到的各种困难方面是有效的干预和治疗方法。因为其有效性已经被证明了，所以循证实践应该可以减少来访者的心理症状，并提高他们的功能水平或在家庭和社区中茁壮成长的能力（Kress & Paylo，2015）。随机对照实验已经被证实是有效的，它是临床健康保健研究的金标准（Kress & Paylo，2015）。随机对照实验是受控制的研究，即有一个对照组。随机的意思是一位参与者有同等或随机的机会被分配到任何一个治疗组或对照组。这类研究是非常严格的。知道某些方法或干预即使在这些受控的情况下也被证明是有效的，有助于咨询师提升信心，他们会知道自己选择用于来访者的方法是有效的。在本书中，我们将尽一切努力来说明可以用来解决儿童和青少年所面临的许多问题的循证方法和干预措施。

考虑背景和文化

当对来访者的情况进行概念化并制订咨询计划时，咨询师还应该对来访者的背景和文化因素保持敏感。对文化和背景的关注和敏感是很重要的，因为要想使咨询有效，来访者就需要在其独特背景情况下得到理解（Kress & Paylo，2015）。

背景是指影响来访者体验和行为发生的相互关联的诸多条件。从背景角度考虑来访者的情况时，文化、性别和各种发展因素只是应该被考虑的几个重要因素。

文化和性别是非常重要的背景因素。文化被定义为表达和解释了人们的信仰、世界观、价值观、习俗和性别角色期望。多元文化的考虑可能会对咨询师和来访者如何思考他们生活中的问题及他们认为需要做什么去解决这些问题产生重大影响。实际上，ACA伦理守则强调，文化会影响来访者的问题被理解的方式，因此咨询师必须在整个咨询过程中考虑文化因素。如果不考虑文化因素，咨询师将无法了解来访者的情况，也不知道如何最好地帮助他们。对与咨询和治疗计划相关的来访者的文化背景的理解，包括关注疾病经历和求助行为的文化解释、来访者身份的文化架构、健康功能的文化含义，以及与咨询师和来访者关系相关的文化方面的考虑。

文化决定了人们眼中正常和异常的事物。例如，家庭经常把他们认为存在某种不当行为问题的孩子带来咨询。儿童和青少年的行为（好与坏）通过一个被文化规范和期望所笼罩的透镜来解释。养育和管教是与儿童和青少年心理咨询有关的高度依赖于文化的因素。文化会影响什么行为或症状是被允许的，以及个体如何被允许或鼓励处理他们的困境。文化还决定了朋友、家人和社区如何回应痛苦或有问题的行为，特别是在确定问题的类型和严重性方面，这些问题在当事人被认为有必要接受家人或社区干预之前就必须是显而易见的。文化也决定了可接受的求助行为和干预方式，以及期望的被干预对象是谁。

咨询师在考虑问题的发展、维持和处理时，不仅必须考虑文化、种族、民族和性别的相互作用，而且必须考虑社会经济水平的影响。生活在贫困地区的个体是美国最被边缘化和污名化的人群之一（Foss et al.，2017）。因此，咨询师需要对与贫困有关的各种因素保持敏感。那些生活在贫困中的人既经历着体制障碍（例如，对那些生活在贫困中的人的刻板印象，社会结构不支持这些人），也经历着内部障碍。常见的障碍包括财务不稳定（如粮食不安全）、虐待经历、慢性精神或身体疾病、过早怀孕，以及伴侣间暴力或生活在不安全的人际关系中（Foss et al.，2017）。

尽管这个群体有寻求咨询服务的需要，但他们的价值观、期望与获得和成功参与咨询服务的要求可能存在不一致；传统的咨询模式可能更符合中产阶级的价值观，而不是来自不同背景的人的价值观。来访者需要将咨询视为与他们的当下需求相关的服务（Foss et al.，2017）。例如，生活在贫困地区的人通常关注现在；他们中的许多人没有规划未来的奢望。咨询师有兴趣在心理健康的背景下帮助来访者考虑他们的未来，但如果来访者在当前的时刻都无法很好应对的话，他们根本无法考虑未来。支持来访者满足他们的基本需求是至关重要的，这样做是建立温暖、信任的咨询关系的绝佳方式（Foss et al.，2017）。

例如，如果一位来访者的母亲正在努力养活她的孩子，而她家已经断电，那么咨询的重点就可能变为支持母亲以满足这些基本需求。对母亲来说讨论未来的事情可能与现在无关，也是她不关心的，因为她的需求是如此的紧急。此外，社区心理健康治疗的趋势是咨询师向来访者提供案例管理，因此，咨询与案例管理之间的界限变得更窄了，咨询师需要调整并帮助那些生活贫困的人获得他们所需的资源。在某些情况下，在来访者的咨询计划中反映出这些目标可能是有帮助的。

总体来说，文化和性别以多种方式影响着来访者，包括他们的问题经历，他们在不同情况下的内在痛苦感，他们在经历了相关反应或症状后对问题的解释，以及他们对抱怨的表达（Eriksen & Kress，2008）。文化和性别也会影响咨询师对来访者提出问题的觉察、对精神障碍的理解、他们的访谈方式，以及对理论观点和干预方法的选择（Eriksen & Kress，2008）。

发展是来访者背景的另一个重要方面，咨询师需要在关注咨询和制订咨询计划时对此加以考虑。咨询师重视发展的观点认为，许多儿童和青少年的生活问题根源于他们的正常发展过程的中断。因此，帮助来访者恢复正常的发展轨迹可以促进其健康成长。咨询师还认为，许多来访者在生活中遇到的困难不一定是问题，而是他们正在经历的正常发展的过渡。例如，一个刚刚转学的小男孩正在挣扎于转学带来的失落和悲伤的情绪之中。若从发展的角度考虑这种情况，那么失落和悲伤被认为是一种正常的反应，而解决这一问题将为男孩提供一个机会，使他能更好地锻炼自己的心理韧性，并在未来能够应对转变。

发展观的重点是将儿童和青少年描绘为动态的而不是静态的有机体，它突出了儿童和青少年对成长和健康的自然倾向。发展的观点提供了希望，因为来访者的问题或立场不是永久性的，而是不断变化和成长的。发展观的本质是认为儿童和青少年具有前进、改变、适应、康复和获得最佳心理健康的能力。

充分考虑和整合有关文化、性别和发展问题的相关知识、技能和意识可能具有挑战性。因为，人类是复杂的，我们很难完全理解影响儿童和青少年的所有因素。对背景敏感的案例进行概念化的过程和咨询说起来容易做起来难，但是如果咨询师促进自己在来访者所处的背景中去理解来访者，来访者就会受益。因此，咨询师必须考虑如何将各种背景因素整合到来访者的咨询和治疗计划中。

遵循黄金线

在制订咨询和治疗计划时，临床和社区咨询师必须考虑众多因素。所有的咨询机构都有认证机构，负责规定正式治疗计划的不同要求（Kress & Paylo，2015）。咨询师也经常需要处理第三方支付者对疗程和服务的限制，因为这可能会影响治疗计划。咨询师还必须考虑来访者的诊断及其报销的可能性，因为并非所有的诊断都有资格获得相同级别的护理或分配相同的诊疗次数。所有这些考虑因素都会影响咨询师使用的方法类型、可被整合到治疗计划中的服务类型、咨询安排的数量，以及可作为来访者治疗计划一部分的被应用和考虑的治疗理论及模型的类型（Kress & Paylo，2015）。

在临床环境中，DSM-5 对来访者进行的诊断通常是咨询师制订治疗计划和目标的起点，并且在治疗计划中确定的干预措施是直接与此诊断相关的。例如，咨询师不能凭空提供注意缺陷 / 多动障碍的诊断，也不能选择品行障碍的治疗目标和干预措施。“黄金线”指的是这样一种观点，即治疗及同样重要的文档都是以如下的逻辑方式进行的：诊断和来访者寻求咨询的目标会导致治疗目的和目标的发展，从而影响咨询师确定何种干预措施。与黄金线的概念相关，治疗计划中确定的干预措施必须与进度说明中提出和进行的干预措施相同。在不修改治疗计划的情况下，咨询师不能开始提供与治疗计划中所述诊断、目标和干预无关的干预。最后，当来访者结束他们的咨询时，他们的治疗总结文档也应该呈现出一种统一的、符合黄金线原理的、一致的治疗方法。在实践中和文档中进行周密细致的陈述，可以传达出一种深思熟虑的、全面的咨询方法，它表明咨询师正在努力达到一定的护理标准。

灵活：治疗计划不是一成不变的

根据我们的经验，新手咨询师往往会确定太多的咨询目标。然而，咨询和治疗计划是逐步发展的，随着时间的推移，治疗计划将被重新修订和编辑并被补充。因此，在制订初步治疗计划时，咨询师应利用有限的信息，通常是在一个或两个时间点上得到的信息。随着咨询师更好地了解来访者及其家人，他们会知道更多的信息，这些信息可能会改变最初治疗计划的重点。咨询师也应该意识到，随着咨询的进展，来访者也会体验到他们处境的改变；成功和新的问题将会出现，来访者及其家人可能也希望改变咨询的重点。所以，咨询师有伦理责任去灵活地概念化来访者的治疗计划。

随着来访者的诊断、症状或出现的问题的发展，咨询师必须更新治疗计划以反映这些变化。例如，一位来访者可能最初表现出与行为障碍相关的严重破坏性行为，但经过 3 个月的干预，他可能会出现较少的破坏性行为，但仍然需要解决持续的抑郁症状。在这种情况下，咨询师就必须更新治疗计划和目标，以应对来访者当前的需求。

还有一些情况涉及灵活处理问题，来访者还可能出现生活危机，这可能会要求咨询师在咨询方法上或是一次咨询中，抑或整体咨询上进行改变。所有的来访者都面临着不断变化的生活环境，对此，咨询师需要灵活变通，知道什么时候绕道而行是合适的。例如，学校咨询师可能会与一个孩子见面讨论其课堂行为，但如果这个孩子养的狗刚死，他正对此感到难过，那么此时解决孩子的丧失可能更为恰当。

最后，咨询师经常是作为团队的一部分来进行工作，这就要求他们的咨询方法具有灵活性。咨询师有时需要调整他们的咨询计划，以纳入团队的意见或团队的共识。

本节讨论的原则可以帮助咨询师选择合适的咨询方法和咨询重点，并在适用时制订治疗计划。下一节将提供一个模型，咨询师可以使用该模型来聚焦咨询和指导他们的治疗过程。

案例概念化和治疗计划的概念框架

本书其他地方和本章前面的内容都涉及本节提到的治疗计划模型。这个模型包含了咨询师构建基于优势的综合治疗计划所需要的基本要素。该系统模型由首字母缩略语“I CAN START”来表示（见图 9-1）（Kress & Paylo，2015）。此缩略语旨在帮助咨询师对模型的重要方面进行相关回忆。

I（Individual）：个体
C（Contextual assessment）：背景评估
A（Assessment and diagnosis）：评估和诊断
N（Necessary level of care）：必要的护理水平
S（Strengths）：优势
T（Treatment approach）：治疗方法
A（Aim and objectives of counseling）：咨询的目的和目标
R（Research-based interventions）：基于研究的干预措施
T（Therapeutic support services）：治疗性支持服务

图 9-1 案例概念化和治疗计划的概念框架

概念框架的组成部分

个体（I）

正如每位来访者都是独一无二的，每名咨询师也是如此。咨询师在接触每位来访者时，应该先考虑自己是谁。因为咨询师的个人和专业经验非常重要，并且构成了他们与来访者之间的经验框架，所以模型的第一个组成部分是 I，即 Individual，代表个体：作为一个个体，咨询师是谁，其个人和专业素质与其与特定来访者的工作有着怎样的关系？

该模型的这一方面包括专业特征和个人特征。专业特征的一个例子是咨询师的个人执业范围。每名咨询师都具有独特的培训经验和能力，可以解决来访者提出的某些问题和帮助不同的群体。从伦理上讲，咨询师必须了解自己的专业能力，这样才能确保他们能够胜任与某些特定的人群一起工作。咨询师的个人特征可能会影响他们的专业实践和以下方面。

- 理论方法。
- 选择的干预措施。
- 咨询的进程和结构。
- 举止和风格。
- 让家庭和社区伙伴参与的方法。

咨询师的个人特征或品质更令人难以捉摸，它与咨询师的人格有关。个人特征还包括咨询师在其人生中所经历的任何会影响其看法和价值观并因此影响其咨询实践的经验。

咨询师会将他们的个人品质、生活经历和专业训练带入每一段咨询关系中。因此，咨询师必须意识到来访者是如何看待他们的，以及他们的特征如何影响咨询关系。研究表明，咨询师的一些品质，如过度或缺乏结构化、防御、挑剔、苛求或不支持，会导致较差的治疗联盟和咨询结果（Sharpless et al.，2010）。咨询师的另一些特质对咨询的结果几乎没有影响（如年龄、性别、种族），但被认为具有共情能力、真诚、热情、有趣、思想开放、自信、在实践中灵活并能接纳来访者等特质的咨询师能带来更好的咨询结果，也更易与来访者建立更强大的工作联盟，并获得更多成功的咨询经历（Sharpless et al.，2010；Zuroff et al.，2010）。咨询师的乐观、情绪健康和情绪稳定也会以积极的方式影响咨询工作，因此咨询师监控自身心理健康的能力是非常重要的（Zuroff et al.，2010）。

当咨询师考虑他们自己与咨询实践的关系时，他们应该意识到自己的个人优势、能力和资源，并在工作中加以利用。通常，咨询师的优势和劣势是同一枚硬币的不同面。例如，我们假定有一名非常专注、以行动为导向、急于设定目标和支持来访者在改变过程中前进的咨询师，而这名咨询师的劣势可能是咨询的进展太快，没有注意到来访者处境的微妙变化，这就可能会影响咨询的重点和方向。咨询师应意识到自己的个人优势，并采取措施优化这些优势，同时也要意识到自己的劣势，并确保这些劣势不会对来访者产生不利影响（Kress & Paylo，2015）。

和所有人一样，咨询师也不是一成不变的人，他们也在不断变化。随着咨询师个人的发展，他们也应该关注自己的经历和个人变化会如何影响他们与来访者的咨询工作。随着咨询师的年龄增长，他们在个人生活中会与来访者有着不同的经历，他们可能会发现自己在职业上与来访者处于不同的角色。咨询师与来访者的关系和所采用的咨询方法可能会受到他们自己的年龄、发展水平或生活角色变化的影响。例如，一个二十多岁的咨询师可能会偏爱某种咨询方法，然后在三十多岁时她生了孩子后，她可能发现自己开始对与来访者及其家人的工作发展出不同的方法或不同的反应。这种新方法可能有帮助，也可能无济于事，但重要的是，她应该意识到这些变化，并努力确保自己的咨询实践是富有成效和有帮助的。

关于“I CAN START”模型的个体方面，除其他因素外，咨询师可能还要考虑针对来访者及其家庭特有的反移情反应及文化世界观等因素。这两个因素将在下面进行简要介绍。

反移情反应（countertransference）。当与来访者及其家庭一起工作时，咨询师可能会经历反移情反应。反移情被定义为咨询师对来访者的情感重新定向，或者更普遍地说，是咨询师与来访者的情感纠葛。这些反应并不总是有害的，事实上，它们可能是有益的。反移情可以作为一种人际气压计（一种仪器），提供有关来访者或家庭成员的有价值信息。例如，如果咨询师对来访者的父亲缺乏跟进能力而感到沮丧，那么孩子或其他家庭成员也可能以这种方式回应父亲，这种共同的感受会为咨询师提供有价值的见解。

在成为儿童和青少年咨询师之前，咨询师受训者必须花时间反思自己的童年和成年经历，以及这些经历对自己的影响，因为这些经历将对咨询师如何帮助来访者和家庭产生重大影响。很明显，童年的创伤或困难经历会对咨询师产生重大影响，但是正常的童年经历也会影响咨询师对如何帮助孩子这个问题的看法。这些价值观、信念和观念通常是习以为常的，以致咨询师难以意识到它们的存在。

在对儿童和青少年进行心理咨询时，反移情的影响一直存在，甚至可能比对成年人进行心理咨询时还要严重。因为儿童和青少年咨询师通常与孩子家庭内外的多个成年人一起工作，如与个案工作者或教师一起工作，这些咨询师可能会经历许多反移情反应（Rasic，2010）。咨询师必须意识到与来访者一起工作时会出现的任何积极或消极的感觉，因为这些情绪可能会导致问题的产生并影响咨询实践。

因为与来访者及其家人进行咨询可以带来很多基于过去经验、文化信仰和价值观的个人反应，所以咨询师应该意识到并考虑他们的反应及这些反应如何影响咨询。以下迹象表明咨询师出现了反移情反应。

- 过度认同来访者或家庭成员之一。
- 试图从他人手中或来访者的自然后果中拯救或保护来访者。
- 认为自己在来访者的生活中扮演着过于重要的角色。
- 将个人关于养育和管教子女的观点投射到来访者父母身上。
- 将个人对来访者适当行为的看法投射到来访者和家庭成员身上。
- 试图解决或处理来访者的问题。
- 试图成为来访者的家长。
- 在咨询时段之外想起来访者及其家人。
- 忽视父母的无能或诋毁父母。
- 希望在咨询时段之外或超出授权的时间内看到来访者。

当反移情没有被及时管理时，这些反移情反应可能会发展为边界侵犯。边界侵犯可以是很微妙的（如允许咨询超时5分钟），也可以是很极端的（如在咨询关系之外与来访者建立关系）。对此，咨询师应该监控这些反应，并在它们变成问题之前停止。

来访者对咨询师的回应也会引发咨询师的反移情反应。儿童和青少年的一些反应，特别是在咨询时表现出对咨询疏于参与、感到无聊或不感兴趣是很常见的，但这些反应可能会引发咨询师的无力感（Rasic，2010）。对儿童和青少年来说，改变的过程可能是缓慢的，这也会引发咨询师的挫折感。对咨询师来说，认识到来访者的行为可能会引发自己的沮丧情绪或咨询无效的想法，然后与信任的同事或督导讨论自己的反应，这是很重要的。

为了阐明咨询师的背景经验会影响他们对儿童和青少年的咨询这一观点，我们来考虑一个更具争议性的问题，这个问题几乎总是在对儿童和青少年进行咨询时出现：体罚。体罚是指使用施加令人痛苦的肉体惩罚（如打屁股、打耳光等）作为对冒犯行为的惩戒，或者为了约束、改造行为而使用。在美国所有州的家庭中，它都是合法的（试图在几个州禁止使用体罚都没有成功），但是到目前为止，在31个州的公立学校中，体罚都是被禁止的。体罚与各种消极的生理、情感、社会、行为和神经生理问题相关，包括可能会增加的攻击性行为，甚至在某些情况下还会导致精神障碍（Taylor et al.，2012）。

因为大多数美国家庭都使用体罚（Taylor et al.，2012），所有与儿童和青少年工作的咨询师需要考虑自己对体罚的看法。对体罚的看法受许多文化的影响，包括社会经济地位、种族背景、社会阶层及个人经历。

尽管许多咨询师对体罚作为一种惩戒方式并不认同，但他们必须意识到这一点，即在他们探索管理和影响孩子行为的替代性方法时，不应让家庭成员感到恐惧。体罚只是咨询师所面临的许多需要对个人价值观和信仰有所了解和保持敏感的情况之一。

另一个与反移情相关的话题是个人虐待或创伤经历如何影响咨询师对来访者及其家庭的反应。研究表明，大多数成为咨询师的女性都经历过某种形式的创伤或虐待（Pope & Feldman Summers，1992）。近几年尚未有对精神卫生专业人员的虐待经历的普遍性进行研究，但一项经典研究发现，70%的女性心理学家经历过某种形式的虐待（包括成年期和儿童期受害经历），同时发现39%的女性心理学家和26%的男性心理学家经历过某种形式的儿童期虐待（Pope & Feldman-Summers，1992）。这些发现表明，本书的大多数读者可能都有一些受害的经历。咨询师必须自我反思，过去的受害经历是如何影响他们与来访者的工作的。如果咨询师正在受困于自己未处理的虐待经历，那么咨询师的决策能力和客观地为来访者提供咨询的能力可能会受到损害。例如，一名咨询师可能会发现自己不愿意听到来访者讲述虐待经历的细节，因为这可能会引发其个人反应。然而，咨询师又需要帮助受到虐待或创伤的来访者整合和处理他们被激活的记忆（Cohen et al.，2006）。

文化（culture）。有经验的咨询师会意识到他们的个人背景和文化，以及这些因素如何影响他们与来访者的工作。咨询师的信仰和态度是有文化根源的，这可能会与来访者的一些信仰和立场发生碰撞甚至冲突（Sue & Sue，2015）。建立自我同一性的一个重要方面就是接受和发展对自己的文化、种族、性别和民族特征的清晰理解。为了提供有文化敏感度的咨询，咨询师应该对自己的价值观、假设和偏见保持敏感。与此相关，咨询师必须了解压迫、种族主义和歧视的存在，并意识到自己的态度、价值观和个人反应可能会对来访者产生影响或阻碍咨询关系和咨询过程的顺利发展。这种意识应该包括了解咨询师的直系亲属和大家庭的结构，以及咨询师所处的社会和社区群体及这些群体对咨询师的发展和世界观的影响。

性别也是文化的一个重要方面。性行为和性认同与性别观念密切相关，咨询师应该清楚自己的性别与性别认同，以及自己对与自己观点不同的人的看法和价值观，这样才能有效地帮助来访者。

女同性恋者、男同性恋者、双性恋者、跨性别者和LGBTQ群体的儿童和青少年在面对自己的性取向和性别认同时面临着一系列特殊的挑战。如果咨询师正在为自己的问题而挣扎，这些问题很可能会阻碍咨询师帮助来访者。咨询师必须准备好引导来访者走过自我意识、自我实现和自我接纳等多个阶段。

个人咨询可以帮助咨询师提高自我意识，了解自己是谁，以及他们独特的性格特征如何影响他们的咨询实践。个人咨询可以作为一种工具来增强咨询师对自己的优势和劣势的自我意识，并促进个人发展。

某些来访者或来访者的情况会引发咨询师强烈的反应，而与来访者和家庭打交道的咨询师可能会经历比与成年来访者打交道时多得多的反应。所有的咨询师都有自己的家庭经历，这些经历会影响他们对前来咨询的家庭的看法。咨询师对自己的反应的觉察和自我诚实是很重要的，这种觉察是确保这些反应不会影响他们的判断，同时不会伤害来访者的第一步。

为了更好地了解咨询师的个人特点及这些个人特点是如何影响“I CAN START”模型的 I 方面的，咨询师除需接受个人咨询外，还应该定期进行督导和同伴商讨（Sue & Sue，2015）。对自己咨询的经历和反应的透明、开放的讨论可以帮助咨询师自我监督，并使他们在咨询中使用的最重要的工具，即他们自己，变得更加敏锐。良好的自我意识和在咨询关系中深思熟虑且最大限度地发挥自己的长处、最小化自己的局限性或弱点的能力，为与来访者合作并帮助来访者奠定了良好的基础。

背景评估（C）

对来访者背景的评估涉及三个相互关联的情境：个人内心情境或个体内的变量、人际关系或与他人的关系，以及宏观层面的背景或个人与社区和文化的关系（Wenar & Kerig，2005）。对来访者情况的考虑应该放在他们生活的背景下，而不仅仅在个人层面进行分析。

首先，咨询师应该考虑来访者的内心情境。在评估来访者的情况和考虑治疗计划或咨询方向时，咨询师可能会考虑以下特征。

- 发展情况：来访者在不断发展和变化，但他们成长和改变的速度不同。许多因素，包括营养、环境刺激、创伤和虐待经历，都可能会对儿童和青少年达到发展里程碑的速度产生影响。即使他们达到了这些里程碑，他们的能力也存在个体差异。咨询师在制订治疗计划时必须考虑来访者的发展水平和独特能力。影响儿童和青少年治疗计划的一些发展因素包括以下几个方面。
  - 认知发展，如自我中心主义、观点采择、信息加工等。
  - 社会和情感发展，如社交技能、自我意识及调节自身行为和情绪的能力等。
  - 道德发展，如道德、个人与诸如正义和平等概念的联系等。
  - 生理发育，如生理健康和成长等。
  - 教育发展，如阅读能力等。
  - 性发展，如性别认同、性取向等。
- 情绪或感受：咨询师应该意识到来访者识别、理解、调节、释放和管理感受的能力。虽然这些能力会随着时间的推移而发展，但来访者参与这些活动的能力是不同的。在制订治疗计划时，咨询师应考虑来访者在这些方面的能力。
- 依恋：依恋与儿童和青少年同养育者之间建立的纽带有关，也与他们随后信任他人并与他人建立情感联系的能力有关。混乱的依恋关系会严重影响儿童和青少年的发展。如果儿童和青少年存在与依恋相关的痛苦，那么咨询师在制订治疗计划和确定儿童和青少年的需求时需要考虑这些因素。
- 人格：人格与认知、感觉和行为之间的相互关联及这些因素如何相互作用并形成一致的反应方式有关。人格通常被认为是天生的而不是后天习得的。有证据表明，随着时间推移保持稳定的五大人格维度是尽责性、外向性、宜人性、神经质性和开放性（Terracciano et al.，2005）。

- 行为或行动：尽管有许多因素会影响儿童和青少年的行为，但儿童和青少年的行为在很大程度上是由他们所处的环境和本书前面讨论的各种学习到的原则所塑造的。儿童和青少年经常被带去咨询，以解决他们周围的成年人关心的行为问题，因此在制订治疗计划时应考虑儿童和青少年独特的适应性和适应不良的行为。
- 生物或生理环境：每个儿童和青少年都有独特的遗传和生物蓝图。遗传因素、生化因素及诸如先天智力或身体能力等各种因素都会影响儿童和青少年，因此咨询师在制订治疗计划时必须予以考虑。
- 认知或思考：儿童和青少年具有独特的心理过程，包括学习、记忆、语言、问题解决、推理、注意力和决策能力。尽管认知因素与发展水平有关，但儿童和青少年参与这些心理过程的能力却有所不同。

在对来访者进行概念化时，下一个要考虑的背景是他们与他人的独特互动和关系模式，或者他们的人际关系。人际环境涉及来访者的环境状况及所处环境对他们成长和发展的影响。我们假定有两个孩子，麦迪逊和海莉。

- 麦迪逊是一个 8 岁的女孩，生活在一个安全的中产阶级社区，就读于一所极好的学校。她和她所在社区的大多数人都是同一种族的。她的家庭完整，她和她的父母住在一起，父母都有稳定的工作。麦迪逊被诊断患有注意缺陷 / 多动障碍，阅读方面也有些困难，但她的学校一直在积极应对，经常通过学校的常规干预性补救措施来帮助她在学业上取得成功。她的父母还花钱请私人家教来帮助她完成学校作业。她的父母每晚花 2 ~ 3 小时帮麦迪逊做家庭作业，她在学校的成绩是 A 和 B。麦迪逊每周还去做咨询，在那里，她会学习和发展用以管理她的多动症状的技巧。麦迪逊还踢足球，上游泳课，这些活动都有助于她重新调整精力。她希望长大后成为一名兽医。
- 海莉也是一个 8 岁的女孩，但她生活在一个经济落后、种族多元化的社区，她所在的学校拥挤，同时缺乏管理学生的多种资源。海莉出生时，她的父母都是未成年人，他们从未结婚，海莉也从未见过她的父亲。海莉和她的外祖母住在一起，因为她的母亲周一到周五都在当地的一个卡车站做晚班的服务员。她的外祖母有多种健康问题，而且行动不便。海莉和她母亲一起过周末。和麦迪逊一样，海莉也有注意缺陷 / 多动障碍和阅读障碍，但她的问题从未被发现或诊断出来。尽管她的问题很明显，但与她学校里其他孩子的需求相比，她的问题就显得微不足道了。尽管海莉勉强上了三年级，但她的家人和学校都没有指出她需要被干预。她的外祖母和母亲认为她需要更加努力。放学后的晚上大部分时间里海莉都在玩电子游戏，除了上学，她很少出门。她的外祖母曾试图帮助她完成学校作业，但外祖母自己却很难理解计算数学问题的方法，而且她对海莉不能阅读感到沮丧。海莉认为自己“愚蠢”，她的自尊心和自我效能感开始直线下降。她不考虑未来的职业，当被追问时，她表示自己长大后会成为一名电影明星。

海莉和麦迪逊有类似的困难，然而她们所处的环境和所在的社区对她们的困难如何被解决起着重要作用。麦迪逊享受着海莉所没有的家庭、学校和社区的支持，而这种对比凸显了环境在理解儿童和青少年和提供最有效的资源方面所发挥的重要作用。

美国心理学家布朗芬布伦纳（Bronfenbrenner）的生态系统理论认为，以下五个环境因素影响着个人发展。

- 微观系统：人生活的环境；家庭中的兄弟姐妹、同龄人、邻居、工作和学校环境。

- 中介系统：每个微观系统之间的相互作用；家庭经历与在学校经历的联系。
- 外层系统：来访者所处的不能起到积极作用的社会环境和个人直接环境之间的联系；经济制度、政治制度、教育制度和政府。
- 宏观系统：文化和社会的总体信念和价值观；文化的政治规范。
- 时间维度：社会历史环境或一个人在其一生中积累的经验；兄弟姐妹的出生。

咨询师应该考虑儿童和青少年的直接关系背景（如他们居住的环境）、这些关系（如家庭和学校、父母和朋友）之间的相互作用及其与社会系统（如教育系统、经济系统）的相互作用，以及社会文化。例如，有一个 10 岁的黎巴嫩裔美国女孩，她生活在一个经济贫困、犯罪猖獗的社区，在那里，她是少数民族，她的父母可能过度保护她，限制了她与同龄人、社区建立和形成亲密关系的能力的发展。由于缺乏信任，她可能无法与同龄群体、学校或社区资源建立联系。由于父母与社区之间的互动存在冲突，以及她在学校和社区中的疏远感，这个女孩可能会避免上学并逃学。这可能会导致新的、问题更大的系统介入家庭生活，如儿童服务和法律系统。这个例子强调了影响儿童和青少年人际关系的多种因素。布朗芬布伦纳的模型可以应用于这类来访者，并帮助咨询师概念化来访者的环境。

除了布朗芬布伦纳的系统之外，在概念化来访者的背景时，另一个需要考虑的是来访者的宏观层面背景，或者他们的人口统计学特征。与此密切相关的是文化概念或共享的世界观、传统和文化实践等，所有这些都会显著影响一个人的自我认同感（Sue & Sue，2015）。如果咨询师希望了解来访者，以及他们的背景和世界观，那么咨询师还必须了解来访者的亲戚关系。在考虑来访者的背景时，以下内容很重要（Sue & Sue，2015）。

- 年龄：多年来、多维度（生理、心理、发育）变化的积累。
- 性别：在女性气质和男性气质连续统一体上的一系列特征（行为、心理、身体）；社会性别角色与性别认同。
- 种族：国家、文化、种族、地理、语言和宗教信仰。
- 民族：国家或文化从属关系。
- 社会经济阶层：基于经济资源的层级或等级类别（下层、中层、上层）的阶级体系。
- 性取向：一个人被另一个异性、同性或双性吸引的倾向、吸引力或持久性。
- 残疾 / 能力：在身体、精神、情感、认知、感觉或发展能力方面的缺陷、限制或极大优势，或者这些能力的某些组合。
- 宗教偏好 / 信仰：与一套有组织的信仰、世界观及与灵性和人性有关的传统的联系。
- 地理位置：来访者居住的地方。

咨询师必须意识到自己的假设和对不同群体及从属关系的个人反应，试图在其独特的背景下充分理解个体，并允许这些理解为适当的治疗计划提供充分的信息（Sue & Sue，2015）。这种元理论咨询方法或称多元文化咨询，允许咨询师澄清来访者对问题的定义、对原因的感知、问题的背景、影响他们自我应对的因素，以及他们在文化敏感背景下寻求帮助的能力（Sue & Sue，2015）。关注来访者的内心、人际关系和宏观层面的背景，同时允许他们参与和分享他们的故事，以及对他们的生活经历、关系和问题形成的看法，可以促进咨询师对来访者的最佳理解。

咨询师在进行背景评估时可以使用的一种资源是文化概念化访谈（CFI；该措施可以在 DSM-5 中找到）。文化概念化访谈是标准的 16 个问题的测试工具，可用于增强咨询师对与来访者文化相关信息的理解。这种系统化的访谈应在最初的咨询时段中使用，它涉及以下四个方面的询问（APA，2013）。

创意工具箱 9-1 社区优势和资源基因组图活动

活动概述

在这个活动中，来访者及其家人可以创建他们生活中的关系的视觉呈现。这个活动可以帮助来访者了解他们所处的环境，帮助来访者及其家人确定其环境和社区中的优势和资源，识别出健康和支持性的关系，这可以使人们关注来访者生活的积极方面。

活动目标

这个练习可以用作评估工具，以帮助咨询师、来访者及其家庭确定对制订治疗计划有用的优势。这个活动的主要目的是鼓励来访者检查个人在社区中的作用和发展方式。来访者可以探索他们的支持网络，并找到以前没有联系过的优势和资源。这个练习还可以帮助来访者确定他们社区内的优势。

活动步骤

1. 指导来访者及其家人选择一张纸代表他们的社区。
2. 要求他们在这个社区中以任何符号或图片表示自己。
3. 邀请他们画出家人、朋友和其他对他们的生活至关重要的人（如老师、社交或运动团体）。
4. 指示来访者在自己和其他确定的个人之间划出线条。鼓励来访者使用不同类型的线条来描绘不同类型的关系。例如，
   正面和支持性关系：~ ~ ~ ~ ~ ~ ~ ~
   疏远的关系：\/\/\/\/\/\/\/\/\/\/\
   问题 / 冲突关系：==================

过程性问题

1. 你看到自己所拥有的支持和资源感觉如何？
2. 你可以向谁寻求支持？
3. 你还可以将哪些其他确定的个人或团体添加到当前的支持网络？
4. 你想对支持网络进行任何更改吗？
5. 你如何加强你的人际网络以获得更多的支持和资源？

1. 问题的文化定义（例如，来访者对问题的定义，从来访者的家人、朋友或相关社区成员的角度来定义问题）。

2. 对原因、背景和支持的文化认知（例如，个人对问题原因的看法，家庭、朋友或相关社区成员认为的问题原因，支持和压力源，来访者背景、身份或文化认同的组成部分）。

3. 影响自我应对和过去寻求帮助的文化因素（例如，应对技能，过去的建议、帮助和治疗，过去寻求帮助的障碍）。

4. 影响当前求助的文化因素（例如，咨询风格和方法的偏好，对当前咨询关系的关注）。

在有了对儿童和青少年的个人、家庭、社区和文化背景的深入了解后，咨询师就可以开始探索评估过程中更正式的组成部分了。背景信息可以影响咨询师决定哪种正式评估可能是必要的，以及在适用的情况下选择最具描述性、最合适的 DSM 诊断。下文的实践活动提供了咨询师在评估文化时可以询问的问题。

实践活动

评估来访者及其家庭文化背景的访谈问题

以下问题用于询问来访者或其家人，以评估他们的文化及他们对寻求咨询的问题的文化理解。咨询师提出任何问题时，都应该考虑发展因素。

评估来访者及其家庭的文化背景

- 你如何定义自己（即年龄、种族、民族、文化、社会经济地位、性取向、残疾/能力）？
- 你出生在哪个国家？
- 你父母出生在哪里？你的孩子出生在哪里？
- 哪是你的家？
- 你一直住在美国吗？如果没有，你什么时候来美国的？
- 你来美国之前的生活怎么样？
- 你第一次来美国是什么感觉？现在感觉怎么样？
- 你为什么离开出生的国家？
- 你会说哪种语言？你喜欢说哪种语言？在家里，你和你的家人及你的社区邻里说哪种语言？
- 你如何描述你的文化？你的民族是什么？你的基本价值观和信仰是什么？
- 你如何描述你的家庭？你的家人是谁？
- 谁抚养你长大的？
- 你想让你的大家庭或其他重要人员参与你的咨询吗？你想让我和他们中的任何一个人谈谈吗？
- 你的家庭在哪些方面影响和支持你？
- 你如何描述你的社区？你属于什么团体或组织吗？
- 你认为什么是重要的支持资源？
- 你参与了哪些活动？
- 宗教或信仰对你很重要吗？
- 你愿意和我谈论价值观、信仰吗？
- 宗教或信仰是你想表达的治疗的重要方面吗？
- 是否有一个宗教的或具有治愈性的人应该参与咨询？
- 你觉得他人会因为你的文化背景而歧视你吗？你在学校（针对年长家庭成员问：在工作中）、社区、人际关系中或其他环境中见过这种情况吗？
- 你是否曾因你的宗教、信仰、政治或种族世界观而感到人们歧视或评判你？
- 你是否曾因你的种族、社会经济阶层、性取向、性别、残疾或其他任何你想谈论并让我知道的原因而受到歧视？
- 你的性取向是什么？
- 你如何描述你的性别认同？
- 你如何定义你的社会经济地位？
- 你有什么习惯或做法是想让我知道或需要体现在心理咨询中的吗？

了解问题

- 你及你的家人如何描述你的情况？你及你的家人如何定义问题？
- 你的其他家庭成员、朋友或社区中的其他人如何定义这个问题？问题中最令人困扰的部分是什么？
- 什么是你想做却不能做的事？
- 你及你的家人在过去是否为此问题寻求过帮助？如果是，去哪里求助了？求助过程中哪些部分是有帮助的？哪些部分没有帮助？
- 你是否曾有过这样的经历：你以为自己会

出现问题，却发现没有？你将如何给正在发生的事情（即出现的问题）命名或贴标签？

- 在讨论这个问题时，你有什么信仰或文化方面的考虑吗？
- 你有什么与此问题有关的担心或害怕吗？
- 你的家人、朋友或社区内其他人是否支持你寻求帮助的决定？
- 你及你的家人认为是什么原因导致了这个问题？
- 你的家人、朋友或社区内其他人认为什么导致了你的问题？
- 是否有哪种或哪类支持可使问题得到缓解？
- 你及你的家人是否感受到来自家人、朋友和社区中其他人的支持？
- 是什么使问题变得更糟？哪些压力使问题更难以被处理或容忍？
- 你及你的家人过去如何处理这个问题？
- 你及你的家人目前如何应对这个问题？

咨询和干预的障碍

- 有什么事情阻碍你寻求帮助以解决这个问题吗？
- 过去有哪些障碍阻止你寻求帮助？
- 你认为这里的服务会对你和你的家人有帮助吗？
- 你在接受咨询时有没有发现潜在的挑战？
- 考虑到你对咨询的了解，你有什么不舒服的地方吗？

可能的解决方案

- 你过去是怎么处理这个问题的？
- 有什么有用的方法吗？
- 你目前如何处理这个问题？
- 你对咨询和咨询关系的偏好是什么？
- 什么样的帮助对你和你的家庭最有用？
- 你的家庭成员、朋友或社区中的其他人认为哪种帮助最有用？
- 在这段关系中，你及你的家人希望我能给你们什么？
- 在这段关系中，你对我有什么期望？
- 在这段关系中，你对自己有什么期望？
- 在这段关系中，你对你的孩子或家庭有什么期望？
- 你认为心理咨询的进展如何？
- 你认为什么样的节奏最理想？
- 你希望多久参加一次咨询？
- 什么会让你觉得心理咨询或这种咨询关系不起作用？
- 你是否有一些保留，以致我无法理解你的处境、文化或生活经历？如果有，你认为我需要知道什么？
- 有没有什么我没有问到你的，但是可以帮助你进行心理咨询，并让你在这里感到安全的问题？

评估和诊断（A）

咨询师需要对来访者进行评估，以获得他们的信息，从而为来访者制订他们所需要的、可靠的治疗计划。正式或非正式的评估流程可用于全面了解来访者提出的问题，并有利于准确了解来访者的经历，及确定咨询需求并监控咨询效果（Whiston，2012）。正式评估（即使用正式评估手段）可以帮助咨询师确定是否需要进一步的测试，以及确定儿童和青少年某些方面的功能（例如，智力测验是诊断有智力障碍的儿童和青少年的测试中的一部分）。

作为非正式评估过程的一部分，咨询师应在初步评估阶段收集以下信息（Sadock & Sadock，2007）。

- 基本信息，即姓名、年龄、性别、年级、语言、信仰。

- 对呈现问题的描述，即用来访者和家长自己的话来说，为什么来访者要接受咨询。
- 出现问题的历史，即问题或症状的发展、行为随时间的变化、发病时间、损伤程度。
- 就医历史，即就医情况、神经系统疾病。
- 过去的咨询经验，即它们是否成功？什么有帮助，什么没有帮助。
- 家族史，即种族、家庭组成、重要关系、家庭、社区和邻居的疾病。
- 个人历史，即发展考虑因素（个性、气质、社会互动、认知），过去的虐待、忽视或创伤经历，教育史。
- 精神状态检查数据，这部分内容将在稍后讨论。
- 转诊或进一步的诊断考虑，即体检、神经系统检查、与其他家庭成员面谈。

根据呈现的问题和他们工作的环境，咨询师可以选择查看医疗记录或先前的健康或心理健康治疗信息，以作为评估过程的一部分。这些信息连同来自附带报告的信息（如家庭或学校），可以帮助咨询师建立一个全面的临床图像。当咨询儿童和青少年时，附带报告尤其必要，因为儿童和青少年可能无法回顾自己的历史或缺乏对自身情况或背景的洞察（Kress & Paylo，2015）。咨询师可能还需要使用正式的评估措施，如结构化访谈、人格测试、特定症状评估或精神状态检查。心理状态检查为咨询师提供了一个模型，这个模型可以用来评估来访者的自我表现，而这些信息对诊断来访者和评估来访者的需求很有帮助。精神状态检查包括以下几个方面的评估。

- 外形。
- 行为 / 精神运动活动。
- 态度。
- 情感和情绪。
- 记忆力和智力。
- 可靠性、判断力和洞察力。
- 语言和思想。
- 知觉障碍。
- 适应和意识。

对咨询师来说，正式和非正式评估有助于促进准确的来访者诊断和深思熟虑的个案概念化，从而有助于其制订综合治疗计划（Kress & Paylo，2015；Whiston，2012）。正式评估的结果将为咨询师提供信息，以帮助他们做出最合适的 DSM 诊断（如果适用）或理解来访者正在经历的痛苦并需要支持的领域。诊断精神障碍需要一套非常复杂的技术。关于 DSM 诊断过程及其所有复杂性的讨论超出了本书的范围，但是如果咨询师会在临床环境中工作，那么我们鼓励其接受有关 DSM 使用的专业培训。评估和发展对问题的准确诊断，无论精神障碍还是其他一些问题，以及相关的预后都会帮助咨询师决定如何进一步确定来访者需要的护理水平。

必要的护理水平（N）

作为咨询过程的一部分，所有的咨询师都需要确定来访者需要的护理水平。护理水平是指为帮助来访者（和社区成员）的安全和成功地实现咨询目标所需要的服务设置和强度。理想情况下，来访者将被置于他们需要的最低限度的护理水平。就决定护理水平而言，咨询师必须考虑不同的治疗设置（即托管治疗、住院治疗、门诊治疗）、治疗类型（即个体、团体、家庭）和治疗节奏（即每天、每周、每月）。

以一个 10 岁的少年为例。男孩多次性虐待他的妹妹和侄女，而且刚从少年拘留所被释放出来。让家庭团聚是儿童保护服务的目标，但若当事人没有得到治疗，其重新进入家庭或社区则通常被认为是不安全的。因此，作为少年司法中心的适当级别的护理应是找到一个适合居住的治疗设施，在那里，当事人可以接受性犯罪者治疗服务，并且还可以保护家人及社区免受潜在伤害的风险。

护理的连续性是指一种治疗系统，在这种治疗系统中，患者进入适合他们需求水平的治疗，然后根据需求的发展逐步提高到更高的治疗水平或降低到较低的治疗水平。社区心理健康的发展趋势是在服务提供者和服务机构之间进行密切的合作，以及机构和服务的整合，以便能够在一个地方以最大的方便向来访者提供更多的服务。

咨询师在确定适当的治疗设置、治疗类型和节奏时，应考虑以下这些问题。

- 精神健康症状的严重程度。
- 精神健康诊断（即精神障碍）及其相关预后。
- 身体限制或身体状况。
- 自杀意念（即对自己的威胁）和杀人意念（即伤害他人），或者来访者在社区内保持安全和不伤害他人的能力。
- 照顾自己的能力，即日常生活活动，如洗澡、吃饭、如厕、更衣等。
- 过去的治疗设置和对这些设置的反应。
- 治疗目的和目标。
- 社会和社区支持系统或资源。
- 来访者及其家庭需要的护理水平。

在考虑为来访者提供何种适当的护理水平时，咨询师应考虑来访者的诊断、特殊需求、症状的严重程度、具体情境，以及来访者的特征。托管治疗、住院治疗、日间治疗或部分住院治疗、家庭治疗和社区门诊治疗是最常见的方式或适合儿童和青少年的护理水平（见表 9-1 对这些护理水平的概述）。

表 9-1 适合儿童和青少年的护理水平

服务限制					
	更多		更少		
服务方面	住院治疗	托管治疗	部分住院 / 日间治疗	家庭治疗	社区门诊治疗
限制等级	• 最严格和高度结构化的环境 • 待在 24 小时监管的设施内	• 高度结构化的 24 小时或间歇性监管 • 包括暂时居住在设施中	• 允许居住在社区，但居住在高度结构化的环境中 • 白天要参加医院集中的课程	• 家庭咨询 • 个性化和高度结构化的治疗模型	• 限制性和结构化最少 • 门诊、家庭或学校咨询
基本目标	• 确保儿童和青少年及其他人的安全 • 稳定症状（例如，减少自杀行为和精神错乱） • 药物使用 • 一旦病情稳定，就可以改成较少限制的治疗	• 减少症状严重程度，改善功能 • 让儿童和青少年及其家庭做好心理准备，接受较宽松的护理水平和持续参与治疗	• 继续降低症状严重程度，发展技能，恢复适应功能 • 防止住院或恶化 • 通过案例管理促进善后护理	• 防止住院或更高级别的护理 • 解决其他心理社会、环境问题（如家庭、学校、需求） • 将家庭与社区资源和服务联系起来	• 消除或减轻症状的严重程度至护理的最低程度 • 增进健康（如休闲活动、友谊）
服务强度	• 强化精神病评估（即风险评估、精神状态检查、药物管理） • 密集的简短咨询	• 持续评估和药物管理 • 个体、团体或家庭咨询 • 提供教育服务	• 每周 2 至 5 天，每天至少 3 小时 • 个体、团体、家庭或康复疗法（如日常生活和社交技能）	• 每周家访 1 ~ 3 次 • 通常每周直接指导 4 ~ 6 小时 • 与其他服务合作或获得其他服务通常需要间接的工作时间	• 取决于临床需要 • 每周、每隔 1 周或每月 1 次 • 个体、团体或家庭咨询 • 必要时进行宣传
服务期限	• 1 天至 1 个月内 • 比托管治疗时间短	• 延长逗留时间 • 通常不会提前规定期限	• 及时安排解除 • 通常为 2 ~ 6 周，有些项目长达 6 个月	• 延长服务期 • 持续时间通常为 60 ~ 120 天，但可以延长至更长时间	• 限时服务 • 达成目标或有效运作后解除

优势（S）

在整本书中，基于优势的重要性的阐述已经被多次提及。因此，对此感兴趣的读者可以参考之前的讨论。

在治疗计划的背景下，使用基于优势的观点时，咨询师可以利用来访者的优势和资源来帮助他们克服困难。大多数来访者及其家人前来咨询，是因为有一些确定的问题希望得到解决。在这些时间点上，他们通常考虑不到他们的优势。咨询师在帮助来访者及其家人识别出他们的优势、资源和能力并把它们联结在一起的方面发挥着重要作用。表 2-5 提供了可用于评估儿童和青少年优势的信息，有众多针对特定的性格优势和可用于挖掘优势的问题。表 9-2 提供了咨询师在咨询儿童和青少年时可以使用的基于优势的练习。本章后面的“创意工具箱”中也提供了基于优势的咨询活动的其他活动。

表 9-2　基于优势的练习

标题	说明
我的优势手镯	该练习的材料包括线或金属丝、珠子、石头、油漆、贴纸和记号笔。咨询师教导儿童和青少年首先要考虑他们的不同优势。例如，儿童和青少年可能会说自己有趣、善良、擅长运动、有创造力。让儿童和青少年选择最能代表这种优势的珠子或石头。例如，一个黄色的珠子可能代表有能量。儿童和青少年可以装饰珠子，也可以让它保持原样。珠子或石头的颜色、形状和图案等符号可以代表优势。咨询师指导儿童和青少年把珠子或石头放在金属丝或细绳上，制造一个优势手镯
力量动物	咨询师指导儿童和青少年找出自己的各种优势，如至少找出五种优势。儿童和青少年在心里找到这些优势和积极的品质后，咨询师再引导儿童和青少年把优势分配给他们选择的不同的动物。例如，如果关爱被选为一种优势或品质，儿童和青少年就可以把这种品质赋予给大象。一旦动物被选好和定义后，儿童和青少年就可以用动物编一个故事。这个故事可能是关于动物如何在一个幻想的环境中使用他们拥有的力量和优势进行互动。这个活动的目标是让儿童和青少年认识到自己的优势和品质，并展示每个人如何以独特的、积极的方式肯定和定义自己
我的优势书	在这个练习中，咨询师要帮助儿童和青少年制作优势手册。用于这个练习的材料可能包括记号笔、彩色纸、剪刀、贴纸、打孔器和细绳。咨询师指导儿童和青少年考虑自己的优势，然后，儿童和青少年将每种优势写在书中的一张纸上。然后，儿童和青少年会创建一个专门针对每种优势的页面，包括他们使用这种优势的方式，这种优势的图片或这种优势最后一次使用的示例。图片、文字或图像都可以被用于表达优势。儿童和青少年可以在每次咨询或两次咨询之间制作优势手册
积极拼图	通过这个活动，咨询师可以帮助儿童和青少年做出一个隐喻儿童和青少年个人优势的拼图。咨询师可以与儿童和青少年一起或在咨询开始之前找出并打乱拼图的碎片。这个练习的材料包括做好的拼图，记号笔、颜料、胶水、画笔和钢笔。儿童和青少年制作一个拼图，拼图的上面有他们找出的自己的目标、优势和积极的品质。在儿童和青少年创造出碎片并将拼图拼凑起来之后，咨询师可以讨论来访者的各种优势如何构建成更大的整体，以及如何利用这些优势组合来帮助来访者实现其目标

治疗方法（T）

这个模型的治疗方面与选择用于来访者的理论、模型或方法有关（如认知行为游戏疗法）。选择的理论将指导基于研究的干预措施，这些措施将在模型的稍后阶段进行介绍。

在选择理论或治疗方法时，咨询师应考虑循证的实践。然而，他们还必须考虑使用他们接受过培训的方法、来访者的偏好、他们工作环境的限制，以及大量其他需考虑的因素。当考虑使用循证治疗、理论或方法时，咨询师需要考虑基于研究文献的已知信息。以下是一些有用的指南，可以帮助咨询师评估一种理论、方法或干预措施是否可以被视为基于循证并可应用于临床实践［Substance Abuse and Mental Health Services Administration（SAMHSA），2009］。

- 准则 1：方法和干预必须基于有文件记载的和明确概念化的改变模型。
- 准则 2：方法和干预措施必须与美国联邦注册或同行评议的文献相似或一致。

- 准则 3：方法和干预应由可信的、严格的、证据一致、有积极效果的多种科学研究记录支持。
- 准则 4：方法和干预应由这个领域的著名专家回顾并认为是可信的。

此外，在确定适当的治疗方法时，咨询师还需要考虑以下因素（Sommers-Flanagan & Sommers-Flanagan，2009）。

- 咨询师是否完全了解来访者或其家庭的问题和关注点？
- 咨询师是否使用有临床实践的实证支持的研究来描述来访者、咨询师和治疗变量（如治疗联盟、合作、来访者反馈）？
- 咨询师是否考虑过来访者及其家庭的偏好可能会有交集（例如，咨询师的理论取向和来访者或家庭期望的干预形式或方式）？
- 咨询师以前是否针对该问题或关注点实施过循证的治疗方法？
- 咨询师的工作是在其技能或能力水平之内还是之外？

咨询师坚持这些考虑有助于选择循证的方法，同时考虑来访者的偏好和独特性。

咨询目的和目标（A）

咨询目的和目标植根于来访者的咨询目标、咨询师对帮助来访者实现目标的看法、所选择的治疗或理论方法（即模型的 T 方面）和基于研究的干预措施（即模型的 R 方面，这将在下一节讨论）。咨询目的可能会影响咨询师所采取的治疗方法，治疗方法也会对咨询对象的咨询目的和目标产生影响。

咨询目的和目标应该被明确定义，目标应该用可测量的行为术语来表述，以便对其进行评估和用来评估来访者的进展情况。第三方支付者也会要求临床咨询师制订目标明确的治疗计划，如果不这样做，可能会导致咨询师和机构无法获得咨询服务的费用。如果咨询服务目标不明确或与来访者的诊断或需求不一致，机构甚至会被传讯或被要求偿还咨询费。明确的咨询目的和目标可以向来访者及其家庭和外部监督人员传达咨询师和来访者在咨询中所要努力的方向，也有助于来访者和咨询师朝着既定的、共同确定的目标努力。

咨询目标应该具体、简单、现实和可测量（Kress & Paylo，2015）。假设有一个因多年反复受到性虐待和身体虐待而患有创伤后应激障碍的来访者。这位来访者可能在 3 个月内只能实现几个咨询目标。一个宽泛而难以测量的目标可能是“来访者将经历较少的创伤症状”。这一目标缺乏可被处理的具体症状，也没有包括评估措施。一个更好的目标应该是“来访者将学习放松练习，并在经历闪回时，有 75% 的时间使用放松练习”。这个目标清楚地说明了来访者将要做什么，何时会做，以及如何衡量目标的实现。这一目标也是现实的，因为有严重创伤的来访者在咨询过程的早期可能只有 75% 的时间能够使用学到的技能。

来访者和他们的家人提出的目标通常是广泛的（例如，与我妈妈相处良好，在学校不惹麻烦，交到更多朋友），来访者的目标也往往涉及其他人的改变（例如，“我希望我妈妈不要再唠叨我了”“我希望我的老师对我更好”“我希望我的孩子多听我说话”）。咨询师的挑战是接受来访者提出的目标，并帮助以可操作和可定义的方式重新定义这些目标，以便确定可以实现的目标，同时还要确保目标对来访者有意义。焦点解决式的提问（例如，如果奇迹发生了，你感觉更幸福了，会有什么不同？）有助于将来访者的注意力集中到特定的改变领域（De Shazer et al.，2007）。

简单的咨询目标通常是最好的。咨询师应制定来访者可以在规定的时间内真正实现的咨询目的和目标。例如，有一位因自杀未遂而在一家儿童和青少年住院治疗机构接受短期精神稳定治疗的来访者，咨询师需要制定相应的目标。三个现实的短期目标可能是“0 次自杀尝试”“学习一项可以用来防止自杀尝试的技能”和“制订一项将来出现自杀念头时可以使用的安全计划”。这些目标与来访者的护理水平和环境相适应，可以在短时间内实现。

咨询师必须认识到短期目标和长期目标可以同时制定和提出，并不是所有的目标都需要有相同的实现日期。对于刚进入新学校并有适应困难的广泛性焦虑障碍患者，在解决其广泛性焦虑问题之前，可能需要先解决适应新学校的短期目标。

在制定咨询目标时，咨询师对于来访者变化的期望应该是现实的，且这些期望应该反映在实际目标中，以及实现目标的预计时间中。在为特定的来访者制定现实的咨询目标时，应考虑来访者的许多因素，包括但不限于问题的性质、来访者过去的功能水平、来访者对过去干预措施的反应、各种独特的内部或外部限制、来访者独特的优势和资源，以及家庭、社区和学校的支持。

近年来，对来访者变化的评估和测量越来越受到重视。来访者症状减轻的自我报告或家庭报告是评估来访者发生变化的常用方式。评估变化的一种有效而简单的方法是让来访者（如果年龄合适）或其家人对来访者的症状或行为的严重程度打分，从 1 分到 10 分（1 分代表最差的功能，10 分代表最高的功能）。非正式的来访者自我报告或家庭报告评估可以很容易地整合到对来访者的咨询计划中。例如，一个合适的咨询目标可能是“来访者将自我报告自己控制愤怒的能力从 4 分提升到 6 分（最高分是 10 分）”。

在开发咨询目的和目标时，使用结构化模型是有帮助的。“SMART”模型在制定咨询目的和目标时是很有帮助的。“SMART”是具有以下特征的目标的缩写，其特点如下。

- 具体（Specific）：明确，使用动作动词（如参加、识别、利用、开始、获得、过渡、报告、交流、过程）。
- 可衡量（Measurable）：使用数字或描述性的、数量的、质量的分析（例如，来访者将确定 3 种策略，并在个人危机中尝试实施其中 1 种；来访者将在周一、周三和周五早餐后进行 20 分钟的活动）。
- 可实现（Attainable）：适当的范围限制，可行（例如，在接下来的 2 个月，来访者将使用该策略来增加其对上学的容忍度）。
- 以结果为导向（Results oriented）：衡量产出或结果，包括成就（例如，来访者每天 75% 的时间将检查想法或信念或从事替代行为；来访者没有任何适应不良行为，90% 的时间会使用愤怒管理技能）。
- 及时（Timely）：确定目标日期，包括监控进度的临时步骤（例如，在 2 个月内，来访者将学习并确定策略，并将逐渐提高到 70% 的时间可以容忍该活动；通过使用策略，来访者可以在 90% 的时间里发现、忍受和采用替代行为）。

基于研究的干预措施（R）

基于研究的干预和治疗是以证据为基础的，这意味着它们已经过研究，并被发现对治疗来访者的特定问题或精神障碍是有效的。基于研究的干预措施是通过科学探究、同行评审或共识验证的措施。在模型的这一部分中确定的干预措施用于制定特定的咨询目的和目标（即减轻某种症状；减少对限制性更高的安置的需求）。

“I CAN START”模型的这一阶段不一定遵循线性方式来确定咨询目的和目标。事实上，以研究为基础的干预与咨询师和来访者产生的目标总体上是相关的。以研究为基础的干预通常会告知目的和目标，而在咨询中，咨询师和来访者产生的咨询目的和目标会潜在地影响以研究为基础的干预措施的选择。例如，如果一个患有抑郁障碍的来访者在晚上难以入睡（部分原因是她放学后小睡了），而她的目标是要入睡并整夜保持睡眠状态，那么咨询师可以进入模型的这一阶段，选择一项基于研究的干预措施，以帮助这个来访者解决睡眠问题（如使用睡眠健康程序）。对这个女孩的咨询目的和目标可能是“放学后不打盹，每天在同一时间睡觉和起床，以促进健康的睡眠模式”。

此外，在应用“I CAN START”模型时，干预措施应以选定的治疗或理论方法为基础（即模型的 T 方面）。因此，治疗或理论方法（即模型的 T 方面）也将告知咨询目的和目标（即模型的 A 方面）和基于研究的干预措施（即模型的 R 方面）。

咨询师在考虑他们将对来访者使用的干预措施

时，应考虑来访者的独特情况、发展和背景因素，以及来访者及其家庭的咨询偏好。以研究为基础的干预措施只有在它们是个性化定制的且来访者积极参与制订咨询计划的情况下才重要。咨询师应授权给来访者，以便他们积极参与各种干预措施的选择（Kress & Paylo，2015）。

治疗性支持服务（T）

许多来访者不仅仅需要咨询服务来获得成功。治疗性支持服务会对咨询干预进行补充，并提供咨询师不能单独提供的服务。治疗支持性服务可能包括围绕不同主题的教育。例如，一个患有进食障碍的女孩可能需要与健康营养、饮食和锻炼相关的支持性服务，而这些信息超出了咨询师的执业范围。

有针对性的技能培训是另一个可以通过治疗性支持服务来解决的领域。

例如，一个有破坏性行为和品行障碍诊断的来访者的家庭可以从父母培训中受益，或者有创伤后应激障碍的来访者可以从生物反馈训练中受益（由不同的提供者提供），这是作为接受基于创伤的认知行为咨询的辅助手段。

整合社交或社会活动的支持性服务也可能是来访者咨询计划的一个有用方面。儿童和青少年可能会受益于各种支持小组（如为父母离婚的孩子提供支持的小组），以及与同龄人或导师进行社交的机会（如一个“大哥哥 / 大姐姐”项目）。支持性服务也可能与涉及法律体系、学校体系或来访者在其中运行的任何其他体系（如法庭指定的诉讼监护人）的辅助事项有关。

儿童和青少年需要的治疗性支持服务的类型取决于症状的严重程度、他们所居住环境的性质［如家庭（门诊治疗）、医院、少年司法中心、居住设施］，以及他们的诊断、优势和多种其他因素。支持性服务可以补充咨询的目标，并与来访者的目标和他们的情况保持一致。

例如，患有严重破坏性行为问题且正在进行托管治疗，同时所在的儿童福利系统已老化的来访者，可能会受益于案例管理、对药物反应的持续的精神病学评估及过渡性支持服务。除了学校咨询师的支持，被诊断出患有与阅读有关的学习障碍的小学生可能会受益于相关人员参与和支持发展的一个个性化的教育项目，抑或受益于同伴阅读导师或助学金资助的课外阅读或辅导计划。

创意工具箱 9-2 个人优势和资源拼贴活动

活动概述

来访者及其家庭（如果适用）使用拼贴技术来识别优势和资源，这可以帮助他们克服所发现的困难。这个活动可以帮助来访者找到自身和影响范围内的优势和资源。

活动目标

这个练习可以作为一种评估工具，来帮助来访者和咨询师确定在制订来访者治疗计划时有用的优势。这个活动的目的是鼓励来访者确定其个人优势和资源，并强化和扩大这些优势和资源，以用于克服困难。

活动步骤

1. 咨询师和来访者讨论每个人的优势和资源。
2. 咨询师向来访者展示各种杂志、目录或包含不同图片的其他资料。
3. 咨询师请来访者裁剪出代表其优势、资源和各个领域的能力（如个人能力、资源、个人兴趣）的图片和文字。

4. 来访者将这些文字和图片以拼贴的形式拼凑在一张纸上。

过程性问题

1. 当你看到自己拥有的优势、资源和能力时，你是什么感觉？
2. 这个活动最让你吃惊的是什么？
3. 你如何看待自己使用这些优势、资源和能力来克服那些一直困扰你的问题？
4. 在过去，这些力量、资源和能力帮助你克服了什么困难？
5. 哪些优势、资源和能力对你来说很重要？
6. 你如何利用你的优势、资源和能力来帮助他人或为你的社区做贡献？
7. 你独特的优势、资源和能力是如何让你与众不同的？
8. 你的优势、资源和能力与他人的有什么不同？
9. 你如何利用这些优势、资源和能力来创建一个更积极的未来？
10. 还有其他你想要发展的优势、资源和能力吗？你怎样才能做到这一点呢？
11. 你从这个活动中学到了什么？

达全的“I CAN START”心理咨询计划

正如本章开头部分所讨论的，达全对同龄人的欺凌和身体攻击、课堂上的不服从行为、情绪不稳定（即易怒、愤怒和悲伤）和情绪爆发的表现，代表了一系列症状和行为，是几种情绪和破坏性行为障碍的特征。然而，考虑到他父亲最近被监禁的情况，达全在学业、行为和社交情绪功能方面的恶化，表明他患有一种情绪和行为混合的紊乱的适应障碍。尽管临床和学校的设置在咨询实践的实施方面存在不同的考虑因素，但学校咨询师也必须考虑背景因素、诊断和必要的护理水平，然后才能采取全面的、基于优势的咨询方法。下面的“I CAN START”概念框架概述了咨询的考虑因素，这些考虑因素会对达全的学校咨询师或临床咨询师有帮助。

C= 背景评估

依恋（紧密的家庭纽带，父亲暂时缺席）；外部系统环境影响（父亲被监禁）；家庭支持（大家庭成员在场，并为达全的母亲提供照顾帮助）；非洲裔美国人和波多黎各文化（与家庭的联系）；社会经济地位较低（基本需求得到满足，但父亲的缺席可能会带来新的经济挑战）；健康的儿童发展，证据是以前的学业、社交情感和人格功能（例如，通常获得良好的成绩，拥有许多朋友，尊重他人）发展较好。

A= 评估和诊断

诊断 =309.4（F43.25）伴有混合情绪紊乱的适应障碍

自杀行为评估（监测潜在的自杀行为，必要时每周持续评估，因为适应障碍与自杀行为的高风险相关）。

N= 必要的护理水平

每周与学校咨询师见面；为了给他提供支持并促进其技能的发展或出于调解目的，可以在需要时让同龄人加入。

门诊、个人每周临床咨询时间；根据达全母

亲的要求，或者如果认为对咨询过程有利，家人可以参与咨询。因为达全之前否认有自杀意念，所以在治疗过程中，除非自杀行为升级，否则可能不需要紧急护理（即住院治疗）。

S= 优势

自身：达全聪明伶俐，幽默风趣，运动能力强，而且有爱心。他友好外向的性格使他能够与同龄人建立并维持许多积极的关系。

家庭：达全与他的大家庭成员有着紧密的依恋和爱的关系。他的祖父母和外祖父母都表示，在达全的父亲不在时，他们常常来看望达全，并提供额外的家庭支持。每个周日，达全与祖父母和其他大家庭成员待在一起的时间不仅给他带来了温暖和联结的感觉，而且为他每周的日常生活增添了秩序、安全感和一致性。

学校与社区：达全一直很喜欢上学，出勤率也很高。他受到老师们的喜爱，并因其尊重他人的态度、积极参与活动和在课堂上的领导能力而成为同学们公认的模范学生。他积极的学校行为史证明他已经具备了实现高学业水平的潜力和能力，他能遵守学校规则和满足课堂期望，会以与年龄相称的方式与同龄人互动，并在不采取言语或身体攻击行为的情况下解决冲突。他的学校咨询师和老师希望在整个咨询过程中帮助他实现目标。达全喜欢在户外跑步，也喜欢在附近的操场和社区公园和朋友们一起运动；这些经历促进了他积极的同伴关系的发展，以及投入支持他全面健康发展的愉快的休闲活动。

T= 治疗方法

认知行为疗法；支持性咨询。

A= 咨询目的和目标（30 天目标）

学校咨询的目标旨在恢复达全在学校环境中先前的功能程度，特别是与欺凌、同伴互动和课堂行为有关的功能，以便他和其他人一样能够在学业上取得成功。

达全将避免发生欺凌行为。达全的身体攻击行为、威胁同龄人、辱骂他人或使用不恰当的语言（由自己、同伴和老师报告决定）的发生率为 0。

达全将改善与同伴的互动。达全将探索和识别欺凌行为如何影响他的同伴关系（即同龄人的感受和反应、关系后果），并在 5 个同伴互动中都能做到以积极的、适合年龄的方式与同伴互动（例如，尊重和友好地对待他人）。

达全将提高他的课堂服从性。达全将会听从老师的指导，在 5 次机会中有 4 次能在 2 次提示内完成学校作业。

达全的老师会加强他的服从行为。达全的老师会给出明确的期望并以支持性的方式进行指导，并使用针对达全的个性化代币系统，在 5 次呈现的机会中加强他对学业任务的遵从性（即，在完成任务后立即向达全提供一张贴纸，粘贴在他的行为图上，同时口头表扬达全及其被强化的具体行为，在达全获得 5 张贴纸后给予达全预定的奖励）。

门诊咨询的目的主要是改善达全对父亲监禁的适应及相关的情绪和行为问题。

达全将探究他父亲被监禁后自己的感受。他将发现并表达至少一种与他父亲监禁有关的情感。

达全将探讨他的行为和情感之间的联系。他将在每次咨询中至少发现 3 种行为和 3 种相关的感觉。

达全将有效地调节他的情绪。他将学习并使用应对和解决问题的技能来管理他在家庭和学校的痛苦情绪，而不是在 5 个机会中的 4 次出现爆发或攻击行为。

R= 基于研究的干预措施（基于认知行为疗法）

学校咨询师将通过培养达全的共情、观点采择能力，以及理解同伴感受、自己的感受和欺凌的不良后果的方式来帮助达全消除欺凌行为。

学校咨询师将提高他对积极互动和欺凌行为后果的认识来帮助达全改善同伴关系。

学校咨询师将帮助达全通过积极的强化、塑造和代币系统来提高他的服从性。

临床咨询师将通过提供技能培训（例如，练习应对策略和解决问题的技能、示范、角色扮演）来帮助达全管理情绪。

临床咨询师将帮助达全通过与行为建立联结、参与表达活动和角色扮演来提高其对感受的意识，从而实现情感的开放表达和处理。

临床咨询师将帮助达全通过家庭咨询和促进情感、愿望和需求的公开交流的方式，来增加他的情感交流。

T= 治疗性支持服务

学校咨询师需要在门诊咨询环境中向临床心理健康提供者进行转介，并需要与临床咨询师协商和合作，以促进一致的治疗过程和在不同环境中推广技能。

转介给一个关注悲伤、丧失或调节的咨询小组。

转介到一个社区“大哥哥 / 大姐姐”的项目，在那里，达全可以与年长的男性榜样建立联系。

总结

本章提供了指导性咨询和治疗计划的建议和原则。好的咨询和治疗计划包括某些要素。首先，治疗计划必须根据来访者及其家庭的需求及偏好进行个性化定制，并且必须与来访者及其家庭合作制订。咨询师还应考虑来访者损伤严重程度及这些损伤与咨询计划和结果的关系。其次，咨询师应制定遵循“I CAN SMART”模型或具体、可衡量、可实现、以结果为导向和及时的治疗目标。“黄金线”是一种方法，以确保咨询师的咨询和治疗计划以一种合乎逻辑的方式流动和进展。这一过程涉及确定一个总体问题或障碍（如果相关）、痛苦或咨询目标，从而找到咨询目的和目标，进而形成具体的干预形式。

最后，重要的是要将咨询和治疗计划视为一个根据来访者不断变化的需求而发展、变化的过程。

接下来，本章介绍了“I CAN START”模型，并将其应用于一个学校和临床咨询师都参与的案例。这个模型十分全面，因为它涉及影响来访者及其家庭的功能和咨询需求的多个因素（如背景、文化问题）。这个模型是基于来访者的优势的，因为它强调了来访者及其家庭拥有的优势、能力和资源，并将这些整合到了咨询中。这个模型以优势为基础，基于背景和文化因素，符合专业咨询的理论和基础理念。这个模型还强调在所有咨询中使用循证的实践是很重要的。在接下来的章节中，“I CAN START”模型将会被应用到各种不同的案例中。

COUNSELING CHILDREN
AND ADOLESCENTS

第 3 部分

儿童和青少年常见问题及相关咨询干预

第 10 章　自杀、自残和杀人

儿童和青少年来访者的咨询师应该始终把安全放在首位来考虑；他们在伦理和法律上有义务尽其所能地提高来访者的安全水平。相关的安全措施也应纳入咨询中。强调对安全的考虑有助于保障来访者的安全，增强儿童和青少年来访者及其家人的安全感，并有助于保护咨询师免于法律责任。

本章将讨论与儿童和青少年咨询相关的一些安全问题，提供一些咨询师可以采取的实践步骤，以促进和支持来访者的安全。与安全相关的话题是与儿童和青少年打交道的咨询师遇到的频率最高的话题（如自杀和自残），也是具有最严重的风险提示的话题（如杀人）。

首先我们探讨与自我暴力相关的话题。咨询师认为，来访者的自我暴力是他们遇到的最令人苦恼的行为之一（King et al.，2013）。因此，本章对自杀问题进行了探索，并为从事儿童和青少年咨询工作的咨询师提供了有用的评估和干预技术和资源。本章还会讨论来访者自残问题，其中重点讨论了可以用来帮助咨询师管理和解决来访者自残问题的一些临床考虑和干预措施。另外，还有一个让人很不舒服的话题，即一些年轻人的确面临做出杀人行为的风险。本章后面将探讨杀人风险，主要着眼于咨询师如何评估和预防杀人风险。

自杀

自杀是导致儿童和青少年死亡的第三大原因，每年占儿童和青少年死亡总数的 20%（CDC，2012a）。但自杀未遂的数据没有被系统地收集，因此很难评估尝试自杀却没有成功的比率。然而，据估计，将近 16% 的高中生认真考虑过自杀的问题，12% 的高中生曾做出了自杀的计划，7% 的学生自杀未遂，2% 的学生因自杀行为导致受伤或住院（CDC，2012a）。

事实上，正在接受咨询的来访者有更大的自杀企图和自杀成功的风险，咨询师必须警惕并评估来访者的自杀风险。处于发育期的青少年容易冲动，他们可能很难思考自己行为带来的后果（Klonsky & may，2013）。他们特别容易产生自杀冲动。一个常见的误解是，只有患抑郁障碍或双相障碍的来访者才会有自杀念头。事实上，自杀意念，甚至自杀企图，可能发生在没有精神障碍诊断的儿童和青少年身上，也可能发生在那些被诊断患有各种精神疾病的儿童和青少年身上，包括创伤后应激障碍、新兴人格障碍、饮食失调和焦虑障碍（King，et al.，2013）。咨询师有责任定期对那些表现出有潜在的自残倾向的来访者评估其自杀风险，不管其当下表现出的心理问题是什么。在为考虑或企图自杀的儿童和青少年进行咨询的整个过程中，咨询师必须对自杀意念或自杀风险进行定期评估（Buchman Schmitt et al.，2014）。

考虑或企图自杀的儿童和青少年是在试图避免痛苦和折磨，想要在感到无助时获得一种对生活的掌控感，或者试图用他们认为的唯一方式进行表达（Granello & Granello，2006）。因此，咨询师的角色是通过咨询和必要时可能的药物治疗来帮助儿童和青少年管理他们强烈的负面情绪，帮助他们重新获得对生活的掌控感，并帮助他们向合适的人传达他们的需求。心理咨询应帮助来访者识别为什么会出现自杀意念，以便使来访者的需求能以适应性的方式得到满足（Granello & Granello，2006）。

咨询注意事项

在为有自杀意念的来访者提供咨询时，咨询师的第一反应自然是感到焦虑，但重要的是，咨询师要具备必要的知识和技能，从而能够自信、有效地应对潜在的危机情况。与有自杀风险的来访者合作的心理健康专业人员的核心能力包括：（1）管理自己对自杀的反应；（2）在治疗中保持合作意识；（3）理解自杀的构成；（4）拥有相应的风险评估和干预技能；（5）制订一个有效的危机干预计划；（6）妥善保存与自杀有关的文件记录；（7）了解在治疗自杀来访者时潜在的法律和伦理问题。

为有自杀倾向的来访者提供咨询时，咨询师应该意识到与这类人群相关的伦理和法律。出于伦理和法律方面的考虑，咨询师应采取具体措施以促进当事人的安全，同时安全措施也应纳入来访者的咨询目标中，例如，一个适合儿童和青少年的咨询目标是“0次自杀尝试”。

咨询师在咨询时，应记录下自己为加强和鼓励来访者的安全所采取的步骤。如果不这样做，咨询师可能会被指控没有采取适当的措施来保障来访者的安全。尤其重要的是，咨询师应明确告知来访者及其父母，咨询师有义务确保安全，虽然这可能导致违反保密规定。

另一个与自杀有关的重要伦理 / 法律问题是安全计划的使用。安全计划将在“干预”部分进行更详细的讨论。总之，所有的咨询师都应该至少有自杀评估、自杀决策模型和安全规划模型，供来访者使用。

接下来，咨询师需要了解一些有更严格的设置或更高护理水平的地方，在那里，有自杀风险的来访者可以稳定下来，直到他们能够安全地回到社区。与此相关的是，咨询师应该了解他们所在国家或地区有关未成年人住院治疗的指导方针。在美国的一些州，咨询师只有在来访者的父母或法定监护人同意的情况下才可以让来访者入院；在其他州，医生等专业人员可以在紧急情况下让未成年患者住院治疗（King et al.，2013）。无论如何，咨询师必须熟悉他们执业所在国家或地区的法律。

来访者特征

自杀是一个复杂的概念，来访者产生自杀念头或发生自杀行为的原因有很多。自杀行为最终是由环境因素和个人因素的相互作用而导致的（King et al.，2013）。一些人口统计学中的危险因素可以预测自杀，因此咨询师在对儿童和青少年进行咨询时应考虑这些因素。例如，性别可能是自杀的预测因素，因为青春期男孩（15 ~ 19 岁）更可能使用暴力手段自杀（如枪支），也更有可能因此而丧生；然而，青春期女孩自杀的可能性是男孩的 2 倍（King et al.，2013）。与自杀有关的另一个重要的人口特征是种族。在儿童和青少年中，美洲原住民和阿拉斯加原住民被认为是最具有自杀风险或自杀倾向的族群，他们自杀或自杀致死的可能性是非西班牙裔白种人的 2 倍或更高（King et al.，2013）。此外，在治疗有自杀倾向的儿童和青少年时，年龄是另一个需要考虑的重要因素。尽管自杀在 9 岁以下的儿童中很少见，但 10 ~ 14 岁青少年的自杀风险在增加，而 15 ~ 19 岁青少年的自杀率急剧上升（King et al.，2013）。

人口统计学信息无法预测个体是否会自杀。然而，以下因素已被确定为自杀倾向的潜在指标：（1）过去的自杀尝试；（2）物质滥用问题；（3）性取向或性别认同问题；（4）欺凌行为的受害者；（5）自杀念头；（6）绝望；（7）目睹他人自杀；（8）存在心理障碍，尤其是双相障碍或抑郁障碍（Goldblum et al.，2015；King et al.，2013）。亲子冲突和父母的精神疾病是来自家庭的主要自杀风险因素（Brent et al.，2011）。各种生物风险因素（如基于精神或脑部疾病的生物学因素、冲动、多动）、认知因素（如有限的问题解决能力、刻板思维）、情绪风险因素（如各种精神障碍、低自尊、身份认同问题、愤怒、攻击性和挑衅行为）和环境风险因素（如最近的生活压力、同伴关系问题、幼时与养育者分离或丧失养育者、虐待、家庭暴力等）也可能是自杀的风险因素（Granello & Granello，2006）。

谈及自杀与青少年的关系，还有一个特别重要的话题是性取向和性别认同。多项研究表明，大约 30% 的女同性恋、男同性恋、双性恋、跨性别和性别不明（LGBTQ）的青少年至少有一次自杀尝试（Goldblum et al.，2015）。家庭和同伴的支持在这一人群中发挥着特别重要的作用，在发育过程中，青少年寻求被接纳，如果找不到这种接纳，他们可能就有危险。在质疑自己的性取向或性别认同时所面临的压力，在同性恋恐怖症面前所面对的逆境、薄弱的社会支持（尤其是在某些文化和社区中）及受害经历使该群体变得更易受伤害并有自杀的风险（Goldblum et al.，2015；Liu & Mustanski，2012）。

此外，咨询师必须意识到来访者最近的生活压力，例如，父母离婚，关系破裂或失去友谊，被同伴群体排挤或在学校遇到问题，因为这些因素也可能预示着自杀行为（Klott，2012）。情绪的突然变化（如从严重抑郁转变为异常的欣快感）也应被视为潜在的自杀风险预警信号（McGlothlin，2008），最近从精神病院出院的情况也要高度注意（King et al.，2013）。表 10-1 概述了儿童和青少年自杀的风险因素。

表 10-1　儿童和青少年自杀的风险因素

临床风险因素	家庭与人际关系风险因素	环境风险因素
• 过去的自杀尝试 • 自杀想法和意图 • 非自杀性自伤 • 精神病性障碍 • 新出现的人格障碍特征 • 绝望 • 学习障碍和困难 • 睡眠紊乱 • 最近从精神病院出院	• 家族精神病史 • 性、身体和情绪虐待或忽视 • 家庭暴力 • 被欺凌或受害经历 • 同伴关系问题 • 性取向和性别认同问题	• 看到他人自杀 • 获得自杀的方法（尤其是致命的手段）

资料来源：Adapted from Teen Suicide Risk: A Practitioner Guide to Screening，Assessment，and Management by C. A. King，C. Ewell Foster，& R. M. Rogalski，2013，New York，NY: Guilford.

评估

咨询师应当在以下每个时间点评估来访者潜在的自杀风险：在初始访谈或初次咨询时，来访者出现自杀念头或怀疑其可能出现自杀念头时，当来访者经历情绪或行为的突然变化时，在离开咨询时（Granello，2010；King et al.，2013）。在评估有自杀念头的来访者时，咨询师应考虑以下内容：（1）是否存在精神病症状（如攻击、冲动、绝望、躁动等）；（2）过去的自杀行为，包括自残的表现、过去自杀未遂的次数和获取自杀方法的行为；（3）社会经济和家庭因素（例如，来自弱势背景，父母有精神疾病或物质滥用史的儿童和青少年更容易产生自杀念头）；（4）接触和获得自杀手段；（5）最近的负面生活事件（如人际关系变化、酗酒或吸毒、剧烈的情绪变化等）（Buchman-Schmitt et al.，2014；Wolfe，Foxwell，& Kennard，2014）。当然，咨询师应该意识到没有两位来访者是相同的，并且评估过程可能很复杂，每位来访者的评估方法也各不相同（Granello，2010）。咨询师还可以考虑使用自我报告筛查测试或其他可用的评估工具（King et al.，2013）。此外，评估应该是一个持续的过程，咨询师应该收集并考虑其他人对儿童和青少年行为的多种看法（Granello & Granello，2006）。

当对儿童和青少年进行咨询时，咨询师可能会考虑使用助记法来帮助他们进行评估。“SAD

PERSONS”就是类似这种助记法的一个例子（Patterson et al.，1983）。作为一个自杀风险评估量表，“SAD PERSONS”在创建后，又改编了一个适用于儿童和青少年的版本（即 A-SPS）（Juhnke，1996）。图 10-1 列出了自杀评估相关的助记法描述。咨询师一旦确定来访者拥有任何已列出的风险指标，就应该进行更详细的风险评估。详细的风险评估一般应涉及来访者、家人、其他重要人士及其他潜在的信息提供者（如教师、医生等）。一个有效的风险评估应该包括询问来访者关于死亡想法相关的问题（如你是否想过伤害自己）。有效的评估还应包括有关物质滥用的问题，因为儿童和青少年自杀风险与物质使用之间似乎存在很强的联系（King et al.，2013）。

急性（即迫在眉睫）自杀风险的迹象包括自残或自杀的语言威胁（例如，“我今天要自杀”），积极寻求自残或自杀的手段（例如，“我要从车库的柜子里拿我爸爸的枪”），谈论或写下自杀或死亡（例如，“一旦我死了，事情就会好多了”）。咨询师如果观察到这些症状，就需要进一步评估并立即进行可能的干预（如精神疾病住院治疗）。当儿童和青少年表现出急性自杀风险的迹象时，咨询师应将他们视为处于精神危机的状态，可能需要联系急救人员（如警察、医护人员），以帮助确保儿童和青少年进入安全的环境。

S（Sex）：性（男性风险更高）
A（Age）：年龄（15 ~ 25 岁人群风险较高）
D（Depressive or bipolar disorder）：抑郁或双相障碍
P（Previous suilide attempts or psychiatric care）：自杀未遂或精神疾病治疗
E（Excessive accohol or substance use）：过量饮酒或物质滥用
R（Rational thinking loss）：理性思维丧失（如幻觉或妄想等精神病性症状）
S（Social support is lacking）：缺少社会支持（例如，儿童和青少年有朋友吗？儿童和青少年是否认为自己融入了一群朋友或他的家庭系统中？儿童和青少年是否经常孤立无援？）
O（Organized suicide plan）：有组织的自杀计划（或严重的自杀尝试）
N（Negligent parenting）：忽视型教养方式
S（School problems）：学校问题

图 10-1 SAD 人员自杀评估助记法（适用于儿童和青少年）

资料来源：Adapted from “The Adapted-SAD PERSONS: A suicide assessment scale designed for use with children” by G. A. Juhnke，1996，Elementary School Guidance & Counseling，30（4），pp. 252–258.

当询问儿童和青少年关于自杀的问题时，咨询师应该坚持不懈。对自杀想法的初步调查可能会让来访者感到害怕或惊恐，从而使他们变得具有防御性或隐藏他们的真实感受（King et al.，2013）。因此，咨询师可能希望在提出问题时的措辞能更有创意，以帮助来访者打开分享困难信息的大门（例如，“听你说话，我能感觉到你现在承受着很多痛苦。有些人在面对如此多的痛苦时，会尝试去孤独的地方。你去过任何孤独或黑暗的地方吗？”）。咨询师也可以专门针对来访者当前的困难提出问题（例如，“我能感觉到你没有通过那门课程让你很震惊。再加上你的家人对你考试不及格的反应，我想知道你是否想过伤害自己？”）。下文提供了咨询师在评估来访者自杀风险时可能询问的一些问题。最后，咨询师不应等到咨询结束时才去处理可能的自杀想法、意念或危险因素，而是要留出足够的时间来处理自杀意念（King et al.，2013）。

自杀评估问题

1. 你有没有感到心情如此低落，以致想到了死亡或希望自己已经死了？

2. 你经历了这么多痛苦，我想知道你是否有过自杀的想法？你能告诉我与你的想法有关的痛苦和感受吗？

3. 在这艰难的时刻，你是如此的勇敢和坚强，但有时人们会发现很难坚持下去。你有没有想过自己不复存在会是什么样子？

4. 你过去有没有试图伤害过自己？你过去是否有自杀未遂？你能告诉我那次或那些次的情况吗？是什么让你迈出了那一步？你还记得当时你在想什么吗？什么对你的康复有帮助？

5. 还有谁知道你自杀的想法？现在，在这个房间外是否有你真正信任、想要和他谈谈的人？

6. 当你想到自杀时，你有没有具体的计划，或者只是一些想法？给我多讲一些你的想法。和我说说你的一些计划（如果有）。你会对你的计划采取什么样的后续行动？你认为对你来说执行你的计划有多容易？你有什么样的资源（即手段）来帮助你执行你的计划？

7. 是什么阻止了你伤害自己？你能想到什么理由可以让你在下周、下个月、明年继续活下去？

8. 如果你自残或自杀，你觉得人们会有什么反应？

9. 你愿意和我一起制订一个安全计划吗？

咨询干预

安全计划和干预措施

在咨询有自杀倾向的来访者时，咨询师必须首先建立一个治疗联盟，并迅速将注意力投入支持和加强来访者活下去的理由上（King et al., 2013）。当试图与一个可能自杀的来访者建立治疗联盟时，咨询师可能需要首先询问来访者是如何受到伤害的，以及自己可以怎样提供帮助（例如，“你是怎么受到伤害的？”“我能帮你什么忙吗？”），同时向来访者灌输希望，从而使他们感觉好一些。

咨询师应让自杀未遂或有自杀念头的儿童和青少年的父母参与咨询。理想情况下，父母应在孩子的咨询中扮演合作、支持性角色。咨询师应对父母的问题和建议保持开放的态度。咨询师还应给予父母一些可以帮助其子女的具体方法。与家人的合作使来访者和他们的家人感觉他们可以控制自己的体验。它创造了一个空间，可以让来访者和他们的家人表达他们关于自己需求的想法，并帮助来访者及其家庭掌控自己的安全感（Brent et al., 2011）。

为了应对自杀意念，咨询师可以尝试与来访者签订一个安全合同或不自杀合同。不自杀合同需要来访者同意，通常是落实在文字上，内容是在一段特定的时间（如小时、天）内不自杀。虽然使用不自杀合同可能有一些好处（例如，合同强调治疗的共同目标，即保障来访者安全和减少即刻的自杀风险；Brent et al., 2011），但它也有许多潜在的限制。一个可能的缺点是，不自杀合同的使用可能会导致来访者或其父母错误地认为咨询师只关心保护自己免受法律诉讼。另一个可能的缺点是，不自杀合同可能会在无意中让来访者沉默，因为如果他们确实存在自杀意念，他们可能会感到气馁、尴尬或羞愧（Lee & Bartlett, 2005）。另外，“合同”这个词也可能有问题，因为它意味着这是一份具有法律约束力的协议。最后，不自杀合同可能会无意中使咨询师相信如果来访者自杀身亡，他们是受法律保护的，不存在实践过失，但是实际上，这种保护并不存在。

可以替代不自杀合同的另一种方式是咨询承诺声明，它强调治疗关系的其他方面，避免只关注来访者不应做的事情（Rudd et al., 2006）。咨询承诺声明强调来访者积极的应对行为（例如，积极自我安抚行为，如谈话或听音乐），关注来访者做得好的方面（如承诺改变），并明确来访者和咨询师双方的治疗责任。下文的实践活动提供了一个咨询承诺声明的样例。

实践活动

来访者咨询承诺声明样例

这是我对咨询计划的承诺。通过签署此计划，我同意在我们咨询期间，我与我的咨询师一起投入并参与咨询过程。我也同意在我的日常生活中，尽我所能地将我所学到的信息和所获得的洞察力付诸实践。

我知道咨询过程的一部分包括设定目标。我有责任和我的咨询师一起设定目标。我明白，要实现这些目标，可能需要在我们的疗程之间运用我在咨询中学到的东西，我同意尽我所能运用我在咨询中学到的策略和技巧。

我知道咨询并不总是很轻松，我们可能会讨论一些让我感到不舒服的事情。有时讨论某些话题对我来说可能很难。当我们触及这些问题时，我同意与我的咨询师开诚布公地交流任何不适或恐惧。即使我的感觉是消极的，我知道我可以礼貌地、不伤害任何人感受地与我的咨询师分享。

我会继续服用目前医生给我开的药物。如果我的药物有什么变化，我会和我的咨询师沟通。

必要时，我也愿意执行我的安全计划。

我明白，如果有任何自杀想法或与自杀相关的行为，我将遵循我的安全计划中包含的“自杀意念步骤”。

无论何时，如果我对我的咨询正在进行的方向感到不舒服，我会公开地与我的咨询师交流我的想法。

____________________	____________________
来访者	日期
____________________	____________________
父母	日期
____________________	____________________
咨询师	日期

为来访者确定适当的护理水平（即住院、半住院、门诊）可能是有效自杀干预的最重要因素。当来访者出现即刻的自杀风险时，让他们入住精神病院通常是必要的。有自杀想法的来访者如果没有立即行动的风险，一般可以被管理在一个低限制的护理水平下（如半住院、门诊）。咨询师可以使用决策树来确定有自杀倾向的来访者的适当护理水平。最后，详细的风险评估或安全计划及适当的咨询和督导将帮助咨询师确定对有自杀倾向的来访者的最佳行动方案。

与咨询承诺声明类似，安全计划的目的是增强来访者适应性的、维持生命的行为。作为帮助来访者控制和管理自杀意念的一种手段，咨询师实施的安全计划会减少这些想法和行为的影响。父母和来访者也应该被告知和意识到在来访者自杀意念和自杀行为出现或升级时应采取的必要步骤。预防来访者自杀的安全计划应包括以下几点：（1）引发自杀想法和行为的相关诱因和警告信号；（2）来访者管理这些诱因和警告信号的方法；（3）指定的社会支持网络（如朋友、家庭成员、父母、专业人员）；（4）来访者的想法升级为自杀意念或行为时应采取的措施；（5）独特的内部和外部保护性资源（King et al.，2013）。

针对有自杀倾向的来访者，其安全计划需要有立竿见影的效果，以便在多个环境（如家庭、学校、社区）中能够立即实施。咨询师可以将安全计划的构建作为解决来访者问题的干预措施，并将家长纳入计划的制订和实施过程中。此外，应将安全计划写出来或打印出来，并提供给来访者及其家人，使他们能够经常看到该计划。下文的实践活动提供了一个来访者安全计划的样例。

实践活动

来访者安全计划样例

第一步：确定导致自杀想法和行为的诱因

1. 感到空虚和孤独。

2. 做那些觉得自己做不到的事情的压力（例如，认识新朋友，完成困难的任务）。

3. 被朋友或家人的周末计划排除在外。

第二步：识别危机可能正在发展的警告信号

1. 认为“每个人都太忙了，没人有时间和我说话”或“没人喜欢我”。

2. 孤立自己（例如，回到房间，晚上大部分时间都待在那里，坐在公共汽车的第一排）。

3. 和父母吵架（比平时更生气）。

第三步：确定内部策略（列出不用联系别人我自己就能做的事情）

1. 演奏我的鼓。

2. 和我的狗去散步。

3. 听音乐。

4. 洗个热水澡。

5. 记录下我的想法和感受。

6. 做深呼吸练习。

7. 告诉自己，“人们确实喜欢我”“如果我离开了，他们会很伤心”。

第四步：确定外部策略（列出我可以和其他人或我可以求助的人一起做的事情）

1. 和我哥哥一起打篮球。

2. 和我的朋友鲍比去购物中心。

3. 打电话给我的卡尔叔叔，谈谈我的感受。

4. 和我的学校咨询师见面或谈谈。

5. 和我的父母（尤其是我的母亲）交谈。

6. 和我的咨询师谈谈。

7. 拨打自杀热线。

8. 拨打“911”。

第五步：寻找内部资源

1. 对我来说，最值得为之而活的是我的未来——我对我的未来有梦想（如参加乐队、上大学、拥有一辆车、可能成为一名学校咨询师等）。

2. 我喜欢自己的地方（我有时会忘记）：

（1）我是个很关心他人的人；

（2）人们说我是个很好的倾听者；

（3）我想我将来可以帮助他人。

第六步：寻找外部资源——联系信息（朋友、家人、心理健康机构）

1. 添加个人和机构的姓名、号码和地址，以帮助你保持安全。

2. 预防自杀热线。

3. 预防自杀网站（聊天）：为有自杀风险的人提供的免费聊天室。

第七步：确定安全策略（当我有自杀想法时可以采取的步骤）

1. 如果我认为我有伤害自己的即刻风险，我会：

（1）不要伤害自己；

（2）告诉我的父母；

（3）拨打“911”；

（4）打电话给自杀热线；

（5）直接去找能帮助我的成年人。

承诺声明：

如果我打算伤害自己，我就会遵守我的安全计划，保持自己的安全。

签名：

______________	______________
来访者	日期
______________	______________
父母	日期
______________	______________
咨询师	日期

学校中的自杀干预与预防

学校工作人员在自杀评估、预防和干预中可以发挥重要作用。首先，学校工作人员可以支持被认为有自杀风险的儿童和青少年。社区咨询师可以根据需要与学校工作人员联系，这些工作人员可以在安全计划的制订和实施中发挥作用（例如，允许来访者在护士办公室听音乐，请求老师延长作业期限，在紧急情况下延长紧急通行证，以让来访者离开班级）（King et al.，2013）。制订一个合作治疗计划，使咨询师、主治医生、学校相关人员和选定的家庭成员之间能够建立起一种有凝聚力的沟通关系，这可能是最大程度提高儿童和青少年咨询成功率的关键步骤（King et al.，2013）。

学校咨询师在评估、预防和干预儿童和青少年自杀风险方面也发挥着重要作用。然而，目前关于学校咨询师在干预儿童和青少年自杀的咨询中所扮演角色的文献大多涉及对那些因同伴自杀而经历丧失的学生的事后治疗（Fineran，2012）。尽管帮助因丧失而悲伤的学生也很重要，特别是因为这种悲伤会带来更多自杀行为的风险（Finernan，2012；Ward & Odegard，2011），但是学校直接实施自杀干预项目也是非常必要的。一组研究人员分析了多个基于学校的自杀干预项目，发现最好的干预是长期性的（如持续整个学年）；要让学生参与，还要让他们的父母、老师、学校工作人员和社区成员参与进来；要为学生提供校园和社区的心理健康服务，并解决与自杀相关的所有潜在风险因素（Balaguru et al.，2013）。那些能解决吸毒和酗酒问题，提高儿童和青少年问题解决能力的自杀干预被证明是十分有效的，并适用于不同的文化群体（Balaguru et al.，2013）。

学校咨询师也可以在学生自杀未遂后的返校生活中发挥积极作用。由于儿童和青少年大部分时间都在学校中度过，因此学校制定干预措施非常重要（Balaguru et al.，2013）。不幸的是，许多自杀未遂的儿童和青少年对重返学校持保留态度，有些人甚至可能因为害怕或尴尬而完全拒绝上学（King et al.，2013）。对此，学校咨询师最积极的干预方式是与来访者及其家长合作，以满足来访者的要求（例如，给予课间的额外时间，必要时允许他们离开教室，待在护士或学校咨询师办公室；King et al.，2013）。让学校咨询师和教员参与咨询，儿童和青少年才更有可能获得更好的可持续护理。

非自杀性自伤

非自杀性自伤（Non-Suicidal Self-injury，NSSI），即通俗说的“自残”（以下简称自残）。该行为是指“无自杀意图，出于社会不认可的目的而故意破坏自己的身体组织”（Klonsky et al.，2011）。自残可包括但不限于打自己、针刺自己、抠抓皮肤、掐自己、灼伤自己、吞食异物、头部撞击，以及最常见的划伤自己。相关患病率的研究表明，青少年的自残率因所评估的人群而异，不同人群的自残率估计如下：普通青少年人群中的自残率为 1% ~ 37%，青少年门诊临床样本中的自残率为 5% ~ 47%，急症护理机构中青少年的自残率为 39% ~ 61%（Dyl，2008）。处于青春期早期的青少年也可能会自残。一项研究表明，近 8% 的青少年报告有自残行为（Turner et al.，2014）。然而，大多数研究表明，自残的典型年龄范围在 12 ~ 14 岁（Courtney Seidler et al.，2014；Jarvi et al.，2013）。由于其相关性日益增强，非自杀性自残被添加到《精神障碍诊断与统计手册》（第五版）中，作为“未来研究的条件”（APA，2013）。

咨询注意事项

由于自残可能会带来一些健康风险（如割得太深、感染等并发症），一些咨询师对为自残来访者提供咨询工作感到害怕。除了来访者的自杀行为，来访者的自残行为也经常被咨询师认定为临床实践中遇到的最令人困扰的来访者行为之一（King et al.，2013）。关于自残方面的文章经常强调，面对自残的来访者，咨询师要管理好自己的反应，这一点十分重要（Kress et al.，2010）。咨询师可能会对来访者的自残行为感到沮丧，甚至可能会试图通过强迫来访者停止这种行为来控制他们。对此，咨询师要不断监控自己对这种行为的反应，在与自残来访者合作时要有自我意识，并主动反思自己的咨询方法（Kress et al.，2010）。自我意识，以及持续的咨询或督导可以帮助咨询师在与这类人群合作时保持客观的视角。

尽管自残并不总是表明当事人有自杀意念，但研究确实表明，自残的人进行自杀尝试的风险很高，尤其是那些正在接受抑郁障碍治疗的人（Brausch & Girresch，2012；Ougrin et al.，2012；Turner et al.，2014）。尽管有人认为，与自杀未遂史或其他既定的风险因素（如抑郁、焦虑、冲动或双相障碍）相比，自残更能预测自杀尝试，但没有确凿的证据表明自残与更高的自杀风险有关（Klonsky et al.，2014；Ougrin et al.，2012）。

自残的来访者也可以从咨询方法中获益，这种咨询方法是关系型的、积极的、动态的、专注于促进来访者的改变愿望，同时为来访者提供改变所需的工具。以解决自残为目标的咨询干预措施在一种滋养的、非评判式的、合作的咨询关系中使用是最有效的（Walsh，2012）。

来访者特征

目前尚无自残行为的年轻人画像（Walsh，2012）。男性和女性来访者自残倾向的比率相同；男性来访者倾向于切割、撞击或烧伤等自残方法，而女性来访者则倾向于切割（Klonsky et al.，2014）。一些研究表明，自残的发生率在那些经历过情绪困扰和失调、抑郁、焦虑、进食障碍或经历过儿童创伤或虐待的个体身上最高（Gonzales & Bergstrom，2013；Jarvi et al.，2013；Klonsky et al.，2014）。

人们自残的原因各不相同，但这种行为可以在某些时候发挥一些功能（Walsh，2012）。自残可以有以下功能：（1）作为一种情绪调节的形式；（2）作为一种影响他人的方法，其意图是不用说的方式来表达愤怒、伤害或反叛的情绪；（3）作为减少孤立感和孤独感的一种手段；（4）作为自我刺激的一种方式，目的是增加情绪唤醒（如快感）（Klonsky et al.，2014；Walsh，2012）。有证据表明，人际冲突，如内部冲突或预期的丧失，也可能引发自残（Jacobson & Mufson，2012），而且越来越多的证据表明，自残可能具有“传染性”（如看到同龄人或媒体上自残行为的青少年很可能会复制这种行为）（Jarvi et al.，2013）。

尽管自残的潜在功能有差异，但自残事件的进展一般都比较典型，都是由一个突发的压力事件引起，如被排斥，这加剧了青少年的烦躁和不安；接着是防止自残的企图；然后是自残事件；最后是紧张情绪的释放（Walsh，2012）。与自残相关的烦躁情绪通常被来访者描述为羞愧无助（Jacobson & Mufson，2012）、恐惧、愤怒、孤独或恐慌。一些来访者可能还会描述自己的解离体验，如在自残前感到麻木、空虚和濒死感（Walsh，2012）。

评估

自残的人有各种各样的个人背景和表现方式，这些对自残行为的发展和维持有着独特的作用。自残的复杂性使咨询师很难概念化和确定青少年来访者的咨询需求。当与自残的青少年合作时，咨询师可能会发现，首先对自残的频率、持续的时间、严重程度和发作情况及行为的支持性后果、前因、功能和动力进行全面评估是有帮助的（Hoffman & Kress，2010）。咨询师可能会询问来访者的发作年龄、行为过程、自残行为间隔的最长时间、自残的次数和当前频率、行为随时间的变化、受伤时的情绪状态、导致自残的触发因素、受伤后的即时和长期后果，伤害前后的物质使用、过去停止自残的尝试、医疗并发症（如感染、缝针）、抵抗力（如努力阻止自己）、控制（如成功地阻止自己）、自残的冲动性和保全愿望（如希望阻止自己受伤）。

此外，对经常发生严重自残行为的青少年来访者进行持续的医疗评估和评价很有必要。由于医疗评估不在咨询师的执业范围内，咨询师应获得来访者的同意，与来访者的医疗服务提供者（如儿科医生、学校护士等）进行沟通和咨询。咨询师还应与青少年的父母沟通，告知其与孩子的医疗提供者沟通自残相关的医疗并发症的重要性。此外，咨询师还应鼓励家属同医疗团队一起对自残青少年进行适当的伤口护理。

另一个重要的早期评估考虑因素是确定来访者是否共享切割工具，因为这种做法在来访者使用切割工具受限的环境（如安全的治疗设施）中更常见。咨询师应鼓励有共用切割工具历史的来访者向其医疗团队咨询伴随的健康相关问题（如艾滋病毒、丙型肝炎、感染）。

与自残来访者打交道的咨询师应实施标准的自杀评估，以确保来访者的安全。然而，只有当来访者表示有死亡意图时，自残才应被认为是来访者有可能自杀的信号，对来访者的自残反应过度可能会破坏治疗关系。自杀意念的问题很复杂，因为有自杀意念的来访者可能同时伴有自残行为。如前所述，自残也可能是随后自杀行为的临床标志（Ougrin et al.，2012；Turner et al.，2014；Wilkinson et al.，2011）；因此，咨询师应定期同时评估来访者的自残和自杀风险。

咨询师可以邀请青少年来访者和他们的父母在治疗期间监控和记录自残行为，并标出与自残相关的频率、触发因素、线索和减少自残行为的因素。许多青少年来访者不会主动报告自残，所以咨询师应该询问所有青少年来访者是否存在这样的行为。例如，一个常见的问题是“你有没有故意以任何方式伤害过自己”。咨询师不仅可以询问来访者过去的自杀行为，也可以询问其自残行为。

咨询干预

因为自残者的特征和需求非常独特，所以在治疗研究中，自残通常不是大家关注和研究的行为。对自残的有效治疗方法的研究非常有限，只有少数研究采用了随机对照治疗来评估治疗自残的方法的有效性（Brausch & Girresch，2012；Klonsky et al.，2011）。迄今为止的研究发现，在牢固的治疗性关系背景下的行为疗法和认知行为疗法（CBT）是治疗和减少自残发生的最有效方法，这些疗法强调问题解决、认知重构、情绪调节，以及行为的功能评估和分析（即弄清楚哪些思想、感觉和行为导致自残，可以改变哪些行为以防止进一步的伤害）（Kinch & Kress，2012；Klonsky et al.，2011；Washburn et al.，2012）。自残的人通常会表现出适应不良的信念和歪曲的认知（如自我批评）和自我贬低，这可能会导致自残；认知疗法可能有助于解决这些破坏性的思维模式（Klonsky et al.，2011）。

辩证行为疗法（DBT）是一种给解决自残问题带来希望的治疗方法，尤其是针对患有边缘性人格障碍的青少年来访者（Muehlenkamp，2006）。辩证行为疗法通过使用各种模式，包括小组技能培训、个体治疗和团体治疗（其中一组专家就需要进行的干预措施和改进措施进行商讨，以最好地支持青少年）来帮助来访者发展替代性应对技能，识别使用替代性技能的障碍，增强在现实世界环境中的技能迁移。

问题解决疗法（Problem-Solving Therapy，PST）是 CBT 的一种类型，在对自残青少年进行咨询时可能会有所帮助（Muehlenkamp，2006）。问题解决疗法帮助青少年通过适应来应对有压力的生活体验，它是最早使用随机对照实验进行评估的自残治疗方法之一（Washburn et al.，2012）。这种方法应用于自残时是基于这样一种观点：自残可以被理解为一种无效的、不适应的应对技能。这种方法旨在帮助青少年发展他们的应对技能，更好地理解情绪在看待和应对问题中的作用，减少问题解决时的回避态度，并制订旨在减少心理困扰和提高幸福感的行动计划（Washburn et al.，2012）。问题解决疗法中使用的干预措施包括：心理教育、交互式问题解决练习和动机性家庭作业。

由于环境和个人内部的触发因素（如人际关系中的冲突和挫折）通常会触发并导致自残，因此行为管理策略或针对改变行为、学习新行为的干预措施可能会有帮助（Klonsky et al.，2011）。例如，引导想象（guided imagery）是一种行为治疗技术，它涉及使用描述性语言来唤起强烈的心理想象，这种想象可以用来鼓励来访者放松，也可以作为一种分散不舒服情绪的方式，或者引导来访者朝着更积极和乐观的方向发展。

功能评估是一种行为治疗技术，涉及识别激发和强化自残的因素。通过识别和解决那些强化和维持自残的经历，来访者可以改变这些模式并最终停止自残行为。与功能评估相关，咨询师可以邀请来访者限制自残的方式或延迟自残，以预防或延迟自残（Klonsky et al.，2011），如使用行为替代方法（Wester & Trepal，2005）、健康的替代方法（如锻炼、冥想等）和分散注意力的方法（如与朋友在一起、听音乐等）。限制和延迟技术可能不会促进来访者长期的改变，但可以作为更详细的治疗计划中的一部分（Klonsky et al.，2011）。

消极的替代活动（如拿着一个冰冷的冰块，猛拉手腕上的橡皮筋）作为防止自残的一种手段是有争议的。一些人认为，使用消极的替代活动，会强化来访者自残的动力，或者将注意力集中在疼痛或自我攻击上，这种应对手段在自然环境下是无效的或不被社会所接受的（Conterio et al.，1999）。例如，如果一个青少年在上课前有一次令人不安的互动，那么在上课时让他手里拿着一个冰块是不可行的，也不被社会所接受，但是青少年可以通过引导想象练习，挑战自己的思维，或者进行深呼吸练习来帮助调节强烈的情绪。还有一些人（Walsh，2012）认为，消极的替代活动可能起到过渡作用，在对自残青少年进行早期咨询时很有用。

许多自残的青少年并不认为这种行为有问题，也不希望停止这种行为。即使是那些认为自残是问题的青少年，也可能没有做好停止自残的准备。咨询师的职责是决定如何促进来访者改变的愿望，同时避免权力争夺和试图控制来访者（即强迫或要求来访者停止伤害）。试图控制来访者往往会引起他们对改变的抗拒心理，并且通常被认为是禁忌和不符合伦理的行为（Kress et al.，2010）。

动机式访谈（MI）技术可以增强来访者改变的动机（Kress & Hoffman，2008）。当与自残的来访者合作时，咨询师应评估来访者是否准备好改变，是否正在考虑改变，或者处于改变阶段的前意向期（有关 MI 的更详细讨论，见第 6 章）（Miller & Rollnick，2012）。为了加强来访者的改变动机，咨询师应该探索和处理来访者对改变的矛盾心理。换言之，咨询师应探究来访者改变和不想改变的原因。动机式访谈强调，不要试图定义来访者的问题，也不要向他们强调停止自残行为的重要性。咨询师要使用非评判性、共情的立场来发展和加深来访者改变的动机。动机式访谈使咨询师能通过人性化的、合作的、尊重的和授权的方式解决来访者带入咨询的问题，从而提高来访者在咨询过程中的投入程度并减少阻力（Kress & Hoffman，2008）。

表 10-2 提供了咨询师可能会用于自残青少年的咨询活动。

表 10-2 非自杀性自伤咨询活动

活动	说明
我的创作	这个活动可用于帮助青少年增强对自残的认识，并分散注意力以防止自残。当青少年有自残的冲动时，他们可以画一幅画，通过绘画表达自己的情感，并使人们对情况有所了解。来访者可以回答的一些问题包括： • 想要自残时你会有什么感觉 • 什么可以保护你免受自残的影响 • 这个保护者是否有形状或颜色 青少年可以使用颜料、标记物、拼贴物品或其他物品来表达这个图像、图画、文字或符号。当青少年有自残的冲动时，他们可以使用他们对这个图像的内部表征或他们构建的图像来帮助自己
预防自残计划	这个活动包括咨询师帮助青少年制订预防自残的计划，可以用来帮助防止自残事件的发生。青少年可以写下触发他们自残冲动的情境。然后，当他们有自残的冲动时，他们可以选择一些分散注意力的活动。画画、给朋友打电话或跑步都是让人分心、替代自残的健康选择。接下来，青少年可以写下三个积极的自我肯定，以便他们可以用它们来鼓励自己使用应对技巧。最后，青少年要找出那些支持他们并能帮助他们实现目标的人。最后，青少年在计划上签名并写上日期，然后在他们想自残时使用它

（续表）

活动	说明
安全的动物	这个活动的重点是帮助青少年认识到在他们想自残时可以依靠的支持系统，并为他们提供一个可以用来控制自残冲动的人的想象。咨询师帮助青少年找出一个支持系统，或者当他们有自残冲动时可以依靠的人。在青少年确认并讨论他们的支持系统之后，他们将确定一个人，并选择一个他们认为最能描述这个人的安全动物。安全动物代表一个被爱的人、一个保护者、一个想要照顾他们而非伤害他们的人。例如，如果一个青少年认为最好的朋友是他的支持者，那么一只兔子就可能是他选择的安全动物。当青少年想要自残，且没有人支持自己时，他们可以把动物画下来，并以此作为避免自残冲动的一种手段
冲动控制日志	这个活动包括让来访者创建一个日志，以便他们可以将避免自残的冲动写在里面。青少年可以写下他们有自残冲动的日期和地点，以及他们当时的思想和情绪。例如，青少年可以写下："我认为我很坏，我感到内疚。"然后，青少年确定他们认为的自残的功能是什么，以及他们如何用其他方式来满足这种需要。例如，青少年可能会说："自残会分散我正感受到的伤害，但我可以换种方式，比如给我的痛苦写一封信，来表达我的愤怒。"每当青少年有自残的冲动时，他们就可以使用这本日志。这个活动可以让青少年有一种对自残冲动的控制感
我的五彩链条	这个活动要求来访者将他们抵制自残的时间记录在像链条一样连在一起的卡片上。这个"链条"能够显示出来访者的进步，可以作为一种鼓励和授权的资源。来访者每剪下一个象征性的链条，就代表没有自残的一天或他们抵制自残冲动的一次经历。青少年可以选择用不同颜色的纸来代表不同的经历（例如，黄色的纸代表特别积极的一天）。青少年在卡片上写下积极的信息来显示他们的力量。例如，"虽然我被姐姐激怒了，但我今天很坚强。"青少年可以在卡片的另一面写下他们与冲动作斗争的选择（如散步、读书）。如果青少年又出现自残行为，他们可能会加上一条黑色的链子，而不是一条彩色的。随着时间的推移和咨询的进行，链条通常会变长，更多彩色的链条会出现，黑色的链条会更少。这个活动可以作为一种激励，并防止青少年自残

杀人

在一项调查中，有16%的高中生（9～12年级）报告自己在调查前30天中有1天或1天以上携带武器，5%的高中生报告他们随身携带枪支（CDC，2012b）。青少年的暴力行为已发展为一个严重的问题，尤其是男性青少年。青少年实施的许多暴力行为都是针对他们的同龄人，这反过来也导致了青少年的高谋杀率（Loeber & Farrington，2011）。2012—2013学年期间，美国学校系统发生了31起5～18岁正在上学的青少年的他杀事件（CDC，2016）。事实上，被杀是15～24岁青少年死亡的第二大原因，年龄大一些的青少年在所有年龄组中的凶杀受害率和犯罪率都是最高的（CDC，2012b）。

咨询注意事项

思考杀人风险，尤其是青少年的杀人因素，可能会让咨询师感到不舒服，而且与此相关的严重后果及法律和伦理责任可能会令咨询师感到害怕。由于来访者暴露杀人的意念可以预防其暴力行为，因此咨询师必须保持开放的态度，鼓励当事人暴露并监控杀人的风险。那些有杀人危险的人通常都比较谨慎，因此，非评判的回应和中立的肢体语言有助于让来访者分享他们杀人意念的关键信息和需要评估的信息（即他们的计划、使用武器的可能性）。咨询师应不断地监控来访者的言语和非言语反应是否有不适的迹象。有杀人风险的来访者通常会经历恐惧、困惑和矛盾心理，咨询师在接近他们时要保持冷静。

咨询师应留意并探索自己与那些有杀人风险的人一起工作时的感受。咨询师不应因先入为主的成见而低估青少年暴力行为的可能性（如青少年或年龄更小的儿童不容易杀人）。在与这类群体合作时，咨询师也应该定期接受咨询和督导。

尽管在学校发生的由学龄期青少年实施的杀人案件不到2.6%（CDC，2016），但在学校工作的咨询师都应了解如何避免相关事件和保障学生安全。由于学校暴力发生在学校场景，因此青少年，包括年幼的儿童，都有可能成为此类暴力事件的受害者、目击者和行凶者。为了防止这类校园暴力，咨询师、教师和管理人员可以使用多种预防策略，包括基于学校的拓展项目和基于家长和家庭的项目（CDC，2016；Jaycox et al.，2014）。咨询师必须了解青少年暴力预防策略及相应的安全措施。

初级、二级和三级预防策略可用于预防和处理校园暴力危机。初级预防策略往往包括创造一个安全的、支持性的环境和学校社区；找出有自我或其他暴力风险的学生，教会他们社交技巧；对暴力采取零容忍政策；为有情绪困扰的学生提供心理辅导服务。二级预防策略是指危机发生后立即采取的行动。这些努力是为了尽量减少创伤。二级预防策略的例子包括疏散学生到安全的地方，在课堂上引导学生对危机进行讨论，以及回答学生或教职员工在危机后可能提出的任何问题。三级干预包括向学生说明预防策略，以及在危机发生后对受害者进行照顾和干预（Schargel，2014；Studer & Salter，2010）。下面提供了咨询师制订杀人危机干预计划的思考。

在学校建立杀人危机干预计划活动

1. 与社区支持人员（即消防部门、警察和其他医疗应急人员）协调，以便在需要时在现场提供资源。

2. 促进与家长的良好沟通，确保制订干预计划，并且让家长知道在危机期间如何建立沟通。

3. 确定危机小组组长的角色，以规划培训课程，并在危机应对期间提供全面协调。

4. 开展适当的化解和汇报活动，以确定需要善后护理的学生和工作人员。此外，有适当的评估程序以便评估干预措施。

5. 与学生、教师和管理人员一起实践干预计划，以便每个人都熟悉在危机期间如何应对（即去哪里、打电话给谁）。

6. 制作一个资源/供应工具包（即学校地图、额外钥匙、教师/员工名册），可在危机时刻使用。

资料来源：Adapted from The Role of the School Counselor in Crisis Planning and Intervention，by J. R. Studer，& S. E. Salter，2010.

前面我们提到，与有自杀风险的来访者工作的咨询师应确保来访者的安全，并应记录他们为加强安全所采取的步骤。同样，与企图杀人的青少年一起工作的咨询师也应了解杀人的风险因素，并掌握一个可以使用的安全计划模型或方法。安全措施也应明确被纳入来访者的咨询计划中，并且相应的咨询目标是“0次攻击他人”。

另外，与有杀人风险的来访者工作的咨询师也需要了解社区资源和更多限制性的环境。在这些环境中，有杀人风险的来访者可以留下来接受治疗，直到他们安全为止。除了解有关住院治疗的地区指南外，咨询师还应了解他们所在地区关于警告他人可能受到伤害的责任指南，因为这些法律因州而异。咨询师必须对风险做出反应，尤其是涉及儿童时。咨询师必须意识到自己有义务向儿童福利机构或法律机构报告安全问题。

来访者特征

因为杀人者的行为动机多种多样，所以对一个有杀人可能性的来访者进行单一的人格分析是不可行的。然而，暴力罪犯的一系列人格特征已经被识别出来。例如，对他人构成威胁的来访者可能会表现出缺乏共情和对他人情绪的理解；将他人的健康和需求视为次于自己的个人需求和目标（Loeber & Farrington，2011）。此外，他们可能有过伤害人或动物的历史，也可能参与过破坏性行为，如纵火和破坏财产，这类行为在他们身上很常见（Loeber & Farrington，2011）。这些高危人群可能表现出对社会规范和他人权利的明显漠视，而且他们可能有犯罪活动的历史。行凶者也可能有消极的家庭影响，如受虐史、严厉的惩罚、暴力文化的影响，以及薄弱的家庭支持（Loeber &

Farrington，2011）。有杀人倾向的人以前可能威胁过他人或对自己和他人实施过暴力。同伴的影响也是一个因素，不良的友谊可能会引发消极行为（如毒品和酒精）和暴力（loeber & farrington，2011）。有杀人风险的来访者也可能有一种很少考虑后果的冲动行为模式，他们可能很少为自己的行为懊悔（Hammond，2007；Loeber & Farrington，2011）。

行为障碍、新兴人格障碍、精神分裂症和其他精神病性障碍及物质使用障碍（Substance Use Disorder，SUD）往往是那些有杀人风险的人的共病（Hammond，2007）。正在经历精神疾病或躁狂发作的青少年来访者也可能会冲动并表现出暴力行为。尽管特定的诊断可能与杀人意念有关，但大多数被诊断为精神障碍的来访者实施暴力犯罪的风险并不会增加（Purcell et al.，2012）。如果一个青少年来自这样的家庭，即母亲年轻，父亲常年不在家或有问题，或者父母有物质滥用问题，那么这种情况下青少年也更有可能犯杀人罪（Loeber & Farrington，2011）。

虽然没有一组限定的特征来描述潜在的杀人犯，但是青少年杀人罪有一些共同点（Loeber & Farrington，2011）。以下列出了与青少年杀人犯罪相关的风险因素。

青少年杀人犯罪的主要危险因素

1. 逃学。
2. 同龄人犯罪（如同龄人的攻击性或破坏性行为）。
3. 单亲家庭或较少的成年人监督和支持。
4. 犯罪行为（如被判犯有暴力犯罪或抢劫罪）。
5. 停学。
6. 年龄大于通常应就学的年级（如在上一年级留级或晚入学）。
7. 对他人残忍。
8. 破坏性行为障碍（如品行障碍、对立违抗障碍）。
9. 低学业成绩。
10. 暴力或高犯罪率社区。
11. 认为学校或学术成就不重要。
12. 非身体攻击（如言语欺凌）。
13. 沟通能力差。
14. 与同龄人关系不佳。

资料来源：Adapted from Young Homicide Offenders and Victims: Risk Factors, Prediction, and Preventions from Childhood, by R. Loeber & D. P. Farrington, 2011, New York, NY: Springer.

评估

咨询师在决定是否需要对来访者的杀人想法进行评估时，必须使用临床判断，应该以明确、直接的方式询问来访者关于杀人的想法。与自杀评估一样，咨询师应直接询问来访者是否有伤害他人的意图，是否已有一个计划，实施这个计划的方法，以及是否有实现这个计划的手段（如获得枪支）。咨询师必须牢记他们的伦理义务，即通知可能被杀害的目标和相关责任人。此外，来访者可能会过高或过低地评估其潜在的暴力行为，对此，咨询师应警惕其背后的原因。在适当的伦理界限范围内，咨询师应咨询家庭成员和其他可能的知情人，以获得更丰富的评估信息。

咨询师可以通过确定来访者当前的痛苦程度，可能暗示风险的近期行为，以及思想交流来评估风险水平。如果来访者对咨询师构成安全风险，则咨询师应在安全的环境中进行咨询。咨询环境应无危险物品，配备警报或传达援助需求的方式，并能快速进入来访者无法阻挡的出口。评估问题应包括来访者的思维和态度、当前生活压力源、过去对压力源的反应、心理社会发展史、心理健康状况和可能防止杀人行为的保护因素等（可用于评估这些领域风险的问题清单见本章末附录 10-1）。

所有关于杀人行为的威胁都应该受到重视。简单的步骤记忆法可用于评估杀人行为的风险，图 10-2 为该评估工具的概述（McGlothlin，2008）。完成评估后，咨询师应确定来访者的风险水平，即低风险、中风险或高风险，并实施恰当的干预措施。

S：自杀、杀人想法。你是想自杀还是杀害他人
I：意念。你杀害他人的可能性有多大
M：方法。你会怎样杀害他人？你有用得上的手段吗？你做这件事有多容易
P：痛苦。你正在感到的痛苦是什么程度？什么会让这种痛苦更严重
L：丧失。你最近有没有遭受重大丧失？你有没有经历过一种无法继续前进的丧失
E：早期尝试。你以前有没有试过杀害他人？什么时候？怎样做？什么阻碍了你的行为
S：物质使用。你吸毒或酗酒吗
T：问题解决。你的想法与学校、家庭或其他压力源有多大关系？这些压力源能被控制吗？如果情况好转，他们会是什么样子
E：情绪诊断。你是否曾被诊断患有精神、情绪或医学上的疾病？你是怎样得到治疗的？你正在接受治疗吗
P：父母、家庭史。你家里有没有人想过自杀或杀人，有没有实施且致死的
S：压力源和生活事件。哪些事件和感受让你认为杀害了他人会是个解决办法

图 10-2　简单步骤杀人评估助记法

资料来源：Adapted from Developing Clinical Skills in Suicide Assessment，Prevention，and Treatment，by J. M. McGlothlin，2008，Alexandria，VA: American Counseling Association.

咨询干预

由于关于如何干预有杀人风险的青少年的研究很少，因此，咨询师必须考虑每个青少年的独特情况。咨询师应与家长合作，采取限制青少年接触武器的措施。依据伦理和法律的要求，咨询师应通知潜在的受害者或可能因此而有危险的机构（如学校）及执法部门。

在仔细评估后，如果咨询师确定来访者对他人构成了重大风险，那么应将来访者置于更高限制性的护理级别。如果来访者及其家人不同意接受更高限制性的护理，根据所在地区的法律，咨询师可能需要让来访者进入安全的环境或联系执法部门实施强制住院治疗。医务人员可以用药物干预措施来立即降低来访者的痛苦程度，包括抗焦虑药、速效抗精神病药和镇静剂。一旦来访者稳定下来，不存在直接风险，此时再对其现存问题进行更深入的探讨将会更有用。对高杀人风险的来访者进行咨询时，要着重于确定青少年暴力想法的性质、潜在目标、动机，并持续进行风险评估。强烈建议咨询师在来访者出院后的一段时间持续进行随访，以持续评估其风险。

对有杀人风险的青少年的咨询干预措施包括发展应对技能和探索替代暴力的方法，这种方法适合已经稳定下来的来访者，不适合正在对其他人构成威胁的人。咨询师可以帮助来访者处理正在经历的情绪，并帮助他们找出更具适应性的应对方法。指出情绪的触发因素和鼓励来访者进行自我觉察将有助于促进来访者发展新的应对技能。努力建立和加强社会支持网络也应成为干预有杀人倾向的青少年的过程的一部分，因为社会支持也是预防暴力行为的一个重要因素（David-Ferdon & Simon，2014）。

此外，咨询师还可以向来访者及其家人提供危机卡片，卡片里应包括警告标志、有用的应对技能提醒，以及预防杀人行为的行动计划（James & Gilliland，2013）。任何有杀人风险的青少年都应该执行安全计划。“自杀”一节讨论的安全计划模板也可被用于有杀人倾向的青少年的咨询工作。来访者的风险水平可能会起起落落，咨询师也必须相应地调整干预措施。如果咨询师评估了一个青少年针对某个特定的人的杀人意念，而当事人似乎有意且有能力实施该计划，那么咨询师就有伦理义务警告受害者。下文提供了一些问题，可以帮助来访者制订预防杀人的安全计划。

预防杀人的安全计划提示

- 人们通常对伤害他人有复杂的感情。有什么原因可以阻止你伤害他人？
- 如果你决定要伤害某人，你会怎么做？做这个对你来说有多容易？你有方法吗（如武器、物质等）？
- 在你的生活中有发生过哪些事情，会让你或多或少地更有可能去实际伤害他人？
- 如果你开始觉得你想伤害某人，你能做些什么（例如，练习应对技巧，联系危机热线，和你的学校咨询师谈谈）？

- 如果你开始觉得你想伤害某人，你能向谁求助呢（包括联系信息）？
- 在过去，是什么阻止了你不伤害他人（如应对技巧、保护因素等）？
- 你的咨询师能做些什么来帮助你做出安全的决定（如接听紧急电话）？
- 哪些家庭成员和朋友可以向你提供有关警告标志和紧急联系电话的信息，以便帮助你监控你的行为（如我的母亲、乔等）？

总结

本章回顾了咨询师认为难以处理的三种青少年行为，即自杀、自残和杀人。最重要的是，咨询师必须记住他们有义务确保来访者的安全。本章提供了安全计划，对咨询计划的承诺，风险助记法，以及其他实用的资源和工具，希望这些信息能帮助咨询师在实践中发挥作用。

在接下来的部分，我们将讨论青少年在心理咨询中存在的各种问题。许多话题都需要考虑自杀、自残或杀人。本章提供的资源可作为指导，向咨询师提供额外的、未明确说明的风险问题。例如，安全计划的概念可应用于与处于暴力关系中或生活在暴力家庭中的青少年合作，或者讨论的风险因素和助记法可用于评估父母的风险。

附录 10-1：评估杀人风险的相关问题

意念和态度

1. 你有没有想过要伤害自己或他人？
2. 你想伤害某个人或某一群人吗？
3. 你是否觉得自己对他人的安全构成了威胁？
4. 你认为其他人会把你视为对他的安全威胁吗？
5. 多长时间你会想要伤害他人一次？
6. 你有这种想法多久了？
7. 这些想法在什么时间会更强烈？有什么诱因吗？
8. 你是否告诉过他人你想伤害自己或他人的想法？
9. 如果你想伤害他人，你将怎么做？
10. 你是否有一个详细伤害他人的计划？
11. 你曾经在脑子里实施过你的计划吗？
12. 你知道你如何执行这个计划（即什么手段）吗？
13. 你家里有武器吗？它们是什么？放在哪里？
14. 你有武器吗？它们是什么？放在哪里？它们是属于你的还是他人的？
15. 你觉得什么时候使用武器合适？
16. 你认为应该用武器来解决冲突吗？
17. 描述一件你亲眼看见的最暴力的事件。对于电视节目、电影或电子游戏中的暴力事件，你是怎么看的？想起这些时你的感受如何？

目前的压力

1. 你与朋友、家人、学校的关系怎么样？
2. 你是否经历过冲突？
3. 对于这种情况，你想做些什么？
4. 你想伤害他人（或自己）是有原因的吗？
5. 你现在正在经历什么变化吗？
6. 最近有什么事困扰你吗？
7. 你最近有失去过什么吗？你是否经历过任何你觉得自己无法克服的丧失（如失去某种关系，死亡）？
8. 你是否觉得自己是受害者，受到了不公平的对待，或者受到了羞辱？
9. 你最近感觉被欺凌了吗？你是怎样反应的？你当时的想法和感受是什么？你想报复吗？
10. 描述你生活中重要的关系。
11. 你是否嫉妒你的男朋友或女朋友（如果适用）？你认为他会不忠或离开你吗？你有什么反应？
12. 你的生活中对你影响最大的事件是什么？它们是如何影响你的？

过去对压力源的反应

1. 当某人或某件事让你心烦意乱时，那是什么感觉？你会怎样想？你有什么反应？想象一下，如果你是墙上的一只苍蝇，你会看到什么？

2. 当有人伤害或困扰你时，如果你能以你想要的方式反应，你会怎么做？

3. 你有没有想过要伤害他人？你能描述一下那些想法吗？

4. 在过去，当某人或某件事让你心烦时，你是怎么反应的？

5. 你是否觉得自己受到了不公平的待遇？你有什么反应？你有什么想法？

6. 当你变得沮丧时，你的身体会发生什么变化？你会有失去控制的感觉吗？

历史

1. 你以前见过心理健康专业人员吗？如果有，是为了什么？

2. 你曾经被诊断出有精神障碍吗？

3. 你接受过药物治疗吗？你目前正在服用药物吗？

4. 你曾经或现在吸毒或酗酒吗？

5. 你随身携带过武器吗？你用过吗？你愿意吗？

6. 你曾经打过架吗？

7. 你是否曾使用暴力或暴力威胁去解决冲突？

8. 你曾经想过伤害自己或他人吗？

9. 你曾经试图伤害过自己或他人吗？是什么阻碍了这些企图？

10. 你是否曾觉得自己无法控制自己的行为？

其他心理健康问题

1. 你是否服用了不属于你的处方药，或者剂量不合适？

2. 你是否曾经看到或听到过他人看不到或听不到的东西？

3. 你如何描绘你的未来？

4. 你觉得你的生活正在变好还是变坏？

5. 你喜欢什么活动？你多久参加一次？你最近是不是不那么喜欢它们了？

6. 你睡眠有问题吗？你是睡得太少还是太多？

7. 你最近是否做什么事都不考虑后果？

8. 你最近有没有做过冲动的决定？

9. 你目前的焦虑程度是多少？你是不是经常有这种感觉？

10. 你是否更容易被以前不那么困扰你的事情激怒？

保护因素

1. 你的宗教信仰是什么？这些会怎样帮助你处理你正在经历的问题？你的宗教信仰支持你伤害他人吗？或者支持你自己的想法吗？

2. 你的核心价值观是什么？

3. 在过去，你用什么技能来处理你的麻烦？它们有用吗？

4. 你有支持你的家庭成员或可以说话的朋友吗？

5. 你最亲近的人是谁？

6. 你有没有可以依靠的人来讨论你生活中的问题？

7. 过去是谁或什么人帮助你解决了你的问题？

8. 过去是什么阻止了你伤害自己或他人？

9. 如果你有伤害自己或他人的想法，有没有安全的地方可以去？有没有可以联系的人？

10. 我（咨询师）怎样能够帮助你？

11. 你的重要他人、家庭成员或朋友可以怎样帮助你？

第 11 章　与家庭相关的转变和挣扎

马利克的案例

自从马利克的父亲去年在狱中死于心脏病以后，马利克就不一样了。马利克的父亲因为严重的伤害罪被指控，服刑已有五年以上。现在，马利克不再谈论与他父亲有关的任何事情。他看起来注意力不集中，而且不愿意和家人待在一起。我知道他只有 10 岁，但有时他真是喜怒无常且特别粗鲁，好像他是家长一样。我试着问他对于父亲的看法和感受，但他只是否认他的父亲已经死了，或者说“我不相信你”，以及“你说谎”，我不知道该和他说些什么了。还有，深夜我听到他起来，我不能确定他是否在睡觉，听起来他似乎辗转反侧无法入睡。最近，我已经多次接到他们学校校医打来的电话，说他要么胃疼，要么头疼。这种情况越来越多，我也越来越担心。然后，他想让我请假带他回家，但是我的老板不可能让我为此请假，我能做些什么呢？他不应该和其他人说说这个事情吗？

——马利克的母亲

家庭是社会最基本、最不可或缺的单元，虽然家庭的结构已经演变（如单亲家庭、再婚家庭、同性伴侣家庭），但是家庭对儿童和青少年的发展和健康仍然是至关重要的（Broderick & Blewitt，2014）。不管家庭的构成如何，每个家庭都是一个独特的、可持续的社会体系，每个家庭都有其自己的规则、权力结构（如父母、养育者、祖父母、姑姑）、分配的角色（如养家者、养育者、严格管教者）、沟通的方式（如内隐的和外显的），以及问题解决方法（Goldenberg & Goldenberg，2013）。

家庭本质上是一个微观系统，他们基于共同的历史和使命感，以及对世界的假设和信念创建了自己的“微观文化”（Goldenberg & Goldenberg，2013）。在家庭中，孩子们被社会化，并被教导如何掌控他们的世界。理想情况下，家庭成员之间的关系（如父母和子女、大家庭成员和孩子、养育者和孩子）会为儿童和青少年在情感、认知和社会领域方面提供一种稳定感，但经历过家庭压力、暴力、不一致的教养方式、疾病（如精神的或身体的）、父母物质滥用和贫困等问题的儿童和青少年就不太可能享受到这种情感、认知和社会领域方面的稳定感（Zolkoski & Bullock，2012）。一些经历了压力和混乱生活状况的儿童和青少年，在经历了很多苦难和挑战后仍旧可以茁壮成长，而其他人则可能没有那么幸运。那些成功应对这些困难的儿童和青少年会表现出很有韧性，并受益于家庭和社区内的保护因素。

本章讨论与家庭相关的转变和挣扎，而这一问题可能会对儿童和青少年的发展和健康产生负面影响。

本章将讨论咨询师如何处理和指导那些正在经历家庭转变和挣扎的儿童和青少年。家庭的这些转变和挣扎是复杂的，并不是所有的儿童和青少年都会有同样的反应，以及用同样的方式来应对。如果儿童和青少年的家庭正在经历本章所述的这些转变或挣扎，那也并不意味着他们就需要接受咨询。每个孩子和家庭都应该单独接受评估，以确定与咨询相关的需求。本章还会探讨家庭和咨询师可以培养和加强的保护因素，以提高儿童和青少年的韧性。

与家庭相关的转变和挣扎的本质

在当今美国社会，由两个已婚人士和他们自己的亲生孩子组成的“传统”家庭已经不像以前那样普遍了（Broderick & Blewitt，2014；U.S. Census Bureau，2014）。虽然家庭仍然是美国社会的核心，但家庭的形式和规模各不相同。例如，单亲家庭、同性伴侣家庭、同居伴侣家庭、有移民或难民家庭成员的家庭、混合家庭或再婚家庭、大家庭（包括祖父母、阿姨、叔叔、堂兄弟姐妹）越来越普遍（CDC，2010；U.S. Census Bureau，2014）。与生活在其他家庭结构中的孩子相比，在父母家庭中长大的孩子似乎具有优势（如较少的情绪或行为障碍）（CDC，2010）。然而，无论家庭结构如何，直接参与子女的成长并对子女表现出积极态度的父母，其子女的学业成绩更高，社交能力更强，更能够忍受新的、有压力的情况和环境（Stallman & Sanders，2014）。毫无疑问，父母在培养和提高孩子的韧性方面扮演着重要的角色。

许多家庭层面的因素，如贫困、父母的教育水平、家庭冲突、负面的生活经历（如虐待、忽视、辱骂、亲密伴侣暴力）和种族歧视，会让儿童和青少年面临消极的生活结果的风险（Masten，2011）。消极的生活结果的例子包括与物质滥用相关的问题、暴力行为、学业成绩差、辍学、少女怀孕、犯罪行为、精神障碍和更大的情绪困扰（Zolkoski & Bullock，2012）。这些消极的生活结果往往会因家庭问题而加剧，如教养方式的缺陷和外部挑战（如贫穷、歧视、哀伤和丧失）。

与家庭相关的转变和挣扎，包括家庭结构的转变（即父母离婚、进入再婚家庭等）、父母物质滥用（父母一方或双方）及哀伤、失落和丧亲。本章将探讨咨询师应如何帮助儿童和青少年应对这些问题。

与家庭相关的转变和挣扎的类型

转变即家庭结构的改变，包括父母离婚、出现继父母、父母再婚和收养其他孩子，这些转变都有可能影响儿童和青少年的发展。这些转变可能带来挑战，但也可能为他们和家庭提供机会。

家庭结构的转变

离婚或父母分居

在美国，大约一半的婚姻以离婚告终（National Center for Health Statistics，2015）。自 20 世纪 90 年代以来，美国的离婚率一直保持稳定，非裔美国人的离婚率略高，拉美裔和亚裔美国人的离婚率略低（Emery，2013；National Center for Health Statistics，2015）。如果没有结婚但生活在一起的父母选择分居，这种情况对儿童和青少年来说与父母离婚差不多（Lucas et al.，2013；Pedro-Carroll，2010）；因此，在本章，父母分居和离婚这两个术语可以互换使用。

离婚以独特的方式影响着儿童和青少年。有些儿童和青少年一开始就体验到父母离婚的影响，另一些儿童和青少年则是有延迟反应，或者经过一段时间后才能感到这种影响（Weaver & Schofield，2015）。也有些儿童和青少年并没有因为父母离婚或分居受到比较明显的不利影响。经历过父母离婚的儿童和青少年可能会感到困惑、恐惧、困顿、愤怒、缺爱、内疚和害怕。咨询师需要考虑的是，对这些孩子来说，他们的家庭组成、规则、权力结构、沟通方式和家庭角色在父母离婚后会发生巨大的改变，而且这种动荡在父母离婚期间和离婚后都会在孩子身上发生。孩子们经常对很多现实的问题感到不确定，例如，我什么时候才能见到父母？我未来会有足够的钱吗？我将住在哪里？我还会去同一所学校吗？难道是我说了什么或做了什么导致了父母离婚？

离婚通常会改变儿童和青少年的家庭结构。虽然在某些家庭情境下，离婚是一种积极的发展（例如，消除了父母和家庭的冲突，让施虐一方离开家庭），但是这种转变对大多数儿童和青少年来说仍然是难以适应的，因为家庭的结构和平衡（如联系和互动的模式）发生了改变。许多儿童和青少年在父母离婚时和离婚后的情境中挣扎。虽然这些情况在每个儿童和青少年的生活经历中都是独特的，但它们经常包括以下几点：（1）父母冲突（导致家庭出现紧张的关系）；（2）父母试图保护或挽救关系（导致对孩子的关注减少）；（3）父母决定分居或离婚（引发孩子愤怒、痛苦、渴望和内疚的情绪）；（4）父母和其他家庭成员对离婚感到哀伤（如丧失和悲伤的感觉——离婚的基本情绪）；（5）重新协商以前的关系（如重新定义亲子关系）（Emery，2012）。离婚是一个复杂的过程，涉及多个方面（即情感、法律、经济、父母）（Emery，2013），它有可能潜在地影响父母及其教养方式。此外，离异的成年人经常表示他们的幸福感降低，孤立感增强，出现抑郁情绪，以及经历更多消极的生活事件——所有这些都可能影响他们的孩子（Amato，2014）。

对一些儿童和青少年来说，父母离婚使他们某些梦想破灭，希望感降低，失去了对家庭的期望。儿童和青少年对离婚的不良反应通常分为三类：（1）对危机的正常反应，包括恐惧、愤怒、哀伤和希望与原来的家庭重新联系；（2）与特定年龄有关的夸张行为，例如，年幼孩子的攻击性、反抗行为，较大孩子的情绪疏远和更加矛盾的亲子关系；（3）新出现的精神病理学症状，如抑郁、夜惊、遗尿和其他精神疾病的症状（如焦虑、无法应付）（Oppawsky，2014）。无论年龄大小，儿童和青少年都可能出现心身反应（如头痛、胃痛、恶心、失眠），这通常是对被遗弃、愤怒、悲伤和丧失的反应（Oppawsky，2014）。表 11-1 列出了儿童和青少年对离婚的常见反应，以及成年人面对这种转变的缓解方法（Broderick & Blewitt，2014）。

表 11-1 儿童和青少年对离婚的常见反应及相关缓解方法

年龄	常见反应	缓解方法
幼儿期（3 ~ 6 岁）	• 幼儿对离婚的理解有限 • 他们不管家庭有什么困难或不和，只是希望父母能在一起 • 他们倾向于认为自己是离婚的原因 • 幼儿可能会在游戏中模仿父母在离婚时表现出来的行为（如大叫、打架、尖叫） • 他们可能对未来感到不安，会与分离焦虑作斗争 • 他们把情绪和感觉隐藏或内化 • 他们可能会体验到与离婚有关的不愉快的想法、思考或噩梦	• 以开放、积极的态度处理离婚 • 传达信息要简洁明了（例如，“爸爸、妈妈会更快乐，这会让你的生活更轻松。你会有两个家，而且我们都爱你。我们都还是你生活中重要的一部分。”） • 重申孩子可以得到父母双方的爱 • 重申离婚不是孩子的错 • 使用适合孩子年龄的关于离婚的书籍或资料来尽量让孩子理解 • 讨论并实施定期探访计划
儿童期（6 ~ 12 岁）	• 孩子可能会觉得父母要离开或离婚 • 他们可能害怕丧失、被抛弃和被拒绝 • 他们可能幻想着让父母重归于好，或者觉得有必要挽救父母的婚姻 • 孩子可能会更多地责备父母中的一方，并且可能会与“好”的一方保持立场一致 • 他们可能通过打架、不尊重或对抗来表达对父母或其他人的愤怒。在一些孩子身上，这种愤怒会被内化，他们会表现出烦躁、焦虑和退缩 • 他们可能在学业上出现困难（如在学校分心、紧张、学业成绩差） • 一些孩子会出现夜惊、遗尿症和其他退行性行为（如发脾气、咬指甲、吮拇指）	• 提出一个一致而清晰的计划，尽可能维持孩子的正常生活 • 通过对孩子高质量的陪伴来维持或重建孩子的安全感和自尊感 • 要求孩子向父母谈论他的感受 • 重申离婚不是孩子的错 • 鼓励孩子参加课外活动，使他获得社会支持 • 制订定期探访计划

（续表）

年龄	常见反应	缓解方法
青少年期（12 ~ 18 岁）	• 离婚会加剧青少年和父母之间的紧张关系，或者加强青少年之前就存在的不满情绪 • 由于离婚打破了父母对家庭的诺言和承诺，青少年可能会感受到背叛 • 青少年可能会变得愤怒，变得很少与父母中的一方或双方交流 • 一些青少年通过花更多时间和朋友在一起来寻求更多的独立感	• 根据青少年不断变化的社会需求灵活安排见面（如允许青少年带一个同伴，这可能是一种有效的妥协方案） • 为了孩子的更大利益，建立一个工作联盟，这有助于青少年对离婚父母重建信任 • 通过自己的行为向青少年表明，即使婚姻的承诺已经结束，但父母对孩子的承诺没有改变

资料来源：Adapted from Broderick & Blewitt（2014）.

尽管孩子对离婚的反应不同，但年幼的儿童可能会因为他们自身的性别（男性）、社会经济地位（低）和离婚后的父母冲突，而经历更多的离婚后果（Amato，2014；Lambie，2008）。这些后果包括会对学业的负面影响、出格行为的增加（如品德和行为问题）、内化问题风险的增加（如抑郁、焦虑）及社会支持的减少（Amato，2014；Broderick & Blewitt，2014；Lambie，2008）。青少年则可能会有以下表现：（1）难以形成和维持亲密关系；（2）发生早期性行为；（3）很快辍学；（4）更频繁地吸毒和酗酒；（5）表现出越来越多的违法行为（Amato，2014；Broderick & Blewitt，2014）。药物和酒精的使用和滥用可能是青少年度过父母离婚转变期所依赖的东西。更具体地说，青少年在父母离婚前（通常是离婚前的 2 ~ 4 年）的酗酒风险增加，离婚后酗酒、吸食大麻和使用、滥用其他毒品的行为增加（Arkes，2013）。亲眼看到父母的冲突与不和会加剧离婚对青少年的负面影响（Baker & Ben-Ami，2011）。

离婚前、离婚期间和离婚后的婚姻冲突和失和对儿童和青少年来说都是一个重要的压力源。尤其是父母之间的冲突可能会导致儿童和青少年产生哀伤、愤怒、恐惧和不安全感（Baker & Brassard，2013）。随着婚姻关系的发展，父母往往处于危机状态，因此他们可能会表现出不与家庭成员沟通、亲子关系边界不清，以及不一致的养育方式等问题，而所有这些都会对儿童和青少年产生负面影响（Stallman & Sanders，2014）。亲眼看见父母婚姻冲突是儿童和青少年顺利度过离婚过渡期的唯一的最大消极结果预测因素（Baker & Ben-Ami，2011）。与离婚本身相比，离婚带来的长期负面影响（如冲突的亲子关系、生活满意度下降）更多与父母冲突有关（Baker & Brassard，2013）。此外，父母冲突与亲子教育的质量有关（如缺乏对孩子的回应、不一致的教养方法、不恰当的亲子界限），并且会影响亲子互动和关系。

离婚或分居后，儿童和青少年可能会生活在单亲家庭里。在这种情况下，父母中的一方可能需要工作更长时间来提供经济支持，也可能会从成年人的关系中寻求支持（如朋友、新的浪漫伴侣），而且可能会不适应以前由两个人分担的家务现在却需要自己一个人做（如洗衣、购买食品杂物）这件事。儿童和青少年在父母离婚后可能会表现出一种很强的疏离感（Webb，2011b）。在某些情况下，年长的孩子可能会扮演照顾年幼的孩子的角色，从而放弃自己的正常发展活动（如社会交往，课外活动），并可能使父母在家庭系统中的界限变得模糊不清。

一般来说，父母离婚后，较高的家庭收入、敏感性提升的父母（如对孩子的回应、适当的界限、一致的教养方式）和孩子较高的智商都是孩子的保护因素，有助于减少孩子可能经历的内化反应（如哀伤、愤怒、抑郁）（Weaver & Schofield，2015）。父母与子女积极互动的次数和质量是增强儿童和青少年应对离婚负面影响能力的最有效保护因素之一（Velez et al.，

2011)。当父母增加与孩子的积极互动(如与孩子建立密切关系、设定明确的界限、表扬),儿童和青少年则更能适应离婚的长期影响。如果离婚后的家庭缺乏活力(如有限的监管和资源),缺乏支持性,不积极地发展和培养亲子关系,那么儿童和青少年更有可能出现行为问题(如物质使用、攻击性等)(Weaver & Schofield, 2015)。表 11-2 列出了影响父母离婚的儿童和青少年的家庭风险因素和应该为其提供的家庭保护因素。

表 11-2 影响父母离婚的儿童和青少年的家庭风险因素和应该为其提供的家庭保护因素

家庭风险因素	家庭保护因素
• 不良的教养方式(如不一致、缺乏监管) • 婚姻冲突(特别是关注或虐待孩子时发生的冲突) • 多次家庭转型(如搬家、再婚) • 不稳定或混乱的家庭环境 • 父母的心理健康或物质使用相关问题 • 亲子关系受损(如有限的互动) • 经济困难(如家庭资源减少)	• 积极的教养方式(如父母双方共同养育) • 保护儿童和青少年免受父母冲突的影响 • 稳定的家庭环境 • 可预测且一致的家庭结构 • 好的心理健康状况 • 健康的亲子关系 • 支持性的兄弟姐妹关系和大家庭关系 • 财务稳定

帮助正在经历父母离婚的儿童和青少年的咨询师可以回顾下面六项心理任务,这些任务展示了儿童和青少年如何在父母离婚经历中获得进步(Wallerstein & Blakeslee, 1989)。这些心理任务已经嵌入许多以儿童为中心的咨询方法中。

- 认识到并承认他们生活中发生的事情——离婚在即。
- 识别和减少父母之间的冲突,维持以前的友谊和活动。
- 解决损失,如家庭结构、动力等。
- 化解强烈的情绪如愤怒、自责。
- 接受他们的生活状况,即离婚不可避免。
- 为他们的未来关系带来希望,如友谊、亲密关系等。

咨询师在为孩子和家庭处理离婚问题时,应该意识到自己对离婚的看法。在为处于父母离婚状态的儿童和青少年提供咨询服务时,咨询师要注意自己的原生家庭问题及任何与离婚有关的、潜在的个人偏见。有些咨询师在与有这些情况下的儿童和青少年合作时,会出现反移情的现象,这可能会导致咨询师超越自己的临床角色(例如,个人卷入其中,给一方父母贴标签甚至将其妖魔化,过度认同孩子)(Zimmerman et al., 2009)。在与孩子处理父母离婚的问题时,咨询师应对反移情的最有效方法是意识到潜在的盲点(如未解决的原生家庭的挑战),可以接受咨询来解决此类个人困难,或者寻求督导以提高他们对儿童和青少年状况的理解和概念化的能力(Zimmerman et al., 2009)。

咨询师应该意识到,虽然离婚会对一些儿童和青少年产生重大的负面影响,但并不是每个经历过父母离婚的孩子都需要接受咨询服务,也不是所有的儿童和青少年都会遭受父母离婚的负面影响。事实上,一些年龄较小的孩子在父母离婚之后,与父母双方建立了更牢固的关系,他们可能会因此变得更有韧性、更自立,有更强的适应能力和共情能力(Golombok & Tasker, 2015)。尽管如此,还是会有一些儿童和青少年会遭受父母离婚的负面影响;因此,咨询师可以运用教养方式教育项目和预防性干预措施给父母和孩子提供支持,如认知行为疗法、表达性艺术疗法(如基于游戏的方法)。下面我们将简要讨论这几种咨询干预措施。

由于父母高质量的教养方式是离婚子女的保护因素,因此旨在提高父母积极教养方式的咨询干预可能有助于减少孩子与离婚相关的负面行为和情感后果(Amato, 2014; Stallman & Sanders, 2014)。

总体来说，积极的教养方式项目旨在增加父母对孩子的关爱，让孩子确信他是被爱的，并通过适当的规则设置和纪律要求在家里创造一致的期望。此外，亲子关系也是一个重要的保护因素。因此，咨询师应帮助父母培养和加强亲子关系（Amato，2014）。发展和促进这种关系有多种方式，父母可以定期甚至系统地表达他们的感激和感恩之情，可以强调他们的孩子的优势或积极行为，可以为他们的孩子写一些友好的话或正面的肯定（例如，“你是一个非常善良、乐于思考的人，我非常爱你”），可以将其写在餐巾上，并把餐巾放在孩子的午餐旁。在亲子关系中，鼓励和表达感激，可以促进沟通，加强亲子之间的联系。

为父母离婚的儿童和青少年提供的预防项目旨在主动为孩子提供支持，减少父母离婚对孩子潜在的负面影响，提高孩子的幸福感。这些预防项目的特别目的是帮助儿童和青少年减少与父母离婚相关的痛苦，帮助儿童和青少年通过获得技能（如情感识别和表达、问题解决等）来增加应对能力。这些预防项目通常以小组形式进行，并且都有一些相似的过程，其中包括以下几点：（1）帮助儿童和青少年承认、表达和分享与父母离婚有关的感受和经历，如愤怒、孤立、自责或丧失感；（2）提高儿童和青少年处理人际关系及适当地向他人表达情感的技能；（3）提高儿童和青少年的自尊和适应新环境的能力（Amato，2014；Botha & Wild，2013）。

一个基于循证的为父母离婚的儿童和青少年提供的预防项目的例子，是父母离婚的儿童和青少年干预计划（Children of Divorce Intervention Programme，CODIP）（Pedro-Carroll，2008）。这是一个以人工为基础，通过实施保护因素来解决离婚风险的 15 周预防计划，采用团体形式（如门诊、学校）。这个计划的首要目标是减轻儿童和青少年的压力，给他们提供一个支持性的环境，并教授具体的应对技巧，以减轻父母离婚可能带来的不利后果（Pedro Carroll，2008）。使用父母离婚的儿童和青少年干预计划的咨询师应做到以下几点。

- 向儿童和青少年提供基于同伴的社会支持，例如，帮助儿童和青少年认识到他们并不孤单，努力使儿童和青少年的经历正常化。
- 在教育、识别和表达情感及离婚相关的想法和感受方面帮助儿童和青少年。
- 教育儿童和青少年有关父母离婚的错误观念，从而促进更深入的理解，例如，父母离婚不是你的错，这不是你造成的。
- 教授儿童和青少年问题解决的技巧（如提出替代性解决方案并为任何预期的反应或后果做好准备）和情绪调节方法（如紧张、焦虑、抑郁）。
- 增强儿童和青少年对自己和家庭的积极认识，例如，突出自己唯一、独特的品质，强调父母离婚后家庭会发生的积极变化。

针对父母离婚的儿童和青少年干预计划帮助儿童和青少年将他们的想法与事件前的情绪和感受外化，最终帮助儿童和青少年提高积极适应父母离婚的能力（Pedro-Carroll，2008）。下文的实践活动介绍了如何通过使用自己创建的个人生命线来帮助儿童和青少年识别、表达和处理重要的生活事件。

综上所述，心理咨询和干预可以使经历父母离婚变故的儿童和青少年受益（Carr，2009）。对这类人群有效的干预包括发展应对技能和增加积极的教养方式，减少儿童和青少年的消极情绪，纠正与父母离婚有关的观念，鼓励健康的关系（如父母、家庭成员、同伴），以及在家里和学校的支持性积极行为（Carr，2009）。

实践活动

个人生命线

活动概述

通过使用一个自己创建的个人生命线来标注个人既往活动，以此来识别、描述和处理重要的生活事件。

活动目标

这个活动的主要目的是帮助来访者做到以下几点：（1）更好地了解自己的感受、生活事件和个人经历；（2）提高他们用语言表达这些感受、事件和个人经历的能力；（3）在咨询关系的背景下讨论这些过去的事件及未来的希望和梦想。

活动步骤

1. 确定来访者是否准备好参与这种创造性的干预。这种干预可能不适合那些对自己的生活经历缺乏认识及具有阅读和写作困难的来访者。对一些低龄的孩子，咨询师可以把活动方式改成让幼儿画出事件的图片而不是写出事件。

2. 这个生命线活动对任何孩子都适用，对处理父母离婚的儿童和青少年尤其有帮助。完成活动所需的唯一材料是一支铅笔和一张纸。

3. 咨询师让孩子在纸上纵向画一条贯穿整张纸的线。在这条线的左边，咨询师指导孩子放置一颗星星，表示他的人生开始或出生。

4. 接下来，让孩子在纸的中间画一条线来标示出现在的时间。

5. 然后，孩子把从他出生到现在发生的重要事件在生命线上标记出来。列在生命线上的事件可能包括兄弟姐妹的出生、开始上学、搬家、父母离婚、父母再婚、参加活动、骑自行车、所爱的人去世、学习和阅读等。

6. 最后，咨询师指导孩子标记从现在到未来他希望发生的所有事件。

7. 咨询师可以通过这个活动来帮助儿童和青少年处理过去的事情，以及讨论未来的希望和梦想。

过程性问题

1. 你觉得这个活动怎么样？

2. 当你创建你的个人生命线时，你有什么感受或情绪？

3. 你有没有难以写出（或画出）过去做过的事情？为什么？

4. 请给我讲一件你过去经历过的、对你意义重大的事。

5. 告诉我一个你未来的梦想。

再婚家庭和混合家庭

在美国，高离婚率和非婚生育显著地重塑了家庭的传统结构（Copen et al.，2012；Sweeney，2010）。此外，不论种族如何，同居率继续上升（Copen et al.，2012），高离婚率、同居和未婚生育导致了再婚家庭或混合家庭这样的家庭结构持续增加。混合家庭是指一方或双方的成年伴侣都有来自前一段关系的孩子，并把他们带进新的家庭。

在美国，大约三分之一的 18 岁以下的孩子在他们的儿童期生活在再婚家庭中（Copen et al.，2012）。一般来说，与继父母生活在一起的儿童和青少年在认知、情感、教育和行为上都不如那些与父母生活在一起的儿童和青少年（Sweeney，2010）。相比之下，与已经结婚的继父母在一起生活的儿童和青少年，似乎比与只是同居的继父母生活在一起的儿童和青少年，在认知、情感、教育和行为方面发展得更好一些（Sweeney，2010）。

再婚家庭与初婚家庭不同，原因有以下几点：（1）再婚家庭是在丧失后组建的（如伴侣死亡、离婚、伴侣改变）；（2）再婚家庭成员原有的亲子关系比新伴侣关系存在的时间长；（3）在离婚的情况下，前配偶通常在另一个地方居住；（4）孩子通常会变成两个家庭的成员；（5）继父母可能需要在与孩子建立强烈的情感联系之前就承担起父母的角色；（6）孩子和继父母之间通常没有法律关系（National Step-family Resource Center，2015）。在再婚家庭中，新成员的加入意味着既定的规则、权力结构、沟通形式和问题解决的方式必须重新协商（Goldenberg & Goldenberg，2013）。对孩子和父母来说，这个重新协商家庭动力的过程可能会让他们感到是困惑、挫败和不协调。

在这个重新协商的过程中，由于家庭结构和组成的变化，儿童和青少年经常感到自己受冷落了。在某些情况下，儿童和青少年可能觉得他们需要在“新”家庭和不再是现在家庭结构一部分的父母之间区分他们的忠诚（Gonzales，2009）。此外，在与再婚家庭其他成员（如继兄弟姐妹）建立关系时，儿童和青少年必须学会适应新的父母，他们通常有不同的教养方式和方法。最后，随着家庭新成员的加入，儿童和青少年的日程安排和日常事务也发生了变化，这可能是一个复杂的转变（Gonzales，2009）。

对于丧失父母（因死亡或减少与父母的接触）、丧失稳定生活及丧失原生家庭结构的儿童和青少年，如果他们的丧失感没有得到很好的处理，那他们可能会体验到那种意想不到的嫉妒、愤怒和被背叛的感受（National Stepfamily Resource Center，2015）。如果儿童和青少年无法解决这些感受，他们可能会对继父母产生敌意，无法接纳他们。许多父母和继父母相信这些感受和行为会随着时间的推移而消失，所以他们没有投入必要的时间来建立新的家庭关系和沟通交流的方式。

进入再婚家庭的成年人必须采取一些积极主动的措施来确保成功地度过这个转变期。他们应该做到以下几点：（1）培养和丰富与新伴侣的关系，如表达爱意，一起度过“独处”的时间；（2）定期交流转变时期的情况；（3）不隐藏丧失感，并尝试理解所有家庭成员的情绪，例如，处理前一段关系的丧失和痛苦，积极表达想法和情绪；（4）对成为一家人的同化过程有现实的期望，如家庭成员在再婚之前需要相互了解；（5）在再婚家庭中发展新的角色（National Stepfamily Resource Center，2015）。父母需要调整自己的期望，给每个孩子充足的时间来适应新的生活安排。

再婚家庭需要咨询的最常见问题是教养方式和沟通方面的困难（Pace et al.，2015）。此外，不明确的期待、界限和关系也会破坏家庭系统和平衡（Pace et al.，2015）。为再婚家庭提供咨询的咨询师通常需要在父母教育（如教养子女、家庭动力）的背景下直接与父母合作，并与整个家庭合作以增加整体的沟通。

有些再婚家庭很难管理界限和保持清晰的父母角色。因此，沟通技巧是至关重要的，并且适用于大多数与家庭有关的转变和挣扎。家庭成员需要相互倾听，并以直接的方式解决冲突。家庭成员可以通过以下方式沟通：（1）表达爱意；（2）参与讨论日常活动，例如，“学校怎么样”“今天发生的一件好事是什么”；（3）参加孩子的课内活动和课外活动；（4）建立家庭活动或仪式，如家庭游戏之夜、一起吃一顿饭；（5）和对方说话要注意措辞，如保持尊重、语气和善等（McBride，2008）。下文给出了针对再婚家庭的咨询策略。

针对再婚家庭的咨询策略

- 让儿童和青少年参与咨询和家庭决策。
- 承认组建一个新家庭是需要时间和努力的，并且可能是一个情绪紧张的过程。
- 帮助新家庭建立并保持清晰而灵活的界限。
- 帮助家庭建立一致的家庭规则；指导父母给他们的孩子留出一个过渡时期，特别是如果孩子在平时或周末要去另一个父母家的情况下。
- 建议父母和继父母与以前伴侣保持积极的沟通。

- 指导继父母适应新的家庭结构，不要急于成为孩子的新父母或纪律约束者。
- 鼓励所有家庭成员（如父母、继父母、儿童和青少年）增加信任、交流，分享他们对家庭的想法。
- 提高父母对自己行为、言语，以及对家庭和孩子态度的觉察。

在家庭转型的过程中（如增加和减少成员），父母和继父母应与子女进行明确的沟通，特别是关于继父母在家庭中承担的父母角色，这可以减轻与继父母教养有关的一些负面困难和挑战，并提高家庭关系的稳定性和整体家庭满意度（Pace et al.，2015）。继父母应该对过去的家庭矛盾保持中立，为当前的教养计划提供支持（如奖励、就寝时间、零花钱、规则、惩罚），并在实行父母管教之前与孩子建立积极的关系。此外，继父母应该通过参与和孩子共同感兴趣的活动并了解孩子的表达习惯来改善与孩子的关系。

当与年幼的孩子一起合作时，咨询师可以推动父母与孩子之间的互动，从而增进他们的关系。咨询师可以指导有年幼子女的父母和继父母如何通过游戏来加强亲子互动（McNeil & Hembree-Kigin，2010）。此外，咨询师可以训练父母使用能够增强和鼓励积极互动的技能。字母缩写“PRIDE”就是一个可以使用的互动技能示例（McNeil & Hembree-Kigin，2010）。

- 表扬（Praise）：例如，“你说‘请’和‘谢谢’了，你做得真棒”。
- 反映（Reflection）：例如，口头重复孩子所说的话，以表示家长在倾听。
- 模仿（Imitation）：例如，做孩子正在做的事情，以表示赞同并帮助孩子与其他人玩耍。
- 描述表现或行为（Describing behaviors or actions）：例如，描述孩子正在做什么，“看起来你正在努力用所有的积木建造一座城堡”。
- 享受（Enjoyment）：例如，使用言语和非言语行为来表现对孩子正在做的事情的兴奋。

“PRIDE”技能强调了父母如何使用简单实用的方法来增进亲子关系。与年龄稍大的孩子沟通是一个信息提供和接受的过程。咨询师可以通过教授基本的参与技能来帮助父母和孩子（Meichenbaum et al.，2002）。以下列举一些有助于减少亲子冲突和增加亲子沟通的技能。

- 鼓励：例如，寻求更多信息以更好地理解对方的立场、要求或声明。
- 重述：例如，用自己的语言把他人的话再说一遍。
- 反映：例如，试图重述你觉得对方正在经历、感受的事情。
- 澄清：例如，问一些额外的问题来看看你是否理解了对方。
- 总结：例如，将谈话中的想法、主题或情感整合到一个陈述中。
- 认可：例如，即使你不赞同他人说的话，也要对他说的话表示认可和感激。

咨询师应该在咨询时段传递这些沟通技巧，以帮助家庭成员对成员之间如何互动产生期望。此外，新家庭成员应在必要时尝试与孩子的父母沟通，从而加强家庭边界和沟通的连续性（DiVerniero，2013）。不住在一起的父母的家庭成员（如祖父母、堂兄弟姐妹、阿姨、叔叔）可能继续成为孩子日常生活和学习的一部分（如课外活动、体育赛事、家庭庆祝活动、节日）。另外，因为孩子与父母的一方不住在一起，所以他们之间的交流和互动自然会减少。如果合适，咨询师应该鼓励孩子与其父母或其他家人共度时光（DiVerniero，2013）。

培养教养技能是再婚家庭的另一项重要任务。针对再婚家庭的技能型教养方式培训的中心目标包括以下几点：（1）帮助父母创造安全的、有滋养性的家庭环境；（2）发展亲密的家庭关系；（3）制定有效的策略来管理孩子在压力下的一般行为，解决其在发展方面的困难。积极教养项目（Positive Parenting Program，Triple P）就是其中一项具有实证支持的循证的教养方式培训项目（Stallman & Sanders，2014）。这个项目可以用于个人，也可以用于团体。积极教养项目可以帮助所有类型的家庭（如单亲家庭、再婚家庭），面向父母和所有年龄段的孩子（从婴儿期到青春期）（Stallman & Sanders，2014）。参与积极教养项目的父母表示，他们感到痛苦和愤怒减轻了，也能更好地与孩子沟通了（Stallman & Sanders，2014）。表 11-3 提供了积极教养的技巧和示例。

表 11-3 积极教养的技巧和示例

积极教养的技巧	示例
让孩子参与对话	要有意识地问孩子今天过得怎么样，在学校学到了什么，以及他感兴趣的事情
注意孩子的行为	如果孩子正在跟你说话，请停止你正在做的事情，并用语言与孩子进行沟通。为孩子安排哪怕是很短的时间，都能增进沟通，增进亲子关系
给予孩子肢体关爱	一定要偶尔给孩子一个拥抱，偶尔和他牵手，或者在他去学校之前给他一个吻
给予孩子口头表扬	当你注意到孩子做了让你欣赏的事情时，表达出来，例如“我真的很喜欢你说谢谢的方式。你这么有礼貌的时候，我真的很想帮助你”
鼓励孩子参加室内和室外活动	孩子无聊时会惹麻烦。建议孩子做一些他喜欢做的事情，例如，用纸板箱造房子、运动、阅读、玩玩具，或者和兄弟姐妹玩耍
在孩子有压力时保持冷静，给予清晰的指导	如果孩子做出不当的行为，要保持冷静，然后明确地告诉孩子你希望他做什么。例如，“请不要挥动那根棍子，把它拿到柴堆上放下来”
对自己的培养方式和孩子的行为抱有现实的期望	请记住孩子就是孩子，他并不完美，而你自己也不是完美的父母
为家庭内外的行为设定清晰的规则和期望	提出你对全家人制定的规则和期望。你可以把规则和期望写在一个张贴板上，并把它放在厨房里，例如，“尊重他人，像你期望他人对待你的方式一样去对待他人”
在教孩子应对技巧之前，自己先做出相应的示范	通过示范来教孩子应对技巧是最好的方法之一。如果孩子对自己大喊，请深吸一口气，直接对他说“当你提高音量对我说话时，我不喜欢这种方式。我感到不满意时，我就不想在你有需要时帮助你。如果你对我讲话礼貌一些，我会很乐意帮助你。你见过他人对我大喊大叫时，我是如何回应的吧？我会冷静地讲话，并冷静而直接地把我的想法和感受说出来”
确保自己照顾好自己的健康和幸福	每天或每周找时间放松和充电。花几分钟时间做一些可以帮助你保持冷静的事情（如阅读、上网、散步）

亲属养育者

在一些社区和人群中，儿童和青少年由不是父母的家庭成员（如祖父母）来照顾是很普遍的现象（Daly & Glenwick，2000；Lee，Choi，& Clarkson Henderix，2016）。作为儿童和青少年主要监护人的非父母家庭成员，他们通常被称为亲属养育者，儿童和青少年可能因为各种原因被置于亲属养育者身边，例如，父母有精神疾病或被监禁抑或虐待或忽视儿童和青少年（Daly & Glenwick，2000）。在资源较少、高贫困或氛围压迫的家庭中，亲属养育者的患病率有时更高（Daly & Glenwick，2000；Lee et al.，2016；Sue & Sue，2013）。由于作为亲属养育者的个体也有自己的心理健康需求和与原生家庭的困难（Lee et al.，2016），因此涉及亲属照顾的孩子和家庭可能处于特别脆弱的地位。

处于亲属关系照料之下的儿童和青少年可能会被安置在姑妈、叔叔、哥哥姐姐、堂兄、祖父母或其他有血缘、婚姻或收养关系的亲戚家中。其中，儿童和青少年被安置在祖父母身边的现象越来越普遍，而祖父母经常在较困难的情况下照顾儿童和青少年（Daly & Glenwick，2000；Goodman & Silverstein，2002）。例如，一个孩子的父亲可能被监禁，而孩子的母亲可能无法独自照顾孩子；因此，孩子可能与祖母住在一起。有时，孩子的父母可能会与孩子保持关系，而祖父母则承担供养者的责任。也有父母可能会向祖父母寻求帮助，或者他们可能与孩子和祖父母住在同一个家庭。咨询师应致力于了解每个孩子家庭中的独特动力，为他们量身定制有效的干预措施。孩子生活中重要的成年人（和孩子）都应该适当参与咨询过程。

在处理儿童和青少年监护问题时，咨询师应该考虑各种法律因素。每个地区的法律各不相同，咨询师应在必要时进行督导和咨询。首先，咨询师可以询问亲属养育者一系列问题。

- 虽然你对这个孩子有身体上的监护权，但他的正式的法律监护权属于谁？
- 能给我一份有关那个孩子的监护权协议的签字文件的复印件吗？
- 你预期你将来会上法庭吗？
- 你预期这个咨询过程会成为未来法庭程序的一部分吗？
- 我作为这个孩子的心理健康专业人员，是否会有其他机构的人想要或需要和我合作？
- 经过你事先同意和批准，你是否允许我与必要的外部机构或卫生专业人员合作？

咨询师应该根据这些问题的答案来规划他们与来访者及其家庭的工作。

亲属养育者通常与多个法律机构和社会服务机构合作，以保护儿童和青少年的安全，必要时还会参加法庭诉讼，获得经济援助以帮助抚养儿童和青少年，并与可以为儿童和青少年及其兄弟姐妹、父母或亲属养育者提供额外支持的各种社区组织联系（Sampson & Hertlein，2015）。对亲属养育者来说，与多个机构沟通既费时又有压力。虽然这些过程可以为亲属养育者提供所需的资源，但也会占用他们抚养和照顾儿童和青少年的时间和精力。此外，亲属养育者可能负责不止一个孩子，通常还有他的兄弟姐妹，这可能会给养育者带来更多的压力和责任感；咨询师也必须有意识地解决这种情况。

家中出现或缺失兄弟姐妹可能会给儿童和青少年及其亲属养育者带来压力。与兄弟姐妹分开的儿童和青少年可能会有丧失和悲伤的感觉，需要着重确认情感和重构非理性想法的治疗。与兄弟姐妹在同一亲属养育者的照料下的儿童和青少年可能会贡献无益的家庭动力，因此需要进行家庭治疗，并对兄弟姐妹进行心理健康转介。

被祖父母照顾的儿童和青少年在他们的生活中可能经历了紊乱和创伤（Sampson & Hertlein，2015），这些经历再加上资源缺乏可能导致其情绪或行为上的困难。当被照顾的孩子表现出情绪或行为困难时，许多担任亲属养育者角色的祖父母都会体验到低水平的满意度和高水平的压力和情绪干扰（如焦虑、抑郁）（Doley et al.，2015），且祖父母的这种反应可能会加剧儿童和青少年的不良行为和情绪症状。如果咨询师没有向孩子及其养育者提供他们个人和家庭所需的心理健康服务，这种循环可能就会对家庭和个人造成伤害。

虽然作为一个亲属养育者是相当具有挑战性的，但是祖父母也可以给他们的孙辈提供许多好处。由于各种各样的原因，许多祖父母能够给予他们的孙辈更多的时间和关心，而他们当年甚至都没有给过自己的亲生孩子这些关心。祖父母可能会对孙辈有更少的竞争性要求，在日程安排上更具灵活性，以及拥有与养育子女相关的智慧，而这些是他们在年轻时没有的，所有这些都可能对孩子有益（Sampson & Hertlein，2015）。能够得到非正式支持（如社区机构、教会社区、亲密的家庭成员、支持的朋友）的祖父母，比那些感到孤立或不得不独自面对挑战的祖父母的抑郁情绪要少（Doley et al.，2015）。因此，回应祖父母和其他亲属养育者的心理健康需求，对支持儿童和青少年来说是很重要的一环。咨询师、学校和机构可以做一些事情来帮助照顾孙子、孙女的祖父母，具体如下。

- 为亲属养育者提供心理教育和相关资源。
- 申请可用于为亲属养育者提供治疗服务的补助。
- 为亲属养育者发声。

- 为亲属养育者和任何其他相关的家庭成员提供合理和可行的心理健康转介。
- 为亲属养育者创建和运行支持小组或同伴辅导计划。
- 帮助祖父母创建和运行他们自己的支持小组或同伴辅导项目。
- 创建和分发有用的社区资源列表。
- 创建和分发有用的非正式资源列表。
- 为有亲属养育者的当地家庭组织玩具或食物募捐活动。
- 组织几天或几周时间，专门感谢学校和社区的亲属养育者。
- 帮助儿童和青少年找到表达对亲属养育者的感激之情的方式。
- 不断向亲属养育者提供儿童和青少年在他们的养育下获得的有关进展和最新情况。

在为儿童和青少年提供心理咨询干预时，咨询师应解决与导致他们被亲属养育者照顾的那些事件（如虐待、忽视、创伤）有关的心理健康需求（Sampson & Hertlein，2015）。咨询师还应努力解决与被收养或寄养有关的儿童和青少年心理健康需求（见下文）。最后，咨询师应在必要和适当的时候为家庭成员提供家庭治疗和心理健康转介。咨询师应通过持续的评估过程来了解每个孩子及其养育者和家庭成员所经历的独特情况，并应以一种非评判的、支持的态度来进行案例概念化和干预。

收养

在美国，平均每年有 12 万儿童和青少年被收养（AACAP，2011b）。与收养环节中的成年人（如父母、养父母）不同，被收养的儿童和青少年在收养过程中往往没有什么权力和发言权；因此，咨询师需要在咨询过程中赋予这些孩子权利（Baden et al.，2013）。赋予权利可以很简单，如让儿童和青少年以他们自己的方式讨论他们的收养故事，尤其是当他们对自己的故事的某些方面或部分感到不舒服时，授权他们决定他们想和谁分享，以及分享多少故事是他们觉得舒服的。

一般来说，收养可以是开放的，也可以是封闭的。参与封闭收养的孩子与父母没有持续的联系，他们能了解的有关亲生家庭的信息也很有限。相反，在开放收养的情况下，人们期望孩子能够与父母有间接或公开的联系（如拜访、信件、电话、电子邮件等）。许多年龄较大的儿童或青少年的收养是开放的，因为这些孩子已经了解了自己的亲生家庭，并有一些生活经验。

此外，收养可以在本土进行，也可以在其他国家进行。本土收养通常是以下方式中的一种：（1）从寄养照顾系统中收养儿童和青少年；（2）儿童和青少年的寄养父母是一个潜在的收养者，而寄养父母也期待可以实现收养（即从寄养到收养的情境）；（3）婴儿或幼儿通过私人收养来到养父母身边；（4）儿童和青少年通常不是通过代理机构，而是通过法律程序找到收养父母（如姑妈监护并收养她的侄女）。在其他国家进行的收养中，儿童和青少年经常在孤儿院或政府机构中度过一段时间，因为儿童和青少年较多，他们常常会遇到不一致的照顾、有限的儿童和青少年互动及有限的情感照顾。尽管有这些问题，但通过收养父母的后续回应性照料，许多潜在风险因素可以得到缓解。

尽管亲子依恋需要所有相关成员付出大量努力，但是大多数儿童和青少年及其家庭不需要咨询师或心理健康专业人员的直接帮助也可管理此过程。在促进健康的亲子依恋、家长教育和家庭收养后实施的策略方面，咨询师可以是一种有用的资源。因此，必要时，咨询师应提供评估和心理咨询。如果儿童和青少年出现以下情况，他们和家庭可能需要考虑进行心理咨询。

- 表现出痛苦的迹象（如尿床、使用婴儿的说话方式、囤积物品、经历分离焦虑、对他人或动物有攻击性）。
- 表现出与特定情况不匹配的愤怒或恐惧。
- 无法谈论收养过程。
- 表现出注意力或学习相关的困难。

- 似乎无法与父母建立依恋关系，或者似乎没有与父母一方建立依恋关系的动机。
- 曾遭受身体或性虐待，包括忽视或严重的剥夺。
- 有精神疾病的迹象。
- 曾在以前的家或社区目睹暴力事件。

此外，被收养的儿童和青少年可能在自我认同方面，理解他们在家庭、社会和同龄人交往中的角色方面，以及适应外部世界对他们的需求方面存在困难（AACAP，2011b）。许多被收养的儿童和青少年越来越有兴趣与父母联系。这种重新联系的愿望似乎是正常过程的一部分，养父母不应将这种愿望视为对自己的排斥（Baden et al.，2013）。

当与被收养的孩子和收养家庭开启咨询时，咨询师的一项基本任务是促进依恋和协调。有年幼子女的养父母尤其需要通过回应孩子的需要来促进依恋关系。建立安全的依恋关系需要花费时间，但咨询师可以通过为养父母提供能够增强协调能力的技能来支持养父母。表 11-4 总结了增加收养家庭的父母协调能力的方法。

表 11-4 增加收养家庭的父母协调能力的方法

教养技能	概述	示例
合作	父母要对孩子的非言语行为（如目光接触、声调、声音或面部表情）做出镜像回应	一个小孩满脸通红，哀伤地对母亲皱起眉头。当他们的眼神相遇时，母亲可以镜像回应这种面部表情（如也把头歪向孩子那边）。这使两个人可以通过类似的非言语行为进行交流，并在情感层面上进行联结
反思性对话	父母通过口头表达，对孩子的非言语行为进行回应。叙述应该涉及他们观察到的孩子的行为与他们所理解的孩子的认知和感受之间的联系。这些可以包括情绪、意图、思想、信念和态度	父母一方可以说："我注意到，当你告诉我相框坏了时，你没有和我眼神交流。你看起来很不高兴，我想知道你是不是认为我会因为你打破它而生气"
修复	当与孩子的联系或交流中断时，父母需要修复或重建与孩子的联系。这一行为教导孩子，尽管误解和失去联系是生活的一部分，但父母会以一种可预见的、有意识的方式回应孩子	孩子正在经历困难（如哭闹、发脾气）。由于父母在打电话和处理家务，错过了孩子准备睡觉的信号。父母可能需要修复与孩子之间的联结，而不是使用暂停或某种形式的管教。父母一方可以说："看起来你真的很累了。我给你盖上毯子，然后在旁边陪着你睡觉怎么样？而且，如果你愿意，我可以给你读你最喜欢的故事"
连贯的叙事	当父母重新建构关于孩子的过去、现在或未来的故事时，孩子可以将这些经历整合成更连贯的故事。花点时间回忆和重述旧日的故事（如一个有父母和孩子参与的难忘故事）可以增加情感联系和沟通	父母一方可以说："还记得我们曾经到城外的河边钓了一整天的鱼吗？虽然我们什么也没钓到，但我觉得把鱼饵挂在鱼线上再扔出去就很有趣了。我们可能是什么也没钓到，因为我们一直在笑，还说着我们想去的地方和想遇见的人"
情感交流	分享并放大孩子的情绪（无论是积极的还是消极的）。孩子可以了解父母不会抛弃他，特别是孩子在情绪消极的时候。孩子也将学习到如何减少他的情绪消极状态和缓解痛苦的方法	父母一方可以说："我知道你现在很难过，有这种感觉是完全可以的。当你有这种感觉时，我就坐在这里陪着你。我难过时我会深呼吸。如果这样对你有帮助，你能不能也做几次深呼吸"

资料来源：Adapted from Lacher，Nichols，Nichols，& May（2012）.

儿童和青少年的主要任务是形成自我认同（例如，我是谁？我相信什么？此生我想做些什么？）和分离（例如，使自己独立于养育者）。但是被收养的儿童和青少年，无论是在青春期被收养的还是在童年被收养的，都有一层额外的自我认同的形成和分离任务，该任务包括理解和整合他们被收养的经历（Webb，2011b）。在咨询过程中，咨询师应通过帮助被收养的儿童和青少年解决以下问题来帮助其形成自己的身份认同。

- 我是谁？我相信什么？

- 谁是我的角色榜样？我想要和我的父母有相同种族、国籍或文化方面的角色榜样吗？
- 我像我的养父母吗？我想在哪些方面像他们一样？他们尊重我及我的文化、种族吗？
- 我和父母有什么相似之处？我对自己的父母了解得够多吗？我对自己的种族、出生国家和文化的了解有多少能融入我的身份认同？
- 我想更像我的父母吗？我是否希望在我的生活中存在与我父母有相同文化、种族或国籍的人（如朋友、榜样）？

咨询师可以通过引导被收养的儿童和青少年思考以下问题来帮助其实现分离和个性化。

- 我被养父母养大后，我和他们之间的角色和关系是什么？
- 如果他们不是我的亲父母，他们仍然可以成为我的养父母吗？
- 如果我与他们不同，他们还会爱我吗？
- 即使我与他们不同，我仍会成为他们家庭的一员吗？

通过这一咨询过程，咨询师可以帮助他们解决自我认同和分离问题，让他们认识到自己在家庭中的独特角色，并提高他们驾驭外部世界的能力（AACAP，2011b）。

父母的物质滥用问题

据估计，大约有 800 万 18 岁以下的儿童和青少年与有物质使用障碍的成年人生活在一起。生活在父母一方或双方有物质滥用问题家庭中的儿童和青少年，其基本的生理或情感需要可能得不到满足。尽管每个家庭情况都是不一样的，但这些家庭可能都会面临经济困难、情感困扰、法律问题，在某些情况下，还可能存在家庭暴力（Lander et al.，2013）。此外，这些家庭中的儿童和青少年往往缺乏适当的父母监管，或者经历不一致的教养方式，在某些情况下，儿童和青少年甚至可能通过将自己变成养育者或承担父母的角色来作为补偿（Child Welfare Gateway，2009）。

母亲的物质滥用也会对其子宫产生影响。怀孕期间使用和滥用酒精和药物会对未出生的胎儿产生不可逆的影响（Broderick & Blewitt，2014）。虽然并不是所有处于孕期的胎儿接触酒精和药物后都会产生不良反应，但在最严重的情况下，孩子的主要器官或中枢神经系统可能会出现缺陷。例如，与酒精有关的神经发育障碍（Alcohol-Related Neurodevelopmental Disorder，ARND）（以前称为胎儿酒精综合征）是一种常见的产前接触药物或酒精导致的出生缺陷。胎儿酒精综合征在孩子身上表现为以下几个方面：头和大脑变小，全面的发育缺陷，智商（IQ）轻度和重度受损，关节、肢体和耳朵畸形，中枢神经系统问题和视神经发育不良（Broderick & Blewitt，2014）。怀孕期间使用其他物质会导致其他不同的后果。与母亲未在产前接触药物或酒精的儿童和青少年相比，母亲在怀孕期间有物质滥用的儿童和青少年可能会面临出生时体重过轻、身体畸形、早产、注意力问题、行为问题和大脑功能下降的风险。

在父母有物质相关问题的家庭中长大的儿童和青少年更容易出现情绪和行为困难（AACAP，2011a）。更具体地说，这些孩子患精神疾病、物质相关问题、身体健康问题、行为问题、学习问题及被忽视和虐待的风险会增加（AACAP，2011a；Child Welfare Gateway，2009；Lander et al.，2013；Osborne & Berger，2009）。此外，由于各种各样的因素，包括与物质滥用的父母不可预测的互动，儿童和青少年经常很难与父母形成安全的依恋关系。因此，这些孩子可能在形成和维持与他人的关系、调节自己的情绪及与他人相处方面存在困难。他们可能在自尊、自我形象和自信方面存在挣扎；可能会对他人的动机和意图产生普遍的不信任，这些都可能会影响他们的社会关系。

这些儿童和青少年也可能会苦苦挣扎于上学、学习成绩、社会关系、身体不适（如胃痛，头痛）和违法行为（如吸毒、偷窃、暴力）（AACAP，2011a）。儿童和青少年的安全是最重要的，因此，咨询师应该持续评估儿童和青少年在家中的安全（Webb，

2011b)。在发现儿童和青少年受到忽视和虐待的情况下，咨询师必须向儿童和青少年保护服务机构报告。

一些儿童和青少年也许在家庭中承担了父母的角色，他们需要照顾自己及比自己小的孩子。尽管这些儿童和青少年可能表现出良好的自控力，或者取得了超过预期的成绩（如学业很优秀、很有动力、非常自觉），但是他们的童年经历会导致他们在社交上被孤立，同时体验很多痛苦的情绪（如恐惧、哀伤、内疚），这些情绪也可能导致他们在未来生活中出现情绪困难（如抑郁、焦虑）(AACAP，2011a)。

当为这些家庭和孩子开展咨询时，广泛的咨询方法，包括教育、心理和行为干预都是有用的（Webb，2011b)。过去的咨询治疗只涉及有物质滥用问题的父母，但一些人认为，这错失了从系统和家庭层面进行干预的机会（Lander et al.，2013)。咨询师最终必须对物质滥用的父母进行治疗，或者将他们转介到最能满足他们需要的相应治疗机构（如戒毒治疗机构、日间治疗机构、门诊机构)。如果不能直接解决父母的物质滥用问题，咨询治疗就不可能有效。在家庭环境中与孩子合作的咨询师可以采用以孩子为中心或以家庭为中心的方法，或者采用某种孩子和家庭混合的方法进行咨询。如果咨询过程更关注家庭，咨询师则应该做到以下几点。

- 全面评估家庭和所有家庭成员与物质滥用相关的困难。
- 要求物质滥用的父母制定戒毒或戒酒的治疗目标。
- 向所有家庭成员提供关于物质使用和滥用的教育。
- 为家庭成员创造一个公开讨论问题和相关后果的氛围。
- 强调和解决家庭中儿童和青少年的具体需要（Webb，2011b)。

如果咨询师决定采用一种更关注孩子的方法，治疗就应该关注孩子的需求。在针对学龄儿童的咨询中，咨询师可能需要着重向儿童提供情感支持，教育儿童有关物质使用障碍的性质（如让儿童明白自己不是导致物质滥用的原因)，帮助他们发展处理家庭问题所需要的应对技能，减少孤立行为，增强自我形象。处于这些家庭环境中的儿童和青少年更容易出现物质使用障碍。因此，教育和预防是咨询的基本组成部分，无论咨询是基于孩子、家长，还是基于家庭的咨询。

家庭里有物质滥用成员的儿童和青少年通常会感到非常羞愧和内疚，可能不愿意讨论他们的感受、想法和经历（Straussner & Fewell，2015)。以游戏为基础的表达性艺术活动是幼儿通过自我表达来传递他们生活经历的一种方式（Seymour，2014；Webb，2011a)。当咨询年龄较大的儿童和青少年时，咨询师可以使用认知方法来引导他们知道以下三点：(1)他们没有导致物质使用障碍；(2)他们不能控制他们父母的物质使用障碍；(3)他们不能治愈父母的物质使用障碍（Child Welfare Gateway，2009)。

有物质滥用家庭成员的儿童和青少年可能会受益于以洞察力为导向的认知行为疗法，这些方法主要着眼于增强儿童和青少年满足其身体、情感、社会和教育需求的能力。咨询师应该促进他们对自己想法和情绪的讨论，通常包括内疚、焦虑、尴尬、困惑、愤怒和哀伤（AACAP，2011a)。例如，儿童和青少年可能觉得自己是父母物质滥用的原因，过度担心他的父母（如安全、健康)，为父母在公共场合的行为感到羞耻，并对他人产生不信任；这些感觉会间接影响他建立亲密关系的能力。咨询师也可以帮助儿童和青少年识别、说出、讨论他们的想法和情绪（如对他们行为的影响)，最终帮助儿童和青少年加强问题解决、沟通、处理冲突、管理和调节一些非适应性认知过程的能力。

除了咨询服务，咨询师也可以建议儿童和青少年参加互助小组。这些互助小组为儿童和青少年提供了讨论自己的想法、感受和经历的机会，同时也让他们感到自己受到了生活在类似情境下的其他人的支持。针对这类群体的课程各不相同，但内容往往包括化学依赖的疾病模型的教育，对儿童和青少年感受和情绪的识别和讨论，问题解决和决策能力，以及旨在提高儿童和青少年自尊的活动（Webb，2011b）。

在许多儿童和青少年互助小组中，通过使用练习册、录像和故事书，小组成员可以了解其他儿童和青少年是如何处理和克服这些生活困境的。

哀伤、丧失和丧亲

在童年时期，许多孩子经历了祖父母、父母、兄弟姐妹或宠物的死亡和丧失。尽管大多数孩子能够处理这种哀伤的过程，但也有一些孩子会因这些丧失而挣扎（Cohen & Mannarino，2011）。儿童和青少年的哀伤症状可能包括情绪休克（如缺少感情）、退行到不成熟的行为（如想睡在父母的床上、需要被抱着），以及爆发性的行为（如爆发、苛求和攻击性行为），年幼的孩子可能会一遍又一遍地重复问题（如“爷爷在哪里”）。

库伯勒·罗斯（Kubler-Ross，2014）是将哀伤和丧失概念化的西方先驱，她首次提出个体经历重大创伤性事件需要经历的主要心理过程。这一心理过程被称作“哀伤的五个阶段”，也被称作库伯勒 - 罗斯模型（即否认、愤怒、讨价还价、沮丧和接受）。与成年人的哀伤过程相似，儿童和青少年的哀伤过程是否认（如不愿意讨论丧失）、愤怒（如将丧失归咎于他人）、讨价还价（如通过许诺或改变自己的处境或生活来恢复一定控制感）、哀伤（如失去能量、食欲和动力）和接受（如接受丧失是真实的、最终的和痛苦的）（NASP，2010）。

目前大多数咨询对哀伤和丧失的理解是建立在库伯勒 - 罗斯模型的基础上的，但较新的模型关注的是哀伤以一种不确定的、经常循环的方式发生。表 11-5 给出了儿童和青少年在哀伤过程中的行为。

表 11-5　儿童和青少年在哀伤过程中的行为

哀伤过程	可能的行为
否认	• 儿童和青少年拒绝接受、承认或谈论已故的人 • 他们会分享“感觉到”或“看到”死者的故事 • 他们会经历行为退行（如尿床或拉裤子） • 他们感到躯体不适（如恶心、头痛）增加 • 年幼的儿童往往不理解死亡的概念，他们可能认为死亡是暂时的或可逆的
愤怒	• 儿童和青少年与父母、兄弟姐妹或同伴的冲突更多 • 他们更容易表现出言语或行为上的攻击性 • 他们更容易发脾气 • 他们表现出更多的冒险行为（如物质使用） • 他们会表现破坏性行为（如撕毁照片或信件） • 他们表现出越来越多的反对或争论行为 • 他们的违法犯罪有所增加（如无视规范或规则）
讨价还价	• 儿童和青少年对过去的行为表示悔恨或内疚 • 他们更多地接触他人（如努力寻找所发生事情的意义）
哀伤	• 儿童和青少年在饮食、睡眠和活动水平方面都会发生变化。他们会做更多的噩梦 • 他们表现出更多的回避性行为 • 他们有更多的躯体不适（如恶心、头痛） • 他们有情绪变化（如情绪贫乏） • 他们泪流满面（如过度哭泣） • 他们将自己与他人隔离或过分地粘着他人（如分离焦虑） • 他们集中注意力的能力下降 • 他们的学业成绩下降
接受	• 儿童和青少年慢慢恢复正常功能和日常生活

理想情况下，儿童和青少年将会从丧失过渡到整合后的接纳状态。一旦儿童和青少年适应并处理了他们的哀伤，他们就能够做到以下几点。

- 用一种与成长相匹配的方式理解和体验丧失的痛苦。
- 接受说起和想起已故的人（如在这一过程中经常感到安慰）。
- 适应变化并慢慢以一种新的方式（如回忆）触及已故的人。
- 投入精力把没有解决的哀伤处理好，沿着健康的发展轨迹、没有阻碍地前进。

学龄前儿童通常认为死亡是暂时的，而不是永远的，甚至认为在某些情况下是可逆的。虽然儿童中期的儿童能够将死亡视为最终结局，但他们往往不相信死亡会或可能会发生在他们认识的任何人身上。愤怒和难过是他们对哀伤的典型和正常反应，但是一些年幼的孩子可能会退行（如变得更幼稚），要求更多的关注，吮拇指，进行退行性谈话，尿床，或者要求喂食（AACAP，2013）。与儿童和青少年相比，经历哀伤和丧失的年幼儿童往往感到更孤独、无力，更难以调节自己的情绪（Biank & Werner Lin，2011）。表 11-6 简要概述了不同年龄段的儿童和青少年对死亡的理解。

表 11-6　不同年龄段的儿童和青少年对死亡的理解

年龄	死亡观念
幼儿期（3 ~ 6 岁）	• 儿童认为死亡是可逆的。例如，有人只是暂时死亡，可以重新活过来 • 死亡与睡眠有关。儿童对死亡的结局缺乏概念 • 儿童不理解每个人都会死亡这一事实 • 儿童认为他们的想法会导致死亡。通常，他们会因为不好的想法或行为而承担起责任，随后会产生强烈的内疚感和羞耻感
儿童期（6 ~ 12 岁）	• 儿童开始明白死亡的结局 • 儿童认为死亡往往与坏行为、邪恶或邪恶力量有关 • 儿童对死亡的具体细节越来越感兴趣，甚至着迷 • 儿童对于死亡的残肢产生了强烈的恐惧 • 儿童仍然认为他们的行为可能导致了死亡
青少年期（12 ~ 18 岁）	• 青少年对死亡和临终有成熟的理解 • 青少年开始推测死亡的后果 • 青少年可能仍然感到羞耻和内疚，但意识到死亡不是他们的思想或行为造成的

在某些情况下，儿童和青少年的症状可能会升级到符合 DSM-5 中精神障碍诊断（如重性抑郁障碍）的标准。在大多数情况下，孩子会在数周内表现出哀伤的症状，但也可能持续数月甚至数年。一些极端的哀伤迹象包括：（1）长时间的抑郁或易怒情绪；（2）对正常活动失去兴趣；（3）无法入睡；（4）食欲缺乏；（5）对孤独的恐惧；（6）行为退行，如表现得比实际年龄小；（7）过度描述，表示想要和死者在一起；（8）退出朋友圈子和交际活动；（9）学习成绩下降（AACAP，2013）。无法在正常的哀伤过程中取得进展的儿童和青少年可能会开始出现心理创伤的症状，如再体验、回避、反应过度、非适应性认知等。这一现象被称为童年创伤性哀伤（Childhood Traumatic Grief，CTG），通常发生在创伤性丧失（如谋杀）或孩子直接目击这种丧失的情况下（Cohen & Mannarino，2011）。表 11-7 列出了与童年创伤性哀伤相关的创伤症状。

表 11-7 与童年创伤性哀伤相关的创伤症状

症状	示例
再体验	• 对死者的侵入性想法、回忆或梦境 • 关注死者的死亡方式 • 似乎无关的噩梦和可怕的梦，尤其是在年幼的儿童中
回避	• 避免去想，包括快乐的回忆 • 不参加能想起死者的庆祝活动或节日 • 不希望家人谈论或讨论已故的人 • 变得愤怒或激动 • 退出活动，如庆祝活动、生日、某些话题的讨论等
过度警觉状态	• 失眠 • 更易愤怒、躁动 • 身心不适，如头痛、胃痛、恶心等 • 更加易变或兴奋 • 难以集中注意力
情绪上、行为上的反常，或者非适应性认知	• 更加喜怒无常或愤怒、易怒 • 焦虑或恐惧增加 • 情绪敏感度增加（如小刺激可能导致哭泣或爆发） • 自责感增强，例如，“我早该知道会发生这种事，应该阻止她离开”

资料来源：Adapted from Cohen and Mannarino（2011）.

与创伤的其他类型类似，某些提醒可能会引发儿童和青少年失去与亲人相关的令人不愉快的想法、感受和反应（Cohen & Mannarino，2011）。这些提醒可能像某些人、地点、情况或事情那样直接地让儿童和青少年想起死者。例如，周日围坐在餐桌旁可能会让儿童和青少年想起她的祖母，因为她经常坐在餐桌的某个位置。此外，儿童和青少年可能会有与丧失期间发生的变化相关的负面反应（如想法、情绪、记忆）。例如，一个孩子拜访他亲戚的家，他父亲在去世的最后阶段正好待在那里，那么他可能会体验到他把亲戚的家作为一个情感触发器（如再次体验到哀伤和丧失的感觉）。咨询师可以帮助父母识别这些触发因素，这将帮助孩子将他的再体验、回避、反应过度和情绪反应等表现与特定的触发因素联系起来（Cohen & Mannarino，2011）。

咨询师也需要注意文化和宗教因素，因为这些因素可能会对哀伤的过程和表现产生影响。例如，一些文化可能更注重隐私，他们会独自或在家庭中处理丧失，而另一些文化可能希望公开处理丧失，并对丧失持开放态度。此外，所有的宗教都坚持独特的哀悼仪式，这些宗教信仰常常构成了家庭对死亡的诠释、为死亡赋予的意义（如复活、来世）和对死亡做出的反应的背景。即使咨询师熟悉这个家庭的文化、种族或宗教信仰，他们也不应该假设自己完全了解一个人是如何通过哀伤、丧失或丧亲而获得成长的。哀伤咨询师应允许家庭成员对咨询师进行指导和教育，告诉咨询师在自己文化和宗教中对哀伤的一些考虑（Webb，2011b）。例如，一个孩子可能来自一个笃信来世精神的家庭，他们认为死去的灵魂守护着自己，在需要时会出现在自己身边。因此，咨询师应该考虑到这些文化和精神认同，这样他们才能允许来访者用这些认同去报告和指导哀伤处理和咨询的过程。

认知行为疗法是帮助儿童和青少年处理哀伤和丧失的有效方法（Cohen & Mannarino，2011；Cohen et al.，2012）。使用认知行为疗法进行哀伤心理教育是很重要的，因为低龄的孩子经常会对死亡有一些错误的概念（如相信已死的人会活过来），并且在识别哀伤、丧失和触发因素方面需要帮助（如一些提示）（Cohen & Mannarino，2011）。儿童和青少年身边的成年人应该将与哀伤有关的难过和丧失的感受正常化，可以告诉儿童和青少年关于哀伤、丧失会经历的标准阶段。对于年龄小一些的孩子，咨询师和家庭成员需要帮助孩子定义死亡（告诉他们活着和死亡的不同，例如，活着的人会有心跳，会通过肺进行呼吸），回答他们关于死亡结局的疑问（例如，她什么时候回来？她为什么不动？她会听到我说的话吗？她睡着了吗？为什么他们不修好她？），以及使用简单的语言说明死亡（例如，“爸爸的心脏停止工作了，他死了”“奶奶的年纪太大了，她的身体停止工作了”）。通过这个过程，咨询师和家庭成员可以安抚孩子的悲伤，澄清死亡的原因（如让孩子相信死亡不是他的错），并允许孩子提问题及得到真实的答案。咨询师也应该明白孩子会用一种递增的方式接收和处理这种信息，他们会一遍一遍地问同一个问题。

除哀伤教育，咨询师也要允许儿童和青少年用他们自己的话来讲他们的故事（如讲述一个哀伤和丧失的故事）。在处理丧失的咨询过程中，咨询师也要允许孩子慢慢地将丧失融入一个口头或文字的叙述中，从而让孩子体验逐渐面对丧失的过程。能够面对丧失是至关重要的，它能够帮助儿童和青少年容忍并整合丧失的经历，这是哀伤咨询必须做到的。哀伤咨询帮助儿童和青少年增进沟通，并减少通常会出现的回避讨论和处理哀伤的倾向性。

作为哀伤咨询的一部分，儿童和青少年需要为自己的丧失表达哀伤。这个过程使儿童和青少年可以讨论和表达他们对死者的怀念。可以用于帮助儿童和青少年处理丧失的活动的一个例子是名字赋义活动。在这个活动中，儿童和青少年为死者名字的每个字母分配一段记忆、一项活动或一个积极的想法。例如，一个正在为失去母亲凯蒂而哀伤的女孩可以在帮助下按照以下方式构造赋义。

- K（Kind and caring）——善良和关怀。
- A（Always in my heart）——永远在我心中。
- T（Took walk with me）——和我一起散步。
- I（I could always talk to her）——我总是可以和她说话。
- E（She was always excited to see me）——见到我她总是很兴奋。

一些儿童和青少年可能对丧失有矛盾心理，所以解决矛盾心理是处理哀伤过程的另一个重要部分。矛盾心理涉及逝者身上不会被怀念的方面。导致儿童和青少年对丧失产生矛盾心理的情境可能包括：被逝者虐待，对逝者未解决的愤怒，对死亡方式的羞愧（如自杀，药物过量），以及对本可避免的死亡的愤怒（如所爱的人选择不接受医疗护理）。咨询师可以要求年龄大一点的孩子写信给逝去的人，在信中写上自己与那些未解决的挣扎间的斗争。如果儿童和青少年年龄太小而不能写字，咨询师可以帮助他们写下他们要说的话。这些信件可能会起到治疗作用，在此期间，诸如“你不关心我”或“你为什么不考虑我的感受”这样的主题可能会开始出现。咨询师可能会想帮助儿童和青少年处理与这段关系有关的各种遗憾。让年龄较大的孩子处理与遗憾有关的问题可能会起到治疗作用。完成句子的活动可能有助于达到这个目的，例如，“如果我有……”“我很抱歉……”“我自责……”“……是我的错”“我真希望我能……”，回答这些问题可以帮助儿童和青少年处理他们对死者的矛盾心理。

在咨询中，帮助儿童和青少年识别和保存对死者积极的记忆也可能是有治疗作用的。这些积极的记忆帮助儿童和青少年在丧亲的过程中获得成长（例如，忍受哀伤；开始思考，他的世界将会怎样），并纪念死者。随着孩子和家人建立起对讨论死者的容忍度，咨询师可以在咨询中增加对死者积极记忆的回忆。咨询师甚至可以在家庭作业中布置一个特定的追思活动，要求孩子和家人在一周内抽出时间来回忆或呈现关于逝者的一段积极的记忆。保留逝者记忆的另一个例子是让儿童和青少年创建一个记忆簿或盒子，他们可以将逝去的人的照片、图画、信件和纪念品剪裁并粘贴到活页夹或相册中。此外，咨询师可以让儿童和青少年创造一个持久的积极的记忆形式，如一首诗、一段录像或一张充满图片和回忆的拼贴画。表 11-8 提供了对儿童和青少年进行哀伤和丧失咨询的团体活动总结。

表 11-8　对儿童和青少年进行哀伤和丧失咨询的团体活动的总结

活动	说明
完成句子	给每个儿童和青少年一张纸和一种书写的工具。让小组成员完成以下句子："最让我伤心的事情是……""如果我能再和那个人说话，我会问他……""我最糟糕的记忆是……""如果我能改变什么，我会……""当我独处时……""我想和那个人一起做的一件事是……""我将与谁分享这些答案？"接下来，让每位小组成员只分享他们觉得舒服的内容。试着处理每个儿童和青少年的回答，并对相关的潜在情绪做出回应
关于我爱的人的一切	给每个儿童和青少年准备一份工作表和彩色用品。要求每位小组成员根据所提供的工作表上的以下提示画出图片：（1）你喜欢的那个人的事情；（2）你与所爱的人一起做过的事；（3）关于所爱的人，最令你怀念的是什么；（4）你将永远记得的关于所爱的人的一件快乐的事或一段记忆。允许每位团体成员向团体展示他的工作表
家庭照片	给每位团队成员一张纸，让儿童和青少年把纸对折。在左半部分，让儿童和青少年画一幅家人在亲人去世前参加活动的图画。在右半部分，让儿童和青少年画一幅家人在亲人去世后参加活动的图画。引导儿童和青少年讨论绘画的过程，描述其失去所爱的人后关于生活的想法，以及潜在的情感和感受
当我伤心时	与每位团体成员讨论人们表达和处理悲伤的各种方式。在确定了一些积极的方法之后，分发一份准备好的清单，列出与年龄相适应的应对悲伤的方法。这份清单可以包括告诉某人感受、深呼吸、写信、运动、在外面跑来跑去、得到一个拥抱、看一个有趣的电视节目或电影、遛狗、画画、写日记、给朋友或其他家庭成员打电话、玩游戏、听音乐，或者读一本书或杂志。让每位团体成员讨论这些想法，然后让他们制作一张提醒表，说明他们将来伤心时可以做些什么。完成表格后，每位团体成员都可以讨论他们将来计划如何使用这些想法或技能。此外，每位团体成员可以讨论他们将把这张表放在哪里，以此提醒他们处理悲伤的技巧

此外，咨询师可以帮助儿童和青少年整合他们与逝者的记忆和经历，帮助他们在现实中前进。这个阶段的口号是："一个人可能已经离去，但他们的记忆会活在我们心中。"当提及逝者时，咨询师和家人可以开始使用过去时。哀伤咨询的一项重要任务是区分一个人去世后，哪些精神仍然存在，哪些精神会因他的离去而失去。气球练习就是一个有效的活动，它可以帮助年轻人识别哪些是他们仍旧与逝者之间保持关系的部分，哪些是他需要放弃的部分（Cohen et al., 2012）。咨询师可以邀请来访者画一个气球，并在气球里列出或画出他想要保留的关于逝者的东西。接着，让来访者再画一个正在飘走的气球，在里面画或写一些代表他需要放弃的东西（如能够见到那个人，和那个人去公园）。咨询师也可以使用一个真正的气球并和孩子一起放飞它，把这种方式作为一种象征性的放手方式。

哀伤咨询的另一个重要方面，是在儿童和青少年对未来有所期望的背景下处理他们的丧失。对这些问题的探索将取决于儿童和青少年的年龄和发展水平，这种探索将更适合儿童和青少年。儿童和青少年会有一些他们一直期望与逝者一起经历的事情，处理这些期望对他们是有帮助的。咨询师可以考虑与孩子谈谈他们将来要经历的事件，以及如果没有逝者参加，这些事件将会是什么样的（如假期、未来的庆祝活动、孩子的毕业舞会、毕业典礼或婚礼等）。

咨询师也可以与来访者探讨他们与他人之间的关系是如何随着丧失发生而演变或改变的。儿童和青少年可能需要向周围的人寻求各种支持，咨询师可以帮助儿童和青少年应对这些变化。在当前关系的背景下，探索满足儿童和青少年需要的各种选择对他们也会有所帮助。

作为咨询的一部分，咨询师还可以帮助来访者及其家人为未来的触发因素做好计划。这些触发因素通常包括重要的日期（如逝者去世的日期、逝者的生日、家庭节日和庆祝活动）、重大事件（如婚礼、结婚、父亲节或母亲节）和变化（如家庭生活、学校生活）。提前为这些活动做好准备，并围绕这些活动寻找纪念逝者的方式，可以帮助儿童和青少年处理哀伤。

咨询师还可以帮助儿童和青少年及其家庭对所经历的悲痛赋予意义。当儿童和青少年能够表达他们丧失的感受并感到被他人理解时，他们就可以从他们的经历中创造出意义。下面这段话出自一个孩子之口，这段话展示了他是怎样给他的哀伤赋予意义的，并以一种富有成效的方式转变自己的丧失体验。

来访者："我妈妈以前总是说我对她来说很'特别'。我很想念她，她认为我很特别，让我觉得自己确实很特别，即使她已经不在这个世界上了，她在我心里也永远和我在一起。我希望有一天我也会这么爱一个人，这样他们也会觉得自己很特别。"

在心理咨询的某些时间点上，为逝者举办悼念活动可能会有所帮助。这个活动很简单，只要让每位家庭成员准备并分享一些逝去的人的言论和回忆。除了分享这些记忆外，咨询师还可能希望帮助儿童和青少年分享他将保留的那部分关系（如爱、人生课程、记忆），以及这部分关系如何使他为未来的发展做好准备。

年幼的孩子可能难以用语言表达他们的想法和感受，尤其是与哀伤、丧失和死亡有关的。当被问及对这些情绪的想法和感受时，年幼的孩子会变得沉默不语，这些想法和感受往往会包括紧张和情绪化的情况。游戏是与孩子交流丧失经历的有效方式。咨询师可以让孩子口头或象征性地参与游戏，让孩子"玩"出他的挫折、焦虑和困惑（Webb，2011a）。在哀伤咨询中，游戏疗法的目标是让孩子通过游戏来了解自己的感受并最终表达他们的担忧，从而达到更高水平的发展，以预防或减少与丧失相关的行为和情绪困难（Webb，2011a）。

尽管游戏疗法可以是指导性和非指导性的，但游戏疗法的成功取决于咨询师建立和维持帮助关系的能力（Webb，2011a）。咨询师可以通过发起儿童和青少年喜闻乐见的活动和使用各种游戏材料（如美术用品、玩具、玩偶、沙盘、服装、积木、乐器等）来建立和维持这种帮助关系。具有较高指导性的咨询师可以对正在经历哀伤的孩子进行游戏治疗，让他们玩一种特定的材料（如玩偶、动作人偶、木偶等），并重现与死者的一些难忘的或最后的互动。较低指导性的咨询师可以让儿童和青少年在一组游戏材料（如玩具、装扮服装、木偶、艺术用品等）和自选活动或游戏媒介之间进行选择。

马利克的"I CAN START"心理咨询计划

本章开头引用了马利克母亲的话。马利克是个 10 岁的混血男孩，其父亲最近在监狱中去世。下面的"I CAN START"概念框架概述了咨询的各种考虑，这些考虑可能会对马利克的学校咨询师或临床咨询师有所帮助。

C= 背景评估

马利克是一个 10 岁的混血儿。他的父亲因严重伤人罪被判 8 到 10 年有期徒刑，一直被关在戒备森严的监狱里，最近因心脏病发作死于狱中。马利克与母亲、祖母和三个同父异母的兄弟姐妹（即 1 岁的泰龙、4 岁的德沙夫纳和 6 岁的涅瓦厄）生活在一起。他的家人住在政府补贴的两居室公寓里。马利克的母亲是当地一所大学的全职看门人，马利克的祖母已经退休，是家里的主要看护者。

马利克的父亲已经去世 4 个月了，马利克的母亲很担心马利克的行为。马利克和他的父亲关系很亲近，他现在拒绝谈论他的父亲（如回忆和他父亲有关的活动）。他也不想和其他家人在一起。有时，他甚至否认他的父亲已经去世了。马利克的母亲表示，马利克越来越喜怒无常、易怒，甚至对同父异母的兄弟姐妹都很粗鲁。她还说马利克的注意力和睡眠都发生了变化，身体不适的情况（如头痛、胃痛、恶心）增多。

马利克的母亲正在努力支持马利克，她一直在寻求帮助。她表示自己有必要学习养育子女的策略来应对他的行为，并且她渴望学习如何支持自己的儿子。此外，马利克的母亲有抑郁障碍病史，她被诊断为重性抑郁障碍。虽然马利克的基本生存需求得到了满足，但他和祖母、母亲及三个同父异母的兄弟姐妹还住在政府补贴的小公寓里。

A= 评估和诊断

诊断 =V62.82（Z63.4）非复杂性的丧亲之痛

N= 必要的护理水平

家庭咨询（每周一次）。

个体咨询（每周一次）。

S= 优势

自身：马利克的智商高于平均水平，他的考试成绩显示了他作为一名优秀学生的潜能。马利克相信自己是一个有天赋的足球和橄榄球运动员。他喜欢和邻居的孩子们一起参加体育活动。马利克似乎愿意接受咨询服务。

家庭：马利克的母亲是充满爱意和支持性的家长。马利克的祖母是家里的养育者。马利克和他的三个同父异母的兄弟姐妹关系密切。

学校与社区：虽然马利克所在的社区属于社会经济水平较低的地区，但交通便利，距离公园很近。

T= 治疗方法

- 认知行为疗法（主要关注童年的哀伤和丧失）。

A= 咨询目的和目标（90 天目标）

马利克将学习认识和识别他的哀伤经历。他向咨询师报告自己的身体、认知和行为的哀伤症状。

马利克将提高他对父亲记忆的容忍能力。他将会建立一个关于他父亲的积极记忆列表。他每天至少会与祖母或母亲分享其中一段美好的回忆。

马利克将整合和组织他对父亲的记忆。马利克将创造一个关于哀伤和丧失的故事（即用他自己的话讲述他的故事），故事会关注他会怀念的有关父亲的事情及围绕他父亲在狱中去世的特殊挑战，并完成一本拼贴画或回忆录（如可以提醒、代表或体现他与父亲关系的照片），以纪念父亲。在联合咨询时，他将与他的母亲分享这些故事、拼贴画或书。

马利克的母亲会鼓励马利克参与他们期望的家庭活动。马利克每周会参加一次家庭活动。作为回报，他每周可以在家里获得额外的特权（例如，更晚的就寝时间，更长的看电视时间）。

R= 基于研究的干预措施（基于认知行为疗法）

咨询师将帮助马利克学习、发展或应用以下技能。

- 哀伤心理教育（关于死亡的讨论，对死亡的错误观念，以及与死亡相关的文化思考）。
- 完成一个哀伤和丧失的故事，并在治疗中与母亲分享。
- 联合咨询以增加家庭交流。
- 参与咨询内外的以家庭为基础的活动。

T = 治疗性支持服务

与精神科医生进行药物评估（如果症状仍然存在或加剧）。

- 儿童和青少年哀伤和丧失支持团体。
- 基督教青年会的项目（如夺旗橄榄球）。
- 为马利克的母亲进行转介（例如，对她的抑郁症状进行个别咨询；请精神科医生进行药物评估）。

总结

家庭是社会最重要的组成单位之一，对儿童和青少年的发展和健康至关重要（Broderick & Blewitt，2014）。每个家庭都是独一无二的，都有自己的一套规则、结构、沟通模式和问题解决的方式（Goldenberg & Goldenberg，2013）。与家庭相关的转变和挣扎也是正常的，但往往是复杂的。儿童和青少年通常会以独特的方式应对这些转变和挣扎。在许多这样的情况下，咨询没有被授权介入。然而，每个孩子和家庭都应该接受评估，以确定是否存在咨询的相关需求。

家庭转变或挣扎的一些例子包括家庭与结构的转变，如父母离婚、有一个再婚家庭、被亲属养育者养育和与收养相关的事宜。对父母（一方或双方）有物质滥用的孩子和经历哀伤、丧失和丧亲之痛的孩子来说，接受咨询是必要的。在这些特殊情况下为儿童和青少年和家庭进行干预的咨询师应该注意对他们自己的个人观点和与家庭相关的经历保持觉察。更具体地说，咨询师需要觉察他们自己的原生家庭经历，以及任何可能妨碍与这些儿童和青少年及其家庭合作的潜在个人偏见。

尽管经历过家庭压力、暴力、不一致的教养方式、父母物质滥用和贫困等问题的儿童和青少年表现出情绪和认知的不稳定，但所有儿童和青少年似乎都能从培养家庭和社区的保护因素中获益（Zolkoski & Bullock，2012）。咨询师应该培养家庭的参与度，提高家庭积极的教养技能和开放的沟通能力，这些都可以培养和提高孩子的韧性。这些以家庭为基础的干预措施，加上认知行为疗法都是很有效的咨询方法，尤其是当咨询师处理儿童和青少年的哀伤、丧失和丧亲之痛时（Cohen et al.，2012）。

第 12 章　学业和社会情感的转变和挣扎

古德塔的案例

是的，我喜欢这里。我想回去和我的朋友们一起玩。妈妈告诉我在肯尼亚已经不安全了，所以我们才来到这里。我曾经在那里上学，但这所学校完全不同。它更大，人也更多！我在学校表现很好。爸爸、妈妈很自豪，他们总是这样告诉我。妈妈问我有没有朋友，我也说不清楚，我不跟他们玩。我只和辛迪女士谈过。

——古德塔，6 岁

儿童和青少年在学龄期间会经历一系列的转变和潜在的挣扎。所有的儿童和青少年在经历重大的生活变化或很大的压力时都会变得十分脆弱。一般来说，儿童和青少年的问题能够通过简单的咨询得到解决，特别是在问题早期得到干预的情况下。而在其他情况下，学业、职业或社会情感问题可能需要长期咨询的干预和更多的支持。

学校咨询师专门负责促进学业、职业和社会情感的成长，但其实所有咨询师都应将这些重要方面作为完整咨询的一部分（ACA，2014；ASCA，2012）。如果这些问题不加以解决，本章中讨论的转变和挣扎可能会进一步恶化，并最终导致儿童和青少年患上精神疾病。学业和社会情感是紧密交织在一起的，是儿童和青少年发展过程中的一部分，咨询师应该对儿童和青少年面临的问题有全面的认识。

学业挣扎

所有的儿童和青少年和他们的家庭对学业成功的定义各不相同。对一些人来说，学业成功可能意味着成绩单上的所有内容；对另一些人来说，学业成功可能是在所有课程中拿到 C 或 C 以上的成绩。智力在学业成功中起着重要作用，但遗传学、生物学、家庭价值观、社会情感情况和个人动机都对儿童和青少年在学校环境中的表现有影响。

无论学业成功如何定义，它都会增加儿童和青少年的认同感和目标感（ASCA，2012；OECD，2013）。学习成绩好的儿童和青少年在人际关系和职业成就方面会有很强的信心，更容易获得更大的长期成就（OECD，2013；Zhu et al.，2014）。因此，对咨询师来说，尤其是对负责促进学业成功的学校咨询师来说，了解可能影响儿童和青少年学业和职业成功的因素，并实施有助于整个生命周期健康发展的干预措施是特别重要的。

时间管理困难

现在的儿童和青少年，家庭作业比以往任何时候都多，甚至小学生也被要求及时完成课堂作业和家庭作业。学生必须具备意志力和自我调节能力来完成大量的学业任务，如完成家庭作业、撰写论文和备考（Job et al.，2015）。成功的时间管理需要学生具有良好的执行功能，这个动态的认知过程能帮助儿童和青少年识别完成项目所需的步骤，并在完成任务时进行情绪调节和自我控制。

一些儿童和青少年由于缺乏组织或计划能力而遇到时间管理的问题。拖延或逃避不愉快的任务是儿童和青少年与时间管理相关的另一个学业方面的问题。与同龄人相比，拖延学业任务的儿童和青少年，其心理健康状况较差，成绩也较低（Glick & Orsillo，2015）。有拖延问题的儿童和青少年通常认为意志力是一种有限的资源（不是任何任务都能轻易使用的），他们常常避免不愉快的任务，而且在拖延时并不考虑长期后果。因此，拖延的儿童和青少年往往会推迟开始任务，且不能以令人满意的方式或按时完成学业任务。

一些儿童和青少年会遇到与他们发展不同步的情绪和行为方面的问题，这可能会影响他们管理时间的能力。一般情况下，儿童和青少年从所处的环境和试错过程中学习自我管理和执行能力。时间管理问题会导致其低自尊，降低其继续追求学业成就的动机（Glick & Orsillo，2015；Job et al.，2015）。

咨询师可以从那些能力较强但在学业上表现不佳的儿童和青少年身上寻找时间管理困难的线索。这些线索包括拖延的倾向、情绪调节、自我控制困难，以及执行过程掌控能力较弱。当从发展的视角看待一个孩子时，咨询师应找出他们学业困难的根源，并提供适合的干预措施。对有时间管理困难问题的儿童和青少年，咨询的最终目标是提高其意志力、自控能力、情绪调节和组织能力。

咨询师对在时间管理技能上有问题的儿童和青少年进行咨询时，首先应该进行鉴别诊断，如注意缺陷/多动障碍（ADHD）或抑郁障碍。儿童和青少年ADHD的症状通常包括缺乏自控力和注意力不集中（APA，2013a）。抑郁障碍通常表现为攻击性或注意力不集中，且很容易被误认为是一般的时间管理问题（APA，2013a）。咨询师应该充分了解儿童和青少年生活中的风险因素，并做共病诊断。咨询师还应评估儿童和青少年的发展水平，并相应地调整干预措施。

认知干预对有时间管理问题的儿童和青少年很有效（Glick & Orsillo，2015；Job et al.，2015）。在评估儿童和青少年对时间管理的认知和模式时，咨询师可能会问以下问题。

- 你最喜欢的作业类型是什么？
- 你最不喜欢的作业类型是什么？
- 你通常什么时候完成作业？
- 你通常在哪里完成作业？
- 通常谁会帮你完成作业？
- 做作业最难的部分是什么？
- 什么妨碍了你完成学校作业？
- 你做了什么来帮助你完成学校作业？
- 为什么老师给学生布置家庭作业？
- 家庭作业对你重要吗？
- 家庭作业对你的家庭成员重要吗？
- 家庭作业对你的朋友很重要吗？

这些问题可以帮助咨询师评估儿童和青少年对学业的看法，并确定他们缺乏的时间管理技能的类型。例如，如果儿童和青少年不知道他们通常在何时何地完成作业，那么他们在组织或计划方面可能存在困难。如果儿童和青少年认为老师布置的作业会给学生的生活带来困难，那么他们可能很难完成困难的任务。

认知干预可以帮助儿童和青少年缓解这些问题，具体方法包括苏格拉底式提问和重构。咨询师可以用苏格拉底式提问帮助儿童和青少年看到他们思维中的错误。例如，如果咨询师问一个孩子“为什么老师给学生布置家庭作业”，学生可能会回答：“是为了让我的生活变得可怕。”然后咨询师可以通过一个具体的例子提问：“你的老师留的最困难的作业是什么？”之后咨询师可以通过说“这真的让你的生活变得艰难”来验证儿童和青少年的回答。在验证之后，应该跟着一个苏格拉底式的问题，即“你觉得老师在想什么？作业有什么意义吗？”咨询师即使已经知道了答案也应该假装不知道。对此，儿童和青少年可能会回答："她说她想让我们知道作业中的内容，这样我们就可以学习……"咨询师可以回答："哇，这很难。所以，看起来她正在试图让你的生活变得可怕，但作业也有助于你学习。"在这个过程中，这个孩子的认知已经从"她想让我的生活变得可怕"转变为"家庭作业很可怕，但我的老师在帮助我学习"。

在对有时间管理问题的儿童和青少年进行咨询时，聚焦于学习和使用一些技能的行为干预措施和注重解决方案的干预措施是至关重要的。自我控制技能和情绪调节技能可以通过游戏和角色扮演来练习。例如，咨询师可以使用适合来访者年龄段的棋类游戏。当进行游戏时，咨询师应对来访者强调下棋时的时间限制，规定每个回合不能无限地思考。如果儿童和青少年能很好地处理这些情况，咨询师就可以表扬他们，并鼓励他们在学业方面采取同样的措施。例如，"告诉我你是如何耐心等待的。""告诉我你在课堂上耐心等待的次数。"如果儿童和青少年不能很好地处理压力（如脾气暴躁、回避），咨询师可以指出具体的行为，并帮助他们实践一些有帮助的行为。咨询师也可以让来访者做实际的学校作业，并在完成作业的整个过程中练习之前学到的自我控制技能和情绪调节技能。

儿童和青少年可以从一套固定的生活习惯中受益，这种固定的生活方式给人一种可预见性和安全感。生活习惯也有助于减少拖延，因为课业或家务是在特定的、可预测的时间和地点完成的。对年龄小一些的孩子来说，父母的高度参与是必需的，这样儿童和青少年才能学会如何有效地管理自己的时间。随着儿童和青少年年龄的增长，尤其是在他们早年学习了基本技能的情况下，他们便可以开始管理自己的日常生活，独立地执行自己的时间表。

当对有时间管理问题的孩子进行咨询时，咨询师应该通过与孩子和家长交谈来评估他们目前的日常作息情况。咨询师应该针对孩子在学校完整一天的活动进行询问，并在纸上写下事件的流程，并找出日常作息中不规律的地方。例如，父母可能会报告说，他们有时会在睡前给孩子洗澡，有时会在早上洗澡。除非由于父母的工作安排（或其他原因）而无法避免这种变化，否则儿童和青少年仍应每天在同一时间起床，且所有其他日常活动都应保持稳定。理想情况下，父母应该找到一种方法，尽可能地使日常生活保持一致，即使这对他们自己来说可能不太方便。

时间管理和自律是至关重要的技能，培养这些技能会使儿童和青少年早年就从这些技能中受益。这些技能可以通过日常生活来培养，并且会因发展水平的不同而有所不同。5 岁或 6 岁以下的孩子可能没有那么多的家务活儿或学校任务要完成，但他们也许需要更多的睡眠。咨询师应该知道儿童和青少年一般都需要多少睡眠，从而帮助父母为他们的孩子制定适当的日常生活习惯。按年龄划分的睡眠需求概述如表 12-1 所示。

表 12-1　各个年龄段所需的睡眠时间

年龄	每日所需的睡眠时间
0 ~ 3 个月	10 ~ 18 小时（时间不是很规律）
4 ~ 11 个月	9 ~ 12 小时（包括白天若干次的小睡）
1 ~ 2 岁	11 ~ 14 小时（包含一次午睡）
3 ~ 5 岁	11 ~ 13 小时
6 ~ 13 岁	9 ~ 11 小时
13 岁以上	8 ~ 10 小时

资料来源：Adapted from National Sleep Foundation（2016）.

尽管睡眠对儿童和青少年的整体功能很重要，但对儿童和青少年来说，应避免用睡觉代替更多的娱乐活动（如看电视、玩电子游戏）。儿童和青少年在各个年龄段都需要父母的引导和鼓励，父母应该引导儿童和青少年渡过难关。例如，这可能需要父母在孩子完成家庭作业时与他坐在一起，并在他陷入困难时指导他。或者，父母需要和孩子一起完成家务，直到他完全学会了这些步骤。父母在必要时提供建设性反馈的同时，也要尽可能多地表扬儿童和青少年。

孩子大一些时，父母就不需要那么小心地监督孩子完成作业和家务之类的任务，但是日常作息还是需要适当地保持，并且根据需要进行一定的调整。如果儿童和青少年不能完成自己的任务，不管什么时候，他都要承担一定的后果。例如，在所有家庭作业完成之前，儿童和青少年不可以去玩。为人父母是一项艰苦的工作，需要付出勤奋、耐心和大量的精力，以帮助儿童和青少年培养在世界上取得成就所需要的技能。

总体来说，时间管理技能对儿童和青少年的学业成功是必不可少的，时间管理缺陷会影响本节所讨论的所有其他问题。咨询师应进行认知和行为干预，来帮助儿童和青少年对学业的重要性和对取得成就的能力形成积极的信念。咨询师可以帮助儿童和青少年练习自我控制和情绪调节技能，以提高他们的意志力和组织能力。咨询师应牢记完成整体评估，并尽可能将儿童和青少年的重要他人纳入治疗过程中。

学习技能不足

许多儿童和青少年都在准备考试时遇到过困难。这可能是由于时间管理问题或信息处理、信息提取、批判性思维和词汇方面的不足造成的。教师的课堂学习方法对学生的学习有着显著的影响（Meng，2015），同时，有效的学习技能也是学业成功的关键组成部分，而这些技能是可以学习的。

学习技能有助于儿童和青少年将短期信息转化为长期知识。此外，更先进的学习技能可以使儿童和青少年能够运用批判性思维，并将新知识应用于抽象概念。在确定儿童和青少年用于准备课堂作业和考试的学习技能类型时，应考虑儿童和青少年的发展水平和他们的课堂特有的因素。

对于多项选择题，儿童和青少年需要能够识别可能出现在考试中的信息，并制定记忆关键信息的方法。记忆的一些学习技巧包括阅读理解、记笔记、重复、写提纲、做复习卡片。对于简答题和作文题，儿童和青少年需要理解概念，而不是死记硬背。儿童和青少年需要回忆关键概念，并将这一技能与强大的组织和词汇技能相结合。

似乎学习技能应该由老师或家长而不是咨询师来教。然而，老师往往没有时间教学生这些技能，许多家长缺乏教这些技能的意识，也不知道如何教给孩子这些技能。学习技能也与心理健康有关，因为经历学业困难的儿童和青少年可能会出现低自我效能感和抑郁症状（Perera & Chang，2015）。在学业上取得成功的儿童和青少年，他们的自我认同感、自信心和目标感都会增强（Zhu et al.，2014）。因此，在各种环境中，咨询师应该与儿童和青少年一起探讨学习技能，并支持儿童和青少年发展所需要的学业技能。如果咨询师的设置或职能不适合促进这些技能的发展，那么咨询师可以帮助儿童和青少年联系提供此类支持的资源和其他服务。

在干预和学习技能发展有关的方面，咨询师首先应了解儿童和青少年的时间管理技能缺陷和其他的鉴别诊断（如ADHD、抑郁障碍等），并在必要时解决这些问题。然后，咨询师应该了解儿童和青少年阅读和理解书面材料的能力。即使儿童和青少年在发展过程中会获得一定的阅读和记忆能力，他们也可能在记笔记、记忆关键信息或使用提纲等方面遇到困难，而这些技能可以帮助儿童和青少年组织学习活动，还可以应用在其他学习活动中（如时间管理）。此外，儿童和青少年可能不知道一个句子或段落的正确结构，或者他们的词汇量较少。

当对阅读或记笔记技能有问题的儿童和青少年进行咨询时，咨询师可能会花时间教授关键概念（如记笔记、概述等），并让他们练习这些技能。咨询师可以通过让来访者在两次咨询的间隔时间练习或在以后的咨询中练习来增强这些技能。如果来访者需要的支持超过了咨询师所能提供的，那么咨询师可以推荐学校的资源或服务，或者与社区导师和服务机构进行合作（如各种学习中心、通过资助计划提供学业支持的当地非营利组织）。

学校的团体干预对那些存在学习技能问题的儿童和青少年尤其有用。这样的团体干预可能会使儿童和青少年的学习更具有技巧性，而不仅是更努力。在这些团体中，咨询师可以提供记笔记、概述、写作和记忆关键概念的策略。咨询师也可以让小组成员分享他们在特定领域的技巧，这有助于同龄人增强信心。小组成员可以互相支持，一起面对学习技能不足的问题。

所有的儿童和青少年在学业上都有长处和短处。咨询师可以帮助来访者利用他们的优势来解决自身的学业问题。例如，如果儿童和青少年有写作困难，但有较强的组织能力，那么可以让他们练习写提纲来提高写作能力。时间管理对学业至关重要，儿童和青少年必须有学习动力并约束自己的行为，同时创造一个系统性的学习习惯，并花时间为学业成功而努力。咨询师可以为有时间管理问题的儿童和青少年制定的咨询目标如表 12-2 所示。咨询师可以为有学习技能问题的儿童和青少年制定的咨询目标如表 12-3 所示。

表 12-2　为有时间管理问题的儿童和青少年制定的咨询目标

儿童和青少年层面	• 制订一致的每日计划 • 提高与时间管理相关的自我效能感 • 提高与学业能力相关的自我效能感 • 在参加休闲活动之前完成作业和家务 • 识别造成情绪困扰的起因 • 面对困难时使用健康的应对技巧
家长教育与训练层面	• 在家里建立一套秩序或日常流程 • 确定完成任务的奖励和结果 • 使用简短而具体的命令，引导儿童和青少年朝着理想的行为方向发展 • 在学校和家庭之间建立沟通，以确保完成所有需要的任务
学校层面	• 为每个行为目标提供具体步骤 • 仔细监督和调整学生进度 • 持续奖励儿童和青少年出现的所期望的行为 • 为全班建立一个行为表，列出行为的奖励和后果 • 当儿童和青少年做出适应不良的行为时，使用暂停程序（忽略轻微的违规行为） • 定期与家长沟通

表 12-3　为有学习技能问题的儿童和青少年制定的咨询目标

儿童和青少年层面	• 确定具体的学习技能问题（如记忆、阅读理解） • 确定解决特定学习技能问题的经验策略（如使用空白便笺卡指导阅读） • 减少与学习相关的焦虑 • 提高学习和考试的自我效能感 • 提高组织技能（如创建和参考每日日程表）
家长教育与训练层面	• 在家中练习各种学习技能，以确定哪些技能对儿童和青少年最有效 • 在需要时，明确使用学习技能的奖励和后果 • 与学校保持沟通，从老师那里获得有用的反馈 • 根据需要联系转介
学校层面	• 为儿童和青少年提供各种可供选择的学习技能 • 练习使用各种学习技能，并确定哪些技能对学生最有帮助 • 提供关于考试题型的具体信息

一些儿童和青少年在时间管理和学习技能方面没有问题，但在考试中表现仍然不好。如果学生的课堂作业和家庭作业成绩令人满意，但考试成绩相对较低，那么咨询师应考虑学生存在考试焦虑的可能性。

考试焦虑

许多儿童和青少年长期受到考试焦虑的困扰。我们会在第 17 章介绍和讨论各种焦虑。在本节，我们只讨论在学校环境发生的特定焦虑。许多儿童和青少年对学校采取的各种标准化考试感到焦虑，有时这种焦虑会使人身心俱疲（Thames et al.，2015）。考试焦虑是一种情境性的焦虑，只与考试有关。这种情况只会发生在特定类型的考试中（如多项选择、标准化考试），尤其是当学生普遍持有某种特定的刻板印象时（如女生可能尤其担心自己的数学考试）（Thames et al.，2015）。

考试焦虑有多种表现形式。一些儿童和青少年会报告说他们在考试前一天晚上无法吃饭或睡觉。其他人可能会说他们在考试前吃得特别多或睡过头了。有的儿童和青少年在备考过程中可能会出现绝望、恐惧或难以集中注意力的感觉，在考试期间可能会有恐惧、困惑或恐慌的感觉。恐慌感可能导致头晕、气短、出汗、头痛、胃痛、精神障碍或大脑一片空白。考试后，儿童和青少年可能会感到内疚，并责怪自己学习不够努力或准备不够充分（即使有证据证明并非如此）。

咨询师在对有考试焦虑的儿童和青少年进行咨询时应使用认知行为疗法（Dundas et al.，2009；Garber et al.，2016）。考试焦虑的认知和行为因素是密切相关的；考试焦虑表现为身体症状与无用或无效的想法交织在一起。咨询师可以帮助儿童和青少年厘清他们的想法、感受和行为，并对它们进行重新组织，使它们能够适应考试，并使学生感到自己有能力应付考试，且不再有过去一直存在的焦虑感。

首先，咨询师应该告诉儿童和青少年考试焦虑的一些知识，以及与考试焦虑相关的身体、情感和认知方面的线索。给予儿童和青少年这些心理教育后，咨询师可以帮助来访者探索焦虑的症状或一些表明焦虑发作的线索。几乎所有的儿童和青少年都经历过焦虑的身体症状，如胃痛和随后的害怕呕吐。咨询师也应该帮助来访者识别他们的想法，因为这些想法会导致焦虑，并且会在儿童和青少年的控制下发生变化。消极的自我谈话（如“我要考试不及格了”）是很典型的考试焦虑的表现，来访者需要培养对自我谈话的觉察，这是帮助他们改变思维的第一步。

其次，咨询师应该与儿童和青少年一起培养适应性的应对能力，帮助他们控制焦虑。认知应对技能包括但不限于暂停、冥想、创造性想象、设定目标、思维停顿和发展积极的自我谈话。当儿童和青少年注意到焦虑的认知症状时，他们可以练习采用暂停的方式，让自己的头脑开个小差，思考一些愉快的事情（如梳妆打扮、课后活动、周末计划等）。儿童和青少年也可以在使用暂停方式时通过重复一个积极的咒语进行调节（如“我足够好”）或专注于深呼吸使自己放松。儿童和青少年可以想象自己第二天得到一个很好的考试分数，并可能在暂停后带着一个特定的目标回来（如在下一个暂停之前完成 10 道题）。甚至可以将焦虑发作的线索和他们的应对技巧写在一张便笺上，并放在他们的课桌上。

行为应对技能包括预先消耗体力。例如，在考试前，儿童和青少年可以花时间靠墙做俯卧撑，或者完成一套跳高动作，或者在户外跑一圈。如果可行，这将是提高儿童和青少年学习动机和学业成就的有效方法。老师甚至可以在重要的考试前为全班安排一段时间的体育活动，如果学校有住宿条件，咨询师应向教师或管理人员提出类似建议。

儿童和青少年也可以在考试时进行身体扫描的冥想练习，以评估自己是否有任何焦虑的身体表现。咨询师可以在咨询中引导儿童和青少年完成这个过程：闭上双眼，从头顶开始扫描，向下移至耳朵，沿着喉咙，经过胸部，穿过腹部，最终到达大脚趾尖。在这个过程中，儿童和青少年可以辨别出感到紧张或不安的身体部位。作为放松这些紧张的身体部位的一种方法，儿童和青少年可以有意识地挤压和收缩这些身体部位 3 ~ 5 秒，然后完全释放它们。此外，儿童和青少年还可以做深呼吸（吸气 5 秒左右），保持几秒，然后慢慢呼出，以缓解紧张情绪。

体验到考试焦虑的儿童和青少年可能会产生挫败感和自我怀疑，这反过来会使考试焦虑更严重。咨询师应该鼓励儿童和青少年把考试焦虑外化，把注意力集中在特定情况下他们想要的结果上。这种注重解决方案的方法有助于打破自我维持的循环，即儿童和青少年对可能出现的表现不佳感到焦虑，最终真的导致表现不佳。对此，咨询师可以帮助儿童和青少年远离焦虑，把精力集中在如何在考试中取得好成绩上。

了解了考试焦虑的实际存在，儿童和青少年便能够把这种体验正常化，并可以学习用来管理焦虑的技能，从而提高考试的效能感和自我安抚能力。咨询师应不断评估可能导致考试焦虑的外部压力源（如缺乏教师支持、欺凌等），同时采取能够满足每个学生独特需要的认知行为疗法。

上学问题

对儿童和青少年来说，上学是必须做的事情。尽管一些学生会缺课，但旷课过多会导致其情绪或行为上的问题，并可能对儿童和青少年的健康产生长期影响。上学问题主要有两种类型：拒绝上学和旷课。拒绝上学通常是由于情绪问题造成的，如分离焦虑、害怕被欺负、害怕学业挫折、害怕被学校里的人虐待、社交恐惧症、焦虑或抑郁（APA，2013；Darwich et al.，2012）。拒绝上学的儿童和青少年通常喜欢待在家里和家人在一起，而长期旷课的儿童和青少年则经常既回避学校，也回避家庭环境。

旷课被定义为因儿童和青少年行为问题（如品行障碍、难以遵守校规）而导致的缺课（APA，2013）。儿童和青少年通常会向父母隐瞒他们的旷课情况。与拒绝上学不同，旷课不会伴随着恐惧、焦虑或担忧。相反，儿童和青少年可能因从事违法行为而旷课，如在父母上班时间喝酒或与同龄人交往。一些家长可能会从学校工作人员那里了解到孩子长期旷课的情况，但有些旷课可能与家长缺乏参与孩子的教育有关。咨询师应向儿童和青少年及其家长了解学生的出勤情况，必要时，咨询师应要求与学校工作人员交谈。

针对拒绝上学和长期旷课的干预策略是相似的，因为咨询师会解决儿童和青少年潜在的心理健康问题；然而，对这两个问题进行干预时，咨询师使用的资源和方法可能会有所不同。一般来说，把父母和其他重要利益相关者整合进来的个体咨询可以有效帮助拒绝上学的儿童和青少年，而长期逃学的儿童和青少年可能需要多系统的干预措施，其中涉及儿童和青少年生活的所有方面。

为拒绝上学或长期旷课的儿童和青少年进行咨询的咨询师应该完成一个整体评估，以确定这些行为的根本原因。进行干预的第一步是确定儿童和青少年的缺勤行为是否可以被认定是拒绝上学（如情绪问题导致的）或旷课（如行为问题导致的）。为了让儿童和青少年参加定期咨询并且能够得到有助于上学的干预，可以对儿童和青少年进行转介。

如果咨询师怀疑情绪问题（如特定的恐怖症、分离焦虑障碍、抑郁障碍）是儿童和青少年拒绝上学的根源，那么咨询师应对他们进行全面评估，以确定儿童和青少年所面临的具体问题。咨询师应与家长和学校工作人员合作，解决导致情绪问题的潜在因素。儿童和青少年可能经历的各种形式的焦虑和抑郁的评估，以及治疗方案会在下文介绍。

如果咨询师认为儿童和青少年的缺课现象可以被归类为旷课，那么他们应该采取多系统的干预方式来解决行为问题。行为问题是多种生物、心理、社会因素共同作用的结果，干预应该是有目的和多方面的。长期拒绝上学和旷课是潜在心理健康问题的表现，咨询师应与学校、社区、邻里和家庭资源合作，帮助儿童和青少年获得他们所需要的支持。拒绝上学或旷课可能会随着时间的推移而严重，出勤行为问题也可能是由于某个特定事件引发的，如换到一所新学校。

变换学校

所有儿童和青少年都必须上学，尽管每所学校学生的入学年龄和年级水平因所在国家和地区的政策不同而各不相同。所有学生在求学经历中都会经历几次学校的更换。在这个过渡时期，儿童和青少年很脆弱，可能会遇到各种问题。变换学校有两种类型：常规性的和非常规性的。常规性的学校变换是指所有学生到了特定年级后都会按照惯例从一所学校升到另一所学校（Temkin et al.，2015）。例如，从小学升入初中，或者从初中升入高中。

非常规性的学校变换指儿童和青少年不是在学区传统的升学期间更换学校。非常规性的学校变换有多种原因，例如，搬家，儿童和青少年去一个新的学区与其他家长一起生活，或者家长选择让儿童和青少年进入新学校以获得更好的机会。非常规性的学校变换可能发生在学年或寒暑假期间。常规性和非常规性的学校变换通常是不可避免的，但是与学校变换有关的巨大变化可能会给儿童和青少年带来非常大的压力（Shell et al.，2014）。

常规性的学校变换

从小学升入初中，以及从初中升入高中的常规性的学校变换是所有儿童和青少年都会经历的过程（Temkin et al.，2015）。许多学生还经历了从家到幼儿园、从预备班到幼儿园或从幼儿园到小学的过渡过程。常规性的学校变换其压力来源包括对新学校的文化、规则、教师、建筑布局和班级结构的不确定性。学校作业变得越来越困难，而学生自由度的逐渐提高需要其相应地提高自律和时间管理技能（Jackson & Schulenberg，2013）。此外，儿童和青少年通常需要在常规性的学校变换后重新调整他们的社会关系，而社会关系在整个童年和青少年时期的同一性发展中扮演着重要角色（Shell et al.，2014）。

并不是所有的孩子都上预备班，但是预备班是大部分孩子第一次经历的学习环境。一些孩子在6周大的时候上日托班，大部分孩子通常在2～5岁上预备班。预备班为年龄相仿的孩子建立了一个在老师（而不是父母）照顾下的互动环境。预备班结束后，孩子向幼儿园过渡。在美国，大多数州规定的幼儿园年龄是5～8岁。没有上过预备班的孩子需要适应第一次离开父母或养育者的过程。上过预备班的孩子将不得不适应新的老师、高要求的结构化课程和新的朋友。

从幼儿园开始，孩子就可以过渡到小学，小学可能在新的大楼里。在一年级时，孩子需要适应远离父母的日子、越来越难的课程、新的老师、新的课堂规则和新的朋友。在从幼儿园到一年级过渡期间，幼儿的压力源包括对学业的更多关注（而不是游戏）、更严格的规则及较高的教师期望（Loizou，2011）。如果孩子对入学进行了充分的准备，得到了足够的支持，那么向小学过渡的许多事情都是令人兴奋和充满力量的。

从小学到中学的过渡尤其具有挑战性。首先，孩子在小学环境下学习生活了很多年，并建立了重要的社会关系。有时，多所不同小学的学生进入同一所中学，孩子的社会关系需要重新建立，这对焦虑或害羞的孩子，抑或社交技能不足或有社交焦虑障碍的孩子来说尤其困难（Shell et al.，2014；Temkin et al.，2015）。当一所小学的学生统一进入同一所中学时，社会关系往往会保持得更稳定，但基于课堂结构的社会关系可能仍然需要重新调整；小学生在大多数科目上是与相同的老师和同学待在一起，但是中学生的很多科目都会换教室和换老师。频繁的课堂变换为中学生创造了更多的自由和责任，他们必须在一天中做出负责任的选择。

另一个有压力的常规性学校变换是从初中到高中的转变，这可能会带来许多与从小学到初中过渡时相同的挑战，如新的社会关系、日益具有挑战性的课程及更大的自由和责任（Jackson & Schulenberg，2013）。在青春期，青少年的物质滥用、有风险的性行为和犯罪行为通常会增加，而青春期正好是从初中到高中的过渡期，因此青少年在这个年龄段尤其脆弱。变换学校带来的过渡压力，再加上重要社会关系的改变，会使青少年在初中到高中的过渡时期面临更多挑战（Jackson & Schulenberg，2013）。

青少年的最后一次常规性学校变换发生在准备离开高中的阶段。高中毕业后，青少年可以继续接受高等教育或开始工作。大学准备（college readiness）是一个较宽泛的说法，包括青少年获得进入四年制的大学、两年制大学或技术、职业学校的能力（Curry & Milsom，2014）。追求高等教育的青少年必须具备足够的学业能力及其他非认知因素（如自律、对高等教育文化的理解等）。高中毕业后进入职场的青少年必须具备职业技能，包括对学校学到的知识的应用能力、就业技能（如自律、责任心）和特定职业所需的技术能力（Curry & Milsom，2014）。

理想的情况是，孩子在整个童年和青少年时期都进行职业探索、承诺和反思（Porfili & Lee，2012）。职业发展贯穿人的整个生命过程，在青春期后期尤其重要，因为孩子会在高中后决定他们的职业规划（ASCA，2012）。咨询师应该有意识地从幼儿园（有时是预备班）到高中毕业前都帮助孩子培养中学毕业后所需要的学业和社会情感技能。

在常规性的变换学校时期，儿童和青少年会经历复杂的快乐和兴奋感夹杂着抑郁和焦虑（Symonds & Hargreaves，2016）。当对处在学校变换的过渡阶段的儿童和青少年进行咨询时，咨询师应努力验证儿童和青少年不愉快的感受，同时重视伴随学校变换而来的充满希望和令人兴奋的可能性。此外，咨询师应与学生的家庭合作，帮助儿童和青少年为学校变换预先做好准备。

咨询师和家长可以通过在家中创设在学校可能出现的日常规则和惯例，为进入预备班或幼儿园的孩子做好准备，如在规定时间吃零食和清理玩具。咨询师或家长也可以联系幼儿园，提前了解幼儿园典型的日常作息，这样对幼儿适应也是很有帮助的。然后，咨询师和家长可以告诉幼儿进入预备班后老师期望他们怎样做，并提醒孩子上学的诸多好处（如学习、交朋友）。家长应该在分别时轻松地和孩子说再见，从而暗示幼儿园的生活是正常和令人期待的。

在任何年龄段，为升学所做的准备工作都是必要的。当孩子准备从幼儿园升入小学一年级时，咨询师可以与家长合作，帮助孩子了解他们即将面临的新要求和即将获得的新机会（Loizou，2011；Symonds & Hargreaves，2016）。咨询师应该以同样的方式，有意识地帮助青少年为过渡到初中和高中做好准备。咨询师可以对青少年和他的家人分别进行咨询，学校咨询师也可以提供课堂指导课程，为他们下一阶段的学习生活做好准备。

在课堂指导报告中，咨询师可以详细介绍新的学校对学生的期待，特别是新的规则、社交机会和学业要求。咨询师可以使用过程性发问来询问儿童和青少年对新学校的感觉；重要的是验证他们的矛盾情绪，允许他们为可能的失去感到悲伤。咨询师还应该帮助他们回顾交友策略、积极应对技巧和时间管理观念。

除了做好预先准备，咨询师还可以为处在学校变换过渡期的儿童和青少年提供支持，帮助他们调整自己，以融入新的学校环境。这可以通过探索并验证学生经历和感受的课堂指导单元来完成。咨询师还可以为那些很难适应的青少年组织支持小组，例如，那些没有什么朋友的儿童和青少年，或者那些家里也经历着巨大变动的儿童和青少年（如父母离婚、父母去世）。此外，咨询师还可以单独与儿童和青少年进行咨询，突出他们的积极品质，教授一些社交技能，确认他们是否存在焦虑或抑郁情绪。

对青少年中学毕业之后的准备和支持，要比从学前到高中的正常升学的准备和支持复杂。理想的职业探索应该早在学龄前就开始，例如，开展以游戏为基础的活动，让孩子探索适合他们的职业。当青少年准备高中之后的学习和工作生活时，他们需要了解高中毕业后可供选择的一些信息。一些青少年可能希望毕业后进入职场，他们需要关于简历、求职申请及适应职场的各种信息。其他青少年可能希望继续接受高等教育，他们则需要有关标准化测试、学校申请和成绩单的信息。

当对即将面临常规性变换学校的儿童和青少年进行咨询时，咨询师应尽可能帮助他们在变换学校前做好准备，并在变换学校后提供支持。家长和孩子的其他重要他人也应酌情在这个时期提供支持，咨询师应努力以有效和高效的形式提供干预措施。除常规性的学校变换，一些孩子可能会经历非常规性的学校变换，这就需要额外的准备和支持。

非常规性的学校变换

一些儿童和青少年出于各种原因会在正常的升学期间更换学校。有时，由于父母的就业而搬迁，儿童和青少年不得不更换学校或学区，这在军人家庭中尤其常见。当父母离婚或父母选择送孩子去一所新的公开招生的学校时也会发生非常规性的学校变换（Metzger et al.，2015）。在学业生涯中经历过一次非常规性学校变换的青少年获得高中文凭的可能性较低（Metzger et al.，2015）。无论新进入的是什么类型的学校（如资源更多的学校或资源更少的学校）或转学的原因是什么（如父母离婚、工作改变），这种现象都普遍存在。

非常规性的学校变换对儿童和青少年来说很具有挑战性，因为它通常是独立发生的，不像常规性升学是很多同学一起发生的。此外，非常规性的学校变换通常意味着儿童和青少年要搬到一个全新的学校或学区，与全新的同龄人、教师和学校人员一起生活。此外，新学校将有新的课堂规范和要求，需要额外的调整。

有时，非常规性的学校变换会产生积极的影响。从贫困地区转到条件较好的地区的儿童和青少年可以获得更高质量的教育，并在社区和邻里之间获得更大的支持（Long，2014；Metzger et al.，2015）。一些儿童和青少年可能会去一所要求不那么严格的学校，从而获得更高的自我效能感。最后，独自进入一所新学校的儿童和青少年很容易被学校里的其他人所认可，他们会因为新鲜感而受欢迎。

非常规性的学校变换是相当普遍的，而且对每个学生的教育和长期影响各不相同。然而，这些转变往往被许多家长、教师、学校工作人员和咨询师所忽视。咨询师应该意识到，学校变换对儿童和青少年来说压力很大，可能导致其学业成绩降低，这对儿童和青少年的健康发展具有长期的影响。与常规性的学校变换咨询一样，非常规性的学校变换的咨询重点也应是为学生离开当前学校所做的预先准备，以及在儿童和青少年适应新学校的同时给予相应的支持。

在为儿童和青少年非常规性的学校变换做准备时，咨询师应尽量了解学生的新学校，包括他将要上的课程、建筑的布局、一天的活动安排、全校的规则和教师的期望。对学生进行咨询时，可以让他们想象在新学校的机会，并找出让自己感到自信和快乐的事情。儿童和青少年还应该制定一份应对方法清单，这些方法可以在遇到困难时使用，包括冥想、听音乐、散步、给之前学校的朋友打电话、看最喜欢的电影、与家长交谈等。在新的学校生活开始之前，儿童和青少年还可以列出一系列的“咒语”来建立自信，例如，“我是个聪明善良的人。”“我是个很好的朋友，我乐于奉献。”儿童和青少年可以把这些咒语和应对技巧记在记事本上，在学校里反复对自己念这些“咒语”。

咨询师也可以与儿童和青少年一起练习结交新朋友的社交技能。在整个童年和青少年时期，友谊是儿童和青少年自我认同和自我探索的重要来源。学生可以计划第一天要穿的衣服，因为这会让他们感到自信和快乐。咨询师可以与当地组织合作，为家里经济条件不好的儿童和青少年申请在学校穿的服装。咨询师也可以帮助儿童和青少年练习开场白，例如，“嗨，我的名字是……我是新来的，你最喜欢的课后社团是什么？”咨询师也可以借此机会帮助儿童和青少年确定他们所期待的朋友身上拥有的品质，以及想避免的特质（如喝酒或逃学等）。

最后，当学生准备变换学校时，咨询师可以为学生提供空间，允许他们为变换学校带来的失去而悲伤。最简单的方式是咨询师使用情感反映的方式，让学生充分体验悲伤、愤怒和恐惧的感觉。咨询师可以让学生给他们最喜欢的老师或他们会想念的朋友写告别信。咨询师应该确认学生是否存在难过的感觉，并帮助学生将他们的失去重新定义为新的机会。咨询师也可以向家长解释，儿童和青少年在学校变换过程中很可能会受负面情绪的影响，这些感觉应该得到非评判性的接受。父母甚至可以和孩子分享自己的恐惧和悲伤，并问儿童和青少年自己如何才能帮助他们，给他们提供支持。即使儿童和青少年目前无法确定他们需要什么形式的帮助，他们也会觉得在需要时可以寻求父母的支持。总体而言，咨询师应该在学生进入新学校的前几个月，每两周对学生进行一次评估，确认他们转学后是否存在恐惧和困难，评估他们在新学校的学业和社会情感健康状况，从而支持儿童和青少年完成非常规性学校变换的过渡阶段。

儿童和青少年学业成功会带来很多积极的影响，包括强烈的自我效能感、积极的自我认同感和长期的职业成功（Zhu et al.，2014）。儿童和青少年可能会因为各种重要却相对难以捉摸的原因遇到学业上的困难，咨询师应该努力找出并解决这些困难。首先，咨询师有必要排除可能阻碍学业成功的可诊断的心理障碍，如 ADHD 或智力障碍。这些障碍需要独特的治疗方案，这些内容会在本书其他章讨论。其次，咨询师应该对儿童和青少年进行整体评估，以确定其学业压力和问题的来源，并且应该对儿童和青少年的优势进行评估。

儿童和青少年可能会因为时间管理问题而出现学业上的困难，这需要一系列能力，包括意志力、自律、完成困难任务的能力、组织和解决问题的方法，以及调节和控制情绪的能力。儿童和青少年可能还存在学习技能方面的问题，导致无法有效加工和提取信息。考试焦虑也是一个主要因素，它可以抑制在其他方面能力较强的儿童和青少年的学业成绩。最后，学校变换带来的压力和不适应也可能影响儿童和青少年的学业成绩。

咨询师应该在与学业和职业相关问题导致长期后果之前，预先识别和解决这些问题。学校咨询师在对学生提供支持和干预方面具有独特地位，他们的干预可以涉及很多学生，但是相对时间较短。如果儿童和青少年需要更集中和长期的干预，学校咨询师可以为儿童和青少年提供社区转介。总体来说，咨询师应该明白，学业和职业的成功对儿童和青少年的整体健康至关重要。他们应该与家庭、学校人员和其他可用资源合作，在学业和职业方面支持儿童和青少年，这些也都与社会情感因素密切相关。

社会情感的转变和挣扎

社会情感健康是一个宽泛的概念，包括儿童和青少年形成强烈、积极的自我认同感的能力，以及健康、支持性的同伴关系。尽管从传统上看学校环境只与学业成长相关，但同时它也是社会情感发展的关键平台（Shin & Ryan，2014）。情感健康是儿童期、青春期和成年后健康生活方式的重要前提，社会关系促进情感发展，同时也受情感发展的影响。

难以建立和维持友谊

友谊是两个或两个以上有发展相似性的人之间的互惠关系（Bagwell & Schmidt，2011）。互惠是友谊的核心，在这种关系中，人与人之间不带偏见地交换思想、感受或行为。孩子会进行互惠的游戏行为，随着年龄的增长，更亲密的思想和情感的交流变得更加重要（Bagwell & Schmidt，2011）。与男孩相比，女孩更容易体验到与朋友高度亲密的关系和情感的投入，这会提高个体社会情感的自我效能感，并提高学业满意度（Asahi & Aoki，2010）。

社交能力是儿童和青少年建立和维持友谊的关键因素。社交能力包括儿童和青少年读懂他人社交线索并以一种有益且他人渴望的方式做出回应的能力。社交能力差的儿童和青少年通常被视为被遗弃者或被同伴排斥的人，这会让儿童和青少年感到孤独和缺乏信心（Olsen et al.，2012）。社交能力差可能是由于一些心理障碍导致的（如孤独症，ADHD 等），也可能是由于缺乏接触互惠关系的机会。如果一个孩子在建立和维持友谊方面有困难，咨询师应该评估他的社交能力。

友谊通常是在有共同点的儿童和青少年之间发展起来的。在社交环境中，儿童和青少年倾向于形成一个个由朋友构成的小群体，俗称小团体（Knecht et al.，2011）。在每一个小团体内部，都会发展出一对一的朋友关系。儿童和青少年倾向于选择加入种族相似、性别相同的人构成的小团体，并和他们成为最好的朋友（Foelsch et al.，2014）。属于少数种族或性别的儿童和青少年（在社区或学校）可能从一开始就难以与同龄人建立联系，这也会抑制他们的自我价值感（Titzmann，2014）。

除了身体特征，儿童和青少年倾向于与有类似问题和爱好的同龄人交往（Mercer & DeRosier，2010）。尽管对有相似需要和兴趣的儿童和青少年来说，相互认可和支持是有帮助的，但是如果朋友中有人使用不健康的问题解决方式（如酒精使用、有风险的性行为），也会给儿童和青少年带来问题。此外，经历过孤独、抑郁和焦虑的儿童和青少年很可能会成为彼此的朋友，而随着时间的推移，儿童和青少年会与他们的朋友变得更加相似（Mercer & DeRosier，2010），因此，在这种情况下，儿童和青少年会因为友谊而变得越来越焦虑和沮丧。咨询师应密切关注儿童和青少年的友谊，不仅将友谊作为衡量整体幸福感的标准，同时也要了解友谊可能会成为健康发展的潜在问题来源。

咨询师可以向教师、学校工作人员、家长和孩子提供有关儿童和青少年时期社会发展重要性的教育。咨询师应该记住儿童和青少年的学业、职业和社会情感成长是相互影响的，并且应该进行整体评估，以排除任何可能干扰友谊健康发展的精神障碍（如焦虑、抑郁、ADHD）。另外，咨询师应该找出导致友谊问题的具体因素，包括社交能力差、消极的自我同一性发展或同伴间怀有敌意。

对于缺乏社交能力的儿童和青少年，咨询师可以采用多种方法向他们教授社交技能，并提供实践机会。学校咨询师可能会提供课堂指导课程，以适合儿童和青少年发展水平的方式让他们理解社交线索暗示。小学阶段的孩子在这个课堂上可能会看到各种各样的面孔，并被要求识别出相关的感觉。中学阶段的孩子可能会被安排一些情景，并被要求找出一种友好的回应方式。咨询师可以在小组活动中开展类似的活动，儿童和青少年可以分享他们自己的友谊出现问题的经历，同时彼此相互验证。团体咨询可能对男孩特别有帮助，因为他们在很少共情他人或为他人提供支持（Asahi & Aoki，2010）。

在个体咨询中，咨询师可能会教儿童和青少年关于社交线索和互惠互利的知识，然后以角色扮演的方式在安全环境中练习社交技能。咨询师也应该鼓励家长在家里教授社交技能，并在课堂上树立积极社交技能的榜样。

积极的自我概念也是建立健康友谊的关键因素。咨询师可以通过帮助孩子识别他们擅长的事情和对他们来说有困难的事情，从而鼓励他们建立健康的自我概念。咨询师可以帮助儿童和青少年拥抱和接受真实的自己。咨询师还可以使用与年龄匹配的认知行为干预措施，帮助儿童和青少年识别非理性或无益的自动化思维，并努力将这些想法重新构建成更健康、更积极的自我陈述。

咨询师可以对学生进行个体咨询，探索友谊中的问题，确认孤独或悲伤的感觉，同时支持其建立积极的自我概念。咨询师也可以选择组织团体干预，让儿童和青少年聚焦在一般的心理健康话题上（如自尊、学习技能等）来培养友谊。咨询师也可以为建立友谊有困难的学生提供课后项目或其他资源。

欺凌

欺凌是一个相对较新的心理健康概念，自 20 世纪 70 年代末以来一直被大量研究。欺凌包括一个人故意对另一个人造成身体或情感伤害的所有人际行为（Bradshaw et al.，2015）。欺凌可以发生在现实生活中，也可以发生在网络平台上。以下列举一些欺凌的例子。

- 打架。
- 侵入社交媒体账户或发布不适当的帖子。
- 用东西打人。
- 忽视。
- 踢人。
- 骂人。
- 在社交媒体上泄露他人的隐私。
- 恶作剧。
- 用拳头打人。
- 关系攻击。
- 通过技术发送恶意信息。

- 当面发送恶意书面信息。
- 散布谣言或损害名誉。
- 盯着他人。
- 朋友之间开始打斗。
- 盗窃财物。
- 捉弄。
- 威胁。

欺凌行为是生理、心理、社会因素相互交织的结果。通常，儿童和青少年使用欺凌行为来表达自己不舒服的情绪，并将不舒服的情绪转移到他人身上。这些情绪可能包括恐惧、难过、愤怒、悲伤、缺乏自信或焦虑，是由多种生物、心理、社会因素造成的。当儿童和青少年感到家庭、社区或学校缺乏秩序、缺少成年人监督和可预见的规则时，他们也会做出欺凌行为（Bradshaw et al.，2015）。在家庭或课堂上经历混乱的儿童和青少年可能会故意利用欺凌行为来吸引他人的注意，或者作为一种缓解自己无聊或沮丧情绪的方式。

欺凌者通常选择比自己个头更小、胆子更小的受害者。有明显生理和认知障碍的儿童和青少年更容易受到欺凌。有时，受欺凌者学习欺凌行为来保护自己，即又是受害者又是欺凌者，在这些情况下，他们又被称为“欺凌受害者”（McGuckin & Minton，2014）。有心理健康问题的儿童和青少年（如情绪调节障碍、破坏性行为）更容易成为欺凌的受害者。虽然使用标签来概念化欺凌行为是有帮助的，但重要的是要把所有有欺凌行为的儿童和青少年看作具有独特感受和需求的个体。

与欺凌者交朋友的儿童和青少年可能不喜欢这种行为，但他们同时又不想破坏他们之间的友谊。这些儿童和青少年可能偶尔加入欺凌行为来维持社会地位。有些儿童和青少年可能会主动避开欺凌者或受害者，有些儿童和青少年想为受害者挺身而出却不知道如何做。最后，一些儿童和青少年可能真的会加入欺凌事件中保护受害者，这有时会对他们自己造成伤害。

目睹欺凌行为的成年人应立即采取非评判的态度进行干预。在私下收集有关事件细节后，成年人应安排欺凌者和受害者从父母、教养者、教师和同龄人那里得到他们所需的支持。欺凌行为不应被忽视，因为欺凌会对所有卷入其中的儿童和青少年产生大量的负面影响，其中包括但不限于以下内容。

- 低自尊。
- 低自我效能感。
- 学业成绩下降。
- 抑郁。
- 自杀。
- 杀人。
- 行为问题。
- 情绪问题。
- 学业问题。
- 其他暴力行为。

咨询师应该非常严肃地对待欺凌行为，并且应该以涉及欺凌者、受害者和成年人的多个方面的方式做出回应。积极主动的处理方法尤其有用，而且最适合学校环境。响应性咨询（responsive counseling）也可以用来满足欺凌者、受害者和旁观者的心理健康需要。通常不建议欺凌者和受害者一起进行咨询，因为受欺凌者在咨询中表现出来的脆弱性可能会助长欺凌者未来的欺凌行为。

咨询师也可以单独对儿童和青少年进行咨询，以确定欺凌的动机（如缺乏家庭支持、自卑）或解决欺凌带来的影响（如内疚感、无助感）。

有许多具体的反欺凌项目来防止和结束欺凌。通常，这些项目是在学校环境中实施的，在那里，咨询师可以接触到被欺凌的人、旁观者和那些有欺凌行为的人。欺凌预防项目的常见组成部分如下。

- 提高认识（针对孩子和成年人）。
- 培养社会情感技能。
- 教育父母、学校人员、孩子和社区成员。
- 增强欺凌者和旁观者的个人责任感。
- 增加自我反省。
- 在媒体中宣传亲社会行为和阻止欺凌的行为。

- 改变欺凌者、受害者和旁观者的行为。
- 角色扮演。
- 社会认知训练。

咨询师应尽可能采取全面的方法来预防和干预欺凌行为。通常，欺凌预防项目的最终目标是获得旁观者的帮助，而其他项目则试图教导受害者保护自己或以其他方式逃离欺凌局面（Polanin et al.，2012）。在对 12 个项目的综合分析中，波兰尼（Polanin）及其同事发现，基于学校的欺凌预防项目增加了旁观者对欺凌的干预行为。

咨询师应选择一个以学校为基础的预防欺凌项目，该项目应满足学生的需要，并与学校动力（如年龄水平、预算限制、时间限制、需求程度）相匹配。KiVa（Kärnä et al.，2011）是芬兰一个反校园欺凌的循证项目，可以帮助预防欺凌行为，并为解决现有欺凌事件提供具体干预措施。KiVa 项目被证实可以增加旁观者的干预，并增加他人的共情（Polanin et al.，2012）。期待尊重（expect respect）是另一个在综合分析中被证明对中小学生有益的项目。奥维尤斯校园欺凌预防计划（Olweus Bullying Prevention Program，OBPP）也是一个备受推崇的欺凌预防计划，用于解决社区、学校和课堂环境及个人层面的欺凌问题。

性格发展也可以作为一种教育儿童和青少年亲社会行为的方式，同时也可以作为预防和制止欺凌的一种方法。如果儿童和青少年发展出对他人的共情和健康的表达情感和需要的方式，他们就可能不会觉得有必要欺凌他人了。许多性格发展项目可供咨询师使用，Core Essentials 就是一个很受欢迎的项目，它能够使儿童和青少年在学校、社区、邻里和家庭环境中展示有益的特征。Core Essentials 计划的一部分内容是鼓励儿童和青少年制定与欺凌不相容的行为，包括但不限于以下内容。

- 智慧。
- 主动性。
- 个性。
- 服务。
- 同情。
- 自我控制。
- 合作。
- 希望。
- 友谊。
- 满足感。

Core Essentials 项目每月提供包括海报、传单、课堂指导活动和小组或个体干预计划的工具包。咨询师也可以在网上找到其他的性格发展项目，或者开发自己的方法来教授儿童和青少年亲社会的性格特征。

尽管采取了一些预防措施，咨询师还必须对发生的欺凌事件做出反应。对受欺凌者进行咨询的主要目标包括以下内容。

- 提高基于问题和基于情绪的应对技能。
- 提升自我保护策略。
- 增加与盟友的联系。
- 增加出其不意的行为，以降低欺凌者的期待值。
- 教授身体、语言和社交自信技能。
- 教导如何、在何处和何时寻求支持。

对欺凌者咨询的主要目标包括以下内容。

- 追究儿童和青少年的责任。
- 发展与欺凌者的关系。
- 提供促进接纳他人的经验。
- 教授共情技能。

最后，对旁观者咨询的主要目标包括以下内容。

- 识别不适感并教授采取行动的方法。
- 保持冷静，平和地（而不是武断或咄咄逼人地）表达反对意见。
- 告知可以阻止欺凌行为的人。
- 召集更多的人到现场。
- 停止不管用的行为，尝试不同的方法。
- 寻求帮助。
- 教授对被欺凌者提供支持的方法。
- 教授对欺凌者提供支持的方法。

咨询师可以通过提供个体咨询、二人咨询、团体咨询或家庭咨询来应对欺凌问题，从而寻求解决自尊、家庭规则和价值观、课堂规则和规范问题，以及表达情感和需求的适当方式。咨询师应该以个体为基础解决欺凌行为，以确定具体的压力源、欺凌者和后果，也可以在更大范围内教授儿童和青少年预防欺凌的行为。

性取向问题

儿童后期和青少年早期是儿童和青少年的性探索时期。在这段时间里，性和性别的概念非常重要。性（sex）是指儿童和青少年的生理生殖功能，性别（gender）是指生物学上的性的情感表征。儿童和青少年会在不固定的某个年龄段（最早 2 岁或 3 岁）开始意识到男孩和女孩之间的身体差异，他们从 6 岁开始理解男性和女性性别特征之间的差异（American Academy of Pediatrics，2016）。

一些儿童和青少年的思想、感情和行为与他们的生理性别不一致；性别非常规者（gender non-conforming）接受他们的生理性别，但他们的行为不符合性别要求（如一个男子穿女装）。跨性别者（transgender）不接受自己的生理性别，并通过异性的观点来体验世界（Diamond，2013）。一些儿童和青少年能够在生命早期（如 6 岁）表达自己的性别身份，但另一些人可能直到青春期甚至更晚才能够清楚地理解和表达他们的性别经历（American Academy of Pediatrics，2016）。许多因素有助于儿童和青少年理解性别认同，包括个体发展特点、文化因素和生活经历。要知道，许多儿童和青少年还不能理解和阐明他们的性别特征，咨询师应在治疗关系建立和发展的过程中，与儿童和青少年一起进行持续的评估。大多数儿童和青少年觉得以与性别相一致的方式行事很舒服，但是那些性和性别不一致的儿童和青少年通常在 5 岁或 6 岁时就知道自己与他人有所不同（American Academy of Pediatrics，2016），如果给他们一个开放和支持的环境，他们可能会表达这些感受。

一旦咨询师了解了青少年对性别的自我认知，就可以探索性别与性征之间的关系。性征在青春期，也就是 12 岁左右开始发展（American Academy of Pediatrics，2016）。此时，大多数青少年开始被异性所吸引（尽管如前所述，性别的表达可能不同），但有些青少年会被同性所吸引（Diamond，2013）。LGBTQQIA 的首字母缩写是指女同性恋者、男同性恋者、双性恋者、跨性别者、酷儿、性取向不明者、双性人和盟友个体［Association for Lesbian，Gay，Bisexual，Transgender Issues in Counseling（ALGBTIC）LGBTQQIA Competencies Taskforce，2013］。同样 LGBT 或 LGBTQ 也通常用于指代此人群。常见 LGBTQQIA 术语定义如表 12-4 所示。

表 12-4 关于性取向和性身份的主要术语及其解释

术语	解释
情感取向	情感取向是用来描述一个人在情感上、身体上、精神上或认知上更愿意与之结合的人的类型（如性、性别身份）。“情感取向”一词被用来代替性取向表达性别认同和亲密关系的复杂性
盟友（ally）	指可以接受 LGBTQ 中的任何类型的个人
双性恋者（bisexual）	指对男性和女性都有情感取向的男性或女性
男同性恋者（gay）	指对男性有情感倾向的男性。这个词有时可以用来指代 LGBTQ 中的任何类型
双性人（intersex）	指一个人出生时既有男性性器官、激素、染色体和第二性征，也有女性性器官、激素、染色体和第二性征。这个词已经取代了雌雄同体这个词
女同性恋者（lesbian）	指对女性有情感倾向的女性
酷儿（queer）	指那些不属于男性或女性性别范畴的人。这个词有时可以指代 LGBTQ 中的任何类型
性取向不明者（questioning）	指那些对自己的情感取向不确定的人
跨性别者（transgender）	指不符合性别常规的人

资料来源：Adapted from Association for Lesbian，Gay，Bisexual，Transgender Issues in Counseling（ALGBTIC）LGBTQQIA Competencies Taskforce（2013）.

总体来说，性征对每个人来说都是独一无二的。过去，不符合典型性别或性征的个人被认为患有精神疾病，治疗的目的是纠正不正常的性征（Diamond，2013）。然而，现在的咨询师普遍认为，健康且与发展相适应的性征应存在于一个连续的统一体中，只有当性表达给个人或周围的人带来巨大困扰时，性表达才被视为一个问题（APA，2013）。有时，性少数群体或跨性别者会经历来自他人的评判，他们的痛苦其实是源于这些评判，而不是他们固有的性征或性别。

LGBTQ 的个体在家庭、社区、学校或工作中可能会受到歧视，并且经常面临各种各样的社会和情感挑战，其中包括但不限于以下内容（Beauregard & Moore，2011；Collier et al.，2013）。

- 被社会边缘化。
- 被同伴侵害。
- 缺乏自尊。
- 自我概念减弱。
- 缺乏学校归属感。
- 学习成绩差。
- 有创伤经历。
- 压力增加。
- 酒精和物质使用。
- 被家庭评判和拒绝。
- 愤怒。
- 抑郁。
- 自杀。

咨询师在支持 LGBTQ 个体心理健康方面发挥着关键作用。总体来说，促进青少年接纳他人，帮助青少年找到健康和适当的方法来探索和表达他们的性取向是很重要的。咨询师应该努力让青少年明白性取向只是青少年整体认同的一部分。咨询师还应努力利用青少年的资源，同时处理有害的环境因素，从而促进他们健康和积极的自我意识。

尽管美国文化似乎正在逐渐接受 LGBTQ 群体，但这些人在家庭、社区和学校仍然面临许多障碍。对 LGBTQ 个体进行咨询的咨询师应定期寻求督导（及可能的自我咨询），以体验在性别和性方面持续的个人和专业发展。咨询师应监测自己是否存在任何潜在的偏见或反移情问题，为 LGBTQ 青少年提供安全、支持性的咨询空间（Beauredge & Moore，2011）。对 LGBTQ 青少年咨询的能力标准可通过 ALGBTIC LGBTQQIA 能力专责小组（2013）和 ALGBTIC 跨性别者委员会（2010）找到。一些心理健康理论和研究过去认为 LGBTQ 个体是病态的。因此，咨询师应确认 LGBTQ 青少年对心理健康系统是否怀有固有的不信任，同时也应努力验证和探索每一个青少年的性取向和性别认同，并将其作为一种独特的自我表达方式。

在对 LGBTQ 青少年进行咨询时，咨询师应致力于评估他们在哪些领域具有优势，为 LGBTQ 青少年寻找发展方向，并利用现有资源克服 LGBTQ 青少年通常面临的问题。通常与 LGBTQ 身份相关的问题包括但不限于以下内容（ALGBTIC LGBTQQIA Competencies Taskforce，2013）。

- 自我同一性混乱。
- 焦虑和抑郁。
- 自杀想法和行为。
- 学业失败。
- 物质滥用、身体虐待、性虐待和语言虐待。
- 无家可归。
- 卖淫。
- 性传播疾病、艾滋病毒感染。

特别重要的是，被认定为 LGBTQ 的个体可能面临来自宗教机构的歧视。那些生活在强调宗教不支持 LGBTQ 家庭中的青少年可能会面临与亲人相处的更大问题。此外，LGBTQ 个体可能在学校和工作场所面临歧视，尽管这是非法的。伴随着 LGBTQ 青少年经常面临的其他学业问题，他们的职业生涯也可能是受限且困难的。

针对 LGBTQ 个体的咨询重点是减少或消除威胁青少年健康发展的环境因素，增加支持积极身份形成的因素（Diamond，2013）。这些总体的目标可以通过心理教育和个体咨询、团体咨询和家庭咨询相结合的方式实现。学校咨询师可以通过许多方法为 LGBTQ 青少年提供支持，如社区教育或开发课堂指导课程。学校咨询师也可以开发或参加安全区域培训，为 LBGTQ 个体创造安全空间（Gay Alliance，2016）。

在个体咨询中，青少年可以学到健康的应对技巧，健康的性行为，以及建立自尊和积极认同感的方法。咨询师应努力利用家庭和社区资源，如作为盟友的父母或祖父母、学校人员和支持性团体（Craig & Smith，2014；Ehrensaft，2013）。咨询师可以基于认知行为疗法或叙事疗法，利用创造性活动识别负面或非理性的自动思维，并以更健康、更有效的方式重构个人叙事。

总体来说，咨询师应该努力确认 LGBTQ 青少年所经历的问题及由此产生的不适情绪。咨询师应帮助青少年了解困扰 LGBTQ 个体的社会和政治历史，并解释性取向是独特和复杂的。咨询师应帮助青少年确定健康的自我表达方式，并努力利用资源帮助 LGBTQ 青少年发展和成长。

亲密关系和约会

青少年通常在青春期开始探索浪漫的亲密关系。当两个彼此吸引的人分享一种包括思想、感情和行为的互惠关系时，浪漫的亲密关系就产生了。浪漫行为本质上可能是性行为，但也包括一些除性以外的活动，例如，在一起消磨时间，参加令人愉快的活动。

童年时期的人际关系经历有助于青少年在约会方面的表现（Rauer et al.，2013）。青少年经常观察他们的父母、大家庭成员、哥哥姐姐和公众媒体里的人物之间的互动，从而形成关于亲密伴侣如何互动的认识。通常，青少年和养育者之间形成的健康或不健康的依恋模式会在以后的生活中持续下去。

尽管青少年与家人和朋友的关系为浪漫关系搭建了基本框架，但性行为会增加浪漫关系的复杂性和混乱（Rauer et al.，2013）。青春期是一个令人困惑的时期，青少年的身体和情感会发生迅速的变化，而青少年往往会经历自我认同感的动摇。此外，生理上对性关系的渴望往往与情绪上的准备不一致。例如，比同龄人更早进入青春期的女孩通常性行为也更早（Moore，Harden，& Mendle，2014）。虽然他们的身体显示出性成熟和性欲望，但他们的情绪调节和人际关系洞察能力仍然缺乏，这导致这些青少年的亲密关系更加不稳定和不健康。

无回应的爱是导致情感问题的原因之一。所谓无回应的爱是指青少年渴望与一个人形成亲密关系但是对方并没有相同的想法。如果两个青少年尝试过性行为，但其中一方不对双方的关系做出承诺，这种无回应的爱具有很大的挑战性（Howard et al.，2015）。即使爱得到回应，也会有各种原因导致这个年龄段的青少年分手（如利益冲突、缺乏沟通或妥协）。有时分手对青少年来说是毁灭性的，因为他们的抽象思维能力还没有完全发展，心碎似乎永无止境。

以前的虐待经历也会影响青少年对性的概念化和表达方式，以及对亲密关系的需求。情绪、生理和性方面经历过虐待会导致青少年自尊心下降、难以维持健康的依恋、愤怒、抑郁、焦虑和过度的性行为（CDC，2015c；U.S. Department of Health and Human Services，2013）。经历过虐待的青少年在亲密关系方面可能会有独特的困难，而不仅仅是在发展方面。

当青少年在亲密关系中遇到问题时，他们在学校和工作中出现问题的风险更高。经历过亲密关系问题的青少年通常难以调节情绪（即使他们以前能够做到），并且可能会实施自我毁灭的行为（如滥交、吸毒、酗酒、旷课）（Foelsch et al.，2014）。在恋爱关系中遇到问题的青少年通常会把挫折感带到他们的友谊关系和家庭关系中，这会导致其进一步的孤立感和使用不健康的应对技巧（Foelsch et al.，2014）。亲密关系和约会是青少年发展的典型部分，需要成年人尤其是咨询师的密切关注。

性教育是帮助青少年了解自己的性行为、减少性传播疾病和怀孕风险的有效途径（Bourke et al.，2014）。性教育可以通过指导计划、小组活动或个人方式在全校范围内提供。早到 7 岁的青少年就可能在经历青春期，甚至十几岁的青少年也可能有性经历

（Moore et al.，2014）。性教育，尤其是对青少年的性教育，对一些人来说可能是个有争议的话题，咨询师应该在咨询关系保密的同时，争取得到家长的同意，提供性健康教育。

咨询师可以帮助青少年树立健康的自我意识，从而使他们能够以健康、客观的方式处理恋爱关系。咨询师可以利用各种创造性的活动来帮助青少年确定他们是谁，他们喜欢什么，以及他们的价值观、信仰和个人目标。这可以通过课堂指导单元来完成，在这些单元中，可以要求青少年画一幅关于自己的图画，写下 10 件他们喜欢的关于自己的事。咨询师也可以要求青少年创作代表他们未来希望和目标的拼贴画。咨询师还可以邀请青少年列出他们的亲密关系对他们个人成长和发展的支持方式，让青少年想象如果他们继续保持目前的关系，他们的生活将会如何发展。

咨询师还应该帮助青少年确定他们在家庭、邻里和社区中经历过的关系模式。咨询师可以帮助青少年确定人际关系中健康的界限，以及如何在学习、家庭、朋友、个人时间和亲密关系之间保持健康的平衡。咨询师可以帮助青少年确定他们关于恋爱关系的信念和看法，并告诉他们，他们的有些信念可能与同龄人或恋爱对象的想法不同。这些活动中的每一项都有助于培养青少年的抽象思维，并洞察亲密关系中出现的灰色地带。

咨询师应该特别注意处理任何可能阻碍青少年发展健康亲密关系的创伤或被虐待的经历。本书在其他章探讨了对经历过虐待或创伤的青少年评估和干预的策略。一般来说，咨询师应该留意是否有任何危险信号表明青少年存在超出典型发展问题的困难。在这个社会情感发展的关键时期，咨询师应该根据需要进行转介，以支持青少年。

此外，咨询师应该重点帮助青少年培养情绪调节、沟通和应对策略方面的技能，以应对亲密关系的困难时期。咨询师可以帮助青少年识别过去或可能的情景，在这些情景中，青少年感到悲伤、无助、愤怒或害怕。咨询师应该确认这些感受，让青少年通过创造性的活动，如写一首歌或在纸上画画来充分体验这些感受。然后，咨询师应该探索青少年在克服困难情绪时可以使用的积极应对技巧，如散步、与朋友交谈或写信。咨询师还可以赞扬青少年控制情绪的能力，并帮助其探索自信的沟通技巧，以满足一段关系中的需要，并强调这样做之后往往会带来的积极结果。

青少年可以利用他们在过去的友谊和学业成绩中所使用的技能，以有益、健康的方式处理亲密关系。然而，当亲密关系和性行为交织在一起时，会出现一些新的问题，咨询师应该努力让每个青少年都深刻理解自己关于性的个人经历、信仰和价值观。有时咨询师会发现，青少年的亲密关系并不一定健康，此时可能需要额外的干预措施。

亲密伴侣暴力

对恋爱关系中的青少年来说，还需考虑的因素是亲密伴侣暴力（Intimate Partner Violence，IPV）的可能性。亲密伴侣暴力可以通过身体暴力表现出来，即其中一方或双方使用殴打或其他暴力手段来胁迫另一方。性暴力、跟踪和心理攻击发生在亲密关系中时也被认为是亲密伴侣暴力（CDC，2014c）。亲密伴侣暴力有很多类型，并且可能是单独的事件或持续的事件。

亲密伴侣暴力在许多方面对青少年都是毁灭性的。亲密伴侣暴力的影响包括但不限于以下内容。

- 愤怒。
- 慢性疼痛。
- 死亡。
- 抑郁。
- 难以摆脱不健康的关系。
- 难以维持关系。
- 睡眠困难。
- 难以信任他人。
- 饮食失调。
- 闪回。
- 社会活动受限。
- 自卑。
- 轻伤，如割伤、划伤、瘀伤、伤痕。

- 惊恐发作。
- 身体、情感或智力受损。
- 严重伤害，如烧伤、骨折、头部外伤、器官损伤。
- 压力。
- 自杀。
- 不健康的应对技能，如毒品或酒精滥用、滥交。

大部分青少年都不会向任何人报告亲密伴侣暴力，他们可能会在很长一段时间内保持不健康的关系。长时间和频繁的亲密伴侣暴力会引发更多的有害影响（CDC，2014c）。

各种可能导致青少年伤害伴侣的风险因素已经被一些研究确认。在家中目睹过亲密伴侣暴力行为的男性青少年更容易在自己的关系中重现这种行为（Chen & Foshee，2015；Foshee et al.，2015）。在家庭、同龄人、学校环境和健康相关问题中经历更多压力事件的青少年更有可能参与亲密伴侣暴力（Chen & Foshee，2015）。除了压力，易怒也是青少年的一个风险因素（Foshee et al.，2015）。对女孩来说，更高程度的焦虑与较高的亲密伴侣暴力水平有关，邻里暴力也可能是一个因素。对男孩来说，酗酒也与亲密伴侣暴力有关（Foshee et al.，2015）。

青少年的亲社会行为和家长监护可以作为预防亲密伴侣暴力的保护因素。这也有助于青少年的亲密伴侣暴力行为在持续到成年之前得到识别和解决（CDC，2014c）。家长、学校工作人员和心理健康专家应了解亲密伴侣暴力的风险因素，并努力在问题表现出来之前预防。

促进来访者安全是亲密伴侣暴力干预的基础。在评估了当前的安全性后，咨询师应与来访者一起制订安全计划。青少年在设计和实施安全计划时往往需要父母的支持，因此咨询师应评估有关父母参与的法律和伦理方面的问题。如果青少年愿意接受父母的参与，学校和临床环境中的咨询师应该让家长参与安全计划。一些青少年可能不想让他们的父母知道他们的亲密伴侣暴力经历，这对咨询师来说是一个挑战。学校咨询师应评估任何有关保密的政策，并在政策确定有必要或青少年处于危险的情况下，将学生的亲密伴侣暴力经历告知家长。临床咨询师应鼓励青少年让他们的父母参与安全计划，并应在必要时披露信息，以保护青少年的安全。

安全计划涉及促进来访者情感和身体安全的各种方法。首要的是确定预防高风险情况的策略。接下来，我们将探讨来访者应对暴力情况的健康方式。

因为亲密伴侣暴力是一个严重的安全问题，所以咨询师应该考虑适时转介给医疗专业人员，以评估和治疗与亲密伴侣暴力相关的身体创伤。尽管提供医疗服务不在咨询师的执业范围之内，但在治疗中根据具体情况可以讨论基本的伤口护理问题并建议青少年应立即就医。咨询师应该尽可能地与青少年合作，让他们的父母参与进来。咨询师应该经常告诉青少年，出于安全考虑，他们的父母需要了解他们身处亲密伴侣暴力的环境中。

因报告虐待而产生的恐惧可能会阻碍青少年使用医疗服务，可能导致与亲密伴侣暴力相关的各种医疗并发症得不到解决。对于女性来访者，可以转诊以解决与亲密伴侣暴力相关的妇科问题（如性传播疾病、身体创伤、终止妊娠等）。对于同时出现物质滥用问题的青少年，医疗转诊可用于评估和治疗相关的健康问题（如丙型肝炎、艾滋病等）。如果来访者在家中的安全受到威胁，咨询师可能还需要推荐法律资源、交通和安全生活环境。

干预措施必须针对每个青少年的症状和情况进行调整。促进安全性、自尊和自我效能感及管理心理健康症状是应对亲密伴侣暴力的干预措施的主要目标。帮助青少年建立健康的支持网络、重新参与他们喜欢的活动，可以建立其心理韧性，促进康复过程。聚焦创伤的认知行为疗法（TF-CBT；Cohen et al.，2006）及儿童和家庭创伤应激干预（CFTSI；Berkowitz et al.，2011）主要针对儿童和青少年的创伤经历相关问题（如抑郁、焦虑、创伤后应激障碍）和父母对这些事件的应对方法，分别适用于 3 ~ 18 岁和 7 ~ 18 岁的儿童和青少年。寻求安全治疗模式经常用于治疗成年人同时发生的创伤和物质滥用障碍，也可用于青少年（即 13 ~ 17 岁咨询）（Najavits et al.，2006）。

目前针对亲密伴侣暴力已经有了一些预防计划，包括针对 13 ~ 17 岁青少年的安全约会（Foshee et al.，1998）和关系智能提升（RS+；Adler-Baeder et al.，2007），针对 11 ~ 14 岁青少年的约会事项及促进健康青少年关系的策略（Tharpe et al.，2011）。Joven Noble 是一项循证的预防计划，旨在促进 10 ~ 24 岁拉丁美洲男性和男孩的积极性格发展，以减少亲密伴侣暴力、物质滥用和意外怀孕。预防计划通常侧重于建立与亲密关系相关的沟通、冲突管理和决策技能，并发展对健康和不健康关系的理解，以减少语言或身体攻击行为的可能性。

青少年的社会和情感发展与生理、心理、遗传和家庭因素密切相关。一个青少年的社会情感幸福程度通常会支持或抑制其学业成绩，并对其长期的职业成功和整体心理健康产生影响。一些青少年患有精神障碍，抑制了他们社会情感的健康发展，但另一些青少年也会经历与发展水平相应的社会情感发展问题，需要咨询师特别留意。

在对青少年进行咨询时，咨询师应关注青少年建立和维持友谊的能力，这可以作为衡量其社交能力的指标。青少年必须能够与同龄人交流思想、情感和行为，而在这些任务中遇到困难可能表明他们缺乏积极的身份认同、自尊、自我调节能力或社交能力。咨询师还应该记住，一些有情感或行为问题的青少年在他们的社会交往中可能会使用欺凌手段，这可能会给欺凌者、受害者和旁观者带来负面影响。咨询师应该在咨询环境中使用适合青少年独特需要的各种咨询干预措施。

咨询师可能还需要解决与性、亲密关系、约会及伴侣关系暴力相关的问题，其中的每一个问题都要求咨询师在评估环境风险和保护因素的同时，对青少年形成一个全面的了解。咨询师必须对每一个社会情感问题都有专业性的知识，才能准确地确定青少年的问题，并采取有效的咨询干预措施。总体来说，学业、职业和社会情感健康情况紧密地交织在一起，咨询师应该努力解决任何可能影响青少年整体心理健康的问题。

古德塔的“I CAN START”心理咨询计划

本章开篇简要描述了 6 岁男孩古德塔的基本情况。他从肯尼亚来到美国后，正努力结交朋友。下面的“I CAN START”概念框架列出了咨询的考虑，这些考虑可能会对古德塔的学校咨询师或临床咨询师有所帮助。

C = 背景评估

古德塔是埃塞俄比亚裔 6 岁男孩。他出生在肯尼亚的一个难民营，在那里住了 6 年，不到 6 个月前，他和他的家人搬到了美国。古德塔在肯尼亚上了一所英语学校。在过去的 3 个月里，他在美国南部的一所多元化的小学就读，学习成绩优异。然而，古德塔在课堂上不举手，他倾向于自己玩耍和吃午饭。古德塔的老师形容他是一个“可爱、害羞的男孩，在交朋友方面需要一些支持”。古德塔的父母几乎不会说英语，但他们表示他们想要做一切“对他好的事情”。古德塔在课间休息时独自玩耍，午餐时安静地坐在角落里。

A = 评估和诊断

古德塔经历了一次非常规性转学，离开了他熟悉的环境，搬到了一个新的国家。他仍然和父母在一起，但他失去了以前所有的朋友和熟悉的环境。虽然目前还没有正式的诊断结果，但咨询师将采用干预措施来解决他的社交技能问题。

N＝必要的护理水平

- 基于学校的个体咨询（每周一次）。
- 基于学校的团体咨询（每周一次）。

S＝优势

自身：古德塔的学习积极性很高。他勤奋并有能力完成所有课堂作业。古德塔是一个英俊的青少年，他衣着整齐、讲究。古德塔有着温暖、有吸引力的微笑，随和的性格。古德塔喜欢制作汽车模型，他可以用各种游戏来娱乐自己，如积木或棋牌。

家庭：古德塔的父母对他的生活投入很大，经常参加学校活动，对学校的任何沟通都能迅速做出反应。古德塔的父母很有韧性，他们从家乡搬到难民营，而且能在美国获得居留权就证明了这一点。

学校与社区：古德塔的家庭生活在一个中等规模的城市，在那里可以获得各种资源，包括社会服务、免费图书馆、为经济困难家庭提供的免费课后项目、各种社会团体和青少年夏令营。

T＝治疗方法

- 社交技能训练。
- 团体治疗。

A＝咨询目的和目标（90 天目标）

古德塔将学习三种与同伴开启交谈的方式，并确保每天至少使用一种交谈策略。

古德塔将学习三种对他有用的社交技能，并确保每天使用一种社交技能。

古德塔将结交三个他可以友好相处的同伴，并确保每天至少一次与其中一位同伴在课间休息时一起玩耍或共进午餐。

R＝基于研究的干预措施

咨询师会帮助古德塔：

- 列出一份“咒语”清单，以建立对社会环境的信心；
- 练习结交新朋友的社交技能；
- 练习开场白；
- 识别希望朋友所具备的品质。

T＝治疗性支持服务

- 在校同龄人支持小组。
- 免费的学校课后项目。

总结

在儿童和青少年整个成长过程中，学业和社会情感的发展紧密地交织在一起。学校咨询师专门负责解决这些发展相关的问题（ASCA，2012），但所有从事儿童和青少年工作的咨询师都应了解青少年在这些领域取得成功的重要性。总体来说，健康的社会和情感发展使儿童和青少年能够专注于他们的学业，这最终会支持他们成年后的职业生涯。咨询师应该意识到与儿童和青少年的学业、职业和社会情感问题相关的发展问题。咨询师也应该利用儿童和青少年的优势和心理韧性来支持其在这些关键领域的健康成长。

一些有学业问题的儿童和青少年可能有先天的残疾，这会给学业发展带来额外的挑战。学业问题会导致自卑、抑郁和焦虑，对此，咨询师应该评估和解决儿童和青少年的学业需要。即使儿童和青少年没有患影响学业成绩的障碍，他们也可能会遇到时间管理、学习技能或考试焦虑等问题。咨询师应实施适当的咨询干预措施，以支持儿童和青少年克服这些困难，同时提供适当的支持和转介资源。

儿童和青少年也可能会因为学校变换而经历学业问题。在美国，每个儿童和青少年都会经历常规性的学校变换，但他们仍然会经历问题和焦虑。并不是所有儿童和青少年都会经历非常规性的转学，但那些经历过的儿童和青少年往往会在学业方面受到影响。在转学的过渡时期，咨询师应为儿童和青少年提供支持和适当的干预措施。

正如本章所强调的，坚实的社会情感发展对一个儿童和青少年的学业和之后的职业成功是必要的。有些儿童和青少年由于情绪或行为问题而不上学，这被称为拒绝上学或旷课。咨询师应该努力解决导致儿童和青少年失学的潜在社会情感问题，因为这些问题往往会导致学业和职业发展受到影响。

儿童和青少年在成长期通常会遇到的其他社会情感困难，包括难以建立和维持友谊、欺凌、性取向问题、亲密关系和约会，以及亲密伴侣暴力。咨询师应采取个体和团体干预措施，解决可能阻碍儿童和青少年健康成长和发展的问题。

总体来说，童年和青春期充满了发展变化和相关问题。所有的儿童和青少年都会在他们的生活中经历问题和困惑。咨询师应该意识到儿童和青少年可能面临的多重挑战，并解决这些问题，以支持儿童和青少年健康地发展到成年。

第 13 章　神经发育和智力障碍

索菲亚的案例

索菲亚活泼而有生命力。我们非常爱她。上周，她一年级的老师让我们来参加一个临时的家长会。她告诉我们她很喜欢索菲亚，并相信索菲亚在学业上是一个聪明的孩子。她的老师接着告诉我们，她在课堂上看到的一些状况让她确实有些担心。她说索菲亚好像经常失控，等不及轮到她回答，她的答案就脱口而出。她还说，她观察到索菲亚会打断其他同学，并认为索菲亚和同学相处有些困难。她的老师说她似乎话特别多，不能安静或独立地做一件事。

我先生和我在家里也观察到她有类似的行为，如打断他人、不守规矩及身体失控。因为她是五个孩子中最小的，她似乎很适应我们忙乱的家庭环境。索菲亚精力充沛，她经常整天忙个不停，而大多数晚上她都很难上床睡觉；我们已经接受了她就是这样的。但是老师很担心，所以我想知道是不是她出了什么问题。你怎么看呢？你有什么办法可以帮助索菲亚吗？

——索菲亚的母亲

随着儿童和青少年的成长，他们会达到各种各样的发展里程碑，包括粗大运动和精细运动、语言、认知和社交技能的发展。这些技能的发展帮助儿童和青少年面对不断发展的世界（Broderick & Blewitt，2014）。一些儿童和青少年存在智力和神经发育方面的问题，具体特征是发育缺陷（如学习能力受限、社交能力缺陷、执行功能困扰）。这些问题会损害儿童和青少年的个人、社交和学业功能。发育缺陷或损伤还会影响儿童和青少年的适应性功能，或者处理和满足日常生活所需的基本技能。儿童和青少年需要具备的技能包括沟通、社会化技能（如社会规则、法律遵守、察觉他人动机等）及个人自理技能（如吃饭、洗澡、穿衣、职业技能等）（APA，2013a；Ashwood et al.，2015）。如果没有掌握这些基本的适应性技能，儿童和青少年在学校、家庭和所处社区里都会遇到困扰。有发育缺陷的孩子的父母常常会表现出恐惧的情绪（例如，“为什么这种事会发生在我身上？”“是我做了什么才让我的孩子患上这种病吗？”）和对孩子的幸福和未来的担忧。在支持父母度过鉴定、诊断和治疗的一系列过程，以及处理与此过程中相关的情绪（如焦虑、内疚、否认、怀疑）时，咨询师可以起到尤为关键的帮助作用。

本章将讨论在治疗有神经发育和智力障碍的儿童和青少年时，一些比较有用的诊断、评估和咨询方法。这些缺陷通常在儿童早期表现出来，常常是在上学之前。虽然这些缺陷包括许多种障碍，但本章主要探讨最常被诊断的儿童障碍：注意缺陷/多动障碍、孤独症谱系障碍、智力障碍和特定学习障碍。

所有的智力或神经发育问题都涉及与大脑相关的心智发育过程的阻断，这将导致某种类型的认知功能损伤，程度从轻微到严重不等。智力和神经发育障碍可以表现为一系列广泛的症状和经历，但它们通常是先天性疾病。虽然大多数智力和神经发育障碍在出生时就出现了，但在儿童和青少年面临与学校环境相关的学业和社会需求之前，这些障碍往往不会完全表现出来或被观察到。在过渡到学校环境的过程中，儿童和青少年所经历的困难往往变得更加明显，这导致他们会在这个时期被转介进行测试和评估，以及接受所需的教育服务。

智力和神经发育障碍给孩子和他们的家庭带来了许多潜在的挑战。尽早诊断、进行咨询干预及家长参与咨询的程度均与更积极的结果相关（Kendall & Comer，2010）。

注意缺陷 / 多动障碍

注意缺陷/多动障碍（Attention Deficit Hyperactive Disorder，ADHD）是一种以注意力困难为特征的神经发育障碍。患 ADHD 的儿童和青少年在多个环境（如家庭、学校、人际关系）中都会出现注意力不集中、冲动或多动的困难。ADHD 是最常见的发育障碍之一，而一个普遍的误区是儿童和青少年长大后 ADHD 就会消失，但大多数 ADHD 会伴随患者的一生（COC，2015a）。ADHD 会影响儿童和青少年的幸福感、社会交往和学业成绩（AAP，2011a）。大约 5% 的学龄儿童被诊断患有 ADHD。尽管男孩被诊断为 ADHD 的概率是女孩的 2 倍，但许多人认为针对女孩的诊断可能不足，因为她们表现出的多动行为更少（多动行为通常会更吸引老师的注意力），而注意力不集中的表现会更多（APA，2013）。从诊断上来说，有三种类型的 ADHD。

- 注意力不集中型：这些儿童和青少年可能不能持续或密切地注意细节、指示，粗心大意，组织信息有困难，容易分心，健忘或丢三落四，不太听人讲话或难以听从指令。
- 冲动/多动型：这些儿童和青少年可能手或脚很难停下来，很难做到等待。常脱口说出答案，很难保持坐在座位上，不分场合地跑或攀爬，很难独立完成任务，不停地说话，身体里好像有个小马达，常打断他人。
- 混合型：这些儿童和青少年既有注意力不集中又有多动/冲动症状。

ADHD 是一种神经处理障碍，通常在 7 岁之前表现出症状（APA，2013）。ADHD 的注意力不集中的方面经常被误解，可能更适合被定义为注意力异常（Rausch et al.，2015）。尽管一些患有 ADHD 的儿童和青少年可能难以在较长时间保持注意力，但更多患有 ADHD 的孩子在注意力不集中和过度集中之间变换，后者通常被描述为超级注意力。这时，他们能在很长一段时间注意力非常集中，特别是当他做自己感兴趣的事情时。一般来说，注意力不集中表现为在聆听、注意、短时记忆或记住被告知的事情、听从指令或完成任务方面存在困难；在完全地投入和完成最初的任务前就不停地将注意力从一个活动变到另一个活动，以及当他从事喜欢的任务时将注意力转移到新的需求上（Kendall & Comer，2010）。这些注意力不集中的困扰最初表现为一个孩子无法在与其发育阶段相适应的时间内保持注意力。例如，一个幼儿可能玩一个玩具马上又换另一个玩具而没有专注地、真正地去玩，就好像从一个玩具前跳到另一个玩具前，或者在玩的时候，看起来很分心，像在做白日梦。

尽管冲动和多动都是基于相同的诊断标准（即冲动/多动型），并且看起来有很多重合之处，但这两个概念是独立的，本章将单独介绍。冲动，或者不充分考虑行动的影响或后果的倾向，是 ADHD 的症状之一。尽管冲动在整个儿童和青少年发展时期都是正常现象，但患有 ADHD 的儿童和青少年的不同之处在于，他们经常在学校任务和社会交往中表现出冲动，而且通常在学校环境中更加明显（Kendall &

Comer，2010）。此外，这些儿童和青少年往往在“计划、约束和控制力”方面有缺陷，这就是为什么他们在决策过程中更有可能采取仓促的方式（Hickson & Khemka，2013）。例如，在学校里，患有 ADHD 并被冲动困扰的儿童和青少年可能会表现出没办法安静地等到轮到自己，擅自离开座位，还没完成任务就转移到另一个活动，不举手就脱口说出答案，还会打断他人说话。这些困难往往会影响他们对他人做出适当的反应。这种冲动可能会干扰他们的学业，使他们的社会交往变得紧张，从而使适当地发展同伴关系和友谊变得更加困难。表 13-1 提供了两个处理冲动和多动行为的活动建议。

表 13-1 针对儿童和青少年冲动和多动行为的活动建议

活动	说明
每日冲动卡片	与来访者、家长或老师合作找出冲动行为发生的主要情形。接下来，将这些行为和情形分别列在索引卡片上，并告知来访者，他在这些情形下将被观察。请老师、家长或来访者自己来评价儿童和青少年管理他在某个特定情形下对冲动行为的控制能力（如在学校的书桌前完成英语作业）。在一天结束后或一个特定的时间，回顾儿童和青少年的每日评估，并与来访者讨论他做了什么，什么比较成功，以及之后在学校有什么需要注意的地方
解压玩具、舒压球	向来访者解释，他将收到一个舒压球或解压玩具，在他感到烦躁时可以使用（如注意力不集中、紧张、焦虑、坐立不安）。告诉来访者这个物品可以用来帮助他集中注意力或管理焦虑、紧张的感觉。告诉来访者恰当和不恰当地使用压力球或解压玩具的方式，允许来访者随身带着这个物品或选择一个固定的位置，在需要时可以找到它

多动包括不适当或不可取的过度身体活动和行动。它在行为上表现为过度地烦躁、坐立不安、四处游荡（如不能安静地坐着）、滔滔不绝地讲话、难以安静地进行自主活动（如阅读、家庭作业）。家长和老师经常会报告说，多动型的孩子一直在“忙碌着”，或者他们表现得好像“被马达驱动”一样，而且当他们从一种非结构化的活动转换到一种更结构化的活动时常常会很困难。例如，一个孩子可能在课间休息时表现得很好，因为课间活动没有太多的规矩限制，但在课间休息后，要他安静下来并重新回到教室会非常困难。

咨询注意事项

注意力不集中、冲动和多动方面的困扰会影响儿童和青少年的同伴关系和学业表现（Kendall & Comer，2010）。许多 ADHD 儿童和青少年会觉得很难开始、参与和维持适当的同伴关系。有时，这些儿童和青少年可能会无意中冒犯他人。他们常会违反社交规则（如忽视他人的提问、互动交流困难、从一个话题跳转到另一个话题等），也可能会被认为是粗鲁的、唐突的，甚至是有语言攻击性的（Kendall & Comer，2010）。下文提供了一个“社交虫子”活动（Social Bug Activity）示例，以帮助儿童和青少年了解如何与他人交往和互动。

实践活动 >>>>>

“社交虫子”活动示例

活动概述

有智力和神经发育问题的来访者通常在与他人相处和社交方面有困难。这种创造性干预是一种基于意识的活动，旨在增加来访者对自己那些可能使互动更加复杂化或恶化的行为的理解。正如活动的名称所暗示的那样，来访者可以有机会考虑可能会激怒或困扰（bug）他人的事情，而其他人可能也会做出激怒或困扰他们的事情。

活动目标

这个活动的主要目标是帮助儿童和青少年做到以下两点：（1）意识到那些可能会对他们的社会交往产生负面影响的行为；（2）识别并改正某些可能会妨碍形成和维持社会关系的行为。

活动步骤

1. 确定来访者已准备好参与这项创造性干预。这种干预对那些对自己的行为与社交关系缺乏一定觉察的来访者来说可能是不合适的。

2. 在活动开始时打印一张虫子（bug）的图片，或者让来访者画一幅虫子的图画。这只虫子应该有整张纸那么大，并分解成许多部分（如头、胸、腹部、腿、触角）。

3. 让来访者思考一些他与其他孩子在学校的互动。引导来访者找到那些在学校里其他孩子做出的激怒或困扰他的事情。如果来访者难以指出这些情景，可以引导他列出一些行为（如打小报告、骂人、吵架、失信、拿走东西、专横等）来提醒他。这些行为应该针对来访者在治疗过程中的具体情况和问题。让孩子在虫子图片上写下或画出已经找到的行为。

4. 接下来，询问来访者自己是否在学校对他人有过这些行为，是否会思考其他人喜不喜欢这些行为。最后，请来访者思考今后能让他的同学更好地接受的行为是什么。

过程性问题

1. 你做完这个练习感觉怎么样？

2. 为了与他人有更多积极的互动，你可能需要改正哪些会困扰他人的行为？

3. 哪些行为困扰了你？你又该如何处理和回应这些行为呢？

由于童年的中期阶段对学业的要求越来越高，患有 ADHD 的孩子的学业往往变得更加困难。在课堂上难以持续地集中注意力会导致老师的负面评价和较差的成绩。此外，这些儿童和青少年可能会面临与他们的行为有关的后果（通常与他们的注意力不集中或冲动有关），这可能包括被转介进行心理健康干预和来自学校的纪律处分（如留校、停学）（Rausch et al., 2015）。患有 ADHD 的儿童和青少年常常不能完成任务，受组织能力不足的困扰，以及很难保持注意力集中来完成学校里的多步骤的任务。

除了社交和学业上的困难，患有 ADHD 的儿童和青少年还经常表现得不听话、坐不住、容易分心、时间管理困难、容易感到无聊，这使提供咨询服务变得更具有挑战性。因此，咨询师需要选择一些创造性、多领域、多角度的咨询方式，并将多种生活环境和其他支持的人考虑进去，组成一个咨询团队。咨询团队通常包括家长、孩子、咨询师、医生、学校心理学家和教育专家。

因为咨询服务通常包括父母教育或父母培训的部分，所以咨询师必须了解家庭环境和动力。这样要求的理由有两个方面。其一，咨询师必须明白，在患有 ADHD 的儿童和青少年家庭中，父母与这个孩子的互动及其他兄弟姐妹与这个孩子的互动可能会出现紧张和冲突（Barkley，2013b）。虽然这些环境中的相处模式不是来访者患有 ADHD 的原因，但消极的互动可能会导致儿童和青少年出现对立违抗行为和行为相关的问题（APA，2013）。其二，因为 ADHD 有很强的遗传性，这种障碍可能也存在于其他家庭成员（如父母、兄弟姐妹）身上，这可能也会影响家庭动力。有些情况下，可能在他们的孩子被诊断出来并通过咨询而有所改善的过程中，父母也会开始慢慢意识到自己的一些症状。一个细节必须澄清：父母不是引发这些对立违抗行为或行为相关问题的原因，但消极的互动会加剧儿童和青少年的对立违抗行为和行为相关问题的严重性，而且父母自身的 ADHD 症状可能会影响他们对孩子行为的感知和反应（Barkley，2013b）。

最后，在咨询过程中，咨询师必须思考如何支持及提高父母和孩子的参与度。由于缺乏注意力、冲动或多动是 ADHD 的主要症状，咨询师必须考虑如何同时加强父母和孩子的咨询参与度。下文总结了一些可以帮助患有 ADHD 的儿童和青少年参与咨询的策略。

帮助患有 ADHD 的儿童和青少年参与咨询的策略

- 对他们富有同情心（如赞扬他们集中精力及持续努力的能力）。
- 要灵活应变并愿意专注于激励对方。
- 短程工作（如 8 ~ 10 分钟），并且奖励来访者短暂的休息时间。
- 为会谈创建一个视觉大纲，并将其展示给儿童和青少年。
- 需要时让儿童和青少年参与一些身体活动。
- 关注儿童和青少年的优势（如有很多资源、独特、有创造力、有自主精神）。
- 准备一盒解压玩具（如挤压球、袋子、橡皮、皮筋、橡胶手镯等），供咨询时使用。
- 为儿童和青少年提供发挥创造力的机会（如绘画、泥塑、木偶、积木、玩具）。
- 使用治疗书籍、练习册或智能手机、平板电脑（如有创意的应用程序）。
- 创建一个标志或密码（如触摸耳朵或把手放在一起），用来提醒儿童和青少年继续完成任务、慢下来，或者关注当前的任务、活动等。
- 愿意在咨询期间改变或改善儿童和青少年的环境。
- 给儿童和青少年提供选择（如把音乐、游戏或作业项目带入咨询会谈）。

评估

在对患有 ADHD 的儿童和青少年进行评估时，咨询师需要从父母、老师、以前的学校和心理健康专家那里获取信息。咨询师应考虑与孩子、家长和老师进行单独的面谈；从多个角度调查孩子的行为，并评估孩子在多种环境下的行为。临床访谈可能会找到那些可能会加剧问题行为的场景或条件，找到这些场景或条件对于 ADHD 的诊断和治疗计划都是无价的。

对儿童和青少年 ADHD 症状的态度和解释会影响 ADHD 的识别。被认定为有问题的行为或归因于 ADHD 的行为与 ADHD 的诊断之间存在着联系（Gomez-Benito et al.，2015）。例如，ADHD 的患病率在非裔和拉丁裔美国的儿童和青少年中稳步上升，但他们的父母并不总是认为相关的行为是有问题的，或者不主动寻求咨询或心理干预（APA，2013）。父母对 ADHD 症状的认同度较低可能有以下原因：（1）将与 ADHD 有关的行为视为符合其文化的行为；（2）因为担心 ADHD 的诊断所造成的影响而不寻求干预（例如，缺乏关于症状或治疗方案的了解，害怕被过度诊断或将 ADHD 误认为对立违抗障碍）；（3）他们认为周围的各种系统可能不值得信任或不支持他们的需求（Bailey et al.，2010）。与所有的咨询一样，面对此类咨询，咨询师也应具备文化敏感的能力，试图了解孩子和家庭的文化倾向、他们对于压力的理解、他们的心理社会压力源，以及咨询师和来访者之间的文化差异。

许多评估量表［如儿童行为量表（Achenbach & Rescorla，2001）、Conners 量表（第 3 版）（Conners，2008）、ADHD 评定量表 -5（DuPaul et al.，2016）、NICHQ 范德比尔特评定量表（第 2 版）（AAP，2011b）］可以帮助咨询师评估儿童和青少年的相关症状。尽管检查表和评定量表很有帮助，但直接观察和任务表现评价是评估儿童和青少年的 ADHD 的最可靠方法之一（Kendall & Comer，2010）。除了以上提到的这些测量工具，一种新兴的基于计算机的注意力评估方式是“注意力变量检查”（Test of Variables of Attention，T.O.V.A）（Leark，2007）。表 13-2 总结了几种常用的 ADHD 评估工具。

表 13-2 常用的 ADHD 评估工具

评估工具	适用年龄范围	概述
儿童行为量表（Child Behavior Checklist，CBCL）	6 ~ 18 岁	CBCL 是一个由家长评定、包含 124 项内容的量表，用来评估孩子特殊的和适应不良的行为。这个量表包含了与孩子相关领域的能力（如课外活动、人际关系、学业表现）及有问题的领域（如情绪障碍、焦虑障碍、ADHD、对立违抗障碍）。这个量表也可以作为评估进展情况的标准。CBCL 有一份教师报告表（Teacher's Report Form，TRF）、青少年自我报告表（Youth Self-Report，YSR）及针对 1 岁半到 5 岁儿童的儿童行为检查表（CBCL/ 1 ½-5）
Conners 量表（第 3 版）（Conners 3）	6 ~ 18 岁（老师和家长用量表） 8 ~ 18 岁（儿童自评量表）	Conners 3 是一个行为评价量表，通过父母、老师和来访者自评来识别和诊断儿童和青少年的 ADHD。Conners 3 有完全版（需要 20 分钟完成）和简洁版（需要 10 分钟完成）。这个量表有纸质形式和电子形式。在评估 ADHD 的同时，Conners 3 也评估共病障碍（即对立违抗障碍和行为障碍）和与 ADHD 相关的其他困难（如学习问题、违抗、攻击行为、同伴关系和家庭关系）
ADHD 评定量表 -5	5 ~ 17 岁	ADHD 评分量表 -5 是一个由家长和老师对 18 个题目进行评分的量表，用于评估儿童和青少年的 ADHD。与 DSM-5 中关于 ADHD 的两组诊断相对应（即注意力不集中及多动 / 冲动；APA，2013），这个量表为咨询师提供了在不同环境中（如家庭或学校）每种症状的频率。另外，这个量表有专门针对不同年龄阶段的版本（如儿童和青少年），用以在儿童和青少年的整个发展过程中识别 ADHD。这个量表不仅有助于识别 ADHD，也可用于测量在咨询治疗过程中儿童和青少年的改善程度
NICHQ 范德比尔特评定量表（第 2 版）	6 ~ 12 岁（也可以用于幼儿园孩子）	NICHQ 范德比尔特评定量表（第 2 版）有 64 道题目，通过由父母和老师评定的方法来评估孩子的 ADHD。该量表测量儿童症状的表现（如注意力问题、在细节上粗心大意、容易分心）、成绩（如阅读、写作、数学、人际关系），其他症状（如痉挛），并呈现之前的诊断和治疗（如焦虑或抑郁诊断、既往用药）。症状的评估可以归为以下类别：注意力缺陷为主；多动为主并伴有注意力缺陷 / 多动；多动结合漫不经心 / 过度活跃；对立违抗 / 行为障碍。该量表也有相应的后续量表供家长和老师评估症状和治疗效果
注意力变量检查（T.O.V.A）	4 岁以上	T.O.V.A 是一种计算机化的测试，用来评估孩子和成年人的注意力及冲动行为。T.O.V.A 有两种测试，一种测量视觉处理，另一种测量听觉处理。两者都会测量响应时间、响应时间的一致性、孩子成绩出现恶化的时间、出现的错误（或对非目标做出反应）、提早反应（或猜测反应）、按键反应次数与目标数量的比较。这种测试可以与临床访谈、行为测量、症状检查表一起使用，以更准确地诊断 ADHD

ADHD 易与对立违抗障碍和学习障碍高度共病。ADHD 还可与焦虑、抑郁（如破坏性情绪失调障碍）、物质滥用、行为和间歇性爆发性障碍（Intermittent Explosive Disorder，IED）同时发生（AAP，2011a；APA，2013；Nigg & Barkley，2014）。咨询师可能需要考虑进行医学评估，以了解可能与来访者 ADHD 相关的身体状况，如痉挛、运动协调问题或睡眠呼吸暂停，因为所有这些都可能加剧 ADHD 症状（AAP，2011a；Nigg & Barkley，2014）。

咨询干预

对于被诊断为 ADHD 的儿童和青少年，咨询师应针对其所有相关环境（如家庭、学校、社区）进行咨询干预，并整合儿童和青少年生活中的多个相关成员和系统的力量（如家庭成员、学校专业人员和卫生专业人员）（Erk，2008）。认知行为疗法（CBT）结合药物使用，对减少 ADHD 症状有最显著的效果（Dopfner et al.，2015）。与可能不具备从认知行为疗法中获得所需要的认知技能的幼儿打交道时，咨询师应该强调具体的行为改变和特殊技能的发展，用以改善他们的 ADHD 症状（Fabiano et al.，2009）。这种方法通常包括在行为干预方面对父母进行培训（如强化、代币系统、暂停），以及咨询学校相关的人员（Antshel et al.，2011）。

关于目前有效的 ADHD 治疗相关文献还指出：一系列文献表明神经反馈（neurofeedback）可能是一种治疗儿童和青少年 ADHD 的有效方法（Lofthouse et al.，2011）。神经反馈（如脑电图或 EEG）是一个学习过程，可以帮助儿童和青少年重新训练他们的脑电波，以自我调节冲动和分心（Duric et al.，2012）。使用内衬有电极的帽子，咨询师辅助儿童和青少年达到让注意力更集中状态的脑电波模式。例如，让一个孩子在玩电子游戏时戴着电极帽来监控他的脑电波。通过脑电波测量，当孩子表现出注意力下降时，游戏程序就会自动关闭。这种形式的操作条件反射使儿童和青少年能够监控和调节他们的注意力和分心情况。在进行神经反馈治疗之前，咨询师必须接受额外的培训。

儿童和青少年在进行认知行为疗法的咨询中能够学会一些技巧以控制他们的 ADHD 症状（如多动、冲动、注意力问题）。以儿童和青少年为中心的干预措施旨在提高儿童和青少年的认知和行为技能（如注意力、自我调节）的习得。认知行为疗法对 ADHD 儿童和青少年的关键作用是提高其冲动控制能力、问题解决能力、注意力持续时间、社交技能、组织技能和情绪调节技能（如自我安抚能力、控制愤怒和情绪反应的能力）。针对父母的培训经常被整合到认知行为疗法中。咨询师还可以与学校人员协调治疗目标，以实施基于学校的干预措施。表 13-3 提供了给患有 ADHD 儿童咨询时的常见咨询目标。

表 13-3 中讨论的咨询目标也适用于青春期的青少年。表 13-4 提供了给患有 ADHD 儿童和青少年提供咨询时的常见咨询目标。

表 13-3　患有 ADHD 儿童和青少年的常见咨询目标

针对父母	• 建立家庭内部规则和结构 • 学会赞扬积极的行为，忽略轻微的不恰当的行为 • 使用适当的命令（简单而具体地指出对儿童和青少年的期待） • 对于如何处理在新环境和公共环境中的破坏性行为进行提前计划 • 稳定、恰当地使用暂停 • 创建代币制度和每日行为图表（如奖励和结果） • 建立学校和家庭的沟通记录系统（如在家中奖励在学校的好行为、追踪家庭作业完成情况）
针对学校	• 表扬适当的行为，忽略轻微的不适当行为 • 使用恰当的指令（具体的、可执行的） • 提高学习成绩（如分解任务、提供任务选择、提供同伴辅导、使用计算机辅助教学） • 适当照顾儿童和青少年（例如，更换课桌的位置，让孩子与另一个学生一帮一，允许休息，提供即时或频繁的反馈，要求孩子在学习新内容之前先修改之前的错误） • 建立一个带有奖励和结果的行为表（如针对个人和全班） • 使用暂停（通常只有几分钟的时间，年龄越小的孩子暂停时间越短） • 写一张每天从学校带回家里的便条
针对儿童和青少年	• 教授社交技能（如沟通、合作、积极、参与、分享、应对干扰） • 增强儿童和青少年识别和调节情绪的能力 • 帮助儿童和青少年发展同伴友谊 • 提高在学校和家里的组织技能 • 增加解决社会问题的能力（如指出问题、头脑风暴处理办法、选择解决方案、实施解决方案、评估结果） • 减少不受欢迎的和反社会的行为（如侵扰、攻击行为）

表 13-4 患有 ADHD 儿童和青少年的常见咨询目标

提高组织和计划能力	• 使用文档系统（如日历、智能手机应用程序、计划表）来提高组织技能、家庭作业完成情况、学业预期规划 • 将较大的任务和项目分解成更小、更容易管理的步骤 • 制订一个行动计划，包括为任何可能会产生焦虑、烦躁的任务设定期限
减少分心	• 提高儿童和青少年对在休息前可维持的注意力长短的觉察（以分钟为单位） • 学会将较大的任务分解，如分成很多小任务，完成这些小任务需要的时间不会超过儿童和青少年可维持的注意力时间 • 使用计时器和闹钟来帮助完成任务 • 当分心的事情发生时，把它们写下来，而不是立刻去做分心的事（即延迟分心）
提高解决问题的能力	• 学习和练习解决问题的技巧（例如，找出问题，头脑风暴可能的解决方案，将解决方案分解为可管理的步骤，尝试最佳的解决方案，并评估结果）
学习和应用认知重构技术	• 识别并挑战自我批判的想法和信念（如考虑替代的想法和策略来解决有问题的、不合理的想法）
减少拖延	• 利用学习到的解决问题的技巧来解决拖延症
提高沟通技巧	• 学习、练习和实施积极倾听的技巧（如眼神交流、重述、共情性表达）；让他人先说完自己再说 • 学会理解他人的社交线索和意图 • 学习社交问题解决技巧（如对社交状况、问题提出想法和解决方案）
学习和应用愤怒和挫折管理技巧	• 学习和实施减压技巧（如渐进式肌肉放松） • 以自信而不是咄咄逼人的态度与他人交往

儿童和青少年也可以从学习实用的行为策略中获益，以缓解计划、组织和时间管理方面的困难（Rausch et al.，2015）。例如，一个组织能力有困难的孩子可能会获益于视觉计划表（如墙上的日历）或智能手机上的电子提醒系统，以防止其分心、保持状态，以及辅助自我调节的时间管理。孩子也可以从发展他们的组织能力中获益，包括使用以下策略。

- 针对每个科目使用不同颜色的笔记本和相应颜色的文件夹（如蓝色是英语、红色是数学等）。
- 用一个笔记本记录家庭作业（如课程、作业、所需的书本和材料）。
- 月度任务日历（可以放在储物柜、卧室或厨房）。
- 定期清理日（清理桌子、背包、任何存放作业的地方）。
- 在家里有一个不受干扰的地方用来完成家庭作业。

组织工具也可以帮助儿童和青少年学习用来调节冲动、注意力和组织能力的自我控制和自我调节技巧。儿童和青少年的父母可以在家中实施以学业为基础的干预措施，以提高儿童和青少年的学业成绩（Bertin，2011）。

咨询师也可以使用认知行为疗法来帮助儿童和青少年（尤其是已经发展了元认知技能的儿童和青少年），帮助他们发展有益的、富有成效的思维模式。除了 ADHD 自身的症状（如健忘、丢失物品、冲动行为），患有 ADHD 的儿童和青少年往往会对自己和自己的能力形成一种消极的看法。咨询师可以帮助儿童和青少年学会挑战这些消极的观点和无益的想法。例如，患有 ADHD 的儿童和青少年经常会为是否参与他们感到困难的活动而犹豫不决。对此，咨询师可以通过帮助儿童和青少年用新的思维方式进入这个新的情况，从而挑战和改变他们的想法。下面的认知行为干预案例中，一名咨询师帮助一个 13 岁的青少年挑战她的一种消极的、没有建设性的想法，这种想法使她无法开展新的活动。

咨询师：当你的老师问你是否可以成为团队项目的领导时，你能告诉我你是怎么想的吗？你认为自己能否胜任？你对自己说了什么？

来访者：嗯，我觉得我不会做好的。上次我就把我们的项目成果忘在了校车上，结果整个团队都丢了分。我什么都做不好，而且会把每件事都搞砸了。

咨询师：让我们分析下这个想法，“我把每件事都搞砸了”的想法。跟我讲讲那些你把事情做好的时候。

来访者：好的。我想我有时也会做好事情。但是大多数时候我会忘记一些东西或丢失一些东西，我不能专心致志，然后就会把事情搞砸。

咨询师：那能不能给我讲讲当你按时交作业，参与课堂讨论，按时完成活动的时候。

来访者：嗯，好的。我想我明白你的意思了。我能做好很多事。我的意思是，大多数事情我都能做好，但是我很难忘记我犯错的时候。

咨询师：这就像消极的想法试图欺负你，让你甚至不敢去尝试。

来访者：是的。它告诉我，我会再次犯错，所以何必费心。

咨询师：那你会给一个在尝试之前就被想法欺负而放弃的朋友什么建议呢？你会对她说什么呢？

来访者：嗯，我不知道。也许我会说，“如果你不去尝试，你当然会失败。”

咨询师：如果你朋友的想法还在欺负她，你还能对她说什么？

来访者：我想我会让她告诉她，虽然她之前犯了错，但这并不意味着她会再犯错。

咨询师：跟我谈谈，如果你接受这个建议并改变你的思维方式，对你来说意味着什么呢？

认知行为疗法是高度结构化的、直接的、具体的干预措施，可以用于帮助儿童和青少年改变他们的想法和行为。咨询师应从认知行为疗法的角度出发，专注于研究儿童和青少年的想法，以及他们对自我和世界的信念会如何影响他们的感受，并最终影响他们的行为，而不是对某一情况背后的情绪进行冗长的阐述。认知行为疗法对患有 ADHD 并了解自己思维模式的儿童和青少年来说在发展阶段上是适合的。在使用认知行为疗法时，咨询师扮演一个坚定而又支持性的角色，重新引导来访者，试图帮助他们专注于期望的任务，朝着咨询目标努力。例如，一个孩子可能知道在社交环境中需要做什么（如参与积极的社会互动），但不知道如何实现它。咨询师可以帮助儿童和青少年识别任何妨碍行动的不合理的想法、信念或期望，以及帮助儿童和青少年把这种复杂的行为分解成更小的、更容易管理的任务（如沟通、自我管理、社交问题解决）。认知行为疗法可以增强青少年的注意力持续时间、冲动控制和解决问题的能力。

虽然 ADHD 会带来很多困扰，但那些患有 ADHD 的人也拥有独特的能力和优势，这些能力和优势可以作为咨询过程的一部分加以强调（Young & Bramham，2012）。以下列出了患有 ADHD 的儿童和青少年的潜在优势。

患有 ADHD 的儿童和青少年的潜在优势

- 具有冒险精神和勇气。
- 可以非常专注于某些任务。
- 具有创造性和艺术性（如设计、音乐、艺术）。
- 乐观并对自己有强烈的信念。
- 是有魅力的、幽默的、阳光的。
- 有独创性（如有创造性的、独特的、原创的想法）。
- 热情奔放、富有感染力（如机智的、令人愉快的、风趣的）。
- 具有韧性和学习的毅力。
- 有强烈的公平感，慷慨和富有同情心。
- 愿意承担风险（如常常是发起者，不怕付诸行动）。
- 有自发性。
- 有充沛的精力、激情和激励他人的能力。

从认知行为疗法的角度来看，以优势为基础的关注可以凸显来访者的力量，并将困扰重新定义为积极的一面。许多患有 ADHD 的儿童和青少年都在与自尊作斗争，他们觉得自己是与其他孩子“不一样”的。对他们特有能力的强调可以帮助他们改变对自己的思考方式，从而改变他们对自己的感受。咨询师利用咨询会谈期间的机会对来访者完成任务给予赞扬，可以帮助来访者朝着咨询目标努力，同时提升儿童和青少年的自尊和掌控感。

对父母的教育与培训是儿童和青少年 ADHD 综合治疗计划的另一个重要组成部分。对父母的教育与培训从找出对儿童和青少年感到困扰的行为的详细描述（如什么行为、什么时候、在什么条件下），以及成年人如何对这些行为做出反应作为开始（Antshel et al.，2011）。咨询师可以帮助父母探索什么条件可能触发、加剧甚至维持孩子的行为困扰。此外，咨询师可以通过父母教育与培训来帮助他们学会行为干预（如强化，即表扬、实施代币系统、使用暂停），从而增加孩子的适应性行为（Erk，2008）。

父母应尽量使用简明的语言反馈，包括表扬和纠正性反馈。纠正性反馈可以是简单地针对儿童和青少年的破坏性行为做出重新指导。这些重新指导应该始终如一地执行、及时或立即实施、简洁而明确（即陈述行为、后果和强化措施），并帮助纠正儿童和青少年和赋予他们权力（Treso et al.，2010）。例如，与说“请让你的妹妹把话说完”这句话相比，父母可以用另一种方式提醒孩子注意家里的规矩，并提供一种替代方案，例如，“不要打断你的妹妹。在你想要说话时，你可以先听你妹妹说，或者想想你接下来要说什么。”

一些患有 ADHD 的儿童和青少年也可能患有对立违抗障碍，而父母可能很难管理对立违抗行为。咨询师可以教父母在向儿童和青少年提出要求之前暂停一下，先看看是否可以提供选择或重新指导，并监控他们自己对儿童和青少年行为的反应，不要让愤怒或恼怒影响他们提供的反馈（Bertin，2011）。角色扮演可以用来教授父母这些技能。

父母培训还应包括以下方面的教育：（1）ADHD 的症状及其如何恢复；（2）加强和关注积极行为；（3）采用积极的教养方式；（4）使用代币系统来影响儿童和青少年的行为；（5）适当地使用暂停；（6）规划未来的行为。咨询师可以向父母解释，尽管稳定的养育可以调节 ADHD 的症状，但最终是生物因素在驱动这种行为，所以这些儿童和青少年需要父母特别的支持（Bertin，2011）。下文为患有 ADHD 的儿童和青少年父母提供了一些建议。

给患有 ADHD 儿童和青少年的父母的建议

- 为你的孩子建立具体的、可衡量的每日目标。
- 设定实际的、符合孩子情况（能力和理解水平）和环境（家庭、学校、社区）的、明确的界限和结果。
- 保持一个有条理、可预测的日常安排（如过渡时间、空闲时间、吃饭时间、就寝时间）。考虑使用时钟和定时器，让你的孩子有足够的时间从一个活动过渡到另一个活动、完成家庭作业、休息、准备睡觉。
- 为你的孩子建立一个私人的，安静的地方。确保这不是孩子休息的地方。在这个空间里，孩子可以远离其他家庭成员，聚焦于自己的想法。
- 考虑一下家庭系统中正在发生的事情（如父母、兄弟姐妹、变化、压力源），这些可能会增加和加剧孩子的 ADHD 症状。采取措施减少这些变化对孩子的影响。
- 为你的孩子提供清晰和适当的命令，并在需要时使用额外的提示（如手势、语言）。通过口头表扬（即正强化）来突出孩子的成就、能力和进步。在家里提供奖励（如代币系统、行为图表）来鼓励孩子做出期望的行为。

- 在人际社交方面帮助孩子，例如，温和地和他说话，帮助他就可能遇到的潜在社交场合进行角色扮演（如结交新朋友），选择和安排交友约会（注：一次不超过一个或两个朋友），并安排出时间与孩子玩耍、交谈（如为得体的社交行为和互动做出榜样）。
- 与孩子的学校和老师建立日常交流（如每日报告卡片、陈述报告）来增加家庭和学校之间的交流。
- 忽略那些轻微的消极行为。在需要纪律约束的情况下，考虑使用适当的、非体罚措施（如暂停、取消特权）来阻止孩子的行为，给孩子更多的时间来考虑更合适的行为。
- 通过减少刺激（如电子游戏、电视）、减少咖啡因摄入、减少剧烈身体活动（如让他画画、阅读或添色）或在睡觉前与孩子拥抱和交谈，以帮助孩子入睡。试着建立一个固定的就寝时间。
- 如果医生认为需要药物治疗，那就努力为你的孩子找到正确的药物和医生，并遵循医嘱。

精神药物治疗、兴奋剂类药物，如阿德拉、哌甲酯、专注达、福卡林，可有效减少儿童和青少年 ADHD 患者的症状（AAP，2011a）。兴奋剂对孩子的一些常见副作用包括头痛、腹痛、食欲缺乏和睡眠障碍（AAP，2011a）。缓释型兴奋剂被认为可以提高药物依从性（如用更少的剂量就可以达到预期服药水平），而且缓释型药物的效果可以维持一整天。兴奋剂类药物容易上瘾，家长应该向开处方的医生了解此类药物的风险和益处。一些儿童和青少年可能对兴奋剂药物没有反应，或者可能不能忍受副作用。

非兴奋剂类药物，如阿莫西汀、胍法辛、可乐定，也可以有效治疗 ADHD 症状（AAP，2011a）。不过，这些药物还没有被批准用于学龄前儿童，但它们可以帮助改善注意力持续时间、工作记忆和冲动控制。表 13-5 提供了通常用于治疗儿童和青少年 ADHD 的药物相关摘要。

表 13-5 治疗儿童和青少年 ADHD 的常用药物

类别	药物	药理	优势
兴奋剂类	阿德拉 哌甲酯 专注达 福卡林	兴奋剂类药物刺激中枢神经系统活动；它们刺激大脑中的细胞产生更多原本不足的神经递质。兴奋剂类药物可以减少多动、提高注意力、增强冲动控制	• 兴奋剂类药物非常有效（对 70% ~ 80% 儿童和青少年有效） • 兴奋剂类药物往往起效很快
非兴奋剂类	阿莫西汀 胍法辛 可乐定	非兴奋剂类药物或者可以增加去甲肾上腺素（如阿莫西汀），或者可以影响大脑中的受体（如胍法辛和可乐定）。它们可以提高注意力持续时间、工作记忆、和冲动控制	• 非兴奋剂类药物相对兴奋剂类药物往往会引起较少的失眠、烦躁和食欲降低 • 非兴奋剂类药物有较低的滥用或成瘾风险 • 非兴奋剂类药物不像兴奋剂类药物失效那么明显

孤独症（自闭症）谱系障碍

孤独症（自闭症）谱系障碍（Autism Spectrum Disorder，ASD）是一种具有遗传和环境风险因素的神经障碍（Klinger et al.，2014）。基因可能在 ASD 的发展中发挥着重要作用（Klinger et al.，2014）。此外，环境因素，例如，产前和围产期危险因素（如产妇感染、妊娠并发症、产妇或父亲高龄）和环境毒素（如污染物、杀虫剂）也可能影响孤独症的发展（Klinger et al.，2014）。尽管 ASD 的具体原因还没有完全弄清楚，但是在大量的研究中，关于儿童和青少年接种疫苗与孤独症之间存在联系的怀疑已经在很大程度上被否定了（DeStefano et al.，2013）。

患有 ASD 的儿童和青少年在社交和与他人交流的能力上有明显的缺陷（APA，2013）。这些儿童和青少年表现出非典型的沟通方式（如缺乏眼神交流、词或短语的重复、缺乏面部表情等），缺乏对社会交往的渴望（如往往更专注于物品而非人），并对环境中的刺激表现出异于常人的反应（如在他人叫他们或提到他们名字时没有反应）（Gray & Zide，2013）。大约 1% 的美国人口（APA，2013），或者说每 88 个美国孩子中就有 1 个患有 ASD（CDC，2012）。被诊断为 ASD 的男孩比女孩多 4 倍。孤独症通常最早在 3 岁以下的儿童身上被诊断出来（APA，2013），但是有些儿童可能在之后才被诊断出来（这取决于严重程度和家庭寻求干预的及时程度）。ASD 在全世界的孩子和所有社会经济阶层中都有大量的数据记载（Kendall & Comer，2010）。

除社交障碍，ASD 儿童和青少年的行为、兴趣或活动在本质上是限制性和重复性的。例如，有 ASD 的儿童和青少年可能会有重复性行为（如坚持给玩具排队）或重复的言论（如从电视或书籍上引用素材），会模仿他人说话（如重复自己听到的内容），对于他们的日常程序不能灵活应变，执着于一个特定的兴趣或物品（如只谈论美国总统或火车），或者进行刻板行为，如自我刺激行为（如来回摇摆，拍手）（APA，2013）。除上述症状外，ASD 儿童和青少年还可能在认知和适应功能方面受到限制。ASD 的严重程度可以根据儿童和青少年的社交能力和限制性重复性的行为来划分（即，第 1 级——需要支持；第 2 级——需要很大的支持；第 3 级——需要非常大的支持）（APA，2013）。表 13-6 总结了 ASD 的严重程度。

表 13-6 ASD 的严重程度

	ASD 的严重程度		
	1 级：需要支持	2 级：需要很大的支持	3 级：需要非常大的支持
社会交往	• 在没有支持的情况下，有明显的社交缺陷和社交技能缺失 • 儿童和青少年对社交互动的开始和维持感到困扰 • 儿童和青少年对社会交往和建立社交关系兴趣不大	• 儿童和青少年在言语和非言语沟通上有明显缺陷 • 儿童和青少年对建立社会交往没有兴趣 • 儿童和青少年对社交线索、暗示有很小或异常的反应	• 儿童和青少年在言语和非言语沟通上有严重的缺陷 • 儿童和青少年几乎没有社会交往 • 儿童和青少年对社交线索、暗示几乎没有反应
受限的、重复的行为	• 仪式和重复的行为对至少在一个场景中的功能造成干扰 • 儿童和青少年对他人尝试中断或改变自己单调、重复性的行为有所抵制 • 儿童和青少年难以顺利地从一个活动转换到另一个活动	• 单调、重复性的行为经常发生，在多个场景中被观察到并影响自身的功能 • 当单调、重复性的行为被中断或改变时，表现出压力 • 儿童和青少年对任何日程安排、环境或惯例的变化都感到困扰	• 儿童和青少年表现出来的偏执、过度关注及单调、重复性的行为明显影响了其在所有场景中的功能 • 当单调、重复性的行为被中断或改变时，表现出明显的压力；对其进行改变或引导是困难的 • 儿童和青少年对任何日程安排、环境或惯例的变化都感到极大的压力

资料来源：Adapted from APA（2013）.

由于与 ASD 相关的症状、行为和功能水平的范围很广，这种障碍可能有不同的表现形式，从而使早期和准确的诊断复杂化。一名 ASD 患儿可能智商较高，但在人际交往和交流方面（如与其他孩子玩耍）有困难。另外一名孤独症孩子可能智商较低，且在社会交往和沟通方面有更严重的症状，表现出更严重的行为问题（如自残、爆发攻击性）。

咨询注意事项

ASD 的早期识别和干预至关重要，可以对长期功能有最佳的影响。以下列举的一些迹象表明一个孩子可能患有 ASD：不能及时达到正常的成长里程碑，有限的目光接触，社会交往受限，语言发展受限。ASD 的诊断是基于可观察到的行为。咨询师必须考虑到，这些行为不仅是孤立的行为，而是一种沟通形式（Sicile-Kira，2014）。行为（甚至是令人困惑的行为）是一种交流方式，尤其是对那些不能用语言表达的孩子来说。举个例子，设想一个不太能用语言表达的幼儿，不停地脱掉身上的衣服。这种脱衣服的行为可能是孩子试图与他周围的成年人沟通或给他们传达些什么。因此，如果咨询师能识别出一种模式（如孩子只有在穿某些衣服时才会脱衣服），那么他们就能明确孩子可能是对某种布料或某种品牌的织物柔顺剂有接触性过敏。因此，即使没有使用语言的情况下，咨询师也应该假设所有的行为都传达了一个信息。

患有 ASD 的儿童经常与感觉处理障碍（sensory processing problems）作斗争（也就是处理通过他们的感官获得的信息）。有些儿童可能过于敏感（如无法忍受巨大的噪声、明亮的灯光或触碰），而有些儿童可能不够敏感（如对痛苦有极端忍受力、对自己的身体力量没有意识、对个人边界不太敏感并不停地触摸他人）。与这种感觉处理障碍相关，患有 ASD 的青少年经常经历身体和情绪的调节异常。在很多情况下，青少年无法控制自己的情绪，这导致他们发脾气或做出发泄行为（如爆粗口、身体攻击），从而加剧本已紧张的人际关系。咨询师需要帮助父母和孩子在试图改变环境和改变孩子的行为之间取得平衡（Sicile-Kira，2014）。例如，如果一个有感觉处理障碍的孩子在有白炽灯的环境中表现得更加躁动（如发脾气），那么改善他的行为（如暂停、散步）可能会有帮助，而不是试图在所有场合都不使用白炽灯。

对父母来说，抚养患有 ASD 的儿童和青少年是一件非常困难的事，咨询师应该对此保持敏感。这些儿童和青少年可能需要极大的关心和关注。他们通常不会像其他孩子那样对爱和感情做出回报，而且当家庭常规和活动被打乱或改变时，他们会有强烈的反应。此外，ASD 儿童和青少年的兄弟姐妹可能会因与 ASD 儿童和青少年的尴尬互动而感到困扰、承受父母的压力，或者因为被要求照顾有 ASD 的孩子而从父母那里得到较少的关注（Sicile-Kira，2014）。因为 ASD 会影响整个家庭，所以家庭的参与和投入对咨询的成功至关重要。咨询师应将家庭成员和孩子的支持系统纳入治疗，并努力确认他们的经历。

患有 ASD 的儿童和青少年在交流方面有缺陷，所以咨询并不总是通过传统的谈话治疗形式来完成，也可以使用替代交流工具。例如，在交流方面有严重障碍的儿童和青少年可以使用辅助与替代沟通系统（Augmentative and Alternative Communication，AAC）设备来交谈和维持他们的日常活动（如交流基本需求——饥饿、上厕所）。父母的培训和教育可以侧重于语言交流，但行为干预（如应用行为分析）通常是治疗的选择。治疗 ASD 儿童和青少年的目标通常包括解决感觉处理障碍（如对感官刺激感应过激或不足）、增加交流（如非言语表达和语言交流）、改变不恰当的社会行为（如撞头、攻击）、提高社交技巧和关系，以及增加自我调节功能（如自我关照、作业疗法、学习技巧）。

评估

做 ASD 评估时，咨询师应该进行临床面谈，并要考虑到儿童和青少年的发展里程碑、任何异常行为的既往史、上溯三代的家庭病史、孩子的病史及曾经的心理健康治疗及其有效性情况（Butler et al., 2012）。标准的面谈评估，如 ASD 诊断访谈量表修订本（ADI-R）是评估最小为 36 个月大婴儿的 ASD 症状的有效方法。ASD 的评估历来依赖于与家长的面谈及其对孩子行为的回顾和间接报告；然而，收集相关报告和历史数据可能很费时并可能会延误诊断。有赖于结构化的行为观察量表的发展［如儿童孤独症评定量表第二版（Childhood Autism Rating Scale, Second Edition，CARS-2）；ASD 诊断观察量表第二版（Autism Diagnostic Obserration Schedule，Second Edition，ADOS-2）］，通过对最小为 2 岁的孩子的沟通、社会互动和玩耍的评估，可以得到更快、更可靠的诊断（Kendall & Comer，2010）。表 13-7 提供了几种常见的 ASD 评估工具。

ASD 儿童经常同时患有精神障碍（APA，2013），许多 ASD 儿童（超过 31%）有智力障碍（Butler et al.，2012；Klinger et al.，2014）。由于他们的沟通存在困难，他们自我报告其他症状的能力可能会有限，因此他们的养育者会成为重要的信息来源。患有 ASD 的青少年也可能患有 ADHD 或发育协调障碍，以及各种身体问题（如癫痫、睡眠问题、便秘）。咨询师应该了解这些同时发生的精神和身体疾病，并确保来访者有一个满足他的所有需求的全面治疗计划。

表 13-7 常用的 ASD 评估工具

评估工具	适用年龄范围	概述
ASD 诊断访谈量表修订版（ADI-R）	2 岁及以上	ADI-R 是用来评估 ASD 的半结构化的临床访谈。有 93 道题目，主要针对儿童养育者进行，ADI-R 关注三个主要领域：社交互动的质量、语言的使用和交流、单一重复性的（即模式化的）行为和兴趣。此外，这种工具通过评估诸如自残、记忆力、运动能力和过度活动来帮助制订治疗计划。访谈通常需要 90 分钟
儿童 ASD 评定量表第二版（CARS-2）	2 岁及以上	CARS-2 是一个有 15 道题目的观察测量量表，它有两种版本：标准版和高功能版（针对口语流利，智商在 80 以上的儿童）。这两种版本都会评估儿童对他人的理解能力、非言语交流、活动水平、智力反应和模仿能力。这种工具可以用于评估 ASD 及对咨询的进展进行评价
ASD 诊断观察量表第二版（ADOS-2）	1 岁及以上	ADOS-2 是一种半结构化的观察工具，有助于跨越年龄、发展水平和语言技能对 ASD 进行评估。ADOS-2 通过使用交流刺激物（如玩具、布娃娃、积木）来形成可控的活动（如玩耍、卡通、任务演示），用以激发行为来评估来访者的交流、社交互动、单一重复性的行为。不同模块的使用取决于孩子的语言流畅性和年龄

咨询干预

对 ASD 儿童和青少年的咨询方法应该集中于解决特定的症状和增加适应性功能。一种综合的治疗方法，即将应用行为分析（Applied Behavior Analysis，ABA）的干预、社交技能训练、辅助疗法（如教育、语言和作业治疗）和父母培训相结合，是治疗 ASD 儿童和青少年最有效的方法（Butler et al.，2012）。ABA 被广泛认为是治疗 ASD 儿童的黄金标准（Boutot & Hume，2012；Matson et al.，2012）。ABA 来源于心理学家斯金纳的操作条件反射原理，而操作条件反射又来源于这样一个概念：任何行为都可以通过差异性强化而改变。ABA 处理原则可用于增加或减少任何行为的发生。例如，ABA 可以减少孩子发脾气或（情绪）爆发的发生，增加适应性行为的发生，以及学到社交技巧。

ABA 可以帮助孩子将一项任务分解成更小的步骤，并通过强化适应性行为，教会孩子完成该行为所需的一系列行动。例如，教 ASD 儿童和青少年刷牙可能会对以下步骤进行强化：寻找她的牙刷和牙膏、打开牙膏管、把适量的牙膏挤在牙刷上、刷她的上牙、刷她的下牙、刷她的舌头、吐出牙膏沫、漱口，以及把所有物品归至原位。

ABA 的广泛应用可以让孩子和家庭参与到与 ASD 有关的问题解决的行为（如沟通、社交技巧、适应性生活，包括吃、穿、上厕所和个人自理）中，以及针对儿童和青少年特有的具体问题。ABA 的多样性使咨询师可以在团体、家庭或一对一的情况下提供治疗。ABA 还可以用于许多环境（如学校、家庭、诊所）。例如，一名咨询师可以在一个团体中提供 ABA，包括让那些没有 ASD 的孩子起到适应性社会互动的示范作用。同伴培训经常被整合到 ABA 治疗中。表 13-8 总结了几个 ABA 技术及其应用示例。

表 13-8 ABA 技术及其应用示例

ABA 相关技术	概述	示例
离散实验训练（Discrete Trial Training，DTT）	DTT 试图减少问题行为和增强适应性行为。DTT 包括以下几点：（1）指定和呈现一种行为；（2）提供一个指示；（3）让孩子根据指示做出反应；（4）提供一个后果；（5）暂停之后，开始另一次尝试	咨询师提出一种行为（如捡起梳子），提供提示（如“请拿起梳子”），让孩子做出回应（如拿起梳子或不拿起梳子），提供一个后果（即强化或修正），并在短暂停顿（即间隔期）后，开始另一次尝试。当这种行为被很好地掌握后，咨询师可以遵循同样的过程引入另一种相关的行为（如用梳子梳头发）
共同注意力干预（joint attention intervention）	这种干预措施增加了孩子对他人的社交请求做出反应的能力。两个人同时关注一个活动、物体或彼此。一起活动是沟通的基本要素，并且是可以学会的	咨询师把儿童和青少年的注意力吸引到一个物体上，如一套玩具积木，咨询师可以口头提示或将他的手靠近儿童和青少年的视线并指向物体。咨询师应该选择一些儿童和青少年想要玩的东西，这会使他能更好地参与这些项目。然后，咨询师使用他在这个干预中想要训练的特定技能（如分享）
示范（modeling）	由一个人来示范咨询师想要孩子做出的行为。可以是任何人来示范这些适应性行为（如咨询师、同学、父母、兄弟姐妹）	咨询师示范一种行为（如要一个玩具并耐心等待）来教孩子一种目标技能。儿童和青少年必须认真观察。咨询师还可以把两个玩具人物之间所使用的适应性技巧形成的互动过程录制下来，如分享。之后，咨询师就可以让孩子看这个录像中的游戏互动。最后，孩子可以用提供的玩具重现这个游戏的互动，包括语言对话和行动
自然情境教学法（Naturalistic Teaching Strategies，NTS）	这种技术可以让孩子在他平时的环境中学习有效技能。咨询师可以利用孩子平常的环境或其中的物品让孩子参与进来，以提高他的适应能力	咨询师在儿童和青少年平常玩的区域内选择一个球。咨询师用语言来描述它（“这是一个球；它是圆的”）并显示它的玩法（将球滚来滚去）。短暂的停顿之后，咨询师让孩子重复这些动作。咨询师可以同时提供即时的评论（“你要球的时候非常有礼貌”“你把球滚来滚去的时候做得非常好”“我喜欢看你像这样玩球”）
同伴培训（peer training）	因为 ASD 的儿童和青少年与他人互动的时间较少，这项技巧能让他们花时间与可接触到的、有能力的同伴互动，而这个同伴会有意识地做出社交示范。这可以提高儿童和青少年主动社交和互动的能力	咨询师可以利用小组、朋友圈、同伴间的社交网络互动来提高儿童和青少年对社交技巧的认识和使用。咨询师需要仔细计划这些互动，这需要通过培训同伴如何引起这个孩子的关注、引导分享、给予恰当玩耍的示范及帮助组织活动。咨询师可能需要让一些没有社交技能缺陷的孩子融入团体，以在团体的环境下通过展示目标行为来帮助那些有缺陷的孩子
时间表（schedules）	这种技术包括通过模仿包含一系列步骤的任务列表（图片或文字）来完成一个活动	咨询师给儿童和青少年展示一组描绘睡前准备步骤的图片（如换衣服、刷牙、洗脸）
自我管理（self management）	孩子通过记录每个目标行为的发生来管理自己的反应或行为	咨询师用一种具体的、有意义的方式帮助孩子记录期待行为的发生（如将行为表单放在显眼的位置）。每当儿童和青少年当天做了家务，包括打扫房间、帮着晚餐后清理，就可以在每天的行为表上加上一颗星
基于故事的干预法（Story-Based Interventions）	咨询师分享含有具体目标行为情景的故事	咨询师展示一个目标行为的视觉描述（如向一个陌生人介绍自己、管理好自己的双手）。这些故事把复杂的行为分解成小任务，从而通过在故事中关于谁、什么时候、为什么及如何做的背景描述中教会孩子如何进行社会互动，以及如何能够提高社交技能

目前有许多来自 ABA 的综合行为治疗模型，包括关键反应训练（Pivotal Response Treatment，PRT）（Koegelet al.，2010）、早期丹佛模型（Early Start Denver Model，ESDM）和早期强化行为干预（Early Intensive Behavioral Intervenion，EIBI）。表 13-9 总结了源于 ABA 方法的干预措施，并对每种干预措施进行了概述。

表 13-9 源于 ABA 方法的干预措施

ABA 方法	概述
关键反应训练（PRT）	PRT 是一种以儿童和青少年为中心的、基于游戏的 ABA 方法，主要关注在重要（即关键）领域自然发生的强化，如动机、自我管理、对暗示的反应和主动的社交互动。这些领域至关重要，因为它们在沟通、人际交往、行为和社交技能的提高方面起着关键作用
早期丹佛模型（ESDM）	ESDM 是一种游戏形式的 ABA 方法，适用于有严重学习困难的年龄较小的儿童（如 1 ~ 4 岁）。ESDM 包括通过一系列方法来教授发展技能的教学步骤。这是一个耗时的项目，有时需要每周 20 小时的参与。它注重教授发展的技能，并以游戏作为参与教学的媒介。ESDM 注重与孩子建立良好的治疗关系，特色是在游戏中提高积极的互动、语言的发展和交流的增加
早期强化行为干预（EIBI）	EIBI 包括一对一的目的性指导或与一个孩子互动，通常每周需要 20 ~ 40 小时的强化干预。EIBI 旨在通过持续一致的纠正性反应和使用孩子自然环境中的强化物（如 DTT），来提高孩子的沟通能力、社交技能和适应能力。父母或养育者也会参与治疗，因为他们对干预的长期效果至关重要

另一种 ASD 治疗方法（经常与 ABA 一起使用），是地板时光（floor time）（Greenspan & Wieder，2009）。地板时光是一种以发展和关系为导向的、以游戏为基础的治疗 ASD 儿童和青少年的方法。这种方法有助于提高孩子的沟通和人际交往能力。正如其名字（地板时光）所指的那样，一个成年人（如咨询师、家长）将与孩子一起进行符合其发展的游戏。这样一来，提高孩子沟通和人际交往技能的机会就会逐渐增多。当成年人跟随孩子玩耍时，成年人可以慢慢地指示和引导孩子使用新玩法、新途径和新材料来进行越来越复杂的互动，从而增加孩子的交流方式（如眼神、语言、声音、手势）（Greenspan & Wieder，2009）。例如，如果孩子开始用手敲打玩具卡车，成年人可以轻拍一下玩具小汽车的顶部。当孩子在视觉上对成年人有所回应，成年人就可以把小汽车放在孩子的卡车旁边，说："我们把这些车开到那边的工地去，让它们开始工作吧。"地板时光旨在增加孩子对周边世界、交流、社会参与和情感认同的兴趣。而这种基于游戏的方法似乎尤其对患有 ASD 的低龄儿童有效（Casenhiser et al.，2013；Pajareya & Nopmaneejumruslers，2011）。

尽管父母的教育（如关于 ASD、社交技巧）非常重要，咨询师也需要考虑为父母提供情感和社会支持。父母在接受诊断和治疗的过程中往往会有一种否定感，之后会伴随悲伤的心情；他们需要放弃一些对孩子的期待，转变成一种新的方式来看待孩子和他的未来。许多父母会因为孩子频繁的困难行为（如发脾气、攻击行为、重复行为等）而感到沮丧。他们经常感到孤立无援，认为他人在评判他们。父母也可能会经历支持的匮乏及找不到喘息的机会。抚养 ASD 儿童和青少年的影响（如对亲密关系、其他兄弟姐妹及大家庭的影响）可能是非常严重和压力巨大的（Ludlow et al.，2012）。咨询师应考虑将父母与处于类似情况下的其他家长联系起来，以获得额外的社会支持、进行社会比较（如对自己和他人的评价）、交流负面情绪或分享共同经历，以及学习他人的成功之处（Hodges & Dibb，2010；Ludlow et al.，2012）。然而，由于时间限制和缺乏资源（如交通、儿童托管），许多父母很难找到和使用社会支持体系。咨询师可以帮助父母找到一些支持和缓解压力的资源，如利用社区资源来支持他们和他们的孩子。

关于精神类药物，目前还没有药物可以单独治疗 ASD，但一些药物可以缓解与 ASD 相关的症状（如自残、焦虑、抑郁、多动）。例如，在儿童和青少年表现出严重的躁动、攻击性行为或冲动控制问题的情况下，医生可能会开一些抗精神病药物（如利培酮、阿立哌唑）（CDC，2013）。

智力障碍

患有智力障碍的儿童和青少年一般智力低于平均水平（即智商低于或接近 70 分）、适应性功能有限、在满足日常生活需求方面需要额外的帮助（APA，2013）。这些限制或困难主要表现在孩子进行学习或智力活动时，例如，“推理、问题解决、计划、抽象思维、判断、学业学习、从经验中学习”（APA，2013）。

智力障碍在一般人群中的患病率为 1%（APA，2013）。智力障碍按照严重程度分类，可分为轻度、中度、重度和极为严重。在被诊断为智力障碍的孩子中，大多数属于轻度（89%），一些属于中度（7%），少数属于重度（3%），只有极少数属于极为严重（1%）（Kendall & Comer，2010）。尽管智力障碍影响着所有文化和种族的儿童和青少年，但有更多的男孩（2∶1）、更多的非洲裔美国人和更多来自较低社会经济背景的儿童和青少年被诊断为有智力障碍（Kendall & Comer，2010）。

遗传和环境会增加智力障碍的风险。例如，遗传条件（如唐氏综合征、脆性 X 综合征）和产前、围产期环境（如饮酒、吸毒、营养不良、吸烟、辐射、感染）与被诊断为智力障碍的风险增加有关（APA，2013；Kendall & Comer，2010）。

咨询注意事项

智力障碍的诊断标准是，儿童和青少年在智力测验中的智商值低于平均值两个标准差以上，且在多个生活领域内（如家庭、学校、社区）有适应功能的损伤（如交流、社会化、独立生活）。尽管标准化的智力测验备受争议，但我们还是需要使用它来对智力障碍进行诊断。在诊断智力障碍时，咨询师应始终对适应性功能进行全面的临床评估，并将这些信息与标准化智力测验分数相结合来考虑。通过以下三类适应性功能的评估可以帮助确定一个孩子是否有智力障碍。

- 概念技能，如阅读、写作、沟通、语言、金钱、时间、数字等。
- 社交技能，如人际交往技能、遵守社会规范或规则、理解他人动机、解决社交问题、社会责任、是否易上当受骗等。
- 实用的生活技能，如安全、使用日程安排、日常生活技能，如洗澡、穿衣、吃饭等。

如前所述，智力障碍的严重性是连续的，包括不同程度的智力和适应能力。智力障碍被分为四个严重级别，轻度、中度、重度和极为严重。表 13-10 总结了与每个严重程度相关的特征。

表 13-10 智力障碍不同严重程度的特征

严重程度	特征
轻度	这些孩子在学习上（如阅读、写作、数学等）会遇到一些困难，可能需要一对一的帮助来达到课堂和年级的标准。虽然这些孩子通常需要特殊的教育服务，但他们可能仍然有一定的学业技能。随着年龄的增长，青春期的孩子在执行能力（如认知灵活性、计划、问题解决）方面可能会面临更多的困难，并在抽象思维方面有所困扰。社会交往可能会显得比同龄人更不成熟（如语言、谈话），这些孩子经常难以控制自己的情绪。这种判断力上的不成熟也可能导致这些孩子更容易被其他同学操纵。在大多数情况下，这些孩子能够进行符合他们年龄的自我照顾（如洗澡、刷牙）
中度	这些孩子可能会在学业技能（如阅读、写作、数学）方面取得一些进步，但速度会很慢，他们将无法掌握大多数传统的学业概念（Witwer et al.，2014）。初中和高中的课程学习变得越来越困难，越来越令人沮丧。有一些社会交往，但社交技巧没有达到同龄人的复杂程度。读懂社交线索和做出决定的能力通常比较有限，所以这些孩子需要很多社会支持。虽然这些孩子能够进行日常生活活动，但他们需要大量时间和指导才能独立和成功

（续表）

严重程度	特征
重度	这些孩子无法读、写、解决问题或理解涉及数字的概念（如数学、时间、金钱）（Witwer et al.，2014）。虽然儿童和青少年可能具备一些基本的社交和交流技能，但有限的词汇量和口语限制了他们的社会关系和交流。正因为这些孩子需要高的监护程度，他们的家庭成员和养育者就成为他们社会互动的主要来源。这些孩子在日常生活活动（如吃饭、穿衣、洗澡）上需要大量的支持，他们不能做出负责任的决定或独立照顾自己
极为严重	严重的运动和感觉障碍通常会限制这些孩子功能性地使用物品的能力（如用梳子梳头发）。这些孩子在使用和理解语言及符号交流（即非言语交流）方面的能力非常有限。沟通主要是非言语的。这些孩子可能会对手势和线索做出可预测的反应。并发的感官和身体缺陷可能会妨碍这些孩子参与社会活动。他们通常需要家庭成员和养育者的持续的日常帮助，以满足基本的身体需求和安全。如果没有并发的感官或身体缺陷，这些孩子可能能够参与一些具体的任务

评估

为了诊断智力障碍，咨询师需要评估儿童和青少年的适应性功能（即独立运用日常生活技能的能力）和智商分数。一个孩子可能智商低于平均水平，却能够完成大多数日常生活活动，这种情况就不符合智力障碍的诊断标准。此外，研究表明，智力比程序测算的更具有流动性，学校教育和与教育相关的课程可能会影响智力（Nisbett et al.，2012）。虽然种族、民族和性别确实存在差异，但其中一些差异可能归因于环境（如学校、教育资源、家庭情况）和学习机会。因此，儿童和青少年可以通过教育或环境干预（如推理技能、认知训练）获得力量并取得进步（Nisbett et al.，2012）。特别是在学校环境中，咨询师在提倡为有风险的儿童和青少年提供充分和全面的教育干预方面可以发挥关键作用。

尽管诊断智力障碍需要标准化的智力水平测试［如韦氏儿童智力量表（第五版）（Wechsler Intelligence Scale for Childhood，Fifth Edition，WISC-V）（Wechesler，2014）、斯坦福 - 比奈智力量表（第五版）（Stanford-Binet Intelligence Scales，Fifth Edition，SB5）（Roid，2003）、考夫曼简明智力测验（第二版）（KBIT-2）（Kaufman & Kaufman，2004）］，但一些儿童可能还是需要使用非言语的智力测验方法进行评估，如莱特国际表现量表（第三版）（Leiter-3 International Performance Scale，Third Edition，Leiter-3）(Roid，Miller，Pomplun，& Kock，2013)。

被诊断为智力障碍的儿童和青少年伴有精神健康问题的风险更高，如破坏性行为障碍（即行为或冲动控制障碍）、焦虑障碍、ADHD 和抑郁障碍（Witwer et al.，2014）。此外，这些儿童和青少年可能会有自残行为（如头部撞击）（Kendall & Comer，2010）。由于这类人群有多种需求，因此养育一个智力障碍的孩子会给家庭带来很大压力。在与这些儿童和青少年打交道时，咨询师应该考虑家庭的需要（Tsai & Wang，2009）。

尽管智力障碍与 ASD 有一些相似之处，甚至可能是并发的，但儿童和青少年在重复性行为、社会交往或交流能力方面的表现是不同的。在幼儿群体中，这些差异可能很难区分，尤其是在儿童还没有发展语言能力的情况下（APA，2013）。咨询师必须学会区分智力障碍和 ASD，要特别留意识别并彻底检查“社交技能水平和其他智力技能”之间的任何差异（APA，2013）。

咨询干预

与 ASD 类似，对智力障碍的早期识别和干预（如在出生后的 5 年内）很重要，可以优化长期的功能（Witwer et al.，2014）。有智力障碍的儿童和青少年经常会因以下问题而参与咨询：情绪或行为障碍，家庭和学校环境中适应技能发展的问题，日常生活技能的困难（如个人护理）。儿童和青少年智力障碍的严重程度和他的适应功能决定了对其使用的咨询方法和干预措施。中度至重度智力障碍的儿童和青少年通常更适合行为干预方法（如 ABA），而轻度智力障碍的儿童和青少年可能更适合包括认知和行为干预在内的综合方法（Kendall & Comer，2010）。

个案管理，作为一种满足个人或家庭健康护理需求的综合性护理合作，是与有智力障碍的青少年合作时最重要的咨询组成部分之一。咨询师可以将来访者及其家庭与各种社区资源联系起来，以满足他们的需求。为智力障碍的儿童和青少年提供的综合服务通常包括安置机会（如在生活安排上充分考虑满足儿童和青少年所需的限制性最小的环境）、咨询干预（如 ABA、行为疗法）和基于学校的教育干预（例如，特殊教育，可以是融入集体或分开单独的教室）（Kendall & Comer，2010）。

家庭的参与对智力障碍儿童和青少年的咨询至关重要。与父母的合作将有助于提高他们鼓励孩子的能力。家庭的参与通常会增加儿童和青少年学习、运用并将技能融入现实生活的可能性。此外，咨询师还可以辅助家长为孩子的教育和职业问题提供帮助。

行为疗法和经修正的认知行为疗法是针对这类人群有效的咨询方法（Campbell et al.，2014；Kendall & Comer，2010）。对较高功能的儿童和青少年的咨询干预通常包括社交技能、问题解决、情感识别和表达，以及处理人际关系。咨询师也可以使用 ABA 疗法（Campbell et al.，2014）。

咨询师应该了解到，以洞察力为导向和纯人本主义的方法对那些有智力障碍的人效果较差（Kendall & Comer，2010）。积极和具体的咨询方法可以帮助有智力障碍的儿童和青少年捕捉概念和想法。例如，咨询师可以使用视觉时间表、代币系统（即使用符号或代币的奖励系统）和其他形式的正强化（如口头表扬、奖励）来增加儿童和青少年的适应性行为。另一个关于咨询师在咨询过程中如何具体化的例子是，在一张纸上写下或画出每次咨询过程的大纲，并与来访者一起回顾在给定的咨询过程中提到的重要概念。在咨询期间经常总结，并请来访者用自己的话解释他们正在学习的内容，这些也可能会有所帮助。此外，确保来访者在会谈过程中有机会练习任何指定的技能。

咨询师也可以示范某项技能，然后要求来访者去尝试。咨询师可以通过角色扮演分步呈现一个社交情境：识别一种情绪（如愤怒）、适当地表达这种情绪（例如，直接看向对方，说“当你不听我说话时我很生气”），以及管理与行为相关的强烈情绪（例如，情绪不好时不跺脚或击打任何东西，在继续说话前等待对方的回应）。给有智力障碍的儿童和青少年做咨询时的注意事项如下。

大多数有智力障碍的儿童和青少年可以通过对与智力障碍相关的特定行为问题或情绪状况进行药物治疗而获益（如冲动行为、自残、焦虑、躁动）（Kendall & Comer，2010）。表现出冲动、ADHD 的有智力障碍的儿童和青少年经常被开出处方药：哌醋甲酯（Ageranioti-Belanger et al.，2012）。抗精神病药物利培酮或奥氮平（再普乐）常用于减少攻击性或自伤行为（Ageranioi–Belanger et al.，2012）。在大多数情况下，行为疗法会与精神药物疗法结合使用。

给有智力障碍的儿童和青少年做咨询时的注意事项

- 考虑邀请一个儿童和青少年很熟悉的人加入（至少在开始的几次会谈中），以建立融洽的关系，并对在家里和学校发生的事情有更明确的了解。
- 考虑每周会谈次数多于 1 次，会谈时间也可以相应缩短。
- 考虑花比平时更多的时间与儿童和青少年建立信任和融洽的关系。通常，这些儿童和青少年曾经被欺负、取笑、歧视，而且他们可能会害怕遇到新的人。
- 使用具体的语言（减少使用抽象和隐喻），并尽量不使用涉及多步骤分析的技能。如果使用谈话疗法，对话和交流需要放慢，让儿童和青少年有时间来处理讨论的内容，进行思考，并表达自己。
- 计划直接明了，并将教学和做出示范纳入咨询会谈中，包括重复和提醒学习的和实践技能。

- 考虑到语言的表达对有智力障碍的儿童和青少年可能是弱点，而接收语言则相对发达，咨询师不应该低估儿童和青少年所理解的东西，应该经常努力评估儿童和青少年所理解的东西。
- 有智力障碍的儿童和青少年往往知道如何取悦他人。因此，即使儿童和青少年给出了非言语的交流（如点头），咨询师也需要确保儿童和青少年正确地理解了自己所说的内容。
- 考虑使用行动导向的咨询技巧，如角色扮演、表达性艺术和物品（如玩具、木偶、布娃娃），来描述在特定的情况下发生的事情。
- 要考虑到儿童和青少年经常会把他们的感情和情绪表现出来（如生气时踢椅子或跺脚、伤心时哭泣或沮丧、高兴时拥抱或不停地说话）。
- 考虑那些具体的、可以在会谈期间完成的作业。在某些情况下，向家人寻求帮助，让其帮助儿童和青少年完成家庭作业。

特定学习障碍

特定学习障碍的本质是儿童和青少年在智力测验中的表现和他在特定学业领域的成就之间的差异（Kendall & Comer，2010）。根据 DSM-5 对特定学习障碍的诊断标准，这种差异需要明显低于儿童同年级水平或年龄的预期（APA，2013）。尽管所有的儿童和青少年都能从早期诊断和治疗中获益，但许多儿童和青少年并没有被诊断出来，因为他们会避免参与那些让他们感到困难的、要求一定熟练程度的学科活动，以便来应对这些学习障碍（如阅读、算术）（Gross，2011）。

特定学习障碍相当普遍，估计有 5% ~ 15% 的学龄儿童患有与阅读、写作或数学相关的学习障碍（APA，2013）。学习障碍更常见于男孩（男女比例为 2：1），最常见的学习障碍类型是阅读障碍（Kendall & Comer，2010）。遗传和环境因素似乎对特定学习障碍的患病率都有影响，尤其是在近亲中有特定学习障碍、阅读困难（如阅读障碍）的患病史，以及父母有读写能力缺陷的家庭中更容易出现有学习障碍的孩子（APA，2013）。

需要澄清的一点是，学习残障（learning disability）是一个法律术语，用于指在学业能力上有显著缺陷的人（Rausch et al.，2015）。虽然学习障碍（learning disorder）和学习残障这两个术语经常互换使用，但根据 DSM-5（APA，2013），特定学习障碍才是对这种精神障碍的准确描述。

咨询注意事项

当学习在教育环境中取得成功所必需的基本学业技能时，有学习障碍的孩子是有困难的。这些学业技能包括听、说、读、写和数学（如算术，二进制运算）能力。学习障碍包括在以下领域存在困难（APA，2013）。

- 阅读及流畅性，例如，读错单词，阅读缓慢且迟疑，阅读时试图猜出正确的单词。
- 阅读理解，如不理解顺序、情节、意思或叙述中的推论等。
- 拼写，如经常在单词拼写中添加、省略或替换辅音或元音等。
- 书面表达，例如，写作中思路不清晰，出现多种语法错误，句子或段落组织结构不佳。
- 算算术，如对数字、数字关系及如何做简单的计算缺乏理解。
- 数学推理，如在解决数学问题和理解数学概念及应用方面有困难。

虽然孩子学习障碍如何发展因人而异，但大多数患有学习障碍的孩子遵循相似的发展过程。有学习障碍的孩子通常会从一开始就在某一特定的学业技能遇到挫折，然后开始怀疑自己的能力，从而导致自我价值感降低，最终在与此学业技能相关的领域付出越来越少的努力（Kendall & Comer，2010）。对于这些学习困难的儿童和青少年，父母可能很难接受甚至反应迟钝，因为他们相信孩子会在适当的时候自然地克服这些障碍（Gross，2011）。因此，当父母和孩子寻求他们所需要的教育和支持服务时，咨询师可以在教育和支持方面提供帮助。

评估

学习障碍的评估和诊断通常是由在教育单位工作的学校心理学家们执行和细分的。这些专业人员在诊断学习障碍之前，会整理教师和学校咨询师的观察报告、孩子的学业干预成效、标准化考试成绩和完整的历史（如家庭、教育、医疗、发展方面的历史）。

当评估孩子的学习障碍时，咨询师应该知道如果一个孩子符合智力障碍的标准，但有外部因素的影响（如缺乏教育、旷课、接受持续的不良指导、用第二语言学习），或者神经障碍的原因（如儿科中风、创伤性脑损伤），这些情况都不能给孩子诊断为有学习障碍（APA，2013）。在评估方面，使用标准化的评估是至关重要的。标准化的评估使咨询师能够更全面、客观地了解来访者的学业功能，从而使咨询师能够计划更合适的教育和咨询方案。

有助于为孩子学习障碍做出准确诊断的标准化测试包括学业阅读量表（Scholastic Reading Inventory，SRI）（Salvia & Ysseldyke，1998）、伍德科克阅读掌握测试（第三版）（Woodcock Reading Mastery Tests，Third Edition，WRMT-III）（Woodcock，2011）、格雷口语阅读测试（第五版）（Gray Oral Reading Test，Fifth Edition，GORT-5）（Wiederholt & Bryant，2012），以及广泛成就测试 4（Wide Range Achievement Test 4，WRAT 4）（Wilkinson & Robertson，2006）。虽然必须使用标准化的方法来诊断学习障碍，但咨询师也必须注意到，这些方法经常遭到批评，因为不论自身的能力水平如何，某些人群（例如，来自低收入地区的儿童和青少年，非洲裔和西班牙裔美国人）往往得分较低（Martin，2012）。

事实上，学习障碍的临床表现复杂是因为它们经常与其他涉及情绪和行为问题的神经障碍共病（即共同发生）。特别是，有学习障碍的孩子往往同时患有神经发育障碍（如 ADHD、ASD）（Kendall & Comer，2010）。此外，学习障碍有时与某些儿童时期的生理疾病有关（如癫痫、中枢神经系统感染、神经系统问题）（Kendall & Comer，2010）。咨询师还必须将学习障碍与其他神经发育障碍（如智力障碍）区分开来。在出现 ADHD 症状的情况下，咨询师还需要评估儿童和青少年的学习问题是由于学习能力的缺陷（如特定学习障碍），还是更多由于行为表现方面的缺陷（如注意力不集中、冲动、多动）（APA，2013）。

咨询干预

学习障碍是通过在公共教育环境中的特殊教育照顾项目来干预的。如果一个孩子确实符合学习障碍的标准，他可能有资格接受个人化教育计划（IEP）或 504 计划，其中特殊的照顾和修正由教育机构规划和提供（Swanson et al.，2013）。为了提高儿童和青少年的学业成就，学校专业人员（如学校心理学家、学校咨询师）通常会提供旨在提高学业能力、成绩和学习功能的干预。学校咨询师可以做到以下几点：（1）提供短期的、有目的的个体或团体咨询；（2）为这些学生在学校和社区争取权益；（3）咨询并与学校专业人员和家庭合作，了解个人和学业成功所需的课堂适应性行为；（4）为有特定学习障碍的学生制订和实施学业和过渡计划（ASCA，2013）。心理健康咨询师常常通过处理学生的共病障碍（如对立违抗障碍、ADHD、抑郁、焦虑）和因学习障碍引发的其他困难（如自尊和自我价值问题），来完成这些服务。咨询师经常使用团体咨询作为一种方式，因为与其他有类似困难的孩子一起，可以使这些孩子的经历正常化，并提高有学习障碍孩子的自我价值感（Mishna et al.，2010）。

有学习障碍的孩子往往是一个特殊群体，他们的学习困难会随着时间的推移而改变。有学习障碍的孩子经常被学校工作人员和家长误解，可能会被描述成平庸或没有动力的人。咨询师可以从发现优势的角度入手，采取一种不加评判的立场，将干预聚集于与学习障碍相关的情感困难（如自卑、焦虑、抑郁）。咨询师应该关注这些加剧孩子学习困难的情感、社交或家庭问题，因为这样做可以帮助儿童和青少年更好地专注于应对学习障碍的技能。

针对有学习障碍的儿童和青少年的咨询目标通常包括：关于该障碍的心理教育，克服失败感、增进对学校、学业的积极态度，增加适应性应对技能的使用，使用和提高社交技能，以及学会学习策略（如模仿、练习、寻求反馈）（Kendall & Comer，2010）。

为了达成这些咨询目标，咨询师可能会结合表达性艺术活动（如拼贴、绘画、雕塑）、角色扮演及表达游戏治疗，以最大限度地提高孩子表达自我的能力及与学习障碍有关情绪的能力（Mishna et al.，2010）。例如，一名咨询师可以在一个小组中帮助一个孩子创造一个激励语或一个肯定的句子，可以与小组成员分享，并鼓励他写在他浴室的镜子上（或他经常看到的任何东西上）。激励语可以是“勇敢点，今天要努力！”或“你真了不起——所以全力以赴吧！”咨询师还可以指导孩子每天早上刷牙的时候看着这种积极的肯定。这种积极的肯定可以随着时间的推移而对孩子产生影响，还可以作为对孩子的力量、内在价值和能力的一种提醒。

索菲亚的“I CAN START”心理咨询计划

本章以索菲亚母亲的描述开始。索菲亚是一个 7 岁的拉丁裔女孩，她在学校和家里都表现出各种各样的问题。下面的“I CAN START”概念框架概述了咨询中的考虑，这些考虑可能会对与索菲亚的学校咨询师或临床咨询师有帮助。

C= 背景评估

索菲亚是一个 7 岁的拉丁裔女孩，她的父母是来自哥伦比亚的第一代美国公民。索菲亚和她的父亲、母亲、祖母及其他四个兄弟姐妹住在一起。她家住在一个有三间卧室的房子里；索菲亚和她的姐妹们共用一间卧室。索菲亚的父亲有自己的园艺生意，她的母亲不外出工作。索菲亚的祖母也住在这所房子里，她住在地下室的一个房间里。

索菲亚很难适应一年级的生活。她班上的老师告诉她的母亲，虽然索菲亚在学业上表现不错，但她在课堂上的行为有很多问题（如脱口说出答案、等不到轮到她）。此外，她的老师说索菲亚有社交困难、常打断其他同学，而且很难与同学深入交流等问题。

索菲亚的父母非常尽力地支持和帮助索菲亚，使她得到她所需要的帮助。索菲亚的母亲表示，她需要学习一些策略来管理女儿的行为。索菲亚的母亲被其他四个孩子和住在家里的年迈母亲牵绊住精力。索菲亚的父亲有自己的生意，所以他常常很忙，不太参与家庭活动。

A= 评估和诊断

诊断 = 314.01（F90.1）ADHD，主要表现为多动 / 冲动型（中度）。

Conners3——父母评估分数：

- 突出的活跃 / 冲动 64；突出的学习问题 61；突出的与同龄人的关系问题 60。

Conners3——老师评估分数：

- 极为突出的活跃 / 冲动 72；突出的学习问题 62；突出的同伴关系问题 64。

N = 必要的护理水平

- 父母培训和教育门诊（每两周一次）。
- 个体咨询门诊（每周一次）。

S= 优势

自身：索菲亚的智力高于平均水平，而且她

老师的报告显示她有成为优秀学生的潜力。索菲亚富有创造力、外向、充满活力和热情，而且她有很多兴趣（如动物、自然）。她喜欢户外活动及和她的兄弟姐妹们一起玩耍。此外，索菲亚有兴趣并愿意参与咨询服务。

家庭：索菲亚的父母充满爱和支持，但不知道支持和抚养女儿的最佳方式。她的母亲渴望得到支持，主动寻求心理咨询服务。索菲亚的祖母是家里另一位乐于助人的养育者，她帮助索菲亚的母亲做家务和养育孩子。索菲亚和她的四个兄弟姐妹有着密切的关系，尽管这些孩子在家庭外参加了各种各样的体育活动或课外活动。

学校与社区：索菲亚一家住在郊区的一个中产阶级社区，他们享有一定的社区资源，如公园、图书馆和交通。索菲亚的老师似乎很喜欢她，并对帮助她在社交和学业上取得成功很上心。

T= 治疗方法

- 认知行为疗法（专注于行为干预）。

A= 咨询目的和目标（30 天目标）

（父母培训）索菲亚的父母将在家里实行代币制度。他们会选择三种行为作为目标（如不打断他人、等待轮到自己、积极地与他人互动），并创建一个获得特权和奖励方式的视觉奖励系统。这将被粘贴在家里的一个中心区域，并每天更新。

（父母培训）索菲亚的父母将建立一个学校到家庭的通讯体系。他们每天都要提供一张空白的课堂行为报告卡来和索菲亚的老师联系，包括以下内容：（1）不打扰他人；（2）等待轮到自己；（3）与同龄人互动；（4）控制自己的身体。索菲亚的父母每天放学后都会在家里用他们建立的代币制度来奖励她在学校的表现。这个系统还可以用来记录作业和作业完成的情况。

索菲亚将对她打断他人的行为提高控制力，以及在家和学校都能够等待轮到自己。索菲亚会放慢速度，停下来思考，并想出至少两种方案替代打断他人和不等轮到她的行为。她会在至少 80% 的情况下应用其中至少一种解决方案，并且避免冲动的行为。

R= 基于研究的干预措施

咨询师将帮助索菲亚的父母发展和应用下列技能：增加与索菲亚老师的沟通；增加亲子互动的意识；更多地使用正强化；在需要时使用暂停（time-outs）；使用代币制度；知道什么时候关注行为，什么时候忽略行为；在会谈中通过角色扮演的方式使用学到的技巧。

此外，咨询师将通过使用角色扮演活动、指导问题解决的技巧、积极的强化和提供遇到同样情况应如何处理的纠正性反馈，来帮助索菲亚发展出更有效的社交问题解决和决策技巧去应对冲动。

T= 治疗性支持服务

- 与精神科医生进行药物评估。
- 每周的个体咨询和家庭会谈。
- 咨询索菲亚的老师关于她的行为和学校的干预。
- 在需要时和索菲亚的学校咨询师取得联系。

总结

虽然大多数孩子都会达到发展里程碑，但一些儿童和青少年因为智力和神经发展问题被认为存在智力上的迟缓甚至是损伤（如在学习上的限制、基本功能的困扰、社交技能方面的缺陷）（Broderick & Blewitt, 2014）。此外，这些发育障碍经常影响儿童和青少年的适应性功能，特别是他们的交流、社交技巧和自理能力（Ashwood et al.，2015）。当儿童和青少年缺乏适应性功能的技巧时，往往会在家庭、学校和社会中遇到困扰。

这些迟缓和损伤可能包括多种障碍和残障。最常被诊断的儿童和青少年的智力和神经发育障碍包括 ADHD、孤独症（自闭症）谱系障碍、智力障碍和特定学习障碍。早期诊断、有针对性的循证咨询干预、父母的积极参与都会起到很好的效果（Kendall & Comer，2010）。尽早确定和制定有针对性的干预措施对最优化儿童和青少年的长期功能很重要。

咨询师需要了解这些神经发育和智力损伤的征兆和症状；需要综合儿童和青少年的考试情况、评估测量和其他教育支持服务才能明确诊断；同时需要评估这些问题对儿童和青少年功能的影响。在评估过程中，咨询师在支持父母经历识别、确诊和治疗过程中起到尤为关键的帮助作用。咨询师也可以讨论父母在这个过程中所经历的情绪变化。咨询师应该始终思考在咨询过程中提高家长和孩子参与度的方法。此外，咨询师应采取全面、合作的咨询方法，力求满足每个儿童和青少年及其家庭的具体健康咨询需求。

第 14 章　破坏性行为问题

杰斯的案例

我只有当他人颐指气使地告诉我该做什么不该做什么时才会暴怒。那个老师应该从我这里学到些教训，我不后悔朝他扔了课本。他上学期给了我不及格，而且他一直在针对我。我当时已经告诉他我正在从我的储存柜里拿些东西，但他还是命令我必须去上课。是他先惹我的。学校的老师对我百般挑剔，就像我那愚蠢的妈妈。弟弟讨厌我对妈妈发火，我们也会因此争执，但妈妈总是挑我的毛病。我不需要心理咨询——我只需要一个人待着。

——杰斯，14 岁

行为问题包含了儿童和青少年对自己、他人或财物造成负面影响的一系列行为。行为问题的例子包括但不限于：尖叫、哭泣、打、踢、咬、扔东西、脾气暴躁、说谎、不尊重权威、顶撞、破坏财物、放火、偷窃、随地大小便，以及对人、动物或物品表现出攻击行为（APA，2013a；Liu et al.，2012）。尽管儿童和青少年行为问题具有破坏性，但这些儿童和青少年可能有很乐观的预后，特别是那些尽早接受咨询并有稳定而坚实的社会支持的儿童和青少年（APA，2013a；Sadock et al.，2014）。

儿童和青少年的某些行为问题是符合生长发育规律的。例如，婴儿和蹒跚学步的孩子通常通过哭泣、尖叫或敲打来表达他们的情绪和欲望；“可怕的两岁”（terrible two）是一个常用词组，用来描述幼儿用于交流想法、情绪和需求的令人困扰的行为（Liu et al.，2012）。虽然儿童和青少年通常在幼年时会摆脱“可怕的两岁”这个阶段，但大多数孩子在感到特别疲惫、情绪化或沮丧时偶尔还是会产生类似行为问题。而在发育后期，青春期的青少年可能会变得更有攻击性、自大和易怒，这都是与发育相适应的身体变化和青春期的结果（Liu et al.，2012）。尽管儿童和青少年的许多行为问题是与发育有关的，但用来支持父母、家庭成员，以及儿童和青少年的咨询干预仍是有必要的。

不符合可诊断行为障碍标准的儿童和青少年的行为问题被称为阈下行为问题（subthreshold behavior problems）。阈下行为问题的患病率因为行为的性质和严重程度而波动，但许多儿童和青少年在童年的不同时期都经历过一些行为困难（APA，2013a；Sadock et al.，2014）。当行为问题变得越来越严重或对儿童和青少年自己或关心他们的人造成重大伤害时，这个儿童和青少年可能就符合 DSM-5 中的明确诊断，而他可能需要接受治疗服务来缓解这些行为。

与破坏性行为问题直接相关的诊断可参见 DSM-5

中的破坏性、冲动控制和品行障碍相关内容，这些诊断包括对立违抗障碍、品行障碍、间歇性暴怒障碍、纵火狂和偷窃狂（APA，2013a）。因为咨询师更有可能与被诊断为有对立违抗障碍及品行障碍的儿童和青少年一起工作，所以本章主要关注这两种障碍。不过，本章大多数的咨询建议和干预方法经一些调整后也适用于处理儿童和青少年的一些其他行为困难（如阈下行为问题、间歇性暴怒障碍）。

本章将讨论青少年破坏性行为问题的特点、症状和类型，也会列出可以用来评估行为问题的评测工具，以及现有的对表现出破坏性行为的青少年有效的咨询干预。在本章的最后，会呈现一个适用于案例杰斯的咨询计划。

青少年破坏性行为问题的本质

许多因素会导致青少年行为问题和行为障碍的产生和发展（APA，2013a；Burke et al.，2011）。破坏性行为会随着时间的推移而发展，并且其与遗传、生物因素、家庭动力、文化因素、环境和后天习得的行为密切相关。

遗传和生物因素会增加青少年出现行为问题的可能性。低智商或大脑异常的青少年可能在调节情绪、口头表达或形成令人满意的同伴关系方面有困难（APA，2013a）。

性情影响着青少年处理和反应外部刺激的方式。有行为问题的青少年通常会感受到高水平的情绪唤醒（尤其是愤怒和恐惧），有过度敏感的个性、较低的挫折承受能力和较少的情绪调节技能（MacDonald，2012）。这些因素都可能导致其更不稳定的性情，而这种性情通常可以在生命早期被观察到，并持续一生（APA，2013a；MacDonald，2012）。

一些人认为，与同龄人相比，有行为障碍的青少年与寻求更强烈的感官刺激、更强的攻击性和比同龄人更强势的社交有着内在的关联（MacDonald，2012）。此外，父母有品行障碍、酒精使用障碍、抑郁、双相障碍、精神分裂症和注意缺陷/多动障碍的青少年更有可能表现出行为问题（APA，2013a）。

青少年的环境和社会背景也会导致行为问题。生活在暴力和高犯罪率社区的青少年通常学到的是不健康的应对技巧，更容易形成不健康的同伴关系（APA，2013a；Search Institute，2015）。社会经济地位决定了青少年可获取的资源，最终也会影响青少年在家庭、学校和社区中的行为（Holcomb- McCoy，2007）。

父母的拒绝、忽视和虐待也常常与青少年的行为问题有关（APA，2013a）。父母与孩子之间的不和谐是导致青少年行为问题的另一个风险因素。许多因素会导致这种不和谐（如不相容的性格特征、难以应对的青少年性情、经济困难）。严厉或不一致的教养方式也会导致青少年的破坏性行为，因为这些教养方式会让青少年感到焦虑、无助和沮丧（MacDonald，2012）。那些在早期没有经历过温暖和滋养式父母关系的青少年往往更冷酷无情，这可能会导致其难以共情他人，甚至在极端的情况下伤害他人（MacDonald，2012）。

此外，文化在理解展示破坏性行为的方式上也扮演着重要的角色。文化被定义为一群人共享且一致认可的一套规范、价值观、特征和信仰，并用来指导他们的想法、感受、态度、行为和习俗（France，Rodriguez，& Hett，2013）。文化影响着青少年理解行为规范和规则的方式，以及用于交流的行为方式。表 14-1 提供了特定种族的行为规范特征的概述（在破坏性行为的背景下），以及一些非该文化群体对这些行为可能持有的潜在偏见。要注意，这些一般特征仅应该被用来对每个青少年的探索提供信息；对任何一个群体进行文化的泛化永远是有风险和局限性的。

当与表现出行为问题的青少年合作时，咨询师应该将文化因素纳入他们的评估过程中。许多区分青少年适当行为和不适当行为的标准是武断的，由文化规范决定的，并且一些破坏性障碍、冲动控制障碍和品行障碍的诊断在某些文化中比在另一些文化中更频繁（APA，2013a；Norbury & Sparks，2013）。青少年行为最终是复杂交互作用的结果，在做出正式诊断之前，咨询师应该努力了解青少年行为的病因。

表 14-1 部分种族的行为特征和大众对其的偏见

文化群体	可能的行为规范	潜在的偏见
非洲裔	• 人们使用各种各样的非言语行为（如手势、语气） • 人们会寻找他人身上的真诚迹象 • 人们说话时有眼神交流，但在倾听时没有	• 青少年的非言语表达可能被理解为咄咄逼人 • 青少年可能与他们认为不真诚的或不值得信任的人产生摩擦 • 青少年缺乏眼神交流可能会被他人理解为是粗鲁或不感兴趣的表示
亚裔	• 人们喜欢私人空间 • 人们较少使用非言语行为 • 人们会避免冲突 • 人们在不舒服时也会微笑 • 人们在倾听受人尊敬的人谈话或与之交谈时会避免目光的接触	• 青少年可能很难理解那些经常同时使用言语及非言语表达的人 • 在被霸凌的情况下青少年可能很难为自己出头 • 缺乏眼神交流的青少年可能会被他人理解为不专注的、害羞的、或无礼的
高加索人	• 人们会使用表达性的非言语手势 • 人们善于语言表达 • 人们倾向于用身体接触来打招呼（如握手） • 人们经常进行直接的眼神交流	• 青少年的行为可能被认为是吵闹的、粗鲁的，或咄咄逼人 • 青少年可能会在不知不觉中侵犯他人的私人空间 • 青少年使用眼神交流可能会被他人理解为有攻击性的
西班牙裔 / 拉丁裔	• 人们使用表达性的非言语姿势和声调 • 人们在交流中习惯使用肢体接触 • 人们经常进行直接的眼神交流	• 青少年的言语和非言语行为可能会被解释为夸张的或咄咄逼人的 • 青少年可能会在不知不觉中侵犯他人的私人空间 • 青少年使用眼神交流可能会被他人解释为有攻击性的
美洲原住民	• 人们使用谦逊和克制的非言语行为 • 人们会寻找他人身上的真诚迹象 • 人们会尽可能避免直接的眼神交流	• 青少年可能很难理解那些经常使用夸张的言语及非言语表达的人 • 青少年在社交场合中可能不能很好地维护自己 • 缺乏眼神交流的青少年可能会被他人理解为不专注的或害羞的

资料来源：Adapted from “What is your body saying ？ The use of nonverbal immediacy behaviors to support multicultural therapeutic relationships,” by N. A. Stargell & K. Duong，in press，North Carolina Counseling Journal；Counseling the Culturally Diverse: Theory and Practice，by D. W. Sue & D. Sue，2016，Hoboken，NJ: John Wiley & Sons.

对于青少年的行为，必须在遗传学、生物学、性情、环境、家庭动力和文化的背景下加以理解。青少年通常不能理解或觉察他们行为复杂的潜在动机。相反，他们会学着做一些让他们感到舒服和有立即回报的行为，即使这些行为会产生负面或有害的长期后果（Westbrook et al.，2014）。也就是说，问题行为通常是由青少年发展出来的，因为这些行为在过去成功地帮助他们实现了他们的需求。例如，一个青少年可能会观察到弟弟或妹妹在哭泣和尖叫时就可以得到他人的注意。青少年可能会重复这种行为，从而引起他人的关注。这种关注虽然可能是负面的（如被训斥或惩罚），但一些青少年还是会采取任何能得到关注的方式。总体来说，几乎所有青少年的行为举止都是有目的的，无论有益的还是有问题的。对各种破坏性行为问题的深入了解可以帮助咨询师和相关的人理解青少年的潜在动机，并找到满足青少年需求的更健康的方式。

破坏性行为问题的描述

青少年的行为问题往往集中在三个问题领域：与权威的冲突、破坏财产和盗窃，以及对自己、他人或动物的攻击（Loeber & Burke，2011；MacDonald，2012）。表 14-2 列出了与每一类行为问题相关的常见症状。破坏性行为问题如果得不到及时解决，往往会随着时间的推移而变得越来越严重（APA，2013a；Loeber & Burke，2011）。

表 14-2 青少年破坏性行为的演变

类型	更轻 ——→ 更重		
与权威的冲突	固执的行为 • 发脾气 • 打断大人说话 • 用负面的态度回应权威人士 • 争论 • 消极的情绪	蔑视、反抗 • 无视家里和学校的规定 • 不配合权威人士 • 离开或退出 • 在不恰当的地点排便（与如厕训练无关）	权威问题 • 逃学 • 离家出走 • 打破宵禁 • 获得、分发、使用非法或受管制的物质
破坏财产和盗窃	轻度隐蔽的行动 • 商店内顺手牵羊 • 撒谎	损害物品 • 破坏公物 • 纵火 • 打砸物体	中度或严重犯罪 • 欺诈 • 扒窃 • 汽车盗窃 • 入室行窃 • 抢劫
对自己、他人或动物的攻击	初级侵犯 • 霸凌 • 向他人挑衅 • 易怒 • 愤怒管理问题 • 言行粗鲁 • 使用攻击性语言 • 对他人掐、打、踢、咬、扇耳光、拽头发或吐痰	身体攻击 • 一对一打架 • 帮派斗殴 • 非自杀性自伤行为 • 虐待动物 • 恶意和报复行为	严重暴力事件 • 性侵犯和强奸 • 身体攻击 • 使用致命武器攻击 • 谋杀

资料来源：Adapted from “Developmental pathways in juvenile externalizing and internalizing problems,” R. Loeber & J. D. Burke，2011，Journal of Research on Adolescence，21，pp. 34–46.

咨询师应该记住，一些问题行为可以被认为是符合生长发育或文化适应的（APA，2013a）。在诊断品行障碍时，咨询师应该对来访者的情况非常敏感。例如，如果一个小男孩生活在一个高犯罪率、暴力的社区，并习惯使用暴力来保护他的安全或财产，那么这些保护行为就不应该被认为是破坏性的或符合诊断标准的。然而，不管其文化根源是什么，暴力行为都是一个应该关注的问题，并且可以通过干预帮助青少年识别和使用更健康的应对技能。

与破坏性行为问题相关的诊断

青少年中与破坏性行为障碍相关的两种常见的诊断是对立违抗障碍和品行障碍。这两种障碍可以看成是一个连续体，如果不及时解决，对立违抗障碍就会发展为品行障碍（APA，2013a）。一般而言，品行障碍的特征是更严重形式的对立违抗障碍行为。然而，任何一种诊断都可以适用于任何年龄的青少年，且对立违抗障碍的诊断并不一定要先于品行障碍的诊断（APA，2013a）。

在 DSM-5 中，间歇性暴怒障碍、纵火狂和偷窃狂也被列为破坏、冲动控制和品行障碍之下，与对立违抗障碍和品行障碍并行。表 14-3 提供了与 DSM-5（APA，2013a）中破坏、冲动控制和品行障碍相关的症状概述。

本章的重点是对立违抗障碍、品行障碍和阈下破坏性行为问题，因为它们是最常见的心理咨询问题。可被诊断的行为障碍在儿童和青少年中的患病率为 19%，这些障碍在男孩中被诊断的比例高于女孩（APA，2013a；Merikangas et al.，2010）。

表 14-3 DSM-5 中的破坏、冲动控制和品行障碍相关概述

诊断	诊断标准	示例
对立违抗障碍	• 青少年情绪易怒易激惹（发脾气，敏感的、易激惹的、易怒的、充满怨恨的） • 青少年喜欢争辩或挑衅（与成年人和权威人士争辩、蔑视规则、惹恼他人、责怪他人） • 青少年是充满仇恨的 • 这些行为会给青少年或其他人带来痛苦或伤害 • 持续时间和频率必须大于其生长发育阶段的合理范围	一个 9 岁的小女孩经常因为不遵守规定而在学校遇到麻烦；她经常和她的同学争执，小吵不断，她一周至少有一次会对老师出言不逊。在家里，她经常发脾气并对父母和兄弟姐妹大喊大叫
品行障碍	• 青少年持续地表现出违反社会规范和侵犯他人权利的行为（霸凌、威胁、打架、使用武器、虐待他人或动物、偷窃、强迫的性行为） • 青少年破坏财物 • 青少年欺诈或偷窃 • 青少年有严重违纪行为（夜不归宿，离家出走，逃学） • 青少年社交、学业和工作的功能有严重损伤 • 品行障碍的诊断没有年龄限制	一个 12 岁的男孩开始对父母和兄弟姐妹有越来越多的攻击性；他最近用玩具蝙蝠打了他弟弟的头，然后当他妈妈试图纠正他时，他用厨房里的刀威胁她。他的父亲在车库里的鞋盒发现了一只死松鼠；松鼠的尾巴也被剪掉了
间歇性暴怒障碍	• 青少年对公物、动物或他人有语言 / 身体暴力倾向（在持续三个月内每周发生两次；在过去一年有至少三次爆发并造成了破坏或人身伤害） • 攻击性远高于压力源造成的压力反应 • 攻击性不是有目的的或为了获得一个特定的目标 • 这些行为会对青少年造成损害或苦恼 • 6 岁以上的青少年才能被诊断	一个 10 岁的男孩当与同学有摩擦或不理解课堂上讲的概念时，明显变得愤怒。他通常也会进行自我调节，但每周一到两次就会“爆炸”，会扔东西，踢东西，然后扯自己的头发。有时，他情绪爆发时也会对他人动手
纵火狂	• 青少年参与了故意且有目的的纵火 • 青少年在纵火前会感到紧张或兴奋 • 青少年对火很着迷 • 青少年纵火时或纵火后感到快乐和放松 • 纵火不是出于金钱收益或自我表达，或者因为判断能力受损（如在精神病发作期间，在受某种药物影响时）	一个 14 岁的男孩不是特别好斗或叛逆，但已经因为纵火被抓了三次。他最近在父母的车库里纵火，当被问及为什么这么做时，他回答：“我不知道。我喜欢火。”
偷窃狂	• 青少年会偷一些不值钱的东西 • 青少年偷窃之前会感到紧张刺激 • 青少年偷窃之后会感到愉快和放松	一个 16 岁的女孩有一个装满衣服和化妆品的衣橱，但她还是因为偷盗内衣、指甲油和口红在两个不同场合中被抓到。她已经拥有许多同样的东西，但她仍然表明，尽管她尝试阻止自己，但还是有实施偷窃的强烈愿望

资料来源：Adapted from Diagnostic and Statistical Manual of Mental Disorders（5th ed.），by American Psychiatric Association（APA），2013，Washington，DC: Author.

对立违抗障碍的特征表现为一种不服从的模式，在这种模式下，青少年表现出愤怒、易激惹和报复性（APA，2013a）。对立违抗障碍在高达 3% 的青少年中被发现，其症状通常开始于儿童早期；在青春期早期首次出现症状的情况非常罕见（APA，2013a）。

有对立违抗障碍的青少年高度情绪化，每周至少经历一次严重的人际冲突（APA，2013a）。除了对权威他人和规则的蔑视，患有对立违抗障碍的青少年还会经常故意激惹他人，逃避对自己行为的责任，并将自己惹的麻烦归咎于他人（APA，2013a）。许多对立违抗的症状在一定的情况下是符合生长发育阶段的特征的，因此能被正式诊断的行为必须造成了严重的社交、学习或功能障碍。要被诊断为对立违抗障碍，5 岁以下的儿童必须在至少 6 个月的大部分时间里表现出这种症状，而 5 岁及以上的儿童和青少年则至少每周表现出一次这样的症状（APA，2013a）。

品行障碍的症状与对立违抗障碍相似，但比对立违抗障碍的症状更加严重和有害。高达 4% 的青少年被诊断为品行障碍，这种障碍的症状通常出现在儿童中期或青春期。16 岁之后才首次出现品行障碍症状是很罕见的情况（APA，2013a）。如果症状没有被及时发现，那些有对立违抗障碍和品行障碍的青少年在以后的生活中更有可能发展出抑郁、焦虑和逐步升级的反社会行为（Burke et al.，2011）。

区分对立违抗障碍和品行障碍的一种主要方法是，有品行障碍的青少年会反复侵犯他人的基本权利并无视主要社会规范（APA，2013a）。除了愤怒、易激惹和人际冲突，有品行障碍的青少年还会对人、动物或财产进行攻击或虐待。这些攻击性行为包括霸凌、威胁、打斗、使用武器、伤害动物、抢劫、性侵犯他人、放火、毁坏物品、说谎和欺诈。

有品行障碍的青少年会违反社会规范，并带来严重的后果，如闯入汽车、房屋或建筑物，并偷窃贵重物品。品行障碍中的违抗行为还可能包括夜不归宿、离家出走或逃学。总体来说，对立违抗障碍和品行障碍有着相同的情绪困扰和行为模式，但是有品行障碍的个体会更加公然无视他人的权利和社会规范（APA，2013a）。

鉴别诊断

有一些咨询师有权利和责任对来访者做出诊断，而另一些则没有，因为他们在学校或其他豁免环境中与青少年打交道。然而，所有的咨询师都应该知道用于诊断的行为问题指标，以做出准确的转介。此外，他们应该能够区分破坏性行为问题和因其他心理健康问题产生的情绪和行为问题所表现出的类似破坏性行为（APA，2013a）。咨询师应该考虑到鉴别诊断或共病诊断的可能性，这些诊断可能会加重或解释青少年的行为问题。鉴别诊断（differential diagnosis）或探索可能更适合的其他诊断是选择适当和有效的咨询干预的重要组成部分。

神经发育障碍

智力障碍、孤独症（自闭症）谱系障碍和注意缺陷 / 多动障碍在 1% 到 5% 的青少年中存在，这些障碍的行为表现可能会被误认为是源于行为问题的障碍（Ageranioti- Belanger et al.，2012；APA，2013a）。这些障碍的基本行为表现如下。

- 有智力障碍的青少年可能会出现睡眠困难，感到有慢性疼痛或药物副作用，从而导致烦躁或失去耐心。
- 孤独症（自闭症）谱系障碍的青少年在信息加工、交流和日常生活规律的改变方面存在困难，可能会导致过度敏感或用行为表达需求（National Autistic Society，2015）。
- 患有注意缺陷 / 多动障碍的青少年通常较冲动、烦躁不安、坐不住、不适时地跑开或攀爬、难以从事安静的放松活动、不停地说话、脱口而出答案、打断他人、逃避需要集中注意力的事情。

许多与青少年常见神经发育障碍相关的行为可能会被误诊为破坏、冲动控制或品行障碍的一种。此外，神经发育障碍的症状可能导致或加剧这些可诊断的行为问题或阈下行为问题的症状。

焦虑或抑郁

破坏性情绪失调障碍、抑郁障碍和持续性抑郁障碍在 0.5% 至 2% 的青少年中存在，其在行为上表现为愤怒爆发和易激惹（APA，2013a）。分离焦虑障碍和广泛性焦虑障碍在 1.6% 至 4% 的青少年中发生，而青少年经常用发脾气或行为反抗来作为一种避免刺激引起焦虑的方式（APA，2013a）。睡眠障碍在患有焦虑障碍的青少年中很常见，而有神经发育障碍的青少年常常会出现抑郁（APA，2013a）。在评估青少年的破坏性行为、冲动控制或行为失调时，应考虑任何与焦虑或抑郁相关的行为症状。

压力和创伤

有 3% 至 8% 的青少年患有创伤后应激障碍（PTSD），许多青少年经历过创伤性事件（如身体、情感或性虐待）。创伤经历会导致易怒、愤怒爆发和行为反抗（CDC，2014a）。经历过创伤的青少年除了内化反应（焦虑、抑郁）（Milne & Collin-Vezina，2015），也会有外化反应（如攻击、无视权威）。经历过创伤的青少年可能会表现出易怒、有攻击性、睡眠障碍、回避行为、性欲亢奋、自残行为和物质滥用（Milne & Collin-Vezina，2015）。

身体不适

身体不适可能也会导致行为问题。咨询师应该确保有行为问题的青少年的基本需求是满足的。也就是说，他们不是因为诸如饥饿、肚子疼、耳朵疼、牙疼或药物副作用等身体刺激而做出的反应。此外，青少年累的时候很难集中注意力；他们每晚应该有 8 到 11 小时的睡眠，但许多青少年缺乏充足的睡眠（Hirshkowitz et al.，2015）。此外，如果青少年感到饥饿、寒冷、看不见或听不清楚，或者感到不舒服，也会变得易怒。咨询师在与表现出行为问题的青少年合作时应该评估和考虑他们身体的舒适度。

破坏性行为问题的评估

根据咨询师工作环境的不同，他们可能会使用特定的评估工具来测量青少年的破坏性行为问题。在评估行为问题时，咨询师需要评估共病障碍和鉴别诊断，以确保诊断的准确性。咨询师应该建议青少年进行基本的体检，以排除任何可能导致破坏性行为的身体原因。在咨询关系开始时，他们要对青少年的发展历史、风险因素和基本情况进行评估。

父母、兄弟姐妹、同伴、老师和其他重要他人（如教练、保姆）可以作为青少年行为的重要信息来源。如果可能，父母应该尽可能单独接受访谈，以提供那些他们不方便在孩子面前分享的信息（如即将离婚）。如果可能，咨询师应该与父母双方都进行访谈，因为每个人都对青少年的行为有独特的见解。青少年也应该被单独访谈，以防他还有在家庭面谈中没有透露的信息（如可能被虐待）。

诊断性访谈

如果咨询师怀疑来访者可能有破坏性行为障碍，那么应通过询问来访者行为发生的地点来判断来访者行为问题的普遍性。可诊断的行为障碍应持续存在于各种环境，并在学校、社区和家庭中造成重大困扰（APA，2013a）。咨询师可以使用以下问题来完成对立违抗障碍或品行障碍的诊断性访谈。

咨询师在评估破坏性行为障碍时应该考虑的问题

对立违抗障碍

- 这个孩子会经常发脾气吗？
- 这个孩子是否易怒或容易生气？
- 这个孩子是否常生气或满腹牢骚？
- 这个孩子会和权威人士或成年人争论吗？
- 这个孩子会主动违抗规则吗？
- 这个孩子是否拒绝服从权威人士的要求？
- 这个孩子是否故意激惹他人？
- 这个孩子会因为自己的不当行为而责怪他人吗？
- 这个孩子是否怀有恶意或怀恨在心？

品行障碍

- 这个孩子会欺负、威胁或恐吓他人吗？
- 这个孩子会主动打架吗？
- 这个孩子使用过可能对他人造成严重身体伤害的武器吗？
- 这个孩子对人或动物进行过身体虐待吗？
- 这个孩子明目张胆地偷过东西吗？
- 这个孩子是否强迫他人进行性行为？
- 这个孩子是否故意放火造成损害？
- 这个孩子是否损坏了他人的财产？
- 这个孩子是否闯入过他人的房子、汽车或建筑物？
- 这个孩子是否为了获得物品或好处或为了逃避义务而撒谎？
- 这个孩子偷过贵重物品吗？
- 这个孩子逃学吗？

资料来源：Adapted from *Diagnostic and Statistical Manual of Mental Disorders*（5th ed.），by American Psychiatric Association（APA），2013，Washington，DC: Author.

标准化评估

除了非正式的诊断性访谈，咨询师还可以使用标准化的评估来辅助对行为问题的准确诊断。表 14-4 提供了可以用于评估青少年破坏性行为问题的量表。

表 14-4 青少年破坏性行为评估量表总结

评估量表	适用年龄范围	概述
贝克儿童及青少年量表（第二版）（BYI- Ⅱ）	7 ~ 18 岁	这个由青少年完成的量表包括 5 个分量表，每个分量表由 20 个问题组成（Beck et al.，2005）。这个量表的目的是测量青少年的情绪和社交困扰，包括抑郁、焦虑、愤怒、破坏行为和自我概念
DSM-5 一级跨界症状量表父母 / 监护人他评版	6 ~ 17 岁	这个量表包括 25 个问题（19 个 5 分制问题和 6 个是非问题），并由一位养育者填写（APA，2013b）。这个量表的目的是将青少年的问题分类，包括躯体性、睡眠、注意力不集中、抑郁、愤怒、易怒、躁狂，焦虑，精神病性症状、反复性思考与行为、物质滥用和自杀倾向
冷漠无情特质问卷（inventory of callous-unemotional traits）	12 ~ 20 岁	这个量表由 24 个问题组成，可以分别由青少年、家长或老师完成（University of New Orleans，2014）。这个量表的目的是找出与攻击性和反社会行为相关的特质，包括麻木不仁、缺乏爱心、缺乏情感
阿成贝切实证评估体系（achenbach system of empirically based assessment）	1.5 ~ 18 岁	该评估体系由不同长度的多个量表组成（Achenbach & Rescorla，2001）。咨询师可以根据来访者最初呈现的问题有针对性地选择使用哪些量表。评估的目的是识别阈下行为问题及符合诊断标准的行为
儿童行为评估体系第二版（behavior assessment system for children 2nd ed）	2 ~ 21 岁	该评估体系由不同长度的多个量表组成（Reynolds & Kamphaus，2004），咨询师可以有针对性地选择使用哪些量表。评估的目的是通过老师评分、家长评分和青少年自我评估来了解青少年的行为。咨询师也可以使用观察体系和结构性的发展历史进程来形成对儿童和青少年行为的全面了解

破坏性行为问题的综合治疗

咨询师可能会在各种情况下遇到有破坏性行为问题的人。学校咨询师可能会用到本章中针对青少年的短程咨询干预，以及针对教师和养育者的长期行为计划中提到的治疗模块。在社区和临床工作的咨询师可能会用到本章提供的大部分治疗模块；咨询师应该根据来访者的独特需求和资源来决定干预的性质和持续时间。

当与有破坏性行为问题的青少年及其家庭合作时，建立一种稳固的治疗关系是必不可少的。促进关系发展的因素在本书的其他地方也讨论过，但因为这个群体所面临困扰的特殊性，对他们咨询时要对咨询关系有特别的关注。

咨询师应谨慎选择能够有效达成来访者治疗目标的咨询干预方法（ACA，2014）。由于各种风险因素（如暴力）的存在，在与这类群体合作时，风险可能很高，咨询师必须采用最佳做法。本节所讨论的干预措施是有实证支持的，适用于有破坏性行为问题的青少年。

对青少年进行个体咨询很方便，因为不需要家庭参与。然而，当青少年的家庭参与咨询并能为他们创造一个更加支持的环境时，咨询是最有帮助的（Barkley，2013；Henggeler & Schaeffer，2010）。下面的部分讨论了基本行为和情绪调节干预方法，以及认知重构技术。接下来介绍问题解决技能训练（Problem-Solving Skills Training，PSST），该训练作为一种工具可与多维度的咨询方法一起使用。辩证行为疗法（DBT）、多系统治疗（Multisystemic Therapy，

MST）和家庭干预也会作为多维疗法的一部分进行探讨。咨询师应该根据来访者的需求和可利用的资源谨慎地选择干预措施。

行为干预

有破坏性行为障碍的青少年最受关注的是有问题的行为，所以咨询师常常使用针对行为改变的干预措施也是有道理的。基本的行为概念，如经典条件反射和操作条件反射，可以作为理解、聚焦和改变青少年行为的基础。在经典条件反射中，一个对个体没有特殊意义的刺激与一个内在重要的刺激建立起联系，会使无意义的刺激也变得很重要。这个概念最初产生于针对狗的研究。在该实验中，中性刺激是铃声，非条件刺激是食物。起初，研究人员摇响铃铛时狗没有反应。接着，他们在喂狗时摇铃，狗就会流口水。很快，铃声一响，即使没有食物，狗也会流口水。经典条件反射的概念可以应用于青少年，以推测某些行为的强化因素和动机。

操作条件反射是一个利用奖励和惩罚来强化或减少特定行为的过程。奖励是指来访者期待的结果（如糖果、额外的看电影时间等），惩罚是不被来访者期待的后果（如失去特权、额外的家务等）。操作条件反射对青少年尤其重要，因为父母对各种奖励和结果有控制权。咨询师可以使用操作条件反射来找出强化问题行为的结果，他们可以帮助父母、养育者、老师和其他重要他人来调整环境，而使不希望发生的行为不再得到强化，并使期待的行为得到强化。

不相容行为指两种不能同时发生的行为。例如，青少年在安静地观看他们最喜欢的节目时是不会乱发脾气的。青少年生命中的重要他人可以强化青少年被期待的行为，尤其是那些不与不被期待的行为同时发生的行为。作为结果，青少年的不被期待的行为没有得到强化，最终就会消失。

塑造行为时，惩罚并不总是必要的。事实上，如果惩罚让青少年感到不被爱或不被支持，反而是有害无益的。当青少年对自己的安全或周围其他人的安全构成威胁时，惩罚或许是必要的。但在非威胁的情况下，强化是一种更有效的塑造行为的方式。

强化有两种类型：正强化和负强化。当青少年得到想要的东西（如表扬、拥抱、饼干）时，就会出现正强化，而当不想要的结果被消除时，就会出现负强化（如允许青少年一天不做家务）。正惩罚和负惩罚的效果大致相同。表 14-5 概述了强化和惩罚的相关后果。咨询师应该知道，口头表扬和感情联结对青少年来说是非常有效且免费的强化物。

表 14-5 后果的类型：强化和惩罚

	增加刺激	消除刺激
增加行为	正强化 （表扬青少年）	负强化 （取消青少年的家务任务）
减少行为	正惩罚 （给青少年额外的家务）	负惩罚 （拿走青少年的平板电脑）

行为干预的第一步是了解青少年行为的动机。咨询师应列出青少年的问题行为，然后与青少年、他们的父母和其他重要他人合作，以确定在行为发生之前（即前因）和之后（即后果）通常都是什么情况。

一旦咨询师理解了青少年行为出格的原因，就可以努力消除那些强化这些行为的因素。例如，对于那些在课堂上为了引起关注而故意表现不好的青少年，教师应该尽可能忽略他们的行为（Barkley，2013）。对于期待的行为，应该用表扬和实际的奖励来强化。常用行为概念可被用来明确环境中强化行为问题的因素，并重新构建青少年实现其预期目标的方式。

行为干预可以在咨询会谈中通过角色扮演和对规则和后果的持续稳定的强化来实现。咨询师也可以帮助老师通过使用行为图表和代币制度在课堂上实施行为概念。此外，父母可以在家中实施行为干预来减少青少年做出不被期待的行为，同时增加其表达需求的健康方式。

虽然行为干预可以用来理解青少年不健康行为的基本动机，但想法和情绪也在产生和强化行为问题中发挥作用。这对那些在不同环境中都有行为问题的年龄较大的青少年尤其如此，因为他们的认知、行为和情绪产生了不健康的关联，而这些关联多年来一直都在被强化。咨询师通常必须将情绪干预和认知干预相结合，以补充基本的行为干预。

正念技能

情感意识或识别和控制情绪的能力，是对这个群体进行有效咨询的核心。许多破坏性行为（如暴怒、打架），从本质上来说，根源在于难以控制的情绪。理想情况下，青少年会通过诉说或创造性活动（如写作、绘画）来表达不舒服的情绪。然而，有些青少年对自己的情绪缺乏觉察，或者不知道如何使用适应性的方式来表达自己的情绪。缺乏这方面技能的青少年在不堪忍受时可能会以破坏性的方式表达他们的情绪。青少年发展出不健康的情绪调节技能的原因可能有很多，包括观察不健康的示范（如家中的身体攻击），抑或生理上的敏感特质使他们天生难以理解和控制自己的情绪。

咨询师应该帮助青少年了解他们的情绪和行为之间的联系。青少年首先必须能够识别他们的感觉，而这些感觉通常是无意识的，或者是青少年没有意识到的。咨询师可以使用正念技巧，让青少年能主动意识到自己的情绪。

正念是一个有意识地觉察自己内心活动的过程，正念技巧已经被成功地用于辅助青少年发展健康行为（Swart & Apsche，2014）。通过使用正念技巧，青少年可以变得更自主地觉察到他们的想法及与他们的身体体验相关联的情绪。随着青少年逐渐有意识地觉察到这些想法和感受，他们可以找到行为的基本驱力和动机，并努力将他们的行为转变为更有益和健康的互动方式。青少年尤其适合使用正念技巧，因为他们往往对新的机会和经历持开放态度。

正念技巧可以使青少年关注当下的想法和情绪。在进行正念时，青少年不会关注过去或未来。相反，他们专注于当下，不加评判地观察自己内心的想法和感受，且不做任何好或坏、对或错的评价。通过正念，青少年会接受当下的想法和情绪是合理的，并看到当下的经历在时间中走过。青少年会意识到生活就是它本来的样子，而此时此刻刚刚好。过去发生的事情已经过去了，将来会发生什么事还不知道，他们知道的是，他们在此刻活得鲜活、完好。

正念技巧能把青少年带入一种专注、平静的意识状态，在这种状态中是没有多余的空间把精力放在不必要的评价、悲伤、后悔、懊悔、焦虑或担心上的。相反，正在练习正念的青少年会意识到，想法和感受是可以被观察、识别、探索和重复的，这可以激发他们健康的行为。通过正念技巧，青少年可以意识到他们内在的力量，充分体验他们当下的想法和感受，然后以一种更快乐、更健康的方式与周围的世界互动。

咨询师可以在会谈的开始和结束时都进行正念活动，并鼓励青少年在感到烦躁或不舒服时自己练习正念。正念过程的第一步是邀请青少年觉察自己的心理活动和周围环境（Swart & Apsche，2014）。然后，咨询师应该引导来访者闭上眼睛，注意觉察他们正在经历的感受，如悲伤或担忧。来访者应该花时间去认识并充分体验他们的感受，而不是去评判。也就是说，青少年好像是自己经历的观察者。在这样做的时候，他们应该完全关注当下，不去担心和思考过去或未来。告诉自己，在某一时刻所经历的那种特定的感觉是完全合理和重要的；这种感觉并不表明任何事情是错的，或者在将来会出错；相反，它只是表明了目前的感受。

为了让青少年关注当下，咨询师应该让他们睁开眼睛，描述他们在房间里看到的东西（如电视机、坐在椅子上的咨询师、计算机）。然后，青少年应该分享他们在当前环境中的感受（如焦虑、悲伤或充满希望的），而咨询师应该不加评判地合理化和谈论这些感受。

呼吸练习是正念的关键组成部分，它可以让青少年在吸气和呼气时能有意识地将注意力集中在肺部和胸部。咨询师可以引导来访者缓慢地、深深地吸气，屏住呼吸片刻并享受可控的平缓的呼气。来访者可以重复五次深呼吸。在这个练习中，青少年变得放松，并与他们的身体产生联结。来访者接受自己是有基本人类需求的个体，并认识到正念的力量正在控制愤怒的情绪，并在帮助自己换一个角度来看待问题。

青少年应该关注正念练习带来的平静、舒缓的感觉。当青少年经历不舒服的情绪时，咨询师应该鼓励他们练习正念，这样他们就能以健康的方式表达和处理这些情绪。如果青少年注意到人际关系是情绪反应和痛苦的关键来源，那么咨询师可以建立关键的正念技巧来整合更多的健康行为。

认知重构能力

青少年的想法与他们的情绪和行为有直接的联系。对这一群体的一个重要咨询目标是识别和改变不适应的想法，以预防破坏性行为的发生。认知重构可以帮助青少年了解他们的想法如何影响他们的行为，以及他们如何做出更好的行为选择。表 14-6 提供了有行为问题青少年的认知疗法目标。

表 14-6　有行为问题青少年的认知疗法目标

行为障碍	信念	假设	行为	可能的治疗目标
对立违抗障碍	我没办法控制自己的生活和个人需求	他人对我提出了不合理要求。我可以通过我的行为来控制环境。他人正试图操纵我或占我的便宜。我不需要做他人要我做的事情。没有什么是我的错	青少年会乱发脾气并形成愤怒或不满的态度。青少年不尊重他人	增强个人反思和社交敏感度，建立共情和自信，改善人际关系技能，增强愤怒管理能力
品行障碍	我有他人没有的权利	我有权伤害他人。其他人都应该受到我曾受过的伤害。我能通过暴力控制其他人。破坏财物是表达我情绪的好方法。我不需要遵守规则。我不需要尊重他人	青少年会参与霸凌、打架、对他人或动物造成身体伤害、破坏财物，也会说谎、偷窃，并且藐视规则	聚焦在建立共情、情绪调节、愤怒管理和个人反思上
间歇性暴怒障碍	我无法控制我的冲动	我的行为是合理的、符合当时情况的。我没办法控制我的愤怒。其他人让我出离愤怒	青少年表现出言语攻击，乱发脾气和身体攻击	减少冲动、改善情绪调节能力、教授社交技能训练，以及增强愤怒管理
纵火狂	我只有放火才能感觉好点	唯一能让我平静放松下来的方法就是纵火。纵火是一种很好的处理我情绪的方法。纵火是唯一能让我感到快乐或放松的方式	青少年反复纵火	提高自律、自我控制、自我反思及应对技巧
偷窃狂	我只有偷东西才能感觉好点	偷东西会让我感觉好点。偷窃是减缓我紧张情绪的好方法。偷窃是唯一能让我感觉好点的方式	青少年偷东西不是为了生存的需要	提高自律、自我控制、自我反思、自我意识及应对技巧

认知行为疗法（CBT）是一种融合了关于想法（如认知理论）、感受（如情感调节理论）和行为（如行为理论）（Benjamin et al.，2011；Westbrook et al.，2014）的综合理论。CBT 是一种帮助青少年识别影响行为的认知和情感触发因素的综合方法。CBT 已被证明对 7 岁及以上的青少年是有效的，因为他们已发展出了将想法、情绪和行为联系起来的能力（Benjamin et al.，2011；Sigelman & Rider，2012；Westbrook et al.，2014）。

为了帮助青少年认识到想法和情绪之间的联系，咨询师可能会使用苏格拉底式提问（即假装不知道答案）来引导来访者的自我觉察，而不是直接告诉他们。咨询师应避免询问来访者，而应使用鼓励、确认和反思作为咨询过程的一部分。例如，一名咨询师与一个在被要求做家务时勃然大怒的青少年合作时，可以提这样的问题："在你对妈妈发火之前发生了什么？""生气的前一刻你的感觉是什么？""你生气之后发生了什么？""你在想什么？""你生气后感觉怎么样？"然后，咨询师可以强调，在被强迫做家务时你会很生气，而逃避做家务使你感觉更好。咨询师还可以强调指出，因为逃脱了家务劳动，却被禁足了3天，这实际上导致了更严重的后果。

在探索了与一些行为事件相关的想法、感受和行为之后，咨询师可以帮助青少年追踪他们的想法、感受和行为的循环，以促进青少年的觉察。图14-1描述了贝克提出的认知三角模型，该模型通常称为CBT三角形（Beck et al.，1979）。这个三角形简单易懂，并且在发展阶段上是适合较年幼的儿童理解的。三角模型的意思是，想法和感受相关联，而感受会激发行为；因此，识别和重构不合理或不适合的想法可以帮助青少年感觉更好，从而让其采取更被期待的行为。

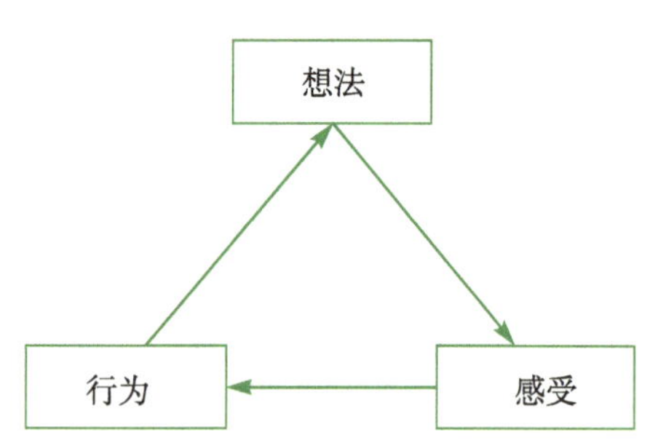

图14-1　贝克的认知三角模型

咨询师还可以为年龄稍大的儿童和青少年布置想法日记的作业。来访者可以与咨询师一起回顾日记内容，练习将想法、感受和行为联系起来。青少年最终将能够独立追踪这些关联并使用预防策略，从而过上更健康、幸福的生活。

记录想法、感受和行为的关联本身就是一种疗愈，因为青少年可以洞察他们内心的经历及他们对这些经历的反应。咨询师可以帮助青少年识别最常导致破坏性行为的想法和感受。咨询师应该询问青少年使用那些无益的行为的具体例子。例如，咨询师可以问："你上次在教室里遇到麻烦是什么时候？"咨询师可以帮助来访者意识到在他感到难过之前到底发生了什么。例如，咨询师可以说："所以，你正在做数学题。你当时只是在自己的桌子前做自己的事情。"

接下来，咨询师应该找出导致无益行为的想法和感受。例如，咨询师可以问："后来发生了什么事让你不开心了？"青少年可能会回答，他的同学向他扔了一支铅笔。然后，咨询师应该通过询问细节来澄清到底发生了什么，例如，这个青少年是否看到同学向他扔铅笔，或者他是否因为正低着头而被吓到了（这么做可以澄清是同学故意扔的，还是不小心导致的意外）。咨询师应帮助青少年总结促使行为发生的所有事件和诱因。例如，咨询师可以说："所以你当时正在低着头，踢了一块口香糖，而口香糖打中了你的同学，然后他就向你扔了一支铅笔。"

在CBT的下一步中，咨询师应该问这位同学为什么踢口香糖，并一起讨论为什么这种行为是没有帮助的（如它没有解决任何问题，又让他的同伴不开心），然后一起寻找其他可替代的行为（如深呼吸、暂停一下）。咨询师也可以展示事件的连锁反应。也就是说，这个青少年踢口香糖的行为实际上导致了同学向他扔铅笔，从而导致了扰乱课堂纪律的行为。

接下来，咨询师应该讨论主要的诱发因素（如青少年被铅笔击中）及相关的想法和感受。这个过程可能需要一些时间，因为青少年内心的想法和感受是不容易表露出来的。咨询师可以问："当铅笔击中你时，你有什么感觉？"如果有一张情绪图表可供其选择，那将是很有帮助的。然后咨询师可以问："你当时有什么想法？"如果对方无法说出想法，咨询师可以猜一猜："你对自己说，'我不会让他得逞的。'对吗？"咨询师可能需要做许多猜测，并让青少年澄清，直到找出青少年准确的想法。

咨询师可以花时间找出青少年的想法，然后用更有帮助的想法替代它们。例如，咨询师可以暗示说，"我不会让他得逞的"是不是可以转变为"他做了我不喜欢的事情，我会告诉老师"。此外，咨询师还可以帮助青少年把自己的想法、感受和行为联系起来。例如，青少年可以学会注意自己身体给出的强烈情绪的信号（如心跳加速、脸红等），并学习其他应对技巧来处理这些感觉，如填色、写日记、锻炼或给朋友打电话等。

在对青少年进行几次 CBT 的练习后，咨询师可以教他们如何记录自己的想法，并用更有效的想法来对抗诱发消极行为的想法。作为挑战自我想法过程的一部分，青少年可以进行更健康和更有效的行为。CBT 是一种传统的谈话治疗方法，但是也应该尽可能融入创造性的干预，因为创造性的干预是符合青少年的发展阶段的。

解决问题的能力

解决问题技能训练（PSST）是一种认知行为的治疗方法，它关注重建青少年的认知过程，这被认为是破坏性行为的核心。PSST 可以帮助青少年有效地解决问题，避免破坏性的或其他无益的行为。PSST 可以帮助青少年做到以下几点。

- 识别他们行为的后果。
- 让他们对自己的行为负责。
- 更好地感知他人的感受。
- 为人际关系问题提供替代解决方案。
- 找出他们能以尊重自己和他人的方式来满足自己的需求和欲望的方法。

PSST 是一种高度结构化的干预，可以在个体咨询或团体咨询中应用（Weisz & Kazdin，2010）。

在应用 PSST 时，咨询师应首先介绍解决问题的语言步骤（可以使用许多不同的问题解决模型，但它们的步骤都大致相似），具体步骤如下。

- 我应该做什么？
- 我还能做什么？
- 如果我这样做会发生什么？
- 我应该做什么选择？
- 我做得怎么样？

在介绍这些步骤时，咨询师应该花些时间向青少年解释并让其理解每一个步骤。首先，应着重于确保青少年能够明确和理解大人或其他权威人士对他们提出的要求。例如，一个青少年被要求确保她卧室的整洁，而且必须在父母要求的时候打扫她的房间。那么，这个青少年应该有意识地评估自己的选择。她可以选择打扫她的房间，也可以选择做其他事情，如看电视或玩电子游戏。她也可以通过尖叫、扔东西或怒气冲冲地离开房间来拒绝打扫房间。此时她应该花时间斟酌她所有的选择，并想一想如果她做出其中任何一个选择后会发生什么。她可能会想到她会因为打扫了房间而被允许玩一会儿或受到表扬，她也会因为选择了其他行为而受到惩罚。其次，咨询师可以帮助青少年根据选项和可能的后果来决定她应该做出什么选择。最后，青少年做出选择并评价那个决定。

青少年在学习完这些步骤后，可通过谈话疗法及角色扮演，练习将这些步骤应用于解决各种问题。咨询师可以通过游戏和现实生活场景来教青少年如何使用解决问题的技能。PSST 特别适用于住院式治疗机构，它方便在可控的环境下解决现实生活中的问题。咨询师或全天监督青少年的工作人员（直接看护人员）都可以在机构中向青少年教授 PSST。当青少年面临困难情形或曾经导致不良行为的情境时，工作人员可以通过 PSST 过程引导青少年培养更健康、更合适的行为。

咨询师也可以将操作条件反射的使用纳入青少年的咨询计划，以激励青少年应用 PSST。家长或养育者可以学习使用操作条件反射。在进行 PSST 的同时，还可以使用代币系统；代币是对努力付出的积极鼓励。最开始的时候，青少年每做一件被期待的事后，就应该给他们代币。随着时间的推移，代币应该在青少年连续几次表现良好时给予或积极参与后随机发放。没收代币也可以作为咨询中对不良行为的一种负惩罚形式。青少年可以在咨询会谈结束后、在家中或在治疗机构用代币换取一个小礼物。

下面举一个实践 PSST 的例子。我们来看一个在学校发生的欺凌事件，背景是来访者欺负了另一个孩子。咨询师可以问来访者："关于这次的欺凌事件，你觉得你应该怎么做呢？"如果孩子回答，他应该和有关的人谈谈应该如何处理这次的欺凌，咨询师就可以给他一个代币。如果青少年嘲讽而戏谑地做出回答

（如“我应该打他们”），咨询师就可以拿走一个代币。然后，咨询师可以询问处理这种情况的其他方法。在意识到欺凌所带来的不良后果后，青少年就能认识到更有帮助和适当的选择。咨询师和来访者可以通过角色扮演，做出其他的、更适合的行为，来为青少年做出更被期待的行为进行排练。理想情况下，在咨询结束后，青少年应该自动使用这些步骤，而不需要照本宣科地回顾解决问题的这些步骤。

PSST 是一种有针对性的干预，可以用来帮助青少年了解他们行为的后果。它是一种帮助青少年改变他们的观念、信念和经验的有效干预。PSST 模型是一种可以被融合到整体咨询方法中的工具。

辩证行为疗法

辩证行为疗法（DBT）是一种多管齐下的方法，可作为预防措施用于表现出阈下行为问题的青少年，也可以作为咨询干预用于被诊断有破坏性行为问题的青少年（Rathus & Miller，2015）。DBT 的核心在于帮助来访者发展他们有效调节自己情绪的能力。咨询师可以使用 DBT 来帮助青少年处理可能引发适应不良行为的个人和环境因素。之后，咨询师会指导青少年发展出健康的情绪调节技能，并处理在应用这些技能的过程中出现的任何障碍。表 14-7 简述了针对特定类型的行为问题所使用的技能和干预措施。

表 14-7 针对破坏性行为的 DBT 干预

DBT 技能模块	关注的破坏性行为	干预示例
调节情绪	• 情绪爆发 • 喜怒无常 • 抑郁 • 羞耻和内疚 • 焦虑	• 理解和改变情绪 • 重新构建主观体验 • 降低情绪的脆弱性 • 应用 PLEASE 字诀［治疗身体疾病（physical illness）、平衡饮食（eating）、避免服用改变情绪的药物（mood-altering）、保证睡眠（sleep）、锻炼（exercise)］
痛苦耐受	• 冲动 • 危险的性行为 • 旷课 • 物质滥用 • 暴力 • 自杀 • 非自杀性自伤	• 用“六感”进行自我宽慰：IMPROVE［想象（imagery）、意义（meaning）、祈祷（prayer）、放松（relaxing）、专注当下（one thing in the moment）、放假（vacation）、鼓励（encouragement）］ • 探讨利弊

寻求中间道路	• 非黑即白的思维
	• 有限的共情
	• 解决冲突的能力有限
	• 难以做出想要的改变
		• 识别辩证困境：
		  ◦ 情绪脆弱与自我否定
		  ◦ 危机反应与压抑反应
		  ◦ 自主性与依赖性
		• 理解自己和他人
		• 改变行为（强化和塑造，惩罚和消退）

核心正念	• 对个人想法、感受和行为的觉察有限
	• 心烦意乱
	• 难以接受不舒服的情绪
	• 难以产生所期待的情绪
	• 缺乏个人同一性
	• 空虚感与疏离感
		• 使用核心正念技巧
		  ◦ 积极、客观的心态
		  ◦ 观察周围环境
		  ◦ 保持专注
		  ◦ 做有效的行为

资料来源：Adapted from DBT Skills Manual for Adolescents，by J. H. Rathus & A. L. Miller，2015，New York，NY: Guilford.

咨询师可以使用不同的 DBT 概念来促进情绪调节技能、痛苦耐受技能和正念技能（Rathus & Miller，2015）。情感教育可以帮助青少年了解自己的行为，并以更健康的方式抒发情绪。DBT 干预还可以帮助青少年了解他们的想法、情绪和行为如何影响他人，以及如何受到他人的影响。咨询师也可以选择将关键的相关人员纳入治疗过程（如家人、朋友、老师），从而为青少年的行为问题提供整体干预。

让家庭参与

在将家庭成员纳入治疗过程之前，咨询师应该告诉与青少年最亲近的那些人，让他们了解行为问题的潜在来源。正如前面所讨论的，行为问题有很多种类型（如阈下行为问题和可诊断的行为问题），行为问题的发展也有很多种原因（如作为一种应对技巧、对创伤性事件的反应）。此外，还有许多因素会促使青少年使用不合适的或无益的行为（如来自他人的无意识强化、权力感或控制欲）。咨询师可以告知家庭成员这个青少年的发展轨迹，以及他的行为通过环境和人际关系被强化的可能机制。

咨询师应事先告知家庭成员青少年需要被照顾的程度，以及来自家庭和社会支持人员应怎样支持青少年。年幼的孩子自然需要来自家庭的更多投入，但实际上所有年龄段的青少年都需要来自家庭的支持，这样咨询才更容易成功。有些青少年可能只是需要来自父母的鼓励和偶尔的支持。例如，一个在课堂上有轻微行为困扰的青少年可以参与学校咨询而不需要过多的父母参与。然而，有些青少年可能需要进行更深入的家庭治疗，以克服通过行为上表现出来的源自家庭系统的问题（如父母的物质滥用、家庭虐待、有害的家庭动力）。

父母通常是青少年和咨询师之间的联系点。父母可以作为重要的信息来源；他们有独特的视角，通常可以分享一些青少年不愿透露的细节。父母也可以作为合作者来监督青少年的行为，如在家庭环境中应用方案、贯彻规则的一致性或练习从咨询中学到的新技能。

让家庭成员参与这个过程有时会很有挑战性。要商定所有家庭成员都能参加咨询会谈的时间就很困难。一些家庭成员可能不会参与治疗过程，而另一些人可能还没有准备好。此外，许多父母都有很多职责，他们可能很难找到时间和精力尽力投入咨询。无论何时，咨询师都应该尽最大努力获得家庭成员的帮助，同时对将家庭成员纳入咨询服务的局限性保持清醒现实的认识。总之，家庭的参与是解决青少年行为问题的关键组成部分。以下讨论了 PMT 和 MST 两种常用的促使家庭参与的方法。

父母管理培训

青少年与他们的家庭密切相关，对于有破坏性行为问题的青少年，家庭环境是有效咨询干预的关键考虑因素（APA，2013a；Weisz & Kazdin，2010）。只要有可能，就应该实施家庭咨询干预，而且咨询师应该在适当的情况下邀请家庭成员参与进来，这样家庭就可以参与治疗计划的制订和实施。

有许多家庭治疗模式可用于治疗有破坏性行为障碍的青少年，但仅有一些模式有实证支持；本节稍后将对它们进行概述。考虑到破坏性行为障碍的本质，因此在进行家庭治疗前，咨询师应该清楚地描述治疗规则和期待。

以行为为基础的家庭干预对有破坏性行为障碍的青少年最有效（Barkley，2013；Weisz & Kazdin，2010）。父母管理培训（PMT）是一种为家庭中的行为改变提供明确、有效、有针对性的策略的方法。PMT 是对这一人群进行咨询的一种高度结构化、手册化的方法，它的每一步都包括了多个评估和工作表（Barkley，2013）。

在 PMT 中，父母被视为青少年行为的关键影响者。PMT 的目标包括以下几点（Barkley，2013；Weisz & Kazdin，2010）。

- 提高父母在家庭中沟通规则和期待的能力。
- 增加孩子对违反家庭规则的后果的理解。
- 增加父母对积极强化的关注。
- 以孩子的成功为基础。

PMT 的第一步是教授父母关于青少年不良行为的基本动机。在这一步中，父母要了解可能导致孩子破坏性行为的个人特征（如脾气暴躁、高度焦虑），以及可能加剧这些因素的父母特征（如要求遵守规则时没有规律、表达情感的能力有限）。家庭压力事件

（如父母离婚）和环境因素（如有限的可获得资源）也应在咨询的早期阶段给父母解释。

接下来，父母被要求关注孩子的行为，并找出最常导致其适应不良行为的诱因（如去日用品店、家务时间）。鼓励父母忽略适应不良行为，通过表扬和高质量的陪伴来强化所期待的行为。一些家长可能认为奖励是贿赂的代名词；咨询师应该向其解释，贿赂是在一种想要的行为被付诸实施之前就已经给予的（如"给你一块糖果，去打扫厨房吧"）；奖励是在行为完成后进行的。理想情况下，这会增强青少年在不需要被提示或指使的情况下使用被期待行为的欲望。

如果强化不足以消除破坏性行为，父母也可以实施代币制度。青少年做出被期待的行为后可以得到一个物品（如扑克筹码、贴纸、图表上的小红花），如果青少年做出不良行为，那么父母可以拿走这个物品。在需要时，暂停可以用来补充代币经济（Barkley，2013）。

重要的是，父母要为青少年预估可能出现问题的情形，并预先提供明确的规则。例如，如果一个孩子在日用品店有出现不良行为的倾向，父母应该清楚地指出适应不良行为的后果，并要求孩子列出在商店的不合适或适应不良的行为。当青少年在商店里表现出被期待的行为时，父母应该表扬他们；甚至可以在一次顺利的购物之旅结束时给孩子一个代币作为奖励。如果孩子在商店里有适应不良行为，父母应立即离开商店，并采取事先说好的、合理的规则（如当天其余时间不准看电视）。父母应该尽可能一致地执行规则的强化和惩罚。

咨询师应该提醒父母，青少年和父母的行为改变需要大量的时间和精力，PMT 是一种长期的生活方式的改变，而不是一种快速的解决办法。咨询师应该花时间去确认家长的困扰，并在必要时进行个体或夫妻咨询。

在家庭环境中与青少年单独合作的咨询师应该能够处理引发破坏性行为的大多数诱因。然而，与有严重行为问题的青少年一起合作的咨询师不仅要考虑个体和家庭咨询，还要考虑结合学校和社区资源，进而实施一个整体的干预计划。

多系统治疗

多系统治疗（MST）是一种解决儿童和青少年严重行为问题的综合治疗方法（Henggeler & Schaeffer，2010）。这种综合治疗方法融合了 CBT、家庭治疗和社区心理基金会（MST Services，2015）。尽管所有系统都在青少年发展中发挥作用，但有行为问题的青少年的主要养育者被视为变化中最具影响力的因素（Henggeler & Schaeffer，2010）。MST 致力于在多种环境下利用资源来实现以下九个关键原则（MST Services，2015）。

- 识别每个行为问题在青少年生活中所起的作用。
- 专注于青少年和他周围的优势和保护因素。
- 鼓励和发展负责任的青少年行为及家庭行为。
- 建立远景和目标，提供问题的具体定义和可衡量的解决方案。
- 识别并改变促发青少年行为问题的家庭、学校和社区互动。
- 实施适合青少年发展的干预措施，支持青少年的学业、职业和人际成长。
- 实施需要家庭每周或每天参与的干预措施。
- 定期评估对改变和进步的准备程度。
- 为主要养育者提供必要的工具来泛化和巩固咨询干预，以维持长期行为改变。

MST 评估过程在最初的转介后就开始了。咨询师会拜访家庭、学校和青少年经常出入的地方（如公园、课后俱乐部）。接下来，家庭和其他重要他人（如青少年的老师、保护服务机构）确立所期望的结果。由 MST 的实施者制定总体目标，并尝试了解青少年的不良行为在家庭系统中的作用（如满足关注需求、作为一种不健康的应对技能、避免不必要的压力源）。有了这些信息，咨询师就可以把这些总体目标划分成更细致的目标。

咨询师采用实证支持的干预措施（如 CBT、PSST、PMT）来利用青少年环境中的优势因素并降低风险因素（Henggeler & Shaeffer，2010）。咨询师还需评估变化的进展，并据此重新评估治疗目标。许多 MST 项目是通过青少年司法系统进行的，这样的方案对需要花时间与青少年及其家人在家里和社区相处的咨询师来说强度是非常大的。

精神药物治疗

对于破坏性行为问题，一般不支持使用药物。但如果有注意缺陷 / 多动障碍或抑郁障碍这样的共病障碍可以通过药物治疗来处理。药物治疗应始终与心理健康干预措施结合使用，以解决核心困难并促进青少年可持续的健康。

虽然药物治疗很少被提及用于解决破坏性行为问题，但在这一人群中使用精神药物疗法也曾有一些研究。有些药物可能被用来处理引起问题的特定症状（如冲动、易怒）。用于处理青少年行为症状的药物包括情绪稳定剂、抗抑郁药、兴奋剂、选择性去甲肾上腺素再摄取抑制剂和抗精神病药物（Smith & Coghill，2010）。在这些干预中，利培酮（一种非典型的抗精神病药物）在针对没有共病障碍的青少年的攻击性、严重易怒和情绪失调行为方面有一定疗效（Pringsheim et al.，2015）。

精神药物干预在很多方面都有帮助，因为药物可以快速缓解症状。此外，药物治疗可以把青少年带到一个基本水平，这样他们至少可以参加、理解，并全身心参与心理健康干预。随着青少年身体中的化学水平逐步平稳，而且当他们能够更好地运用新学到的技能来管理自己的行为后，就可以系统地逐渐减少药物的使用。

杰斯的“I CAN START”心理咨询计划

本章以引用杰斯的话作为开篇，杰斯是一个表现出破坏性行为问题的 14 岁西班牙裔男孩。下面的“I CAN START”概念框架概述了咨询中的考虑，这些考虑可能会对杰斯的学校咨询师或临床咨询师有帮助。

C= 背景评估

杰斯是一个 14 岁的西班牙裔男孩，他有一个弟弟和一个做两份工作的母亲。杰斯的母亲说当初怀着杰斯的过程很艰辛，因为杰斯的父亲在监狱里，而且杰斯生下来就有疝气。杰斯在小学时因为超重和成绩不好常被欺负。杰斯目前和两个有着相似家庭生活、文化背景和行为问题的男孩是朋友。杰斯的父亲酗酒时经常对杰斯和他的母亲进行口头和身体上的虐待。他父亲不在家住，并面临第四次醉酒驾驶的刑事指控。尽管杰斯不再面临严酷的管教，但他目前确实缺乏监管；当杰斯的妈妈不上班时，她经常抱怨说她的“神经受到了刺激”，她需要“睡一觉”。杰斯所在的社区资源有限，他所在社区的许多成员使用暴力来获得他们想要的东西。

A = 评估和诊断

诊断 = 313.81（F91.3）对立违抗障碍，中度。

N = 必要的护理水平

家庭咨询（每周一次）。

个体咨询（每周一次）。

S = 优势

自身：杰斯有很强的家庭价值观，这从他保护他的兄弟不受欺负、高质量的陪伴弟弟、并确保弟弟的需求得到满足的行动就可以看出。杰斯是独立和自信的，他能够建立和维持友谊。

家庭：杰斯和弟弟的关系很好，他有一个愿意付出、充满爱心的母亲。他熟悉他的父亲，需要时可以联系他。杰斯在同一社区或附近有几个支持她的姑姑、叔叔和堂兄妹。

学校与社区：杰斯和他的家人可以使用当地

的公共交通到达所有必要的购物和社交地点。社区里有几个教会提供课外活动，社区有一个基督教青年会（YMCA）、男孩和女孩俱乐部（boys & girls club）、大孩子帮小孩子组织（big brothers/big sisters）。社区里还有许多不同费用标准的心理健康机构，而且学校也有一名全职的学校咨询师。

T = 治疗方法

- CBT 着重应用情感教育、放松和以暴露为基础的方法。
- PMT 提高母亲在家庭中的参与度和一致性。

A = 咨询目的和目标（90 天目标）

杰斯将学习识别他的想法、感受和行为之间的联系。杰斯将会识别出在破坏性行为出现之前的 5 个诱因和 5 个愤怒信号，并将这些记录在日志中。杰斯会列出 10 种减少愤怒的方法，当他注意到愤怒的信号时就可以使用。

杰斯将学习和使用正念技巧。杰斯会注意到在破坏性行为之前典型的身体和认知症状。5 次中有 4 次能够用正念练习来避免破坏性行为。

杰斯将提高他接纳不舒服情绪的能力。杰斯将每周 3 次通过口头和艺术表达来抒发情绪。杰斯每天会进行一种冥想活动。

杰斯的母亲将会支持杰斯更健康的行为。杰斯的母亲每周会花 2 次时间和儿子们在一起，每次注意到杰斯做出被期待的行为后都会强化它们，并对不被期待的行为给出一致的合理惩罚。

R = 基于研究的干预措施

咨询师将帮助杰斯学习、发展或应用以下技能。

- 情感教育——了解他的身心感受及其对他行为的影响。
- 认知重构。
- 解决问题的能力。
- 正念。
- PMT。

T = 治疗性支持服务

- 由家庭医生进行身体评估和药物评估。
- 转介到大孩子帮小孩子组织。
- 为杰斯的母亲提供心理咨询转介。

总结

许多青少年都或多或少有过一些对自己、他人或财物有害无益的破坏性行为问题。青少年的两种主要行为诊断包括对立违抗障碍和品行障碍。阈下行为问题没有达到诊断标准，但咨询师可以处理这些困扰，以及一系列的行为问题。

受遗传、生物因素、家庭动力、环境和习得行为的影响，破坏性行为会随着时间的推移而发展（APA，2013a；Liu et al.，2012）。在探索青少年的破坏性行为问题过程中，咨询师应使用非正式的和正式的评估工具。咨询师也应该评估共病与鉴别诊断（APA，2013a；Barry et al.，2013）。

处理行为问题常用的治疗模块聚焦在学习可以用来预防破坏性行为的技巧上。行为干预、认知重构、情感教育可以在青少年单独接受咨询时使用，但将家庭、学校和社区纳入治疗体系是更理想的做法，因为这样做通常会有更好的结果。MST 是对青少年的整体环境进行改善的综合干预措施，但它需要丰富的资源，可以加入这些项目的途径，以及来访者、咨询师和家人的大量时间。咨询师可以通过采用 CBT 框架，并融合特定的技术来进行整体干预，如解决问题技能培训。为了给这个群体更好的支持，咨询师也应该让家长参与并尽可能地运用 PMT 技能。

第 15 章 虐待与创伤

吉安的案例

吉安是我的一切。你知道的，我愿意为她做任何事情。她经历的事要比她这个年龄的任何一个孩子都多。她的父亲几年前去世了，而现在所有的事情都发生了。

我哥哥过去常把吉安从幼儿园接回来送到街对面的我家。我年迈的母亲和我们住在一起，她一直照顾吉安，直到我下班回家。在吉安上学的大部分时间里，我哥哥都是这样帮忙的。我记得他告诉过我，因为我要做的事情太多了，既要上班，又要照顾母亲，所以他很乐意过来帮助我。

我对吉安身上所发生一切感到心碎，同时有一种被背叛的感觉。我觉得这都是我的错，我早该料到。我和哥哥小时候曾遭到过父亲的殴打和性虐待，我们发誓永远不会成为父亲那样的人。我们要成为好父母，要去教堂做礼拜，要爱我们的孩子。我觉得他好多了，我以为上帝使我们都变得更好了。大概一个月前我还这么认为，直到这一切降临到我的头上。

结果是我的哥哥不仅性侵了他的孩子，也虐待了我的小吉安。他的妻子提早下班回家，发现了他在给孩子们拍裸照。他说事情不是看上去那样，但他的妻子报了警又给我打了电话。我很生气又很受伤。他怎么能这样做？我怎么会这么蠢？

回想起来，我曾看到了一些迹象。就像几个月之前，曾经喜欢上学的吉安变得再也不想上学了。她变得难以入睡，并且经常在尖叫中惊醒。她需要安慰才能重新入睡。曾经很可爱的她最近却变得很烦人。无论我对她说什么，她都会冲我发火。上周，我走进她房间时，她差点从屋顶跳下来，而我是不可能吓到她的。她最近变得很沉闷，不再愿意和她的朋友一起在院子里玩，只是经常待在自己的房间里。

我还发现她在浴室里自慰，这真是令人不安。但是，当我问她在做什么时，她极力否认。但是我知道我看到了什么。我该怎么办？我甚至不知道还能和她说什么。你能帮助我们吗？

——吉安的妈妈

在美国，超过一半的儿童和青少年在他们的一生中会经历至少一次或多次创伤性事件（Nader & Fletcher，2014）。由于创伤对儿童和青少年的影响非常普遍，因此咨询师必须意识到并了解创伤知情的实践，同时必须知道如何为经历过创伤性事件的儿童和青少年提供咨询。咨询师要能够处理创伤性事件所带来的不良后果，了解创伤对身心的影响，以及相关的风险因素与预防性因素，这是非常重要的。

本章将介绍《精神障碍诊断与统计手册》（第五版）提到的与创伤及应激相关的障碍。不是所有经历创伤或虐待的儿童和青少年都会出现长期的创伤症状，但是他们都可以从帮助他们处理和整合经历的心理咨询中受益（Kress et al.，2015）。由于受到虐待或创伤的儿童和青少年具有相似的风险因素和保护因素，并且可以从类似的咨询干预中受益，因此本章在许多地方将这两个主题结合在了一起。

本章讨论的诊断标准、评估和咨询方法，对于干预遭受虐待和创伤性事件的儿童和青少年是有用且有效的。尽管许多儿童和青少年仅仅表现出对创伤性事件的自然反应（如悲伤、烦躁、注意力不集中等），只需要短程的咨询服务，但另一些儿童和青少年表现出更严重的反应（如经历压倒性的恐惧、对活动失去兴趣、出现抑郁症状、精神高度紧张、学习成绩下降、难以入睡和进食等），因此需要进行长程咨询（AACAP，2010a；APA，2008）。在某些情况下，这些不良影响与困难可能会进一步发展为心理障碍。

本章将重点介绍美国青少年创伤相关困难的最常见原因——青少年虐待、灾难和暴力，以及常见的相关反应，包括反应性依恋障碍、PTSD 和复杂创伤反应。

青少年虐待和创伤相关困难的本质

从技术层面上讲，创伤不是一种反应，而是一个事件。更具体地说，创伤或创伤性事件是指那些可能是个人直接经历的，也可能是亲眼看见发生在他人身上的，获知发生在某个亲近的人（如父母、兄弟姐妹）身上的，或者反复接触到创伤性事件细节的（如“让人们经历实际的死亡或死亡威胁、严重伤害或性暴力”）的事件（APA，2013a）。

创伤性事件包括各种各样的经历，如遭受自然灾害、大规模人际暴力、交通事故、火灾、机动车事故、殴打、强奸、伴侣暴力、酷刑、战争、动物袭击和虐待儿童等（Briere & Scott，2015）。研究人员对创伤性事件进行了分类，即仅发生一次的创伤性事件（Ⅰ型）与持续、长期性且包括持续虐待的创伤性事件（Ⅱ型）（Nader & Fletcher，2014）。表 15-1 总结了Ⅰ型和Ⅱ型创伤性事件。由于Ⅱ型创伤性事件通常引起较多的不良反应和复杂性反应，因此预后较差。然而，一些经历过Ⅰ型创伤性事件的人也可能会有类似Ⅱ型的反应（Nader & Fletcher，2014）。

表 15-1 Ⅰ型和Ⅱ型创伤性事件

Ⅰ型：一次性创伤	Ⅱ型：复杂或重复性创伤
• 自然灾害，如地震、雪崩、飓风、洪水、山火、台风、泥石流、干旱、龙卷风和火山爆发 • 意外的创伤性事件，如交通事故（汽车、火车、飞机）和爆炸 • 非意外的一次性创伤性事件，如动物袭击，抢劫、殴打和侵入性医学操作	• 目睹或成为家庭、人际或社区暴力的受害者 • 由父母或养育者造成的持续不断的创伤性事件，如童年虐待、家庭暴力和对儿童的性虐待 • 他人蓄意造成的创伤性事件，如强奸、攻击、战争、酷刑和被迫流离失所（如政治迫害） • 自身或他人经历慢性伤害或疾病 • 成为欺凌或校园暴力的受害者 • 社会系统引起的创伤，例如，从家中搬走，多次被社区安置，创伤性寄养安置，以及与兄弟姐妹的分离

由于创伤反应和经历是多种多样的，因此青少年对此类事件的反应方式也各不相同，并非所有青少年都需要高强度的咨询（APA，2008）。对许多青少年而言，对创伤性事件的情绪反应包括焦虑、恐惧、内疚、震惊、易怒、敌对和抑郁（APA，2008）。青少年可能会出现注意力难以集中，感到混乱、自责、侵入性想法（或闪回）、自我效能感降低、担心自己会失去控制，以及担心创伤性事件会再次发生。由于虐待与创伤发生在青少年的不同年龄和发展阶段，因此创伤所带来的影响需要根据具体情况而定。例如，一

个具有良好功能、具备支持性的家庭和同伴网络、具有适应能力和态度，以及拥有积极的生活经历的青少年，对创伤性事件的分析与解释很可能会与一个从未获得过支持，面临许多家庭困难和生活挑战，且在发生创伤性事件之前经历了生活所带来的诸多无力感的青少年不同。

经历创伤会影响青少年的大脑发育、情绪调节能力（即耐受并调节痛苦的内部状态）、自我概念（如较差的自我价值和身体形象，愧疚感）、依恋、在人际关系中感到安全并维持联系的能力、行为控制（如较弱的冲动控制）、解离（如记忆力减退）和身体健康（如睡眠和进食困难、躯体症状）（Briere & Lanktree，2012）。此外，虐待和创伤还会影响大脑活动、神经受体和大脑的连接性，从而影响青少年的认知功能，并可能使他们在管理自己的情绪反应、调节心境和情绪，以及建立和维持人际关系方面出现困难（Nader & Fletcher，2014）。

正常的大脑发育是以一种可预测的方式进行的。例如，随着时间的推移，青少年会逐渐掌握自我调节的过程，这个过程包括从错误中学习、学会问题解决、具有情绪意识，以及发展对痛苦的承受能力等（Underwood & Dailey，2017）。创伤性事件可以使青少年的大脑进入一种“生存模式”，从而改变他们的发展（Underwood & Dailey，2017）。根据发展阶段和青少年自身的不同，这种转变可能会导致青少年的情绪成长和发展受阻，青少年可能会尝试通过从事不适应的有害活动（如物质滥用、攻击性行为、鲁莽的性行为、自残）去麻木他们的情感、思想和痛苦（Briere & Scott，2015）。

在许多情况下，遭受创伤性事件的青少年会表现出韧性和适应性，并恢复到之前的功能水平（AACAP，2010a；APA，2008）。只有少数遭受创伤性事件的青少年被诊断出创伤后应激障碍（PTSD），这表明青少年自身的脆弱性或某些风险因素可能会增加青少年出现 PTSD 的可能性（Nader & Fletcher，2014）。各种保护因素似乎具有绝缘性，有助于预防创伤反应的发生（APA，2008）。表 15-2 总结了青少年因创伤性事件而导致精神疾病的相关风险因素和保护因素。对于所有曾经历虐待和创伤的青少年，咨询师应识别、培养和增强这些保护因素，以最大限度地提高其韧性。

表 15-2　青少年因创伤性事件而导致精神疾病的相关风险因素和保护因素

类别	概述
创伤性事件的特征	此类别描述事件的严重性、频率、持续时间、原因和性质。事件越严重、越频繁、越暴力，相关的风险就越大。在涉及虐待的情况下，施暴者的亲密程度、使用的暴力类型及缺乏社会和情感支持都会加剧相关的风险
青少年的个性特征	此类别描述了青少年对该事件的情感、认知、心理生理和行为反应。该类别包括了青少年的发展阶段、年龄、性别和运用应对技能的能力。影响青少年的保护因素包括认知加工能力（如问题解决能力、应对能力、灵活性和适应性、准确感知自己控制当前情况的能力），求助行为或寻求社会支持系统帮助的能力，自我调节强烈情绪（如悲伤、愤怒）的能力，将事件归因于外部因素的能力（了解事件不是他们的过错或可以控制的事情），以及与他人（如同龄人）和社区（如学校、体育、就业、文化、宗教）的交往能力。另外，孩子的年龄越小，对恐惧和绝望的感受越强烈，相关的风险就越大
青少年的周边环境特征	青少年的家庭，包括支持水平、安全性、资源、家庭凝聚力和动力，都会影响青少年经历创伤性事件的方式。社区支持和向青少年及家庭提供的资源也支持青少年的韧性发展。来自父母、家庭和社区的支持较少会增加风险。韧性是由家庭、同伴和社区的共同支持来培养的

资料来源：Adapted from “Childhood posttraumatic stress disorder,” by K. Nader & K. E. Fletcher，2014. In E. J. Mash & R. A. Barkley（Eds.），Child Psychopathology（3rd ed.），pp. 476–528，New York，NY: Guilford.

此外，研究表明，早期、长期或多重创伤性事件与较差的预后相关，包括出现更严重、长期存在的创伤相关的症状和反应（Nader & Fletcher，2014）。表 15-3 总结了不同年龄段的青少年对创伤性事件的反应。

如果暴力是创伤性事件的一个组成部分，那么青少年产生行为和物质相关困难的风险就会增加（Cerdá et al.，2011）。此外，他们反复受害的风险增加，并且在以后的生活中他们也更容易遭受伤害（Widom et al.，2008）。再次受害，即在多个时间段和多个事件中受害，被认为与个人缺乏发现、识别危险情况的能力，缺少对他人说“不”的能力，以及在应激的情况下更容易僵住的情况有关（Nader & Fletcher，2014）。少数屡遭侵害的人也可能对他人发起或实施侵害（Nader & Fletcher，2014）。

表 15-3 不同年龄段的青少年对创伤性事件的反应

年龄阶段	反应
婴儿	• 难以与父母和照料者形成依恋 • 喂养、进食和睡眠方面出现困难或不一致行为 • 过度的惊吓反应 • 重复性游戏（即不变的游戏，类似于孤独症） • 茫然的面部表情 • 对陌生人的过度反应，表现出对他人的恐惧
幼儿	• 语言发育里程碑延迟 • 易怒、烦躁或过度兴奋 • 发脾气的次数增加 • 过度依赖父母 • 活动过度或不足 • 喜欢游戏和对话中的创伤性或成年人内容（如在游戏中表演创伤性事件）
学龄儿童	• 注意力受损或难以集中 • 经常报告躯体不适（如头痛、胃痛、恶心） • 情绪反应过于强烈（如过多的哭泣和悲伤） • 难以适应新的活动和环境 • 过度讨论恐惧和可怕的想法 • 行为退行，如尿床，吮吸拇指和婴儿般的恐惧 • 与同伴和兄弟姐妹相处中攻击行为增多
青春期青少年	• 过多出现关于创伤、死亡及可怕的思想和感受的对话 • 挑衅行为（如拒绝遵守规则、发表不尊重言论、离家出走等） • 攻击性行为增加（如打架、破坏财物等） • 睡眠需求增加 • 参加以前令人愉快的活动（如运动俱乐部、跳舞、和朋友一起出去玩等）的欲望下降 • 增加酒精或药物使用

资料来源：Adapted from Parenting a Child Who Has Experienced Trauma，by Child Welfare Information Gateway（CWIG），2014，Washington，DC: U.S. Department of Health and Human Services，Children's Bureau.

虐待和创伤相关问题的类型

本章将重点介绍青少年经历创伤性事件最常见的原因，并探讨此类事件对青少年的影响方式。

青少年虐待

为青少年提供帮助的咨询师经常发现自己正在为曾经遭受或正在遭受虐待和忽视的人提供咨询。不幸的是，虐待青少年的现象有些普遍。根据美国卫生与公众服务部（United States Department of Health and Human Servies，USDHHS）的数据，2014 年美国有超过 300 万例虐待报告，超过 70 万的案例被证实，其中 1500 多起导致了死亡。这些报告中有 60% 以上都是专业人员提供的 。因此，咨询师必须了解青少年受虐待的迹象和症状，并做好报告此类事件的准备。

根据美国卫生与公众服务部（USDHHS，2016）文件，青少年虐待至少是：父母或看护人最近的任何作为或不作为导致的死亡、严重的身体或精神伤害、性虐待或性剥削；以及可以行动却不作为导致的青少年面临严重伤害的风险。

在美国，尽管大多数州都有自己独立的关于处理和调查虐待控告和起诉的应对措施和程序，但这些程序最终都是走向确凿的裁定（即支持或有证据的指控）或未经证实的裁定（即证据不足，无法继续调查）。咨询师需要关注本地关于虐待儿童的法律、政策和相关程序。

为经历过虐待的青少年提供咨询并非易事，这个过程经常会激起咨询师自身的复杂情绪和情感。例如，咨询师可能会对实施虐待的父母或施暴者产生愤怒、沮丧和不安的情绪。在某些情况下，咨询师可能会过度介入青少年的处境；会感到焦虑，并感到他们必须保护和拯救受虐待的青少年。在极端情况下，咨询师甚至可能考虑突破职业界限来维护受虐待的青少年。咨询师在与这类群体一起合作时必须有意识地监控自身的想法和感受。他们应该寻求定期的督导和同伴咨询，以强调青少年自身的韧性和对未来的希望，因为青少年的这些观念可以保护咨询师免受打破边界、情感疲劳、共情疲劳和替代性创伤的困扰（Silveira & Boyer，2015）。

青少年虐待是包括虐待和忽视青少年在内的总称。青少年虐待包括对青少年身体、性和情感上的虐待，而忽视则是父母未能满足青少年的基本需求（如充分满足青少年的情感和生理需求）。尽管不同形式的青少年虐待通常会引起社会和媒体的更多关注，但实际上忽视青少年是一种更为普遍的现象。忽视青少年是最普遍的虐待形式（75%），其次是身体虐待（17%）和性虐待（8%）（USDHHS，2016）。以下各节简要介绍与每种形式的青少年虐待有关的迹象和症状。

儿童虐待

儿童虐待是指导致儿童在精神、身体或性方面受到伤害的作为或不作为行为。不幸的是，这种现象在美国和世界各地都很普遍（AACAP，2014；USDHHS，2016）。

小部分遭受虐待的儿童最终会死亡。那些在虐待中幸存下来的儿童会留下情感上的伤痕，这些伤痕往往需要专业的咨询和治疗（AACAP，2014）。许多研究人员认为，早期发现和治疗是阻止此类虐待造成长期后果的最有效方法，这要求咨询师认真对待和虐待相关的迹象、症状和报告（Nader & Fletcher，2014）。受虐待的儿童经常表现出以下症状：依恋和人际关系困难、自我形象差、表现出攻击性、破坏性甚至是违法的行为、出现自我毁灭行为（如自残、自杀）、过度恐惧和焦虑、无助感和绝望、睡眠困难和做噩梦、物质使用和性行为（AACAP，2014）。这些症状中很多要到青春期或更晚才会出现（AACAP，2014；London et al.，2005）。

尽管父母和成年人是儿童的主要施虐者，但同龄人也是常见的施虐者（Turner et al.，2011）。同伴伤害是指一个儿童成为另一个儿童生理、社会或情感伤害的目标。同伴伤害可以采取多种形式（如欺凌、殴打、性攻击、恐吓），出现的概率随着年龄增长而增加（Turner et al.，2011）。在过去，研究人员曾经认为大多数同伴伤害发生在学校环境中，但如今相当一部分的同伴伤害发生在传统学校环境之外（如在社区中、在网络上）。同伴伤害的影响可能是毁灭性的，且会给儿童带来长期后果。它可能导致儿童在学习、生理、社会、个人和心理健康领域的适应不良，许多儿童会将这些不良后果带入成年期（McDougall & Vaillancourt，2015）。

以下各节简要介绍儿童遭受身体、性和情感虐待的迹象和症状。与虐待和创伤反应相关的评估、咨询方法和干预措施将在本章的后面部分介绍。

身体虐待

身体虐待是指儿童的非意外伤害，包括殴打、猛击、打屁股、踢、摔、使窒息，推倒、扯头发、烧伤或任何其他伤害，损害儿童和青少年身体或让他受伤的行为［Child Welfare Information Gateway（CWIG），2013］。尽管身体虐待通常在儿童期和青春期更为普遍，但发生在男孩身上的较高概率却不受年龄的影响（Finkelhor et al.，2013）。通常，咨询师可以观察到身体虐待对儿童造成的明显伤害。例如，身体虐待可能表现为擦伤、割伤、瘀伤和扭伤。在更严重的情况下，身体虐待可能会导致骨折、内伤甚至脑损伤。

父母和养育者可能很难向他人解释造成这些伤害的原因，并且他们可能难以提供一个故事来证明伤害的合理性。他们还可能要求儿童穿不适当的衣服来掩盖伤害（如在温暖的日子里穿着长袖和长裤），并且由于担心后果，他们可能会推迟对儿童的治疗。对孩子进行身体虐待的父母或养育者可能有情绪爆发、攻击或暴力的历史，他们甚至在社会环境中也会对孩子表现出攻击性。施暴者还可能试图通过将儿童定义为失控者或麻烦制造者来合理化他们的暴行，或者可能将他们妖魔化为“坏蛋”（CWIG，2013）。

在大多数情况下，身体虐待是显而易见的，但有时咨询师也会因儿童的行为而怀疑他们是否遭受了虐待。遭受虐待的儿童可能过于苛刻、好斗、对父母感到害怕和恐惧，或者孤僻和沮丧。他们可能会报告做噩梦和失眠，表现出退行行为、报告受伤并报告父母或养育者对他们管教很严（CWIG，2013）。以下列举一些儿童可能出现的身体虐待的迹象和症状（CWIG，2013）。

- 无法解释的受伤，包括瘀伤、咬伤、烧伤、骨折或挨打后的黑眼圈。
- 一次缺课后明显的瘀伤或疤痕。
- 与成年人互动时表现得恐惧或紧张。
- 报告受伤、严惩或噩梦。
- 在父母身边或在需要回到父母身边时感到恐惧（如在学校的一天结束时）。
- 退行行为（如尿床，吮吸拇指）。
- 虐待或攻击同伴、动物或家庭宠物。
- 在游戏和对话中出现暴力主题或情境。

在实施身体虐待的情况下，父母可能会表现出以下迹象和症状。

- 提供的关于儿童受伤的信息不可信或自相矛盾（如在孩子手臂上发现有划伤时，父母声称孩子踩空了台阶）。
- 对儿童严厉、有辱人格的管教。
- 在社交场合对儿童的攻击。
- 避免对孩子的医疗救助（或者在寻求医疗救助时，使用不同的医院和看不同的医生）。
- 有虐待史或虐待动物史。
- 妖魔化孩子及孩子的行为（如认为孩子是邪恶的）。

性虐待

性虐待是指一个人为了自身的性目的，强迫儿童和青少年从事或暴露于性活动中。性虐待可包括接触性虐待，例如，抚摸、侵入、强迫儿童和青少年进行性行为（如口交），以及强迫儿童和青少年参与儿童色情影像制品和卖淫相关的活动。有些性虐待不涉及接触，例如，强迫儿童和青少年观看施暴者的性器官，观看其他人进行性行为或让儿童和青少年参与不正当、不合法的性谈话。

性虐待在美国和世界各地都很普遍。在美国，四分之一的女孩和五分之一的男孩在童年时期遭受过性虐待（Finkelhor et al.，2014）。与男孩相比，女孩，尤其在青春期阶段，被成年人和同龄人进行性虐待和性攻击的概率更高（27% 比 5%）（Finkelhor et al.，2014）。尽管儿童期的虐待和性侵犯可以预测诸如 PTSD 等精神障碍，但伴随恐吓和身体虐待一起发生的性虐待和攻击极大地增加了儿童和青少年在未来发展出严重精神障碍的风险（James，2008）。

性虐待的身体症状通常集中出现在儿童和青少年的生殖器部位，可能包括疼痛、出血、瘀伤和肿胀。儿童和青少年可能还会被医学确诊为患有性传播疾病、尿路感染或肠道相关问题（CWIG，2013）。尽管咨询师可能无法轻易看到性虐待的身体症状，但对儿童和青少年的行为进行观察可能有助于在临床上揭露性虐待。咨询师需要意识到，遭受性虐待的儿童和青少年经常表现出以下行为：（1）拥有广泛的性知识或性行为，讨论的性问题超出其发展水平；（2）睡眠困难，包括噩梦、尿床、睡眠障碍和对就寝时间的恐惧；（3）过度手淫；（4）参与一些付诸行动的行为，如逃跑、攻击和物质滥用等来调节强烈的情绪；（5）变得孤僻、抑郁或焦虑（CWIG，2013）。此外，咨询师还应考虑到，因为无助感或施虐者的圈套或施加的保密压力，以及过去披露虐待后的不良反应或结果，大多数儿童不会主动披露他们遭受性虐待，甚至他们会撤回性虐待的指控（London et al.，2005）。考虑到这些因素，咨询师应彻底调查、研究并报告所有性虐待指控。在儿童和青少年中，可能发生性虐待的一些迹象和症状包括但不限于以下几种（CWIG，2013）。

- 生殖器部位出血、疼痛和瘀伤。
- 在更小的年龄参与性行为或拥有复杂的性知识。
- 快速依附新的或陌生的成年人。
- 反复的自我安慰行为（如摇摆，踱步）。
- 睡眠障碍、噩梦或尿床。
- 食欲变化。
- 学习成绩或出勤率下降。
- 拒绝在体育课上换衣服或参加体育活动。
- 报告父母或他人的性虐待。
- 离家出走。
- 物质使用或鲁莽的冒险行为。

对儿童和青少年进行性虐待的父母可能会显示以下迹象和症状。

- 他们表现出对儿童和青少年的过度保护（如过度限制儿童和青少年与其他孩子接触）或不能对儿童和青少年进行任何监督。
- 他们具有极高的保密水平或禁止儿童和青少年与其他成年人（如其他家庭成员）接触和互动。
- 他们会嫉妒孩子所拥有或寻求的其他关系。
- 他们高度依赖儿童和青少年提供情感支持。

情感虐待

情感虐待是一种影响儿童和青少年自我价值和情感发展的心理虐待（CWIG，2013）。由于对情感虐待的定义有不同的理解，因此这种虐待形式变得更加难以发现和解决。一系列不同的行为都有可能构成情感虐待，所有这些行为都有可能给儿童和青少年的自我价值、自尊心和内部世界留下深刻的创伤。情感虐待往往涉及一种行为模式，这种行为模式会持续不断地影响着儿童和青少年。情感虐待可能包括但不限于以下方式。

- 排斥：成年人会让儿童和青少年相信他是不被需要的、毫无价值和不讨人喜欢的。
- 忽略：成年人几乎不会尝试主动对儿童和青少年发起或回应情感，不会表现出对儿童和青少年的兴趣，甚至不会认可和鼓励儿童和青少年。
- 羞辱：成年人会轻视、嘲笑、批评、羞辱和贬低儿童和青少年，使其感到自己一文不值。
- 威吓：成年人会威胁、操控、惩罚儿童和青少年或利用儿童和青少年需要成年人照顾的事实。在严重的情感虐待案例中，成年人会尝试强迫孩子完全屈服。
- 孤立：成年人将儿童和青少年隔离，限制和禁止他们与其他同伴交往或参与亲社会活动。在严重的情况下，成年人将儿童和青少年长时间地关在一个狭小的空间里（如将孩子锁在最近的地方长达数小时）。
- 唆使：成年人会鼓励儿童和青少年从事违法行为或不端行为（如告诉儿童和青少年，“强者总会拿走他们想要的东西，而弱者只会向强者交出他们的东西”）。

在儿童和青少年受保护的机制下，情感虐待往往难以被证明，但这种类型的虐待似乎对儿童和青少年创伤的相关症状的发展有着最显著的影响（Turner et al.，2011）。此外，咨询师应考虑到情感虐待几乎总是以其他形式表现出来（CWIG，2013）。儿童和青少年可能遭受情感虐待的一些迹象和症状包括但不限于以下几种（CWIG，2013）。

- 极端行为（如要求苛刻、过于顺从、被动或攻击性）。
- 对父母漠不关心或缺乏依恋。
- 身体或情感发育延迟。
- 与其他儿童和青少年发生不当的社交行为（如贬低或养育其他儿童和青少年）。
- 出现退行，如撞击头部、过度抱怨或哭泣。
- 焦虑，可能患有焦虑障碍。
- 破坏性行为，如故意破坏、偷窃、说谎、残忍和暴力。
- 有尝试自杀的经历。

被情感虐待的儿童和青少年的父母可能表现出以下特征。

- 排斥儿童和青少年（例如，经常批评、大吼或责备青少年）。
- 对儿童和青少年的健康漠不关心（例如，拒绝提供任何帮助，拒绝遵守学校对父母的期望）。
- 愤怒控制或情绪调节能力不当。
- 与其他成年人之间相处困难，尤其是处于权威地位的成年人。
- 经常责备或贬低青少年，尤其是在他人面前。
- 未经治疗的精神疾病和与物质相关的问题。

儿童忽视

根据美国卫生与公众服务部（USDHHS）的数据，忽视是儿童和青少年虐待的最普遍形式。忽视的特征是，儿童和青少年缺乏满足其安全和健康所需要的监督、供给、关怀和支持（CWIG，2013）。忽视会影响儿童和青少年生活的多个领域与维度，包括生理、情感、医疗和教育。

- 身体忽视可能包括过度地将儿童和青少年交给他人看管，对儿童和青少年的监督不足，对儿童和青少年的食物、穿着和住所等基本需求供应不足。
- 情感忽视与情感虐待相似，都表现为父母忽视了儿童和青少年对尊重、爱、接纳和关爱的基本情感需求。在这种情况下，父母常常使儿童和青少年遭受暴力、不一致的教养方式和物质使用或滥用，甚至将他们与他人隔离开。
- 医疗忽视包括不能满足儿童和青少年的紧急医疗需求（如重伤后不带孩子去医院）或预防性护理（如不为孩子提供疫苗接种，定期的医学及口腔检查与护理）。例如，父母在大部分时间里不带孩子去看牙医，导致其需要拔掉许多恒牙。
- 教育忽视包括让儿童和青少年过度失学，拒绝学校提供的教育服务（如不允许儿童和青少年接受特殊教育服务），以及不让他们接受任何学校教育。

忽视是一种普遍现象，常常对儿童和青少年造成严重的后果。它通常是儿童和青少年进行暴力犯罪、侵犯财产、非暴力犯罪和不合身份行为（如饮酒、离家出走、逃学等）（Evans & Burton，2013）的最重要预测指标。儿童和青少年可能遭受忽视的一些迹象和症状包括但不限于以下几种（CWIG，2013）。

- 缺乏医疗或牙科护理（如儿童和青少年需要眼镜，但没有）。
- 报告说家中没有人照料他。
- 缺乏足够的衣服或食物。
- 卫生问题，如体臭和口臭。
- 体重较轻，身高和体型比同龄儿童矮小。
- 不计后果的行为（如酗酒或药物滥用）。
- 经常逃学或频繁更换学校。

忽视儿童和青少年的父母可能表现出以下特征。

- 对孩子健康的漠视。
- 不合理或怪异的行为（如离开家很多天而不告诉任何人他要去哪里）。
- 对孩子冷漠。

- 把自己的问题归咎于青少年。
- 酒精或药物滥用，或者患有严重的心理健康问题，影响抚养孩子的能力。

家庭中的成年伴侣暴力（或亲密伴侣暴力）

据估计，无论是在家庭还是在社区，高达 35% 至 85% 的儿童和青少年目睹过暴力行为，而暴露于暴力之下会增加儿童和青少年日后受害的机会（APA，2008）。在美国，每年约有 500 万起亲密伴侣暴力（IPV）事件的报告，家庭暴力或亲密伴侣暴力逐渐引起了越来越多的公众关注（Rizo et al.，2011）。亲密伴侣暴力包括过去或现在的伴侣旨在恐吓、控制或操纵对方而进行的任何身体、性或精神上的虐待。这种类型的暴力不一定需要性亲密，并且在异性恋或同性恋之间都有可能发生。目睹亲密伴侣暴力会对儿童和青少年造成严重影响，并有可能造成毁灭性的后果。据估计，在过去一年中，大约有 8% 的 2 至 17 岁儿童和青少年目睹过亲密伴侣暴力事件（Finkelhor et al.，2013）。

目睹亲密伴侣暴力与更高的儿童和青少年忽视和虐待率相关（Herrenkohl et al.，2008），并增加了儿童和青少年出现认知、情感、学业和行为问题的可能性。亲密伴侣暴力和家庭暴力经常与父母物质滥用、失业和面临经济压力共同发生（Herrenkohl et al.，2008）。在某些情况下，儿童和青少年似乎对亲密伴侣暴力和家庭暴力的影响具有一定的韧性。拥有高智商、积极的应对策略，以及获得社区和社会支持等因素似乎是增强该人群韧性的最重要的保护因素（Herrenkohl et al.，2008）。

目睹亲密伴侣暴力的来访者可能会表现出各种症状，包括严重的焦虑、恐惧或无法保护受虐待父母的内疚感；对父母的健康过度担心；胃肠道症状，如溃疡或持续的胃痛；言语障碍和不符合年龄的行为，如尿床、吮吸拇指或黏着受虐父母（Herrenkohl et al.，2008）。这类人群的常见行为问题包括注意缺陷 / 多动障碍、难以控制愤怒、具有攻击性、逃学、离家出走或其他寻求关注的行为（Herrenkohl et al.，2008）。他们可能难以结交朋友或与他人建立功能性关系。目睹亲密伴侣暴力的儿童和青少年通常对他人不信任、易分心且难以集中注意力。他们还可能具有自杀倾向、抑郁或 PTSD，并且可能出现自残行为（Finkelhor et al.，2013；Herrenkohl et al.，2008）。

许多生活在亲密伴侣暴力环境下的来访者的另一个困难是，他们监护人的情况经常不稳定。父母和养育者可能离婚或分居，儿童和青少年可能被带离家中，施虐者可能被逮捕或判处监禁，受虐待的父母和孩子可能需要住在收容所（Huth-Bocks et al.，2001）。来访者也可能受到施虐者的操纵。例如，他们可能被施虐者要求监视受害者，或者被用作促使受虐待的父母回家的工具（Edleson et al.，2007）。

谈论亲密伴侣暴力是一个高度情感和个人化的事情，来访者可能出于恐惧、尴尬、羞耻或愧疚而不愿讨论他们的经历。此外，施虐者可能已指示他们永远不要告诉任何人他们在家中所目睹的暴力。建立融洽的治疗关系并创造安全、舒适的环境对于鼓励儿童和青少年披露虐待行为至关重要。咨询师还应该探索自身对亲密伴侣暴力的感受，以确保自己的态度和感受不会妨碍咨询体验，也不会让来访者在披露自己的经历时感到不舒服或被评判。

与目睹亲密伴侣暴力的来访者合作的咨询师所担心的另一个问题是，青少年自己也可能成为亲密伴侣暴力的受害者。他们可能在无意中就会遭受身体伤害；或者在为受虐待的父母说情，抑或试图保护正在遭受虐待的兄弟姐妹时受伤。他们也可能受到施暴者的威胁或受到情感上的虐待。与暴力的家庭成员生活在一起的儿童和青少年有被忽视、虐待甚至被杀害的风险。咨询师必须谨慎处理来访者在家中的安全问题。此外，咨询师应该关注对亲密伴侣暴力的目击者与受害者有帮助的社区资源。咨询师还应该熟悉所在地区法律规定的解释或授权他们报告亲密伴侣暴力的义务。

大规模暴力、恐怖或灾难

每年有数百万儿童和青少年直接或间接受到自然或人为灾害的影响（Masten & Narayan，2012）。尽管这些灾难通常仅持续几秒或几天，但其影响可能是灾难性的，需要社区和个人花费数月甚至数年的时间来恢复，从而达到平稳状态并弥补损失。事故的范围从人为的灾难（如大规模枪击或恐怖行为）到自然灾害（如台风、飓风或洪水）等。无论事件的类型如何，这些经历都会破坏儿童和青少年对世界的感知、自身的安全感及其对社会秩序的普遍认识。此外，未受这些灾难直接影响的儿童和青少年也会通过大众媒体直接了解，这可能使他们感到困惑、不确定，甚至使他们感到自己的健康受到威胁（APA，2013a；Masten & Narayan，2012）。

对儿童和青少年而言，暴露在大规模暴力、恐怖或灾难中可能导致其严重的情绪困扰，增加其精神疾病的易感性，并造成发展迟缓（Felix et al.，2013；Kletter et al.，2013）。此外，在早年受到创伤的儿童和青少年可能对他们的世界、社区和自己形成了不健康或不合理的信念，从而限制了他们形成强大的自我认同感和参与有意义的人际关系的能力（Briere & Lanktree，2012）。在某些情况下，儿童和青少年可能会在这些创伤性事件中失去亲人，这使这些不利影响变得更为复杂。儿童和青少年对这些事件的反应各不相同。表 15-4 概述了儿童和青少年对大规模暴力、恐怖或灾难的常见反应及特定症状。

表 15-4 儿童和青少年对大规模暴力、恐怖或灾难的常见反应及特定症状

反应	特定症状
情绪反应	• 震惊 • 愤怒或烦躁 • 悲伤和哀伤 • 过度紧张和忧虑（如反刍） • 内疚 • 对曾经愉快的活动失去乐趣 • 难以保持快乐 • 难以表达积极或爱的情绪
认知反应	• 怀疑 • 注意力无法集中 • 决策能力受损 • 记忆损伤 • 噩梦和侵入性想法或记忆 • 自责（如年幼的孩子甚至可能以为是自己造成了这次事件） • 困惑与不确定 • 解离（如感觉像在雾中，感觉好像世界不是真实的）
生理反应	• 失眠或睡眠障碍 • 尿床增多 • 食欲下降 • 过度唤醒 • 惊吓反应增加 • 躯体不适（如头痛、疼痛、疲劳）
人际反应	• 孤立或避免社交 • 学业成绩受损 • 关系紧张和冲突加剧 • 对他人的不信任感增加（如感到被抛弃）

资料来源：Adapted from Mental Health Reactions After Disaster，by National Center for PTSD，2010，Washington，DC: U.S. Department of Veterans Affairs.

这些对意料之外的自然或人为事件的反应是正常的，并可能持续数天至数周。不幸的是，对于某些儿童和青少年，这些反应持续存在，严重程度持续增加，最终会影响他们的整体功能。这些不断发展的反应可能最终会演变为精神障碍，如 PTSD，其特征是持续的高度唤醒、情绪麻木、侵入性重新体验，以及过度尝试避免令人不安的回忆（APA，2013a；National Center for PTSD，2010）。

尽管遭受灾害或暴力与 PTSD 症状之间存在一定的关系，但社会支持似乎大大调节了这种关系（Salami，2010）。拥有足够社会支持的儿童和青少年更有可能提高适应性应对技能，减少冒险行为，提高自我价值感，减少孤独风险，并有能力在整个生活中理解自己的经历（Salami，2010）。社会支持并不是应对灾难的唯一调节因素。遭受灾难之前的整体功能和相关因素，如自我调节能力、认知能力（如智力，认知灵活性）、宗教信仰、社区支持、希望和自我效能感（即能力感）等，这些都与儿童和青少年适应暴力、恐怖和灾难等严重威胁的能力有关（Masten & Narayan，2012）。咨询师要使用不会破坏自然恢复和韧性的咨询方法，帮助儿童和青少年建立安全、希望、关联性、内稳态，以及个人、家庭和社区的效能感（Masten & Narayan，2012）。

长期与这些儿童和青少年一起工作的咨询师必须监控自己在工作中是否存在倦怠、共情疲劳和替代性创伤（Smith et al.，2014）。替代性创伤是指那些没有直接遭受自然或人为灾难的帮助者开始经历与事件相关创伤的相关症状（Smith et al.，2014）。这种间接的创伤可能与咨询师直接接触来访者的创伤故事有关，咨询师可能出现类似于来访者的反应。在这种情况下，咨询师必须寻求督导、同伴咨询、继续教育，以及在必要时寻求个人咨询。

创伤相关障碍

如前所述，并非所有遭受虐待的儿童和青少年都会出现长期的心理问题；但是，许多人确实因这些经历所带来的后果而苦苦挣扎。在某些情况下，暴露于创伤或压力事件可能会给儿童和青少年带来明显的损伤，这一情况值得临床关注。咨询师可能需要解决与创伤和应激源相关障碍的治疗问题，其中可能包括反应性依恋障碍、去抑制性社会参与障碍、PTSD、急性应激障碍和复杂创伤。以下各节讨论与早期创伤经历和儿童虐待有关的这些障碍。

反应性依恋障碍和去抑制性社会参与障碍

经历过父母或养育者严重照顾疏忽的儿童和青少年往往会与根源于依恋问题的障碍作斗争。这些障碍包括反应性依恋障碍和去抑制性社会参与障碍（APA，2013a）。反应性依恋障碍的特征是无论在何种情况或压力下都会表现出抑制性和情感退缩行为，而去抑制性社会参与障碍的特征是与不熟悉的成年人进行互动时不受抑制、没有情绪侵扰。表 15-5 总结了反应性依恋障碍和去抑制性社会参与障碍之间的差异。

表 15-5 反应性依恋障碍和去抑制性社会参与障碍之间的差异

	反应性依恋障碍	去抑制性社会参与障碍
情绪反应	儿童和青少年性情孤僻，缺乏自责和共情，缺乏社交和情感反应能力。例如，当喜欢的玩具被拿走时，儿童和青少年不会做出反应，只会茫然地盯着拿玩具的人。可能出现无法解释的易怒和悲伤发作，但积极情绪的表达有限	儿童和青少年过于情绪化，缺乏对只与熟悉的人分享个人和私人信息的社会规范的尊重。例如，一个儿童和青少年和一个不熟悉的成年人在第一次见面时就告诉他自己的创伤性事件
渴望建立依恋	儿童和青少年缺乏渴望或不愿意与他人，尤其是父母和养育者形成依恋关系	儿童和青少年过分热衷于形成依恋。他们甚至可能在没有告知父母的情况下与陌生的成年人出去玩。儿童和青少年与陌生的成年人进行亲密的拥抱并表现出爱意

（续表）

	反应性依恋障碍	去抑制性社会参与障碍
渴望得到安慰	在得到成年人或父母安慰时，儿童和青少年的表达或反应十分有限	无论何时，儿童和青少年都过分需要和依恋成年人。他们可能表现出语言和社交侵犯行为，甚至出现寻求关注的行为来获得关注和安慰
内化症状与外化症状	儿童和青少年有内化的症状	儿童和青少年有外化的症状

根据依恋理论（Bowlby，1969），要想让幼儿与他人形成健康的依恋关系，父母必须在其早期发展阶段持续不断地、始终如一地满足幼儿的基本需求。如果这些需求得不到满足，长大后的儿童和青少年就有可能存在发展不健康行为的风险，他们会试图利用这些不健康的行为来满足他们基本的社会和归属需求。当儿童和青少年的依恋需求得不到满足时，他们在现在和将来形成依恋关系、信任他人和建立健康关系的能力就会受损（Bowlby，1969）。

由于这些经历的性质，被虐待或被忽视的儿童和青少年面临发展依恋问题的严重风险。除了明显的虐待和忽视，父母教养方式的严重不一致也可能导致儿童和青少年产生依恋问题。例如，在不同看护人之间交替或经常出入寄养机构的儿童和青少年，可能无法建立健康的依恋关系，并有患上依恋障碍的风险（Lehmann et al.，2013）。

虐待和忽视并不总是能解释或导致依恋相关的障碍。尽管遭受了严重的虐待，但一些儿童和青少年仍然保持了韧性（Kress et al.，2015）。儿童和青少年对困难情况反应的多变性可能归因于他们自身的性情和内部资源，以及使他们免受其害的其他保护因素的作用。

与依恋障碍相关的共病包括学业和学习障碍、抑郁和双相障碍、焦虑障碍、进食障碍和发育迟缓（如情绪、身体和认知障碍）（Kress et al.，2015）。通常，去抑制性社会参与障碍与注意缺陷/多动障碍并存，而抑郁障碍通常与反应性依恋障碍并存（APA，2013a）。此外，患有依恋障碍的儿童和青少年在向成年过渡的过程中有时会在反社会行为（如攻击性、缺乏悔恨和共情）和与物质相关的困难中挣扎（Kress et al.，2015）。与这些障碍相关的治疗注意事项和咨询干预措施将在本章后面介绍。

创伤后应激障碍和急性应激障碍

在DSM-5中，急性应激障碍和PTSD是与儿童虐待和儿童创伤经历相关的主要创伤相关障碍（APA，2013a）。尽管急性应激障碍和PTSD的症状持续时间存在差异，且急性应激障碍所涉及的创伤症状的持续时间较短，但由于这两种疾病在症状、临床表现和咨询、治疗方面存在明显的重合，因此我们将这两种疾病统称为PTSD。

一般而言，PTSD有以下症状：再次经历创伤性事件（如反复出现的闪回或噩梦），回避症状（如避免使儿童和青少年回想起经历的情境、样子或地点；以麻木的情绪避免或阻止疼痛），以及增强的情绪唤醒和反应（APA，2013a）。患有PTSD的儿童和青少年通常有以下表现：（1）经历过躯体症状，如胃痛和头痛；（2）表现出对参与活动的兴趣减弱；（3）对死亡和濒临死亡充满担心；（4）警觉和过度紧张；（5）易怒和攻击性增加；（6）情绪化，情绪上似乎反应过度；（7）难以入睡和保持睡眠状态；（8）注意力不集中；（9）表现出退行（如尿床、黏人、吃手）；（10）在生活或游戏中表现出或重复与创伤相关的行为（APA，2013a；Kresset al.，2015）。

在6岁及以下的儿童中，PTSD的症状可能以独特的方式表现出来，例如，在遇到陌生人时会表现出恐惧、易怒和攻击性、睡眠困难（如噩梦）、退行，以及在游戏中表现出创伤性主题（如创伤后游戏）。表15-6总结了儿童和青少年临床表现的差异。

表 15-6 创伤后应激障碍 / 急性应激障碍在不同发育阶段的临床表现

年龄	临床表现
学龄儿童 （5 ~ 12 岁）	• 儿童可能不会经历视觉闪回 • 儿童可能不会因创伤性事件的某些方面而出现健忘症 • 儿童可能难以对创伤有关的事件进行排序（即时间偏差）。这可能会使儿童相信，如果他们足够警惕（过度警觉），他们可以预测未来的创伤性事件，从而可以避免这些事件（即预兆形成） • 儿童可能会出现创伤后游戏行为，这只是事件的直接呈现，并不能缓解相关的焦虑
青少年 （12 ~ 18 岁）	• 与成年人 PTSD 的表现极为相似（重新体验、回避增加、负面认知或情绪、高唤醒或反应性） • 尽管年龄较小的孩子可能表现出创伤后游戏行为，但年龄较大的孩子可能会在日常生活中参与创伤再现（例如，试图通过过度攻击或对一个情境过度反应以保护自己，表现出极度鲁莽的行为，表现出影响正常社会交往的回避行为） • 青少年可能表现出冲动和攻击性行为

受过创伤的儿童和青少年生活在高度警惕、焦虑和害怕再次经历创伤性事件的状态中（Nader，2008）。如果不及时解决愤怒和 PTSD 症状，即使虐待行为已经终止，儿童和青少年也可能仍然易怒和好斗（Runyon et al.，2009）。此外，儿童和青少年可能会经历解离症状（APA，2013a），如人格解体或感觉与自己的思想和身体分离。例如，儿童和青少年可能会感到，在某些情况下（当出现创伤性事件的某些方面时），他们处于梦幻般的状态，观察着自己经历生命的运转。一些儿童和青少年可能还会经历被称为“现实感丧失”的解离症状，感觉周围的世界是不真实的或梦幻的。

文化风险因素可能会增加儿童和青少年遭受创伤的可能性，从而导致儿童和青少年被诊断出患有创伤相关障碍。文化风险因素包括创伤性事件暴露史、低社会经济地位及少数种族或族裔地位（APA，2013a）。例如，生活在贫困中的儿童和青少年遭受与缺乏社区支持和资源有关的创伤性事件的风险增加（如社区暴力、较少的儿童保育选择、贫困的学校、更普遍的精神疾病和物质滥用）。

复杂创伤

复杂创伤是一种持续且普遍发生的创伤，可能在特定情境下的特定时间段内发生（Courtois，2004）。复杂创伤通常与长期的、严重的儿童虐待有关，在儿童早期就经历过多个创伤性事件的青少年身上也有可能出现。在一些文献中，复杂创伤的概念也被称为发展性创伤障碍（van der Kolk，2005）。

复杂创伤与 PTSD 不一样。PTSD 通常与经历一种创伤性事件有关，但是复杂创伤与长期的、持续性的创伤性事件有关，这种持续事件可能持续数天、数月甚至数年。经历过复杂创伤的青少年的六个潜在损伤领域是：（1）调节情绪的能力，可能表现为控制愤怒困难或出现自毁行为；（2）处理信息和集中注意力的能力，可以表现为出现与注意力、专注力和学习相关的困难；（3）自我概念困难，包括出现羞耻感和内疚感；（4）冲动或自控困难，可能表现为攻击性和物质滥用；（5）建立和维持人际关系的困难，可能表现为人际关系中的信任和亲密问题；（6）生理发育困难，可能表现为感觉运动技能的发展迟缓（Margolin & Vickerman，2007；van der Kolk，2005）。

来访者出现以下行为时，咨询师要考虑来访者可能存在复杂创伤：认知歪曲，如觉得自己一文不值、无助和绝望；身份混乱，包括边界问题或缺乏自我意识；人际关系困难，如难以建立依恋关系和与他人的关系；情感调节困难；解离问题；物质滥用；躯体化；非自杀性自伤和自杀（Briere & Lanktree，2012）。有时，儿童和青少年可能表现出一些性格障碍，而实际上这些行为与复杂创伤带来的不良影响有关。

虐待和创伤相关问题的评估

对于正在经受虐待和创伤相关困难的儿童和青

少年，进行临床访谈是评估他们的即时安全、创伤史暴露和创伤对青少年功能水平影响的最有效手段之一（Briere & Lanktree，2012）。咨询师必须首先评估的是儿童和青少年即时的安全。更具体地说，咨询师必须评估儿童和青少年是否处于紧急危险中。以下是咨询师在评估儿童和青少年是否存在即时危险的风险时，可能会考虑的初步评估问题（Briere & Scott，2015）。

- 儿童和青少年是否受伤，或者受到了需要处理的持续伤害？
- 儿童和青少年是否需要立即的医疗护理和药物咨询？
- 儿童和青少年目前是否丧失行为能力？
- 儿童和青少年有自杀倾向吗？
- 儿童和青少年对他人有危险吗？
- 儿童和青少年是否正生活在不安全、暴力的环境中？

如果存在任何直接危险，咨询师就必须立刻行动并协调其他服务，以确保儿童和青少年，以及其他人的身体健康和安全。在这种情况下，咨询师需要与其他专业人员合作，如执法人员、急救服务、精神服务和儿童保护服务等相关部门。

如果儿童和青少年没有直接面临危险，咨询师就可以开始评估来访者的创伤暴露史。咨询师可以考虑向儿童和青少年或其父母询问创伤性事件的类型及这些事件的发生时间、频率、持续时间和严重性。儿童和青少年通常不会认识到自己的创伤经历对咨询师是有意义的信息，并且在他们感到咨询关系安全和融洽前，他们也不会分享此类信息（Briere & Lanktree，2012）。在评估阶段，父母和家庭成员是极其宝贵的信息来源，可以为咨询师提供更多的心理和社会功能的信息、家庭和心理健康史成长中的重要因素及与创伤有关的信息。尽管咨询师应考虑将父母纳入评估过程，但还必须考虑创伤的性质、父母自身的心理问题或局限性、父母在儿童和青少年成长过程中的参与度及自身对儿童和青少年及他们的创伤经历的情绪反应，等等。因为这些因素都可能会导致他们提供的信息存在一定的偏差（Briere & Lanktree，2012）。当父母或其他家庭成员不在场时，来访者可能会更轻松地披露他们在家里见证的虐待、创伤和暴力。如果咨询师怀疑来访者家中可能发生了虐待或暴力行为，那么应安排与来访者一对一的时间，以帮助其表达疑虑或感受。

尽管对儿童和青少年及其相关的家庭成员进行临床访谈对评估过程至关重要，但咨询师还应使用与创伤相关的评估和创伤检查表，以提高评估和诊断的可靠性，并有助于形成干预计划。例如，临床医生使用的儿童和青少年 PTSD 量表（Clinician-Administered PTSD Scale for DSM-5—Child/Adolescent Version，CAPS-CA-5）（Pynoos et al.，2015）是经过修订的青少年版本（CAPS）（Blake et al.，1995），被称为评估 PTSD 的金标准（Briere & Scott，2015）。另外，咨询师还可以考虑使用以下评估方法：CPTSDI（Saigh et al.，2000）和儿童创伤症状检查表（Trauma Symptom Checklist for Children，TSCC）（Briere，1996）。表 15-7 提供了一些儿童和青少年创伤相关评估量表概述。

表 15-7 儿童和青少年创伤相关评估量表概述

量表名称	适用年龄范围	概述
儿童和青少年 PTSD 量表（CAPS-CA-5）	7 ~ 18 岁	CAPS-CA-5（CAPS-5 的修改版本）是一个基于 DSM-5 儿童和青少年 PTSD 标准、包含 30 个条目的评估量表。这个由咨询师实施的评估量表，通过为咨询师提供针对每种症状的结构化问题和调查，来评估 20 种 PTSD 症状。此外，还包括发病时间、严重程度、持续时间、造成的痛苦、对功能的影响、总体有效性、解离类型（如去人格化、去现实化等），以及自上次给药以来的总体改善等相关问题。CAPS-CA-5 可用于评估和评价咨询进展

（续表）

量表名称	适用年龄范围	概述
儿童创伤后应激障碍量表（CPTSDI）	6 ~ 18 岁	CPTSDI 是一个由咨询师实施的评估量表，用于测量与特定创伤性事件有关的儿童和青少年 PTSD 症状和严重程度。咨询师使用这种方法为儿童和青少年提供多种创伤性事件的案例，并询问儿童和青少年是否经历过类似事件。如果有，咨询师会询问其经历是否令人恐惧或不安，以及他们是否感到无能为力。如果某个事件符合筛选标准，那么咨询师将用 34 个条目来评估与该事件相关的再体验、回避和唤醒。CPTSDI 得出了损伤、反应性、唤醒、回避、再体验和严重程度的临床评分。这些分数可用于初始诊断和评估，也可用于持续评估咨询进展
儿童 PTSD 症状量表（Child PTSD Symptom Scale，CPSS）	8 ~ 18 岁	CPSS 是一个有 26 个条目的量表，用于评估儿童 PTSD 标准和症状。这项自我报告的方法可以用来评估创伤性事件、症状，以及儿童和青少年的功能损伤。CPSS 提供两个在临床上可能有用的累积评分，即症状严重度和损伤评分。CPSS 是创伤后诊断量表（PDS）（Foa，1996）的儿童版，可用于评估创伤和咨询进展
儿童创伤症状检查表（TSCC）	8 ~ 16 岁	TSCC 是一个有 54 个条目的量表，旨在评估儿童和青少年的创伤史。这个自我报告的测评量表会让儿童和青少年面对他们的想法、感受和行为，并要求他们对这些体验发生的频率进行评分（4 分制，0= 从来没有；3= 几乎所有时间）。TSCC 包括两个效度量表（过度报告和不足报告）和六个临床量表，这些量表可以用来测量焦虑、抑郁、创伤后压力、性问题、解离和愤怒的水平。TSCC 以 8 岁的阅读水平编写，可用于评估创伤和评估咨询的进展

在评估创伤症状时，咨询师需要考虑儿童和青少年的症状和反应与其发展水平的关系。儿童和青少年发展方面的考虑也很重要，与青春期或成年早期发生类似情况相比，儿童早期的创伤和虐待造成的后果可能更严重，并且会产生更大的损伤和功能障碍（Nader，2014）。由于儿童和青少年掌握的发展技能会发生变化，咨询师需要考虑他们之前的功能水平，并对创伤反应多加关注，因为 PTSD 的表现和轨迹会随着时间的推移而变化。例如，PTSD 在学龄前儿童中经常被漏诊，但是随着年龄的增长和青春期的到来，可观察到的行为或外在症状通常会变得更加明显，从而提醒咨询师注意这些问题（Cohen & Scheeringa，2009）。

此外，与创伤相关问题的临床表现可能涉及多种共病的临床诊断，这些诊断通常源于创伤经历或由创伤经历引起（Briere & Scott，2015）。创伤相关障碍，尤其是 PTSD，通常与抑郁障碍、焦虑障碍、恐怖症、注意缺陷 / 多动障碍，对立违抗障碍，品行障碍或物质滥用障碍并存（APA，2013a；Nader & Fletcher，2014）。经历过创伤相关问题的儿童和青少年还经常出现躯体不适、健康问题和情绪调节困难问题。经历过多次心理健康诊断的儿童和青少年也可能面临咨询预后较差、症状更严重和社会功能严重受损的风险（Nader & Fetcher，2014）。

咨询干预

创伤知情咨询应注重来访者的安全，应适当侧重于创伤经历的处理，同时也应注重重新建立社会联结，找到面向更积极未来的方向（Herman，1997）。与经受创伤的儿童和青少年一起工作的咨询师应考虑创伤咨询的要点，包括以下内容：（1）促进儿童和青少年的安全；（2）结合心理教育；（3）增强减轻痛苦及调节情绪的能力；（4）促进情绪调节；（5）实施认知干预；（6）增强儿童和青少年的自我同一性；（7）增强家庭参与和社交功能（Briere & Scott，2015）。创伤知情咨询应酌情将父母纳入咨询过程，不仅要关注儿童和青少年症状的缓解和减轻情况，还应注重韧性培养，鼓励健康的发展轨迹，并增强儿童和青少年的整体功能（AACAP，2010a）。以下是创伤咨询的各个组成部分的简要说明。

促进安全

许多人认为，参与儿童保护机构或受到其评估的儿童和青少年受到了足够的监控并处于安全的环境中（Kress et al.，2012）。现实情况是，许多受虐待的儿童和青少年继续生活或被迫重返有可能发生严重暴力侵害的生活环境中（Castelino，2009），一些研究表明，在接触并经历过某种形式虐待的儿童和青少年中，只有10%被安置在家庭以外的照顾环境中（Black et al.，2008）。

为受虐待、忽视或遭受创伤的儿童和青少年提供咨询的基本组成部分是促进他们的安全（Kress et al.，2012；Underwood & Dailey，2017）。咨询师需要帮助儿童和青少年促进以下情况发生。

- 与再次体验创伤症状有关的安全感，如侵入性思想、噩梦、不知所措和情绪失控等。
- 他们日常物理环境的安全性。
- 避免再次发生创伤性事件的安全性。

下面是一些可以促进安全的策略（SAMHSA，2014）。

- 教给儿童和青少年如何在他们感到不知所措和不安全时使用情绪着陆练习。
- 在个体、团体和家庭咨询中建立一致的结构。
- 讨论可以提高安全感或加剧不安全感的多种行为。
- 制订安全计划，以帮助儿童和青少年在所处的环境中感到安全，并能更好地控制自己。

在儿童和青少年感到不安全时，如家庭暴力盛行或发生虐待，抑或当来访者处于受虐待的恋爱关系中时，咨询师应引入安全计划的概念。安全计划帮助儿童和青少年能够采取积极的方法，还可以增强他们的安全感。引入安全计划可以提高儿童和青少年对警告信号和触发因素、过去与安全有关的无效行为及可能有效的自我干预措施的意识。在咨询的早期阶段，咨询师需要经常帮助儿童和青少年避免不安全的应对技能，如物质使用、自残，以及语言或身体攻击。下面总结了为生活在不安全环境中的儿童和青少年制订安全计划的指南。

为生活在不安全环境中的儿童和青少年制订安全计划的指南

- 咨询师应帮助青少年识别警示信号和不安全情境的触发因素，并为他们提供实施安全计划的指南。
- 咨询师应教授青少年应对技巧（如使自己摆脱困境）。
- 咨询师应确定在需要时会为青少年提供帮助的安全盟友或个人。
- 咨询师应提供个人联系信息和次级支持服务，示例如下：
  - 紧急服务提供者（消防、警察、紧急医疗服务）；
  - 危机中心；
  - 帮助热线。
- 咨询师应在家庭内部和外部确定安全的替代地点，以便在青少年需要时为其提供庇护。
- 咨询师应帮助青少年制作一个隐蔽的安全工具包，其中包括以下物品：
  - 紧急联系信息；
  - 供给品和个人物品；
  - 咨询师的联系信息；
  - 可以寻求帮助的地点列表。
- 如果可能，青少年应制定一个代码短语，以便在可能发生暴力时使用。该代码短语是安全盟友（如父母、兄弟姐妹）提前知晓的。
- 对于非常年幼的孩子，最好在移动通信设备上设置自动拨号功能。
- 咨询师应与青少年一起对安全计划的实施进行彩排和角色扮演，并帮助青少年了解如何使用该计划和相关资源。

资料来源：Adapted from "The use of safety plans with children and adolescents living in violent families," by V. E. Kress, N. Adamson, M. J. Paylo, C. DeMarco, & N. Bradley, 2012, The Family Journal, 20, pp. 249–255. doi:10.1177/1066480712448833

融入心理教育

心理教育可以帮助儿童和青少年更好地了解他们与创伤有关的症状和经历。心理教育可以提供有关虐待和创伤的性质和影响的准确信息，是任何与虐待和创伤有关的综合咨询方法的重要组成部分。心理教育通常是在咨询过程的早期就引入，并且在整个咨询过程中都是必要的，因为儿童和青少年需要更多的信息并理解这些信息。儿童和青少年可以从心理教育中受益，因为它可以确认和正常化他们的经历，并为他们创造新的理解视角。

咨询师将心理教育融入对经历过虐待和创伤的青少年的咨询中，可以考虑包括以下内容（Briere & Scott，2015）。

- 虐待或创伤的发生率。
- 关于虐待和创伤普遍持有的误解。
- 施虐者参与人际暴力的可能原因。
- 对虐待和创伤的即时反应和应对。
- 对虐待和创伤的持续创伤后反应。
- 将经历的症状重新定义为创伤处理或应对技能。
- 安全计划的讨论和实施。

理想情况下，心理教育应该提高儿童和青少年对有关虐待的性质、虐待的影响，以及儿童和青少年如何将新信息整合到对创伤性事件的看法和经验中的准确认识。为了给儿童和青少年提供有效和有益的帮助，心理教育需要在整个咨询过程中进行个性化和整合（Briere & Scott，2015）。

增强减轻痛苦及调节情绪的能力

情绪调节或情绪管理与儿童和青少年尝试管理其情绪状态有关（Dvir et al.，2015）。在儿童和青少年的早期发展中，情绪调节依赖于父母在孩子感到痛苦时抚慰和照顾他们的情况。理想情况下，儿童和青少年会开始模仿、印记和学习这些行为，以便他们可以自我安抚，从而学会自我调节。具有这些技能的儿童和青少年在遭受创伤时可能比没有这些技能的儿童和青少年表现得更好（Briere & Scott，2015）。

如前所述，遭受虐待或创伤的儿童和青少年往往会体验到创伤后的唤醒，并且可能很难调节强烈的负面情绪。遭受创伤后，儿童和青少年通常会经历负面的情绪反应、悲伤，以及与被触发的记忆相关的唤醒，这会导致他们出现情感退缩，包括解离、物质滥用和可以减少外部压力的行为（Briere & Scott，2015）。情感退缩会抑制恢复，在某些情况下，过度退缩会导致过度觉醒和情绪失调，或者对压力源的情绪反应失调（Briere & Lanktree，2012）。

减少痛苦和调节情绪的能力的训练重点是帮助儿童和青少年管理自己的唤醒，以及对抗持续的焦虑和过度唤醒。减少唤醒的主要方法包括放松训练、识别和对抗非建设性的情绪和想法，以及对创伤的触发因素进行觉察和干预（Briere & Scott，2015）。希望帮助儿童和青少年增强对情绪的调节或减少唤醒的咨询师应该教会儿童和青少年做到以下几点。

- 识别想法、感受和情绪。
- 反驳想法、感受和情绪。
- 增强对触发因素的认识，并管理对这些触发因素的反应。
- 尽可能延缓对冲动或强烈情绪的反应（减少压力的行为）。
- 在暴露创伤的干预期间和之后管理情绪（如创伤叙事）。

当咨询师鼓励儿童和青少年识别他们的想法、感受和情绪时，经常需要帮助儿童和青少年应对和管理出现的强烈情绪。在这种情况下，咨询师应考虑引入以下情绪调节问题：（1）个人改变问题（例如，我可以做些什么不一样的事情吗？对于这种情况，我个人可以控制什么？我拥有哪些资源与优势？）；（2）接受问题（例如，这是生活的正常部分吗？这也许是我现在的感觉，但是它会过去吗？）；（3）放手的问题（例如，我可以放手吗？我可以从中学习到什么？）（Harvey & Rathbone，2013）。这些类型的问题可以鼓励青少年发掘更强的自我意识，并主动调节自己的情绪情感。

情绪调节的另一部分包括帮助青少年识别和处理创伤触发因素。来访者可能具有触发性记忆，对特定刺激有反应（如噪声、气味、处境），经历侵入性的负面想法或闪回，甚至突然的惊恐发作，这些都会使他们感到虚弱并无法继续进行咨询（Briere & Scott，2015）。咨询师可以教会儿童和青少年如何使用着陆技术（grounding techniques），这是可以在出现触发情况时帮助儿童和青少年保持镇定，活在当下并感到安全的策略。在儿童和青少年明显减少与咨询师联系的情况下，咨询师就应使用着陆技术。在咨询中与来访者一起使用的着陆技术包括以下步骤（Briere & Scott，2015）。

- 尝试让儿童和青少年重新关注咨询师和咨询本身。
- 让儿童和青少年谈论他们的想法、感受和经历。
- 帮助儿童和青少年适应咨询室的物理环境。
- 运用放松和呼吸技巧，使儿童和青少年感到安全舒适。
- 根据需要重复前面的任何步骤。

作为着陆技术的一个示例，咨询师可能会要求来访者采取站立姿势，感觉她的脚就像树根一样扎入地面。咨询师可以引导女孩在深且慢的呼吸时感觉有一条根从脚上长出来。可以引导女孩感觉树的能量正在朝树干聚集，最终朝树枝，也就是她的四肢移动。咨询师可以不断交替使用特定放松和呼吸觉察技术作为着陆技术。例如，咨询师可以要求来访者进行 10 次呼吸，让其将注意力集中在呼入和呼出的每次呼吸上。来访者在呼气时应该在心里说出每次呼吸是 10 次中的第几次。

当来访者结束咨询时，他们也可以在生活中使用着陆技术。咨询师可以给来访者一个能放在口袋里的小物品，当他们需要提醒时，他们可以触摸这个小物品，以让自己适应当前情况并使用他们的着陆技术。

促进情绪加工

情绪加工（emotional processing）是指有意识地和治疗性地将青少年暴露于他们的创伤性记忆相关的环境触发因素，帮助他们管理他们的消极情绪，并重新描述与这些创伤性记忆相关的消极认知（Briere & Scott，2015）。情绪加工的中心论点是，随着儿童和青少年暴露于创伤刺激中的次数增加，他们对身体和心理上的过度唤醒反应会变得越来越不敏感，他们可以开始将当前的想法和感觉从与创伤经历相关的痛苦想法和情绪中分离出来。这样一来，儿童和青少年就能够将新的思想和感觉整合到他们的经历中，从而更好地组织和管理与创伤经历有关的感受和记忆，与过去的创伤经历建立更适应的关系。表 15-8 提供了可能有助于处理儿童和青少年创伤的活动。

情绪加工使用的基本技术之一是创建创伤叙事（trauma narrative）。创伤叙事就是儿童和青少年对虐待和创伤经历的书面描述。创伤叙事是基于暴露的咨询技术，经常在创伤咨询中使用，并且与许多理论方法相关，包括聚焦创伤的认知行为疗法（TF-CBT）（Cohen & Mannarino，2008），聚焦创伤的综合游戏疗法（Trauma-Focused Integ-rated Play Therapy，TF-IPT）（Gil，2012）和创伤性事件减少疗法（Traumatic Incident Reduction，TIR）等（Descilo et al.，2010）。

在治疗过程中，许多有效的创伤处理或分享创伤叙事都是自然而然发生的。然而，处理一个人的创伤经历是有战略意义的。作为发展创伤叙事的一部分，儿童和青少年能够学习到更健康的方法来控制自己的强烈情绪，如恐惧、愤怒、痛苦和悲伤。另外，创伤叙事的创建使儿童和青少年对创伤经历相关的想法、感受和触发因素（或线索）不再那么敏感（Cohen & Mannarino，2008）。创伤叙事的过程使儿童和青少年可以更加公开地讨论他的想法与感受，这样他们就可以开始面对任何引起恐惧和痛苦的提示或触发因素。

此外，与自己和家人分享创伤叙事会带来更积极的咨询效果，如创伤症状减轻、安全感增加及应对技能提升（Cohen & Mannarino，2008；Murray et al.，

2013）。讲述自己的故事并听到他人（如父母、家庭成员）复述自己故事的儿童和青少年能够更好地整合自己的经历；他们能够从自己曾经回避的经历中拾起片段，从安全有利的角度审视它们，然后将这些片段融入自己的过去，并理解未来对他们的意义。从本质上讲，通过创伤叙事，他们能够共同创造一个幸存者的身份，或者一个经历过创伤性事件但仍在前进的人的身份（Lacher et al.，2012）。创伤经历的整合有助于儿童和青少年减少自责、羞耻感和内疚感，并将其归咎于施暴者（Lacher et al.，2012）。创伤叙事的力量在于它能够让儿童和青少年通过融入他们经常遗忘和忽视的细节来重新叙述他们的故事。这种严密的检查消除了创伤对他们的生活和心灵的控制。

表 15-8　有助于处理创伤的活动

活动	说明
讲故事的篮子	咨询前，请准备一个篮子，里面装一些玩具、人偶和其他物品，里面最好有动物、人偶（年龄、职业、服装不同）。要求来访者选择能使他回忆起创伤经历的任何物品。在来访者选择之后，允许来访者描述他选择那个物品的原因，或者请来访者把那个物品与他的经历相关的故事表演出来。处理与来访者经历相关的对象和潜在情绪
我的面具	要求来访者思考与他的创伤经历相关的感受和情绪。然后，让来访者思考他如何将这些情绪展现给外界。允许来访者构建一副与外界共享的情绪面具（在纸盘或面具的一侧）和一副不与外界共享的内部情绪面具（在纸盘或面具的另一侧）。接下来，要求来访者处理在面具的外部和内部的情绪。此外，咨询师可以询问来访者，如果其他人看到内部的一面会怎么样，以及他们会如何反应或回应这些想法和情绪
山谷和山峰	请来访者在一张纸上画一个山谷，然后画一座山峰。绘制完成后，请来访者使用颜色和符号表示他过去的山谷或低点。要求来访者写下过去与那个山谷有关的文字、情绪和感受。之后，请来访者使用颜色和符号来代表山峰，即一个更积极，更健康的未来。要求来访者写出未来与这座山峰有关的文字、情绪、感觉或图像。与来访者讨论在未来爬山所需要的工具，为创伤咨询打下基础

构建创伤叙事的过程需要儿童和青少年分享他们认为与创伤经历有关的重要信息。这些重要信息可能包括其他的相关人员（如父母、养育者、死者、施暴者）的信息，围绕创伤性事件（如创伤最小的事件和使创伤逐渐累积的事件）及涉及创伤的有关细节（例如，何时发生，之前和之后发生了什么，事件导致最糟糕的时间或最糟糕的记忆）。叙述只是要求来访者用他的话说出发生了什么。咨询师应该促进来访者对创伤经历涉及的想法、感受和行为进行彻底探索。与幼儿一起工作的咨询师应该写下口述的故事，并且让孩子在适当的时候将图画融入叙事中。

帮助来访者发展创伤叙事的过程很复杂，咨询师必须对过程的节奏保持敏感，并仔细观察来访者的反应。首先，咨询师应意识到，来访者常常会避免分享痛苦的回忆；实际上，摆脱痛苦的记忆是一种自然的反应。但是，要想帮助儿童和青少年构建适当的创伤叙事，将这些记忆整合起来就变得至关重要。也就是说，咨询师还必须意识到，知晓来访者对审视哪些信息和经历已做好准备，而对讨论哪些信息还没做好准备是非常重要的，因为咨询师必须努力确保在咨询过程中不会使青少年再次受到创伤。

咨询师必须最终做出临床判断，并知晓来访者准备好在什么程度和用何种速度去挖掘他们的创伤经历。因此，咨询师应偶尔通过以下方式降低讨论的整体强度，以缓和并调节创伤处理的强度：（1）提出与创伤无关的内容问题；（2）使来访者扎根于当下（即着陆技术）；（3）使用平静、催眠的声音；（4）停止干预，并根据需要让来访者进行应对技巧练习（如放松活动）。

在与年幼的孩子一起工作并帮助他们构建创伤叙事时，咨询师可以使用表达性技术，包括阅读书籍（如阅读疗法）、画画、写歌、写诗或使用拼贴画对他们故事进行视觉描述。这些表达性技术对年幼的青少年是必不可少的，对年龄大一些的青少年同样有效。

当与儿童和青少年合作构建创伤叙事时，咨询师可以让来访者评估创伤叙事之前、之中和之后的痛苦程度（例如，“从 1 到 10 的范围内，这个讨论让你有多难受或心烦意乱？如果 10 代表你感觉最糟糕的情况，而 1 代表一点也没有不适，那么你现在感到的痛苦程度是多少？”）。让儿童和青少年评价自己的痛苦程度可以使他们更加清楚地意识到自己的想法、感受和对自己故事的反应和触发提醒，这可以帮助咨询师监控来访者的进展，并了解他们何时需要暂停或更加深入地进入他们的记忆。

每位来访者构建创伤叙事所需要的时长有所不同，有些来访者仅需要少量的咨询，而另一些则需要长时间的多次咨询。经历过多次创伤的来访者通常需要更多时间来完全处理他们所有的创伤经历。下面总结了协助儿童和青少年构建和处理创伤叙事的相关建议。

协助儿童和青少年构建和处理创伤叙事的相关建议

1. 在开始创伤叙事之前，咨询师必须确保来访者已学会并能够在逐步暴露创伤经历期间实施适当的应对和放松技巧。另外，咨询师需要了解他们使用的方法的理论基础，向来访者传达他们可以理解的内容，并告知逐渐暴露可能会增加不适感和回避倾向。

2. 每个孩子都是不同的，有些孩子在记录或画图之前，可以更好地在口头上讨论事件，有些孩子在口头分享之前可能需要进行创造性表达。咨询师需要评估来访者是否已经准备好了，然后参与讨论他们的创伤叙述。

3. 咨询师应考虑创伤叙事中对于来访者非常重要的一些方面。不论在来访者的帮助下，还是独立于来访者之外的思考，咨询师都应列出创伤叙述的重要方面，并制定出处理各个方面的时间表。咨询师通常会提供一些选择，让来访者谈论创伤叙事的一两个重要方面。谈论经历中的事实并将其记录下来是一个很好的起点，随后可以跟进来访者与经历相关的想法和感受。这种层次结构可以集中在从创伤最轻到最痛苦的方面。对来访者而言，增加创伤叙事的某些方面可能是有益的，包括第一次、最糟糕的时候、最后一次、其他人的反应、最勇敢的时刻、对其他来访者的建议，以及他学到的东西。

4. 来访者不需要记录或详述每一个创伤经历。通常，让来访者写下最坏的和第一次的创伤经历就可以提供充分的触发信息，这些材料可能就足够帮助他们进行创伤性事件的处理。如果来访者经历了多次创伤性事件，咨询师可以让来访者在多次咨询中处理这些创伤性事件。

5. 咨询师应努力帮助来访者在构建创伤叙事过程中活在当下。一旦完成并记录下创伤叙事，咨询师就可以开始处理来访者的一些不正确想法，这些想法通常与自责有关。同时，可以探索建设性的和适应性的认知，并将其整合到最终的创伤叙事中。

6. 咨询师应根据需要适时打断来访者，以帮助其运用适当的应对或放松技巧。另外，在来访者逐渐暴露创伤的过程中，有一个情绪表或强度温度计来测定其紧张程度可能是有益的。咨询师应谨记，如果来访者感到有一点点焦虑和困扰，是可以继续的。咨询师不应因为自己的不适而停止并阻碍这一过程。如果触发了来访者的紧张情绪但是他们使用了相应的应对或放松技巧，咨询师应让来访者继续回到分享故事的状态之中。

7. 咨询师可以让来访者重复阅读所写的内容，这样不仅可以使来访者对细节变得不敏感，而且可以使来访者重新聚焦于叙述的时间线。任何遗漏的细节或叙述的层面都可以根据需要添加。随着这一过程的继续，来访者在接触自己的故事时会逐渐经历越来越少的情绪和心理反应。

8. 每次咨询结束时，咨询师应赞扬来访者的进步，并给予 5 至 10 分钟的时间进行心理教育，教授新的应对和放松技巧或参加孩子选择的活动。这也将使来访者有足够的时间过渡到咨询后的生活。将基于优势的对话整合到咨询的结束部分会很有帮助，这样来访者可以带着一种进展良好的感觉离开。

9. 随着咨询的进行，咨询师可以总结来访者所学到的知识，鼓励来访者考虑他可以给有同样遭遇的来访者何种建议，并解释来访者与他人（如父母）分享故事的好处。在咨询过程中，来访者可能对父母或养育者还有一些其他的问题，此时可能是探讨这些问题的好时机。来访者也可能会对叙述或顺序的细节混乱有疑问。

10. 最后，咨询师应向来访者的父母解释采取这种逐步暴露过程的基本原理。此外，咨询师还应说明，每个来访者的反应都不同，但是这个过程对来访者来说可能很困难，以及来访者可能会经历更多的行为问题（如叛逆、睡眠问题）和继续参与的意愿降低。

随着咨询的进展，咨询师应该帮助来访者的创伤叙事更具描述性，从而使他们对事件更加不敏感（Cohen & Mannarino，2008）。在这段时间里，咨询师可能会想讨论关于创伤提示物的概念。创伤提示物指可能会提醒来访者相关创伤经历的人、地点、言语、思想、声音、气味和感觉。咨询师可以帮助来访者制订应对这些创伤提示物的计划。

父母在创伤叙事的过程中起着重要作用。实际上，创伤叙事的最后一个方面是与父母、养育者和家人分享故事。与父母分享故事可能会引发孩子和家庭成员的焦虑。咨询师应通过平行的家长会议，努力确保父母在听到分享后会给予孩子支持、帮助并准备好应对孩子的痛苦可能会因分享而升级的情况。咨询师应促进孩子与父母的接触，同时允许孩子在叙述的过程中用他制作的物品或用他选择的方式进行叙述。

实施认知干预

经历过虐待和创伤的儿童和青少年在思考自己、外部世界及自己在世界上的位置时，往往会经历重大的认知转变。他们容易自责、内疚、高估危险、对自己和他人持有消极信念，以及低自尊，所有这些都是创伤经历次生的思维结果。一些儿童和青少年甚至会认为，经历创伤性事件或遭受虐待是他们的错，是他们“罪有应得”，或者是他们自己导致的。遭受过虐待和创伤的儿童和青少年往往感到自己一文不值、无助和绝望。因此，咨询师必须帮助儿童和青少年识别、挑战和取代那些消极和无益的想法。儿童和青少年的认知歪曲经常出现在创伤性事件或创伤叙事的讨论中（Briere & Scott，2015）。

在下面的示例中，一个 9 岁的男孩在讨论他的创伤叙事时，透露出了他的错误信念，即当父亲心烦意乱时，他应该被绑在椅子上殴打。

来访者：我把父亲气疯了……这就是为什么他会惩罚我。

咨询师：你告诉过我，以前他会把你绑起来，用皮带打你。你说他“会惩罚”你，是这个意思吗？

来访者：是的。

咨询师：你是怎么让他生气的？

来访者：我做的一些事情，会让他从客厅的椅子上站起来，然后把我拖到厨房里并惩罚我。

咨询师：那么，你认为你做了什么事情会让他从椅子上站起来惩罚你？

来访者：我把东西弄翻，或者我母亲会因为我在家里没有脱掉鞋子而大喊大叫。

咨询师：所以，你认为你因一个意外或忘记一条家规而受到惩罚，这是你应得的。

来访者：是的，我想是这样。

咨询师：告诉我一个你认识的人曾经发生的意外。

来访者：嗯，我想想……昨天吃午饭时，我的朋友在说话，他把饮料打翻了，洒了一桌子，他的白衬衫上也到处都是饮料。

咨询师：好吧，接下来发生了什么？

来访者：怀特女士拿出一条毛巾，然后带他去了洗手间。

咨询师：那么，那个事情发生时，怀特女士“惩罚”他了吗？

来访者：不，因为那是个意外。

咨询师：好的，所以请和我谈谈意外，以及你认为如果你发生了意外时，应该怎样公平地对待你。

在以上示例中，咨询师正在试图识别并澄清来访者认为被虐待是理所应当的信念。随着来访者对这种认知模式越来越清楚，咨询师可以帮助来访者反驳这种适应不良的认知，并为他提供一个如何挑战这种想法的实例。帮助儿童和青少年培养认知技能最主要的策略是认知重构、演练、社会强化和角色扮演（这些技能将在第 17 章和第 18 章详细介绍。）

除能够面对这些认知歪曲并变得更加自我肯定，儿童和青少年还可以开始对相关的创伤性事件形成更加详细和连贯的认知（Briere & Scott，2015）。随着儿童和青少年构建并重复他们的创伤叙事，他们与创伤经历相关的认知会变得更加清晰、详细和有条理，并且更有能力转变对自己和对世界的看法。下文的实践活动提供了一个在儿童和青少年创伤咨询时可以使用的治疗故事示例。

实践活动

一只毛毛虫的故事

指导：咨询师可以阅读介绍这个治疗故事的脚本，以供正在参与创伤咨询的儿童和青少年使用。这个治疗故事可以帮助儿童和青少年改变认知，改变他们对创伤经历的看法，从而帮助他们提高自信心和能力，并专注于自己的优势和适应能力。

在一个遥远的地方，在森林深处，曾经有只小毛毛虫叫克莱尔。克莱尔想：“为什么我不像树上的鸟那样美丽多彩？为什么我不像田野中的蝴蝶一样自在飞舞？为什么我不像沼泽中的蟋蟀一样唱出优美的音乐？我太平凡了。”

随着毛毛虫一点点长大，她注意到周围的孩子们经常很害怕她。有时，有些孩子遇到她时会说“哎呦哎呦”“好恶心”。即使其他孩子什么也没说，克莱尔仍然认为孩子们不喜欢她，她想知道为什么她不能像其他人那样，如小鸟、蝴蝶、蟋蟀或可爱的松鼠，她认为其他的动物肯定比她快乐得多。她只知道她与其他人很不一样。

大多数时候，克莱尔认为没有任何人注意到她或关心她。带着这些悲伤的想法，难怪克莱尔会感到如此难过。她会哭着对自己说：“为什么这会发生在我身上？为什么我不能成为美丽的小鸟？没有人知道我的感觉！这是为什么？为什么？为什么？我的命运就是这样丑陋和令人反感。”

克莱尔害怕告诉其他人她感到孤独和痛苦。她觉得一旦她试图告诉其他人她的感觉，她就会被忽视。被忽视使她受到的伤害更大。她想：“就是这样。我无法相信任何人，甚至无法相信自己的想法和感受。我只是一只孤独而丑陋的毛毛虫。”因此，克莱尔仍旧感到很害怕。

一天，她遇到了另外几只毛毛虫，它们很快就成了朋友。克莱尔好不容易鼓起勇气告诉其他毛毛虫她的感受，结果他们笑着对她说：“你的内心真的很美，有一天你会意识到这种美。”他们告诉她：“你的内心深处是一只美丽的蝴蝶！”克莱尔想：“什么？我很美？不可能的。他们这样说只是让我感觉好受些。我的内在或外在都不漂亮！”

这些毛毛虫告诉克莱尔，她会变成一只蝴蝶，但她需要向内看到自己的内在美。他们告诉克莱尔，她已经具备了这种力量，她要相信自己并有信心。只有这样，她才能做到能使她变成美丽的蝴蝶的事情。

克莱尔认为这是不可能的。有这样的梦想是一件很愚蠢的事。她甚至想："也许这对我的朋友们来说很好，但是这个梦想并不适合我。我太不同了，我太丑了，我无法变美丽。"

因此，随着时间的推移，她决定不采取任何行动。她只是坐着，坐着，坐着看着她所有的朋友都变成蝴蝶。一天，她厌倦了没有意义地坐着。"那就试试吧！"她说，"我来真正尝试着相信自己，相信我的内在很美。我会思考积极的想法，即使我有点害怕这样做，但这会让我感觉好些。我会真正地关注自己内在的美丽，我不会再难为自己了。"

然后，她全力以赴寻找内在的美丽，积极思考并努力快乐。这是一项艰苦的工作，但她做好了奋斗的准备！

克莱尔一次又一次地尝试着，她注意到自己小毛毛虫的身体周围逐渐形成了一个温暖、安全的茧。变化虽然发生得很慢，但还是发生了。虽然可能感觉有点恐怖和奇怪，但这也是一种不错的感觉！她慢慢开始感到安全。她不再反抗，而是拥抱了它。终于有一天，她从茧中出来，变成了一只美丽的蝴蝶！

"你现在看到了吗？你一直都很美丽！"一只蝴蝶叫道，"你必须相信自己，看看你自己现在变成了什么样！"

作为一只蝴蝶，克莱尔开始重新思考在她身上发生了些什么。她逐渐意识到她的美丽一直在她内心深处，一直在等待被她发现！其他人甚至在她之前就看到了。现在，她终于可以看到自己内心深处的美丽了！

增强自我同一性

虐待和创伤经历会给儿童和青少年造成严重的长期问题，这些问题会对儿童和青少年的自我同一性和自我认知产生不利的影响（Briere & Scott，2015）。儿童和青少年可能会变得难以评估自己的需求，在经历强烈情绪时难以保持积极的自我意识，并无法预测自己在特定情况下的反应或行为。例如，如果一个成年人很少回应孩子的感受或经历，那么儿童和青少年可能永远不会对自己的合理性有所了解，因此也不会发展出积极的自我意识。儿童和青少年在没有形成强大的自我意识时，会进入一种自我保护的状态，对外部环境保持高度警觉，包括对周围人的行为及家庭或环境中不断变化的状况（Herman，1997）。此时，内省和自我探索不是优先事项，因为潜在的危险随时可能会再次出现。

内省，即观察自身的情绪和心理过程的能力，是发展内在自我意识所必需的一种能力。然而，儿童和青少年在进行内省时常常会感到不舒服，因为这不仅会转移他们对环境的注意力，还会让他们感到自己没有准备好应对潜在的危险，同时还不得不独自面对自己情感上的痛苦（Briere & Scott，2015）。因为洞察力和内省有助于来访者发展自我同一性，所以咨询师必须创建一种安全感，方法是通过在咨询过程中尊重来访者的界限，同时确认他们的需求和看法，并鼓励他们进行自我探索。

自我探索是在所有聚焦创伤的疗法中首要的主题。咨询师可以通过经常鼓励来访者专注于自己的内部体验来增强他们的自我探索能力。此外，咨询师需要给来访者足够的空间，让他们了解自己是如何看待当前状况和创伤经历的，并鼓励他们探索自己的好恶，以及对自我、他人甚至治疗关系的看法（Briere & Scott，2015）。

咨询师可以鼓励来访者成为"侦探"，这样他们就能发现自己的想法、感受和信念与他人的想法、感受和信念之间的不同。促进自我探索可能是创伤治疗最有用的组成部分之一。它要求咨询师培养来访者持续的内省和自我探索能力，并承担起在来访者身边的促进者的角色（Briere & Scott，2015）。

帮助来访者进行自我探索的一种切实可行的方法是邀请他们（在适当时）给施暴者写信。这封信可以包括来访者对虐待和施虐者的想法和感受，以及他们如何通过个人成长来理解虐待和施虐者。来访者还可以在信件中添加他们选择的内容，例如，他们下次再见到施虐者时可能会说或做的事情。在某些特殊情况下，治疗信件可能会寄给施暴者。这封信可以使来访者能够通过这种支持性和探索性的过程，继续巩固自己的认同感和韧性。

除了自我意识下降，遭受虐待和创伤的儿童和青少年可能与父母、家庭成员和同龄人之间的人际关系也变得紧张和冲突。这些人际关系上的困难可能源于来访者对自己和他人的偏见，通常是由于对自我的消极看法和对他人的不信任（Briere & Scott，2015）。作为受害者，这些儿童和青少年有时会卷入不健康甚至暴力的关系中（Gopalan et al.，2010）。尽管持续的安全感、验证和自我探索可以增强儿童和青少年的自我意识，但咨询师仍旧需要帮助他们发展健康的人际关系和充分的社会支持网络。咨询师必须有意识地发展和促进经历过虐待和创伤的儿童和青少年的关系功能，而咨询关系可以成为这种改变的最初工具。

增加家庭参与

家庭成员可以在支持经历虐待或创伤的儿童和青少年方面发挥关键作用。有了家庭的参与，咨询师可以监控儿童和青少年在咨询时间之外的症状，还可以向父母介绍青少年学到的应对技能，同时每周与父母和家庭成员联系，以保持他们的参与并了解最新的咨询进程。由于这些儿童和青少年经常会孤立自己和回避社会支持，以免进一步暴露于创伤性事件中，因此咨询师应尝试在适当的时候将儿童和青少年的父母、大家庭成员和兄弟姐妹整合进咨询中（Gopalan et al.，2010）。有足够的社会支持，尤其是父母支持的儿童和青少年，更有可能表现出适应性的应对技巧，会形成更强的自我价值感，感觉不那么孤独（Salami，2010）。

在心理咨询中增强家庭参与的主要考虑因素之一是处理父母的感受、经历，以及对孩子经历的反应。咨询师可以在父母、家庭或联合的咨询活动中帮助父母识别、表达和调节这些反应（Cobham et al.，2012）。一些父母可能会因为无法保护自己的孩子免受创伤而感到内疚，甚至可能逃避参加咨询。但是，咨询师应尝试对父母进行心理教育，向他们解释治疗的重要性，人对创伤性事件的正常反应，以及创伤咨询的过程（Gopalan et al.，2010）。咨询师应将咨询的重点放在创伤对儿童与父母关系的影响上，并向父母传授创建情感安全的家庭环境所需的技巧（Runyon et al.，2009）。

父母可能会对孩子的创伤经历有强烈的反应，而孩子的这些创伤经历可能会因父母所经历的未解决的创伤经历而加剧。教育父母认识到识别和解决这些经历的重要性可能会对孩子有所帮助。在某些情况下，如果父母自身的创伤经历对孩子的创伤治疗产生了负面影响，那么咨询师可能需要向父母提供个体咨询（Cohen et al.，2010）。咨询师可以在整个家庭的背景下重新塑造父母的幸福感，从而使父母意识到自身的心理健康不仅会影响他们的行为，还会影响孩子和整个家庭系统。

有时，父母是儿童和青少年遭受虐待的原因。尽管政府机构最初可能会把孩子从家中带离，但即使是在这种情况下，政府机构也通常优先考虑使家庭团聚（CWIG，2016）。如果父母是虐待的施暴者，团聚通常是首要的咨询目标。虽然重返施虐父母的家庭会显著增加儿童和青少年被再一次虐待和忽视的风险（30%）（Biehal et al.，2015），但如果父母的教养技能提高，且用非暴力方式管理孩子行为的能力提高了，那么家庭团聚更可能发挥积极的作用（Biehal et al.，2015）。因此，咨询师应注意提高父母的参与度和促进父母参与咨询的方法。专注于家庭沟通，创造一个安全的家庭环境，以及提高父母的教养能力是咨询师需要努力实现的几个目标（Cohen et al.，2010；

Runyon et al.，2009）。咨询师也需要保持灵活性，为父母和孩子量身定制咨询内容，以解决最初家庭接受咨询的各种问题（如虐待、家庭暴力、物质滥用）。

经历过虐待和创伤但与家人和同伴之间有支持性关系的儿童和青少年，会表现出更少的与创伤相关的困难和症状（Nader & Fletcher，2014）。全面而有效的创伤治疗方法解决了儿童和青少年发展中的社会支持问题，并鼓励父母参与和选择更积极的教养方式，这些都能有效帮助孩子减轻创伤和相关症状（Nader & Fletcher，2014）。

特定创伤和灾害的具体干预方法

人们针对解决儿童和青少年与虐待和创伤有关问题的方法开展了大量的研究。许多基于认知行为和发展的方法，使儿童和青少年可以探索和分享他们的创伤叙事，无论通过文字（Cohen & Mannarino，2008；Lacher et al.，2012；May，2005）还是基于游戏的方法（Gil，2012）都可以有效治疗与虐待和创伤有关的问题。以下各节简要介绍为经历虐待、灾难和创伤的儿童和青少年提供咨询时可以使用的几种方法。

聚焦创伤的认知行为疗法

聚焦创伤的认知行为疗法（TF-CBT）（Cohen et al.，2010；Murray et al.，2013）是一种可用于经历虐待或创伤儿童和青少年的循证方法。TF-CBT 是一种孩子和养育者的联合心理治疗方法，适用于在创伤性生活事件后经历了严重情绪和行为困难的儿童和青少年。该疗法将对创伤敏感的干预与认知行为技术、人本主义原则和家庭参与相结合。通过 TF-CBT，咨询师能够帮助孩子和养育者学习新技能，帮助他们处理与创伤性生活事件相关的想法和感受；管理和解决相关的痛苦情绪、想法和行为；发展和增强安全感，促进个人成长，提高教养能力，以及改善家庭沟通（Cohen et al.，2010）。

在 TF-CBT 的网站上，咨询师可以完成一个关于 TF-CBT 的免费 10 小时的证书培训课程。正在实习的学生和正在执业的咨询师都可以完成该培训课程，这有利于加深对 CBT 原理，尤其是针对创伤治疗的原理的理解。

TF-CBT 让儿童和青少年讨论他们的创伤叙事，同时使用减少焦虑的技术来调节他们对创伤记忆的身体、情感、认知和生理反应（Underwood & Dailey，2017）。表 15-9 总结了与 TF-CBT 相关的组成部分和相关咨询任务。

表 15-9　聚焦创伤的认知行为疗法的组成部分和相关咨询任务

关键成分		相关任务
P	心理教育和教养技能（psychoeducation and parenting skill）	• 增加对创伤常见反应的了解（如身体、情绪、认知） • 确定创伤的触发因素和提示物 • 将行为和反应与创伤经历联系起来 • 为复原注入希望 • 提高教养技能（如赞美、关注、使用强化手段）
R	放松技能（relaxation skills）	• 学习并实施专注的呼吸 • 学习并实施渐进式肌肉放松 • 提高放松能力或使用放松技巧（如吹泡泡） • 练习正念（在发展和精神适宜时）
A	情绪调节技能（affective modulation skills）	• 增加情绪的识别和表达 • 提高问题解决能力 • 学习和实施愤怒管理技能
C	认知应对技能（cognitive coping skills）	• 增强对思想、感受和行为之间联系的认识 • 学习和实施认知重构（如用更有益、更准确的想法代替无益的、不准确的想法）

（续表）

关键成分		相关任务
T	创伤叙事与处理（trauma narrative and processing）	• 构建详细的创伤叙事 • 处理创伤叙事和创伤叙事中的事件 • 使用认知加工和应对技能（如放松和情绪调节）
I	体内掌控（in vivo mastery）	• 建立恐惧或焦虑等级
C	联合咨询（conjoint sessions）	• 实施家庭安全计划 • 分享孩子的创伤经历 • 加强家庭沟通 • 增加健康的家庭互动和关系（如对家庭应激的反应、家庭活动）
E	增强安全性（enhancing safety）	• 制订并实施安全计划 • 学习和实施社交技能 • 制订结束咨询的计划

资料来源：Adapted from "Trauma-focused cognitive behavioral therapy for children and parents," by J. A. Cohen & A. P. Mannarino，2008，Child and Adolescent Mental Health，13（4）.

从 TF-CBT 的角度来看，咨询师需要提供与创伤相关的心理教育，并在帮助来访者构建创伤叙事之前，教给他们基本的技能。理想情况下，咨询师应在来访者构建和分享创伤叙事前教给他们一些特定的放松技能（如专注呼吸、渐进性肌肉放松、进行吹泡泡等放松活动，）和情感调节技能（如情绪识别和表达、解决问题的能力、愤怒管理等）（Murray et al.，2013）。这些放松和情感调节技能使来访者能够更充分地构建他们的创伤叙事，容忍与处理有关事件和触发因素，并利用认知技能来提高他们对思想、情感和行为之间联系的认识（Murray et al.，2013）。此外，咨询师可以教会来访者如何及何时应用认知重构技术，换句话说，帮助他们用更有帮助和更准确的想法挑战和取代无益或不准确的想法。创伤治疗与哀伤和丧失治疗之间的细微差别是，在创伤治疗中，咨询师帮助儿童和青少年及其家庭解决在家中的安全问题，并通过体内暴露来应对恐惧的触发因素（如提示）（有关在咨询中实施体内暴露的分步方法，请参见第 17 章。）

学校创伤认知行为干预

学校创伤认知行为干预（Cognitive Behaviroral Intervention for Trauma in Schools，CBITS）是一种基于学校的干预措施，旨在减少暴露于创伤社区事件（如学校枪击事件或自然灾害）的儿童和青少年的创伤后应激障碍症状（Langleyet al.，2010）。CBITS 共有 10 个课时的团体干预方法，目的是减少儿童和青少年的 PTSD 症状。CBITS 包括基于认知行为技能的组成部分，如放松、认知重构、构建创伤叙事和加工记忆、逐渐暴露（如在体内）和解决社交问题（Langleyet al.，2010）。CBITS 通常用于初中和高中的学生，因此咨询师可以将教师和家长的教育课程结合起来，以最大限度地帮助青少年。

一些研究证明，CBITS 与提高学习能力和减少抑郁症状有关（Morsette et al.，2009）。CBITS 已经在不同的人群中实施，并且似乎在文化上适用于不同的人群（Morsette et al.，2009）。

亲子认知行为联合疗法

亲子认知行为联合疗法（Combined Parent-child Cognitive Behavioral Therapy，CCPC-CBT）是一种结构化的家庭咨询方法，该方法整合了其他 CBT 的组成部分，包括正强化、暂停、创伤叙事和创伤处理、动机式访谈和家庭系统理论（Runyon et al.，2004）。当发生严重的儿童虐待，多次转介儿童保护服务，或者父母认为他们可能会失控并伤害孩子时，CPC-CBT 就是一种较合适的方法（Runyon et al.，2004）。

CPC-CBT 可以以个体或团体的形式进行。在 16 到 20 次咨询中，咨询师的咨询对象是儿童和青少年，以及使用强制性教养策略的父母。通常在一次咨询中，咨询师会先分别单独和孩子及其父母会面，然后在联合咨询中结束。随着咨询工作的进展，联合咨询的时间会越来越长，并更多地集中在父母管理孩子行为的能力及父母与孩子之间冲突问题的解决上。CPC-CBT 的结构包括以下几点。

- 参与［如使用动机增强疗法（MET）、建立融洽的关系、设定目标、进行心理教育和家长教育等］。
- 技能培养（如应对技能，如自信、愤怒管理技能、放松技能和解决问题的技能、积极的教养技能）。
- 安全（如制订家庭安全计划）。
- 澄清（如儿童和青少年写下或分享他们被虐待的经历，尤其是与虐待相关的感受和想法；父母给孩子写一封信，目的是增强他们的共情能力和对孩子观点的理解）。

与其他模型相比，该模型的一个独特之处是包含了澄清过程，通过这一过程，家长和孩子能够在可接受范围内逐步讨论虐待经历，以减少儿童和青少年的 PTSD 症状（Runyonet al.，2009）。

在整个咨询过程中，咨询师会让父母参与积极的教养方式培训。他们帮助父母练习这些积极的教养技巧，学会更有效地沟通，并在与儿童和青少年的互动中使用有效的行为管理技巧。此外，咨询师必须采取积极的态度来提供纠正性反馈，提供鼓励，并加强积极的教养技能，以增加对这些技能的使用（Runyon et al.，2009）。

眼动脱敏与再加工

尽管有证据表明，眼动脱敏与再加工（EMDR）可以减轻儿童和青少年的 PTSD 及与创伤相关症状（Diehle et al.，2015；Fleming，2012），但对于 EMDR 对此群体的有效性还存在分歧。一些研究人员认为，与Ⅱ型创伤（长期性、持续性创伤性事件）相比，EMDR 更适合Ⅰ型创伤（一次创伤性事件）。其他研究人员认为，EMDR 没有经过足够严格的科学研究，不能将其视为一种循证的研究方法（Greyber et al.，2012）。然而，由于一些研究已经表明了其对受创伤的青少年的有效性和实用性，因此咨询师还是会受益于 EMDR 的专门培训。

EMDR 涉及唤起儿童和青少年的创伤性记忆（即暴露），识别与记忆有关的消极想法（即认知），使用呼吸练习（如放松技能），以及使用引导性的眼动来接近、处理和解决创伤性记忆（Shapiro，2001）。EMDR 通过以下八个阶段的序贯治疗方法来解决这些问题（Shapiro，2001）。

阶段 1：咨询师对儿童和青少年的病史进行评估，主要评估儿童和青少年的心理健康、家庭和医疗史，评估儿童和青少年参与 EMDR 的准备程度（如识别令人痛苦的记忆和造成痛苦现状的能力），确定儿童和青少年在未来取得更大成功所需的技能和行为。

阶段 2：咨询师加强治疗关系，并为儿童和青少年提供其他处理情绪困扰的方法，如想象和减压技术（如放松技巧、呼吸）。

阶段 3 ~ 6：使用 EMDR 识别并加工目标。目标是相关记忆的视觉图像，对自己的任何消极想法或信念，以及任何相关的情绪和身体感觉。咨询师帮助儿童和青少年识别与创伤性事件有关的积极和消极信念。青少年要对这些信念进行评分，而且对信念及其伴随的情绪的强度进行评估（例如，10= 强，1= 几乎不存在）。接下来，咨询师要求儿童和青少年在进行双侧刺激时（如咨询师的手指在儿童和青少年面前来回移动）专注于记忆（即图像）、任何消极的想法及伴随的身体感觉。咨询师请儿童和青少年放空自己的思想，然后觉察那些来到脑海中的情绪、思想、记忆和感觉。如果儿童和青少年没有痛苦，咨询师会指示其重新处理并重新整合先前确定的积极信念。如果出现另一个消极的焦点，咨询师可以再次重复这一过程。

阶段 7：咨询师带领儿童和青少年结束创伤经历。

咨询师可以要求儿童和青少年在一周内持续记录相关感受和经历。

阶段 8：咨询师和儿童和青少年检查进展情况和任何新的重点领域，如过去的其他创伤性事件、当前的痛苦事件或需要青少年做出不同反应的事件。

使用 EMDR 的咨询师应将注意力集中在儿童和青少年的过去、现在和未来。对过去创伤性事件的关注与更多的适应性想法、造成痛苦的当前状况，以及想象中的未来事件有关。EMDR 的实践要求咨询师寻求专门的培训和适当的临床督导。

聚焦创伤的综合游戏疗法

目前，聚焦创伤的综合游戏治疗（TF-IPT）的研究支持很有限，但是这种新兴的游戏疗法融合了许多其他循证成分（Gil，2012）。TFIPT 是一项为期 12 周的基于指导手册的项目，它使用非指导性和指导性咨询方法，以促进儿童和青少年去发现和使用创伤后游戏。它是专为在家中遭受虐待、忽视和暴力的儿童和青少年而设计的（Gil，2012）。

TFIPT 允许儿童和青少年自然、逐步地引入创伤叙事和创伤处理。与表达性艺术相关的技术（如艺术、游戏、音乐和沙盘等）常被用作咨询的补充。TFIPT 的咨询目标有以下几个：（1）识别创伤症状；（2）允许儿童和青少年有空间探索与虐待相关的想法和感觉；（3）提高儿童和青少年的应对策略和自尊心；（4）增加儿童和青少年获得内部资源和外部资源的机会（Gil，2012）。

TFIPT 基于赫尔曼（Herman）的三个创伤治疗阶段，即保证儿童和青少年的安全、关注创伤材料并对其进行加工及为未来建立社交联系。咨询的开始和结束通常由情感识别和正念呼吸练习构成，但也可以在游戏治疗室使用非指导性游戏（Gil，2012）。随着治疗的进展，咨询师要变得更有指导性，以提高儿童和青少年对创伤性游戏主题的认识。TFIPT 的治疗最终以创伤叙事的构建和处理为基础，可以通过口头或非口头方式完成（如绘画、绘画日记等）（Gil，2012）。针对年龄较大的孩子，咨询师不仅可以帮助孩子识别情绪，还可以帮助他们纠正消极想法。尽管 TFIPT 主要侧重于对儿童和青少年的咨询，但咨询师也可以以支持性的方式与父母合作，为其提供教育、指导及所需的转介和资源。

心理急救：一种危机干预模型

许多方法都可用于帮助最近经历危机或灾难的儿童和青少年。心理急救（Psychological First Aid，PFA）是帮助经历灾难的儿童和青少年的最常用方法之一，也是美国红十字会认可的模式（Underwood & Dailey，2017）。PFA 是一种危机干预模型，可以在恐怖行为和自然灾害等创伤性事件发生后为儿童和青少年及其家庭提供即时救助和支持（Underwood & Dailey，2017）。

PFA 的目的是促进即时的身体和心理安全，减轻与压力有关的症状，鼓励恢复，并使儿童和青少年获得适当的服务和支持（James & Gilliland，2013）。PFA 不应与创伤咨询相混淆（如 TF-CBT、CPC-CBT、EMDR）。创伤咨询旨在发现、处理和解决与创伤性事件和危机相关的创伤，而 PFA 是帮助处于紧急危机中的个体的首要应对方法。当使用 PFA 时，咨询师是非侵入性的；他们提供支持、共情、信息和帮助（James & Gilliland，2013）。尽管 PFA 有多种形式，但通常涉及以下基本组成部分（James，2008）。

- 确认问题：咨询师使用核心的倾听技巧，例如，开放性问题、共情、积极关注和真诚，以及从来访者的角度探讨当前情况。
- 确保来访者安全：咨询师试图将来访者生理和心理上的危险降到最低。
- 提供支持：咨询师向来访者传达他被接受、倾听并得到重视的信息。
- 检查替代方案：咨询师帮助来访者探索他的可用选择，包括人员、行动步骤、资源及现实的、潜在有用的积极思维模式。
- 制订计划：咨询师使用系统的问题解决方案，为来访者制订切合实际的、合理且有用的其他支持计划并规划明确的行动步骤。

- 获得承诺：咨询师获得来访者的承诺，即采取商定的行动步骤，使来访者朝着更加平衡和稳定的方向行动。

应用 PFA 的咨询师应考虑危机评估，示例如下：（1）儿童和青少年的情绪状态评估异常或受损情绪；（2）儿童和青少年的行为功能，或者将注意力集中在行动、表现和行为上的能力；（3）儿童和青少年的认知状态，或者评估是否有理性化、夸大或加剧危机的迹象（James，2008）。适当地评估儿童和青少年，以及危机情况可以帮助咨询师更好地提供支持，更充分地了解危机的严重性，并获得足够清晰的信息，以便做出适当的短期咨询和长期咨询转介。

心理药物治疗

选择性 5- 羟色胺再摄取抑制剂（SSRIs）已被批准用于治疗被确诊为 PTSD 的成年人。但是，仅有初步证据表明 SSRIs 可能有助于减少儿童和青少年的 PTSD 症状（AACAP，2010a）。一些研究人员认为，应将循证的谈话疗法（如 TF-CBT）用作主要干预措施。有人建议仅在儿童和青少年的症状在咨询期间加剧或青少年患有焦虑障碍或抑郁 / 双相障碍共病时才应使用 SSRIs（AACAP，2010a；Cohen et al.，2007）。在某些儿童和青少年中，SSRIs 可能会导致烦躁、注意力不集中或睡眠不足，这可能会加剧 PTSD 的症状（AACAP，2010a）。

吉安的“I CAN START”心理咨询计划

本章开篇引用了吉安母亲的话。吉安是一个 5 岁的非洲裔美国女孩，遭到舅舅的性虐待。下面的“I CAN START”概念框架概述了咨询的考虑因素，这些考虑因素可能会对吉安的学校咨询师或临床咨询师有帮助。

C= 背景评估

吉安是一个 5 岁的非洲裔美国女孩。她的父亲几年前去世了，她由母亲抚养，和外祖母住在一起。吉安的母亲目前没有与任何人约会，并且有稳定的工作。吉安家住在一间两居室的公寓里，他们把饭厅改成了外祖母的卧室。

吉安的母亲报告说，在过去的 4 到 6 个月里，她的哥哥一直在性虐待她的女儿。在这段时间内，她目睹了吉安在性格和行为上的许多变化，包括突然对上学失去兴趣、易怒、失眠和做噩梦（每周 2 到 3 次）、惊吓反应和“神经质”、手淫，以及回避任何与她被性虐待有关的情境。

A= 评估和诊断

诊断 =309.81 PTSD。

N= 必要的护理水平

门诊、个体咨询和父母教育（每周一次）。

S= 优势

自身：吉安很聪明，她的幼儿园老师已经向母亲转述了她在学校的表现。吉安很有好奇心，很有创造力，并且有很多兴趣爱好（如时装、服装、绘画）。此外，吉安似乎有兴趣并愿意参加咨询。

家庭：吉安的母亲爱吉安及其家人。她的母亲渴望得到支持，并主动寻求咨询服务。吉安的外祖母是家中另一位支持性养育者，似乎对吉安的母亲很有帮助，承担着照顾孩子和养育子女的责任。

学校与社区：吉安一家人居住在大城市中心的中下阶层地区，那里交通便利，社区资源丰富（如图书馆、公园、博物馆、基督教青年会）。吉安的幼儿园老师似乎很喜欢她，并对她的社会和学业成就很感兴趣。

T= 治疗方法

聚焦创伤的认知行为疗法（TF-CBT）。

A= 咨询目的和目标（90 天目标）

吉安将根据需要学习和运用放松技术。吉安将学习专注于呼吸、渐进式肌肉放松、表达性运动和正念活动。在咨询之外感到挫折、焦虑和烦躁时，她将至少在 80% 时练习和学习使用至少其中一种技巧。

吉安会减轻过度的觉醒症状。吉安将构建一个创伤叙事（以适合她的发展水平的一本书的形式），突出她与创伤性事件相关的思想、感受、反应。吉安将在每周的咨询中用一种详细阐述的方式分享她的创伤叙事，使她的生理和心理反应变得不敏感（过度警觉），以及对想法、提示物和对事件的讨论不再带有负面情绪（如羞耻、内疚、恐怖）。此外，吉安将在 90 天治疗计划结束时与母亲分享一次她的创伤叙事。

吉安将学习识别和挑战与她的创伤经历有关的认知歪曲。吉安将学习并挑战认知歪曲，以检查她的想法与信念（例如，这是我的错；我是个坏女孩），并在至少 80% 的时间中转变为其他更准确的想法与信念。

吉安的母亲将提高自身技能，以协助吉安在有压力或创伤提示物出现时的情境下降低她的心理唤醒水平。吉安的母亲将帮助吉安在家中有压力的情境下，至少 90% 的时间里尝试和使用至少一种预先掌握的应对技能（如控制呼吸、渐进式肌肉放松、停止思想等）。

R= 基于研究的干预措施

咨询师将帮助吉安发展和应用以下技能：增加对创伤反应的知识，识别创伤性事件的触发因素和提示物、放松技能、情绪识别和表达、问题解决的技能，以及加强思想、感受和行为之间的联系。

咨询师将帮助吉安的母亲发展和应用以下技能：实施家庭安全计划，加强亲子沟通，增加积极的家庭互动和健康的关系（通过增加家庭活动的数量和改善对家庭压力的反应）。

此外，咨询师将帮助吉安发展更有效的社会性问题解决和决策能力，以应对其症状的侵扰、唤醒和再体验。

T= 治疗性支持服务

- 儿科医生为吉安提供医学和身体评估。
- 每周参加个体和家庭咨询。
- 吉安和母亲参加支持小组。
- 吉安的母亲被推荐接受心理健康咨询服务。

总结

在美国，许多儿童和青少年一生中将至少会经历一次创伤性事件。很多儿童和青少年对这些创伤性事件表现出正常的反应，并且经常可以从短期咨询服务中受益。其他儿童和青少年可能会经历更普遍的障碍，例如，学习成绩下降、对活动失去兴趣、极度恐惧、过度警惕、抑郁症状，以及与睡眠和进食相关的困难。这些情况就需要进行长期的咨询干预（AACAP，2010a）。在某些情况下，这些不利影响和反应可能会进一步发展为精神障碍。因此，咨询师需要认识到创伤性事件的生理和心理影响，了解相关的风险因素和预防性因素，并了解如何实施创伤知情的实践。

并非每个经历过创伤性事件的儿童和青少年都会表现出长期的创伤症状。但是，经历过创伤的儿童和青少年可以从咨询中受益。咨询师可以帮助这些儿童和青少年处理和整合他们的经历（Kress et al.，2015）。更具体地说，与受创伤的儿童和青少年一起工作的咨询师应考虑纳入聚焦创伤的咨询的各个方面，例如，提高安全性、纳入心理教育、增强缓解痛苦和情绪调节的技能、促进情绪加工、应用认知干预，以及增强同一性并提高家庭参与（Briere & Scott，2015）。根据儿童和青少年自身、家庭、具体情况和周边环境的不同，咨询师可以考虑的一些特定的、针对创伤和灾难干预的方法包括 TF-CBT、CBITS、CPC-CBT、EMDR、TFIPT 和 PFA 等。

第 16 章　物质滥用

本章与艾米·E. 威廉姆斯博士合作

泰勒的案例

大约 12 岁时，父母不在家时我开始偷偷从他们的酒瓶里偷酒喝。老实说，一开始我不喜欢它的味道，但我喜欢它带给我的感觉，所以我一直这样做。进入高中后，我意识到还有其他孩子也喝酒，于是这就不再是我自己的秘密，而是我和我的朋友经常做的事情。有时放学后我们会聚在一起喝酒或吸食大麻。因为我认识的每个人都在做同样的事情，所以这在当时看起来并不是什么大事。

过了一段时间，我开始变得几乎每天都要喝酒或抽烟，有时甚至在去学校之前都要喝一点。直到学校老师发现我的水壶里灌了酒，我的父母才知道我正在做的这些事。当他们发现时，他们真的非常生气。他们不停地告诉我，我需要停下来，但他们就是不明白这有多难。我的大脑只想着喝酒，我不想做任何其他事。无论我多么努力地不去想它，它还是不断地回到我的脑海里。我现在每周还会吸食几次大麻、喝几次酒，但我的父母并不知道。如果他们发现了，我不知道他们会怎么做。我希望一切都能停止，但就是停不下来。

——泰勒，16 岁

青少年的物质使用是一个严重的社会问题；它给父母、学校、医疗和精神卫生专业人员及青少年自身都造成了很大困扰。美国政府每年进行一次美国国家药物使用和健康调查（National Survey on Drug Use and Health，NSDUH），以确定美国人的物质滥用和心理障碍的发生率。根据 2014 年的调查结果，12% 12 ~ 17 岁的青少年报告有近期的饮酒行为。此外，这些青少年中有 6% 符合过量饮酒标准，1% 符合酗酒标准（SAMHSA，2015）。

在同一项调查中，12 ~ 17 岁的青少年中有 9% 报告有使用非法药物。大麻是最常见的非法药物，有 7% 的青少年报告有使用大麻，3% 的青少年报告有使用非医疗目的的精神治疗药物，包括止痛药、兴奋剂或镇静剂（SAMHSA，2015）。12 ~ 17 岁的青少年报告的其他非法药物的使用包括：0.2% 使用可卡因、0.1% 使用海洛因、0.5% 使用致幻剂（包括迷幻药和摇头丸等药物）和 0.6% 使用吸入剂。此外，研究中，7% 的青少年报告有吸烟习惯（SAMHSA，2015）。

总体而言，2014 年约 5% 的青少年符合一种或多种物质使用障碍的标准，酒精是最常见的滥用物质（SAMHSA，2015）。根据美国国家药物滥用研究所（NIDA，2014b）的调查，物质滥用最有可能开始于青春期和青年时期。事实上，学生从高中毕业时，几乎有 70% 的人都喝过酒，50% 的人使用过违禁物质。此外，超过 20% 的青少年在成年前曾因非医疗目的使用过一种处方药（NIDA，2014b）。

咨询师在物质滥用的预防、早期识别和干预方面发挥着重要作用。本章将进一步探讨青少年物质使用的生理、心理和社会因素。本章还会探讨给有高危物质使用行为的青少年提供支持的治疗模式和工具，并探索支持他们完成咨询过程的方法。

青少年物质使用障碍的本质

物质滥用涉及许多行为、认知和生理症状。有物质使用障碍的青少年会在显著出现与物质使用相关的问题和后果后继续使用这种物质（APA，2013）。换句话说，物质使用障碍是指与一种物质之间的复杂和破坏性的关系。特别是当物质使用被用来应对情绪时，当物质的用量增加或使用更加频繁时，当一个人由于生理或心理因素存在物质滥用的高风险时，起初以休闲为目的的饮酒或其他药物的使用可能就会随着时间的推移发展成一种物质使用障碍。本节将提供有关这些风险因素、物质滥用如何发展为物质使用障碍，以及与物质滥用相关的负面后果等的信息。

风险因素

许多因素都会增加青少年与物质产生不良关系的可能性。首先，如果有血缘关系的家庭成员中有人患有物质使用障碍，那么这对青少年来说就是一个风险因素，因为基因联系和生物标记会影响人们大脑对酒精和其他药物的反应（Genetic Science Learning Center，2013）。如果有家庭成员携带可以增加对这些物质使用产生奖励反应的遗传基因，那么青少年就有可能携带这些基因。因为这些人的大脑对酒精或药物与一般人有不同的反应，所以有酒精或其他物质滥用家族史的青少年更容易受到酒精或药物的影响。

除了生理风险，一些青少年还存在使他们更可能滥用酒精或其他药物的心理风险。那些无论出于何种原因而难以有效处理情绪的青少年可能会发现，酒精或药物的使用可以帮助他们变得麻木或者在某种程度上调节这些情绪（NIDA，2014b）。随着时间的推移，使用物质来管理情绪可能会演变为物质使用障碍。同样，经历过创伤性事件（如虐待或忽视）的青少年可能会通过物质使用来应对创伤性事件的后遗症，尤其是如果他们从未得到过直接解决创伤性事件的支持（NIDA，2014b）。此外，一些心理障碍可能会增加物质使用障碍的风险。例如，心理健康问题可能会导致冒险行为的增加，从而导致物质使用障碍；或者，由于难以应对这些心理障碍的症状，个体可能会转向物质使用（NIDA，2014b）。当青少年有规律地使用酒精或其他药物时，识别其是否存在心理障碍就非常具有挑战性，因为醉酒和戒断症状可能类似或加剧某些心理障碍。

除生理和心理因素外，有些社会因素也会造成物质滥用。青春期青少年的同一性发展是在与同伴的社会交往和联系过程中形成的，而同伴会对青少年所做的选择产生巨大的影响（Broderick & Blewett，2014）。一些青少年最开始接触酒精或其他药物就是因为同伴正在接触或使用（NIDA，2014b）。随着时间的推移，这种使用可能成为习惯并开始造成问题，同时青少年可能会从娱乐性质的使用发展成为物质使用障碍。

对缺乏社交技能或强大社会支持体系的青少年来说，物质使用更可能始于同伴群体。因为不合群的青少年可能更容易被那些愿意接纳他们的同伴所吸引，而有时接纳他们的同伴很可能也曾被排斥过，并可能通过使用酒精或其他药物来应对这种排斥感。因此，社交排斥可能会增加青少年尝试酒精或其他药物相关的可能性，并最终产生相关的问题（NIDA，2003）。

病因

虽然前面描述的风险因素可能会使青少年更易患物质使用障碍，但并不是所有处于这些情况下的青少年都会发展出与物质使用相关的问题。同时，一些表现出物质使用障碍症状的青少年可能并没有上述任何风险因素。我们不可能确切地知道为什么一个人会开始尝试酒精或其他药物。一旦开始使用，其中有一些人能够控制或完全停止使用，另一些人则很难甚至不可能控制自己的使用。一些青少年一旦开始饮酒或吸毒，其生理、心理和社会因素使他们很难控制或停止这些行为。这些现象解释了为什么物质使用会演变成物质使用障碍。

生理层面

有些研究提出了生物学解释，用以描述人们如何与物质形成不良关系。酒精和其他药物的生理作用直接或间接地影响着大脑的奖励系统（NIDA，2014b）。大脑奖励系统利用神经化学物质多巴胺来强化那些有利于生存的行为，阻止那些不利于生存的行为。当人们从事愉快的活动时，多巴胺就会被释放。吃饭、购物、与朋友相处都可能触发多巴胺的释放，从而强化这些行为，并增加这些行为再次发生的可能性（McCauley & Reich，2007）。

另一种神经化学物质叫谷氨酸，它会识别可能触发高于正常水平多巴胺释放的事件和经历（McCauley & Reich，2007）。当谷氨酸被释放时，大脑就会为一种熟悉刺激引发多巴胺水平升高而做好准备。通过这种方式，谷氨酸能够捕获以前获益的经历，并提醒大脑寻找下一次多巴胺升高的机会（McCauley & Reich，2007）。这样一来，通过多巴胺的释放而产生的记忆和快感，会使那些具有生存优势的行为得到奖励和强化，从而增加这些行为被重复的可能性，以此促进生存。

酒精和药物的问题在于，它们会触发人体释放超出自然能力产生的大量的多巴胺。随着时间的推移，这些多巴胺峰值通过谷氨酸锁定在大脑中，与触发多巴胺释放的自然行为相比，它们被认为是一种更高程度的奖励（McCauley & Reich，2007）。这个过程在神经化学层面对使用酒精或药物的行为给予奖赏，从而强化了这些行为，因此，使用药物很快就会成为一种难以戒除的习惯。如果一个人在很长一段时间内持续使用酒精或药物，那么他从过去曾令其愉悦的事物中体验快乐的能力就会减弱，因为大脑会做出调整，以适应酒精或药物过度使用所产生的大量多巴胺的释放（McCauley & Reich，2007）。这就可能会进一步强化物质的使用，因为相较于酒精或药物的使用，个体体验任何愉悦的能力都是有限的。如果持续使用一些物质，大脑和身体就会对物质产生依赖性，认为这是生存的必要条件，因此当停止使用这些物质时，大脑和身体会产生消极反应（McCauley & Reich，2007）。这种生理反应被称为戒断反应，本章后面会有更详细的描述。

心理层面

关于物质滥用的心理层面的研究也有一些发展。物质使用可能始于对压力、焦虑或抑郁的一种反应。在童年到青春期的过渡时期里，青少年特别容易受到负面情绪状态的影响，因为大脑的情感中心——边缘系统变得异常活跃且高度关联（Siegel，2014）。情绪的反应可能是强烈而多变的，对一些青少年来说，这种不稳定且活跃的情绪可能难以控制。情绪的敏感性和活跃性也会随着生活各个方面要求的增加而增加，包括家庭责任的增加、学业难度的提高、社会活动参与度的增加、自我反省的提升及自我同一性的发展（Siegel，2014）。

一些青少年一开始使用物质只是作为一种娱乐方式，后来发现短期内的使用可以减轻一些症状或让自己摆脱情绪困扰，帮助他们应对压力、焦虑或抑郁。这种短期的情绪反应可能会增加未来使用物质应对情绪困扰的可能性。随着时间的推移，在与中毒和戒断有关的生理和心理因素的相互作用下，物质使用的频率和数量，以及持续使用物质造成负面后果的风险都可能会提高。

社会层面

同伴社交网络对青少年有着重要影响，这些社会关系可能会增加青少年接触物质和最终滥用物质的可能性。随着青少年年龄的增长，他们会体验到更多的自主权和拥有更多的同伴关系，因此，他们有大量的机会来凸显他们日益增长的独立性和自主性。从童年到青春期的转变常常伴随着父母监管的减少，再加上青少年时期冒险行为的增加，尝试物质可能就会成为一些青少年所渴望的社会活动。怕被同伴排斥可能会把一些青少年推向那些将物质滥用作为常态的社交圈（NIDA，2003）。无论哪种情况，结果都会导致青少年将物质的尝试变成社会经验的一部分。虽然有些青少年不经常使用物质，有些则完全不使用，但有些青少年仍然有从尝试走向滥用的风险，即使最初是和朋友们一起尝试的。结合前面所描述的潜在生理和心理影响来看，社交圈可能是青少年最初接触物质的途径，而这种接触最终可能会发展为物质使用障碍。

发展考虑

青少年不是体型较小的成年人，他们在发展过程中有着独特的体验，咨询师在满足他们的需求时必须考虑这些体验。在生理、心理和社会方面，青少年的物质滥用与成年人不同。正如前面所讨论的，青少年错误使用物质的模式有其原因和后果，这些前因后果在某种程度上与成年人所体验的前因后果类似。但有一些因素对正在使用或滥用物质的青少年来说是独特的。咨询师应该意识到这些因素，以及注意物质滥用如何影响青少年的当前情况甚至是整个人生。

生理层面

物质使用对青少年和成年人的整体生理系统都有影响。根据所使用的物质，身体可能会出现诸如呼吸、血压和心率等的升高或降低（Hart & Ksir，2015）。上文描述的神经化学奖励通路对物质使用的反应在成年人和青少年身上是类似的。此外，认知过程，包括反应时间、风险评估和决策过程，可能会受到物质使用的负面影响（Hart & Ksir，2015）。

这些生理上的影响在不同年龄的人群身上是一致的，但在青少年身上尤为明显。首先，青少年的大脑仍处于发育阶段，特别是在神经通路及大脑边缘系统和前额皮层之间的连接方面（Siegel，2014）。前额皮层负责决策、成本效益分析和延迟满足，而边缘系统负责情感反应和追求快乐。青少年仍在发育的大脑不太可能考虑与物质使用相关的长期风险，而更可能基于情感刺激和短期回报做出反应（Siegel，2014）。这使做出冲动和高风险决定成为青少年的一个重要风险因素。

除了这些基于大脑的差异之外，青少年和成年人之间的生理差异也可能引起不同程度的物质滥用。大多数青少年没有使用物质的经历，对物质的生理耐受性较低。某些注入方式，如吸烟和静脉注射，能使物质迅速进入青少年的中枢神经系统并产生立竿见影的效果。由于低耐受性及缺乏与使用方式、使用剂量相关的知识，缺乏经验的物质使用者可能会因过量服用而体验到负面生理效应并增加其过量服用的风险（Hart & Ksir，2015）。因此，身体仍在生长发育的青少年可能会因使用物质而体验到更多的副作用或负面生理反应，特别是在身形较小但摄入与成年人相似的剂量时。由于青少年的身体在充分处理摄入的物质方面存在生理上的限制，因此他们可能面临较高的过量使用风险。

持续使用药物也可能会阻碍青少年身体的生长发育。兴奋剂的使用就可能会影响青少年的体重和身高发育（Swanson et al.，2007），而酒精的使用则可能会影响生长、肝脏功能、骨骼发育、内分泌功能及生殖发育等。无论是什么年龄段的人，持续使用某些物质都会增加其患慢性疾病的风险（NIDA，2014a），而经常使用这些物质的青少年如果成年后继续使用这些物质，其接触与这些疾病相关的化学递质的风险就会更高。随着个体年龄的增长，青少年持续使用物质的潜在长期影响可能会对成年后的生理功能产生负面影响。

心理层面

不论是青少年还是成年人，物质使用都会对其心理功能和心理健康产生短期或潜在的长期影响。物质在使用期间和使用后都有可能影响心理功能。例如，致幻剂在使用过程中可能会引发幻觉并增加情绪反应，而海洛因等阿片类药物或其他物质的停用可能会导致焦虑、恐慌或失眠（Hart & Ksir，2015）。

虽然与物质使用有关的心理风险对青少年和成年

人来说都存在，但青少年更容易受到其后果的影响。如前所述，青少年的大脑仍在发育，这种发展会持续到 25 岁，甚至 30 岁（Siegel，2014）。物质使用对心理的影响，再加上边缘系统（大脑的情感中心）活跃性的增加及前额皮层（大脑的推理和逻辑中心）参与程度的降低，都可能会增加青少年对心理症状的反应倾向，如自杀的意念或冲动。

青少年的物质使用对心理功能的另一个挑战是精神障碍的出现，如焦虑、抑郁、双相障碍和精神分裂症，这些症状通常发生在青春期晚期或成年早期（APA，2013）。对一些人来说，精神障碍可能先于物质的最初使用，而物质使用可能成为控制新出现精神障碍症状的一种应对机制。另一种情况是，物质使用可能早于精神障碍的出现，并可能加剧精神障碍症状出现时的发作程度（NIDA，2014b）。无论哪种情况，对可能的精神障碍的评估和诊断都会是复杂的，并且经常与持续的物质使用相混淆，因为中毒和戒断都可能触发心理症状，这些症状可能类似于患有慢性或严重精神健康问题的人的体验（APA，2013）。

社会层面

一方面，不论是青少年还是成年人，物质使用对他们的人际关系都存在影响。家庭、同伴和恋爱关系都可能因为物质的不当使用而恶化，而家庭成员的担心往往是促使成年人和青少年寻求治疗的重要因素（NIDA，2014b）。另一方面，不论是青少年还是成年人，都有可能通过改变同伴团体来支持其持续的物质使用，这就有可能会增加其参与那些可能引发刑事司法系统介入的事件的风险（NIDA，2003，2014b）。

对青少年和成年人来说，物质使用造成的社会后果存在很大差异。一个主要的区别在于父母或监护人对孩子 18 岁之前的人生负法律责任。物质滥用的成年人可能会被赶出家庭或被伴侣抛弃，但对青少年而言，无论他们的父母或监护人多么沮丧或不堪重负都不能让他们流落街头。此外，对于物质滥用引发的后果，其法律责任往往由家庭承担。虽然青少年可能会进入青少年司法系统，但父母往往需要负责支付罚款和法庭费用，以及把当事人送到法庭。

在有物质滥用的青少年身上所花费的努力和精力通常会导致父母、兄弟姐妹和大家庭之间的紧张关系。物质使用通常是一个两极化的话题，尤其是在有物质使用障碍病史的家庭中。青少年自身的物质使用可能会波及父母、兄弟姐妹和大家庭成员之间的关系，对整个家庭和家庭的每位成员来说都是很大的压力，也会导致家庭支持的减少。有一个物质滥用孩子所带来的社会污名化可能会加剧这些压力。

虽然家庭系统通常首当其冲地受到青少年物质使用的影响，但其他社会支持体系也可能受到影响。青少年可能会通过改变社交圈来保证持续的物质使用，这可能会给那些担心青少年滥用物质的以前的朋友造成压力。社会地位和社会声誉对青少年的影响尤为突出，而社交接受度的变化可能会影响青少年的自我概念和在同龄人中的归属感。社会支持对尝试改变高风险物质使用模式的青少年特别重要，而失去社会地位和社会支持则非常不利于青少年做出改变。虽然成年人可能能够克服这些障碍，但是对那些社交范围整个初中和高中都基本一致的青少年来说，重新建立他们的声誉及与那些因为他们的物质使用而离开他们的同龄人重新建立联系，实在是太难了。

在成年人中，高风险的物质使用通常会影响就业，包括获得和维持工作、工作表现和就业的选择等（如为了满足物质上的花费所增加的对经济的需求）。虽然青少年可能没有工作，但他们通常在学校上学，滥用物质往往对青少年的学业能力造成负面影响。由于物质使用会影响记忆、认知和其他生理功能，经常使用物质的青少年可能会发现自己无法融入学习环境。急性中毒和物质使用后的恢复期（如宿醉）都可能影响学业成绩。随着时间的推移，学业成绩的下降还会影响学生参与课外活动、体育活动、严格的课堂任务，或得到额外的学业支持。由于中毒或戒断反应而旷课也可能对青少年的学业成绩产生负面影响。这些后果的长期影响可能会阻挡青少年未来的机遇，如大学录取或就业，这也可能会对其成年后的生活质量产生负面影响。

物质使用障碍的形成

生理和心理的倾向性

个体中那些有关物质如何与大脑相互作用的一般因素，以及那些与个人及其家庭的物质使用障碍、精神障碍症状、情绪调节和压力应对史相关的特殊因素，都可能使某些个体更倾向于形成物质使用的高风险模式。这些风险在青少年中更为严重，因为他们通常是初次尝试物质，可能还意识不到高频或过量使用物质的潜在风险。随着时间的推移，青少年可能会发现，自己使用物质的频率更高，才能达到与之前类似的效果。当使用后的负面影响开始出现时，个体也可能再次使用该物质，以避免戒断反应产生的负面影响或试图维持使用该物质所产生的快感。这样就会使他们产生物质的耐受性和生理依赖性，也就是必须持续使用物质来避免身体不适或难受。

社会因素

同伴群体在青少年的心理社会发展中扮演着重要角色，特别是在青少年青春期的成长过程中。无论是社交接纳还是社交排斥，都可能使青少年更容易尝试使用物质，这取决于同伴群体的规范和物质的可得性。增加高风险物质使用概率的另一个社会因素是关于某些物质的社会传染性（Ali，Amialchuk，& Dwyer，2011）。就像其他时尚或趋势一样，物质使用也可能会被当作一种社交货币。当物质使用在社交群体或特定环境（如高中）中普遍存在或被期待时，个体可能很难克制自己。如果物质使用被认为是低风险和普遍接受的行为，就掩盖了一个人即使偶尔使用也可能带来的严重危险。过去几年，青少年使用吸入剂、非医用处方药（如阿片类药物和兴奋剂）、合成大麻（如人造大麻）等现象，以及因此造成的严重后果已经引起了媒体的广泛关注，这些问题至少在某种程度上与社会传染有关。

发展因素

从童年向青春期过渡的生长发育过程会促使青少年冒险行为和情绪不稳定状况（由边缘系统活动的增加引发）的增加，但通常与大脑前额皮层有关的风险评估和延迟满足能力并没有相应提高。这些脑内的变化对于物种的生存及帮助青少年走出家庭完成独立是必要的，但同时也会增加物质使用风险及被其影响的风险（Siegel，2014）。随着青少年感知风险能力的下降，再加上对即时满足需求的增加，他们可能会认为娱乐性的物质使用是无害的，并且物质使用可以作为一种展示独立或释放情绪的机制。青少年在物质影响的情况下，其克制力和决策能力可能会进一步减弱，从而导致不良决策和高危行为。由于青少年最初尝试物质时具有不频繁和较隐蔽的特点，因此他们在最开始使用物质时常常能避免严重的负面后果。由于缺乏直接的后果，以及在青春期发育过程中认为自己无所不能的自我意识，青少年可能错误地相信，因物质使用受到伤害或引发后果的危险性极小或根本不存在。这些信念加上物质的生理效应，可能使青少年从开始的尝试发展到患有物质使用障碍。

物质滥用的长期影响

生理及心理层面

使用物质的青少年有受到生理和心理方面负面影响的风险，并很可能会影响其成年后的健康。因为青少年的大脑还在不断发育，物质使用会干扰发育并对大脑及其调节过程产生影响。在青少年时期，这可能会导致情绪不稳定性和大脑活跃度增强，自我调节能力、延迟满足、考虑后果能力减弱，以及短期记忆困难（NIDA，2003，2014b）。由于这种评估风险和后果的能力降低，以及大脑对所使用物质的反应增强，上述后果甚至会增加继续使用物质的可能性。随着时间的推移，青少年可能会对这种物质产生生理上的依赖。这种依赖会对其将来控制物质使用的能力产生持久的影响，并可能使个体终身面临物质滥用的风险。

根据所使用的物质和摄入方法的不同，身体的生长、激素的产生和调节，以及主要器官的功能可能会有不同程度的下降。功能的下降可能是由于使用的物质的直接作用，也可能是由于物质使用所导致的疾病，如肝炎或艾滋病毒。随着时间的推移，物质滥用可能对青少年充分生长的潜力、保持身体健康和未来生育的能力造成持久的影响。对器官的影响还可能增加个人患慢性疾病，如心脏病、癌症或糖尿病的风险。

一些青少年使用的物质也有造成死亡的风险。例如，由于吸入剂更容易得到，青少年比成年人更有可能使用它们（Hart & Ksir，2015），而吸入产生中毒烟雾的物质会切断通向大脑的氧气循环，从而导致昏迷或死亡（NIDA，2014b）。由于使用吸入剂有窒息的风险，因此无论个体使用过多少次或一次使用多少量，它都可能是致命的。其他一些物质在高剂量使用时也可能会致命。阿片类药物（如海洛因）和镇静剂（如酒精）也具有死亡风险，当使用者摄入超过身体处理能力的剂量时，死亡风险就会增加；另一些物质，包括镇静剂（如酒精、苯二氮平类药物），会因为长期服用高剂量后戒断而有死亡风险（Hart & Ksir，2015）。在所有的物质使用案例中，咨询师应该评估和讨论来访者的身体安全和死亡风险，让青少年和他们的家人了解滥用这些物质的短期风险和长期风险。

社会层面

许多青少年把娱乐性的物质使用看作青春期和成年早期的一种成年仪式，因此他们从没有考虑过物质使用带来的长期社会影响。由于物质使用会影响短期记忆、执行功能，以及权衡风险和回报的能力，因此它可能会影响学业成绩，而高风险或冲动的行为可能会进一步导致青少年学业中断或受到纪律处分，从而损害青少年的法律或学术记录。这种对学业成绩的影响可能会对青少年寻求高等教育或就业的能力产生负面影响。如果青少年由于物质使用而需要进入刑事司法系统，这就更加剧了这些负面影响。物质滥用影响了青少年在学校学习的能力，在未来也会使他们失去更好的薪资、福利和各种机会。青少年往往不会考虑这些问题，因为他们从生理发育阶段上来讲就更注重当下，而不是遥远的未来。

物质使用障碍的类型

DSM-5 根据物质使用的具体情况及物质使用相关症状的严重程度，对物质使用障碍进行了分类和诊断（APA，2013）。表 16-1 概述了青少年经常使用的物质的类别和使用后的不良后果。这可以作为咨询师评估、诊断和治疗的参考。

表 16-1 物质类别和使用后的不良后果

类别	使用后的不良后果
兴奋剂类	• 警觉、欣快、兴奋 • 心率和血压升高 • 失眠、食欲下降 • 过量反应：躁动、高热、癫痫、幻觉、死亡风险
镇静剂类	• 失去平衡及方向感、反应迟缓不协调、口齿不清 • 高剂量时出现短期记忆编码丢失（如昏迷至短暂失忆） • 过量反应：呼吸浅、皮肤湿冷、脉搏急速而微弱、昏迷、死亡风险
阿片类	• 困倦、欣快 • 呼吸缓慢、恶心 • 过量反应：呼吸浅、皮肤湿冷、瞳孔收缩、昏迷、死亡风险
致幻剂类	• 幻觉、知觉体验改变、情绪提高 • 过量反应：类似于精神病症状，持续的中毒反应
大麻类	• 抑制力和欣快感减弱 • 食欲增加、注意力和记忆力降低 • 过量反应：偏执妄想、疲劳、一种类似精神病的状态（高剂量时）

资料来源：Adapted from Drugs，Society，& Human Behavior（16th ed.），by C. L. Hart & C. Ksir，2015，New York，NY: McGraw-Hill.

症状的严重程度从轻度（2 ~ 3 种症状）到中度（4 ~ 5 种症状），再到严重（6 种或更多症状）不等。这些症状大致描述了与物质滥用相关的四个领域：控制力损伤、社交影响、危险使用和药理学指标（如耐受性、戒断）。中毒、戒断和物质引发的障碍也包括在这个诊断类别中。

对于物质使用障碍，诊断标准包括因使用任何物质而在 12 个月内出现以下至少 2 种症状。

- 使用该物质的时间或数量超过预期。
- 渴望减少使用但经过努力也没能减少使用。
- 花大量时间在获取、使用该物质或从该物质的后劲儿中恢复。
- 持续的使用导致未能完成主要的工作、学习或家庭任务。
- 尽管因为该物质使用引发或加剧了负面社交或人际关系问题，但仍然继续使用。
- 由于使用该物质而放弃或减少了重要的社交、职业或休闲活动。
- 在身体有危险的情况下仍然继续使用该物质。
- 尽管知道该物质使用所造成的持续或反复的生理或心理后果，但仍然继续使用。
- 耐受性导致为获得预期的效果而增加物质的使用，或者使用相同剂量的物质后产生的效果变差。

此外，对酒精、大麻、阿片类药物、镇静剂、催眠药或抗焦虑药、兴奋剂和烟草等的物质使用障碍诊断标准也将戒断症状作为一种诊断症状。一些区分符可以用来区分物质使用障碍的不同情况。早期缓解包括至少 3 个月但少于 12 个月没有符合 DSM-5 的症状，持续缓解包括 12 个月以上没有这些症状。对于正在接受治疗或被监禁在青少年司法系统中的个体，可以使用在可控环境中的区分符。对于正在使用药物辅助治疗的个体，可以使用正在维持治疗的区分符。关于特定物质使用和相关的 DSM-5 诊断和示例的其他信息如表 16-2 所示。

表 16-2 DSM-5 常见物质使用及相关障碍总结

	DSM-5 的具体诊断	示例
酒精相关障碍	酒精使用障碍、酒精中毒、酒精戒断、其他酒精所致的障碍、未特定的酒精相关障碍	一个 17 岁的女孩因为喝酒造成了负面的后果，包括逃学和成绩下降、退出与同伴的交往，而且她需要喝得比以前更多才能感到酒精带来的效力
咖啡因相关障碍	咖啡因中毒、咖啡因戒断、其他咖啡因所致障碍、未特定的咖啡因相关障碍	一个 15 岁的男孩全天都喝含咖啡因的饮料，每天醒来都会感到头痛、口干舌燥和疲劳
大麻相关障碍	大麻使用障碍、大麻中毒、大麻戒断、其他大麻所致障碍、未特定的大麻相关障碍	一个 14 岁的女孩持续一年多使用大麻，不吸食大麻时会感到明显的焦虑；她也发现她吸食大麻后的焦虑比她最开始吸食大麻之前更严重
致幻剂相关障碍	苯环利定和其他致幻剂使用障碍、苯环利定和其他致幻剂中毒、苯环利定和其他致幻剂戒断、其他的苯环利定和其他致幻剂所致障碍、未特定的苯环利定和其他致幻剂相关障碍	一个 13 岁的男孩描述服用麦角酸二乙基酰胺（LSD）后的奇怪的知觉体验，包括能够听到颜色和尝到音乐。他描述的想法和感受是不连贯的和混乱的。此外，这位少年的心率和血压非常高，而且瞳孔放大
吸入剂相关障碍	吸入剂使用障碍、吸入剂中毒、其他吸入剂所致障碍、未特定的吸入剂相关障碍	一个 12 岁的女孩有几次从胶浆中吸入了烟雾。她报告说她体验了很严重的头痛，这在她开始使用吸入剂之前从未发生过，但是她否认有与偶尔使用吸入剂相关的其他任何症状
阿片类物质相关障碍	阿片类物质使用障碍、阿片类物质中毒、阿片类物质戒断、其他阿片类物质所致障碍、未特定的阿片类物质相关障碍	一个 16 岁的男孩因为踢足球受到了严重伤害，医生给开了阿片类处方药物。起初，他按医嘱用药，但两周之后，药的效果不像原来那么好了。结果，他开始超出医嘱的用量，而且开始使用父母药箱中其他类似的药物来维持自己持续的用药。他注意到，当不吃药时他变得易怒，控制不住地颤抖和恶心，而且他开始渴望吃药。他的朋友经常滥用阿片类处方药物，而他开始和他的朋友一起用药，后来演变成他从黑市上买药来持续使用

（续表）

	DSM-5 的具体诊断	示例
镇静剂、催眠或抗焦虑药相关障碍	镇静剂、催眠药或抗焦虑药使用障碍；镇静剂、催眠药或抗焦虑药中毒；镇静剂、催眠药或抗焦虑药戒断；其他镇静剂、催眠药或抗焦虑类药所致障碍；未特定的镇静剂、催眠药或抗焦虑药相关障碍	一个 15 岁的女孩似乎处于醉酒状态。她说话含糊不清、断断续续地点头，语无伦次，而且她的协调性很差。她否认饮用任何酒精，但她承认服用了一位朋友给她的两剂阿普唑仑
兴奋剂相关障碍	兴奋剂使用障碍、兴奋剂中毒、兴奋剂戒断、其他兴奋剂所致障碍、未特定的兴奋剂相关障碍	一个 16 岁的男孩陈述了关于学校里安装摄像头来监视他的一举一动，并将监视内容汇报给政府的疯狂且偏执的想法。这个青少年在过去的 6 个月内经常使用冰毒。他偏执的想法最初在使用期间出现，并且无论他是否使用冰毒都一直存在
烟草相关障碍	烟草使用障碍、烟草中毒、烟草戒断、其他烟草所致的障碍、未特定的烟草相关障碍	一个 17 岁的女孩每天早上醒来后渴望的第一件事就是吸烟。在吸到香烟之前，她都会感到易怒、疲劳和轻微头痛
其他（或未知）物质相关障碍	其他（或未知）物质使用障碍、其他（或未知）物质中毒、其他（或未知）物质戒断、其他（或未知）物质所致的障碍、未特定的其他（或未知）物质相关障碍	一个 14 岁的男孩在过去的一个月里脱离了他过去的社会和体育活动。此外，他的成绩也下降了。他大部分空闲时间都在自己的房间并锁着房门。他的父母说有时他们进入他的房间时觉得房间里的气味闻起来像百合花，但他们没有任何证据表明他们的儿子正在娱乐性地使用大麻、酒精或处方类药物。他们不确定他在用什么，但他们相信，基于他的症状，他正在滥用一些物质

资料来源：Adapted from Diagnostic and Statistical Manual of Mental Disorders（5th ed.），by American Psychiatric Association（APA），2013a，Washington，DC: Author.

物质使用障碍的评估

对物质使用障碍、物质滥用或错误使用的评估可能涉及收集有关物质使用类型、使用频率和数量、使用后果，以及与物质使用相关高危行为的数据。

评估措施

评估通常从筛选工具开始，以确定是否需要额外评估。如果需要更深入的评估，评估过程可能包括书面问卷、面谈，以及从父母或监护人、老师和其他专业人员那里收集间接数据。评估物质使用障碍的总体目标是，确定风险程度、最适当的护理级别和干预措施类型，以支持青少年及其家庭改变高风险的物质使用模式。表 16-3 描述了针对青少年的具体物质使用评估工具。

表 16-3 物质使用相关评估量表

评估量表	适用年龄范围	概述
CRAFFT 调查问卷	小于 21 岁	CRAFFT 调查问卷是一种包含 6 个问题的筛查工具，用来评估酒精和其他药物的使用（Knight et al，2002）。这个量表可在保健和心理健康服务机构使用，以提供青少年参与高风险物质使用情况的快速甄别。CRAAFT 用于筛查目的，不适合用作诊断工具
个人经验筛查问卷（Personal Experience Screening Questionnaire，PESQ）	12 ~ 18 岁	PESQ 是一种包含 40 道题目的筛查工具，测量了问题的严重程度、心理社会因素和物质使用历史（Winters，1992）。这个筛查工具可以用于明确一个青少年是否应转介做进一步的评估和治疗
罗格斯酒精问题指数（Rutgers Alcohol Problem Index，RAPI）	12 ~ 21 岁	RAPI 是一种包含 23 道题目的筛查工具，用于评估因饮酒而体验到的后果（White & Labouvie，1989）。RAPI 的关注点在于后果，它排除了与频率、数量、类型相关的信息，而更关注青少年饮酒所经历的危险体验。RAPI 是一种筛查工具，不适合用于作为诊断工具

（续表）

评估量表	适用年龄范围	概述
物质滥用补充筛查问卷（青少年版）（Substance Abuse Subtle Screening Inventory-Adolescent Version，SASSI - A2）	12 ~ 18 岁	SASSI-A2 是一种测量工具，用于评估青少年目前有物质使用障碍的可能性（Miller & Lazowski，2005）。SASSI-A2 既包含明确的关于酒精和其他物质使用的问题，也包含一些有助于了解患有物质使用障碍风险的问题（包括风险因素、家庭动态、欺骗性反应模式）

下文的实践活动中展示的问题可能有助于筛查青少年是否存在物质使用障碍。此外，美国成瘾医学协会（American Society of Addiction Medicine，ASAM）提出了从六个功能领域收集数据的具体指南。这些指导方针会在本章后面讨论，并可以被用来进一步评估来访者需要的护理级别。

实践活动

咨询师在评估物质使用和相关疾病时应询问的问题

- 这个孩子是否有时有中毒表现，如情绪变化、生理反应模式、意识状态或其他明显的中毒症状？
- 这个孩子使用某一物质的频率或时间是否超出预期？
- 这个孩子曾经尝试减少或停止使用物质，但结果不成功吗？
- 这个孩子是否花费大量时间获取、使用该物质或从使用该物质的影响中恢复？
- 这个孩子会对这种物质产生渴望吗？
- 这个孩子是否因为物质的使用而未能在工作、学校或家庭中完成其任务？
- 尽管由于使用该物质而产生了负面的社交或人际问题，但这个孩子是否仍继续使用该物质？
- 这个孩子是否因为该物质的使用而放弃了重要的社交、职业或娱乐活动？
- 这个孩子是否在对身体有危害的情况下使用该物质（例如，在受影响的情况下开车，不顾身体状况而使用该物质）？
- 尽管经历了负面的生理或心理方面的后果，这个孩子是否仍继续使用该物质？
- 这个孩子是否需要更多的物质才能获得同样的效果，或者随着时间的推移，同样剂量的物质效果会减弱？
- 当这个孩子停止使用该物质时，是否会出现戒断症状？
- 这个孩子是否在使用该物质时出现其他精神疾病的症状（如焦虑、抑郁、精神分裂）？

资料来源：Adapted from *Diagnostic and Statistical Manual of Mental Disorders*（5th ed.），American Psychiatric Association（APA），2013，Washington，DC: Author.

评估共病

在整个评估过程中，筛查可能与物质使用障碍同时出现的心理障碍也很重要。如果个体经常使用物质，咨询师就可能难以确定其他精神障碍症状是源于物质滥用，还是作为独立的原发性障碍而存在。因此，在物质使用障碍评估和治疗的整个过程中，咨询师应该仔细关注通常与其他精神障碍相关的那些症状，如焦虑、抑郁、双相障碍和精神分裂症（APA，2013）。这在与青少年一起工作时尤为重要，因为许多障碍的发病年龄都在青春期或青年期。经历过虐待、性侵犯或其他创伤性事件的青少年也有发展出物质使用障碍的风险（APA，2013）。

其他可能伴随或导致物质使用障碍出现的障碍包括 PTSD、品行障碍和对立违抗障碍（APA，2013）。

评估所需的护理水平

ASAM 提供了一个多维模型，可用于评估青少年所需的最适当且限制最少的护理级别。这些维度包括了对各种生理、心理和社会领域的考虑，以及青少年在各个维度上的优势和局限。ASAM 建议考虑以下因素：（1）急性中毒或戒断反应；（2）身体情况和并发症；（3）情绪、行为或认知状况及并发症；（4）改变的意愿；（5）复发、持续使用或潜在的持续性问题；（6）康复和生活环境（ASAM，2013）。

有必要进行医疗监测的危险因素包括过量服用、急性戒断反应及伴随出现的生理或心理状况，一旦有这些情况就需要将青少年安置在治疗机构中，在那里，这些问题可以得到迅速的观察和处理。在其他情况下，如果受伤害的风险不那么大，可以安排青少年进行门诊和咨询干预。当与青少年和他们的家庭成员做关于物质使用的访谈时，咨询师应注意从每个维度来判断最合适的治疗安排，并更好地理解试图改变高危物质使用模式时青少年所面临的优势和挑战。

治疗青少年物质使用障碍的护理级别包括门诊治疗、强化门诊治疗（IOP）、部分住院治疗、住院式治疗和住院治疗（NIDA，2014b）。每个护理级别的安排都需要考虑青少年的优势、需求和可得到的支持，通常一个人会在一段时间内参与不止一个级别的护理。对于需要医疗监测的青少年，建议其首先进行住院式治疗或住院治疗，因为这些机构有医务人员监护戒断的情况。住院式治疗或住院治疗机构通常会提供一系列的服务，包括个体和团体治疗、十二步计划、以家庭为基础的项目和学业支持等。青少年可能会在住院式治疗或住院治疗机构接受数周或数月的治疗，以确保他们在过渡到下一级护理前有一个不受物质影响的基础。

部分住院治疗方案与住院式治疗或住院治疗的设置有许多相似的特点，例如，提供全天和一周的治疗方案，从而平衡个体、团体、家庭和同伴支持项目的安排。然而，部分住院方案允许青少年晚上回家，这有助于青少年在获得充分支持和监督的情况下，开始体验没有物质依赖的生活，从而提高康复的可能。

强化门诊治疗（Intensive Outpatient Program，IOP）相当于部分住院方案的降级。青少年每周可参加2 ~ 3天、每天3 ~ 4小时的团体咨询及同伴支持小组。这种从部分住院治疗方案中降级的做法，允许青少年有一定的自主权，但仍然有与IOP设置相关的安全网络。从 IOP 中降级包括可能安排的每周的个体、家庭或团体咨询会谈，以支持正在进行的物质戒断治疗。对于正在尝试使用物质但尚未构成物质使用障碍的青少年，门诊级别的护理可以为其个人和家庭提供所需的支持、周密安排和监督，以防止青少年物质使用的升级。事实上，大多数青少年物质使用障碍的治疗都是在门诊、社区治疗的背景下进行的（NIDA，2014b）。

咨询干预

当治疗有物质使用障碍的青少年时，咨询师必须考虑物质持续使用的风险、个人生活的环境因素、个人和家庭做出改变的动机，以及因其他心理障碍或生理障碍而需要进行共病治疗的可能性。除了这些因素，咨询师还必须考虑物质相关治疗记录的保密性。

法律和伦理方面的考虑

在美国，为有物质使用障碍的未成年人提供治疗的从业人员需要综合考虑健康隐私法、职业道德规范和联邦法律，这些因素以复杂的方式交织在一起，是咨询师必须审慎考虑的问题。伦理规范和法律法规一致认为，在青少年对自己或他人有严重伤害风险的情况下，咨询师必须立即打破保密协议并做出行动。在美国，其他情况下，如果从业人员接受联邦直接或间接的资助，或持有免税身份，就必须坚持 42 CFR 的准则，这是一个联邦法律，要求从业人员在向包括父母或监护人在内的第三方披露来访者物质使用障碍治疗（包括透露来访者是否在参与这个治疗）相关的任何信息之前，都需要来访者明确的书面同意书（见第 4 章）。虽然美国《健康保险携带和责任法案》（HIPAA）通常支持父母和监护人获得未成年来访者的治疗记录，但 42CFR 与这个法规相冲突，其通常优先考虑保护未成年人寻求物质使用治疗服务的隐私。因此，美国从业人员在联邦政府资助的机构为未成年人提供物质使用障碍的治疗服务时，必须遵循 42 CFR 的指导，在透露信息或将家庭成员融入青少年的治疗中时，必须先得到来访者的书面同意，因为家庭的融入涉及披露青少年参与治疗的信息。因此，当青少年不同意向其家庭成员披露任何信息时，与未成年来访者及其家庭协商知情同意和披露信息的过程对咨询师带来说就比较棘手（Williams，2015）。就如何处理这些问题寻求指导也是很重要的。

发展考虑

为患有物质使用障碍的青少年选择护理等级和具体治疗干预措施时，要考虑的一个重要因素是青少年在生理、心理和社会领域的发展阶段。一般来说，提高日常规划和支持，辅以持续的支持、为进步设置具体的奖励系统，以及小而具体且可实现、可完成的目标和目标行为，对参与药物使用障碍治疗的青少年很有效。此外，帮助家庭在家中提高规划、支持和一致性，也可以帮助个人和家庭系统改变那些促使、支持或鼓励青少年使用物质的行为（NIDA，2014b）。对于每一个个案，其护理等级、治疗方式和家庭参与度都应该取决于个人和家庭的优势、需求和目标。

家庭参与及支持

如前所述，青少年的物质使用影响其多个领域的功能，并可能导致其人际关系紧张。使用物质的青少年的家庭也面临许多挑战，包括恐惧、愤怒和挫折体验，处理因青少年使用物质而产生的财务和法律后果，以及应对家庭成员产生的内疚、羞愧和悲伤的情绪。

由于这些挑战，整个家庭系统在持续的治疗过程中都值得被关注和支持。家庭参与治疗的重要性体现在多个方面，包括建立一致性、规则和对青少年的期望，以及允许家庭成员表达自己对青少年物质使用的感受。家庭治疗的模型和支持将在本章后面详细描述。无论青少年是否选择接受治疗，其中的一些支持都可能对家庭成员有帮助。即使青少年选择独立进行治疗，对家庭的咨询也可以让家庭成员更了解与青少年物质使用相关的系统和人际关系问题。

预后

对有着高危物质使用行为或符合物质使用障碍标准的青少年来说，其未来很大程度上取决于所接受的干预措施，以及其在多大程度上停止了物质的高危使用。并不是所有选择使用物质的青少年都会发展出物质使用障碍，在许多情况下，早期干预可以帮助青少年完全避免与这些障碍相关的症状。尽管对患有物质使用障碍的青少年的治疗可能存在挑战，但治疗也可以是很有效的，特别是在尽早开始并得到家庭、学校、同伴和社区的支持时（NIDA，2003，2014b）。

物质使用障碍的综合治疗

表 16-4 描述了有物质使用障碍的青少年进行咨询时的相关阶段、目标和治疗组成部分。治疗的具体内容和建议是根据个体的改变意愿、文化背景、优势、需求及物质使用的后果和症状的严重程度而制定的。此外，治疗组成部分还会受到与来访者因物质使用而牵涉的机构提出的强制治疗或要求的影响。这些机构可能包括刑事司法机构、学区或社会服务部门。尽管在选择治疗目标和干预措施时首先考虑的必须是来访者的健康，但这些和来访者治疗相关的机构可能需要进行咨询、协调和合作，以提升青少年在生理、心理和社会领域的功能。

表 16-4　与物质使用障碍相关的阶段、目标和治疗组成部分

障碍所处阶段	目标	治疗组成部分
急性中毒及戒毒（解毒）阶段	体征稳定及监测戒断反应，评估、建立与来访者及家庭的关系	• 医疗监测（可能包括用药物治疗来控制戒断症状） • 来访者的安全 • 家庭的参与
稳定和治疗阶段	解决中毒及戒毒症状，开始完全停止物质的使用，鼓励来访者和家庭参与治疗，团体咨询或参与为来访者和家庭建立的支持小组，对来访者和家庭进行关于物质使用障碍的心理教育	• 心理教育 • 情感教育 • 动机式访谈 • 团体咨询 • 来访者和家人参与支持小组或十二步计划 • 家庭咨询 • 可能需要个体咨询，特别是存在共病或创伤史 • 可能需要使用药物辅助治疗 • 可能需要使用尿检筛查来监测药物的停用情况
维持阶段	处理内心和人际交往困难，为预防复发做计划	• 来访者和家庭参与支持小组或十二步计划 • 家庭咨询 • 可能需要持续的团体咨询 • 可能需要持续的个体咨询，特别是有共病或创伤史 • 可能需要使用药物辅助治疗 • 可能需要使用尿检筛查来监测药物的停用情况

脱瘾治疗

在决定青少年是否需要接受药物辅助的脱瘾治疗来安全地戒除某种物质时，咨询师应该考虑以下三点。首先，最重要的一点是，咨询师必须确保来访者的安全。如果一位来访者在很长一段时间里持续使用镇静剂，如酒精或苯二氮平类药物，那么将来访者转介给专业医生来监督和协助其戒断是很重要的，因为这些物质的戒断过程会有死亡风险（Hart & Ksir, 2015）。

其次，虽然阿片类药物、兴奋剂和大麻的戒断没有与镇静剂戒断同等的致死率，但戒断这些物质过程中伴随的症状仍会让来访者感到非常不舒服（Hart & Ksir，2015）。这种不舒服，再加上对物质的渴望，使来访者及时转介给专业医护人员以提供戒断支持变得至关重要，这也可以帮助来访者尽可能舒适地戒断该物质。

最后，当个体主动、持续地使用物质并发展出耐受性和戒断生理症状时，就可能需要医学监测下的脱瘾治疗。即使不规律的使用模式未导致停止使用时出现急性戒断症状，因而可能不需要脱瘾治疗，咨询师也依然是支持来访者从使用到停止使用这个过程中的一个重要的角色，需要为停止使用这种物质时可能出现的心理症状提供心理治疗支持。

个体及团体咨询

认知行为疗法

对有物质使用障碍的青少年的认知行为疗法（CBT）主要针对的是青少年物质使用背后的错误想法和信念。因为青少年的大脑发育不完全，所以咨询师将治疗聚焦于风险、回报、后果，以及青少年对物质使用好处的潜在想法和信念，这些可能有助于提高青少年对持续物质使用相关风险的认识。CBT 在帮助青少年学习如何发展自我控制和应对技能方面也很有用，这些能力可能会受到持续物质使用的负面影响。总体来说，CBT 注重发展实际的问题解决和风险评估技能，这正好对应了青少年物质使用时固有的独特挑战（NIDA，2014b）。

行为治疗法和权变管理

许多行为疗法干预被用于住院、部分住院和进行强化门诊治疗的青少年，并被用来鼓励青少年参与治疗，帮助他们管理自己的行为。权变管理是一种有效的行为治疗干预措施，尤其适用于那些正在接受住院治疗的青少年。权变管理方案能帮助青少年养成不需要参与物质使用的习惯和行为，这些方案支持社交和行为技能的发展，使青少年更有可能坚持戒断物质使用。权变管理通常与其他治疗方法结合使用，如个体、团体或家庭治疗，以支持治疗的总体目标（NIDA，2014b）。

权变管理包括使用与预期行为相关的协调奖励系统，以强化正向行为并减少负向行为的发生。权变管理方案通常包括使用可以换取奖品或金钱的票及代金券来作为对来访者的奖励。行为强化计划应该是一致而明确的，可以得到正强化（如门票、代金券、代币）的活动包括积极参与团体活动，尿液筛查显示没有使用物质，适当参与教育活动，遵守规则、指示和程序，在娱乐活动中展示亲社会行为等。

如果是基于家庭治疗的门诊，权变管理也可以应用其中，以强化和鼓励类似的行为。期待和奖励的一致性和可预测性，再加上父母对奖励系统的贯彻执行，可以使权变管理成为一种有效的家庭干预措施。权变管理的行为目标与戒断相关的行为紧密相连，因此使用尿液筛查或其他监测工具来确保治疗的维持状态是很常见的方式。

动机增强疗法

动机增强疗法（Motivational Enhancement Therapy，MET）可以用来增加青少年参与治疗的动机，并改变高危的物质使用模式。这种方法把使用动机式访谈（帮助来访者解决矛盾心理并明确改变原因的协作方法）作为一种干预工具，来帮助青少年明确改变，为之后其他的干预打好基础。MET 通常在治疗开始时使用，通常由一个简短的谈话引出与来访者目标、需求和优势相关的有针对性的干预（NIDA，2014b）。

动机式访谈是一种以来访者为中心的干预，在帮助咨询师关注来访者关于改变可能性的想法、感受和行为时具有指导性作用（Miller & Rollnick，2012）。在基于动机式访谈的干预中，咨询师需要站在与来访者合作的角度，帮助来访者识别改变的理由和阻碍，辨别和解决对于改变的矛盾心态，并描述出来访者认为能够有效减少物质滥用所带来风险的改变计划和行动。

动机式访谈包括帮助来访者明确他最突出的担忧、探索改变的理由，并明确和实施一个基于他目标和需求的改变计划（Miller & Rollnick，2012）。动机式访谈的四个关键干预活动是：（1）在整个干预过程中表达对来访者的共情；（2）发现来访者的目标、价值观，与其选择、行为之间的差异，从而提高来访者改变和解决矛盾的动机；（3）支持来访者与做出改变相关的自我效能感；（4）处理来访者因改变而产生矛盾或恐惧心理，进而引发的抵触心理（Miller & Rollnick，2012）。

动机式访谈有一些使用技巧，可以帮助咨询师有意识地引导来访者讨论其担忧，并聚焦于从来访者的谈话中识别和利用其改变的动机。这些技巧包括开放式提问，明确来访者的优势和价值观，对内容、感受和意义的反映及来访者关于变化的表述总结。这些都可以被用来向来访者展现围绕变化过程的他自身的想法和感受（Miller & Rollnick，2012）。

通过整合这些要素，并保持以来访者为中心的支持的态度（反映了咨询师对来访者有能力改变的真实信念），咨询师就能够展示出动机式访谈中最重要的元素，即动机式访谈的精神。动机式访谈的精神在操作上很难定义，但它是一种咨询师用合作的、真实的、坦诚的精神与来访者一起工作的方法；如果没有这种精神，动机式访谈可能会被来访者视为强制性的或冷漠的，并可能无法帮助来访者利用自己的动机去改变（Miller & Rollnick，2012）。表 16-5 提供了与动机式访谈有关的过程、目标和技术。

表 16-5 动机式访谈的过程、目标和技术

过程	关键目标	相关技术	示例
导入	• 发展关系 • 探索来访者对心理咨询意义的看法	• 开放式的问题 • 肯定 • 对内容、情绪和意义的反映 • 总结	"你的父母对你很重要，所以虽然你不认为自己有问题，但还是选择来这次会谈，因为你很关心他们。"
聚焦	• 探索具体的心理咨询理由 • 评估来访者改变的动机 • 明确来访者的优势和价值观及这两者与物质使用之间的矛盾	• 开放式的问题 • 肯定 • 对内容、情绪和意义的反映 • 总结 • 反映矛盾的两方面	"一方面，你不认为你的酒精使用是一个问题，另一方面，那些你在乎的人真的很担心你。"
唤出	• 探索拒绝改变的具体理由 • 继续找出矛盾之处 • 确定来访者愿意做什么来使这个问题看起来好一点	• 开放式的问题 • 肯定 • 对内容、情绪和意义的反映 • 总结 • 反映矛盾的两方面 • 衡量重要性和信心程度的问题	"你说你认为最大的问题就是父母不信任你。你也说过你愿意让他们随机检查你的手机好让他们开始信任你。那在一个从 1 到 10 的量表中，1 表示不重要，10 表示非常重要，他们可以开始相信你对你来说有多重要？在同样的量表上，你有多少信心通过让他们随意查看你的手机来建立他们对你的信任？"
计划	• 建立一个以来访者为中心的、具体的改变计划 • 解决问题并探索可行性 • 如果来访者不能明确地说出一个计划但已经准备好开始，可以为他提供一些选项 • 夯实来访者改变的意愿	• 开放式的问题 • 肯定 • 对内容、情绪和意义的反映 • 总结 • 反应矛盾的两方面 • 衡量重要性和信心程度的问题 • 只在来访者允许的情况下提供反馈	"你说你不知道如何开始结交新的朋友。不知道我能不能和你分享一些其他来访者认为有帮助的方法？" 来访者表示同意。 "一些来访者说，他们以参与学校俱乐部作为开始。我有一位来访者很喜欢艺术并报名参加了一个社区艺术课，他在那里认识了朋友。你对这么做有什么看法吗？你有什么适合自己情况的想法吗？"

动机式访谈将变化的各个阶段作为一个框架，对来访者改变的准备程度进行概念化，并将干预措施与这些阶段相匹配。改变的阶段包括：前意向阶段，即不承认问题的存在；意向阶段，即承认问题可能存在，但还没有改变的动机；准备阶段，即开始考虑为处理问题可能做出的改变；行动阶段，即采取一致的步骤来解决问题；保持 / 巩固阶段，即发展一种新的生活方式来支持对问题的持续管理；复发阶段，即重新表现出有问题的行为（Prochaska，1995）。第 3 章的表 3-1 详细列出了这些阶段，以及相关的咨询目标和任务。在复发期间，来访者通常不会完全回到前意向阶段；相反，他可能会基于他对复发严重性的认识和他为避免复发引起后果而产生的紧迫感，而直接过渡到意向阶段、准备阶段或行动阶段。

心理教育

心理教育是物质滥用治疗的一个重要方面，通常以个体、家庭和团体的形式提供。针对物质使用障碍的心理教育，为青少年提供了相关信息和技能，可以帮助他们更好地从生理、心理及社会角度理解物质使用障碍，理解与持续使用相关的风险，并提供戒断和康复相关的工具（Haddock & Sheperis，2016）。心理教育团体的话题可以聚焦于物质使用障碍的生理基础、物质使用相关的后果和风险、改变的阶段、预防复发的工具、社交和应对技能，以及探索促进整体健康的活动。在选择心理教育主题时，咨询师应考虑群体成员的生理、心理、社交和生长发育的需求，以确保主题与群体成员的需求相契合。

团体治疗

先前描述的个体治疗模式也可以被整合到针对有物质使用障碍的青少年的团体治疗中（NIDA，2014b）。CBT 和权变管理可以同时或分别在团体治疗中使用，为技能发展、预防复发、情感调节、积极强

化和监控提供方法。对那些需要积极的社交支持和肯定的青少年来说，获得团体中那些面临相似挑战、相互支持并分享观点的同龄人的支持，可能更有帮助。团体治疗是解决物质使用障碍最常见和最有效的治疗方式（Haddock & Sheperis，2016）。因此，住院、部分住院和强化门诊治疗通常使用团体治疗作为物质使用障碍的主要治疗形式。下文的实践活动提供了一个团体活动，可以用来帮助青少年发展应对技能。

十二步计划

十二步计划可以帮助个体与其他渴望戒断物质使用的人建立联系。通过这样的项目，青少年能够互相接受并提供支持、鼓励和希望。最广泛使用的同伴互助小组就是十二步计划小组，其中包括匿名戒酒互助会（Alcoholics Anonymous，AA），匿名戒毒互助会（Narcotics Anonymous，NA）和匿名戒大麻互助会（Cannabis Anonymous，CA）等。这些小组由小组成员协助推进，通过十二步法来促进成员的参与，并且是免费和广泛使用的，而且这些小组也为那些想要在物质面前保持清醒的个体提供了一种支持的环境（NIDA，2014b）。

必须指出的是，参与十二步计划并不被视为一种治疗形式。然而，当与有物质使用障碍的青少年参加工作时，咨询师通常会将参与十二步计划纳入咨询中讨论。咨询师将十二步准备活动融入物质使用障碍治疗中的行为被称为十二步促进疗法。这个过程通常为来访者提供参加十二步计划的益处、如何找到和参与计划、十二步计划的关键组成（如互助者和进阶要求）、对参与和投入十二步计划的持续支持，以及参与十二步计划过程中来自外部的鼓励和支持等信息。咨询师还可以询问来访者，了解他们正在进行哪些步骤，以及咨询师可以如何支持他们继续完成计划。

实践活动

填写我的每一块拼图

活动概述

这个拼图活动可以帮助小组成员找到他们在遇到困难时可以使用的个人应对技巧。小组成员互相提供帮助和反馈。这个活动可以体现大家共同的努力和团队凝聚力。它帮助团队成员认识到新的应对策略，并为他们所处的情况（如某种成瘾或压力来源）给予更多的力量感。那些遭受成瘾、哀伤或各种压力的来访者也可以单独使用这个活动作为一种提供力量和支持的方式。

活动目标

通过发展小组成员的应对策略来帮助他们自我理解。

活动步骤

1. 介绍这个练习，并指导小组成员花一些时间与自己建立联系。让他们把自己的爱好、兴趣、喜好和其他方面联系起来。
2. 指导小组成员画一个具有个人意义的比较大的形状（如正方形、心形、星形等），然后在这个形状里面画出拼图的样子。让小组成员剪下拼图。
3. 指导小组成员在每一块拼图上写出或画出应对技巧。这些应对技巧可以代表从属于身体、精神、情感、心理和自我的任何类别。

活动示例

- 遛狗。
- 泡澡。
- 参加瑜伽课。
- 和朋友喝咖啡。

- 学习一门新语言。
- 读书。

小组成员可以在需要时互相提供建议和反馈

让小组成员把拼图的各个部分连接起来。讨论每一块拼图是如何与另一块拼图相连接的，以及这些拼图是如何组合在一起来达到平衡的。

过程性问题

1. 你对这个活动有什么感受？
2. 谈谈你是如何运用你选择的应对技巧的。
3. 是什么让你选择了这个拼图的形状？
4. 你如何将拼图拼在一起的？
5. 你在拼拼图时，哪里遇到了问题？
6. 你如何利用这个活动来提醒自己保持戒断所需要的技能呢？

将家庭融入治疗

心理教育

与个体层面的心理教育一样，以家庭为基础的心理教育通常也聚焦于物质使用的生理、心理和社会因素相关的部分。此外，以家庭为基础的心理教育可以就如何应对青少年的物质使用对家庭系统的影响提供信息。其中包含关于青少年的物质使用障碍对不同家庭成员常见的影响、应对方式、沟通和情绪管理方面的信息，这些信息可以验证家庭成员的体验，为家庭提供更多物质使用障碍应对方式的信息，并在家庭系统中支持有效的沟通和行为管理策略。为家庭成员提供的心理教育还包括父母的自我照顾和情绪调节技能、为家庭成员提供的十二步计划，以及当青少年的物质使用障碍对学业产生负面影响或共病的条件符合特殊教育服务的标准时提供的特殊教育法律、法规和程序方面的信息。

家庭治疗

对有物质使用障碍的青少年来说，其治疗的一个关键组成部分就是家庭参与治疗。让家庭参与治疗过程的主要目标包括，通过阻断物质使用的诱因来促进身体和心理安全，并允许每位家庭成员对自己应对物质使用障碍的亲身经历发出声音。因为青少年通常都住在家里，父母或监护人对青少年的安全和健康负有法律责任，因此家庭的参与对青少年的成功和整个家庭体系的健康至关重要（NIDA，2014b）。通常，家庭中还有其他滥用物质的成员，可见让家庭参与治疗十分重要。

家庭治疗通常是通过门诊形式提供的，包括所有能够参与门诊服务的家庭成员。此外，家庭成员也被鼓励参与青少年住院、部分住院或强化门诊方案的整个治疗过程。这些机构的治疗活动可能包括对家庭成员进行心理教育，在住院、部分住院或强化门诊中提供家庭咨询，以及与青少年和家庭成员当面讨论治疗进展和出院计划。在接受治疗期间，青少年可能会获得允许回家的机会，目的是让在治疗支持下的青少年及其家人实践新的行为和技能。

许多家庭治疗方式在帮助成瘾的青少年时都很有效。短程策略家庭治疗（Brief Strategic Family Therapy，BSFT）（Szapocznik et al.，2003）帮助解决家庭系统中成员间可能持续使用的无效沟通和适应不良应对技能的互动。BSFT 的目标是帮助家庭改变无效的互动模式，促进更有效的互动模式（NIDA，2014b）。

家庭行为疗法（Family Behavior Therapy，FBT）（Donohue et al.，2009）是一种助力家庭系统，为期待行为提供稳定强化的方法。这种方法通常使用行为契约、权变管理技术和一致的奖励和后果，来帮助家庭发展最佳的行为和互动模式（NIDA，2014b）。多维家庭治疗（Multidimensional Family Therapy，MDFT）（Liddle，2010）和 MST（Henggeler & Schaeffer，2010）都是从多系统的角度来看待家庭系统；在这两种家庭治疗模式中，学业、社会、法律和社区系统都在治疗过程中发挥着作用。MDFT 通常助力家庭系统与这些系统的直接合作，以提高青少年对持续使用物质潜在后果的认识。同时，MDFT 还会支持家庭使用社区资源，并为家庭和青少年提供支持网络（NIDA，2014b）。相比之下，MDFT 在治疗中通常不直接让其他系统参与，而是利用青少年和家庭与这些系统之间的关系来找出优势和弱点，并支持青少年和家庭做出改变，以促进更有凝聚力的家庭功能（NIDA，2014a）。

以社区为基础的干预措施

除了注重个人和家庭层面干预的治疗模式，还出现了专门针对青少年的特殊需要的治疗模式。这些模式基于社区的干预，并依赖于跨学术、社会和社区系统的多系统支持。这些以社区为基础的干预需要内部支持和跨系统支持的合作。当这些合作得以实现时，对正在改变高风险物质使用行为的青少年的影响可能是巨大的。

青少年社区强化方法

青少年社区强化方法（Adolescent Community Reinforcement Approach，A-CRA）（Godley et al.，2009）是一个以社区为基础的干预项目，通过协调各个治疗系统、强化时间安排和多层面支持来帮助青少年做出并维持对高危物质使用模式的改变。这个项目的目标是将青少年与有关其物质使用的人、地方和事物，替换为更积极的人、地方和事物，以强化戒断。除了为戒断物质使用提供支持和正强化，A-CRA 还为青少年提供咨询，聚焦在应对技巧、沟通技巧和行为管理技巧方面，以支持持续的物质戒断（NIDA，2014b）。A-CRA 使用行为和权变管理技术，通常以门诊的方式提供。咨询师应评估来访者关于物质使用、社交技能和应对行为的需求，并将这些领域作为干预的重点，将奖励与物质戒断、亲社会行为和积极应对机制的参与联系起来。除与来访者见面外，咨询师还可以举行来访者不在场的家庭会议，以获得家人的支持，同时教授和示范行为干预和积极沟通的技巧，并评估青少年的进步。此外，咨询师可以与其他社区机构合作，如学校、娱乐设施或青少年司法系统，以保持期待、支持和强化的一致性。A-CRA 的总体目标是将不使用物质变得比使用物质更有吸引力；这种治疗方式的目的是增加不使用物质的奖励，减少青少年的物质使用，并促进有益的同伴互动和社区参与（SAMHSA，2007）。

康复高中项目

促进学生康复的高中是帮助改变高危物质使用习惯的青少年的又一种新工具。康复高中项目（Recovery High Programs）通常与其他学校项目相关联，利用学校空间和日程安排为康复中的青少年创造一个独立的教育环境，以促进正面的社会支持和不使用物质的文化环境。参加康复高中项目的学生除了在校学习，还会经常参加校外治疗和支持性服务（NIA，2014b）。美国康复学校协会（the Association of Recovery Schools，ARS），即康复高中项目认证机构，批准了五所被官方认可的学校（ARS，2016）。2015 年，在美国全境范围内的公立、私立、另类和特许学校机构中，总共有 35 个基于学校的康复项目提供给全美国康复中的学生，当然，不是所有的项目都得到了 ARS 的认证（Coyle，2015）。一般来说，任何符合标准的康复中的学生都可以被这些学校录取，如在学区内居住的学生（Coyle，2015）。

精神药物治疗

对于使用药物来治疗青少年物质使用障碍的有效性或适当性，目前的临床数据很有限（NIDA，2014b）。药物通常用于治疗共病障碍，如抑郁或焦虑。目前对成瘾和精神药物疗法的了解是基于对有物质使用障碍的成年人进行的研究。对于使用药物来帮助患有物质使用障碍的青少年的决定必须由受过培训的专业医疗人员做出，这些专业人员要对物质使用障碍的严重程度及药物辅助治疗相关的风险和益处有明确的理解。如果来访者需要从专业医疗人员那里接受药物治疗作为其物质使用障碍治疗的一部分，那么咨询师可以参考下面这些信息。

阿坎酸钙缓释片是一种可用于促进从酒精和苯二

氮䓬类药物中安全戒断的药物（NIDA，2014b）。此外，如果有酒精和其他镇静剂之间产生的交叉耐受性则可以使用苯二氮平类药物，并在短时间内逐渐减量，以促进安全地戒除酒精（Hart & Ksir，2015）。

有几种药物可以缓解阿片类药物的戒断症状。丁丙诺啡和美沙酮是两种作用于大脑阿片受体的药物，可以减少人体对阿片的渴望和戒断后的生理症状。这些药物在医生指导下使用时，不会产生与阿片类药物相关的兴奋；然而，它们确实具有被滥用的可能性。因此，开具这些药物处方的医生应持有特殊的认证，并严格管理开具这些药物的行为（NIDA，2014b）。

虽然美国食品药物监督管理局（Food and Drug Administration，FDA）没有批准将美沙酮和丁丙诺啡用于年龄大一些的来访者，并且完全不推荐用于年龄小一些的来访者，但在特殊情况下也可以对年龄大一些的青少年使用这两种药作为持续的药物辅助治疗，如这些青少年在多次治疗尝试后还没有办法戒断阿片类药物时（NIDA，2014b）。此外，纳曲酮也可以阻断阿片类药物的作用，减少对阿片类药物的渴望，并在同时使用阿片类药物时触发急性戒断反应，因此可以作为药物辅助治疗来支持已经没有戒断症状的青少年。纳曲酮可以口服，也可以每月一次进行注射（NIDA，2014b），这可能使一些人更有可能坚持治疗。有一种将纳曲酮和丁丙诺啡结合的药物，叫舒倍生，也可以用于特殊情况下对年龄大一些的青少年的药物辅助治疗，尽管这种治疗没有得到 FDA 的批准（NIDA，2014b）。

泰勒的“I CAN START”心理咨询计划

本章的开头直接引用了泰勒的一段话，这个16岁的男孩描述了自己对酒精和大麻的渴望，以及停止酒精和大麻使用的困难。在制订青少年药物使用障碍的治疗计划时，应考虑多种因素。下面的“I CAN START”概念框架概述了咨询的考虑因素，这些考虑因素可能会对泰勒的学校咨询师或临床咨询师有帮助。

C= 背景评估

泰勒是一个 16 岁、正在上 11 年级的白人男孩。自从上高中以来，他的成绩一直在下滑，从 A 或 B 跌到了 D。泰勒和他的父母及一个 12 岁的弟弟生活在一起。因为结交新朋友及适应高中时期各种变化方面的困扰，泰勒经历了从初中到高中过渡的困难时期。泰勒没有被诊断出有任何其他心理或生理障碍。

A = 评估和诊断

评估 = SASSI-A2。

诊断 = 303.90 酒精使用障碍，中度；304.30 大麻使用障碍，中度。

N = 必要的护理水平

门诊、团体、个体和家庭咨询。

S= 优势

自身：泰勒喜欢运动，以前在初中时踢足球和打篮球。虽然高中时没有进入校队，但他每年秋天都会参加校内的足球联赛。泰勒口齿伶俐，感情敏锐；他能够一致地、反思性地描述关于他物质使用的想法和感受。泰勒已经开始改变他的物质使用，从每天使用减少到每周使用 2 次；这表明他在这方面有改变的意愿并做好了准备。

家庭：泰勒的父母已经做出了很大的努力来始终如一地、尽心尽力地回应他的物质使用问题。泰勒和弟弟相处得很好，泰勒能够意识到弟弟很崇拜他这一事实，也对此很敏感。

学校与社区：泰勒和家人住在一个安全的中

产阶级社区。他几乎没有亲密的朋友，现在的朋友是那些接受他减少酒精和大麻使用的人。

T= 治疗方法

心理教育（泰勒及其家人）、CBT、BSFT（全家）。

A= 咨询目的和目标（90 天目标）

泰勒将不再使用任何物质。泰勒会在每周的咨询会谈中自我汇报停止使用该物质；每月的物质使用尿液检测结果都为阴性。

泰勒可以表述物质使用的风险和后果。泰勒将可以报告至少 5 个他所经历过的物质使用的负面后果，以及如果他继续使用物质，他可能会面临的至少 3 个未来的风险。

泰勒可以找出他使用这些物质的诱因。泰勒会通过使用每日等级表来记录物质使用的诱因和反应，来识别诱使他使用物质的想法、信念和情绪，并在每周的个体咨询中分享这些诱因和他对这些诱因的反应。

泰勒可以学会一些应对技巧来控制对物质的渴望。泰勒可以识别出认知、行为或情绪线索（如孤独或无聊的感觉），并能够确保使用至少一种应对策略（如冲动冲浪、分散注意力、寻求支持）。

泰勒可以识别引发他有物质使用冲动的高危情况。泰勒可以找出他可能会使用物质的情形，制订一个避免这种情形发生或在这种情形下寻求支持的计划，并且能够 100% 在这些情况下成功地不使用物质。

泰勒和他的家人（即母亲、父亲和弟弟）将更多地使用有效的交流技巧。泰勒和他的家人将在每周的家庭咨询中学习和练习有效的沟通策略（例如，反思性倾听，使用“我”开头的句式，安排时间进行认真的谈话）。他们会在每天晚饭后用至少 15 分钟的时间来练习这些交流技巧。

R= 基于研究的干预措施

咨询师将帮助泰勒发展和应用以下 CBT 和 BSFT 技巧。

- 学习和使用健康的应对技巧。
- 识别和改变与物质使用相关的认知、行为或情绪诱因的反应。
- 识别并改变对与物质使用有关的环境线索的反应。
- 提高解决问题和风险评估的技能。
- 学习和应用有效的沟通技巧。

T= 治疗性支持服务

- 参与泰勒高中的学业辅助指导。
- 与不使用物质的同伴一起参加活动（如踢足球、打篮球）。
- 泰勒和他家人参加十二步计划小组。

总结

本章深入探讨了青少年的物质使用障碍。在生理、心理和社会层面的风险因素包括家庭成员的物质使用史、物质使用应对机制的作用、同一性发展和同伴关系相关的挑战。本章分析了青少年物质使用障碍的病因，改变情绪的物质对大脑愉悦中枢和记忆活跃的影响，以及戒断反应的生理症状。心理因素包括把物质使用作为一种应对机制的心理。社会因素包括与同龄人建立联系的强烈需要和在一定社交环境中的物质使用，以及青少年在发展过程中越来越多的物质使用。此外，青少年有独特的生长发育需要。物质使用与生长发育因素相互作用，包括生理和神经发育、推理和理性判断、情绪表达和调节、关系发展和同伴关系。

本章提供了有关青少年物质使用障碍的评估、诊断和治疗的信息。DSM-5 诊断标准被列出并应用于青少年的物质使用治疗。本章提供了关于八种改变情绪的物质及其影响和风险的信息。本章还提供了一份与 DSM-5 物质使用障碍标准相对应的评估问卷，并阐释了如何将 ASAM 的多维模型和治疗安置标准用于具体的评估、诊断和治疗过程。具体的治疗模式包括戒断治疗、个体和团体咨询、以家庭为基础的治疗、社区干预、精神药物治疗和十二步计划。

咨询师需要思考与有物质使用障碍的青少年一起工作的伦理和法律准则，特别是管理物质使用治疗记录的联邦法规（42 CFR）。本章提出了治疗计划和整合多种治疗模式的建议，并提供了一个案例研究，以探讨青少年物质使用障碍的多维背景，并阐述了青少年物质使用障碍的治疗计划。

第 17 章　焦虑、强迫及相关障碍

卡桑德拉的案例

10 岁时，我开始注意到我的心跳常会无缘无故地加快。我的胸腔会感到紧绷，呼吸都有些困难。我觉得我可能随时会吐出来。我觉得非常尴尬，所以从来没有和任何人说过这件事。我觉得他人肯定会嘲笑我。我觉得我疯了。我不愿意去任何地方，当我的父母要我去上学或离开家时，我就会大喊大叫、发脾气。我感到非常孤独，好像没有人理解我所经历的一切。我觉得好孤独，好害怕。

——卡桑德拉，12 岁

焦虑是儿童和青少年中最常见的一种精神障碍（Beesdo et al.，2009；Waite & Creswell，2014），其在儿童和青少年中的终生患病率从 15% 到 20% 不等（Beesdo et al.，2009）。最常见的焦虑障碍包括分离焦虑障碍、广泛性焦虑障碍、恐怖症和惊恐障碍（Wilson et al.，2016）。与男孩相比，女孩更容易被诊断出患有焦虑障碍（比例为 2：1 到 3：1），而青春期的女性焦虑障碍诊断比例更高（Beesdo et al.，2009）。

儿童和青少年强迫症的终生患病率从 1% 到 3% 不等（Franklin et al.，2010；Kendall & Comer，2010）。男孩经常被诊断为强迫症，而 25% 的男孩会在 10 岁之前发病（APA，2013）。儿童和青少年最常见的强迫及相关障碍类型为强迫症、躯体变形障碍、拔毛障碍及抓痕（皮肤搔抓）障碍。在本章，强迫症被用来描述所有强迫障碍及相关的障碍。

DSM–5 将焦虑症和强迫症分成两个独立的诊断类别，考虑到它们在历史上紧密的关联，以及在诊断和治疗上的相似性，本章中我们将强迫症和焦虑症放到一起呈现（APA，2013）。

青少年焦虑和强迫的本质

焦虑是对相关事件或未知结果的一种正常的功能性反应；几乎所有人在一天中常常会多次体会到这种感觉。大多数时候，焦虑在本质上是适应性的；它能够帮助人们联结他们所需要的额外活力，以便为即将到来的活动和任务做好充分准备。例如，青少年在准备考试时所感受到的焦虑会促使他们去阅读课本和学习课程内容，以做好充分的考前准备。

恐惧常常与焦虑放在一起讨论。恐惧和焦虑是相似的，但又有所不同。简单来说，恐惧是对真实感知到的威胁的情绪反应，而焦虑是对预期到的威胁的情绪反应（APA，2013）。

年幼的孩子在生命的初期就会有恐惧和担忧的感受，这是非常普遍的现象（如对黑暗的恐惧），而这种恐惧和担忧常常是想象出来的（如生活在床底下的怪物)。随着时间的推移，孩子们的童年经历使他们形成了更具体的恐惧，这些恐惧往往是基于可能实际发生的事件(如龙卷风可能会袭击他们的家)。例如，一个年幼的女孩可能会害怕黑暗中的阴影，害怕这些阴影是恶魔，而一个青春期的女孩可能会把阴影当作闯入她家的入侵者。青少年的恐惧大致分为五个方面:(1)害怕失败和批评;(2)害怕未知;(3)害怕动物和伤害;(4)害怕死亡和危险;(5)医疗方面的恐惧(Muris et al.，2014)。

青少年有一定程度的恐惧和焦虑是正常的；然而，恐惧和焦虑也可能会成为一个问题，以致影响青少年在学业或社交方面的能力和表现。有些青少年会长期陷入过度和不必要的忧虑、担忧、恐惧和焦虑之中。这种情绪状态会不断阻碍他们参与社会、家庭、社区、学校和学业活动的努力。当焦虑变成阻碍并成为一种问题时，青少年就需要额外的帮助，心理咨询可能会对他们有所帮助(Kendall，2012)。

焦虑相关问题的症状

咨询师应该知道如何识别儿童和青少年的焦虑相关问题。虽然儿童和青少年的某些焦虑表现是非常明显的，但另一些表现可能会被同时发生的问题、行为问题、环境或生长发育压力或功能失调的家庭动力所掩盖(Kendall et al.，2017)。

焦虑症状通常表现在不同但又相互关联的三个方面，即身体、认知和行为。青少年(尤其是青春期的孩子)几乎总是报告有躯体化的焦虑体验，他们经常报告有恶心、胃疼、抽搐(即突然且没有节奏的动作或发声)、出汗、心悸(即无节奏的心跳)或头晕。表 17-1 列出了可能出现的儿童和青少年焦虑的躯体症状。

焦虑的躯体症状会影响认知领域；这些躯体症状要么被特定的想法所诱发(如“每个人都在看着我、评判我”)，要么诱发了某些想法(如“我不能呼吸，所以我的问题很严重”)。失去控制、羞辱和尴尬的想法在焦虑的儿童和青少年中很常见。由于害怕失去控制，这些儿童和青少年往往会专注于他们的内心世界(想法和情绪)，而不太关注外部世界发生的事情(如社交关系、学校、社区活动)。因此，焦虑的儿童和青少年往往养成用低效的、回避性的方式与周围的环境互动(如退缩、对新活动或那些超出自己舒适区的活动不感兴趣)(Kendall et al.，2017)。这些逃避行为需要被消退，才能消除和减轻面对焦虑的躯体和认知反应。

表 17-1 可能出现的儿童和青少年焦虑的躯体症状

主要症状
• 快速、剧烈的心跳(心悸) • 战栗或颤抖 • 出汗或流汗 • 气短 • 吞咽困难 • 胃 / 腹痛 • 胸腔不适(剧痛) • 头晕(头昏) • 抽搐(突然、重复的动作或发声) • 恶心或呕吐 • 尿频 • 潮热或潮冷 • 疲劳 • 睡眠困难与失眠

焦虑中的儿童和青少年通常意识不到躯体(身体)、认知(心理)和行为(行动)过程之间的联系，他们通常只关注焦虑的躯体化呈现。例如，焦虑中的儿童和青少年通常会抱怨胃痛，进而会转化为对呕吐的恐惧并因此感到尴尬，但他们不会想到要表达与焦虑有关的想法或感受。教授儿童和青少年了解他们身体内的症状及伴随症状的想法和行为之间的联系，是针对焦虑的儿童和青少年进行心理咨询的基础。焦虑的儿童和青少年通常会感知到较高的压力，并会对结果有消极的预测，因为自身的担忧、恐惧和紧张，他们常常试图通过控制或完全避免某些状况来保护自己(Kress & Paylo，2015)。例如，一个害怕失败的儿童和青少年可能会回避参加学校的活动，因为她对被排斥的恐惧超过了她认为参加活动能带来的好处。儿童和青少年的焦虑症状还包括声音颤抖、姿势僵硬、哭泣、咬指甲、吮吸拇指(年幼的儿童)、过度探寻担

忧或恐惧的来源，以及身体或言语的爆发。

对正在经历高度忧虑、担忧、恐惧和焦虑的儿童和青少年来说，他们的自然倾向是转向内部并内化这些感受；他们会避免向他人倾诉或梳理他们的恐惧和担忧。儿童和青少年的回避行为是他们能想到的应付与自己恐惧、担忧和忧虑相关的紧张的感受、想法和情绪的最好方式（Kendall，2012）。咨询师需要帮助来访者将他们的行为与他们的情绪和想法联系起来，这样才能让他们有能力做出改变。

咨询师的干预方法要根据儿童和青少年焦虑的特点和性质而有所不同。例如，一位在与同伴建立联系和交朋友方面有重大困难的来访者可能会在学校经历强烈的焦虑，并常常试图不去学校。另一位来访者可能会对学校的要求感到不知所措和恐惧，并因为害怕在公共场合的尴尬和被羞辱而逃避一些被期待的行为。这两种情况有相同的行为反应或最终结果，也就是逃学。然而，前者可能会从社交技能训练（Social Skill Training，SST）中获益更多，而后者可能会从认知重构和可控的暴露疗法中受益。有焦虑相关困扰的儿童和青少年也可能经历认知上的困扰，包括钻牛角尖的想法、过度痴迷和担忧、在不同情境下加剧的恐惧或担忧、对成绩评估和被羞辱的恐惧，以及极度尴尬的感受；而这些担忧都必须以独特的方式来处理。帮助儿童和青少年了解他们的认知与行为之间的关系是一个重要的咨询目标。本章后面将介绍处理焦虑的具体方法。

焦虑症状的强度、持续时间和频率各不相同，在不同的情境和环境中表现也不同。一个儿童或青少年可能会在学业环境中感到焦虑，但另一个儿童或青少年可能在家庭环境中更容易受到影响。然而，对大多数患有焦虑障碍的儿童和青少年来说，无论环境如何，焦虑障碍都会对他们与他人的社交互动产生明显的影响（Kendall，2012）。此外，患有焦虑障碍的儿童和青少年可能会对周遭的社交情景和事件有歪曲的想法、观念和理解。他们可能会选择性地关注环境或互动的某些方面，并选择关注那些强化他们焦虑、担忧和恐惧的方面。尽早识别焦虑相关症状有助于对儿童和青少年进行干预并提供支持。

焦虑障碍的类型

患有焦虑障碍的儿童和青少年会体验到不同的症状，但在大多数情况下，他们都有过度的、非理性的恐惧和担心（APA，2013）。焦虑症状包括对特定物体（如狗、血）、情境（如成绩评估、在电梯里）、感知到的威胁（如拥挤的杂货店、污染）与随机浮现的焦虑感所产生的焦虑、担心或恐惧。表 17-2 提供了 DSM-5（APA，2013）中焦虑障碍的总结。儿童和青少年可能患有的焦虑障碍包括分离焦虑障碍、选择性缄默症、特定恐怖症、社交焦虑障碍、惊恐障碍、场所恐怖症和广泛性焦虑障碍。

表 17-2 常见的 DSM-5 焦虑障碍

DSM-5 焦虑障碍	概述	示例
分离焦虑障碍	离开家或与依恋的人（如父母）分离时过度焦虑	一个 5 岁的男孩拒绝离开他母亲的身边，因为他害怕如果他离开，一些不好的事情就会发生在他的母亲身上（例如，她会遭遇车祸，被罪犯抓走，或者会死去）
选择性缄默症	在某些场景中无法说话和有效沟通（但在另外一些场景中仍能做到很好地交流）	一个 9 岁的女孩在学校不说话（甚至当她的老师直接与她交谈时），但她在家里与父母和兄弟姐妹都交流得不错
特定恐怖症	因特定的物体或情境（当前的或想象的）而引发焦虑的症状	每当这个 6 岁的男孩看到鸟时就会不停地发脾气和哭泣。他避免去室外和邻居小朋友们玩，因为他害怕遇到一只鸟或一群鸟
社交焦虑障碍	在社交情境中的过度恐惧和不自在，以及对于被评判、被评价和丢脸的恐惧	一个 15 岁的女孩害怕当着他人的面吃午餐，而且常常问午餐管理老师她是否可以坐在走廊里吃午餐。她对于被课上点名，以及在全班同学面前讲话（如演讲、作业）有严重的恐惧

（续表）

DSM-5 焦虑障碍	概述	示例
惊恐障碍	过度焦虑 / 恐慌反复发作，伴有急性、强烈、有时限的身体和心理症状	一个 13 岁的男孩经历了意料之外的惊恐发作（即持续 10 分钟的突然的、强烈的恐惧和不适），而且常常不停地担心在这种情况下或将来惊恐发作时会“失去控制”
场所恐怖症	在开阔、拥挤或很难逃离的地方产生过度的不安和恐惧	一个 17 岁的女孩会在公共场所（如停车场、商场）感受到强烈的恐惧，并且回避去这些地方，她经常拒绝离开家，因为她担心自己不能逃离拥挤的人群或有潜在危险的情境
广泛性焦虑障碍	过度地、无法控制地、非理性地担心和忧虑很多事件或活动，并且伴有相应的躯体焦虑症状	一个 11 岁的男孩持续、过度地担心自己的成绩、交朋友、生病和丢东西。他经常很焦躁且难以集中注意力，因为他总是被自己的担心分散注意力

资料来源：Adapted from Diagnostic and Statistical Manual of Mental Disorders（5th ed.），by American Psychiatric Association（APA），2013，Washington，DC: Author.

焦虑症状的夸大和歪曲是常见的现象，咨询师可以从来访者对他们躯体症状的反馈（例如，“我不能呼吸，我一定会死”）、认知反馈（例如，“每个人都会注意到我的不一样，他们都会取笑我”），以及用来处理焦虑的应对策略（例如，“如果我避免了所有导致焦虑的情境，那么我就不会再焦虑了”）中得到验证。表 17-3 总结了与每一种焦虑障碍相关的认知。

表 17-3　焦虑障碍潜在的相关认知

DSM-5 焦虑障碍	潜在的相关认知
分离焦虑障碍	儿童和青少年相信，如果他们不能一直陪伴着他们的照料者，一些不好的事情就会发生（如照料者会受伤、生病或与他们分离）。他们经常认为外面的世界是一个危险的地方
选择性缄默症	儿童和青少年相信他人认为他们是愚蠢的，不会喜欢他们说的话，或者会因为他们说话的方式而嘲笑他们。他们经常觉得他们一旦说话，就会让自己很难堪
特定恐怖症	儿童和青少年认为自己恐惧的物体是危险的、需要避免的。他们经常认为，如果他们暴露在那些可怕的物体或情境下，他们就会受到严重的伤害或遭遇不好的后果
社交焦虑障碍	儿童和青少年认为他人会评判和评价他们的行为、穿着、外表及与他人互动的方式。他们常常认为这样会让自己难堪
惊恐障碍	儿童和青少年认为他们患了心脏病（甚至快要死了）或有什么严重的问题。他们常常认为他们要失去控制了
场所恐怖症	儿童和青少年认为自己在大多数公共场合最终都会以尴尬、被羞辱或痛苦收场。他们经常认为外面的世界是一个危险的地方
广泛性焦虑障碍	儿童和青少年相信他们做错了什么就会有消极的后果（如惩罚、消极的互动）。他们可能会担心自己的安全和未来。他们经常担心自己会失去对生活中重要方面的控制

资料来源：Adapted from “Cognitive-behavioral treatments for anxiety disorders in children and adolescents,” by R. R. Silva，R. Gallagher，& H. Minami，2006，Primary Psychiatry，13（5），pp. 68–76.

焦虑障碍的评估

全面的焦虑评估大致包括了临床访谈、自我报告、行为观察、家长教师评价量表和家庭评估（Kendall，2012）。评估应该包括各种方法，如自我报告、观察、焦虑量表、临床访谈，以及来自多个视角（如儿童 / 青少年、父母、家人、老师）的对儿童和青少年在多个情境中（如家庭、学校、社区）认知、行为和心理功能的综合评估（Kendall et al.，2017）。

全面评估可以使咨询师对来访者的焦虑感受有一个全面的了解，并制订包括适当的咨询选择和方法的计划。虽然诊断性访谈是评估儿童和青少年焦虑障碍最有效的手段，但一些量表，如贝克儿童及青少年量表（第二版）（BYI-II）中的焦虑分量表，儿童焦虑状态 - 特质量表（State-Trait Anxiety Inventory for Children，STAIC）（Spielberger，1983）、斯宾塞儿童焦虑量表（Spence Children's Anxiety Scale）和修订后的儿童显性焦虑量表（第二版）（RCMAS-2）可以提供更多焦虑症状学的临床准确性评估（Wilson et al.，2016）。表 17-4 总结了一系列焦虑评估工具。

在临床访谈和评估过程中，咨询师需要注意焦虑症状的发作年龄、发展（如认知、情绪、社交）和共病障碍。那些有焦虑相关问题的人通常在 12 岁之前就开始出现这些问题（Beesdo et al.，2009）。就不同发育水平的特定焦虑障碍的频率而言，年龄较小的儿童比青少年更有可能被诊断患有分离焦虑障碍。青少年比年幼的儿童更常被诊断患有社交焦虑障碍、并发抑郁障碍、物质使用障碍，并出现不正常的学校出勤情况（Beesdo et al.，2009；Waite & Creswell，2014）。

表 17-4　儿童和青少年焦虑评估量表总结

评估量表	适用年龄范围	概述
贝克儿童及青少年量表（第二版）（BYI-II）中的焦虑分量表	7 ~ 18 岁	这个 BYI 量表是一个包括 20 道题目的测量儿童和青少年焦虑水平的自我报告量表。这个量表反映了一个儿童或青少年对于未来、学校、表现、恐惧、失去控制等方面特定的担心，以及与焦虑相关的生理症状。这个量表可以用来评估和评价咨询进展，也可与其他四份贝克儿童及青少年量表（抑郁、愤怒、破坏性行为和自我概念）一起使用
儿童焦虑状态 - 特质量表（STAIC）	9 ~ 12 岁	STAIC 是一个包含 40 道题目，由咨询师打分的，用来评估青少年在某一特定时刻的感受（如焦虑状态）及其平时感受（如焦虑特质）的量表。这个量表需要七年级的阅读水平，因此，在小学中需要给孩子们进行口头施测。这个量表可用于评估和评价咨询的进展
斯宾塞儿童焦虑量表	8 ~ 12 岁	斯宾塞儿童焦虑量表包含 44 道题目，评估了六个领域（即广泛性焦虑、惊恐发作、场所恐怖症、分离焦虑、强迫症和对身体受伤的恐惧）。这个量表可以用来评估及评价咨询的进展
修订后的儿童显性焦虑量表（第二版）（RCMAS-2）	6 ~ 19 岁	RCMAS 是一个由 49 道是非题构成的量表，用来测量儿童和青少年整体的焦虑、担心、社交焦虑及防御性。这个量表需要三年级的阅读水平，对年幼的儿童需要口头施测。这个量表可以用于评估和评价咨询的进展

对儿童来说，焦虑通常与其他焦虑相关的障碍、对立违抗障碍、注意缺陷 / 多动障碍和抑郁障碍（Liber et al.，2010）共病。在青少年中，与焦虑相关的症状也可能促使抑郁、自杀意念、物质使用和滥用（用于自我药物治疗）及学业困难等问题的形成或维持（Woo & Keatinge，2016）。咨询师应该评估可能的共病或适应不良的应对技能。下文将描述关于儿童和青少年强迫及其相关障碍的症状、类型、诊断和评估考虑。

强迫及相关障碍的症状

强迫症的类型分为强迫观念（即不想要但重复出现的、有干扰性的冲动、想法或画面）、强迫行为（即重复的身体或心理活动）或持续的聚焦于身体的重复行为（如揪头发、抠皮肤）。例如，一个孩子可能会报告说，他会因为某个想法（如“我担心会感染细菌并且生病”）或某个行为（如“我需要开关灯 6 次，否则会有不好的事情发生”）而感到“卡住”。青少年通常曾试图阻止这些冲动、想法或行为，但总是失败。这些症状可能不能被很好地表述出来，而强迫行为在没有明确的强迫观念时也可能存在（AACAP，2010）。例如，一个孩子可能表现出重复性的眨眼和呼吸仪式（如每当他走进一个房间时需要眨眼 5 次、深呼吸 2 次）。然而，他可能无法表达他做出这些行为的原因，但只有这样做后他才能感觉好点。这些反复出现的强迫观念、强迫行为和聚焦于身体的重复行为十分耗时，会损害孩子的功能水平并在孩子生活的各个领域造成严重的痛苦（Kendall & Comer，2010）。表 17-5 列出了强迫症状的类型和例子。

表 17-5 强迫的症状、类型和示例

症状	类型	示例
强迫观念	污染	• 害怕触摸门把手 • 害怕细菌和灰尘 • 害怕触碰金钱
	自我怀疑	• 害怕放错东西 • 害怕忘记任务或家庭作业
	对自己或他人造成伤害	• 害怕引起事故 • 害怕把某人推下楼梯
	宗教	• 害怕被诅咒
	性主题	• 反复出现一个人的色情图片 • 干扰性的想法或图像
强迫行为	清洁	• 洗手 • 刷牙直到牙龈出血
	数数	• 通过一定数量的步骤来完成任务（如六步） • 数台阶或经过的车辆
	检查	• 反复检查门是否锁上或水龙头是否关闭 • 反复检查自行车是否锁好
	平衡	• 对于平衡的需求（如桌上的物品在数量、顺序和对称性上都是平衡的）
	寻求保证	• 不停询问龙卷风的可能性 • 过度征求他人反馈
	重复的行为	• 轻敲一个物体 • 重复圣诗或祈祷 • 一遍又一遍地重复一个词（如"没事的，没事的，没事的"）
	囤积	• 把食物藏在床底下 • 拒绝扔垃圾
聚焦于身体的重复性行为	自我打扮	• 咬指甲 • 抠角质层 • 抠鼻子 • 揪毛发 • 抠皮肤
	其他	• 咬脸颊的内侧 • 咬皮肤（如关节） • 吮吸拇指或手指 • 咬嘴唇

强迫症在儿童和青少年，以及成年人中有相似的症状（Hinkle，2008）。与成年人一样，儿童和青少年通常也会有对灰尘和细菌的强迫观念，并且会进行重复性清洗、打扮和检查行为。很少有儿童和青少年只有强迫观念而没有强迫行为（Kendall & Comer，2010）。一些儿童和青少年由于焦虑、恐惧、兴奋甚至无聊会产生反复、持续、聚焦在身体的重复性行为（如揪头发、抠皮肤），这些行为经常与注意缺陷/多动障碍同时发生（Panzaet al.，2013）。青春期的青少年通常能够意识到这些重复行为，他们可能对这些行为的发生和动力有所了解，而年幼的孩子常常是自动地做出这些行为（即在他们没有完全意识到的情况下）（Tompkins，2014）。因此，年幼的孩子通常比青少年需要更多的帮助来发展对自身强迫观念、强迫行

为和聚焦于身体的重复行为的意识。

强迫及相关障碍的类型

本节讨论在儿童和青少年中常见的强迫障碍类型。表 17-6 总结了 DSM-5 中的强迫及相关障碍（APA，2013）。最常见的影响儿童和青少年的强迫及相关障碍有：强迫症、躯体变形障碍、拔毛障碍及抓痕（皮肤搔抓）障碍。尽管这些疾病有重叠的地方且通常与焦虑障碍共病（APA，2013），但咨询师仍应谨慎区分每一种强迫及相关障碍的行为和认知方面的细微差别。表 17-7 展示了与每种强迫及相关障碍的潜在认知。

表 17-6　常见的 DSM-5 强迫及相关障碍概述

强迫及相关障碍	概述	示例
强迫症	产生担忧的干扰性想法（即强迫观念），常常伴随着旨在减少这种焦虑的重复行为（即强迫行为）	一个 8 岁的男孩对细菌和生病有过度焦虑。他会通过不停地洗手、检查和排序活动来试图对抗这种强烈的、干扰性的想法
躯体变形障碍	对身体外表的主观缺陷的全然关注，常伴随重复的行为（如打扮、照镜子）或心理活动（如与他人比较外表）	一个 15 岁的女孩一心关注着自己的鼻子。她强迫性地认为自己的鼻子“不适合她的脸”。她认为自己的鼻子太大了，使她难看且丑陋。她花很多时间在镜子前检查她的鼻子，经常化妆遮掩，还到处询问他人是否认为她的鼻子很丑
拔毛障碍	全然关注在拔毛发上，导致毛发脱落；有强烈的情绪时揪头发的行为会更严重；曾经尝试减少或停止拔毛的行为但没有成功	一个 12 岁的女孩反复地拔她的头发，以致她的头皮上出现了秃斑。有时，她还会用镊子拔眉毛。她感到羞愧和尴尬，因此常常偷偷地独自揪自己的头发。压力和焦虑加剧了她拔头发的行为
抓痕（皮肤搔抓）障碍	全然关注于搔抓皮肤，导致皮肤组织损伤和皮肤病变；有强烈情绪时，搔抓皮肤的行为会更严重；曾经尝试减少或停止搔抓皮肤的行为但没有成功	一个 14 岁的女孩不停地搔抓她脸上的痘痘（即痤疮）、她的肩胛骨，以及手臂背面。她会花很多时间触摸、刮、抠皮肤，并导致皮肤损伤。她对这些行为感到很羞耻和尴尬，所以秘密地进行这些行为

资料来源：Adapted from Diagnostic and Statistical Manual of Mental Disorders（5th ed.），by American Psychiatric Association（APA），2013，Washington，DC: Author.

表 17-7　强迫及相关障碍的潜在认知

强迫及相关障碍	潜在的认知
强迫症	儿童和青少年认为，如果他们接触了细菌，就会有不好的事情发生。他们通常认为，如果他们不按仪式性的模式计数、检查或做某些事，不好的事情就会发生在他们或他们所爱的人身上。这种强迫的想法常常与灾难性的家庭事件有关（如父母或监护人的死亡）
躯体变形障碍	儿童和青少年体验到自己对外表的主观缺陷有干扰性的、痛苦的想法。这种缺陷或不完美通常不会被他人注意到，但他们认为这些缺陷（如鼻子太大、腿太短、嘴唇太薄、臀部太大）在他人看来也是与自己的感受程度一致的。他们相信他人会因为他们的缺陷而不喜欢、不爱或不接受他们
拔毛障碍	儿童和青少年常常不停地想他们拔毛发的行为，也担心他人会怎么想或怎么说。他们通常非常在意自己拔毛发的行为会如何影响自己的外表，并因此感到沮丧和尴尬。他们经常责怪自己不能停下来
抓痕（皮肤搔抓）障碍	儿童和青少年常常不停地想他们搔抓皮肤的行为，也担心他人会怎么想或怎么说。他们对自己的搔抓行为会如何影响自己的外表十分在意。他们会变得沮丧和尴尬，常常在社交方面缺乏自信，并责备自己无法停止

资料来源：Adapted from “Cognitive-behavioral treatments for anxiety disorders in children and adolescents,” by R. R. Silva，R. Gallagher，& H. Minami，2006，Primary Psychiatry，13（5），pp. 68–76.

强迫及相关障碍的评估

一个整体的评估可以让咨询师对儿童和青少年的强迫障碍体验有一个全面的了解，并有利于制定恰当的咨询方案和方法。在评估这些障碍时，咨询师需要评估儿童和青少年的以下方面：（1）当前和过去的强迫症状；（2）当前的严重程度和功能损伤；（3）共病精神病理（Franklin et al.，2010）。

虽然诊断性访谈是评估儿童和青少年的强迫障碍最有效的方法，但儿童耶鲁 - 布朗强迫量表（Children's Yale-Brown Obsessive Scale，CY-BOCS）（Scahill et al.，1997）或儿童强迫症状影响量表修订版（Child Obsessive-Compulsive Impact Scales-Revised，COIS-R）（Piacentini et al.，2007）可以提供更多强迫相关症状的临床分辨角度（AACAP，2010；Wilson et al.，2016）。表 17-8 列出了可能有助于评估儿童和青少年强迫障碍的两种评估量表。目前还没有成熟的评估方法来评估儿童和青少年聚焦于身体的重复行为，因此，诊断性访谈仍旧是评估这些障碍的最有效手段（McGuire et al.，2012）。

一个全面的儿童和青少年评估还需要考虑鉴别诊断（即区分一种障碍与另一种障碍）和共病（即同时存在的障碍）。在评估儿童和青少年的强迫及相关障碍时，咨询师需要将这些障碍与其他心理障碍区分开来，这些障碍可能有类似的症状表现，包括广泛性焦虑障碍、孤独症谱系障碍、神经性厌食症和精神分裂症谱系障碍（Lewin & Piacentini，2010）。咨询师也需要考虑强迫障碍通常会与另一种心理健康诊断并存或同时发生。在儿童中，强迫障碍通常与焦虑障碍（如广泛性焦虑障碍、分离焦虑障碍、恐怖症）、ADHD 和抽搐障碍并存（Wilson et al.，2016）。在青少年中，抑郁和精神病症状与更严重的、难治的强迫障碍有关（AACAP，2010；Peris et al.，2010）。下一节将讨论处理这些强迫观念、强迫行为和聚焦于身体的重复性行为的具体方法及其应用。

表 17-8 强迫评估量表总结

评估量表	适用年龄范围	概述
儿童耶鲁 - 布朗强迫量表（CY-BOCS）	8 ~ 18 岁	CY-BOCS 是一个由 10 道访谈题目组成的儿童和青少年自评量表，用来评估强迫障碍的严重程度。这个量表可以为强迫观念或强迫行为及总分提供一个严重程度的评分。这个量表包括两名信息提供者（即儿童和青少年本人及父母或监护人中的一方），他们可以单独完成或在一起完成。CY-BOCS 也可用于对咨询进度的评估与评价
儿童强迫症状影响量表修订版（COIS-R）	7 ~ 18 岁	COIS-R 是一个由 33 道题目组成的儿童和青少年自评量表，用来评估强迫症状在过去一个月对其功能的影响（如学业，社交）。作为评估的一部分，监护人也需要完成一个包含 58 道题目的父母评价量表。COIS-R 也可用于对咨询进度的评估与评价

咨询干预

针对患有焦虑障碍的儿童和青少年的心理咨询有效性已有大量研究，但针对患有强迫及相关障碍的儿童和青少年进行有效咨询的研究比较少（Wilson et al.，2016）。现有的研究表明，CBT 是用于治疗患有焦虑或强迫障碍的儿童和青少年的最具实证性的方法（Freeman et al.，2014；Hofmann et al.，2012），许多来访者的焦虑症状甚至能够完全消失（Seligman & Ollendick，2011）。此外，CBT 在治疗有聚焦于身体的重复性行为的儿童和青少年方面也取得了令人鼓舞的进展，且大量研究表明，灵活应用多种治疗策略是最有效的［如 CBT、暴露疗法、习惯逆转训练（HRT）］（Flessner，2011；Tompkins，2014）。

CBT 的方法包括认知重构、重复暴露并减少回避行为（即儿童和青少年让自己与恐惧的物体或情境保持距离），以及技能训练（Seligman & Ollendick，2011）。这一研究领域的一个问题是，很少有理论或实践研究关注治疗患有焦虑障碍的青春期青少年

（12 ~ 18 岁）（Waite & Creswell，2014）。本章介绍的治疗方法是针对儿童中期的青少年做了调整，不一定能完全满足青春期的青少年的需求（Waite & Creswell，2014）。因此，咨询师必须根据青春期青少年的需要来调整治疗方法。

药物［如选择性 5- 羟色胺再摄取抑制剂（SSRIs）］和 CBT 的联合治疗对焦虑症状的缓解效果最好（Ginsburg et al.，2011）。影响咨询效果的因素包括年龄（即年龄越小的青少年可能预后越好）、焦虑症状严重程度的基线较低、没有多个内源性障碍（如其他的焦虑障碍、抑郁）及没有社交焦虑障碍（Ginsburg et al.，2011）。因为焦虑和强迫障碍涉及生理、认知和行为等组成部分，所以咨询师应该考虑多层面的方法（Freeman et al.，2014；Kendall et al.，2017）。

其他能够有效缓解儿童和青少年焦虑症状的治疗方法包括接纳与承诺疗法（ACT）（Greco & Hayes，2008）和 DBT（Harvey & Rathbone，2013）。ACT 是一种综合了接受、正念和行为改变原则的 CBT，它要求来访者有意识地、更多地活在当下（如“此时此地”），不加判断地体验自身，从而增强他们的认知灵活性和行为变化过程。DBT 是另一种 CBT，有望为这一人群提供帮助。它通常用来治疗有人格障碍的人（如边缘型人格障碍）。然而，最近这种方法已经被用在包括儿童和青少年在内的许多人群（Kress & Paylo，2015）。DBT 强调儿童和青少年用有意识的和亲社会的方式接纳和应对强烈的消极情绪的重要性。

焦虑、强迫及相关障碍的综合治疗

对有焦虑障碍的儿童和青少年的咨询通常侧重于技能培训和发展及技能实践（Kendall，2012）。咨询师应帮助儿童和青少年先了解相关应对技能，然后通过逐步或渐进地暴露于引发焦虑的活动中，使之在现实世界中实践和应用这些技能。针对焦虑的儿童和青少年的治疗方案通常包括以下四点：（1）教育；（2）学习认知应对技巧；（3）学习身体应对技巧；（4）行为暴露。强迫及相关障碍的治疗方案通常包括以下四点：（1）教育；（2）学习认知应对技能；（3）暴露和预防仪式；（4）复发预防（Franklin et al.，2010）。这些综合的治疗组成部分可以以个体、家庭或团体咨询的形式实施（Pahl & Barrett，2010）。

本节概述针对焦虑的儿童和青少年的基本咨询组成部分。这些组成部分可以分别使用或完全整合在一起，这取决于儿童和青少年问题的具体情况和相关症状（如躯体症状、认知症状和行为症状）。一个整合的全面的针对儿童和青少年焦虑的咨询方法包括以下组成部分：放松训练、情感教育、SST、认知技能训练、问题解决、后效强化、HRT、基于暴露疗法的活动、家庭对咨询过程的参与、药物使用等。下面将对每个组成部分进行简要的介绍。

放松训练

帮助来访者忍耐与焦虑相关的情境是咨询的一项重要初始任务。教授、练习和实施放松训练可以帮助来访者学会如何管理焦虑（Kendall，2012）。放松训练包括呼吸、想象，在某些情况下还包括肌肉放松。放松训练的核心任务是增强来访者对忧虑、担忧和焦虑的觉察，从而提高他们通过自身对焦虑的生理和肌肉反应来抵消这些感受的能力（Kendall，2012；Kendall et al.，2017）。这些放松和想象的活动应该在一个安静的环境中进行，要远离电子和手持设备的干扰。此外，播放轻柔放松的音乐也可以帮助来访者排除外界噪声，增加他们对这种干预的参与度和依从性。当来访者在会谈中练习了这些活动和技能后，理想情况下，他们就可以开始将它们应用到现实环境中了。表 17-9 列出了放松训练和想象活动的示例。

表 17-9 放松训练和想象活动示例

类型	活动	说明
深呼吸	吸气时数三下，呼气时数三下	让来访者一边吸气、呼气，一边数数。请来访者注意感受空气通过鼻子进入到胃里，然后呼出到鼻子。让来访者持续做十个完整周期的深呼吸

（续表）

类型	活动	说明
想象深呼吸法	在海滩的一天	要求来访者持续进行深呼吸，但要闭着眼睛。接下来，让来访者想象站在海边的沙滩上。引导来访者将想象具体化：海水淹没了你的双脚；阳光开始照在你的脸上；你的身体慢慢变暖。这时，一阵柔和的轻风拂过你的身体，包裹着你；最后，你能够真切地闻到海洋的空气中带来的甜蜜和咸味，并在舌尖上品出淡淡的咸味
渐进式放松	逐步进入放松状态	持续进行深呼吸，并让来访者在逐渐放松的过程中持续进行深呼吸活动。来访者可以将一只手放在自己的胃部并让它随着呼吸的循环上下移动。接下来，引导来访者跟随渐进式肌肉放松指导语，例如，“将注意力集中在你的脚上。让脚深深地沉在地上，仿佛你正站在海洋的边缘。让沙子慢慢在你的脚下下沉。当你用每个脚趾抓住地面时，你的腿尽量保持绷直，保持这种状态……然后放松。现在，假装你正在飞出沙子，进入天空。伸展腿部肌肉，腹部向外伸展，能有多高就伸多高，保持这种状态……现在放松”。持续这个过程，将来访者的注意力逐步转移到胳膊、手、脖子和脸上

咨询师也可以结合冥想、锻炼、伸展、绘画、阅读、听音乐、跳舞或任何其他表达活动来帮助来访者进行放松训练。例如，来访者可以画一幅放松场景的图画，咨询师可以将这个场景作为放松意象活动的基础。下文的实践活动提供了一个放松指导语，可以用来帮助年幼的儿童进行肌肉放松。

实践活动

针对年幼的孩子的放松指导语

以下是一个放松指导语，可以用来辅助年幼的孩子（如 5 ～ 8 岁）进行渐进式肌肉放松。

“今天我们要做一个练习，帮助你了解放松的感觉有多好，并教你如何帮助自己的身体变得更加放松。我们要关注身体的不同部位，当我告诉你哪个部位时，你要尽可能地绷紧那个部位。如果你觉得你在舒适的状态下准备好了，就请闭上你的眼睛，听我的声音。我们从头开始，所以先从你的脸开始。假装你吃了一些很酸的东西，如一片柠檬。尽量皱起你的眼睛和嘴唇，因为柠檬很酸！现在，放松你的眼睛和嘴唇。尽量放松你的嘴唇，你的嘴甚至可以稍微张开一点。

现在，绷紧你的鼻子和前额。看看你能让它们绷多紧。想象你的眉毛抬得很高，几乎要碰到头发了。现在，放松你前额的肌肉，让你的肌肉慢慢恢复到原位。你的脸部放松的感觉是不是很好？

接下来，我们要做的是放松脸部的下半部。假装你嘴里含着一个大块的硬糖，而这块硬糖的中间有一块泡泡糖。你真的很想吃泡泡糖，但你必须用力咬，才能把它弄开。现在，轻轻地咬下去，试着把硬糖咬开。真的很难！让我们休息一下，让肌肉放松一下。再咬一下硬糖就碎了。准备好了吗？开始吧！太棒了！你做到了！现在，放松你的脖子和下巴的肌肉，让你的下巴向下撑。甚至可以让你的嘴巴张得更大一点。在大嚼特嚼之后放松一下感觉肯定很好，不是吗？

接下来，把你的注意力转移到你的脖子和肩膀上。你已经用了一点脖子上的肌肉来咬碎硬糖，我们将再次用一下它们。将背部和肩膀拉紧，使肩膀尽量接近耳朵。可以试着让你的肩膀像耳环一样。挤压你的肌肉，使它们尽可能地绷紧。看看你能不能把肩膀抬高一点。将下巴收拢到胸前，保持肩膀抬高。现在，放松下来。感受一下让你的肌肉放松地回到它们原来的地方，这感觉有多好。放松一下是不是感觉好多了？

让我们再把注意力转移到你的肚子上。假装你正用力地往里吸肚脐，以致肚脐都要碰到你的背了。很好。现在保持并吸得更紧一点，就像你要侧身挤进一扇小门一样。让身体尽可能的扁。现在，让肌肉放松，做一个深呼吸来让肚子鼓起来。感觉很好，不是吗？

将你的注意力集中到你的腿和脚上。站起来，假装你站在沙滩上，把脚往潮湿的沙子里踩。当海浪卷到你的脚踝时，用你的脚趾使劲抓住沙子。海浪很大，你需要让你的腿变得强壮有力，把脚趾使劲儿伸到沙子里，这样你就不会被冲到岸上。你必须坚定地站着。尽可能地伸展腿部肌肉。一个真正的大浪就要来了！你肯定不想被冲到岸上吧！做得很好。现在，再次放松你的肌肉。

想想肌肉收紧后再放松的感觉是多么好。放松比紧张的感觉要好得多，不是吗？你可以在任何时候做这个练习来帮助你放松。你可以在睡觉前做这个练习来帮助你在睡觉前放松。你可以在任何地方、任何让你感到有压力或肌肉紧张的时候做这个练习。你今天做得很好！坚持练习，你就可以成为放松专家！”

情感教育

情感教育是一种旨在提高来访者意识的干预，这些意识包括他们的情绪、信念和态度及这些因素如何影响他们行为的意识。情感教育是针对患有焦虑和强迫及相关障碍的来访者的咨询的基础组成部分（Franklin et al.，2010；Kendall，2012；Tompkins，2014）。情感教育的目的是让来访者意识到他们内心正在发生的事情（即情绪、想法），以及让他们学会如何对发生在自己身上的事情产生影响（如行为）。情感教育探索焦虑的躯体、认知和行为症状相互关联的本质（Kendall，2012）。如果想做出持久的改变，来访者最终需要了解他们焦虑的动力、学会自我觉察和自我调节技能（Kendall，2012）。

对躯体症状的意识

情感教育始于咨询师帮助儿童和青少年通过他人的言语、面部表情和举止来识别和分辨人的情绪（Kingery et al.，2006）。在来访者表现出一些情绪识别的能力之后，咨询师可以开始帮助他们意识到自己焦虑时的躯体症状（如气短、胃疼、出汗）。咨询师应鼓励来访者更好地意识到当他们感到焦虑时（如焦虑前、焦虑中、焦虑后），他们的身体有些什么样的变化。

咨询师可以要求来访者列出他们与焦虑有关的躯体症状。来访者也可以用“电影”的形式来思考他们的生活经历。例如，来访者可以慢慢地回忆每一次焦虑体验或事件，并体会他在焦虑情境之前、期间和之后的身体感受。咨询师通过仔细分析来访者的焦虑体验来帮助来访者更好地理解他们的焦虑感受，目的是帮助他们识别焦虑的诱因和这些症状发生的早期迹象。

使用镜子来检查来访者的姿势和面部表情是咨询师提高他们对焦虑的躯体症状意识的另一种方法。使用镜子可以让来访者获得一个不同的视角（即他人视角）来观察自己如何“穿戴”焦虑。来访者可能没有办法分辨那些看起来轻松的人和看起来焦虑的人的区别。因此，咨询师可以通过使用诸如杂志、图片或视频等视觉辅助手段来介绍不同的姿势或面部表情。在要求来访者解释这些图片所代表的情感之后，咨询师也可以要求来访者说出一个他们有类似的感受和表达的情境。

对认知症状的意识

儿童和青少年对自己的认知过程的了解可能比大多数成年人更有限，因为他们的认知发育还没有完全成熟。反思一个人的思考过程需要元认知能力，这个过程可能会加剧或减轻焦虑症状，这取决于一个儿童和青少年如何解释这些认知及在多大程度上认同它们（Kertz & Woodruff-Borden，2013）。儿童和青少年通常不能意识到他们的想法，意识不到他们头脑中的自言自语是如何影响他们情绪、行为和自我概念的。一般来说，内心独白是指儿童和青少年在焦虑、担心或忧虑时内心的陈述。这些陈述包括他们的期望、自我评价、表现标准（如完美主义的想法），以及他们对他人会如何看待或期待的担忧。例如，一个青少年可能会想到即将到来的科学考试，并坚信他会考砸。他允许带有偏见的、功能失调的想法（即灾难化）来控制他的思维，因此会体验到担忧和恐惧。

来访者：我不会通过这次考试的。这一科我会不及格，然后可能会被学校开除。我父母会非常生气，所以他们要么会永远关我禁闭，要么会把我赶出家门。学校里的每个人都会嘲笑我是个笨蛋，最终我可能会无家可归。

隐藏在这些认知失调之下的是更大的问题和来访者自身胜任感的问题（即失败的后果和对嘲笑的恐惧），这使他维持着较低的自我概念（即自我认知）。帮助来访者更好地意识到他们消极的自我谈话的倾向，可以帮助他们识别和挑战适应不良的认知。此外，帮助他们识别、对抗并最终减少消极思维往往比仅仅促进积极思维更有效（Kendall，2012）。

对行为症状的意识

当来访者开始理解他们的身体和思想中发生了什么时，他们就可以理解他们的想法是如何触发了焦虑，从而导致那些影响他们行为的认知和身体线索的产生。这些行为反应（或对身体体验和想法的回应）列举如下：避免引发焦虑的刺激、对安慰的过度需求、逃避朋友或家人、神经抽搐、情绪爆发或发脾气、易怒、疲劳或睡眠困难、坐立不安、不能集中注意力，以及强迫行为（即试图摆脱引发焦虑的干扰性想法的补偿行为）。

儿童和青少年通常意识不到他们的躯体和认知症状是如何影响他们的行为的。他们通常需要一定的帮助来理解这些体验的相互关系。例如，一个 12 岁的女孩非常害怕自己的惊恐发作。当她在拥挤的商店里时，她觉得好像无法逃脱。于是，她选择回避作为自己的应对方式，她会避免去任何可能拥挤的区域。她的父母发现让女孩待在家里会更轻松些，就放任女孩不出门，因此，他们无意中强化了她的回避动力。女孩注意到自己因为回避了拥挤的地方，她不再那么焦虑和恐慌了，但又因为自己回避了大多数社交场合，又会感到孤独和缺少朋友，这就造成了另外的问题。

由于儿童和青少年的认知水平与成年人相比更具象，因此那些能帮助他们更直观地看到焦虑症状、想法和行为之间的联系的活动更有效。例如，练习题、图表或行为排序，这些都可以促进咨询谈话并提高来访者理解概念的能力。表 17-10 展示了一个情感教育在临床上应用的例子。

表 17-10　情感教育应用：感受、想法、行为

（以一个 13 岁的孩子为例）

焦虑相关的情境	你的皮肤 / 身体有什么感觉	关于这个情境你有什么样的想法？关于自己呢	你是怎么回应的	你回应之后有什么样的感觉	你还可以做出其他的回应吗
我被告知我需要在课堂上做一个关于未知主题的即兴演讲	我开始出汗了。我的心开始狂跳。我觉得恶心和燥热	我会让自己看起来像个傻瓜。我不想所有人都嘲笑我。我会被羞辱的我得从这里离开	我告诉老师我的胃疼，我需要去校医院。然后，我离开了教室	我松了一口气，但是后来我觉得很尴尬。我怎么能是这样一个“婴儿”。我敢打赌每个人都知道我是装的。我甚至确定他们在我离开后都在谈论我	我其实可以再等一会儿看看他人如何处理这项任务。我也可以试着等一会，因为距离下课就只剩 10 分钟了。我也可以谈谈我对这项任务的不舒服的感受

如果来访者年龄太小而不能在练习题上写出自己的想法，那么咨询师或父母可以口头上带领孩子完成它或使用其他媒介展示这些概念，如绘画、游戏、手指绘画、拼贴画，使用沙盘、手偶或想象游戏（Geldard et al.，2013）。一名正在与幼儿进行情感教育的咨询师可以让孩子根据下面句式来陈述画画：（1）“当我快乐时，我用……来表现它”；（2）“当我难过时，我用……来表现它”；（3）“当我生气时，我用……来表现它”；（4）“当我担心时，我用……来表现它”。这些陈述之后，咨询师可以选择孩子的其中一种情绪，让他画一幅画来表达以下内容：（1）他怎么感受到这种情绪的，在身体的什么部位（例如，“选择一种和你的感受相关的颜色，画一下你身体的哪个部位感受到了这种感觉”）；（2）在有这样的感受时，它在想什么（例如，“在这个小人头上的卡通气泡里，画出你在担心时对自己说的话”）。这些绘画活动的应用可以帮助咨询师带领来访者理解他们的情绪是如何与他们的想法和行为相关联的。

社交技能训练

社交技能训练（SST）的目的是帮助儿童和青少年发展他们与人交往所需的技能。虽然 SST 可以整合到所有焦虑障碍的治疗中，但它对患有社交焦虑障碍的儿童和青少年尤为有效（Scharfstein & Beidel，2011；Seligman & Ollendick，2011）。患有社交焦虑障碍的儿童和青少年通常会在学校情境中遇到困难，如回答老师的问题、参与课堂讨论或主动与同伴交谈时。通常，这些儿童和青少年会回避和避免这些令人不舒服并可能引起尴尬的情境，这就更加使他们缺乏适当的解决社交问题的技能。因此，SST 可以提供实际且务实的技能，以提高他们管理和应对社交情境的能力（Seligman & Ollendick，2011）。

SST 通常包括教授来访者关于社会互动的言语和非言语的组成部分。大多数儿童和青少年从来没有明确地接受过如何识别自己和他人的情绪或在社交互动中表达自己情绪的训练。大多数 SST 课程的组成部分包括以下几点：（1）识别和表达情绪；（2）与他人交流这些情绪；（3）增强自我管理的能力（如意识到自己的行为与他人的关联）（Geldard et al.，2013）。

SST 的中心假设是，随着儿童和青少年社交技巧的发展和与他人（如同伴、成年人、老师）交流能力的提高，他们将会与他人更积极地互动，而且他们处理日常社会交往的能力也会提高，从而提升他们的自尊和自信（Geldard et al.，2013）。由于儿童和青少年的焦虑通常与社交互动有关，因此 SST 是对有焦虑的儿童和青少年进行心理咨询的一个重要方面（Geldard et al.，2013）。

SST 包括解构复杂的社交互动，以便更好地理解它们可以如何被管理。例如，如果一个孩子在交朋友方面有困难，咨询师可以带领其一起分析一个典型的社交互动。典型的社交互动有开始、中间和结束三个阶段。开始阶段主要是孩子的开场白，例如，“嗨！我的名字叫艾登。你叫什么名字”。在中间阶段，孩子可以使用预先想好的问题来维持和继续这段对话，例如，“你喜欢什么视频游戏”。在这个阶段，来访者需要发展出轮流说话、倾听和评论的交流模式。这些互动技巧可以通过咨询会谈中的角色扮演方式来练习。在社交互动的结束阶段，孩子退出并用适当的方式结束谈话，例如，“期待下次和你见面，很高兴和你聊天”。

自我管理技能也包含在 SST 中，它们包括谨慎和深思熟虑再采取行动。来访者可以学习“暂停下来思考”的技巧，以调整他们的反射性反应或冲动应激的行为。例如，停止（识别情绪和问题）、思考（想想可能的解决方法和后果，选择最好的解决方式）和行动（尝试你的计划，并评估它进行得如何）是一种常用的自我管理技巧。来访者也可以通过考虑行为的后果来进行自我管理，例如，“如果我这样做，就会有这样的后果”。或者通过被教授如何使用自信而不是攻击的方式来进行自我管理，例如，当感到尴尬时，不是去攻击他人，而是自信地说，“当你那样做时，让我有这样的感觉，我希望你可以不这样做”。SST 中使用的一些具体技术需要通过角色扮演、从他人（如咨询师、父母、兄弟姐妹）那里接受反馈、对积极行为的强化及模仿来练习。

模仿是一种经常出现在SST中的基于社会学习理论的技术，该理论认为学习可以通过观察、效仿和模仿另一个个体而发生（Kendall，2012）。咨询师可以使用模仿技术作为一种方法来教授来访者更多适应性的社交技能（Kendall，2012）。当来访者观察到其他人对引发焦虑的情境做出适应性的、积极的反应时，他们就可以效仿和模仿这些能更好地处理这些情境的方法，从而减少自己的焦虑。模仿可以用在咨询会谈中（如观看互动的视频、与咨询师进行角色扮演）、团体形式中（如角色扮演活动），或作为家庭作业（如在课间活动时观察其他孩子的互动）。

下面来看一位来访者的例子。他有明显的焦虑（如总是躲在父母身后，而不是与其他孩子交谈），并且在社交技巧上感到困难。咨询师和来访者可以观看一段富有建设性的社交互动的视频（如一段教育视频、孩子喜欢的节目的网络视频剪辑、卡通片段），之后一起来回顾这段社交互动（例如，视频里面的孩子做了什么，他说了什么，这个孩子是怎么站在那里的，这个孩子谈论了什么事情？）。咨询师可以通过与来访者进行角色扮演及试验来练习使用特定面部表情、介绍语句和对话开场白。这些习得的技能最终需要由来访者在现实世界的社交互动中尝试和应用。

认知技能训练

正如第1章所讨论的，儿童和青少年会经历一个可预测的认知发展阶段。随着孩子不断地成长，并与他们周遭的世界进行互动，他们会逐渐成为更好的问题解决者。然而，与成年人一样，儿童和青少年有时也会陷入歪曲、低效的思维模式中，因此，他们可以从认知技能训练中受益。认知技能训练是针对患有焦虑障碍和强迫及相关障碍的儿童和青少年的咨询中的一个重要组成部分（Franklin et al.，2010；Seligman & Ollendick，2011；Tompkins，2014）。

患有焦虑障碍的儿童和青少年的认知问题通常源于认知缺陷或认知歪曲（Kendall，2012）。认知缺陷可以被理解为有问题的认知加工过程（例如，一个青春期的青少年在没有得到所有必要信息的情况下做出冲动的决定）。这种思维方式可以通过使用鼓励反思和鼓励更健康的思维模式的解决策略来改善。认知歪曲是一种有偏见的、功能失调的、低效的思维模式，它歪曲了儿童和青少年对自己、他人或周围世界的信念。表17-11列出了儿童和青少年认知歪曲的常见类型。

表17-11 儿童和青少年认知歪曲的常见类型

类型	概述	示例
独眼怪物 （选择性概括）	仅凭一个证据或一次意外你得出一个僵化的、肯定的结论	“我没有朋友，永远也不会再有朋友。”
快进 （妄下结论）	没有证据和相关知识，就假设自己知道他人的感觉、想法行动原因，或者预测出消极的未来	“我的老师讨厌我，因为我举手的时候她没有叫我。她可能认为我反正也不知道答案。”
灾难预言家 （灾难化思维）	期望并假设最坏的情况会发生在自己身上	“当我错过校车后，我就知道我这一整天都会是一场灾难。我相信我的家庭作业全都错了。我打赌没人愿意和我坐在一起吃午餐。我相信我也会错过回家的校车。”
没有中间地带 （非此即彼思维）	有非黑即白的思维，诸如没有中间地带、对特定互动或情况的复杂性没有任何意识	“我不敢相信我数学只考了第二名。如果我真的聪明，我会答对所有问题的。我太笨了。每个人都比我聪明。”
“哈哈镜”思维 （心理过滤）	只接受那些负面的部分（细节）并放大它们，同时过滤掉当时互动或情境的积极方面	“萨莉不想和我成为这个课堂作业的合作伙伴。她一定非常不喜欢和我待在一起。我想知道还有多少人讨厌和我待在一起。”
灾难性的魔法思维 （罪责归己）	假设他人做的所有事、说的所有话都是针对自己的	“我看到那些八年级学生一直看着我笑。他们一定是说我的鼻子大。我讨厌我的鼻子。它为什么会这么大呢？”

（续表）

类型	概述	示例
“全都是因为我”思维（责备）	认为需要对自己的遭遇或痛苦负全部责任，或者认为一切遭遇或痛苦都是他人的责任	“那些男孩就是不想让我赢或者做好任何事情。他们移开了运动场上的那个垫子，一定是因为他们料到我会在那里滑倒，然后不得不去看校医。”
情绪的囚犯（情感推理）	相信自己的感觉一定是真实的。一切推理都源于自己的情绪	“我觉得自己毫无价值，所以我一定是毫无价值的。我觉得自己很愚蠢，所以我一定是愚蠢的。”
偷懒的指责（乱贴标签）	给自己或其他人贴上消极的标签，而不是探索这个特定情况或事件的复杂性	“鲍比从我身边走过，对我视而不见，连声招呼都没有打。他真是个混蛋。”
固执的规则（过度使用“应该”）	用必须、应该和理应等一系列词来规定人们应该如何互动、交流和行动，并以此自我批评或批评他人	“我应该更受欢迎。我应该有更多朋友。我应该更讨人喜欢。我应该更放松、更冷静。”

资料来源：Adapted from Cognitive Therapy Techniques for Children and Adolescents，by R. D. Friedberg，J. M. McClure，& J. H. Garcia，2009，New York，NY: Guilford.

虽然青春期的青少年可以通过教育和支持来识别出自己的认知歪曲，但年幼的儿童因为元认知能力有限，很难意识到自己的思维过程。帮助儿童理解和识别认知歪曲的一种有效方法叫作“你的想法对你使的小把戏”（Friedberg et al.，2009）。通过让来访者成为侦探，尝试用行动指出这些把戏，让孩子提高他们识别认知歪曲的能力。

认知与情绪及行为有关。因此，如果来访者有功能失调的行为或情绪，那么处理这些问题的途径就是解决他们的认知问题。这可以通过识别不适应的认知并挑战它们来实现。通过强调不适应的认知，然后帮助来访者看到这些认知与他们行为之间的联系，咨询师就可以帮助来访者调整他们歪曲的认知过程，从而转向更有建设性的思维方式。

认知技能训练的目的列举如下：（1）识别和减少消极的自我谈话；（2）产生积极的自我陈述；（3）挑战不现实或功能不良的自我陈述；（4）制订计划去面对未来害怕的情境或物体（Kress & Paylo，2015）。培养认知技能最常用的策略是认知重构、演练、社交强化和角色扮演。

在下面的例子中，咨询师与一个 9 岁的男孩谈论了一项他即将面临的任务，也谈到了关于他一定无法完成这个任务要求的负面的自我谈话。

咨询师：能不能告诉我最近让你感觉非常紧张的时候。

来访者：上周在学校，老师和我们说了关于蜡像馆的作业，这个作业需要我们打扮成一个名人的样子，在全班面前做 3 到 5 分钟的演讲。

咨询师：你当时是怎么想的呢？

来访者：我在想这个作业太疯狂了吧。我怎么可能当着大家的面做这件事呢？

咨询师：你担心自己在众人面前的表现。你当时脑子里有些什么样的念头呢？

来访者：我在想我会看起来很傻，其他同学都会取笑我。

咨询师：为什么会觉得看起来很傻，其他同学都会取笑你？

来访者：我不知道。我总是很紧张。我可能会忘记台词，说起台词来也结结巴巴的。我没有其他孩子聪明，他们是知道的。他们会议论我的。

咨询师：这听起来很像你几周前谈到的与史黛丝的互动。还记得在那次互动中你做了哪些有帮助的行动吗？

来访者：是的，我记得。我意识到我会妄下结论。但这次不同。我不能在那么多人面前讲话。

咨询师：你认为这两件事有什么相似之处？

来访者：我不知道。

咨询师：在你看到实际情况之前，你就预测会有不好的事情发生。让我们来找一找支持和反对你所说的“我不能在那么多人面前讲话”的证据吧。

如上所示，这位来访者开始学习他的认知模式［即快进（妄下结论）］，咨询师试图帮助他不仅识别出消极的自我对话，而且尝试评估他自我推断的证据，最终希望他能够产生新的积极的自我陈述。识别认知模式的过程将帮助来访者在未来与自己适应不良的认知进行辩论，并为他提供一个如何挑战这种毫无根据的推断的示例。

帮助儿童和青少年建立针对认知的意识和技能的一种方法是，当感到焦虑时，让他们填写一份思维记录。表 17-12 和表 17-13 分别提供了用于儿童和青少年认知技能训练的思维记录表。思维记录是教授儿童和青少年关注他们的思维过程的一种有效工具。

问题解决

长期以来，问题解决的方法一直与社交能力的提高和心理压力的减少相关联（Bell & D 'Zurilla，2009；Malouff et al.，2007）。问题解决的方法可以训练儿童和青少年独立面对生活中的日常挑战。有效的问题解决技能对与焦虑或强迫及相关障碍作斗争的儿童和青少年来说至关重要，尤其是广泛性焦虑障碍、社交焦虑障碍和分离焦虑障碍（Kendall，2012；Kendall et al.，2017）。有很多可以教授给儿童和青少年的问题解决模型示例，列举如下：（1）定义问题；（2）列出解决这一问题的方法；（3）根据已有的信息做一个慎重的决定、选择或行动；（4）实施一种解决方案并对它进行评估（Bell & D’Zurilla，2009）。

表 17-12　认知技能训练中的思维记录（青春期的青少年）

情境	情绪或感受（1 ~ 10）你的身体发生了什么	无益的想法	支持无益想法的事实证据	不支持无益想法的事实证据	替代想法	新的情绪或感受（1 ~ 10）
发生了什么？什么时候，在哪里发生的？如何发生的？当时自己一个人还是和其他人在一起	它让你有什么样的感受？有多强烈？你注意到自己身体的哪些部位发生了什么变化	那时你脑海中的想法是什么	什么事实证明了你的想法是正确的	什么事实证明了你的想法是不正确的	其他人遇到这样的情境会怎么做？有其他看待这个情境的方式吗	你现在感觉怎么样？在1 ~ 10的量表上打个分
以一个 13 岁的孩子为例						
昨天，我在学校犯了一个错误：我在第三节课时走错了教室。之后，我才匆忙赶到了对的教室	我感到非常焦虑（9）。我感到脸红心跳，胃里也翻江倒海的	我想：我太笨了，如果人们真的认识我的话，他们会认为我一塌糊涂［即懒惰的指责（贴标签）］	我走错了教室，我应该知道我的日程安排。我犯了一个愚蠢的错误	我确实走错了教室，但我才晚了 2 分钟；我的老师和其他学生没有对我说什么；我见过其他同学也发生过这样的事情	我可能反应过激了。我是犯了一个愚蠢的错误，但这并不代表我愚蠢、傻或者是一个失败者——我只是有些分心了	我觉得没那么焦虑了，也意识到甚至没有人注意到我，我不是我最初想的那样（3）

表 17-13 认知技能训练中的思维记录(儿童)

发生了什么事	你的感受	你的想法	你的行动
说说这是一个什么样的情况能不能画下来	这让你有什么感觉?你的感受有多强烈?能不能给它打分,再选一种颜色来描述你的感觉	你在这件事发生时和事后都在想什么呢?能不能在下面画出你当时和之后的想法	你做了什么?能不能在下面画出来
以一个 7 岁的孩子为例			
我妈妈走了,把我留给了保姆	我一开始很生气,之后很难过	当时:她不会回家了	大哭,大喊大叫
(画图)	给感受打分或选择一种颜色 8,红色	之后:如果她死了怎么办	(画图)

咨询师必须帮助来访者区分可解决和不可解决的问题或担忧。可解决的问题或担忧是那些可以通过行动改变的问题(例如,“如果我感到孤单,我可以和他人聊天”),而不可解决的担忧是自己的行动无法改变的问题(例如,“如果有一天我得了癌症怎么办?”“如果我的母亲永远不回家怎么办?”)。如果一位来访者持续纠结于不可解决的问题或担忧,那么咨询师可以帮助其管理这种不确定性和模糊性。

认识问题需要有一定程度的自我意识,而来访者需要意识和评估问题的根源。在明确了问题之后,咨询师可以带领来访者做出挑战,让他们不只是回避这些令人痛苦的情况,而是采取其他行动。一旦来访者意识到他们的情绪如何影响他们的行为和想法后,他们就会意识到自己可以采取行动来改变不良的问题或情境(Stark et al.,2010)。问题解决的下一步是找到替代方案。来访者必须提出处理问题或情境的其他选项。在提出不同的解决方案后,他们可以去了解每种决定的最终结果,并评估每种想法的优势,直到明确解决方案。最后,来访者需要应用他们选择的解决方案,而该解决方案应该是现实的,并能够产生预期结果的。在咨询会谈中使用角色扮演来呈现这个过程是强化问题解决过程和帮助方案应用到实际生活中的一种有效方式。在实施方案后,咨询师和来访者应该重新评估结果,让来访者吸取经验,从而在未来做出更有效的决策。表 17-14 提供了一个适用于来访者的问题解决公式的示例。

表 17-14 问题解决公式示例

问题解决的提问	示例
问题是什么	我担心很多事情。最近,我开始担心要不要参加学校的年终舞会。我很想去,但是如果我做了什么蠢事或我一直一个人坐着怎么办?要是没人跟我说话怎么办
我能做些什么	我想我可以: 1. 不去舞会; 2. 从头到尾地参与舞会; 3. 在舞会待一会儿,如果我觉得不舒服,就叫妈妈来接我
对每一个选项,做了之后可能会发生什么	我将: 1. 一个人坐在家里看电视; 2. 感到孤独和尴尬,一直到最后妈妈来接我; 3. 感觉不舒服,但我想我随时可以离开
哪种解决方案可能是最好的	我认为第三种是最好的选择
在我试过之后,我做得怎么样?结果如何	还行吧。我在舞会待的时间比我想的长一些,大概有一个半小时吧。我最终还是给妈妈打了电话,但那是在我和两个女孩聊了一会儿之后

资料来源:Adapted from “Anxiety disorders in youth,” by P. C. Kendall,2012. In P. C. Kendall(Ed.),Child and Adolescent Therapy: Cognitive-Behavioral Procedures(4th ed.,pp. 143–189),New York,NY: Guilford.

面对年幼的来访者，咨询师可以发挥自己的创意，可以使用动画角色来传达问题解决的概念。例如，咨询师可以让来访者想象一个卡通人物（如杰克与梦幻岛海盗），这个卡通人物应该是来访者认同并认为他可以处理他们面临情境的角色。咨询师可以让来访者谈一谈这个角色会如何处理这种情况，并让他们在会谈的角色扮演中及未来的现实生活中假装自己是这个角色（如自己扮演这个人）（Kendall，2012）。

后效强化

后效强化（contingent reinforcement）的原理是为了鼓励一个理想结果而特意地强化某些行为。基于操作条件反射原理（即通过奖励或惩罚来学习某些行为），后效强化假设行为是由结果控制的，行为可以通过强化而增加或因不被强化而减少。后效强化相关技术通过改变引发焦虑的情境相关的行为来影响儿童和青少年的焦虑。这些方法有助于减少与焦虑相关的行为（如回避）、选择性缄默症（Vecchio & Kearney，2009）和恐怖症（如社交焦虑障碍、特定恐怖症、场所恐怖症）（Kendall，2012）。最常见的后效强化技术是塑造和正强化。

塑造

塑造是一种渐进式的训练，通过将期望的行为划分为多个部分并强化这些部分，或者强化向期待行为发展的任何改变，来逐步训练或改变行为。例如，如果一个儿童和青少年的咨询目标是在恐惧的社交情境下能够说两句话，那么这个目标就可以被分成不同的难度，例如，一开始儿童和青少年能够在这个社交情境下说一个词（不是做一个手势），之后可以说几个词（不是一个词），最后能够说两句话。咨询师可以根据塑造原则并用以下系统的方法来塑造来访者的行为：

1. 标记出目标行为（如发脾气行为、回避行为）；

2. 明确塑造的最终目标（如杜绝破坏行为）；

3. 评价当前目标行为出现的频率（有 0 ~ 10 的范围，0= 从未发生，10= 总是发生）；

4. 详细列出来访者从当前的表现水平发展到最终目标的步骤。这些步骤的要求应该逐步提高。如果难度变化太小，来访者会觉得无聊；如果难度太高，来访者又会感到沮丧。因此步骤设定应适度，否则以下这个过程就起不到任何效果。

（1）当一组步骤中的第一步完成时，来访者就会得到一个预先商定好的奖励。

（2）一旦来访者掌握了该步骤（或特定的行为），那么他必须进展到下一步骤才能受到奖励。

（3）重复这一过程，直到所有步骤完成。

正强化

另一个后效强化相关概念是正强化，其在表述上非常简单，但经常被误解。正强化是添加一些奖励以达到增加行为再次发生的可能性，或者维持现有的行为。例如，给儿童和青少年提供正强化（如晚点睡觉、增加看电视的时间、增加零食、口头表扬）可以提高他们完成家庭作业的可能性。相反，当某种行为不再被强化时，消退就发生了，因此，在缺乏强化的情况下，行为最终会消失。关于焦虑相关的问题，正强化可以用来鼓励儿童和青少年体验他们害怕的情境。来访者经历相关情境并因此得到积极强化的次数越多，他们就越有可能不回避令他们害怕的情境。此外，以一种有计划的方式使用正强化有助于缓解焦虑。例如，咨询师可以使用一个代币系统，在这个系统中，儿童和青少年会因为进行了指定的行为而获得正强化。儿童和青少年可以把赢得的代币兑换成额外的特权或奖品。运用代币系统的步骤如下：

1. 选择和定义一个需要改进的目标行为（如发脾气行为、逃避行为）；

2. 创建一个代币系统和一种可视化的方法来观察和评估进展（如在图表上贴贴纸、代币或小木棍）；

3. 建立用来强化的支付系统与交换标准（如儿童和青少年在进行某种行为后可以获得此特权或该奖品）；

4. 提供强化的时间设置（如当行为发生在指定的时间段时，就可以得到代币）；

5. 考虑添加一个罚款机制（如对不适当的行为进

行罚款)。

代币制度是教授儿童和青少年新技能和激励新行为的有效手段，然而，做到持续的应用和保持一致性很难(Baileyet al.，2011)。咨询师需要确保家长参与代币制度的建构，并且在他们实施的过程中能够得到支持，在出现困难时能够获得帮助。

习惯逆转训练

习惯逆转训练(Habit Reversal Training，HRT)是一种行为疗法，对治疗各种聚焦于身体的重复性行为非常有效(如揪头发、抠皮肤、咬指甲)(Tompkins，2014)。HRT 侧重于增强儿童和青少年对重复行为的意识，帮助其建立替代重复性行为的反应(如弯曲手臂 90 度、握拳、手臂紧贴身体、保持肌肉紧张 90 秒)，并通过父母培训来创造适当的社会支持(Tompkins，2014)。

在 HRT 的初始阶段，咨询师应增强来访者对存在的问题行为及其原因的意识。对于青春期的青少年，这种意识过程可能很简单，他们通常对这个问题已经有一定的认识了。但年幼的孩子如果缺乏对这些重复行为的认识或意识程度较低，那么通常需要让来访者和他们的父母一起完成会谈(Tompkins，2014)。青春期的青少年通常能识别出重复性行为的预警信号，但年幼的孩子经常会自动做出行为(即无意识的)，这就需要父母的帮助来让他们更多地意识到自己的行为和诱发因素。例如，一个年幼的孩子在客厅里看电视时可能会不自觉地拉扯头发。如果孩子可以注意到并说出“我在客厅里揪头发”，那么父母就可以通过给予其奖励让孩子意识到自己的行为。

一旦来访者意识到他们的重复行为和前兆，他们就可以进行替代反应(即替代行为)。替代反应需要满足三个条件：(1)儿童和青少年没办法同时做出替代反应和重复行为；(2)儿童和青少年在大多数情况下可以很容易地做到替代反应；(3)替代反应不会给儿童和青少年带来过度关注(Tompkins，2014)。儿童和青少年常用的一种替代反应是将双手放在身体两侧，握紧拳头至少一分钟。在某些情况下，他们可以在纸上涂鸦，在一小团毛线上打结，折纸，或把橡皮泥捏在手里。

最后，父母提醒、强化和指导儿童和青少年将在会谈中学到的技能应用在家中，这就构成了 HRT 中的社会支持部分。例如，年幼的孩子通常需要被提醒他们要应用替代反应，而不是重复行为。父母可以通过口头表扬(如“干得好!”)或权变管理方案(如正强化)来强化这些技能，以增加期望的行为(如替代反应)。

暴露疗法

暴露疗法旨在通过鼓励儿童和青少年接近和参与引发焦虑的情境来减少与焦虑相关的回避行为(即不参与或不能完全参与某种情境或活动)。暴露疗法通常与 CBT 相结合，可以有效治疗分离焦虑障碍、特定恐怖症、社交焦虑障碍、选择性缄默症和强迫症(Barlow，2008；Franklin et al.，2010；Seligman & Ollendick，2011；Vecchio & Kearney，2009)。

暴露治疗是基于经典条件反射的原理及以下假设：当来访者能够在较长时间内较好地耐受一个令其恐惧的情境，那么他之前的行为就会自然消失(即由于缺乏强化，行为消退)，同时他也会习惯这个情境(即因为暴露的增加，反应减弱)。暴露疗法可以是渐进式的(如逐步暴露于由低到高的焦虑等级情境中)，也可以是即刻的(如满灌疗法)。

当使用渐进式暴露疗法时，咨询师首先要帮助来访者建立一个焦虑等级(如恐惧或焦虑层级)。咨询师应帮助来访者识别和具体化引起最小焦虑的情境，并逐步提高到最令其恐惧的刺激。对恐惧刺激的实际暴露包括想象暴露(即想象或可视化害怕的情境)、在会谈中实景暴露(即在会谈中面对害怕的情境)和会谈外实景暴露(即在会谈之外面对害怕的情境)。所有类型暴露治疗的目的都是帮助来访者适应令其有压力的刺激，并在刺激情境(最终目标是真实情境)中练习应对的技能，阻止或降低诱发焦虑的情境、物品或强迫观念(如惯性思维)所引发的情绪反应水平。

满灌疗法（flooding therapy）的原理是将来访者重复、长时间地暴露于恐惧的情境或物体（如想象的、真实的）下，直到来访者自我报告的焦虑水平消失。这种方法背后的假设是，焦虑只能达到一定量级的水平，并最终会消散，这样就带给来访者一种可以耐受和控制这种令其害怕情境的感觉。满灌疗法会产生痛苦（比其他暴露疗法更严重），因此儿童和青少年应该对这种干预背后的原理有一些认知上的理解，并且这种方式可能不适合年幼的孩子（Kendall，2012）。

使用暴露疗法（如渐进式，满灌式）的咨询师必须将反应预防纳入暴露疗法的程序中。也就是说，要预防来访者对引发焦虑的情境、物品或强迫观念产生的自然反应（如回避行为、强迫行为）。对来访者的自然反应或强迫行为的预防在暴露疗法中至关重要，特别是对儿童和青少年的强迫症治疗（Franklin et al.，2010）。

还有一种结合暴露疗法的认知行为治疗模型叫作应对猫计划（Kendall et al.，2002）。在该治疗模型中，儿童和青少年需要面对循序渐进的引发他们焦虑的情境。儿童和青少年在这个过程中可以实践一个叫FEAR 的计划。

- F（feeling frightened）感觉害怕：认识你对焦虑的生理反应。
- E（expecting bad things to happen）预期坏事发生：识别无益的焦虑想法。
- A（actions and attitudes that can help）有帮助的行为和态度：聚焦在你学到的并能在焦虑时可以使用的技能（如放松、深呼吸、想象、问题解决、积极的想法）。
- R（results and reward）结果与奖励：评估自己在面对令人焦虑的情境时的表现。

应对猫计划是一个将暴露疗法应用于咨询患有焦虑和强迫及相关障碍的儿童和青少年的综合治疗计划。

家庭参与

父母的参与在帮助儿童和青少年解决和克服焦虑时至关重要（Seligman & Ollendick，2011）。在与父母合作时，咨询师应致力于以下两点：（1）提高他们对焦虑的认识和知识；（2）寻求他们对强化的一致性、强化技能训练，以及对来访者的咨询目标的支持。每一位家庭成员或父母参与咨询的程度会有所不同，这取决于来访者焦虑的性质、来访者的年龄、来访者的意识水平、临床机构环境（如门诊、住院治疗、医院、学校、日间护理）和家庭状况（如成员、动机、资源）。当对年幼的儿童进行咨询服务时，家庭在对儿童应用技能方面需要发挥更大的支持作用。此外，家庭动力和顾虑也可能加剧儿童和青少年的焦虑，这些顾虑也需要在咨询中提出。

父母通常在孩子心理咨询过程中扮演以下一个或多个角色：（1）顾问（例如，作为一个信息提供者，核实来访者提供的信息）；（2）合作者（例如，强化孩子在会谈中学到的技能，帮助孩子进行角色扮演或应用新的技能）；（3）与孩子一起的来访者（例如，学习如何管理自己的焦虑，学习如何以一种新的方式养育孩子）（Kendall et al.，2017）。咨询师可以用不同的形式邀请家长作为顾问和合作者，如个体会谈（即单独与家长会谈）、联合家庭会谈（即同时与来访者及其家长会谈）或在来访者会谈时间中抽出一部分与父母单独会谈。父母的参与可以提高孩子的参与度，增加在咨询目标上的合作，同时保持治疗动机，并伴随着父母行为的改变（如更少干扰、更多鼓励自主性、对回避行为的更少鼓励）来促使更多积极的咨询结果。表 17-15 提供了与患有焦虑障碍的儿童和青少年进行家庭会谈时涉及的常见目标、主题和技巧。

表 17-15 与患有焦虑障碍的儿童和青少年进行家庭会谈时涉及的常见目标、主题和技巧

总体目标	• 改善亲子关系 • 加强家庭沟通技巧 • 加强家庭问题解决的能力 • 鼓励使用能够关注到孩子的自主性和身心健康的教养方式（如帮助父母认识到孩子需要自己面对的恐惧）
通常讨论的主题	• 家庭沟通的模式和风格 • 教养方式（如父母过度投入、批评和控制） • 孩子焦虑对父母的影响 • 孩子焦虑对兄弟姐妹的影响 • 问题解决的模式和风格

具体的技巧	• 帮助父母了解焦虑的影响
	• 将青少年的症状与其行为、思想和情绪联系起来
	• 使用正强化来增加想要的行为
	• 忽略不希望出现的行为
	• 成为冷静问题解决方法的榜样
	• 提醒孩子使用从会谈中学到的技巧（如放松、应对技巧、积极的自我谈话）
	• 父母作为合作者或“教练”
	  ◦ 尝试暴露疗法的家庭作业；挑战回避反应
	  ◦ 将孩子视为有复原力的，而不是脆弱的（如需要保护）
	专注于小的、积极的成功来帮助孩子建立勇气和能力

与父母和家庭成员的合作增强了家庭成员对各自角色的理解和执行能力，从而也提高了有焦虑障碍的来访者完成家庭作业的可能性（Franklin et al.，2010；Seligman & Ollendick，2011）。

精神药物治疗

精神药物疗法是另一种可用于解决儿童和青少年焦虑的干预措施（Ipser et al.，2009；Strawn et al.，2012）。父母、相关家庭成员，以及儿童和青少年需要考虑到使用精神药物治疗焦虑的利与弊。当考虑转介进行精神疾病评估时，咨询师应该评估儿童和青少年当前的压力程度和功能、症状的严重程度及心理健康历史（如儿童和青少年感到焦虑的时间长短）（Franklin et al.，2010）。药物的副作用、儿童和青少年及其家庭成员接受药物治疗作为治疗选项的倾向和家庭是否能够坚持服药并参加所有调整药物的复诊，这些都可能影响医生决定是否将药物治疗作为儿童和青少年的治疗计划的一部分（Hinkle，2008）。对常用的抗焦虑药物及其副作用的基本知识可能有助于咨询师理解来访者的治疗方案。表 17-16 列出了用于焦虑和强迫及相关障碍治疗中的 SSRIs 药物及其相关副作用。

表 17-16 用来治疗青少年焦虑的 SSRIs 药物及其相关副作用

用于治疗焦虑和强迫症的 SSRIs 类药物	• 氟西汀（百忧解） • 舍曲林（左洛复） • 帕罗西汀（帕罗西汀） • 氢溴酸西酞普兰（喜普妙或西酞普兰） • 草酸艾司西酞普兰（来士普）
SSRIs 类药物的常见副作用	• 头痛，症状通常在几天内消失 • 恶心（即胃部不适），症状通常在几天内消失 • 激动（即紧张不安） • 失眠或困倦，症状常在几周内消失

最新的研究为青少年焦虑障碍的药物治疗提供了支持（Ipser et al.，2009；Strawn et al.，2012）。确切地说，SSRIs 类药物一直是治疗儿童和青少年焦虑障碍（Strawn et al.，2012）和强迫症（Ipser et al.，2009）最有效的药物。除了 SSRIs 类药物，丁螺环酮在治疗焦虑障碍方面也有一定效果；但鉴于有限的实证研究支持，医生应该谨慎使用（Kodish et al.，2011）。苯二氮䓬类药物（劳拉西泮、地西泮、氯硝西泮）尚未被发现在治疗儿童和青少年焦虑障碍方面有效，它们的使用需要更多的研究和探索（Ipser et al.，2009；Strawn et al.，2012）。

卡桑德拉的“I CAN START”心理咨询计划

本章开篇引用了卡桑德拉的一段话，这个 12 岁的女孩体验着严重的焦虑。下面的“I CAN START”概念性框架概述了咨询的考虑因素，这些考虑因素可能会对卡桑德拉的学校咨询师或临床咨询师有帮助。

C= 背景评估

卡桑德拉是一个 12 岁的白人女孩，她的父亲在她很小的时候就离开了她。当她从事任何全新的活动或被要求离开家时，她就会感到焦虑。她说自己经历过惊恐发作，并会避免不熟悉的情境（如他人家里、学校的旅行、超市）。卡桑德拉的母亲尽其所能地支持卡桑德拉，但她需要在育儿策略方面得到帮助来平复卡桑德拉的焦虑。母亲经常允许卡桑德拉回避引发焦虑的情境，这就更巩固了卡桑德拉的信念——世界是一个可怕的地方。此外，卡桑德拉的母亲也有自己的焦虑困扰，并被诊断患有广泛性焦虑障碍。卡桑德拉的基本需求可以得到满足，但她生活在社会经济水平较低的地区，并在贫困线上挣扎，而且她的家庭获得资源的渠道也很有限。

A= 评估和诊断

诊断 = 300.01（F41.0）惊恐障碍。

N= 必要的护理水平

家庭咨询门诊（每周一次）。

个体咨询门诊（每周一次）。

S = 优势

自身：卡桑德拉的智力高于平均水平，她的老师也指出她有潜力成为一名优秀的学生。卡桑德拉认为她有跳舞的天赋，并且喜欢和她的狗玩。她似乎愿意参加心理咨询服务。

家庭：卡桑德拉的母亲是有爱并愿意提供支持女儿的，但不太确定如何养育她的女儿。虽然卡桑德拉是独生女，但她喜欢在周末和几个堂兄弟姐妹一起玩。

学校与社区：卡桑德拉的家庭住在市区，交通便利，有精神支持的资源，附近也有公园。

T= 治疗方法

- CBT（聚焦于情感教育、放松）和暴露疗法。
- 家庭治疗。

A= 咨询目的和目标（90 天目标）

卡桑德拉将学习识别和指出焦虑症状。卡桑德拉将可以识别出在每次恐慌或焦虑相关事件发生之前、当时及之后的躯体、认知和行为症状，并将这些症状记录下来。

卡桑德拉将会提高自己容忍惊恐、焦虑和不适的能力。在感受到强烈的焦虑时，卡桑德拉将会使用至少一种放松技巧（如深呼吸、渐进式肌肉放松）。她可以 100% 地至少使用其中一种学到的放松技巧。

卡桑德拉将提高其对于诱发惊恐或焦虑的情境的耐受和接触能力。卡桑德拉可以对诱发其焦虑的刺激事件做一个排序，并逐步尝试等级（如在一个离家远的社区散步，去一个人群密集的地方，和妈妈一起排队买菜）。她将逐步接触这些情境，并且至少在 75% 的时间里能够抵抗对它们的回避行为。

卡桑德拉的母亲将会强化卡桑德拉参与被期待的活动，即使这样做会让卡桑德拉产生焦虑。卡桑德拉的母亲、卡桑德拉和咨询师将共同创建一个代币系统，每次当卡桑德拉参加引发其焦虑的活动（如在社区散步、和妈妈一起去商店）时都给予其积极的强化（如可以晚睡觉，额外的看电视时间，玩计算机的时间，口头表扬）。

R= 基于研究的干预措施（基于 CBT）

咨询师将帮助卡桑德拉学习、发展或应用以下技能。

- 情感教育——了解她的身体和心理的体验，以及这些体验对她行为的影响。
- 放松技巧。
- 焦虑管理技巧。
- 参与以暴露疗法为基础的活动（会谈中与会谈外）。
- 识别并挑战与她的惊恐、焦虑和不适相关的认知歪曲。

T= 治疗性支持服务

- 与精神病医生进行药物治疗评估。
- 青少年或父母焦虑支持小组。
- YMCA 的项目（如舞蹈）。
- 对卡桑德拉的母亲进行转介（即针对她的焦虑症状进行个体咨询）。

总结

焦虑障碍在儿童和青少年中非常普遍，是发病率最高的儿童障碍之一（Waite & Creswel，2014）。强迫症在儿童和青少年中没有那么普遍。焦虑症状表现为对可预见的威胁过度恐惧和担心，强迫障碍表现为强迫观念、强迫行为或持续的聚焦于身体的重复行为。

由于有多种焦虑和强迫及相关障碍类型，因此咨询师必须全面了解来访者的体验，从而做出准确的诊断和计划，并选择适当的咨询方法。因此，咨询师必须注意完成包括临床访谈、自我评价报告、行为观察、家长教师评估量表和完整的家族史回顾等评估（Kendall，2012）。此外，咨询师还应采用多角度的评估方法，且要考虑到来访者的不同背景和环境（Kendall，2012；Kendall et al.，2017）。因为这些障碍经常会与其他心理障碍同时发生，所以咨询师应时刻考虑是否存在共病诊断。此外，咨询师还需要评估来访者的自杀意念、物质使用和滥用，以及学业困难等问题。

针对为患有焦虑障碍的儿童和青少年进行咨询的有效性研究较多。然而，对有强迫症的儿童和青少年的咨询效果的研究比较有限（Wilson et al.，2016）。CBT 是治疗儿童和青少年的焦虑或强迫及相关障碍的最有效方法之一（Freeman et al.，2014）。咨询师应该尝试使用综合的治疗方法来与儿童和青少年一起工作，其中包括放松训练、情感教育、SST、认知技能训练、问题解决、后效强化、HRT、暴露疗法、家庭的参与，以及药物的使用。

第 18 章　抑郁障碍和双相障碍

基安卓的案例

我一直知道我与其他人不同。其他人看上去都顺风顺水的，我却步履维艰。我迈出每一步时都感觉有一片乌云在紧紧跟随。我希望它能突然消失，但总是事与愿违。我感到孤独无助。我很痛苦，这种感觉深入心底，让我痛彻心扉。有时，我甚至感到失去了知觉。我知道人们会认为我应该“克服难关”，他们难道不理解我一直在拼尽全力吗？我很害怕，如果这种感觉永远不会消失呢？我无法告诉任何人我的感觉有多糟糕，所以只能自己面对。我不知道为什么我会感觉如此糟糕，有时我告诉自己“我没事”，但这不是事实，我其实很痛苦。我对自己说“这没什么”，但其实这是我的一切。我不断告诉自己“我很好”，但我一点都不好。有时，我希望这一切都能结束。我并不是想自杀，只是不想再这样活下去了……那样就不用再忍受痛苦了。

——基安卓，17 岁

抑郁障碍（重性抑郁障碍及持续性抑郁障碍）是继恐怖症（社交焦虑障碍及特殊恐怖症）和对立违抗障碍之后在儿童和青少年中最普遍的心理疾病之一（位居第三）（Merikangas et al.，2010）。抑郁障碍在处于青春期的青少年中的患病率大约是 11%，其中较严重的抑郁障碍约占 9%（Merikangas et al.，2010）。抑郁障碍的患病率从儿童中期至青春期稳定增长，但较少出现于年龄特别小的儿童中（如 1 ~ 3 岁的儿童）（Kendall & Comer，2010；Merikangas et al.，2010）。处于青春期的女孩被诊断为抑郁障碍的比例是男孩的 2 倍（Merikangas et al.，2010），但在儿童期并没有明显的性别差异。儿童和青少年患抑郁障碍最具预测性的风险因素是家庭抑郁障碍病史（与患有抑郁障碍的一级亲属的数量有关），且目前已有明显证据表明抑郁障碍会在家庭中的传播（AACAP，2007；Rao & Chen，2009）。

双相障碍的患病率在青少年中约为 3%，从青春期到成年期稳定增长，其患病率无明显性别差异（Merikangas et al.，2010）。与抑郁障碍相似，双相情感障碍具有显著遗传因素，如果儿童和青少年家庭中有双相障碍病史（父母中一方或双方被诊断为双相障碍），那么儿童和青少年患有双相障碍的风险会显著增加，甚至可增至 5 倍（Yongstrom et al.，2009）。

我们有意选择将双相障碍与抑郁障碍放在一起讨论，因为两者的关系密切，而且在这两种情况下的咨询考虑及方法有所重叠（APA，2013）。本章将描述这两种障碍的一般特征、各自的特殊症状、分类，以及评估注意事项。

青少年抑郁障碍及双相障碍的本质

“抑郁”这个词常常被非正式地用于表述人们低沉、沮丧或难过的感受。大多数人会因为爱人的离世、机会的丧失、关系的破裂或梦想的破灭而时不时地感到悲伤。一段时间后，这些感受一般会平息，如同拨云见日一般。但对患有抑郁障碍的儿童和青少年来说，这些“乌云”无法散去，他们所经历的悲伤和忧郁会严重影响到他们的能量水平（如感到疲惫、无力）和他们对自己的看法（如“我没希望了”“我没有价值”）。这些儿童和青少年身边的人经常不经意地在沟通中表达出希望他们挣脱出来、高兴起来的意思，但患有抑郁障碍或双相障碍的人是需要专业的心理健康干预和支持的。

与抑郁障碍（仅有抑郁发作）的儿童和青少年相比，患有双相障碍的儿童和青少年还会经历躁狂发作和轻躁狂发作，期间他们会有高涨的情绪状态，表现为对某些活动的狂热（如有目标的行为及冒险行为）、精力旺盛（如睡眠需求减少）、夸大（自我膨胀、能力膨胀）及心境高涨。下文介绍了抑郁障碍及双相障碍相关的发作类型。双相障碍有以下特征：情绪突变，可表现为夸张的情绪；激动、高涨的情绪；有目标的活动的增加（如，“我必须拼完这个乐高房屋，玩游戏机，还要在外面建一个堡垒”）。

抑郁障碍及双相障碍相关的发作类型

躁狂发作：期间有明显的、持续的心境高涨和夸张情绪，具有易激惹性质，一般伴有夸大自我、睡眠需求减少、多话、思维奔逸、注意力分散、有目标的活动及冒险活动增多等表现。

轻躁狂发作：期间有明显的、持续的情绪高涨或易激惹表现。无精神病症状。儿童或青少年通常能够有比躁狂发作者更好的功能。很多特征表现类似躁狂发作，但程度较轻，包括夸大自我、睡眠需求减少、多话、思维奔逸、注意力分散，以及有目标的活动和冒险活动增多等。

抑郁发作：期间有明显的、持续的、延长的（至少两周）忧郁或易激惹表现；对愉快活动的兴趣减弱；对自我前途与生活前景感觉黯淡；对人、事及活动的乐趣丧失；睡眠需求及食欲减少。

一旦这种情绪、精力或活动的狂热平息，患有双相障碍的青少年一般会被甩至抑郁的另一个极端，即经历悲伤或非常低落的时期，表现出前面讲到的抑郁症状。例如，患有双相障碍的儿童可能会解释说他感觉好像坐上了情感过山车，无法停下，感到挫败、烦躁、急躁。患有双相障碍的青少年通常会交替出现躁狂、轻躁狂和抑郁的状态。如果一个儿童和青少年的诊断说明中出现混合特征，那么表明其同时表现出了躁狂、轻躁狂和抑郁特征的发病及症状（APA，2013）。儿童和青少年经常被诊断出这些混合特征，在成年人中则不常见（Singh，2008）。

抑郁障碍及双相障碍曾被认为只会影响成年人，因此过去临床中并无对儿童和青少年的相关诊断（Kendall & Comer，2010；Parens & Johnston，2010）。这两种障碍在咨询中被忽视的原因有以下几点：（1）患有双相障碍的儿童和青少年身边的成年人认为他们有行为问题（如品行问题、攻击、破坏行为），因此带他们来咨询，问题行为也因此成为咨询焦点；（2）表现出抑郁症状的儿童和青少年因为症状不具破坏性而被忽视，从而没有机会进入咨询环节；（3）儿童和青少年抑郁障碍可能看上去会与成年人抑郁障碍不同，因此很容易被漏诊（Kendall & Comer，2010）。以下小节将分别概述抑郁障碍的症状、类型和评估注意事项。

抑郁障碍的症状

在过去，儿童和青少年抑郁障碍的诊断标准是沿用成年人抑郁障碍的诊断标准的。虽然两者确实有很多相似之处，但儿童和青少年的抑郁症状有其特异性，受年龄、发展阶段等因素的影响。例如，年龄较小的儿童经常通过生理症状（如疼痛、胃痛）、发脾气、易激惹来表达抑郁（Field et al.，2008）。年龄稍大的儿童可能比年幼的儿童能传达更多的主观抑郁感受，如无助、无望、悲伤和悲观（Kendall & Comer，2010）。在有抑郁障碍的儿童和青少年群体中，一个最常见的特点是对批评的过度敏感性（Kendall & Comer，2010）。因此，他们会经常从同伴、父母（或其他家庭成员）、老师中疏离出去，以此进行自我保护。与成年抑郁障碍来访者完全的退出和隔离表现不同，有抑郁障碍的儿童和青少年经常会保留一些社交联系，即使这么做很困难（Field et al.，2008）。他们一般会减少社交，也包括与父母的沟通，他们会尝试找到替代的朋友和社交群体。表 18-1 列出了儿童和青少年抑郁障碍不同发展阶段的不同表现。

表 18-1 儿童和青少年抑郁障碍不同发展阶段的不同表现

发展阶段	症状表现
儿童早期	社交退缩 ▪ 对人、事、活动的兴趣减弱（如“感到无聊”） ▪ 活动减少（如游戏减少） ▪ 避免与他人互动或接触（如对兄弟姐妹或其他人、游戏无兴趣） 抑郁 / 易激惹情绪 ▪ 缺乏激情 ▪ 愤怒、言语攻击 ▪ 身体不适（如头痛，肠胃问题） ▪ 不快或怪癖 ▪ 过度哭泣流泪 ▪ 疲倦、嗜睡
儿童中后期	▪ 身体不适 ▪ 退行（如依附行为） ▪ 攻击行为（身体和语言） ▪ 明显丧失乐趣和活动兴趣 ▪ 食欲增加或减少 ▪ 睡眠障碍 ▪ 活动水平升高或降低 ▪ 疲惫、精力丧失
青春期	▪ 消极自我形象：自责、自我厌恶 ▪ 愤怒、易激惹、易烦躁 ▪ 身体不适 ▪ 病态思维 ▪ 有自杀想法或行动 ▪ 诉诸行动（如违抗、出走、攻击、不回应） ▪ 躁动不安 ▪ 过度担忧或不适当内疚（如低自尊） ▪ 睡眠障碍 ▪ 沉默 ▪ 对批评过度敏感 ▪ 孤立自己

患有抑郁障碍的儿童和青少年倾向于以消极的方式思考和解释经历。例如，经典的半杯水小实验——你会把半杯水看作半空还是半满？在童年后期和青春期，抑郁障碍的青少年经常执着于他们的不足之处和无价值、无助、无望的想法上。他们经常将一切不愉快的体验、沟通或事件都归因于他们缺乏才华、能力和对生活的掌控（Kendall & Comer，2010）。患有抑郁障碍的儿童和青少年对以下方面会有消极的感知：

（1）自我，如“我不行”；（2）周围世界，如“世界是糟糕的”；（3）他们的将来，如“我永远都一无是处”（Beck & Alford，2009）。他们认为自己在能力、资源和价值上都不如他人，他们感觉自己的处境尤其没有希望。这些人同时也经历着积极情感（如信心、激情、专注、兴奋）的严重减弱，持续不断的消极情感和观点总是优先于积极事件。

有些患有抑郁障碍的儿童和青少年会表现出疏离和被动，而另一些则表现为易怒、好争辩、具有攻击性，甚至暴力行为（Jacobson & Mufson，2010）。无论如何，患有抑郁障碍的儿童和青少年一般都会表现出社交退缩，并在人际交往和学业上挣扎（Kendall & Comer，2010）。其人际交往和学业表现也经常由于情感、注意力、动机和兴趣水平的困难而恶化。一些患有抑郁障碍的青少年还会出现体重增加或减少、物质滥用（自我用药）、嗜睡（过度睡眠），以及自伤等行为（Kendall & Comer，2010）。所有这些行为都源于他们持续、消极地对自我、世界和未来的感知。表 18-2 列出了儿童和青少年抑郁障碍常见的情绪、认知和行为问题。

表 18-2　儿童和青少年抑郁障碍常见的情绪、认知和行为问题

抑郁相关情绪	抑郁相关认知	抑郁相关行为
• 抑郁或易激惹 • 悲伤 • 快感缺失（无法体验或感受乐趣） • 内疚感 • 不堪重负 • 无望感 • 感觉挫败、烦躁、愤怒、过度易激惹	• 感觉失败（自我价值感低） • 对有乐趣的活动失去兴趣 • 感觉内在缺陷 • 感觉自我厌恶 • 希望“我是更好的人” • 质问“为什么我不能做得好一点” • 质问“为什么他人不像我这样” • 感觉达不到标准（如自己或他人的期望） • 自残或自杀的想法 • 消极或歪曲的想法（如“我毫无价值”）	• 睡眠及食欲变化 • 注意力难以集中（如容易忘事） • 犹豫不决 • 对批评反应过激 • 经常哭泣或发怒 • 从朋友或家庭中疏离 • 自杀行为（自杀、自杀未遂、非自杀性自伤行为） • 学业表现退步（如成绩退步，在学校陷入麻烦）

如前所述，患有抑郁障碍的儿童和青少年经常在抑制和管理他们对自己、世界和未来的消极感知上出现困难，其消极思维又会导致他们调节消极情绪的能力受损（Joormann & Gotlib，2010）。他们会经常感到一系列的消极情绪，包括悲伤、情绪不稳定、挫败、易激惹及内疚感。他们很难享受快乐的感受（快感缺失）（Field et al.，2008；Kendall & Comer，2010）。由于这些情绪问题，情绪管理和调节就成了针对患有抑郁障碍的儿童和青少年咨询时的中心目标（Stark et al.，2012）。

情绪调节的概念包括以下几点：（1）抑制强烈情绪（积极或消极）的冲动或不当反应；（2）由依赖情绪或心境转变为目标导向；（3）对强烈情绪的自我安抚能力（平息或释放紧张情绪或负面情绪）；（4）在强烈情绪中保持“此时此地”的专注力（Linehan，2014；Trosper et al.，2009）。患有抑郁障碍的儿童和青少年可能并不知道如何调节他们的情绪，以构建更加积极的情感体验。他们更有可能使用恶化人际冲突和增加痛苦的策略和技术（如言语攻击、好争论）（Stark et al.，2012）。

女孩的抑郁症状还有可能与月经相关。女孩在大多数月份里会经历周期性的症状，这些症状被称作经前烦躁障碍（Premenstrual Dysphoric Disorder，PMDD），是新添加至 DSM-5 中的一类抑郁障碍。经前烦躁障碍来访者经常会表现出一系列症状，包括悲伤、不堪重负、情绪不稳定、持续易激惹、对日常活动的兴趣降低、注意力不集中、精力不足、食欲明显变化、睡眠变化及生理不适（如乳房触痛、头痛、胃胀），这些症状都与经期相关联。

最后，当为患有抑郁障碍的儿童和青少年咨询时，自杀问题也需要着重考虑，因为一些儿童和青少年可能会有自杀意念（如自杀的想法或执念）（Cash &

Bridge，2009）。咨询师必须不断评估抑郁障碍儿童和青少年的自杀意念，必要时需要考虑住院治疗（具体可参见第 10 章）。下面各小节简单介绍抑郁障碍的类型及评估注意事项。

抑郁障碍的类型

根据 DSM-5，患有抑郁障碍的青少年可能会经历不同的症状。然而，在大多数情况下，他们情绪低落、对日常愉快的活动（如运动、跳舞、上学）失去兴趣。他们经常经历强烈而持续的悲伤、失去兴趣、睡眠和食欲改变、身体不适（如疼痛）、学校旷课、学习成绩下降及产生死亡或自杀意念（APA，2013）。表 18-3 列出了抑郁障碍的分类概述。破坏性心境失调障碍（Disruptive Mood Dysregulation Disorder，DMDD）、重性抑郁障碍、持续性抑郁障碍和经前烦躁障碍是几类可能影响儿童和青少年的抑郁障碍。

表 18-3 DSM-5 抑郁障碍概述与示例

DSM-5 抑郁障碍	概述	示例
破坏性心境失调障碍	暴怒（与情境不匹配），在大多数情况下其心境也是易激惹的	一个 8 岁的男孩经常（至少每周三次）过度爆粗口和发脾气。在事件发生之前，他似乎紧张而烦躁，他的母亲觉得他总是“神经紧绷”
重性抑郁障碍	强烈、间歇性的情绪干扰，通常包括情绪低落、失去兴趣、睡眠问题、体重减轻、疲劳、躁动、无价值感、内疚或产生死亡 / 自杀的想法（需要参考当前或过去符合重性抑郁发作的标准）	一个 12 岁的女孩曾经在学校很开朗，最近却变得退缩、过度睡眠、哭泣、抱怨不想去练体操、不想去学校，甚至不想跟朋友们来往。她的父母报告说她经常表达自我厌恶的言论，例如，“我很丑陋。”“我是一个毫无价值的失败者。”最近，她被发现从她父亲的书房偷酒
持续性抑郁障碍	慢性或持久抑郁，是重性抑郁障碍程度较轻的版本，可能表现为大多数时候的抑郁或易激惹状态	一个 16 岁的男孩缺乏广泛的兴趣和动机，经常表现出感情平淡。他的父母报告说他们看到他在大多数互动中总是表现出易怒和烦躁。他花相当长的时间在有暴力内容的互联网游戏上
经前烦躁障碍	月经前的抑郁症状，表现为易激惹，紧张，通常在经期开始时减弱	一个 12 岁的女孩在每次月经前一周就会明显变得“陷入低谷”。在这段时间里，她经常过度哭泣、感觉失控、暴饮暴食，还在家里和学校对他人进行言语攻击。这些症状通常在她月经开始后的一天内开始消退

资料来源：Adapted from Diagnostic and Statistical Manual of Mental Disorders（5th ed.），by American Psychiatric Association（APA），2013，Washington，DC: Author.

抑郁障碍的评估

抑郁障碍的评估程序因人而异，与年龄相关。年龄较小的儿童在表达情感、思想和过去经历时有更多困难，因此咨询师需要依靠父母获得完整的诊断信息。由于抑郁障碍的主观性质，正常评估程序（如临床访谈、行为观察、家长老师评分表和家庭评估）有时可能会得出相互矛盾的结果（Kendall & Comer，2010）。意见分歧或相互矛盾的结果通常可以反映出在不同情境或不同观察者角度下的不同行为期待；有些行为可能会在一种而非另一种情境下发生，或者在一个人而非另一个人面前发生。观察者的观点也会影响咨询师对儿童和青少年行为的评估，每个观察者都会有其个人偏见、评估行为的标准，以及对年龄适宜行为的理解（Lempp et al.，2012）。尽管应该更加看重可靠、可信的信息来源，但多方面的观点还是可以增加咨询师对于具体情境的理解，从而有助于对抑郁障碍有更加准确的评估。

尽管临床诊断性访谈是评估儿童和青少年抑郁障碍的最有效手段，但诸如儿童抑郁量表（Children's Depression Inventory，CDI）（Kovacs，1992）或贝克青少年抑郁量表（Beck Depression Inventory for Youth，BDI-Y）（Beck et al.，2001）等量表还是可以提供更多抑郁相关症状的临床清晰度（Wilson et al.，2016）。此外，儿童绝望量表（Hopelessness Scale for Children，HSC）（Kazdin et al.，1986）对那些抑郁且有自杀意念的儿童和青少年很有用。表 18-4 总结了用于评估儿童和青少年抑郁障碍的方法。尽管家长老师评分表可以反映评估者对儿童和青少年行为的看法，但它们并不能全面反映儿童和青少年独特的抑郁体验。咨询师通常需要使用自我报告或临床访谈方法，因为它们是评估儿童和青少年情绪困扰水平的最有效方法（Kendall & Comer，2010）。

咨询师在未进行彻底的躁狂或轻躁狂评估以排除双相障碍之前，切勿对来访者做出抑郁障碍的诊断。许多用于治疗抑郁障碍的药物可能会导致躁狂或轻躁狂症状发作或恶化，因此诊断前的沟通非常重要，以便医生能够做出适当的药物使用决定（Evan-Lacko et al.，2010）。

表 18-4　儿童和青少年抑郁的评估方法

评估量表	适用年龄阶段	概述
儿童抑郁量表（CDI）	7 ~ 17 岁	CDI 是一个包含 27 个条目的儿童和青少年评分的评估量表，可以用来评估儿童和青少年过去两周的抑郁症状。这个量表评估五大要素（负面情绪、人际关系问题、无效应对、快感缺失和负性自尊），并有一项评估自杀想法。对于年幼的儿童或有阅读困难的青少年，咨询师可以口头使用 CDI。此外，CDI 还有父母版本（17 个条目）和教师版本（12 个条目）。CDI 可用于咨询进展的评估与评价
贝克青少年抑郁量表（BDI-Y）	7 ~ 14 岁	BDI-Y 是一个包含 20 个条目的儿童和青少年评分的评估量表，可以识别儿童和青少年的抑郁症状。这个量表可以评估悲伤、内疚、负面想法（对于自我生活和未来）和失调（如睡眠、食欲）等感受。BDI-Y 是基于小学二年级阅读水平来编写的，可用于咨询进展的评估与评价
儿童绝望量表（HSC）	6 ~ 13 岁	HSC 是一个包含 17 个条目的儿童和青少年评分的评估量表，旨在评估与抑郁和自杀相关联的绝望感。一般来说，高水平的绝望感可能是自杀的准确预测指标。因此，这个量表在临床中被大量使用，用以探究儿童和青少年在多大程度上对未来有负面期待。HSC 是基于小学一年级阅读水平编写的，可用于咨询进展的评估与评价

由于易激惹是儿童和青少年抑郁障碍的主要症状，因此咨询师需要在出现行为问题的情境下评估易激惹性。例如，一些行为问题，尤其是在小男孩中，通常与行为障碍有关（如对立违抗障碍、ADHD）；抑郁障碍的诊断可能因此而被忽视。这种隐匿性抑郁以付诸行动、攻击行为、拒绝上学或躯体症状的表现为特征，这些行为被认为是在掩盖隐伏的抑郁；此外，隐匿性抑郁或付诸行动的行为还与后期更加外显的抑郁表现相关联（Schneider，2014）。在某些情况下，创伤和与创伤有关的经历（如虐待、忽视）也可能与无法表现出行为控制、情绪调节和积极自我概念的维护相关联（Briere & Lanktree，2012）。因此，咨询师需要充分评估来访者早期的付诸行动的行为，因为在特定情况下，这些行为可能掩盖了抑郁感受、与创伤相关的经历，甚至抑郁障碍或与创伤相关的障碍。

被诊断患有抑郁障碍的儿童和青少年更容易被误诊为另一种精神障碍（Field et al.，2008；Kendall & Comer，2010），咨询师应将这一点纳入考虑。特别是抑郁障碍和焦虑障碍的共病，因为这两者之间有一些重叠的特征，尤其是消极认知（Kendall & Comer，2010）。儿童和青少年中最常见的共病有破坏性行为障碍（对立违抗障碍）、焦虑障碍（社交焦虑障碍、特定恐怖症、广泛性焦虑障碍），以及 ADHD（Small et al.，2008）。在有些情况下，儿童和青少年会尝试使用物质（如酒精、大麻）来进行自我治疗，这可能会成为致命的组合（Field et al.，2008）。咨询师需要对这些冒险行为进行自杀意念的评估，以确保来访者的安全。从性别上看，男孩被诊断为共病的风险往往高于女孩（尤其是对立违抗障碍、物质相关障碍及注意缺陷 / 多动障碍）（Kendall & Comer，2010）。以下小节将概述双相障碍的症状、类型和评估注意事项。

双相障碍的症状

双相障碍曾经被认为在儿童和青少年中很罕见甚至不存在，但近年来在儿童和青少年中，甚至在儿童早期的人群中其诊断率显著增加（Luby & Belden，2006；Parens & Johnston，2010）。双相障碍的标志性症状包括躁狂或轻躁狂，表现为极端剧烈的情绪、精力、思维、对现实的感知及行为的剧烈变化（如判断力变差，过度参与冒险、享乐的活动）（APA，2013）。与青少年相比，患有双相障碍的幼儿通常表现出较少的急性症状和较大的间隔期（如在躁狂和抑郁期之间）（Field et al.，2008）。儿童和青少年经历第一次躁狂发作时可能会出现特别剧烈的症状，他们可能需要住院治疗以促进精神稳定（Kress & Paylo，2015）。表 18-5 总结了 9 种常见的躁狂或轻躁狂特征及表现示例。

表 18-5 双相障碍的 9 种躁狂和轻躁狂特征及表现示例

躁狂或轻躁狂特征	表现示例
1. 高涨或扩张的心境	• 自尊心膨胀或过分夸大（过度自信） • 过度担心被拒绝或失败 • 易激惹 • 对情绪和环境刺激过于敏感 • 发怒或爆炸性发脾气
2. 睡眠需求减少	• 感到坐立不安（烦躁） • 需要很少的睡眠
3. 多话	• 控制不住地讲话 • 表现愚蠢或轻率 • 霸道或骄横
4. 意念飘忽或思维奔逸	• 奔逸或控制不住的思维 • 许多新的想法和计划 • 偏执或妄想 • 焦虑（如社交焦虑或分离焦虑）
5. 注意力不集中	• 分心 • 多动 • 冲动性（或不考虑后果地做出冲动决定）
6. 有目标的活动增多	• 过度专注，难以转移到其他活动 • 与有目标的活动相关的说谎或其他操纵行为 • 与有目标的活动相关的强迫思维和强迫行为
7. 冒险活动的高参与度	• 冒险或大胆行为（抑制力降低） • 攻击和反对行为 • 不当或过早的性行为 • 破坏财物
8. 症状持续时间	• 躁狂：持续至少 1 周，可能需要立即住院治疗 • 轻躁狂：持续至少 4 天
9. 症状强度	• 躁狂：严重的功能障碍或需要住院治疗，无法保持自我或他人安全，或者存在精神病性症状 • 轻躁狂：明显的功能障碍或持续情绪高涨，不需要住院，对自己和他人的安全无害

资料来源：Adapted from Diagnostic and Statistical Manual of Mental Disorders（5th ed.），by American Psychiatric Association（APA），2013，Washington，DC: Author；The bipolar child: The definitive and reassuring guide to childhood's most misunderstood disorder（3rd ed.），by D. S. Papolos & J. Papolos，2006，New York，NY: Broadway Books.

在躁狂或轻躁狂阶段，患有双相障碍的儿童和青少年有着与他们自身能力不相符合的信念和想法，他们有时可能处于精神病的边缘（APA，2013）。这些夸张宏大的信念经常聚焦于夸大的想法，包括夸大自我价值、权力、知识、身份或与某个名人的关系，而且他们深信这些想法，无论理由、逻辑或证据如何（Sadock et al.，2014）。以下案例举例说明了躁狂的思维过程：

> 一个文笔很好的 13 岁女孩在她七年级的英语课上宣称："我是一位才华横溢的诗人和作家，任何写作都不在话下。你们可能不一定都知道，但我敢肯定您知道，尤其是您，约翰逊先生。我目前正在写一部代表作，泰勒·斯威夫特会为我演唱。我知道她会喜欢的。我正在寻找一家出版商出版我的第一本著作，以后还会有很多的科幻小说和浪漫小说，它们都基于我的人生故事。"

对儿童和青少年来说，夸大的信念和想法可能导致其同学关系紧张，甚至关系破裂。同学会认为躁狂的儿童和青少年粗鲁、自负和有优越感。躁狂思维还会损害青少年的效能和良好的决策能力。除夸大思维外，患有双相障碍的儿童和青少年很容易分散注意力而难以再集中注意力；他们思维奔逸，会同时出现多个想法，或者几乎没有联系地从一个想法跳到另一个想法（意念飘忽）。这些表现都是由于他们很难集中注意力导致的。在更严重的情况下，患有双相障碍的儿童和青少年可能会表现出精神病性症状（幻觉和妄想），其现实检验能力（无法区分内部思想、感觉与外部世界）也会出现困难。具有精神病性特征的双相障碍的儿童和青少年，其整体功能水平较低（如学习、社交），并更有可能产生精神病理学的共病（Hua et al.，2011）。

患有双相障碍的儿童和青少年有高涨的情绪、超常的精力，以及增加但分散的活动水平。通常，这些人群会表现出冒险行为、不适当的性言论和性行为，而且总体上决策能力较差。性欲亢进可能也会是躁狂的行为表现（Field et al.，2008）。例如，一个 12 岁的男孩可能对学校的工作人员和学生进行公开的性评论。他可能会试图在未经同意时靠近他人，甚至在他人面前不恰当地触摸自己。如果儿童和青少年表现出性欲亢进，那么咨询师需要对儿童和青少年进行仔细评估，以了解这些行为是由于过去遭受过身体和性虐待所致，还是由于躁狂诱发的性欲过剩所致（Field et al.，2008）。

情绪高涨、精力过剩和活动增加，这些症状会让患有双相障碍的儿童和青少年经历严重的情绪调节困难。即使是在没有压力的正常情况下，他们也会出现情绪失调或因对情感类刺激反应的调节能力缺乏而导致冲动行为（Trosper et al.，2009）。无法调节情绪反应可以表现为过度愤怒、争吵谩骂、破坏财物及对自己或他人的攻击行为。发展情绪调节技能是对患有双相障碍的儿童和青少年咨询时的主要目标（Trosper et al.，2009）。

除情绪调节困难，他们还可能会出现不恰当的情感反应，通常包括过分轻率和愚蠢。无论面对多么严重的情形、情境或后果，他们的不恰当行为依然存在。在躁狂发作期间，儿童和青少年经常表现出控制不住地讲话（语速超常），说话大声且难以集中注意力（Kendall & Comer，2010）。对听者来说，这种讲话听起来快速、狂乱、不连贯，而且从一个主题跳到另一个主题，想要跟随躁狂儿童和青少年的思维是很难的，因此也就难以跟他们互动。咨询师需要采用更直接的方式，如使用商定的手势（举手示意发言或使用发言棒）来让来访者慢下来。但是，如果来访者在躁狂发作期间，那么这些用于集中注意力的技术可能也无济于事。

双相障碍的类型

在 DSM-5（APA，2013）中，双相障碍及相关障碍包含三种精神障碍。表 18-6 概述了影响儿童和青少年的双相障碍类别：双相 Ⅰ 型障碍，双相 Ⅱ 型障碍和环性心境障碍。

表 18-6 DSM-5 双相及相关障碍概述、示例

DSM-5 双相及相关障碍	概述	示例
双相Ⅰ型障碍	在情感反应、精力、活动和完成日常工作方面有强烈而明显的情绪变化，常与重性抑郁发作相关 （必须至少有一次符合躁狂发作的标准）	一个 15 岁的男孩表现出情绪高涨和多话。他似乎无法在教室里坐下，而且很容易分心。他被转介是由于在学校走廊里有不恰当的性言论和性行为。谈话时，他变得更加烦躁和充满敌意。他的思想和言语跳跃，似乎有自大妄想（如“斯蒂芬·霍金没什么了不起！你要我做这个简单的数学作业吗？你这个笨蛋，我会变得富有，并制定规则。你这个人怎么回事？我才是应该教课的人，不是你。你甚至都不知道该怎么申报你的个人税收。我来告诉你如何解决这个问题！你怎么可能教我任何东西？”）
双相Ⅱ型障碍	在情感反应、精力、活动和完成日常工作方面的情绪变化强度比双相Ⅰ型障碍小 （必须至少有一次符合重性抑郁和轻躁狂发作的标准）	一个 14 岁的女孩看上去极为沮丧、情感木讷并表现出食欲缺乏、睡眠减少和自杀念头。她的妈妈报告说她的情绪和精力都不稳定。有时，她似乎兴高采烈，动力十足且很活跃（开始新的兴趣爱好）。她的妈妈对这些症状很困惑，说她低落期通常是 2 ~ 3 周，高涨期从没超过 5 天
环性心境障碍	在情感反应、精力、活动和完成日常工作方面的情绪困扰不太强烈，呈慢性波动；困扰水平达不到轻躁狂或重性抑郁障碍，但有轻躁狂和重性抑郁障碍的症状	一个 8 岁的男孩表现出易激惹、神经质及精力过剩。他的母亲报告说他有这样的“发作期”，在此期间，他不需要太多睡眠。高亢期只持续一两天。她说他前几天还是一个完全不同的孩子，看上去沮丧而悲伤，拒绝外出和他的朋友一起玩。她还补充说他好像常常像坐着情感过山车一样

资料来源：Adapted from Diagnostic and Statistical Manual of Mental Disorders (5th ed.), by American Psychiatric Association (APA), 2013, Washington, DC: Author.

双相障碍的评估

双相障碍是较复杂的疾病之一，较难准确识别和诊断。经常在患病时不被识别，但另一些情况下也可能被过度诊断（Youngstrom et al.，2009）。因此，咨询师需要在诊断双相障碍之前完成全面的评估，以确认来访者是否符合躁狂或轻躁狂发作的标准（请参见表 18-5）。如前所述，青少年，尤其是年幼的儿童，他们难以独立表达情感和思想或回忆过去事件，咨询师通常需要依靠他们的父母来获得完整的诊断信息。

儿童和青少年双相障碍经常被误诊、不正确归因或完全被漏诊（Youngstrom et al.，2009）。患有双相障碍的儿童和青少年经常被误诊为注意缺陷 / 多动障碍、抑郁、边缘型人格障碍或 PTSD（Kendall & Comer，2010；Singh，2008）。因此，咨询师在诊断双相障碍时应格外小心，在确定诊断之前应收集与儿童和青少年或与其生活相关的不同成年人的多角度信息（Youngstrom et al.，2009）。有一些可以用来帮助咨询师准确评估儿童和青少年双相障碍的评估量表。这些评估量表包括杨氏躁狂评定量表（Young Manic Rating Scale，YMRS）（Young et al.，1978）、儿童躁狂评定量表父母版（Child Mania Rating Scale-Parent Version，CMRS-P）（West et al.，2011），以及儿童双相障碍问卷（Child Bipolar Questionnaire，CBQ）（Papolos et al.，2006）。表 18-7 列出了双相障碍的评估方法。

表 18-7 双相障碍的评估方法

评估量表	适用年龄范围	概述
杨氏躁狂评定量表（YMRS）	5 ~ 17 岁	YMRS 是一个包含 11 个条目的来访者评分量表，用于评估来访者最近 48 小时躁狂症状的严重程度。这个量表评估情绪的高涨、活动的增加、性兴趣、睡眠、易激惹性、说话、语言、攻击行为、表现和自知力。另外，还有为年龄较小的儿童（5 ~ 12 岁）编制的父母专用版本（P-YMRS）

（续表）

评估量表	适用年龄范围	概述
儿童躁狂评定量表父母版（CMRS-P）	8 ~ 18 岁	CMRS-P 是一个包含 21 个条目的父母评分量表，用于评估来访者过去一个月的躁狂症状。这个量表还可用来评估精神病性症状（如听到他人无法听到的声音，看到他人看不见的东西）
儿童双相障碍问卷（CBQ）	5 ~ 17 岁	CBQ 是一个包含 65 个条目的咨询师或父母评分量表，用于评估双相障碍及其他共病（注意缺陷 / 多动障碍、广泛性焦虑障碍、重性抑郁障碍）。此外，这个量表还报告症状的发生频率和严重程度等相关信息，而不仅是有无症状的评定

由于父母和家人会对儿童和青少年产生影响，因此评估抑郁障碍和双相障碍时对儿童和青少年及其父母分别进行访谈就很重要。父母也许能够准确地提供行为观察和过去相关情况的信息，而儿童和青少年自己可以分享他的内部、个体的体验（Kendall & Comer，2010）。

全面的儿童和青少年评估还会涉及诊断鉴别（区分不同的疾病）。在评估儿童和青少年的双相障碍时，咨询师需要将其与破坏性心境失调障碍（DMDD）区分开来。DMDD 是 DSM-5（APA，2013）中一项新的诊断，由儿童和青少年双相障碍的误诊或过度诊断发展而来（Leibenluft，2011；Margulies et al.，2012）。DMDD 适用于长期情绪不稳定、高度易激惹性，以及有破坏性行为（例如，在 12 个月内的某一周里有多于 3 次发脾气、爆粗口或身体攻击行为）的儿童和青少年（APA，2013）。当患有 DMDD 的儿童和青少年没有攻击性言语或动作行为时，他们通常表现出易激惹、生气或悲伤（APA，2013）。因此，当辨别儿童和青少年的 DMDD 与双相障碍时，咨询师需要评估是否存在或曾经出现过躁狂或轻躁狂发作，以及这些症状是不是间隔发生的（具有间断性的特征）（Leibenluft，2011）。

此外，在确诊双相障碍的儿童和青少年群体中，共病的发生率很高，对此，咨询师应做出相应评估（Field et al.，2008；Singh，2008）。一些被诊断患有双相障碍的儿童和青少年也被诊断患有 ADHD、物质滥用、焦虑或抑郁障碍（APA，2013；Singh，2008）。图 18-1 提供了诊断儿童和青少年的双相障碍及相关障碍的评估流程。

咨询干预

关于对患有抑郁障碍的儿童和青少年进行咨询的有效性已有大量研究，尤其是建立在牢固咨询关系基础上的 CBT，它是针对此人群的最有效的咨询方法。在临床试验中，CBT 与仅使用药物的治疗同样有效。众多专家建议在治疗患有抑郁障碍儿童和青少年时，药物应与咨询结合使用（Sommers-Flanagan & Campbell，2009）。除个体认知行为治疗的形式外，团体认知行为治疗的形式也行之有效，特别是对患有抑郁障碍的儿童和青少年（Clarke & DeBar，2010）。

尽管对轻度至中度抑郁障碍的儿童和青少年来说，CBT 可以是一种独立使用的方法，但它尚不足以治疗双相障碍。对于双相障碍，通常来讲，药物治疗是必需的（Hofmann et al.，2012）。一旦通过药物使躁狂症状稳定后，CBT 即可对症使用，用以延迟或在某些情况下防止症状复发（Lam et al.，2009）。

尽管 CBT 是在该人群中有最多研究的咨询方法，但还是存在其他有效的咨询选择。行为激活疗法（Behavioral Activation Therapy，BAT）、人际关系疗法（Interpersonal Therapy，IPT）和药物疗法都是治疗儿童和青少年抑郁障碍的主流疗法。除了 CBT，还有许多辅助方法也可以治疗患有双相障碍的儿童和青少年。以家庭为中心的治疗、辩证行为治疗及人际社会节奏治疗（Interpersonal and Social Rhythm Therapy，IPSRT），这些疗法与药物疗法的结合使用均显示出积极的咨询效果（West & Pavuluri，2009）。表 18-8 总结了治疗患有抑郁障碍和双相障碍的儿童和青少年的常用咨询方法。

1. 是否存在高涨、夸张，或易激惹的情绪？

是（继续第2个问题）　　否（探讨其他疾病的可能性）

2. 是否存在躁狂或轻躁狂症状（参见表18-5）？

是（继续第3个问题）　　否［探讨是否患有抑郁障碍（如重性抑郁障碍、持续性抑郁障碍、破坏性心境失调障碍或环性心境障碍］

3. 是否存在精神病性症状（如错觉或幻觉）？

是（鉴别诊断：双相障碍与精神分裂症和分裂情感性障碍）　　否（继续第4个问题）

4. 这种高涨、夸张或易激惹的情绪持续时间是否至少一周？在这期间，儿童和青少年的功能是否严重受损（如需住院治疗，无法自理）？

是（鉴别诊断：双相Ⅰ型障碍，有混合特征的双相Ⅰ型障碍）　　否（继续第5个问题）

5. 这种高涨、夸张或易激惹情绪的持续时间是否至少4天？在这期间，儿童和青少年的功能是否有明显的受损表现（如不需要住院治疗，有自理能力）？

是（鉴别诊断：双相Ⅱ型障碍，有混合特征的双相Ⅱ型障碍）　　否（鉴别诊断：环性心境障碍，非特定双相障碍及相关疾病）

图 18-1　儿童和青少年双相障碍及相关障碍的评估流程图

表 18-8　治疗患有抑郁障碍和双相障碍的儿童和青少年的常用咨询方法

方法	概述
认知行为疗法（CBT）	患有抑郁障碍的来访者经常反思并执着于关于自我、世界和未来的负性思维。CBT 致力于改变来访者的思维，从而影响他们的抑郁症状、情感和行为。CBT 认为，如果来访者改变他们的思维，他们的情感和行为也会随之改变。CBT 旨在帮助来访者识别、挑战和改变他们的思想、信念和假设，从而促进更具适应性的思维。这种方法帮助来访者通过认知和行为策略的使用去识别和管理自己对抑郁症状的反应
行为激活疗法（BAT）	有抑郁症状的来访者会停止参与活动，因为缺乏正强化，他们也不觉得活动有趣。他们通常与他人隔离，无法进行可能带给他们乐趣的活动。BAT 是一种行为疗法，涉及改变来访者的行为，从而对他们的抑郁症状、情感和思想产生影响。通过参加愉快的活动并了解到这些活动可以使一个人有更好的感受，来访者就会在行为上被激活，开始参与更多的愉快活动，从而对他们的情感产生积极影响。这种情感的变化会减轻他们的抑郁感

（续表）

方法	概述
人际关系疗法（IPT）	IPT 是一种简短的心理动力学方法，它将抑郁障碍概念化为植根于人际关系的模式和担忧，并与之相关。这种方法试图提高来访者的社会支持，以减轻他们的人际压力，促进情绪处理，改善他们的人际交往技能。症状缓解通常可以通过关注关系发展和转变，以及抑郁症状和情感与人际关系要素之间的联系来实现
人际社会节奏治疗（IPSRT）	IPSRT 是一种行为疗法，可以帮助患有双相障碍的来访者认识到如何改变他们的日常行为（如睡眠、进食、社交、锻炼的模式），以避免症状升级。这种方法着重于日常活动如何阻碍或增强稳定性和预防复发。该疗法将来访者的一天 24 小时细分并绘制图表，然后确定可以实施积极改变的领域，以帮助来访者及其家庭更好地安排一天的活动，从而调节情绪及避免症状复发
以家庭为中心的治疗	以家庭为中心的治疗是一种为期 9 个月，持续 21 个疗程的咨询方法，注重对家庭进行双相障碍的心理教育，鼓励坚持药物治疗，并教授识别和使用预防复发的技能（Miklowitz et al.，2008）。这种方法教授涉及整个家庭的沟通技巧（如积极倾听、提供正面反馈和建设性批评）和问题解决的技能（如确定、生成和实施解决方案）
辩证行为疗法（DBT）	DBT是CBT方法的一种，它强调来访者采取主动措施应对抑郁障碍的重要性，引导来访者要学习耐受、应对与调节他们强烈的负面情绪。DBT 涉及发展正念、压力耐受、有效人际交往和情感调节技能

抑郁障碍和双相障碍的综合治疗

当患有抑郁障碍或双相障碍的儿童和青少年处于咨询的稳定化和维持阶段（在精神病学上处于稳定状态）时，对他们的治疗通常着重于四个领域：（1）情感教育；（2）应对和解决问题的能力；（3）认知重构；（4）发展积极的信念和感受（Stark et al.，2010）。在建立强大的咨询联盟后，咨询师可以帮助儿童和青少年认识他们的情绪、思想和行为是如何关联的，然后带领其学习应对和解决问题的技能，并应用在咨询室内外。此外，父母培训通常也是此类咨询的重要组成部分，包括发展有效的沟通和解决冲突的技巧，对儿童和青少年行为的积极管理，家庭有效地解决问题的能力，以及改变可能会促使儿童和青少年抑郁的核心信念或症状维持的行为（Stark et al.，2010）。

双相障碍的治疗需针对疾病的不同阶段做出相应调整，这些阶段包括急性期（躁狂或抑郁障碍的初始阶段）、稳定期（急性症状解除后 2 ～ 6 个月）、维持期（防护期，带着可能复发的觉察）（Miklowitz，2008；Miklowitz et al.，2008）。表 18-9 提供了与抑郁障碍和双相障碍相关阶段的治疗目标及治疗组成部分。

表 18-9　抑郁障碍和双相障碍相关阶段的治疗目标及治疗组成部分

障碍阶段	治疗目标	治疗组成部分
急性期	建议药物治疗；住院治疗（对自己或他人构成危险时）；评估；建立关系；朝向情感稳定化发展	• 药物治疗 • 确保来访者安全 • 家庭积极参与
稳定期	对抑郁障碍和双相障碍的认知与理解；对心境周期或复发症状、模式和体征的了解；自我关照的干预；压力管理训练；对有挑战性的适应不良的认知	• 药物治疗 • 心理教育（情感教育） • 放松训练（有助于自我安抚） • 结构化时间安排（人际社会节律疗法） • 问题解决方法 • 活动安排 • 认知重构（如果需要） • 家庭参与

（续表）

障碍阶段	治疗目标	治疗组成部分
维持期	解决个体和人际交往相关的困难，以及预防复发计划	• 药物治疗 • 家庭参与

以下部分概述儿童和青少年抑郁障碍和双相障碍治疗相关的基本组成部分。单个部分可以整合进来访者的咨询中，使用哪些部分取决于对儿童和青少年情境特征的观察、咨询师理论取向及来访者与其家庭的需要。给这个群体提供综合一体化的咨询包括以下部分：心理教育（情感教育）、认知重构、问题解决方法、活动安排、家庭参与，以及药物治疗。由于焦虑障碍和抑郁障碍的高共病性，咨询师也应该考虑整合之前第 17 章治疗该人群时讨论的一些因素（如放松训练、社交技能训练、认知技能训练、后效强化，以及基于暴露疗法的活动）。接下来是对咨询该人群时每一个部分的简要说明。

心理教育（情感教育）

心理教育或用于抑郁障碍和双相障碍时的情感教育是帮助儿童和青少年及其家长了解这两种障碍的影响和模式的教育和赋权，并因此产生更积极的效果（Smith et al.，2010）。情感教育是治疗抑郁障碍和双相障碍及相关障碍的基础干预措施（Smith et al.，2010；Stark et al.，2010）。这种干预提高了儿童和青少年对他们的情感和认知（思想、信念和态度）的认识，以及对这些认知如何影响他们的行为的觉察（Stark et al.，2010）。通过心理教育，儿童和青少年可以增强他们对相关障碍的理解和觉察，并最终通过自我情绪调节来发展他们的能力，使其功能更加优化。了解他们的情感过程，以及识别、管理和影响这些过程是咨询的重要组成部分。

因此，情感教育的重点是让儿童和青少年认识到自己的情绪并更好地理解这些情绪如何影响他们的思想并最终影响他们的行为。理想情况下，儿童和青少年能够意识到是因为他们的负面情绪使他们与他人疏离，而不是被人疏离才会有负面情绪。

当给年幼的儿童做咨询时，咨询师需要使用创造性方法并引入不同的媒介（如书写、画画、玩耍）来帮助他们发展对自己情感体验和情感教育概念的认识。一种帮助年幼的儿童识别和更好觉察这种情绪与思想连接的创造性方法是训练他们成为情感侦探（Stark et al.，2010）。这个概念要求他们探索自己的身体正在发生什么（如“我的身体有什么反应？”），大脑正在发生什么（如“我在想什么？”），以及当下正在发生的行为（如“我在做什么？”）（Stark et al.，2010）。通过帮助儿童和青少年建立内部和外部情感线索（如思想、行为）的连接，咨询师可以帮助他们抓住情绪、思想和行为之间的联系，进而为儿童和青少年在未来情境中发展自我监控、自我启动和自我调节技能（如应对、问题解决、认知技能）奠定了基础。下文的实践活动可以用来增加儿童和青少年对自己幸福感的觉察和对咨询中有潜力可探索领域的认识。

实践活动

“通向幸福的神奇之门”活动

活动概述

咨询师朗读一个场景。在这个场景中，一把神奇的钥匙打开了一扇通向“幸福”的门。咨询师指示来访者画出在他的想象中，自己会在幸福之门的后面找到什么。图画可以传递出来访者可能隐藏起来的很多感受、愿望、梦想和希望，可以帮助咨询师了解在整个咨询过程中需要解决的问题。

活动目标

这个活动的目标是帮助来访者提高对关键问题的认识，以便咨询师就这些问题与其展开有意义的对话。

活动步骤

1. 为来访者阅读以下内容。

“想象一下，你在一座美丽的巨型城堡的大门前。你转动门把手，门打开了。当你走进去，你发现地板上有一把刻有你名字的钥匙。你确定这把钥匙是特殊而神奇的，你开始在城堡中游荡，以查找这把钥匙所属的门。你走过城堡的各个厅廊和楼层，发现似乎这把钥匙打不开任何一扇门，直到你到了最高一层。你把你的神奇钥匙插入锁中转动，门开了。这是一把神奇的钥匙，只有在你转动它时才能打开这扇门。在这扇门的背后，你会看到一件金钱买不到的东西，它将带给你幸福。你在这个房间里看到了什么？那件你还没拥有但能带给你幸福的东西是什么？花些时间想出一幅清晰的画面，并尽你所能把它画出来。”

2. 给来访者足够的时间作画。

3. 来访者画完后，请他解释画中的内容。

过程性问题

1. 你能谈谈为什么你觉得你拥有了这样东西才能快乐吗？

2. 还有什么其他东西是你想画的吗？

3. 你现在拥有哪些让自己快乐的东西？

过程性问题（向父母 / 教养者）

1. 你认为这个活动怎么样？

2. 这个活动最简单和最困难的部分是什么？

3. 在咨询中，你是否谈起过“这样东西”？

心理教育可灵活使用于个体咨询、团体咨询或家庭咨询。咨询师需要使用多种媒介（如书写、音频、视频、互动），以周到、简洁、适合发展阶段且引人入胜的方式呈现信息。对患有双相障碍的儿童和青少年的心理教育主题可包含药物管理、躁郁模式和周期、复发迹象、自我照顾（饮食、运动、睡眠、最大限度控制咖啡因和酒精）、压力管理、应激源识别，以及自我监控（如情绪和睡眠、活动、物质滥用、自杀意念）的意义。

认知重构

患有抑郁障碍和双相障碍的儿童和青少年经常对他们自己和他们周围的事件进行消极的解释和思考。他们通常只着眼于自己的不足，容易产生无价值、无助和绝望的想法。不愉快的经历、互动和事件常被归因于他们不如其他人有能力和有资源，他们认为自己不值得拥有快乐，不值得被他人接受或重视。因此，在为患有抑郁障碍和双相障碍的来访者提供咨询时，识别、挑战和替代这些想法至关重要（Field et al., 2008）。第 17 章讨论了与焦虑有关的 CBT，列举了常见的认知歪曲类型并介绍了自我谈话和思维记录在咨询中的使用方法。在为患有抑郁障碍或双相障碍的儿童和青少年提供咨询时，咨询师可以使用在第 17 章讨论的与焦虑有关的一般 CBT。本节重点介绍认知重构（或认知重组）技术，这是认知技能训练中的一种特定的认知行为治疗技术。

认知重构是系统性地识别歪曲的认知，并将其替换为更积极、更具适应性的信念的过程。认知重构的第一步是识别认知歪曲（请参见表 17-10）。以下示例展示了一个 13 岁的女孩的认知歪曲。

咨询师：你之前说你喜欢上学，但最近变得困难了。在学校发生了什么事情吗？

来访者：其他同学就是不喜欢我。我和其他人都不同，就好像我有什么问题似的。我是说，谁愿意和像我这样一个没用的人做朋友呢？

女孩的认知歪曲在这里开始出现（乱贴标签和妄下结论）。咨询师将通过认知重构试图帮助女孩识别她的认知歪曲并评估她的证据。她将产生关于自己的新的、正面的陈述。

咨询师："同学们不喜欢我"和"我很没用"，这些都是很激烈的表述。这是他们的原话吗？

来访者：不是，但是我真的很没用。我知道他们也都是这么认为的。

咨询师：有时我们自己想的或对自己的看法与他人的想法是不同的。再多跟我讲讲关于"我真的很没用"的一些事实。让我们来看看那是他们的真实想法，还是你认为的他们的想法。

咨询师需要帮助来访者识别他们的认知歪曲并具体化他们的解释和假设。咨询师下一步应让来访者评估他们的讲述（"我真的很没用"）的证据。着眼证据时，咨询师应采取以下步骤：（1）提问"支持该陈述的证据是什么"；（2）提问"可以有另一种看待它的方式吗"；（3）提问"如果这件事发生在其他人身上，你会怎么想他"；（4）进行行为实验（通过一个实验测试信念是否正确）。做一份清单，列出支持和反驳认知歪曲的证据，这样可能会帮助来访者把他们的认知形象化，进而挑战他们的适应不良的认知。对于年幼的儿童，咨询师可能需要更具创造性的方法，即使用其他媒介（如看图画、绘画、玩木偶、玩黏土）来识别和挑战儿童的功能失调或认知歪曲。

例如，咨询师可以让年幼的儿童参加一个名为"更换频道"的绘画活动。

这个活动使用两张纸代表电视机屏幕。咨询师可以让来访者在第一个屏幕中画出他的脑海中对这个频道的感觉（如他的感觉、思想、处境）。接下来，咨询师可以让来访者考虑更换频道（如"新的频道会是怎样的"）。在第二个电视机屏幕上，咨询师可以要求来访者转变为更平静、更积极的频道，让来访者画出这个新频道在他的脑海中是什么样的。作为这个活动的后续，咨询师可以与来访者讨论如何通过改变其头脑中的频道来影响其思想。

此外，让来访者进行行为实验也是改变他们思维方式的有效方法。行为实验是一种体验活动，用以测试来访者的信念或新观念的正确性，或者收集有关现有的适应不良认知的更多信息。为了成功进行行为实验，咨询师必须先让来访者意识到他们有适应不良的认知，然后建立足够的证据来驳斥或支持这种想法或认知，并设计一种行为激活疗法来测试这种认知或想法的正确性（Stark et al.，2012）。

咨询师：嗯，你说学校的同学不喜欢你，他们认为你很没用。你说你对此有 100% 的把握。对吗？（她点了点头。）让我们用一个实验来测试一下这个想法。这些同学如果喜欢你，他们会有什么表现呢？

来访者：嗯，我想至少有几个人会和我一起吃午饭。

咨询师：好的。这些同学还会做什么其他事情来告诉你他们喜欢你呢？如果他们跟你打招呼、对你微笑、站在你旁边、为你开门、与你交谈，甚至谈论学校的事情，是否意味着他们喜欢你呢？让我们在这张纸上列出所有这些事情和任何其他我们可以想到的事情。然后，每当其中一件事在学校里实际发生时，我希望你在这件事旁边画一条线（她点了点头。）你来把清单重写一下，然后每天在学校对照检查。我们将在下周回顾结果。

认知重构的最终目的是改变儿童和青少年的负面自我评价。当儿童和青少年被挑战去评估他们的想法时，他们的思想将发生转变，他们将更加意识到自己积极的属性和技能，从而减少消极的自我谈话，质疑不切实际或功能失调的自我陈述，最终产生更加准确和正面的表述（Kress & Paylo，2015）。表 18-10 对认知重构活动做了综述，这些活动旨在提高来访者评估消极思维，并用积极思维替换消极思维的能力。

表 18-10　认知重构活动

活动	说明
积极思维卡片	创建或购买索引卡。请来访者在卡片上写下他所有的消极想法，每张卡片上写一个。然后，请来访者将每张卡片翻过来，以更准确、更积极的想法去替换这些消极想法。先请来访者在咨询中检查和使用这些卡片，然后在咨询外应用
一封建议信	请来访者思考他可能会对另一个经历抑郁障碍的青少年提出什么建议或有什么话要说。然后，请来访者构思一封写给这个人的信，让其用自己学到的知识和技能去建议他怎样与消极思维作斗争。协助来访者与这个想象中的青少年分享自己在改变消极思维中的成功和抗争经验
积极自我谈话的盾牌	请来访者从一张图画纸上画出并剪下一个盾牌。然后，请来访者在盾牌中间写下或画出积极自我谈话的信息（可以用来对抗消极思维的信息）。例如，“我可以做到。”“我相信自己。”“我很坚强。”“我知道我是重要的、有价值的。”最后，请来访者写出他从其他人那里得到的可以支持他的积极思维的信息。例如，“我爱你。”“我为你感到骄傲。”“你对我太重要了。”与来访者讨论如何使用这个盾牌去抗争消极思维
我的连环画	请来访者画出最近一次他感到抑郁、烦躁或生气时的情景。请他思考自己的行为和想法，以及当时周围人的反应。来访者完成并解释了这个连环画后，请来访者想出一种新的方式来回应他的情绪、想法或感受。指导来访者制作一幅连环画，描述他改变情境的能力，从而改变他的想法、感受和情绪

问题解决方法

问题解决是为患有抑郁障碍的儿童和青少年做咨询的基本组成部分（Stark et al.，2010）。患有抑郁障碍的儿童和青少年其消极思维经常会分散他们的注意力，损害他们解决问题的能力。在许多情况下，患有抑郁障碍的儿童和青少年被他们的情感、思想和过去的经验所淹没，他们常常感到僵住和绝望。问题解决方法可以训练儿童和青少年依靠他们自己应对日常挑战，从而增强他们的能力，提升他们的影响力。问题解决方法还可以增强患有抑郁障碍和双相障碍的儿童和青少年的社交能力，减轻他们的心理压力（Bell & D’Zurilla，2009；Malouff et al.，2007）。

第 17 章讨论的问题解决模型（定义问题，生成解决问题的方法，根据已有信息做出有根据的决定、选择或行动方案并实施解决方案）（Bell & D’Zurilla，2009）可能对该人群有用，但与患有抑郁障碍的儿童和青少年一起工作时，加入解决儿童和青少年的认识和悲观情绪问题的步骤是很有效的（Stark et al.，2012）。咨询师可以将对悲观情绪认知的关注整合进模型中的“生成解决问题的方法”的阶段（第二阶段）。咨询师通常需要积极主动地在第二阶段指导和帮助来访者确定替代方案。鼓励来访者进行头脑风暴，且对不同解决方案的可行性先不做评判，这将有助于生成替代方案（Stark et al.，2012）。下面是一个 12 岁的男孩在处理同伴问题时难以找到替代解决方案的示例。

咨询师：当汤米开始要在课上跟你说话时，你可以做些什么呢？

来访者：我不知道。（停顿）我真的不知道。

咨询师：你要知道没有什么想法是坏的想法。我们只是在尽量多地寻找选项。再想想。

来访者：嗯，我想我可以不理会他，但是他很烦人，会不停地打扰我。所以，我想我可以朝他脸上打一拳，这样他应该会停下来。

咨询师：嗯，不理他或打他。还有什么其他选择吗？

来访者：我不知道了。

咨询师：汤米惹恼其他孩子时，他们会怎么做呢？

来访者：他们会告诉老师，但我不会这么做。我父亲总是说：“告密者没有好下场！”

咨询师：好的，你不会告诉老师。我们再看看有没有其他选择。我很好奇上周你是怎么处理你表弟的问题的。他对你说了很多话，让你很生气，对吗？（他点了点头）

你对自己感觉很不好？（他再次点头）那时你是怎么做的呢？

来访者：你是说我告诉他我的想法？告诉他，他打扰到了我，如果再这样我就不和他一起玩了？

咨询师：对！这正是我要说的。所以另一种选择是告诉汤米："汤米，如果你继续这样做，我就不跟你玩了。"

在上述案例中，来访者提供潜在解决方案比较困难，有时还会很快放弃任何可能性；在为儿童和青少年做相关咨询时，这种情况相当典型。对此，咨询师可以帮助来访者汇集所有潜在的解决方案而不做评判，找出来访者没有觉察到或无法建立连接的替代方案。有了足够的解决方案后，咨询师就可以帮助来访者进行解决问题模型中的其他步骤。

对于年幼的儿童，问题解决的过程应该更加简单。"如果 – 然后 – 但是"的方法就可以帮助年幼的儿童取得进步（Geldard et al., 2013）。这种方法有助于年幼的儿童快速探索问题或情境，以及其行为的后果或最终结果。下面是一个 6 岁的男孩在处理同伴问题时遇到困难的示例。

咨询师：我们可以使用"如果 – 然后 – 但是"的方法来讨论这种情况。我们来想想安迪，那个在学校对你说刻薄话的孩子，如果他这么做，你会怎么回应呢？

来访者：也许我会同样对他刻薄。

咨询师：好的，然后会发生什么呢？

来访者：然后我会感觉好些。

咨询师：但是？

来访者：但是那样的话，他可能会很生气，对我变本加厉。

咨询师：好的，现在让我们用另一种解决方法再做一次，看看结果如何。

咨询师可以引导来访者重复这个过程，以评估可能的解决方案，并丢弃那些不能帮助他们达成预想目标的方法。这种问题解决的过程可以帮助来访者开发和增强他们应对日常挑战的能力，从而增强他们的整体能力，并提高他们的影响力。

活动安排

抑郁障碍的主要特征是退缩和不活动。行为激活疗法（BAT）是一种可以帮助儿童和青少年对抗消极、退缩、停滞状态并重新参与愉悦和令人期望的活动的方法或工具（Chu et al., 2009；Stark et al., 2012）。活动安排基于这样的假设：如果生活压力源可以对情感产生消极影响，那么正常的、可预测的或计划中的经验可以对情感产生积极影响。儿童和青少年可能会对这种干预产生阻抗，因为它不符合该人群从日常生活（如社交、参加活动）中退缩的倾向。活动安排的重要前提是通过增加来访者参与令人期望或愉悦的活动，让他们体验到更加积极的情感。理想情况下，情感上的变化会影响他们的思维和感知（如世界是一个令人愉悦的地方），并使抑郁症状得以减轻。

行为激活疗法的第一步是识别来访者当下感觉或曾经感觉到愉悦的活动。患有抑郁障碍的来访者通常会表示任何活动都很难使他们感到开心。一种可以帮助来访者的方法是邀请他们回忆之前觉得有趣的活动，并提供符合他们年龄阶段的、与他们兴趣一致的活动建议。通过与来访者（也许还有其家人）合作，咨询师可以制定一份来访者可能感兴趣的活动的综合清单，然后将这些活动列出来并安排在活动表上。在这一次与下一次咨询期间，来访者可以自我管理和监控他们对既定活动的参与；他们可以报告是否参与或参与后心情如何。他们可以把这些资料带到咨询室，与咨询师一起讨论。记录这些活动及伴随而来的反应可以帮助来访者意识到参加令人愉快的活动能够提升他们的能量水平、积极的情感状态和整体幸福感。

在咨询期间应用活动安排方法时，可以使用以下提问。

- 本周进行不同的活动你感觉如何？
- 你最喜欢什么活动？
- 你最不喜欢什么活动？

- 我们应将哪些活动添加到列表中？
- 当你思考这些活动和你的感受之间的联系时，令你感受最深的是什么？

另一种自我监控的技术是让来访者使用 24 小时社会节奏工作表。

此类工作表可以呈现一天中的睡眠、饮食、互动和情绪模式的整体情况。咨询师可以使用这些工作表来帮助来访者及其家庭创建一个平衡的、结构化的时间表，从而帮助调节来访者的睡眠、饮食和活动水平。通过创建和努力保持一个平衡的、结构化的时间表，包括起床时间、活动时间、进餐时间和就寝时间，儿童和青少年可以建立规律的日常作息，并拥有更加稳定的情绪、思想和行为。

家庭参与

父母和家人参与咨询过程有助于儿童和青少年将在咨询中获得的觉察、知识和技能与他们的环境建立起至关重要的连接（Stark et al.，2012）。父母和家人的参与有助于做到以下几点：（1）增加对儿童和青少年个体咨询的支持；（2）促进儿童和青少年自我评价和认知能力的发展；（3）鼓励儿童和青少年在咨询室外使用各种技能；（4）改变环境和家庭结构及事件，减少可能导致抑郁和双相障碍症状的认知、人际关系和家庭干扰（Stark et al.，2012）。例如，家庭在发展沟通技能方面经常需要帮助，咨询师可以教家庭如何更有效地沟通。有效地沟通包括表达积极的感受、积极倾听、提出积极的要求，以及适当表达对特定行为或情境的消极感受。

在针对患有抑郁和双相障碍的儿童和青少年的咨询中，父母培训通常是综合方法的重要组成部分。理想情况下，父母培训应包括一系列教育：沟通能力、冲突解决技能、行为管理技能、问题解决技能，以及任何可能维持抑郁和双相障碍核心信念或症状的行为识别能力（Stark et al.，2012）。在某些情况下，尤其是对患有双相障碍的儿童和青少年，父母教育对于解决双相障碍与其他心理疾病诊断（如焦虑障碍、注意缺陷 / 多动障碍和物质滥用）的高共病性至关重要。例如，咨询师可以讨论物质使用和滥用对抑郁和双相障碍症状的扰动影响。在另一些情况下，父母和家庭培训可以更多地集中在家庭环境中，包括家庭整合积极行为管理、减少冲突、增加家庭决策过程，并提高儿童和青少年自尊的能力。有时，这种培训可能侧重于父母的技能及家庭中父母对青少年症状的反应。

患有抑郁障碍和双相障碍的儿童和青少年，其家庭和父母可能无法参与有趣的娱乐活动（Stark et al.，2012）。因此，安排家庭参与有趣的活动会是一种很好的方法，使他们可以共同提高解决问题的技能，进行积极的互动，且帮助孩子免受情绪症状的困扰。家庭成员可以集体讨论，选择他们都感觉愉快的每周一次的活动。此外，咨询师还应邀请父母监测这些活动对家庭和孩子的影响（如在“活动安排”中记录），并使用这些信息指导他们后续的活动安排。

药物治疗

很多研究都支持对患有抑郁障碍和双相障碍的儿童和青少年使用药物，特别是用于治疗抑郁障碍的选择性 5- 羟色胺再摄取抑制剂（SSRIs）和用于治疗双相障碍的情绪稳定剂（如锂盐）。非典型抗精神病药（如利培酮、阿立哌唑）和抗惊厥药（拉莫三嗪、丙戊酸、双丙戊酸钠）（Field et al.，2008；Kendall & Comer，2010；McKeage，2014；Pavuluri et al.，2009）。但需要注意的是，FDA 仅批准了锂盐、利培酮和阿立哌唑用于治疗儿童和青少年双相障碍，尽管抗惊厥药（如拉莫三嗪）在临床上对某些双相障碍的儿童和青少年似乎有效（Pavuluri et al.，2009）。抗抑郁药物通常与其他治疗双相障碍的药物（如情绪稳定剂、非典型抗精神病药、抗惊厥药）一起使用，但不建议对患有双相障碍的儿童和青少年单独使用抗抑郁药，因为这样可能会诱发躁狂症状（Evan-Lacko et al.，2010）。

药物对解决重性抑郁和双相障碍的急性症状是常用和必须的手段（AACAP，2007；Evan-Lacko et al.，2010）。为患有抑郁障碍和双相障碍的儿童和青少年提供咨询时，应始终结合基于咨询的干预措施一起使用药物（Hofmann et al.，2012）。

尽管抗抑郁药的使用与抑郁症状的减轻高度相关，但同时也与高自杀风险（自杀意念和行为）相关（AACAP，2007；Barbui et al.，2009）。实际上，FDA要求所有抗抑郁药物均应加上“黑框警告”标签，以突出显示用药风险。因此，咨询师和心理健康专业人员必须不断评估自杀意念，尤其对处于抑郁中并服用抗抑郁药物的儿童和青少年，他们自杀的可能性会更高。

药物依从性是所有服用精神药物的儿童和青少年的重要治疗目标，尤其是患有双相障碍和抑郁障碍的儿童和青少年。咨询师在与精神科医生或医师、来访者及其家人一起工作时可以发挥重要作用，可以制订计划来帮助来访者按处方安全服药。表 18-11 列出了通常用于治疗患有抑郁障碍和双相障碍的儿童和青少年的药物类别和相关副作用。

表 18-11 通常用于治疗患有抑郁障碍和双相障碍的儿童和青少年的药物类别和副作用

药物分类	选择性 5- 羟色胺再摄取抑制剂（SSRI）	情绪稳定剂	非典型抗精神病药	抗惊厥药
药物	• 氟西汀（百忧解） • 舍曲林（佐洛特） • 帕罗西汀 • 西酞普兰 • 艾司西酞普兰	• 锂盐（依斯卡利特）	• 利培酮 • 阿立哌唑	• 拉莫三嗪 • 丙戊酸或 • 双丙戊酸钠
药物副作用	• 头痛 • 恶心 • 烦躁 • 失眠或困倦 • 性功能问题 • 自杀性风险增加	• 不安 • 口干 • 腹胀和消化不良 • 关节或肌肉疼痛 • 尿频 • 痤疮 • 脆弱的头发和指甲 • 锂中毒（包括腹泻、困倦、肌肉无力、呕吐和协调不良）	• 体重增加 • 困倦 • 头晕 • 女孩的月经问题 • 皮疹 • 心跳加速 • 视力模糊 • 对阳光敏感	• 头痛 • 腹泻 • 胃灼热 • 鼻塞或流鼻涕（类似感冒症状） • 便秘 • 困倦 • 头晕 • 威胁生命的皮疹（如史蒂文斯 - 约翰逊综合征）

尽管咨询师的执业范围不包括开药，但通常他们有能力识别药物的副作用，也知道与其他医疗专业人员展开合作或咨询的必要性。例如，如果来访者在服用新的 SSRIs 类药物时自杀意念有所增加，咨询师就需要寻求其他医学专业人员（如精神科医生、家庭医生）的督导和咨询。

对于有治疗阻抗的抑郁障碍（如使用一种药物不能缓解或改善的抑郁症状），可以在现有的抗抑郁药物治疗中添加另一种药物（Trivedi & Chang，2012），这被称为增强药物治疗。当儿童和青少年服用某种药物后症状有所减轻时，添加增强药物比调换或尝试另一种抗抑郁药更为理想（Trivedi & Chang，2012）。虽然针对儿童和青少年群体的增强药物治疗的研究相对稀少，但一些儿童和青少年确实从锂盐、非典型抗精神病药、其他抗抑郁药和盐酸丁螺环酮等增强药物中获益（Trivedi & Chang，2012）。当然，增强药物治疗也可能增加不良反应（如副作用）的风险。

基安卓的“I CAN START”心理咨询计划

本章开头直接引述了基安卓的一段话，这个 17 岁的女孩经历强烈的抑郁情感。下面的“I CAN START”概念框架概述了咨询的考虑因素，这些考虑因素可能会对与基安卓的学校咨询师或临床咨询师有帮助。

C= 背景评估

基安卓是一个 17 岁的女孩，具有鲜明的个性。她来自一个有影响力的富裕家庭。基安卓经历着正常的青春期发育困扰（如身份认同、人际关系），但由于她的孤立行为，这些困扰进一步加重了。

A= 评估和诊断

诊断 =296.22（F32.1）重性抑郁障碍，中度单一发病。

N= 必要的护理水平

门诊个体咨询（每周一次）。

S= 优势

自身：从基安卓之前的高中成绩来看，她很聪明且有潜力成为一名优秀的学生。她报告自己爱好运动，但已停止健康饮食和体育健身锻炼。

家庭：基安卓与家人（她的父母和四个弟弟、妹妹）同住。她描述她的父母充满爱心和支持。看上去，她与她的弟弟、妹妹和家庭关系都很紧密。

学校与社区：基安卓与家人生活在一个安全、稳定的社区中。她有很多朋友，但她与他们中的任何一人都没那么亲近。她最近将自己从日常亲戚朋友的互动中疏离出去了。

T= 治疗方法

CBT。

A= 咨询目的和目标（90 天目标）

基安卓将报告情感的影响，积极情感将从 10 分制量表的 4 分上升到 6 分。

基安卓将参与活动安排、行动激活疗法。她将计划每周至少 3 天进行一项锻炼活动（如在周边散步、上瑜伽课、在跑步机上跑步）。

基安卓将学习可以用来管理抑郁障碍的应对技巧。她将觉察情感线索（如无助和绝望的感觉），并在感到悲伤（如无助、绝望）的 90% 的时间里能够实施至少一种应对策略（如问题解决、活动安排、认知重构）。

基安卓将学习识别和挑战歪曲的认知。她将使用认知重构技术检查她消极的想法或信念（如“我没有希望”），并对这些想法或信念的准确性进行证据审查，并在 80% 的时间里参与替代想法或信念的行为实验。

基安卓将增加与所有家庭成员（母亲、父亲和四个弟弟、妹妹）的积极互动。她和她的家人将计划进行一个月 2 次的家庭娱乐活动（如在公园晚餐、家庭游戏之夜、电影之夜）。

R= 基于研究的干预措施（基于 CBT）

咨询师帮助基安卓开发和应用以下 CBT 的技能。

- 学习和使用健康的应对技巧。
- 识别并挑战认知歪曲。
- 学习和使用放松技巧。
- 使用活动安排或行为激活疗法。
- 学习和实施认知重构技术（如该信念的证据、采取不同视角、进行行为实验）。

T= 治疗性支持服务

- 与精神科医生进行药物评估。
- 基安卓高中的学业辅导。
- 抑郁障碍青少年支持小组。

总结

过去，没有那么多儿童和青少年被诊断为抑郁障碍或双相及相关障碍，这可能是因为儿童和青少年的抑郁障碍表现与成年人不同（Parens & Johnston，2010）。事实上，许多儿童和青少年都经历着抑郁障碍，并因此影响了他们对自己和对世界的看法，以及他们的能量水平（Beck & Alford，2009）。许多儿童和青少年患有双相障碍，其特征是高涨的情感状态，他们可能会有活动激昂、精力增加、思维夸大和情绪高涨的体验（APA，2013）。

儿童和青少年经常难以明确表达情感和思想，难以回顾过去发生的事件。咨询师可以使用各种方法获取儿童和青少年完整的诊断信息，包括临床访谈、列清单和从熟悉他们的成年人那里收集多种观点并加以评估。此外，双相障碍是一种在儿童和青少年群体中难以准确诊断的障碍。因此，咨询师绝不能在没有先进行彻底的躁狂或轻躁狂评估以排除双相障碍及相关障碍的情况下将儿童和青少年诊断为抑郁障碍。躁狂或轻躁狂的评估在区分双相障碍及相关障碍与破坏性心境失调障碍上也是关键因素。

关于治疗抑郁障碍和双相障碍及相关障碍方面，有许多重要的研究（Kress & Paylo，2015）。CBT 是用于治疗儿童和青少年抑郁的最普通咨询方法。另外，BAT、IPT 和药物疗法也是治疗儿童和青少年抑郁障碍的有效方法（Chartier & Provencher，2013；Kress & Paylo，2015）。治疗儿童和青少年双相障碍及相关障碍的最有效的咨询方法包括 CBT、DBT、以家庭为中心的治疗、人际社会节奏疗法，以及药物治疗（Kress & Paylo，2015；West & Pavuluri，2009）。

如前所述，对处于急性发作的儿童和青少年，最重要的是先稳定下来。心理上更稳定的儿童和青少年通常可以从情感教育、应对和问题解决技能、认知重构，以及对自己更加积极的信念和感受的发展中受益（Stark et al.，2010）。药物治疗对患有抑郁障碍或双相障碍的儿童和青少年很重要。咨询师应帮助儿童和青少年及其家庭对药物治疗做出正确评价，特别是结合他们更多的社会心理学的咨询方法（Hofmann et al.，2012）。

第 19 章　身体状况相关的障碍

艾拉的案例

在我 15 岁时，我所在的芭蕾舞公司的导演告诉我，如果我的体重能减掉 10 斤，我就具备了争夺主角的竞争力。我认为非常有道理，于是就开始减重。起初，我不再吃垃圾食品，后来我开始连早餐也不吃了。当我戒掉了所有的碳水化合物后，我的食欲开始下降，不吃东西也就成了家常便饭。我妈妈开始注意到我从来不吃她给我准备的让我在训练室吃的晚餐，所以现在我会在她来接我之前就把便当倒掉。在家里，我也会避免吃东西，如果父母强迫我吃东西，我就会吐出来。我每天摄入大约 400 卡路里的热量，这种感觉很好——因为终于接近我想要的体重了。大多数时候我只吃生菜和西芹，但也会偶尔吃一点鸡肉。上周，我在练习时昏倒了……这也就是为什么我会在这里。

——艾拉，16 岁

本章讨论一些儿童和青少年所面临的与身体健康有关的心理健康问题，特别探讨 DSM-5 中的两类精神障碍——进食障碍和排泄障碍，以及针对患有慢性身体疾病或健康相关残障的儿童和青少年的咨询注意事项。

本章讨论的所有议题都涉及身体健康问题。医疗专业人员在与这些儿童和青少年及其家庭的合作和支持中起着至关重要的作用，咨询师也需要成为跨学科专业团队的一员，帮助与这些问题作斗争的儿童和青少年。

进食障碍

进食障碍，如神经性厌食症（Anorexia Nervosa，AN）和神经性贪食症（Bulimia Nervosa，BN），是一种严重的身体疾病，其特征是持续的饮食行为紊乱，从而导致对食物的消耗或吸收的改变（APA，2013a）。进食障碍的行为可能包括极度限制食物的摄入或其他体重管理行为，例如，自我催吐，过度地、强迫性地运动，以及滥用泻药或利尿剂。对体型和体重的过度苛责经常（但并不总是）出现在进食障碍中，这可能表现为频繁称重、重复检查身体部位、回避与体型有关的信息（如拒绝照镜子）和对身体的极端不满（Fairburn et al.，2009）。在 AN 中，儿童和青少年也可能表现为缺乏对体重长期过低的严重性的认识（APA，2013a）。

伴随进食障碍而出现的危险行为可能会危及生命，并造成可怕的生理后果。例如，过度饮食限制会导致骨质疏松、皮肤变薄变干、腹胀、胃排空延迟、心脏异常、肾脏并发症、内分泌和代谢紊乱

（Pomeroy et al.，2002）。此外，如果不加以治疗，从青春期早期开始的营养不良会影响后期身体发育，从而阻碍青少年达到他们最大的生长潜力。反复出现的代偿行为，如自我催吐和滥用泻药，会导致低血压、永久性牙釉质侵蚀、食道撕裂及体内钠和钾的流失（Pomeroy et al.，2002）。与其他精神障碍相比，进食障碍的生理和心理后果的结合导致了极高的死亡率（Klump et al.，2009）。

基于这些危及生命的生理后果，在发现进食障碍的症状后立即治疗就十分重要。换句话说，及时治疗对进食障碍的人是极其重要的，同时咨询师、精神健康专业人员和医疗专业人员必须积极努力地支持这些患有进食障碍的儿童和青少年及其家庭。进食障碍对大脑功能（Muhlau et al.，2007）、代谢（Katzman，2005）和神经化学（Kaye et al.，2009）都有负面的影响，因此会损害儿童和青少年的认知功能（Southgate et al.，2008）、决策能力（Cavedini et al.，2004）和情绪的稳定性，从而严重限制儿童和青少年的生命活动（de la Rie et al.，2007）。如果要为有进食障碍的儿童和青少年提供咨询，那么咨询师应该接受专门的培训。所有与进食障碍来访者打交道的咨询师都应该定期咨询其他专业人员，接受专门的督导和继续教育。

进食障碍造成的伤害程度要求咨询师将注意力集中在那些被认为是维持疾病的因素上，而不是那些被认为是导致疾病的因素上。那些在早期过于关注疾病“根源”的咨询会谈可能会因没有聚焦于进食障碍的行为而付出代价，因为这些行为有可能会导致死亡。此外，儿童和青少年及其父母可能会发现，当来访者处于营养不良的状态时，内省导向的咨询是困难、令人沮丧和无效的，因此这些讨论最好在来访者身心功能完全恢复时进行。

AN 和 BN 的普遍发病年龄都是 12 岁（Swanson et al.，2011）。由于这些障碍通常开始于青春期，因此与青少年合作的咨询师有其独特的优势，能够在症状变得更糟之前及早诊断和干预。

进食障碍是可能危及生命的严重疾病。最新的治疗文献表明，应用以实证为基础的治疗和基于团队的综合治疗方法，进食障碍是可以好转的。研究表明，通常大约 50% 的 AN 患者预后良好，25% 的患者预后一般，其余 25% 的患者预后不佳（Lock et al.，2010）。AN 之所以如此危险，是因为它是 DSM 中列出的所有精神疾病中死亡率最高的，甚至超过抑郁障碍和物质使用障碍。该人群的死亡率约为每十年 5%（APA，2013a）。因此，对 AN 尽早进行干预是非常重要的，以防止其慢性发展。有强有力的证据表明，如果治疗及时且强效，那么较长时间（少于 3 年）没有病症的儿童和青少年的心理和体重可以得到完全恢复（Lock et al.，2010）。

根据所引用的研究不同，BN 的治愈率也有很大差异，缓解率从 31% 到 74% 不等（Bogh et al.，2005；Fairburn et al.，2004）。在治疗的前四周内，症状的迅速减轻与 BN 患者的治疗有效性相关（Bogh et al.，2005；Fairburn et al.，2004）。在一篇包含了自 20 世纪 90 年代起的文献综述中发现，发病年龄越早、症状程度越严重、有共病诊断（如物质使用障碍）和某些人格特征（如内向、完美主义、情绪不稳定、神经质）（Steinhausen & Weber，2009）的人群，其 AN 的长期预后较差。

对患有进食障碍的儿童和青少年，他们身边的父母和成年人对于如何回应他们感到很困扰。表 19-1 提供了回应这一人群的一些应该做和不应该做的事。这些建议可能会对有进食障碍的儿童和青少年的咨询师、家人和朋友有所帮助。

表 19-1　与进食障碍儿童和青少年互动时应该做的和不应该做的事

应该做的事	不应该做的事
让一位能监控来访者病情的医疗提供者参与进来：监控与进食障碍有关的身体健康症状不在咨询师的工作范围内，但咨询师应该注意症状升级的迹象（如呕吐物中带血、头晕）。当来访者有进食障碍时，有医疗提供者的参与永远是必要的。与这个群体工作时，应该采取团队方式，并让多位医疗提供者（如营养师、医生、精神病学家）参与	在六次会谈后无进展或症状恶化，也不愿将来访者转介至更高水平的护理：如果六次会谈还没有进展，就应该尝试其他治疗或更高水平的护理（Agras et al.，2000）。进食障碍的死亡率是所有精神障碍中最高的，咨询师不应该保守地应对，也不应该延误医疗和更强力的治疗转介
让家人和适合儿童和青少年群体文化的其他人员参与咨询：来访者需要被支持和被监督，而这些人提供了这样的功能。其他人也可以帮助进行客观的评估并汇报他们的行为	期望来访者在不需要任何人的情况下做出改变：克服进食障碍是异常艰难的，尤其是对儿童和青少年，给他们提供支持是非常重要的
了解进食障碍是一种基于生物学的疾病：进食障碍有非常复杂的遗传和生物因素的根源和维持机制。随着进食障碍越来越严重，来访者对抗它的影响也变得越来越困难。身体的监测和补给是十分必要的	将进食障碍归咎于家长或来访者：家长和来访者对进食障碍的发展和持续存在没有责任。他们已经感到非常羞耻了，因此需要缓解他们对于“这是自己的过错”的担忧
外化来访者的进食障碍：来访者不是问题，进食障碍才是问题。来访者和家人必须认识到来访者不是进食障碍本身。来访者有各种各样的优势、能力和个性（及困扰），这些都使他与众不同	强化进食障碍者的身份认同：患有进食障碍的来访者常常把自己看作进食障碍本身。放弃进食障碍的感觉就好像他们要放弃自己一样。因此，要避免强化来访者关于自己就是进食障碍本身的想法
鼓励友谊和社交联络：为来访者与积极自信的同龄人交朋友提供支持。合作性活动可以帮助来访者建立与他人的联系	允许疏离：许多患有进食障碍的来访者会疏远他们的同伴。与他人隔离会延续来访者的低自我价值感和羞耻感，因此需要避免
告诉来访者你在乎他；告诉来访者你希望他健康平和；你会一直在这里陪着他，给予理解和支持。让来访者知道他总是有人可以依靠	告诉来访者他看起来太瘦或评论他的外表：不要评论来访者的体重，例如，“你看起来太瘦了”“你看起来好像又增加了一些重量”“你看起来更健康了”。最好不要对来访者的外貌进行任何评论
全家一起吃饭：提供包含多种食物的营养均衡的膳食。通过让全家一起准备美食、安排交流的时间、营造放松的气氛来试图使进餐时间充满乐趣	允许来访者不吃饭：家庭聚餐是许多治疗进食障碍方法中重要的一环。花时间一起吃饭被认为是对帮助来访者从进食障碍中恢复的关键步骤
理解和支持：理解来访者及其困扰。花点时间仔细倾听来访者的心声，不要试图说服他们的感受、想法或行为是错误的	责备、羞耻或内疚：不要因为来访者患有进食障碍而责备他或评价相关的行为。来访者不是在故意挑衅，他也在痛苦中挣扎，而这些行为并不是针对你的
学习知识：为了更好地理解来访者，要了解关于进食障碍的信息，并告诉来访者的身边人进食障碍的后果及风险。家长可以参加支持小组、接受咨询、寻求支持	让你的恐惧主导你的情绪：恐惧会导致人们想要控制那些有进食障碍的人，而这可能会对他们造成伤害。提醒自己进食障碍不是你的错，也不是孩子的错，因为这种想法会导致无效的控制尝试，而这往往会造成伤害
鼓励健康习惯：帮助来访者寻找业余活动和爱好来应对压力和孤独。鼓励来访者的兴趣，帮助来访者想办法更多地参与这些活动。例如，如果来访者喜欢画画，鼓励他参加一门艺术课程，或者主动提出和他一起去	自我限制并失去希望：来访者可能觉得没有动力去追求兴趣爱好。他们可能会失去兴趣或感觉他们没有足够的能力去追求一种爱好，如绘画
在交流时多使用“我”陈述：与来访者交流是非常重要的，特别是当他们正在经历痛苦和挣扎时。使用“我”陈述句，例如，“我觉得你应该上门艺术课程。”“我很担心你总是待在房间。”这样可能会有所帮助而不会听起来像是在指责。使用“我”陈述句向来访者展示你的关心和你的感受，而不是听起来好像来访者做错了什么。使用这些话将促进交谈，避免来访者因逆反心理而拒绝沟通	交流时使用“你”陈述：改变与来访者的沟通方式，听起来更真诚和温和会帮助来访者减轻自责和内疚的感受。使用诸如“你在你的房间待得太久了”或“你需要花更多时间画画”的话语，听起来就好像在指责来访者的行为一样。改变语气和措辞将有助于来访者了解这些是你的感觉和想法，而不是你把它们强加给青少年，就好像这些是他的错一样

资料来源：Adapted from Stephanie Konesky，LPCC，Site Director at the Emily Program–Cleveland，personal communication，January 30，2017.

厌食症的症状和咨询注意事项

AN是一种严重的、可能危及生命的精神障碍，其特征是对饮食的限制导致体重明显偏低（APA，2013a）。显著低体重的定义是体重低于正常水平（基于一个人的年龄、性别、发育轨迹和身体状况而定）的最低限度。对儿童和青少年来说，这包括体重持续低于基于过去生长规律的预期最小值。在健康的儿童和青少年中，体重和身高的增长曲线相当稳定。当儿童和青少年的生长曲线下降或身高和体重没有达到预期的增长时，就有必要调查其原因。虽然可能是其他医学问题引起的，如肠炎或食物过敏，但也需要研究其饮食习惯和体重管理相关情况。大多数定期拜访儿科医生的孩子在他们的医疗记录中都会有一个生长曲线图，记录他们从出生到成年早期的体重和身高趋势。这些记录也是重要的评估工具，咨询师可以用它来确定来访者是否确实有基于他发育轨迹的不寻常的体重减轻。

AN有两种亚型：限制型和暴食/清除型。限制型AN主要表现为通过节食和运动来减少体重。限制型AN患者不会经常暴饮暴食或有清除/代偿行为，如自我催吐、过度运动或滥用泻药、利尿剂或灌肠剂。暴食/清除型AN患者则经常出现暴饮暴食和代偿性清除行为，这可能会使诊断更加复杂。AN的其他特征包括对体重、体型和外表的适应不良的信念，以及对体重过轻的长期忽略。AN患者会表现出对体重增加或变胖的强烈恐惧，即使他们的体重已经非常低了，他们也在一直进行阻止体重增加的行为（APA，2013a）。

据相关统计，0.5% ~ 1%的青春期青少年患有AN，且女孩AN的发病率是男孩的10倍（APA，2013a）。然而，值得注意的是，很多时候，人们会有AN是一种“女性疾病”的文化刻板印象，这就会导致对男孩AN的诊断缺失。

AN的治疗是复杂的，需要关注广泛的医学、营养和心理方面的疾病。与AN来访者一起工作的咨询师必须与多学科治疗团队紧密联系，最好包括在进食障碍治疗方面拥有专业知识的一名医生、一名营养学家和一名精神病学家。

由医疗专业人员进行整体的医疗评估是对AN初步评估及治疗过程中的关键步骤。医疗评估包括一套完整的身体检查和实验室测试（如血液化验、心电图、血尿素氮、肌酐、甲状腺活检、尿比重），以检测AN对身体的物理影响。慢性营养不良可能导致严重的医疗并发症，包括脱水、直立性低血压（当身体从躺着变为站着时心率和血压有激烈的变化，表现为眩晕）、心动过缓（低心率）和心律失常（不规则的心跳）、体温过低（低体温）、对低温的不耐受、皮肤变化，以及毛发增长（身体上的汗毛突然增长）。有自我催吐行为的AN患者也可能出现低钾血症（钾水平较低）、食道撕裂和牙齿侵蚀（AED，2011）。

与专门研究进食障碍的精神病学专业人员合作，可以帮助咨询师处理常常使治疗复杂化的共病障碍。为患有进食障碍的来访者做咨询的咨询师应该了解常见的、经常同时发生的精神障碍。在患有AN的成年人和青少年中，抑郁障碍和双相障碍、焦虑障碍，尤其是强迫症的共病比例相对较高（Keel et al.，2005）。发展为AN的风险因素包括同时发生的焦虑障碍和抑郁障碍/双相障碍、家族进食障碍史、被同龄人取笑、低自尊、不良的身体形象，以及生长在一个极度专注于节食的家庭（Jacobi et al.，2004）。

青春期是青少年探索课外活动的时期，包括高中的体育课和运动队。课外活动，特别是那些能否取得成功与体型有关的活动，也可能使青少年陷入进食障碍的风险。因此，舞蹈运动员、体操运动员和长跑运动员的患病风险较大，游泳运动员和足球运动员的患病风险则相对较小。

在治疗患有进食障碍症的来访者，特别是那些患有AN的来访者时，咨询师需要意识到伦理的重要性。由于对这些来访者的治疗往往涉及危及生命的并发症，因此咨询师必须确定已接受过充分的培训才能治疗这些人群，并评估何时需要更高水平的护理。在与这一高危人群合作时，未按要求转介可能会导致死亡。因为营养不良的来访者通常没办法进行有逻辑的思考，所以家庭成员应积极主动地参与咨询，以支持来访者的需求，这一点很重要。

咨询师可以在帮助来访者及其家人预防和早期干预进食障碍，以及缓解体型和体重的担忧方面发挥重要作用。下文提供了如何预防进食障碍发展方面的指导建议。

表 19-2 提供了咨询师可以用来辅助来访者提高自尊和健康身体形象的练习。

预防进食障碍的相关指导建议

1. 避免节食文化：节食背后的隐含信息是“我现在的身材不太好”。许多人认为节食会导致进食障碍。让父母意识到自身通过饮食均衡而建立起与食品的健康关系的模范作用。

2. 鼓励进行体育活动是为了享受过程而不是减肥：鼓励父母帮助孩子寻找他们喜欢的体育活动。提醒父母关注活动的积极方面，如团队合作、力量、耐力和投入，而非减肥。

3. 要意识到，某些体育运动可能有造成进食障碍或对身体不满意的风险：那些对体型有一定要求的体育运动可能会造成儿童和青少年感到体型不佳的风险，进而导致进食障碍。这些运动或活动包括竞技体操、舞蹈和健身。此外，那些“增重”或较低体重能提供竞争优势的运动（如摔跤、武术、长跑）也会使人面临进食障碍的风险。让家长了解这些高风险活动。指导教练相关注意事项，以确保他们没有无意中鼓励或强化饮食紊乱的行为。

4. 注意媒体信息：如今媒体或社交媒体过度影响了人们的生活，儿童和青少年每天都被各种有害信息狂轰滥炸，如告诉他们身体“应该”是什么样子。要告诉儿童和青少年不同体型的价值，并帮助他们了解人对外表的可控范围是有限的。鼓励儿童和青少年拥抱积极的身体形象（如提醒他们自己的力量和身体的功能），不鼓励对不切实际的社会理想形象的过度关注。

5. 不要评判食物：避免给食物贴上好或坏的标签。如果这样区分食物，会鼓励儿童和青少年只吃某些食物，而不吃其他食物，也会引发儿童和青少年的负罪感或羞愧感，这会伤害他们的自尊，从而导致进食障碍。鼓励根据营养价值和营养成分来选择食物，而不是把食物分为好或坏的类别。

6. 积极的支持和关系：鼓励儿童和青少年与他人建立积极的、牢固的关系，因为这些人可以作为他们的榜样，使他们远离有害的社会形象观念。提醒父母向孩子表达爱，仅仅是因为他们是他们自己，而不是因为他们的外形，并持续鼓励良好的沟通。良好的沟通和应对技巧将有助于儿童和青少年从容应对困难。

表 19-2　与身体形象相关的练习

练习项目	说明
身体健康清单	为来访者提供材料，如纸、笔、铅笔、彩笔和贴纸。来访者可以建立一份清单，用来评估对自己身体的自我照顾情况和健康状况。这个活动的目标是帮助来访者在功能层面上（而不是在外形层面上）更好地认识自己的身体，使他们有能力采取一种积极的方式保持健康。引导来访者使用任何他们想要的材料来完成清单。提供一份大约有 10 个是非问题的清单，示例如下： • 我的身体昨晚睡够了吗？ • 我的身体现在有足够的能量吗？ • 现在，我是否为身体提供了足够的营养？ • 我在照顾自己的身体吗？ 如果来访者对一个问题的回答是“否”，他们就可以考虑如何把“否”变成“是”。经过讨论，来访者可以使用这些清单来增强他们对自己身体和健康的自我意识和正念

（续表）

练习项目	说明
我的身体协议	这个练习要求来访者自己拟一份协议。在这份协议中，承诺接受自己身体本来的样子，并以温和尊重的态度对待身体和自己。协议的格式可以包括以“我”开头的陈述句，如“我将”“我选择”或“我有权力”。这份协议可以是这样的：“我明白，从今天起，我将以一种积极的方式前进，爱护和尊重我的身体，因为它是我的一部分。”在开场陈述的下面，来访者可以使用“我会”这样的陈述，例如，“我会接受我身体本来的样子。”“我会给予我的身体积极的谈话和爱。”“我会让我的身体参与体育活动并给予适当的营养。”协议最后也可以加一个签名的地方
给我身体的留言	指导来访者写一封信或制作一幅拼贴画，来表达对身体的一些想法或感受，并为没有好好对待或忽视它道歉。如果很难找到词语来描述，来访者可以用杂志上的图片或文字来表达。信件可以以“亲爱的身体”开头，来访者可以用“对不起……”这样的句式。例如，来访者可以写“对不起，我的身体，因为我没有很好地尊重你，忽视了你的需要，剥夺了你享受健康和爱护的权利”
爱你的形象	在这个练习中，来访者在一张标准尺寸的纸上画出自己的身体图像，并写出或画出与自己的身体和健康相关的积极词汇和形象。为来访者提供贴纸、图片、颜料、彩笔、钢笔、蜡笔、毛线、剪刀、纽扣，以及任何他们想使用的材料。在他们创造了自己的身体图像后，让他们在这个身体里填满积极的信息、颜色、纹理和符号，这些都是个人的、独特的，并且是积极健康的。例如，“我很坚强”这几个字可以写在腿上，或者可以在胸口放一颗心表示温暖善良。来访者可以随心所欲地发挥创造力。鼓励积极的形象和联想
我的身体所给予我的	这是一个写作练习，可以用来帮助来访者将他们的身体重新定义为对健康有用且至关重要的功能性的东西。咨询师可以要求来访者在会谈中或会谈外回答以下问题： • 我的身体有多重要？ • 如果我有身体残疾会怎么样？ • 我的身体在哪些方面是强壮的？ • 我能做些什么来帮助我的身体保持强壮和健康？ • 我爱我身体的哪一点？ • 我怎样才能尊重和保护我的身体？ 鼓励来访者根据每个提示尽可能地多写。来访者也可以画一幅画，指出一个词或找出一个小物体，用它来连接自己的能量

贪食症的症状和咨询注意事项

BN 的特征是循环反复地暴饮暴食，并伴有用于防止体重增加的代偿行为。暴食被定义为在短时间内（2 小时内）快速消耗客观上大量的食物，并伴有失去控制的感觉（APA，2013a）。

那些被诊断为 BN 的患者同样会做出不适当的代偿行为来防止体重增加。这些行为可能包括自我催吐、滥用泻药、利尿剂、灌肠、过度运动或禁食。患有糖尿病的儿童和青少年也可能通过错误地调节胰岛素水平来控制体重。一种常见的误解是，人们必须有清除行为才能被诊断为 BN。然而，非清除的方法（如禁食、运动）也可以用来抵消暴食的结果。如果个体在之前的三个月里一直存在大约每周一次的暴食行为和某种形式的不适当的代偿行为（清除或非清除），那么他们就可以被诊断为 BN（APA，2013a）。根据 DSM-5，患者的自我评价受到其体型和体重的严重影响也可作为诊断的依据。

儿童和青少年 BN 的患病率一般为 1%（Swanson et al.，2011）。女孩更常被诊断出患有这种障碍，性别比例大约为 10∶1。因此，在男孩中 BN 的诊断可能会被忽视，因为它不太常见，而且社会观念常常倾向于将 BN 视为女性问题。尽管如此，还是有 10% 到 15% 的 BN 患者是男性。据统计，男性运动员患 BN 的比例较高，这表明运动，特别是那些体重和肌肉质量的控制与运动成绩有关的运动（如摔跤、长跑、体操），可能会增加男性患 BN 的风险。此外，性取向也可能对 BN 的发展有影响。一些研究表明，与异性恋男性的进食障碍比例相比（5%），同性恋男性的进食障碍比例更高（15%）。然而，当这些比例应用于大的人口数据时，大多数患有进食障碍的男孩依然是异性恋（Feldman & Meyer，2007）。因此，应该审慎评估男孩是否有 BN，特别是对那些参与高风险运动或同性恋倾向的男孩。

与 BN 来访者合作的咨询师必须了解这种障碍可能导致的生理后果和并发症。因为过度的清除行为（如利尿剂、泻药、呕吐、吐根的使用）可能会导致电解质失衡，使个体有死亡的危险（继发于心力衰竭），因此咨询师对来访者的治疗必须与医疗专业人员合作。应对来访者进行包括血液检查的常规体检来评估血液中钾、镁和钙的水平，以排除电解质紊乱。食道撕裂是一种罕见但严重的与自我催吐相关的医学并发症。食管撕裂最常发生在使用物体或器械诱发呕吐反射时。虽然一般情况下不会危及生命，但自我催吐也会导致牙釉质腐蚀，使人患上牙齿疾病。唾液腺（腮腺）肿胀也可继发于自我催吐（Academy of Eating Disorder，2011）。

治疗 BN 的第二个重要考虑因素是确定适当的护理等级。一些研究表明，前四次会谈是长期治疗成功的良好指标（Bogh et al.，2005；Fairburn et al.，2004）。因此，如果 BN 来访者在非正式环境下的消除行为无法显著降低，或者生理并发症没有解决，那么咨询师就应该考虑更有组织的治疗环境，如日间治疗或住院治疗（Friedman et al.，2016）。

有研究表明，BN 患者，尤其是那些表现出清除行为亚型的患者，更容易出现冲动行为、情绪不稳定和缺乏抑制力等问题（Godt，2008；Keel et al.，2007）。青春期（在发育过程中，青少年通常倾向于冲动行事的时期）伴随的心理冲动可能会导致做出危险的行为。因此，咨询师应该评估有 BN 的来访者可能的共病冲动行为，包括物质滥用、无保护的性接触、多个性伴侣和任何其他冲动、危险的行为。

在种族文化方面，BN 在患病率方面的文化特异性差别似乎比 AN 小。在美国，进行 BN 治疗的主要是白种人，但该障碍也出现在其他种族群体中，其患病率与白种人样本的患病率相当（APA，2013a）。

进食障碍的咨询干预和治疗

虽然 AN 和 BN 的治疗有很多相似的地方，但这两个人群有独特的治疗需求。2004 年，英国国家健康与护理卓越研究所（National Institute for Health and Care Excellence，NICE）发布了进食障碍治疗和管理的核心干预方针。该方针被专门治疗进食障碍患者的专家视为金标准。此外，FBT（Lock & Le Grange，2012）被列为针对儿童和青少年 AN 的首选治疗方法，FBT 和 CBT 被列为针对儿童和青少年 BN 的首选治疗方法。

神经性厌食症的治疗模型与干预

大量研究建议使用以实证为基础的方法来治疗 AN。近年来，FBT 在治疗青少年 AN 方面已被证明有很高的成功率。CBT 也取得了一些成功。如前所述，早期干预和综合团队治疗 AN 是至关重要的。

基于家庭的治疗（莫兹利家庭疗法）

对儿童和青少年而言，AN 会严重影响其身体、情绪和社交的发展，因此在治疗时这几个方面都很重要。FBT（Lock et al.，2010；Lock & Le Grange，2012）是伦敦莫兹利医院开发出的一种门诊治疗模式。该治疗模式大约需要一年的时间来完成，最初是用于治疗 18 岁或 18 岁以下的与家人住在一起的青少年。

FBT 的总体理念是，青少年融入家庭和家庭的参与（特别是来自父母的参与）对治疗的成功至关重要。青春期的青少年在患病很严重时一般无法对饮食和相关行为做出合理的决定。因此，父母有责任控制孩子的饮食和活动行为，直到孩子在身体上和心理上较少受进食障碍的影响为止。FBT 也高度关注青少年的发育，旨在指导父母帮助青春期的孩子完成正常的发展任务（Lock et al.，2012）。

FBT 通常通过三个定义明确的阶段来展开治疗进程。第一阶段：持续 3 到 5 个月的体重恢复期。在这一阶段需要进行每周一次的咨询会谈。第一阶段的咨询几乎完全集中在饮食和体重管理行为上。咨询师应鼓励父母自己研究如何最好地帮助他们的孩子增重和恢复正常的饮食，同时咨询师会为这些努力提供持续的支持。问题解决是一种重要的治疗工具，用于帮助父母为孩子的食物摄入量做出合适的决定。在第二次会谈的时间点进行家庭聚餐是一个很好的机会，可以评估和提供有关用餐时间家庭互动的反馈，并通过成功地指导孩子“多吃一口”来赋予父母帮助孩子控制疾病的力量。在第一阶段，父母可能不得不和孩子坐在餐桌旁好几个小时，一直等孩子吃完饭。父母也可能被要求在饭后监督孩子 30 分钟或更长时间，以阻止其用任何消除性的方法，如催吐。考虑到青春期是一个孩子的自主性和独立性相互抗争的时期，咨询师需要提醒家庭成员，第一阶段的治疗将是很困难并具有挑战性的。虽然在治疗的这一阶段，聚焦于 CBT 的干预措施可能会邀请营养师或膳食管理师介入，但在 FBT 中，父母被赋予了指导孩子体重恢复的权力。所以，除非有再进食综合征的风险，否则不鼓励依赖营养学家或营养师。

当体重明显稳定增长并且父母相信他们对疾病的管理在可控范围内时，就可以走向下一阶段。第二阶段是将饮食控制权转交回孩子手中。在第二阶段，咨询会谈的频率应是每 2 至 3 周举行一次，为期大约 3 个月。在这一阶段，进食障碍的症状仍然是关注的重点，咨询师应与家人合作，慢慢地将对饮食和活动的适当控制权转移回孩子手中（在父母的密切监督下）。随着第二阶段的进展，那些因为专注于体重恢复而不得不推迟的家庭问题现在可以被引入。然而，这些问题只有当它们能有效帮助孩子继续进食或支持孩子维持健康体重时才被探讨。

第三阶段：儿童和青少年的问题和结束阶段。当孩子达到稳定体重（如达到不少于 95% 的预期体重）并且进食障碍行为不再发生时，就可以进入第三阶段。在这一阶段，会谈每个月或每隔 1 个月进行一次，为期约 3 个月。第三阶段的主要目标是帮助孩子与父母建立健康的关系，使家庭互动不仅仅限于不良饮食。这一阶段的家庭互动包括努力实现个人自理、建立适当的家庭界限、练习有效解决问题的能力，并为即将到来的转变做好准备。

FBT 目前被认为是治疗青春期青少年 AN 的首选方法（NICE，2004）。有大量实证表明，FBT 是治疗青少年 AN 的一种即时且长期有效的治疗选择（Downs & Blow，2013；Lock et al.，2012）。总体来说，众多数据表明，对于患 AN 且患病时间相对较短（如不到 3 年）的儿童和青少年（即年龄在 19 岁或以下），FBT 是十分有效的治疗方法，且 2 至 5 年后的随访研究表明治疗的正面影响得到了维持（Eisler et al.，2007；Lock et al.，2012）。

认知行为疗法

认知行为疗法（CBT）主要关注引发和维持进食障碍的认知、情感和行为方面的问题。进食障碍领域权威专家费尔伯恩（Fairburn）提出的方法是用于治疗进食障碍人群的经典 CBT 治疗方法。它分为三个阶段来逐步对进食障碍进行治疗。

第一阶段主要聚焦于行为。在这一阶段，来访者要记录进食障碍行为（如暴饮暴食、不适当的代偿行为），形成日志，并对食物摄入量进行自我监控。此外，咨询师应鼓励来访者建立一个规律的饮食模式，包括吃许多不同食物类型组成的食物。在咨询会谈中，咨询师可以和来访者一起回顾他们的自我监督表，一起寻找进食障碍行为的触发因素，并对如何改变或避免它们进行问题解决的思考训练。第一阶段的治疗还包括营养方面的心理教育。由于许多患有进食障碍的来访者对营养有错误或歪曲的认知，因此首先教育来访者均衡营养的心理教育十分重要。与专业营养师合作可以帮助咨询师更好地了解来访者的营养需求。膳食计划经常被用于缓解厌食症状，它可以帮助来访者监测热量摄入，以确保足够的食物摄入，以改善营养不良。使用 CBT 的咨询师通常会与营养师合作，以确保给家长提供准确的营养建议。因为当他们努力重新喂养营养不良的孩子时，若没有准确的营养建议就可能引发与营养相关的并发症，如再喂养综合征（即重新让严重营养不良的患者进食后引发的代谢紊乱障碍）。

第二阶段旨在教授来访者如何解决生活中的各种

问题，而不是那些进食障碍的行为。解决问题的策略列举如下：（1）识别问题；（2）尽可能准确和客观地描述问题；（3）集思广益解决问题的方法；（4）找出每种解决方案的结果；（5）选择最佳回应；（6）将行动进行到底。

第三阶段主要帮助来访者识别可能导致病情复发的认知和行为。例如，二分法或非黑即白的思维（如“除非我很瘦，否则没人会觉得我很特别”）可能会让来访者病情复发。在这种情况下，咨询师就需要帮助来访者发展替代的认知，以反驳他们当前的信念。例如，咨询师可以让来访者观察他们认识的人中被他人敬佩和尊重且不瘦的人。认识到这些认知歪曲并挑战它们是预防运用 CBT 治疗后病情复发的一个重要目标。

一些研究已经证明了 CBT 在治疗 AN 患者方面的有效性。例如，在 AN 的预防复发方面，CBT 已被证明优于营养咨询（Pike et al.，2003）。此外，在一项非随机临床试验中，与接受标准治疗的患者相比，接受 CBT 治疗的患者保持不复发的时间明显更长（Carter et al.，2009）。

进食障碍的强化认知行为疗法

强化认知行为疗法（Enhanced Cognitive Behavior Therapy，CBT-E）是一种基于 CBT 的治疗方法，专门用于治疗进食障碍（Fair burn，2008；Fairburn et al.，2009；Fairburn et al.，2003）。CBT-E 最初是为成年人设计的，经过调整后也可以用于儿童和青少年。

CBT-E 针对假设维持进食障碍的过程制定了临床的方案。这种临床方案可以用来识别和优先考虑那些咨询中需要聚焦的疾病特征。因此，在这种治疗方法中，个性化的方案（或治疗计划）在一开始就会制定出来，并可以在整个咨询过程中随时进行修订。

CBT-E 的标准疗程是为期 20 周的 20 次会谈。它聚焦于使用具体的策略和程序来处理目标症状。CBT-E 一般分四个阶段进行。第一阶段（第 1 ~ 4 周）的目标如下：引导和促进来访者接受治疗，制定个性化方案，提供进食障碍和体重变化的心理教育，建立“规律饮食”和“会谈间隔称重”的模式。第二阶段（第 5 ~ 6 周）是过渡阶段。在这一阶段，来访者和咨询师回顾治疗进展，找出困难，并修改个性化的方案。第三阶段（第 7 ~ 14 周）是治疗的关键时期，目标是处理维持进食障碍的主要机制（主要是认知）。第四阶段（第 15 ~ 20 周）是治疗的最后阶段，重点是预防复发的长期计划，同时也提供了治疗后 20 周的复查会谈，以确保效果的长期保持。

精神药物治疗

与对成年人进食障碍的研究结果不同，很多研究发现精神药物治疗儿童和青少年 AN 的效果是有限的。一项回顾性研究比较了服用选择性 5- 羟色胺再摄取抑制剂（SSRIs）的 AN 患者与未服用该药物的 AN 患者。两组患者在出院时或一年随访时的体重指数（BMI）、进食障碍症状、抑郁或强迫症状方面均无差异（Holtkamp et al.，2005）。此外，FDA 的结论是，给青少年开具抗抑郁药可能会造成严重的危及生命的副作用（HHS，2004）。在审阅了大量临床报告并研究了 3300 名服用抗抑郁药物的儿童和青少年后，FDA 得出结论：抗抑郁药物确实会增加自杀的风险，但只针对少数青春期的青少年。因此，FDA 要求在 SSRIs 上印有“黑框警告”，表明这些药物可能会增加青少年的自杀想法和行为（HHS，2004）。

由于 AN 患者对身体形象的困扰可能十分严重，因此许多研究人员将这种歪曲认知定义为近乎妄想的思维，并随后探索了使用抗精神病药物来治疗那些被诊断患有 AN 的患者。由于抗精神病药物会刺激饥饿感，并促进体重增加，因此这对那些需要恢复体重的人来说是一个额外的好处。迄今为止，最有希望用于治疗成年人进食障碍的抗精神病药物是奥氮平（如再普乐），这是一种非典型的抗精神病药物（Attia et al.，2011）；然而，在儿童和青少年群体中，关于非典型抗精神病药物的有效性研究严重滞后，尚未得出明确的结论。少数案例研究表明，非典型抗精神病药物可能会增加 AN 患者的体重，并减少其焦虑和不安。然而，考虑到非典型抗精神病药物的副作用和支持其疗效的有限数据，相关治疗指南建议在治疗进食障碍时，药物不应是第一考虑，以家庭为基础的治疗才是最重要的（NICE，2004）。

神经性贪食症的治疗模型与干预

相关治疗文献列举了几种有效治疗 BN 的方法，如 CBT、DBT、FBT 和人际心理治疗（IPT）。这些疗法在治疗 BN 方面都有短期或长期的效果。

认知行为疗法

CBT（Fairburn，1981） 和 CBT-E（Fairburn，2008）已成功应用于 BN 的治疗。有关这些治疗方法更详细的描述，请参阅“神经性厌食症的治疗模型与干预”部分。到目前为止，CBT 对 BN 的治疗有着最强有力的实证支持。相关研究表明，大约 50% 的 BN 患者可以通过 CBT 治疗康复（Hay，2013）。一项前瞻性的研究发现，接受 CBT 治疗的 BN 患者在治疗结果上明显优于单纯接受行为疗法的患者（Haslam et al.，2011；Poulsen et al.，2014）。

辩证行为疗法

前面提到的方法没有完全解决与情绪调节相关的问题，而情绪调节往往影响了 BN 的发展和维持。虽然 DBT 最初是用于治疗边缘型人格障碍患者的情绪调节障碍（Linehan，1993），但近年来也被应用于 BN 和其他进食障碍患者的咨询中（Johnston et al.，2015）。

虽然 DBT 在某种意义上仍被认为是实验性的，但它正在成为一种潜在的辅助或替代治疗模式，特别是对于那些伴有情绪调节困难且干扰一线治疗模式（如 FBT 或 CBT）成功使用的儿童和青少年。因此，DBT 可能对那些有情绪调节困难、有自残或表现出危险、冲动性社会行为的进食障碍儿童和青少年特别有效。一定数量的研究评估了为儿童和青少年进食障碍而调整的 DBT 模型，早期结果表明，DBT 有助于缓解进食障碍的症状、抑郁症状和一般精神病理症状（Johnston et al.，2015；Safer et al.，2007；Salbach-Andrae et al.，2008）。一些研究表明，DBT 治疗可能会增加 AN 患者的体重指数（Johnston et al.，2015）。

当对患有 BN 或 AN 的来访者使用 DBT 时，咨询师应与来访者合作，用更有技巧和更适应的行为来取代那些不适应的行为。为此，行为链分析和日记卡被用来处理和追踪功能失调的行为，包括暴饮暴食、清除和自杀、非自杀性自伤行为。下面的实践活动展示了一套自我安抚工具包，可以帮助来访者调节情绪，避免进食障碍相关的行为。

实践活动 >>>>>

自我安抚工具包

活动概述

患有进食障碍的来访者通常难以控制自己的情绪。心理学家玛莎·林内翰（Marsha Linehan，1993）将自我安抚描述为一种有助于减少痛苦和帮助来访者重新调节强烈情绪的干预措施。其重要的治疗目标是教来访者如何自我安抚和调节强烈的痛苦情绪。

活动目标

为来访者提供一种工具，让来访者可以用它来自我安抚和调节自己的情绪，从而避免进食障碍相关行为。

活动步骤

1. 在活动（个体或团体）的前一周，向团体成员介绍这个活动。例如，可以说：“下周我们将制作一套自我安抚的工具。这是一个工具包，你可以在当你感到强烈的情绪并需要重新调节那些情绪时使用。”接下来，可以说：“你下周唯一的家庭作业是选择并带来你最喜欢的且能够安抚你的歌曲录音。这首歌曲能让你放松和平静。可能是它的歌词对你有意义，或者也可能只是它的曲调让你感到舒适。作业中最重要的部分是，你所选的歌曲可以让你放松。下次小组会谈的时候带上它。”

2. 在下一次会谈时，让来访者坐在一张长桌旁。给每位来访者一个鞋盒和一些彩色纸。让他们用彩色纸装饰鞋盒的盖子和盒身。

3. 接下来，给他们提供一些杂志。让他们在杂志中的广告或标题中寻找鼓舞人心的句子或信息。例如，可以是“你真了不起！”“花点时间闻闻玫瑰花香。”或“尊重自己。”让他们把这些受启发的话语剪下来，粘贴在盒子外面。当他们在做这个活动时，咨询师可以解释说，盒子外面粘贴受启发的句子是一种视觉上自我安抚的方式。

4. 当他们完成时，给每位来访者一个压力球。向他们解释挤压压力球是一种触觉上的自我安抚方式。

5. 接下来，给每位来访者一支小蜡烛。告诉他们各种各样的香味都能让人放松和平静。让他们闻蜡烛，然后把蜡烛放在他们的盒子里。告诉他们蜡烛是一种利用他们的嗅觉进行自我安抚的方法。

6. 现在，让他们播放上周挑选的有利于让人放松的歌曲。向他们解释听音乐是他们使用听觉来自我安抚的一种方式。最后，要求他们承诺在下一次会谈前使用他们的自我安抚工具。

过程性问题

1. 这周你用了你的自我安抚工具了吗？

2. 当你需要自我安抚时，你觉得哪种方式最有效？

3. 你有没有感觉到自己在使用完自我安抚工具后更加平静和放松了？如果有，多长时间才能起效？

4. 在你的自我安抚工具包中还有哪些东西可能会有帮助呢？

5. 你还能在你的工具包里添加什么来帮助你自我安抚呢？

此外，还可以按照危及生命的行为严重程度排序来进行治疗。第一个需要处理的行为，即第一级目标行为，是当下危及生命的行为，包括可导致立即死亡的自杀行为和进食障碍相关的生理并发症（如电解质紊乱）。根据目标的等级先后，当那些危及生命的行为稳定下来后，就可以开始处理一些干扰治疗的行为，这些行为可以包括不合作的行为，如通过量体重前“喝很多水”来谎报体重增加、不遵守规定的饮食计划或干脆拒绝与咨询师就治疗计划合作。在治疗的最后阶段就可以处理那些影响生活质量的行为。这些行为可能包括人际关系困难、学校内的问题或不危及生命的进食障碍症状。

基于家庭的治疗模型

基于家庭的治疗模型（FBT，目前治疗青少年 AN 的金标准方法）也被用于治疗青少年 BN，这种治疗常被简称为 FBT-BN（Le Grange & Lock，2007）。手册化的 FBT-BN 包括为期 6 个月的 20 次会谈。在 FBT-BN 的治疗过程中，一般情况下，咨询师和来访者会进行 3 次个人会谈。

与 FBT-AN（即用于治疗 AN 的 FBT）类似，FBT-BN 有三个明确的阶段。在第一阶段，父母帮助孩子重建健康的饮食模式。在第二阶段，父母监督孩子在饮食行为上恢复独立。第三阶段是 FBT-BN 的结束阶段，主要任务是在进食障碍相关背景下讨论儿童和青少年发展的相关问题。与 FBT-AN 相比，FBT-

BN 在第一阶段需要更多的协同工作，在此期间，儿童和青少年会更直接地参与恢复正常饮食的计划中。FBT-BN 强调治疗成功的关键是调整食物的摄入、打破暴食 – 清除循环、处理这些行为的本源。此外，与 AN 相比，儿童和青少年 BN 的表现形式多样（Le Grange & Lock，2007），使用 FBT-BN 的咨询师可以按照自己习惯的方式和风格在实践中发挥更大的灵活性和创造力。使用这种方法治疗 BN 有强有力的实证支持（Le Grange et al.，2003；Le Grange & Schmidt，2005）。

精神药物治疗

对患有进食障碍的儿童和青少年，有关精神药物有效性的研究非常有限。然而，SSRIs 已被支持并被证明在治疗抑郁、焦虑和自杀意念方面有效，而这些症状有时与 AN 和 BN 相关，尽管该类药物尚未被证明有助于体重恢复或防止复发（Harrington et al.，2015；Lock & La Via，2015）。一项使用氟西汀治疗进食障碍患者的临床试验发现，氟西汀减少了每周的暴食和清除行为的发生。因此，FDA 表示该药物在减少暴食和清除行为的频率方面是有效的（Kotler et al.，2003；Lock & La Via，2015；FDA，2017）。氟西汀是 FDA 批准用于治疗 BN 的唯一药物（Lock & La Via，2015；FDA，2017）。因为使用药物治疗 BN 的数据较少，英国国家健康与护理卓越研究所表示，针对 BN 改进的 CBT 应作为一线治疗方法，而对那些对 CBT 没有反应的 BN 患者可加入氟西汀作为辅助治疗。

排泄障碍

遗尿症和遗粪症都是涉及身体排泄困难的排泄障碍。遗尿症的特征是不恰当地将尿液排到床上或衣服上；遗粪症的特征是无意识或故意将粪便排在不恰当的地方（如衣服、床上）（APA，2013）。根据 DSM-5，不能对 4 岁之前的儿童做出遗粪症的诊断，也不能对 5 岁之前的儿童做出遗尿症的诊断（APA，2013a）。因为在这个年龄之前，儿童发生这些问题并不罕见；因此，将他们的排泄困难列为精神障碍是不恰当的。

大多数孩子在四五岁时就掌握了如厕训练。在儿童时期，如厕训练可能不太统一，因为早期如厕训练可能会依赖于成人的参与。例如，照料者可能有不太一致的指令，今天鼓励孩子上厕所，但明天又让孩子穿纸尿裤。然而，根据 APA（2013a），在 4 岁或 5 岁后，一般不认为照料者的不一致指令是孩子出现遗尿症或遗粪症的合理原因。

4 岁或 5 岁以上的儿童表现出排泄障碍的症状但不能被确诊的唯一情况是发育迟缓。如果儿童的实际年龄是 4 岁或 5 岁以上，但有发育迟缓现象（如生理、认知、神经系统），并妨碍其达到与年龄相适应的里程碑，那么该儿童的排泄困难将被认为是原发性疾病的结果。但是，所有引起严重痛苦的排泄困难都应该得到处理。因为对那些有智力或其他发育迟缓的儿童和青少年来说，如果已经明确他们在发育上可以控制排泄却没有做到，那么他们也可能在某一阶段会被诊断患有排泄障碍。

此外，咨询师还应考虑排泄困难是否与身体疾病有关。在将儿童和青少年排泄问题归为精神健康诊断之前，咨询师应彻底探究相关生理原因。例如，患有癫痫的儿童和青少年可能会在癫痫发作的过程中失去对膀胱的控制，这种情况就不需要心理社会干预。

因为患有排泄障碍的儿童和青少年可能会在衣服或其他人可以看见的地方排泄，他人通常能够知道他们的困难，因此遗尿症或遗粪症的症状会使儿童和青少年感到尴尬，并产生羞耻感。患有排泄障碍的儿童和青少年被同伴排挤也会加剧与这些障碍有关的心理健康问题。

排泄障碍的原因有很多，包括心理因素、遗传学和生物学相关因素。许多遭受过情感或身体虐待的儿童和青少年会出现遗尿症状（APA，2013a），但肯定不是所有患有排泄障碍的儿童和青少年都有被虐待史。然而，根据针对儿童和青少年的咨询准则，咨询师应该首先排除儿童和青少年被虐待的可能性。

应对排泄障碍对父母和照料者（如学前教师、日托工作人员）来说特别具有挑战性。照料者通常需要清理孩子留在衣服、床单或其他家居用品表面的排泄物，这需要很多时间和精力，而且会让照料者感到疲惫。一些患有排泄障碍的儿童和青少年可能需要穿纸尿裤睡觉，甚至一整天都需要穿。对照料者来说，这可能是金钱和情感上的双重负担，他们可能会轻微地（或过度地）表达他们的沮丧感。如果孩子感受到成年人的沮丧情绪，就可能会进一步加剧其症状和排泄困难。因此，咨询师要探索的方法，不仅要解决排泄障碍的具体症状，也要解决可能由此产生的焦虑和羞耻感。

遗尿症的症状和咨询注意事项

根据 DSM-5，遗尿症的症状包括连续 3 个月每周至少 2 次小便到床上或衣服上，或者达到严重困扰来访者的程度（APA，2013a）。如前所述，被诊断为遗尿症的来访者必须年满 5 岁，而且问题不能是由于发育障碍引起的。

在 DSM-5 中，有三个关于遗尿症的亚型，用来表明症状发生在一天中的特定时间（APA，2013a）。“仅在夜间”是指来访者只在夜间时、在合适的地方出现排尿困难。“仅在白天”表示来访者只在白天出现遗尿症状。在“夜间和白天”是这两种亚型的结合。此外，原发性遗尿指来访者之前从未有过 6 个月以上的不尿床期，而继发性遗尿指来访者在之前已有长达 6 个月或更长不尿床期后又再次出现症状。

遗尿症是儿童和青少年中最常见的诊断障碍之一（Shapira & Dahlen，2010）。它可影响 19% 的 5 ~ 12 岁儿童和青少年（Hodgkinson et al.，2010）。15 岁及以上人群只有 1% 受到它的影响（APA，2013a）。夜间遗尿在男孩中更为常见，而白天尿失禁在女孩中更为常见（APA，2013a）。

环境因素是儿童和青少年患遗尿症的一个潜在风险因素，因为这种障碍常见于生活在托儿系统、机构和组织（如孤儿院）中的儿童和青少年（APA，2013a）。有压力的生活事件或有压力的家庭动力会导致儿童和青少年焦虑程度增加，这也与遗尿症状有关（Shapira & Dahlen，2010）。例如，经历过严格的排尿训练的孩子在排尿时可能难以放松并完全排空膀胱。这可能会导致膀胱感染或膀胱肌肉过度活跃从而频繁地收缩。当膀胱意外收缩时，就可能会发生意外排尿。

儿童和青少年避免去小便也可能是因为他们对上厕所感到不舒服（如在公共场所或学校），或者他们不想从有趣的活动中抽出时间。延迟排尿会导致尿液漏到衣服上，同时导致膀胱变得紧张、虚弱或过度活跃。许多儿童和青少年都经历过不能按时上厕所的困难，如果这些小困难被忽视就可能变成大问题。事实上，遗尿症状带来的压力可能会进一步加重尿失禁的症状。

除了环境因素和压力，遗传和生物因素也是造成遗尿症的重要因素（Shapira & Dahlen，2010）。大约三分之二的遗尿症儿童和青少年都有一个生物学上的亲属有过类似的症状（APA，2013a）。造成该障碍的潜在生物学因素包括睡眠不足、抗利尿激素水平低（导致排尿量增加）、膀胱容量降低、膀胱肌无力或对膀胱已满需要排尿的识别延迟（Shapira & Dahlen，2010）。

此外，膀胱和大脑之间必须有一个神经通路，这样儿童和青少年的大脑内在警报才能发出需要起床去洗手间的信号。儿童和青少年的大脑与憋尿和排尿的生理机制之间的神经通路通常在 5 岁时形成，但有些儿童和青少年发育较慢，即使他们在其他方面已达到平均的认知能力。另外，在儿童时期的睡眠规律不稳定或需要长时间睡眠的青少年，可能会出现醒来前遗尿症状增加等问题。

有便秘问题的儿童和青少年也可能因膀胱受到压力而经历尿失禁。咖啡因也会增加青少年的排尿，如果确定咖啡因与排尿的困扰有关，那么儿童和青少年应避免摄入。除了其他可能导致遗尿症状的一般生理状况（如睡眠呼吸暂停、尿路感染、尿液反流），遗尿的生理和生物因素应由医学专业人员进行筛查，并由咨询师仅通过心理教育进行处理。

许多因素都会导致遗尿症状，但其预后通常都很好，因为大多数孩子长大后会自行摆脱遗尿，且心理咨询可以有效地为这一过程提供支持。大多数患遗尿症的儿童和青少年在其他方面都很快乐，适应能力也很好。因此，咨询师应了解导致该障碍的生物学和遗传因素、医疗专业人员评估这些因素的方法，以及咨询师可以开展和实施的用来减少或消除遗尿症的有效方法。

遗粪症的症状和咨询注意事项

遗粪症的特点是在 3 个月内每个月至少 1 次反复在不恰当的地方（如厕所以外的地方）排便。大约 1% 的 5 岁儿童有遗粪症，男孩更为常见（APA，2013a）。要得到正式的遗粪症诊断，这种行为必须每个月至少发生 1 次，且至少持续 3 个月，同时来访者的年龄必须是 4 岁或以上。此外，该行为不能是由于通常的生理状况引起的。便秘是一个例外，它可以被认为是一种生理状况，但不能因此排除该障碍的诊断。

遗粪症有两种亚型。最常见的亚型通常被认为是无意识的，叫作伴便秘和溢出性失禁；另一种亚型叫作无便秘和溢出性失禁，指大便失禁是与便秘无关，这类亚型通常被认为是有意识的且可能与对立违抗障碍、品行障碍或其他类型的行为问题相关（APA，2013）。

便秘可能通过多种方式发展成为遗粪症。首先，儿童和青少年可能会有便秘的情况或有大量硬化的粪便卡在结肠中，这可能出于多种原因，如粪便在结肠中停留时间过长、吃导致便秘的食物（如香蕉、咖啡因、糖）或喝水太少。当儿童和青少年便秘时，他们排出硬化的粪便可能会很痛，于是就可能会进一步避免上厕所。随着粪便在结肠中堆积，更多的水分被排出，硬块变得更大、更硬。到一定程度后，水样粪便开始在硬块周围泄漏，而直肠无法承接住泄漏物。最后直肠可能被拉扯到一定程度，青少年甚至感觉不到泄漏。

有些儿童和青少年可能会因为心理原因而避免排便。他们可能因为害怕或尴尬而避免去厕所，或者即使他们感觉到要去厕所了但因为不想错过正在参与的有趣的活动而没有去。他们可能会下意识地选择避免上厕所，便秘也可能是由于被要求保持长时间坐姿（如在学校、在家里）或者没有机会上厕所造成的。

此外，严厉的如厕训练方法（如训斥、打骂）可能会让儿童和青少年在排便时难以放松下来，因为他们害怕上厕所引发的后果。生活中出现压力事件或变化也可能导致他们不愿排便从而发生便秘。遗粪症可以是原发性的，表现为来访者从未做到过持续地在恰当的设施中排便；或者继发性的，表现为来访者间歇性地表现出适当的排便行为。继发性遗粪症可能表明儿童和青少年经历了一些困难，这些困难导致了遗粪症的发生。

虽然各种因素都可以导致伴便秘和溢出性失禁的初始症状，但这种障碍的持续往往是基于心理因素。儿童和青少年会因为不能控制他们的排便变得很沮丧，这就进一步导致了压力和焦虑，从而导致便秘和排便困难。非潴留性遗粪症（没有便秘）有很强的心理成分，有这种障碍的人常常被发现有被虐待或被忽视的过去。

无便秘和溢出性失禁的患者通常将形状良好的粪便（与泄漏的粪便相比较）沉积在不合适的地方。这种亚型的遗粪症比伴有便秘的遗粪症亚型更罕见，患者的排便行为往往与其行为问题有关。患有遗粪症亚型的儿童和青少年通常会将排便作为一种宣示权力或表达不满的方式。在这种情况下，咨询师除了要处理遗粪症，还要关注相关的心理健康困扰。

一些克服了伴便秘大便失禁的患者往往也会因为肠道的损伤和敏感度降低，出现在不恰当地点排便的情况。对此，咨询师应鼓励来访者继续使用能够解决便秘的技巧，同时将其转介给能辅助加强肠道力量的医疗专业人员，并为来访者因排泄障碍而感受到的沮丧和不舒服的情绪后果提供帮助。

最后，一些儿童和青少年可能会由于遭受性虐待而发生便秘或结肠敏感及相关功能下降。虽然大多数遗粪症是由便秘和压力等其他原因引起的，但在咨询中很重要的一点是始终要排除排泄障碍和青少年性虐待之间的关系。在确定最佳治疗方案之前，咨询师应该完成一个全面的、持续的对来访者的评估。

排泄障碍的咨询干预与治疗

咨询师应该记住，心理因素可能但不总是排泄障碍的诱发因素。咨询师应全面评估来访者的心理、社会经历和家庭关系。除了排泄障碍本身，任何潜在的压力源都应该被处理。任何生物和遗传因素都应该由医学专业人员进行评估，咨询师则应该聚焦在心理社会干预的运用上。

对遗尿症来访者最有力的干预措施包括应用行为治疗原则，帮助来访者重新训练他们的身体对排尿的生理信号做出反应。除了直接针对遗尿行为的咨询干预，来访者还可以从聚焦于遗尿导致的任何情绪需求的咨询干预中获益。

对于遗粪症和遗尿症，如果排除任何医学解释，行为治疗技术和干预措施的效果就都得到了有力的支持。对于遗尿症，只有 1% 的病例在应用了医学或社会心理治疗后不能康复。事实上，许多遗尿症病例在没有刻意干预的情况下会自行痊愈（APA，2013a）。

对于排泄障碍的治疗，重要的是要让来访者的家庭参与进来，并尽早开始心理咨询。遗尿症和遗粪症有很强的行为成分，这就表明有这些症状的患者是能够以某种方式控制症状的（von Gontard，2013）。早期干预能让来访者保持对自己身体的控制感，当症状持续的时间越长，来访者就越会认为自己对困难无能为力。此外，孩子的行为模式可以很快形成；较短时间内产生的习惯在孩子的行为模式中并不是那么根深蒂固。因此，早期干预十分重要。家庭可以成为来访者动力和支持的强大来源，因为他们可以一起寻找更有用的方法来解决排泄问题。

通过干预，遗尿症的预后比较良好。不过，遗粪症的预后不像遗尿症那样简单直接。对遗粪症的治疗可能需要父母、医疗专业人员和精神健康专业人员长达一年的专注、持续的干预。某些人群（如智力残疾者）可能需要强力的、持续的干预，并可能有复发的情况。因此，遗粪症的干预措施必须是全面的，并且能够解决认知、行为和饮食方面的变化。

遗尿症的干预与治疗

遗尿警报器

夜间遗尿的主要社会心理治疗方法是使用遗尿警报器（Hodgkinson et al.，2010；Shapira & Dahlen，2010）。通过这个警报器，孩子可以学会更好地控制自己的排尿。当检测到湿度增加时，警报器就会自动发出声响。夜间的尿床常发生在孩子睡觉时，这通常是无意识的行为。夜间使用遗尿警报器可以帮助孩子进一步学习控制白天的尿床症状。

有些孩子白天也会尿裤子。对于这些在白天尿裤子的孩子，遗尿警报器也可以在白天使用。遗尿警报器采取便利的科技，可以穿在衣服下面，以帮助孩子学习如何有意地调节生理过程。对白天会遗尿的孩子来说，警报器可以帮助他们了解小便时需要知道的线索和信号。

现在市面上有很多类型的警报器，大都使用生物调节的可穿戴技术。这些警报器可以在单个零售商处购买。网上购物的搜索词是“遗尿警报器”，价格从 50 美元到 100 美元不等。根据具体品牌的不同，报警器的组成和功能也会有所不同。不过，它有两个主要功能：一个是可以显示儿童内衣的湿度水平；一个是发出警报，当湿度水平升高时，警报器会发出警报（或振动）。传感器可以是无线的，通常夹在孩子的内裤外侧，可以用衣服或内衣盖住。

该警报系统利用两个行为原理来减少（并最终消除）遗尿症状。首先，关于夜间遗尿，根据经典条件反射原理，将身体必须排尿的感觉与醒来的行为联系起来。起初，这种联系是通过警报声来建立的，也就是先将排尿的感觉与一个巨大的响声（或震动）联系起来，然后再把它与醒来联系起来。最终来访者的身体就可以将排尿的感觉与醒来的行为联系起来。其次，警报器可以促进在睡眠中起床并上卫生间的行为演练。随着来访者在需要排尿时能够醒来的能力逐步提高，来访者就可以开始在夜间独立上洗手间，而不是在床上小便。将遗尿警报器的使用与其他操作性行为干预措施相结合尤为有效。

操作条件反射的干预措施

当治疗夜间遗尿症时，操作条件反射干预可以很好地配合遗尿警报器提供的经典条件反射。这些技术也适用于治疗孩子的日间遗尿症（即在醒着的时间出现症状）。操作条件反射干预会对被期望的行为进行奖励。目前，该干预措施被发现对治疗遗尿症有效果（Hodgkinson et al.，2010）。

操作性条件反射干预有两种形式：强化和惩罚。强化会增加个体产生被期望行为的可能性，惩罚会减少个体产生无益行为的可能性。然而，在激励来访者方面，强化通常比惩罚更有效。也就是说，来访者更容易被激励去改变行为，以获得想要的东西，而不是为避免惩罚而改变行为。咨询师应该奖励那些与想要消除的行为不同的行为（如每两小时去一次厕所）。咨询师也应该帮助照料者找到方法来奖励来访者的行为。例如，当孩子起床上厕所时或在较长时间没有尿裤子时，照料者可以适当奖励孩子。

强化程序表是使用操作性条件反射的一个重要组成部分。最开始，应该采用 1 ∶ 1 的比例。也就是说，每次当来访者做出被期待的行为后，他们就会得到奖励。最初可能需要先强化类似目标行为的行为来逐步塑造期待的行为。也就是说，应该强化接近目标行为的行为（如当来访者正在尿裤子时往厕所跑）。随着他们的努力和实践的不断增加，最终就会达成目标行为。一旦来访者能够持续地做到被期待的行为，口头表扬应该保持一样高的频率，但物质强化物可以系统地从 1∶1 减少到 2∶1、3∶1，最终形成随机的强化比例。

精神药物治疗

药物也可用于治疗儿童和青少年遗尿症，并结合行为干预，以支持症状的改善。控制排尿困难的一个可能原因是激素水平没有达到控制排尿的水平。药物，如去氨加压素，作为一种合成激素，有时被用来模拟体内促进水分保持的激素。该药物可增加来访者长时间憋尿的能力。

据推测，遗尿症患者在确定何时需要上厕所时存在困难。三环类抗抑郁药（如妥富脑）已被用于刺激身体的反应，以识别和控制排泄的冲动（Shapira & Dahlen，2010）。这些抗抑郁药可以提高来访者正确使用卫生间的意识和能力。

虽然药物可能有助于缓解遗尿症，但在患者停止服用药物后，复发的风险也会显著增加（Hodgkinson et al.，2010）。如果心理健康和行为干预没有与药物治疗结合使用，来访者就无法学习如何在没有药物的情况下维持已取得的进展。如有可能，上述的心理咨询干预应替代药物干预或与其联合使用。

遗粪症的干预和治疗

如厕教育和训练

在生命的某个阶段，孩子会自然而然地学会使用洗手间来排泄。因此，给患有遗粪症的孩子教授这些技能是很重要的。对因排便过程中的生理困难、认知困难或焦虑而患上遗粪症的来访者来说，适当的如厕训练是治疗的一个重要方面。重要的是，要确保来访者能够用语言叙述如厕的步骤（如注意到想要排便、去厕所、坐在马桶上、排便、擦拭、冲水和洗手），以及其准备情况。同样重要的是，要确定来访者是否有能力完成使用洗手间排便的相关步骤，如下拉裤子、正确擦拭，以及完成后冲厕所。

养育者应该向孩子示范如厕训练的行为，并清楚地教孩子如何独立地进行这些行为（Coehlo，2011）。此外，咨询师可以告诉养育者对不理想的如厕训练行为进行惩罚是无效的。惩罚会进一步加剧来访者排便时的焦虑。养育者应该注重表扬与被期待的排便行为相关的积极行为。

咨询师还可以帮助养育者制定一个时间表，让来访者定时安静地坐在马桶上几分钟。这在饭后尤其有效。如果可以得到相应的奖励，来访者就能够学会把上厕所的时间视为一种享受，同时也可以学会如何有一个稳定的、有效的上厕所时间表。

咨询师和养育者应该共同努力，以确保来访者对如厕训练有适合其生长发育的理解。这可以通过谈话疗法、阅读疗法（即阅读和思考故事）或其他有创意的媒体干预（如观看与使用洗手间有关的节目）来实现。在选择合适的如厕行为故事时，选择与来访者年龄和性别相近的主角会很有帮助。这可能有助于引导来访者思考自己的如厕行为与主角相似或不同的地方。

行为管理

行为疗法的原则在帮助儿童和青少年开始恰当的排泄方面起着重要作用。如前所述，许多养育者将惩罚作为控制孩子排泄行为的一种方式，而惩罚对解决遗粪症是一种无效的方式（Coehlo，2011）。不过，养育者可以让孩子参与清理那些粪便，因为这可能会帮助他们更加积极地调节自己的行为。但是，清洁不应该以惩罚性的方式引入。养育者可以简单地解释说，每个人都有责任清理自己的卫生。

为了改变这些排泄行为，家庭必须参与和支持孩子。养育者可以帮助孩子养成使用卫生间的习惯，任何饮食和药物相关建议则应由医疗专业人员提出。

照料者应制定强化程序表，来巩固孩子的健康习惯。有两种类型的强化：正强化和负强化。正强化是给孩子他们想要的东西，如额外与朋友相处的时间、玩具、奖品或父母的表扬。最有效且免费的强化是口头表扬（如“干得好！”）。负强化是取消孩子不想要的东西，如家务或额外的家庭责任。例如，如果孩子成功地使用了厕所，他可能就不用做当天的家务了。

正强化和负强化都是在孩子成功地完成被期待的行为之后发生的。这就将操作条件反射与贿赂行为区分开来，因为贿赂是先使用奖励，以鼓励一个人完成被期待的行为。贿赂是无效的，因为孩子在这一过程中并没有学会自发地进行被期待的行为。因此，所有的强化都应该在孩子独立完成一个被期待的行为（如使用洗手间而不是弄脏衣服）之后给予。

关于强化程序表的具体使用，可参考“遗尿症的干预与治疗”部分。

饮食改变与药物

一般来说，咨询师提出饮食建议是不合适的（除非接受过专门的医疗培训，并且在执业许可证的执业范围内）。不过，咨询师可以鼓励来访者与医疗专业人员合作，讨论饮食变化或使用泻药或大便软化剂，所有这些都可能为恰当的排便行为所需要的条件提供支持。

在治疗遗粪症时，增加儿童和青少年饮食中的纤维摄入可能有助于治疗的成功（Coehlo，2011）。咨询师可以帮助来访者和家庭制定行为时间表，以辅助由医学专业人员提供的纤维摄入量建议。摄入纤维可以改善来访者粪便的质地（如提高含水量），从而使粪便更容易排出。

医生可能会建议儿童和青少年减少脂肪和糖的摄入，以及任何会引起便秘的食物（如香蕉）（Coehlo，2011）。同样，咨询师应该将来访者转介给医疗专业人员，以获得关于饮食改变的具体指导，咨询师则可以专注于去除可能阻止来访者做出这种改变的障碍。

如果来访者有便秘情况，并导致肠道失控，那么使用泻药可能有助于提高他们适当控制和排便的能力。随着时间的推移，在来访者关于排便的效能感得到提升后，医疗专业人员可能会逐渐减少泻药的使用。

另一种经常被医疗专业人员推荐用于治疗遗粪症的非处方药物是大便软化剂。大便软化剂可使来访者进行更容易被预知、更少疼痛的排便。大便软化剂对那些因饮食不当（如饮水不足、奶酪过多）、食物过敏，甚至可能是不同药物的副作用而引起的排便疼痛或排便困难的来访者很有帮助。一些有疼痛或其他排便困难的来访者可能表现为患有遗粪症，而实际上他们只是因为单纯的生理困难。医疗专业人员可能会给患者开一些非处方的大便软化剂，如聚乙二醇、草本通便丸或开塞露，以排除生理原因引发的遗粪症症状。

慢性疾病或残障

在人的一生中，所有人都会经历一些与健康有关的问题，但身体疾病和残障通常被认为是成年人才会经历的事情。然而，一些儿童和青少年在出生时或在整个童年时期就被诊断出慢性健康疾病，这些疾病不仅会影响他们的身体发育，而且会影响他们的心理发育。患有慢性健康疾病的儿童和青少年面临着影响日常生活和生命的困难，并可能在多个生活领域出现问题。此外，当儿童和青少年患有慢性疾病或存在健康状况时，可能会对整个家庭造成压力，也会影响父母和兄弟姐妹。

儿童疾病的影响是持续的，而且挑战十分严峻，这会让儿童和青少年及其家庭在情感、身体和精神上倍感压力和疲惫。研究表明，在美国，多达四分之一的儿童，即1500万至1800万名17岁及以下儿童和青少年，至少有一种慢性健康疾病（Compass et al.，2011）。其中，最多被诊断的疾病是哮喘（大约9%的儿童和青少年）（Compass et al.，2011）。仅在美国，每年就有超过13 000名儿童和青少年被诊断患有癌症；13 000名儿童和青少年被诊断患有1型糖尿病；20万儿童和青少年被诊断患有1型或2型糖尿病；900万儿童和青少年被诊断患有哮喘（Compass et al.，2011）。

慢性病需要的关注程度各不相同，有些儿童和青少年很少需要定期的医疗护理，而另一些人则需要频繁的护理，并可能涉及门诊和住院的健康治疗。对儿童和青少年及其家庭来说，接受和管理儿童慢性疾病的过程可能非常困难。因此，心理社会适应和必要技能的发展与应对机制，对儿童和青少年、家庭和养育者都很重要。咨询师可以在支持儿童和青少年及其家庭方面发挥重要作用，使他们能够应对与慢性健康疾病或残障相关的挑战。本节将讨论当一个孩子有慢性健康问题时，他们和他们的父母所面临的挑战，以及咨询师应该如何支持孩子及其家庭。由于慢性疾病不仅影响孩子，因此家庭的适应和压力管理也都会谈到。

身体和健康相关状况

尽管存在不同的定义，但通常情况下，慢性健康状况被定义为持续3个月或更长时间的健康问题，且影响了儿童和青少年的日常活动，并需要特殊的医疗照顾（Compass et al.，2011）。慢性疾病的一些例子包括哮喘、糖尿病、脑瘫、镰状细胞性贫血、囊性纤维化、癌症、艾滋病毒携带或艾滋病、癫痫、脊柱裂、严重食物过敏或食物不耐，以及先天性心脏缺陷（Compass et al.，2011）。慢性疾病可能是遗传或环境因素的结果，也可能是两者结合的结果（Compass et al.，2011）。

许多患有慢性疾病的儿童和青少年会出现不适和疼痛的症状，这些症状可能会影响他们的功能。例如，患有囊性纤维病（一种针对胃肠道和呼吸系统的慢性疾病）的儿童和青少年可能有营养不良、无法保持体重、频繁咳嗽和呼吸道感染等症状（Storlie & Baltrinic，2015）。囊性纤维病患儿每天可能要花很长时间进行呼吸治疗，并服用大量药物以改善消化（Storlie & Baltrinic，2015）。

慢性疾病会消耗儿童和青少年大量的时间和精力。例如，患有1型糖尿病（也被称为胰岛素依赖或青少年糖尿病）的儿童和青少年需要持续的护理，包括血糖监测和胰岛素注射（Anderson & Wolpert，2004）。糖尿病的长期并发症是在人的一生中逐渐发展的，如果不注意遵守胰岛素依从性的方案，后期就可能会影响身体的每一个器官（Whiteman，2015）。食物过敏会给儿童和青少年和他们的家庭带来压力。根据美国国立卫生研究院（NIH）的数据，5%的儿童和青少年有食物过敏问题，而且这个数字还在不断上升；1997年至2007年，18岁及以下儿童和青少年的食物过敏诊断增加了18%（NIAID，2016）。不幸的是，患有严重食物过敏的儿童和青少年总会遭遇一些负面的影响，使过敏成为心理咨询的关注重点。意外的食物接触也会有风险，过敏反应可能会导致胃肠道症状、皮疹，甚至死亡（NIAID，2016）。与食物过敏共存是很困难的事，而且避免可能的接触可能会影响孩子和家庭的生活质量。

适应慢性疾病与残障

儿童和青少年及其父母对慢性疾病诊断有不同的反应，他们的反应可能与个人性格、家庭社区和社会支持水平、疾病的罕见性（可能与医疗和社区支持有关）、治疗的方式、疾病的病程、疾病的严重程度和性质有关（Edwards & Davis，1997）。儿童和青少年在不同的发展阶段对医学诊断的反应也是不同的，他们如何应对和理解这样的情况在很大程度上取决于他们的生长发育阶段。儿童和青少年主要的生长发育阶段及根据发育水平做出的反应如下（Denby，2016）。

- 婴幼儿：在这一发展阶段，对疾病及其影响的理解很少或完全没有。此时的孩子需要对父母有信任感和安全感，父母应该让孩子在住院、预约医生和医疗过程中感到安全。
- 学龄前儿童：在这一发展阶段，孩子知道生病是什么感觉和意味着什么，但仍然很少知道或根本不了解疾病的原因或疾病的影响。孩子在感到痛苦、困惑和压力的时候依赖于父母对他们的照顾。
- 早期学龄儿童：在这一发展阶段，孩子可以理解自己生病的原因，尽管原因可能不符合逻辑。这一阶段的孩子会有奇迹思维，或者相信他们的愿望或想法可以影响外部世界（Ryan，2015）。例如，孩子可能认为疾病是由不良行为引起的。父母在帮助控制疾病和相关压力方面仍然发挥着主要作用。
- 后期学龄儿童：在这一发展阶段，孩子更能理解疾病及其对自己、家庭成员和朋友的影响。在这一阶段，同伴很重要，参与学校相关活动也很重要。通常，如果孩子因为疾病或相关需求（如手术或住院）而不能参加某些活动，就会产生被忽视的感觉。
- 青春期的青少年：在这一发展阶段，独立和自我形象是非常重要的。孩子经常脱离家庭而寻求独立，这可能会造成父母和孩子之间的裂痕，而且如果孩子开始忽视他的治疗计划，就可能会在疾病管理方面出现问题。在这一阶段，激素和身体会发生变化，根据疾病的不同引发不同的症状。

研究表明，年龄是儿童和青少年如何适应诊断的一个重要因素，因此在为患有慢性疾病的儿童和青少年提供咨询时，考虑其生长发育阶段是很重要的（Cheeson et al.，2004）。随着儿童和青少年发育水平的提高，他们对自身状况的了解也会逐渐增多。随着儿童和青少年经历每个生长阶段，他们对自己疾病的理解也会有所不同，这使生长发育成为咨询师考虑的一个重要因素。

咨询师也应该了解家庭的适应过程。家庭成员通常会经历哀伤的典型阶段，即从愤怒和否认，到讨价还价和沮丧，一直到最后的接受（Guthrie et al.，2003）。儿童和青少年及其家庭成员也可能经历不同的适应过程。例如，一些研究表明，孩子需要 9 个月、父母需要 12 个月才能适应糖尿病的诊断（Guthrie et al.，2003）。疾病的性质、严重程度、治疗的复杂性和经济成本往往会给家庭带来负担，而将疾病的影响最小化，甚至否认疾病的影响是一种常见的家庭反应。

有慢性疾病（如糖尿病）孩子的家庭，在日常生活中必须处理一些任务，咨询师必须对日常照顾孩子的养育者所承受的压力保持敏感，因为他们往往已经被日常生活的要求推到极限。整个家庭都必须适应这种疾病，因为每位家庭成员都要适应孩子的需求。对父母来说，责任可能包括满足饮食需求、管理药物、提供家庭治疗，以及辅助医疗预约和手术（Edwards & Davis，1997）。因此，父母对孩子感到失望或悲伤是正常的，因为适应疾病是一个复杂的过程，它不断影响着孩子和父母的日常生活和情绪。

除了父母，兄弟姐妹也会受到影响。他们经常被要求帮忙，承担更多的家庭责任。当家中有孩子生病，其兄弟姐妹可能会经历以下转变：做更多的家务、照看家里的其他孩子、在就诊期间替代照料者、较少受到父母的关注（Edwards & Davis，1997；Midence，1994）。由于孩子的医疗需要，父母可能会限制兄弟姐妹参与社会活动，并限制他们与同伴接触。兄弟姐妹可能会觉得自己没有生病的孩子重要。父母必须留意这种情况，因为它会引发未患病孩子对患病孩子的怨恨。此外，大家庭也可能会受到孩子疾病的影响，如他们经常被要求照顾孩子或安排做事（Edwards & Davis，1997）。

当孩子生病时，父母可能会经历内在、外在和生理上的压力。父母的内在压力源来自父母内心，包括对自己不切实际的期望、自责、困惑、对未来的担忧，以及对他人想法的不符合实际的看法（Cheeson et al.，2004）。父母对自己的期望可能是孩子生病带来的最大压力源之一。这是因为，他们为孩子承担的责任和压力超过了他们自己的需求（Edwards & Davis，1997；Midence，1994）。

父母的外在压力源包括那些超出父母控制范围、与疾病有关的压力源。这包括由疾病引起的兄弟姐妹不和、财务负担、兄弟姐妹的困难行为、与重要他人可能出现的冲突、管理孩子的学业或教育需求的困难、疾病带给大家庭或照料者带来的压力，以及为孩子寻找医疗照护的困难（Midence，1994）。

生理压力源与压力带给父母的生理问题有关。由于孩子患病，父母的睡眠和饮食模式，以及日常锻炼和自我照顾活动可能会受到干扰（Cheeson et al.，2004）。咨询师可以向父母强调，当父母更好地照顾自己时，孩子也可以从中受益。

压力管理

认识和管理压力对正在应对儿童慢性疾病的父母和孩子来说至关重要。尽管所有人都以其独特的方式体验压力，但压力的一些常见生理症状包括头痛、睡眠困难、胃部不适和肌肉酸痛（Cheeson et al.，2004）。精神和情绪的变化也可能发生，包括焦虑、愤怒、悲伤、抑郁、缺乏动力、注意力不集中和自尊心降低（Midence，1994）。下文提供了咨询师可以为患有慢性疾病孩子的父母赋权的建议。

为患有慢性疾病孩子的父母赋权的建议

教育：教育可以给予父母力量。父母应尽其所能了解孩子的疾病（如治疗、症状、病因）。参加支持小组或与其他有类似经历的父母交谈也能学到不少。

社会支持：鼓励父母寻找机会得到社会支持。社会支持可以来自亲密家庭或大家庭、朋友或支持团体。这些支持可以帮助父母减轻一些负担。父母也可以从社区获得外界支持（如教堂、网上博客）。他人的支持或支持团体为父母获得情感支持提供了一个出口。

计划：持续做好对未来的计划可以给父母一种掌控感，并帮助他们为未来做好准备。使用日程表来安排预约、计划医疗手术和监测药物或副作用是很有帮助的。父母可以将他们计划问医生的问题、财务预算、药物及预约所需的卡片和医疗信息等记录下来。

预算和支持：慢性病可能会耗尽一个家庭的收入，控制预算和寻求经济援助可能会有所帮助。医疗服务和药费可能会让父母感到苦恼；监控费用和预算的使用可能有助于减轻父母的压力。计划未来的开支也十分必要。父母也可以尝试各种现有的可以提供经济支持的资源，如政府和私人项目、慈善机构和志愿者项目。

自我照顾：父母制定一个自我照顾的日程是很有帮助的，这样他们才能做到最好。向父母解释，自我照顾对他们的身心健康都很重要，这是很有帮助的。向父母说明，自我照顾让他们成为更好的父母，也有助于为患有慢性疾病的孩子提供一个好的榜样。

咨询干预

咨询师可以在帮助患病的来访者方面发挥重要作用，在他们最初的适应期及整个患病期提供支持。当为一个患有慢性疾病的来访者咨询时，咨询师应该充分理解慢性疾病对来访者意味着什么。来访者很难理解他们的状况，他们会试图用自己的方式理解这种疾病。这通常意味着他们所拥有的信息是扭曲的，他们可能误解了许多信息。因此，咨询师可以在帮助来访者获得他们需要的信息和资源方面发挥作用，以帮助他们确切地了解自己的状况。

治疗这一人群的咨询师应该花时间来建立治疗关系。咨询师应该考虑疾病的具体情况，并了解疾病如何影响来访者的情绪、舒适水平及对其经历的表达。在理解疾病和来访者对疾病反应的同时，咨询师还应该考虑来访者与他的病情相关的独特担忧（如同伴困扰、担心不能玩耍、对未来计划的担忧：结婚、组建家庭和上大学）(Edwards & Davis，1997)。频繁的医疗预约可能会影响来访者的自由度，咨询师也应该意识到这些时间消耗。同样重要的是，咨询师要考虑到那些与家庭联系的其他治疗专业人员（如主治医生、物理治疗师、营养师、学校咨询师和护士），并在必要时获得信息披露授权，以便与这些人沟通。咨询师有时也可能需要发起家庭会谈或与其他健康专业人员就来访者的问题进行探讨。咨询师应确保来访者能够理解父母、咨询师和其他医疗专业人员在治疗中的相关角色和决定（Storlie & Baltrinic，2015）。例如，咨询师可以向来访者解释咨询师的角色，咨询的方法包括什么或不包括什么（如咨询是不需要打针的）。

当咨询师了解一位患病的来访者时，他们应该了解疾病的特征及这种疾病对来访者发展和日常生活任务的挑战（Edwards & Davis，1997）。这些信息可以为咨询师在帮助来访者的过程中提供方向。

孩子将以独特的方式经历疾病带来的负担和阻碍。例如，许多疾病需要与他人隔离，而儿童和青少年可能会根据他们的生长发育水平以不同的方式经历这种隔离。例如，化疗后免疫系统不良的儿童和青少年应远离他人，以免有感染的危险。不同年龄的儿童和青少年往往对他们被隔离的原因有不同的理解，可能会对与朋友和同伴隔离形成不同的观念。咨询师可以提供关于儿童和青少年被隔离的原因的心理教育和信息，以帮助他们发展应对和管理这种隔离的方法。

咨询师也可以帮助儿童和青少年面对他们的疾病及其预后的不确定性。有些疾病（如癌症）的预后可能无法预测，而另一些疾病（如糖尿病）则是终身疾病，需要患者随着年龄的增长而更加独立地进行治疗。

咨询师还可以帮助儿童和青少年发展他们需要的技能来管理他们的疾病。一些疾病，如严重的食物过敏、乳糜泻或糖尿病，要求儿童和青少年在管理自己的疾病方面承担一定的责任，但这对很多他们来说可能很困难。父母通常会鼓励那些有食物过敏问题的孩子注意到并避免食用引发问题的食物，但许多孩子可能不具备这样做的能力。对此，咨询师可以帮助来访者发展他们需要的技能，以避免食用这些引发问题的食物。例如，当一位来访者对坚果过敏时，咨询师可以和来访者进行角色扮演，练习如何询问食物中是否含有坚果，以及如何向他人解释他患有危及生命的坚果过敏。

对儿童和青少年来说，饮食是关乎他们健康的一个重要方面。咨询师可以帮助来访者发展他们对饮食日记的管理技巧，这可以帮助来访者自我调节食物的摄入量。例如，咨询师可以帮助患有糖尿病和食物过敏的来访者及其父母记录令来访者过敏的食物，以及来访者可以食用的其他替代食物。日记也可以作为一个出口，让孩子表达担忧并找出安全策略。咨询师可以帮助来访者采用营养学家制订的膳食计划，培养其所需的动机和技能，来选择健康的替代食物而不是那些不利于健康的食物。日记还可以包括血糖水平上升和下降时的策略和安全预防措施。咨询师可以通过角色扮演教授来访者相关技能，如当因为血糖水平升高或下降而感到不舒服时如何寻求帮助。下文提供了给患有慢性疾病来访者做咨询时的实践性建议。

给患有慢性疾病来访者做咨询时的实践性建议

- 了解来访者身体上的疼痛或症状，以及它们是如何影响来访者的；了解来访者的身体体验是什么样的，以及它们是如何影响来访者的日常生活的。
- 了解来访者的生长发育水平及其如何影响他对疾病的体验和理解，以及疾病可能如何影响他的心理发展。
- 处理可能影响咨询过程的与疾病相关的顾虑，如日程安排、咨询中的身体舒适程度及与医疗提供者的沟通。

- 为来访者和家庭赋权，协助他们获得能让他们感到对疾病可控所需的信息和资源。
- 帮助来访者及其家人认识到疾病对他们情绪的影响，并帮助他们发展所需的技能，以应对与疾病有关的生活变化。
- 为来访者及其家庭提供稳定的支持；可预见性和稳定性对正在应对难以预测的患有慢性疾病的来访者及其家庭是很有帮助的。

有几种心理咨询理论可以应用于这一人群。当对患有慢性疾病的孩子及其家庭进行咨询时，有几种有效的方法和干预措施。

CBT 已经被证明在帮助儿童和青少年应对慢性疾病方面有一定的效果。一些研究表明，它可以改善患病儿童和青少年的整体功能（Ehde，Dillworth，& Turner，2014）。针对这一人群，CBT 的目标是帮助孩子找到和调整与疾病相关的任何歪曲或无效的思维，并教授他们正确对待疾病所需的技能，从而调节他们不同方面的功能。使用 CBT 时，咨询师可以处理的方面包括以下几点：（1）调节由疾病的诊断或进程所带来的压力；（2）缓解与疾病或治疗（如适用）相关的疼痛；（3）缓解任何相关的心理不适；（4）治疗与药物安排；（5）促进任何所需的社交或疾病管理技能的发展（Pao & Bosk，2011）。CBT 已被证明对癌症儿童和青少年是有效的，特别是接受骨髓抽吸的白血病儿童和青少年（BMA）（Pao & Bosk，2011）。

放松训练和生物反馈等行为疗法的技术也经常用于这一人群（Ehde et al.，2014）。呼吸练习的模仿视频、想象与转移注意力、积极激励的使用和行为排练等技术，可用来缓解与医疗手术相关的疼痛（Pao & Bosk，2011）。生物反馈干预（与放松训练相结合）可用于减少焦虑和疼痛症状（Pao & Bosk，2011）。CBT 也被成功地用于帮助儿童和青少年管理因慢性疾病而继发的抑郁症状（Pao & Bosk，2011）。

焦点解决短期治疗（Solution-focused Brief Therapy，SFBT）也被用于咨询患有慢性疾病的儿童和青少年，并取得了一定的成功（Frels et al.，2009）。SFBT 模式侧重于创造性地构建解决方案，以此帮助儿童和青少年及其家庭理解疾病。当应用 SFBT 与来访者咨询时会用到以下三个主要概念：（1）咨询服务以来访者的困扰为中心，因为他们是自身经验和解决方案的专家；（2）咨询的重点是帮助来访者创建关于他们疾病的新的、更具适应性的认知和现实；（3）根据来访者的优势和过去解决与疾病相关困扰的成功经验来进行咨询（Frels et al.，2009）。当 SFBT 应用于更年幼的儿童时，创造性的表达和游戏疗法可以作为辅助方法以达成 SFBT 的治疗目标。SFBT 旨在为来访者及其家人赋权，帮助他们设定明确的目标，并重构由慢性疾病引起的困扰（Frels et al.，2009）。此外，以 SFBT 为基础的咨询可以帮助儿童和青少年发现缓解疾病带来的压力的新方法。

如前所述，对儿童和青少年及其家庭来说，对慢性疾病的适应是一个艰难的过程。因此，家庭的参与对儿童和青少年的疾病管理至关重要。在与儿童和青少年进行关于疾病适应和管理的咨询时，家庭成员也应该作为咨询的一部分。与家庭一起工作的咨询师必须提供一个可预测的、舒适的环境，并在这个过程中帮助父母和孩子。咨询师也可以建议父母获得其他情感支持，如他们自身的心理咨询（Storlie & Baltrinic，2015）。下文提供了父母应该如何回应患有慢性疾病或残障的孩子的建议。

给有患有慢性疾病或残障的孩子父母的建议

- 了解孩子与疾病相关的生理或心理需求。
- 倾听孩子对疾病的问题、恐惧和困惑。
- 重视来自他人的支持，如亲密的亲戚和朋友。
- 探索家庭动力及其如何影响孩子。
- 对自己保持自我照顾。
- 为疾病引起的时间、金钱和任何其他事情做好计划。
- 接纳疾病带来的困难和挑战。
- 培养孩子的情绪、想法和自我意识。
- 保持对疾病的了解和参与。

- 认识到疾病引发的情绪。
- 了解未来面临的风险和挑战。
- 保持冷静。
- 充满希望。

有一些不同的方案被提出来用于帮助家庭适应和处理慢性病与残障问题。掌握每一个新方向（Mastering Each New Direction，MEND）（Distelberg et al.，2014）就是其中的一种方案，其聚焦于帮助儿童和青少年及其家庭提高医疗依从性和改善疾病相关的预后（Distelberg et al.，2014）。MEND 整合并聚焦于个人、家庭、社会和医疗保健系统，并运用了与认知、行为、情感和社交过程相关的技术。这种干预是一种为期 21 天、每周 7 天、综合性、密集式、门诊式、以家庭为基础的模式。每次会谈大约 3 小时。在这 3 小时里，孩子与 8 到 10 个其他孩子一起参加团体咨询。这些团体会使用创造性干预、游戏疗法、谈话疗法和压力管理技术。在开始的 2 小时内，家长需要参与心理教育和分享小组（不带孩子）。在最后 1 小时，家长和孩子聚在一起，参加多家庭团体。咨询师可以对家庭动力做出评估（特别是压力反应模式和情感模式），以帮助家庭用积极和理解的方式对孩子做出反应。在常规的 3 小时会谈之外，还可以提供额外的个体和家庭咨询（Distelberg et al.，2014）。这只是一个可用于咨询患有慢性疾病或残障的孩子的模型示例。

艾拉的“I CAN START”心理咨询计划

本章以一个 15 岁的有节食及消除行为的女孩的自述作为开始。艾拉符合 AN、消除亚型的诊断标准。咨询师必须考虑到各种因素，然后再进一步采取基于优势的治疗方法。下面的“I CAN START”概念框架概述了咨询的考虑因素，这些考虑因素可能会对艾拉的学校咨询师或临床咨询师有帮助。

C= 背景评估

艾拉是一个来自城市中产家庭的 16 岁白人女孩。她的家庭完整，还有两个弟弟、妹妹。艾拉有一个支持她的家庭，他们积极地参与她的生活。艾拉经历着正常的青春期发育困扰（如身份认同、人际关系），但这些困扰又伴随 AN。她努力实现自我发展的过程被进食障碍扭曲了；作为一名舞者，身材苗条是她自我认同的核心，这造成了她的困扰。她的进食障碍已经成为帮助她维持和提升这种身份的同伙。完美主义的压力和她缺乏舞蹈以外的身份认同可能会加剧她进食障碍的症状，当她的行为稳定后，这些问题应该纳入她的治疗计划。

A= 评估和诊断

诊断 = 307.51（F50.2）AN。

儿童进食障碍检查（The Children's Eating Disorder Examination，ChEDE）：在初评时完成。

进食障碍检查问卷（Eating Disorder Examination-Questionnaire，EDE-Q）（Fairburn & Beglin，1994）：在首次会谈时施测，然后每 4 周施测一次，以评估症状的严重程度。

由医生进行身体检查，以确定是否有任何需要立即处理的因节食和清除行为继发的长期并发症。

由精神科医生进行正式评估，以确定精神病药物治疗是否有帮助。

N = 必要的护理水平

门诊加家庭治疗（每周一次）。

如果症状没有改善或在 4 ～ 6 个疗程内没有体重增加的迹象，应该考虑更高水平的护理。

S = 优势

自身：艾拉是一个聪明、坚定、坚韧的女孩。她充满激情，目标明确。她正在上高中，将来打算成为一名助理医师。她好社交、合群、友善。

家庭：艾拉的家人很支持她。他们对治疗很投入，愿意做任何必要的事情来帮助他们的女儿。他们也有经济能力来支付保险可能不包括的治疗费用。她的家庭受过良好的教育，她的父亲已经开始自己研究进食障碍，以便更好地帮助他的女儿。

学校与社区：艾拉生活在一个安全、稳定的社区，可以获得优质的心理健康资源。她所在的社区有一个进食障碍住院部和一个专门治疗进食障碍的门诊中心。此外，社区还有一个保健中心，为成员提供瑜伽和正念静修。

T = 治疗方法

进食障碍基于家庭的治疗（莫兹利家庭疗法）。

A = 咨询目的和目标（三阶段目标）

第一阶段（第 1 次至第 10 次会谈）

艾拉的父母将被赋权接管艾拉的饮食和体育活动，以促进她的体重恢复。父母将负责挑选、准备、分配她的食物，并服务和监督她的进食，这样就可以确保所有的食物都被吃掉。艾拉的父母将合作制订一个由家长主导的计划，来监督艾拉食物的消耗情况和餐后时间。在第一阶段结束时，艾拉将达到至少 95% 的预期体重，在前 4 周至少增加 4 磅（约 3.6 斤）（Doyle et al.，2010）。

第二阶段（第 11 次至第 17 次会谈）

艾拉将与父母合作制订一个家庭主导计划，以帮助艾拉在维持体重的前提下慢慢恢复符合其发育阶段的控制权。她的父母将把食物和体重管理的权力和责任分配给艾拉（如在食堂里和朋友吃午饭而不是在校医院与父母一起吃），直到艾拉能够达到一个典型的 15 岁青少年管理食物和活动的标准水平。

第三阶段（第 18 次至第 20 次会谈）

艾拉和她的家人将把在早期治疗阶段学到的解决问题的技巧推广到与典型的青春期相关的发展问题上。如果复发的风险出现，艾拉的家人将识别出复发的风险因素，并制订出管理这些风险因素的进食障碍行动计划。艾拉的家人将选择一个与进食障碍无关的问题进行讨论，并在咨询师的支持下解决问题。

R = 基于研究的干预措施（基于 FBT）

咨询师将帮助艾拉和她的父母制定和应用以下 FBT 干预措施。

- 给父母赋权。
- 减少责备的策略。
- 外化策略。
- 聚焦与症状的管理策略。

T = 治疗性支持服务

- 精神科医生持续的药物管理（如果需要药物治疗）。
- 由进食障碍方面的专业医生进行持续的医学评估。
- 如果需要，进行更高水平的护理。
- 与学校人员协调护理工作。

总结

本章讨论了儿童和青少年面临的与身体健康有关的问题。有进食障碍、排泄障碍、慢性疾病和残障的儿童和青少年需要面对一系列独特的挑战。在为有身体和健康问题的来访者做咨询时，咨询师应该采取积极的、系统性的方法来咨询和支持来访者的需求。

进食障碍是很严重的，可能危及生命，咨询师需要意识到这一点并做出迅速的回应。儿童和青少年患进食障碍的时间越长，就会越深陷其中，因而更难治愈。因此，早期干预十分关键。在本章，我们重点讨论了进食障碍，但并没有讨论咨询师在预防进食障碍及提倡健康身体形象方面的作用。咨询师，尤其是学校咨询师，可以在他们的工作机构中提供预防措施。提高相关意识和制订预防计划不仅能预防儿童和青少年的进食障碍，还能帮助他们建立健康的身体形象。此外，儿童和青少年可能会受到身材不好的困扰，这可能会影响他们的心理健康和自尊。咨询师应该在温暖、安全、支持的关系中，给那些因为身材受到困扰的儿童和青少年赋权，并且帮助他们了解自身不满的根源及提供可以提高他们自我形象认知的技能。

接下来，本章讨论了两种排泄障碍——遗尿症和遗粪症。遗尿症是反复在不适当的地方排尿，患有这种疾病的儿童和青少年通常有良好的适应能力并按预期达到了生长发育的里程碑。大多数儿童和青少年的遗尿症状在青春期后就自然消失了，但是咨询师可以通过实施行为干预来训练儿童和青少年的身体反应。如果遗尿症与生物因素有关，使用药物也会有帮助。

遗粪症是指反复在不适当的地方大便，而这种行为通常是便秘造成的。便秘时，儿童和青少年会避免按时上厕所，因为他们可能会感到紧张、害怕、尴尬或焦虑。结果就是大量令人不舒服的粪便聚集在结肠中，而那些稀松的粪便从周围漏出来。儿童和青少年很少排泄出与便秘完全无关的成形粪便，这通常与行为障碍有关。咨询师可以用认知和行为干预来缓解儿童和青少年的遗粪症，医疗专业人员可以使用药物帮助儿童和青少年控制便秘。

总体来说，身体与心理是紧密相连的，咨询师对与身体健康相关问题提供全面咨询的同时应更专注于其对心理健康的影响。咨询师能够为儿童和青少年及其家庭提供各种与身体健康有关问题的心理教育，咨询师也可以提供转介，并与医疗专业人员合作。咨询师应该在其职权范围内为经历各种与身体健康相关压力和困难的儿童和青少年提供全面的支持。

参考文献

为了节省纸张、降低图书定价，本书编辑制作了电子版参考文献。请扫描下方二维码查看。

出版统筹：贾福新　聂　政

责任编辑联系方式：puhuabook855 @126.com

010-81055686

010-81055657

封面设计：李　冬